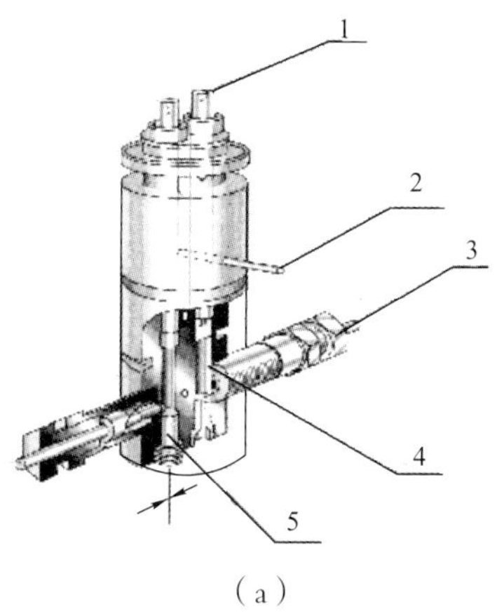

（a）

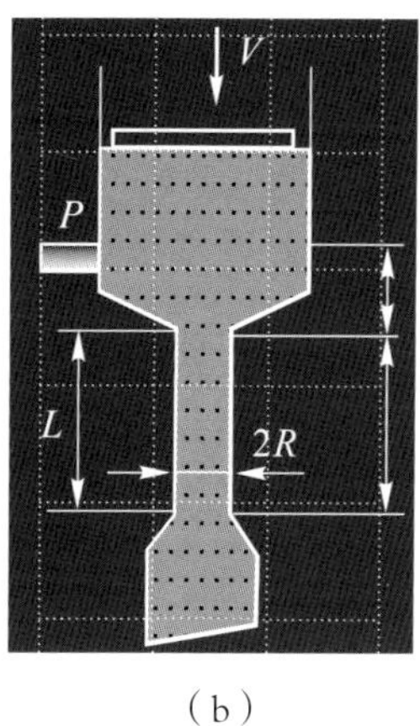

（b）

图 2.6 Rosand 毛细管流变仪示意图

（a）实物图；（b）示意图

1—活塞；2—温度传感器；3—压力传感器；4—样品；5—口模

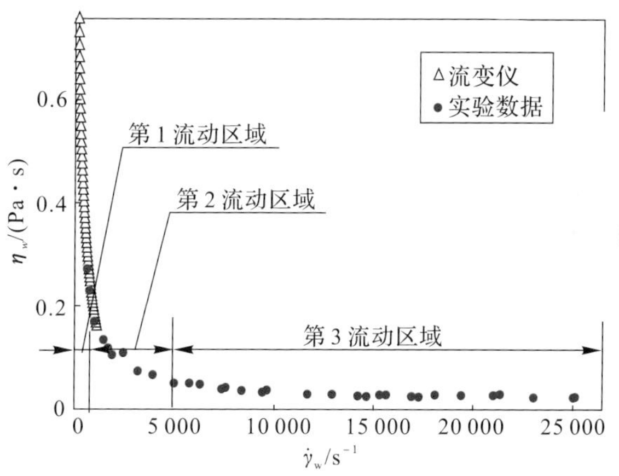

图 3.2 凝胶模拟液壁面表观黏度与剪切速率（η_w - $\dot{\gamma}_w$）关系

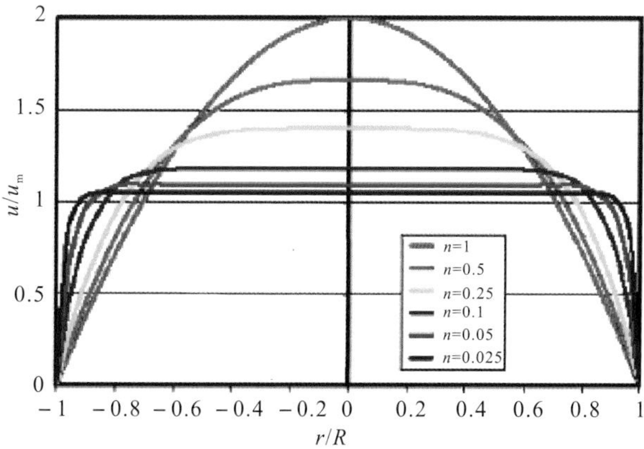

图 3.3 幂律型流体相对速度随流动指数n的变化曲线

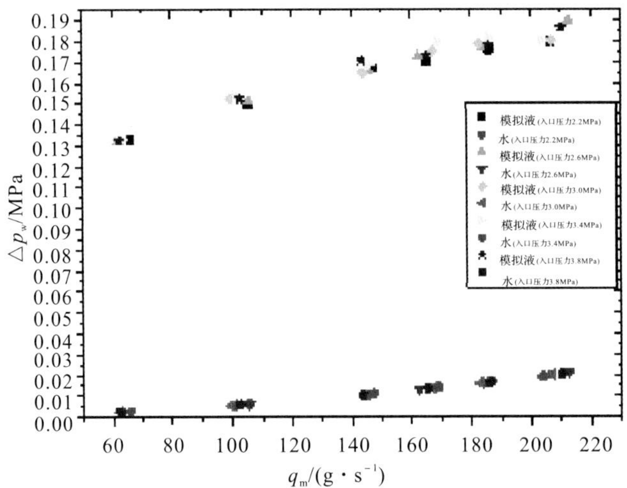

图 3.5　凝胶推进剂与水压降及质量流量的曲线

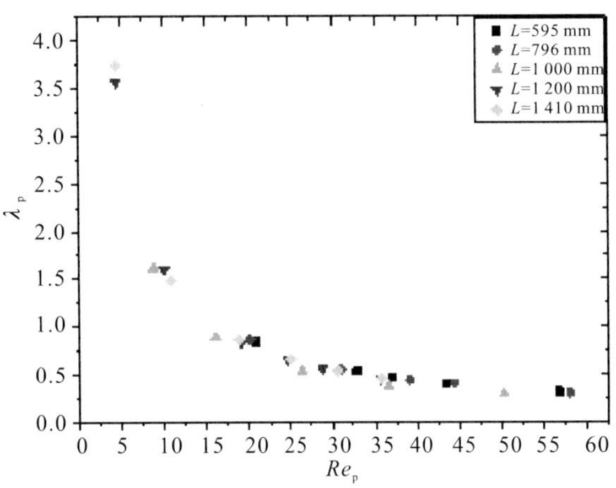

图 3.6　阻力系数与雷诺数的关系

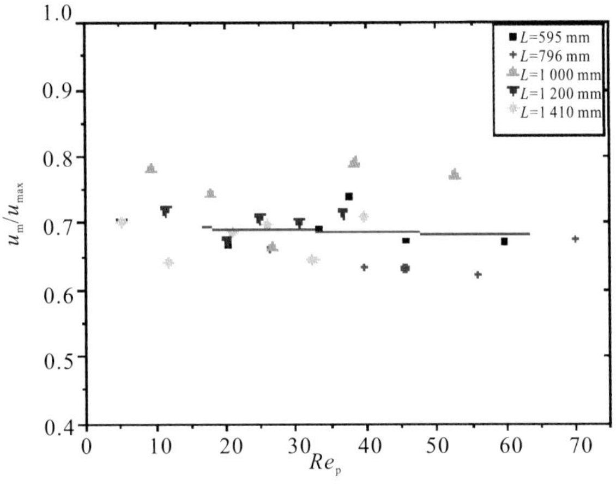

图 3.7　u_m / u_{max} 与 Re_p 的曲线关系

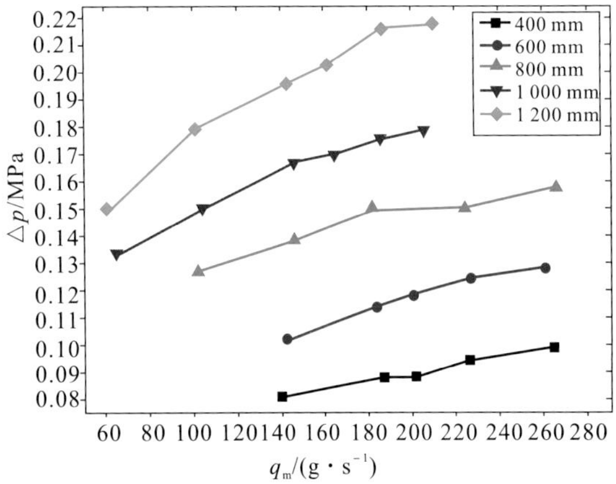

图 3.8　压降与质量流量的关系

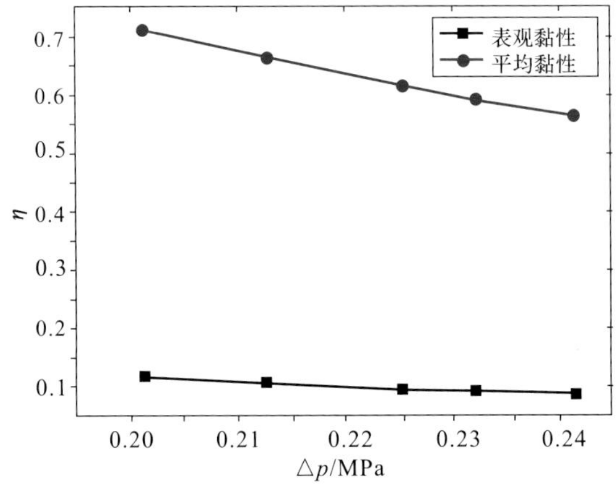

图 3.9　两种黏性随压降的变化

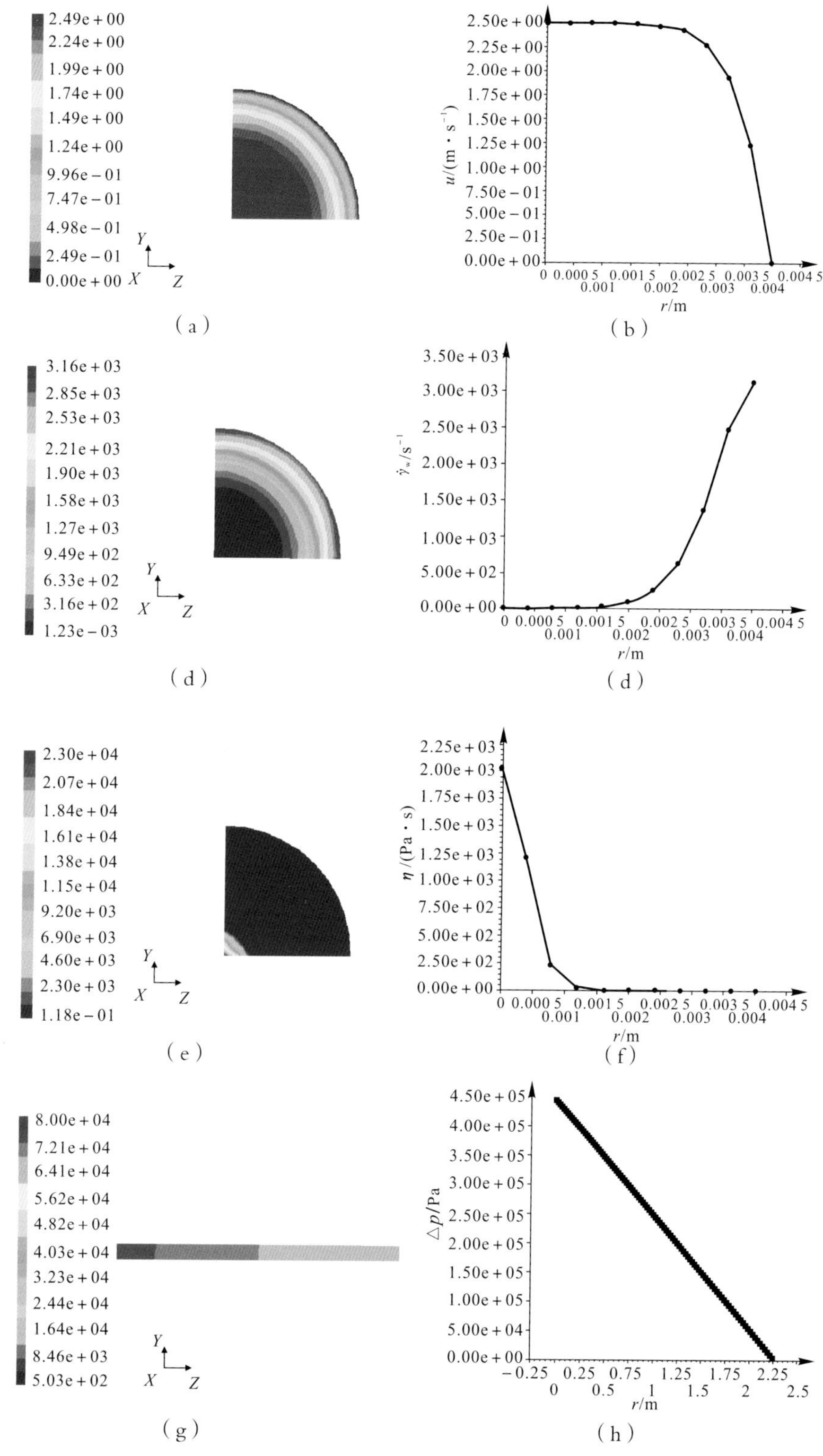

图 3.20　质量流量q_m=95 g · s^{-1}时的剖面

（a）速度剖面；（b）速度沿径向分布；（c）剪切速率剖面；（d）剪切速率径向分布；（e）剪切黏度剖面；（f）剪切黏度沿径向分布；（g）轴向压降剖面；（h）压降沿轴向分布

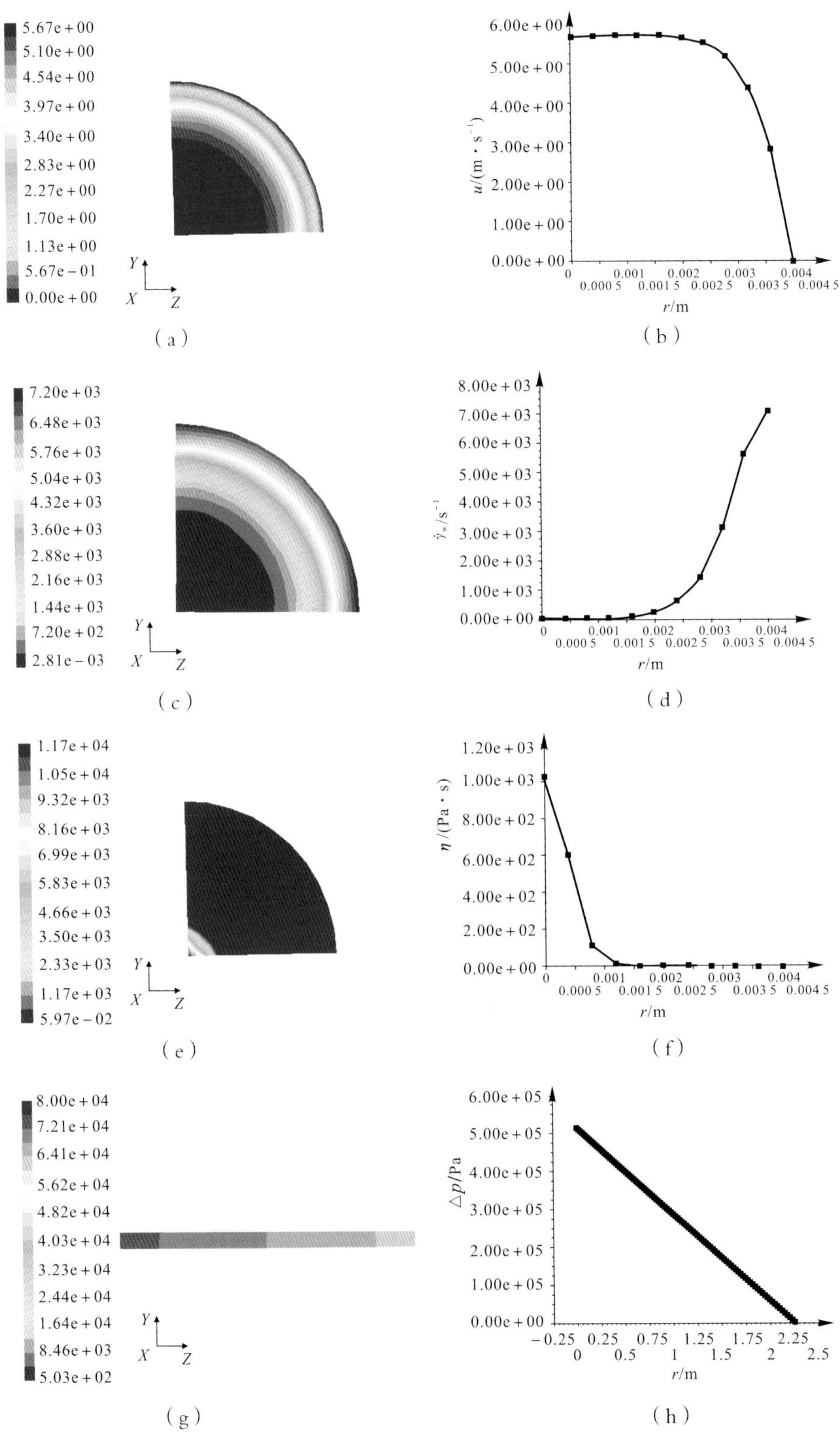

图 3.21 质量流量q_m=216 g·s^{-1}时的剖面

(a)速度剖面；(b)速度沿径向分布；(c)剪切速率剖面；(d)剪切速率径向分布；(e)黏度剖面；(f)黏度沿径向分布；(g)轴向压降剖面；(h)压降沿轴向分布

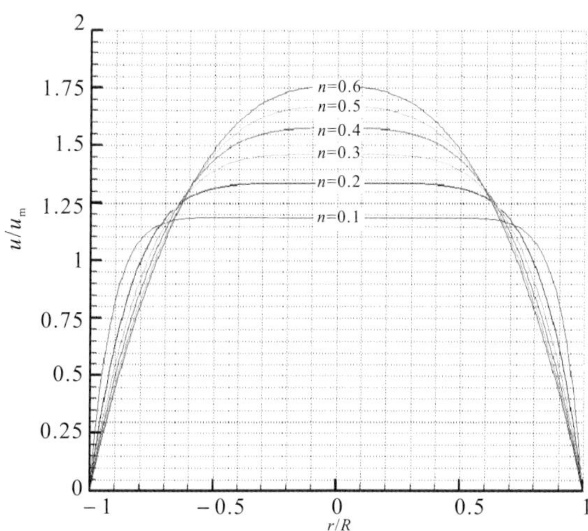

图3.33　幂律型流体管路流动的无量纲速度分布

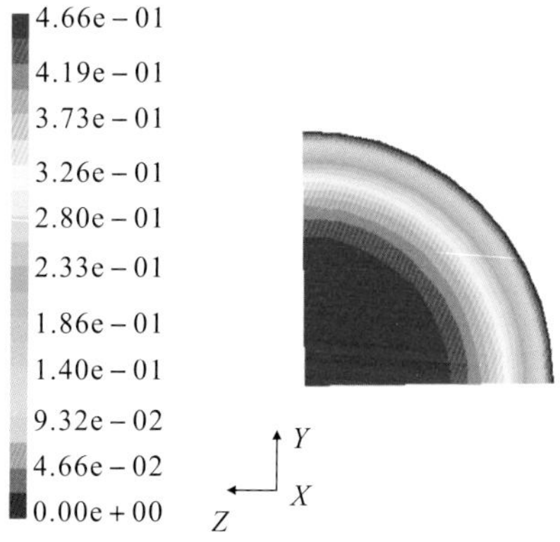

（a） 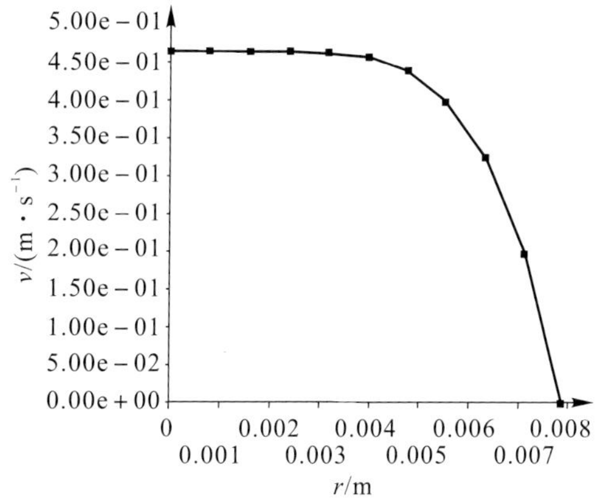　　（b）

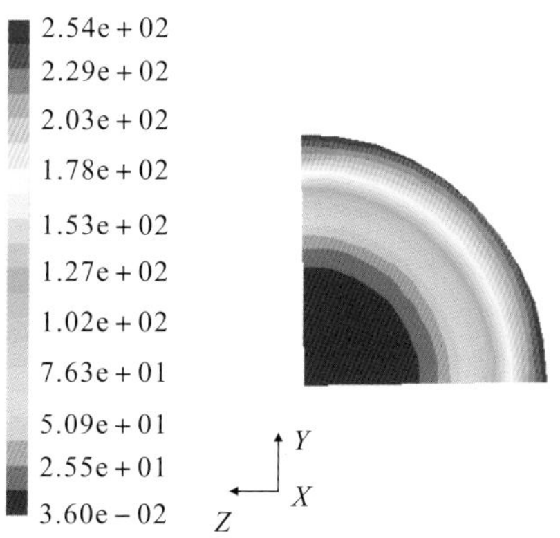

（c） 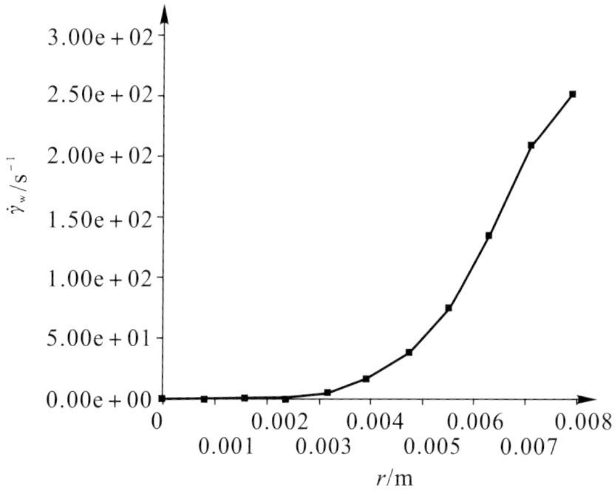　　（d）

图 3.47　质量流量q_m=66 g · s^{-1}时的剖面

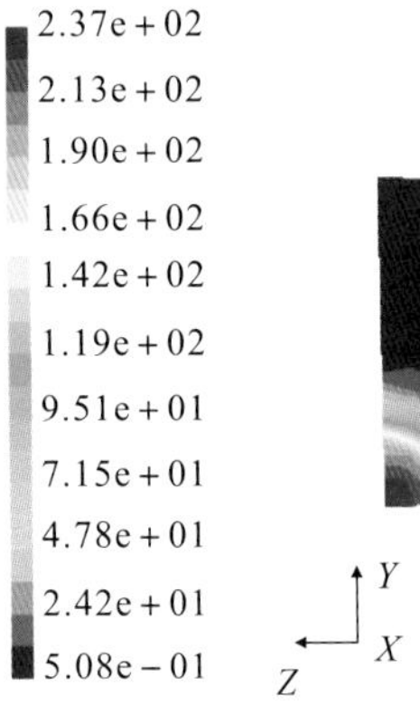

(e) 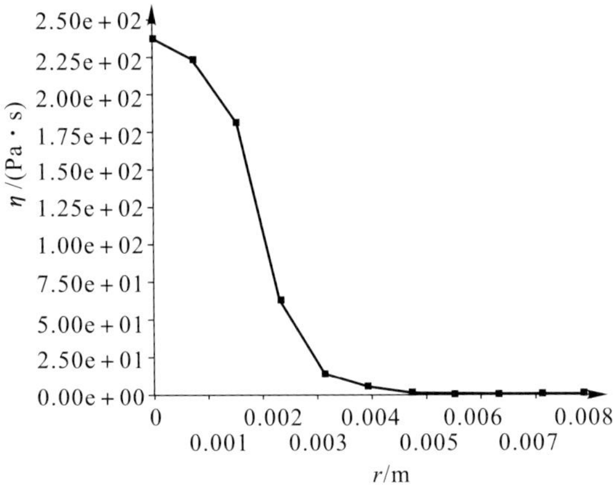　　(f)

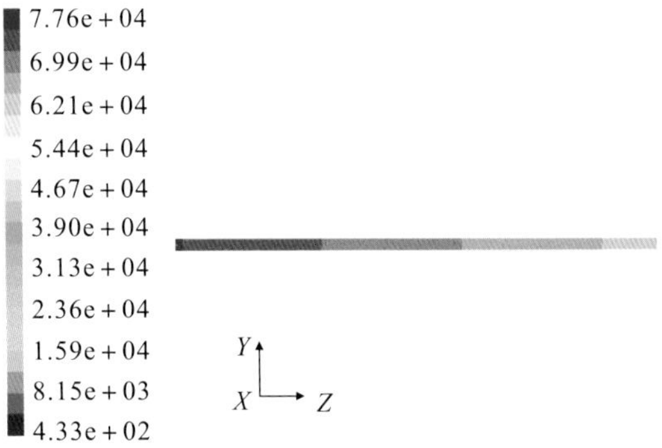

(g) 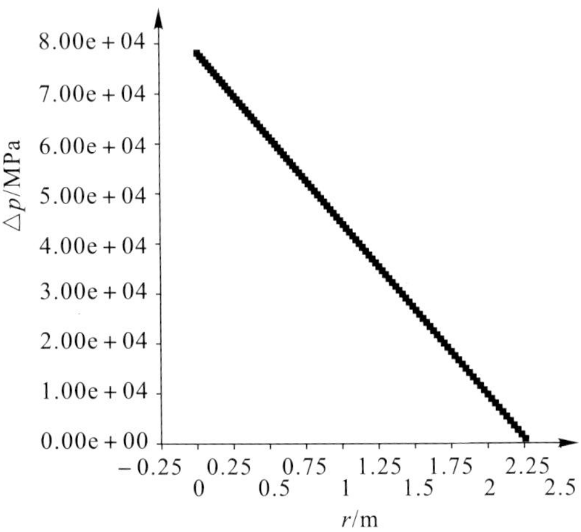　　(h)

续图 3.47　质量流量q_m=66 g · s^{-1}时的剖面

（a）速度剖面；（b）速度沿径向分布；（c）剪切速率剖面；（d）剪切速率径向分布；（e）剪切黏度剖面；（f）剪切黏度沿径向分布；（g）轴向压降剖面；（h）压降沿轴向分布

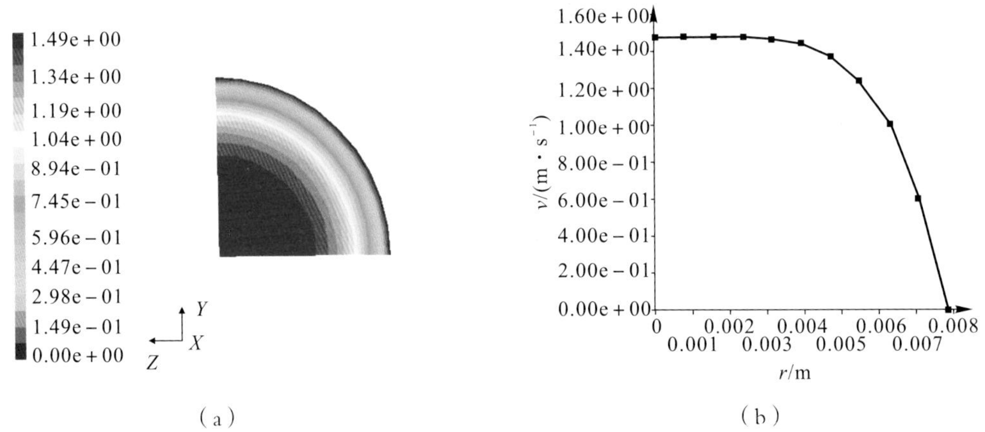

图 3.48　质量流量q_m=208 g · s^{-1}时的剖面

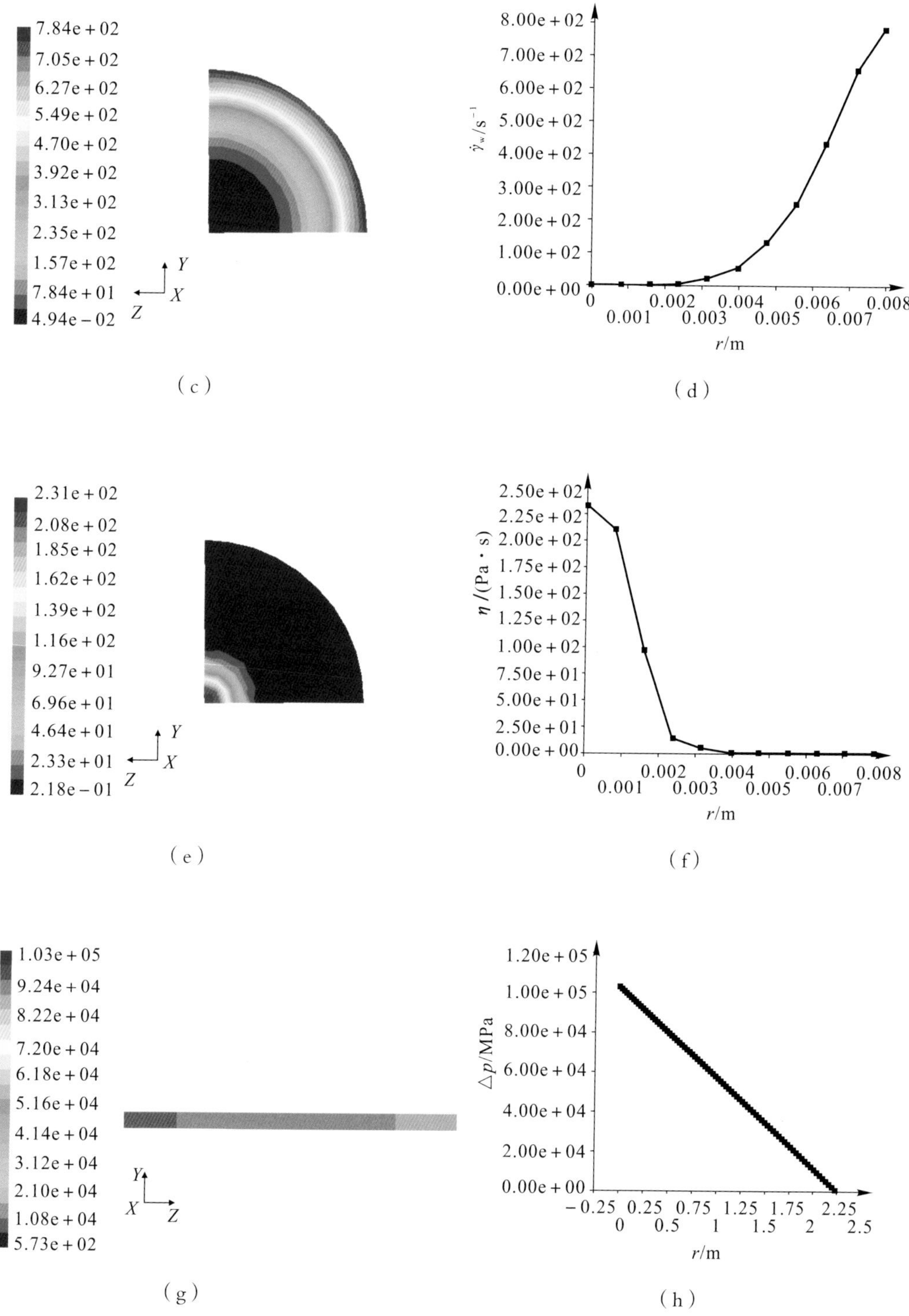

续图 3.48　质量流量q_m=208 g · s^{-1}时的剖面

（a）速度剖面；（b）速度沿径向分布；（c）剪切速率剖面；（d）剪切速率径向分布；（e）剪切黏度剖面；（f）剪切黏度沿径向分布；（g）轴向压降剖面；（h）压降沿轴向分布

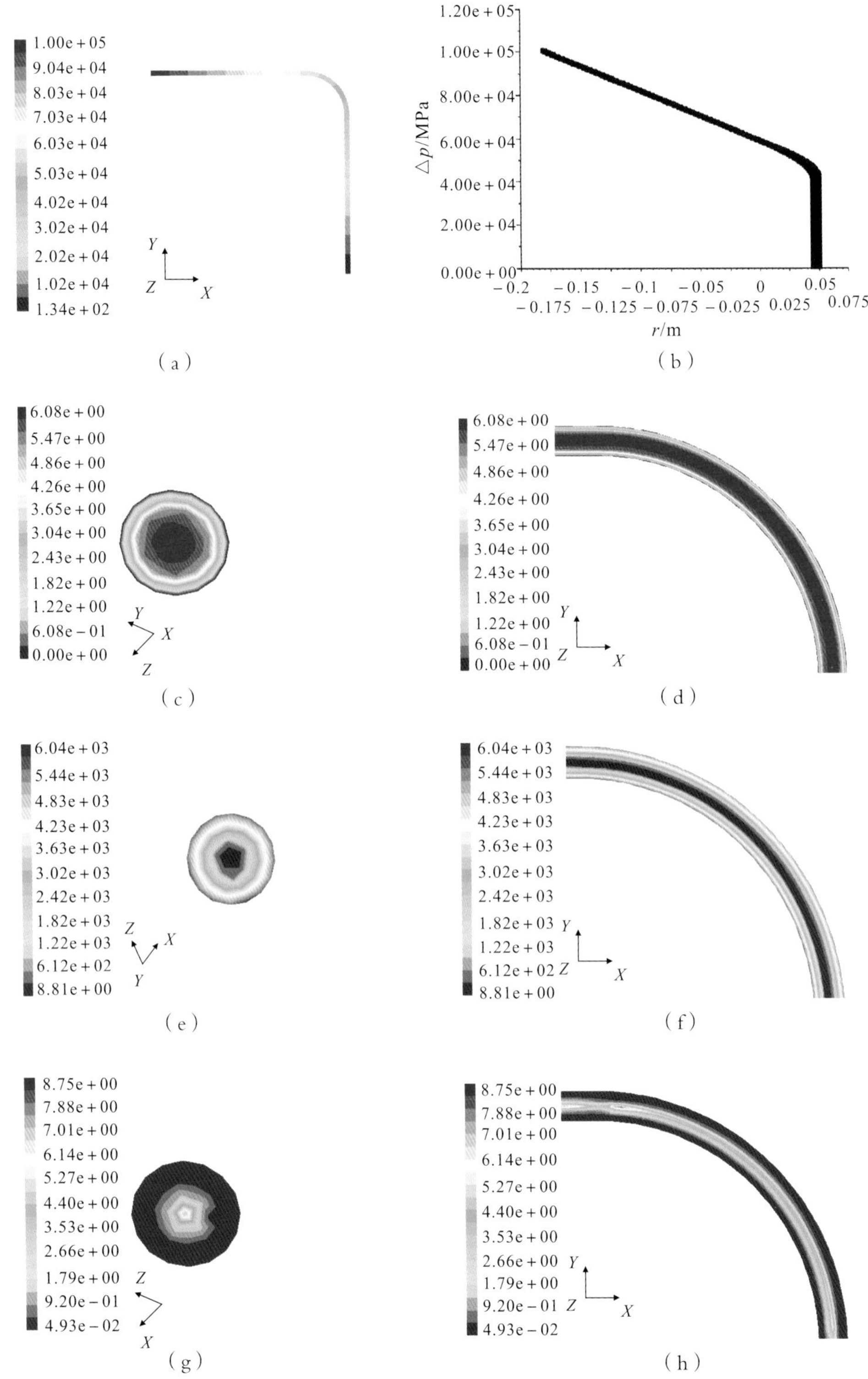

图 3.63　弯管内压降、速度和剪切黏度分布（d=6.0 mm、q_m=107 g · s^{-1}）

（a）压降分布；（b）压降沿x轴变化曲线；（c）弯管中心截面速度分布；（d）轴向速度分布；（e）截面剪切速率分布；（f）轴向剪切速率分布；（g）截面剪切黏度分布；（h）轴向剪切黏度分布

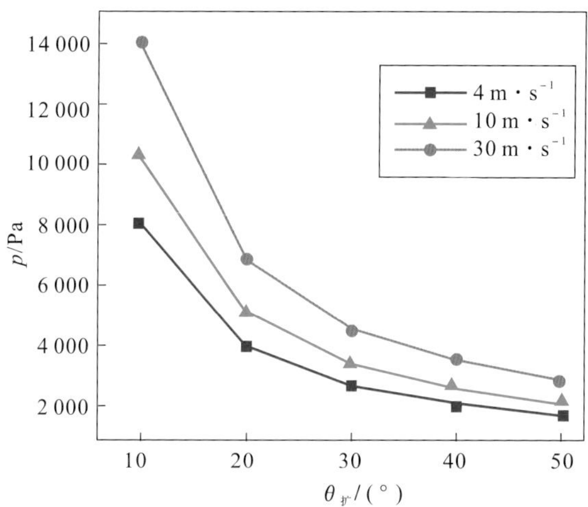

图 3.65 渐扩管扩张角对凝胶流动压力损失的影响

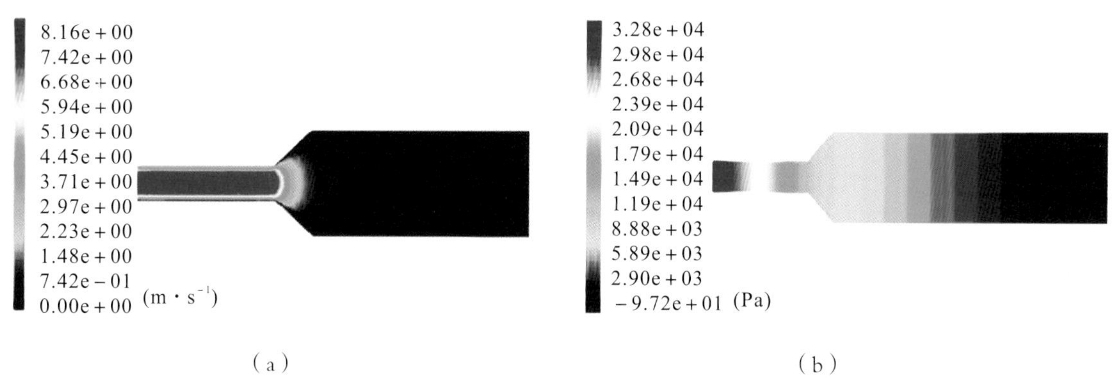

图 3.66 渐扩管轴对称截面上速度和压力分布（d_1=6 mm，d_2=6 mm，v_1=6 m·s^{-1}）

（a）速度分布；（b）压力分布

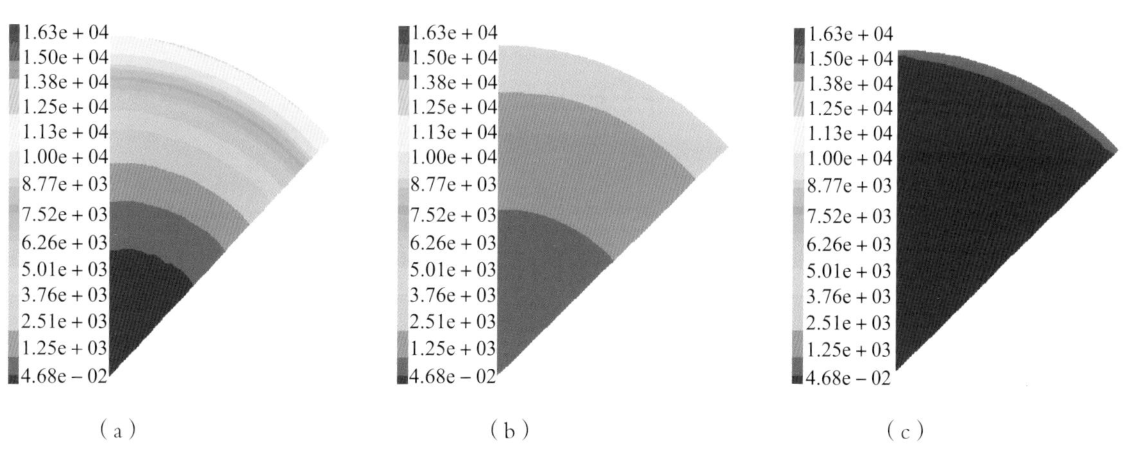

图 3.67 剪切速率分布（$\theta_{扩}$=30°，v_1=6 m·s^{-1}）

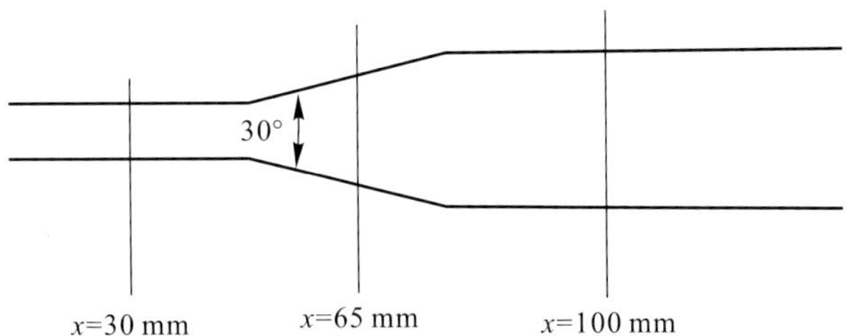

续图 3.67 剪切速率分布（$\theta_{扩}$=30°，v_1=6 m·s^{-1}）
（a）x=30 mm；（b）x= 65 mm；（c）x=100 mm

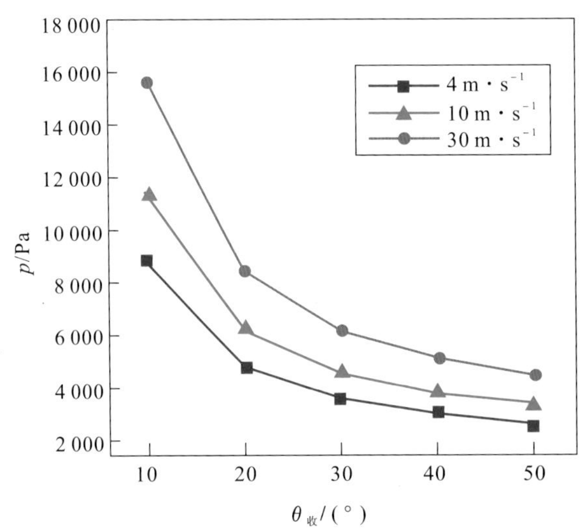

图 3.69 渐缩管收缩角流动压力损失的影响

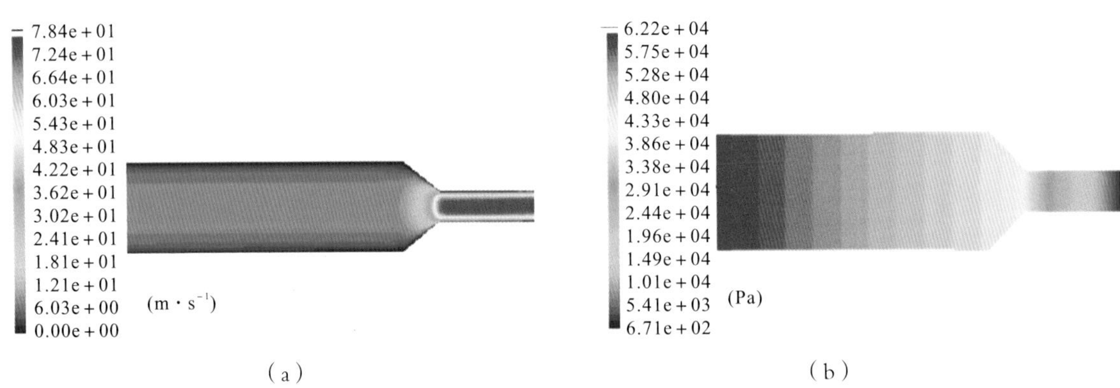

图 3.70 渐缩管轴对称截面上的速度和压力分布（d_1=18 mm，d_2=6 mm，v_1=6 m·s^{-1}）
（a）速度分布；（b）压力分布

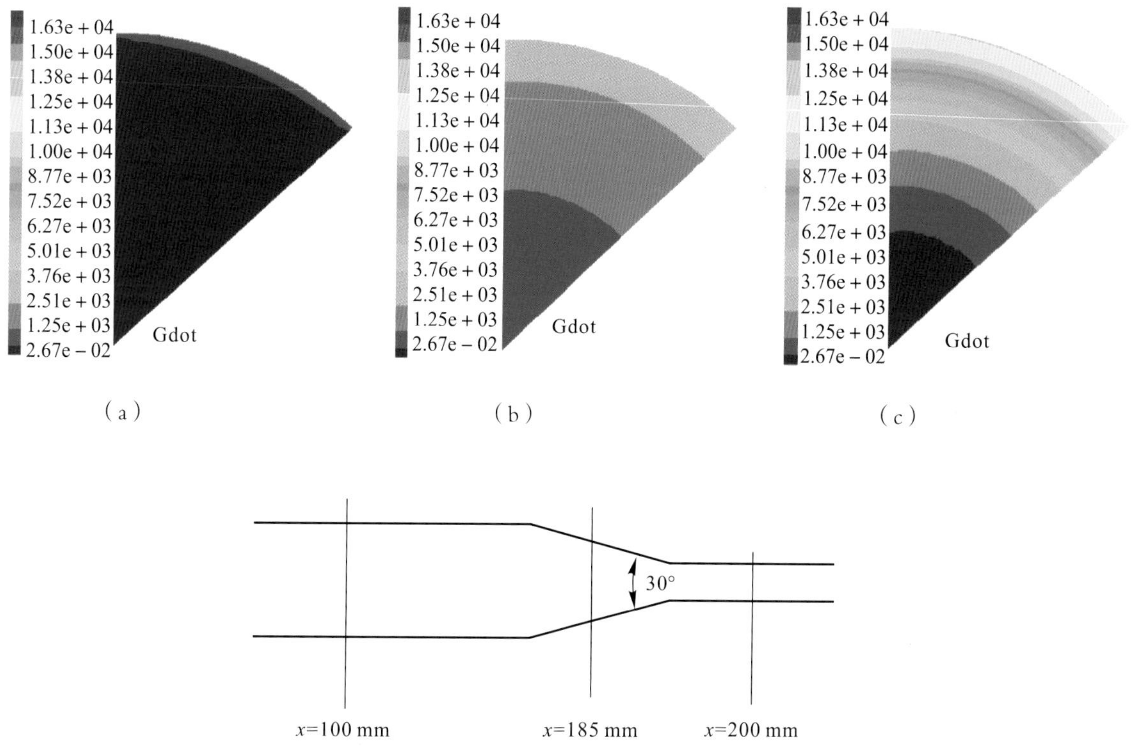

图 3.71 渐缩管路剪切速率分布（$\theta_{收}$=30°，v_1=6 m·s^{-1}）

（a）x=100 mm；（b）x=185 mm；（c）x=200 mm

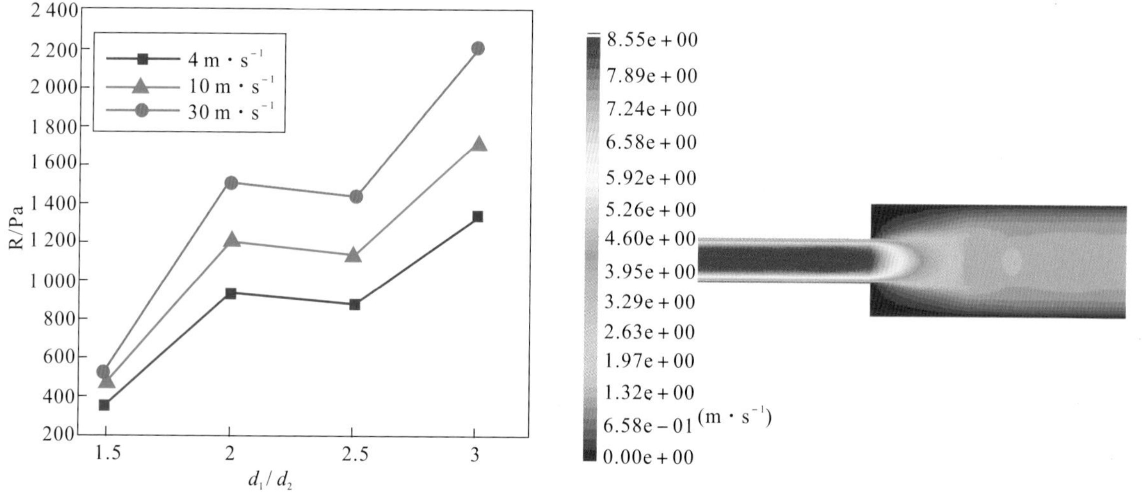

图 3.73 突扩比对流动沿程压力损失的影响（d_1=6 mm）

图 3.74 轴对称截面速度分布（d_1=6 mm，d_2=15 mm，v_1=6 m·s^{-1}）

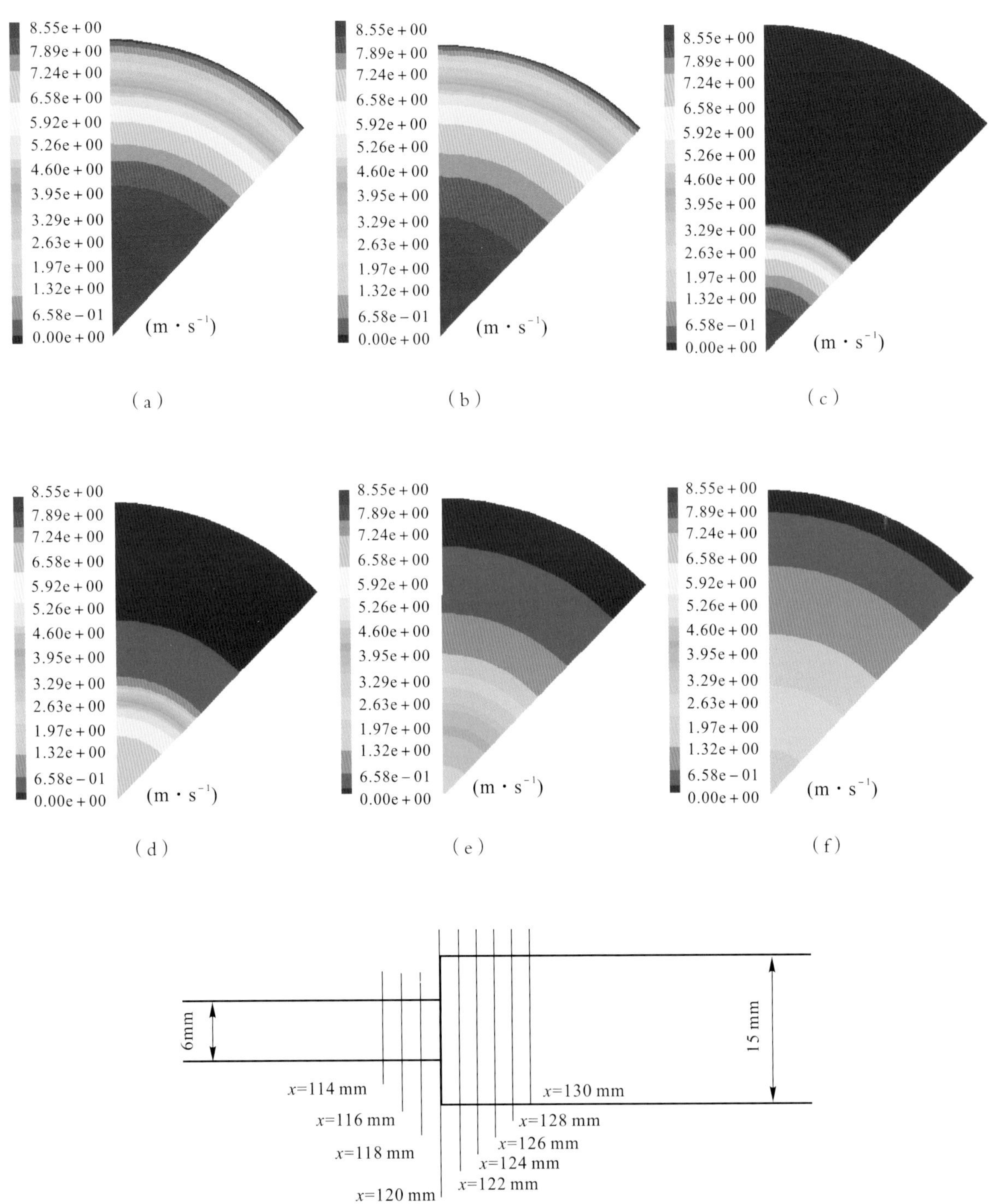

图 3.75　沿流向各轴对称截面速度分布（d_1=6 mm，d_2=15 mm，v_1=6 m · s^{-1}）

（a）x=114 mm；（b）x=118 mm；（c）x=120 mm；（d）x=122 mm；（e）x=126 mm；（f）x=130 mm

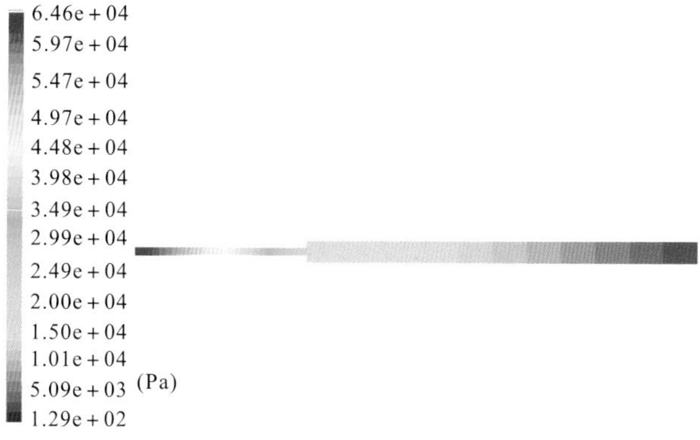

图 3.76　轴对称截面压力分布（d_1=6 mm，d_2=15 mm，v_1=6 m · s^{-1}）

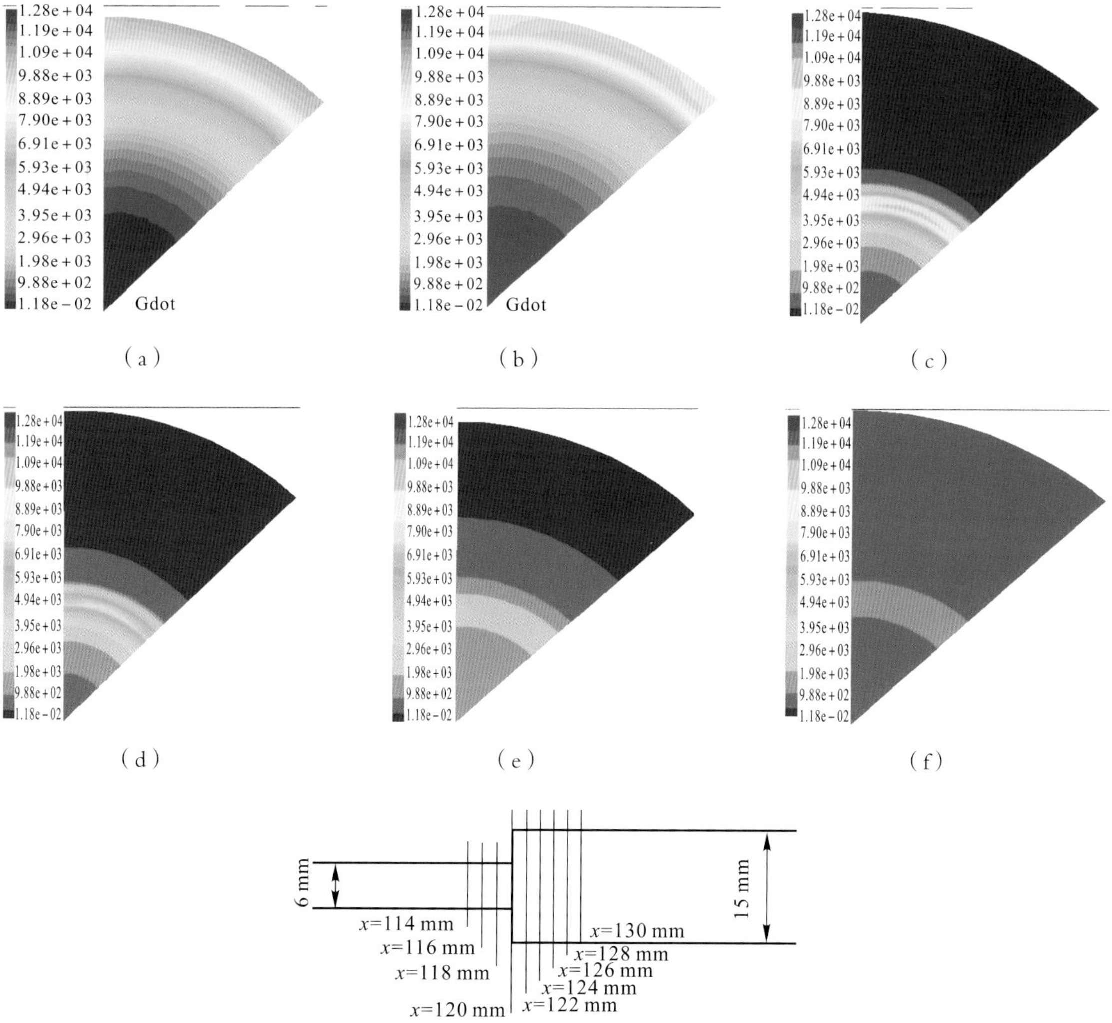

（a）　（b）　（c）

（d）　（e）　（f）

图 3.77　突扩管路剪切速率分布（d_1=6 mm，d_2=15 mm，v_1=6 m · s^{-1}）

（a）x=114 mm；（b）x=118 mm；（c）x=120 mm；

（d）x=122 mm；（e）x=126 mm；（f）x=130 mm

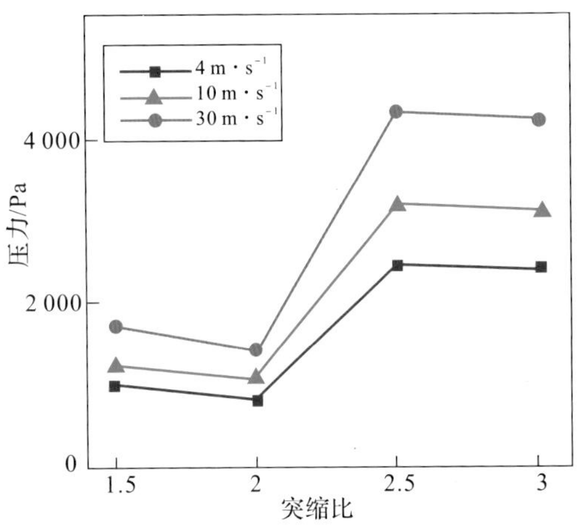

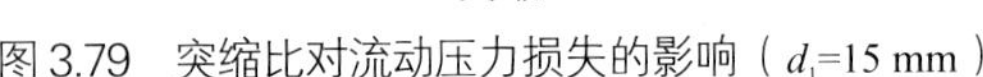

图 3.79　突缩比对流动压力损失的影响（d_1=15 mm）

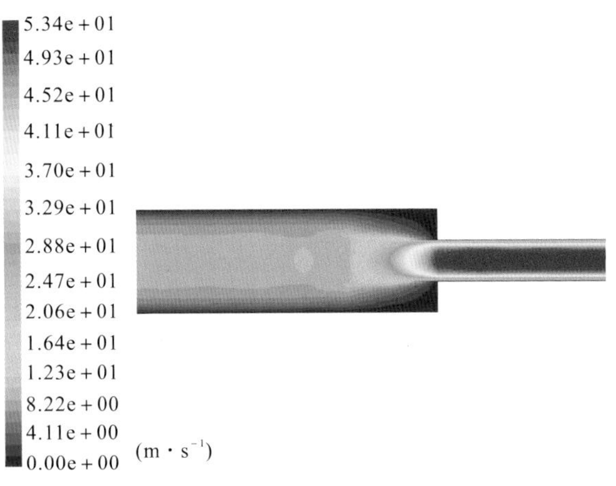

图 3.80　轴对称截面速度分布（d_1=15 mm，d_2=6 mm，v_1=6 m · s^{-1}）

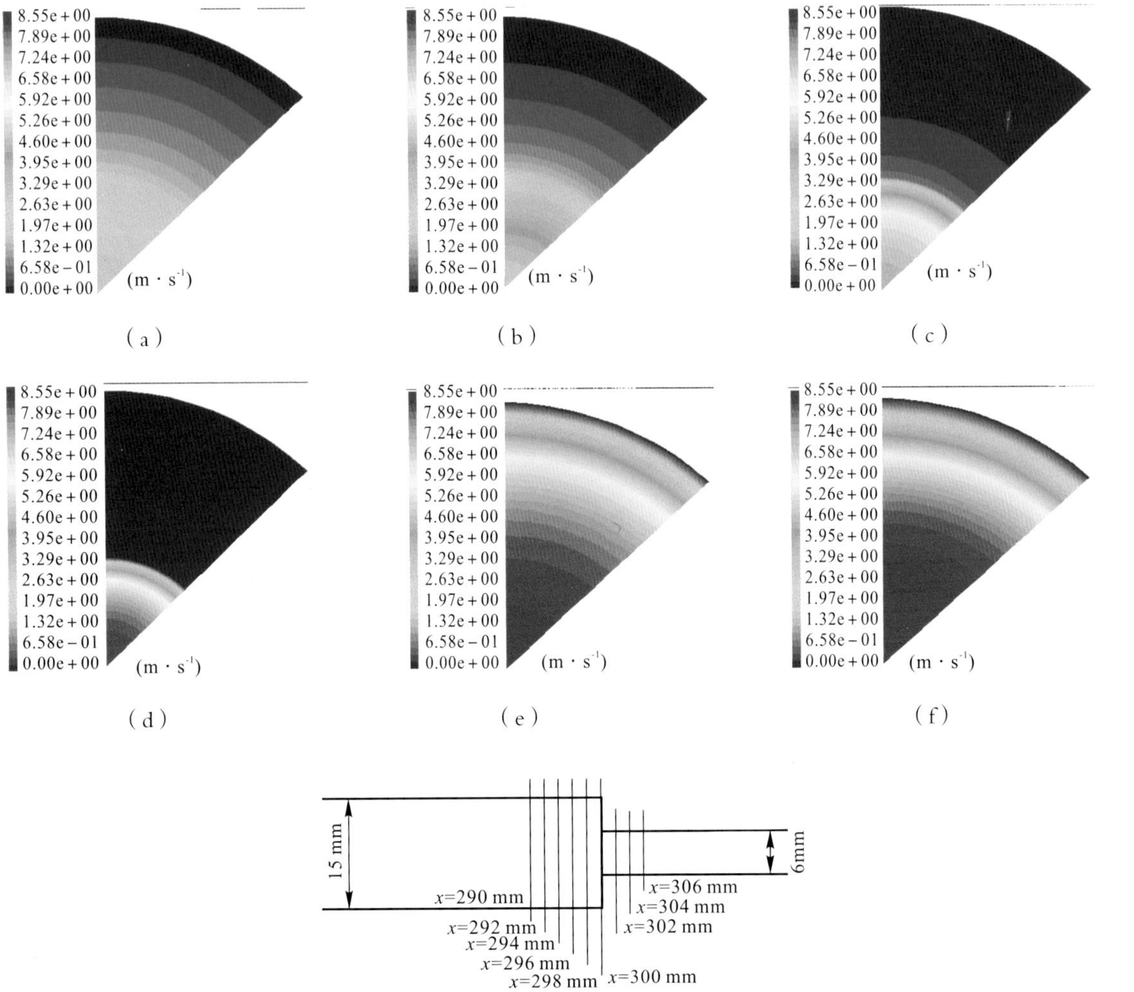

（a）

（b）

（c）

（d）

（e）

（f）

图 3.81　进口速度v_1=6 m · s^{-1}时，沿流向各轴对称截面速度分布（d_1=15 mm，d_2=6 mm）

（a）x=290 mm；（b）x=294 mm；（c）x=298 mm；

（d）x=300 mm；（e）x=302 mm；（f）x=306 mm

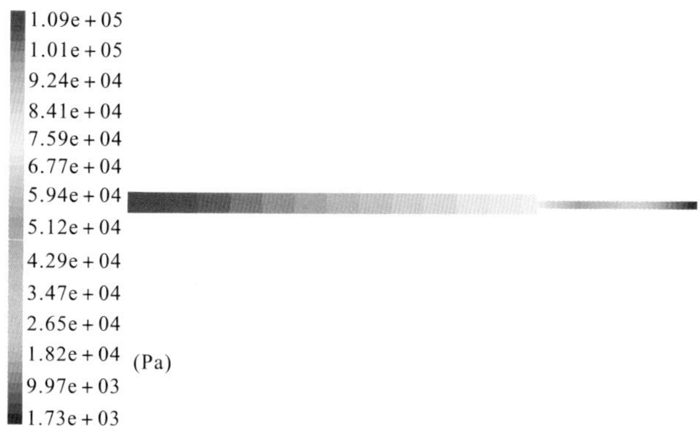

图 3.82　进口速度v_1=6 m · s^{-1}时，轴对称截面压力分布（d_1=15 mm，d_2=6 mm）

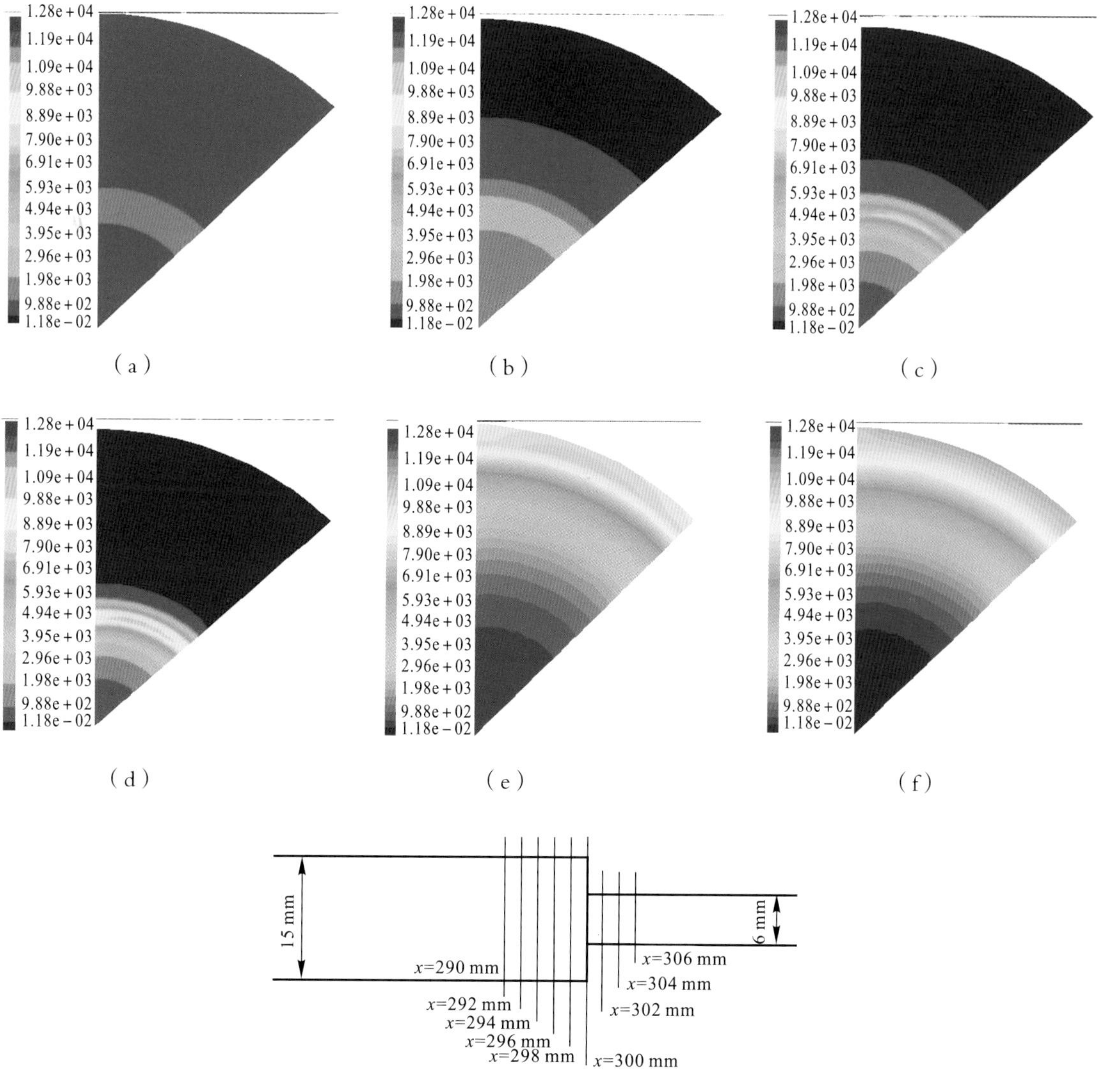

图 3.83　突缩管路剪切速率分布（d_1=15 mm，d_2=6 mm，v_1=6 m · s^{-1}）

（a）x=290 mm；（b）x=294 mm；（c）x=298 mm；

（d）x=300 mm；（e）x=302 mm；（f）x=306 mm

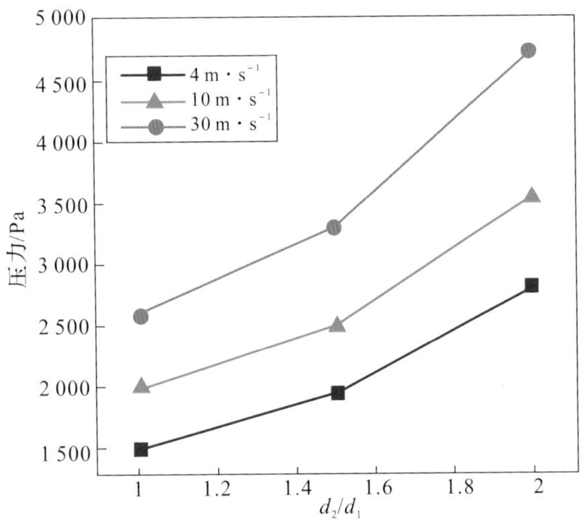

图 3.85　管径比对局部压力损失的影响

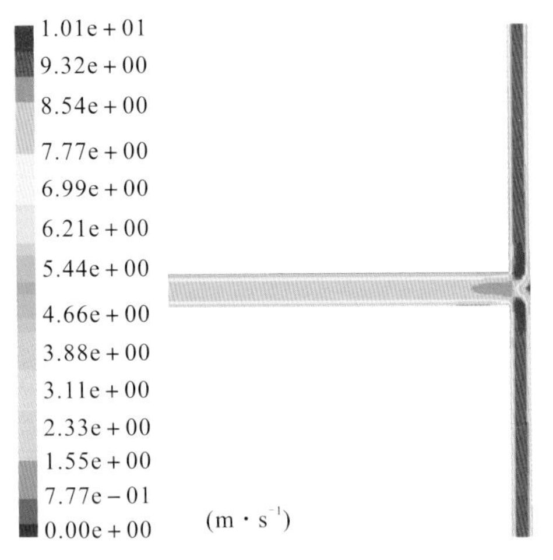

图 3.86　对称截面速度分布（d_2/d_1=1.5，v_1=6 m · s^{-1}）

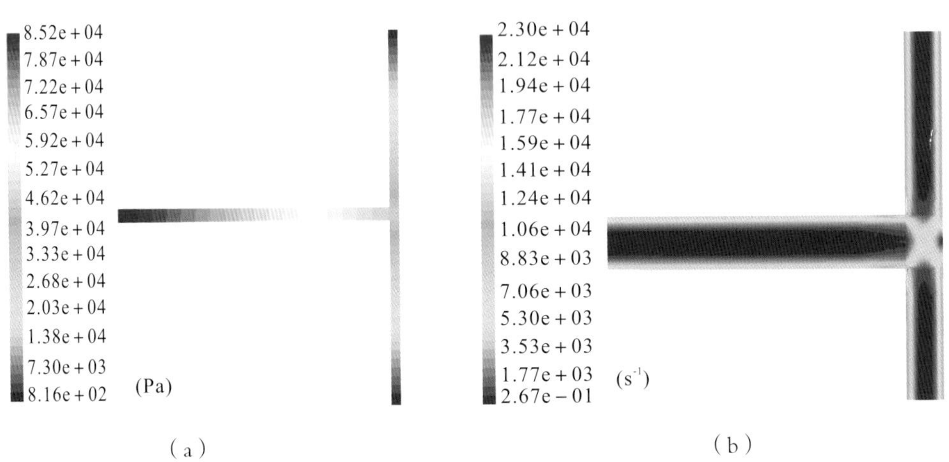

图 3.87　分流三通管对称截面压力和剪切速率分布（d_2/d_1=1.5，v_1=6 m · s^{-1}）

（a）压力和剪切速率分布；（b）压力和剪切速率分布

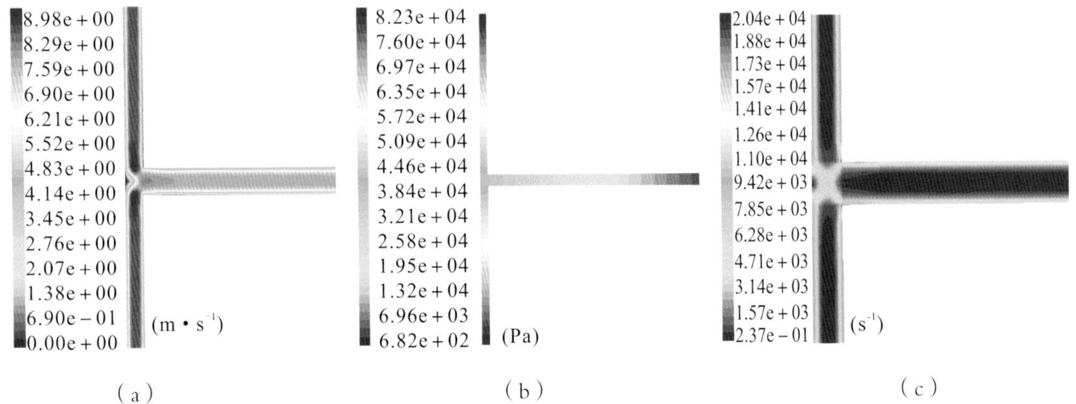

图 3.89　汇流三通管对称截面速度、压力和剪切速率分布（d_2/d_1=1.5，v_1=6 m · s^{-1}）

（a）速度分布；（b）压力分布；（c）剪切速率分布

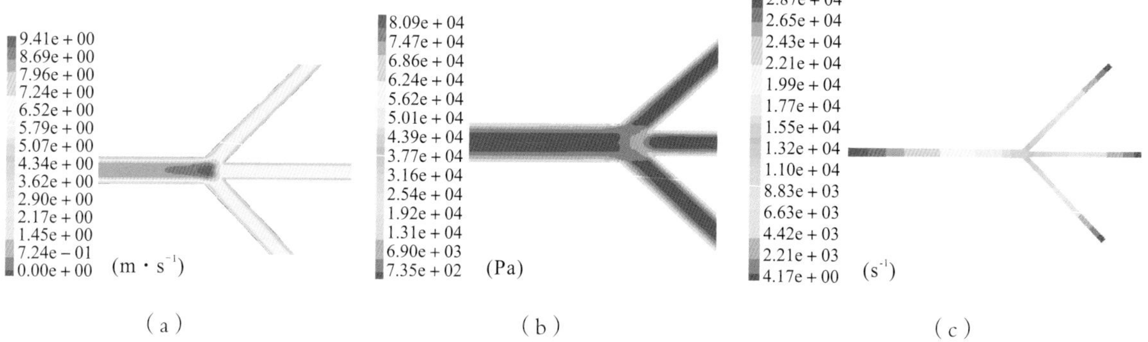

图 3.91　汇流三通管轴对称截面速度、压力和剪切速率分布（d_2/d_1=1.5，v_1=m · s^{-1}，$\theta_{分}$=45°）

（a）速度分布；（b）压力分布；（c）剪切速率分布

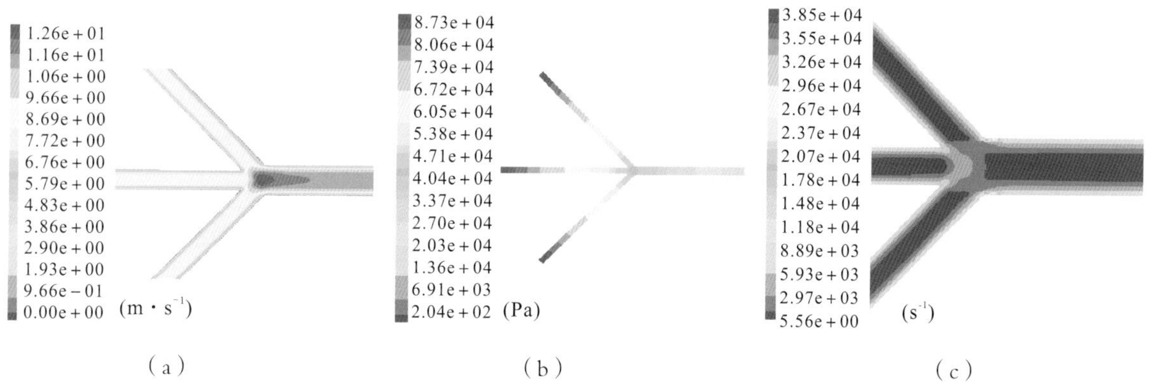

图 3.93　汇流多通管轴对称截面的速度、压力和剪切速率分布（d_2/d_1=1.5，v_1=6 m · s^{-1}，$\theta_{分}$=45°）

（a）速度分布；（b）压力分布；（c）剪切速率分布

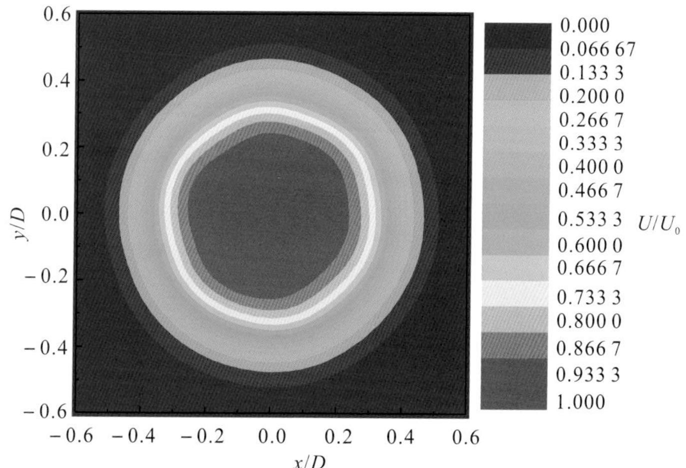

图 4.20　圆柱射流的速度剖面云图

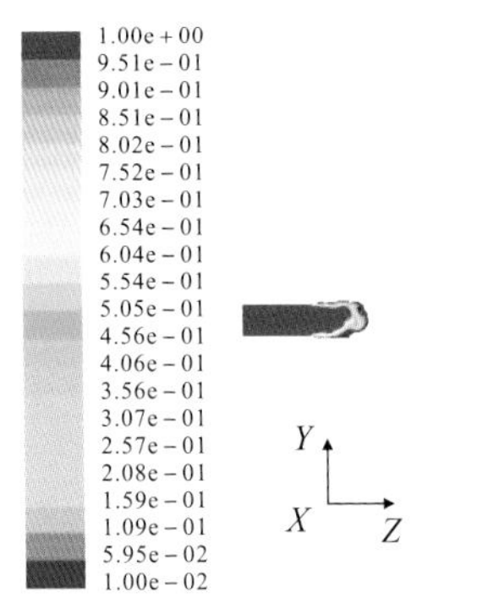

体积分数（t=1×10^{-4} s）

（a）

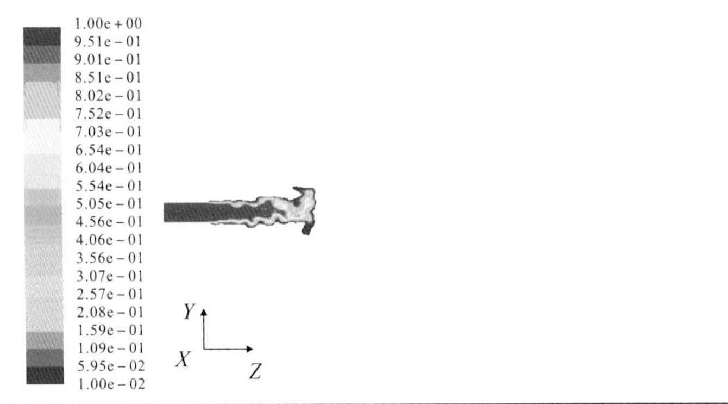

体积分数（t=2.0×10^{-4} s）

（b）

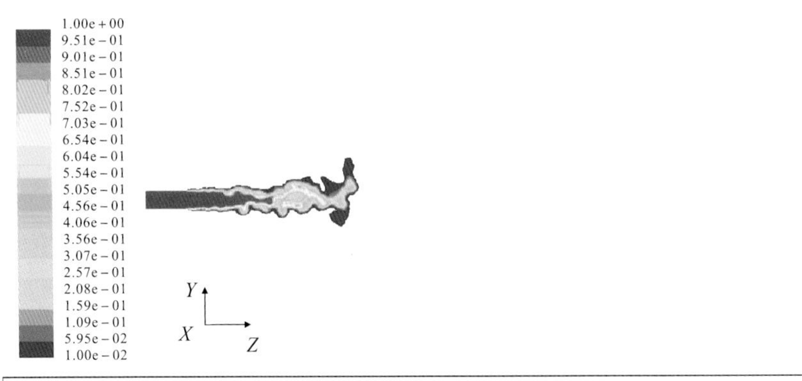

体积分数（t=3.0×10^{-4} s）

（c）

图 4.22　圆柱形瞬态射流俯视平面图

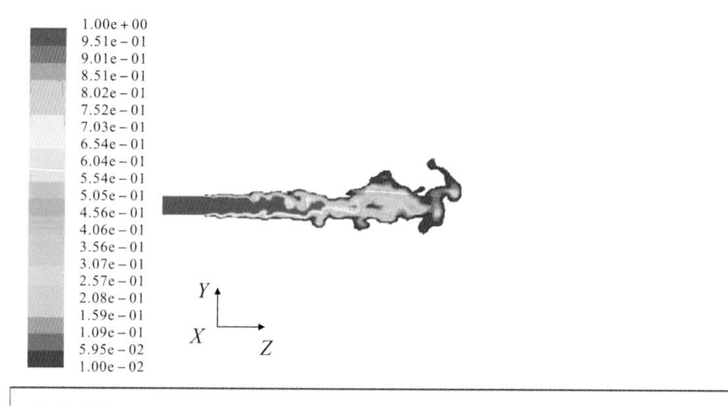

体积分数（$t=4.0\times10^{-4}$ s）

（d）

体积分数（$t=5.0\times10^{-4}$ s）

（e）

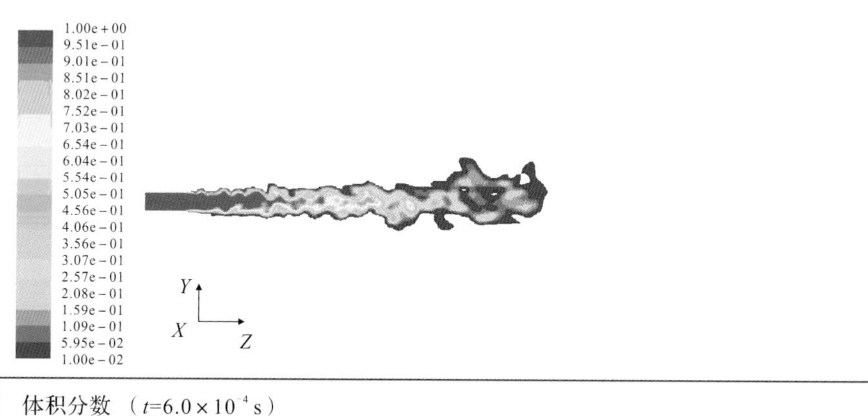

体积分数（$t=6.0\times10^{-4}$ s）

（f）

续图 4.22　圆柱形瞬态射流俯视平面图

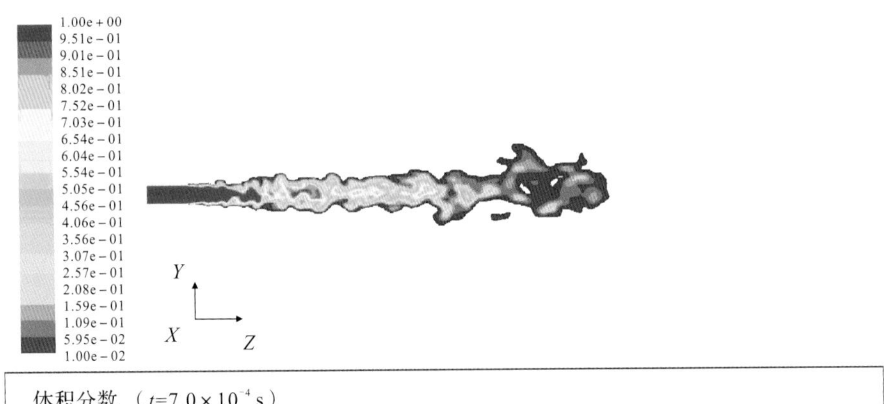

（g）

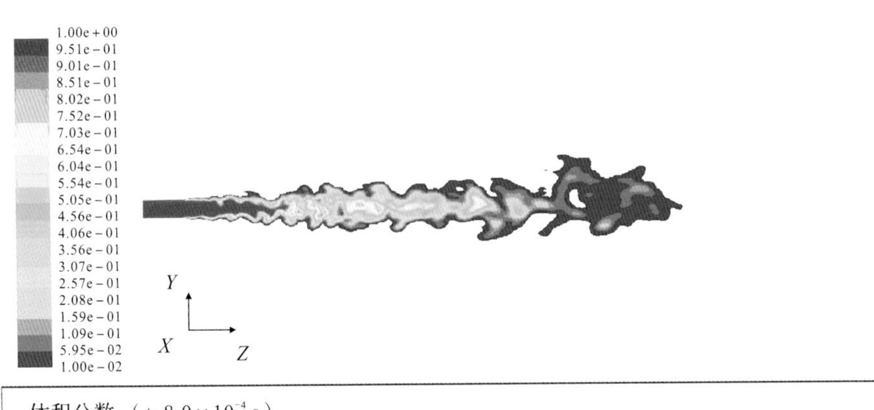

（h）

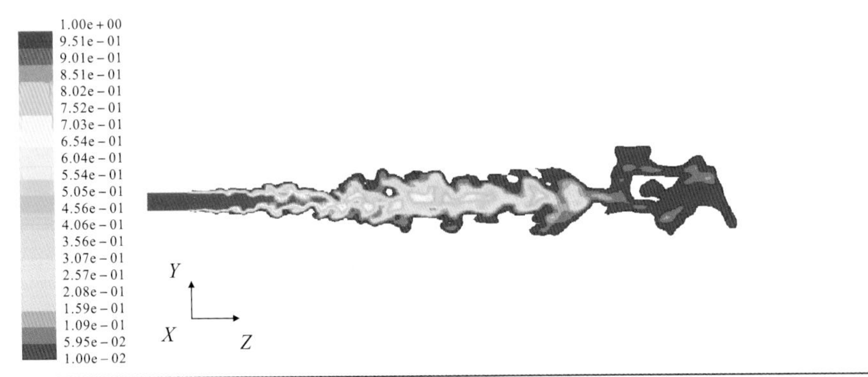

（i）

续图 4.22　圆柱形瞬态射流俯视平面图

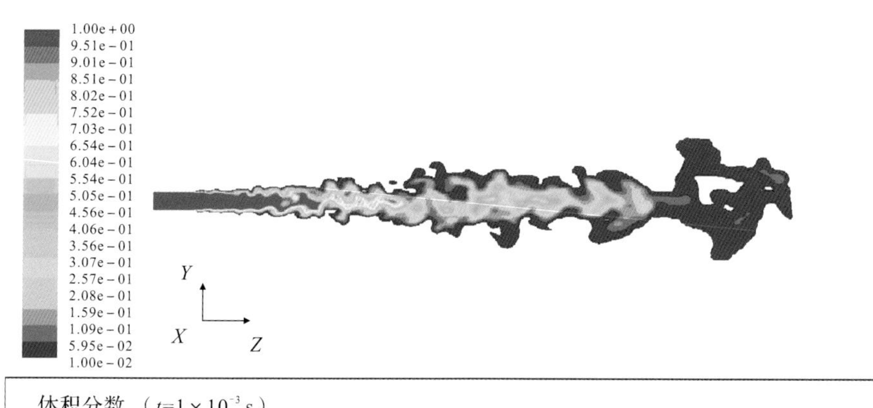

（j）

续图 4.22　圆柱形瞬态射流俯视平面图

（a）t=1×10^{-4} s；（b）t=2×10^{-4} s；（c）t=3×10^{-4} s；（d）t=4×10^{-4} s；（e）t=5×10^{-4} s；（f）t=6×10^{-4} s；（g）t=7×10^{-4} s；（h）t=8×10^{-4} s；（i）t=9×10^{-4} s；（j）t=10×10^{-4} s

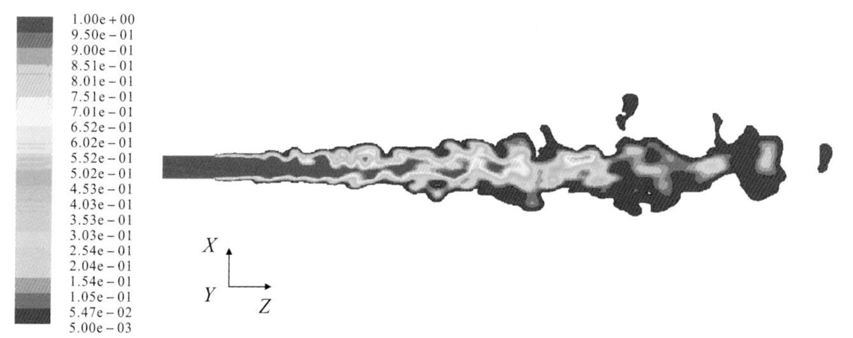

图4.26　射流速度v=30 m·s^{-1}

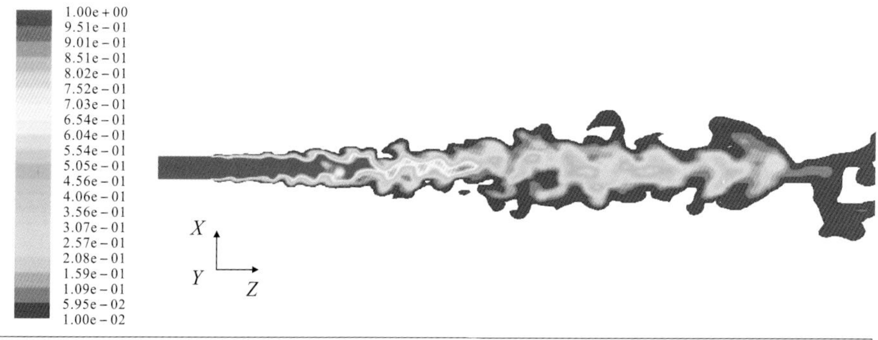

图 4.27　射流速度v=50 m·s^{-1}

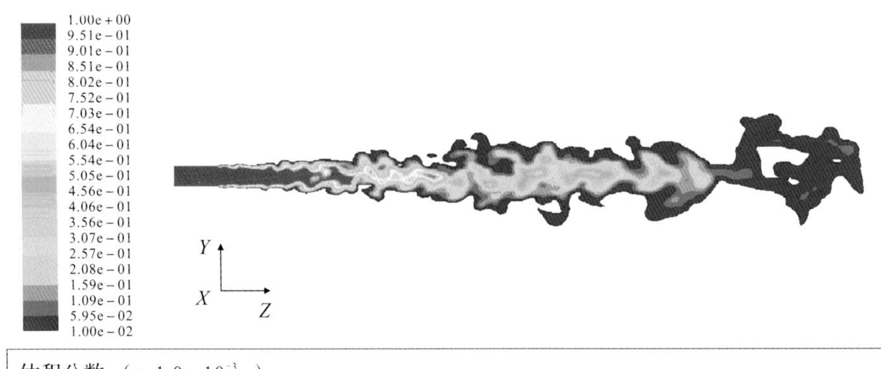

图 4.30　环境温度T=300 K

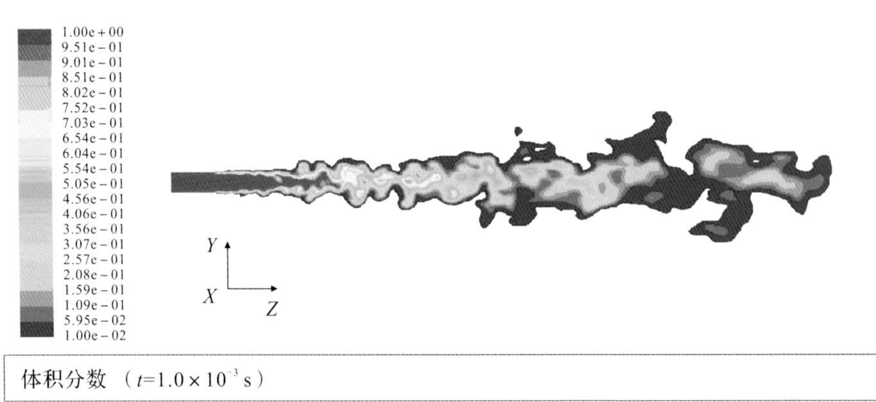

图 4.31　环境温度T=700 K

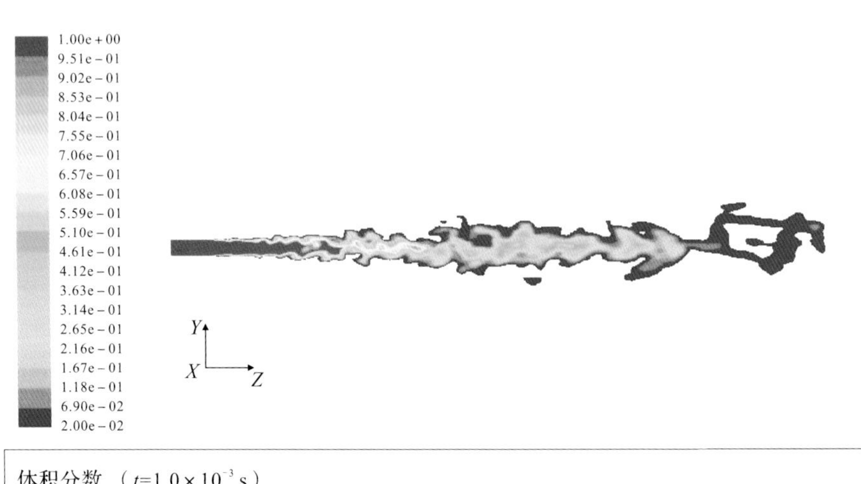

图 4.34　环境气体密度ρ_g=1.225 kg·m^{-3}

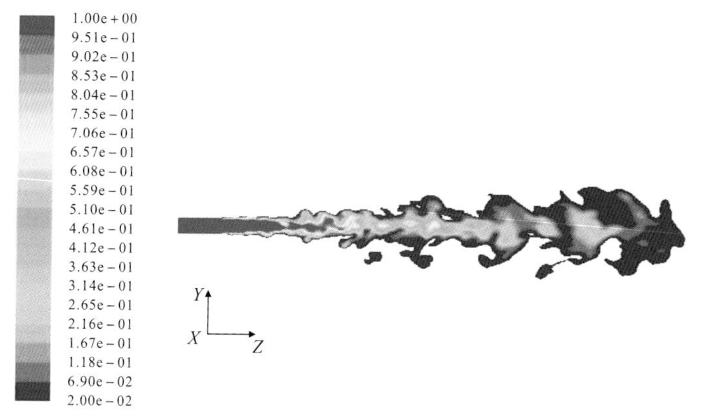

体积分数 （t=1.0×10^{-3} s）

图 4.35　环境气体密度 ρ_g=5 kg · m^{-3}

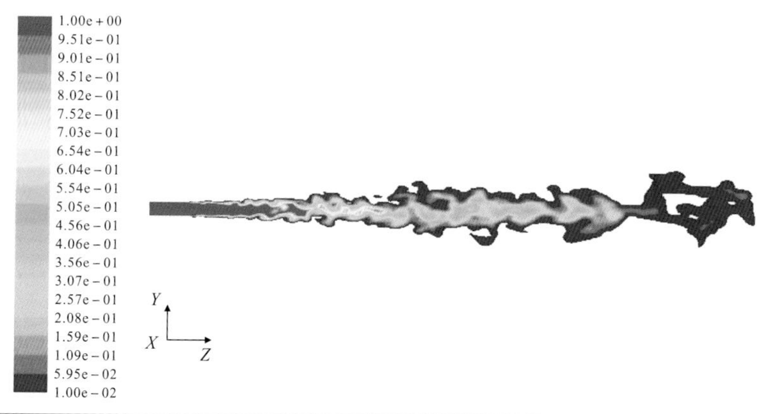

体积分数 （t=1.0×10^{-3} s）

图 4.38　喷孔直径d=0.3 mm

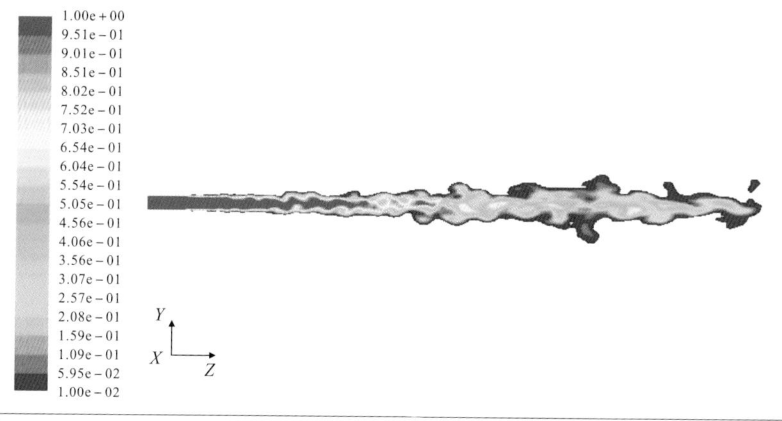

体积分数 （t=2.0×10^{-3} s）

图 4.39　喷孔直径d=0.5 mm

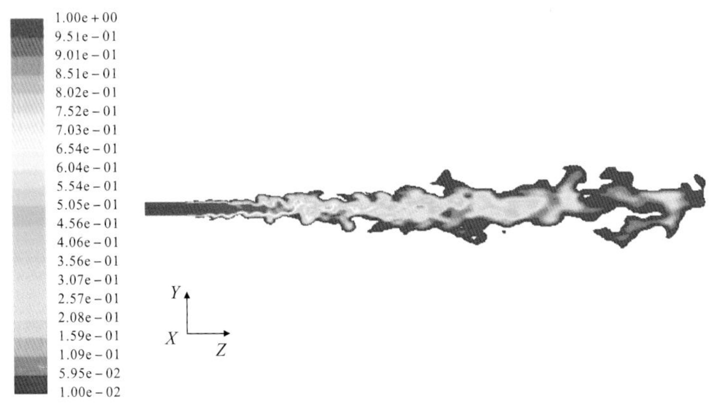

体积分数（t=1.0×10^{-3} s）

图 4.42 稠度系数k=10 Pa·s^n

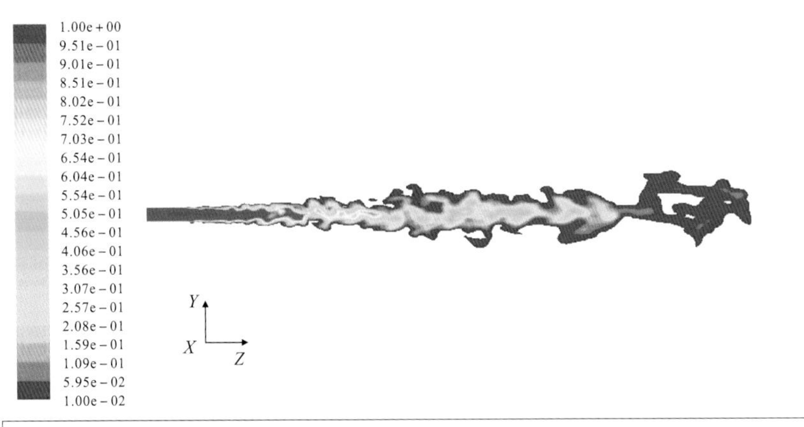

体积分数（t=1.0×10^{-3} s）

图 4.43 稠度系数k=30 Pa·s^n

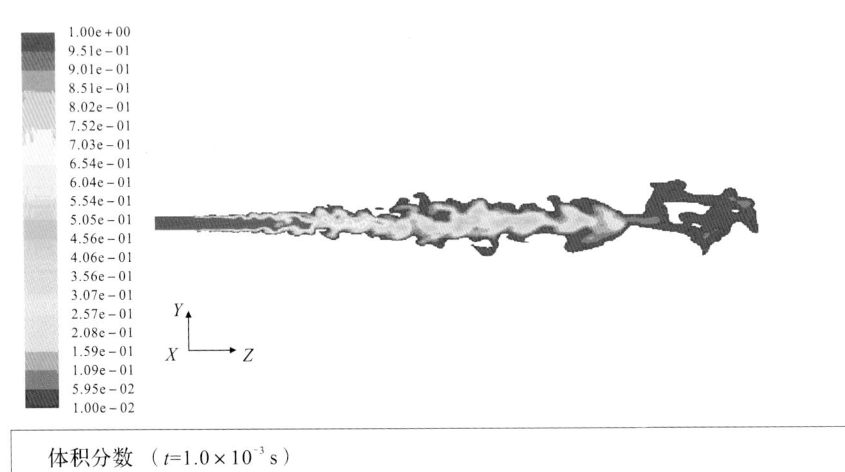

体积分数（t=1.0×10^{-3} s）

图 4.46 幂律指数n=0.5

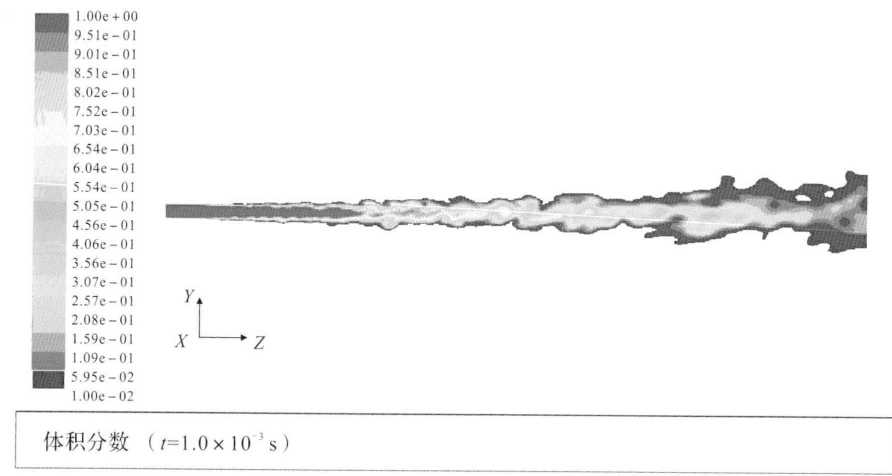

图 4.47　幂律指数n=0.7

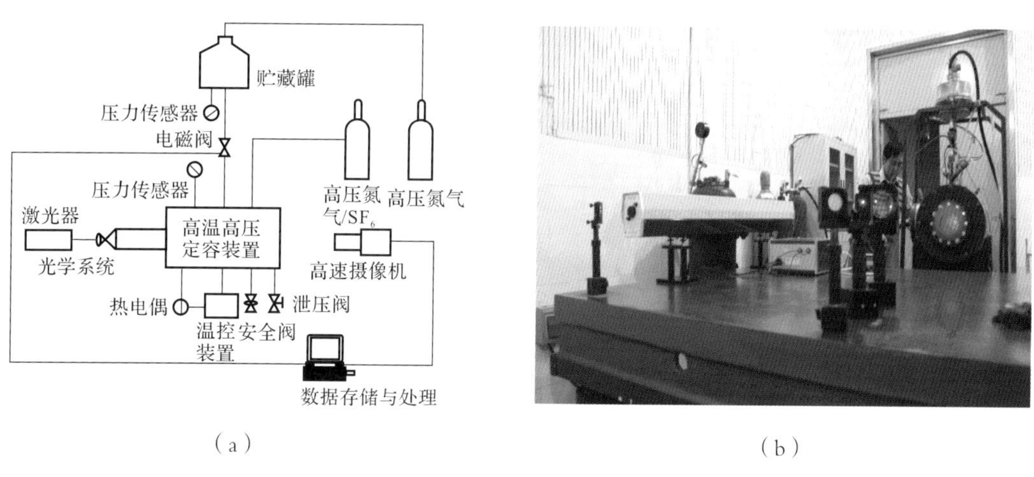

图 4.50　实验系统图

（a）示意图；（b）实物图

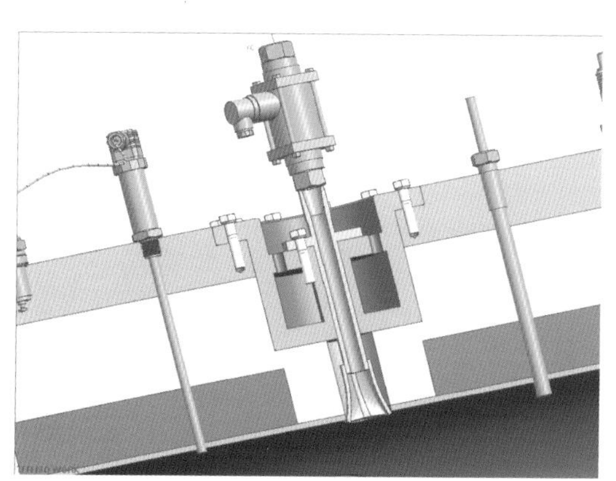

图 4.51　喷射系统三维设计图

图 4.52　液体输运与喷射系统实物图

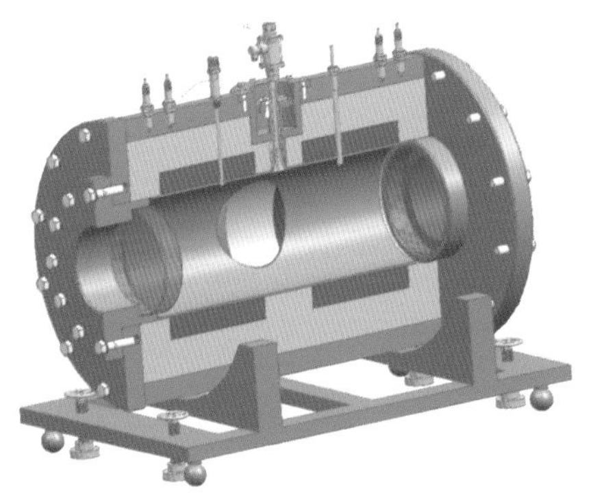

图 4.53　反压舱结构示意图

图 4.54　反压舱实物图

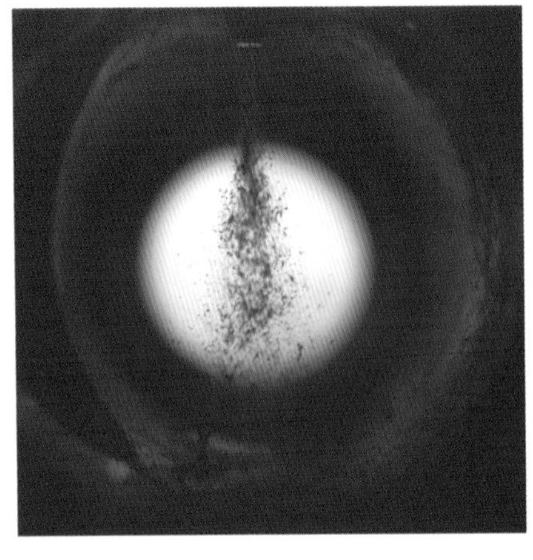

（a）

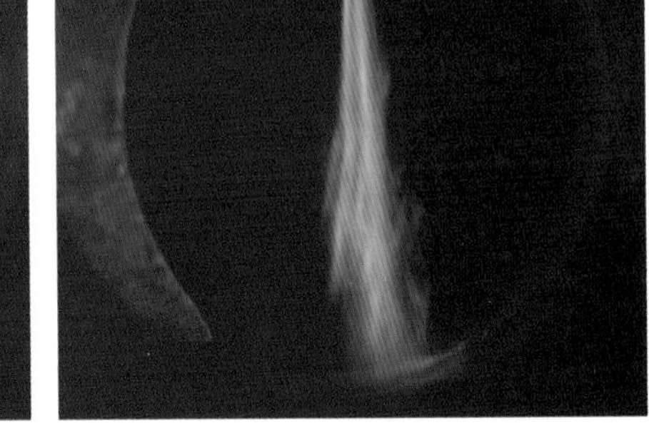

（b）

图 4.55　普通光源拍摄图像
（a）阴影图像；（b）散射图像

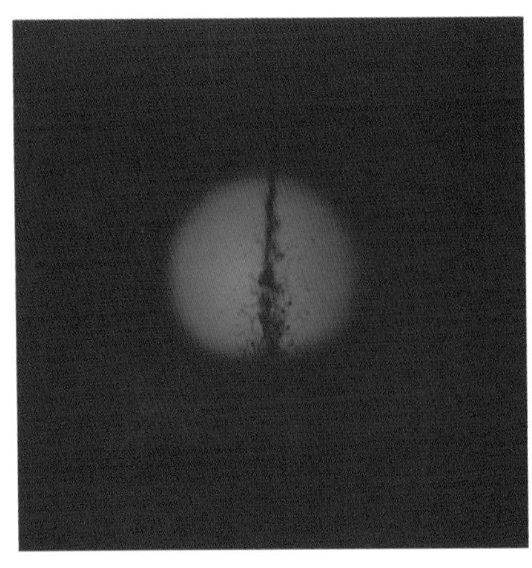

（a）

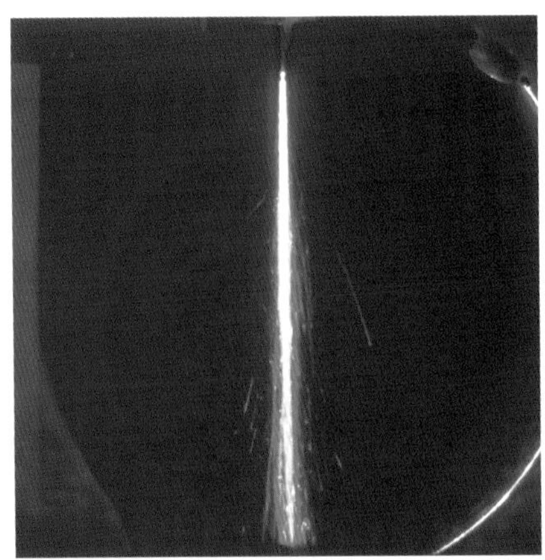

（b）

图 4.56　激光光源拍摄图像
（a）阴影图像；（b）散射图像

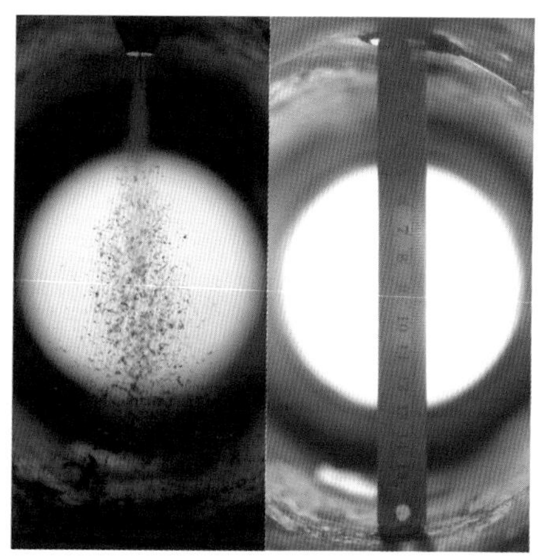

图 4.57　圆柱射流破碎形貌与标定

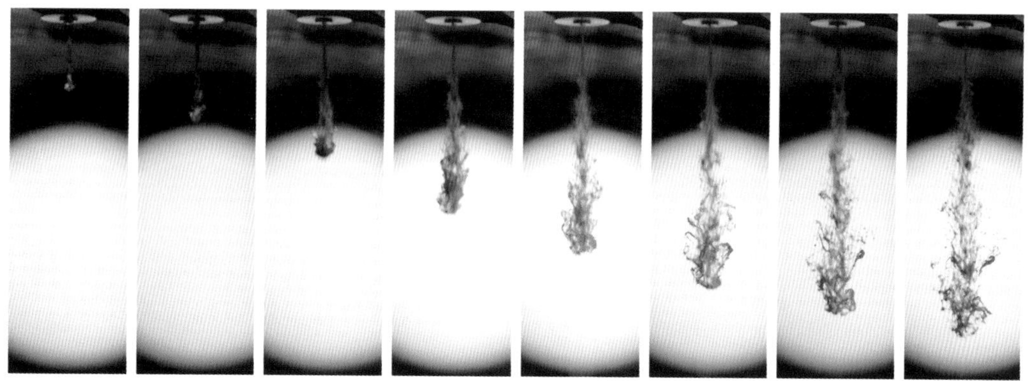

图 4.58　圆柱射流的破碎发展过程

（图像间隔时间为2 ms，p_1=4.5 MPa，p_2=1.5 MPa，d=0.3 mm，L/d=4，$2^{\#}$模拟液）

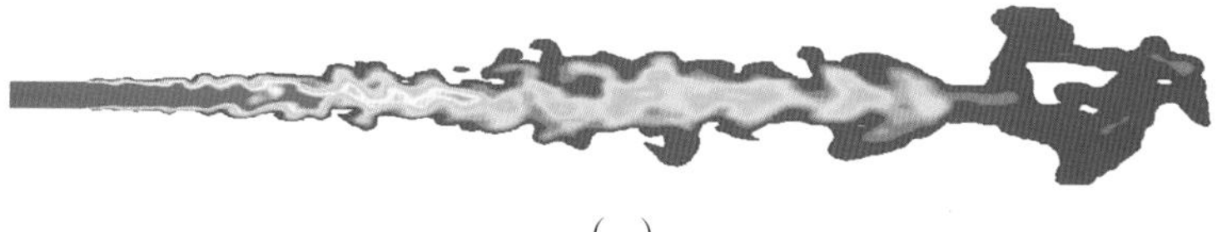

（a）

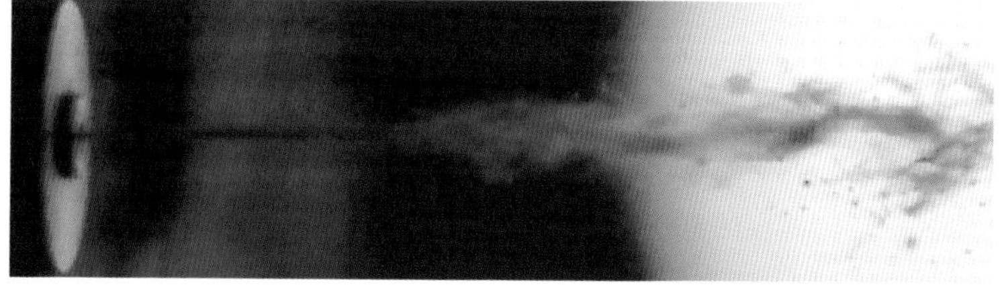

（b）

图 4.59　圆柱射流仿真计算与实验结果形貌对比图（近喷孔处局部）

（a）仿真瞬态射流（$t=1\times10^{-4}$ s，v=50 m·s^{-1}，T=300 K，d=0.3 mm，k=30 Pa·s^{n}，n=0.5）；

（b）实验稳态射流（$v\approx50$ m·s^{-1}，T=300 K，d=0.3 mm，$2^{\#}$模拟液）

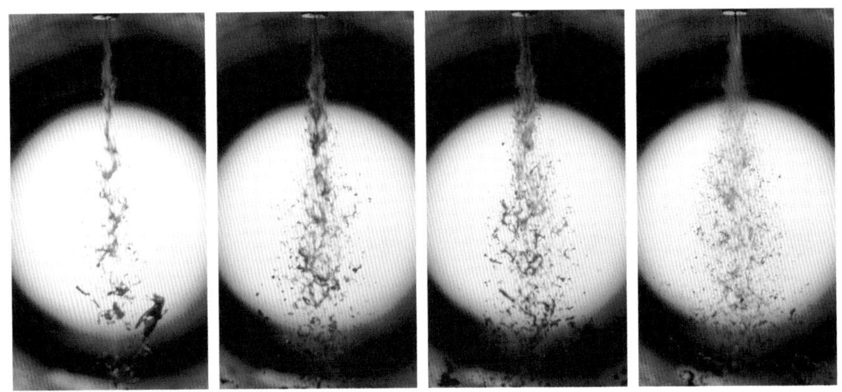

图 4.60　从左到右喷射压力依次为3.5 MPa，4.5 MPa，5.2 MPa，6.0 MPa

（SF_6环境，环境压力1.5 MPa，环境温度294 K，1#模拟液）

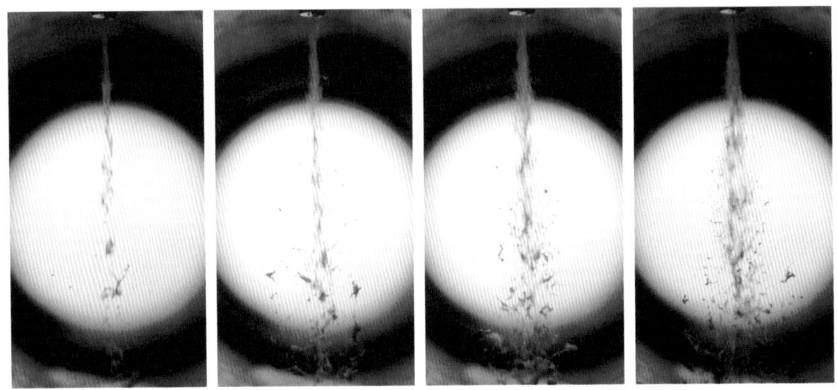

图 4.61　从左到右喷射压力依次为2.5 MPa，3.5 MPa，4.5 MPa，6.0 MPa

（SF_6环境，环境压力0.7 MPa，环境温度294 K，1#模拟液）

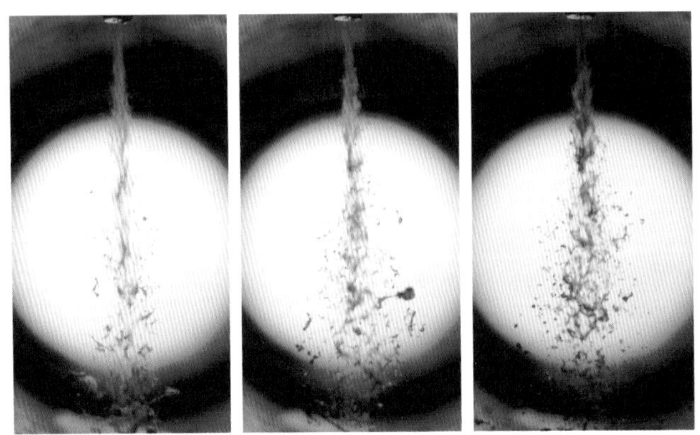

图 4.65　从左到右环境压力依次为0.7 MPa，1.1 MPa，1.5 MPa

（SF_6环境，喷射压力4.5 MPa，环境温度294 K，1#模拟液）

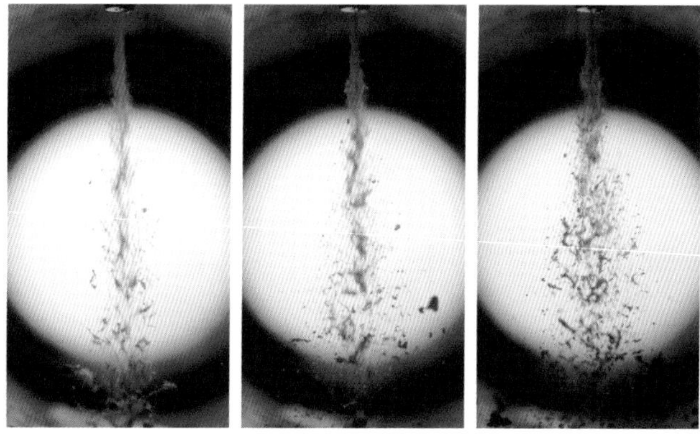

图 4.69　从左到右环境压力依次为0.7 MPa，1.1 MPa，1.5 MPa
（SF_6环境，环境温度294 K，压差分别为3.8 MPa，3.4 MPa，3.7 MPa，1#模拟液）

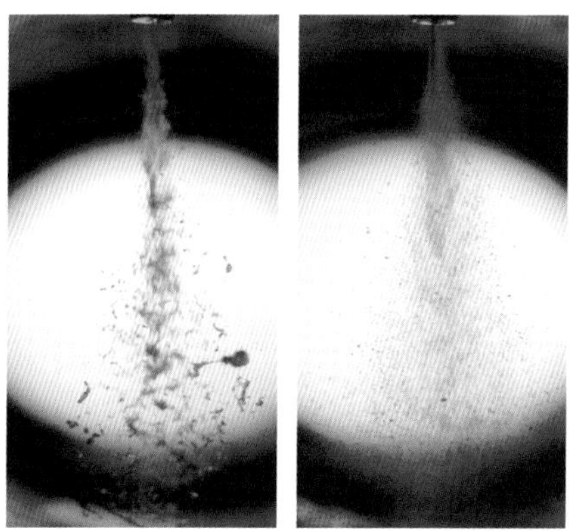

图 4.73　从左到右环境温度依次为290 K、590 K
（SF_6环境，p_1=4.5 Mpa，p_2=1.1 MPa，d=0.5 mm）

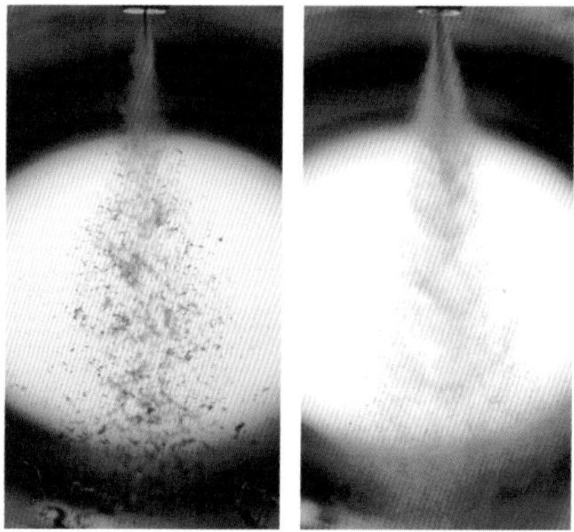

图 4.74　从左到右环境温度依次为290 K、590 K
（SF_6环境，p_1=6.0 MPa，p_2=1.5 MPa，d=0.5 mm）

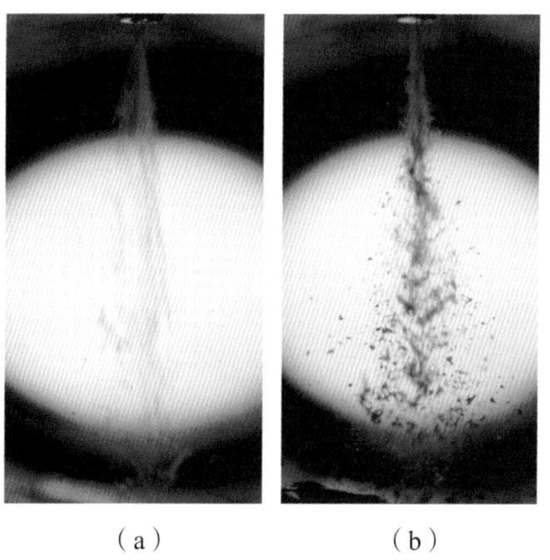

（a）　（b）

图4.78　不同情况下环境介质对射流破碎特征的影响（一）
（喷射压力5.5 MPa，环境压力1.1 MPa，环境温度294 K，1#模拟液）
（a）N_2；（b）SF_6

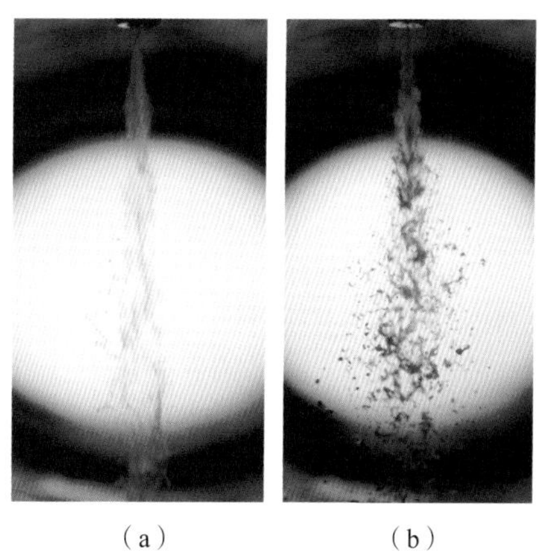

（a）　（b）

图 4.79　不同情况下环境介质对射流破碎特征的影响（二）
（喷射压力4.5 MPa，环境压力1.5 MPa，环境温度294 K，1#模拟液）
（a）N_2；（b）SF_6

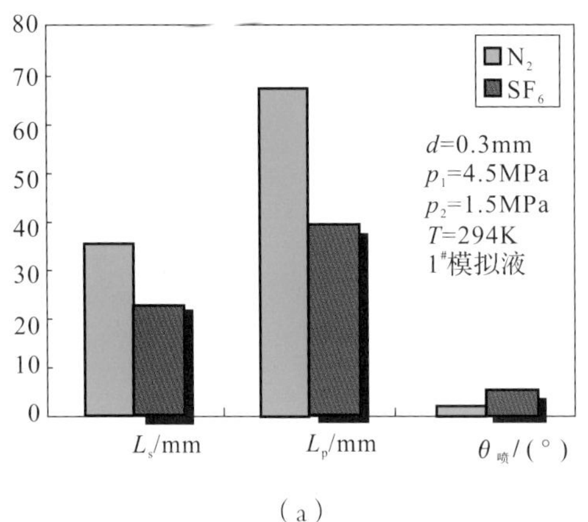

(a)

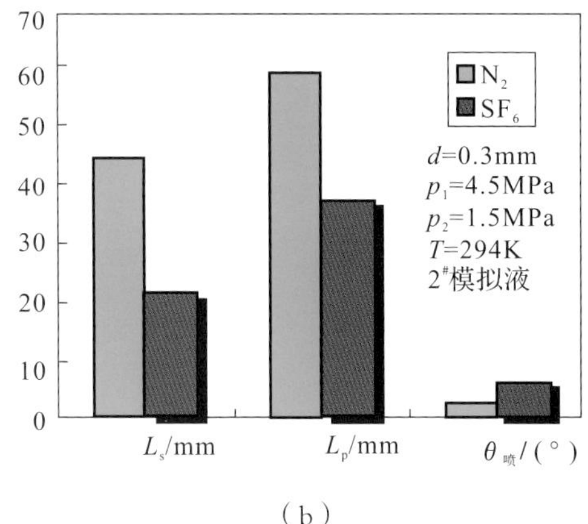

(b)

图 4.80　环境介质对圆柱射流破碎特征的影响

(a) 1#模拟液；(b) 2#模拟液

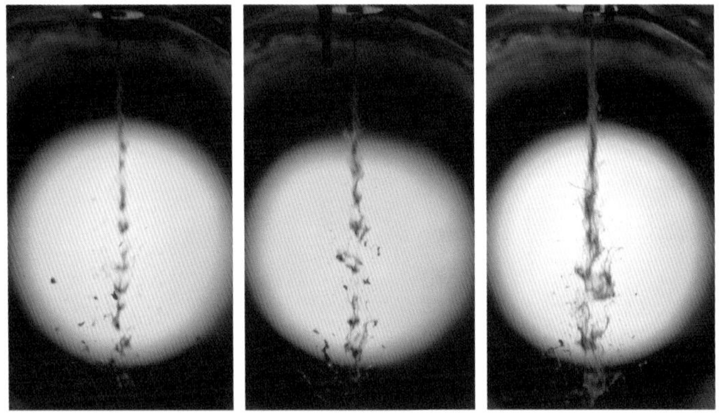

图 4.81　从左到右喷孔直径依次为0.3 mm、0.5 mm、0.7 mm

(SF_6环境，喷射压力4.5 MPa，环境压力1.1 MPa，环境温度294 K，1#模拟液)

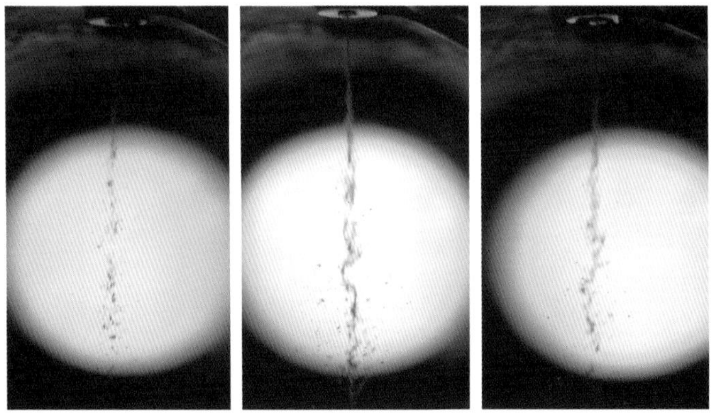

图 4.85　从左到右长径比依次为2，4，7

(SF_6环境，喷射压力4.5 MPa，环境压力0.7 MPa，环境温度294 K，2#模拟液)

0.5
0.4
0.3
0.2
0.1
0.0
z/H
0
1
2
3
4
5
y/H
0.000
0.066 67
0.133 3
0.200 0
0.266 7
0.333 3
0.400 0
0.466 7
0.533 3
0.600 0
0.666 7
0.733 3
0.800 0
0.866 7
0.933 3
1.000
v/v0

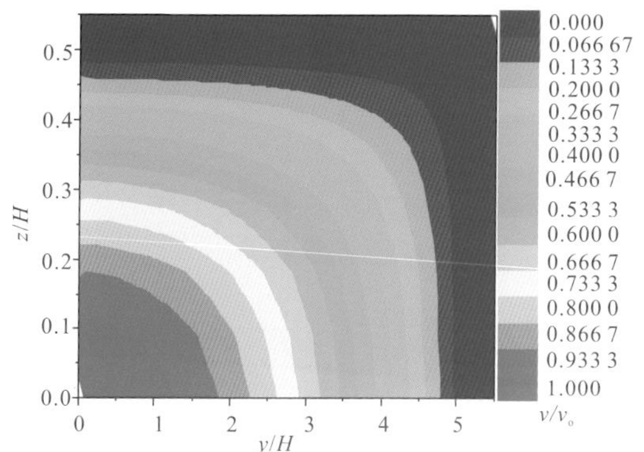

图 5.28　液膜射流的速度剖面云图

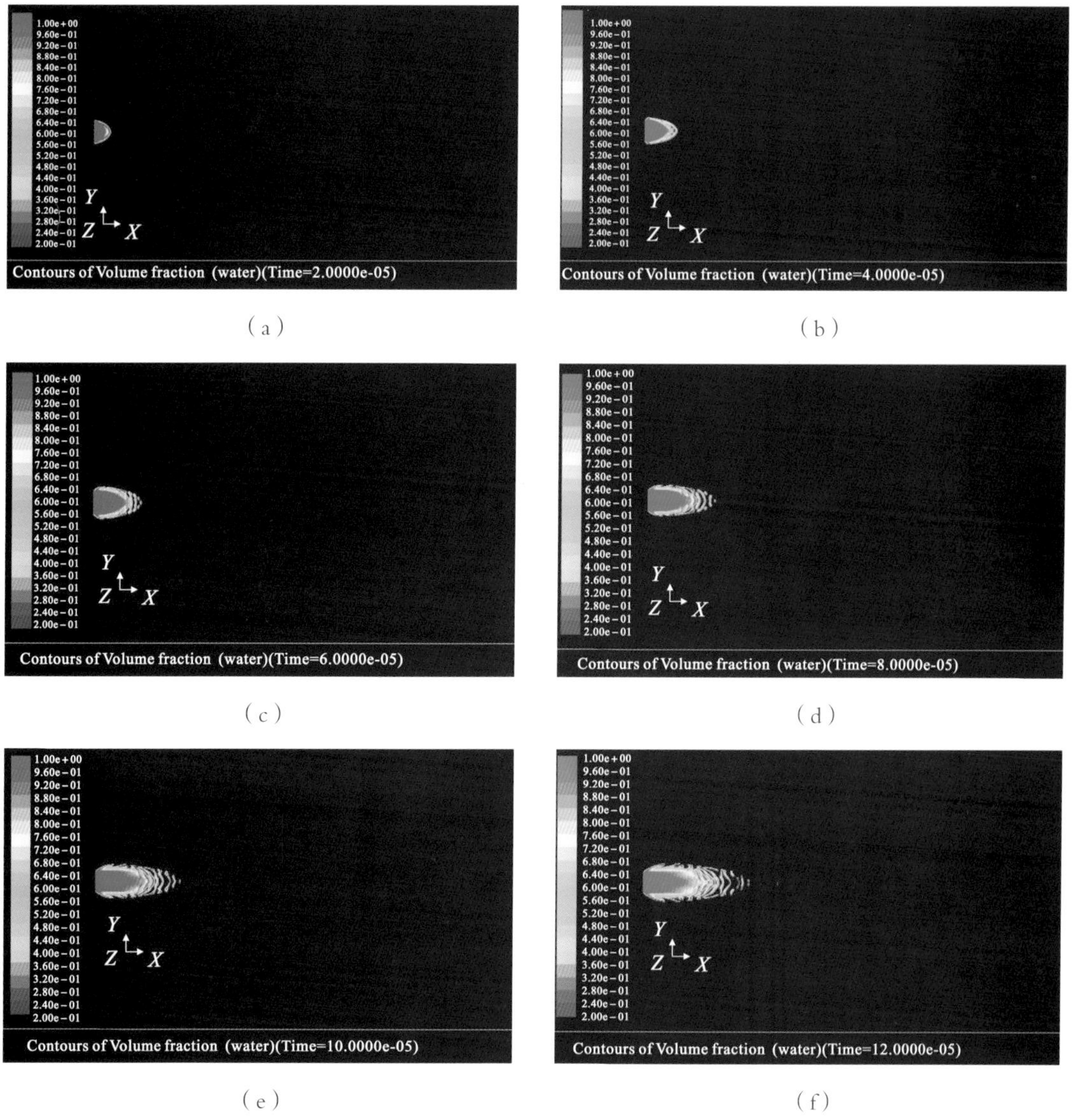

Contours of Volume fraction (water)(Time=2.0000e-05)
(a)
Contours of Volume fraction (water)(Time=4.0000e-05)
(b)
Contours of Volume fraction (water)(Time=6.0000e-05)
(c)
Contours of Volume fraction (water)(Time=8.0000e-05)
(d)
Contours of Volume fraction (water)(Time=10.0000e-05)
(e)
Contours of Volume fraction (water)(Time=12.0000e-05)
(f)

图 5.30　液膜射流随时间的发展演化过程

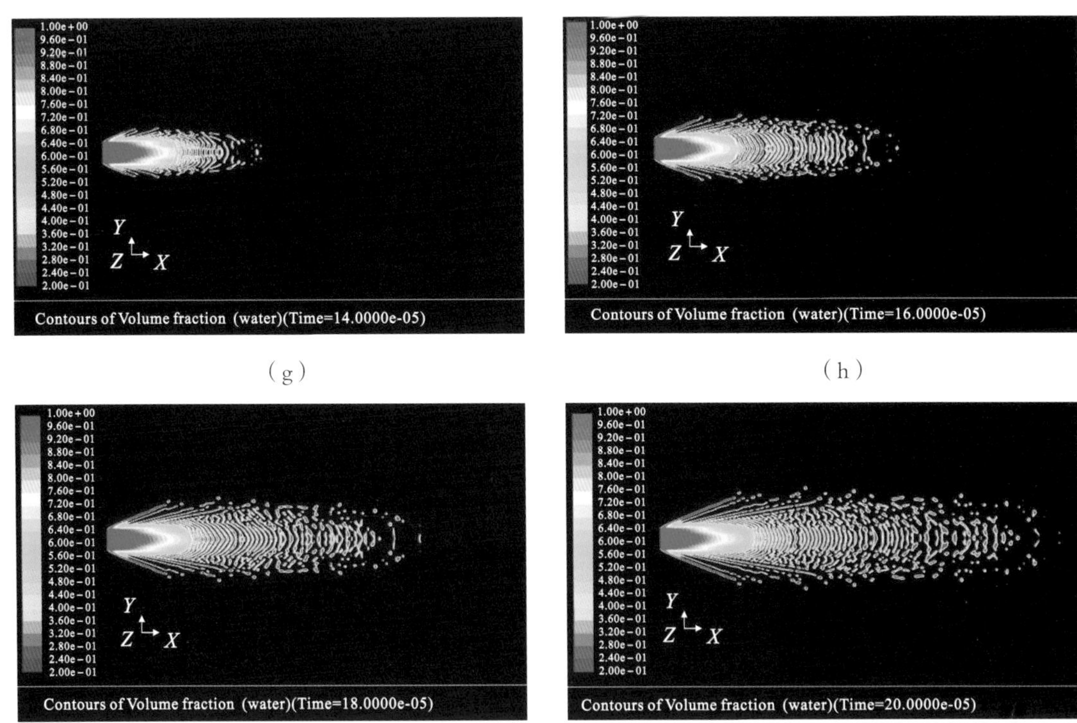

续图 5.30　液膜射流随时间的发展演化过程

（a）液膜瞬态射流俯视平面图（$t=2\times10^{-5}$ s）；（b）液膜瞬态射流俯视平面图（$t=4\times10^{-5}$ s）；
（c）液膜瞬态射流俯视平面图（$t=6\times10^{-5}$ s）；（d）液膜瞬态射流俯视平面图（$t=8\times10^{-5}$ s）；
（e）液膜瞬态射流俯视平面图（$t=1\times10^{-4}$ s）；（f）液膜瞬态射流俯视平面图（$t=1.2\times10^{-4}$ s）；
（g）液膜瞬态射流俯视平面图（$t=1.88\times10^{-4}$ s）；（h）液膜瞬态射流俯视平面图（$t=2.88\times10^{-4}$ s）；
（i）液膜瞬态射流俯视平面图（$t=3.88\times10^{-4}$ s）；（j）液膜瞬态射流俯视平面图（$t=4.88\times10^{-4}$ s）

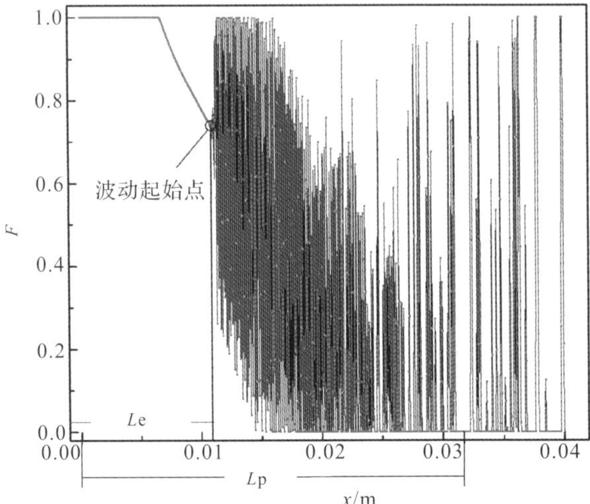

图 5.31　液膜射流体积分数的变化（$t=3.88\times10^{-4}$ s）

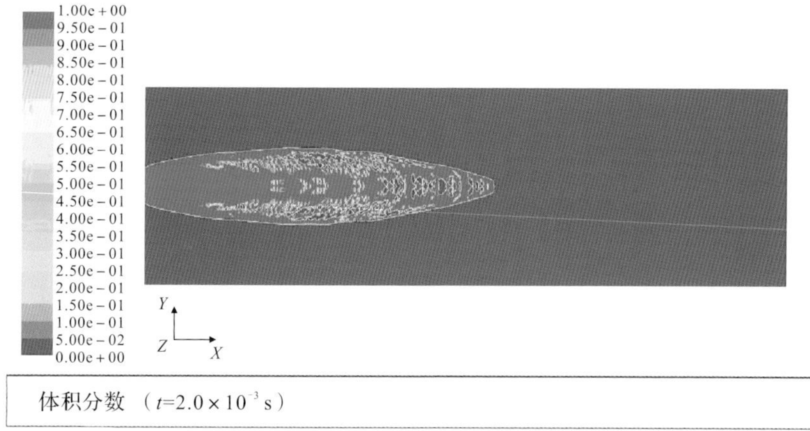

图 5.34　液膜射流破碎体积分数（v=15 m · s^{-1}）

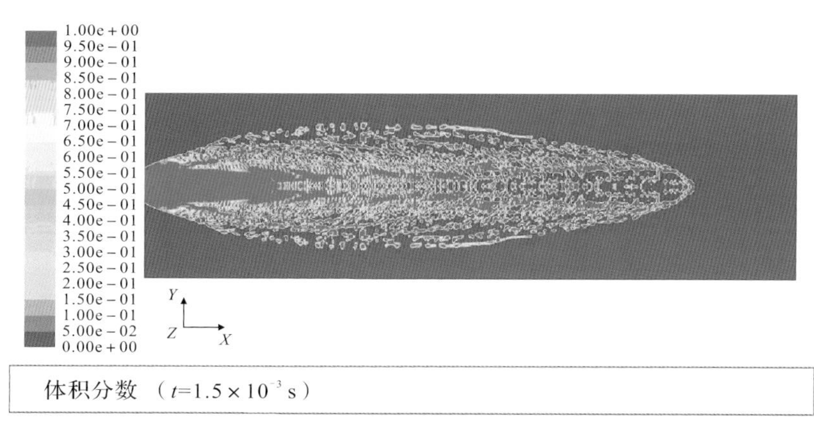

图 5.35　液膜射流破碎体积分数（v=30 m · s^{-1}）

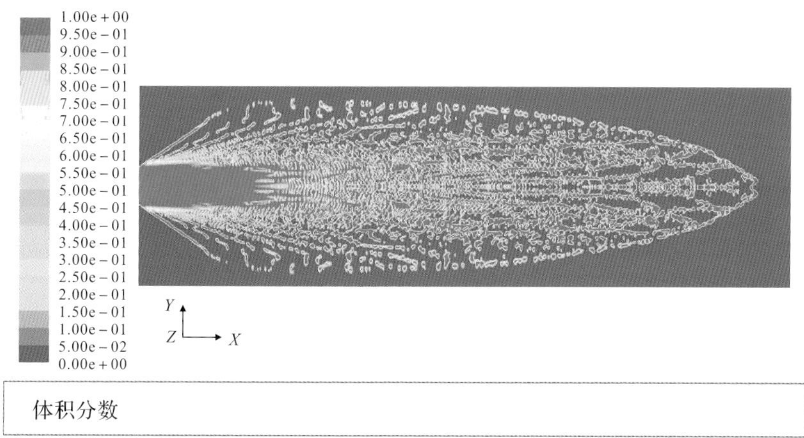

图 5.36　液膜射流破碎体积分数（v=50 m · s^{-1}）

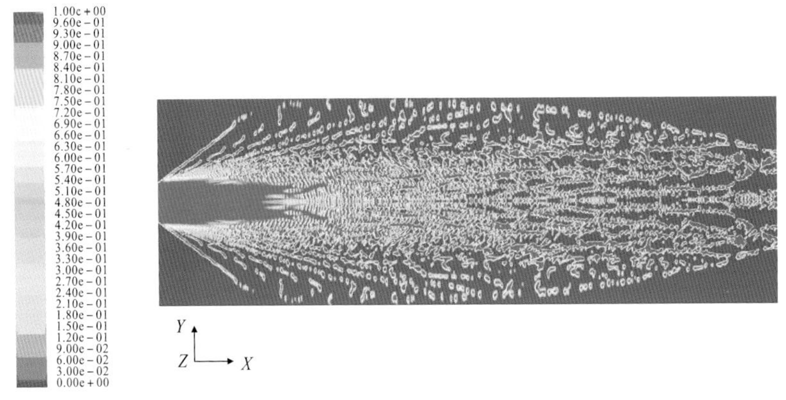

体积分数（水）（T=300 K）

图 5.39　液膜射流破碎体积分数（T=300 K）

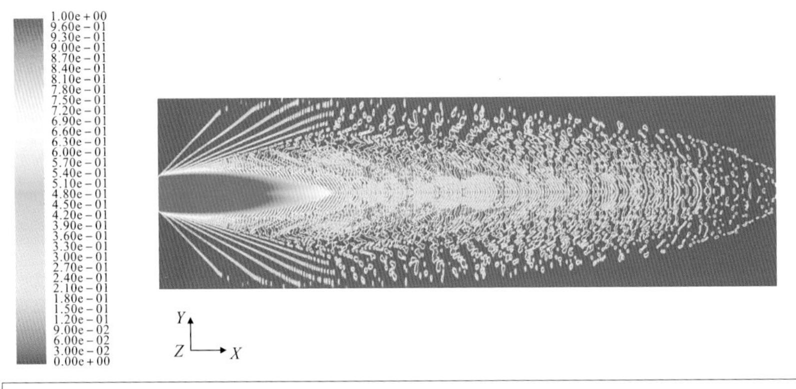

体积分数（水）（T=500 K）

图 5.40　液膜射流破碎体积分数（T=500 K）

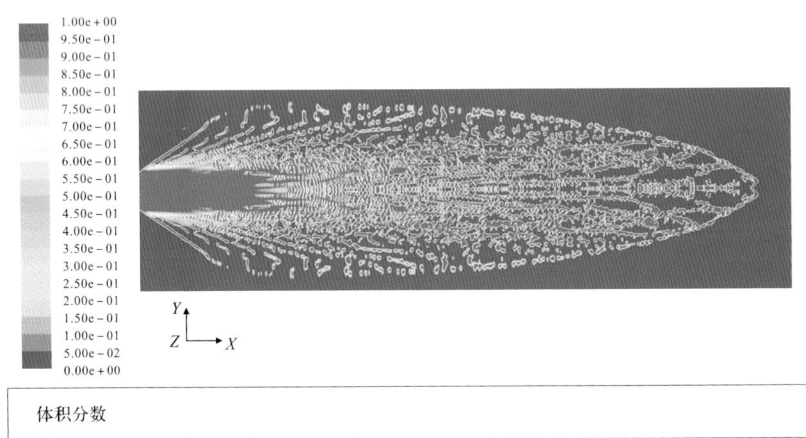

体积分数

图 5.43　环境气体密度ρ_g=1.225 kg·m^{-3}

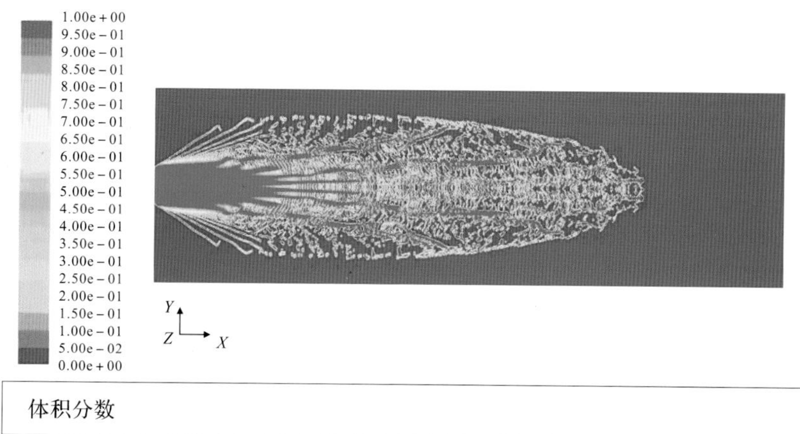

图 5.44　环境气体密度 ρ_g=5 kg · m^{-3}

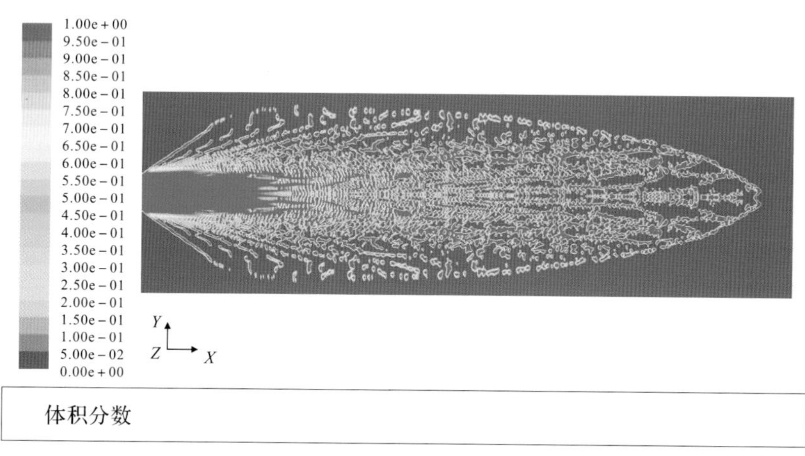

图 5.47　液膜射流破碎体积分数（δ =0.2 mm）

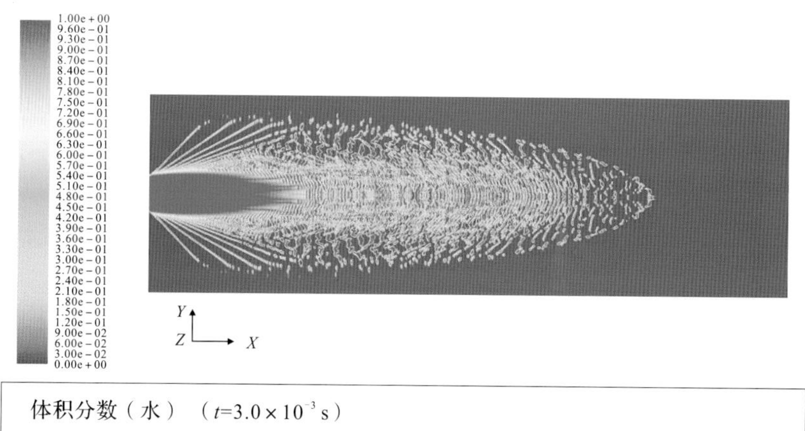

图 5.48　液膜射流破碎体积分数（δ =0.8 mm）

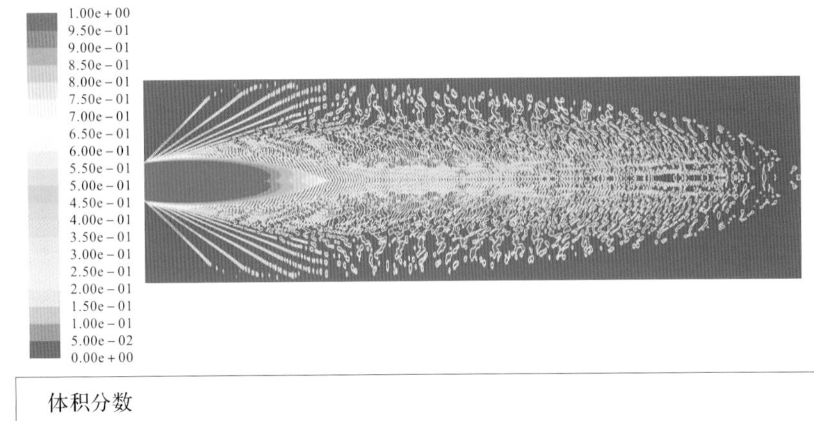

图 5.51　液膜射流破碎体积分数（k=10 Pa · s^n）

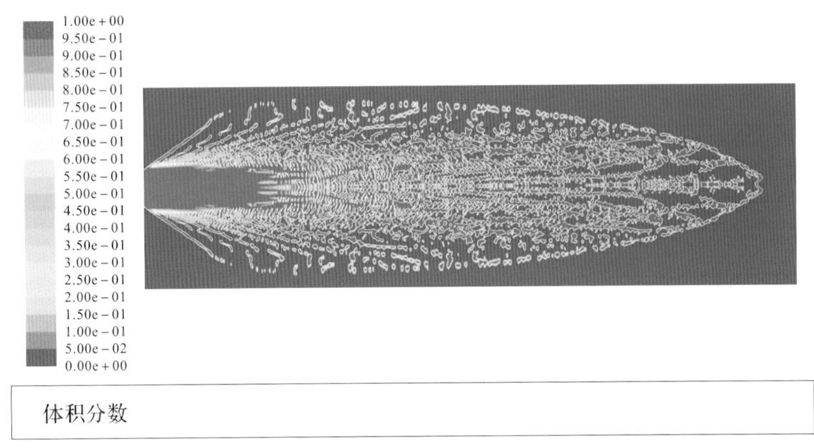

图 5.52　液膜射流破碎体积分数（k=30 Pa · s^n）

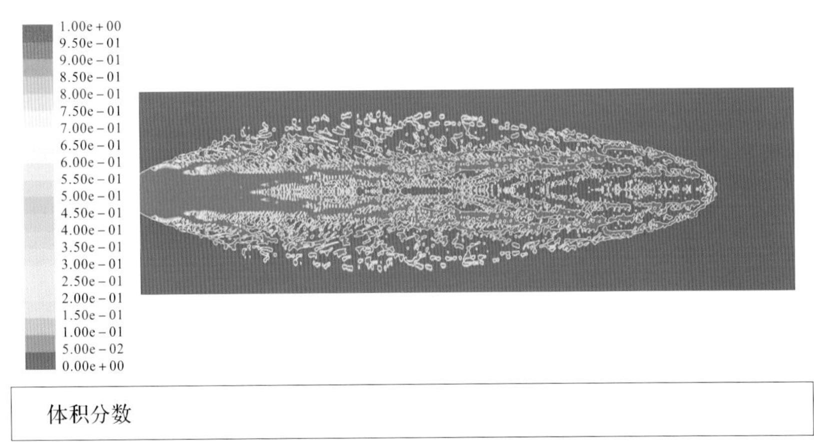

图 5.53　液膜射流破碎体积分数（k=50 Pa · s^n）

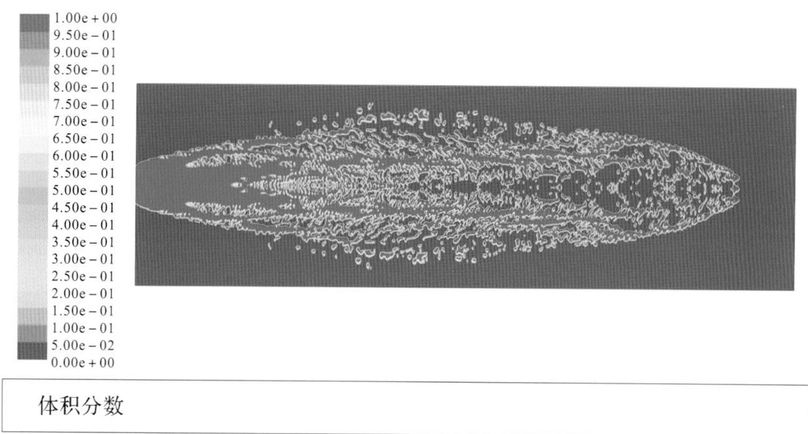

图 5.54　液膜射流破碎体积分数（$k=70\ \mathrm{Pa\cdot s^{n}}$）

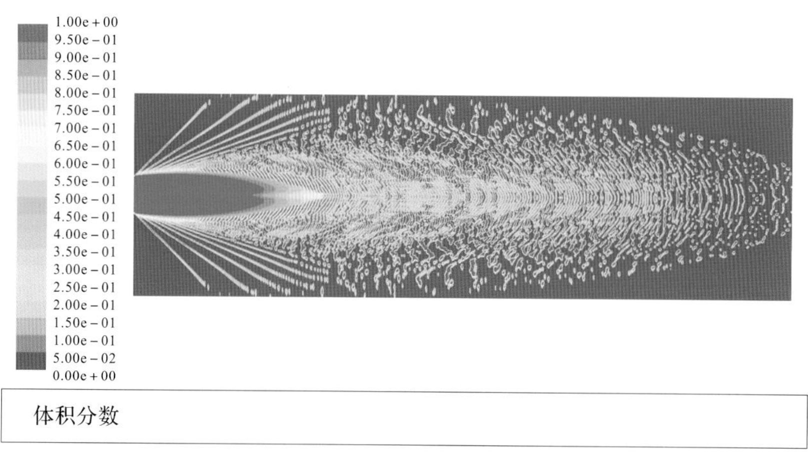

图 5.57　液膜射流破碎体积分数（$n=0.1$）

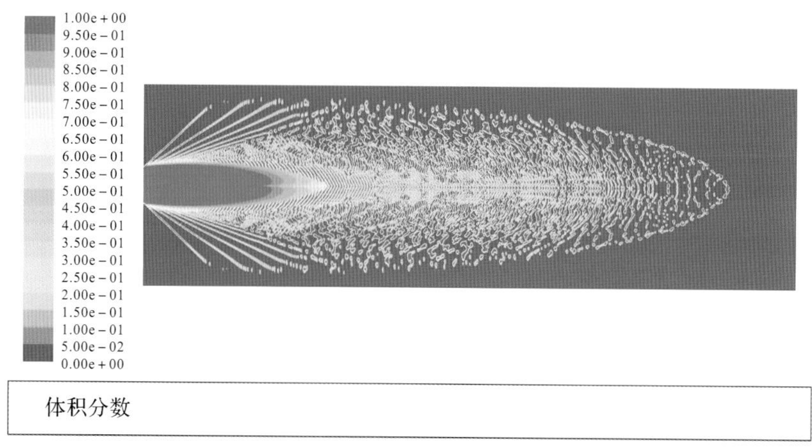

图 5.58　液膜射流破碎体积分数（$n=0.3$）

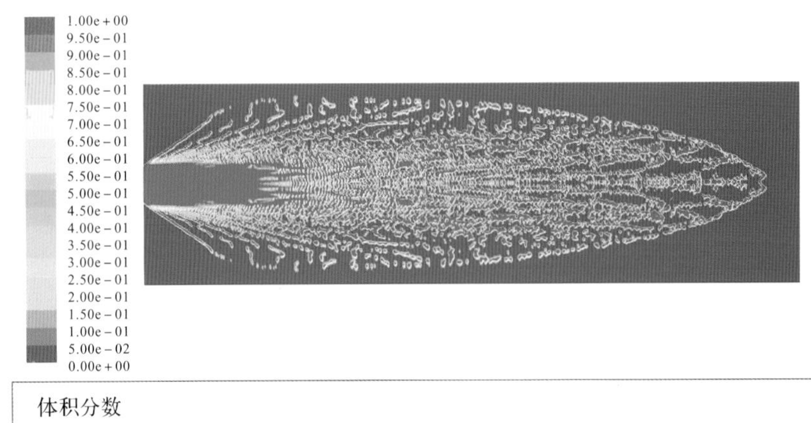

图 5.59　液膜射流破碎体积分数（n=0.5）

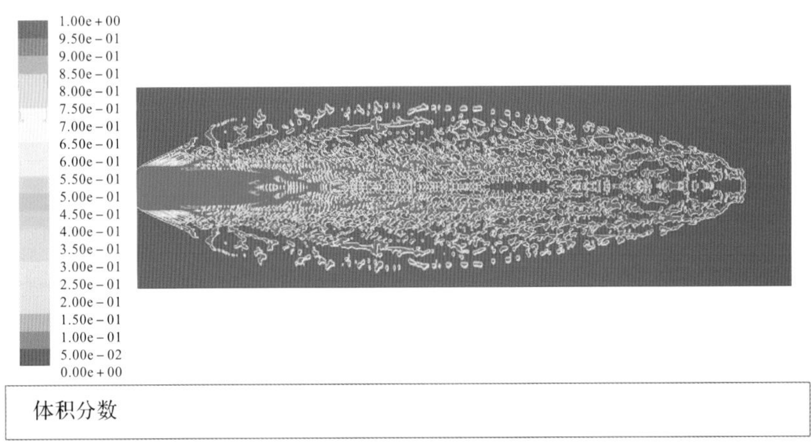

图 5.60　液膜射流破碎体积分数（n=0.7）

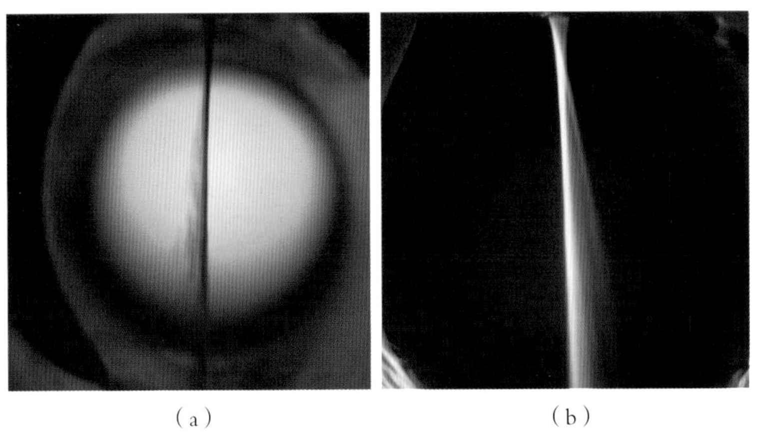

（a）　　　　　　　　（b）

图 5.63　普通光源

（a）阴影图像；（b）散射图像

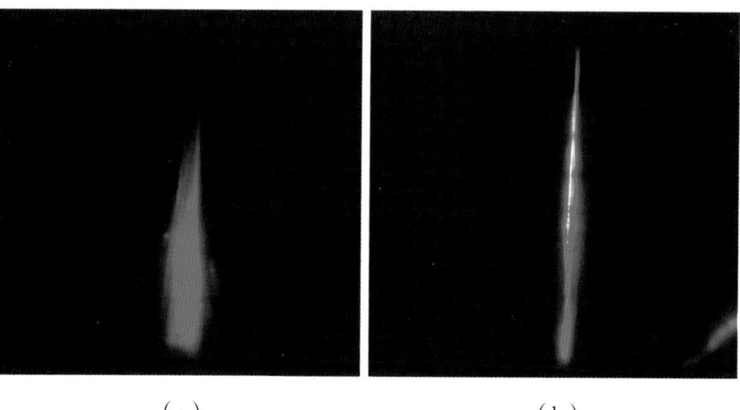

（a）　　　　　　　　　　（b）

图 5.64　激光光源

（a）阴影图像；（b）散射图像

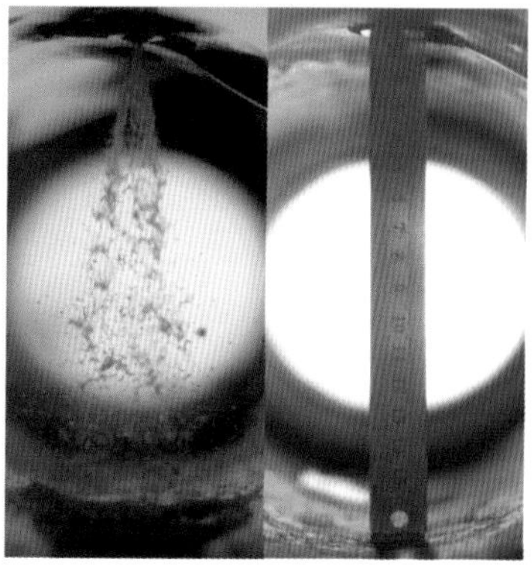

图 5.65　液膜射流破碎形貌与标定

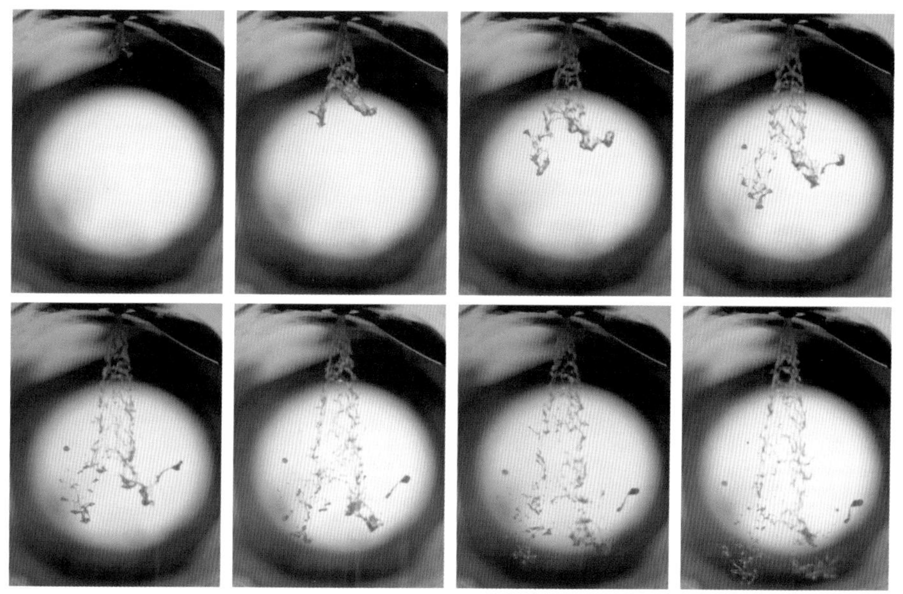

图 5.66　液膜射流的破碎过程（垂直液膜方向）

（图片间隔时间为5 ms，p_1=1.5 MPa，p_2=0.7 MPa，0.3 mm×3 mm，2#模拟液）

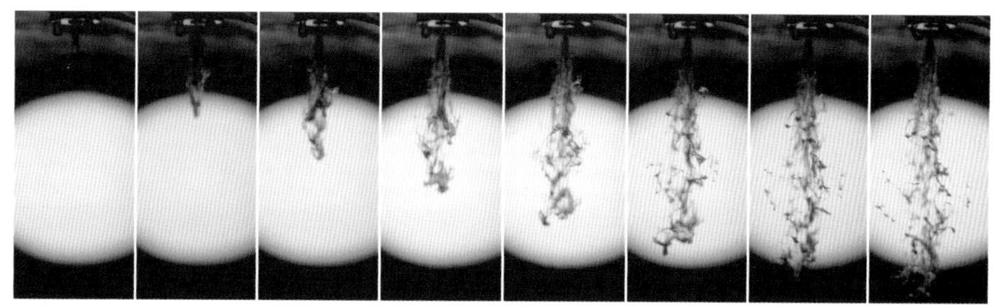

图 5.67　液膜射流的破碎过程（平行液膜方向）

（图片间隔时间为2 ms，p_1=3.5 MPa，p_1=0.7 MPa，0.3 mm×3 mm，1#模拟液）

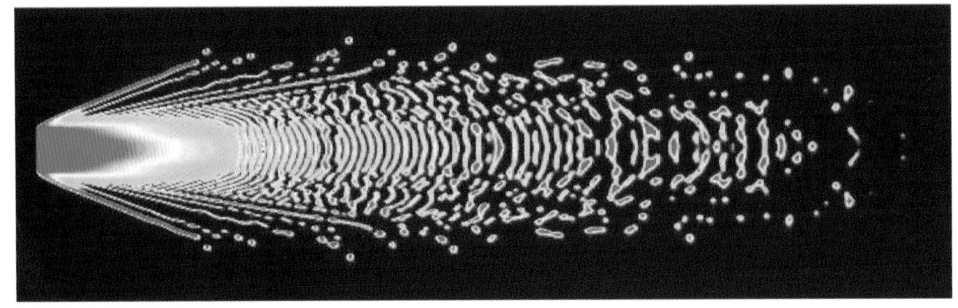

（a）

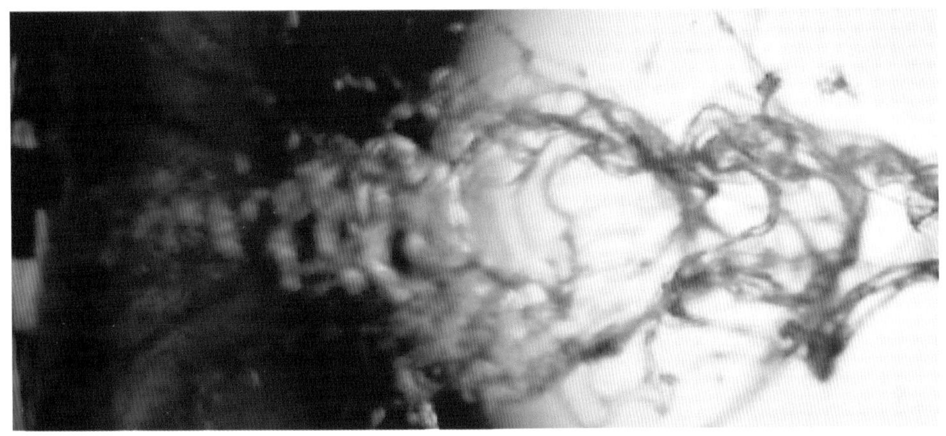

（b）

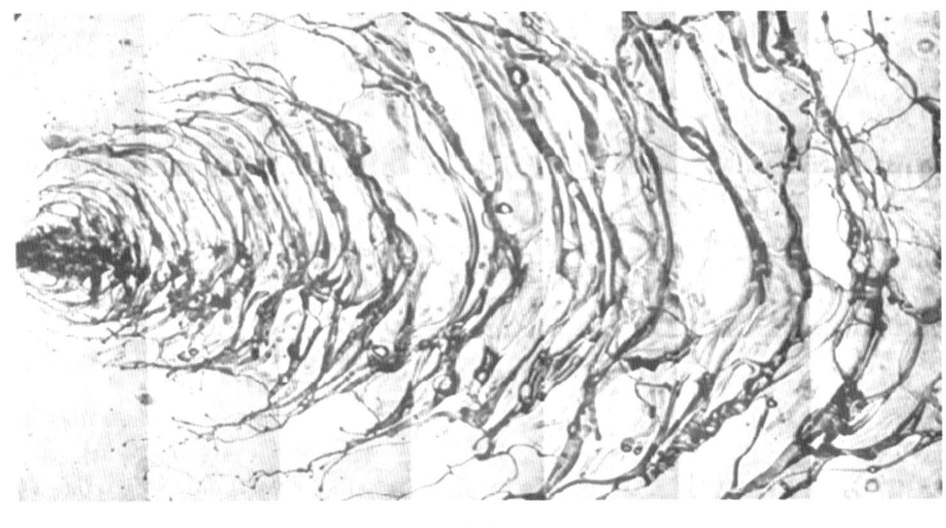

（c）

图 5.68　液膜射流破碎仿真计算与实验结果形貌对比图（近喷孔处局部）

（a）液膜射流破碎仿真计算形貌（垂直液膜方向）；
（b）液膜射流破碎实验形貌（垂直液膜方向）；
（c）液膜射流破碎出口形貌（垂直液膜方向）

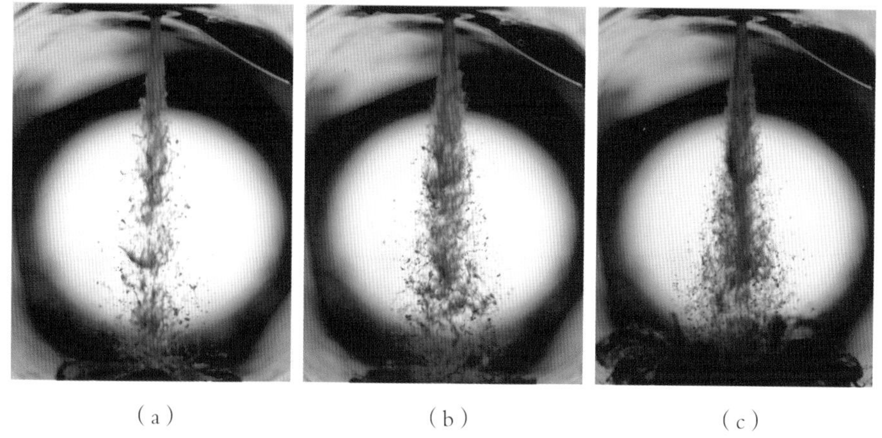

（a）　　（b）　　（c）

图 5.69　喷射压力对液膜射流影响的形貌对比图

（SF_6环境，p_2=1.0 MPa，T=294 K，0.3 mm×3 mm，2#模拟液）

（a）p_1= 2.5 Mpa；（b）p_1 =3.5 Mpa；（c）p_1 =4.5 MPa

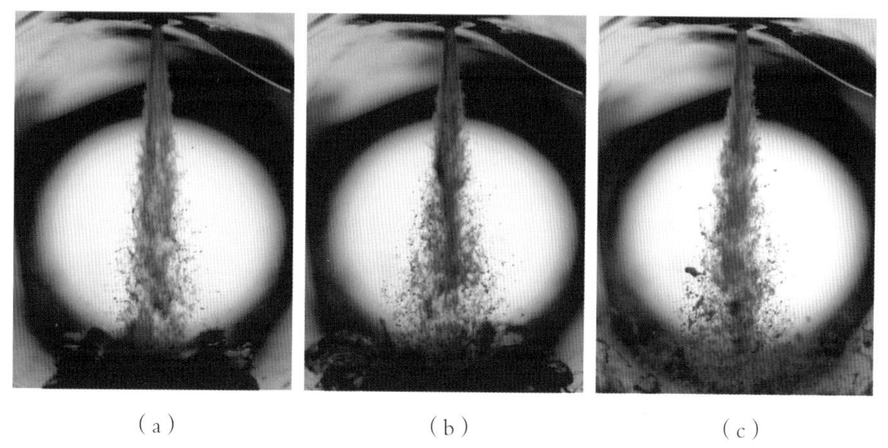

（a）　　（b）　　（c）

图 5.72　环境压力对液膜射流的破碎影响的形貌对比图

（SF_6环境，p_1=4.5 Mpa，T=300 K，0.3 mm×3 mm，2#模拟液）

（a）p_2 =0.7 Mpa；（b）p_2=1.0 Mpa；（c）p_2=1.3 MPa

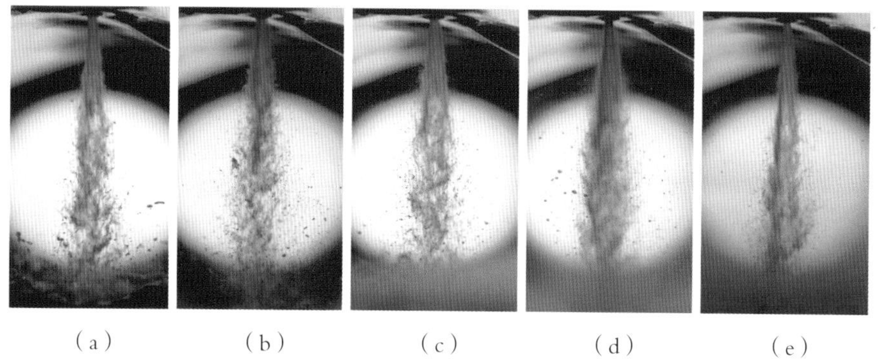

（a）　　（b）　　（c）　　（d）　　（e）

图 5.75　环境温度对液膜射流的破碎影响的形貌对比图

（SF_6环境，p_1=3.5 Mpa，p_2=0.7 MPa，0.3 mm×3 mm，2#模拟液）

（a）T=291 K；（b）T=372 K；（c）T=414 K；（d）T=457 K；（e）T=494 K

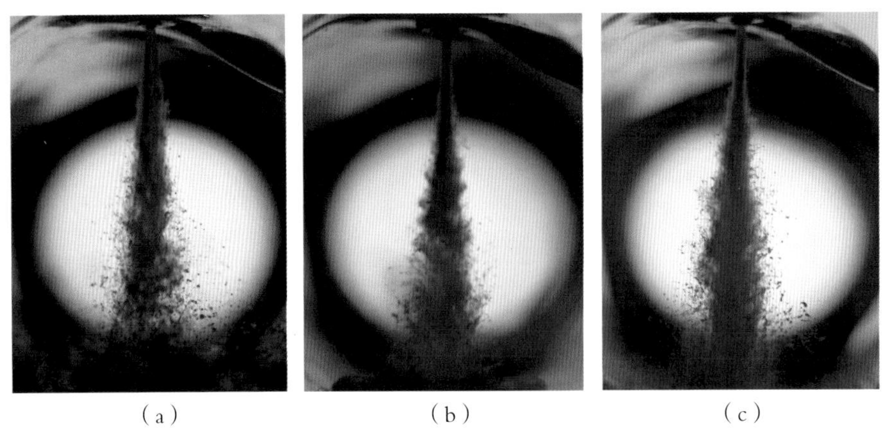
（a）（b）（c）

图 5.77　液膜厚度对液膜射流的破碎影响的形貌对比图

（SF_6环境，液膜宽度均为3 mm，p_1=4.5 Mpa，p_2=1.0 MPa，T=294 K，2#模拟液）

（a）δ =0.3mm；（b）δ =0.5mm；（c）δ =0.7mm

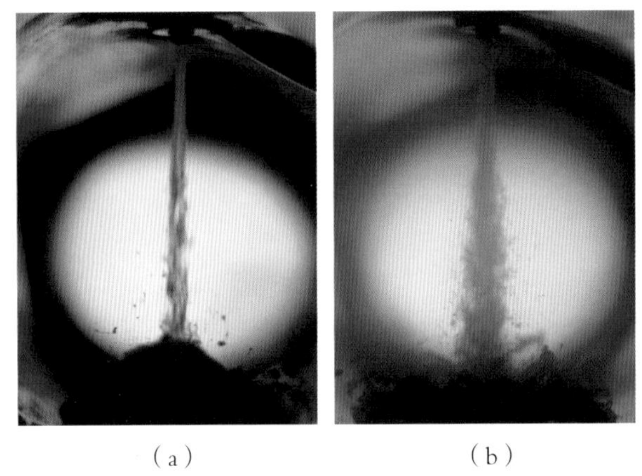
（a）（b）

图5.79　物性参数对液膜射流破碎特征的影响

（SF_6环境，p_1=3.5 Mpa，p_2=0.7 MPa，T=294 K，0.5 mm×3 mm）

（a）1#模拟液；（b）2#模拟液

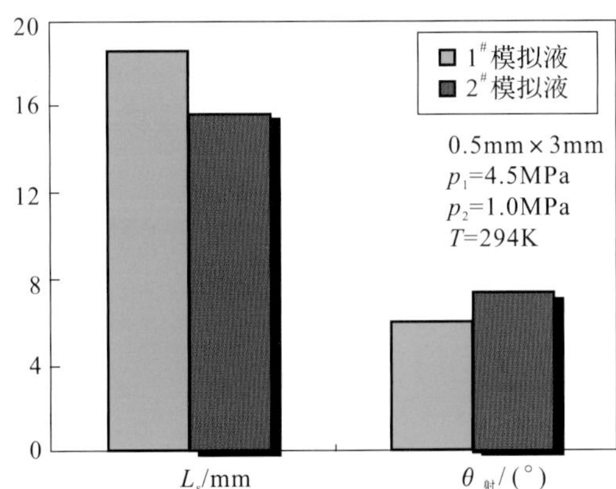

图5.80　不同物性参数对液膜射流破碎特征的影响

（SF_6环境，p_1=3.5 Mpa，p_2=0.7 MPa，T=294 K，0.5 mm×3 mm）

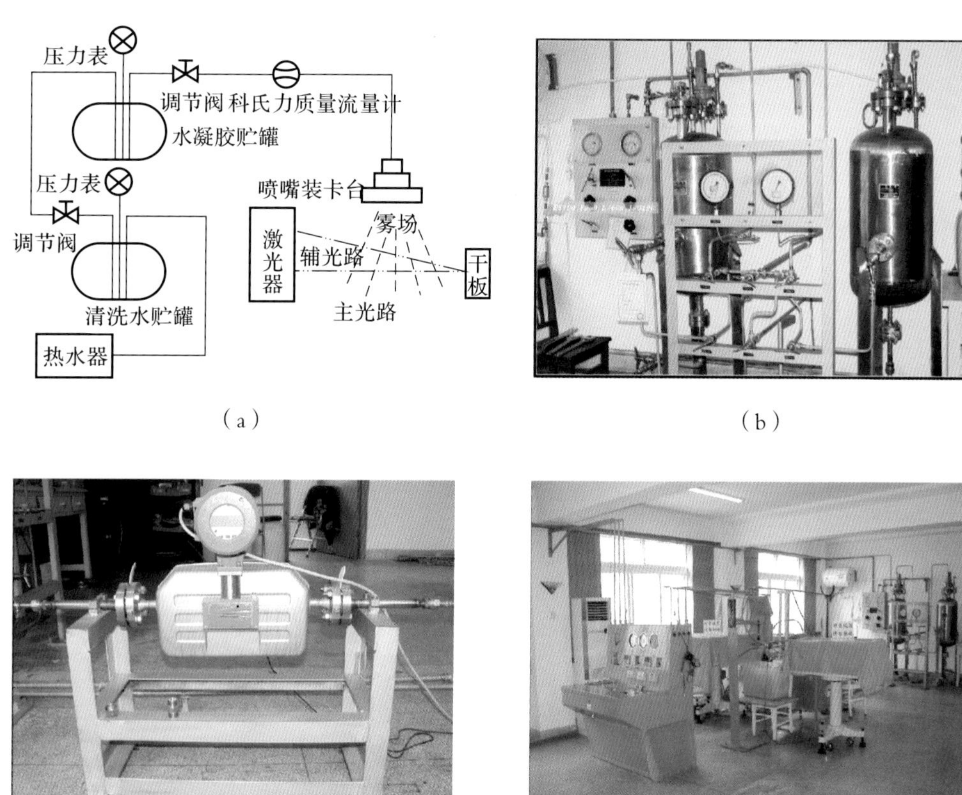

图6.2　实验系统图

（a）气液系统原理图；（b）模拟液供应系统；（c）科氏力质量流量计；（d）激光全息实验系统

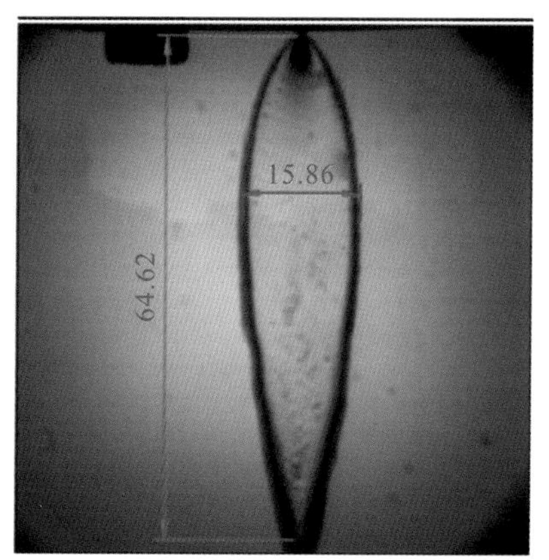

图 6.4　闭合边缘模式的液膜形状

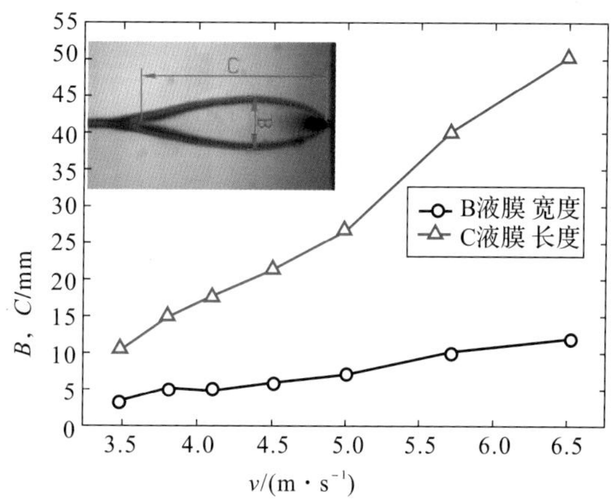

图 6.5　液膜长度和宽度随射流速度的变化

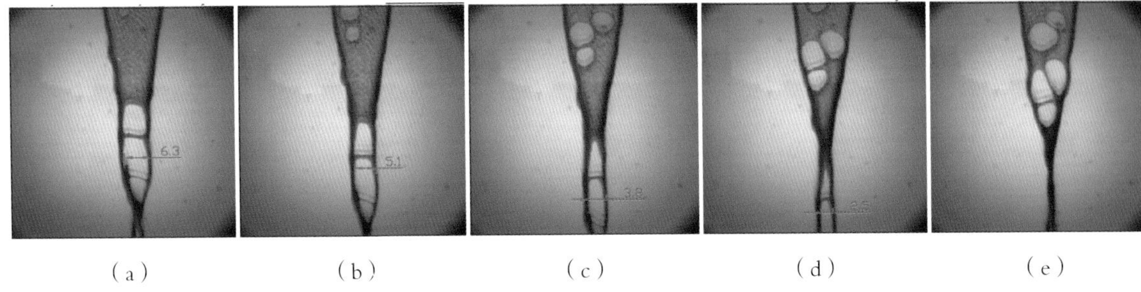

（a）　（b）　（c）　（d）　（e）

图 6.6　液膜合成射流的动态过程图像

（a）t=0 ms；（b）t=44 ms；（c）t=88 ms；（d）t=132 ms；（e）t=176 ms

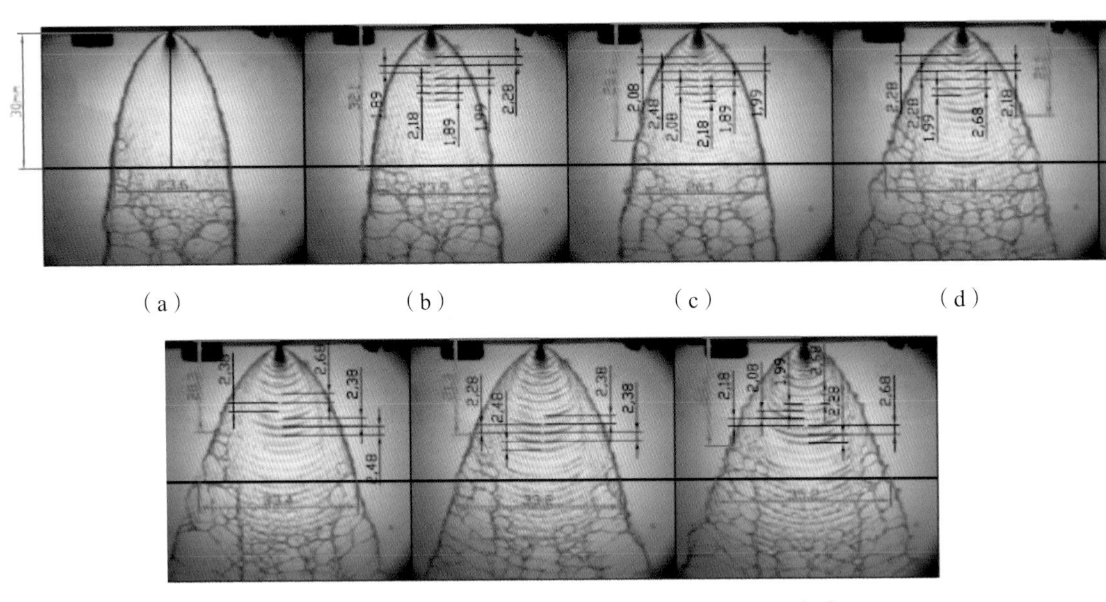

（a）　（b）　（c）　（d）

（e）　（f）　（g）

图 6.9　周边封闭、下游敞开模式的雾场图像

（a）Re_{gen}=786；（b）Re_{gen}=843；（c）Re_{gen}=910；（d）Re_{gen}=996；（e）Re_{gen}=1 102；（f）Re_{gen}=1 211；（g）Re_{gen}=1 304

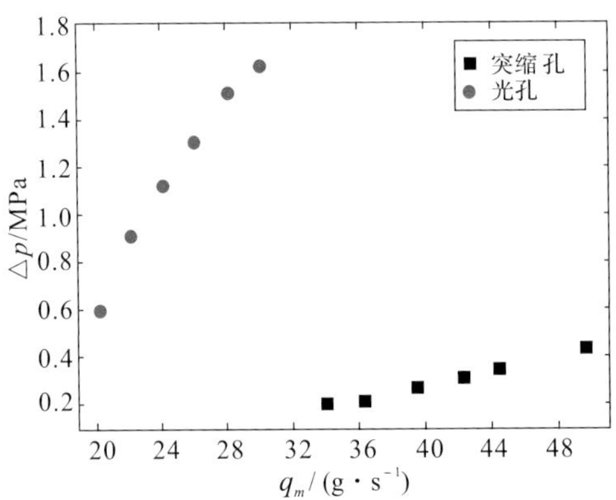

图 6.23　不同喷孔流量曲线

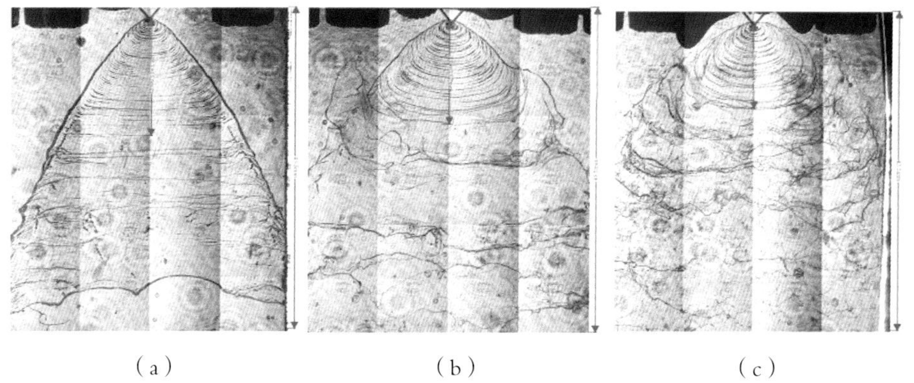

（a）　　　　（b）　　　　（c）

图 6.26　双股撞击式喷嘴雾化图像（孔径为0.3 mm，撞击角为90°，1#模拟液）

（a）v=22.6 m·s^{-1}，$Re_{gen(PL)}$=4 186，L_1=15.6 mm；（b）v=32.4 m·s^{-1}，$Re_{gen(PL)}$=7 922，L_2=13.7 mm；（c）v=51.5 m·s^{-1}，$Re_{gen(PL)}$=17 963，L_3=11.4 mm

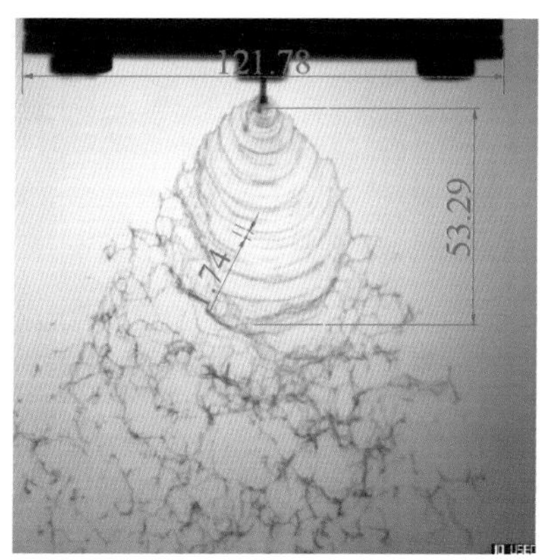

图6.36　参数测量示例

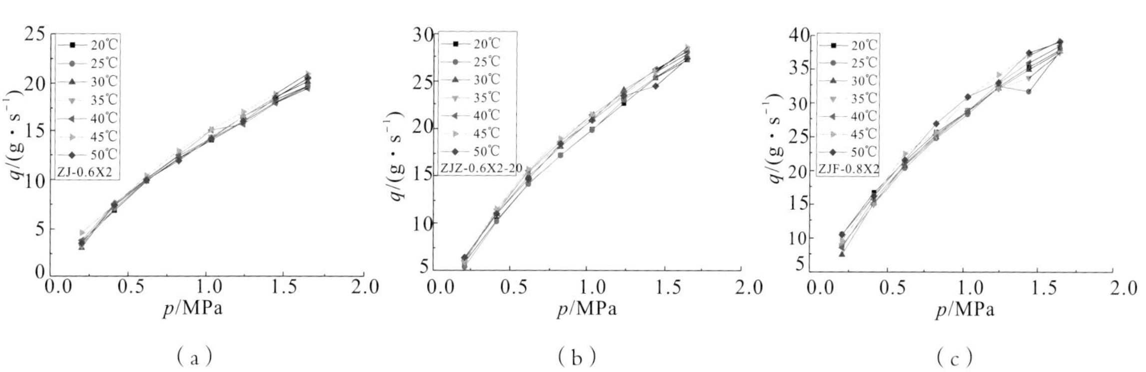

（a）　　　　（b）　　　　（c）

图 6.37　流量随压力变化的曲线

（a）HJ（Y）- 0.6；（b）HJ（Y）- 0.6/20；（c）HJ（J）- 0.8

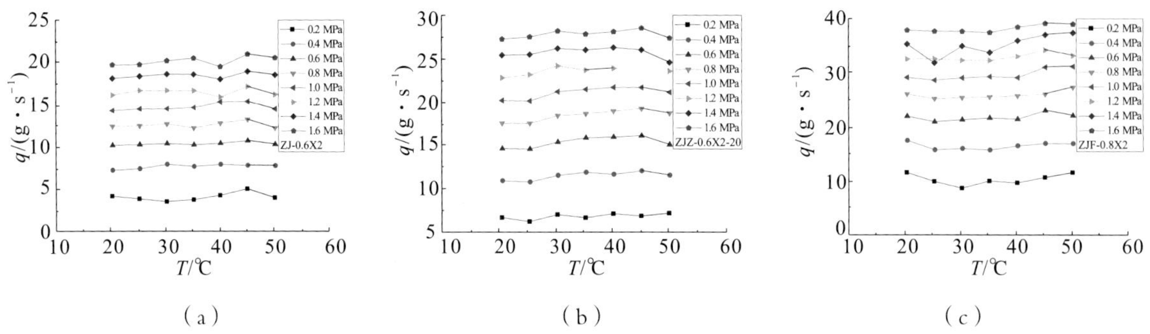

图 6.38　流量随温度变化的曲线

(a) HJ (Y) − 0.6；(b) HJ (Y) − 0.6/20；(c) HJ (J) − 0.8

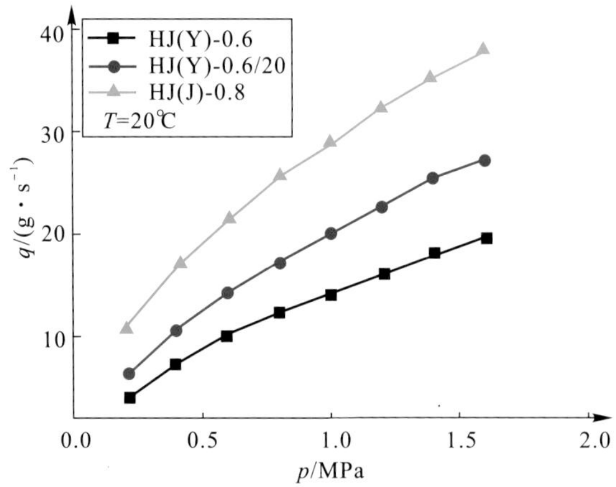

图 6.39　不同喷嘴的流量特性曲线（温度为20℃）

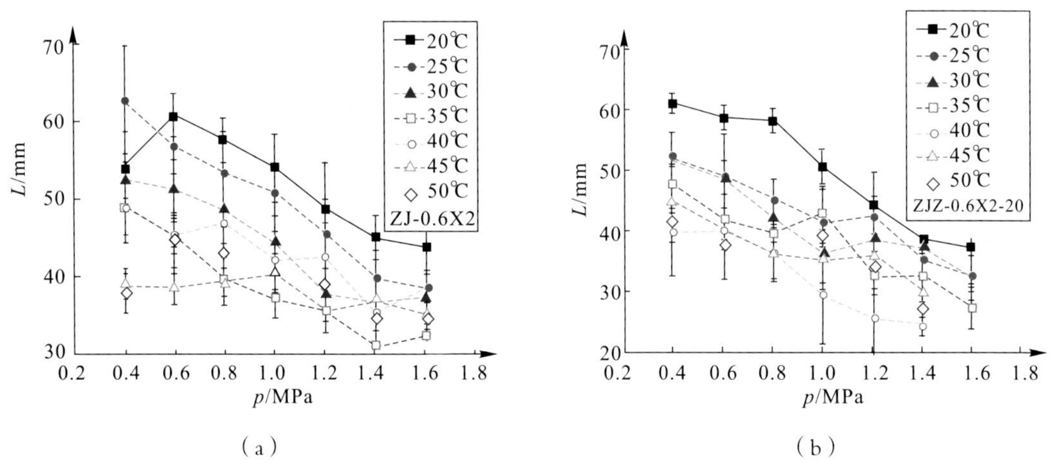

图 6.40　破碎长度随压力变化的曲线

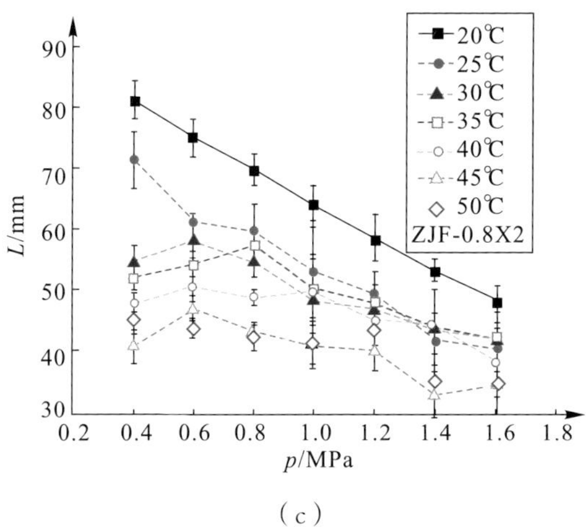

（c）

续图 6.40　破碎长度随压力变化的曲线

（a）HJ（Y）- 0.6；（b）HJ（Y）- 0.6/20；（c）HJ（J）- 0.8

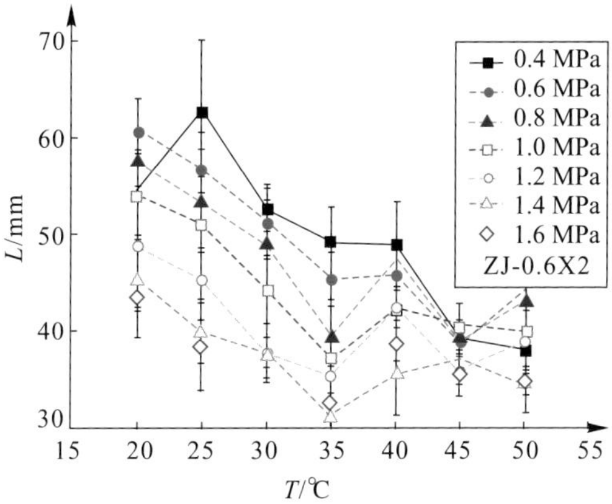

（a）

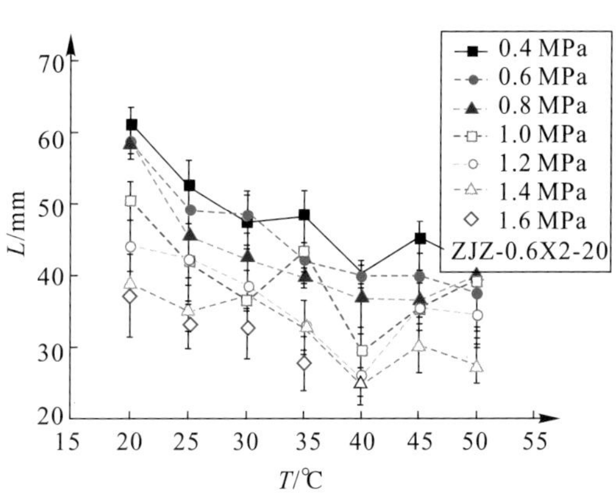

（b）

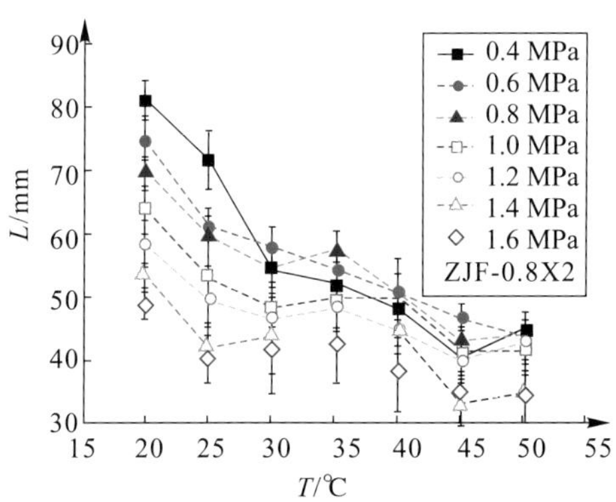

（c）

图 6.41　破碎长度随温度变化的曲线

（a）HJ（Y）- 0.6；（b）HJ（Y）- 0.6/20；（c）HJ（J）- 0.8

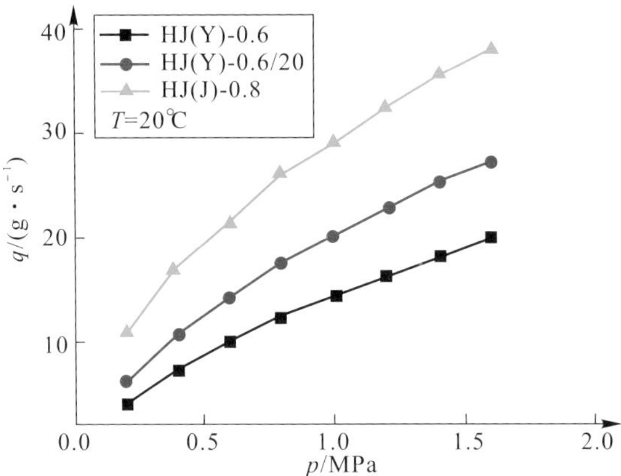

图 6.42　不同喷嘴的破碎长度曲线（温度为20℃）

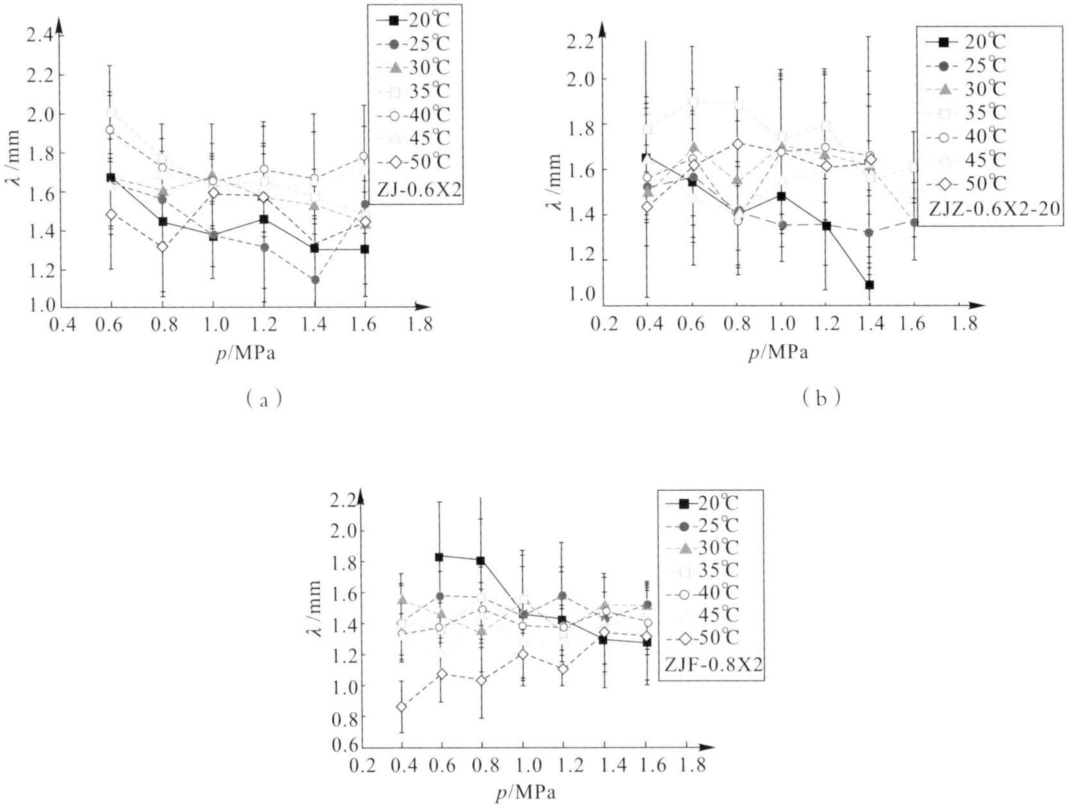

（a）

（b）

（c）

图 6.43　扰动波波长随压力变化的曲线

（a）HJ（Y）-0.6；（b）HJ（Y）-0.6/20；（c）HJ（J）-0.8

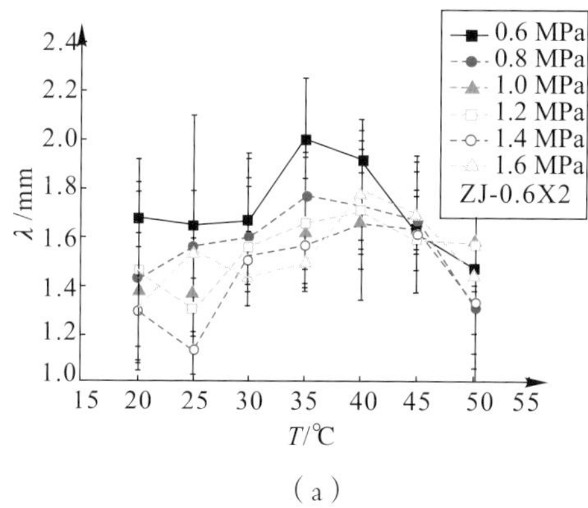

(a)

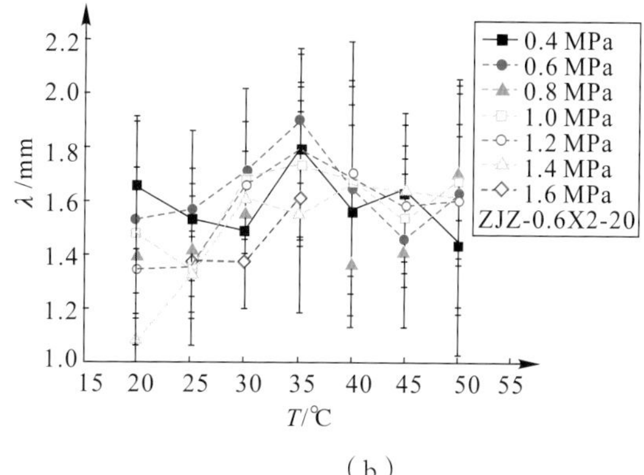

(b)

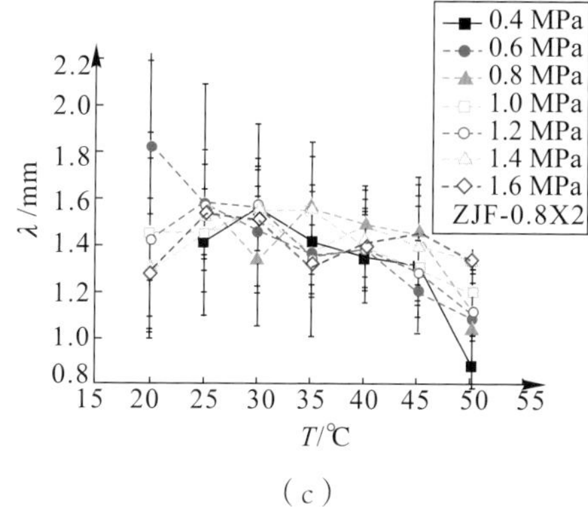

(c)

图 6.44 扰动波波长随温度变化的曲线

(a) HJ (Y) - 0.6 ; (b) HJ (Y) - 0.6/20; (c) HJ (J) - 0.8

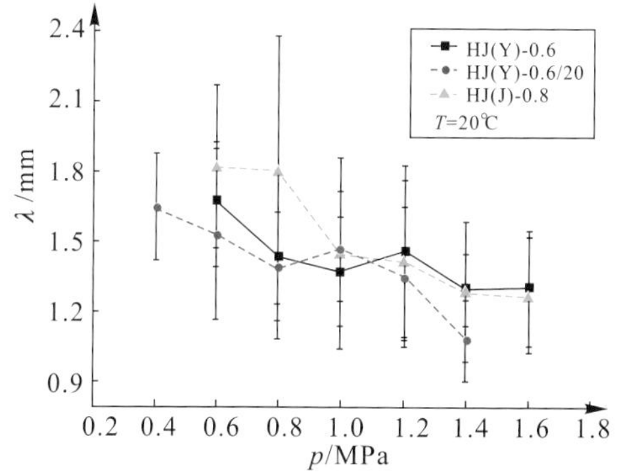

图 6.45 不同喷嘴的扰动波波长曲线(温度为20℃)

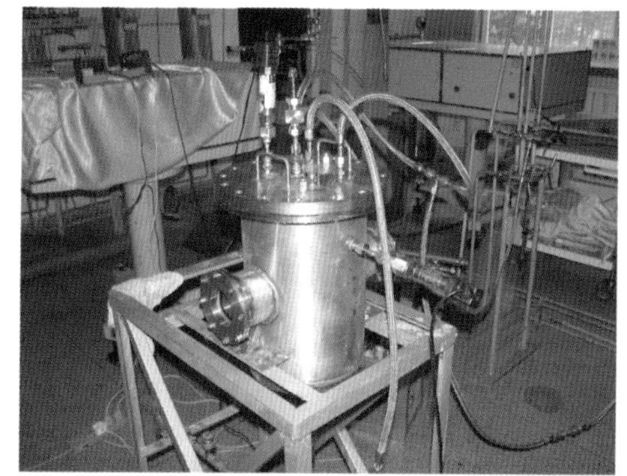

图6.46 反压实验系统

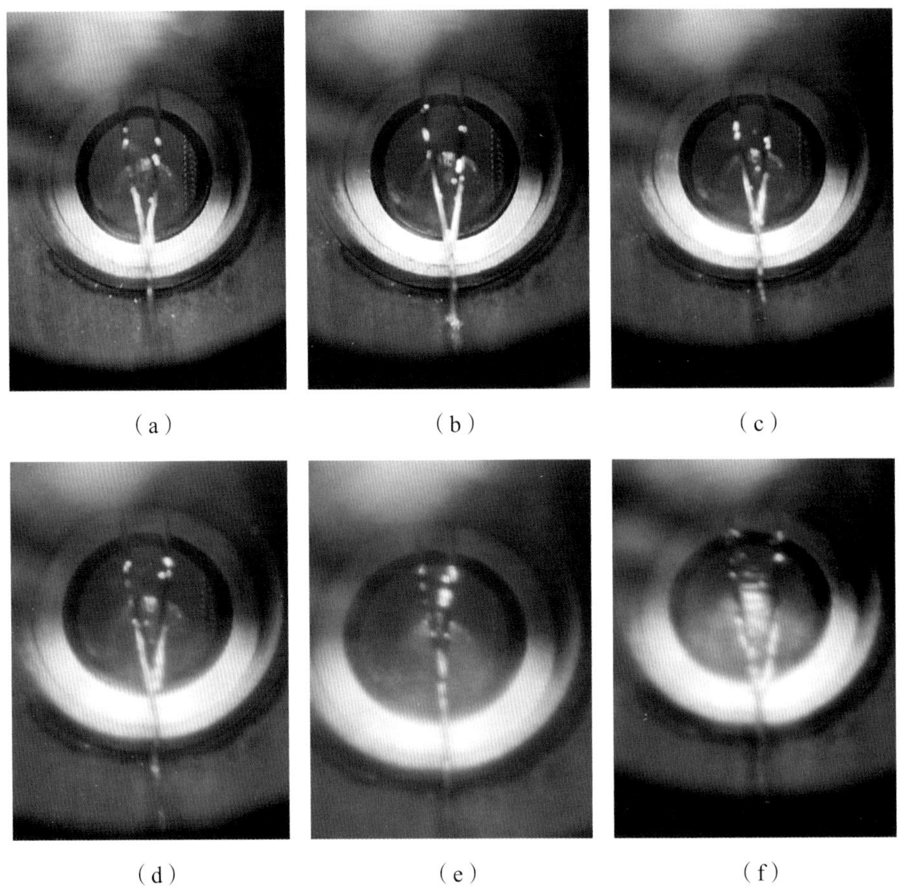
(a) (b) (c)
(d) (e) (f)

图 6.47 压力环境下模拟液雾化图像（双股射流，孔径为1.0 mm，MUDMH-101-2）

（a）环境舱压力为0.0 MPa；（b）环境舱压力为0.1 MPa；（c）环境舱压力为0.2 MPa；（d）环境舱压力为0.3 MPa；（e）环境舱压力为0.4 MPa；（f）环境舱压力为0.5 MPa

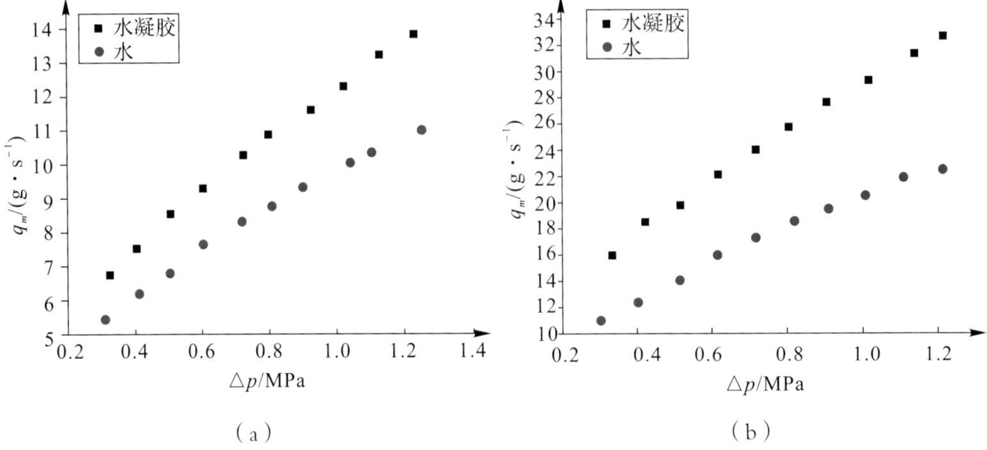

图 6.48 离心式喷注器流量曲线

（a）涡流器型；（b）切向孔型

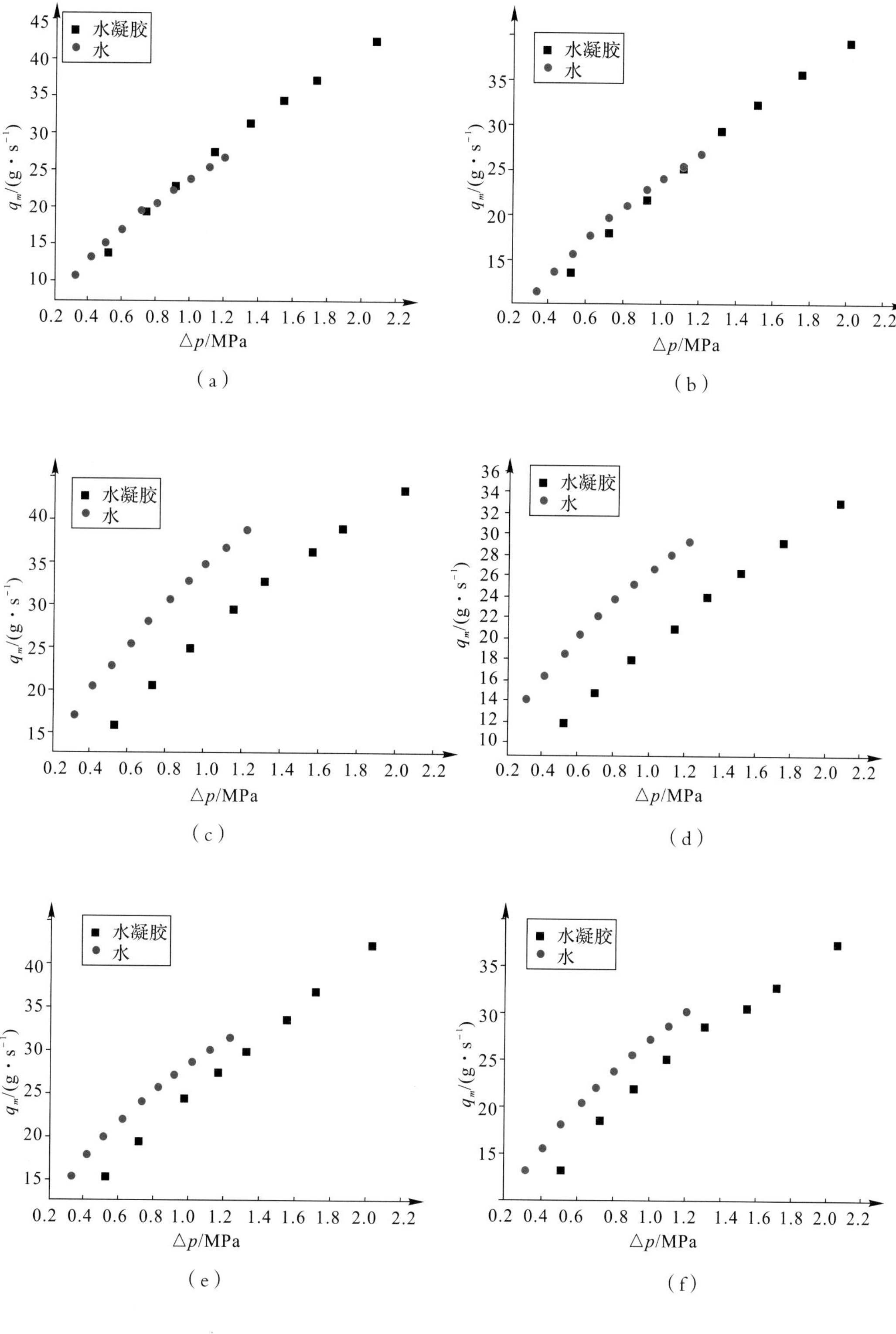

图 6.49　组合离心式喷注器流量曲线（一）

（a）1# 喷嘴；（b）2# 喷嘴；（c）3# 喷嘴；（d）4# 喷嘴；（e）5# 喷嘴；（f）6# 喷嘴

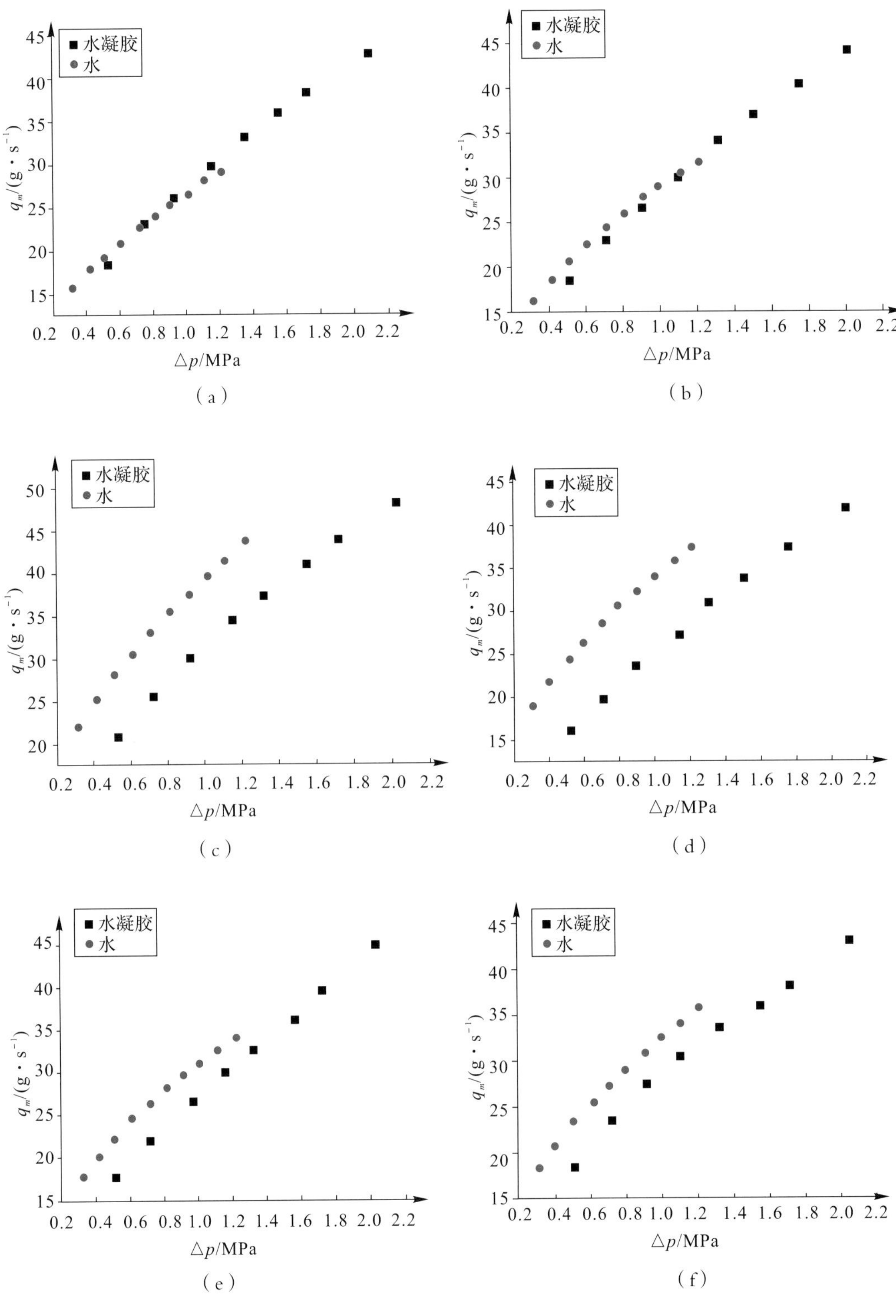

图 6.50 组合离心式喷注器流量曲线（二）

（a）7#喷嘴；（b）8#喷嘴；（c）9#喷嘴；（d）10#喷嘴；（e）11#喷嘴；（f）12#喷嘴

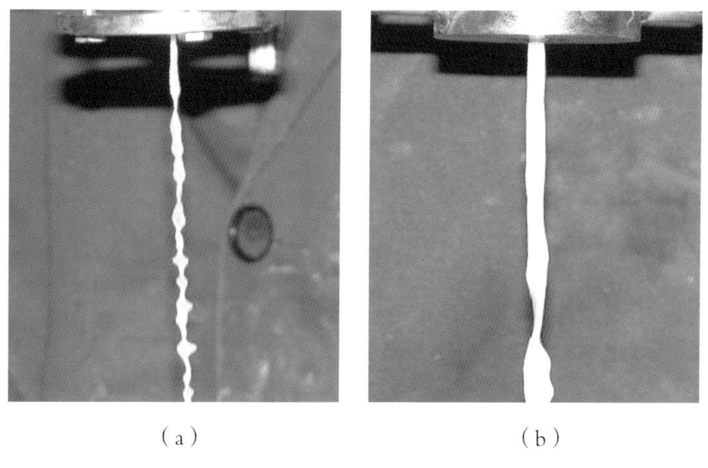

（a）　　　　　　　　（b）

图 6.51　离心式喷注器模拟液雾化图像（压降为0.5 MPa）

（a）涡流器离心式；（b）切向孔离心式

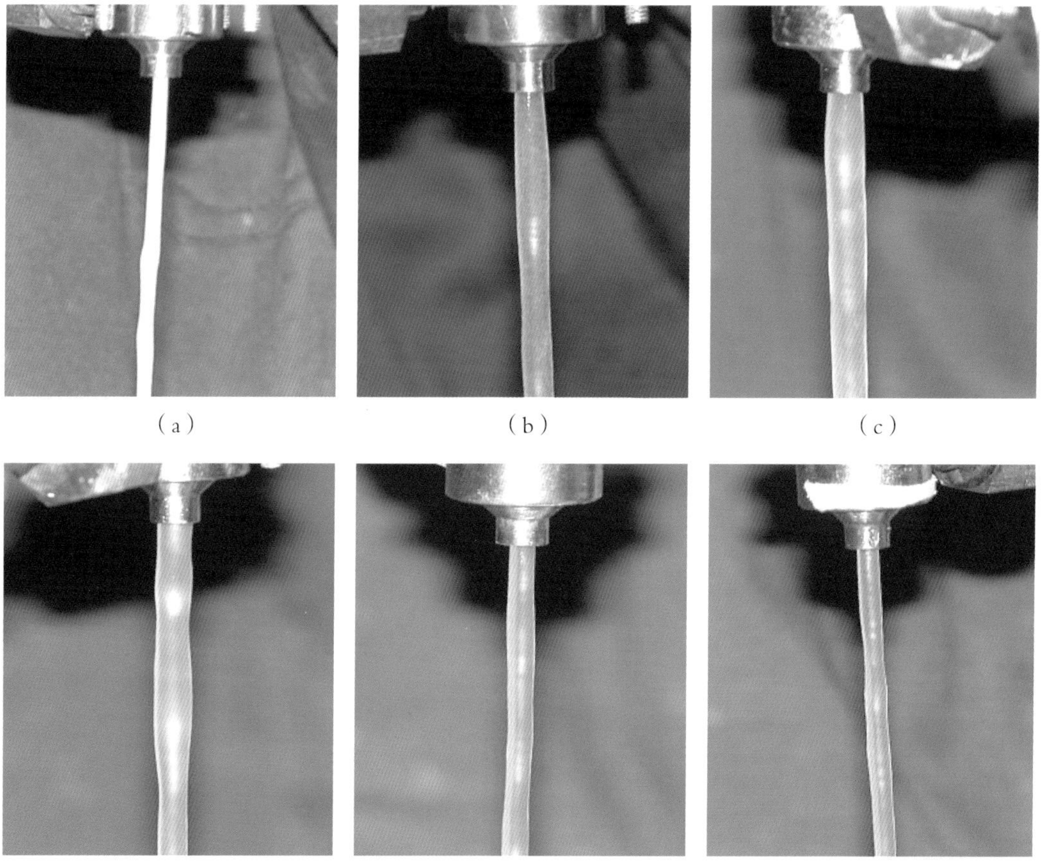

（a）　　　　　　　　（b）　　　　　　　　（c）

（d）　　　　　　　　（e）　　　　　　　　（f）

图 6.52　组合离心式喷注器模拟液雾化图像（压降为0.5 MPa）

(a) 1#喷嘴（出口直径为2 mm）；(b) 2#喷嘴（出口直径为3 mm）；(c) 3#喷嘴（出口直径为4 mm）；(d) 4#喷嘴（出口直径为3 mm、倒角为30°）；(e) 5#喷嘴（M3左旋）；(f) 6#喷嘴（M3右旋）

（a）　　　　（b）

图 6.53　离心式喷注器雾化照片（压降为2.0 MPa）

（a）涡流器离心式；（b）切向孔离心式喷嘴

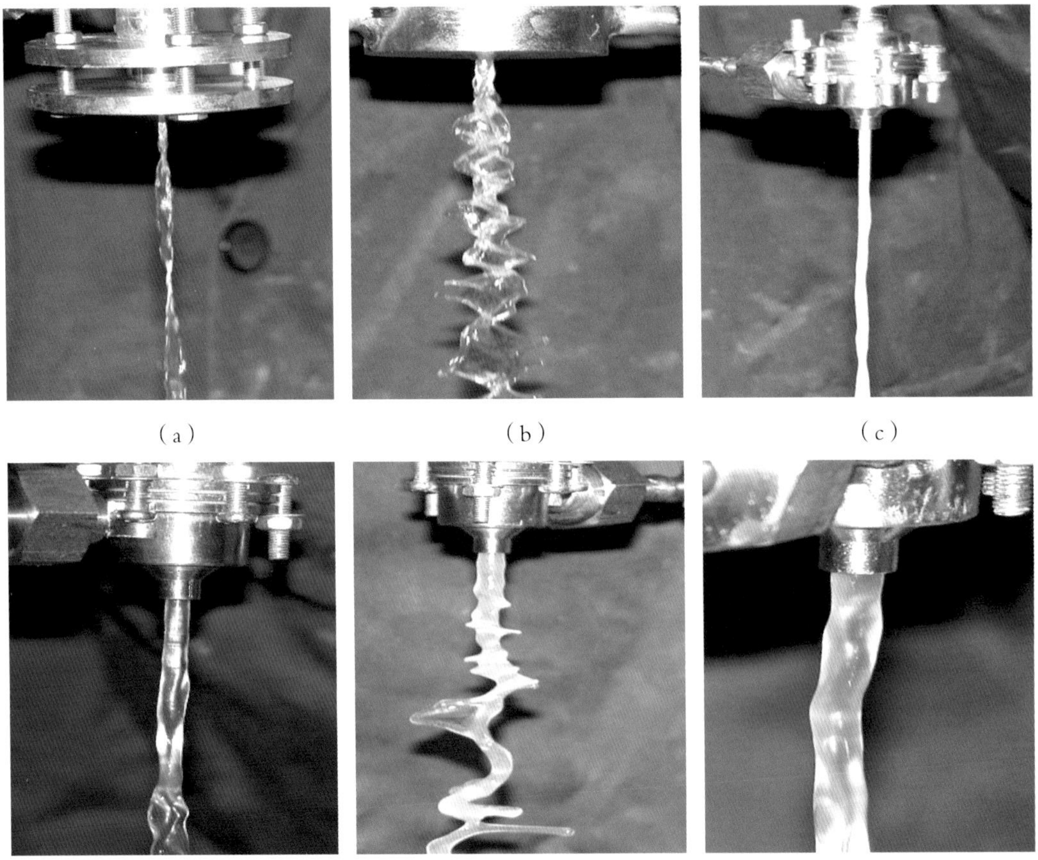

（a）　　　　（b）　　　　（c）

（d）　　　　（e）　　　　（f）

图 6.54　不同出口参数离心式喷注器模拟液雾化图像（压降为2.0 MPa）

(a) 1#喷嘴（出口直径为2 mm）；(b) 2#喷嘴（出口直径为3 mm）；(c) 3#喷嘴（出口直径为4 mm）；(d) 4#喷嘴（出口直径为3 mm、倒角为30°）；(e) 5#喷嘴（M3左旋）；(f) 6#喷嘴（M3右旋）

(a)　(b)　(c)

(d)　(e)　(f)

图 6.55　敞口离心式喷嘴雾化图像

(a) $\triangle p$=0.3 MPa；(b) $\triangle p$=0.5 Mpa；(c) $\triangle p$=0.8 Mpa；(d) $\triangle p$=1.2 MPa；
(e) $\triangle p$=1.5 MPa；(f) $\triangle p$=2.8 MPa

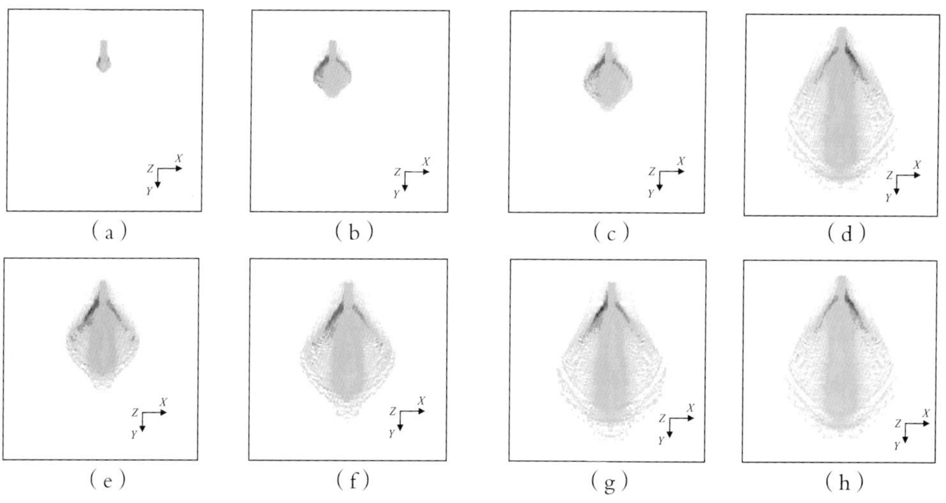

(a)　(b)　(c)　(d)

(e)　(f)　(g)　(h)

图 6.60　射流、液膜撞击单元俯视平面随时间的发展演化过程

(a) $t=3\times10^{-4}$s；(b) $t=5\times10^{-4}$s；(c) $t=6\times10^{-4}$s；(d) $t=7\times10^{-4}$s；
(e) $t=8\times10^{-4}$s；(f) $t=10\times10^{-4}$s；(g) $t=12\times10^{-4}$s；(h) $t=13\times10^{-4}$s

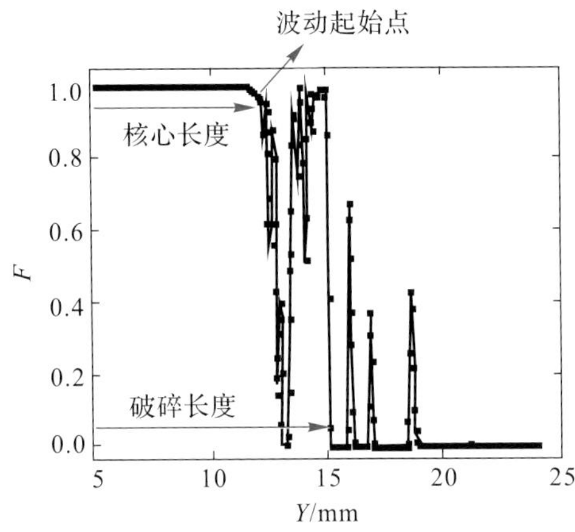

图 6.61　撞击射流体积分数变化

F—体积分数；*Y*—距离撞击点的距离

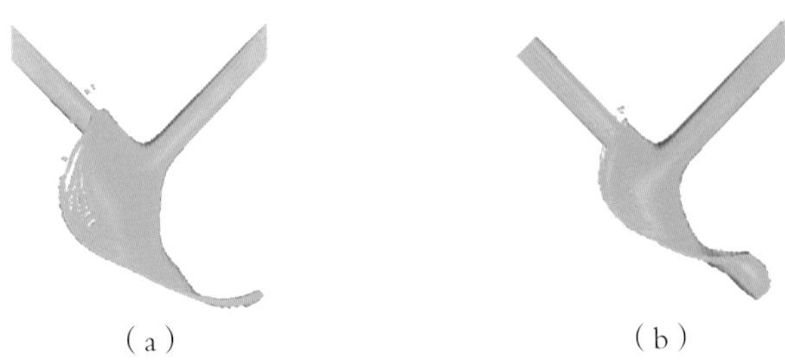

图 6.65　不同射流速度下液膜破碎击穿形貌

(a) v=30 m · s^{-1}；(b) v=40 m · s^{-1}

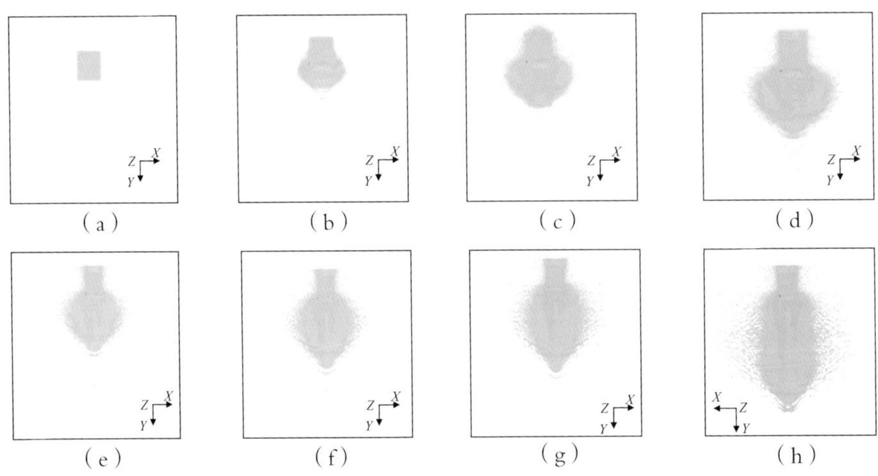

图 6.66　液膜撞击单元俯视平面随时间的发展演化过程

(a) t=2×10^{-4}s；(b) t=3×10^{-4}s；(c) t=4×10^{-4}s；(d) t=5×10^{-4}s；
(e) t=6×10^{-4}s；(f) t=7×10^{-4}s；(g) t=8×10^{-4}s；(h) t=10×10^{-4}s

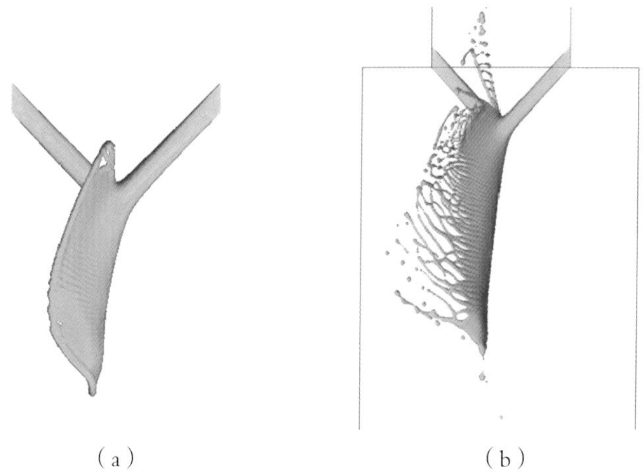
（a）　　（b）

图 6.68　不同射流速度、同一时刻的雾场形貌对比
（a）v=15 m·s^{-1}，t=0.003 5 s；（b）v=30 m·s^{-1}，t=0.003 5 s

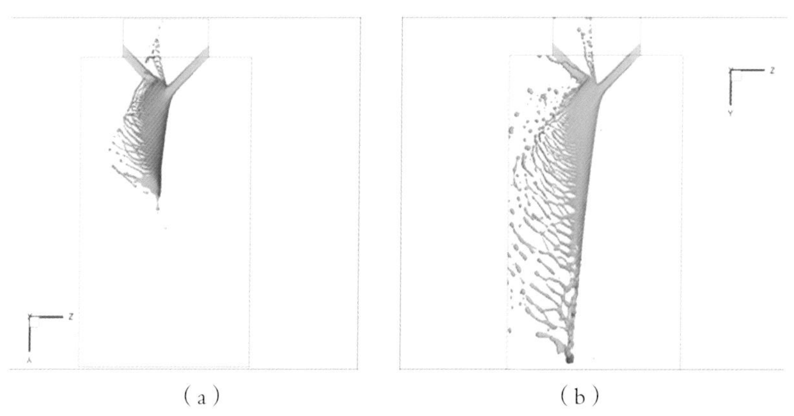
（a）　　（b）

图 6.69　相同射流速度、不同时刻的雾场形貌对比（v=30 m·s^{-1}）
（a）t=0.003 s；（b）t=0.006 5 s

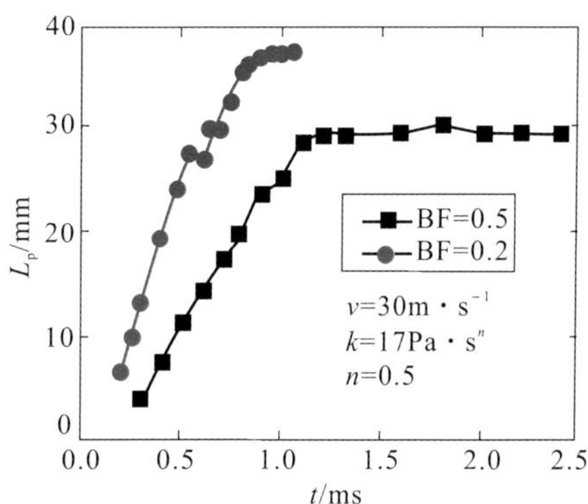

图 6.70　随时间的变化撞击宽度对破碎长度的影响

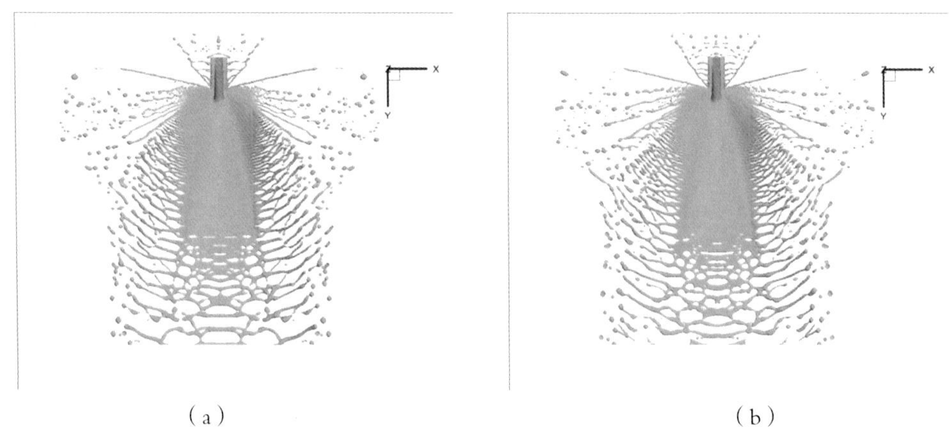

图 6.71　不同稠度系数对应的雾化破碎形貌俯视图

(a) k=8 Pa·s^n；(b) k=17 Pa·s^n

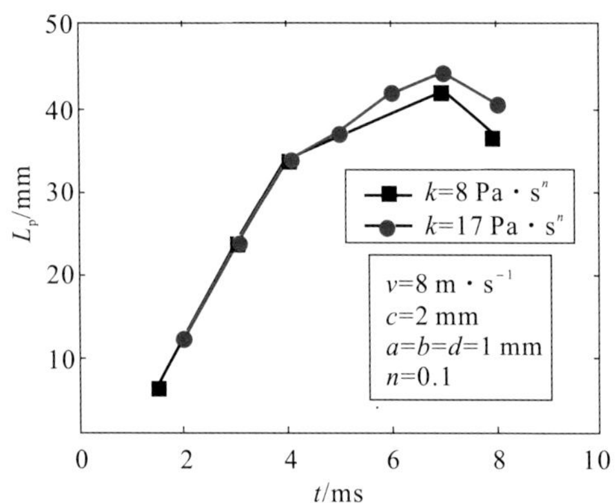

图 6.72　随时间的变化稠度系数对破碎长度的影响

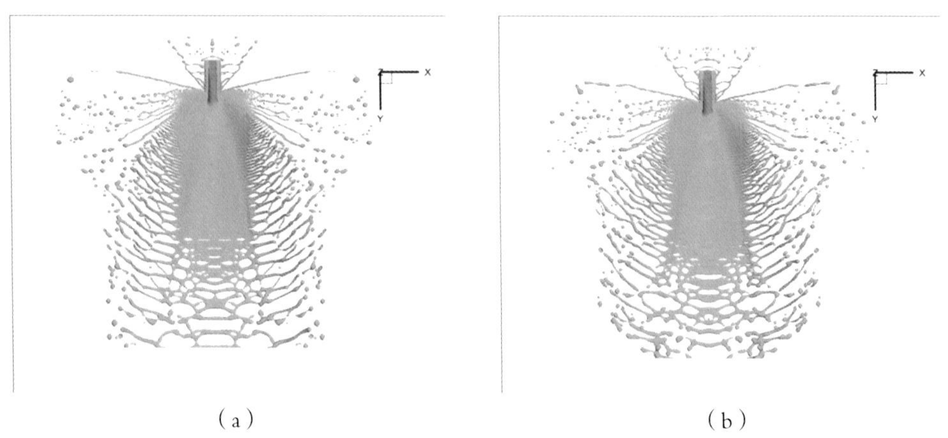

图 6.73　不同幂律指数对应的雾化破碎形貌俯视图

(a) n=0.1；(b) n=0.4

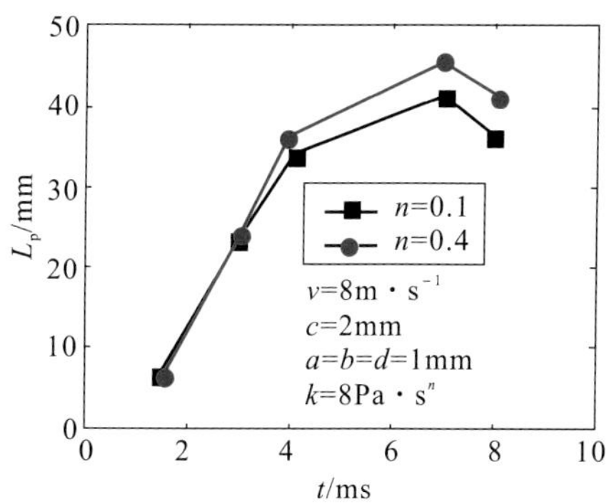

图 6.74　随时间的变化幂律指数对破碎长度的影响

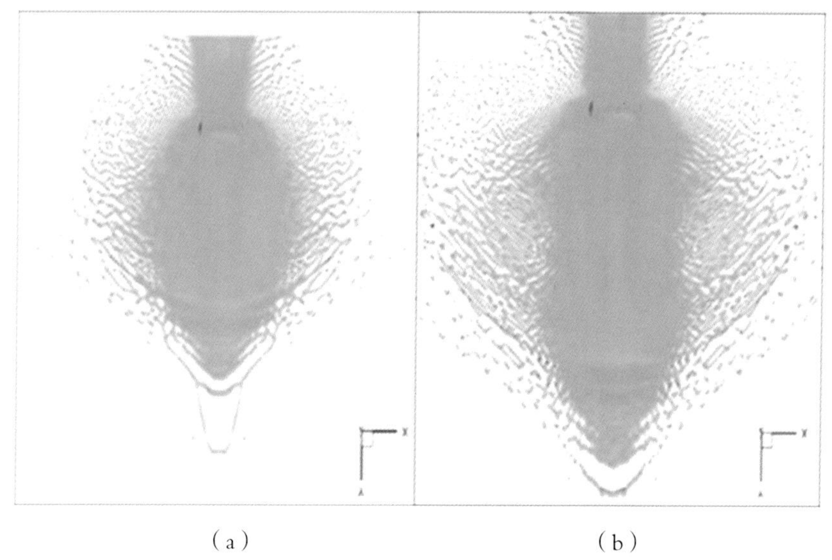

（a）　　（b）

图 6.75　不同射流速度下的核心形貌俯视图
（a）v=20 m · s^{-1}；（b）v=30 m · s^{-1}

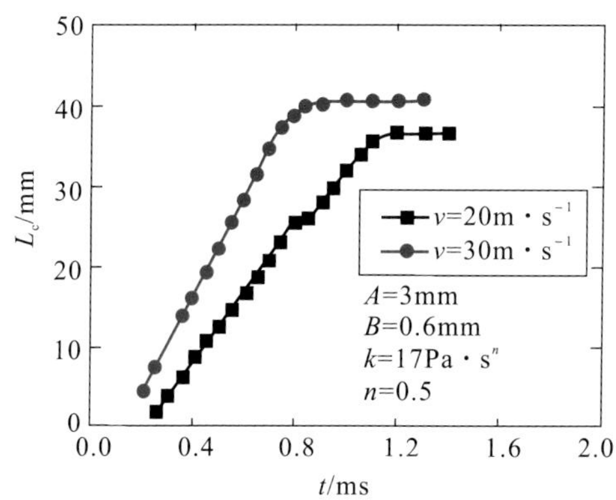

图 6.76　随时间的变化液膜撞击速度对核心长度的影响

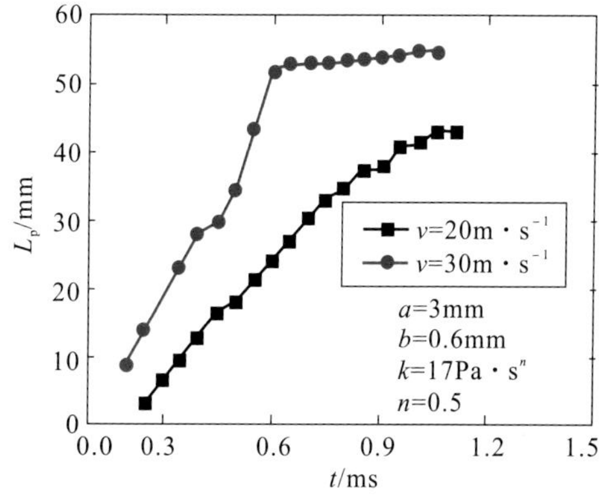

图 6.77　随时间的变化液膜撞击速度对破碎长度的影响

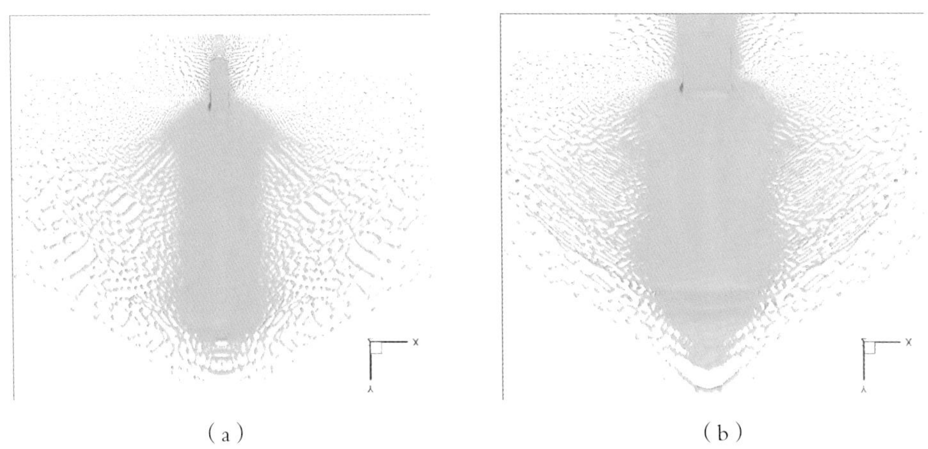

图 6.79　结构参数对雾化的影响（v=30 m·s^{-1}）

（a）a=c=1.2 mm；b=d=0.6 mm；（b）a=c=3 mm；b=d=0.6 mm

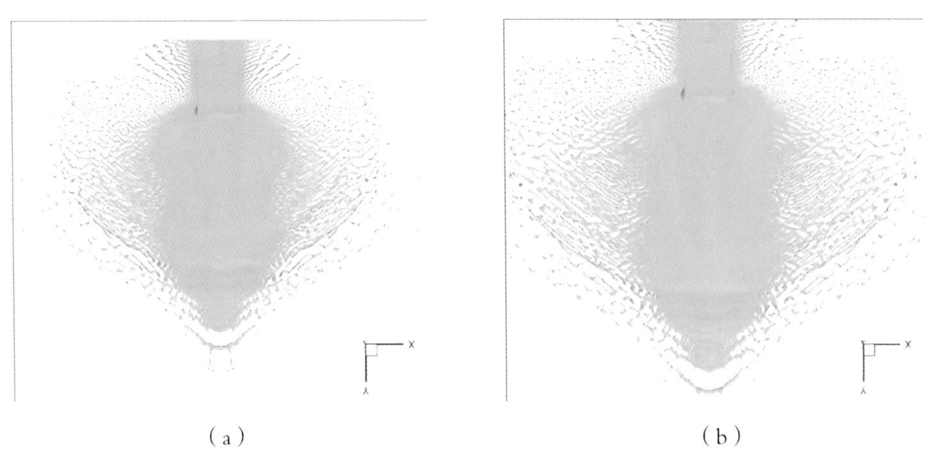

图 6.81　不同稠度系数对应的雾化破碎形貌俯视图

（a）k =8 Pa·s^n；（b）k =17 Pa·s^n

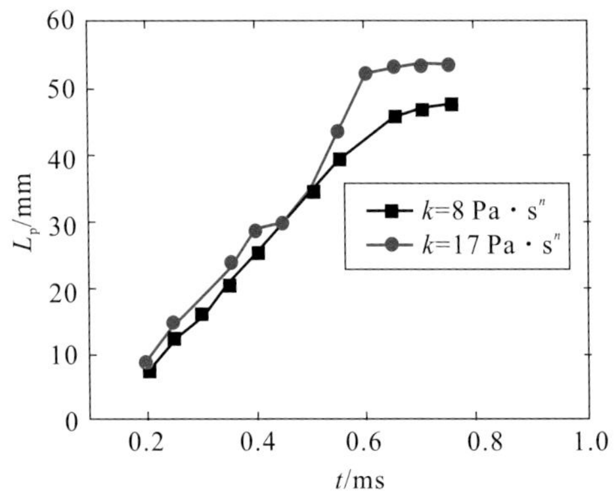

图 6.82　随时间的变化稠度系数对破碎长度的影响

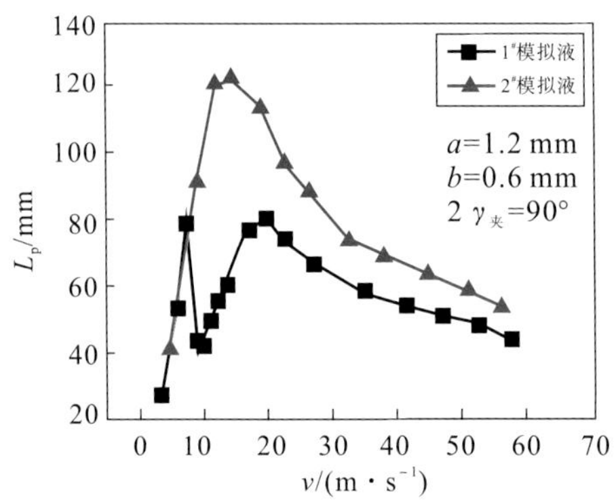

图 6.83　射流速度对破碎长度的影响

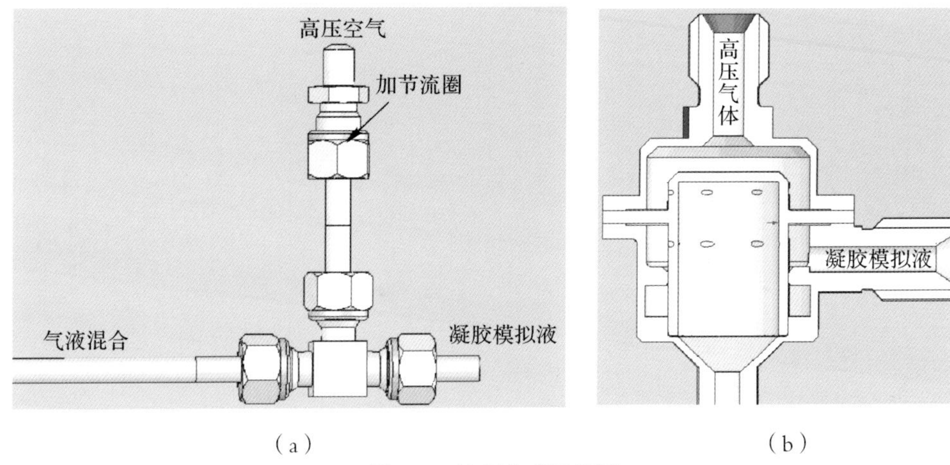

（a）　　　　（b）

图 6.84　溶气方式示意图

（a）管路溶气；（b）集液腔溶气

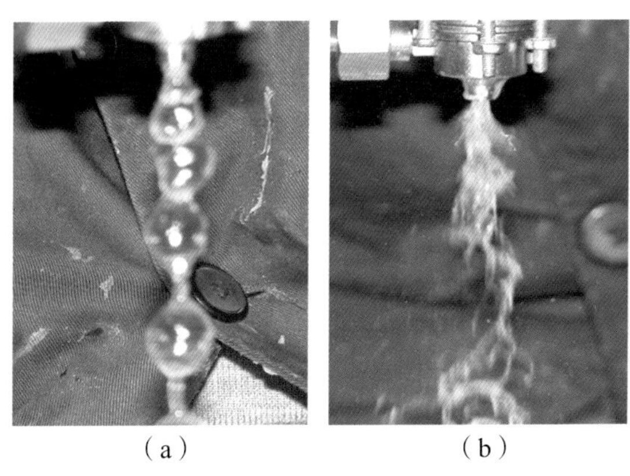

（a）　　　　（b）

图 6.92　切向孔型喷嘴雾化图像（溶气方式：上气下液）

（a）q_m= 0.22 g · s^{-1}；（b）q_m= 0.26 g · s^{-1}

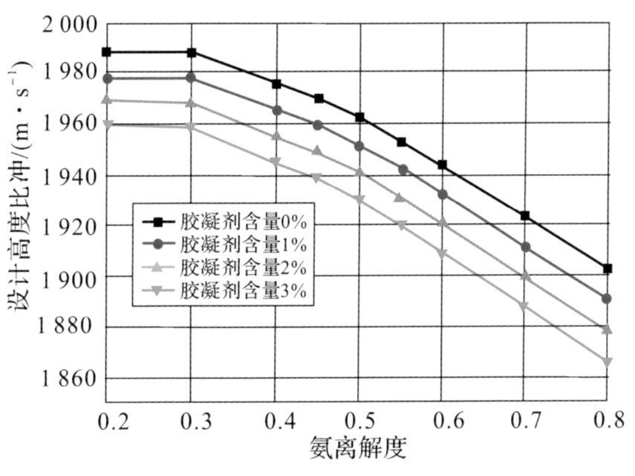

图 7.2　p_c=4 MPa时，不同氨离解度和不同胶凝剂含量下设计高度比冲特性

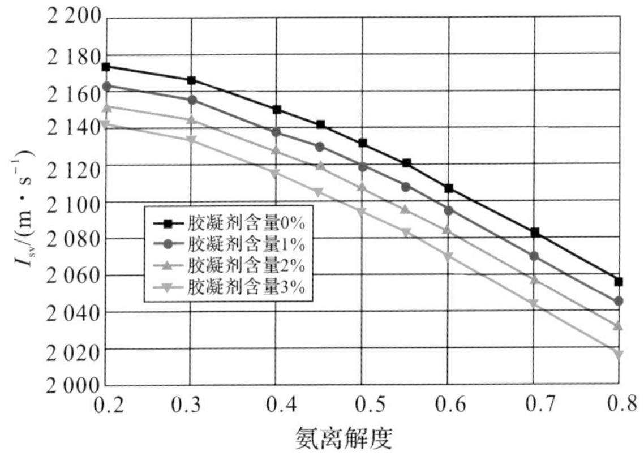

图 7.3　4 MPa下不同氨离解度和不同胶凝剂含量下真空比冲特性

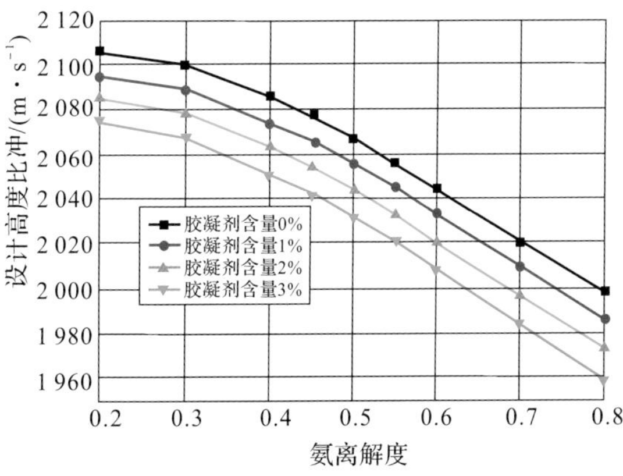

图 7.4　p_c=8 MPa时，不同氨离解度和不同胶凝剂含量下设计高度比冲特性

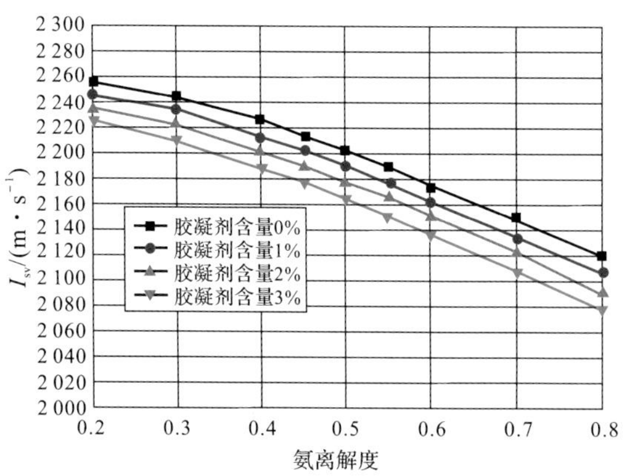

图 7.5　p_c=8 MPa时，不同氨离解度和不同胶凝剂含量下真空比冲特性

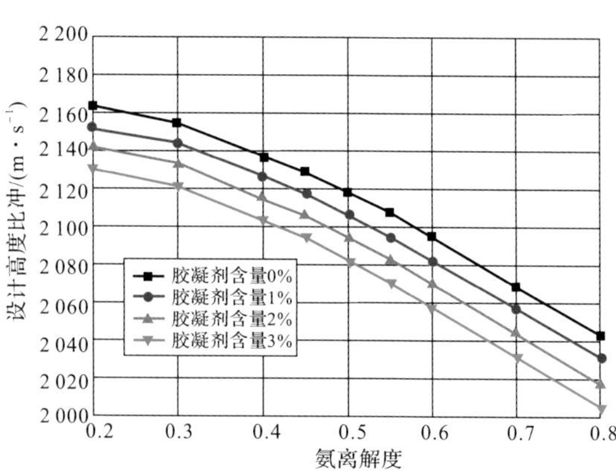

图 7.6　p_c=12 MPa时，不同氨离解度和不同胶凝剂含量下设计高度比冲特性

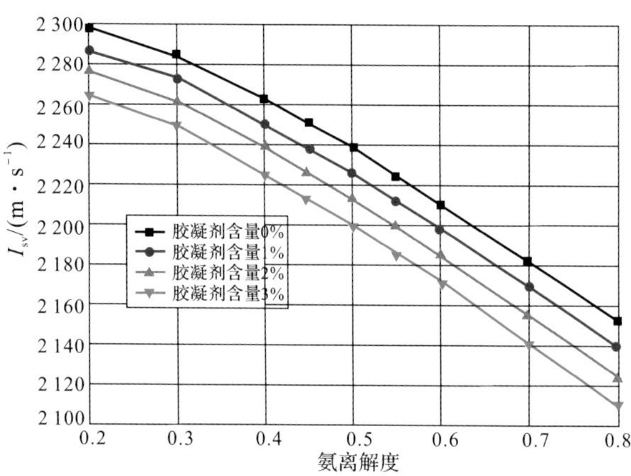

图 7.7　p_c=12 MPa时，不同氨离解度和不同胶凝剂含量下真空比冲特性

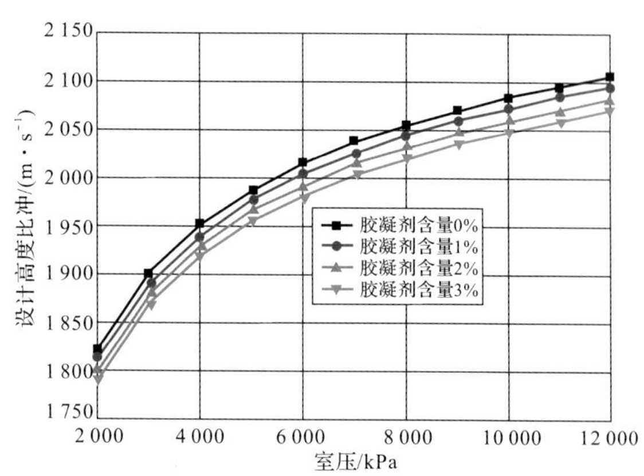

图 7.8　氨离解度为0.55时，不同室压和不同胶凝剂含量下设计高度比冲特性

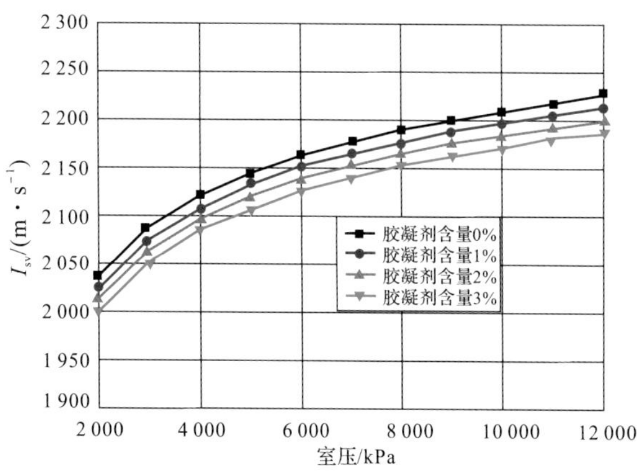

图 7.9　氨离解度为0.55时，不同室压和不同胶凝剂含量下真空比冲特性

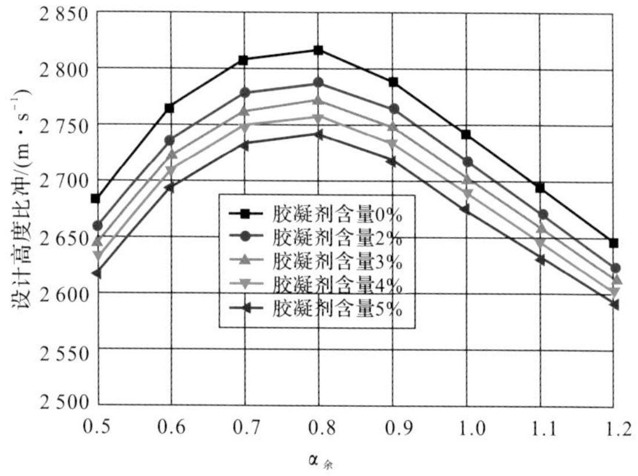

图 7.10　胶凝剂含量（氧化剂与燃料相同）、余氧系数与比冲关系（真空、p_c=4 MPa）

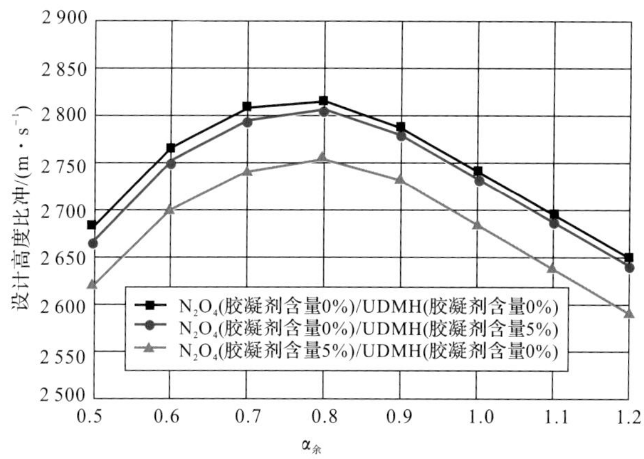

图 7.11　胶凝剂含量(氧化剂与燃料不同)、余氧系数与比冲关系（真空、p_c=4 MPa）

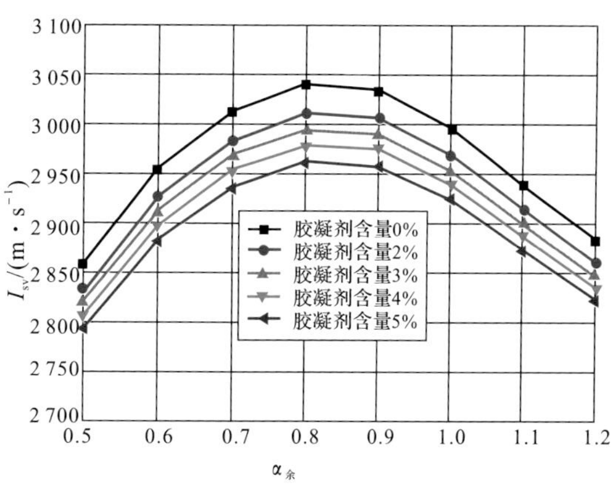

图 7.12　胶凝剂含量（氧化剂与燃料相同）、余氧系数与比冲关系（真空、p_c=4 MPa）

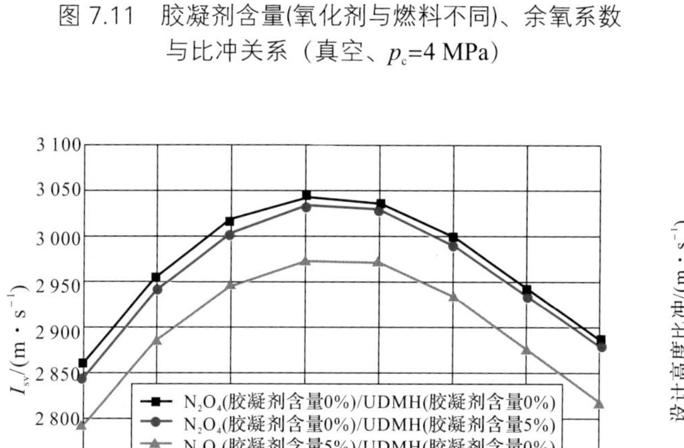

图 7.13　胶凝剂含量(氧化剂与燃料不同)、余氧系数与比冲关系（真空、p_c=4 MPa）

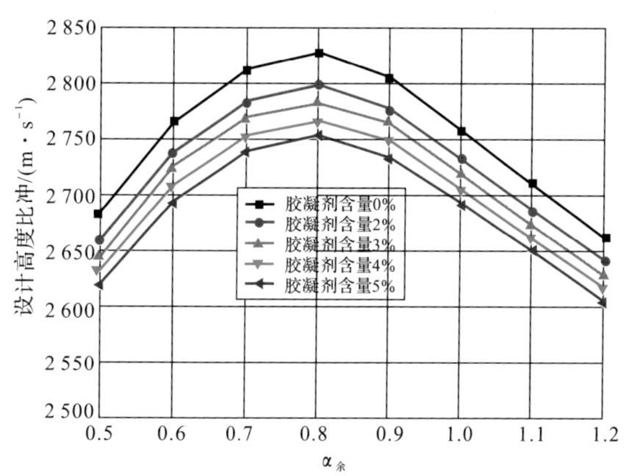

图 7.14　胶凝剂含量（氧化剂与燃料相同）、余氧系数与比冲关系（真空、p_c=8 MPa）

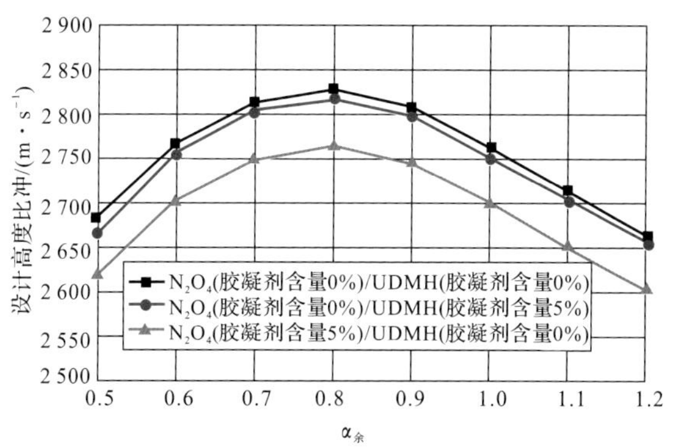

图 7.15　胶凝剂含量(氧化剂与燃料不同)、余氧系数与比冲关系（真空、p_c=8 MPa）

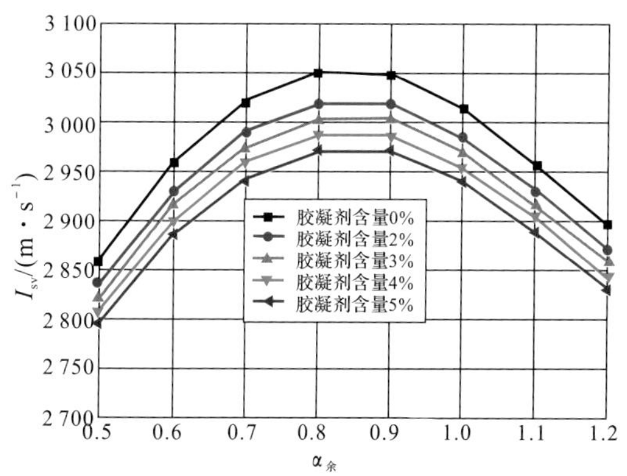

图 7.16　胶凝剂含量(氧化剂与燃料相同)、余氧系数与比冲关系（真空、p_c=8 MPa）

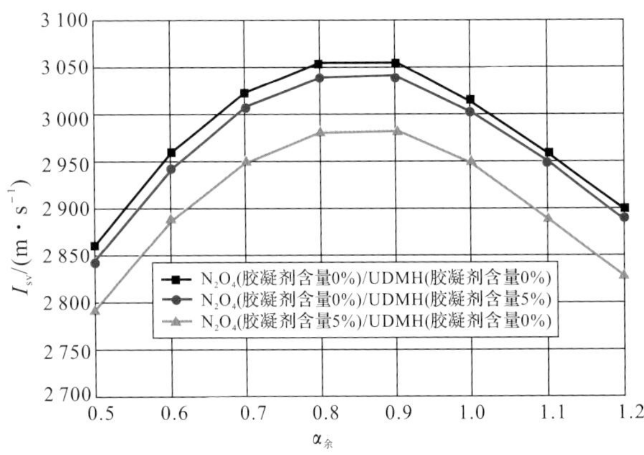

图 7.17　胶凝剂含量（氧化剂与燃料不同）、余氧系数与比冲关系（真空、p_c=8 MPa）

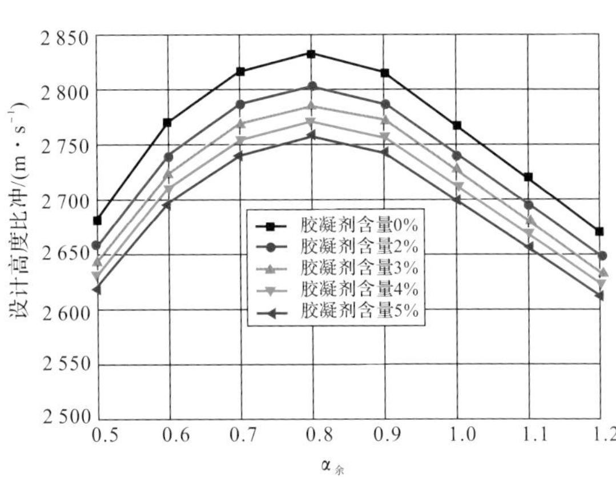

图 7.18　胶凝剂含量（氧化剂与燃料相同）、余氧系数与比冲关系（真空、p_c=12 MPa）

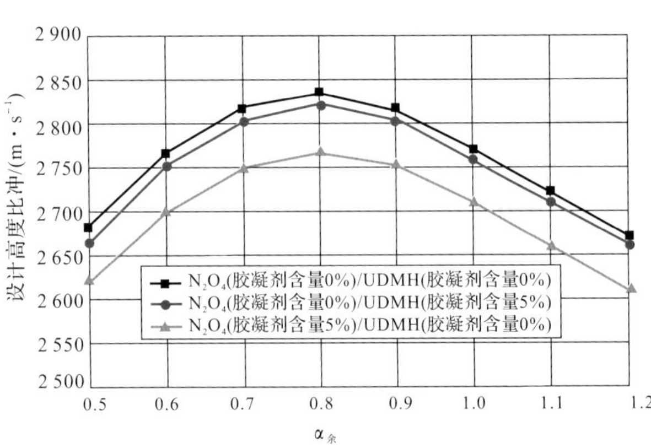

图 7.19　胶凝剂含量（氧化剂与燃料不同）、余氧系数与比冲关系（真空、p_c=12 MPa）

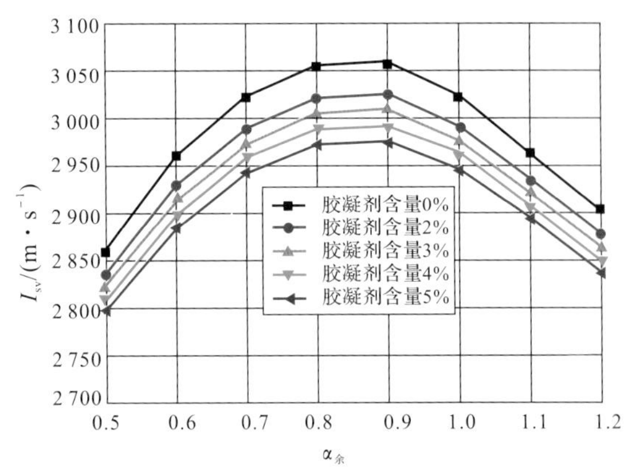

图 7.20　胶凝剂含量（氧化剂与燃料相同）、余氧系数与比冲关系（真空、p_c=12 MPa）

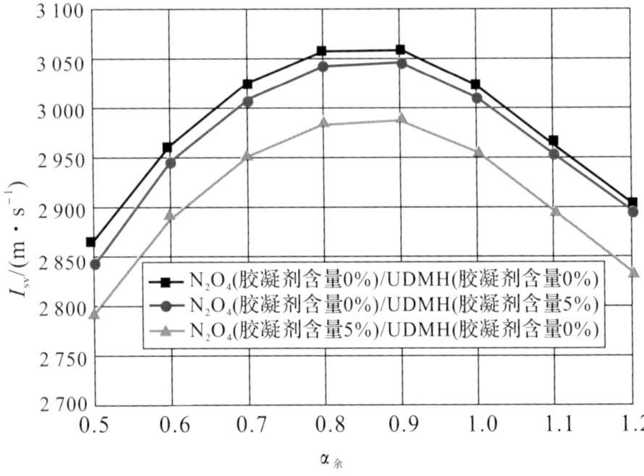

图 7.21　胶凝剂含量（氧化剂与燃料不同）、余氧系数与比冲关系（真空、p_c=12 MPa）

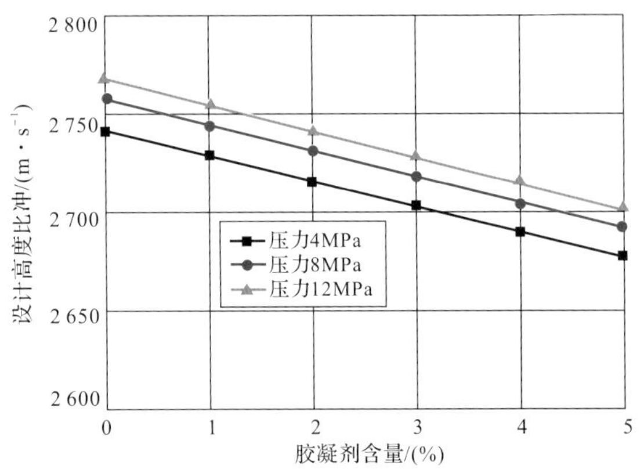

图 7.22　不同压力和不同胶凝剂含量下设计高度比冲曲线（α余=1）

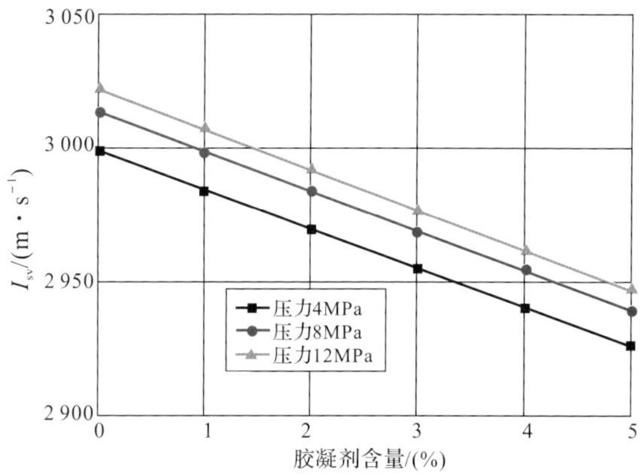

图 7.23　不同压力和不同胶凝剂含量下真空比冲曲线（$\alpha_{余}$=1）

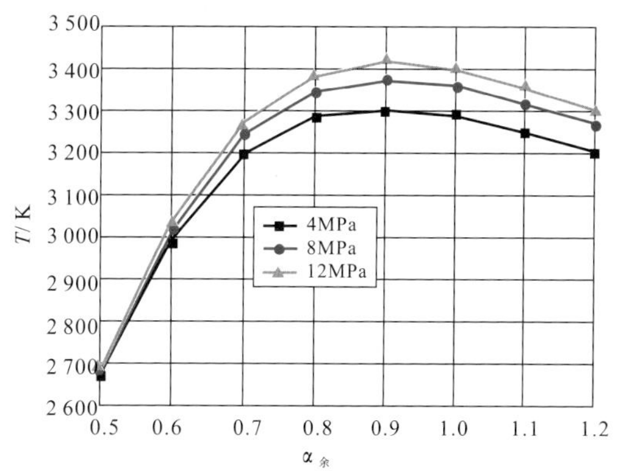

图 7.26　不同余氧系数和压力下温度曲线
（N_2O_4（胶凝剂含量为5%）/UDMH（胶凝剂含量0%））

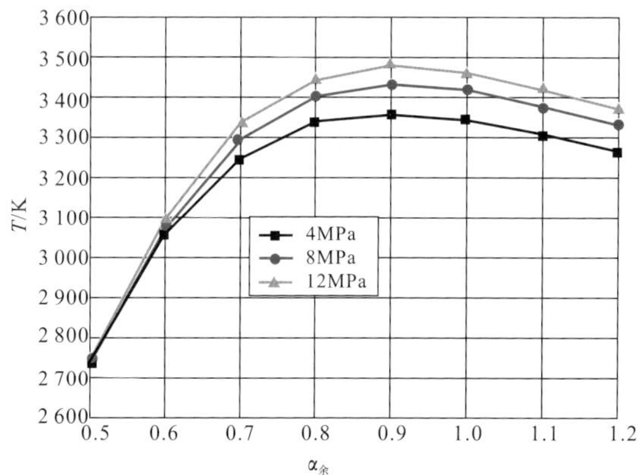

图 7.27　不同余氧系数和压力下温度曲线
（N_2O_4（胶凝剂含量为0%）/UDMH（胶凝剂含量为5%））

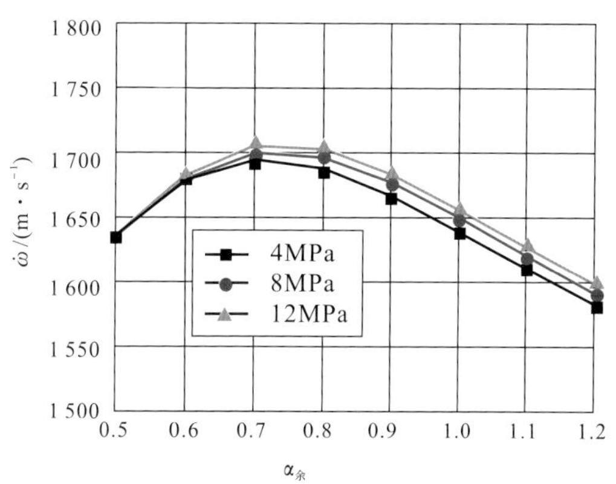

图 7.28　不同余氧系数和压力下特征速度曲线
（N_2O_4（胶凝剂含量为5%）/UDMH（胶凝剂含量为0%）

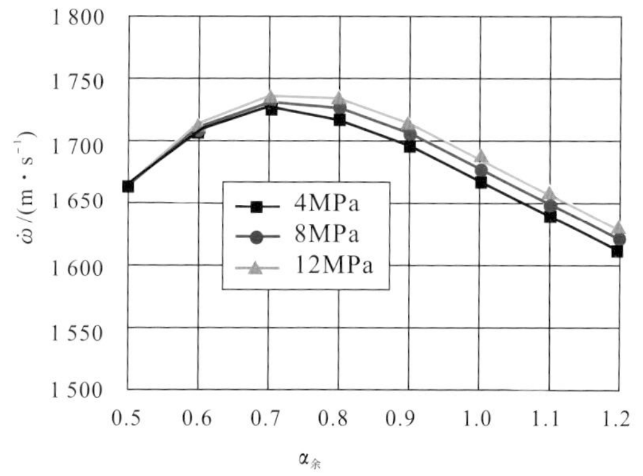

图 7.29　不同余氧系数和压力下特征速度曲线
（N_2O_4（胶凝剂含量为0%）/UDMH（胶凝剂含量为5%））

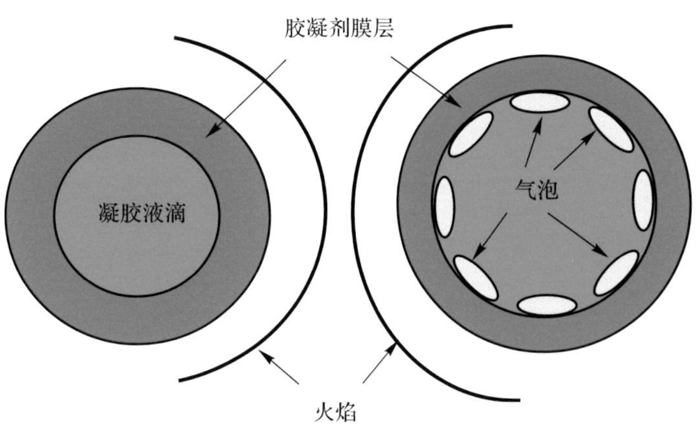

图 8.2　凝胶液滴燃烧时内部气泡的形成

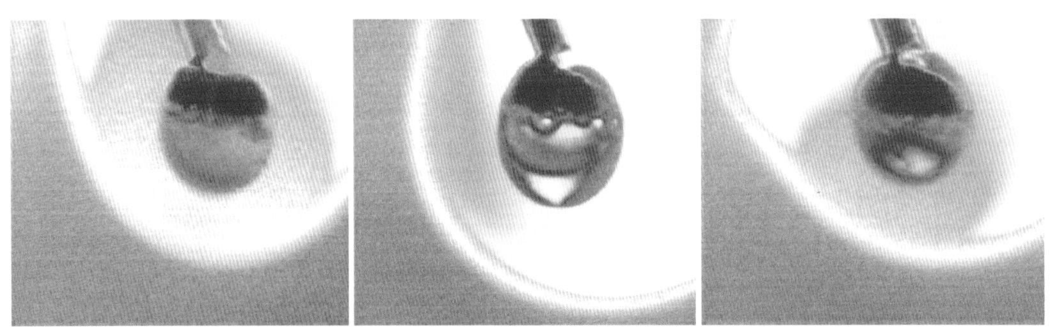

图 8.3　凝胶液滴燃烧、气泡产生和喷射

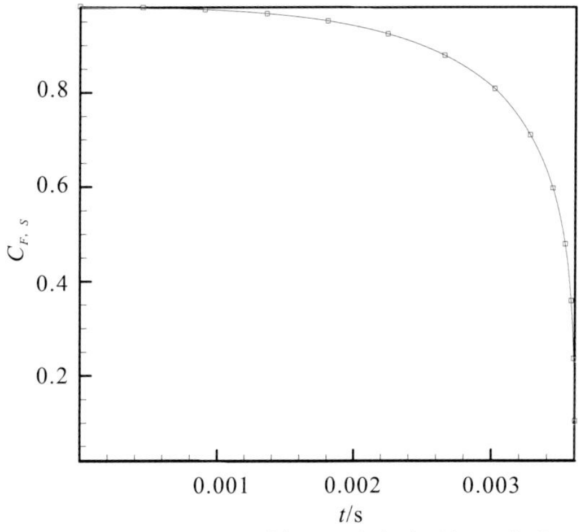

图 8.7　液滴表面燃料相对浓度随时间的变化

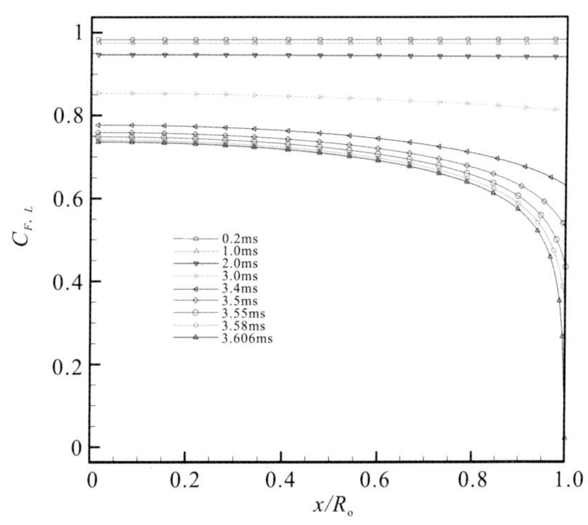

图 8.8　液相内燃料相对浓度随时间的变化

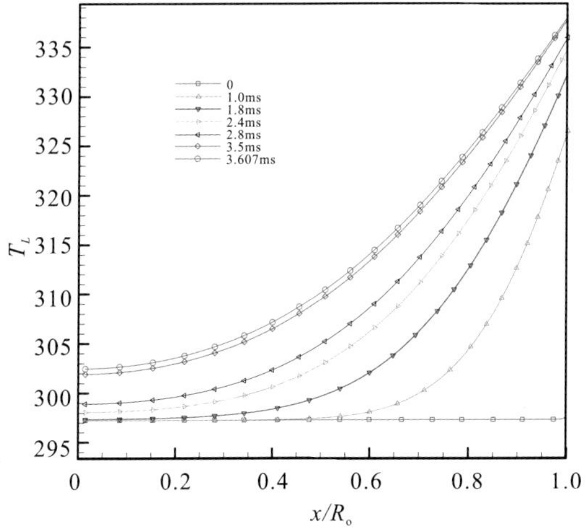

图 8.9　液滴内部温度场分布随时间的变化

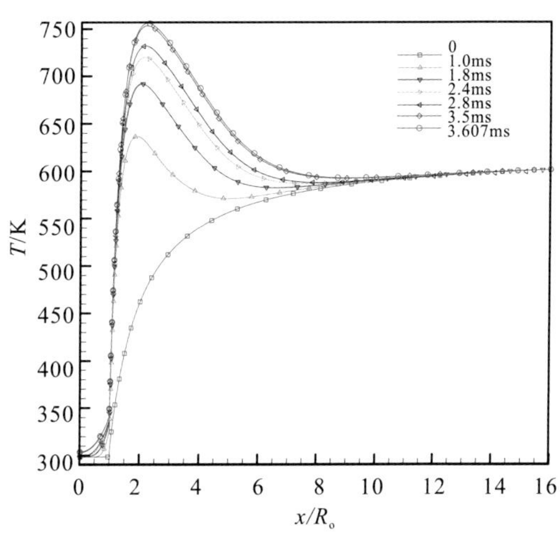

图 8.10　气、液相液滴温度分布随时间的变化

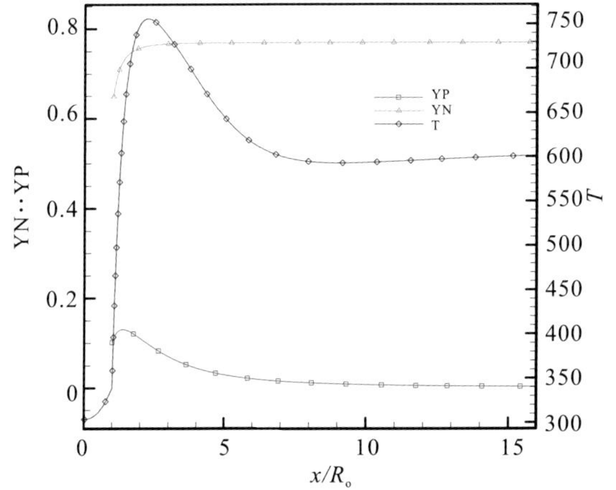

图 8.11　气液相氮气和产物相对浓度以及温度的分布

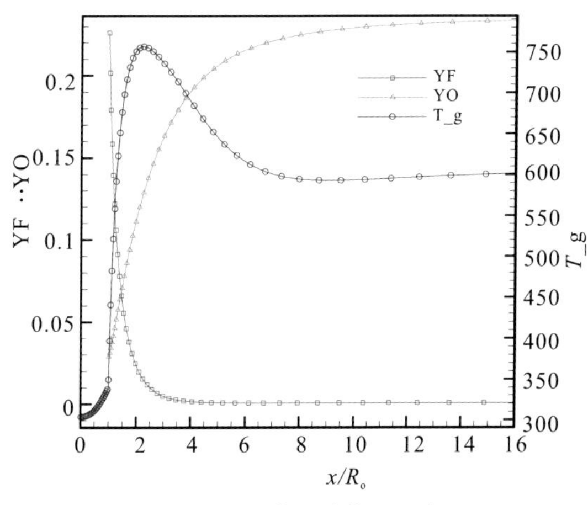

图 8.12　火焰峰位置示意图

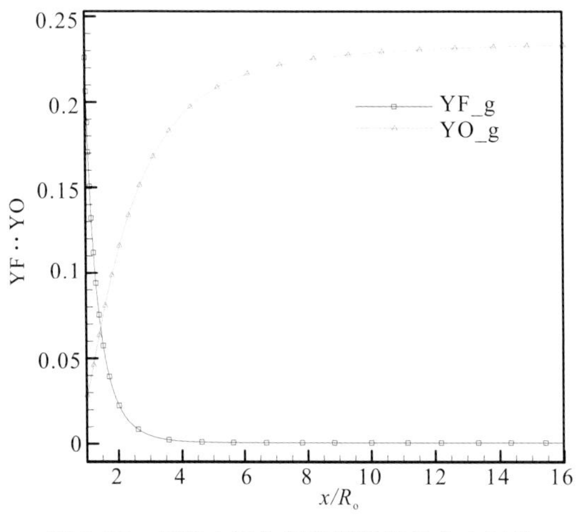

图 8.13　气相内氧化剂和燃料组分分布对比

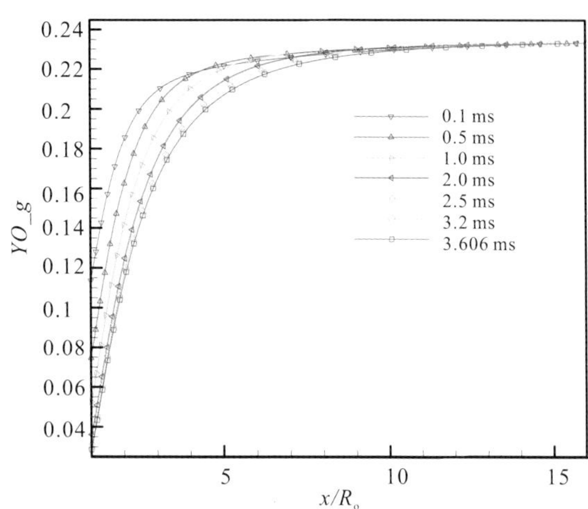

图 8.14　气相场氧化剂组分分布随时间的变化

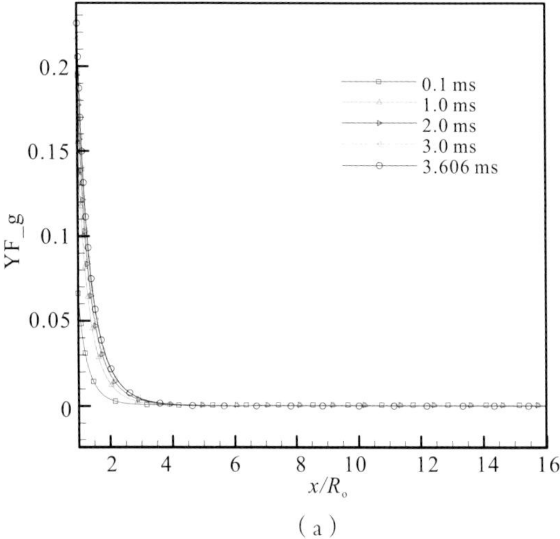

图 8.15　不同时刻气相场内燃料组分浓度的分布

(a) 原图；(b) 局部放大图

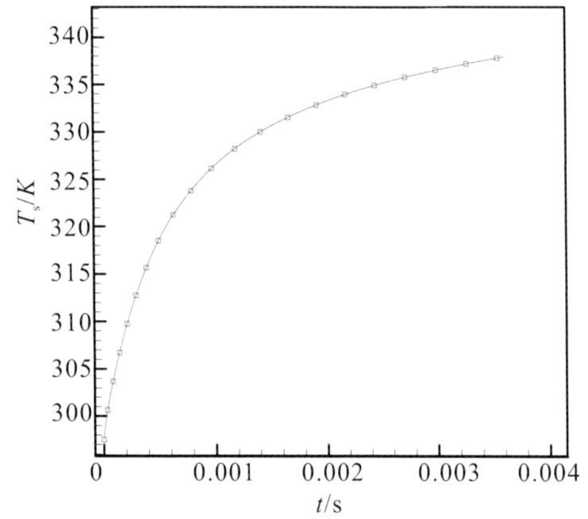

图 8.16　液滴表面温度随时间的变化

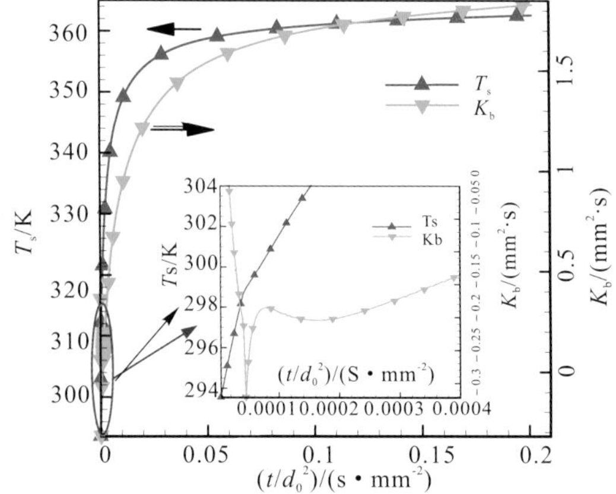

图 8.17　液滴表面温度和燃烧常数K_b随时间的变化

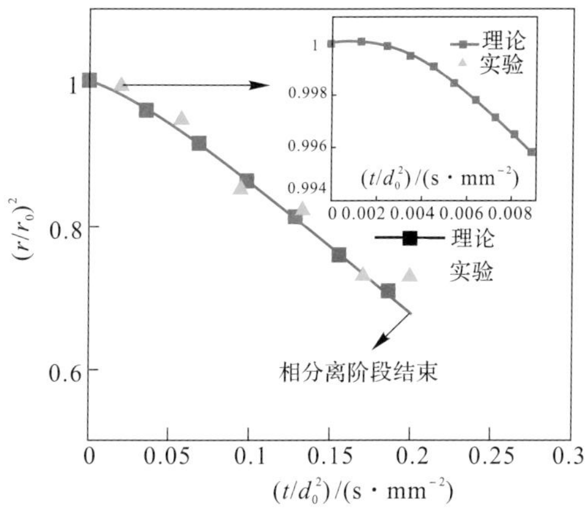

图 8.18　液滴半径平方随时间的变化

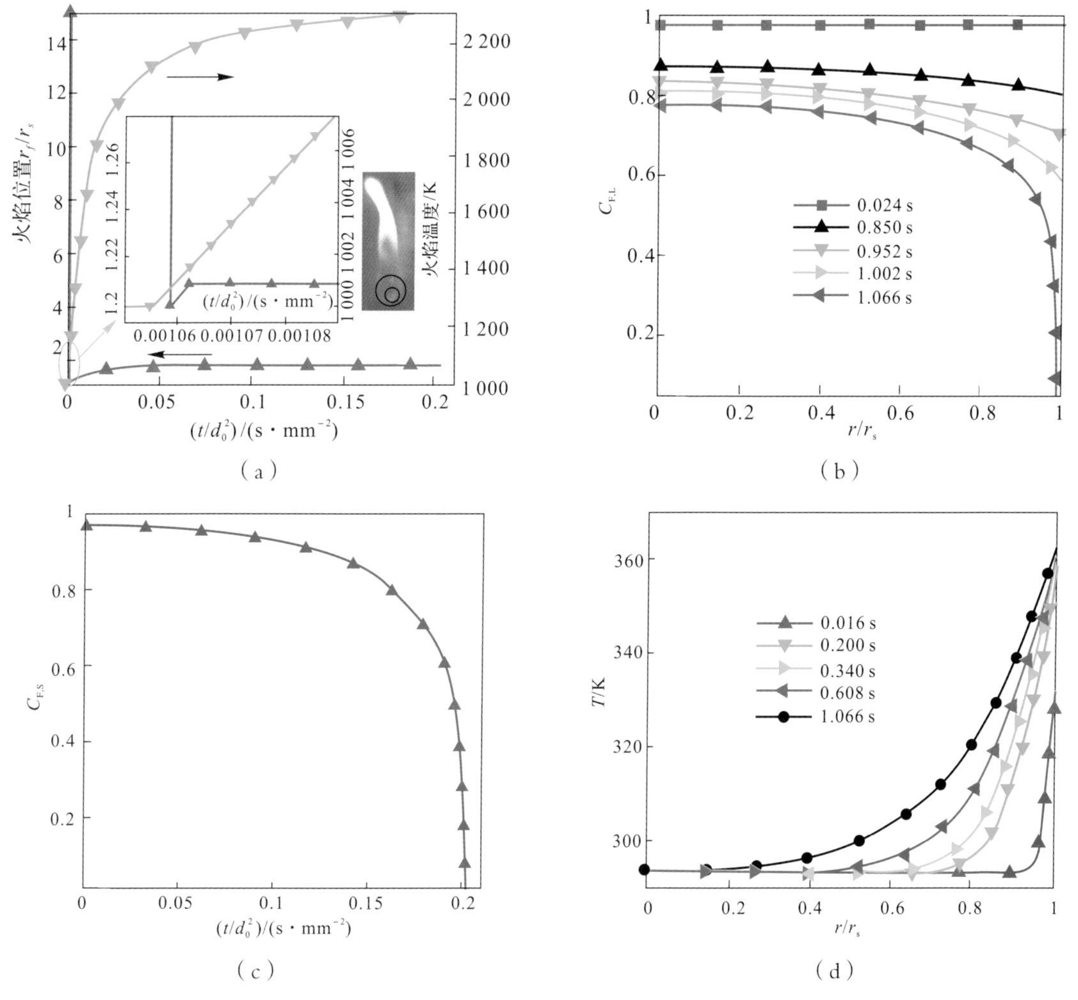

(a)

(b)

(c)

(d)

图 8.19　火焰温度、火焰位置和液滴内部输运规律的变化

(a)火焰温度和火焰位置随时间的变化；(b)UDMH相对浓度分布随时间的变化；

(c)液滴表面UDMH相对浓度随时间的变化；(d)液滴内部温度分布随时间的变化

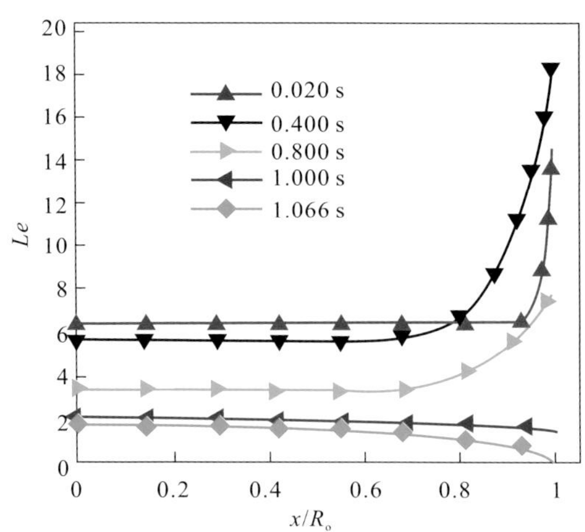

图 8.20　不同时刻液滴内部径向 Le 数的分布

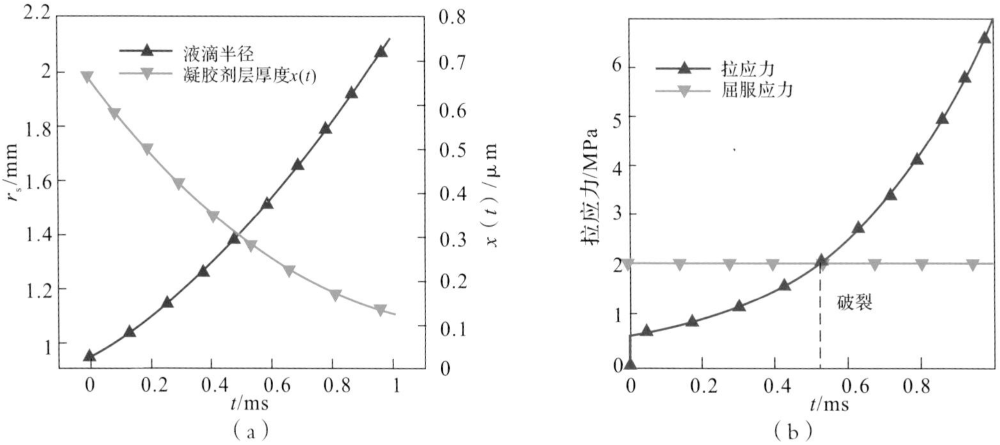

图 8.21　凝胶单滴破碎过程仿真结果

（a）膨胀阶段；（b）破裂阶段

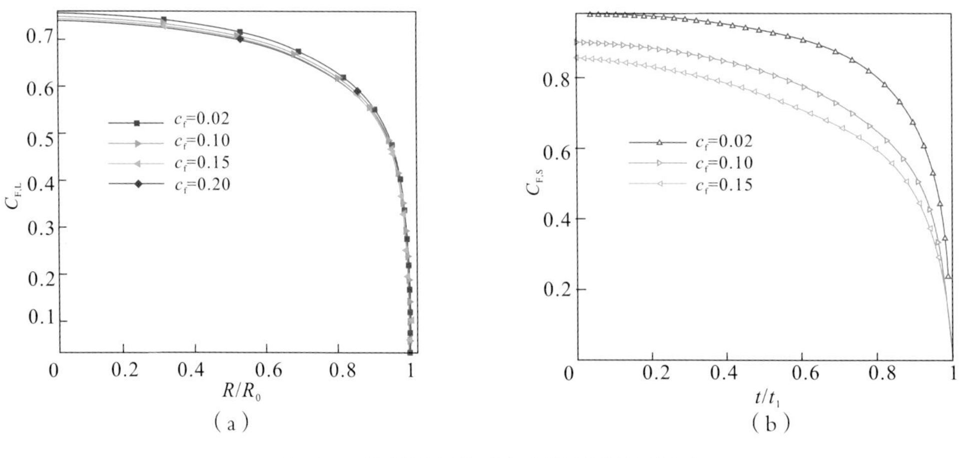

图 8.22　胶凝剂含量对液滴燃烧过程的影响

（a）胶凝剂含量对液滴内部燃料浓度分布的影响；（b）胶凝剂含量对液滴表面燃料相对浓度随时间变化规律的影响

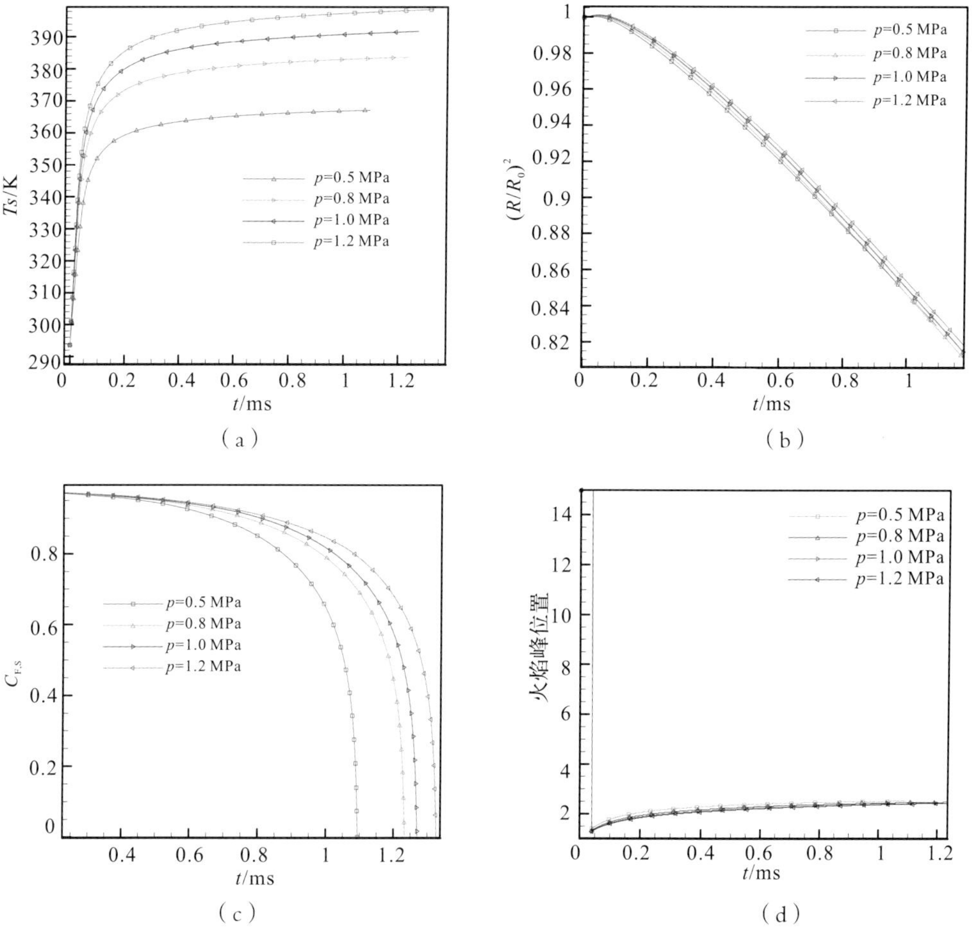

（a）

（b）

（c）

（d）

图 8.23　环境压强对液滴燃烧过程的影响

（a）环境压强对液滴表面温度的影响；（b）环境压强对液滴半径的影响；
（c）环境压强对液滴表面燃料组分相对浓度变化的影响；（d）环境压强对火焰峰位置的影响

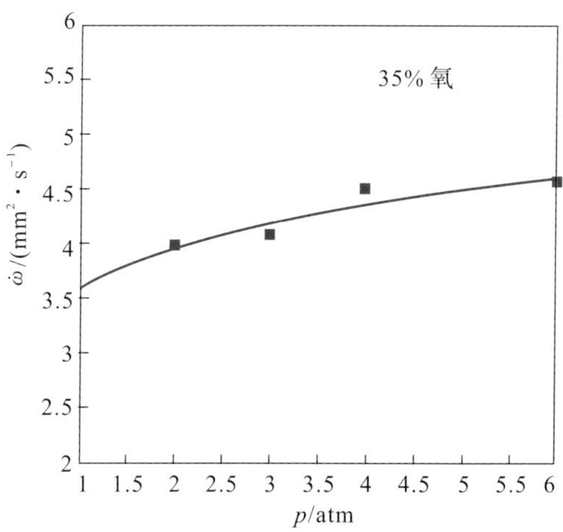

图 8.24　环境压强对燃烧速率常数的影响

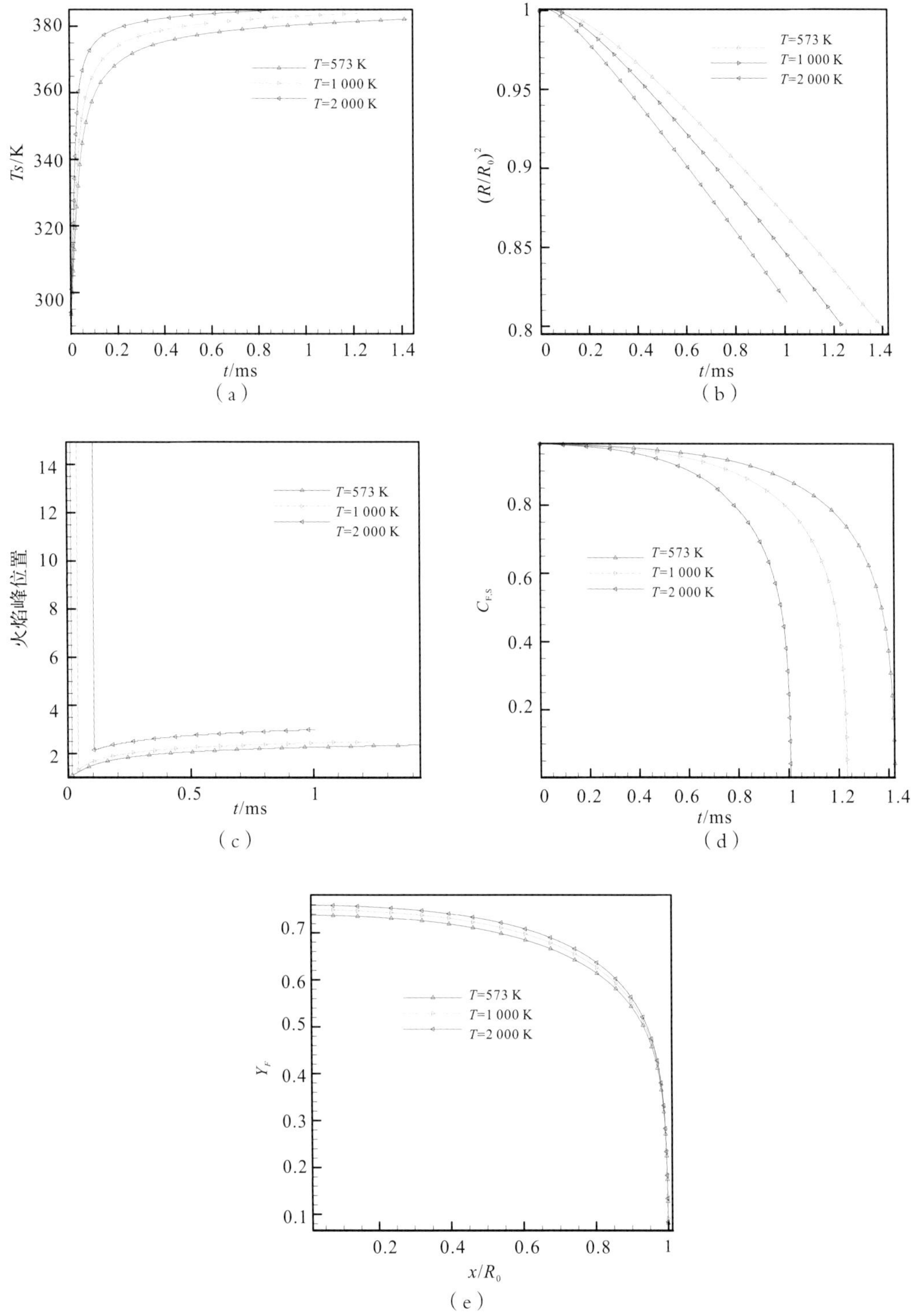

图 8.25　环境温度对液滴燃烧过程的影响

（a）环境温度对液滴表面温度的影响；（b）环境温度对液滴半径的影响；（c）环境温度对火焰峰位置的影响；（d）环境温度对液滴表面燃料相对浓度的影响；（e）环境温度对液相内燃料组分的影响

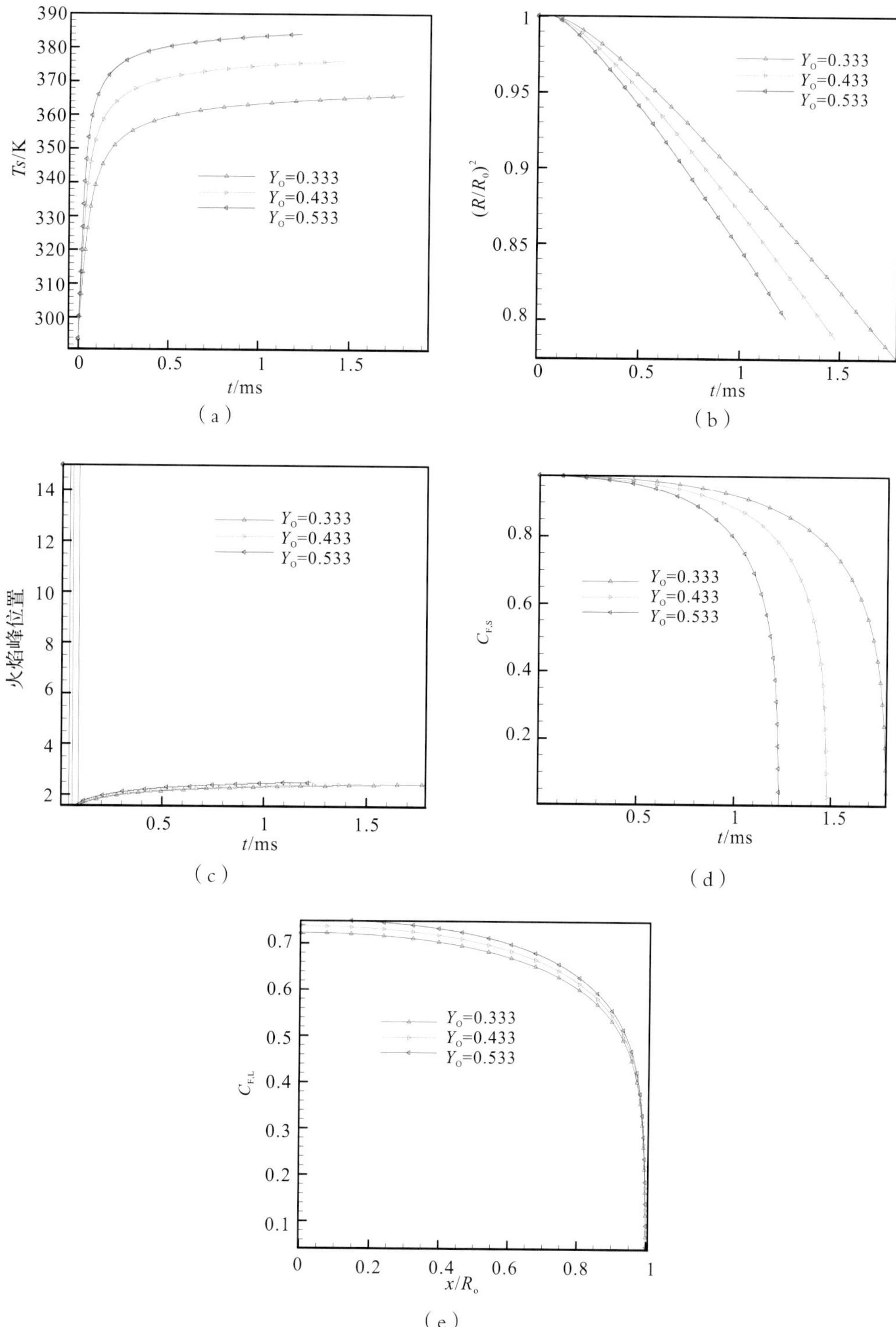

图 8.26　氧化剂相对浓度对液滴燃烧过程的影响

（a）氧化剂相对浓度对液滴表面温度的影响；（b）氧化剂相对浓度对液滴半径的影响；（c）氧化剂相对浓度对火焰峰位置的影响；（d）氧化剂相对浓度对液滴表面燃料相对浓度的影响；（e）氧化剂相对浓度对液相燃料相对浓度的影响

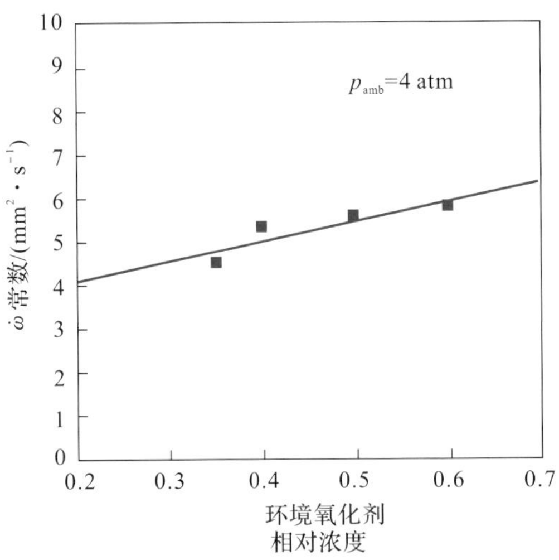

图 8.27　环境氧化剂相对浓度对燃烧速率常数的影响

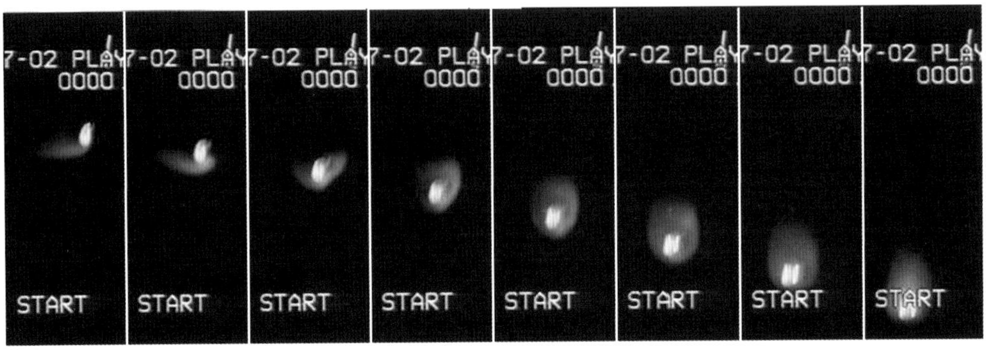

（a）

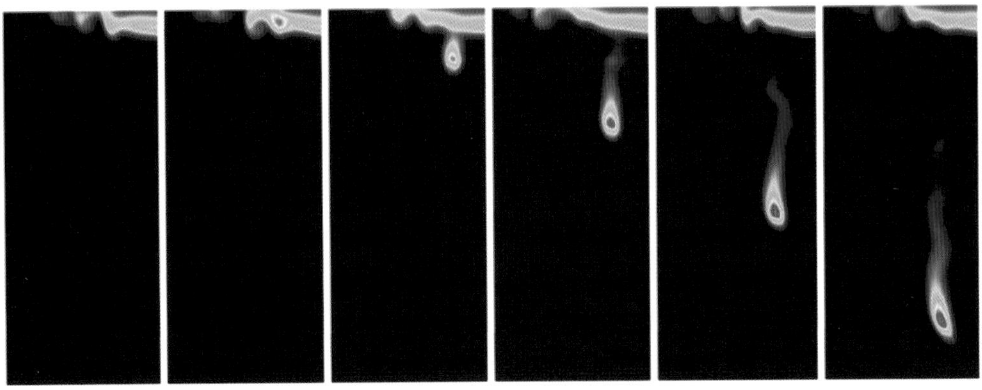

329	330	331	332	333	334
10. 966 s	10. 999 s	11. 033 s	11. 066 s	11. 099 s	11. 133 s

（b）

图 8.28　飞滴实验方法获得的单滴燃烧过程图像

（a）燃烧凝胶液滴运动过程；（b）燃烧凝胶液滴运动过程的红外照片

图 8.30　实验仓照片

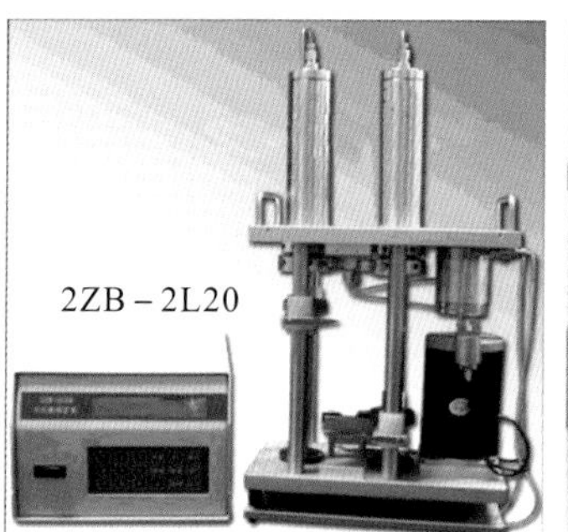

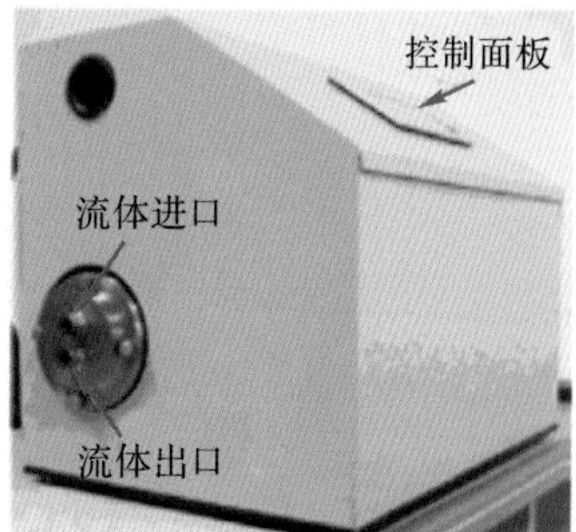

图 8.33　超微量泵液滴生成装置

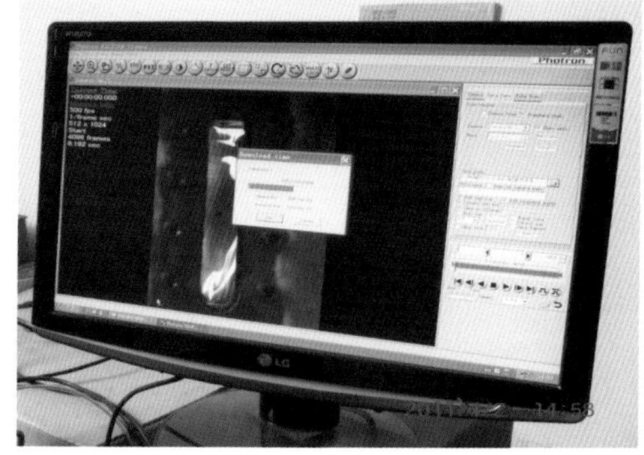

图 8.34　高速摄影仪的软件控制界面

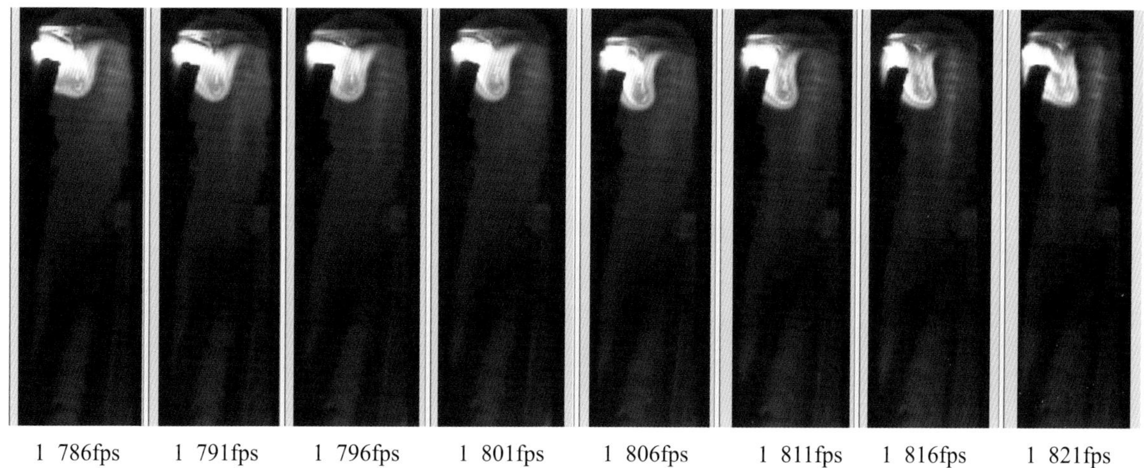

图 8.35　挂滴实验的典型结果

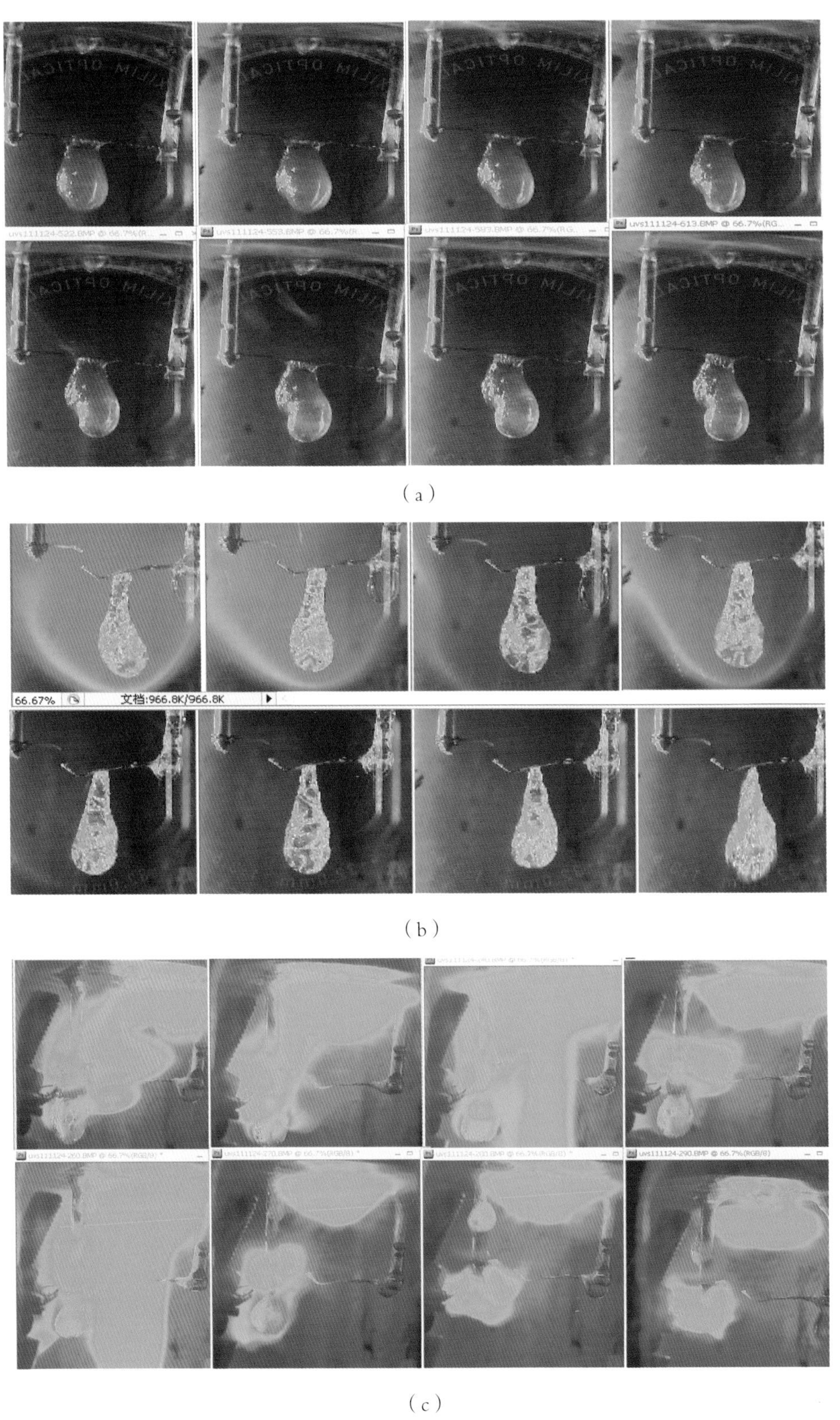

（a）

（b）

（c）

图 8.36　挂滴蒸发燃烧过程

（a）挂滴蒸发燃烧过程（一）；（b）挂滴蒸发燃烧过程（二）；（c）挂滴蒸发燃烧过程（三）

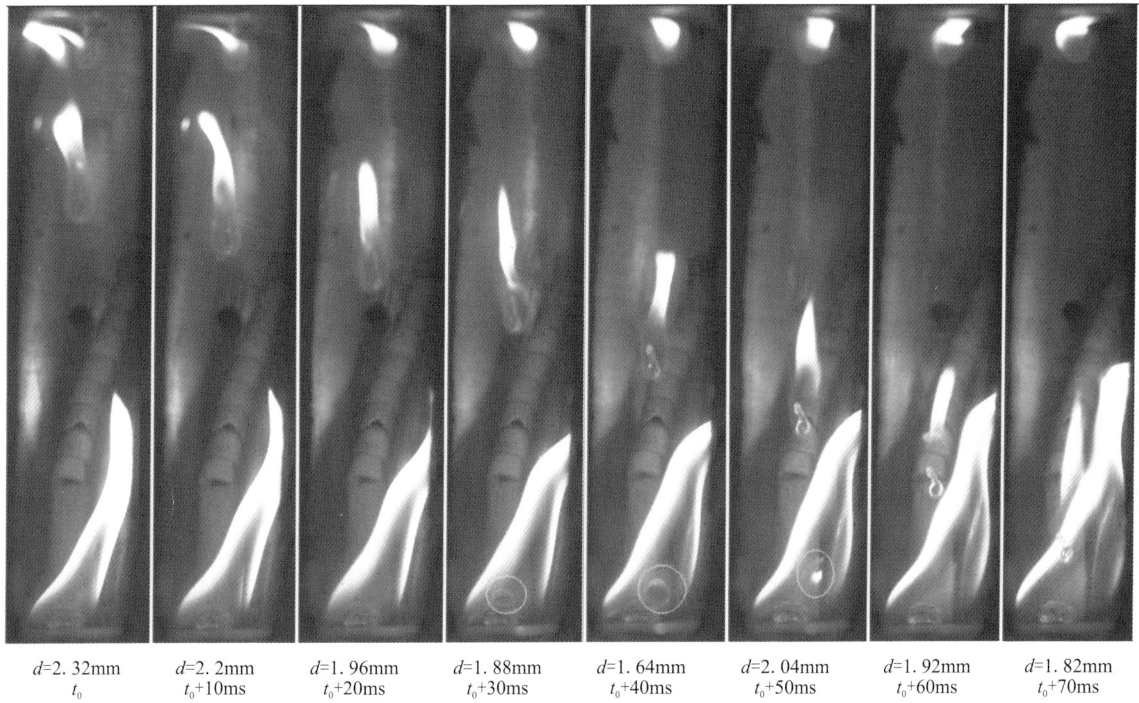

图 8.37　飞滴实验过程（下落）

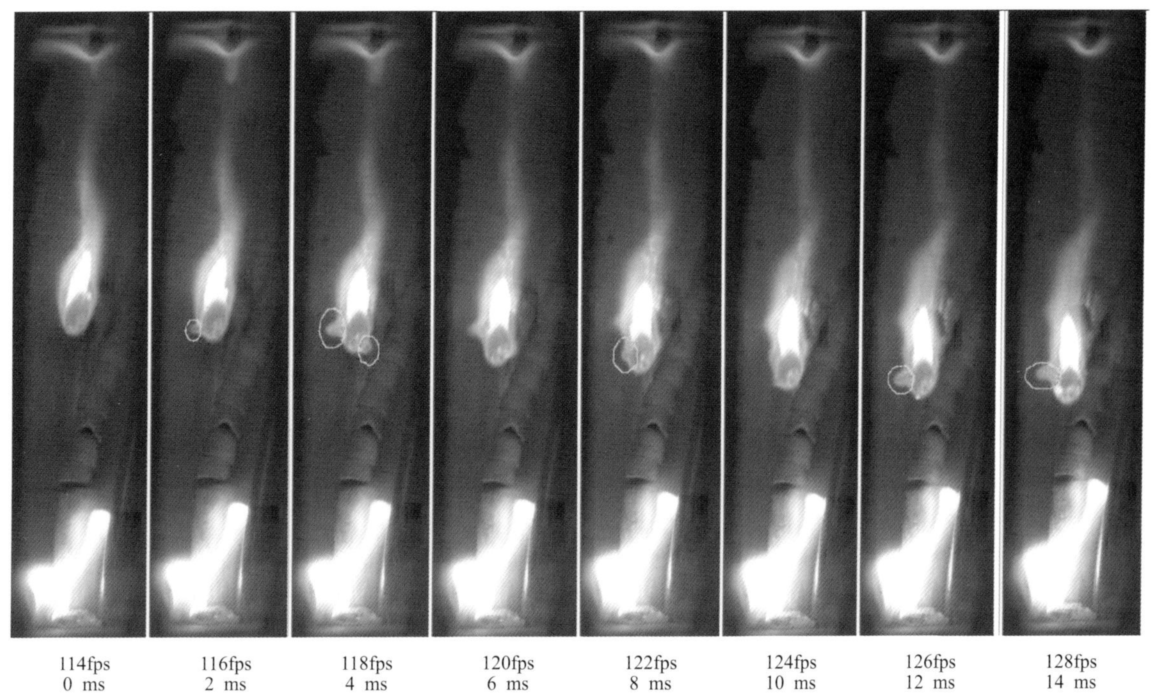

图 8.38　飞滴实验过程（喷射现象）

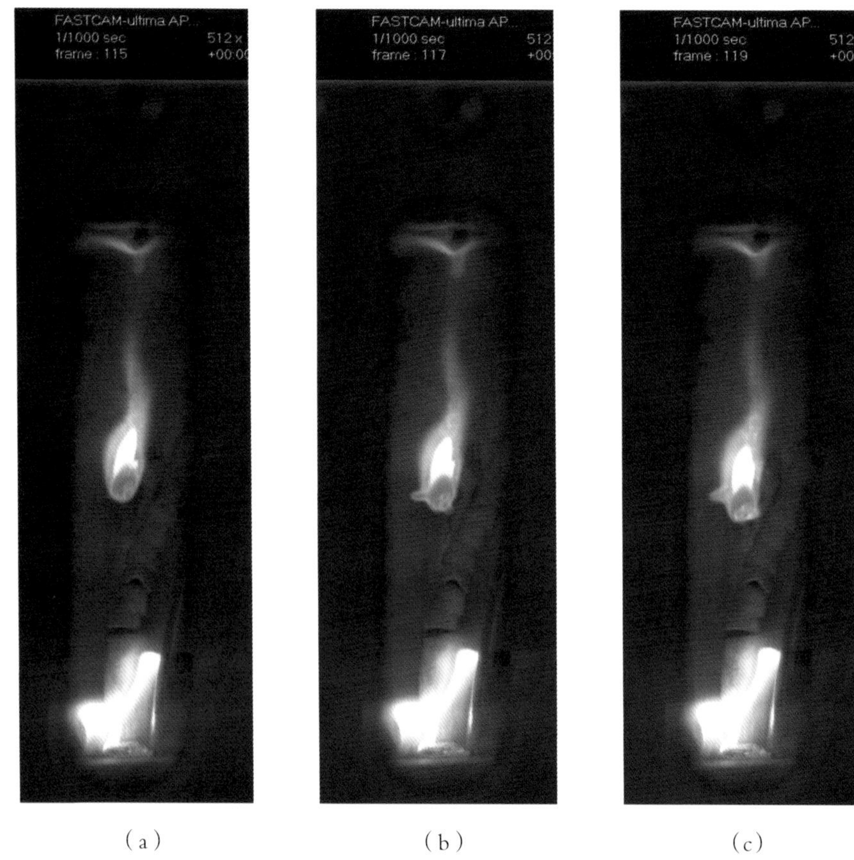

图 8.39　飞滴过程中的喷射现象

（a）气泡生成；（b）气泡破裂、喷射；（c）破裂的膜层重新回到液滴表面

图 8.40　加热板方式燃烧过程（照片间隔时间为10 ms）

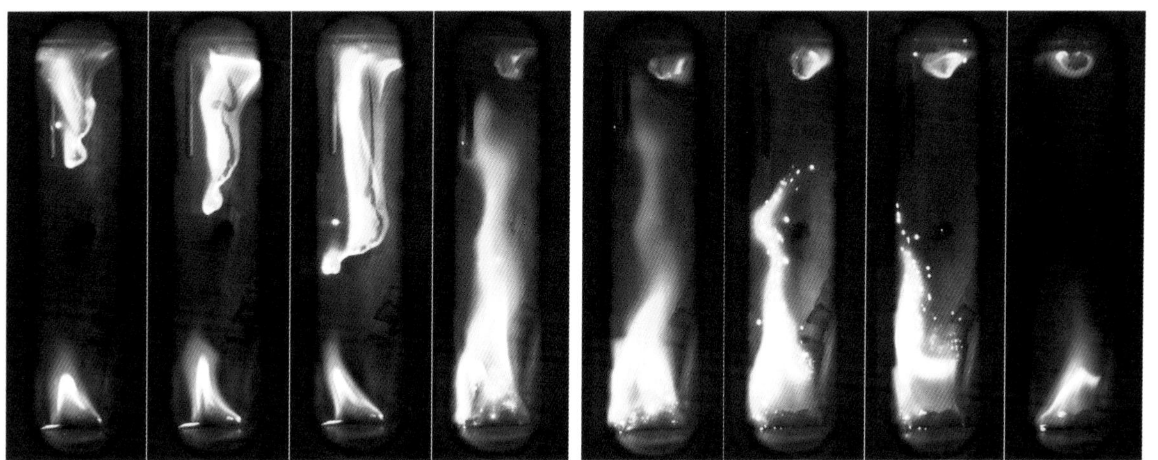

图 8.41　碳粉UDMH推进剂的燃烧过程

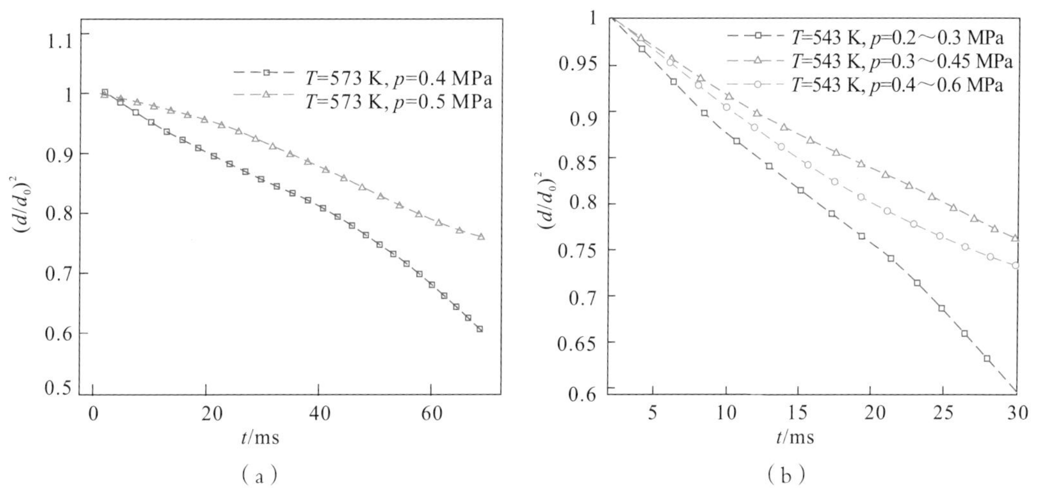

图 8.42　环境压力的影响

(a) T=543 K;　(b) T=573 K

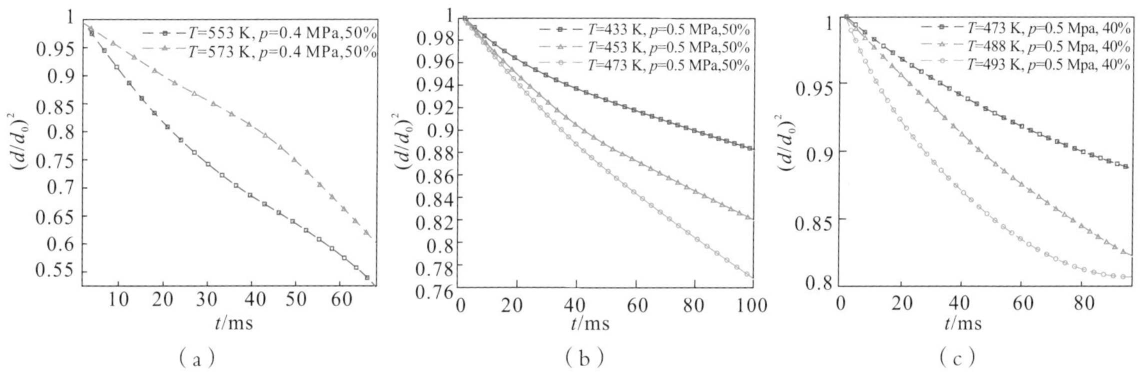

图 8.43　温度的影响

(a) p=0.4 MPa，氧化剂浓度为50%；(b) p=0.5 MPa，氧化剂浓度为50%；(c) p=0.5 MPa，氧化剂浓度为40%

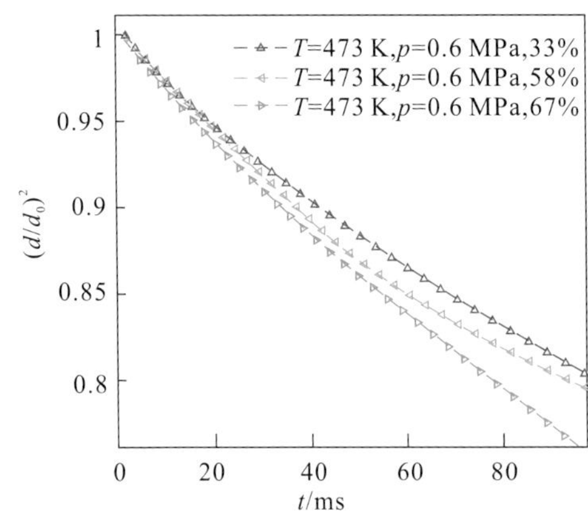

图 8.44 氧化剂浓度的影响（T=473 K，p=0.6 MPa）

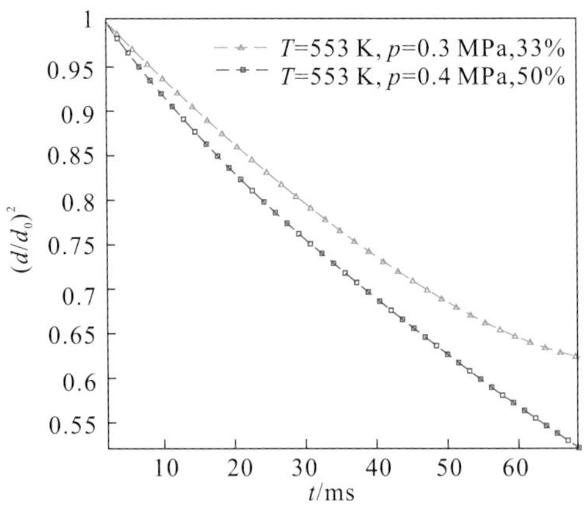

图 8.45 压力和氧化剂浓度共同对液滴直径变化的影响

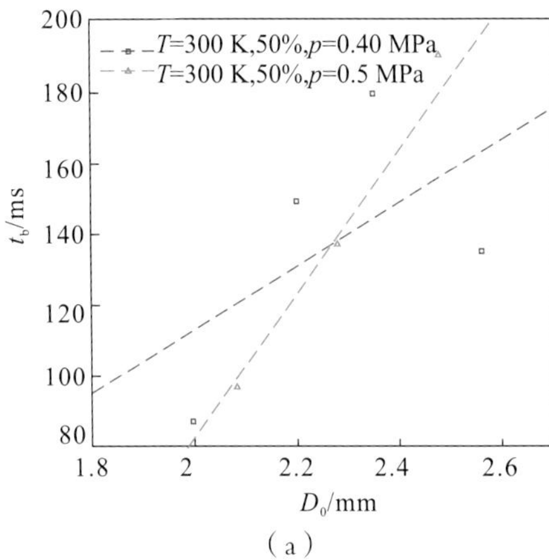

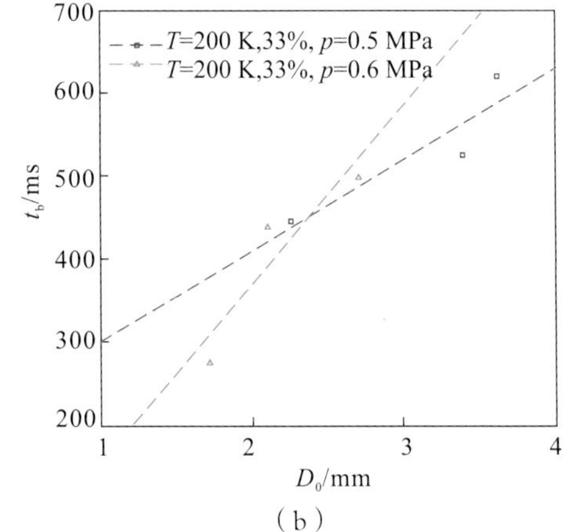

图 8.46 燃尽时间与滴径和室压的关系图

（a）T=300 K，氧化剂浓度为50%；（b）T=200 K，氧化剂浓度为33%

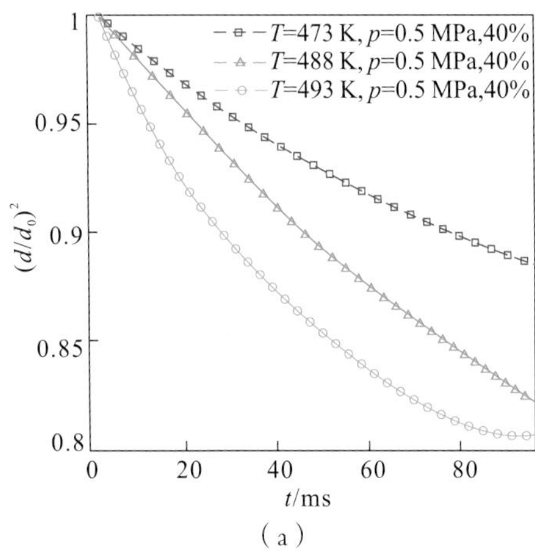

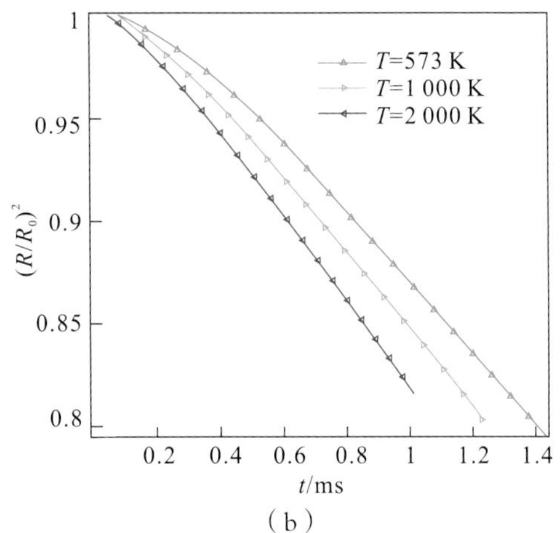

图 8.47 理论与实验结果对比（温度对液滴半径变化的影响）

（a）实验结果；（b）理论仿真结果

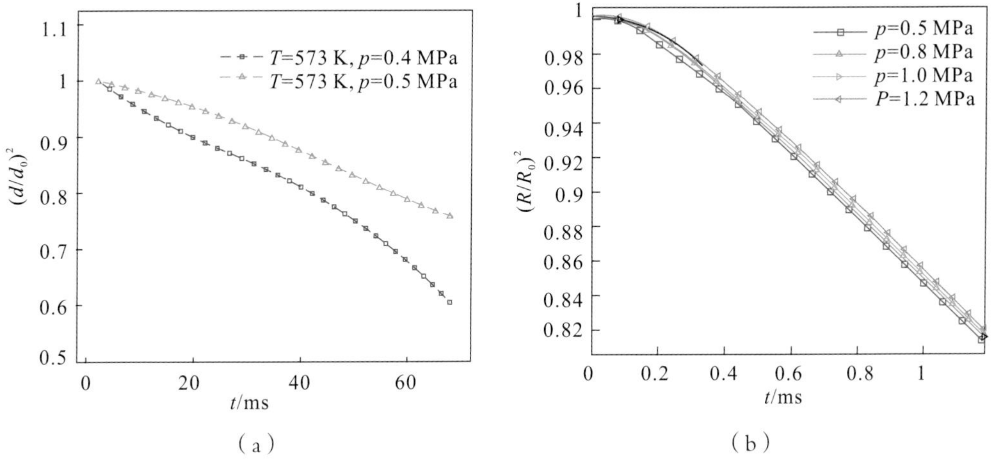

图 8.48　理论与实验结果的对比（压力对液滴半径的影响）
（a）实验结果；（b）理论仿真结果

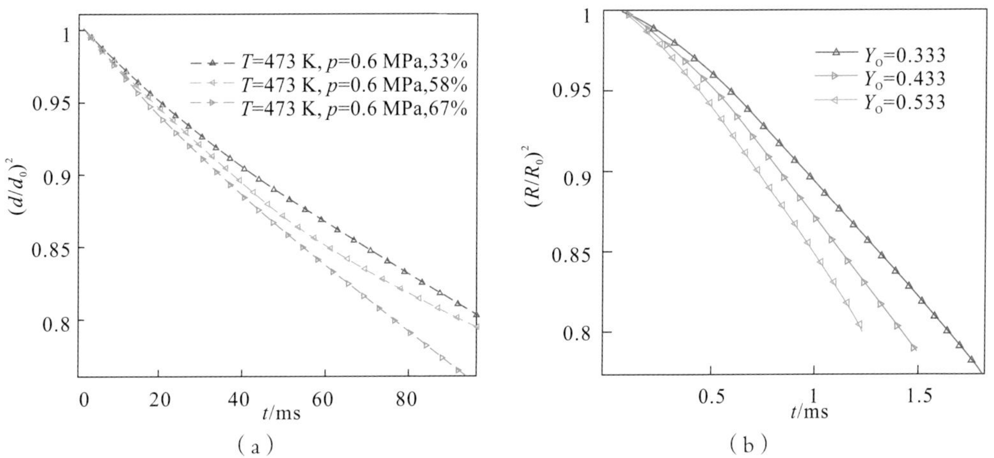

图 8.49　理论与实验结果的对比（氧气相对浓度对液滴半径的影响）
（a）实验结果；（b）理论仿真结果

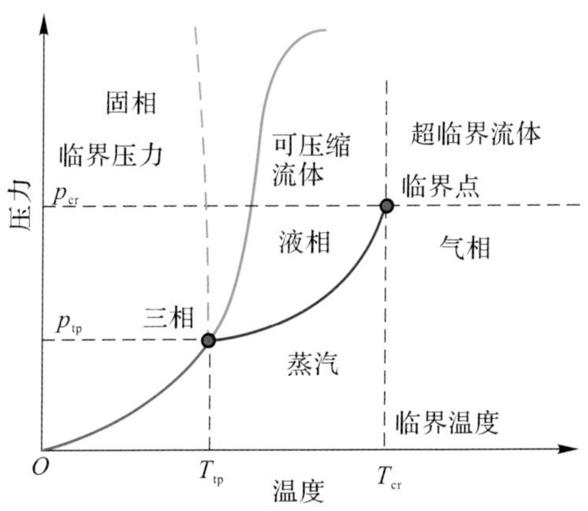

图 8.50　超临界流体p–T相图

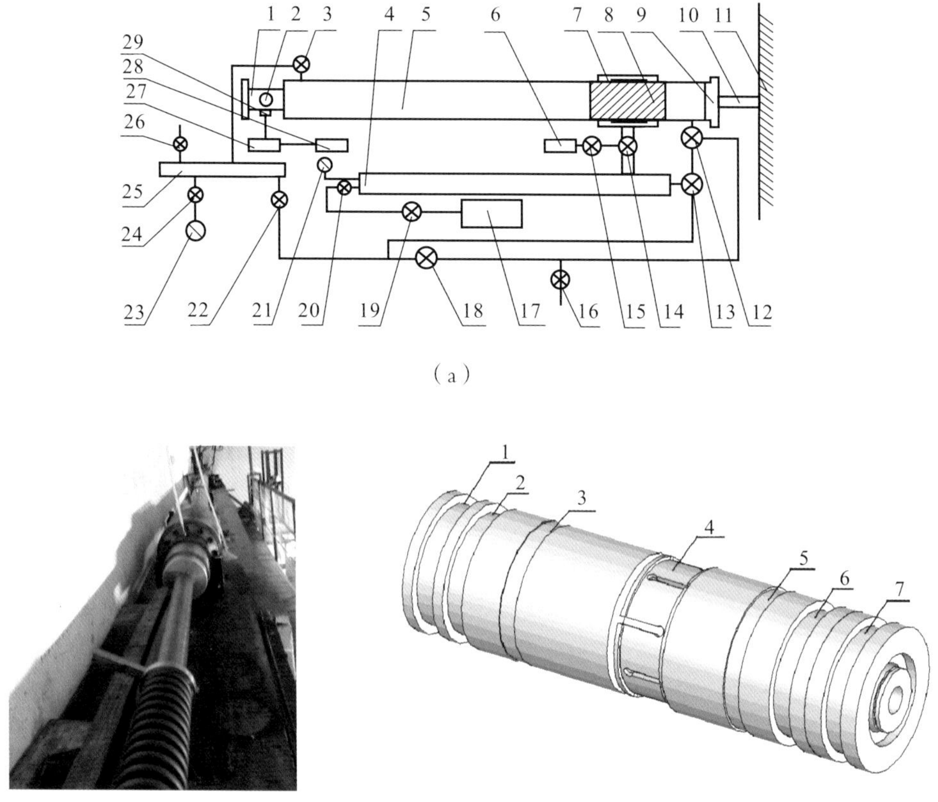

图 8.54　实验系统示意图

（a）实验系统图；（b）压缩管体和平衡活塞；（c）重活塞结构示意图

（a）1—实验段；2—观察窗；4—高压气罐；5—压缩管；6，17—空压机；7—充气腔；8—重活塞；9—平衡活塞；10—液压系统；11—支撑端；14—气动阀；3，12，13，15，16，18，19，20，22，24，26—阀门；21—压力表；23—真空计；25—配气柱；27—电压放大器；28—示波器；29—压阻传感器；
（c）1，7—聚四氟乙烯环；2，6—密封圈；3，5—测速反光纸　4—弹性套

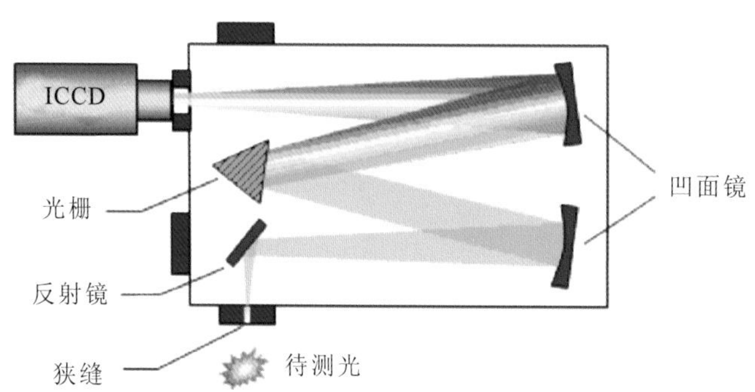

图 8.61　瞬态发射谱测量系统示意图（光谱仪+ICCD）

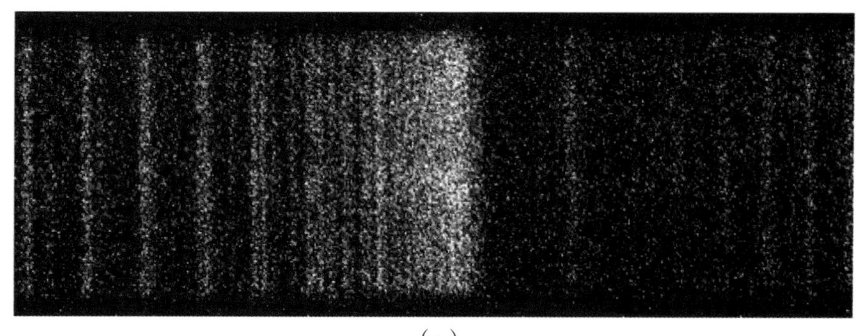

（a）

（b）

图 8.62　酒精灯火焰CH*光谱与LIFBASE计算结果分布（2 030 K）

（a）CH*光谱；（b）计算质量分布

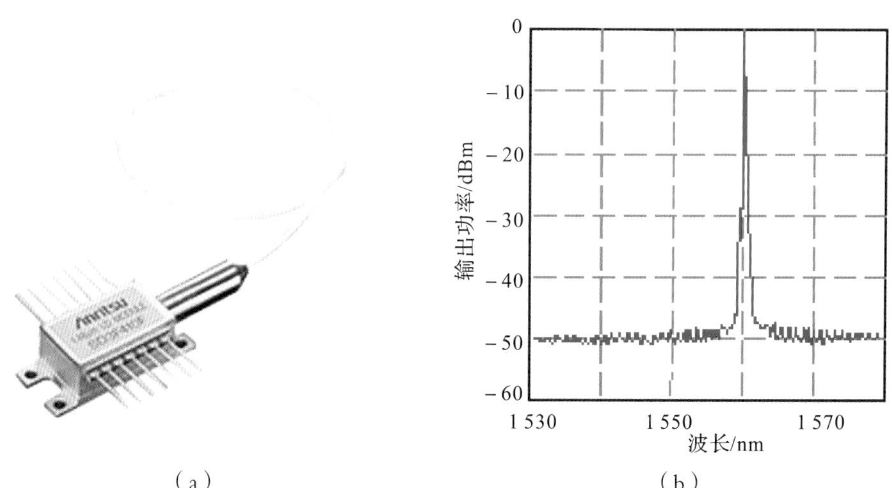

（a）　　　　　　　　　　　　（b）

图 8.65　半导体激光器和能量输出特性

（a）半导体激光器；（b）能量输出特性

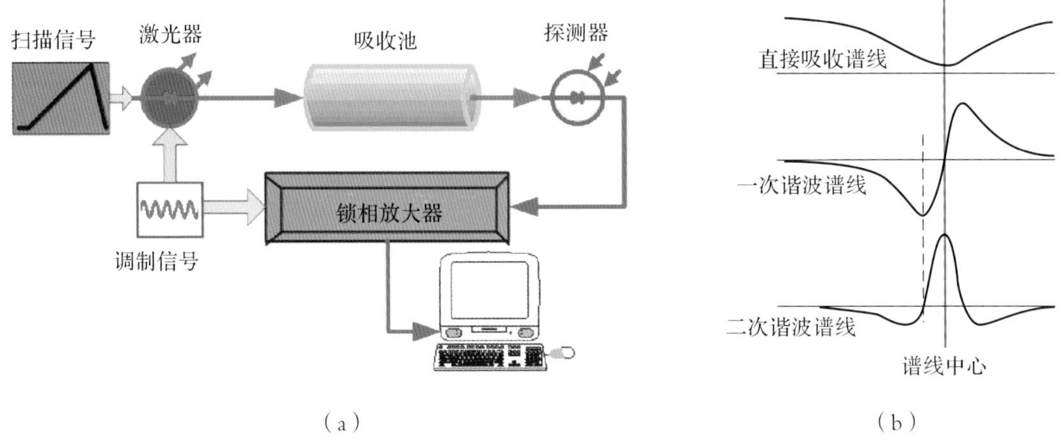

图 8.66　波长调制示意图

（a）波长调制TDLAS；（b）直接吸收和一、二次谐波信号

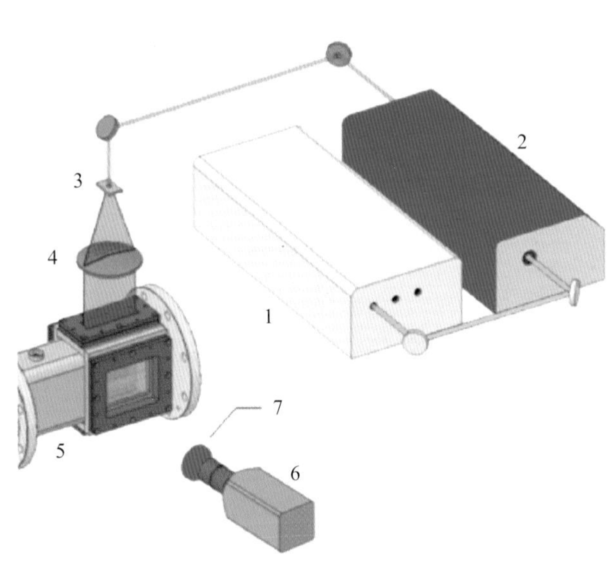

图 8.67　PLIF系统光路图

1—YAG激光器；2—染料激光器；3—柱透镜；4—凸透镜；5—实验段；6—ICCD；7—滤光片

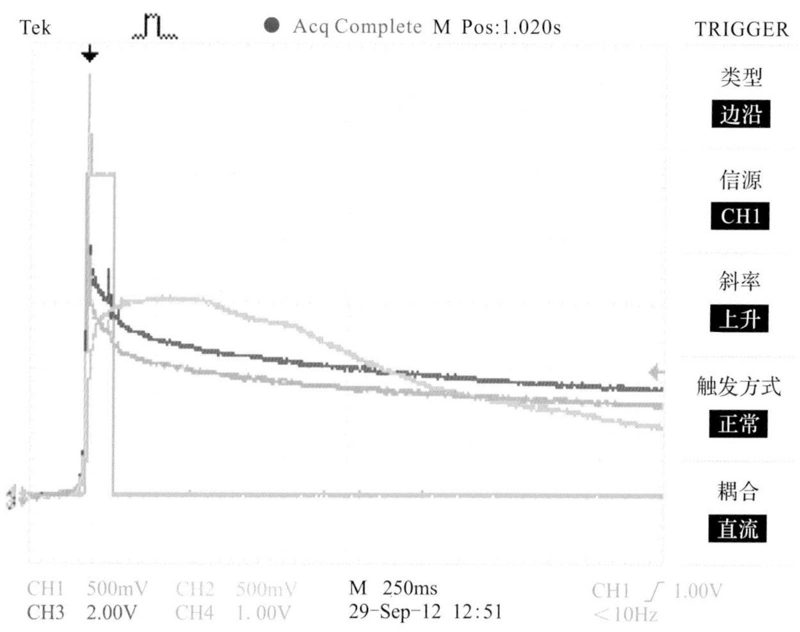

图 8.69 $p-t$和$T-t$以及高速摄影外触发信号随时间变化曲线
（T_i=300 K，p_i=50.54 kPa，λ=100，自左向右，2 000 fps）

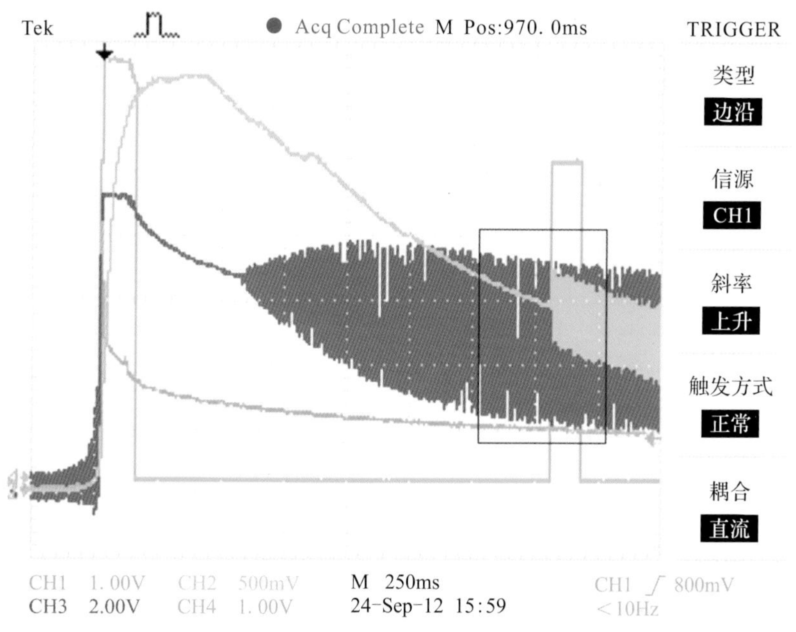

图 8.72 $p-t$和$T-t$以及高速摄影外触发信号随时间变化曲线
（T_i=300 K，p_i=50.54 kPa，λ=100，自左向右，3 000 fps）

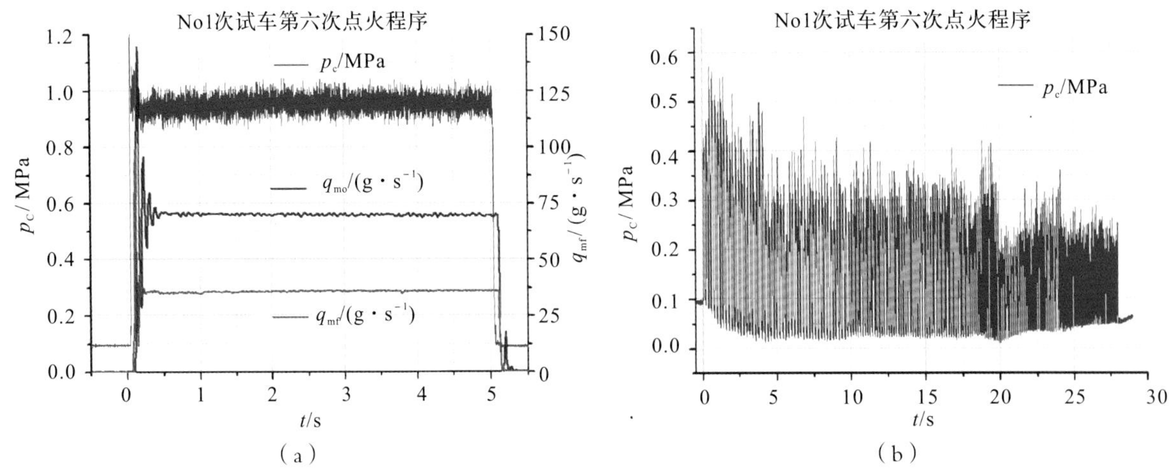

图 8.76 典型的试车曲线

(a) 稳态试车燃烧室流量与压力曲线；(b) 脉冲试车燃烧室压力曲线

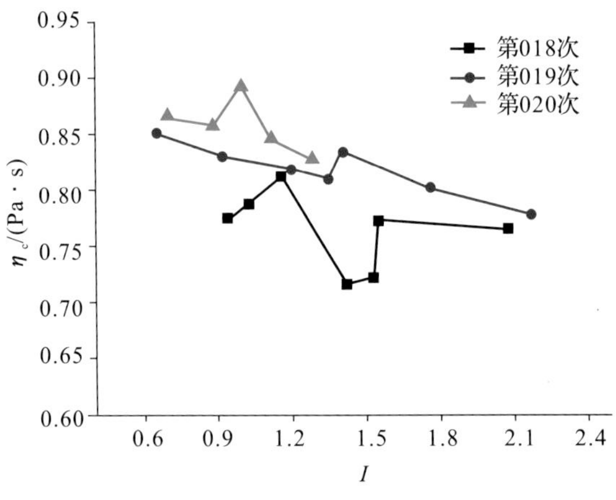

图 8.79 孔径对燃烧效率的影响

航天推进技术系列专著

凝胶推进剂流动、雾化与燃烧

张蒙正 著

西北工业大学出版社
西 安

【内容简介】 本书共分为8章。第1章为绪论;第2章和第3章介绍凝胶推进剂的流变特性,幂律型流体管路中的流动与流变特性;第4章和第5章介绍幂律型流体射流、液膜破碎特性;第6章介绍幂律型流体的雾化;第7章介绍凝胶推进剂的热力学特性;第8章介绍凝胶推进剂的燃烧特性。

本书可作为从事液体火箭发动机设计的科研和技术人员的参考用书,也可供航空发动机相关工程的技术人员参考使用。

图书在版编目(CIP)数据

凝胶推进剂流动、雾化与燃烧/张蒙正著.—西安:西北工业大学出版社,2018.11

ISBN 978-7-5612-6399-0

Ⅰ.①凝… Ⅱ.①张… Ⅲ.①凝胶-悬浮推进剂-流动(力学)-研究 ②凝胶-悬浮推进剂-雾化-研究 ③凝胶-悬浮推进剂-燃烧-研究 Ⅳ.①V511

中国版本图书馆CIP数据核字(2018)第260152号

NINGJIAO TUIJINJI LIUDONG、WUHUA YU RANSHAO

凝胶推进剂流动、雾化与燃烧

责任编辑:	华一瑾	策划编辑:	华一瑾
责任校对:	万灵芝	装帧设计:	李　飞
出版发行:	西北工业大学出版社		
通信地址:	西安市友谊西路127号	邮编:	710072
电　　话:	(029)88491757,88493844		
网　　址:	www.nwpup.com		
印 刷 者:	陕西向阳印务有限公司		
开　　本:	787 mm×1 092 mm	1/16	
印　　张:	24	彩插:	43
字　　数:	630千字		
版　　次:	2018年11月第1版	2018年11月第1次印刷	
定　　价:	98.00元		

如有印装问题请与出版社联系调换

前　言

凝胶推进剂具有敏感度低、可长期贮存和使用安全等特点，被认为是一种可用于液体动力装置的新型推进剂。凝胶推进剂（含氧化剂和燃料）属于非牛顿流体，它与常用的牛顿流体类推进剂在管路中的流动、燃烧室中的雾化及燃烧过程有很大的差异。凝胶推进剂在管路中的流动特性是发动机燃料供应与调节系统设计必须掌握的基础理论，其雾化和燃烧特性是燃烧装置设计的基础之一。为使凝胶推进剂用于液体动力装置，必须首先研究其流动、雾化及燃烧特性。

在国家相关部委和机关的支持下，在张贵田院士和庄逢臣院士指导下，在西安航天动力研究所原所长栾希亭研究员、李斌研究员、副所长陈炜研究员，科技处孙国栋副处长的领导和协调下，西安航天动力研究所与相关单位共同开展了凝胶推进剂相关基础技术研究工作。

本书内容是这项研究工作的一部分，包括流动、雾化与燃烧特性及相关内容，共有 8 章。第 1 章绪论是本书的基础部分，介绍非牛顿流体的基本概念和分类，介绍凝胶推进剂和模拟液以及与雾化和燃烧的关系。第 2 章凝胶推进剂的流变特性，介绍凝胶推进剂相关的基础知识、研究方法及影响参数。第 3 章介绍凝胶推进剂在管路中的流变特性，这是发动机管路设计的基础知识，也是为学习凝胶推进剂射流雾化而做的准备。第 4 章和第 5 章讨论幂律型流体射流和液膜破碎问题，这是后续学习凝胶推进剂雾化及冷却知识的基础。第 6 章重点讨论射流撞击雾化的研究成果，这是后续学习燃烧组织的基础知识。第 7 章介绍凝胶推进剂的热力学特性，这是对凝胶推进剂研究的指导，也是后续学习燃烧特性的基础。第 8 章讨论凝胶推进剂单滴燃烧、超临界燃烧特性问题和高效燃烧措施。本书试图从凝胶推进剂的流动、雾化、单滴燃烧特性等方面展示凝胶推进剂的基础理论与知识，希望对燃烧装置的设计有所帮助。需要指出的是，凝胶推进剂的流动特性、雾化与燃烧特性非常复杂，本书仅仅是研究工作的开始，所使用的研究手段有限，仿真及实验结果有限，只能提供读者一个大致的了解。

在本书撰写过程中曾参考了大量资料，例如，天津大学杜青教授及其团队的研究成果，北京航空航天大学杨立军教授及其学生的研究成果，国防科技大学胡小平教授及其学生的研究成果和中国科技大学教授徐胜利及其学生的研究成果，在此表示衷心感谢。

另外，衷心感谢航天推进技术研究院西安航天动力研究所李平所长对本书提出的宝贵意见和建议。感谢西安航天动力研究所的杨伟东高级工程师、左博高级工程师、仲伟聪高级工程师、李龙飞高级工程师、郝智超高级工程师、李军高级工程师、张玫高级工程师、蔡锋娟高级工程师和王玫高级工程师等给予的帮助。

感谢西北工业大学出版社给予的支持,感谢出版社付高明编辑、华一瑾编辑给予的帮助。

本书介绍的仿真及实验技术还存在一些不足,加之研究经历有限,书中错误和不足之处在所难免,敬请读者,尤其是同行批评指正。

著　者

2018 年 7 月

目　　录

第1章 绪 论

目前，火箭发动机主要使用化学推进剂。按照能源物理形态的不同，化学推进剂可以分为固体推进剂、液体推进剂和凝胶推进剂。相对而言，固体推进剂的优点是密度大，易于贮存、运输、使用和维护，但固体推进剂比冲较低，尤其是在导弹飞行过程中难以调节发动机燃烧室的推进剂燃速，进而调节推力，且难以多次启动。液体推进剂的优点是比冲较高，在航天器飞行过程中能够调节推力和多次启动。凝胶推进剂具有敏感度低、可长期贮存和使用安全等特点。液体推进剂包括氧化剂和燃料，常用的氧化剂有液氧（LO_2）、过氧化氢（H_2O_2）、四氧化二氮（N_2O_4）和硝酸（HNO_3）等，而燃料有液氢（LH_2）、煤油（$C_{12}H_{24}$）、甲烷（CH_4）、肼（H_4N_2）类。这些物质一部分是天然的，一部分是人工改性或者合成的，但都属于牛顿流体。它们在液体动力装置的管路、流量调节装置、供应系统等部件中的流动特性均可用基于牛顿流体类控制方程予以描述，其在燃烧室中的雾化、蒸发及燃烧过程也已得到很好的研究。凝胶推进剂（含氧化剂和燃料）却属于非牛顿流体，它与上述的牛顿流体在管路中的流动、燃烧室中的雾化及燃烧过程有很大的差异。本章叙述牛顿流体与非牛顿流体在流动特性上的差异，介绍凝胶推进剂的特性以及雾化与燃烧过程对发动机的作用。

1.1 非牛顿流体的种类及特性

牛顿流体的主要特征是应力与应变速率之间的关系服从牛顿内摩擦定律。凡是应力和应变速率之间的关系不服从牛顿内摩擦定律的流体都称为非牛顿流体（Non - Newtonian Fluid）。常见的非牛顿流体有高分子溶液、凝胶、水煤浆、印刷油墨、油漆、润滑油/润滑脂、人体的血液、牙膏、奶油及鸡蛋清等。这些流体都具有不同于牛顿流体的流动及流变特性。从某种意义上也可以认为牛顿流体是非牛顿流体的一个特例。经典的流体力学的研究对象主要局限在牛顿流体的范畴。目前，已经形成了比较完整的理论体系。非牛顿流体力学的研究始于1867年J.C.麦克斯韦提出的线性黏弹性模型。1950年J.G.奥尔德罗伊德提出建立非牛顿流体本构方程的基本原理，把线性黏弹性理论推广到非线性范围。之后，W.诺尔、J.L.埃里克森、R.S.里夫林、C.特鲁斯德尔等人对非线性黏弹性理论的发展做出了贡献。1976年K.沃尔特斯等人创办了《非牛顿流体力学》期刊。20世纪70年代后期相继出版了有关非牛顿流体力学、聚合物加工、流变技术等的著作。目前，非牛顿流体力学已经发展成为一个独立的学科。

近代非牛顿流体可以分为以下3类[1]。

(1) 广义牛顿流体。这是从牛顿流体模型推广而来的一种非牛顿流体，其黏度是剪切速率的单值函数，通常包括塑性流体（常见的有宾汉塑性流体、广义宾汉塑性流体和卡森塑性流体）、拟塑性流体和胀塑性流体（也称膨胀性流体）。塑性流体在静止时具有一个立体结构，其刚度足以抵制一特定的剪切应力(称为该流体的屈服应力),当流体受到的剪切应力超过此值时,其结构被破坏,流体才开始流动;拟塑性流体没有屈服应力,其特点是剪切变稀,即黏度随着剪切速率的增大而减小,且当剪切速率增大到极端值时,其黏度不再变化,它会表现出牛顿流体的特性;胀塑性流体的特性与拟塑性流体是相反的,其黏度随剪切速率的增大而增大。一般常将后两者并称为"幂律型流体",宾汉塑性流体也称为"屈服性幂律型流体"。自然界中大悬浮液、原油和血液等都属于塑性流体,而橡胶、凝固汽油和高分子溶液都属于拟塑性流体。

(2) 时变非牛顿流体。它包括触变流体和触稠流体。触变流体的黏度不仅与剪切速率有关,还与受剪切的持续时间有关,并随剪切时间增加而降低。但是,其触变是一个可逆的过程,静止后,其结构可以渐渐重新生成。触稠流体的结构在受剪切时形成,当处于静止时又渐渐破裂,这种现象仅在适当的剪切速率下才能见到。大部分胶状液体都是触变流体,其特性是静止时黏稠,甚至呈固态,但受剪切(如搅动)后变稀而易于流动。凝胶漆就是典型的触变流体。与触变流体相反,触稠流体的黏度随剪切时间增加而增大。

(3) 黏弹性流体。此类流体兼有黏性效应和弹性效应,即具有许多固体的属性。其重要的特征是因流动而发生的变形可以得到弹性恢复或者部分恢复。黏弹性流体又分为线性黏弹性流体和非线性黏弹性流体。自然界中许多极黏稠的流体(如沥青)就属于黏弹性流体。

黏弹性流体典型流动有定常剪切流动、拉伸流动和收缩流动:① 定常剪切流动。黏弹性流体在剪切流动时有沿旋转棒向上爬的现象(称为韦森堡效应),这种现象是黏弹性流体在剪切流动时产生的第一法向应力差引起的。流丝沿周向张紧而产生的张力需由径向负压力梯度来平衡,而后者使自由面呈凸形。黏弹性流体通过细管形成挤出射流时,射流束直径会显著胀大(称为挤出物胀大或口模胀大);而牛顿流体从管中流出时,则会收缩。② 拉伸流动。流体的拉伸黏度与剪切黏度的比值称为特劳顿比。对于牛顿流体,这个比值是 3;对于黏弹性流体,由于拉伸黏度随变形速率增大而增大,这个比值可达 $10\sim10^2$ 数量级,因此会产生开口虹吸现象。把管子一端插入黏弹性流体,由于虹吸作用,流体经管道流出。如把插入流体的管端稍微提出液面,则流体仍会被吸上来。在纺丝、吹塑、挤出和压延成形等加工过程中,流动的主要成分是拉伸流动;多孔介质中的流动,其主要成分也是拉伸流动。③ 收缩流动。对于这种流动,牛顿流体和黏弹性流体也有不同的流场。牛顿流体在中心产生环流,黏弹性流体则在壁面产生环流。塑料通过收缩口挤入铸模的流动,聚合物通过喷丝口的流动,大小血管之间血液的流动等都属于收缩流动。

依据在简单剪切流动中非牛顿流体的黏度函数是否和剪切持续时间相关,也可以把非牛顿流体分为非时变性非牛顿流体和时变性非牛顿流体[2]。前者的黏度仅与剪切速率有关,即黏度函数仅与剪切应力有关,它可分为有屈服点的剪切变稀流体、有屈服点的牛顿流体、剪切变稠流体等。时变性非牛顿流体的黏度函数不仅与剪切速率有关,而且与剪切持续时间长短有关,它可分为触变性流体、触稠流体及黏弹性流体。这种划分与前面的划分本质上是一致的。

依据流变学特性[3],牛顿流体与几种典型的非牛顿流体的剪切应力随剪切速率的变化关系如图 1.1 所示。

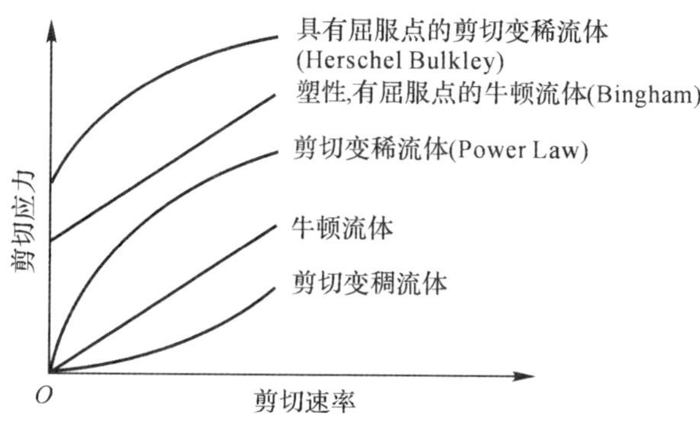

图 1.1　流体的剪切应力与剪切速率关系

反应流体作用力和变形之间基本关系的是本构方程，牛顿流体的本构方程是牛顿黏性定律，参数单一，且为线性方程；而非牛顿流体却没有一个统一的本构关系，参数较多，且为非线性方程。表 1.1[3] 列出了已经提出的不考虑/考虑流体的屈服应力的非时间依赖非牛顿流体的本构方程及其主要物性参数。

表 1.1　不考虑／考虑流体的屈服应力的非时间依赖非牛顿流体的本构方程

流　体	本构方程	物性参数及意义
Ostwald de Waelc 流体 (Power Law 流体)	$\tau = k\dot{\gamma}^n$	k:稠度系数 n:流变指数
Cross 流体	$\tau = \eta_\infty\dot{\gamma} + \dfrac{(\eta_0 - \eta_\infty)\dot{\gamma}}{1 + (\lambda\dot{\gamma})^{1-n}}$	n:流变指数 η_0:$\dot{\gamma} = 0$ 时的黏度 η_∞:$\dot{\gamma} \to \infty$ 时的黏度 λ:特征时间
Carreau Yasuda 流体	$\tau = \eta_\infty\dot{\gamma} + \dfrac{(\eta_0 - \eta_\infty)\dot{\gamma}}{[1 + (\lambda\dot{\gamma})^2]^{(1-n)/2}}$	n:流变指数 η_0:$\dot{\gamma} = 0$ 时的黏度 η_∞:$\dot{\gamma} \to \infty$ 时的黏度 λ:特征时间
Herschel Bulkley 流体	$\tau = \tau_0 + k\gamma^n$	n:流变指数 τ_0:屈服应力 k:稠度系数
Bingham 流体	$\tau = \tau_0 + \eta_\infty\dot{\gamma}$	n:流变指数 τ_0:屈服应力 η_∞:$\dot{\gamma} \to \infty$ 时的剪切黏度
Casson 流体	$\tau^{1/2} = \tau_0^{1/2} + \eta_\infty^{1/2}\dot{\gamma}^{1/2}$	τ_0:屈服应力 η_∞:$\dot{\gamma} \to \infty$ 时的剪切黏度

续 表

流　体	本构方程	物性参数及意义
Lapasin Oricl Esposito 流体	$\tau=\tau_0+\eta_\infty\dot{\gamma}+\dfrac{(\eta_0-\eta_\infty)\dot{\gamma}}{1+(\lambda\dot{\gamma})^n}$	n:流变指数 τ_0:屈服应力 η_0:$\dot{\gamma}=0$ 时的剪切黏度 η_∞:$\dot{\gamma}\to\infty$ 时的剪切黏度 λ:特征时间
Bird Carreau 流体	$\eta=\eta_\infty+(\eta_0-\eta_\infty)\left(1+(\lambda\dot{\gamma})^2\right)^{\frac{n-1}{2}}$	η_0:$\dot{\gamma}=0$ 时的剪切黏度 η_∞:$\dot{\gamma}\to\infty$ 时的剪切黏度 λ:特征时间 n:流变指数
Ponslinki 流体	$\tau=\tau_0+\eta_\infty\dot{\gamma}+\dfrac{(\eta_0-\eta_\infty)\dot{\gamma}}{[1+(\lambda\dot{\gamma})^2]^{(1-n)/2}}$	n:流变指数 τ_0:屈服应力 η_0:$\dot{\gamma}=0$ 时的剪切黏度 η_∞:$\dot{\gamma}\to\infty$ 时的剪切黏度 λ:特征时间

表 1.1 所列的本构方程中分别含有 η_0($\dot{\gamma}=0$ 时的黏度)、η_∞($\dot{\gamma}\to\infty$ 时的黏度)、τ_0(屈服应力)、λ(特征时间)、k(稠度系数) 和 n (流变指数)等物性参数,正是这些物性参数的不同,又使得每种模型下,同一类型的流体又有许多种,如图 2.10 所示模拟液。就表 1.1 所列的本构方程而言,不难看出:一方面,从形式上看,Herschel Bulkley 流体和 Ponslinki 流体可以分别认为是幂定律流体和 Carreau Yasuda 流体考虑屈服应力的形式;Lapasin Oricl Esposito 流体和 Cross 流体考虑屈服应力的形式相似;Bingham 流体可以看作是附加屈服应力的牛顿流体。另一方面,Cross 流体、Carreau Yasuda 流体、Bingham 流体、Lapasin Oricl Esposito 流体和 Ponslinki 流体也可以看成是牛顿流体的修正表示。

本构方程是非牛顿流体流变特性的反映,通过本构方程,可以获得流体内部结构的信息,将本构方程与流动方程联立,可以研究非牛顿流体的动量、热量和质量传递等一系列问题。

液体动力装置通常包括供应推进剂的泵、流量调节器、过滤器、阀门和管路等组件。牛顿流体的本构方程是牛顿黏性定律,参数单一,且为线性方程;而非牛顿流体没有一个统一的本构关系,参数多且为非线性,其所具有的剪切变稀、不稳定流动、壁面滑移和触变性等流变特性直接影响其在上述组件中的流动特性。如高黏性将增加供应压力,壁面滑移会使系统流阻突减,同时还会对层流状态的传热有很大的影响。若动力装置使用非牛顿流体型的燃料和氧化剂,需要调节和控制两者的流量,且两者存在不同的流变特性,则必须解决供应系统的流变学匹配问题。管路的几何形状会对推进剂的流动产生很大的影响,在设计中必须考虑如何消除停滞以防止非牛顿流体物性导致的流动不稳定问题。发动机启动过程中推进剂组元的快速充填、推进剂供应管路内的汽蚀和水击等同样与推进剂的流动特性密切相关。这将导致凝胶推进剂液体动力系统中管路、阀门、泵等组件中的流动特性计算和分析比液体推进剂要困难得多。

1.2　凝胶推进剂及其模拟液

目前，尚无法给出凝胶推进剂确切的定义。但可以认为，凝胶推进剂是在液体推进剂中均匀混入固体颗粒，再添加胶凝剂使固体粒子悬浮于其中而生成的混合物，属于人工合成类物质。它在常温常压下为“有形”凝聚物，加压后能恢复液体形态和特征。它既克服了固体推进剂燃烧速率难以控制、发动机难以多次启动等主要缺点，又弥补了液体推进剂容易泄漏，对碰撞、挤压、电火花等敏感和维护性差的不足。表1.2[3]给出了固体、液体和凝胶推进系统在液体动力装置方面应用的主要性能对比。采用添加高能金属粉末的凝胶推进剂发动机，预期的理论比冲可提高10%～30%，同等条件下飞行器有效载荷可以提高20%～35%[3]。

表1.2　固体、液体和凝胶推进系统的主要性能对比

主要性能	固体	液体	凝胶
比冲	一般	较好	较好
密度比冲	较好	一般	较好
可调节性	差	较好	较好
指令关机性能	差	较好	较好
再点火性	差	较好	较好
使用方便性	好	较差	较好
维护性	较好	差	较好
意外点火可能性	可能性大	可能性小	可能性小
泄漏可能性	可能性小	可能性大	可能性小
对碰撞、挤压、电火花等的敏感性	不敏感	敏感	不敏感
爆炸敏感性	不敏感	敏感	不敏感

生成凝胶推进剂的关键在于合适的胶凝剂，核心是其设计合成、筛选和配方研究。胶凝剂的成分、理化性能及与原推进剂的胶凝方式基本上决定了凝胶推进剂的理化特性，进而也影响到其流动、流变、雾化和燃烧特性。胶凝剂要受到多种因素约束，理想的胶凝剂既要与原氧化剂或者燃料相容，又要与原燃料或者氧化剂发生化学反应并释热；同时，它最好能使凝胶推进剂有一定的屈服应力、良好的稳定性和贮存性能，并能在剪切力的作用下迅速恢复原推进剂的物性。已经报道的胶凝剂主要分为3类：① 高分子化合物，如纤维素衍生物、树胶、多糖衍生物、聚丙烯酰胺等；② 大比表面固体粉末，如微纳米级 SiO_2 和碳黑等；③ 小相对分子质量有机化合物，这类化合物主要包括长链烷基结构、芳烃结构、杂环结构、多羟基或多胺基结构、脲基或酰胺基结构等。不同类型凝胶推进剂的形成机理各不相同。一般，燃料的胶凝剂大多宜选择高聚物或各种复合纤维素等有较大热值的可燃物质。这些高聚物及纤维素胶凝剂所制备

的凝胶燃料在贮存时,内部为长链分子的三维网状结构。当凝胶推进剂受到剪切时,就会克服分子链间缠结的范德瓦耳斯力(又称范德华力),由凝胶转为溶胶。溶胶状态下长链分子呈杂乱的卷曲状态,随着流动的进行,剪切力使它们沿着流动方向排列起来,其内部结构受到破坏并趋于一致,流动阻力减小,即表观黏性减小。基于高分子胶凝剂的凝胶可贮存类燃料的形成过程(包括模拟液):高分子胶凝剂在偏二甲肼(UDMH)或者模拟液(如水)中溶胀和伸展成线性,形成溶胶;然后线性分子链之间由于氢键和范德华力等相互作用力搭成骨架,形成三维网络结构;这种三维网络结构能够包覆液体,从而形成了具有一定弹性的物理凝胶(见图 1.2)[4]。

就目前已有的凝胶体系结构而言,大致可分为 4 类:① 通过静电和范德华力等较弱相互作用形成的,包括胶凝剂在内、规则并有序排列的层状凝胶体系;② 通过共价键结合,胶凝剂呈无序结构的化学凝胶体系;③ 通过物理堆积形成的局部有序高分子物理凝胶体系;④ 以微纳米颗粒堆积而形成的物理凝胶体系。

就表 1.1 所列的非牛顿流体而言,在液体动力系统中最理想、也最具应用前景的应是有屈服应力的牛顿流体(Bingham 流体)、Herschel Bulkley 流体或者 Ostwaldde Waele 流体(Power Law 流体),前两者的共性在于没有施加屈服应力时,流体处于凝固的胶体状态(“静凝”),在施加一定的屈服应力后,推进剂黏性随剪切速率的增大而迅速减小,并像液体推进剂一样流动(“动不胶”),但目前的研究表明,这种理想的推进剂是很难生成的;后者虽无屈服应力,但本构方程简洁,而且剪切速率的应用范围比较广。这种特性有利于改善动力装置的贮存、使用和安全性(“易管理”)[5]。幂定律模型(Power Law Model)是 Ostwald 和 De Waele 在 1923 年提出的,对于稳定的剪切,幂定律方程表示为

$$\tau = k\gamma^{n} \quad 或 \quad \eta = k\gamma^{n-1} \tag{1.1}$$

式中:τ 为剪切应力;γ 为剪切速率;η 为非牛顿流体的黏度;k 为稠度系数;n 为流动指数。

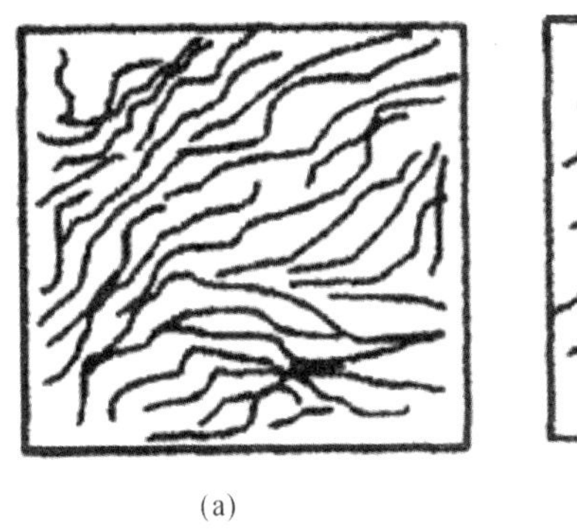

(a)

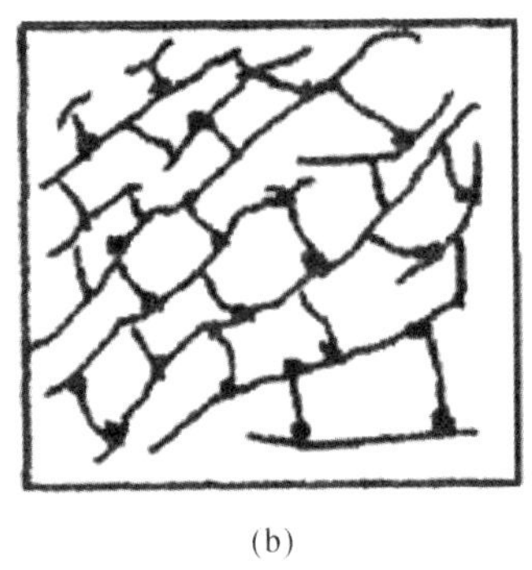

(b)

图 1.2 凝胶网络形成图

(a)溶胶;(b)凝胶

从式(1.1)可以看到,幂定律形式的本构方程中含有两个物性常数 k 和 n。其中 $0 < n < 1$ 表示假塑性流体,特点是剪切变稀,即流体的黏度随剪切速率的增大而减小;$n = 1$ 表示牛顿流体;$n > 1$ 表示胀塑性流体,特点是剪切变稠,即流体的黏度随剪切速率的增大而增大。幂定律本构方程中的两个物性常数 k,n 与凝胶推进剂的种类密切相关,不同的推进剂将遵循不同的幂定律本构方程。图 1.3 展示了塑性、拟塑性流体的黏度随剪切速率变化的对数曲线。由图 1.3 可见:在一定的剪切速率($\dot{\gamma}_1$)下,其黏度是不变化的;当剪切速率达到一定值时,随着剪切速

率的增大，其黏度减小；而当应变速率($\dot{\gamma}_2$)很大时，已经最大限度地使分子伸展和定向，此时再增大应变速率，剪切黏度也不再减小。相应地，其流动区域可以分为第一流动区、剪切变稀区和第三流动区。

需要说明的是：液体动力装置常用的肼类/硝基推进剂都是有毒物质，很难用这些推进剂进行大气环境下的雾化试验，用于流动试验也有成本的问题；而 LH_2，LO_2，C_2H_4 这些低温介质，即使煤油，用于雾化试验也有很大的困难。迄今为止，大部分的雾化研究工作都是用一些物性相近的物质替代进行相关实验。牛顿流体推进剂常用水做替代物；液氧常用液氮代替以模拟低温影响等。凝胶推进剂也需要专门研制相应的替代物质(模拟液)。本书中针对要研究的凝胶推进剂，专门研制了水基模拟液(以下简称“模拟液”)。模拟液与实际的凝胶推进剂属于同一本构模型的流体，仅仅在物性参数(流变指数、稠度系数、屈服应力)上稍有差别；与实际推进剂的表面张力基本接近，可以用于进行流动及雾化试验。

本书后续将主要针对具有剪切变稀的幂律型流体讨论其流动、雾化问题，针对具有剪切变稀特性的凝胶燃料讨论其燃烧问题。如无特别说明，所述的幂律型流体均指此剪切变稀特性的流体。

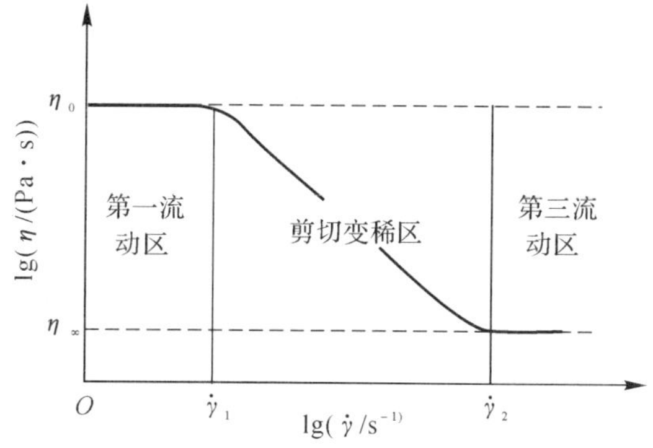

图 1.3　黏度随剪切速率变化的对数曲线

1.3　推进剂雾化和燃烧

液体动力装置是通过推进剂的喷射、雾化、蒸发、混合及燃烧(或催化分解)过程，将液体推进剂的化学能在燃烧室中转换为热能，再通过喷管将热能转换为燃气动能，从而产生推力的热力装置。因此，液体推进剂的雾化、混合和燃烧特性直接影响动力装置的性能。推进剂雾化需要经过喷注器的喷射过程，喷射的作用：一是将液体的势能(压力能)转化为动能(速度)，使液体和周围气体(燃气)之间产生较高的相对运动，相对运动形成的速度差会在液体射流表面产生气动压力；二是通过喷嘴将液体射流展开成薄膜或液丝，加大气/液的作用面积。气体湍流流动会对射流和液膜产生扰动，在气动压力和表面张力的作用下射流和液膜不断分裂、破碎，最终形成各种直径的小液滴。液体雾化有射流雾化和薄膜雾化等各种形式。从影响雾化质量的因素看，除了喷嘴形式、液滴尺寸、喷嘴压降、燃烧室压力和温度等因素外，推进剂的物性参数如密度、黏度、表面张力等对雾化均有直接影响。后续的圆柱形射流、液膜、撞击型射流等雾化的破碎、雾化仿真及试验都是用模拟液进行的，得到的是射流、液膜破碎的形态、破碎长度、液膜或者液丝，雾化过程的图像和雾化特性（主要是索特尔直径）与射流几何参数（孔径、撞击夹角）、喷射的动力学参数及环境参数之间的关系式等。这些雾化图像为认识凝胶推进剂雾化过程及其对随后单滴蒸发、燃烧过程的影响等提供了直观依据。例如：由喷雾图像（动态或静态）分析得知，射流撞击后形成喷雾扇或液膜，液膜随即破碎。液膜破碎的原因要么是射流扰动的增长，要么液膜本身就不稳定，或者两者兼有。破碎的形式多种多样，但无论何种形式，所形成的液滴尺寸和速度分布范围都是相当宽的。燃烧导致的向上游传热与压力扰动可能会对液膜、液丝及液滴的破裂产生影响；超临界环境中液滴的蒸发和混合，剧烈燃烧过程对雾化和混合的影响以及其他的能量释放过程等。

大量的牛顿流体雾化研究表明，液体的黏性和表面张力等物性参数是影响其雾化的重要因素，推进剂黏度增加会导致射流破碎的长度增加，雾化形成的液滴尺寸增大，雾化后液滴可能重新聚合。液滴尺寸增大，将导致燃烧效率降低，进而影响动力系统的性能。而非牛顿流体特性与传统牛顿流体有很大的差异，这些差异会严重影响到推进剂的雾化、混合和燃烧过程。具体表现如下：① 在一定的温度范围内，牛顿流体是一种具有常黏度的流体。非牛顿流体的黏度较大而且随剪切速率和温度变化，而时变性非牛顿流体的黏度不仅依赖于剪切速率，而且还与剪切力作用的时间有关。这必然影响喷嘴的流动、射流特性、液膜和液丝的破碎等。② 对牛顿流体有较好雾化效果的喷注器雾化凝胶推进剂并不十分有效。针对非牛顿流体，雾化方式和喷注器可能需要采用新方法。③ 非牛顿流体喷射过程中的流场形式（剪切流场、拉伸流场）及其触变性和黏弹性对射流破碎过程的影响机理正处于研究阶段。触变性流体的这些特性与体系组成及其热力学和动力学性能密切相关。构成体系的组分多为由范德华力或氢键等弱相互作用维系的胶体粒子（针状或片状等）或大分子的分散体系（见图 1.2）。对于具有触变性的凝胶推进剂而言，一般具有热力学不稳定、动力学稳定的特性，凝胶推进剂的这种特性会影响其在动力装置中的流动、雾化、混合和燃烧等过程，引起一系列相关问题。

液体动力装置中，推进剂的燃烧时滞受推进剂的雾化成果、特定环境下的蒸发速率、混合和化学反应时滞的影响，燃烧速度和完全程度在很大程度上取决于推进剂组元的上述特性。推进剂的蒸发是很复杂的物理过程，在蒸发过程中通常不是单一的物质，而是具有不同物理化学性质的多组元成分。蒸发过程受到初始液滴的直径、推进剂的黏性、表面张力、比热容等物性影响，很大程度上也受到周围燃烧产物向液滴的传热强度的影响。常规推进剂的蒸发理论研究已经取得了一定的成果，揭示了液滴的蒸发机理，但这些蒸发和燃烧模型都只适用于某种具体推进剂组元，如液氧/烃组元液滴高压蒸发理论、液氧/氢组元液滴的亚临界-超临界蒸发理论等[6]。它们不仅与推进剂的热力学性质（液体的密度、黏度、比热容及扩散系数等）有关，还与推进剂的雾化有着密切的联系。对于凝胶推进剂而言，由于推进剂结构、流变学特性、热力学性质及雾化都与常规的推进剂有很大的差别，液体推进剂的蒸发理论及模型难以准确描述其蒸发过程。研究凝胶推进剂蒸发机理和模型，可以获得推进剂的蒸发时间和蒸发常数，确定推进剂在燃烧室的停留时间，为燃烧室设计提供理论指导和技术支持。

发动机的性能、稳定性和相容性与推进剂的燃烧过程有着密切的关系。在燃烧装置中，推进剂组元是以一定的质量比进行燃烧的。氧化剂和燃料的混合质量主要取决于雾化液滴尺寸及其分布，推进剂组元蒸发和扩散能力以及混合比的分布。燃烧过程主要取决于雾化、蒸发、扩散和混合过程，在这个燃烧过程中，扩散、蒸发、混合、传热和化学反应是相互作用的。雾化不均匀将导致随后的混合和扩散过程也不均匀，两组元蒸发速率不同会使得混合、扩散过程更为复杂。以航天飞机主发动机(SSME)为例，如果燃烧过程组织不恰当，单是推进剂组元不完全蒸发造成的损失就达 5%，这可导致航天飞机的有效载荷降低 23%[7]。基于牛顿流体的雾化装置研制表明，喷注器往往需要经过上百次的修改，才能达到较好的雾化和燃烧性能，而同时还需兼顾稳定性和相容性。借此，对凝胶动力系统内推进剂的燃烧过程进行深入的基础研究，研究燃烧特性和燃烧过程之间的各种影响参数的定量关系，可以为动力系统的设计要求提供最基础的信息，达到燃烧性能、稳定性和相容性为最佳的目的。

此外，为了保证燃烧室安全工作，需对燃烧室进行冷却，常用的冷却方式有外冷却和内冷却两种，其中薄膜冷却是目前采用较多的内冷却方式。由于凝胶推进剂与牛顿型推进剂的物理性质不同，导致冷却射流、液膜在燃烧室作用的长度、初始厚度、薄膜的热稳定性等均出现差别，而且这些差异主要原因在于凝胶推进剂的物性参数。冷却射流和液膜的上述特性与相关因素的关系是燃烧室冷却必须掌握的基础理论。为了解决燃烧室可靠冷却问题，需研究凝胶推进剂在不同压力、温度下的热稳定性，射流和液膜作用长度、厚度及换热性能等特性，为燃烧室冷却方案设计提供直接的理论指导和可靠的试验数据。

动力装置的性能取决于燃烧室中燃料燃烧的组织技术、燃料供应与调节系统的设计水平，而这些均与燃料相关，或者讲与设计师对燃料特性的掌握与运用能力相关，而基础就在于对燃料特性的了解程度。流动特性是供应与调节系统设计的理论基础，良好雾化是高效燃烧的前提之一，燃料燃烧过程是燃烧装置设计的基础，而流动与雾化及燃烧是密切相关的。凝胶推进剂在管路中的流动特性是燃料供应与调节系统设计必须掌握的基础理论；其雾化特性及雾化技术是燃烧装置设计的基础之一，单滴燃烧特性是了解燃烧过程最直接的方法。本书试图从凝胶推进剂的流动、雾化、单滴燃烧特性等方面展示凝胶推进剂的基础理论与知识，希望对燃烧装置的设计有所帮助。

第 2 章　凝胶推进剂的流变特性

2.1　概　述

推进剂在管路、阀门、涡轮泵及喷注器等组件中的流动特性是液体动力装置研究和研制需要了解的最基础的问题。第 1 章已述，凝胶推进剂在上述组件中的流动特性与传统的牛顿型流体推进剂有很大区别，如存在剪切变稀效应、不稳定流动、减阻效应和触变性等特性。这些特性导致使用凝胶推进剂的火箭发动机管路设计不能再简单沿用原牛顿流体的管路设计方法。表 1.1 列出了目前已提出的凝胶推进剂模型（本构方程）及表征本构方程的特征参数，例如 η_0（$\dot{\gamma}=0$ 时的黏度）、η_∞（$\dot{\gamma}\to\infty$ 时的黏度）、τ_0（屈服应力）、λ（特征时间）、k（稠度系数）和 n（流动指数）等物性参数。非牛顿流体在管路中的流动（流阻、速度及其分布、雷诺数）与流变特性（剪切应力、剪切黏度等）受到上述物性或者表征参数的影响。本章将介绍凝胶推进剂的流变特性、流变特性的表征参数，测量方法及与相关参数的关系。

2.2　凝胶推进剂的流变特性相关基础知识

凝胶推进剂在液体动力装置中的管道流道中，会呈现出非常复杂的非牛顿流体特性。表征这些流动特性的是本构方程的特征参数及具体管路流动中的剪切应力、剪切速率、表观黏度及其在管路中的分布等，而这些参数又是变化的，就使得流变参数的测量比牛顿流体特性参数的测量要复杂得多，主要表现在以下两方面。

（1）表征特性参数的非单一性。对于常规的牛顿流体推进剂来说，其剪切应力和剪切速率呈线性关系，本构方程由动力黏度 μ 一项就可以完全确定。然而，对于凝胶推进剂，其流变特性需要 2～3 个乃至更多的参数来表征。例如，表征第 1 章所述的最理想的剪切变稀幂律凝胶推进剂，通常也需要流变指数 n 和稠度系数 k 两个参数；而表征屈服性幂律型凝胶推进剂则还需要增加屈服剪切应力 τ_0 来描述它的流动特性。

（2）影响因素的多样性。例如常规的牛顿流体推进剂的黏度仅仅随温度而变化，而凝胶推进剂的剪切黏度不仅随着温度变化，更重要的是还随着剪切速率而变化。并且因为发动机各部件中的流动速度相差很大，所以往往需要在很宽的剪切速率范围内测量其剪切黏性。对于具有时变性的推进剂，黏度还随剪切时间变化，这又需要进行往返测量，得出时变性流体的滞后环。

本节介绍本书用到的流动与流变基本参数及其表征方法。

2.2.1　流动与流变的基本参数

（1）应力。液体层流中，相对移动的各层之间会产生内摩擦力，且方向一般是沿液层面的切线，这种力会使流动的液体产生变形，此力称为切变力(又叫作剪切力)。单位面积上的切变力叫作切应变力，又称为剪切应力。液体层流中，当相对移动的各层之间产生的内压力方向沿液层面的法线时，称为法变力，此力也使液体产生变形。单位面积上的法变力叫作法向切应变力，又称法应力。应力基本单位为帕斯卡，即 Pa。

(2) 应变。当材料在外力作用下不能产生位移时，它的几何形状和尺寸将发生变化，这种形变称为应变。

(3) 剪切速率。流体的流动速度相对圆形流道半径的变化速率，单位：s^{-1}。

(4) 黏度。黏度是度量流体黏性大小的物理量，又称为黏性系数、动力黏度，记为 μ。黏度数值上等于单位速度梯度下流体所受的剪切应力。速度梯度也表示流体运动中的角变形率，故黏度也表示剪切应力与角变形率之间的比值关系。在国际单位制中，黏度的单位为 Pa·s，有时也用 P 或 cP($1\ P=10^{-1}\ Pa\cdot s$，$1\ cP=10^{-2}P$)。在流体力学的许多公式中，黏度常与密度 ρ 以 μ/ρ 的组合形式出现，定义 $v=\mu/\rho$，称为运动黏度，单位为 $m^2\cdot s^{-1}$。

牛顿流体：符合牛顿公式 $\tau/D=f(D)$ 的流体。黏度只与温度有关，与切变速率无关，τ 与 D 为正比关系。非牛顿流体：不符合牛顿公式 $\tau/D=f(D)$ 的流体。以 η_a 表示一定(τ/D)下的黏度，称为表观黏度。

黏度测定有动力黏度、运动黏度和条件黏度 3 种测定方法。

1) 动力黏度：η_t 是二液体层相距 1 cm，其面积各为 1 cm^2，相对移动速度为 1 $cm\cdot s^{-1}$时所产生的阻力，单位为 $g\cdot(cm\cdot s)^{-1}$。$1\ g\cdot(cm\cdot s)^{-1}=1\ P$。

2) 运动黏度：在温度 t ℃时，运动黏度用符号 γ 表示，在国际单位制中，运动黏度单位为斯，即平方米每秒($m^2\cdot s^{-1}$)，实际测定中常用厘斯(cst)，表示厘斯的单位为平方毫米每秒(即 $1\ cst=1\ mm^2\cdot s^{-1}$)。

3) 条件黏度：它指采用不同的特定黏度计所测得的以条件单位表示的黏度。通常用的条件黏度有以下 3 种：

① 恩氏黏度，又叫恩格勒(Engler)黏度，是一定量的试样在规定温度(如 50℃，80℃，100℃)下，从恩氏黏度计流出 200 mL 试样所需的时间与蒸馏水在 20℃流出相同体积所需要的时间(秒)之比。温度 tº 时，恩氏黏度用符号 Et 表示，恩氏黏度的单位为条件度。

② 赛氏黏度，即赛波特(Sagbolt)黏度，是一定量的试样在规定温度(如 100℉[①]，210℉，122℉等)下从赛氏黏度计流出 200 mL 所需的时间，以"秒"为单位。赛氏黏度又分为赛氏通用黏度和赛氏重油黏度[或赛氏弗罗(Furol)黏度]两种。

③ 雷氏黏度，即雷德乌德(Redwood)黏度，是一定量的试样在规定温度下，从雷氏度计流出 50 mL 所需的时间，以"秒"为单位。

(5) 表观黏度、管壁剪切黏度。对于牛顿流体，剪切应力与剪切速率之比为常数，称为牛顿黏度。类似于牛顿流体，对于非牛顿流体，把剪切应力与剪切速率之比称为在相应剪切应力下的"表观黏度"，即它是随剪切应力变化而变化的。

非牛顿流体在管路中流动时，管壁处剪切应力与剪切速率之比称为管壁剪切黏度(参见式(2.31))。

(6)幂律型流体的雷诺数。

---

① 1℉=17.222 222 2℃。

类比牛顿流体，可以定义幂律型流体的雷诺数 Re_{p}：

$$Re_{\mathrm{p}}=\frac{\rho u_{\mathrm{m}}^{2-n}d^{n}}{k} \tag{2.1}$$

2.2.2 流动性的表征

(1) 本构方程。本构方程是流体作用力和变形之间的基本关系，牛顿流体的本构方程是牛顿黏性定律。非牛顿流体没有一个统一的本构关系，参数多，且为非线性方程。本构方程是非牛顿流体流动特征的最直接反映，通过本构方程，可以获得流体内部结构的信息。

通常，本构方程中分别含有 η_0（$\dot{\gamma}=0$ 时的黏度）、η_∞（$\dot{\gamma}\to\infty$时的黏度）、τ_0（屈服应力）、λ（特征时间）、k（稠度系数）和 n（流动指数）等物性参数，这些物性参数与其种类相关，主要取决于胶凝方式、胶凝剂组分和含量。不同类型的凝胶推进剂有不同的本构方程。已经提出的非牛顿流体的类型（模型）、本构方程见表 1.1。

(2) 流态及判断。如何划分非牛顿流体层流与湍流的临界雷诺数，目前尚无统一标准，对用幂律方程来描述的非牛顿流体，文献[8]引用道奇（Dodge）和密兹纳（Metzner）提出的临界雷诺数表述式

$$Re_{\mathrm{C}}=\frac{6\ 464n}{(1+3n)^{2}\left(\dfrac{1}{2+n}\right)^{\frac{2+n}{1+n}}} \tag{2.2}$$

作为判断层流过渡到湍流的准则，该式的临界雷诺数是随流动指数 n 而变化的。

他们也用实验证实，式(2.2)计算所得临界雷诺数，与实测值是比较接近的。文献[2]也给出了幂律流体在管路中流态判别方法，给出临界雷诺数的计算值及多种流体的实测值，二者是基本一致的。

从式(2.2)中可以看出，流变指数 n 不同，临界雷诺数 Re_{C} 也不同。图 2.1 显示了不同 n 值时临界雷诺数 Re_{C} 的变化曲线。

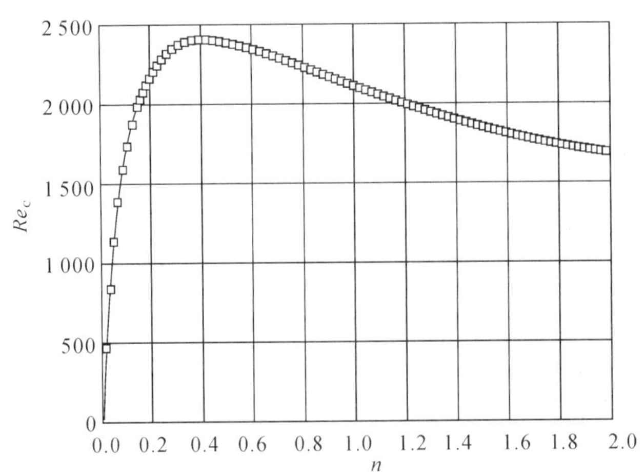

图 2.1 幂律型流体临界雷诺数随流变指数的变化

从图 2.1 中可以看出，当流变指数 $n=1$ 时（即牛顿流体），它的临界雷诺数 $Re_{\mathrm{C}}=2\ 100$。

本书计算了实验所用的凝胶推进剂模拟液的临界雷诺数 Re_C =2 384，在本书第 3 章的实验研究工况内，最大雷诺数 Re =175，远远小于临界雷诺数。对于实验中凝胶推进剂管路流动的测量点，其广义雷诺数 $Re \leqslant Re_C$ 。综合判定准则和实验分析，可判断凝胶推进剂模拟液在直圆管内的流动为层流。

(3) 速度分布。速度分布是指幂律型流体在管道中轴向速度沿管径的分布。其与流动指数相关。

(4) 流阻。流阻是指幂律型流体在管道流道中的沿程压力损失，或者压降。其与流动速度、管径、流动指数等相关。

2.3　凝胶推进剂的流变特性的研究方法

凝胶推进剂及其模拟液的流动和流变学特性研究主要基于数值模拟和实验两种方法。其中，实验研究主要是基于特定仪器或者实验系统，测量并分析的是凝胶推进剂及其模拟液的宏观参数，如密度、剪切力、剪切应力、压降、流量和速度等，它无法对凝胶流动过程中管路内部的速度分布、剪切速率分布及剪切黏度分布等流动和流变特性细节作详细的考察；数值模拟方法是通过建立凝胶推进剂流动和流变特性的物理模型，基于数学方程和解法，利用快速发展的计算流体力学技术，研究其流动和流变特性。使用数值模拟方法可以了解凝胶推进剂在管路流动时复杂的流动和流变过程，对于了解凝胶推进剂及其模拟液的宏观参数变化的原因有独特优势。

2.3.1　数值模拟技术

数值模拟技术主要是基于非牛顿流体的基本方程、管路几何及喷嘴几何等所建的物理和数学模型，通过数值计算，研究某项或某几项参数对流动和流变特性的影响。数值模拟技术在发现问题、研究参数的影响趋势方面有经济、快速的优势，仿真结果可以提供一定分析依据。数值模拟的准确度及精确性依赖于对非牛顿流体物理现象深刻理解而建立的物理模型和求解方法。目前数值模拟已成为非牛顿流体流动与流变特性研究的有效方法之一。

1. Polyflow 简介

Polyflow 是基于有限元的计算流体动力学(Computation Fluid Dynamics，CFD)软件，擅长处理非牛顿流体，尤其是处理自由表面以及带有可移动接触面的问题。此软件包含丰富的幂律流体材料特性，独特的网格重画技术也使得研究者能够比较深入地分析非牛顿流体自由面。本书后续的研究工作均基于此软件，主要考虑在于以下几方面。

(1) 此软件采用再生网格法，能够计算有自由界面的流动问题。

(2) Gambit，IDeas，Patran 具有良好的数据接口，使用它们生成的网格，同样支持多种网格类型，如三角形、四边形、四面体、五面体、六面体和组合网格等。

(3) 可模拟复杂流变特性及黏弹性流体的流动和换热。

Polyflow 软件包括 5 个主要模块：Gambit，Polymath，Polydata，Polystat 和 Fluent/Post，它们由一个主控程序 Polyman 来执行，如图 2.2 所示。其中 Gambit 用于创建几何模型和划分网格；Polymath 用于创建黏弹性材料库；Polydata 是数据源模块，用来设定计算类型、物理模型、材料参数、边界条件、求解方法和数值参数等；Polystat 为求解器，求解 Polydata 设置完成后输出的数据文件，并生成后处理模块可以读取的文件；Fluent/Post 是后处理模块，可以把

Polyflow 求解生成的结果文件以图像的形式显示出来。

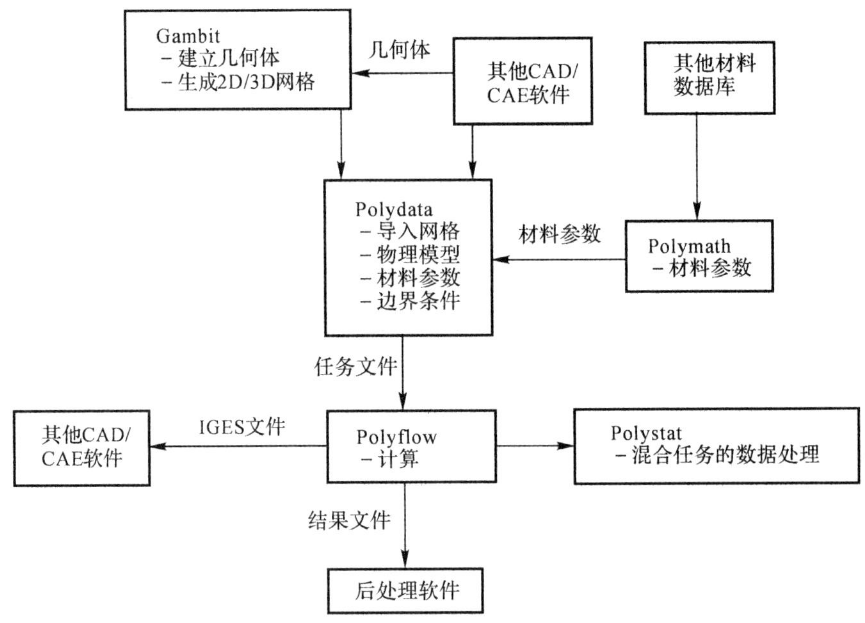

图 2.2　Polyflow 软件结构图

2. Polyflow 分析的主要步骤

利用 Polyflow 进行非牛顿流体数值仿真计算的步骤如下：

(1) 新建项目。

(2) 导入网格。

(3) Polydata 设置。

(4) Polyflow 计算。

Polyflow 分析中最为关键的步骤是本构方程模型的选取。Polyflow 软件为剪切变稀流体提供了第 1 章表 1.1 所展示的本构模型中的 6 种模型。其中，Power Law，Herschel Bulkley 和 Bingham Law 3 种模型适用于中等剪切速率条件下的流动、流变及流阻计算；Cross Law 模型能够计算中低剪切速率下的流动、流变及流阻特性；Bird Carreau Law 和 Carreau Yasuda Law 两种模型可以用于所有剪切速率条件下的流动、流变及流阻特性计算，但参数太多，使得计算复杂化。Cross Law，Bird Carreau Law 和 Carreau Yasuda Law 3 种模型都具有 λ 松弛时间项，能够在一定程度上表达材料的弹性特征。另外，对于具有较大屈服应力的幂律型流体(即屈服幂律型流体)，选择 Herschel Bulkley 模型进行流动仿真计算更准确。

2.3.2　实验研究方法

目前，常用的实验方法有动态试验及应力松弛试验。

(1) 动态试验。使材料作正弦变化的剪切运动，跟踪观测产生应力的振幅和相位移并作频率响应分析，可得流体的动态性能。

(2) 应力松弛试验。以常速率剪切流体，足够长时间后流体的流动达到定常状态，再突然停止运动。画出应力和时间的曲线可确定松弛时间。

1. 流变仪

一般说来，流变仪主要有 3 种类型：动态旋转式流变仪、毛细管流变仪和转矩流变仪，3 种类型分别适用于不同的目的。

动态旋转式流变仪从测量的种类上可以分为控制应力型和控制应变型。前者使用较多，它用可托杯电机或者永磁体直流电机带动夹具给样品施加应力，用光学解码器测量产生的应变或转速。这种流变仪的操作空间较大，且可以连接较多的功能附件。后者将直流电机安装在仪器的底部，通过夹具给样品施加应变，而将夹具连接到扭矩传感器上，通过测量夹具产生的应力，获得测量参数，一般可做单纯的控制应变实验，原因是扭矩传感器在测量扭矩时也产生形变，需要一个再平衡的时间，因此反应时间就比较慢，这样就无法通过回馈循环来控制应力，硬件复杂。

动态旋转式流变仪的主要部件有 1 个电机、1 个光编码器、1 个扭矩感应装置和一个能在发动机轴上施加压力的工具(用于塑料应用)。动态旋转式流变仪有 3 种不同的压力传感装置：锥板/平板式、平板/平板式、同心圆柱式。锥板/平板式设备主要用在剪切恒定情况和法向力测试中(与热塑性塑料的出口膨胀相联系)。平板/平板式(或平行板式)装置可用于测试热塑性熔体和热固性材料(必须使用一次性板)。同心圆柱式主要用于黏合剂和涂料。有时，也用平行板或锥板/平板式传感器对固体塑料进行蠕变研究。

研究和确定非牛顿流体的材料函数和流动特性，常用的主要测试方法有锥板式、平行板式、同轴圆筒式和毛细管式。锥板式为精密流变仪，可测多种材料函数，适用于较高黏度的高分子溶液和熔体。平行板式为锥板式的附件，作为补充，适于较黏高分子溶液熔体和多相体系。同轴圆筒式为便易黏度计，适合低黏、低弹性流体。毛细管式适合于宽范围表观黏度测定(尤其适于高速、高黏流体)。上述各种测试仪器和测定方法各有其优缺点和适用范围，可互相补充，这里主要介绍同轴圆筒式和毛细管式流变仪的原理和方法。

(1) 旋转式流变仪。同轴圆筒式流变仪是常用的测量流体流变特性的流变仪，不同的流变仪的测量原理大致上是相同的。以常见的 Brookfield 流变仪(见图 2.3)为例，其测量部件由同轴的内筒和外筒组成，其中外筒固定，内筒由同步电机带动，旋转剪切内外筒之间的凝胶推进剂。通过实测转轴的力矩和转速，可得出剪切速率与剪切应力的关系或剪切速率与剪切黏性的关系。它可以测定剪切速率在 0～1 200 s^{-1}范围内的流变特性。

剪切黏度测量原理[9]如下。

如图 2.4 所示，设内筒半径为 R_1，外筒半径为 R_2，转轴旋转角速度为 ω；取柱坐标系，z 轴与旋转轴重合，忽略重力的影响，可得

$$\frac{\mathrm{d}^2 u_\theta}{\mathrm{d}r^2}+\frac{1}{r}\frac{\mathrm{d}u_\theta}{\mathrm{d}r}-\frac{u_\theta}{r^2}=0 \tag{2.3}$$

边界条件为

$$r=R_1\quad,\quad u_\theta=\omega R_1 \tag{2.4}$$

$$r=R_2\quad,\quad u_\theta=0 \tag{2.5}$$

两圆筒间半径为 r 处的切向速度 u_θ 为

$$u_\theta=\omega R_1\frac{\dfrac{R_2}{R_1}-\dfrac{r}{R_2}}{\dfrac{R_2}{R_1}-\dfrac{R_1}{R_2}} \tag{2.6}$$

半径为 r 处的剪切速率为

$$\dot{\gamma}_{r\theta}=2\omega R_1^2\left(\frac{1}{r^2}\right)\left(\frac{R_2^2}{R_2^2-R_1^2}\right) \tag{2.7}$$

半径为 r 处的剪切应力为

$$\tau_{r\theta}=-\eta\dot{\gamma}=-2\eta\omega R_1^2\left(\frac{1}{r^2}\right)\left(\frac{R_2^2}{R_2^2-R_1^2}\right) \tag{2.8}$$

而需在内筒旋转施加的扭矩为

$$M=2\pi R_1 h(-\tau_{r\theta})R_1=4\pi\eta h\omega R_1^2\left(\frac{R_2^2}{R_2^2-R_1^2}\right) \tag{2.9}$$

因此，通过实验测量出转轴角速度 ω 和扭矩 M，则可得黏度：

$$\eta=\frac{M}{4\pi h\omega R_1^2}\left(\frac{R_2^2-R_1^2}{R_2^2}\right) \tag{2.10}$$

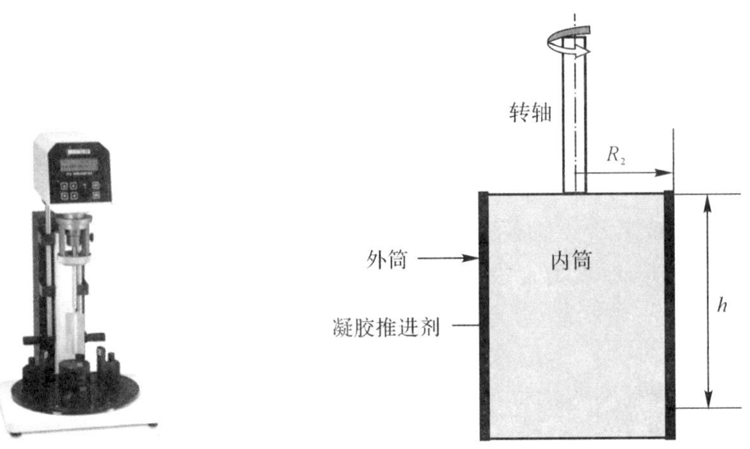

图 2.3 Brookfield 流变仪　　　　图 2.4 流变仪的测量部件

实验时，将凝胶推进剂注入流变仪的两同轴圆筒环隙中，通过设定最大转速和转速的增加时间来确定剪切速率的变化形式。中心转轴带动内圆筒旋转，剪切环隙中的凝胶推进剂。实验测量定出角速度和扭矩，再通过软件计算得出剪切速率与剪切应力的关系或剪切速率与剪切黏性的关系。

旋转式流变仪可用于获得凝胶推进剂的流变参数、屈服应力等参数；可以测量上述参数随温度的变化情况，通常可以达到－10～50℃；同时具有使用方便、易于清洗、原料使用量小以及能够测量物质的黏弹性等优点。其存在的主要不足有以下几方面。

1）凝胶推进剂在流变仪内外桶之间旋转，内筒外壁与凝胶推进剂摩擦发热，导致内外桶间的凝胶推进剂温度分布不均匀，这会直接改变凝胶推进剂的物性。

2）在高转速下，由于离心力与法向应力的影响，内外桶环隙中会出现二次环流，这将影响测量结果的准确性。

3）由于内桶转速的限制，凝胶推进剂的剪切速率不能达到液体动力装置管路中的流动速率，即难以在较高剪切速率（大于 $10^4\ s^{-1}$）下研究凝胶黏度与剪切速率以及其他物性的变化规律。

使用 Brookfield 流变仪，在 $t=10$℃的设定温度下，测量的某模拟液的流变特性，模拟的密

度 $\rho = 1\,003.1\ \mathrm{kg \cdot m^{-3}}$，剪切速率范围为 $1 \sim 1\,100\ \mathrm{s^{-1}}$，屈服应力为 22.63 Pa，测量的剪切速率与黏度关系结果如图 2.5 所示。

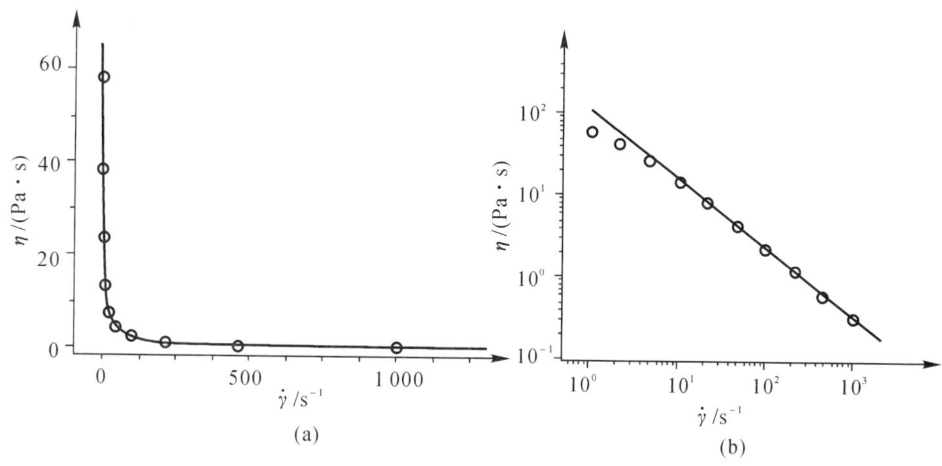

图 2.5　剪切黏度随剪切速率变化曲线

(a)直角坐标;(b) 对数坐标

从图 2.5 中可以看出：在剪切速率为 $10\ \mathrm{s^{-1}} < \dot{\gamma} < 1\,100\ \mathrm{s^{-1}}$ 范围内，使用 Herschel Bulkley 模型对剪切黏度与剪切速率曲线进行拟合，得到该流体的流变指数 $n = 0.254$，稠度系数 $k = 64.57\ \mathrm{Pa \cdot s^{n}}$。加上前面测定的屈服应力，则可以得出温度 $t = 10\ ℃$时该凝胶模拟液的本构方程为

$$\tau = 22.63 + 64.57\dot{\gamma}^{0.254} \tag{2.11}$$

于是，以剪切黏度的形式表示的本构方程为

$$\eta = \frac{\tau}{\dot{\gamma}} = \frac{22.63}{\dot{\gamma}} + 64.57\dot{\gamma}^{-0.746} \tag{2.12}$$

使用 Brookfield 流变仪，在 15～20℃环境温度下，剪切速率从 $1 \sim 1\,200\ \mathrm{s^{-1}}$ 范围之间，测量 7 种模拟液的密度和流变曲线，经处理得到的流动指数和稠度系数见表 2.1。

(2) 毛细管流变仪。毛细管流变仪大致可分为两类：一类是压力型毛细管流变仪（通常简称为毛细管流变仪），另一类是重力型毛细管流变仪（如乌氏黏度计）。压力型毛细管流变仪可用来测定幂律型流体剪切应力和剪切速率的关系，还可根据挤出物的直径和外观，在恒定应力下通过改变毛细管的长径比来研究流体的弹性和不稳定流动现象，作为凝胶推进剂胶黏剂配方、工艺条件和控制产品质量的依据。根据测量对象的不同，压力型毛细管流变仪又可分为恒压型和恒速型。恒压型毛细管流变仪的柱塞前进压力恒定，待测量为流体的挤出速度；恒速型毛细管流变仪的柱塞速度恒定，待测量为流体的挤出压力。

毛细管流变仪工作原理[10]：样品在电加热的料桶里被加热熔融，料桶的下部安装有一定规格的毛细管口模（如直径为 0.25～2 mm，长度为 0.25～40 mm），温度稳定后，料桶上部的活塞在驱动电机的带动下以一定的速度或以一定规律变化的速度把待测物质从毛细管口模中挤出来。挤出过程中，可以测量出毛细管口模入口处的压力，结合已知的速度参数、口模和料桶参数以及流变学模型，可以计算出在不同剪切速率下熔体的剪切黏度（这与管路实验的原理是相同的，这里不再赘述，详见 2.4 节）。典型的毛细管流变仪的结构如图 2.6 所示。

表 2.1　7 种模拟液的物性参数

参数		代号						
		1# 模拟液	2# 模拟液	3# 模拟液	4# 模拟液	5# 模拟液	6# 模拟液	7# 模拟液
密度 ρ /(kg · m^{-3})		1 006.4	1 006.9	1 008.6	1 003.1	1 003.1	1 324.0	1 344.0
温度 t /℃		15.0	19.0	26.0	10.0/21.8	20.0	19.0	19.2
剪切速率 $\dot{\gamma}$ /s^{-1}	流变仪	1～1 200	22～900	—	1～2 154	—	32～120	1.73～1 032
	管路实验	300～48 000	500～46 000	500～2 600	440～3 2000	—	500～22 000	3 000～14 000
	综合	50～48 000	22～46 000	—	—	—	32～22 000	1.73～14 000
流动指数 n	流变仪	0.225 4	0.174 6	—	0.164 3	0.585 3	0.197 0	0.302 7
	管路实验	0.231 3	0.181 6	0.265 9	0.293 4	—	0.330 8	0.432 0
	综合	0.224 0	0.174 4	—	—	—	0.197 6	0.327 0
$\frac{\text{稠度系数 } k}{\text{Pa} \cdot \text{s}^n}$	流变仪	41.336 0	91.130 0	—	105.845 0	20.4107 0	47.860 0	13.520 0
	管路实验	39.390	84.040	51.920	52.020	—	17.118	5.117
	综合	41.650	91.190	—	—	—	47.730	12.227
屈服应力 τ_0—Pa		—	—	—	22.63	—	—	—
备注		Power Law 模拟液	Power Law 模拟液	Power Law 模拟液	屈服性 Power Law 模拟液	—	Power Law 模拟液	Power Law 模拟液

注：表中的综合参数是将流变仪和管路实验得到的剪切速率综合到一起得到的参数。

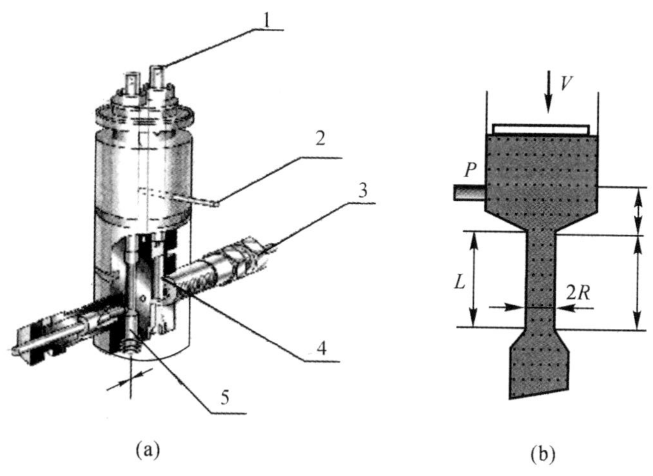

图 2.6　Rosand 毛细管流变仪示意图

(a)实细图；(b)示意图

1—活塞；2—温度传感器；3—压力传感器；4—样品；5—口模

假定待测试物质为不可压缩流体，处于稳定层流，其在管壁所受的黏滞阻力与两端压差所产生的推动力相互平衡，则有

$$\tau \times 2\pi r L = \Delta p \pi r^2 \tag{2.13}$$

剪切应力分布为

$$\tau = \frac{r\Delta p}{2L} \tag{2.14}$$

管壁处的剪切应力为

$$\tau_w = \frac{R\Delta p}{2L} \tag{2.15}$$

剪切速率为

$$\dot{\gamma} = \frac{dv}{dr} = \frac{\tau}{\eta} = \frac{r\Delta p}{2\eta L} \tag{2.16}$$

速度为

$$v(r) = \frac{\Delta p R^2}{4\eta L}\left[1 - \left(\frac{r}{R}\right)^2\right] \tag{2.17}$$

由哈根-泊肃叶方程(Hagen - Poiseuille 方程)可得体积流量为

$$q_V = \int_0^R v(r)\,df = \int_0^R v(r) 2\pi r\,dr = \frac{\pi R^4 \Delta p}{8\eta L} \tag{2.18}$$

毛细管流变仪表观剪切速率为

$$\dot{\gamma} = \frac{4q_V}{\pi r^3} \tag{2.19}$$

用毛细管流变仪测量的剪切速率要进行校正，常用的校正方法有 Bagley(对口模的入口压力降校正)、Rabinowitisch(需要对剪切速率进行校正)及 Hagenbach(对低黏度样品进入口模时由加速效应所产生的压力降进行校正，对样品的密度进行校正)[10]。这里不再赘述。

毛细管流变仪是目前发展最成熟、应用最广的流变测量仪之一，其主要优点在于操作简单、测量准确、测量范围宽。适合于测量比较宽范围的表观黏度(尤其适于高速、高黏流体)，剪切速率(剪切速率可达 $10^5\ s^{-1}$)及流动时的黏性、几何形状与挤出注模时的实际条件相似。在其他的工业应用中，还可为高分子加工机械和成型模具的辅助设计提供数据，可用作聚合物大分子结构表征研究的辅助手段。

(3) 转矩流变仪。转矩流变仪是通过测定混合螺杆或电机的扭矩来反映混合待测材料的特性，其核心部分是一个能够测定轴上扭矩的特殊电动机，其驱动系统连接到一些可交换装置，如密炼机、单(双、三)螺杆挤出机或者注射机；并配置一些辅机，如造粒、吹膜、压片、片材卷取、吹塑、流延、(注塑机的)锁模装置等。数据是通过连接到扭矩流变仪的软件获取的，软件能够将实验过程中的扭矩、驱动速度、温度和压力组合在一起。

旋转流变仪从构成大致可分为主机控制系统、测量驱动系统和辅机附件 3 部分。主机控制系统用于设备的校正，试验参数的设置，数据的采集、显示和处理，发出对辅机的参数控制信号。测量驱动系统用于测量温度、压力、转速和转矩信号，随时把信息传给主机，并为辅机提供电源和电机驱动。辅机部分包括混合器、单螺杆挤出机、双螺杆挤出机、吹膜机、压延挤带机、电缆包覆装置和造粒机等，附件部分包括转子、螺杆、模头、漏斗、加料器、传感器和电子天平等。

转矩流变仪主要应用于橡塑高分子材料，是一种多功能流变学测试系统，可以用来精选配方、质量控制、流变学试验和加工性能试验。

此外，还有基于振荡液滴、振荡剪切等其他原理的界面流变仪。

2. 管路测量技术

常用流变仪的测量剪切速率较低，一般低于 $1\,200\ s^{-1}$，较好的流变仪也只能达到 $4\,500\ s^{-1}$。而凝胶推进剂在液体动力装置管路中流动时的剪切速率在 $10^4\ s^{-1}$ 以上，喷注器中剪切速率更高。同时，流变仪测量的是静态黏性，而在管路流动条件下，黏性是动态的。因此，需要通过管路实验方法，在较大的剪切速率范围内对凝胶推进剂剪切黏性与剪切速率的关系进行测量，以获得较高剪切速率下的剪切黏性。

(1) 实验系统。凝胶推进剂直圆管流动与流变特性实验系统主要由气源、凝胶推进剂贮箱、截止阀、压力表、非牛顿流体质量流量计、压力传感器、数据采集系统和实验管路组成，如图 2.7 所示[11]。使用高压气源挤压贮箱中的凝胶推进剂，使之在实验管路中流动。实验中，被测管路水平置于两接头之间，通过调节实验管路前的截止阀，改变实验管路中凝胶推进剂的流量，进而使流速和剪切速率变化；通过压力传感器测压并输出该点压力值，采用非牛顿流体质量流量计测量通过管路的推进剂的质量流量。由数据采集器将流量和压力同步存储于数据采集系统的计算机中。

实验中，需考虑凝胶推进剂的恢复时间问题，并且所有测量点都需在稳态流动的时间段内进行测量。

(2) 流变参数计算方法。由管壁处剪切应力和压降的关系式式(2.15)可得

$$\tau_w = \frac{\Delta p D}{4L} \tag{2.20}$$

该式适用于所有流体。

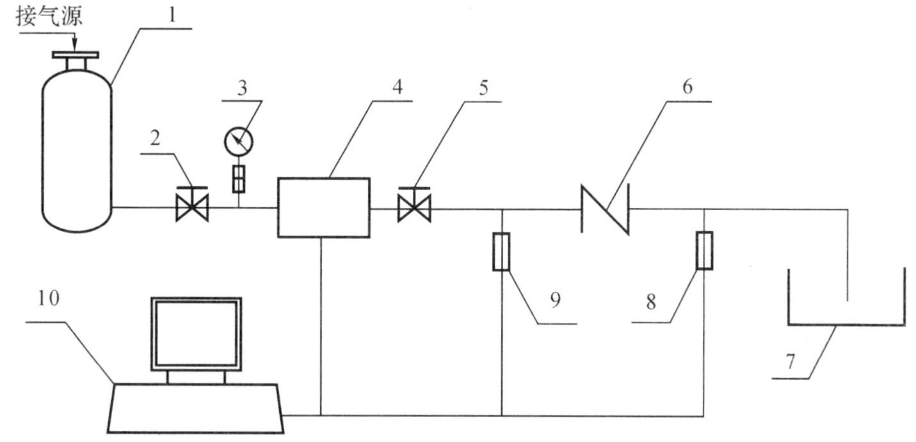

图 2.7　凝胶推进剂模拟液流动特性实验系统简图

1—贮箱；2,5—截止阀；3—压力表；4—流量计；6—实验管路；7—收集箱；8,9—压力传感器；10—数据采集系统

由牛顿流体的管壁剪切速率式式(2.19)可得

$$\dot{\gamma}_{RW}=\frac{8v}{D}=\frac{4q_V}{\pi R^3} \tag{2.21}$$

定义表观黏度为

$$\eta_e=\frac{\tau_w}{\dot{\gamma}_{RW}}=\frac{\Delta pD/4L}{8v/D} \tag{2.22}$$

又，黏性流体都适用的平均流速式为

$$v=\frac{R}{\tau_w^3}\int_0^{\tau_w}f(\tau)\tau^2\mathrm{d}\tau \tag{2.23}$$

将式(2.23)改写为

$$\frac{8v}{D}=\frac{4}{\tau_w^3}\int_0^{\tau_w}f(\tau)\tau^2\mathrm{d}\tau \tag{2.24}$$

该式表明：不论 $f(\tau)$ 取什么形式，在管径和流量一定时，τ_w 就一定，切应力的分布也一定，这样，式(2.24)右侧仅为 τ_w 的函数，即

$$\frac{8v}{D}=F(\tau_w) \tag{2.25}$$

对于非时变黏性流体，层流条件下，在 $\Delta pD/4L$ 和 $8v/D$ 的坐标系中，对同一种流体，实点将落在同一条曲线上。

将式(2.24)两侧对 τ_w 求导，并进行变换可得

$$\dot{\gamma}_w=f(\tau_w)=\left[\frac{3}{4}+\frac{1}{4}\frac{\mathrm{d}\ln\left(\frac{8v}{D}\right)}{\mathrm{d}\ln(\tau_w)}\right]\left(\frac{8v}{D}\right) \tag{2.26}$$

令

$$n'=\frac{\mathrm{d}\ln(\tau_w)}{\mathrm{d}\ln\left(\frac{8v}{D}\right)} \tag{2.27}$$

将式(2.27)代入式(2.26)可得

$$\dot{\gamma}_{w}=\left(\frac{dv}{dr}\right)_{w}=\frac{3n'+1}{4n'}\left(\frac{8v}{D}\right) \tag{2.28}$$

式(2.28)是非时变黏性流体管壁剪切速率的一般表达式。

若 n' 为确定值,将式(2.27)式积分后可得

$$\ln(\tau_{w})=n'\ln\left(\frac{8v}{D}+\ln k'\right) \tag{2.29}$$

式中,n' 和 k' 为待定常数;$8v/D$ 为牛顿剪切速率 $\dot{\gamma}_{RW}$ 。

对式(2.29)继续变换得

$$\tau_{w}=k'\left(\frac{8v}{D}\right)^{n'}=k'(\dot{\gamma}_{RW})^{n'} \tag{2.30}$$

同理可以得出表观黏度 η_{e} 与牛顿剪切速率的关系式为

$$\eta_{e}=\frac{\tau_{w}}{\dot{\gamma}_{RW}}=k'(\dot{\gamma}_{RW})^{n'-1} \tag{2.31}$$

对式(2.31)两边取对数得

$$\ln(\eta_{e})=(n'-1)\ln(\dot{\gamma})+\ln k' \tag{2.32}$$

从式(2.22)到(2.32)式就是管路流变测量的主要方程,从图 2.8 中就可以得出常数 n' 和 k' 。

再将式(2.28)代入式(2.31)可有

$$\tau_{w}=k'\left(\frac{4n'}{1+3n'}\right)^{n'}(\dot{\gamma}_{w})^{n'} \tag{2.33}$$

如果凝胶推进剂属于幂律型流体,并假设其本构方程为

$$\tau_{w}=k(\dot{\gamma}_{w})^{n} \tag{2.34}$$

比较式(2.33)和式(2.34)可得出

$$n=n' \tag{2.35}$$

$$k=k'\left(\frac{4n'}{1+3n'}\right)^{n'} \tag{2.36}$$

同时,可以得出壁面剪切黏度与剪切速率的关系式为

$$\eta_{w}=\frac{\tau_{w}}{\dot{\gamma}_{w}}=k(\dot{\gamma}_{w})^{n-1} \tag{2.37}$$

式中,n 为流变指数;k 为稠度系数,单位为 $Pa\cdot s^{n}$ 。

将式(2.35)代入式(2.28),可以得出幂律流体壁面剪切速率与牛顿剪切速率的关系式为

$$\dot{\gamma}_{w}=\frac{3n+1}{4n}\frac{8v}{D}=\frac{3n+1}{4n}\frac{4q_{V}}{\pi R^{3}} \tag{2.38}$$

由式(2.38)可见,牛顿剪切速率 $8v/D$ 只与流量和管径有关,而幂律流体的管壁剪切速率 $\dot{\gamma}_{w}$ 不仅跟流量与管径有关,还与表征流体性质的流变指数 n 有关。

根据式(2.20)、式(2.28)和式(2.36)可见,对于给定管长和管径的直圆管,只要测量出管路中的流量和压降,就可以计算出管路中的凝胶推进剂的剪切速率和剪切黏性。

因此,直圆管中凝胶推进剂物性测量实验的步骤如下。

1) 实测通过管路的凝胶推进剂流量 $q_{m}(g\cdot s^{-1})$ 和相应的压降 Δp(MPa)。

2）按照式(2.20)、式(2.21)和式(2.22)分别求剪切应力 $\Delta pD/4L$ 、牛顿剪切速率 $8v/D$ 及表观黏度。

3）绘制剪切应力与牛顿剪切速率的双对数曲线：$\ln\tau_w \sim \ln\dot{\gamma}_{RW}$，如图 2.8(a)所示；绘制表观黏度与牛顿剪切速率的双对数曲线：$\ln\eta_w \sim \ln\dot{\gamma}_{RW}$，如图 2.8(b)所示。

4）由式(2.29)和式(2.32)可见，图 2.8(a)上直线的斜率即为 n' 值，截距即为 $\ln k'$；图 2.8(b)上直线的斜率为 $n'-1$，截距为 $\ln k'$。

5）按照式(2.28)计算壁面剪切速率 $\dot{\gamma}_w$，按照式(2.37)计算壁面剪切黏度 η_w，则可确定凝胶推进剂管路流动时的壁面剪切黏性与壁面剪切速率的变化曲线 η_w 到 $\dot{\gamma}_w$。

6）凝胶推进剂的流变指数 n 和稠度系数 k 可由式(2.35)和式(2.36)确定。

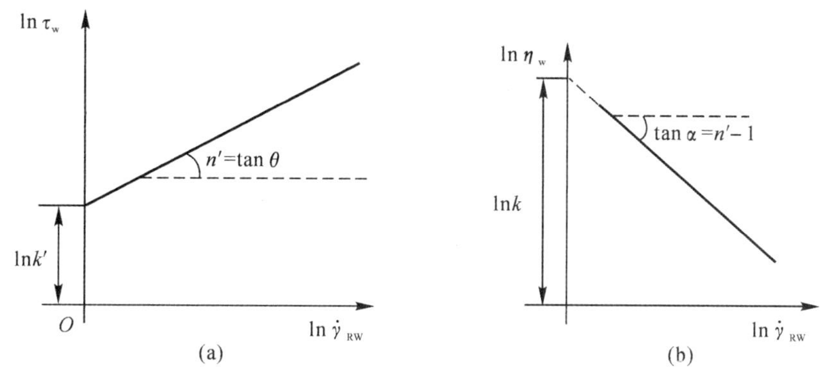

图 2.8　剪切应力和表观黏度随牛顿剪切速率变化的对数曲线

(a)$\ln\tau_w \sim \ln\dot{\gamma}_{RW}$ 曲线；(b)$\ln\eta_e \sim \ln\dot{\gamma}_{RW}$ 曲线

应用上述实验系统，选择直径 ϕ 为 2～6 mm、长度 L 为 500～2 000 mm 的直圆管，对 7 种水基凝胶模拟液进行了管路流动特性实验，按照本节所述的实验方法，测量管路的压降和流阻等参数，得到的 7 种模拟液的表观黏度与剪切黏性的对数型坐标关系曲线如图 2.9 所示，直角坐标曲线如图 2.10 所示。

从图 2.9 和图 2.10 中可以看出：在剪切速率为 $10\ s^{-1} < \dot{\gamma} < 10^5\ s^{-1}$ 范围内，7 种凝胶模拟液的流变特性曲线剪切变稀特性都非常突出，在剪切速率小于 5 000 s^{-1} 范围内，剪切黏度从 101 Pa・s迅速减小到 10^{-1} Pa・s，剪切黏度曲线斜率接近于无穷大(垂直减小)。

按照本节所述的实验技术，对 7 种模拟液的实验参数进行处理，得到的流动指数和稠度系数见表 2.1。

(3) 相关参数对测量值的影响。管路实验时，通常是测量管路的流量(质量或者体积)、压降参数，再换算出其他参数。测量均会产生一些误差，压降 Δp 和流量 q_m 的测量值相比，压降计算值的相对误差较小(低于 6%)，而流量计算值的相对误差较大(20%左右)。下面分析两者对总误差的传递影响[12]。

1）假设流变指数 n 和稠度系数 k 没有测量误差，考察管径 D 、管长 L 和压降 Δp 的测量误差对体积流量 q_V 的影响。

幂律型流体在直圆管中的体积流量可表示为

$$q_V = \int_0^R u2\pi r\mathrm{d}r = \frac{\pi n}{1+3n}\left(\frac{\Delta p}{2kl}\right)^{\frac{1}{n}} R^{\frac{1+3n}{n}} \tag{2.39}$$

将体积流量计算式式(2.39)两侧取自然对数：

$$\ln q_V = \ln\left(\frac{\pi n}{1+3n}\right) + \frac{1}{n} \times \ln(\Delta p) - \frac{1}{n} \times \ln(2k) - \frac{1}{n} \times \ln L + \frac{1+3n}{n}\ln R \quad (2.40)$$

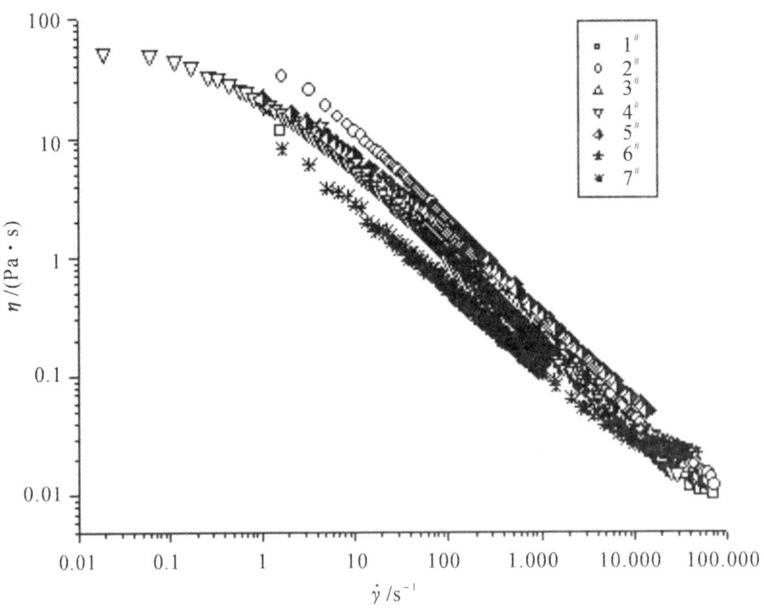

图 2.9 实验中的凝胶推进剂和凝胶模拟液剪切黏性的对数变化曲线

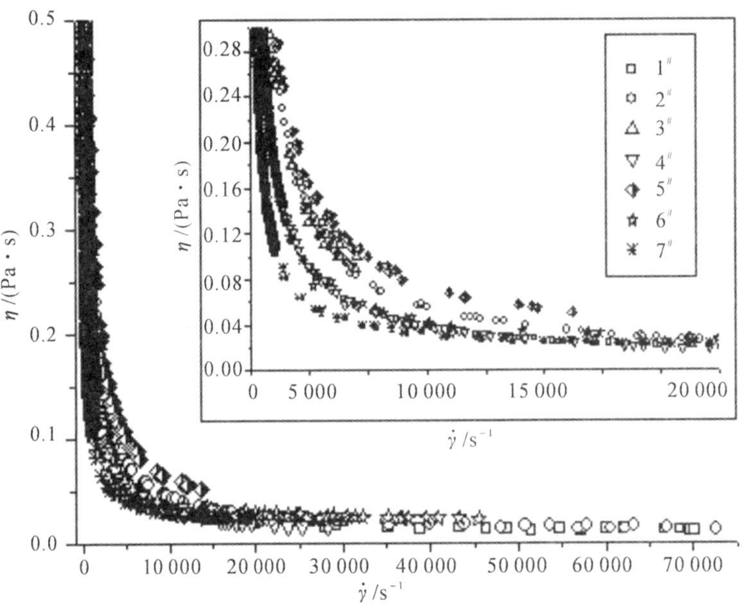

图 2.10 剪切黏性变化的局部放大图

然后就 q_V 与 D,L 和 Δp 的函数关系,对式(2.40)两侧全微分得

$$\frac{\mathrm{d}q_V}{q_V}=a_{\Delta p}\times\frac{\mathrm{d}(\Delta p)}{\Delta p}+a_L\times\frac{\mathrm{d}L}{L}+a_R\frac{\mathrm{d}R}{R} \tag{2.41}$$

其中:

$$a_{\Delta p}=\frac{1}{n} \tag{2.42}$$

$$a_L=-\frac{1}{n} \tag{2.43}$$

$$a_R=3+\frac{1}{n} \tag{2.44}$$

$a_{\Delta p}$,a_L 和 a_R 分别为压降 Δp 、管长 L 和管径 D 对体积流量 q_V 的误差传播系数[13]。

对于剪切变稀的幂律型流体,流变指数 $0<n<1$,因此有下式成立:

$$|a_R|>|a_{\Delta p}|=|a_L| \tag{2.45}$$

由此可见,管径 D 的测量误差对体积流量的影响最大,压降 Δp 次之,管长 L 的测量误差可能会抵消部分管径 D 和压降 Δp 测量误差的影响。以 1#、2# 模拟液计算的压降、管长和管径的误差传播系数随流变指数 n 的变化见表 2.2。

表 2.2　压降、管长和管径对体积流量的误差传播系数

代　号	n	$a_{\Delta p}$	a_L	a_R
1# 模拟液	0.224 0	4.46	−4.46	7.46
2# 模拟液	0.174 4	5.73	−5.73	8.73
6# 模拟液	0.330 8	3.02	−3.02	6.02

从表 2.2 中可以看出:其中任何一个测量参数出现误差,都将给体积流量 q_V 传递较大的相对误差,使计算值明显偏离测量值,其中又以管径 D 的误差传播系数 a_R 最大。因此,在管路流变测量时应该多次测量管径 D 和管长 L,再取平均值;在压降测量时,应该保持稳态测量,减小压力波动带来的测量误差。

2) 假设管径 D、管长 L 和压降 Δp 没有测量误差,考察流变指数 n 和稠度系数 k 对体积流量 q_V 的影响。

根据 q_V 与流变指数 n 和稠度系数 k 的函数关系,对式(2.41)两侧全微分得

$$\frac{\mathrm{d}q_V}{q_V}=-a_n\times\frac{\mathrm{d}n}{n}-a_k\times\frac{\mathrm{d}k}{k} \tag{2.46}$$

$$a_n=\frac{\ln(\Delta pR/2L)-\ln k}{n}-\frac{1}{1+3n} \tag{2.47}$$

$$a_k=\frac{1}{n} \tag{2.48}$$

式中:a_n 和 a_k 分别为流变指数 n 和稠度系数 k 对体积流量 q_V 的误差传播系数。

对于管路实验条件下,壁面剪切应力 $\tau_w=\Delta pR/2L$ 的变化范围为 $10^2\sim10^3$ Pa,与之相应

的流变指数误差传播系数 a_n 的变化根据式(2.48)确定，结果见表 2.3。

表 2.3 流变指数 n 的相对误差传播系数 a_n 随 n,k 及 $\Delta pR/2L$ 的变化规律

代 号	n	k	壁面剪切应力 $\Delta pR/2L$							
			100	200	300	400	500	600	700	800
1# 模拟液	0.224 0	41.65	3.31	6.41	8.22	9.50	10.50	11.31	13.00	13.60
2# 模拟液	0.174 4	91.19	−0.13	3.85	6.17	7.82	9.10	10.15	11.03	11.80
6# 模拟液	0.330 8	17.12	4.83	6.93	8.15	9.02	9.70	10.25	10.72	11.12

根据表 2.3 可见：随着壁面剪切应力 $\Delta pR/2L$ 的增加，流变指数 n 的误差传播系数 a_n 逐渐增大，且 a_n 的数值较大。因此，在较大剪切应力时，流变指数 n 出现微小的测量误差，传递到体积流量 q_V 处将被放大 10 倍左右。这就对高剪切应力时流变指数 n 的测量精度提出了更高的要求。而 a_k 仅仅是 n 的函数，其影响与 n 成反比关系。

3. 流变仪与管路测量参数间的联系

由以上对比可见：流变仪与管路试验测量参数能够对应起来的是流变仪测量的剪切应力与管路测量的管壁剪切应力对应，流变仪测量的剪切速率与管路测量的管壁剪切速率对应，流变仪测量的剪切黏度与管路测量的管壁剪切黏度对应。

另外，流变仪直接测量出的是剪切应力、剪切速率、剪切黏度等流变特性参数，没有中间转换参数，而在管路试验条件下，需要将牛顿流体剪切速率和表观黏度转换成为管壁剪切速率和管壁剪切黏度，这样才能与流变仪测量的流变特性参数对应。下面就详细分析牛顿流体剪切速率与管壁剪切速率，以及表观黏度与管壁剪切黏度的关系。

将式(2.21)和式(2.35)代入式(2.28)，可以得出凝胶推进剂在直圆管中流动时牛顿流体剪切速率与管壁剪切速率的关系为

$$\dot{\gamma}_{w}=\frac{3n+1}{4n}\frac{8v}{d}=\frac{3n+1}{4n}\frac{4q_V}{\pi R^3}=\frac{3n+1}{4n}\dot{\gamma}_{RW} \tag{2.49}$$

由式(2.49)式可见：牛顿流体剪切速率 $\dot{\gamma}_{RW}$ 只和体积流量和管径有关，而管壁剪切速率 $\dot{\gamma}_w$ 不仅跟体积流量和管径有联系，还与表征流体性质的流变指数 n 有关系。

从式(2.49)中还可以看出：平均流速 $\bar{u}$ 与牛顿流体剪切速率 $\dot{\gamma}_{RW}$ 和管壁剪切速率 $\dot{\gamma}_w$ 的关系。因为凝胶推进剂流变指数有以下关系：$0<n<1$，则有 $(3n+1)/4n>1$ 成立，所以当管径不变时，牛顿流体剪切速率和管壁剪切速率随平均流速成线性增大；而当平均流速不变时，牛顿流体剪切速率和管壁剪切速率随管径成反比例减小，即管径越小，牛顿流体剪切速率和管壁剪切速率反而越大。

将式(2.49)和式(2.22)代入式(2.37)可得凝胶推进剂在管内流动时表观黏度与管壁剪切黏度之间的关系为

$$\eta_w=\frac{\tau_w}{\dot{\gamma}_w}=\frac{\tau_w}{\frac{1+3n}{4n}\dot{\gamma}_{RW}}=\frac{4n}{1+3n}\frac{\tau_w}{\dot{\gamma}_{RW}}=\frac{4n}{1+3n}\eta_e \tag{2.50}$$

从式(2.50)中可以看出：对于凝胶推进剂，若其流变指数 $0<n<1$，则有 $4n/(1+3n)<1$

成立，可得管壁剪切黏度小于表观黏度，即 $\eta_w < \eta_e$。

2.4 相关参数对凝胶推进剂的流变特性的影响

影响流体流变特性的主要参数是胶凝剂的种类及含量，其次是流体温度和静压力等参数。

2.4.1 胶凝剂含量的影响

胶凝剂的种类及含量主要会导致凝胶推进剂的流变参数，即流动指数与稠度系数变化，从而导致其流变特性发生变化（见表 2.1，不同胶凝剂含量与模拟液流变参数的测量结果），其影响将反映在以下的章节中，这里不单独叙述。

2.4.2 温度的影响

凝胶的流变学特性参数受温度的影响，一般随着温度的升高黏性会降低。Gupta etal[14]和 Rahimi，Natan[15]都研究了温度对凝胶推进剂流变学特性参数的影响。前者研究了温度在 0～30℃之间，UDMH－MC 凝胶的流变学特性参数的变化，发现随着温度的增加流动指数从 0.655 增加到 0.897，而稠度系数从 22.7 下降到 3。后者在对水凝胶的研究中发现随着温度的增加，k 和 n 都在减小。从 2.3 节凝胶模拟液的管路/流变仪流变特性实验的分析中，已知流变指数 n 和稠度系数 k 会随着实验环境温度的变化而变化。这里，采用流变仪对 3# 和 4# 两种凝胶模拟液的流变特性随温度变化特性进行了测试。并按文献[16]提出的聚合物容体黏度随温度变化的特性的 Arrhenius 黏流活化能模型进行拟合：

$$\eta = H(T)\eta_0(\dot{\gamma}) \tag{2.51}$$

$$H(T) = \exp\left[E\left(\frac{1}{T} - \frac{1}{T_0}\right)\right] \tag{2.52}$$

$$\eta_0(\dot{\gamma}) = \eta_{T=T_0} = (K\dot{\gamma}^{n-1})_{T=T_0} \tag{2.53}$$

式中，E 为黏流活化能，单位为 $J \cdot mol^{-1}$；T_0 为参考温度，单位为 K①。

Arrhenius 黏流活化能模型的优点是能在一定程度上展现温度对黏性的影响，而且与幂律模型本构方程紧密结合，形式简单且具有清晰的物理含义；不足之处是不能直观地表示流变指数 n 和稠度系数 k 随温度变化的关系，而且需要测定参考温度下的流变方程。

（1）4# 凝胶模拟液温度变化特性。在恒定剪切速率 $\dot{\gamma} = 100\ s^{-1}$ 条件下，使用流变仪考察了 4# 模拟液的剪切黏度随温度变化趋势，实验结果如图 2.11 所示。

从图 2.11 中可以看出：用最小二乘拟合法，可以得出剪切速率 $\dot{\gamma} = 100\ s^{-1}$ 时，剪切黏度随温度的变化曲线关系式为

$$\eta = 0.039\ 14\exp\left(\frac{1\ 191.88}{T}\right) \tag{2.54}$$

另外，由表 2.1 可得出 4# 凝胶模拟液在环境温度 $t = 10$℃条件下的本构方程，再根据 Arrhenius

① 1K＝－272.15℃。

黏流活化能模型，将参考温度设为 $T=283$ K，就可以得出 4# 模拟液剪切黏度随温度和剪切速率变化的本构方程为

$$\eta=\exp\left[E\left(\frac{1}{T}-\frac{1}{T_0}\right)\right]\left(\frac{\tau_0}{\dot{\gamma}}+k\dot{\gamma}^{n-1}\right) \tag{2.55}$$

式中：$T_0=283$ K、$\tau_0=22.63$ Pa、$k=52.02$ Pa・s^n 及 $n=0.293\ 4$。

再将剪切速率 $\dot{\gamma}=100\ s^{-1}$ 代入式(2.55)，并与式(2.54)对比可得 4# 凝胶模拟液的活化能 $E=1\ 191\ J\cdot mol^{-1}$。由此能够得出任意温度和剪切速率条件下 4# 凝胶模拟液的本构方程：

$$\eta=\exp\left[1\ 191.88\left(\frac{1}{T}-\frac{1}{283}\right)\right]\left(\frac{22.63}{\dot{\gamma}}+52.02\dot{\gamma}^{-0.706\ 6}\right) \tag{2.56}$$

(2) 5# 凝胶模拟液温度变化特性。采用流变仪测量了 5# 模拟液的流变指数 n 和稠度系数 k 随温度 t 的变化情况，实验结果见表 2.4、图 2.12 和图 2.13。

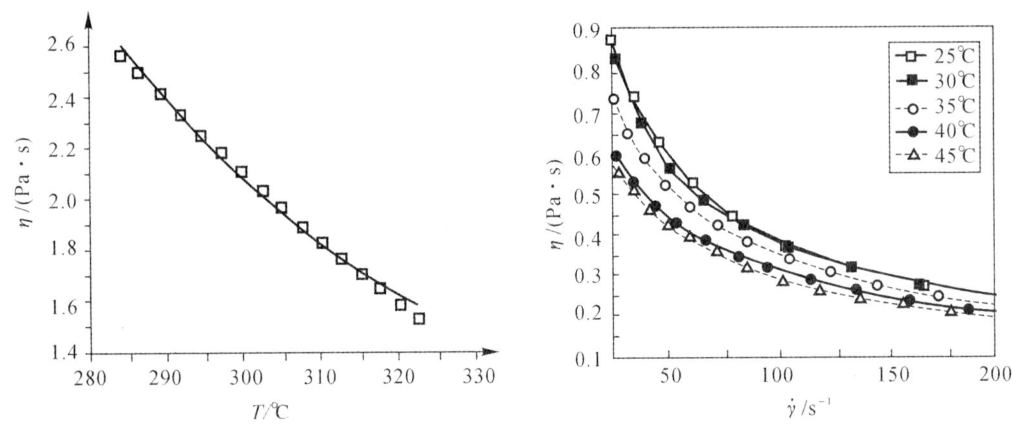

图 2.11 剪切黏度随温度的变化曲线以及模拟液黏度与剪切速率/温度的关系

表 2.4 5# 模拟液流变指数和稠度系数随温度变化值

温度 t /℃	流变指数 n	稠度系数 k /(Pa・s^n)
−30.0	0.360 32	87.095 9
−23.4	0.376 68	69.079 6
−10.0	0.387 73	47.255 5
0.0	0.538 15	38.067 4
10.0	0.511 00	28.879 4
20.0	0.585 26	20.410 7
30.0	0.590 54	15.551 2
40.0	0.591 53	12.356 5
50.0	0.677 53	8.382 4

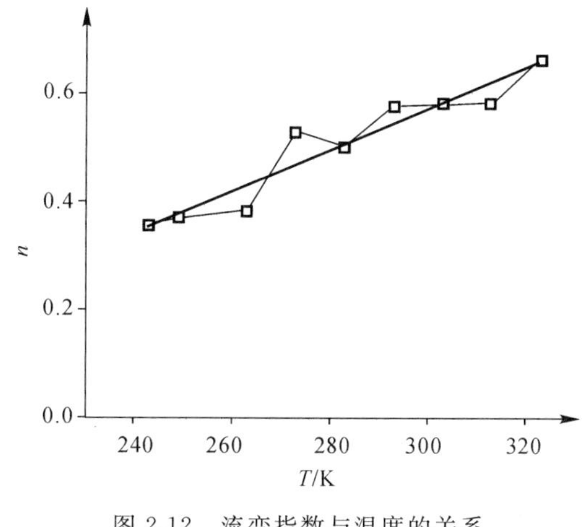

图 2.12　流变指数与温度的关系

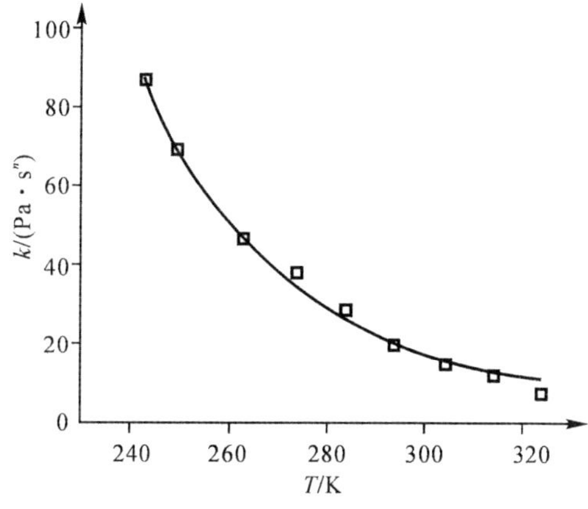

图 2.13　稠度系数与温度的关系

图 2.12 和图 2.13 拟合出了流变指数 n 随热力学温度 T 变化的函数关系以及稠度系数 k 随热力学温度 T 的函数变化关系。

将如图 2.12 所示的流变指数 n 随温度 T 变化关系拟合成下式：

$$n=-0.584\ 02+0.003\ 88T \tag{2.57}$$

将如图 2.13 所示的稠度系数 k 随温度 T 变化关系拟合成下式：

$$k=0.021\ 78\exp\left(\frac{2\ 016.17}{T}\right) \tag{2.58}$$

由式(2.58)可以得出此凝胶模拟液的黏流活化能 $E=2\ 016.17\ \mathrm{J\cdot mol^{-1}}$。

联立式(2.25)、式(2.57)和式(2.58)可以得出此凝胶模拟液剪切黏度随温度和剪切速率的变化关系为

$$\eta=0.021\ 78\exp\left(\frac{2\ 016.17}{T}\right)\dot{\gamma}^{-1.584\ 02+0.003\ 88T} \tag{2.59}$$

2.4.3　时间的影响

在室温 20℃下，应用流变仪对某型凝胶推进剂模拟液在剪切速率从 0～10 $\mathrm{s^{-1}}$增加的范围内，保持剪切速率为 10 $\mathrm{s^{-1}}$、持续时间为 5min 的范围内，剪切速率从 10 $\mathrm{s^{-1}}$～0 减小的范围内分别测量了剪切力和表观黏性。如图 2.14 和图 2.15 所示显示了在这三个范围内，剪切力与表观黏性随剪切速率的曲线变化形成的一个闭合圈。从图 2.14 和图 2.15 中可以看出：在某一确定温度和剪切速率下，剪切时间对剪切力和表观黏性的影响不大，一般可忽略。温度不变时，剪切速率增大再减小所得到的剪切力与表观黏性随剪切速率的曲线不重合，形成了一个回路面积，说明其具有触变特性，但触变特性不是很明显。

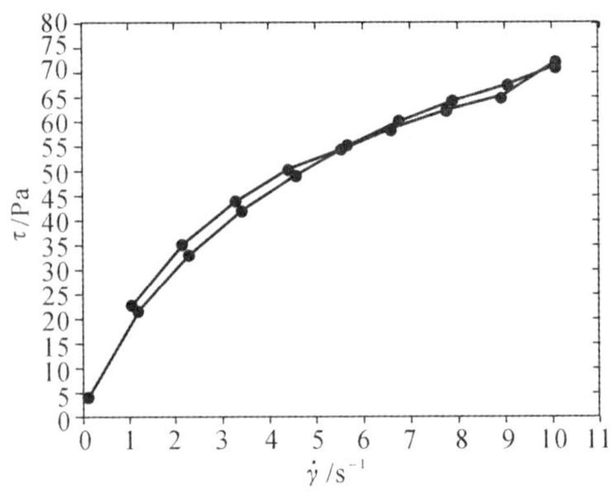

图 2.14　20℃时模拟液的触变特性

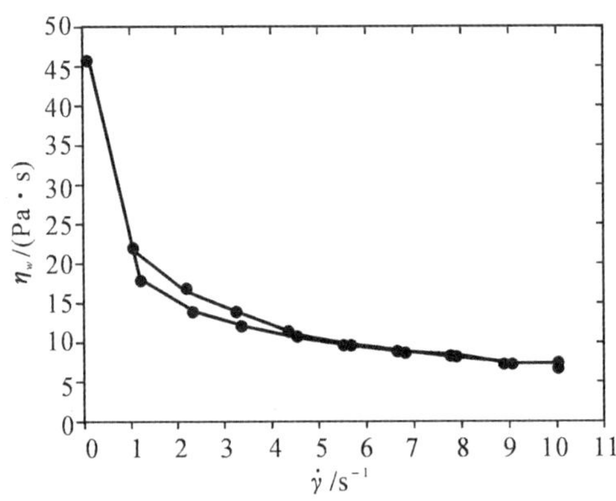

图 2.15　20℃时模拟液的触变特性

2.4.4　流变指数、稠度系数和屈服应力的影响

流变指数 n、稠度系数 k 和屈服应力 τ_0 等对管路的流动和流变特性影响是很难用实验测量的，但可以采用数值模拟的方法，给出流变指数、稠度系数乃至屈服应力对管路流动中速度、剪切速率及黏度的影响（后续还会给出理论分析结果，二者是一致的）。在相同入口流量条件下，将选取 3 种模拟液（见表 2.5），针对管径 D 为 8 mm、管长 L 为 2 000 mm 的直圆管，通过 3 种不同流量点进行仿真计算获得沿管径的速度、剪切速率及剪切黏度分布（见图 2.16～图 2.18），进行流动及流变特性对比分析。流变参数和入口流量值见表 2.5。

表 2.5　仿真计算入口流量

代号	屈服应力 τ_0 /Pa	流变指数 n	稠度系数 k /(Pa·s^n)	入口流量 q_m/(g·s^{-1})		
1# 模拟液	—	0.224 0	41.65	20	80	170
3# 模拟液	—	0.265 9	51.92	20	80	170
4# 模拟液	22.63	0.293 4	52.02	20	80	170

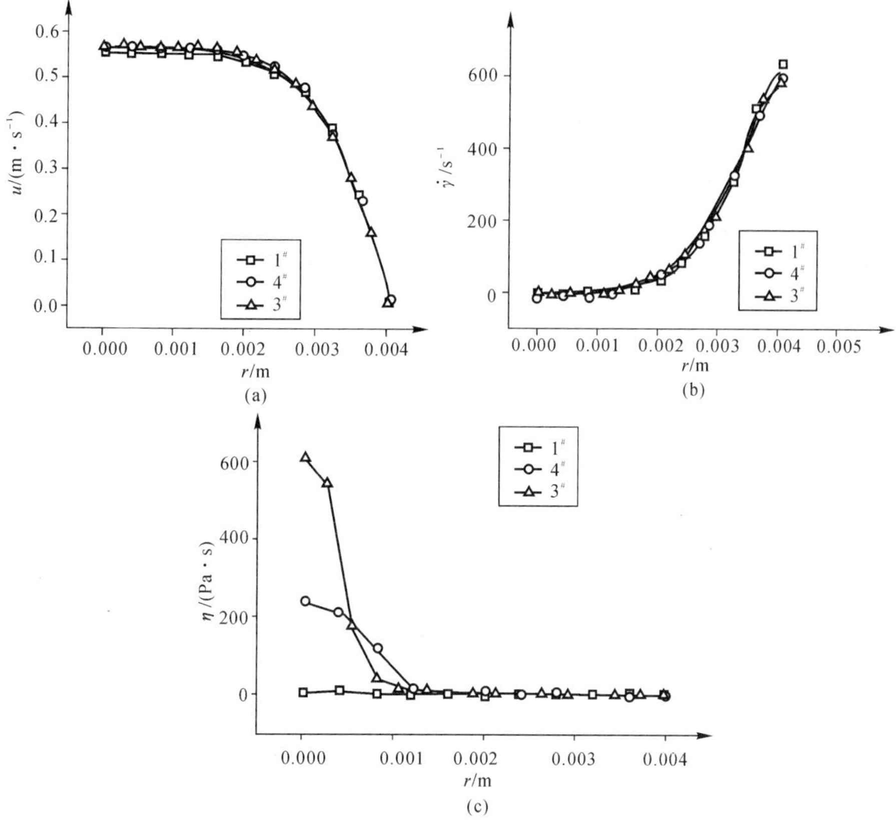

图 2.16　质量流量 $q_m=20\ g\cdot s^{-1}$时，3 种凝胶的速度、剪切速率及黏度的径向分布

(a)速度径向分布；(b)剪切速率径向分布；(c)剪切黏度径向分布

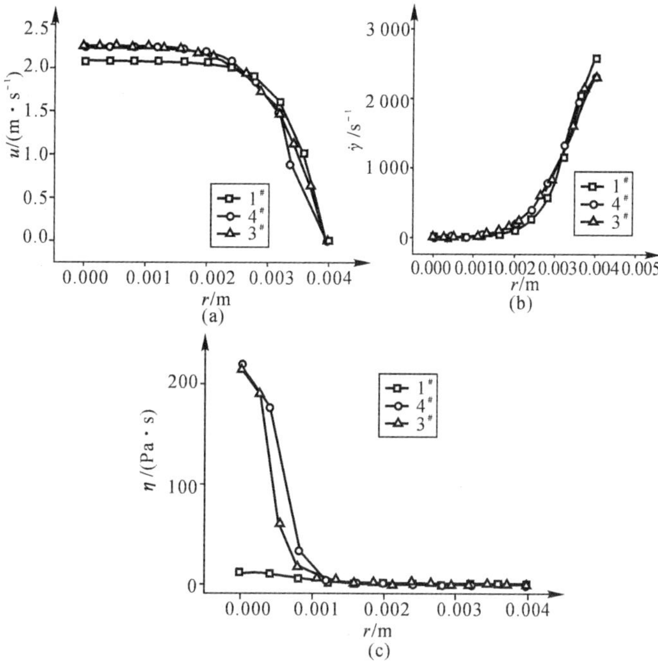

图 2.17　质量流量 $q_m=80\ g\cdot s^{-1}$时，3 种凝胶的速度、剪切速率及黏度的径向分布

(a)速度径向分布；(b)剪切速率径向分布；(c)剪切黏度径向分布

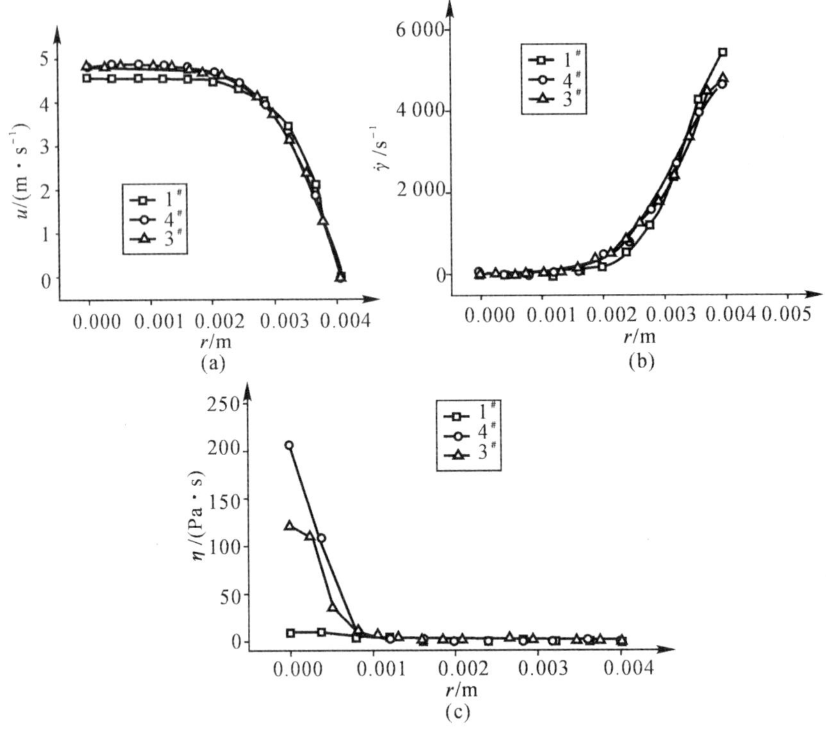

图 2.18 质量流量 $q_m = 170\ \mathrm{g \cdot s^{-1}}$ 时，3 种凝胶的速度、剪切速率及黏度的径向分布

(a)速度径向分布；(b)剪切速率径向分布；(c)剪切黏度径向分布

从图 2.16～图 2.18 中可以看出：在相同入口流量的条件下，流变指数、稠度系数及屈服应力对管路流变特性的影响如下。

（1）由图 2.16(a)、图 2.17(a)和图 2.18(a)中的速度分布可以得出：流变指数 n 对管内流速分布有一定影响，但变化不大，似乎随着 n 的减小，直圆管轴线附近的柱塞流动区域的中心速度在减小，而半径反而增大（这在后面的章节可以看到同样的规律）；流量对管内流速分布不产生影响，但影响速度的绝对值。

（2）从图 2.16(b)、图 2.17(b)和图 2.18(b)中的剪切速率沿管径分布可以看出，流变指数 n 对管内剪切速率分布影响也不显著；管径中心一定范围内，剪切速率接近于零，沿管径中心向外剪切速率急速增加；流量对管内剪切速率分布不产生影响，但影响其绝对值。

（3）由图 2.16(c)、图 2.17(c)和图 2.18(c)中的剪切黏度分布可以得出，管内的剪切黏性分布呈现中心大，而管壁相当厚度内黏度为零的分布；随着稠度系数的增大，中心区计算的剪切黏度值也较大；同样，流量仅对绝对值产生影响，对分布趋势影响不大。

（4）从图 2.16～图 2.18 中没有明显看出，屈服应力对速度、剪切速率和剪切黏度的影响，但是从 2.3 节中屈服幂律型流体的理论分析可以得出：屈服应力较大的幂律型流体，其柱塞流动区域相应会较大，也就会对速度和剪切黏度的分布产生影响。

凝胶推进剂流动和流变特性研究是凝胶推进剂在管路、阀门等装置中流动特性研究的基础和设计的前提，也是其喷雾燃烧特性研究的基础。凝胶推进剂在管路及喷注器中的流动状态会直接影响到它的输送和雾化性能，然而凝胶推进剂在管路及喷注器内的流动状态又受到其流变特性的强烈影响。

第3章　幂律型流体管路中的流动与流变特性

3.1　概　　述

前文已述，凝胶推进剂在管路中的流动和流变特性直接影响到包括流阻、流速分布等流动特性，也即管路的输送性能。而凝胶推进剂在管路中的流动状态又受到其流变特性的强烈影响，这导致凝胶推进剂动力系统的管路、涡轮泵和调节装置等零部件的设计远比牛顿流体部件设计复杂得多。凝胶推进剂在管路中的流动和流变特性是凝胶推进剂动力装置研制的前提，是部件设计的基础，也是喷雾燃烧特性研究的基础。直圆管是最简单的部件，也是异型管、阀门等部件的最基本组元。本章针对凝胶推进剂及其模拟液的在直圆管管路中的流动特性和流变特性，以理论分析、数值仿真和实验结合的方法，研究幂律型流体在直圆管中、弯管和多种异型管中的速度分布、剪切速率分布和剪切黏性分布，为后续研究奠定基础。

3.2　幂律型流体的流动与流变特性

3.2.1　幂律型流体的基本特性

(1) 管路的流变参数。前文已述，幂律型流体在直圆管内的流动分剪切流和柱塞流区域(见图3.1)，采用柱坐标系(r,θ,z)，其中z轴与管轴方向重合，r为管径方向，原点取在测黏区开始端的管轴上，R为管半径，L为管长。这里仅对管内黏流区域，做如下假设：① 流动为轴对称的不可压缩、层流、等温、定常和稳定流动，没有质量力作用于流体；② 流体为幂定律模型(Power Law模型)；③ 忽略流动过程中的能量损失。

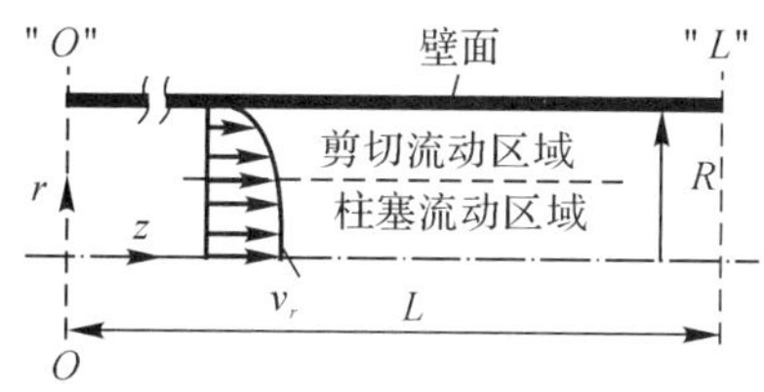

图3.1　直圆管内流动的区域

由轴对称不可压缩流动，设速度场为

$$v_r = v_r(r,z,t),\quad v_z = v_z(r,z,t),\quad v_\theta = 0 \tag{3.1}$$

若流动为定常流动，则连续方程为

$$\frac{1}{r}\frac{\partial(rv_r)}{\partial r} + \frac{\partial v_z}{\partial z} = 0 \tag{3.2}$$

动量方程为

$$\rho\left(\frac{\partial v_r}{\partial t}+v_r\frac{\partial v_r}{\partial r}+v_z\frac{\partial v_r}{\partial z}\right)=-\frac{\partial p}{\partial r}+\frac{\partial \tau_{rr}}{\partial r}+\frac{\partial \tau_{rz}}{\partial z}+\frac{\tau_{rr}-\tau_{\theta\theta}}{r} \tag{3.3}$$

$$\rho\left(\frac{\partial v_z}{\partial t}+v_r\frac{\partial v_z}{\partial r}+v_z\frac{\partial v_z}{\partial_z}\right)=-\frac{\partial p}{\partial z}+\frac{1}{r}\frac{\partial}{\partial r}(r\tau_{rz})+\frac{\partial \tau_{zz}}{\partial z} \tag{3.4}$$

对于一维、定常流动，若认为 $v_r=0,v_\theta=0,\partial/\partial t=0,\partial/\partial r=0$，则

$$v_z=v_z(r) \tag{3.5}$$

运动方程可以简化为以下形式：

$$\frac{\partial p}{\partial z}=\frac{\partial \tau_{zz}}{\partial z}+\frac{1}{r}\frac{\partial}{\partial r}(r\tau_{rz}) \tag{3.6}$$

若流动为稳定流动，则 $\partial\tau_{zz}/\partial z=0$，式(3.6)可写为

$$\frac{\partial p}{\partial z}=\frac{1}{r}\frac{\partial}{\partial r}(r\tau_{rz}) \tag{3.7}$$

由此可知式(3.7)右端是 r 的函数，而左边是对 z 的导数。

在管内黏流区域，压力梯度 $\frac{\partial p}{\partial z}$ 应当是常数，由式(3.7)可得

$$\tau_{rz}=\frac{r}{2}\frac{\partial p}{\partial z} \tag{3.8}$$

为简单起见，将 τ_{rz} 表示为 τ，$v_z=v_z(r)=u$。

在管壁上：

$$\tau_{\mathrm{w}}=\tau_{rz}(R)=\frac{R}{2}\frac{\partial p}{\partial z}=\frac{R}{2}\frac{\Delta p}{L} \tag{3.9}$$

由式(3.8)和式(3.9)可得

$$\frac{\tau}{\tau_{\mathrm{w}}}=\frac{r}{R} \tag{3.10}$$

体积流量为

$$q_V=2\pi\int_0^R ur\,\mathrm{d}r \tag{3.11}$$

若对式(3.11)进行分部积分，则有

$$q_V=-\int_0^R \pi r^2\frac{\partial u}{\partial r}\mathrm{d}r=-\int_0^R \pi r^2\dot{\gamma}\,\mathrm{d}r \tag{3.12}$$

式中：$\dot{\gamma}=\frac{\partial u}{\partial r}$。

将式(3.10)代入式(3.12)可得

$$q_V=-\frac{\pi R^3}{\tau_{\mathrm{w}}^3}\int_0^{\tau_{\mathrm{w}}}\tau^2\dot{\gamma}\,\mathrm{d}\tau=-\int_0^R \pi r^2\dot{\gamma}\,\mathrm{d}r \tag{3.13}$$

式(3.13)对 τ_{w} 求导数可得

$$\dot{\gamma}(\tau_{\mathrm{w}})=-\frac{1}{\pi R^3\tau_{\mathrm{w}}^2}\frac{\partial}{\partial \tau_{\mathrm{w}}}(\tau_{\mathrm{w}}^3 q_V) \tag{3.14}$$

式(3.14)即为直圆管内的壁面剪切速率 $\dot{\gamma}_{\mathrm{w}}$ 的计算公式，实践中，可以通过实验测定压力梯度和体积流量，由(3.9)式确定 τ_{w}；再代入式(3.14)计算壁面剪切速率 $\dot{\gamma}_{\mathrm{w}}$。

式(3.14)又可变为

$$\dot{\gamma}(\tau_w) = -\frac{q_V}{\pi R^3}\left(3 + \frac{\mathrm{d}\ln q_V}{\mathrm{d}\ln \tau_w}\right) \tag{3.15}$$

幂定律模型为

$$\tau = k\dot{\gamma}^n \quad 或 \quad \eta = k\dot{\gamma}^{n-1} \tag{3.16}$$

即,幂律型流体的黏性只取决于剪切速率,剪切速率变化则黏性就会不同。将壁面处剪切力与剪切速率的比值定义为表观黏性 η_a,其计算式:

$$\eta_a = \frac{R\Delta p/2L}{\dot{\gamma}_w} \tag{3.17}$$

(2) 直圆管中的流动分区。前文中图 1.3 已经展示出塑性、拟塑性流体黏度随剪切速率的变化关系,并可依据剪切速率的不同将流动区域分为第一流动区(黏度不随剪切速率变化)、第二流动区(剪切变稀区)和第三流动区(再增大剪切速率,黏度变化很小);图 2.10 又表明:在一定的剪切速率范围内,黏度是随剪切速率的变化急剧减小,然后变得缓慢,最后又几乎不变。文献[5]进一步将幂律型流体在这段剪切速率范围内的流动细分为第 1 流动区域,第 2 流动区域,第 3 流动区域三个流动区域,如图 3.2 所示。

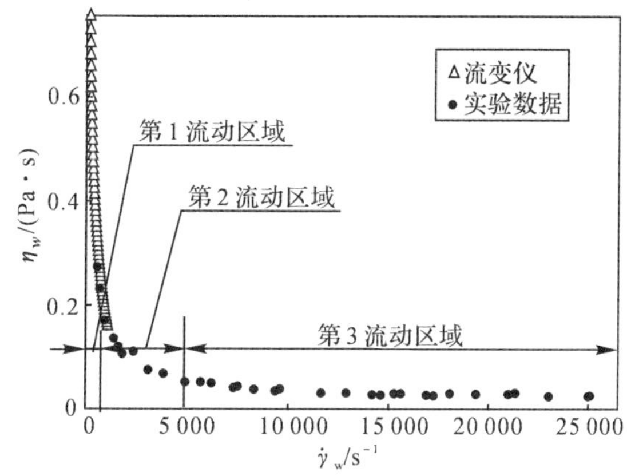

图 3.2　凝胶模拟液壁面表观黏度与剪切速率($\eta_w - \dot{\gamma}_w$)关系

无论是流变仪还是管路实验,直圆管中,在直径不变条件下,剪切速率增大等同于流量或者速度增大,流体的黏度会迅速降低,进一步分析图 3.2,可以得出以下结论。

1) 当剪切速率小于某一值时(如图 3.2 所示大约为 1 200 s^{-1}),模拟液的表观黏度均随剪切速率的增加几乎呈线性急剧减小;之后,随着剪切速率的增大,模拟液表观黏度继续减小,两者的关系近似幂律关系;当剪切速率增大到一定值后,随着剪切速率的进一步增大,表观黏度的减幅变得很小,并趋于某一极限值。图 3.2 所展示模拟液,当剪切速率达到 5 000 s^{-1}后,表观黏度几乎均不再随剪切速率增加而减小,趋于一个恒定值。

2) 参照图 1.3,这里展示的是无屈服应力的幂律型流体的实验结果,因此不会出现如图 1.3 所示的第 1 流动区(屈服区域)。图 3.2 的第 1,2 区域实际上应属于图 1.3 的第 2 区域,在图 3.2 所示的第 1 流动区,表观黏度与剪切速率几乎呈线性关系,这应是图 1.3 的第 1,2 区域的交界处。图 3.2 的第 2 流动区,表观黏度与剪切速率呈指数关系,该区为典型的幂律型流体的剪切变稀区域;在第 3 流动区,随着剪切速率的增加,表观黏度几乎不再减小,该区域与图 1.3

是一致的，也可以看成是牛顿流体流动区。

3）这里对已有的实验数据进行整理分析，结果表明，在第 2 流动区内，采用幂律模型推导的流阻公式式(3.37)计算的流阻与实验结果有很好的一致性，相对误差在 10%以内。而在第 3 流动区，采用牛顿流体流阻公式式(3.41)计算的流阻与实验结果非常接近。

4）从图 2.10 中还可以看出，模拟液的流动指数 n 和稠度系数 k 不同，实验得到的表观黏度，尤其在第 2 区域的表观黏度也不同，这说明不同的胶凝剂及其含量对模拟液物性的影响。至于极限表观黏度，对于图 2.10 所示的几种模拟液，差别似乎不大。

(3) 管内速度分布。

幂律型流体本构方程：

$$\tau = k\dot{\gamma}^n = k\left(\frac{\partial u}{\partial r}\right)^n \tag{3.18}$$

由式(3.7)可知

$$\frac{\partial p}{\partial z} = \frac{k}{r}\frac{\partial}{\partial r}\left[r\left(\frac{\partial u^n}{\partial r}\right)\right] \tag{3.19}$$

式(3.19)对 r 积分得

$$r\left(\frac{\partial u}{\partial r}\right)^n = \frac{r^2}{2k}\left(\frac{\partial p}{\partial z}\right) + c_1 \qquad \text{(其中 } c_1 \text{ 为积分常数)} \tag{3.20}$$

由于在管中心，剪切应力等于零，则 $c_1 = 0$。同时考虑到压力梯度为负值，所以式(3.20)可变为

$$\frac{\partial u}{\partial r} = \left[\frac{r}{2k}\left(-\frac{\partial p}{\partial z}\right)\right]^{\frac{1}{n}} \tag{3.21}$$

式(3.21)对 r 积分可得

$$u = \frac{n}{n+1} r^{\frac{n+1}{n}} \left[\frac{1}{2k}\left(-\frac{\partial p}{\partial z}\right)\right]^{\frac{1}{n}} + c_2 \tag{3.22}$$

应用边界条件：$r = R$ 时，$u = 0$。

则

$$u = -\frac{n}{n+1} R^{(n+1)/n} \left[\frac{1}{2k}\left(-\frac{\partial p}{\partial z}\right)\right]^{\frac{1}{n}} \left[1 - \left(\frac{r}{R}\right)^{(n+1)/n}\right] \tag{3.23}$$

在管中心处 $r = 0$ 时，速度最大，最大速度用 $u_{\max}$ 表示。

$$u_{\max} = -\frac{n}{n+1} R^{(n+1)/n} \left[\frac{1}{2k}\left(-\frac{\partial p}{\partial z}\right)\right]^{1/n} \tag{3.24}$$

式中，负号表示流体流向压力降低的方向。

因此，管内截面上的速度分布可以写成无量纲形式：

$$\frac{u}{u_{\max}} = \left[1 - \left(\frac{r}{R}\right)^{\frac{n+1}{n}}\right] \tag{3.25}$$

式(3.25)表明：用 $u_{\max}$ 表示的幂律型流体相对速度分布仅与流动指数 n 有关，而与稠度系数 k 无关。

将式(3.23)代入式(3.11)可得

$$q_V = 2\pi\int_0^R ur\,\mathrm{d}r = 2\pi\int_0^R -\frac{n}{n+1}R^{\frac{n+1}{n}}\left[\frac{1}{2k}\left(-\frac{\partial p}{\partial z}\right)\right]^{\frac{1}{n}}\left[1-\left(\frac{r}{R}\right)^{\frac{n+1}{n}}\right]r\,\mathrm{d}r =$$

$$2\pi\frac{n}{n+1}R^{\frac{n+1}{n}}\left[\frac{\Delta p}{2kl}\right]^{\frac{1}{n}}\left[\int_0^R r\,\mathrm{d}r - \int_0^R\left(\frac{r}{R}\right)^{\frac{n+1}{n}} r\,\mathrm{d}r\right]$$

经整理可得

$$q_V = \pi\left(\frac{\Delta p}{2kl}\right)^{\frac{1}{n}}\frac{n}{1+3n}R^{\frac{1+3n}{n}} \tag{3.26}$$

则平均速度 u_m 的表达式为

$$u_m = \frac{q_V}{A} = \left(\frac{\Delta p}{2kl}\right)^{\frac{1}{n}}\frac{n}{1+3n}R^{\frac{n+1}{n}} \tag{3.27}$$

则平均速度与最大速度之比为

$$\frac{u_m}{u_{max}} = \frac{1+n}{1+3n} \tag{3.28}$$

由式(3.25)和式(3.28)可知：

$$\frac{u}{u_m} = \frac{1+3n}{1+n}\left[1-\left(\frac{r}{R}\right)^{\frac{n+1}{n}}\right] \tag{3.29}$$

式(3.29)表明：用平均速度 u_m 表示的幂律型流体相对速度分布仅与流动指数 n 有关，而与稠度系数 k 无关选取不同的流动指数 n 值(0.025～1)，绘制 n 值对 u/u_m 的曲线，如图 3.3 所示，可看到 n 对直圆管内速度分布的影响。

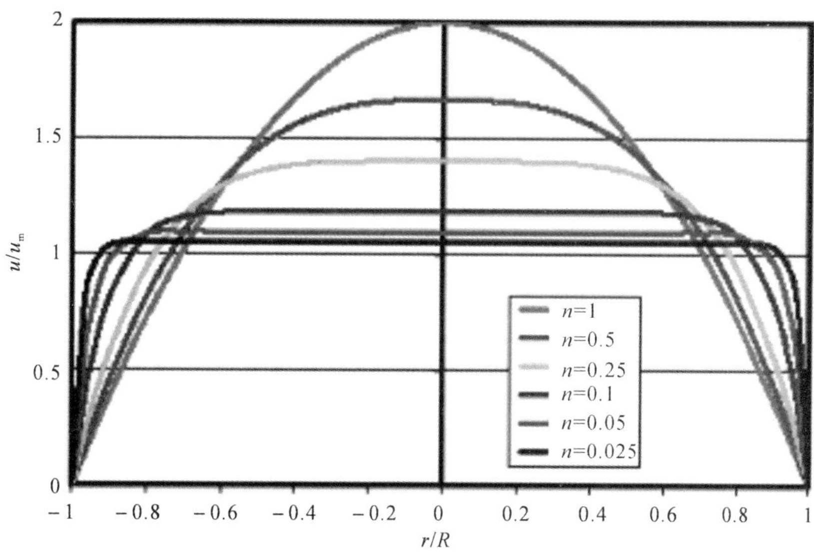

图 3.3　幂律型流体相对速度随流动指数 n 的变化曲线

(4) 管路流阻。若管内流体的流动状态为层流状态，平衡关系示意图如图 3.4 所示。则由力平衡关系有

$$\pi r^2 p_1 = 2\pi r l\tau + \pi r^2 p_2 \tag{3.30}$$

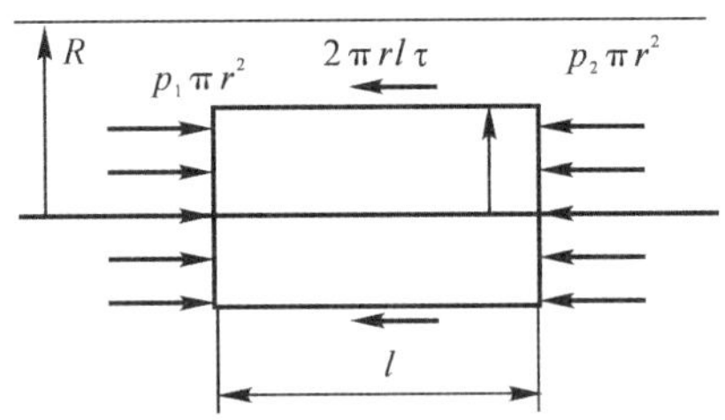

图 3.4　管内流动力平衡关系示意图

即

$$(p_1 - p_2)r = 2\tau l \tag{3.31}$$

取幂律型流体本构方程，

$$\tau = k\left(\frac{\mathrm{d}u}{\mathrm{d}r}\right)^n \tag{3.32}$$

则

$$\Delta pr = 2kl\left(\frac{\mathrm{d}u}{\mathrm{d}r}\right) \tag{3.33}$$

式(3.33)可变形为

$$\Delta p^{\frac{1}{n}} r^{\frac{1}{n}} \mathrm{d}r = (2kl)^{\frac{1}{n}} \mathrm{d}u \tag{3.34}$$

边界条件：$r=0, u=u_{\max}$；$r=R, u=0$。

$$\Delta p^{\frac{1}{n}} \int_0^R r^{\frac{1}{n}} \mathrm{d}r = \int_{u_{\max}}^0 (2kl)^{\frac{1}{n}} \mathrm{d}u \tag{3.35}$$

所以，

$$\Delta p^{\frac{1}{n}} \frac{n}{n+1} R^{\frac{n+1}{n}} = (2kl)^{\frac{1}{n}} u_{\max} \tag{3.36}$$

式(3.36)可变形为

$$\Delta p = 2^{3n+2} k \pi^{-n} \left(\frac{1+3n}{n}\right)^n l q_V^n \frac{1}{d^{3n+1}}$$

或者

$$\Delta p = 2klq_V^n \left(\frac{1+3n}{\pi n}\right)^n \frac{1}{R^{3n+1}} \tag{3.37}$$

压头损失：

$$H'_{\mathrm{f}} = \frac{\Delta p}{\rho g} \tag{3.38}$$

即

$$H'_{\mathrm{f}} = 8\left(\frac{2+6n}{n}\right)^n \frac{1}{\dfrac{d^n u_{\mathrm{m}}^{2-n} \rho}{k}} \frac{1}{d} \frac{u_{\mathrm{m}}^2}{2g} \tag{3.39}$$

定义幂律型流体的阻力系数 λ_{p}：

$$\lambda_{\mathrm{p}} = \frac{8\left(\dfrac{6n+2}{n}\right)^n}{\dfrac{u_{\mathrm{m}}^2 d^n \rho}{k}} \tag{3.40}$$

关注式(3.37)，当 $n=1$ 时，式(3.37)变为

$$\Delta p=2klq_V\left(\frac{4}{\pi}\right)\frac{1}{R^4}=\frac{8klq_V}{\pi R^4}=\frac{8klv}{R^2} \tag{3.41}$$

式(3.41)即为牛顿流体的管路流阻计算公式。由式(3.41)可见，在一定的体积流量下，管路的流阻与管路长度成正比，与管径的 4 次方成反比，也即，对管径极为敏感，管径稍微降低，会导致管路流阻又非常明显的变化。这就是工程上常用的，调整管径，降低流阻的有效方法。反观式(3.37)，管路流阻不仅受长度、管径的影响，还受流动指数的影响，并且与管径的关系也不那么敏感了。在式(3.37)中，假设流动指数的 $n=0.5$，则压降式与管径的 2.5 次方成反比，也即改变管径，流阻的变化也不再那么敏感了。

类比牛顿流体可以定义幂律型流体的雷诺数为

$$Re_p=\frac{\rho u_m^{2-n}d^n}{k} \tag{2.1}$$

图 3.5 是模拟液实验得到的质量流量与管路压降的实验曲线(管径 10 mm、管长 1 000 mm)。由图 3.5 可见，入口压力改变对流动的影响不大，可以忽略；在相同流量时，模拟液的压降要比水大得多，原因是凝胶推进剂具有较高黏性，造成的黏性损失大。

在层流流动状态时，可以通过理论推导得幂律型流体的阻力系数 λ_p：$\lambda_p=8\left(\frac{2+6n}{n}\right)^n\frac{1}{Re_p}$，$Re_p$ 为幂律型流体非牛顿流体的雷诺数，可知：λ_p 与 Re_p 成反比关系。通过实验得到的 λ_p 与 Re_p 的关系如图 3.6 所示，由图 3.6 可以看到 λ_p 与 Re_p 成反比关系。

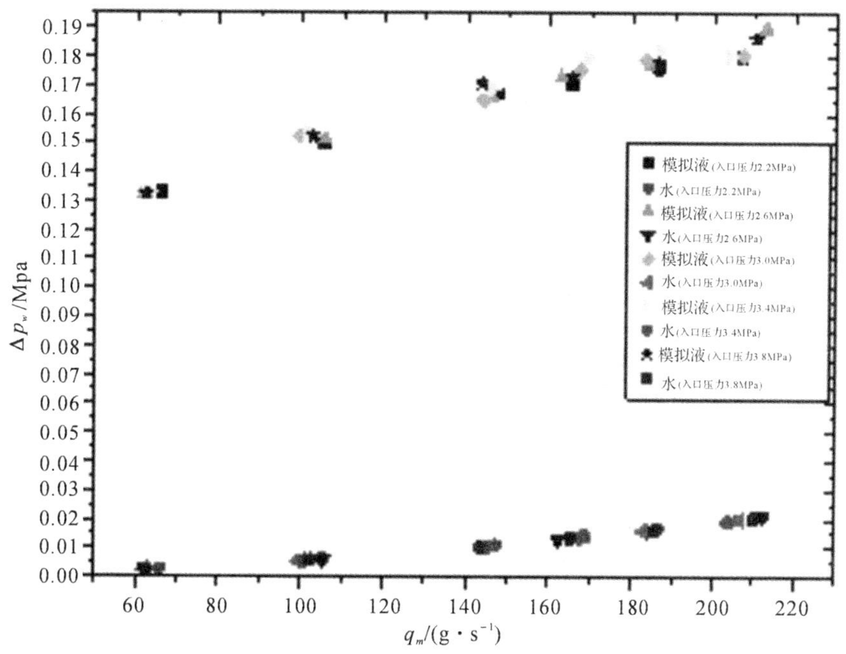

图 3.5　凝胶推进剂与水压降及质量流量的关系

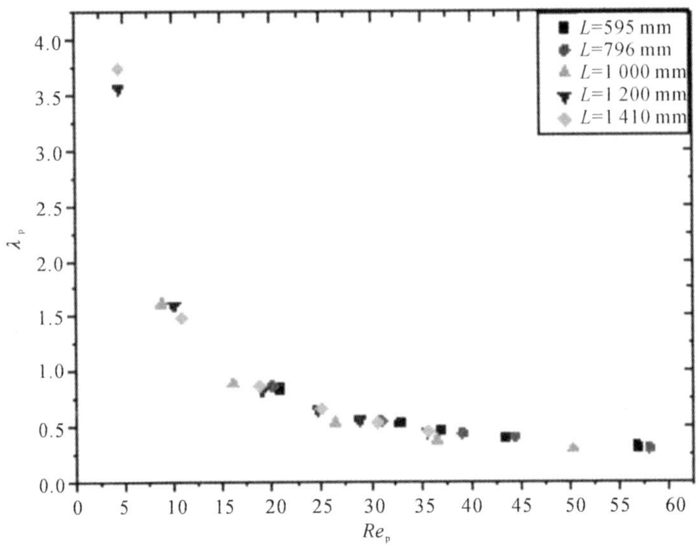

图 3.6　阻力系数与雷诺数的关系

实验测量的 u_m/u_{max} 与 Re_p 的关系如图 3.7 所示，从图 3.7 中可看出，u_m/u_{max} 基本上不随 Re_p 变化，在某一值上下波动，误差在 10% 左右，考虑到系统误差及实验误差，可以认为在研究工况内 u_m/u_{max} 不随 Re_p 变化。由式(3.28) $\frac{u_m}{u_{max}}=\frac{1+n}{1+3n}$ 可知：在层流状态时，n 作为物性参数是一个常量，因而 u_m/u_{max} 为定值。

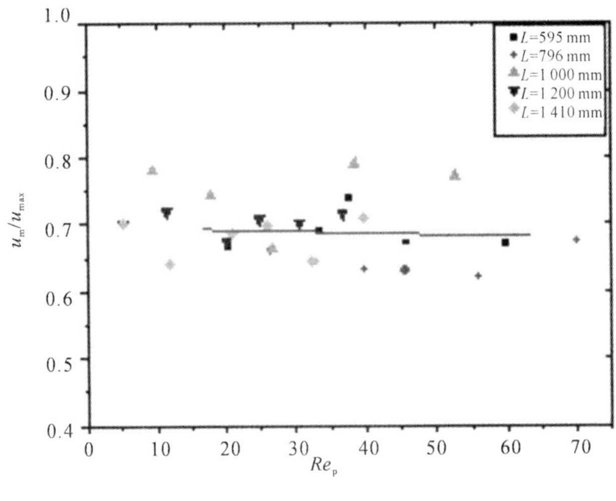

图 3.7　u_m/u_{max} 与 Re_p 的曲线关系

(5) 管路中的黏性。幂律型流体的黏性只取决于剪切速率，而其又有剪切变稀特性，剪切速率变化则黏性就会不同。管路中凝胶推进剂的黏性定义比较困难。式(3.42)定义了管路流动时的表观黏性 η_a（壁面处剪切力与剪切速率的比值）。

$$\eta_a=\frac{R\Delta p/2l}{\dot{\gamma}_w} \tag{3.42}$$

这里，定义 $\bar{\eta}$ 为管路的平均黏性，有

$$\bar{\eta}=\frac{1}{\pi R^2}\int_0^R \eta_a 2\pi r\,\mathrm{d}r \tag{3.43}$$

即

$$\bar{\eta}=2k\ \frac{1}{R^2}\int_0^R \dot{\gamma}^{n-1} r\,\mathrm{d}r \tag{3.44}$$

若

$$\dot{\gamma}=\frac{\mathrm{d}u}{\mathrm{d}r},\frac{u(r)}{u_{\max}}=1-\left(\frac{r}{R}\right)^{\frac{n+1}{n}},\quad \frac{u_{\mathrm{m}}}{u_{\max}}=\frac{1+n}{1+3n}$$

则

$$u(r)=u_{\mathrm{m}}\ \frac{1+3n}{1+n}\left[1-\left(\frac{r}{R}\right)^{\frac{n+1}{n}}\right] \tag{3.45}$$

$$\dot{\gamma}=\frac{\mathrm{d}u(r)}{\mathrm{d}r}=-\frac{1+3n}{n}\ \frac{u_{\mathrm{m}}}{R}\left(\frac{r}{R}\right)^{\frac{1}{n}} \tag{3.46}$$

$$\bar{\eta}=2k\ \frac{1}{R^2}\int_0^R\left[\frac{1+3n}{n}u_R\left(\frac{r}{R}\right)^{\frac{1}{n}}\right]^{n-1} r\,\mathrm{d}r \tag{3.47}$$

$$\bar{\eta}=2k\ \frac{n}{3n-1}\left(\frac{1+3n}{n}u_{\mathrm{m}}\right)^{n-1}R^{1-n}=2k\ \frac{n}{3n-1}\left(\frac{1+3n}{n}\right)^{n-1}u_{\mathrm{m}}^{n-1}R^{1-n}=$$

$$2k\ \frac{n}{3n-1}\left(\frac{1+3n}{n}\right)^{n-1}\pi^{1-n}\ \frac{1}{Q^{1-n}}R^{3(1-n)} \tag{3.48}$$

从式(3.48)中可以看出，平均黏性包含了凝胶推进剂的流变特性参数、体积流量和管径的影响。可以认为，平均黏性更能代表凝胶推进剂在管路中的流动特性。图 3.8 是 1# 模拟液在 5 种管长条件下得到的模拟液流量与压降关系，而图 3.9 是实验得到的模拟液的表观黏性和平均黏性随压降的变化。从图 3.8 和图 3.9 中可以看出，表观黏性和平均黏性都随压降的增加而降低，均表现出剪切变稀特性，但是平均黏性比表观黏性要大，平均黏性大概是表观黏性的 6～7 倍。

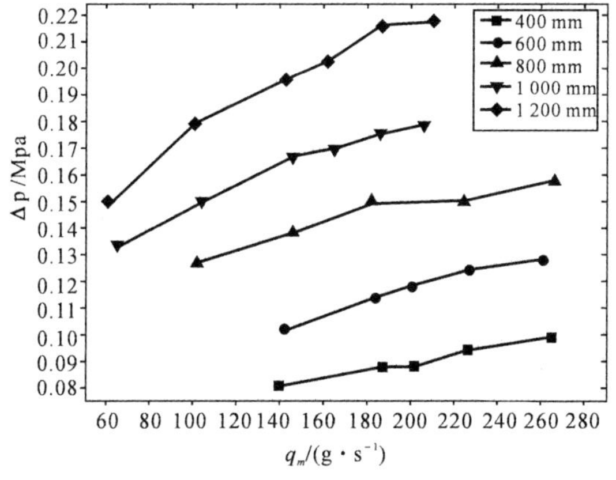

图 3.8　压降与质量流量的关系

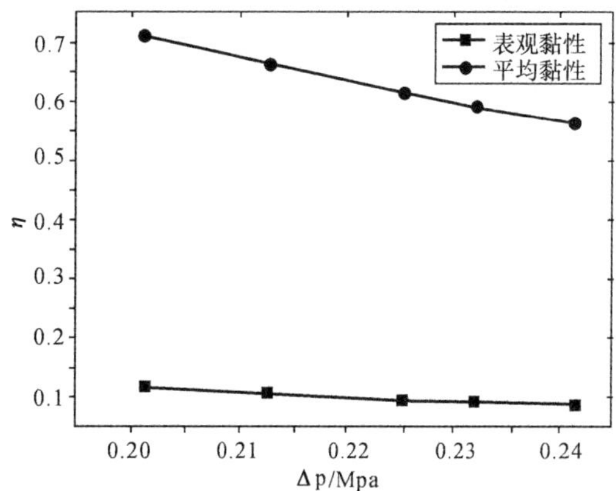

图 3.9　两种黏性随压降的变化

(6) 管路的雷诺数及流态。按照第 2 章提供的式(2.2)可以计算管路临界雷诺数：

$$Re_{\mathrm{C}}=\frac{6\ 464n}{(1+3n)^{2}\left(\frac{1}{2+n}\right)^{\left(\frac{2+n}{1+n}\right)}} \tag{2.2}$$

由式(2.2)计算实际管路中的雷诺数，再参照图 2.1，然后综合判定准则和实验分析，即可判断凝胶推进剂模拟液在直圆管内流态。

(7) 摩阻系数与广义雷诺数的关系。

幂律型流体的剪切速率：

$$\dot{\gamma}=f(\tau)=\left(\frac{\tau}{k}\right)^{\frac{1}{n}} \tag{3.49}$$

对于圆管层流有

$$\mathrm{d}u=\dot{\gamma}\,\mathrm{d}r \tag{3.50}$$

可得任意半径处的流速为

$$u=\int_{0}^{u}\mathrm{d}u=\int_{R}^{r}\dot{\gamma}\,\mathrm{d}r=\frac{R}{\tau_{\mathrm{w}}}\int_{0}^{\tau_{\mathrm{w}}}f(\tau)\,\mathrm{d}\tau=\frac{n}{n+1}\left(\frac{\Delta p}{2kL}\right)^{\frac{1}{n}}\left(R^{\frac{n+1}{n}}-r^{\frac{n+1}{n}}\right) \tag{3.51}$$

管轴处为其最大流速($r=0$)：

$$u_{\max}=\frac{n}{n+1}\left(\frac{\Delta p}{2kL}\right)^{\frac{1}{n}}R^{\frac{n+1}{n}} \tag{3.52}$$

将式(3.51)与式(3.52)相比可得无量纲速度分布为

$$\frac{u}{u_{\max}}=1-\left(\frac{r}{R}\right)^{\frac{n+1}{n}} \tag{3.53}$$

任意半径处的流量微元为

$$\mathrm{d}q_{V}=u2\pi r\,\mathrm{d}r \tag{3.54}$$

可得体积流量为

$$q_{V}=\int_{0}^{R}u2\pi r\,\mathrm{d}r=\frac{\pi n}{1+3n}\left(\frac{\Delta p}{2kL}\right)^{\frac{1}{n}}R^{\frac{1+3n}{n}} \tag{3.55}$$

沿程压降为

$$\Delta p=q_{V}^{n}\left(\frac{1+3n}{\pi n}\right)^{n}\frac{2kL}{R^{1+3n}} \tag{3.56}$$

当 $n=1$ 时，式(3.56)就是式(3.41)。

根据式(2.20)与式(2.30)相等可得

$$\frac{\Delta pD}{4L}=k'\left(\frac{8v}{D}\right)^{n'} \tag{3.57}$$

定义广义雷诺数 Re' 为

$$Re'=\frac{\rho D^{n'}v^{2-n'}}{k'8^{n'-1}} \tag{3.58}$$

变换式(3.57)，可得

$$\Delta p=k'\frac{4L}{D}\left(\frac{8v}{D}\right)^{n'}=\frac{64}{Re'}\frac{L}{D}\frac{\rho v^{2}}{2} \tag{3.59}$$

将 2.3 节中的式(2.35)和式(2.36)代入式(3.58)可得

$$Re' = \frac{\rho D^n v^{2-n}}{k\left(\frac{3}{4}+\frac{1}{4n}\right)^n 8^{n-1}} \tag{3.60}$$

为了和流体力学中层流沿程损失的计算公式相一致，可以将式(3.59)变换为

$$\Delta p = \lambda \frac{L}{D}\frac{\rho v^2}{2} \tag{3.61}$$

式中，λ 为单位管长的摩擦阻力系数。

将式(3.59)与式(3.61)对比有

$$\lambda = \frac{64}{Re'} \tag{3.62}$$

另外，广义雷诺数也可以按照如下推导得

$$Re' = \frac{\rho v D}{\eta_e} \tag{3.63}$$

将第 2 章 2.3.2 节中的表观黏度 η_e 的定义式(2.22)代入式(3.63)可得

$$Re' = \frac{\rho v D}{\eta_e} = \frac{\rho v D}{\dfrac{\frac{\Delta p D}{4L}}{\frac{8v}{D}}} = \frac{\rho v D}{k'\left(\frac{8v}{D}\right)^{n'}} = \frac{\rho D^{n'} v^{2-n'}}{k' 8^{n'-1}} = \frac{\rho D^n v^{2-n}}{k\left(\frac{3}{4}+\frac{1}{4n}\right)^n 8^{n-1}} \tag{3.64}$$

从式(3.64)中可以看出，表观黏度是按照牛顿流体定义黏度的方法得出的，可以认为表观黏度就为管路径向的平均黏度，即把非牛顿流体处理成为牛顿流体。

由式(3.59)、式(3.60)和式(3.62)可知，通过引入广义雷诺数 Re'，可以将非牛顿流体的层流流阻计算式与牛顿流体统一起来。在以广义雷诺数 Re' 为横坐标，以摩擦阻力系数 λ 为纵坐标的双对数图上，层流下所有实验点均落在同一条直线上。用式(3.64)式计算广义雷诺数，而摩擦阻力系数 λ 按照 $\lambda = \rho\pi^2 D^5 \Delta p / 8lq_m^2$ 计算，将 1#、3#、5# 模拟液的摩擦阻力系数和广义雷诺数整理，结果如图 3.10～3.12 及表 3.1 所示。

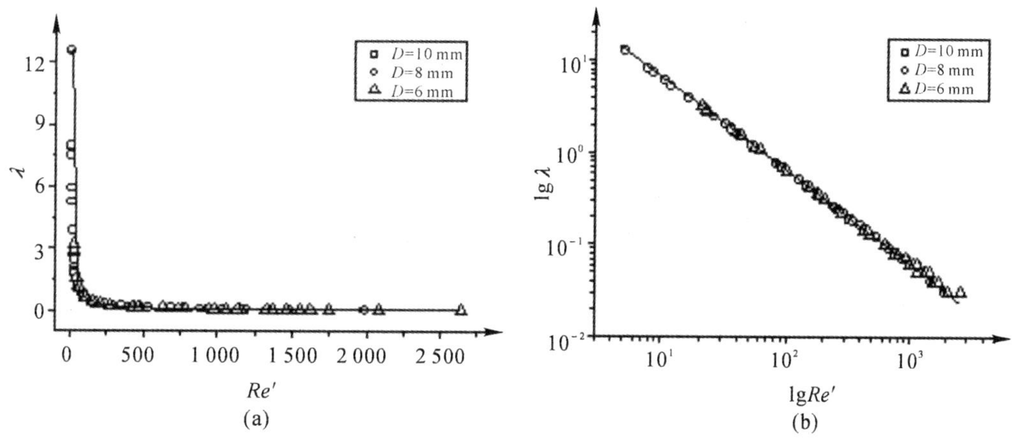

图 3.10　1# 模拟液 λ 与 Re' 的对数关系

(a)直角坐标；(b)对数坐标

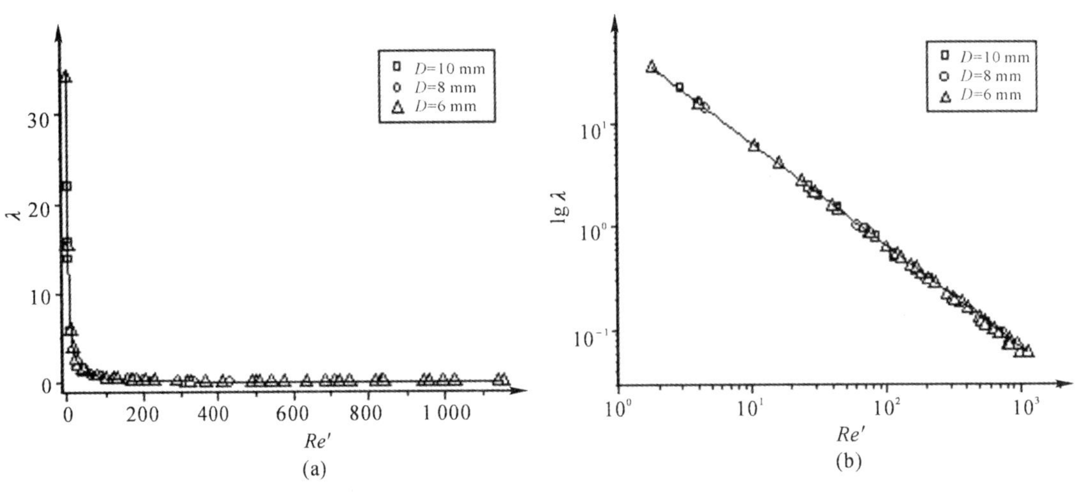

图 3.11　3# 模拟液 λ 与 Re′ 的对数关系

(a)直角坐标；(b)对数坐标

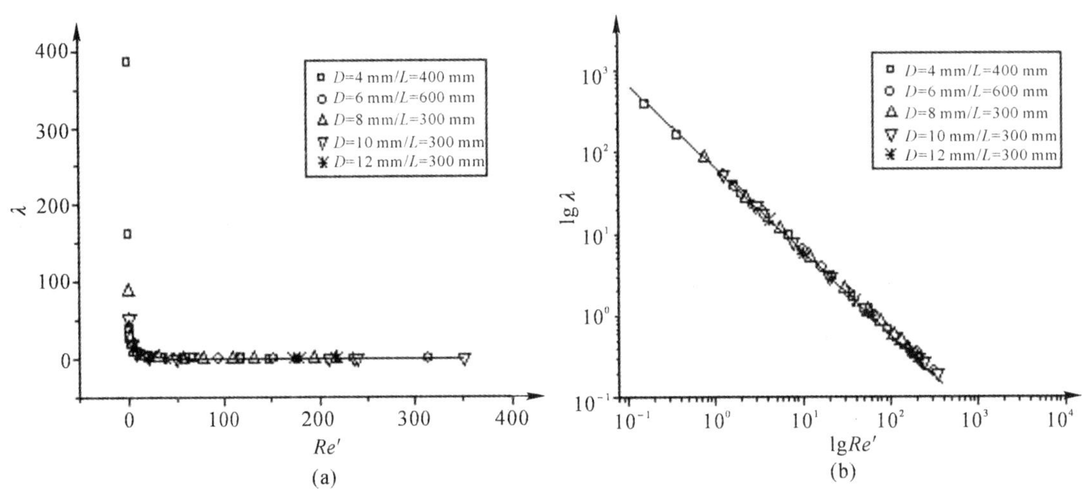

图 3.12　5# 模拟液 λ 与 Re′ 的对数关系

(a)直角坐标；(b)对数坐标

表 3.1　λ 与 Re′ 的拟合关系

代　号	拟合关系式
1# 模拟液	$\lambda = 64.725\ 56(Re')^{-1.004\ 32}$
2# 模拟液	$\lambda = 62.952\ 25(Re')^{-0.989\ 29}$
3# 模拟液	$\lambda = 63.182\ 19(Re')^{-0.987\ 64}$

由上述广义雷诺数与摩擦阻力系数的拟合关系可见，层流条件下，摩擦阻力系数与广义雷

诺数基本满足 $\lambda = 64(Re')^{-1}$ 关系。

3.2.2　幂律型流体直圆管流动特性

幂律型凝胶推进剂及其模拟液的流动和流变学特性研究主要基于理论、仿真及实验方法。理论分析得到的是管内流速、剪切速率、流阻等局部或者平均分布；数值模拟方法是通过建立凝胶推进剂流动和流变特性的物理模型，基于数学方程和解法，利用快速发展的计算流体力学技术，研究其流动和流变特性。数值模拟方法可以了解凝胶推进剂在管路流动时复杂的流动和流变过程，对于了解凝胶推进剂及其模拟液的宏观参数变化的原因有独特优势；实验研究测量并分析的是凝胶推进剂及其模拟液的宏观参数，如压降、流量和速度等，它无法对凝胶流动过程中管路内部的速度分布、剪切速率分布及剪切黏度分布等流动和流变特性细节作详细的考察。

这里以 2# 模拟液为例，进行幂律型流体直圆管流动仿真计算，通过仿真计算得到模拟液在直圆管中的的速度分布、剪切速率分布和剪切黏性分布，仿真计算时流量选取见表 3.2。

表 3.2　直圆管仿真计算入口流量的选取

代　号	管径 D /mm	管长 L /mm	仿真计算入口流量/(g·s^{-1})
2# 模拟液	4～8	2 000	20,57,80,95,122 142,170,216,249,326 382,400,426

1. 2# 模拟液直圆管内的流阻特性

(1) 第 2 流动区内压降计算值与实验值的比较。在第 2 流动区 22 s$^{-1} \leqslant \dot{\gamma} \leqslant$46 000 s^{-1} 内，进行压降计算，其中流变指数 n =0.174 4，稠度系数 k =91.19 Pa·s^n，计算结果如图 3.13～3.15 所示。

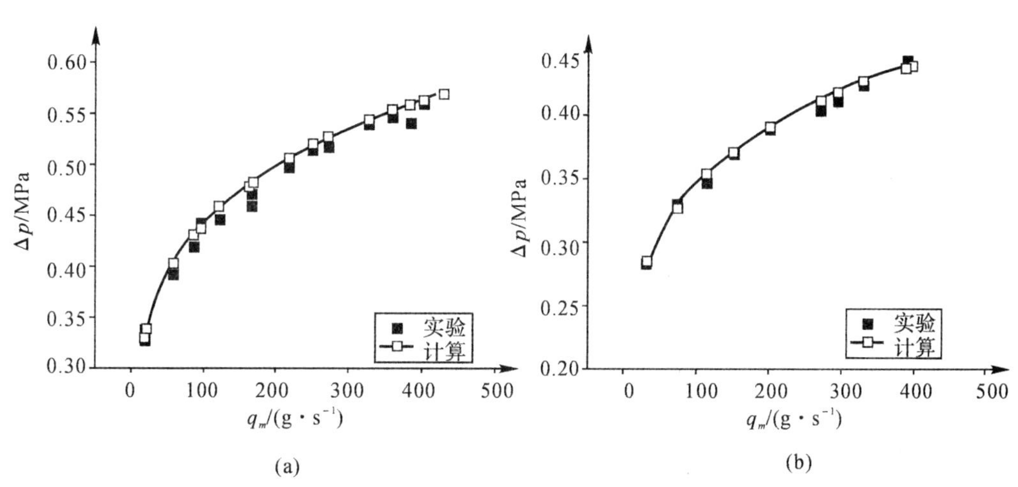

图 3.13　管径 D =8 mm、管长 L =2.0～0.5 m 测量值与计算值对比

(a) L =2.0 m；(b) L =1.5 m

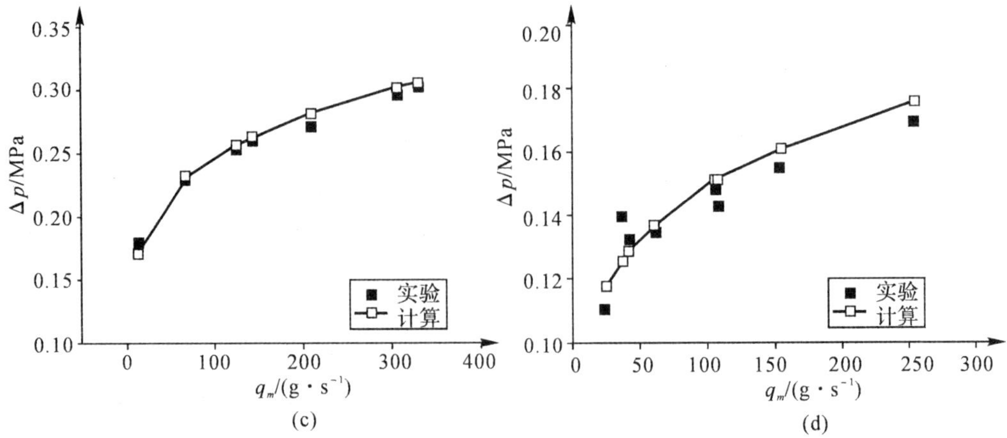

续图 3.13　管径 $D=8$ mm、管长 $L=2.0\sim0.5$ m 测量值与计算值对比

(c) $L=1.0$ m;(d) $L=0.5$ m

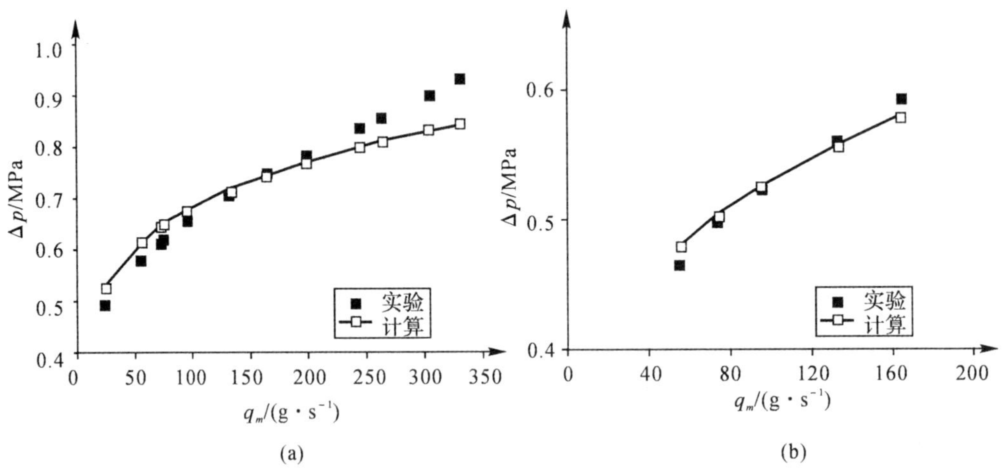

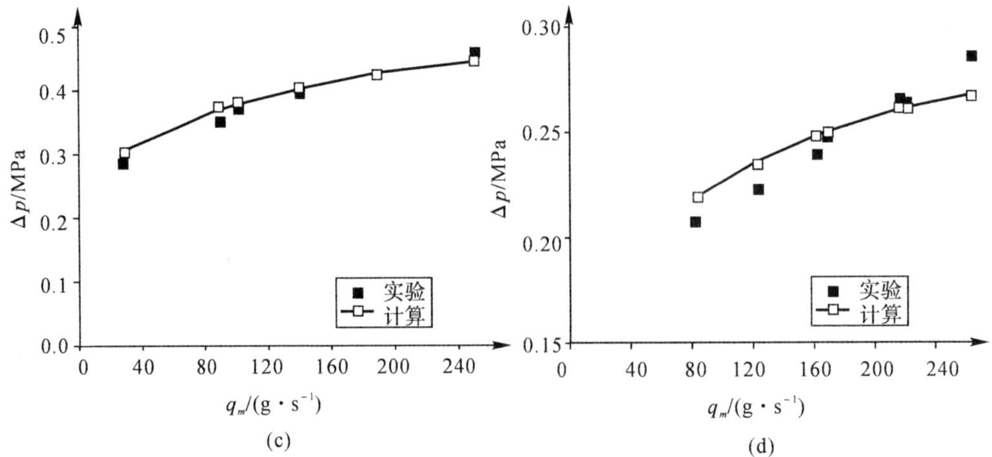

图 3.14　管径 $D=6$mm、管长 $L=2.0\sim0.5$m 测量值与计算值对比

(a) $L=2.0$m; (b) $L=1.5$m;(c) $L=1.0$m;(d) $L=0.5$m

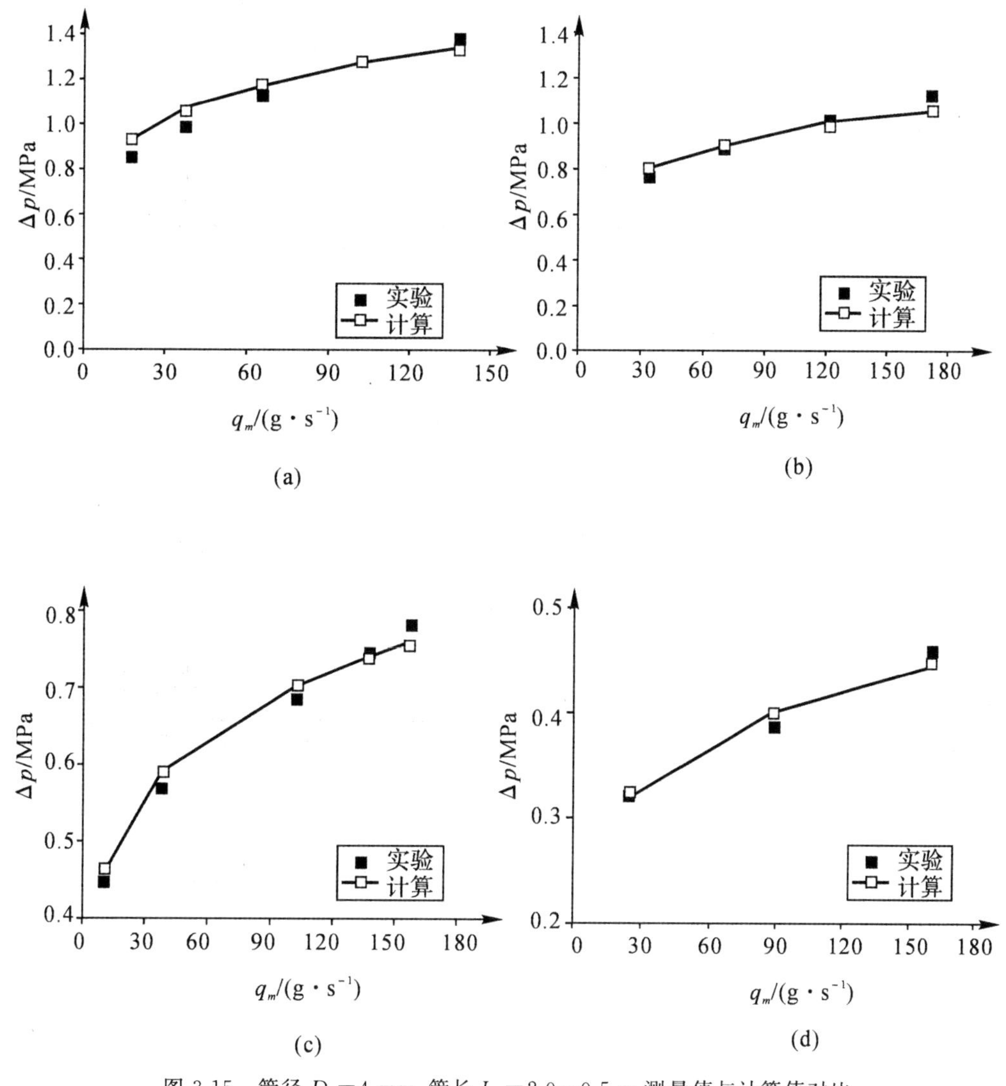

图 3.15　管径 $D=4$ mm、管长 $L=2.0 \sim 0.5$ m 测量值与计算值对比

(a) $L=2.0$ m；(b) $L=1.5$ m；(c) $L=1.0$ m；(d) $L=0.5$ m

(2) 第 3 流动区压降的计算值与测量值的对比。采用式(3.58)可得第 3 流动区的压降计算值，计算结果如图 3.16 和图 3.17 所示。

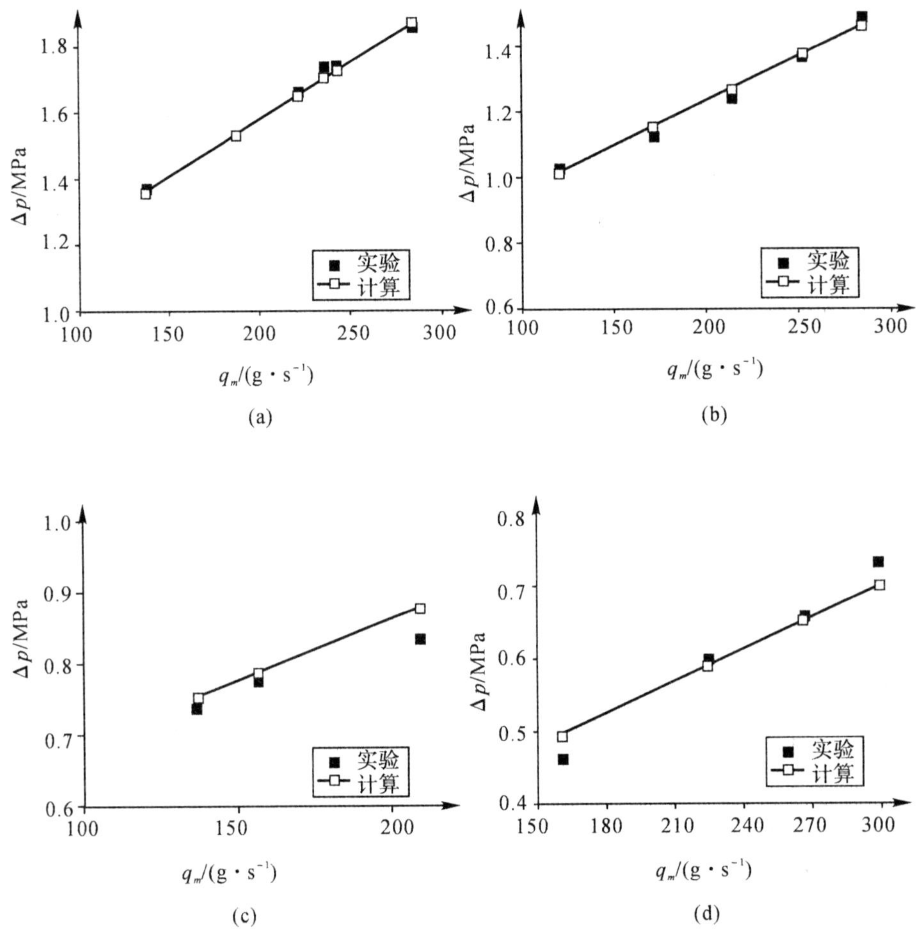

图 3.16　管径 $D=4$ mm、管长 $L=2.0\sim0.5$ m 测量值与计算值对比

(a) $L=2.0$ m；(b) $L=1.5$ m；(c) $L=1.0$ m；(d) $L=0.5$ m

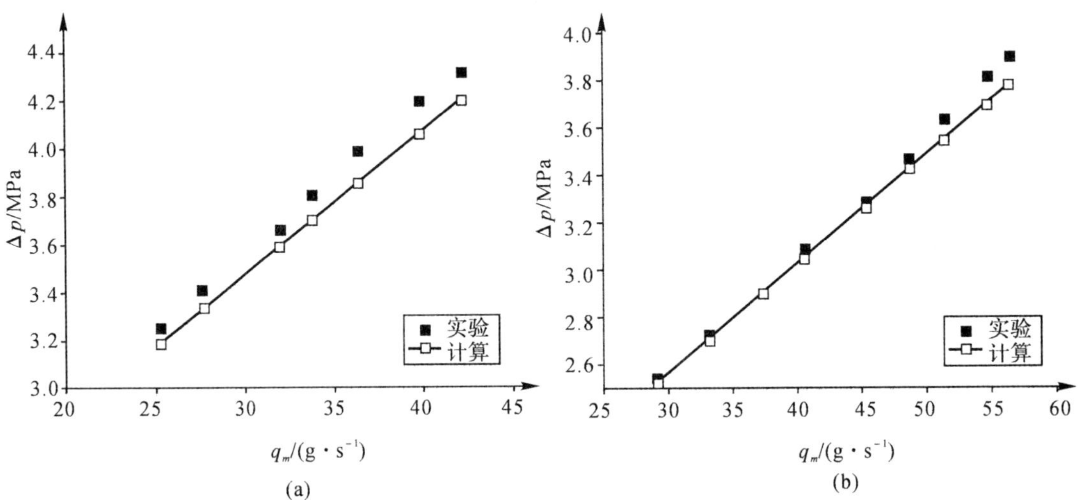

图 3.17　管径 $D=2$ mm、管长 $L=2.0\sim0.5$ m 测量值与计算值对比

(a) $L=2.0$ m；(b) $L=1.5$ m

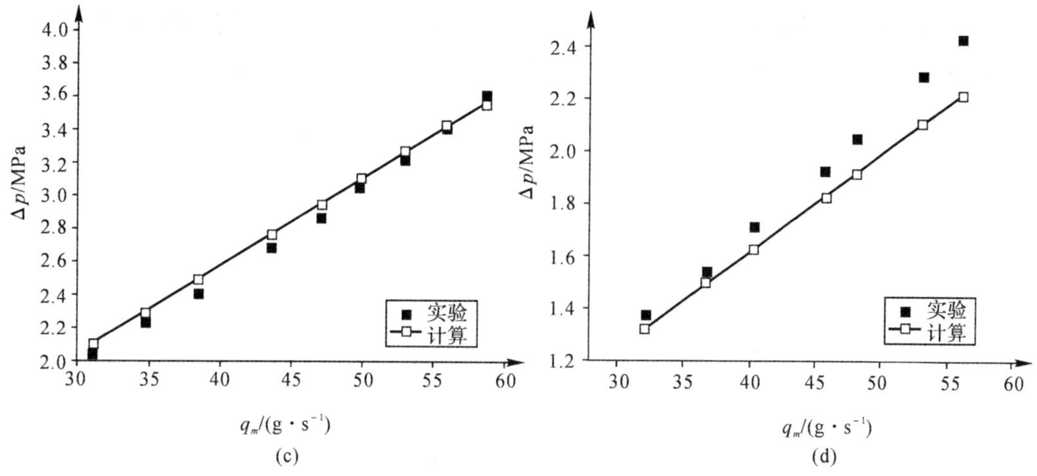

续图 3.17　管径 $D=2$ mm、管长 $L=2.0\sim0.5$ m 测量值与计算值对比

(c)$L=1.0$ m；(d)$L=0.5$ m

2. 2# 模拟液直圆管内的流变特性

在仿真计算时取对称的 1/4 直圆管进行流动仿真计算，如图 3.18 所示。

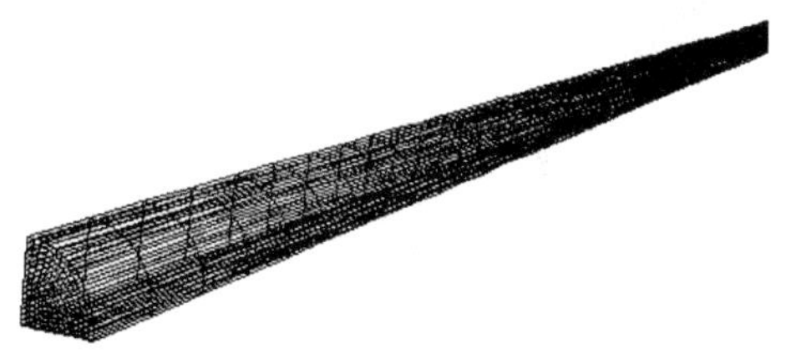

图 3.18　直圆管的网格划分

2# 模拟液流变指数 n 和稠度系数 k 见表 2.1，流动仿真计算选用的本构方程为 Power Lower 模型。

仿真计算得出了凝胶在直圆管中流动时流场内每个网格节点上的压降、流速和剪切速率等参数，其中仿真计算压降和剪切黏度值如图 3.19 所示。

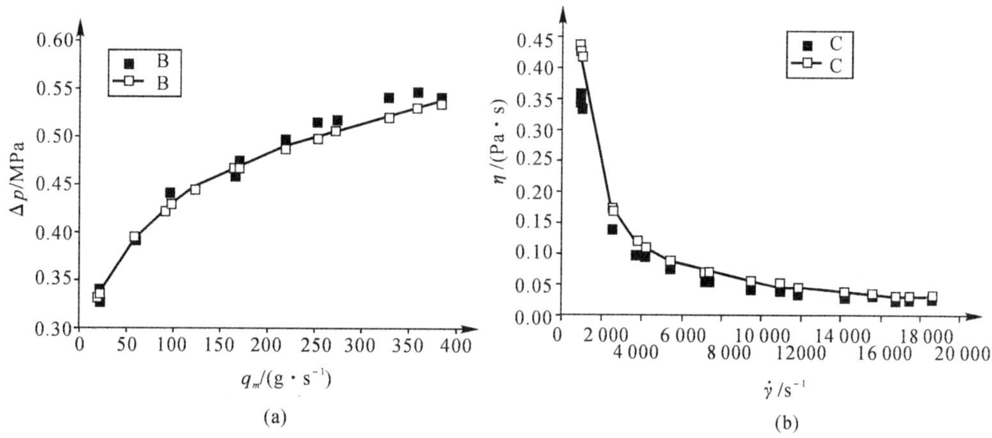

图 3.19　$D=8$ mm/ $L=2\ 246$ mm 直圆管仿真计算值与实验测量值的对比

(a)压降；(b)壁面剪切黏度

从图 3.19 中可以看出，仿真计算得到的压降及剪切黏度变化曲线与实验测量值的变化曲线比较吻合。压降仿真计算值与测量值间的相对误差在 3%左右，剪切黏度的计算值与测量值间的相对误差在 8%左右。

选择仿真计算中 2 个流量点进行详细的速度、剪切速率、剪切黏度等流动和流变特性分析，如图 3.20 和图 3.21 所示。

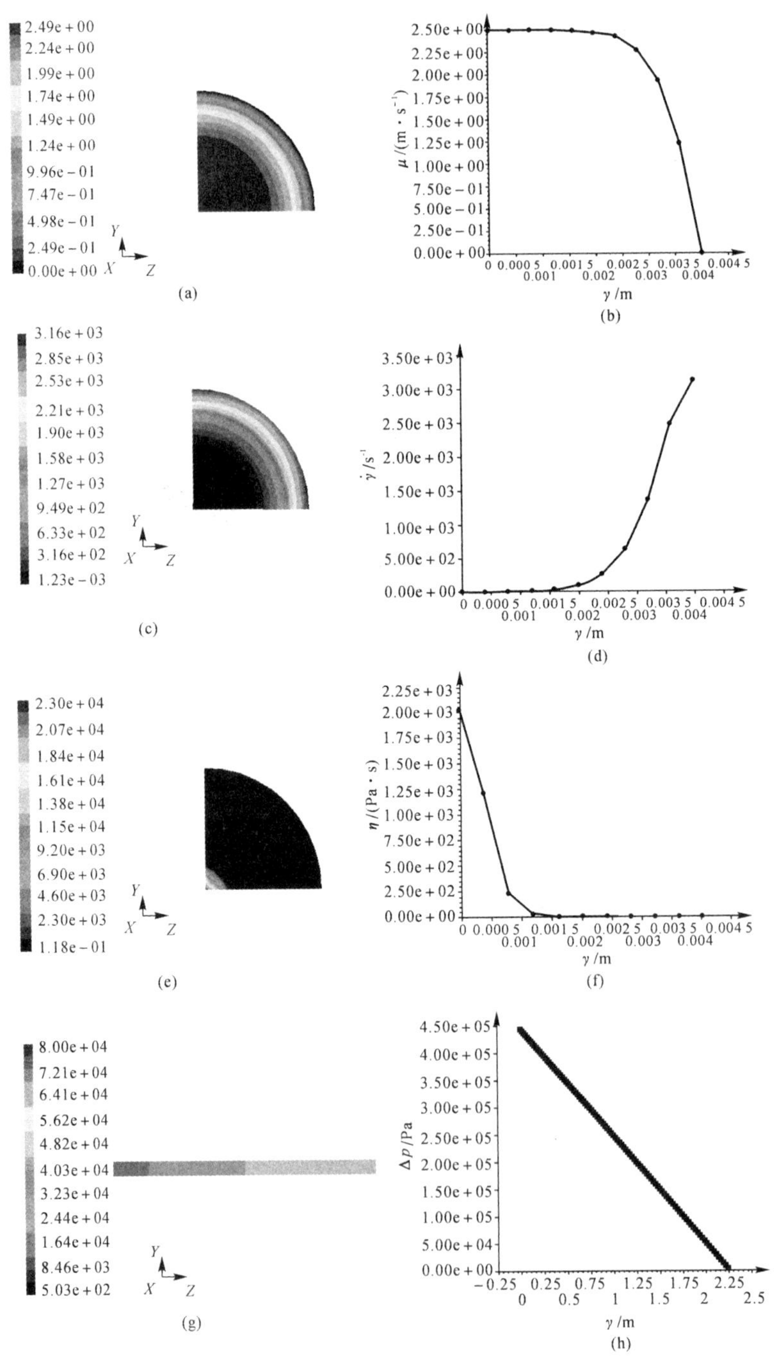

图 3.20 质量流量 $q_m=95\ g\cdot s^{-1}$时的剖面

(a) 速度剖面；(b) 速度沿径向分布；(c)剪切速率剖面；(d) 剪切速率沿径向分布；(e) 黏度剖面；(f) 黏度沿径向分布；(g)轴向压降剖面；(h) 压降沿轴向分布

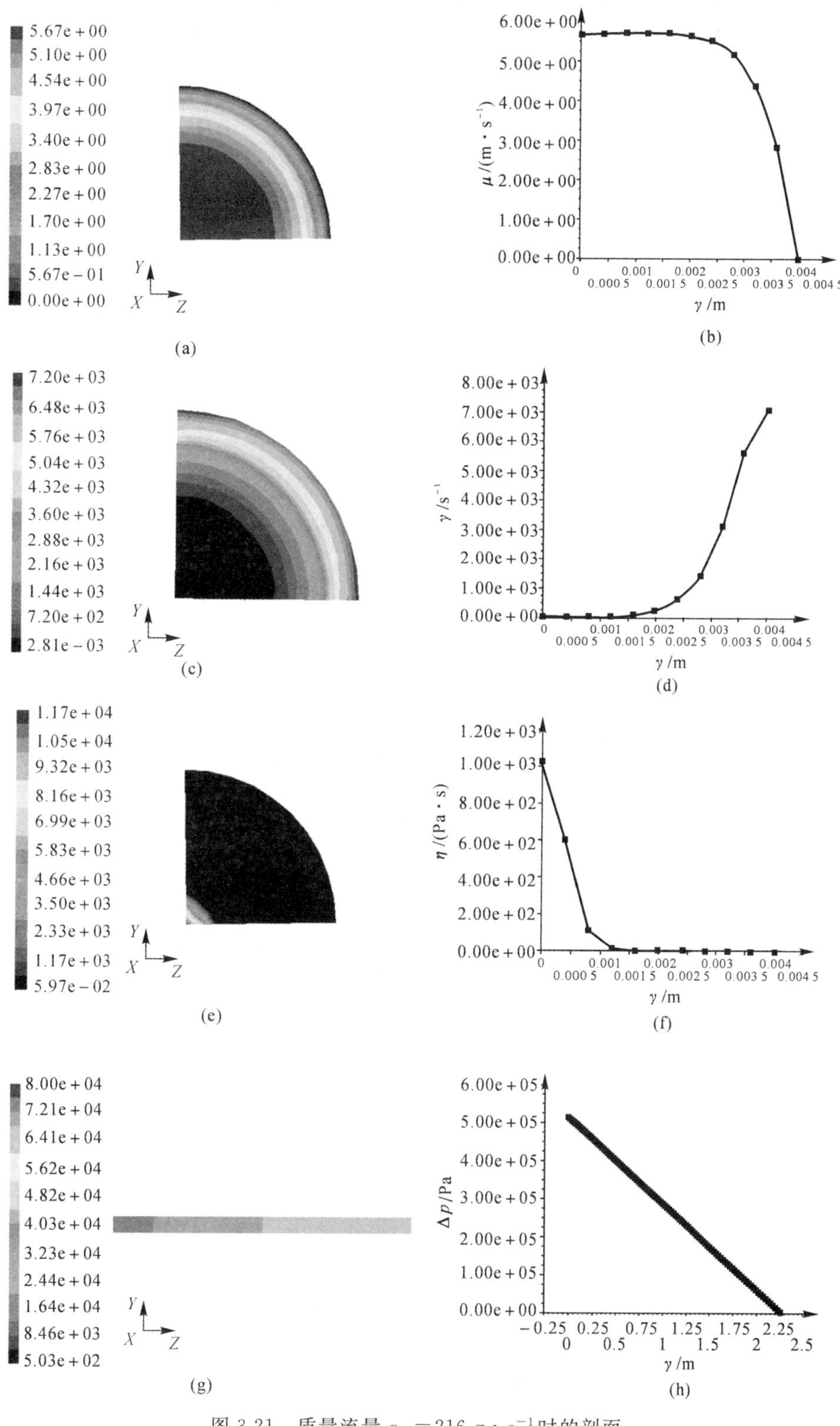

图 3.21　质量流量 $q_m=216\ \mathrm{g\cdot s^{-1}}$时的剖面

(a)速度剖面;(b)速度沿径向分布;(c)剪切速率剖面;(d)剪切速率沿径向分布;
(e)剪切黏度剖面;(f)剪切黏度沿径向分布;(g)轴向压降剖面;(h)压降沿轴向分布

为了考察不同入口流量条件下流速、剪切速率及剪切黏度的变化情况，取了仿真计算中五个流量点的计算结果，并在同一坐标系下研究速度、剪切速率及剪切黏度的变化趋势，如图 3.22～图 3.23 所示。

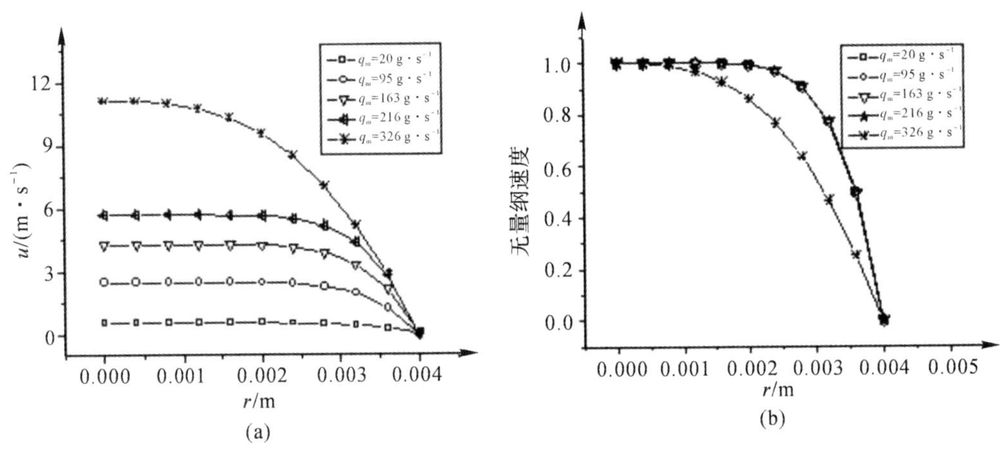

图 3.22 不同质量流量下速度的径向分布

(a)实际速度分布；(b)无量纲速度分布

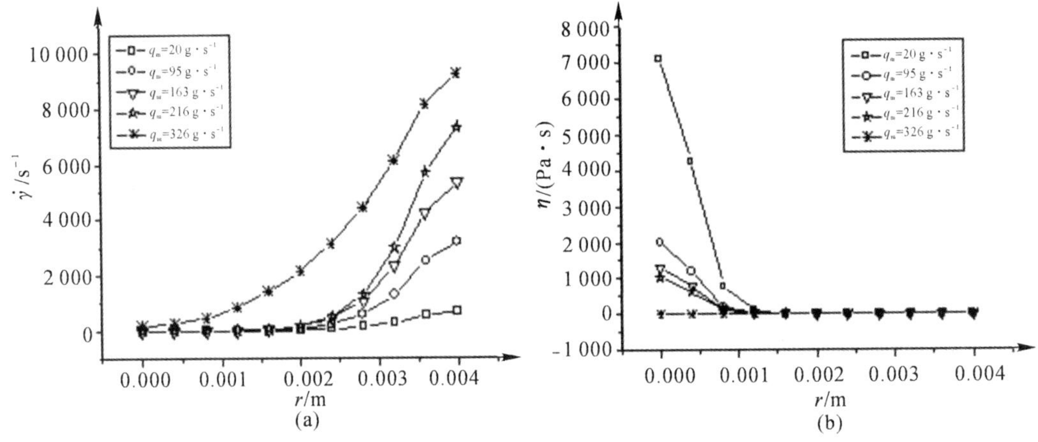

图 3.23 不同质量流量下剪切速率和剪切黏度的径向分布

(a)剪切速率分布；(b)剪切黏度分布

图 3.22 和图 3.23 详细地描述了 2# 模拟液在恒定流量的条件下速度、剪切速率及剪切黏性的径向分布。从图 3.22(b)中可以看出，q_m=326 g·s^{-1}的无量纲速度分布与其他流量下的无量纲速度分布不重合；另外，q_m=326 g·s^{-1}速度分布没有出现明显的柱塞区。

从图 3.23 中还可以看出，q_m=326 g·s^{-1}的剪切速率沿径向分布大于其他小流量下的剪切速率，因在半径方向上其剪切黏度都较小。

3. 2# 模拟液直圆管流变特性的比较

(1) 流变仪实验的流变特性分析。在 19℃的环境温度下，用流变仪测量了 2# 模拟液流变特性，剪切速率范围为 1～1 000 s^{-1}，结果如图 3.24 所示，2# 模拟液的密度 ρ =1 006.9 kg·m^{-3}。

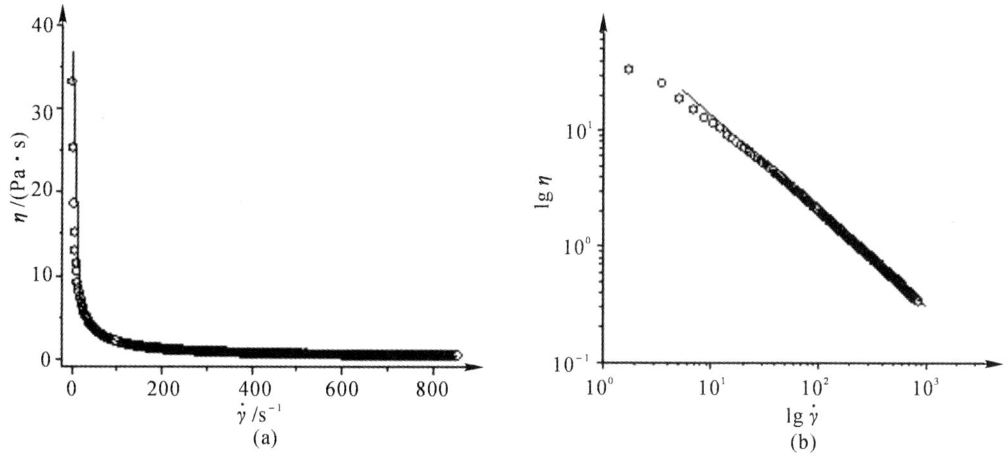

图 3.24　剪切黏度随剪切速率变化曲线

(a)直角坐标；(b)对数坐标

从图 3.24 中可以看出，在剪切速率 22 s^{-1} < $\dot{\gamma}$ <1 000 s^{-1}范围内，使用 Power Law 模型对流变仪测量的剪切黏度曲线进行拟合，得到 2 号模拟液的流变指数 n =0.174 6 和稠度系数 k =91.13 Pa·s^n。对于剪切速率小于 22 s^{-1}的剪切黏度点，由于偏离了 Power Law 模型拟合曲线，可以将其划分为第 1 流动区。

(2) 管路实验的流变特性分析。管路实验测量得到 112 个流量和压降点，现将所有实验数据整理成剪切应力 $\Delta pD/4L$ 与牛顿剪切速率 $8v/D$ 的关系曲线及表观黏度 η_e 与牛顿剪切速率 $8v/D$ 的关系曲线，如图 3.25 和图 3.26 所示。

从图 3.25 和图 3.26 中可以看出，在牛顿剪切速率 $\dot{\gamma}_{RW}$ =22 000 s^{-1}附近 2# 模拟液的流变特性开始转变。当牛顿剪切速率 $\dot{\gamma}_{RW}$ ≤22 000 s^{-1}，表观黏度的对数曲线成直线减小；而当牛顿剪切速率 $\dot{\gamma}_{RW}$ >22 000 s^{-1}后表观黏度曲线趋于平缓，逐渐进入了第 3 流动区，其黏度近似为常数。

对牛顿剪切速率 250～22 000 s^{-1}范围内的管路实验测量点使用 Power Law 模型进行拟合，结果如图 3.27 所示。

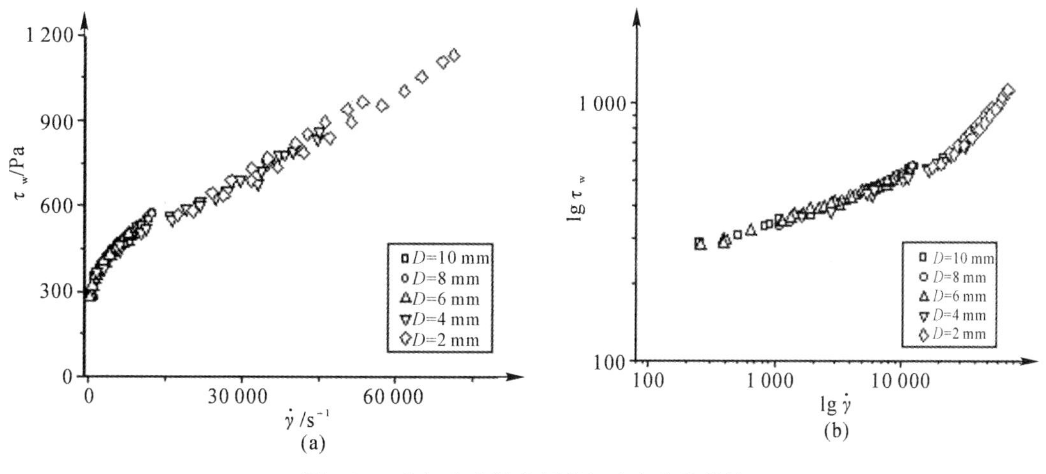

图 3.25　剪切应力随牛顿剪切速率变化曲线

(a)直角坐标；(b)对数坐标

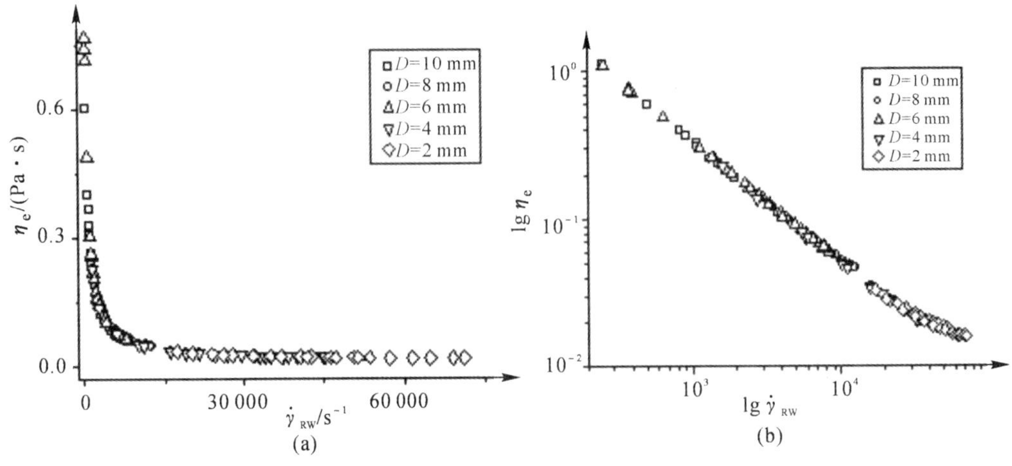

图 3.26　表观黏度随牛顿剪切速率变化曲线

(a)直角坐标；(b)对数坐标

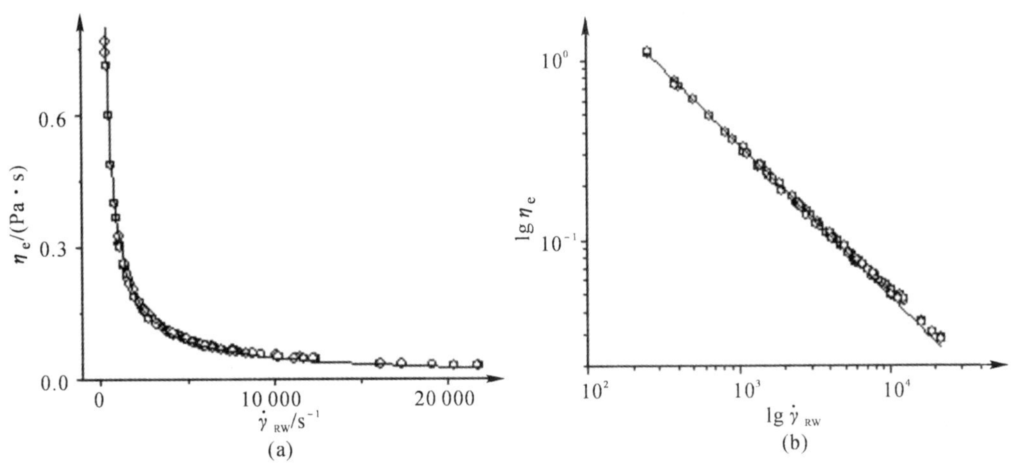

图 3.27　拟合表观黏度与牛顿剪切速率变化曲线

(a)直角坐标；(b)对数坐标

与前文的处理方法一样，得出管路实验条件下 2# 模拟液的流变指数 $n=0.181\ 6$，稠度系数 $k=84.04$ Pa·s^n。为了研究流变仪与管路实验测量的剪切黏度的联系，必须将表观黏度换算成壁面剪切黏度，所以由 $\tau_w=\Delta pD/4L$ 及 $\eta_w=\tau_w/\dot{\gamma}_w$ 可得出壁面剪切黏度与壁面剪切速率的变化曲线，如图 3.28 所示。

(3) 管路与流变仪实验的综合分析。将直圆管计算得出的壁面剪切黏度与剪切速率数据点和流变仪实验测量得出的剪切黏度与剪切速率数据点在同一坐标系中标绘，在较大剪切速率范围内，比较两种测量方法得到的剪切黏度变化曲线，如图 3.29 和图 3.30 所示。

同样，可以将 2# 模拟液的剪切黏性曲线依据剪切速率的不同划分为 3 个区：剪切速率小于 22 s^{-1}为第 1 流动区；剪切速率 22 s$^{-1}<\dot{\gamma}<46\ 000$ s^{-1}为第 2 流动区，在第 2 流动区内，采用 Power Law 模型对剪切黏性变化曲线进行拟合，得到流变指数 $n=0.174\ 4$，稠度系数 $k=91.19$ Pa·s^n；剪切速率大于 46 000 s^{-1}为第 3 流动区，在第 3 流动区内，剪切黏度逐渐趋向于

极限剪切黏度。

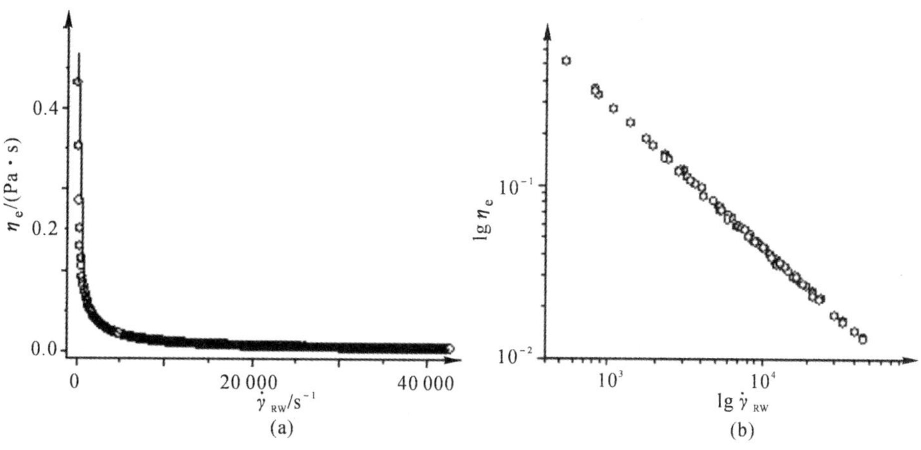

图 3.28　壁面剪切黏度随壁面剪切速率的变化曲线

(a)直角坐标；(b)对数坐标

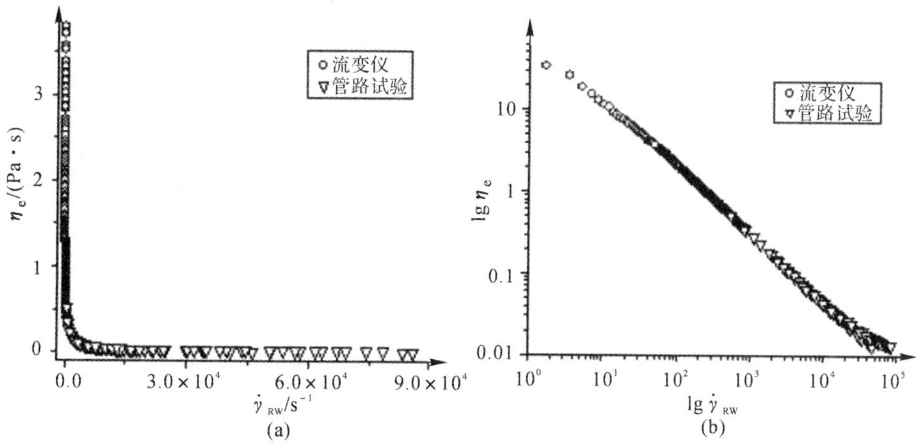

图 3.29　流变仪与管路的剪切黏度变化曲线

(a)直角坐标；(b)对数坐标

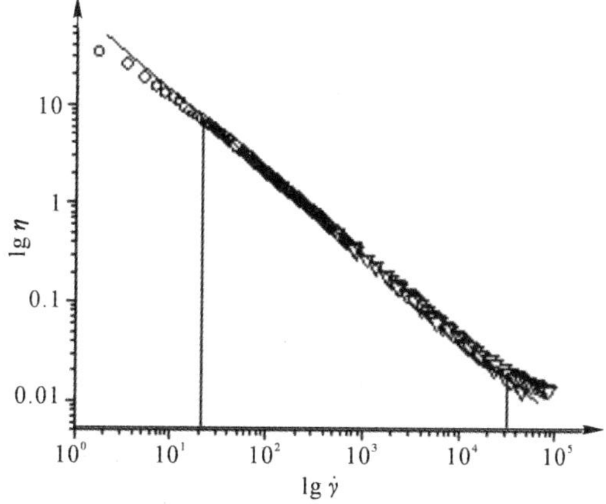

图 3.30　Power Law 模型拟合流变仪和管路测量的剪切黏度与剪切速率

将流变仪、管路以及流变仪与管路数据组合后得出的流变指数 n 和稠度系数 k 比较见表 3.3。

表 3.3　2# 模拟液流变参数对比

流变特性	流变仪	管 路	流变仪和管路
剪切速率 $\dot{\gamma}$ /s^{-1}	22～900	500～46 000	22～46 000
温度 t /℃	19	19	19
流变指数 n	0.174 6	0.181 6	0.174 4
稠度系数 k /(Pa·s^n)	91.13	84.04	91.19

(4) 高剪切速率段的流变特性。由图 3.31 可见，当牛顿剪切速率 $\dot{\gamma}_{RW}>22\ 000\ s^{-1}$后，该 2# 模拟液的表观黏度趋于平缓。因此，不能再使用 Power Law 模型进行表观黏度与牛顿剪切速率的数据拟合，但可以按牛顿流体计算方法(见式(3.41))进行流量和压降计算。

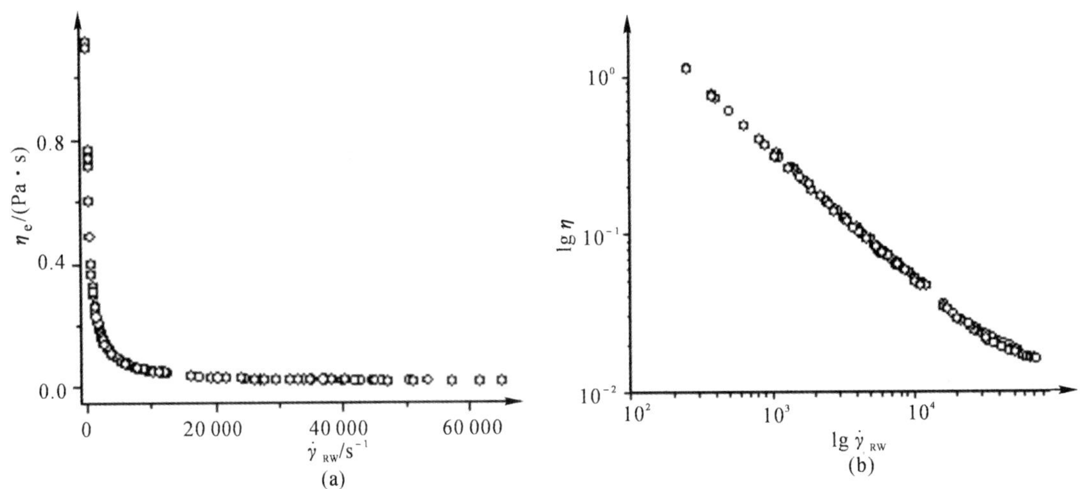

图 3.31　在较高牛顿剪切速率下的表观黏度变化曲线

(a)直角坐标；(b)对数坐标

从图 3.31 中可以看出，2# 模拟液在牛顿剪切速率 $\dot{\gamma}_{RW}>26\ 000\ s^{-1}$段，其极限剪切黏度 $\eta_\infty=0.01$ Pa·s，其在剪切速率 $\dot{\gamma}_{RW}>26\ 000\ s^{-1}$段符合牛顿流体的管壁剪切应力与剪切速率的关系(见式(2.50))。

3.3　屈服性幂律型流体流动与流变特性

3.3.1　屈服性幂律型流体管路流动的基本参数

(1) 管路流变。屈服性幂律型流体，又称屈服假塑性流体，它综合了宾汉流体(Bingham 流体)和幂律型流体(Power Law 流体)两个流变模型的特点，能较好地反应某些非牛顿流体的流变特性。其在直圆管中做水平定常轴向流动时,管中心将形成柱塞流动区。当驱动力小于屈服压降时,观察不到屈服幂律型流体的流动,只有当外力大于屈服压降时,才发生流动现象,剪切速率对剪切应力的响应是非线性。

对流动分析作以下假设:①轴对称、不可压、等温及定常流动;②充分发展的稳定层流流动;③无壁面滑移及忽略质量力。采用柱坐标系(r,θ,x)描述直圆管中凝胶推进剂的流动特性,其中 x 为圆管轴线方向,r 为管径方向,如图 3.32 所示。

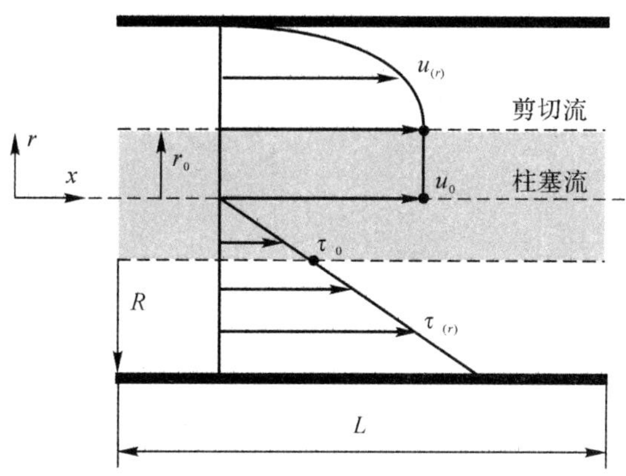

图 3.32　带屈服应力的幂律型流体管路流动剖面

屈服幂律型流体本构方程为 Herschel Bulkley 模型:

$$\tau=\tau_0+k\dot{\gamma}^n,\quad \tau>\tau_0 \tag{3.65}$$

$$\dot{\gamma}=0,\quad \tau\leqslant\tau_0 \tag{3.66}$$

其中,管流中的剪切速率 $\dot{\gamma}$ 为

$$\dot{\gamma}=-\frac{\partial u}{\partial r} \tag{3.67}$$

对于任意流体的管路切应力 τ_{rx} 为

$$\tau_{rx}=\frac{r}{2}\frac{\partial p}{\partial x} \tag{3.68}$$

对于一维定常稳定流动压力梯度 $|\partial p/\partial x|$ 应当为常数 $\Delta p/L$,则管壁处的切应力为

$$\tau_w=\frac{\Delta pR}{2L} \tag{3.69}$$

由式(3.68)可知,切应力在管轴处为零,管壁处最大,在剖面上成直线分布。在切应力小于屈服值 τ_0 的区域,流体将不发生相对流动。如果管壁切应力 τ_w 小于屈服应力 τ_0,则整个断面上流速都等于零。因此屈服幂律型流体在管路产生流动的条件为 $\tau_w>\tau_0$,即

$$\frac{\Delta pR}{2L}>\tau_0\quad 或\quad \frac{\Delta p}{L}>\frac{2\tau_0}{R} \tag{3.70}$$

设在半径 r_0 处的切应力等于屈服值 τ_0,这样在 $r\geqslant r_0$ 区域内剪切应力大于屈服值,即 $\tau>\tau_0$,因此能产生流动。而在 $r\leqslant r_0$ 区域内剪切应力小于屈服值,因而不产生相对运动,只能像固体一样向前滑动,这样管路流体分为剪切流动区和柱塞流动区。

屈服应力发生在两区交界面上,当 $r=r_0$ 时,$\tau=\tau_0$,代入式(3.68)可得

$$r_0 = \frac{2\tau_0 L}{\Delta p} \tag{3.71}$$

随着压差 Δp 的增大，柱塞半径 r_0 逐渐减小，剪切流动区的范围逐渐扩大。

设当管壁切应力等于屈服值时的压降为 Δp_0，则有

$$\tau_0 = \frac{\Delta p_0 R}{2L} \tag{3.72}$$

这样屈服幂律型流体在管路中产生流动的条件便是 $\Delta p > \Delta p_0$，对比式(3.69)、式(3.71)和式(3.72)可得

$$\frac{\tau_0}{\tau_w} = \frac{\Delta p_0}{\Delta p} = \frac{r_0}{R} \tag{3.73}$$

(2) 速度分布。

1) 剪切流动区域($r_0 < r \leqslant R$)内的速度分布。

对于如图 3.33 所示的屈服幂律型流体，在剪切流动区域内(即 $r_0 \leqslant r < R$)，切应力 τ_{rx} 应写为

$$\tau_{rx} = -\left[\tau_0 + k\left(-\frac{\partial u}{\partial r}\right)\right] \tag{3.74}$$

将式(3.68)代入式(3.74)可得

$$-\left[\tau_0 + k\left(\frac{\partial u}{\partial r}\right)^n\right] = \frac{r}{2}\frac{\partial p}{\partial x} \tag{3.75}$$

流动边界条件为

$$r = R \quad , \quad u = 0 \tag{3.76}$$

$$r \leqslant r_0 \quad , \quad \frac{\mathrm{d}u}{\mathrm{d}r} = 0 \tag{3.77}$$

对式(3.75)进行积分，并利用上述边界条件，可得出剪切流动区域内的速度分布为

$$u(r) = \frac{n}{n+1}\left(-\frac{1}{2k}\frac{\partial p}{\partial x}\right)^{\frac{1}{n}}\left[\left(R - \frac{2\tau_0}{-\frac{\partial p}{\partial x}}\right)^{\frac{n+1}{n}} - \left(r - \frac{2\tau_0}{-\frac{\partial p}{\partial x}}\right)^{\frac{n+1}{n}}\right] \tag{3.78}$$

将式(3.71)变形为

$$r_0 = \frac{2\tau_0}{-\frac{\partial p}{\partial x}} \tag{3.79}$$

将式(3.79)代入式(3.78)化简得

$$u(r) = \frac{n}{n+1}\left(-\frac{1}{2k}\frac{\partial p}{\partial x}\right)^{\frac{1}{n}}\left[(R - r_0)^{\frac{n+1}{n}} - (r - r_0)^{\frac{n+1}{n}}\right] \tag{3.80}$$

2) 柱塞流动区($0 \leqslant r \leqslant r_0$)速度分布。

在柱塞区内，速度相等，均等于柱塞边界上的速度值，将边界条件式(3.77)代入式(3.80)可得柱塞区内的速度分布为

$$u = u_0 = \frac{n}{n+1}\left(-\frac{1}{2k}\frac{\partial p}{\partial x}\right)^{\frac{1}{n}}(R - r_0)^{\frac{n+1}{n}} \tag{3.81}$$

(3) 管路流量。由于屈服幂律型流体存在剪切流动区和柱塞流动区，所以应该分别计算

两区域体积流量再相加，即

$$q_V=\int_{r_0}^{R}u2\pi r\mathrm{d}r+u_0\pi r_0^2 \tag{3.82}$$

将式(3.80)和式(3.81)代入式(3.82)可得体积流量为

$$q_V=\frac{\pi n}{3n+1}\left(-\frac{1}{2k}\frac{\partial p}{\partial x}\right)^{\frac{1}{n}}R^{\frac{3n+1}{n}}F(\xi) \tag{3.83}$$

式中：

$$F(\xi)=\frac{3n+1}{n+1}(1-\xi)^{\frac{n+1}{n}}-\frac{2n}{n+1}(1-\xi)^{\frac{3n+1}{n}}-\frac{2n(3n+1)}{(2n+1)(n+1)}\xi(1-\xi)^{\frac{2n+1}{n}} \tag{3.84}$$

$$\xi=\frac{r_0}{R}=\frac{2\tau_0}{R(-\partial p/\partial x)} \tag{3.85}$$

幂律型流体管路流动的流量计算式为

$$q_V{}'=\frac{\pi n}{3n+1}\left(-\frac{1}{2k}\frac{\partial p}{\partial x}\right)^{\frac{1}{n}}R^{\frac{3n+1}{n}} \tag{3.86}$$

将幂律型流体流量计算式(3.86)与屈服幂律型流体流量计算式(3.83)相比较，发现二者仅差一个因子 $F(\xi)$，$F(\xi)$ 的取值受屈服幂律型流体固有性质影响，反映了屈服应力的存在对体积流量的影响。

(4) 管路流阻。根据流量计算式(3.83)可得出沿程压降 Δp 为

$$\Delta p=q_V^n\left(\frac{1+3n}{\pi n}\right)^n\frac{2kL}{R^{1+3n}}F(\xi)^{-n} \tag{3.87}$$

其中：$|\partial p/\partial x|=\Delta p/L$，$F(\xi)$ 为(3.84)式，ξ 为(3.85)式。

由式(3.87)可见，屈服幂律型流体与幂律型流体的沿程压降计算式也只相差一个系数 $F(\xi)^{-n}$。

(5) 幂律型与屈服幂律型流体的对比。前节对幂律型流体在直圆管中的流动特性进行分析，得到了幂律型流体在管路中无量纲速度分布式：

$$\frac{u}{u_m}=\frac{1+3n}{1+n}\left[1-\left(\frac{r}{R}\right)^{\frac{n+1}{n}}\right] \tag{3.29}$$

对流变指数 n 取值从 0.1 变化到 0.6，分析直圆管路无量纲速度分布，如图 3.33 所示。

从图 3.33 中可以很明显地看出，幂律型流体在直圆管中流动时的速度分布特点。当 $n<0.3$ 时，在管壁附近的速度梯度较大，黏度下降明显；但在圆管轴线附近出现了明显的柱塞型流动区域，此区域内流体的速度梯度(剪切速率)已经趋近于零，流动是以柱塞状流动，当流动方向上存在节流孔时就会阻塞流动，需要增加入口压力才能驱动流体在管路流动，这一点与屈服幂律型流体的流动特征十分相似。当 $n>0.3$ 时，这种柱塞状流动区域就不太明显。

由上述分析可得出，幂律型流体与屈服幂律型流体在一定剪切速率范围内具有相同的流动性质，幂律型流体柱塞域的大小可通过流变指数来反映(当 $n<0.3$ 时有明显的柱塞流)。而屈服幂律型流体的柱塞流则是通过屈服剪切应力来反映。由此推断，在一定剪切速率范围内，可以同时使用幂律型流体的 Power Law 模型及屈服幂律型流体的 Herschel Bulkley 模型来描述凝胶推进剂的管路流动。

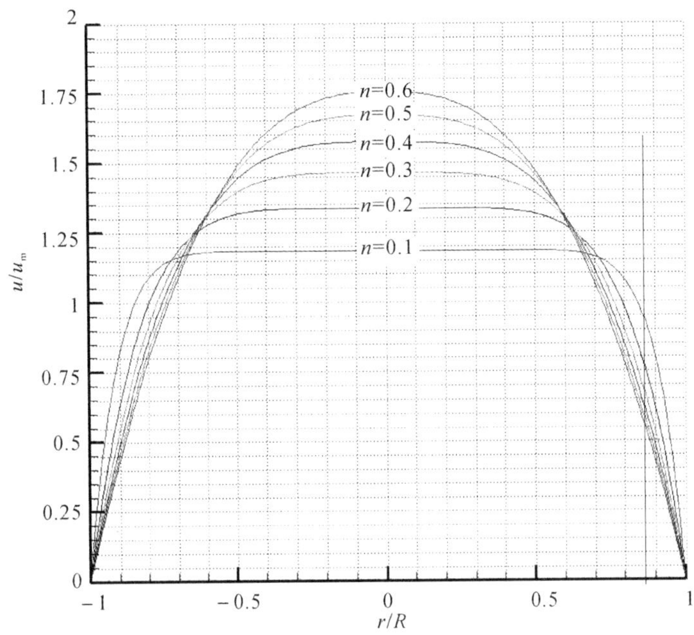

图 3.33 幂律型流体管路流动的无量纲速度分布

3.3.2 Power Law 与 Cross Law 模型的对比

绪论中已述，Power Law 模型适用于中等剪切速率范围内的流变特性，它对于低剪切速率的第 1 流动区和高剪切速率的第 3 流动区，可能会造成较大误差。在直圆管中流动的凝胶推进剂及凝胶模拟液，其轴线附近的剪切速率一般都处于低剪切速率的第 1 流动区，如由 Power Law 模型计算轴线附近(低剪切速率)黏度值，会造成计算值大于实验测量值。Power Law 本构模型虽然在压降和流速计算上能够满足工程计算的相对误差要求，但是黏度计算值与实验测量值不符。

Cross Law 黏性本构方程为

$$\eta=\frac{\eta_0}{1+(\lambda\dot{\gamma})^{1-n}} \tag{3.89}$$

式中，η_0 为零剪切黏度，单位：Pa·s；λ 为松弛时间，单位：s；n 为流变指数。

将 Power Law 本构模型和 Cross Law 本构模型对比如图 3.34 所示。

由 Cross Law 模型拟合 1# 模拟液黏性数据得出 $\eta_0=17.21$ Pa·s，$\lambda=0.244\ 78$ s 及 $n=0.179\ 5$；Cross Law 模型拟合 2# 模拟液得出：$\eta_0=72.277\ 7$ Pa·s，$\lambda=0.680\ 28$ s 及 $n=0.159\ 62$。由图 3.34 还可以发现以下差别。

(1) 1# 模拟液和 2# 模拟液具有一定的弹性，松弛时间 λ 分别等于 0.244 78 s 和0.680 28 s。

(2) Cross Law 模型能较好地满足低剪切速率和中等剪切速率(即第 1 流动区和第 2 流动区)内的流变特性。如图 3.34 所示 1# 模拟液在剪切速率小于 60 s^{-1} 及 2# 模拟液在剪切速率小于 43 s^{-1}，Power Law 模型渐渐偏离实验测量点，可以得出 Power Law 模型不适合低剪切速率段的流变性质。

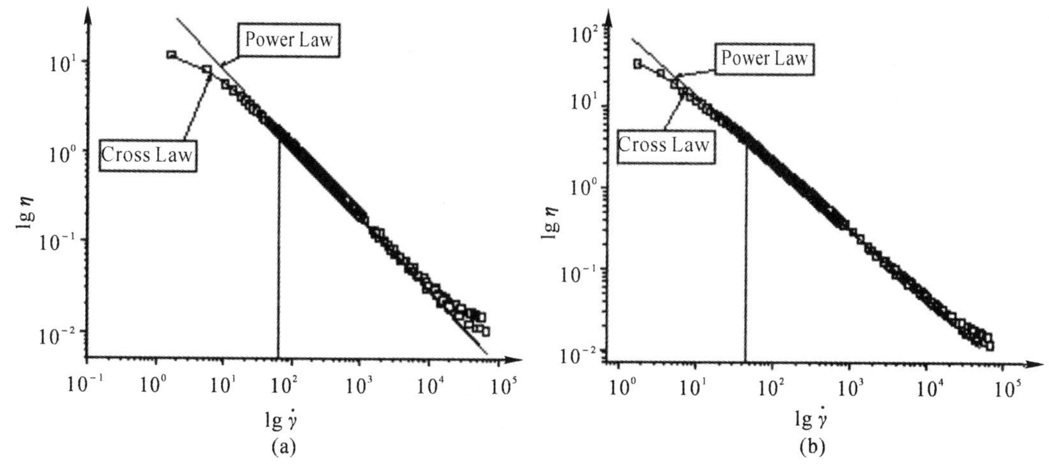

图 3.34　Power Law 模型与 Cross Law 模型对比

(a)1# 模拟液；(b)2# 模拟液

下面使用 Cross Law 模型和 Power Law 模型仿真计算 1# 模拟液和 2# 模拟液两种凝胶模拟液，并且对比分析两种模型在压降、流速和剪切黏度 3 方面的差别。

(1) 用 Cross Law 和 Power Law 模型仿真计算 1# 模拟液在直圆管路的流动，计算结果整理如图 3.35～图 3.38 所示。

从图 3.35 中可以看出，Cross Law 模型及 Power Law 模型的计算压降与实验测量值间相对误差都小于 5%；另外，从图 3.36 和图 3.37 中可以看出，Cross Law 模型的流速和剪切速率计算值与 Power Law 模型也非常接近。但是，当半径 $r<1$ mm 时，由图 3.38 可以很明显地看出，Power Law 模型计算得出的黏度与 Cross Law 模型计算黏度的差距越来越大。根据 1# 模拟液的黏性变化曲线分析可以知道，当剪切速率 $\dot{\gamma}<60\ \mathrm{s}^{-1}$ 时，Power Law 模型的计算黏度开始偏离实验测量值。对于半径 $r<1$ mm，两种模型的计算剪切速率 $\dot{\gamma}<10\ \mathrm{s}^{-1}$，因此 Power Law 模型计算值与 Cross Law 模型计算值就不符了。Cross Law 模型计算的不同流量下的剪切速率和剪切黏度计算结果对比如图 3.39。

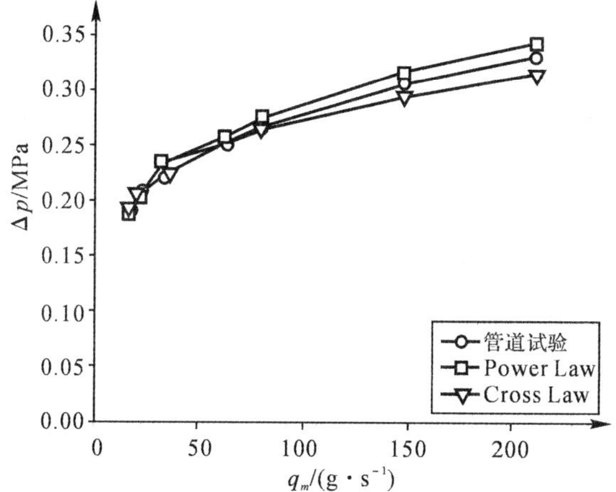

图 3.35　Power Law 模型与 Cross Law 模型压降计算值对比

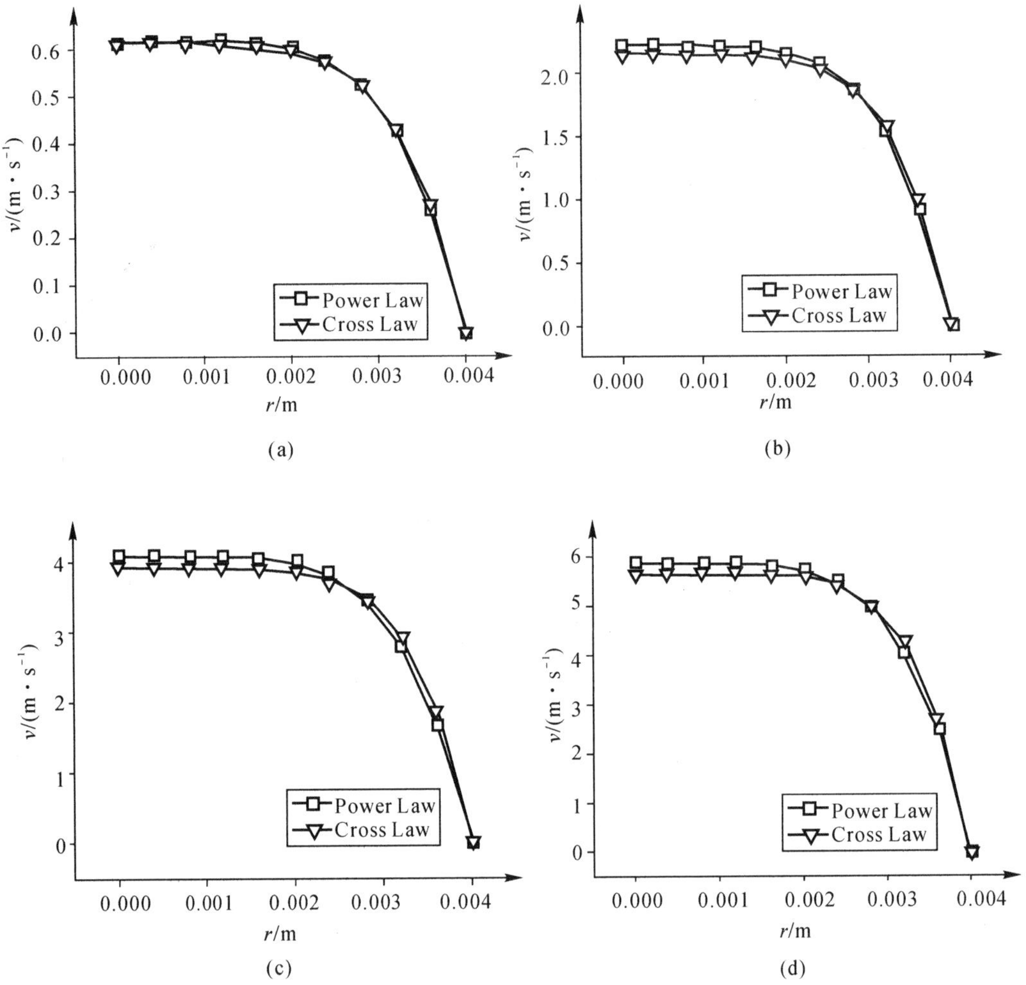

图 3.36 Power Law 模型与 Cross Law 模型速度剖面比较

(a) $q_m=23.26\ \mathrm{g\cdot s^{-1}}$; (b) $q_m=79\ \mathrm{g\cdot s^{-1}}$; (c) $q_m=148\ \mathrm{g\cdot s^{-1}}$; (d) $q_m=211\ \mathrm{g\cdot s^{-1}}$

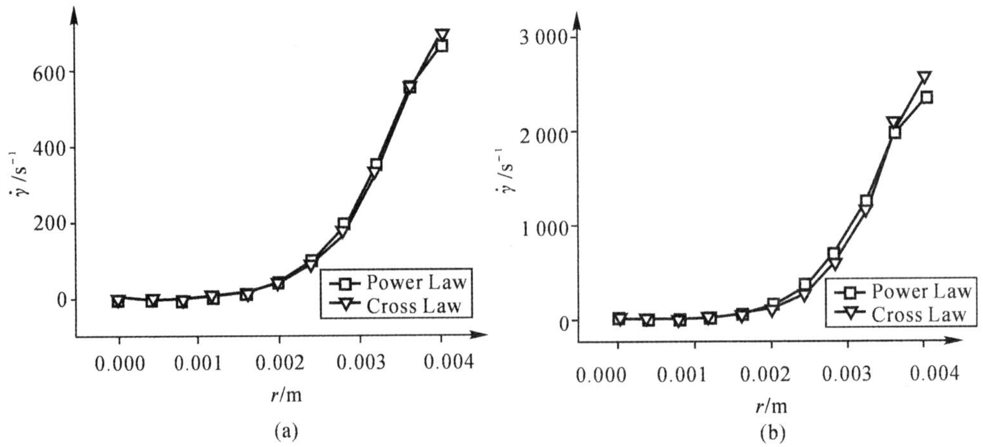

图 3.37 Power Law 模型与 Cross Law 模型剪切速率剖面比较

(a) $q_m=23.26\ \mathrm{g\cdot s^{-1}}$; (b) $q_m=79\ \mathrm{g\cdot s^{-1}}$

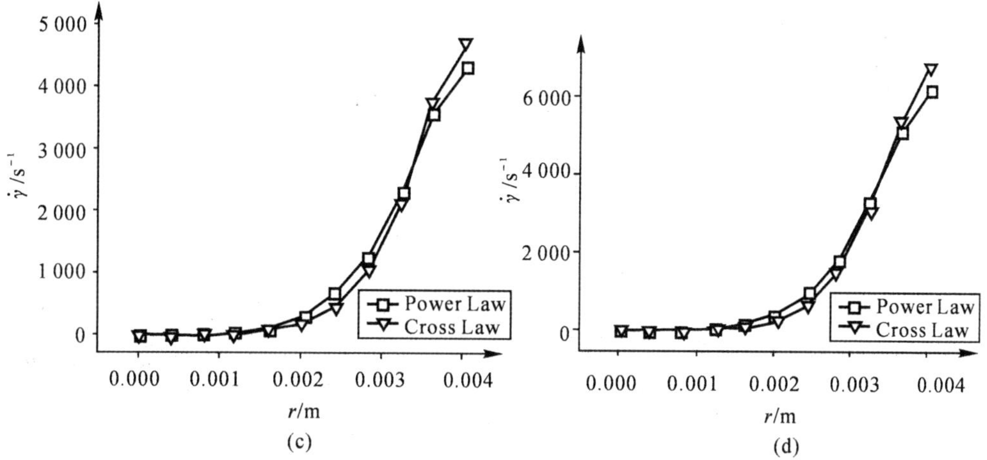

续图 3.37　Power Law 模型与 Cross Law 模型剪切速率剖面比较

(c) $q_m=148\ \text{g}\cdot\text{s}^{-1}$;(d) $q_m=211\ \text{g}\cdot\text{s}^{-1}$

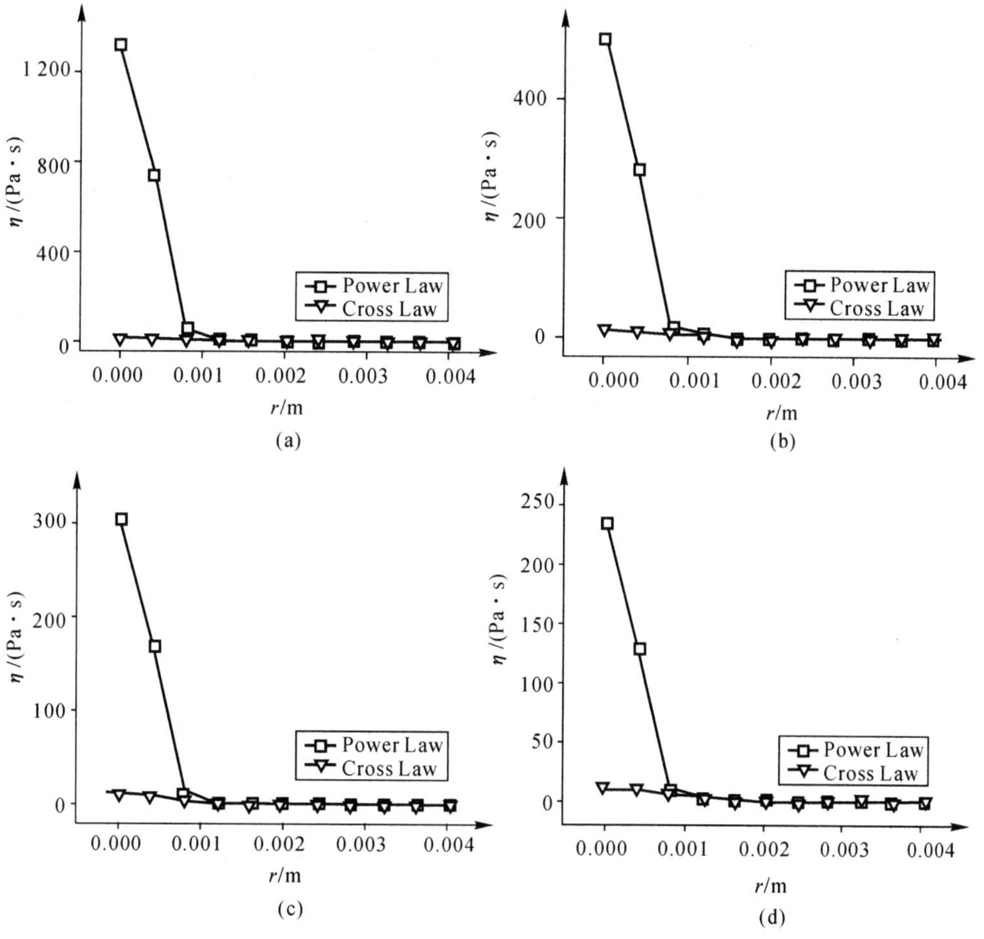

(a)

(b)

(c)

(d)

图 3.38　Power Law 模型和 Cross Law 模型剪切黏度分布比较

(a)$q_m=23.26\ \text{g}\cdot\text{s}^{-1}$; (b)$q_m=79\ \text{g}\cdot\text{s}^{-1}$;(c)$q_m=148\ \text{g}\cdot\text{s}^{-1}$;(d)$q_m=211\ \text{g}\cdot\text{s}^{-1}$

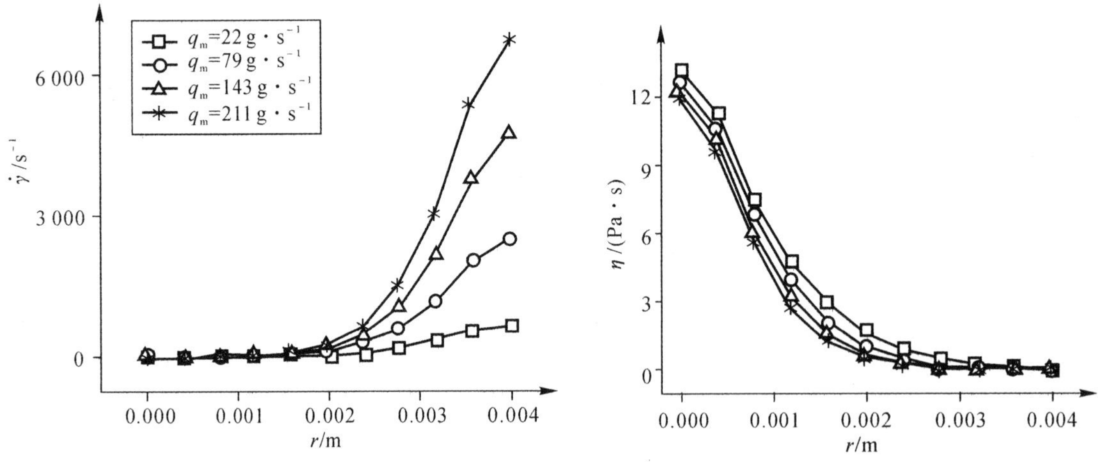

图 3.39 Cross Law 模型中不同流量条件下的剪切速率和剪切黏度分布曲线

根据前面 1# 模拟液流变曲线分析可知,Cross Law 模型适合计算中低剪切速率范围内的流变特性。使用 Cross Law 模型计算得出半径 $r=0$ 处的剪切速率 $\dot{\gamma}\approx 1\ s^{-1}$、剪切黏度 $\eta\approx$ 12 Pa·s,而由图 3.35 的实验结果可以推得,当剪切速率等于 1 s^{-1}时的实验测量黏度 $\eta\approx$ 12.8 Pa·s,计算黏度与实验测量黏度非常接近,所以由 Cross Law 模型得到的仿真计算值能够满足压降和黏度的相对误差要求。

(2) 用 Cross Law 和 Power Law 模型仿真计算 2# 模拟液在直圆管路的流动特性,计算结果整理如图 3.40～图 3.44 所示。Cross Law 模型中的不同流号的剪切速率和剪切黏度如图 3.44 所示。

经过上面 Cross Law 模型与 Power Law 模型在压降、流速、剪切速率及剪切黏性的对比分析可以得出以下结论。

(1) 使用 Cross Law 模型和 Power Law 模型本构方程计算的压降值与实验测量值相对误差均小于 5%。

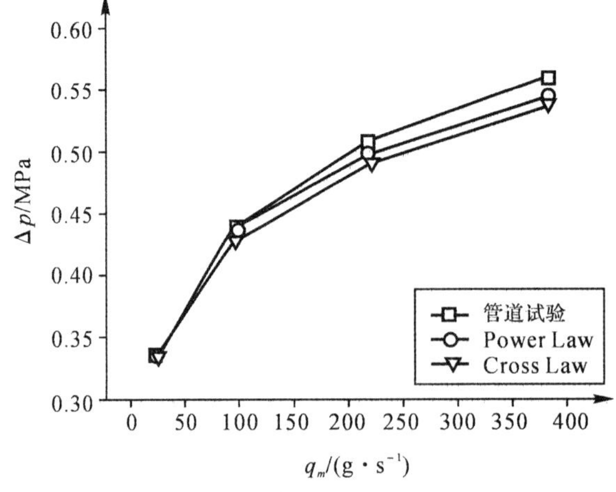

图 3.40 Power Law 模型和 Cross Law 模型计算值与测量值对比

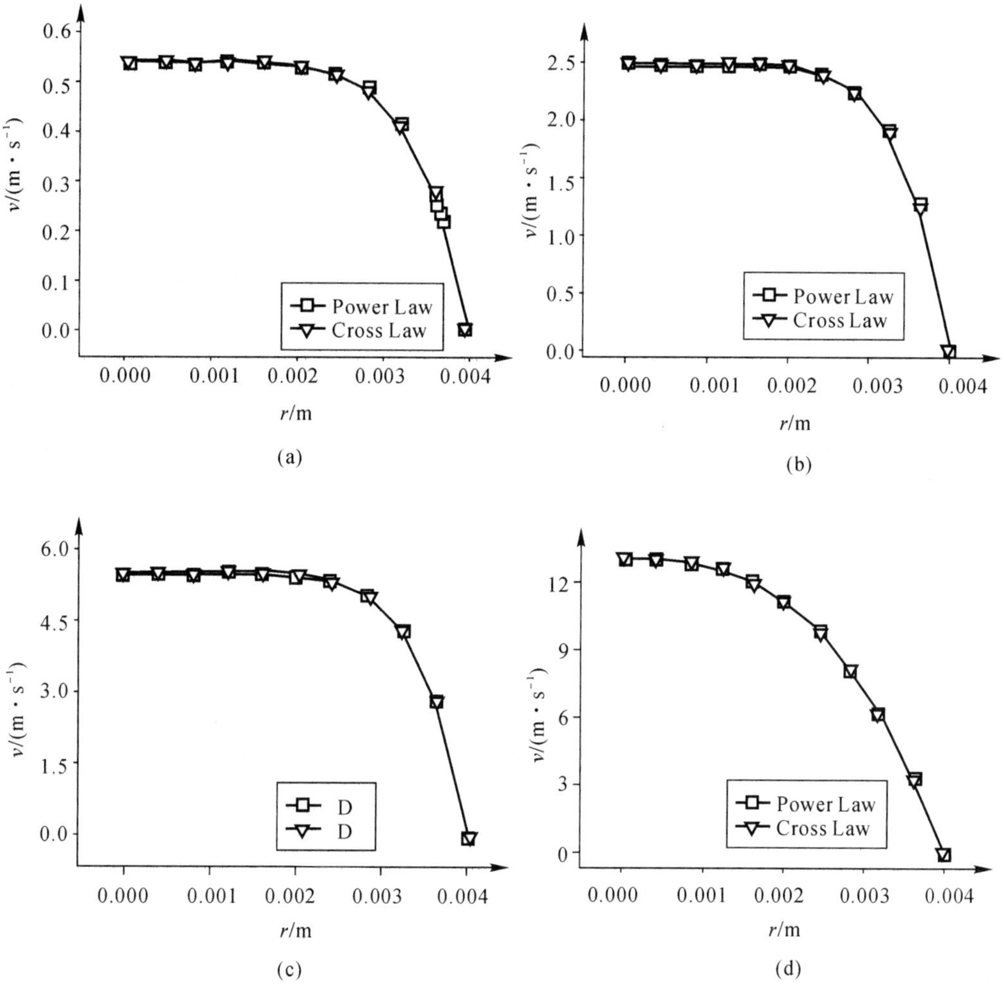

图 3.41　Power Law 模型与 Cross Law 模型速度剖面比较

(a)q_m=20 g · s^{-1}; (b)q_m=95 g · s^{-1};(c)q_m=216 g · s^{-1};(d)q_m=382 g · s^{-1}

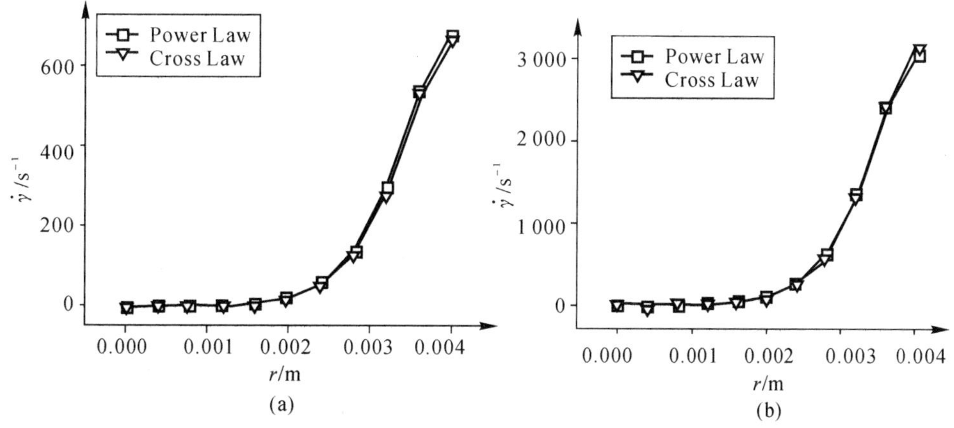

图 3.42　Power Law 模型和 Cross Law 模型剪切速率分布比较

(a) q_m=20 g · s^{-1}; (b) q_m=95 g · s^{-1}

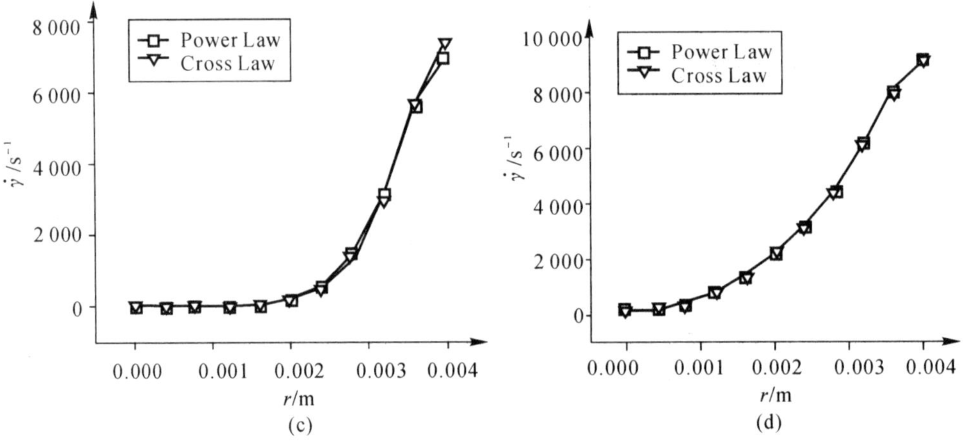

续图 3.42 Power Law 模型和 Cross Law 模型剪切速率分布比较

(c) $q_m=216\ \mathrm{g\cdot s^{-1}}$;(d) $q_m=382\ \mathrm{g\cdot s^{-1}}$

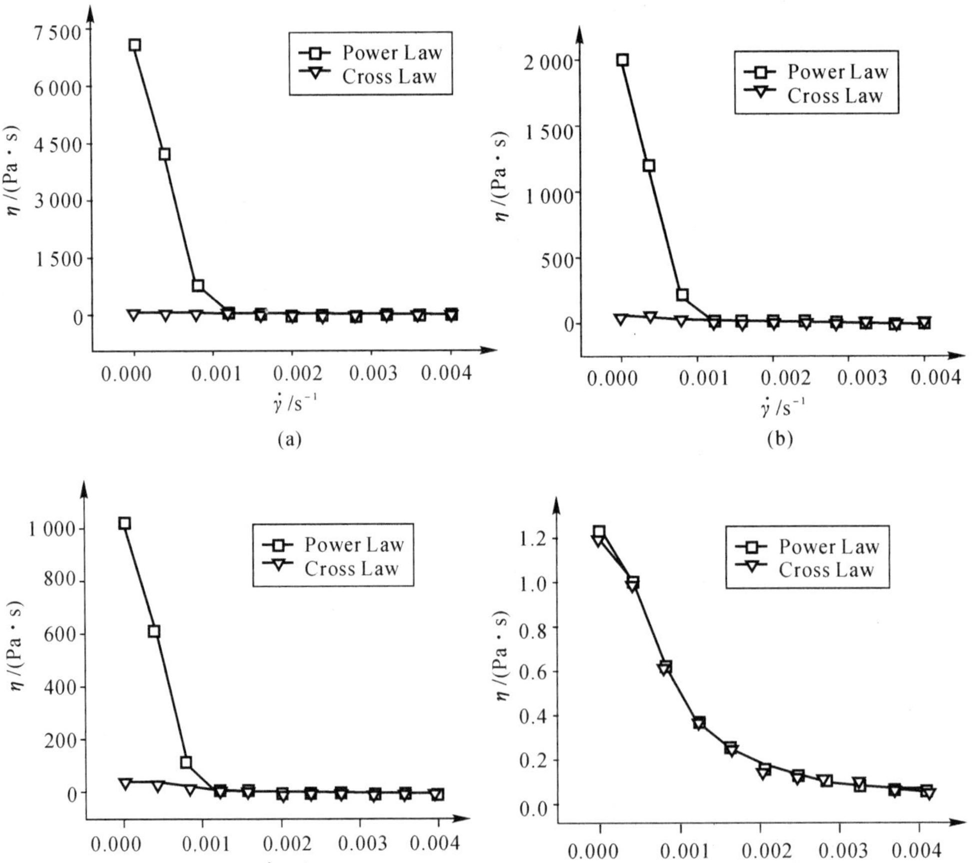

图 3.43 Power Law 模型和 Cross Law 模型剪切黏度分布比较

(a) $q_m=20\ \mathrm{g\cdot s^{-1}}$; (b) $q_m=95\ \mathrm{g\cdot s^{-1}}$;(c) $q_m=216\ \mathrm{g\cdot s^{-1}}$;(d) $q_m=382\ \mathrm{g\cdot s^{-1}}$

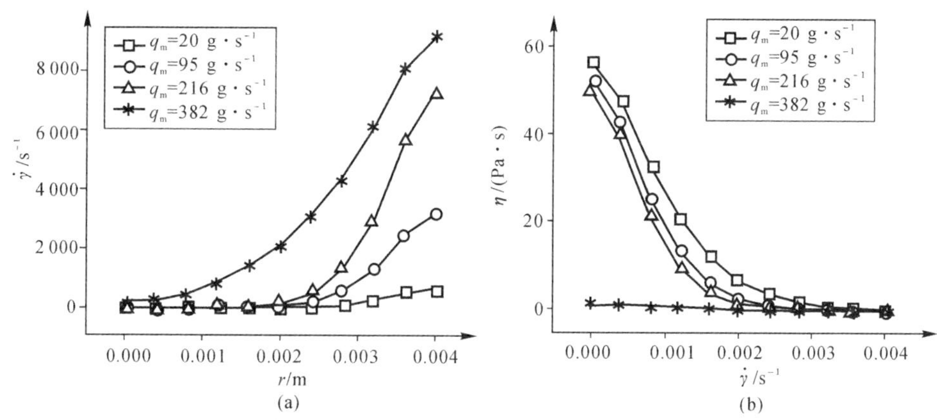

图 3.44　Cross Law 模型中不同流量条件下剪切速率和剪切黏度分布

(a)剪切速率分布；(b)剪切黏度分布

(2)使用 Cross Law 模型计算得到的速度和剪切速率与使用 Power Law 模型得到的速度和剪切速率计算值几乎重合。

(3)在半径 $r<1$ mm(剪切速率 $\dot{\gamma}<10\ \mathrm{s}^{-1}$)时，Power Law 模型计算的黏度计算值与实验值相差较大，两种模型计算的黏度值出现分离。

(4)由图 3.42(d)和 3.43(d)可见，在大流量($q_m=382$ g·s^{-1})条件下，管路的剪切速率范围在 100～9 000 s^{-1}之间，此区域正处于第 2 流动区，因此采用 Power Law 模型和 Cross Law 模型计算得到的剪切黏性分布曲线重合。

3.3.3　屈服性幂律型流体直圆管流变特性

由表 2.1 分析可知，4# 凝胶模拟液具有明显的屈服应力，属于非牛顿流体中的屈服幂律型流体，本构方程为 Herschel Bulkley 模型。第 2.3 节从理论上分析了屈服幂律型流体的速度分布和压降分布，但是缺少剪切速率和剪切黏度等流变特性细节的描述。这里以 4# 凝胶模拟液为例，用数值仿真方法进行屈服幂律型凝胶模拟液流变特性的细微研究。

(1) 网格划分及本构方程的选取。在仿真计算时取对称的 1/4 直圆管进行流动仿真计算，如图 3.45 所示。

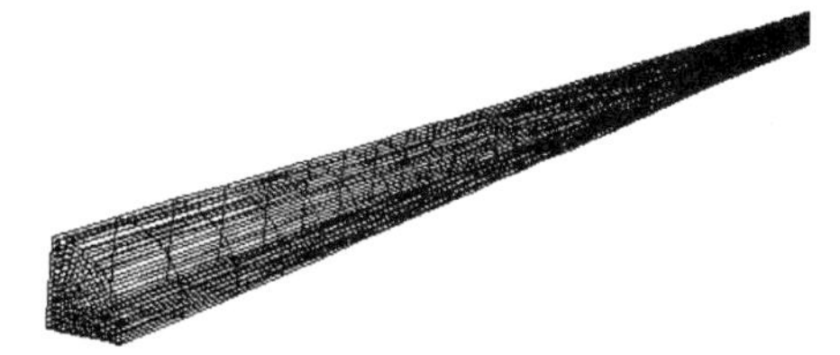

图 3.45　直圆管的网格划分

流动计算选用的本构方程为 Herschel Bulkley 模型，与连续方程和动量方程联立解出速度分布、剪切速率分布和剪切黏性分布。其中流变指数 $n=0.293\ 4$、稠度系数 $k=52.02$ Pa·s^n、屈服应力 $\tau_0=22.63$Pa，见表 2.1。

(2)仿真计算值与实验测量值对比。仿真计算得出了凝胶在直圆管中流动时流场内每个网格节点上的压降、流速、剪切速率等参数，其中仿真计算压降和壁面剪切黏度值如图 3.46 所示。

从图 3.46 中可以看出，仿真计算得到的压降和壁面剪切黏度曲线与实验测量的曲线趋势相同，并且压降的仿真计算值与测量值间的相对误差小于 5%，壁面剪切黏度计算值与实验测量值的误差小于 10%，可以满足工程计算的要求。

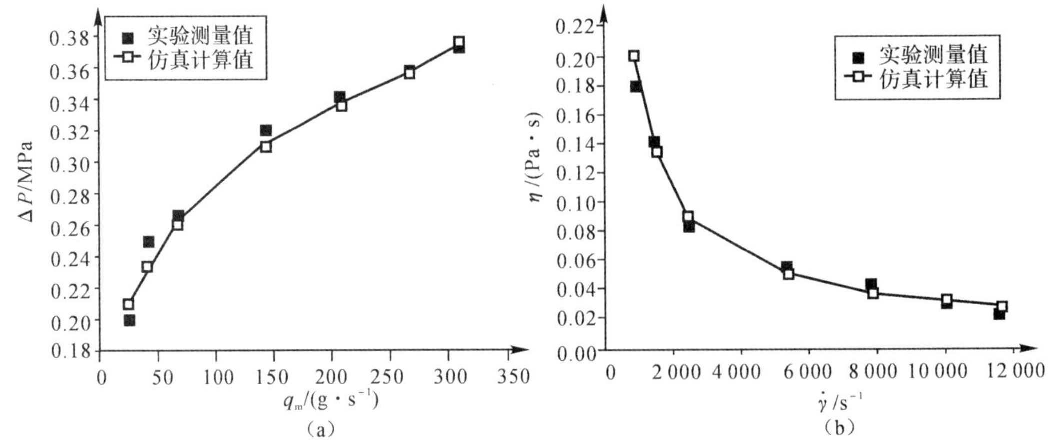

图 3.46 压降和壁面剪切黏度仿真计算值与测量值对比

(a)压降；(b)壁面剪切黏度

(3) 仿真计算结果剖面分析。以下选择了仿真计算中 2 个入口流量点进行详细的流变特性细节分析，研究屈服幂律型流体的速度径向分布、剪切速率径向分布及剪切黏度径向分布，如图 3.47 和图 3.48 所示。

图 3.49 和图 3.50 取了仿真计算中 3 个流量点的计算结果，在同一坐标系下研究速度、剪切速率及剪切黏度的变化趋势。

由速度分布图中可见，屈服幂律型凝胶模拟液的柱塞流动区域较大(半径 $r = 0 \sim 0.004$ mm)，而且远大于幂律型凝胶模拟液；由剪切速率分布图中可以看出，管壁处的剪切速率较大，轴线处的剪切速率几乎为零；剪切黏度分布的变化趋势却与剪切速率相反，管壁处的剪切黏度最小，轴线处的剪切黏度最大。

在进行的凝胶推进剂及其模拟液的液流实验中，发现个别凝胶推进剂及凝胶模拟液在带有节流圈的管路中流动时，即使入口压力足够高(接近实验条件下的贮箱压力)，推进剂也无法在管路中流动；另外，当调节阀的开度小于某个值时，也会出现凝胶推进剂及凝胶模拟液的断流。这种流动现象显示了某些凝胶推进剂或凝胶模拟液可能有明显的屈服应力。2.2 节虽然分析了屈服幂律型流体的流动特性，但是没有对它特有的流变特性进行深入的分析。这里就针对屈服幂律型流体独特的流变特性，采用流变仪和管路进行深入的流变特性分析。

(1) 屈服应力测量。非牛顿流体屈服应力的测量方法较多，较为常见的是使用流变仪进行测量。由于凝胶三维网状结构破坏前后剪切应力或剪切黏度的变化曲线具有一个明显的拐点，借此可以判断屈服应力的大小。使用流变仪研究 4 号模拟液的流变特性时，在低剪切速率下发现其有明显的屈服应力。实验设定温度为 $T = 22$℃，测量结果整理如图 3.51 和图 3.52 所示。

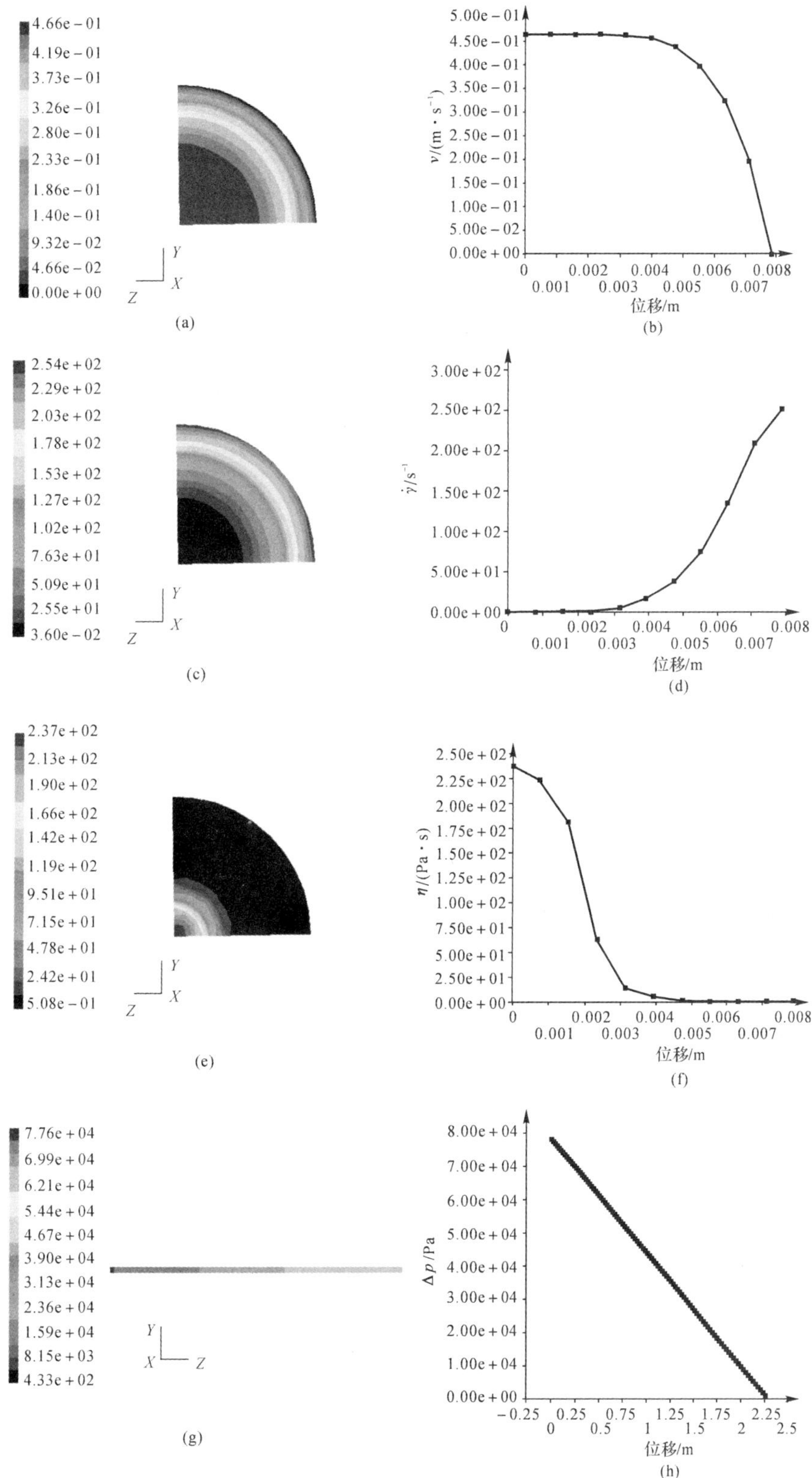

图 3.47　质量流量 $q_m=66\ \mathrm{g\cdot s^{-1}}$ 时的剖面

(a)速度剖面；(b)速度沿径向分布；(c)剪切速率剖面；(d)剪切速率沿径向分布；(e)剪切黏度剖面；(f)剪切黏度沿径向分布；(g)轴向压降剖面；(h)压降沿轴向分布

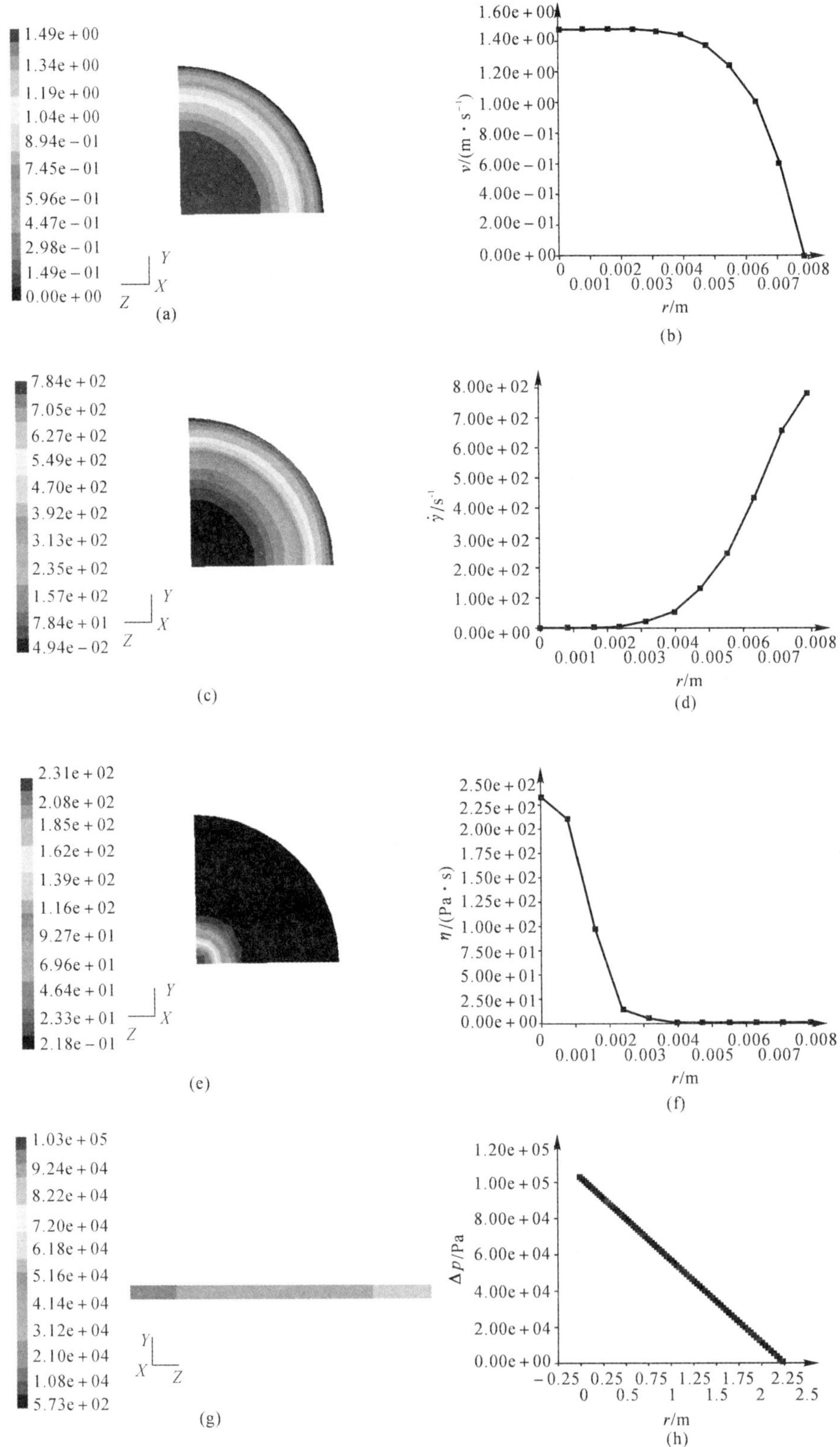

图 3.48　质量流量 $q_m = 208\ \mathrm{g \cdot s^{-1}}$ 时的剖面

(a)速度剖面；(b)速度沿径向分布；(c)剪切速率剖面；(d)剪切速率沿径向分布；(e)剪切黏度剖面；(f)剪切黏度沿径向分布；(g)轴向压降剖面；(h)压降沿轴向分布

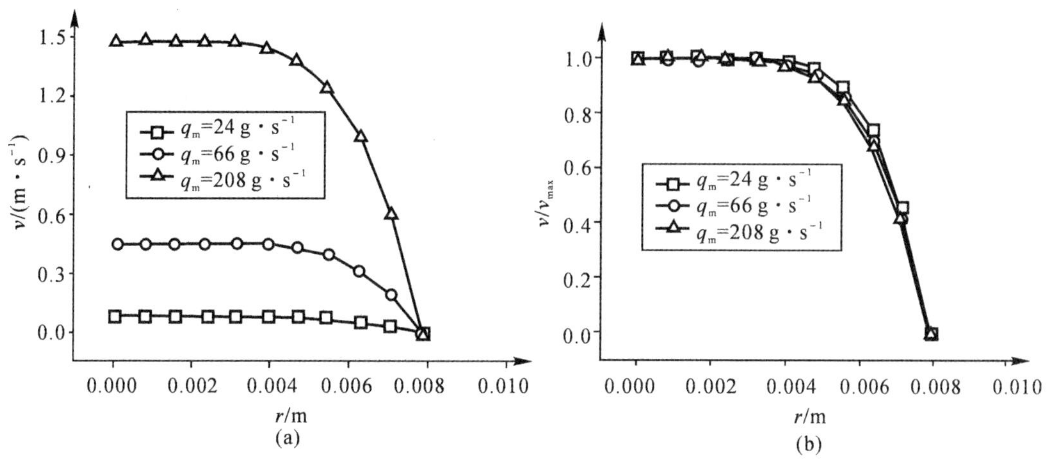

图 3.49　不同质量流量下的计算速度的径向分布

(a)实际速度分布；(b)无量纲速度分布

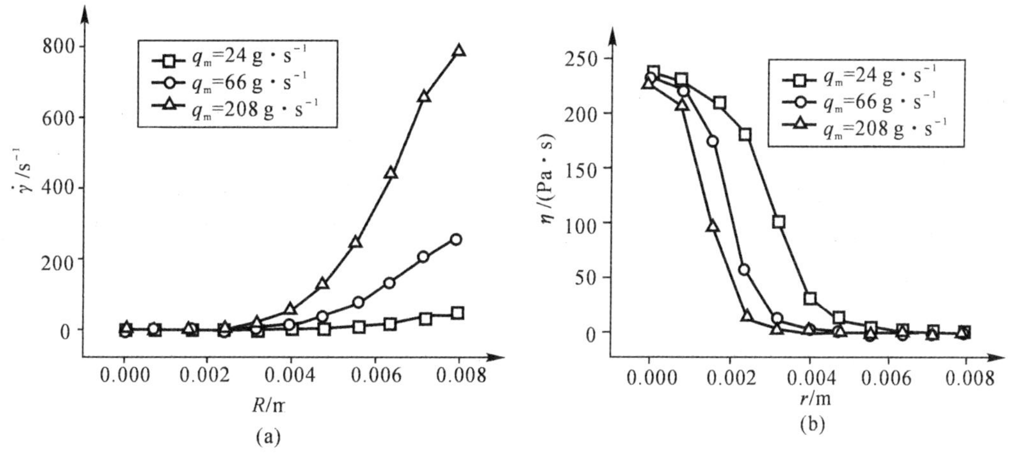

图 3.50　不同质量流量下的剪切黏度的径向分布

(a)剪切速率的径向分布；(b)剪切黏度的径向分布

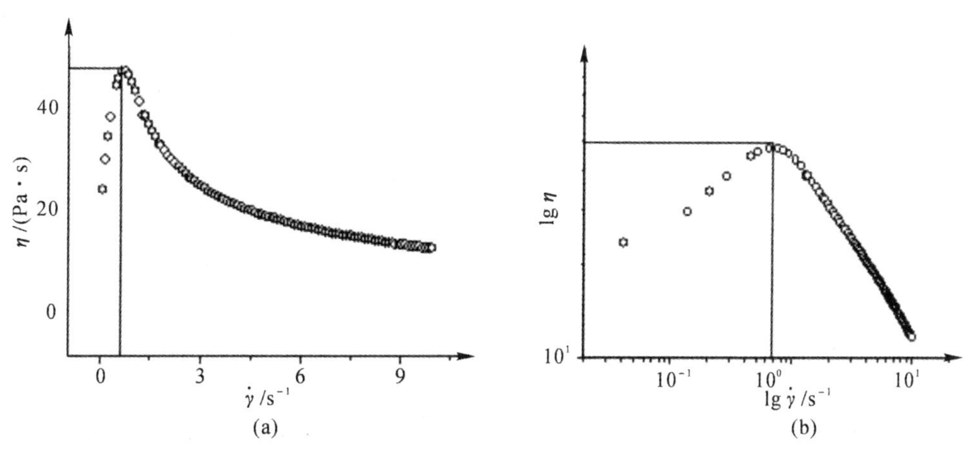

图 3.51　剪切黏度随剪切速率的变化曲线

(a)直角坐标；(b)对数坐标

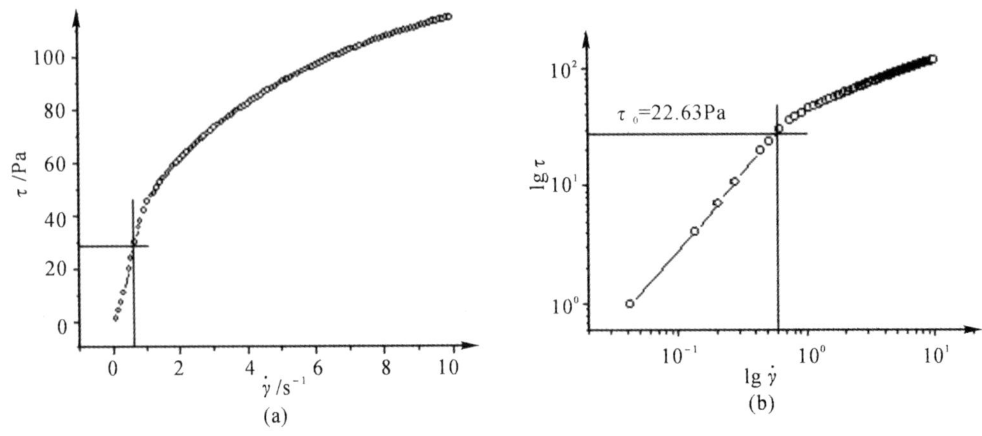

图 3.52 剪切应力随剪切速率的变化曲线

(a)直角坐标；(b)对数坐标

图 3.51 和 3.52 展示了较低的剪切速率 0.04 $s^{-1} < \dot{\gamma} < 10\ s^{-1}$ 范围下，用流变仪测量的 4 号模拟液表观黏度和剪切应力随剪切速率的变化曲线，从实验得到的表观黏度与剪切速率的变化曲线(见图 3.51)的拐点，可以得到模拟液屈服时的剪切速率 $\dot{\gamma}=0.580\ 9\ s^{-1}$，再将屈服时的剪切速率代入到剪切应力与剪切速率变化曲线(见图 3.53)中，得出 4# 模拟液的屈服应力为 $\tau_0=22.63$ Pa。

(2) 流变仪实验的流变特性分析。屈服幂律型流体的流变特性测量与幂律型流体相同，均是测出剪切应力与剪切速率或剪切黏度与剪切速率的关系，然后使用 Herschel Bulkley 模型对数据进行拟合，得出流变指数和稠度系数，加上得出的屈服应力就可以准确的描述屈服幂律型流体的流变特性。

在 $T=10$℃的设定温度下，使用 Brookfield 流变仪测量了 4# 模拟液剪切速率从 1～1 100 s^{-1}的流变特性，测量结果如图 3.53 所示。4# 模拟液的密度 $\rho=1\ 003.1\ kg \cdot m^{-3}$。

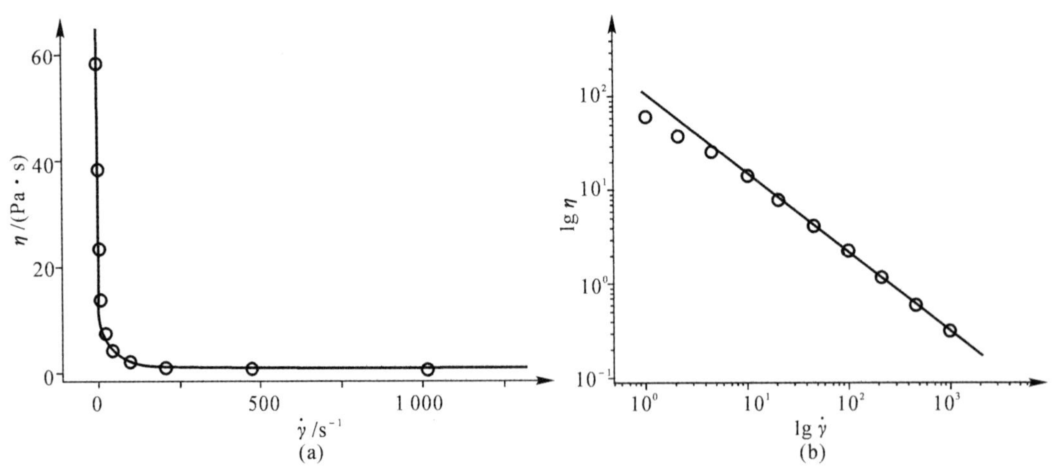

图 3.53 剪切黏度随剪切速率变化曲线

(a)直角坐标；(b)对数坐标

从图 3.53 中可以看出，在剪切速率 10 $s^{-1} < \dot{\gamma} < 1\ 100\ s^{-1}$范围内，使用 Herschel Bulkley 模型对

剪切黏度与剪切速率曲线进行拟合，得到 4# 模拟液的流变指数 $n=0.254$，稠度系数 $k=64.57$ $\mathrm{Pa\cdot s}^n$。加上前面测定的屈服应力，则可以得出温度 $T=10$℃时该模拟液的本构方程为

$$\tau=22.63+64.57\dot{\gamma}^{0.254} \tag{3.90}$$

另外，以剪切黏度的形式表示的本构方程为

$$\eta=\frac{\tau}{\dot{\gamma}}=\frac{22.63}{\dot{\gamma}}+64.57\dot{\gamma}^{-0.746} \tag{3.91}$$

（3）管路实验的流变特性分析。屈服幂律型流体的管路流变特性分析与幂律型流体管路流变特性的分析步骤部分相同，如都整理成剪切应力和牛顿剪切速率的形式，通过 Herschel Bulkley 模型的拟合，得出的流变指数和稠度系数都不是真实值，需要进一步的修正。具体工作如下所述。

在 21.8℃的环境温度下，采用如图 2.7 所示的管路流动实验系统进行 4# 模拟液的流动实验，得出流量压降等参数。将实验得到的流量和压降整理成剪切应力和表观黏度与牛顿剪切速率的关系，如图 3.54 和图 3.55 所示。

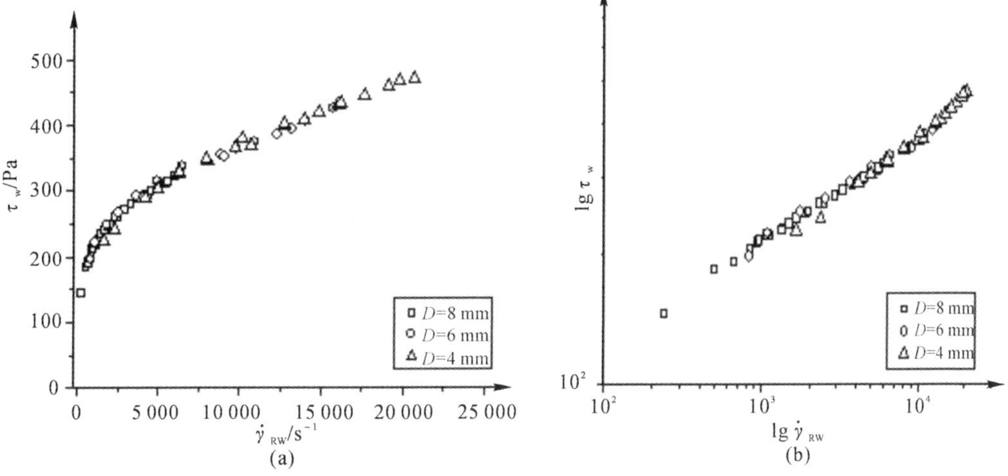

图 3.54　剪切应力随牛顿剪切速率变化曲线

(a)直角坐标；(b)对数坐标

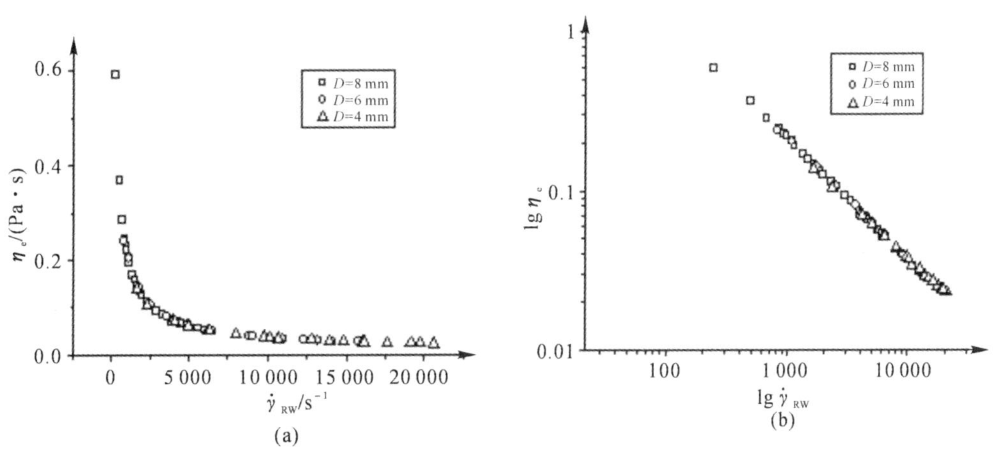

图 3.55　表观黏度随牛顿剪切速率变化曲线

(a)直角坐标；(b)对数坐标

从图 3.54 和图 3.55 中的剪切应力和表观黏度图可以看出，在牛顿剪切速率 240 s^{-1} < $\dot{\gamma}_{RW}$ < 21 000 s^{-1} 范围内，剪切应力或表观黏度的对数曲线成线性减小。从前面的分析可知该凝胶模拟液具有明显的屈服应力，所以不能采用 Power Law 模型进行拟合，而应该采用 Herschel Bulkley 模型对表观黏度进行拟合，整理结果如图 3.56 所示。

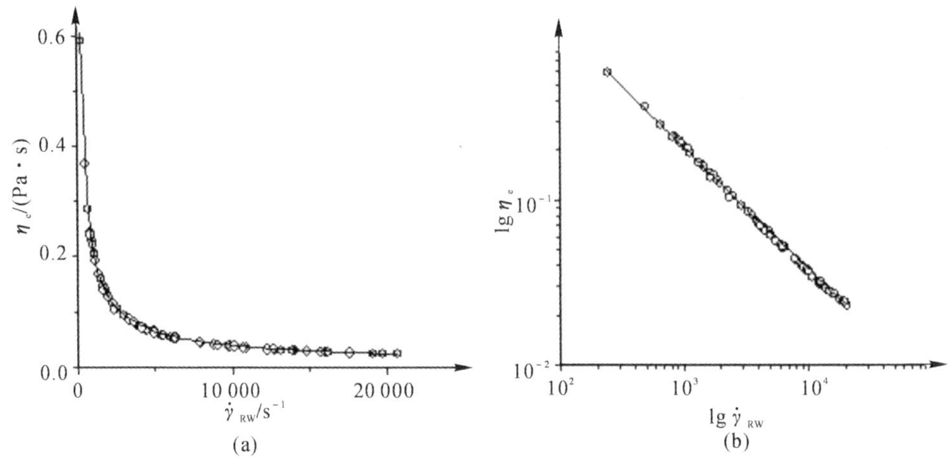

图 3.56 拟合表观黏度随牛顿剪切速率变化曲线

(a)直角坐标；(b)对数坐标

对图 3.56 采用多参数回归拟合，结果为

$$\eta_e = \frac{41.94}{\dot{\gamma}_{RW}} + 18.17\ (\dot{\gamma}_{RW})^{-0.679} \tag{3.92}$$

同理，可以得出剪切应力与牛顿剪切速率的关系为

$$\tau_w = \eta_e \dot{\gamma}_{RW} = 41.94 + 18.17\ (\dot{\gamma}_{RW})^{0.321} \tag{3.93}$$

由此可见，对于屈服幂律型凝胶模拟液存在如下关系式：

$$\tau_w = \tau'_y + k'\ (\dot{\gamma}_{RW})^{n'} \tag{3.94}$$

式中，τ'_y，k' 和 n' 都为拟合常数。

由于屈服幂律型凝胶模拟液具有明显的屈服应力，与幂律模型不同，因此不能直接使用式(2.27)。

将式(3.94)变形并引入式(2.21)可得：为 $\tau_w - \tau'_y = k'\ (8v/D)^{n'}$，将式(2.27)改进为

$$n' = \frac{\mathrm{dln}(\tau_w - \tau'_y)}{\mathrm{dln}\left(\frac{8v}{D}\right)} \tag{3.95}$$

由于式(2.27)与式(3.95)存在以下关系：

$$\frac{\mathrm{dln}\tau_w}{\mathrm{dln}\,\frac{8v}{D}} = \left(\frac{\tau_w - \tau'_y}{\tau_w}\right)\frac{\mathrm{dln}(\tau_w - \tau'_y)}{\mathrm{dln}\,\frac{8v}{D}} \tag{3.96}$$

所以，将式(3.96)代入式(2.26)就得到屈服幂律型流体的真实壁面剪切速率：

$$\dot{\gamma}_w=\left(\frac{1}{4n'}\frac{\tau_w}{\tau_w-\tau'_y}+\frac{3}{4}\right)\frac{8v}{D} \tag{3.97}$$

根据壁面剪切应力 $\tau_w=\Delta pD/4L$，可以得出壁面剪切黏度 $\eta_w=\tau_w/\dot{\gamma}_w$，再对壁面剪切黏度与壁面剪切速率计算点使用 Power Law 模型进行拟合，整理结果如图 3.57 和图 3.58 所示。

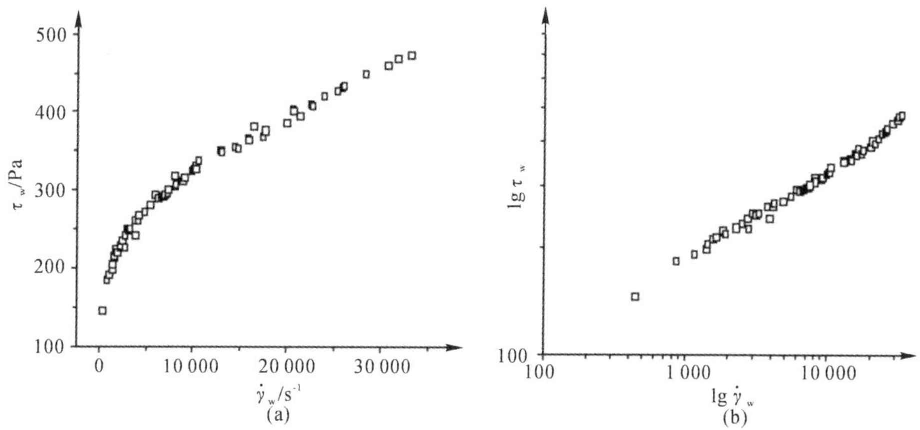

图 3.57　壁面剪切应力随壁面剪切速率的变化曲线

(a)直角坐标；(b)对数坐标

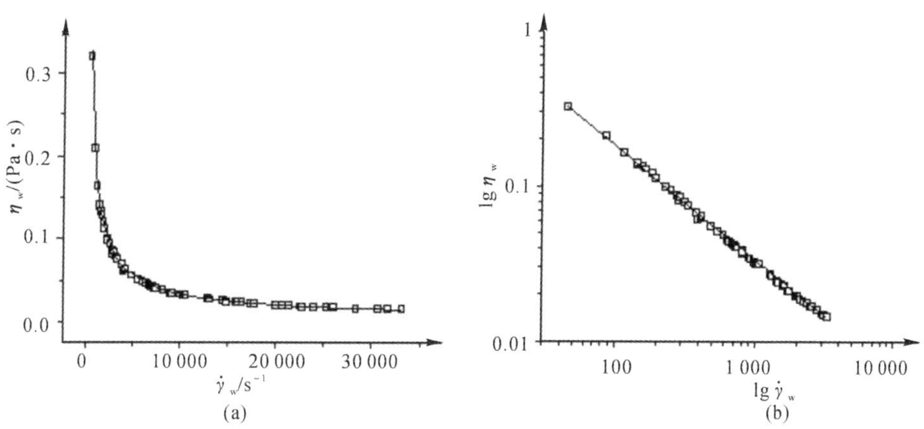

图 3.58　壁面剪切黏度随壁面剪切速率的变化曲线

(a)直角坐标；(b)对数坐标

进而，可求出管路实验条件下，4# 模拟液的屈服应力 $\tau_0=22.63$ Pa、流变指数 $n=0.293\ 4$ 及稠度系数 $k=52.02$ Pa·s^n，于是，21.8℃下管路流动实验得到的 4# 模拟液的本构方程可以写为

$$\tau=22.63+52.02\dot{\gamma}^{0.293\ 4} \tag{3.98}$$

(4) 管路与流变仪实验的综合分析。在同一坐标系下，将管路实验得出的壁面剪切黏性与壁面剪切速率变化曲线与流变仪测量得出的剪切黏性与剪切速率变化曲线进行比较，分析两种测量方法的联系，整理结果如图3.59所示。

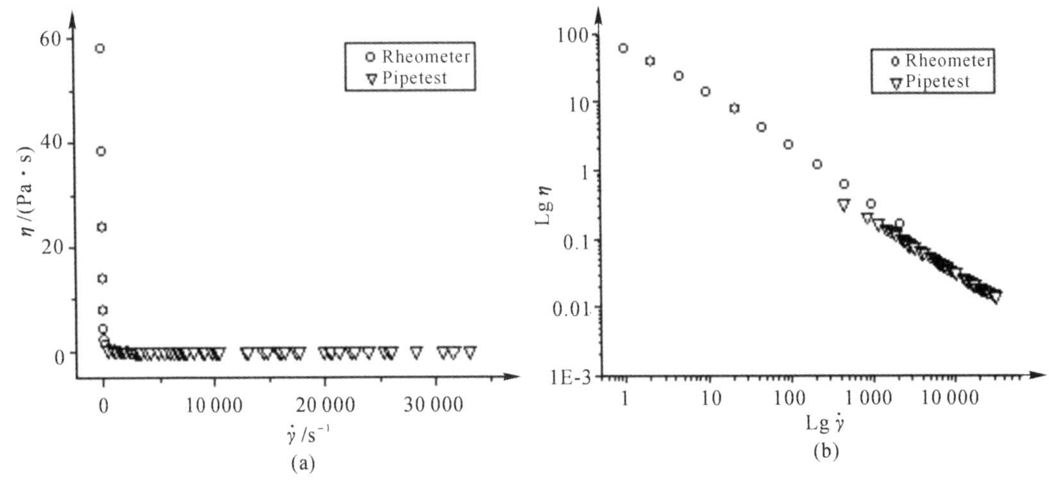

图 3.59　流变仪与管路剪切黏度变化曲线

(a)直角坐标；(b)对数坐标

从图 3.59 中可以明显地看出，流变仪的剪切黏性变化曲线与管路壁面剪切黏性的变化曲线不重合。原因在于，流变仪测量剪切黏性时的环境温度为 10℃，而管路流动特性实验时的环境温度为 21.8℃，测量时环境温度的不同可能造成了流变仪与管路流变特性曲线的不同。

将流变仪测量得出的流变指数 n 和稠度系数 k 与管路测量得出的流变指数 n 和稠度系数 k 作对比，结果见表 3.4。

表 3.4　4# 模拟液的流变参数对比

流变特性	流变仪	管　路
剪切速率 $\dot{\gamma}$ /s^{-1}	1～2 154	440～32 000
温度 T /℃	10.0	21.8
流变指数 n	0.164 3	0.293 4
稠度系数 k /(Pa·s^n)	105.845	52.020

从表 3.4 中还可以看出，4# 模拟液的流变指数 n 随着温度的升高而增大，稠度系数 k 随着温度的升高而减小。

3.4　异型管路中的流变与流动特性

直圆管是最简单的部件，也是异型管、阀门等部件的基础。实际动力装置的流道是非常复杂的，对于典型的阀门、涡轮泵、调节器、喷注器的集液腔等部件，将这些部件的流道相同部分进行分类处理，可以提取出如弯管、渐缩管(不同直径部件的连接段)、渐扩管(不同直径部件的连接段)、突缩管(如阀门、涡轮泵入口)、突扩管(如阀门、涡轮泵出口等)、汇流管(管接头)及分流管(常用的三通、四通接头等)等共性元素。但这些异型管路的流动与流变实验是很难进行的。这里用仿真方法，选择幂律型模拟液，通过弯管、渐括/渐缩管、突扩/突缩管、分流/汇流管内的流动和流变特性仿真和部分流阻实验，参照牛顿流流阻计算方法，总结管路的流阻特性，以揭示幂律型流体在这些管路中的流动与流变特性，以期能对幂律型非牛顿流体在管路中的流动与流变特性有一定的认识。

3.4.1　弯管中的流变与流动特性

一般的弯管结构均可表示成如图 3.60 所示结构，d 表示管径，R 表示弯管中线的曲率半径，$\theta_{弯}$ 表示弯管弯角。

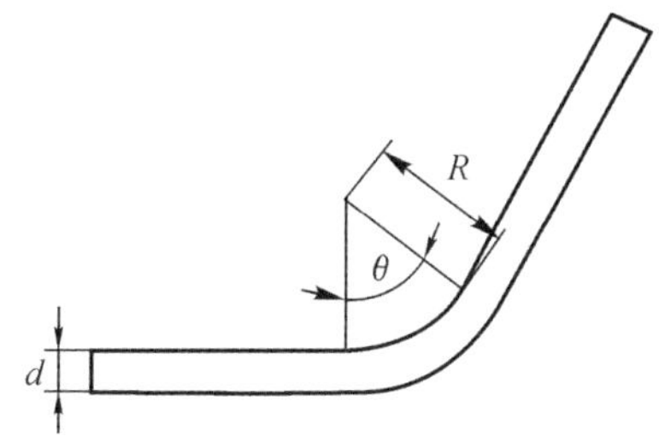

图 3.60　弯管示意图

取弯曲半径与管道直径比 R/d 为 5～1，弯管两端的直管段长度 L 相等，且均为直径 d 的 20 倍，R/d 的计算间隔取 1，d 取常用的管径 6～8 mm，弯角为 90° 的弯管，4# 模拟液(屈服性幂律型流体、屈服应力 $\tau_0=22.63$ Pa，流动指数 $n=0.293\ 4$，稠度系数 $k=52.02\ \text{Pa}\cdot\text{s}^n$，进行流动和流变特性仿真。弯管的网格划分如图 3.61 所示，共划分了 10 900 个五面体。

弯管流阻的理论公式为

$$h_f=k\frac{\theta_{弯}}{90}\rho\frac{v^2}{2}$$

式中，系数 k 的计算公式为 $k=0.131+0.159\left(\frac{R}{d}\right)^{3.5}$，$R$ 表示弯管中线的曲率半径，d 表示管径。

对于管道弯曲引起的局部损失，可以将其折合成一定长度直管的沿程压力损失来考虑，即采用下面的公式计算。

$$h_f=\lambda\frac{l_e}{d}\frac{v^2}{2}$$

式中，l_e 为管件的当量长度，$l_e=\xi L$，L 表示弯管段中心线的长度，ξ 可按实验获得的系数。

在对弯曲半径与管道直径比 R/d 为 5～1，弯管直径 d 取常用的管径 6～8 mm，弯角为 90°的弯管，针对 4# 模拟液(屈服性幂律型流体、屈服应力 $\tau_0=22.63$ Pa，流动指数 $n=0.293\ 4$，稠度系数 $k=52.02\ \text{Pa}\cdot\text{s}^n$)，进行流动和流变特性仿真，经整理拟合的 ξ 表见表 3.5。

表 3.5　弯曲半径与管道直径比与系数关系

弯曲半径与管道直径比 R/d	1.0	2.0	3.0	4.0	5.0
系数 ξ	1.07	1.06	1.05	1.04	1.03

作为举例，管径为 6 mm 的 90°弯管、4# 在入口流量 107 $\text{g}\cdot\text{s}^{-1}$下的流阻仿真计算值及同

一条件下的仿真的网格划分如图 3.61 所示，实验测量值如图 3.62 所示。

从图 3.62 中可以看出，计算值与实验值存在一定的偏差，相对误差在 10%左右。不同条件下的仿真表明，弯管的流阻可以通过精确条件的仿真获得，与实验的误差在可以接受的范围内。

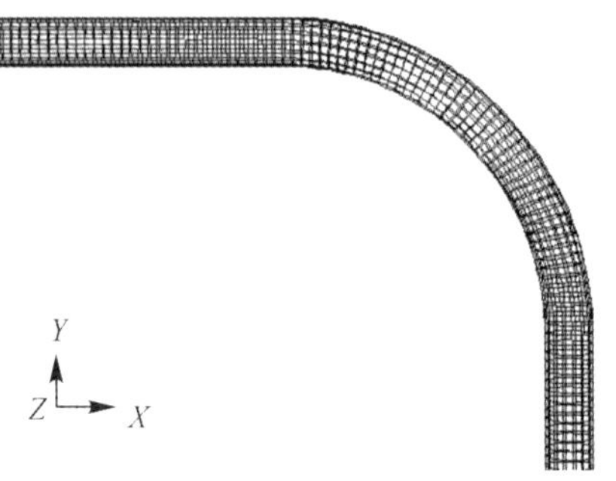

图 3.61　弯管网格模型

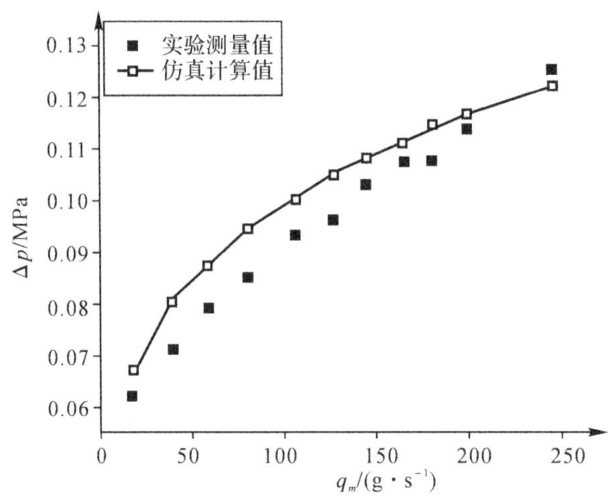

图 3.62　弯管压降测量值与仿真计算值

在直径为 6 mm、弯角为 90°的弯管，流量为 107 g·s^{-1}时弯管内压降、速度、剪切速率和剪切黏度分布如图 3.63 所示。

图 3.63 表明，幂律型流体在弯管中流动时，管路中压降、流速、剪切速率和剪切黏度呈现出以下特点：①弯管中心存在明显的柱塞流动区域，对于这里的计算条件，此区域内的剪切速率非常小(10^0数量级)，而剪切黏度最大。②管壁处的剪切速率值较大，但范围较窄；管子中心区域剪切速率值较小，范围相对较宽，且分布较为均匀。③靠近管壁处剪切黏度较小，而靠近轴线处黏度较大；弯管外侧的低黏度区域比内侧的低黏度区域宽。这一结论对所有弯曲半径与管道直径比(R/d)都是适用的，不同弯曲角度、管径、管道直径比及幂律型流体的差异在于具体的数值不同。

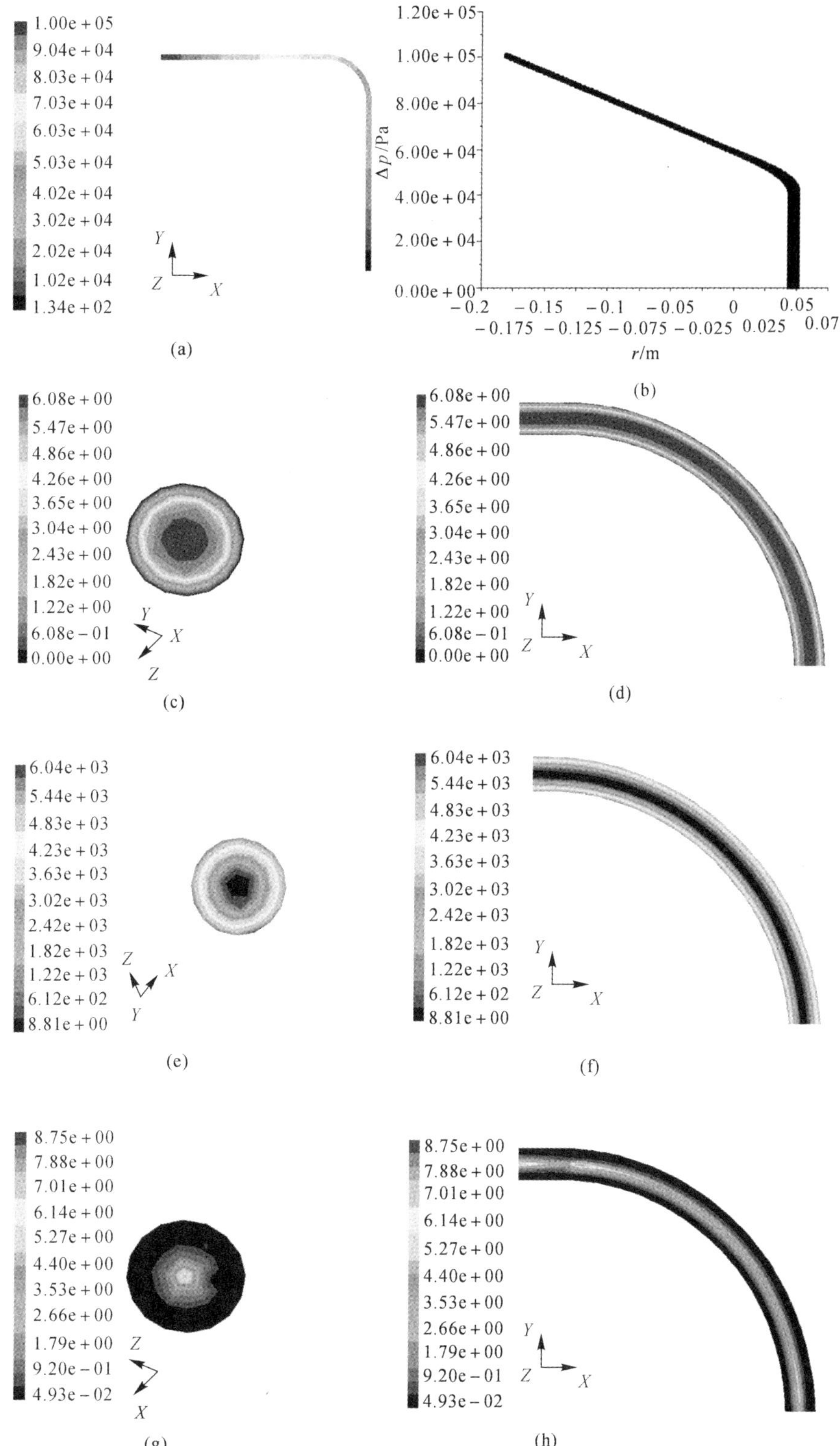

图 3.63　弯管内压降、速度和黏度分布(d =6.0 mm, q_m =107 g·s^{-1})

(a)压降分布;(b)压降沿 X 轴变化曲线;(c)弯管中心截面速度分布;(d)轴向速度分布

(e)截面剪切速率分布;(f)轴向剪切速率分布;(g)截面黏度分布;(h)轴向黏度分布

3.4.2 渐扩和渐缩管中的流动与流变特性

渐扩和渐缩等异型管流动实验研究存在诸多问题，为了直观了解水凝胶在异型管中的流动特性，对不同特性的模拟液进行了流动与流变特性仿真，其中 4# 模拟液水凝胶在渐扩管、渐缩管、突扩管、突缩管、分叉管和会聚管中的流动特性最具代表性。为了得到上述异型管中水凝胶的流阻方程，在直圆管流阻方程研究的基础上，采用常规的工程流阻方程的形式，对两种水凝胶进行仿真计算，得到不同流速下的流阻，然后将流阻折算成当量长度，从而得到异型管的流阻方程。

1.渐扩管中的流动与流变特性

渐扩管形式如图 3.64 所示，其中 d_1，d_2 和 $\theta_{扩}$ 分别表示渐扩管进口直径、出口直径和渐扩管扩张角。扩张角范围为 0～50°，入口直管段长度和出口直管段长度分别取直径 d_1 和 d_2 的 20 倍，角度计算间隔 10°。d_1 取 6 mm，共计 5 种工况。

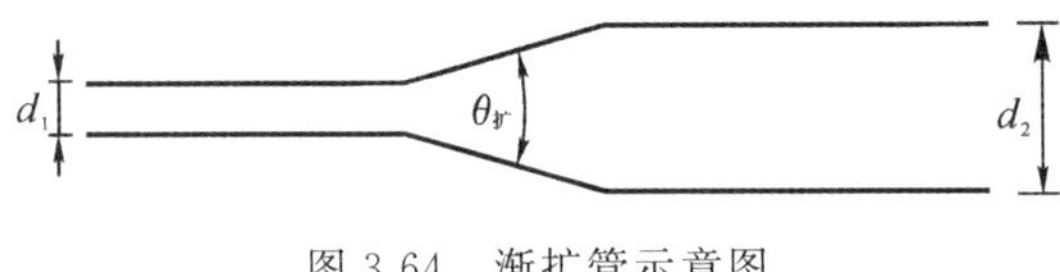

图 3.64 渐扩管示意图

(1)渐扩管的流动特性。扩张角对流阻的仿真结果表明，模拟液在渐扩管路流动时的损失是随着渐扩管扩张角的增加而减小的，如图 3.65 所示。

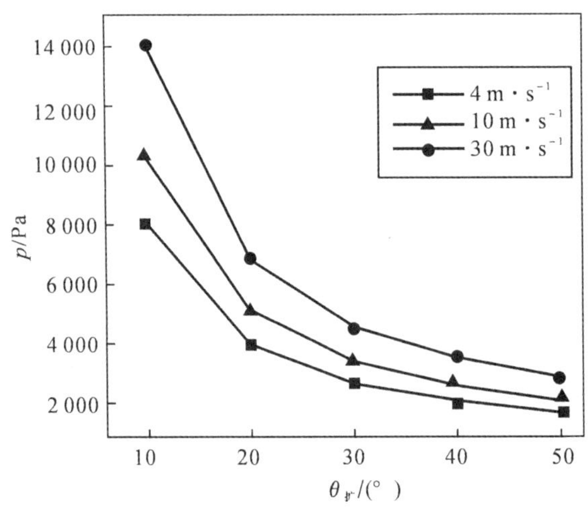

图 3.65 渐扩管扩张角对凝胶流动压力损失的影响

图 3.66(a)(b)分别给出了轴对称截面上的速度和压力分布。由图 3.66 可见，在靠近壁面处，存在较大的速度梯度，而沿径向绝大部分区域，速度分布非常饱满；沿流动方向，压力是逐渐减小的，并且其变化规律和直管道的变化规律是类似的。另外，值得注意的是，在渐扩段开始截面，沿流动方向速度梯度较大。

流体在渐扩管段的流动损失包括两部分，即局部损失和沿程损失。局部损失产生的原因在于:流体在渐扩管路流动时,沿流逆向压强增大,流速减小,由于黏性的影响,靠近壁面处流速较小,如果动量不足以克服压力的反作用,则在近壁处的流体就要被滞止、倒流甚至引起漩涡,产生能量损失。沿程损失产生的原因与流体在直管道内流动时的沿程损失产生的原因是类似的。

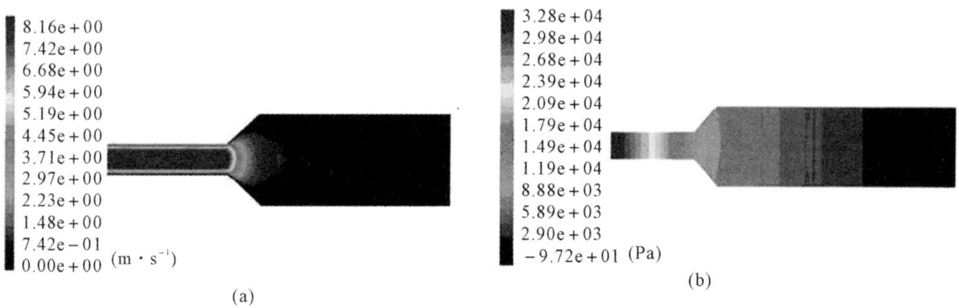

图 3.66　渐扩管轴对称截面上速度和压力分布($d_1=6$ mm, $d_2=18$ mm, $v_1=6\ \mathrm{m\cdot s^{-1}}$)

(a)速度分布;(b)压力分布

参照牛顿流体计算公式,将渐扩管路流动的压力损失整理为

$$\Delta p=\xi\rho\frac{v^2}{2} \tag{3.99}$$

其中,

$$\xi=\frac{\lambda}{8\sin\frac{\theta_{扩}}{2}}\left[1-\left(\frac{A_1}{A_2}\right)^2\right]+K\left(1-\frac{A_1}{A_2}\right)^2$$

式中,λ 为沿程阻力系数;A_1 为渐扩前圆管的横截面积;A_2 为渐扩后圆管的横截面积;$\theta_{扩}$ 为渐扩管扩张角;从所计算的工况,得到的流动系数 K 的数值见表 3.6。

表 3.6　渐扩管扩张角 $\theta_{扩}$ 与系数 K 关系

$\theta_{扩}$/(°)	8	10	12	15	20	25
K	0.14	0.16	0.22	0.30	0.42	0.62

对于幂律型流体:$\lambda=\dfrac{64}{Re'}$,其中,$Re'=\dfrac{\rho D^n v^{2-n}}{K\left(\dfrac{1+3n}{4n}\right)^n 8^{(n-1)}}$ 为广义雷诺数;相关参数对应渐扩前的参数。

无论是牛顿流体,还是非牛顿流体,局部损失的计算是一个复杂的问题,而且管件种类繁多,规格不一,难于精确计算。通常采用以下两种近似方法。

1) 近似地认为局部阻力损失服从平方定律,即

$$h_{\mathrm{f}}=\zeta\frac{u^2}{2} \tag{3.100}$$

式中,ζ 为局部阻力系数,由实验测定。

2) 近似地认为,局部阻力损失可以相当于某个长度的直管,即

$$h_f = \lambda \frac{l_e}{d} \frac{u^2}{2} \tag{3.101}$$

式中，l_e 为管件的当量长度，由实验测得。

采用第二种计算方法，将局部损失折合成一定长度直管的沿程损失。以仿真计算结果为参考数据，得到的凝胶类流体在渐扩管路流动损失的计算公式为

$$h_f = \lambda \frac{l_e}{d} \frac{u^2}{2}$$

式中，$\lambda = \dfrac{64}{Re'}$，其中，$Re' = \dfrac{\rho D^n v^{2-n}}{K\left(\dfrac{1+3n}{4n}\right)^n 8^{(n-1)}}$ 为广义雷诺数；l_e 为管件的当量长度；式中相关参数对应渐扩前的参数。

选择第 2 章所述的多种模拟液进行仿真计算，在对仿真结果进行分析的基础上，由仿真结果得到当量长度和渐扩管扩张角的关系见表 3.7。

表 3.7　渐扩管扩张角 $\theta_{扩}$ 与当量长度 l_e 的关系

渐扩管扩张角度 $\theta_{扩}$ /(°)	10	20	30	40	50
当量长 l_e /mm	24.1	11.9	8.0	6.2	5.1

(2) 渐扩管的流变特性。图 3.67 为渐扩管路沿流向各截面上剪切速率的分布。可以看出，在同一截面，沿半径方向，从壁面向圆管的中心，剪切速率逐渐减小，即由于壁面的存在，越靠近壁面，凝胶的剪切速率明显增大。沿流动方向的各个截面，剪切速率的分布基本不发生变化，但是，由于渐扩前的管径小，而渐扩后的管径大，因此，沿流动方向的各个截面，剪切速率沿径向的变化有从剧烈向平缓的变化趋势。

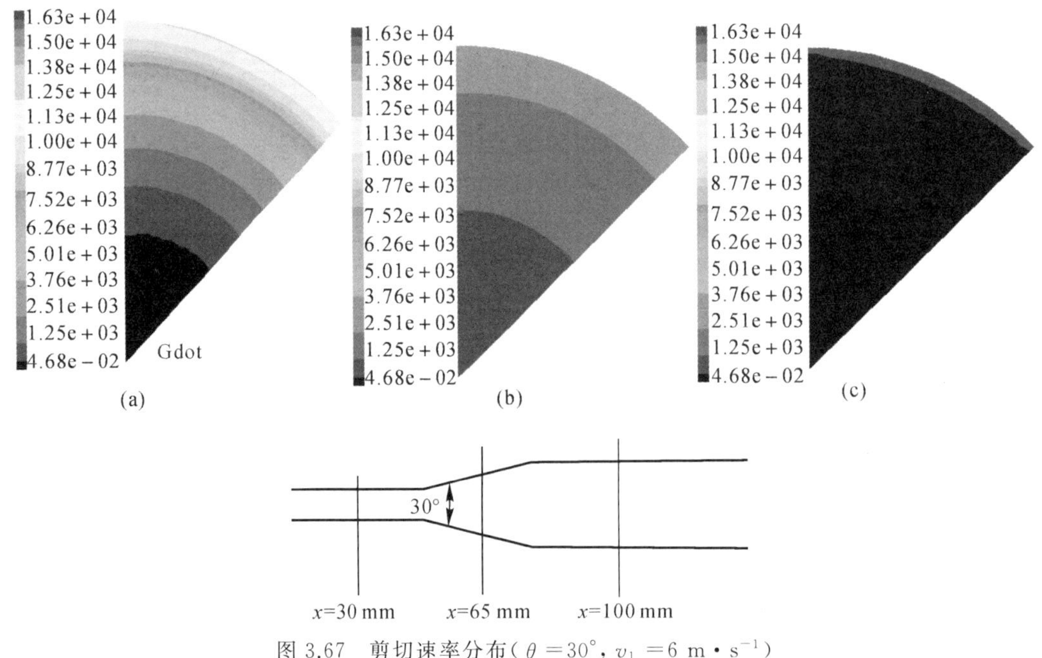

图 3.67　剪切速率分布（$\theta=30°$，$v_1=6\ \mathrm{m \cdot s^{-1}}$）

(a) $x=30$ mm；(b) $x=65$ mm；(c) $x=100$ mm

2.渐缩管中的流动与流变特性

渐缩管形式如图 3.68 所示，收缩角 $\theta_{收}$ 范围为 10°～50°，直管段长度 L_2 和 L_1 分别取直径 d_2 和 d_1 的 20 倍，角度计算间隔 10°，d_1 取 6 mm，共计 5 种工况。

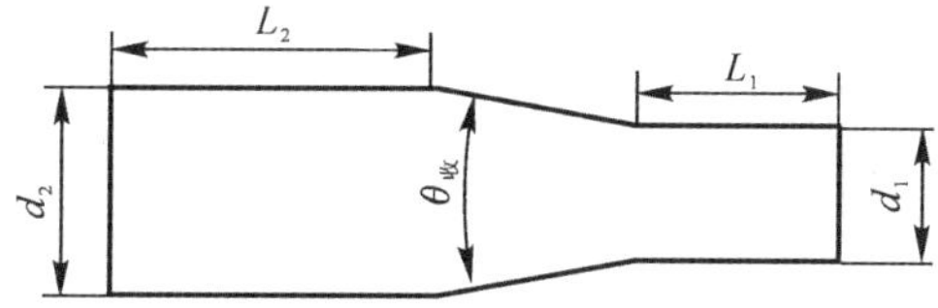

图 3.68　渐缩管示意图

渐缩管的处理方法与渐扩管处理方法相同。

(1) 渐缩管的流动特性。对于渐缩段压力损失(不包括前后直管段)理论计算公式为

$$\Delta p = \xi\rho \frac{v^2}{2} \tag{3.102}$$

其中，

$$\xi = \frac{\lambda}{8\sin\frac{\theta_{收}}{2}}\left[1-\left(\frac{A_1}{A_2}\right)^2\right] \quad , \quad \theta_{收} < 30°$$

$$\xi = \frac{\lambda}{8\sin\frac{\theta_{收}}{2}}\left[1-\left(\frac{A_1}{A_2}\right)^2\right]+\frac{\theta_{收}}{1\ 000} \quad , \quad \theta_{收} = 30° \sim 90°$$

与凝胶在渐扩管路流动时压力损失的修正方法类似，得到凝胶类流体在渐缩管路流动的压力损失计算公式为

$$h_f = \lambda \frac{l_e}{d}\frac{u^2}{2} \tag{3.103}$$

式中，$\lambda = \frac{64}{Re'}$，其中，$Re' = \frac{\rho D^n v^{2-n}}{K\left(\frac{1+3n}{4n}\right)^n 8^{(n-1)}}$ 为广义雷诺数；l_e 为管件的当量长度；式中相关参数对应渐缩后的参数。

同样，在两种仿真结果的计算基础上，将不同角度下的流阻折算成当量长度，得到当量长度和渐缩管收缩角的关系见表 3.8。

表 3.8　渐缩管收缩角 $\theta_{收}$ 与当量长度 l_e 的关系

渐缩管收缩角 $\theta_{收}$/(°)	10	20	30	40	50
当量长度 l_e /mm	26.7	14.6	10.7	8.9	7.8

图 3.69 展示了渐缩管渐缩管收缩角变化对凝胶流动压力损失的影响，可以明显看出，随着渐缩角的增加，压力损失逐渐减小。这一变化原因与凝胶类流体在渐扩管路流动时流动损失随扩张角的增加而减小的原因是相同的，即对于凝胶类流体，无论是渐扩管，还是渐

缩管,与沿程摩擦损失相比,局部损失是比较小的,而摩擦损失和流体浸湿面积是成正比的。扩张角和收缩角的增加,使渐扩段或渐缩段的长度减小,流体浸湿面积减小,摩擦损失减小,总的流动损失减小。

图 3.70 分别给出了轴对称截面上的速度和压力分布。可以看出,在靠近壁面处,存在较大的速度梯度,而沿径向绝大部分区域,速度分布非常饱满;沿流动方向,压力是逐渐减小的,并且其变化规律和直管道的变化规律是类似的。另外,值得注意的是,在收缩段开始截面,沿流动方向速度梯度较大。

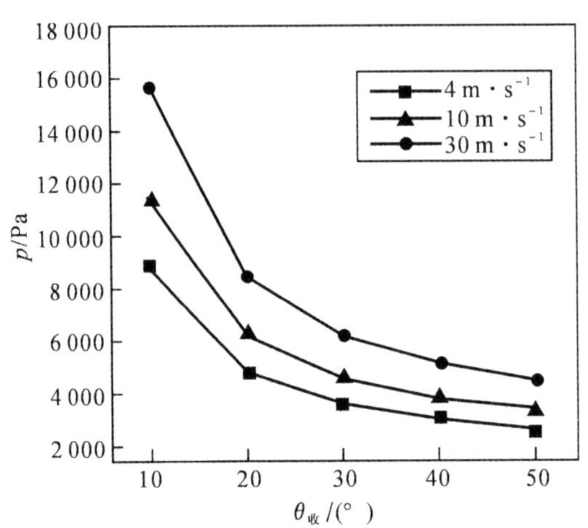

图 3.69 渐缩管收缩角对凝胶流动压力损失的影响

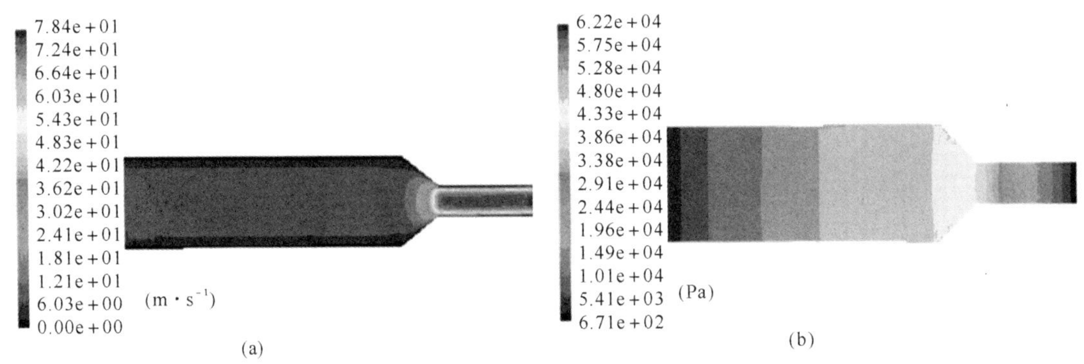

图 3.70 渐缩管轴对称截面上的速度和压力分布(d_1 =18 mm, d_2 =6 mm, v_1 =6 m · s^{-1})

(a)速度分布; (b)压力分布

(2) 渐缩管的流变特性。图 3.71 表示了渐缩管路沿流向各截面上剪切速率的分布。可以看出,在同一截面,沿半径方向,从壁面向圆管的中心,剪切速率逐渐减小,即由于壁面的存在,越靠近壁面,凝胶的剪切速率明显增大。沿流动方向的各个截面,剪切速率的分布基本不发生变化,但是,由于渐缩前的管径大,而渐缩后的管径小,因此,沿流动方向的各个截面,剪切速率沿径向的变化有从平缓向剧烈的变化趋势。

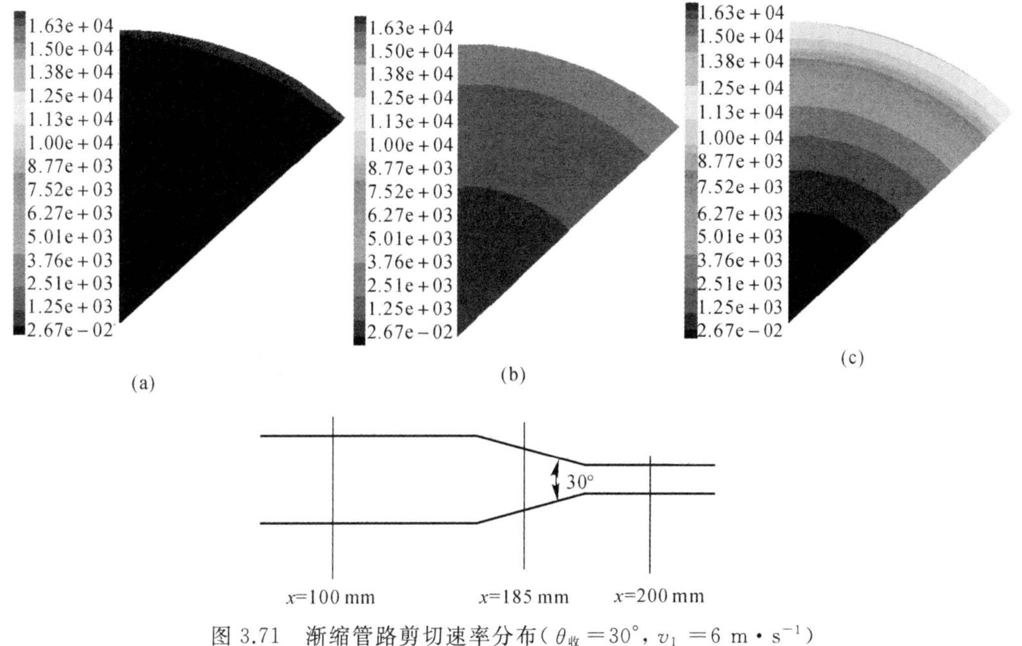

图 3.71　渐缩管路剪切速率分布（$\theta_{收}=30°$，$v_1=6\ \mathrm{m\cdot s^{-1}}$）

(a) $x=100$ mm；(b) $x=185$ mm；(c) $x=200$ mm

3.4.3　突扩和突缩管中的流动与流变特性

突扩/突缩管的处理方法与前述的渐扩管和渐缩管处理方法相同。

突扩管结构形式如图 3.72 所示，扩张直径比（即突扩比）d_1/d_2 取 1∶3，直管段长度 L_1 和 L_2 分别取直径 d_1 和 d_2 的 20 倍，直径比计算间隔取 0.5。d_1 取 6 mm，共计 4 种工况。

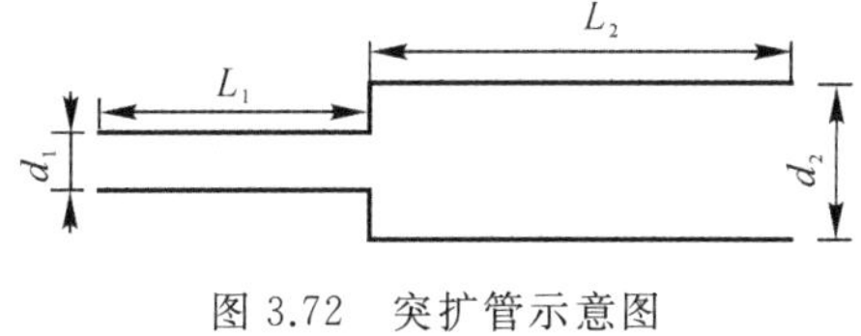

图 3.72　突扩管示意图

1. 突扩管中的流动与流变特性

（1）流动特性。突扩管的理论计算公式为

$$\Delta p=\left[1-\left(\frac{A_1}{A_2}\right)\right]^2\rho\frac{v^2}{2} \tag{3.104}$$

式中，A_1 表示突扩前圆管面积；A_2 表示突扩后圆管面积；速度 v 对应于突扩前的速度。

与渐扩、渐缩管的处理方式相同，对于管道突扩引起的局部损失，也是将其折合成一定长度直管的沿程压力损失来考虑，即采用下面的公式计算。

$$h_f=\lambda\frac{l_e}{d}\frac{v^2}{2} \tag{3.105}$$

式中，$\lambda=\dfrac{64}{Re'}$，其中，$Re'=\dfrac{\rho D^n v^{2-n}}{K\left(\dfrac{1+3n}{4n}\right)^n 8^{(n-1)}}$ 为广义雷诺数；l_e 为管件的当量长度；式中相关

参数对应突扩前的参数。

同样，由仿真结果得到当量长度和突扩比的关系见表 3.9。

表 3.9　突扩比与当量长度的关系

突扩比 d_1/d_2	1.5	2.0	2.5	3.0
当量长度 L_e /mm	1.0	2.7	2.6	3.9

图 3.73 展示了突扩比变化对凝胶流动局部压力损失的影响，可以明显看出，随突扩比的增加，局部压力损失增加，表明随突扩比的增加，局部阻力明显增加，这一点与牛顿流体在突扩管道中的流动是类似的。图 3.74 给出了轴对称截面上的速度分布。可以看出，与直管类似，在靠近壁面处，存在较大的速度梯度，而沿径向绝大部分区域，速度分布非常饱满。另外，值得注意的是，在突扩段，由于流动惯性，在拐角处明显存在低速区，使得在此区域沿径向存在较大速度梯度的范围扩大，造成较大的局部损失。

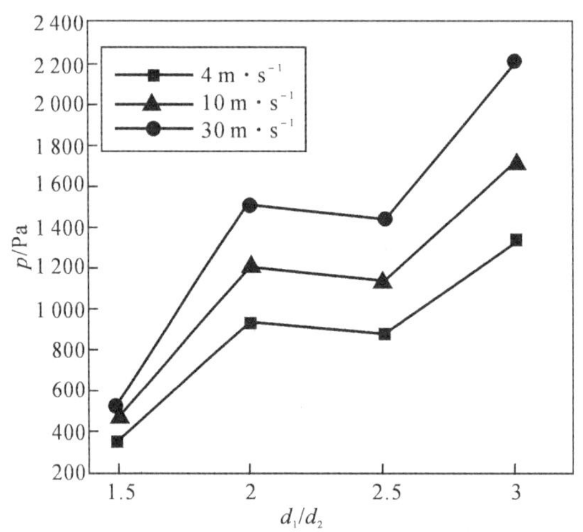

图 3.73　突扩比对流动沿程压力损失的影响（d_1 =6 mm）

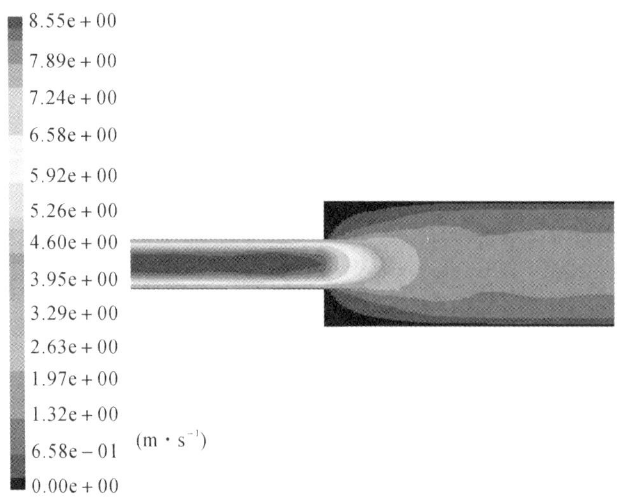

图 3.74　轴对称截面速度分布（d_1 =6 mm，d_2 =15 mm，v_1 =6 m · s^{-1}）

图 3.75 展示了突扩管路沿流向各截面速度分布，可以看出，在流动发生突扩之前，沿径向速度分布和直圆管是类似的。突扩发生后，在突扩管的开始段，存在较大的低速区（流动速度接近于 0），即凝胶在突扩管开始段出现了较大的滞止区。随着流动向下游的继续，低速区（滞止区）逐渐减小，因此，可以想象，在滞止区和核心流的区域，突扩管的流动参数分布和渐扩管的流动参数分布是类似的。

图 3.76 给出了轴对称截面上的压力分布，可以看出，沿流动方向，压力是逐渐减小的，并且其变化规律和直管道的变化规律是类似的。

（2）流变特性。图 3.77 表示了突扩管路沿流向各截面上剪切速率的分布。从图 3.77 中可以看出，在流动发生突扩前，各截面剪切速率的分布和直圆管是类似的。而在突扩发生后，由于较大低速区（滞止区）的存在，在滞止区内剪切速率接近于 0，从滞止区边界到核心流区域，剪切速率的分布和渐扩管路各截面剪切速率的分布是类似的。

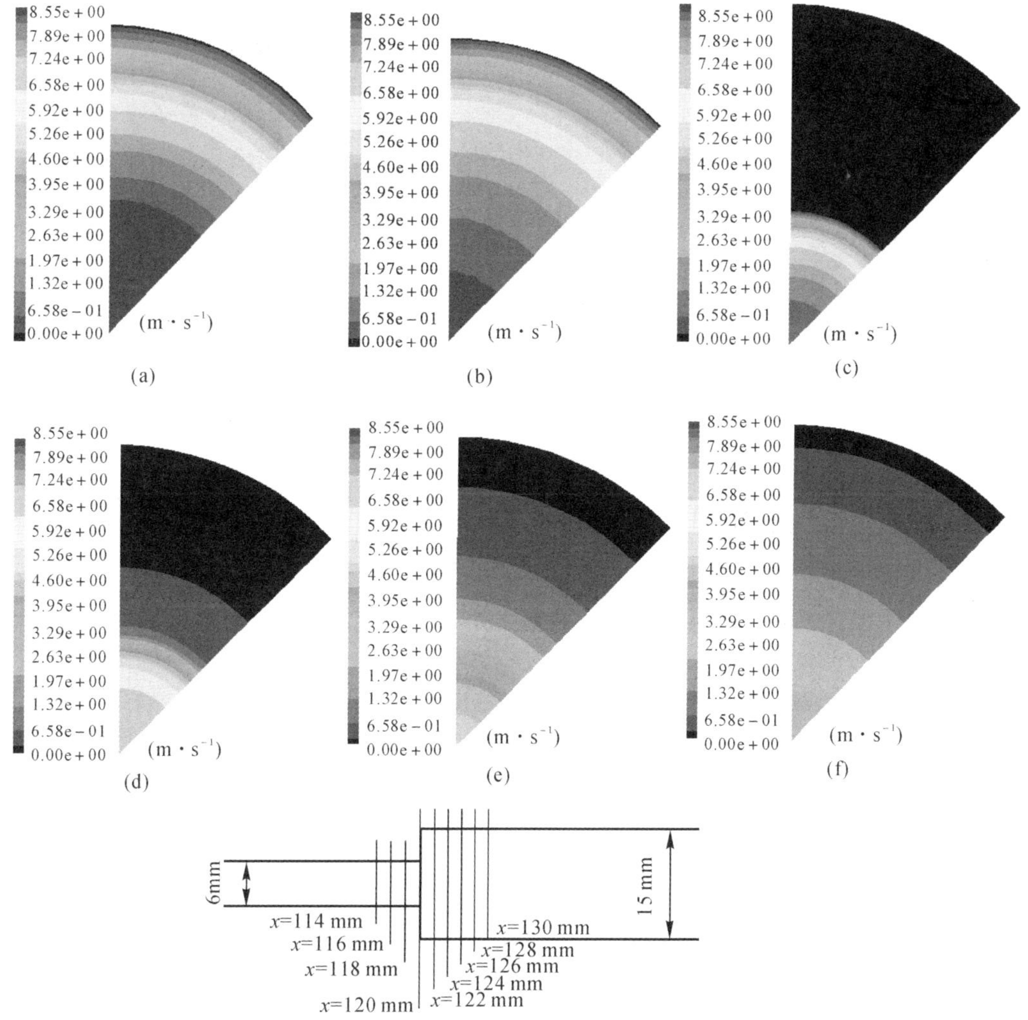

图 3.75　沿流向各轴对称截面速度分布（$d_1=6$ mm，$d_2=15$ mm，$v_1=6$ m · s^{-1}）

(a) $x=114$ mm；(b) $x=118$ mm；(c) $x=120$ mm；

(d) $x=122$ mm；(e) $x=126$ mm；(f) $x=130$ mm

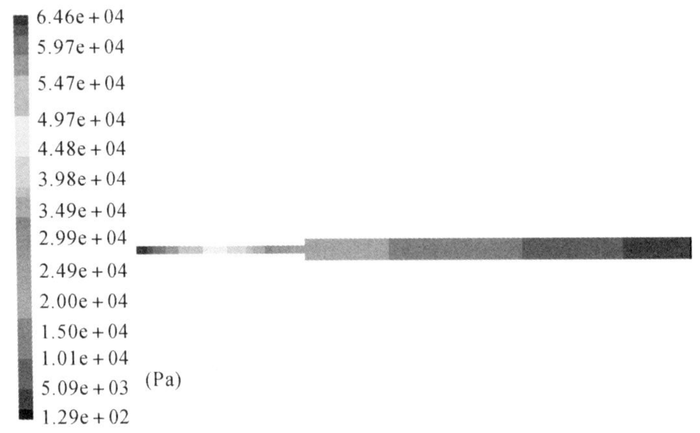

图 3.76　轴对称截面压力分布($d_1=6$ mm, $d_2=15$ mm, $v_1=6\ \mathrm{m\cdot s^{-1}}$)

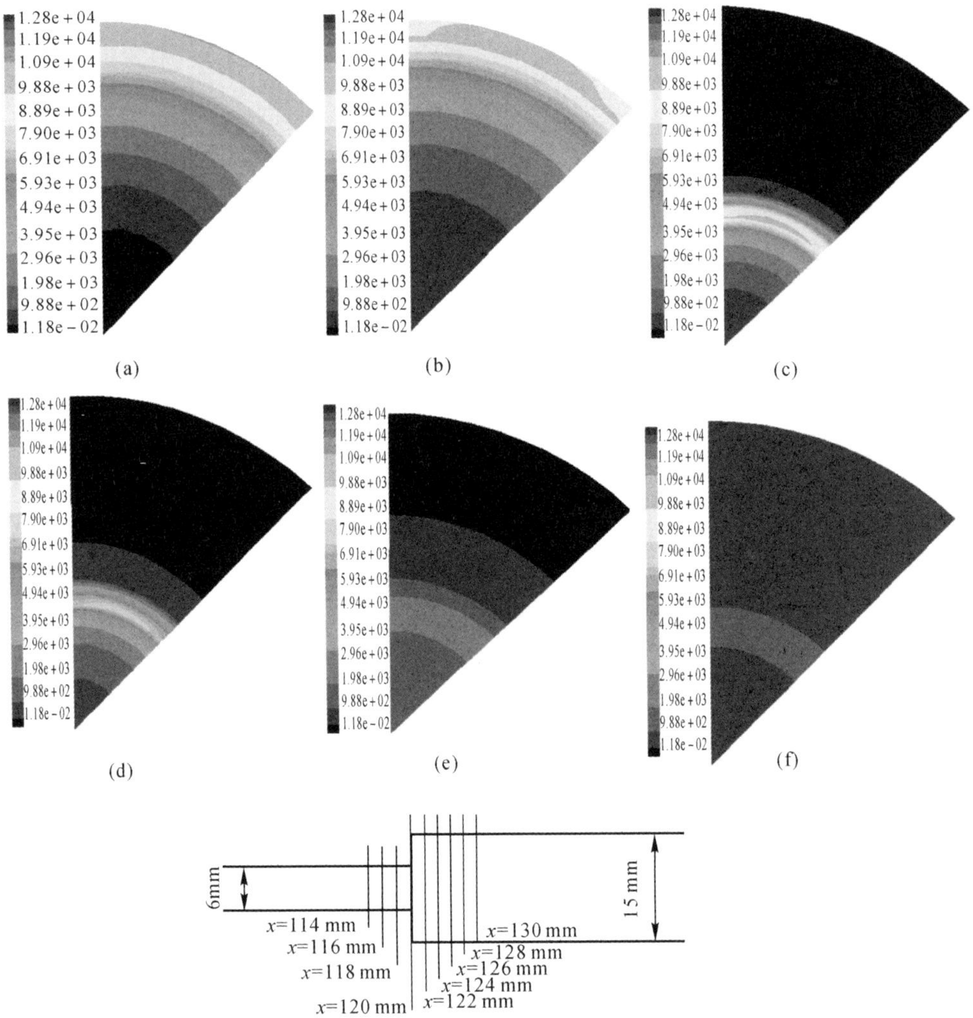

图 3.77　突扩管路剪切速率分布($d_1=6$ mm, $d_2=15$ mm, $v_1=6\ \mathrm{m\cdot s^{-1}}$)

(a) $x=114$ mm; (b) $x=118$ mm; (c) $x=120$ mm;

(d) $x=122$ mm; (e) $x=126$ mm; (f) $x=130$ mm

2. 突缩管中的流动与流变特性

突缩管结构形式如图 3.78 所示，收缩直径比(即突缩比) d_2/d_1 范围取 3～1，直管段长度 L_2 和 L_1 分别取直径 d_2 和 d_1 的 20 倍，直径比计算间隔取 0.5。d_1取 6 mm，共计 4 种工况。

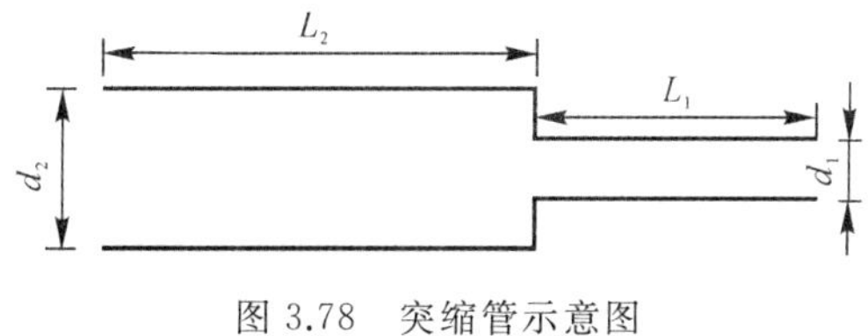

图 3.78　突缩管示意图

突缩管的处理方法与前述的渐扩管、渐缩管和突扩管的处理方法相同。

(1) 流动特性。图 3.79 展示突缩比变化对凝胶流动沿程压力损失的影响，可以明显看出，随着突缩比的增加，局部压力损失增加，表明随突缩比的增加，局部阻力明显增加，这一点与牛顿流体在突缩管道中的流动是类似的。图 3.80 给出了轴对称截面上的速度分布。可以看出，与直管类似，在靠近壁面处，存在较大的速度梯度，而沿径向绝大部分区域，速度分布非常饱满。另外，值得注意的是，在突缩段进口，由于流动惯性，在拐角处明显存在低速区，使得在此区域沿径向存在较大速度梯度的范围扩大，造成较大的局部损失。

图 3.81 展示了突缩管路沿流向各截面速度分布，可以看出，在流动发生突缩之后，沿径向速度分布和直圆管是类似的。突缩发生前，在突缩管的开始段，存在较大的低速区(流动速度接近于 0)，即凝胶在突缩管开始段出现了较大的滞止区。沿逆流动方向，低速区(滞止区)逐渐减小，因此，可以想象，在滞止区和核心流的区域，突缩管的流动参数分布和渐缩管的流动参数分布是类似的。

图 3.82 给出了轴对称截面上的压力分布，可以看出，沿流动方向，压力是逐渐减小的，并且其变化规律和直管道的变化规律是类似的。

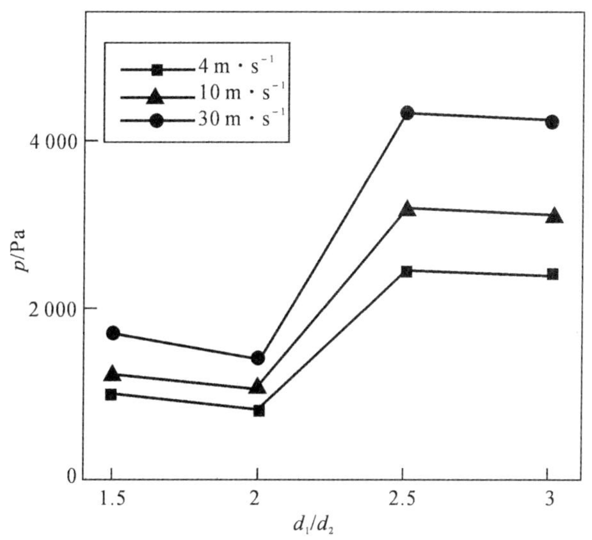

图 3.79　突缩比对流动压力损失的影响(d_1 =15 mm)

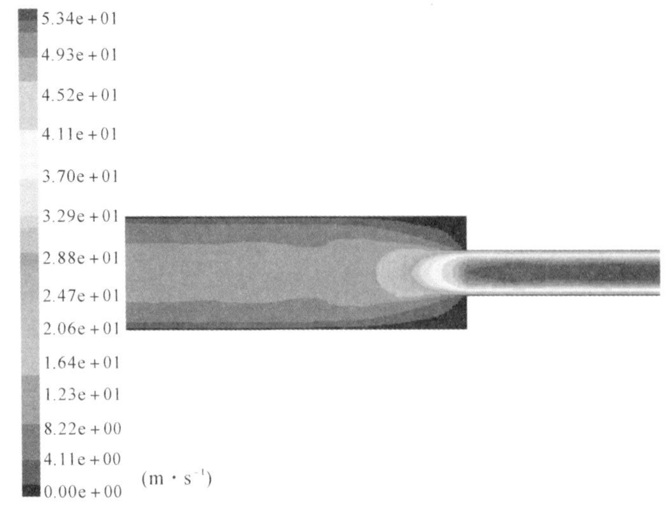

图 3.80　轴对称截面速度分布($d_1=15$ mm, $d_2=6$ mm, $v_1=6$ m·s^{-1})

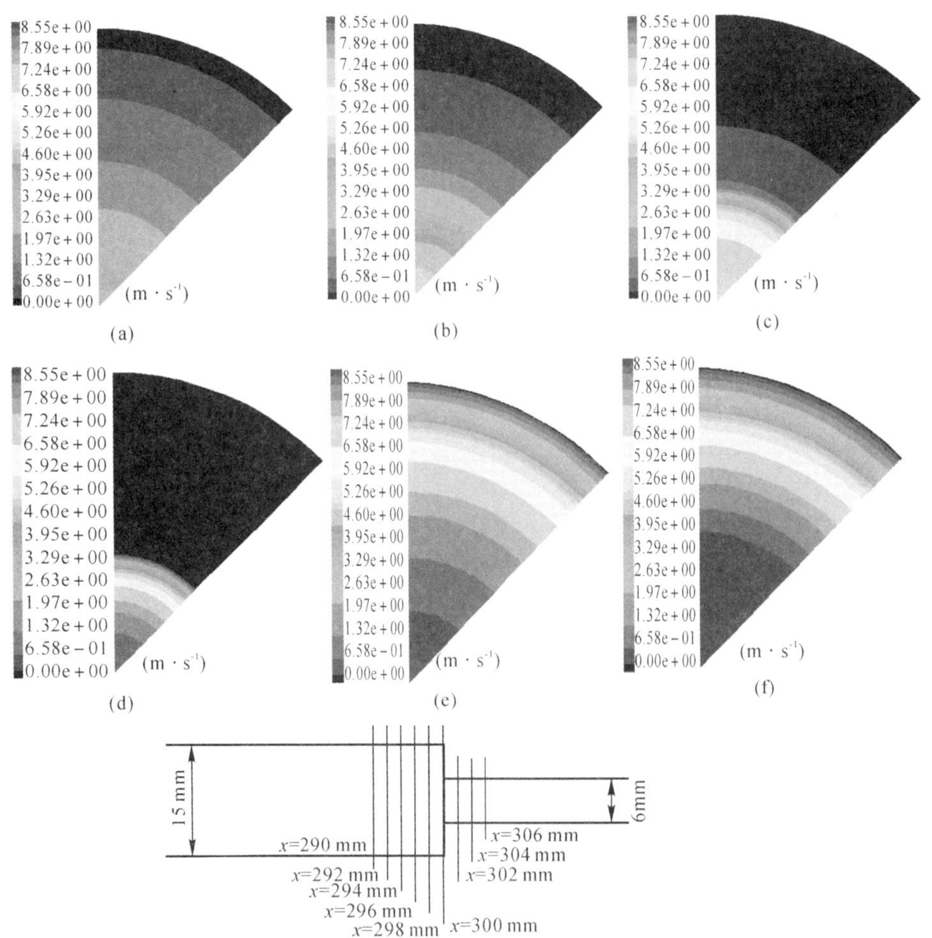

图 3.81　进口速度 $v_1=6$ m·s^{-1}时,沿流向各轴对称截面速度分布($d_1=15$ mm, $d_2=6$ mm)

(a) $x=290$ mm; (b) $x=294$ mm;(c) $x=298$ mm;

(d) $x=300$ mm;(e) $x=302$ mm;(f) $x=306$ mm

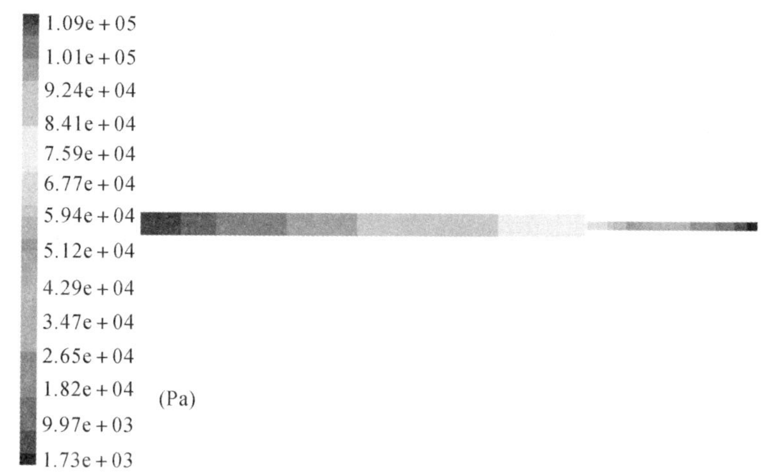

图 3.82　进口速度 $v_1=6\ \mathrm{m\cdot s^{-1}}$时，轴对称截面压力分布（$d_1=15$ mm，$d_2=6$ mm）

对于凝胶类流体在突缩管路流动时的局部压力损失，也是采用仿真和理论计算相结合的方法来处理。其中，突缩产生的局部压力损失理论计算公式为

$$h_f=0.5\left[1-\left(\frac{A_1}{A_2}\right)\right]\rho\frac{v^2}{2} \tag{3.105}$$

式中，A_1 为突缩后圆管面积；A_2 为突缩前圆管面积；v 突缩后的速度。

与突扩管的处理方式相同，对于管道突缩引起的局部损失，也是将其折合成一定长度直管的沿程压力损失来考虑，即采用下面的公式计算。

$$h_f=\lambda\frac{l_e}{d}\frac{v^2}{2}$$

$$\lambda=\frac{64}{Re'}$$

式中，$Re'=\dfrac{\rho D^n v^{2-n}}{K\left(\dfrac{1+3n}{4n}\right)^n 8^{(n-1)}}$ 为广义雷诺数；l_e 为管件的当量长度；式中相关参数对应突缩后的参数。

同样，由仿真结果得到当量长度和突缩比的关系见表 3.10。

表 3.10　突缩比与当量长度 l_e 的关系

突缩比 d_2/d_1	1.5	2.0	2.5	3.0
当量长度 l_e /mm	3.0	2.5	7.4	7.2

（2）流变特性。图 3.83 展示了突缩管路沿流向各截面上剪切速率的分布。从图 3.83 中可以看出，在流动发生突缩后，各截面剪切速率的分布和直圆管是类似的。而在突缩发生前，由于较大低速区（滞止区）的存在，在滞止区内剪切速率接近于 0，从滞止区边界到核心流区

域，剪切速率的分布和渐缩管路各截面剪切速率的分布是类似的。

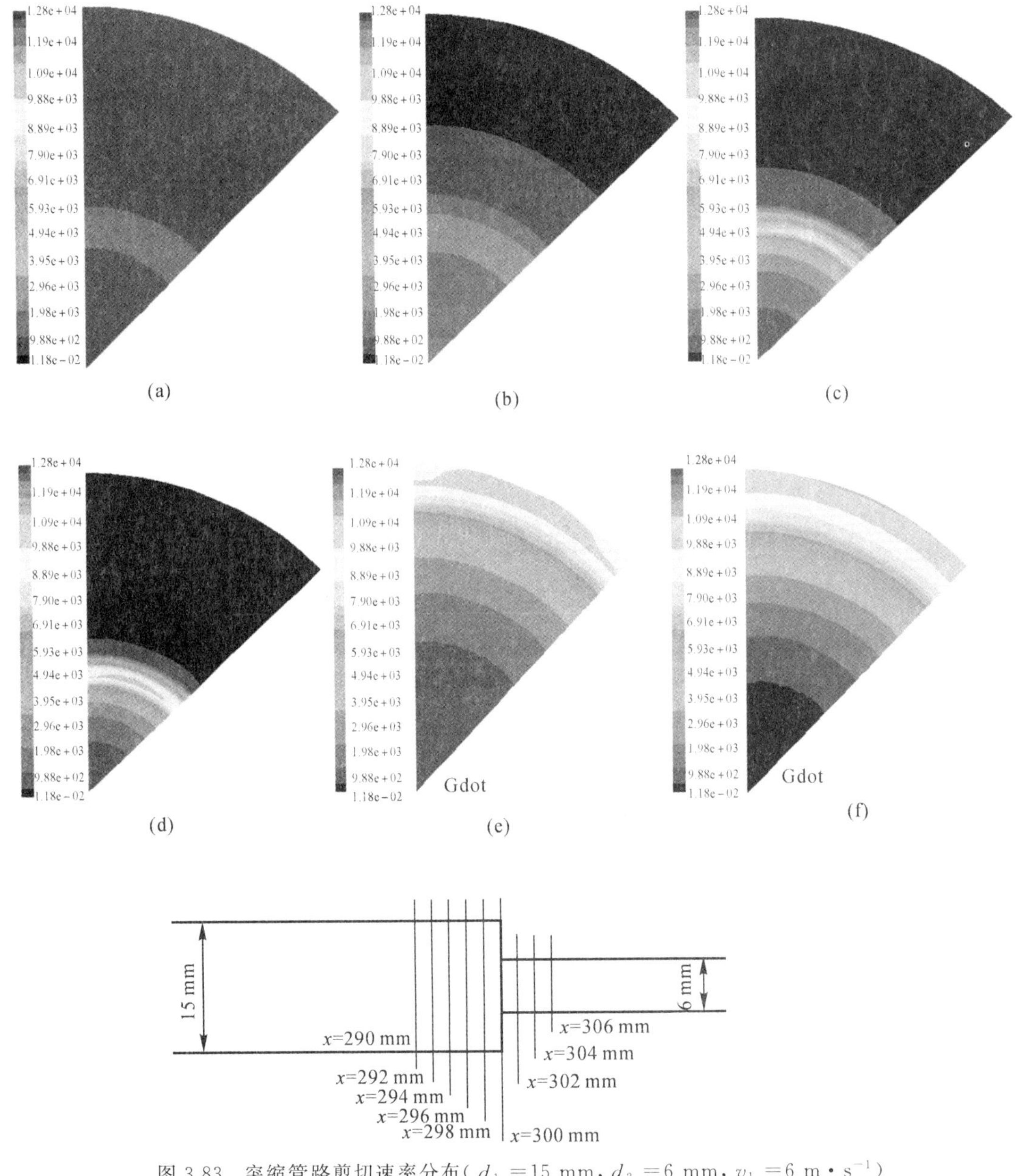

图 3.83 突缩管路剪切速率分布（$d_1=15$ mm，$d_2=6$ mm，$v_1=6\ \text{m}\cdot\text{s}^{-1}$）

(a) $x=290$ mm；(b) $x=294$ mm；(c) $x=298$ mm；

(d) $x=300$ mm；(e) $x=302$ mm；(f) $x=306$ mm

3.4.4 分流与汇流三通管中的流动与流变特性

1. 分流三通管中的流动与流变特性

分流三通管的结构形式如图 3.84 所示，水凝胶入口管直径与出口管直径之比 d_2/d_1（即管径比)取2～1,直管段长度L_2和L_1分别取直径d_2和d_1的20倍,直径比计算间隔取0.5,d_1取6 mm,共计3种工况。分叉管的处理方法与前述的渐扩管、渐缩管、突扩管和突缩管的处理方法相同。

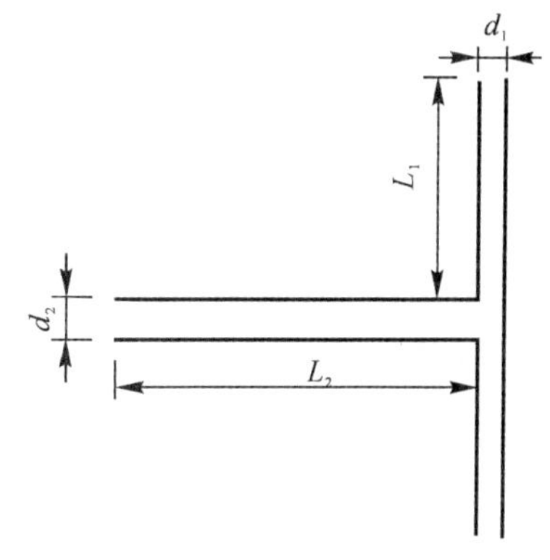

图3.84 分流三通管示意图

(1) 流动特性。图3.85展示了分流三通管不同管径比对凝胶流动局部压力损失的影响,可以明显看出,随分流管与总管管径比值的增加,压力损失增加。图3.86给出了对称截面上的速度分布。可以看出,凝胶在总管和分流管路的流动与直管中的流动是非常类似的。在靠近壁面处,存在较大的速度梯度,而沿径向绝大部分区域,速度分布非常饱满。值得注意的是,在三通处,由于管壁的阻滞,存在明显的低速区。

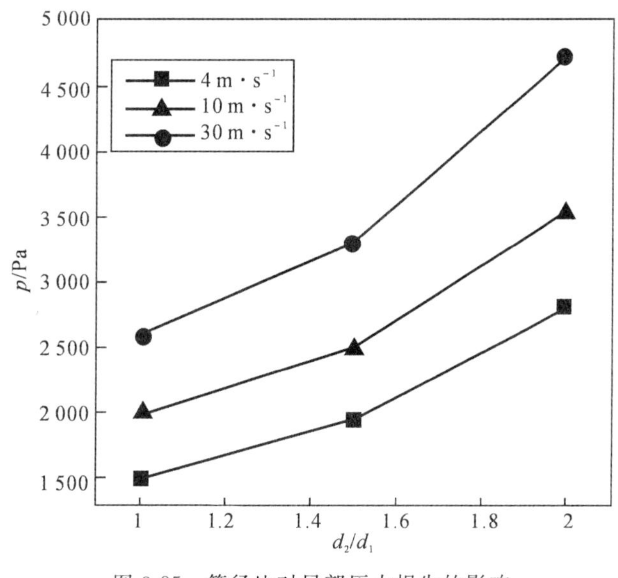

图3.85 管径比对局部压力损失的影响

模拟液在分流三通管流动时的压力损失计算公式为

$$h_f = \xi\rho\frac{v^2}{2} \tag{3.115}$$

式中,$\xi = 2$。

同样,将局部损失折合成一定长度的沿程损失,采用下面的计算公式计算。

$$h_f = \lambda\frac{l_e}{d}\frac{v^2}{2}$$

式中,$\lambda = \frac{64}{Re'}$;v表示主管流速;d表示主管直径;l_e为管件的当量长度。

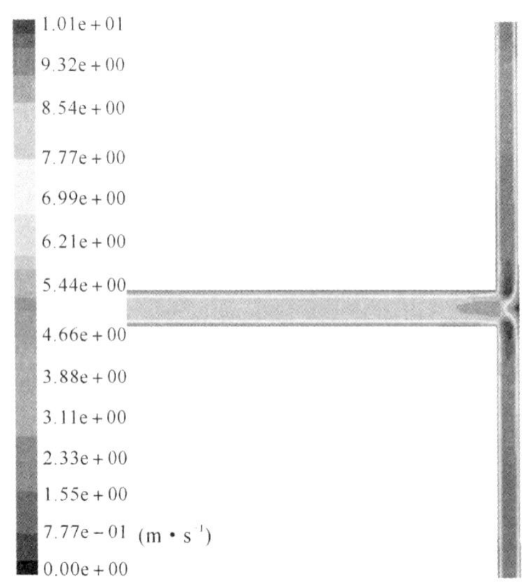

图 3.86　对称截面速度分布($d_2/d_1=1.5, v_1=6\ \mathrm{m\cdot s^{-1}}$)

通过两种大量的数值仿真分析，针对不同的管径比，确定的当量长度 l_e 见表 3.11。

表 3.11　不同管径比下当量长度 l_e

管径比 d_2/d_1	1.0	1.5	2.0
当量长度 l_e /mm	4.62	9.72	20.04

(2) 流变特性。图 3.87 分别给出了分流三通管路轴对称截面上的压力和剪切速率分布。由图 3.87 可见，沿流动方向，压力是逐渐减小的，并且其变化规律和直管道的变化规律是类似的；除分流三通管交接处，其他位置的剪切速率分布和直管路的剪切速率分布是相同的。在交接处，剪切速率突然增加。这种剪切速率的增加是由于凝胶从总管到分管分流时速度的增加引起的。

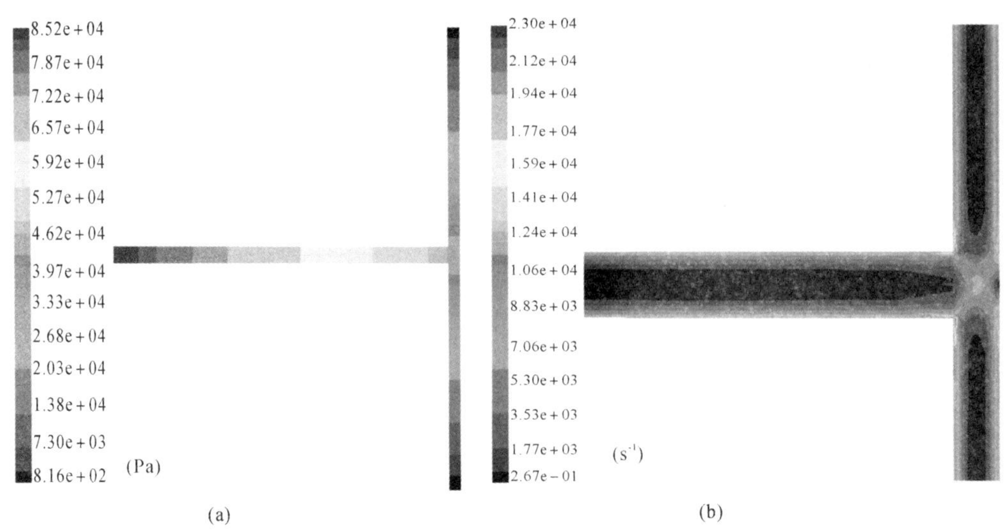

图 3.87　分流三通管对称截面压力和剪切速率分布($d_2/d_1=1.5, v_1=6\ \mathrm{m\cdot s^{-1}}$)

(a)压力分布；(b)剪切速率分布

2. 汇流三通管中的流动与流变特性

汇流三通管的结构形式如图 3.88 所示，水凝胶入口管和出口管直径比(即管径比) d_2/d_1 取 1～2，直管段长度 L_2 和 L_1 分别取直径 d_2 和 d_1 的 20 倍，直径比计算间隔取 0.5，d_1 取 6 mm，共计 3 种工况。汇流三通管的处理方法与前述的渐扩管、渐缩管、突扩管、突缩管和分流三通管的处理方法相同。

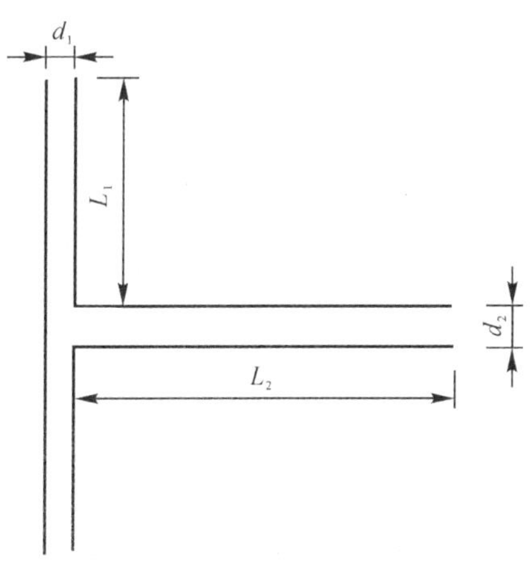

图 3.88　汇流三通管示意图

图 3.89(a)(b)(c)分别给出了汇流三通管对称截面上的速度、压力和剪切速率分布。可以看出，水凝胶在总管和分流管路的流动与直管中的流动是类似的。在靠近壁面处，存在较大的速度梯度，而沿径向绝大部分区域，速度分布非常饱满。值得注意的是，在三通处，由于管壁的阻滞，存在明显的低速区。沿流动方向，压力是逐渐减小的，并且其变化规律和直管道的变化规律是类似的。除汇流三通管交接处，其他位置的剪切速率分布和直管路的剪切速率分布是相同的。与分流三通管类似，在汇流三通管交接处，剪切速率也是出现突然的增加。这种剪切速率的增加是由于凝胶从分管汇入总管时速度的减小引起的。

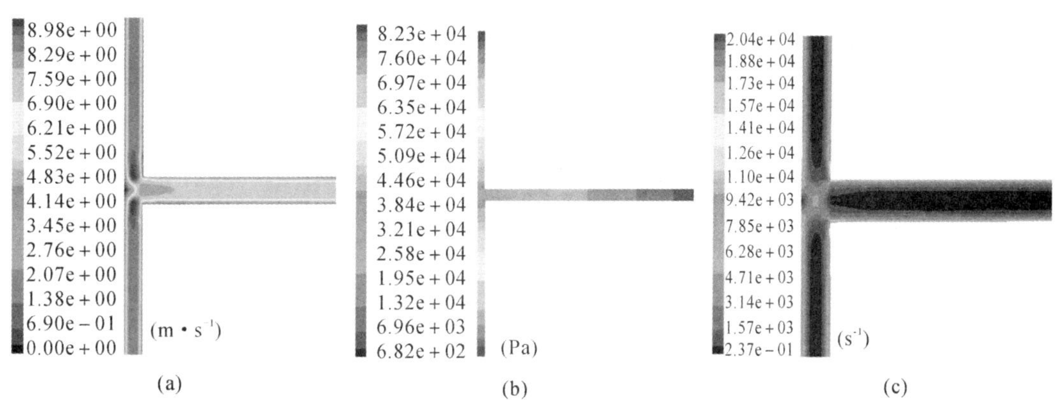

图 3.89　汇流三通管对称截面速度、压力和剪切速率分布($d_2/d_1=1.5$，$v_1=6\mathrm{m\cdot s^{-1}}$)

(a)速度分布；(b)压力分布；(c)剪切速率分布

与分流三通管类似，凝胶在汇流三通管流动时压力损失的计算公式也是

$$h_f = \xi\rho \frac{v^2}{2}$$

其中，

$$\xi = 3$$

同样地，也是将局部损失折合成一定长度的沿程损失，即采用下面的计算公式计算。

$$h_f = \lambda \frac{l_e}{d} \frac{v^2}{2}$$

式中，$\lambda = \frac{64}{Re'}$ 与前述相同；v 表示汇流支管流速；d 表示汇流支管直径；l_e 为管件的当量长度。

通过数值计算分析，针对不同的管径比，确定的当量长度 l_e 见表 3.12。

表 3.12　不同管径比下的当量长度

管径比 d_2/d_1	1.0	1.5	4.0
当量长度 l_e /mm	6.60	4.98	4.14

3.4.5　分流与汇流多通管中的流动与流变特性

1.分流多通管中的流动与流变特性

分流管与汇流管结构形式相同，仅是流体的流动方向不同。分流管结构形式如图 3.90 所示，水凝胶入口管和出口管直径比（即管径比）d_2/d_1 取 2 ～ 1，直管段长度 L_2 和 L_1 分别取直径 d_2 和 d_1 的 20 倍，直径比计算间隔取 0.5，d_1 取 6 mm，共计 3 种工况。分流多通管的处理方法与前述的渐扩管、渐缩管、突扩管、突缩管和分流三通管的处理方法相同。

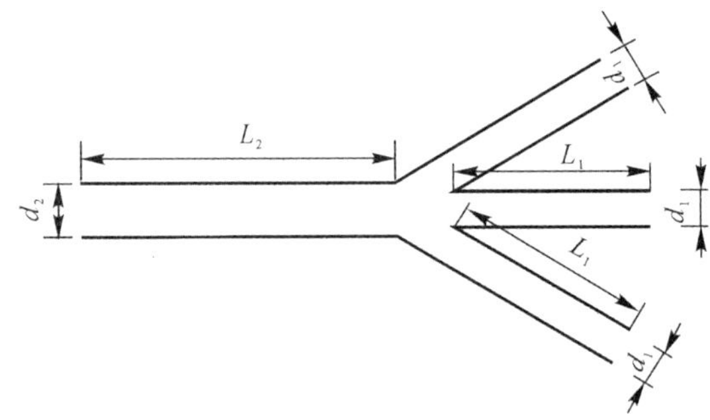

图 3.90　分流多通管示意图

图 3.91 给出了分流多通管轴对称截面上的速度、压力和剪切速率分布。从图 3.91 中可以看出：① 水凝胶在总管和分流管路的流动与直管中的流动是非常类似的。在靠近壁面处，存在较大的速度梯度，而沿径向绝大部分区域，速度分布非常饱满。在管道结合处，沿流动方向，存在较大的速度梯度。② 沿流动方向，压力是逐渐减小的，并且其变化规律和直管道的变化规律是类似的。③ 除分流多通管交接处，其他位置的剪切速率分布和直管路的剪切速率分布是相同的。与分流多通管类似，在分流多通管交接处，剪切速率也是突然增加。这种剪切速率的增加是由于凝胶从总管流入分管时速度的减小引起的。

凝胶在复杂的分流多通管路流动时，压力损失计算无法采用常规的理论或经验公式给出。基于仿真模拟方法，对凝胶在分流多通管路流动的压力损失进行了计算，再根据计算结果，参考分流多通管的压力损失计算公式，将分流管件的阻力折合成一定长度的直管的阻力。

$$h_f = \lambda \frac{l_e v^2}{d_2}$$

式中，$\lambda = \frac{64}{Re'}$ 与前述相同；v 表示分流主管的流速；d 表示分流主管的直径；l_e 为当量长度。

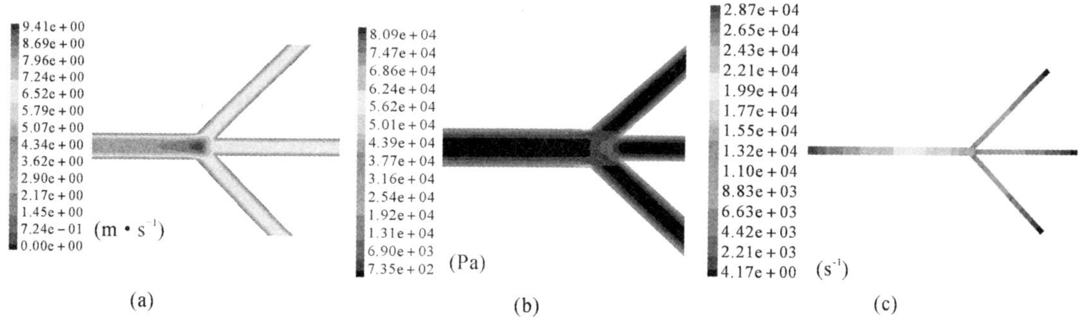

图 3.91　汇流三通管轴对称截面速度、压力和剪切速率分布（$d_2/d_1=1.5$，$v_1=6\ \mathrm{m \cdot s^{-1}}$，$\theta_{分}=45°$）

(a)速度分布；(b)压力分布；(c)剪切速率分布

通过数值计算分析，针对不同的管径比和分流角度，确定的当量长度 l_e 见表 3.13。

表 3.13　不同管径比和分流角度下的当量长度

当量长度	管径比 d_2/d_1	分流角度 θ/(°)				
		20	30	45	60	90
l_e /mm	1.0	6.54	4.62	3.54	2.94	2.52
	1.5	16.65	15.21	11.79	10.53	10.8
	2.0	24.44	18.12	12.6	13.08	18.6

2. 汇流多通管中的流动与流变特性

汇流多通管结构形式如图 3.92 所示，推进剂入口管和出口管直径比（即管径比）d_2/d_1 取 1～2，直管段长度 L_2 和 L_1 分别取直径 d_2 和 d_1 的 20 倍，直径比计算间隔取 0.5，d_1 取 6 mm，共计 3 种工况。汇流多通管的处理方法与前述的渐扩管、渐缩管、突扩管、突缩管和汇流三通管的处理方法相同。

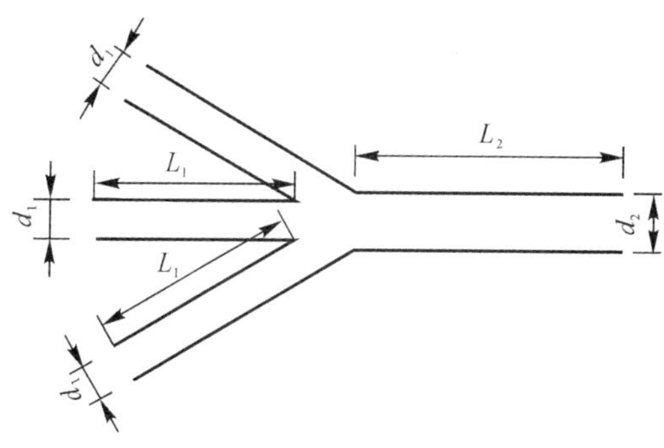

图 3.92　汇流多通管示意图

图 3.93 给出了汇流多通管对称截面上的速度、压力和剪切速率分布。从图 3.93 中可以看出：① 水凝胶在总管和分流管路的流动与直管中的流动是非常类似的。在靠近壁面出，存在较大的速度梯度，而沿径向绝大部分区域，速度分布非常饱满。在管道结合处，沿流动方向，存在较大的速度梯度。② 沿流动方向，压力是逐渐减小的，并且其变化规律和直管道的变化规律是类似的。③ 除汇流多通管交接处，其他位置的剪切速率分布和直管路的剪切速率分布是相同的。与分流多通管类似，在汇流多通管交接处，剪切速率也是突然增加，这种剪切速率的增加是由于凝胶从分管流入总管时速度的增加引起的。

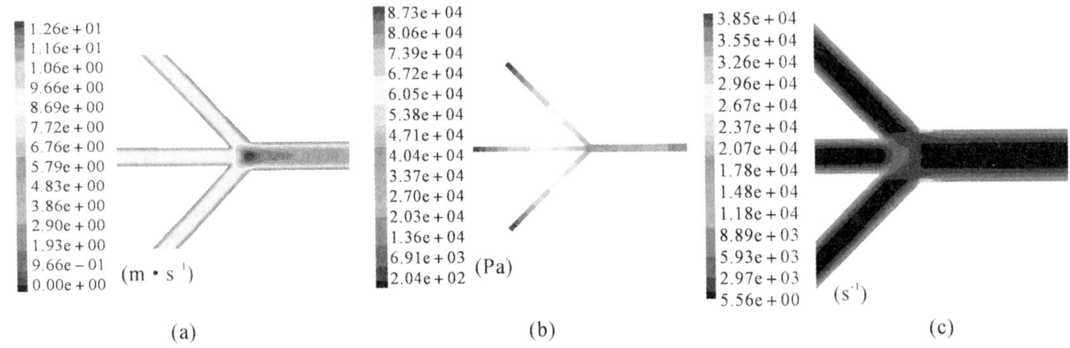

图 3.93 汇流多通管轴对称截面的速度、压力和剪切速率分布（$d_2/d_1=1.5$，$v_1=6\ \mathrm{m\cdot s^{-1}}$，$\theta_{分}=45°$）

(a)速度分布；(b)压力分布；(c)剪切速率分布

与分流多通管路流动时压力损失的方法类似，首先基于数值模拟方法，对凝胶在汇流多通管路流动的压力损失进行计算，再根据计算结果，参考计算汇流多通管的压力损失计算公式，将汇流管件的阻力折合成一定长度直管的阻力。

$$h_f=\lambda\frac{l_e}{d}\frac{v^2}{2}$$

式中，λ 与前述相同；v 表示汇流支管的流速；d 表示汇流支管的直径；l_e 为当量长度。

通过数值计算分析，针对这里列举的管径比和分流角度，获得的当量长度 l_e 见表 3.14。

表 3.14 不同管径比和分流角度下的当量长度

当量长度	管径比（d_2/d_1）	分流角度 $\theta_{分}$/(°)				
		20	30	45	60	90
l_e/mm	1.0	18.72	14.32	10.98	9.00	7.62
	1.5	11.16	7.20	5.46	4.56	4.74
	2.0	6.42	4.68	1.74	1.86	4.68

凝胶推进剂的流动和流变特性是其动力装置研制的前提，也是其喷雾燃烧特性研究的基础。凝胶推进剂在管路及喷注器中的流动状态会直接影响到它的输送和雾化性能。然而凝胶在管路及喷注器内的流动状态又受到其流变特性的强烈影响。本章借助数值仿真技术了解凝胶在直圆管、弯管和多种异型管中流动时的速度分布、剪切速率分布和剪切黏性分布等流动和

流变特性。通过对幂律型凝胶模拟液、屈服幂律型凝胶模拟液和真实凝胶推进剂共计七种凝胶的流动、流变及流阻特性分析，可以得出以下结论[17-20]：

（1）对于绝大多数凝胶推进剂及其模拟液，Power Lower 模型能在较宽的剪切速率范围内较好地描述其流动和流变特性。凝胶推进剂及其模拟液的流变特性实验表明，凝胶推进剂的表观黏度随剪切速率的增加迅速减小，具有明显的剪切变稀特性。依据剪切速率变化，可以将表观黏度随剪切速率的关系分为 3 个流动区。对于幂律型流体，在第 2 流动区内又可以细分，在第 3 流动区内，凝胶推进剂及其模拟液的剪切黏度近似为常数。

（2）幂律型凝胶推进剂在管路中呈“柱塞”形流动；其他条件相同时，在“柱塞”外侧，沿管径方向，随着半径增加，速度减小，速度梯度增加，剪切速率增大，表观黏度减小；随速度增加，“柱塞”流区减小；幂律型凝胶推进剂的流变指数对流动特性影响较大。

（3）其他条件相同时，管长、管路弯角、弯曲半径和推进剂速度增加，管路压降增加；管径增加，压降降低；本文计算范围内，收缩或者扩张比一定时，收缩或者扩张角增加，管路压降减小；收缩或者扩张角一定时，收缩或者扩张比增加，管路压降增加。弯管中，流动呈现明显的非对称性，弯曲半径的增加，非对称性减弱。突扩和突缩管中，内侧凹点处存在强度较小的低速回流区。在此区域内，凝胶推进剂的剪切黏度远大于附近其它区域。

（4）通过对 90°弯管的流阻特性分析得知，弯管的阻力系数可以仿照牛顿流体弯管阻力系数的计算形式，将阻力系数 λ 表示成弯管曲率半径 R、弯管水力半径 r 以及广义雷诺数 Re' 的关系为

$$\lambda = a\ (R/r)^{b}\ (Re')^{c}$$

式中，a，b 和 c 为拟合常数。

摩擦阻力系数 λ 与广义雷诺数 Re' 近似成 $\lambda = 64/Re'$ 的关系。

（5）从幂律型流体体积流量误差分析中得出各参数的误差传播系数从大到小排列为

$$a_n > a_R > a_{\Delta p} = |a_L|$$

即流变指数 n 的测量误差对体积流量的影响最大，管径的测量误差次之，压降和管长的测量误差较小。

参照牛顿流体，提出了幂律型流体在弯管、渐扩/突扩、渐缩/突缩、分流/汇流管中的流阻方程，希望对工程分析计算有一定的参考作用。需要说明的是，这些异型管的流动及流变特性是很难测量的，因而方程需要同行有机会采取可能的方法予以验证及修正。

第4章　幂律型流体圆柱形射流的破碎

4.1　概　　述

圆柱形射流是最简单，也是最基础的射流形式，其破碎是一个经典的流体力学理论问题。在液体动力装置中，圆柱形射流是直流喷注器出口初态，又是撞击式喷注器的一个单元，还是燃烧室射流冷却方式的基本单元。对燃烧室内的燃烧组织而言，射流破碎及其后续的混合和燃烧属于扩散燃烧的范畴。燃料喷射过程是影响可燃混合气形成的决定性因素，射流破碎、射流撞击破碎等雾化特性直接影响到发动机的燃烧性能，并进而决定了发动机经济性和可靠性。研究射流破碎的目的就在于深入理解幂律型流体在圆柱形射流破碎机理，了解各种影响因素对射流破碎不稳定性特征和实际破碎特征的影响规律，进而实现对幂律型流体圆柱形射流破碎特征和过程的有效控制，优化与改善幂律型流体作为燃料的发动机的燃烧过程。

本章将基于线性不稳定性理论，建立表征幂律型流体圆柱形射流破碎的不稳定性理论模型，揭示幂律型流体圆柱形射流破碎的机理，研究包括射流参数、结构参数、环境参数、流变参数等对液体射流导致不稳定性的特征，如最大扰动增长率特征、最不稳定波数特征、破碎模式特征等的影响规律，推出基于理论分析的幂律型流体圆柱形射流破碎特征的预测模型。基于计算流体动力学技术，运用格子 Boltzmann 方法（Lattice - Boltzmann Method，LBM），获得幂律型流体圆柱形射流破碎的物理模型，并进行数值仿真计算分析，研究射流和环境参数影响破碎过程及其特征规律；采用高速摄像技术、定容高温高压实验系统及相应的实验方法，进行幂律型流体圆柱形射流破碎的实验研究，对理论模型和数值仿真结果提供支持和验证。

4.2　射流破碎的简要回顾

圆柱形射流破碎机理的研究始于 1879 年，Rayleigh[21] 首创性地利用表面波不稳定性理论对低速液体射流的破碎进行了研究，给出了与实验吻合得相当好的结果。随后，基于这一理论，Yuen[22]，Lafrance[23-24]，Nayfeh[25]，Chaudhary[26-27]，Rutland[28] 等研究者在低速液体射流破碎的非线性领域也取得了成果。然而，当研究者试图将同样的方法引入高速液体射流的破碎机理研究中时，却遇到困难，并由此出现了对高速液体射流破碎的多种理论解释，代表性的如湍流扰动说（如 Schweitzer[29] 等研究者）、空穴扰动说（如 Bergwerk[30]，Sadek[31] 等研究者）、边界突变说（如 Rupe[32]，Shkadov[33]）、压力振荡说（如 Giffen[34]）等。Reitz 对此进行了比较全面的理论与实验研究，认为没有一种理论可以完全解释高速液体射流实验中观察到的全部现象，相对而言，空气动力干扰说（即不稳定性理论）有较好的合理性，但需对其进行修正和补充，并称之为增广的空气动力干扰雾化理论[35]。

Castleman[36]曾假设雾化是由于液体与气体之间的相互作用引起的。这种空气动力的相互作用造成了液体表面波的增长。后来许多研究者用此模型研究液体射流的雾化。Taylor[37]采用线性不稳定性理论对风吹过黏性液体表面产生细小波纹的现象进行了研究,并以此解释把研究的结果应用于对液体雾化机理,从此揭开了高速液体射流雾化机理研究新的一页。他对于黏性液体射流射入低密度气体介质中的情况下扰动随时间发展而导致液体破碎的现象,提出了一些著名的结论。他认为当扰动的波长大于射流的毛细特征作用长度且扰动沿时间方向发展时,射流是不稳定的,按最大扰动增长率对应的波长破碎的液滴的平均直径与射流速度的平方成正比。Lin 和 Kang[38]运用 Taylor 的分析方法,研究了高速黏性液体射入高密度气体介质中时小波长扰动波随空间发展的情况,与 Taylor 不同的是,他们采用了空间模式。他们的研究结果一方面肯定了 Taylor 得到的结论;同时也认为,雾化主要是由于空气的压力波动在气液界面引起的薄膜波的共振造成的,只有当喷嘴出口处的扰动振幅大于某一临界值时,雾化才有可能在喷嘴出口处立即发生,否则就有破碎长度的存在;其结果还肯定了黏性在液体雾化中所起的重要作用。黏性的存在导致了气体与高速运动的液体相互作用时在其边界层内形成了不稳定的剪切波,这种剪切波对液体射流的破碎也有重要的影响,虽然这种影响与前者相比可能是居于较次要的地位的。随后,Lin 和 Lian[39]又完善了他们的理论,建立了一个空间模式下对于高速和低速黏性液体射流都适用的统一的液体射流破碎雾化理论。认为,一个统一的色散方程可以表示低速和高速射流的破碎特性,而射流的雾化破碎特性又仅与表征液体射流物理条件的三个无量纲数 Re,We 和 Q 有关,通过改变射流的各种参数进行的大量计算结果表明,液体的表面张力和气液表面压力波动是导致射流破碎及雾化的主要原因。前者使射流产生与射流尺度相同的大液滴,后者使射流产生远小于射流尺度的小液滴。在不同的射流条件下,由于不同因素在起主要作用,所造成射流破碎的结果也不相同。而气液边界层内的剪切波也对雾化起着极其重要的作用。

圆柱形射流破碎机理研究中另一个重要的问题是液体射流的非轴对称,它几乎伴随着高速液体射流研究的全过程。

Rayleigh 在研究中假设扰动是轴对称的,其后的研究者在相当长的时间内继承了这一假设。但后来人们对此假设提出了疑问。Rayleigh 模式中假设扰动是非轴对称的,由于忽略了气体介质对液体射流的作用,最终得到了非轴对称扰动不会导致液体破碎的结论。由于轴对称扰动理论的预测与实验结果在 Rayleigh 模式下的良好吻合使人们在对 Taylor 模式射流的研究中秉承了这一假设,即认为射流表面的初始扰动是轴对称的,随后的发展也是轴对称的,但这与实验所观察到的情况却不相吻合了。

Levich[40]首先试图用理论分析 Taylor 模式下射流的非轴对称结构。但因建立射流模型的过程中忽略了气体介质的存在,也即忽略了气体与液体之间的相互作用,因而得到了非轴对称扰动波的增长率永远不会大于同样波长的轴对称扰动波的增长率的结论。按此理论,液体破碎的最终结果是一串串薄薄的圆环,这显然不能解释实验中经常可以观察到的液体射流的蛇型结构。

Hoyt 和 Taylor[41]曾用高速摄影技术拍摄到了液体射流表面波的结构和发展。实验结果表明在射流中明显地存在着非轴对称的结构。Stockan 和 Bejan[42]采用闪光摄影技术也拍摄到了液体射流的非轴对称结构，并试图用射流弯曲(Bulking)理论而不是通常所用的线性稳定性理论解释此问题。他们的计算结果表明，液体轴向波的波长大约为射流半径的3.14倍，并且波长与液体的黏性无关，这种理论对液体射流非轴对称现象的解释并不能令人满意。Yang[43]首先将非轴对称的扰动模式引入所建立的射流模型中，他采用时间模式证明了在初始扰动满足某些条件的情况下，非轴对称的扰动会比轴对称扰动发展得更快，因而会使射流表现出非轴对称的特征。同时，通过理论计算，还给出了表示各阶模式结构特征的侧面及横截面的图形，为非轴对称模式的研究做出了很大的贡献。然而，由于忽略了液体黏性的影响，因而得出了当初始扰动在各个波长的成分均匀分布时，非轴对称模式的增长率不会超过轴对称模式增长率，因而在自由的情况下液体射流不会表现出非轴对称结构的错误结论。

Li[44]的射流模型比Yang更为符合实际，他研究了一黏性液体射流高速射入空气中的破碎情况，证明了在一定的物理条件下，非轴对称模式的最大扰动增长率可以大于轴对称模式的最大扰动增长率，从而在自由射流的情况占主导地位，并可以在实验中被观察出来，从而终于在理论中证明了射流的非对称结构存在的必然性。Shi[45]等则利用不稳定性理论，得到了在Re－We平面上的一些临界曲线。这些曲线将该平面划分为一系列带状区域，这些区域指出了各阶轴对称模式和非对称模式占优的条件，从而实现了对液体射流各阶模式出现条件的理论预测。

2004年，Du和Li[46]提出了迄今为止最为普适的描述环膜液体射流破碎不稳定性的基于空气动力干扰说的模型。其模型考虑了液体的黏性、内外气体介质的运动和旋转、射流破碎的类对称和类反对称以及其低阶和高阶模式，而圆柱形液体射流在这一模型中成为一个可以处理的特例。利用此模型，Du[47]等进一步研究了环膜射流的破碎模型与射流气－液界面的关联关系，证明了类对称模式主要与外气－液界面相关联，而类反对称模式则主要与内气－液界面相关联，并深入研究了各种影响因素对这种关联关系的作用。

随着计算流体动力学技术的快速发展和完善，液体射流破碎过程及破碎特征的仿真成果不断涌现。大量的研究表明，在高韦伯数的喷嘴附近区域，射流破碎不仅受到气液两相间的相互作用的影响，而且受到喷嘴内部流动现象如湍流和空穴等影响；而在距喷嘴较远的喷雾下游区，喷雾破碎将完全受空气动力的作用，与喷嘴形式关系不大。对喷雾的模拟是通过各具特色的子模型来考虑的。由O'Rourke和Amsden[48]提出的经典TAB破碎模型将喷雾液滴的振动和变形与弹簧质量系统相类比，建立液滴变形方程，通过变形量判断液滴破碎形式，适宜于低韦伯数的喷雾模拟，因为对于特别高的韦伯数，喷雾液滴散落分布，用弹簧质量系统类比是不适合的。由Reitz和Diwakar[49-50]提出的GM模型将喷雾液滴破碎分为袋形破碎和剥裂破碎两种形式，通过临界韦伯数进行判断。这两种模型从描述单个液滴破碎的角度出发，建立喷雾破碎模型，可用于柴油机和直喷汽油机喷雾破碎的模拟，具有应用简单的优点。然而，由于这两种模型不能直接反映喷嘴内部流动对喷雾破碎的影响，同时射流破碎毕竟不同于液滴破碎，因此，在反映喷雾破碎机理上有着先天的不足。目前，表面波不稳定性理论是研究射流碎裂机理中最成功的理论，在喷雾模型中的应用也越来越多。WAVE模型[51-52]认为KH不稳定波的增长导致了液滴从射流表面剥落下来，模型适宜于高相对速度和高环境密度的液滴破碎过程。在WAVE模型的基础上，发展了KH－RT模型[53]。Huh－Gosman模型[54-55]认为喷嘴内部湍流对喷雾破碎过程至关重要。Schmidt[56]认为KH不稳定波在射流表面产生，其中短波控制表面波的增长，用于对产生空心锥喷雾的喷嘴附近雾场进行模拟。同时，考虑喷嘴内空穴流动对喷雾破碎影响的模型也越来越多，孔式喷嘴流动模型是其中的一种。

由于流体射流破碎机理复杂，CFD 软件中的喷雾模型均对喷雾过程不得不做简化和假设。从理论上讲，喷孔流动模型和应用表面波不稳定性理论建立的喷雾破碎模型大大提高了对喷嘴附近喷雾破碎进行数值模拟的精确性。由于缺乏喷嘴附近喷雾破碎的实验数据，喷雾模型的准确性需要通过与距离喷嘴较远的下游地区的试验数据相比较来确定。才可以通过调整模型提供的参数，实现实验与计算结果的匹配。

然而，不论是基于理论分析的不稳定性研究，还是 CFD 数值仿真，上述研究成果都是针对牛顿流体的，即流体的剪切应力与剪切应变力之间满足线性关系的前提下获得的。而非牛顿流体射流的破碎过程和破碎特性呈现出与牛顿流体截然不同的特征。Liu[57] 等人利用线性不稳定性理论研究了二维非牛顿流体平面液膜的破碎不稳定性，证明了非牛顿流体相比牛顿流体有更高的扰动增长率。他们同时研究了非牛顿流体射流的表面张力、黏性力和气液作用力对射流破碎不稳定性的影响。在此基础上，Guenter[58] 等人研究了非牛顿流体圆柱形射流的不稳定性问题，得到了表征非牛顿流体圆柱形射流的不稳定性的色散方程，并进一步研究了各种因素对射流不稳定的影响。他们得到了与二维非牛顿流体平面液膜的破碎不稳定性相类似的结论，即在相同的射流条件下，非牛顿流体较牛顿流体具有更高的射流破碎不稳定性，而各种影响因素对非牛顿流体射流破碎的作用性质与牛顿流体的促稳或失稳作用是相类似的。在此基础上，Liu[59] 等人进一步研究了非牛顿流体圆柱形射流中对称模式和非对称模式扰动的不稳定性问题，得到了一些非常有意义的结论。Thompson[60] 等人则进一步研究了由特定喷嘴所形成的非牛顿流体中空环膜射流的不稳定性。他们的理论和实验研究结果表明，随着喷嘴流通流量的增加，射流逐渐变为不稳定并最终导致射流的破碎。而在这一过程中，流体的非牛顿特性，即流变特性对射流的破碎具有显著的影响，而这一影响对于射流内外界面不稳定性的发展是不尽相同的。

上述研究成果一般是以黏弹性流体作为研究对象。对于幂律型流体的研究相对较少，只有少数研究者进行了初步探讨，幂律型流体破碎机理及特征的研究还很不完善，也未取得突破性的进展。

从总体上看，目前对于幂律型圆柱形射流的研究已经试图从理论上得到射流参数和结构参数与射流破碎特征参数之间的定量关系与规律方面探索。从研究工作的发展趋势上说，基于不稳定性理论的破碎机理的理论研究仍在继续发展[61]，而基于计算流体力学的仿真研究及采用先进光学技术的实验研究已经成为今后幂律型流体圆柱形射流破碎的重要研究方法[62]，并且他们研究成果的结合越来越密切。

4.3　幂律型流体圆柱形射流破碎理论

非牛顿流体具有复杂的流变特性，至今尚未形成统一的理论认识，而圆柱形射流破碎属于多相流问题，更增加求解的难度。这不仅涉及流体力学中的流动稳定性和湍流、喷雾学以及非牛顿流体流变学等问题，还与多相流相界面运动追踪和动力学有关，属于多学科交叉的难题。

这里从幂律型流体的原始物性特征出发，结合流体力学基本方程，推导相应的适合幂律型流体圆柱形射流的本构方程和控制方程，建立了三维空间和一维时间的数学模型和计算方法，进而通过不稳定性分析研究射流破碎的机理，通过 CFD 仿真计算研究射流破碎的形貌和特征，从而更全面地揭示幂律型流体圆柱形射流破碎的演化机理和运动规律。

4.3.1 圆柱形射流破碎模型

就幂律型流体而言，以连续性介质假设，将描述流动系统的各种物理量如速度、压力及流体本身物性特征用合理的数学模型表达，一般应包括反映流体特性的状态方程、本构方程及反映流体流动所遵循的运动控制方程，包括连续性方程、动量方程和能量方程。与牛顿流体相比，非牛顿流体显著的区别是具有复杂的本构关系，需要将物性方程(含本构方程)与控制方程联立，通过求解以上方程来研究幂律型流体的运动规律。

(1) 本构方程。柱坐标系下幂律型流体圆柱形射流的三维本构方程为

$$\left.\begin{aligned}
&\tau_{rr}=2K\varphi\frac{\partial u_r}{\partial r}\\
&\tau_{\theta\theta}=2K\varphi\left(\frac{\partial u_\theta}{r\partial\theta}+\frac{u_r}{r}\right)\\
&\tau_{zz}=2K\varphi\frac{\partial u_z}{\partial z}\\
&\tau_{r\theta}=\tau_{\theta r}=2K\varphi\left(\frac{\partial u_r}{r\partial\theta}+\frac{\partial u_\theta}{\theta r}-\frac{u_\theta}{r}\right)\\
&\tau_{\theta z}=\tau_{z\theta}=2K\varphi\left(\frac{\partial u_\theta}{\partial z}+\frac{\partial u_z}{r\partial\theta}\right)\\
&\tau_{zr}=\tau_{rz}=2K\varphi\left(\frac{\partial u_z}{\partial r}+\frac{\partial u_r}{\partial z}\right)
\end{aligned}\right\}\tag{4.1}$$

其中：

$$\varphi=\left\{2\left[\left(\frac{\partial u_r}{\partial r}\right)^2+\left(\frac{\partial u_\theta}{r\partial\theta}+\frac{u_r}{r}\right)^2+\left(\frac{\partial u_z}{\partial z}\right)^2\right]+\left(\frac{\partial u_r}{r\partial\theta}+\frac{\partial u_\theta}{\partial r}-\frac{u_\theta}{\partial r}\right)^2+\right.$$
$$\left.\left(\frac{\partial u_\theta}{\partial z}+\frac{\partial u_z}{r\partial\theta}\right)^2+\left(\frac{\partial u_z}{\partial r}+\frac{\partial u_r}{\partial z}\right)^2\right\}^{\frac{n-1}{2}}$$

与幂律型流体的速度变形率有关；u_r，u_θ，u_z 分别是速度在 r，θ，z 方向的分量；τ_{ij} 为偏应力张量的分量。

(2) 连续性方程。连续性方程是包括牛顿流体和非牛顿流体的流体运动系统都必须遵守的质量守恒原理的表现形式，幂律型流体也不例外。其向量形式为

$$\frac{\partial\rho}{\partial t}+\nabla\cdot(\rho\boldsymbol{U})=0\tag{4.2}$$

柱坐标系下的表达形式为

$$\frac{\partial\rho}{\partial t}+\frac{\partial(\rho u_r)}{\partial r}+\frac{\rho u_r}{r}+\frac{1}{r}\frac{\partial(\rho u_\theta)}{\partial\theta}+\frac{\partial(\rho u_z)}{\partial z}=0\tag{4.3}$$

其中，ρ 代表幂律型流体或射流周围气体的密度，即对于幂律型流体射流破碎问题涉及的

气-液两相流体，两者都遵循质量守恒定律，即有相同形式的连续性方程。

(3) 运动方程。幂律型流体的射流破碎运动同样遵守动量守恒定理，即流体质点系总动量随时间的变化率等于作用于流体质点系上所有外力的和。其向量形式为

$$\rho\left[\frac{\partial}{\partial t}\boldsymbol{U}+(\boldsymbol{U}\cdot\nabla)\boldsymbol{U}\right]=\rho g-\nabla p+\nabla\cdot\tau \tag{4.4}$$

柱坐标系下的分量形式为

$$\rho\left(\frac{\partial u_r}{\partial t}+u_r\frac{\partial u_r}{\partial r}+\frac{u_\theta}{r}\frac{\partial u_r}{\partial\theta}+u_z\frac{\partial u_r}{\partial z}-\frac{u_\theta^2}{r}\right)=\rho g_r-\frac{\partial p}{\partial r}+\frac{1}{r}\frac{\partial(r\tau_{rr})}{\partial r}+\frac{1}{r}\frac{\partial(r\tau_{\theta r})}{\partial\theta}+\frac{\partial\tau_{zr}}{\partial z}-\frac{\tau_{\theta\theta}}{r} \tag{4.5}$$

$$\rho\left(\frac{\partial u_\theta}{\partial t}+u_r\frac{\partial u_\theta}{\partial r}+\frac{u_\theta}{r}\frac{\partial u_\theta}{\partial\theta}+u_z\frac{\partial u_\theta}{\partial z}-\frac{u_r u_\theta}{r}\right)=\rho g_\theta-\frac{\partial p}{r\partial\theta}+\frac{1}{r^2}\frac{\partial(r^2\tau_{r\theta})}{\partial r}+\frac{1}{r}\frac{\partial\tau_{\theta\theta})}{\partial\theta}+\frac{\partial\tau_{z\theta}}{\partial z} \tag{4.6}$$

$$\rho\left(\frac{\partial u_z}{\partial t}+u_r\frac{\partial u_z}{\partial r}+\frac{u_\theta}{r}\frac{\partial u_z}{\partial\theta}+u_z\frac{\partial u_z}{\partial z}\right)=\rho g_z-\frac{\partial p}{\partial z}+\frac{1}{r}\frac{\partial(r\tau_{rz})}{\partial r}+\frac{1}{r}\frac{\partial\tau_{\theta z})}{\partial\theta}+\frac{\partial\tau_{zz}}{\partial z} \tag{4.7}$$

(4) 能量方程。能量方程是能量守恒原理在流体运动中的表现形式，对于幂律型流体的射流破碎问题同样适用。其在柱坐标系中的表达形式为

$$\begin{aligned}\rho C_v\left(\frac{\partial\boldsymbol{T}}{\partial t}+u_r\frac{\partial\boldsymbol{T}}{\partial r}+\frac{u_\theta}{r}\frac{\partial\boldsymbol{T}}{\partial\theta}+u_z\frac{\partial\boldsymbol{T}}{\partial z}\right)=&\frac{1}{r}\frac{\partial}{\partial r}\left(kr\frac{\partial\boldsymbol{T}}{\partial r}\right)+\frac{1}{r^2}\frac{\partial}{\partial\theta}\left(k\frac{\partial\boldsymbol{T}}{\partial\theta}\right)+\frac{\partial}{\partial z}\left(k\frac{\partial\boldsymbol{T}}{\partial z}\right)+\\&\left[\tau_{rr}\frac{\partial u_r}{\partial r}+\tau_{\theta\theta}\left(\frac{1}{r}\frac{\partial u_\theta}{\partial\theta}+\frac{u_r}{r}\right)+\tau_{zz}\frac{\partial u_z}{\partial z}\right]+\\&\left[\tau_{r\theta}\left(\frac{1}{r}\frac{\partial u_r}{\partial\theta}+\frac{\partial u_\theta}{\partial r}-\frac{u_\theta}{r}\right)+\tau_{rz}\left(\frac{\partial u_r}{\partial z}+\frac{\partial u_z}{\partial r}\right)+\tau_{z\theta}\left(\frac{1}{r}\frac{\partial u_z}{\partial\theta}+\frac{\partial u_\theta}{\partial z}\right)\right]+\rho s\end{aligned} \tag{4.8}$$

4.3.2 圆柱形射流破碎的不稳定性分析

1. 不稳定性理论

前文已述，空气动力干扰说（即射流的不稳定性理论）被认为是目前最相对完善的一种理论，在经过一定的实验修正后，可对射流破碎过程所涉及的各种现象给出较为满意的解释。射流的不稳定性理论认为，各种随机扰动因素会在射流的气、液交界面上产生表面波。在一定的射流条件下，处于某一波长范围的表面波可能是不稳定的，即表面波的幅值会随着时间或空间的发展而不断增加，并最终导致液体射流的破碎。考虑到幂律型流体是黏性液体的一个特例，可以采用这一理论体系研究幂律型流体圆柱形射流破碎的机理。

2. 涉及的基本概念

(1) 正态模式(Normal Mode)。按照小扰动假设，在基本流 $U(x)$ 上叠加流动的小扰动，忽略流体力学基本方程组中二阶以上小量，可得到描述一阶量的线性小扰动方程组。由于这些线性小扰动方程组只含时间 t 的导数，而不显含时间，所以可以期望有和指数函数 $e^{i\lambda t}$ 成比例的解。在扰动边界条件是齐次的情形下，可以得到以 λ 为特征值的一组本征值问题。

正态模式法就是直接求解常微分方程的本征值问题。一般情形 $\lambda=\lambda_r+i\lambda_i$ 是复数，如果所有本征值的虚部 $\lambda_i>0$，则基本流是稳定的；如果至少有一个本征值的虚部 $\lambda_i<0$，则基本流是不稳定的。

具体的求解过程是：将扰动量以正态模式的形式表示并代入基本微分方程组，作线性化处理后，则可以得到一组关于扰动量函数的常微分方程组。这组常微分方程组是以 λ 为特征值的，求解后代入边界条件，即可以求得一组关于 λ 的代数方程。再依据上述方法判断流场的稳定性。

(2) 色散关系(Dispersion Relation)。波动通常分为两类：双曲波和色散波。由双曲线方程描述的波动称为双曲波，而色散波不是根据方程的类型来划分的，而是根据解的形式来划分的。根据波的传播相速度 $c(k)=\omega/k$，如果 ω 是 k 的函数，则称这列波具有色散性质，相应的 ω 与 k 的关系称为色散关系。与色散波有关的另一个重要参数就是群速度 $C(k)=\mathrm{d}\omega/\mathrm{d}k$，它表示波群的前进速度。研究发现，扰动量在增长过程中，在最不稳定波数范围内会形成具有一定带宽的波包，而且这个波的包络是以群速度 $C(k)$ 向前传播的。如果 $C(k)=0$，那么这个包络的中心将处于原地不动，而波包的幅度却按指数增长，这种情形叫作绝对不稳定性(Absolution Instability)。相反，如果 $C(k)\neq 0$，就称之为对流不稳定性(Convective Instability)。在物理上，绝对不稳定性对应于液体射流的滴流现象(Dripping)，而通常所看到的液体射流不稳定性现象绝大多数属于对流不稳定性。

(3) 射流的时间模式和空间模式。应用线性不稳定性理论研究液体射流破碎机理时，对液体射流表面波发展模式的假设不外乎时间模式与空间模式两种。严格地说，不论时间模式和空间模式都不能完全真实地反映液体射流的实际情况。之所以采用这样的假设是由线性不稳定性理论所得到的最终结果——色散方程的性质决定的。色散方程给出了扰动波的波数 K 和增长率 S 之间的关系式：$F(S,K,Re,We,Q,n)=0$。这是一个复变函数方程，其中包含了两个方程，即其实部和虚部分别为零。这就决定了色散方程中未知量的个数最多不能够超过两个。实际情况是，当射流的物理条件确定后，即可认为 Re，We，Q 和 n 是已知量，因而色散方程可简写为：$F(S,K)=0$。即使如此，作为复变量的 S 和 K 仍必须有一定的限制，即不能够同时具有实部和虚部，以满足方程可解的条件。由此产生了对射流发展和振荡模式的两种假设——时间模式和空间模式。

假设波数 K 为实数，增长率 S 为复数，即 $K=K_r$，$S=S_r+iS_i$，则扰动具有时间上增长，空间上振荡的特点，称之为时间模式。

假设波数 K 为复数，增长率 S 为纯虚数，即 $K=K_r-iK_i$，$S=iS_i$，则扰动具有空间上增长，时间上振荡的特点，称之为空间模式。

这样，在给定扰动波数或频率的情况下，就可以对色散方程中的其他两个未知量进行求解。

(4) 液体射流的破碎模式。根据实验观察，可以将液体射流的破碎按其特征分为两种：一种是瑞利模式，即液体射流破碎的尺度与喷嘴特征尺度相当或大于喷嘴特征尺度；另一种是泰勒模式，即液体射流破碎的尺度远小于喷嘴特征尺度。在不稳定性理论中，瑞利模式可解释为扰动增长率较小，表面波发展缓慢，破碎较慢，最大扰动增长率对应的波数较小(通常小于 1)，破碎尺度较大，一般对应于低速液体射流；而泰勒模式的扰动增长率较大，表面波发展迅速，破碎较快，最大扰动增长率对应的波数较大(通常大于 1)，破碎尺度较小，一般对应于高速液体射流。

3. 色散方程的推导

(1) 基础射流。图 4.1 为液体圆柱形射流及不稳定表面波的示意图。对于幂律型流体，密度为 ρ_1，表面张力系数为 σ，轴向运动速度为 U_o，射流半径为 a。气体的密度为 ρ_g，是无黏流体，且保持静止。气液交界面表面波的振幅为 η。射流是轴对称的，流体均不可压缩，不考虑温度的影响。

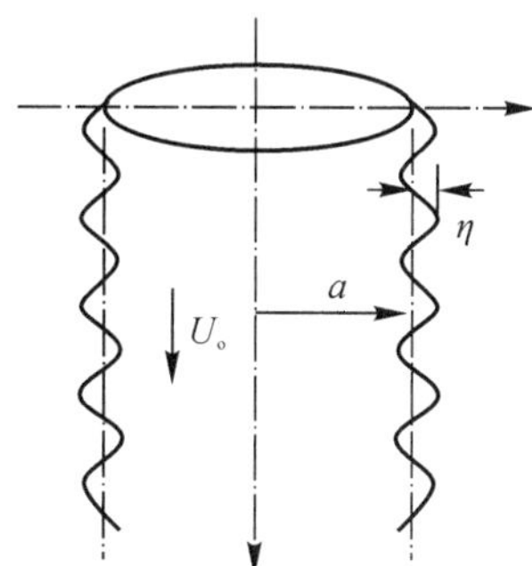

图 4.1　液体圆柱形射流及表面波示意图

(2) 流场表征。根据基础射流的假设，建立如图 4.1 所示的柱坐标系 (r,z)。

对于基础射流，气体和液体的速度场为

气体：

$$\overline{U}_g = (0,0) \tag{4.9}$$

液体：

$$\overline{U}_1 = (0,U_0) \tag{4.10}$$

基础射流中压力场是一个常量：

气体：

$$\overline{p}_g = p_{g0} \tag{4.11}$$

液体：

$$\overline{p}_1 = p_{10} \tag{4.12}$$

由于液体表面张力的影响，在气、液交界面上会出现压力的突变，即在气、液交界面($r = a$)处：

$$\overline{p}_1 = \overline{p}_g + \frac{\sigma}{a} \tag{4.13}$$

由于扰动的存在，气、液交界面会发生变形并背离平衡位置。随着扰动的出现，基础射流场的速度和压力将在扰动速度 u 和压力 p 的影响下发生变化，则受到扰动的速度场变为

$$U_j = \overline{U}_j + u_j, u_j = (u_{jr}, u_{jz}) \tag{4.14}$$

压力场变为

$$p_j = \bar{p}_j + p_j \tag{4.15}$$

式中，下标 $j = \mathrm{g}$ 或 l，分别表示气体和液体。

在不稳定性分析中，常采用正态模式来进行：

$$(u_j, p_j, \eta) = (\tilde{u}_j(r), \tilde{p}_j(r), \eta_a)\mathrm{e}^{\mathrm{i}kz+st}, \quad (j = \mathrm{g}, \mathrm{l}) \tag{4.16}$$

式中，η_a 为表面波的初始振幅，k 为复数波数，s 为复数增长率。

(3)气、液控制方程。根据 4.3.1 节的内容，可以写出幂律型流体轴对称圆柱形射流的控制方程的二维形式。

1)气体控制方程。气体为无黏流体，其基本控制方程是理想流体连续性方程和动量方程。

连续性方程

$$\nabla \cdot U_{\mathrm{g}} = 0 \tag{4.17}$$

即

$$\frac{\partial U_{\mathrm{g}r}}{\partial r} + \frac{U_{\mathrm{g}r}}{r} + \frac{\partial U_{\mathrm{g}z}}{\partial z} = 0 \tag{4.18}$$

代入正态模式，得

$$\frac{\mathrm{d}\tilde{u}_{\mathrm{g}r}}{\mathrm{d}r} + \frac{\tilde{u}_{\mathrm{g}r}}{r} + \mathrm{i}k\tilde{u}_{\mathrm{g}z} = 0 \tag{4.19}$$

动量方程

$$\frac{\partial}{\partial t}U_{\mathrm{g}} + (U_{\mathrm{g}} \cdot \nabla)U_{\mathrm{g}} = -\frac{1}{\rho_{\mathrm{g}}}\nabla p_{\mathrm{g}} \tag{4.20}$$

即

$$\frac{\partial U_{\mathrm{g}r}}{\partial t} + U_{\mathrm{g}r}\frac{\partial U_{\mathrm{g}r}}{\partial r} + U_{\mathrm{g}z}\frac{\partial U_{\mathrm{g}z}}{\partial z} = -\frac{1}{\rho_{\mathrm{g}}}\frac{\partial p_{\mathrm{g}}}{\partial r} \tag{4.21}$$

$$\frac{\partial U_{\mathrm{g}z}}{\partial t} + U_{\mathrm{g}r}\frac{\partial U_{\mathrm{g}z}}{\partial r} + U_{\mathrm{g}z}\frac{\partial U_{\mathrm{g}z}}{\partial z} = -\frac{1}{\rho_{\mathrm{g}}}\frac{\partial p_{\mathrm{g}}}{\partial z} \tag{4.22}$$

代入扰动量，得

$$\frac{\partial u_{\mathrm{g}r}}{\partial t} = -\frac{1}{\rho_{\mathrm{g}}}\frac{\partial p_{\mathrm{g}}}{\partial r} \tag{4.23}$$

$$\frac{\partial u_{\mathrm{g}z}}{\partial t} = -\frac{1}{\rho_{\mathrm{g}}}\frac{\partial p_{\mathrm{g}}}{\partial z} \tag{4.24}$$

代入正态模式，得

$$s\tilde{u}_{\mathrm{g}r} = -\frac{1}{\rho_{\mathrm{g}}}\frac{\mathrm{d}\tilde{p}_{\mathrm{g}}}{\mathrm{d}r} \tag{4.25}$$

$$s\tilde{u}_{\mathrm{g}z} = -\frac{1}{\rho_{\mathrm{g}}}\mathrm{i}k\tilde{p}_{\mathrm{g}} \tag{4.26}$$

2) 液体控制方程。液体是幂律型流体，其基本控制方程是黏性流体的连续性方程和动量方程。

连续性方程

$$\nabla \cdot U_{\mathrm{l}} = 0 \tag{4.27}$$

即

$$\frac{\partial U_{1r}}{\partial r}+\frac{U_{1r}}{r}+\frac{\partial U_{1z}}{\partial z}=0 \tag{4.28}$$

代入正态模式，得

$$\frac{\mathrm{d}\tilde{u}_{1r}}{\mathrm{d}r}+\frac{\tilde{u}_{1r}}{r}+\mathrm{i}k\tilde{u}_{1z}=0 \tag{4.29}$$

动量方程

$$\rho_1\left[\frac{\partial}{\partial t}U_1+(U_1\cdot\nabla)U_1\right]=-\nabla p_1+\nabla\cdot\tau \tag{4.30}$$

即

$$\rho_1\left(\frac{\partial U_{1r}}{\partial t}+U_{1r}\frac{\partial U_{1r}}{\partial r}+U_{1z}\frac{\partial U_{1r}}{\partial z}\right)=-\frac{\partial p_1}{\partial r}+\frac{1}{r}\frac{\partial(r\tau_{rr})}{\partial r}+\frac{\partial\tau_{zr}}{\partial z}-\frac{\tau_{\theta\theta}}{r} \tag{4.31}$$

$$\rho_1\left(\frac{\partial U_{1z}}{\partial t}+U_{1r}\frac{\partial U_{1z}}{\partial r}+U_{1z}\frac{\partial U_{1z}}{\partial z}\right)=-\frac{\partial p_1}{\partial z}+\frac{1}{r}\frac{\partial(r\tau_{rz})}{\partial r}+\frac{\partial\tau_{zz}}{\partial z} \tag{4.32}$$

根据 4.3.1 节的内容，由于幂律型流体的本构关系比较复杂，代入控制方程后，使得控制方程组呈非线性特征。根据实际射流情况，只保留轴向法向偏应力张量，忽略其他偏应力张量，式(4.31)和式(4.32)变为

$$\rho_1\left(\frac{\partial U_{1r}}{\partial t}+U_{1r}\frac{\partial U_{1r}}{\partial r}+U_{1z}\frac{\partial U_{rz}}{\partial z}\right)=-\frac{\partial p_1}{\partial r} \tag{4.33}$$

$$\rho_1\left(\frac{\partial U_{1z}}{\partial t}+U_{1r}\frac{\partial U_{1z}}{\partial r}+U_{1z}\frac{\partial U_{1z}}{\partial z}\right)=-\frac{\partial p_1}{\partial z}+\frac{\partial\tau_{zz}}{\partial z} \tag{4.34}$$

$$\tau_{zz}=K\left(2\frac{\partial U_{1z}}{\partial z}\right)^n \tag{4.35}$$

代入扰动量，得到

$$\rho_1\left(\frac{\partial u_{1r}}{\partial t}+U_0\frac{\partial u_{1r}}{\partial z}\right)=-\frac{\partial p_1}{\partial r} \tag{4.36}$$

$$\rho_1\left(\frac{\partial u_{1z}}{\partial t}+U_0\frac{\partial u_{1z}}{\partial z}\right)=-\frac{\partial p_1}{\partial z}+\frac{\partial}{\partial z}\left[K\left(2\frac{\partial u_{1z}}{\partial z}\right)^n\right] \tag{4.37}$$

为实现控制方程的线性化并保留幂律型流体的非线性特征，引入速度影响因子 g，其单位是 s^{-1}，表示速度随位移的变化情况，则有

$$\tau_{zz}=K\left(2\frac{\partial u_{1z}}{\partial z}\right)^n=K\left[2\frac{\partial}{\partial z}(u_{1z}+gz)\right]^n=K\left[2g+2\frac{\partial u_{1z}}{\partial z}\right]^n \tag{4.38}$$

将上式右端用泰勒级数展开，忽略高阶项，得

$$K\left(2\frac{\partial u_{1z}}{\partial z}\right)^n\approx K\left[(2g)^n+2n(2g)^{n-1}\frac{\partial u_{1z}}{\partial z}\right] \tag{4.39}$$

将式(4.38)代入控制方程，并代入正态模式，得到

$$\rho_1(s+\mathrm{i}kU_0)\tilde{u}_{1r}=-\frac{\mathrm{d}\tilde{p}_1}{\mathrm{d}r} \tag{4.40}$$

$$\rho_1(s+\mathrm{i}kU_0)\tilde{u}_{1z}=-\mathrm{i}k\tilde{p}_1-2Kn(2g)^{n-1}k^2\tilde{u}_{1z} \tag{4.41}$$

式(4.39)、式(4.40)、式(4.41)即是最终用来求解的液体的控制方程。

(4) 边界条件。

1）运动边界条件。基于假设，气液交界面都是实质面，气、液相不会分离开，即无滑移，故经线性化之后的运动边界条件如下。

在气、液交界面（$r=a$）处：

$$u_{lr}=\frac{\partial \eta}{\partial t}+U_0\frac{\partial \eta}{\partial z} \tag{4.42}$$

$$u_{gr}=\frac{\partial \eta}{\partial t} \tag{4.43}$$

代入正态模式，得到

$$\tilde{u}_{lr}=(s+\mathrm{i}kU_0)\eta_a \tag{4.44}$$

$$\tilde{u}_{gr}=s\eta_a \tag{4.45}$$

2）动力边界条件。由于假设气体是无黏流体，因而在交界面上液体的切向应力必须为零，同时交界面上的法向应力在表面张力的作用下必须是平衡的，故有

在气、液交界面（$r=a$）处：

$$p_{lrz}=0 \tag{4.46}$$

$$p_{lrr}-p_{grr}+p_{\sigma}=0 \tag{4.47}$$

其中 p_{σ} 是由表面张力引起的附加压强，可取

$$p_{\sigma}\approx-\frac{\sigma}{a^2}\left(\eta+a^2\frac{\partial^2 \eta}{\partial z^2}\right) \tag{4.48}$$

即

$$K\left(\frac{\partial u_{lr}}{\partial z}+\frac{\partial u_{lz}}{\partial r}\right)^n=0 \tag{4.49}$$

$$-p_l+p_g+\frac{\sigma}{a^2}\left(\eta+a^2\frac{\partial^2 \eta}{\partial z^2}\right)=0 \tag{4.50}$$

代入正态模式，得

$$\frac{\mathrm{d}\tilde{u}_{lz}}{\mathrm{d}r}+\mathrm{i}k\tilde{u}_{lr}=0 \tag{4.51}$$

$$\tilde{p}_l-\tilde{p}_g-\frac{\sigma}{a^2}(a^2k^2-1)\eta_a=0 \tag{4.52}$$

另外，根据射流模型，液体和气体还必须满足以下条件：u_l 和 p_l 在 $r=0$ 处为有限量；u_g 和 p_g 在 $r=\infty$ 处为有限量。

根据气体的控制方程和边界条件，可获得其流场扰动量的初始值的表达式：

$$\tilde{p}_g(r)=BK_0(kr) \tag{4.53}$$

$$\tilde{u}_{gr}(r)=\frac{k}{s\rho_g}BK_1(kr) \tag{4.54}$$

$$\tilde{u}_{gz}(r)=-\frac{\mathrm{i}k}{s\rho_g}BK_0(kr) \tag{4.55}$$

式中，$B=\frac{\rho_g s^2}{kK_1(ka)}\eta_a$，$K_m$ 是 m 阶第二类贝塞尔函数。

根据液体的控制方程和边界条件，也可获得其流场扰动量的初始值的表达式：

$$\widetilde{p}_1(r)=CI_0(lr) \tag{4.56}$$

$$\widetilde{u}_{1r}(r)=-\frac{1}{\rho_1(s+\mathrm{i}kU_0)}CI_1(lr) \tag{4.57}$$

$$\widetilde{u}_{1z}(r)=-\frac{\mathrm{i}l^2}{\rho_1(s+\mathrm{i}kU_0)k}CI_0(lr) \tag{4.58}$$

式中，

$$l=k\sqrt{\frac{\rho_1 g(s+\mathrm{i}kU_0)}{\rho_1 g(s+\mathrm{i}kU_0)+Knk^2(2g)^n}},C=-\frac{\rho_1(s+\mathrm{i}kU_0)^2}{lI_1(la)}\eta a$$

I_m 是 m 阶第一类贝塞尔函数。

将式(4.55)、式(4.58)代入式(4.52)，有

$$\frac{\rho_1(s+\mathrm{i}kU_0)^2}{l}\frac{I_0(la)}{I_1(la)}+\frac{\rho_g s^2}{k}\frac{K_0(ka)}{K_1(ka)}+\frac{\sigma}{a^2}(a^2k^2-1)=0 \tag{4.59}$$

式(4.59)即为表征液体射流不稳定性的色散方程。为进一步一般化地说明问题，将该式无量纲化，引入

$$\alpha=ka,L=la,S=\frac{sa}{U_0},G=\frac{ga}{U_0},We=\frac{\rho_1U_0^2a}{\sigma},Re_n=\frac{\rho_1U_0^{2-n}a^n}{K},Q=\frac{\rho_g}{\rho_1}$$

$$L=\alpha\sqrt{\frac{Re_n(S+\mathrm{i}\alpha)}{Re_n(S+\mathrm{i}\alpha)+2n\alpha^2(2G)^{n-1}}}$$

得到

$$\frac{(S+\mathrm{i}\alpha)^2}{L}\frac{I_0(L)}{I_1(L)}+\frac{QS^2}{\alpha}\frac{K_0(\alpha)}{K_1(\alpha)}+\frac{\alpha^2-1}{We}=0 \tag{4.60}$$

式中，α 为无量纲波数；S 为无量纲增长率；We 为韦伯数；Re_n 为表观雷诺数；Q 为气、液密度比。

式(4.60)就是最终得到的表征幂律型流体轴对称圆柱形射流不稳定性的色散方程。

4. 色散方程的求解

上面所得到的色散方程，实际上是该射流系统的特征方程，对其进行求解可以给出系统的无量纲波数与增长率的关系。但这是一个严重非线性的复变函数方程，即使在射流参数确定的情况下，也不能给出严格的诸如 $S=F(K)$ 或 $K=F(S)$ 形式的显式解析解，故只能采用数值解法。

如前所述，在不稳定性分析中，为了求解色散方程，引入了时间模式和空间模式。但这两种模式具有一定的关系，且在一定条件下，两种模式是等效的。由于时间模式计算简便，这里采用时间模式对色散方程进行求解。

需要指出的是，上述色散方程的推导和计算过程是非常复杂的，很难直接求解，必须借助一些数学软件，这里使用 Maple14 软件完成色散方程的推导和数值计算过程。

对色散方程进行数值计算，可以得到在一定射流条件下射流表面波的无量纲扰动增长率 Sr 随无量纲波数 α 的变化曲线，如图 4.2 所示。从曲线上可以获得最大扰动增长率 $Sr_{\max}$ 及与其相对应的波数，即最不稳定波数 $\alpha_{\max}$。$Sr_{\max}$ 反映了射流破碎的难易与剧烈程度，与破碎长度相关联，$\alpha_{\max}$ 则与破碎尺度相关联。利用对色散方程的数值计算结果，可以研究分析射流参数对幂律型流体圆柱形射流不稳定性的影响，也即对其最大扰动增长率 $Sr_{\max}$ 和最不稳定

波数 α_{max} 的影响，进而揭示了其射流破碎的机理。

在所推导的色散方程中，已经将射流处于瑞利模式和泰勒模式的情况均包容在内，但从下面的分析中可以看出，射流处于这两种模式下其不稳定性具有不同的变化特性，因而有必要分别加以讨论。从图 4.2 中可以看出，在相同条件下，泰勒模式的射流比瑞利模式的射流的最大扰动增长率和最不稳定波数都大，泰勒模式下的最不稳定波数大于 1，瑞利模式下的则小于 1。射流处于泰勒模式时更容易破碎，破碎尺度更小。

幂律指数 n 反映了流体的非牛顿性。当 $n<1$ 时，是剪切变稀流体；当 $n>1$ 时，是剪切变稠流体；当 $n=1$ 时，即是牛顿流体。不同性质的幂律型流体的射流破碎特性也存在差异。

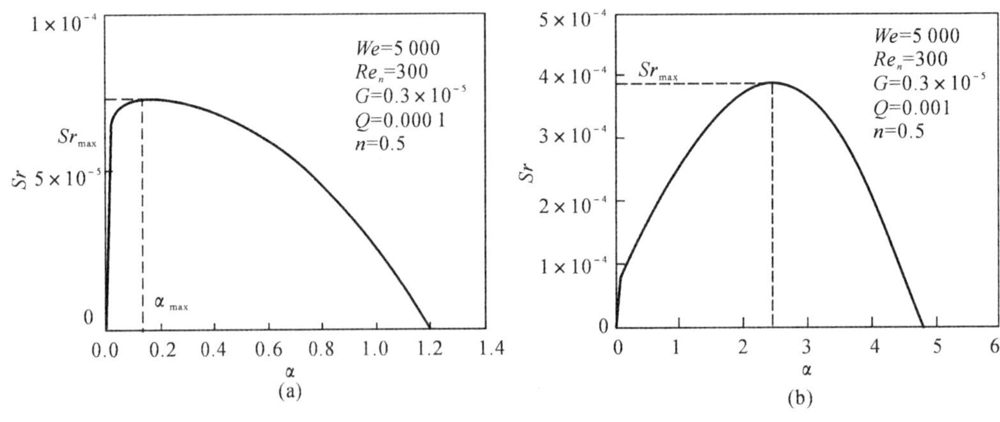

图 4.2　不稳定性曲线示意图

(a)瑞利模式；(b)泰勒模式

4.3.3　相关参数对射流不稳定性的影响

(1) 韦伯数 (*We*) 的影响。*We* 表征的是液体的惯性力与表面张力的比值。图 4.3 给出了不同幂律指数和射流模式下 *We* 对圆柱射流不稳定性的影响。

从图 4.3 中可以看出，对于剪切变稀流体，在瑞利模式下，*We* 的增加使射流的最大扰动增长率减小，最不稳定波数略微减小，说明 *We* 的增加阻碍了射流的破碎。而在泰勒模式下，*We* 的增加使射流的最大扰动增长率和最不稳定波数增大，促进了射流的破碎。从而说明了在两种模式下液体的表面张力所起的作用不同。在瑞利模式下，表面张力加速了液体表面波的不稳定性，是促进液体射流破碎的因素，而在泰勒模式下，表面张力削弱了液体表面波的不稳定性，是抑制液体射流破碎的因素。

对于剪切变稠流体，在瑞利模式下，*We* 的增加使射流的最大扰动增长率减小，但使最不稳定波数增大，说明 *We* 的增加阻碍了射流的破碎，表明表面张力是促进射流破碎的因素。而在泰勒模式下，*We* 的增加使射流的最大扰动增长率和最不稳定波数都增大，促进了射流的破碎，表明表面张力是抑制射流破碎的因素。

对于幂律型流体，表面张力在瑞利模式下是促进液体圆柱形射流破碎的重要因素，而在泰勒模式下，是抑制液体圆柱形射流破碎的因素。

(2) 表观雷诺数(Re_n)的影响。Re_n 表征的是液体的惯性力与黏性力的比值。图 4.4 给出了不同幂律指数和射流模式下 Re_n 对圆柱形射流不稳定性的影响。

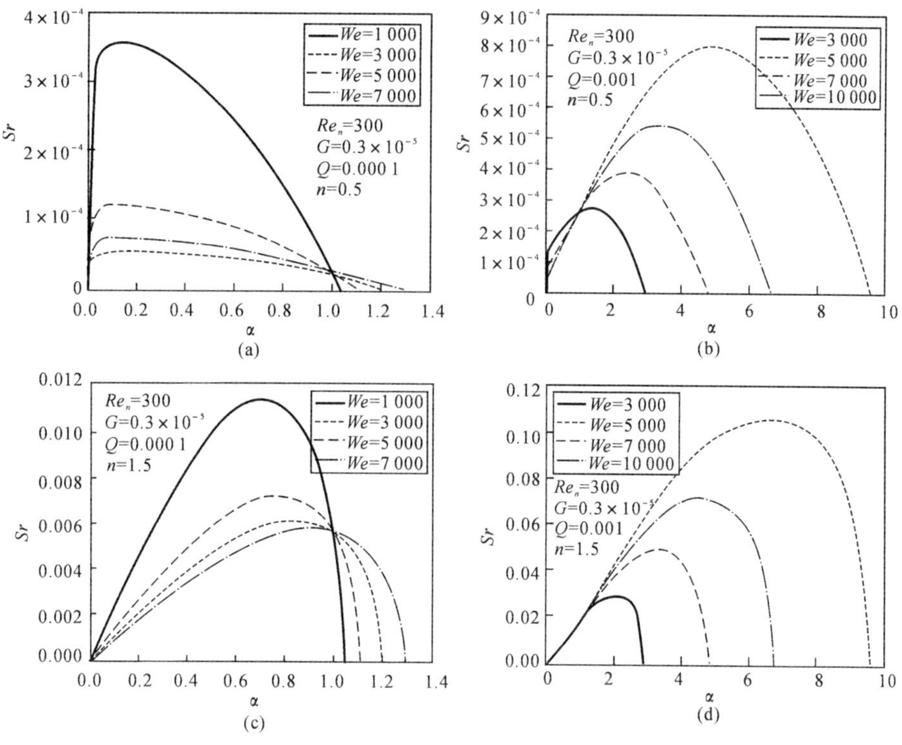

图 4.3　不同 We 数对射流不稳定性的影响

(a)瑞利模式，$n=0.5$；(b)泰勒模式，$n=0.5$；(c)瑞利模式，$n=1.5$；(d)泰勒模式，$n=1.5$

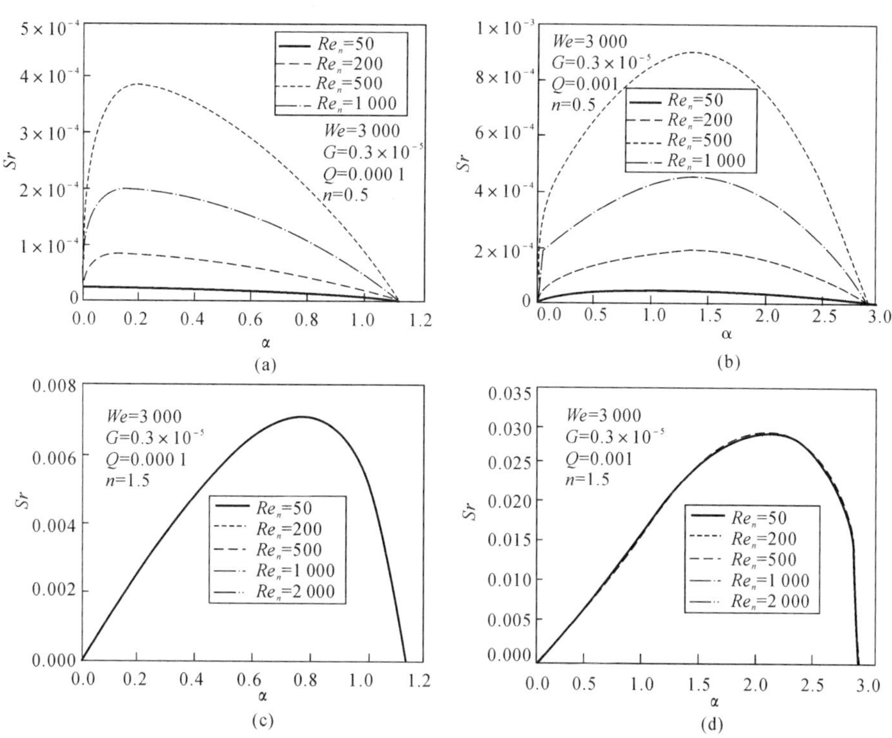

图 4.4　不同 Re_n 对射流不稳定性的影响

(a)瑞利模式，$n=0.5$；(b)泰勒模式，$n=0.5$；(c)瑞利模式，$n=1.5$；(d)泰勒模式，$n=1.5$

从图 4.4 中可以看出，对于剪切变稀流体，在两种模式下，Re_n 的增加都使得射流的最大扰动增长率增大，最不稳定波数在瑞利模式下略增，在泰勒模式下基本不变。这说明 Re_n 的增加有利于射流的破碎，而由于惯性力不能成为导致射流破碎的因素，因此表明在两种模式下液体的黏性力都是抑制射流破碎的重要因素。

对于剪切变稠流体，在两种模式下，Re_n 的增加对射流的不稳定性影响很小，但黏性力也是阻碍液体射流破碎的因素。且随着幂律指数 n 的增大，黏性力的变化对射流破碎的影响减弱。

(3) 气液密度比 Q 的影响。气液密度比 Q 表征的是液体与气体介质的相互作用力的大小。图 4.5 给出了不同幂律指数和射流模式下 Q 对圆柱射流不稳定性的影响。

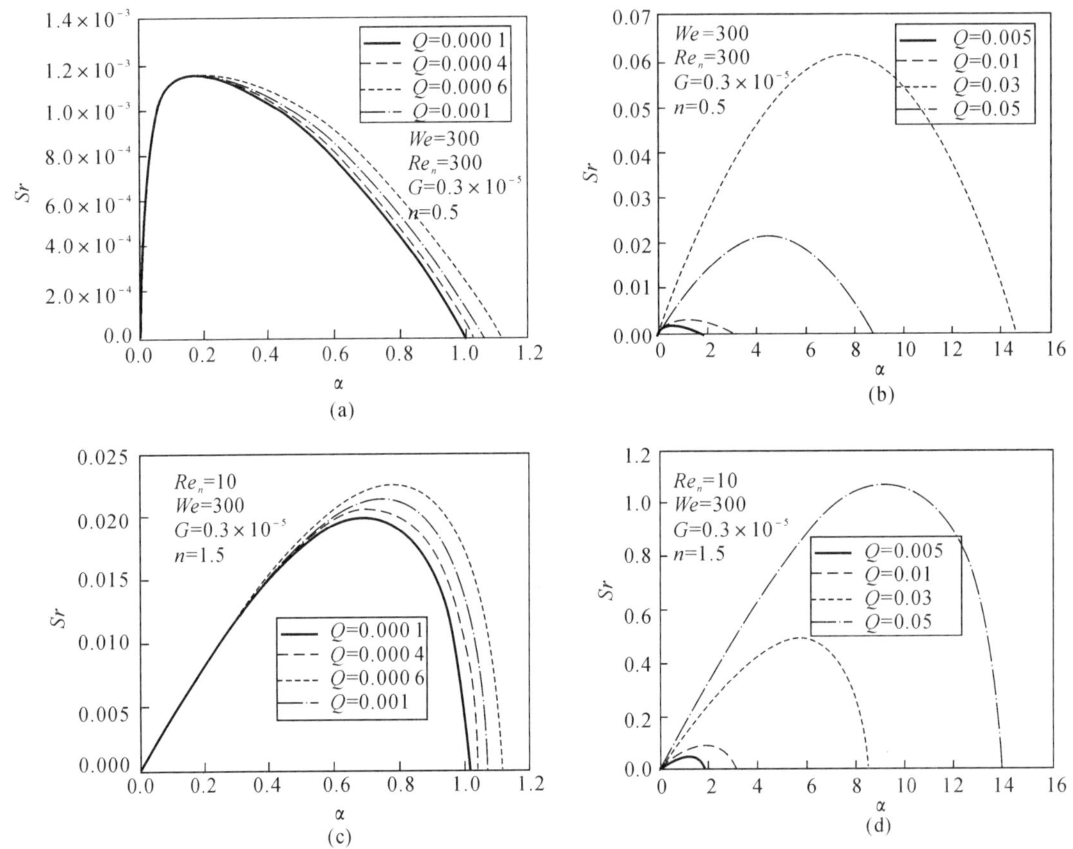

图 4.5 不同气液密度比 Q 对射流不稳定性的影响

(a)瑞利模式，$n=0.5$；(b)泰勒模式，$n=0.5$；(c)瑞利模式，$n=1.5$；(d)泰勒模式，$n=1.5$

从图 4.5 中可以看出，对于剪切变稀流体，在两种模式下，密度比 Q 所起的作用不同。当射流处于瑞利模式时，密度比 Q 的变化对射流的最大扰动增长率和最不稳定波数的影响较小，而当射流处于泰勒模式时，密度比 Q 的增加使得射流的最大扰动增长率和最不稳定波数都明显增大。这说明在瑞利模式下，液体与气体之间的相互作用对于液体射流破碎的作用不大，而在泰勒模式下，气液之间的相互作用对于液体射流的破碎有着显著的影响，是促进液体射流破碎的重要因素。

对于剪切变稠流体，在两种模式下，密度比 Q 的增加都使得射流的最大扰动增长率和最不稳定波数增大，但泰勒模式的增大程度比瑞利模式的显著。这表明气液之间的相互作用促进了液体射流的破碎，且在泰勒模式下的作用更加明显。

另外从图 4.5 中还可以看出，当射流处于瑞利模式时，气液相互作用力对射流破碎的促进作用随着幂律指数 n 的增大而增加。当射流处于泰勒模式时，增加气体介质和液体之间的相互作用力是促进射流破碎的有力手段。

(4) 幂律指数 n 的影响。幂律指数 n 表征的是幂律型流体的非牛顿特性。$n<1$ 时，剪切变稀；$n>1$ 时，剪切变稠；$n=1$ 时，是牛顿流体。n 值偏离 1 越大，流体的非牛顿特征越强。图 4.6 给出了在两种射流破碎模式下液体的幂律指数 n 对圆柱形射流不稳定性的影响。

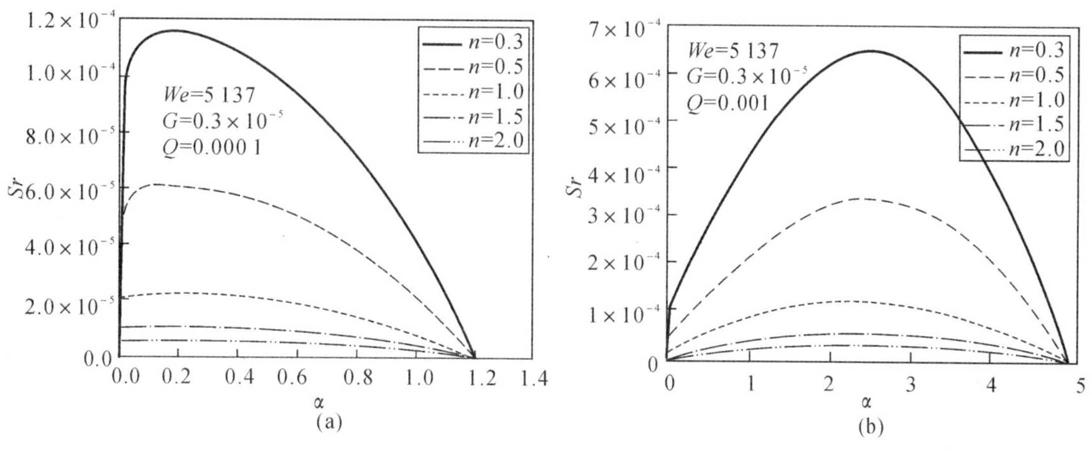

图 4.6　不同幂律指数 n 对射流不稳定性的影响

(a)瑞利模式；(b)泰勒模式

从图 4.6 中可以看出，在两种模式下，n 的增加都使得射流的最大扰动增长率减小，最不稳定波数在瑞利模式下略减，在泰勒模式下基本不变，说明 n 的增加不利于液体射流的破碎。这是因为在稠度系数 k 不变时，n 越大，流体的剪切变稠特征越显著，从而更不容易破碎。

(5) 稠度系数 k 的影响。稠度系数 k 表征幂律型流体的稠度大小，反映了液体的黏性。图 4.7 给出了相同幂律指数和射流模式下液体的稠度系数 k 对圆柱形射流不稳定性的影响。

稠度系数 k 只影响射流系统的 Re_n，且与 Re_n 成反比关系，因而稠度系数对射流破碎的影响与 Re_n 的影响恰好相反。从图 4.7 中可以看出，无论是剪切变稀流体还是剪切变稠流体，射流处于瑞利模式还是泰勒模式，k 的增加都使得射流的最大扰动增长率减小，最不稳定波数不变，表明稠度系数 k 是抑制液体射流破碎的因素。事实上，k 越大，在相同的剪切变形率下，液体的黏度越大，而黏性力是阻碍液体射流破碎的因素，因此稠度系数越大的流体越不容易破碎。

(6) 无量纲速度因子 G 的影响。无量纲速度因子 G 表征了速度随位移变化的剧烈程度。图 4.8 给出了不同幂律指数和射流模式下无量纲速度因子 G 对圆柱形射流不稳定性的影响。

从图 4.8 中可以看出，对于剪切变稀流体，在两种模式下，G 的增加使射流的最大扰动增长率增大，说明 G 的增加有利于液体射流的破碎。

而对于剪切变稠流体，在两种模式下，G 的变化对射流不稳定性的影响甚微。

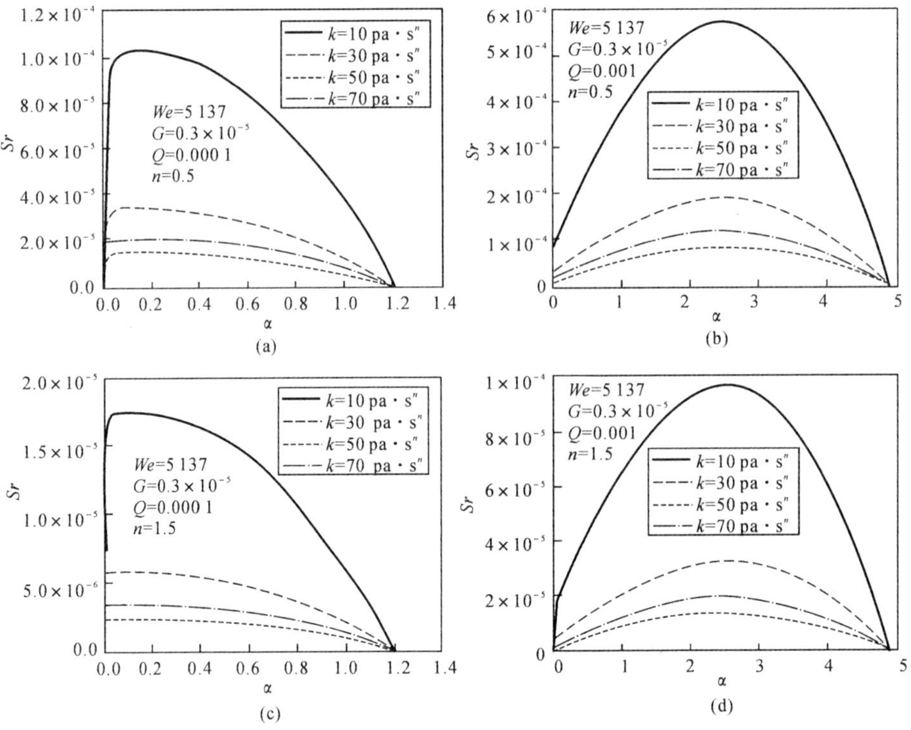

图 4.7　不同稠度系数 k 对射流不稳定性的影响

(a)瑞利模式($n=0.5$)；(b)泰勒模式($n=0.5$)；(c)瑞利模式($n=1.5$)；(d)泰勒模式($n=1.5$)

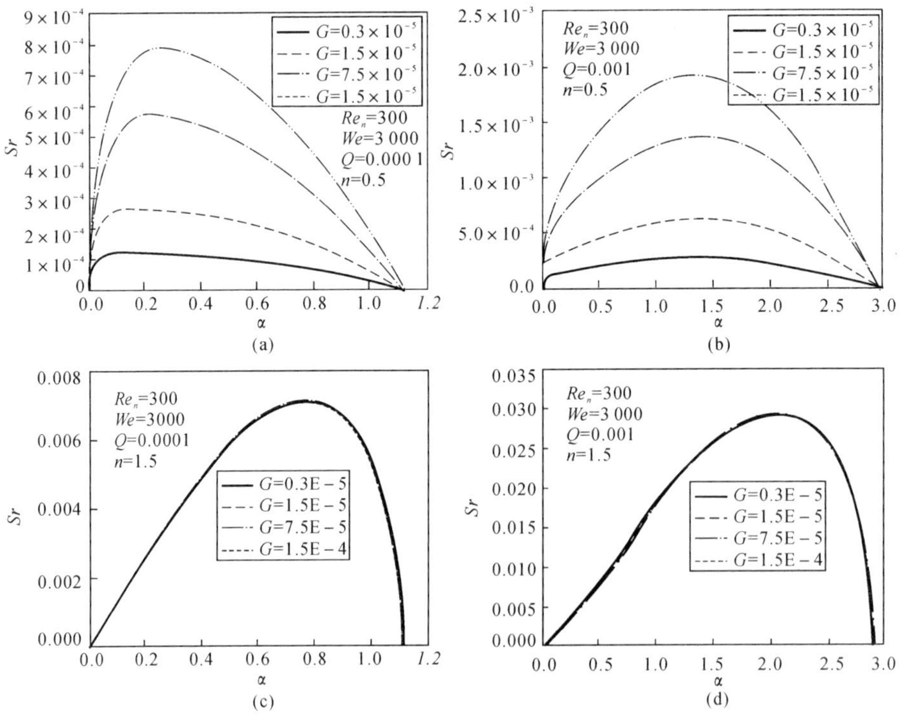

图 4.8　不同无量纲速度因子 G 对射流不稳定性的影响

(a)瑞利模式($n=0.5$)；(b)泰勒模式($n=0.5$)；(c)瑞利模式($n=1.5$)；(d)泰勒模式($n=1.5$)

(7) 液体物性的影响。液体物性对射流的影响是综合性的，液体的密度、表面张力、稠度系数、幂律指数等都对液体射流的不稳定性起作用；液体种类的不同也将造成 Re_n、We 和密度比 Q 的不同。为了观察单一参数或者 1～2 个主要参数对射流破碎的影响，在保持射流半径、射流速度不变的情况下，这里以表 4.1 中假设的三种液体为例进行了计算。

表 4.1　液体物性参数(室温)

液体种类	密度 ρ /(kg · m^{-3})	表面张力系数 σ /(N · m^{-1})	稠度系数 k /(Pa · s^n)	幂律指数 n
水	1 000	0.073	1.005×10^{-3}	1.0
1# 液体	1 000	0.073	17.000	0.5
2# 液体	1 000	0.073	7.700	0.4

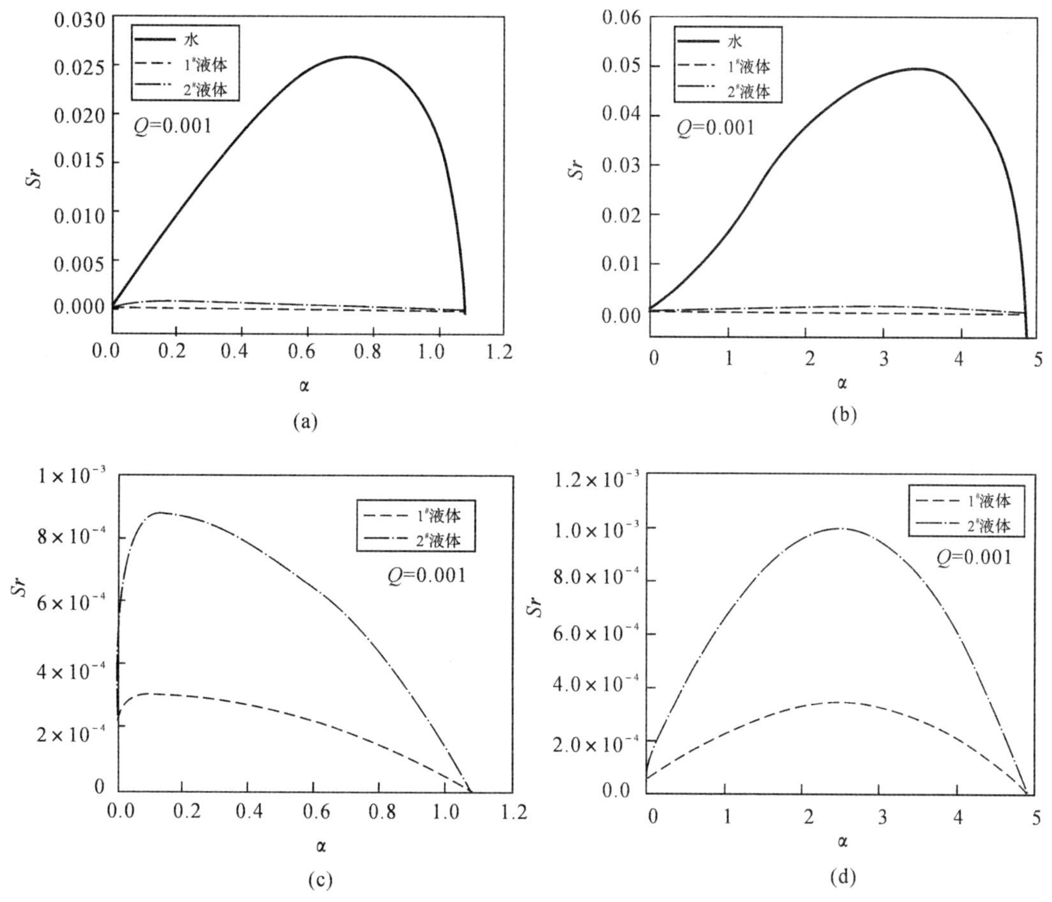

图 4.9　不同液体种类对射流不稳定性的影响

(a)瑞利模式($a=0.15$ mm,$U_0=10$ m · s^{-1})；(b)泰勒模式($a=0.15$ mm,$U_0=10$ m · s^{-1})；
(c)瑞利模式($a=0.15$ mm,$U_0=50$ m · s^{-1})；(d)泰勒模式($a=0.15$ mm,$U_0=50$ m · s^{-1})

图 4.9 给出了 $a=0.15$ mm，$U_0=10$ m · s^{-1} 和 $a=0.15$ mm，$U_0=50$ m · s^{-1} 两种情况，即射流分别处于瑞利模式和泰勒模式下射流不稳定性与液体种类的关系。从图 4.9 中

可以看出，无论射流处于哪种模式，三种液体中水都最容易破碎，2[#] 液体次之，1[#] 液体最不容易破碎。由之前的分析可知，虽然水的幂律指数最大，但其稠度系数相比另外两种液体要小得多，二者综合作用的结果导致水最容易破碎。2[#] 液体的稠度系数和幂律指数比 1[#] 液体都小，故较易破碎。

(8) 射流初始速度 U_0 的影响。射流初始速度 U_0 的变化将导致射流的 We、Re_n 和无量纲速度因子 G 的变化，进而对液体射流的不稳定性产生影响。其中，We 和 Re_n 与 U_0 成正比关系，G 与 U_0 成反比关系。图 4.10 给出了不同幂律指数和射流模式下液体的射流初始速度 U_0 对圆柱形射流不稳定性的影响。

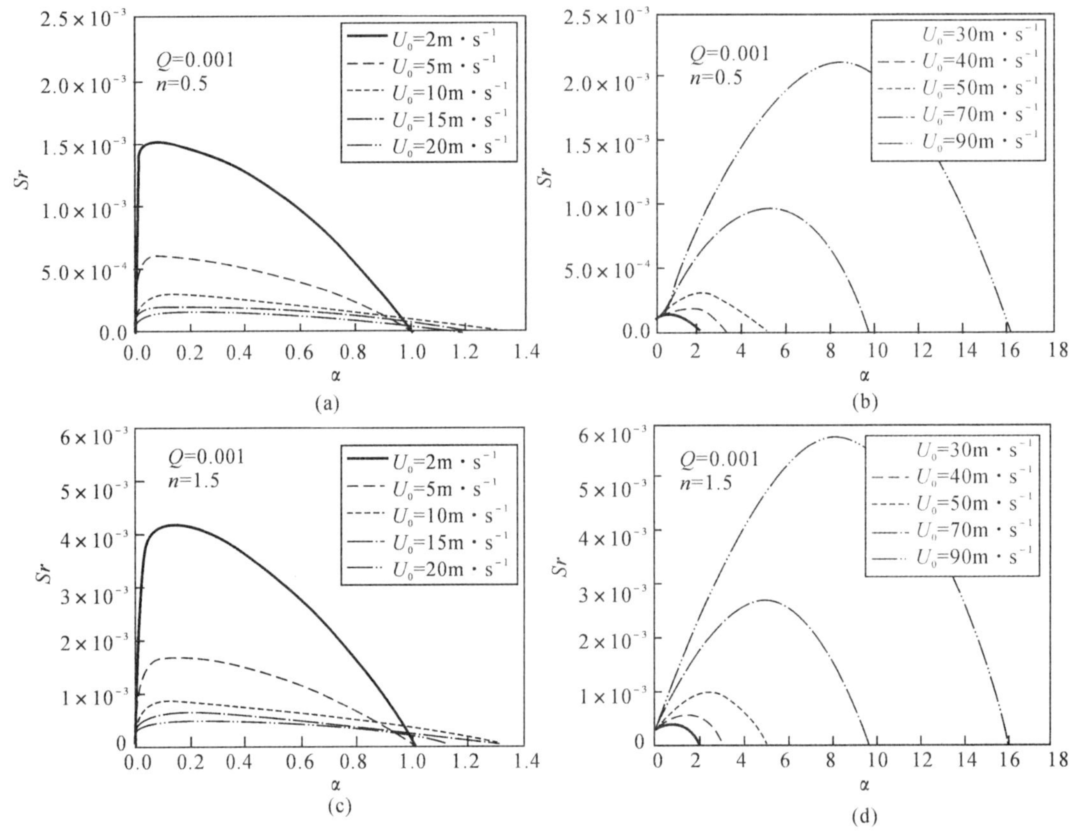

图 4.10 初始射流速度 U_0 对射流不稳定性的影响

(a)瑞利模式（$n=0.5$）；(b)泰勒模式（$n=0.5$）；(c)瑞利模式（$n=1.5$）；(d)泰勒模式（$n=1.5$）

从图 4.10 中可以看出，无论是剪切变稀还是剪切变稠流体，在瑞利模式，即低速射流情况下，射流的最不稳定波数随 U_0 变化很小，但最大扰动增长率则随 U_0 的增加明显减小，这说明 U_0 的增加抑制了液体射流的破碎。事实上，U_0 的增加减弱了黏性力对射流破碎的抑制作用，但另一方面，它也减弱了表面张力对射流破碎的促进作用。由于在瑞利模式下表面张力对液体圆柱形射流的破碎起着决定性作用，因而总的来说，初始射流速度的增加不利于液体射流的破碎。

而在泰勒模式，即高速射流情况下，U_0 的增加使得射流的最大扰动增长率和最不稳定波数都明显增大，说明 U_0 的增加促进了液体射流的破碎。这是因为 U_0 的增加减弱了液体黏性力和表面张力对射流破碎的抑制作用，从而使得液体射流更容易破碎。这就为采用高压喷射以改善喷雾质量提供了理论依据。

(9) 射流半径的影响。与初始射流速度一样，射流半径(a)的变化会造成射流的 Re_n 、We 和 G 的变化，进而影响射流的不稳定性。Re_n 、We 和 G 均与 a 成正比关系。图 4.11 给出了不同幂律指数和射流模式下射流半径 a 对圆柱形射流不稳定性的影响。

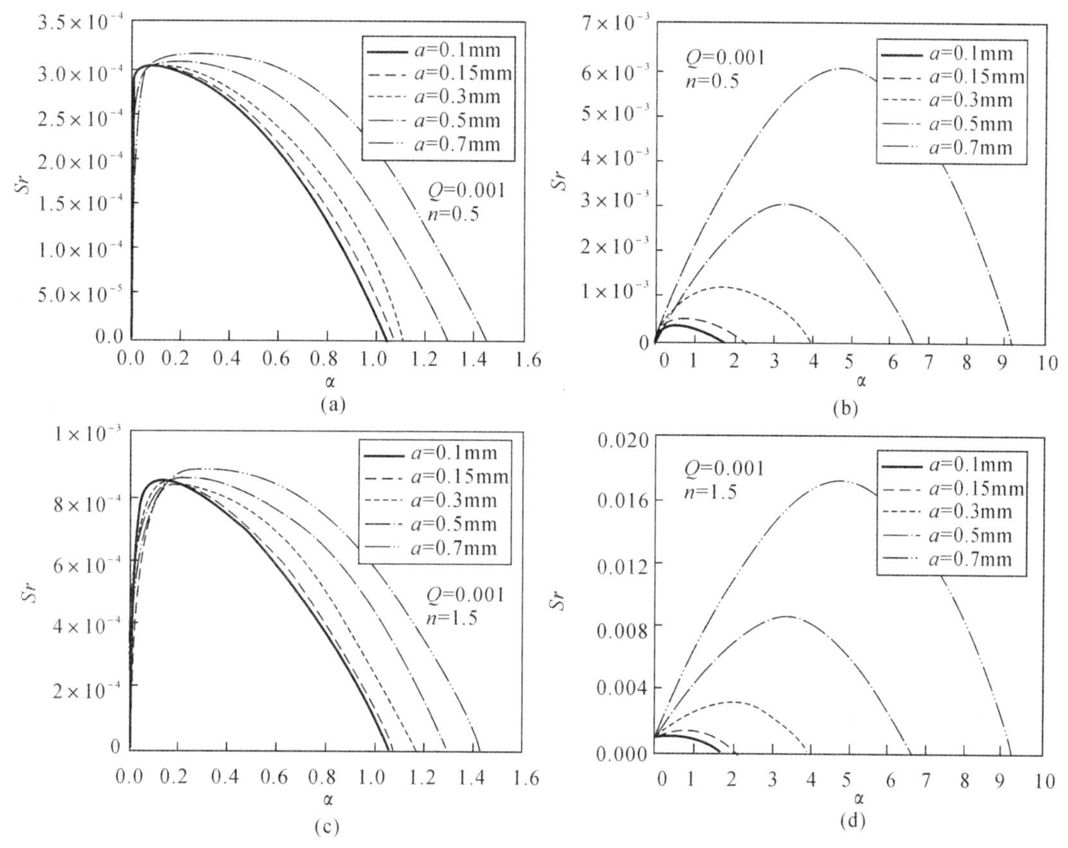

图 4.11　不同射流半径 a 对射流不稳定性的影响

(a)瑞利模式(n =0.5)；(b)泰勒模式(n =0.5)；(c)瑞利模式(n =1.5)；(d)泰勒模式(n =1.5)

从图 4.11 中可以看出，无论对于哪种性质的幂律型流体，在瑞利模式下，a 的增加使射流的最大扰动增长率和最不稳定波数增大，但作用较小，说明射流半径的增加增大了射流的不稳定性。在泰勒模式下，a 的增加使得射流的最大扰动增长率和最不稳定波数显著增大，也增大了射流的不稳定性。但是与此同时，基础射流径向尺度变大，不稳定波要发展到切断射流造成破碎也变得更加困难。因此射流半径对射流破碎的影响较为复杂，需要通过仿真和实验来具体分析。

(10) 表面张力系数的影响。液体表面张力系数 σ 的变化只影响射流的 We ，且其与 We 成反比关系。故 σ 变化对幂律型流体圆柱形射流不稳定性的影响与 We 的影响恰好相反。

(11) 气体介质的影响。气体介质对液体射流破碎的影响主要是气体的密度和压力的影响。气体的密度直接导致气液密度比 Q 的变化，因而也就影响着液体和气体之间相互作用的强弱，与气液密度比 Q 对射流不稳定性的影响完全相同。

气体压力的变化主要影响了液体的初始射流速度，其对幂律型流体圆柱形射流破碎的影响作用与初始射流速度的影响相同分析。

4.3.4 射流破碎模式判别

综合以上分析可以得到，表观雷诺数 Re_n、无量纲速度因子 G 和幂律指数 n 的变化对幂律型流体圆柱形射流不稳定波的波数范围影响很小，只有韦伯数 We 和气液密度比 Q 的变化显著影响射流不稳定波的波数范围，从而使射流处于不同的破碎模式。因此，可以参照牛顿流体，用 We 和密度比 Q 之间的关系来表征射流系统所处的状态：即当 $WeQ < 1$ 时，射流处于瑞利模式；当 $WeQ > 1$ 时，射流处于泰勒模式。

4.3.5 幂律型流体圆柱形射流的破碎模型

1.牛顿流体的破碎模型

牛顿流体射流破碎，特别是高速射流的破碎，通常可以分为初始破碎和二次破碎两个过程。初始破碎指的是喷嘴附近液核区的破碎过程，它不仅受到气液相对速度的影响，而且受到喷嘴结构和喷孔内湍流和空化的影响；二次破碎指的是喷嘴下游气液混合区的破碎过程，主要受气动力的影响较大，而与喷嘴结构关系不大。经典的破碎模型有 TAB 模型、R－D 模型、WAVE 模型等，但是这些经典的破碎模型都不区分初始破碎和二次破碎这两个过程，造成预测的结果与实际破碎结果有差异。在 WAVE 模型的基础上，Reitz 等人提出了 KH(Kelvin－Helmholt)－RT(Rayleigh－Taylor)模型，将喷雾破碎分为了初始破碎和二次破碎这两个阶段，并通过大量的实验对模型进行了修正，形成了一套成熟的液体喷雾破碎模型。KH－RT 模型将液体射流的破碎分为 KH 不稳定破碎(见图 4.12 区域 A)和 RT 不稳定破碎(见图 4.12 区域 B)两个阶段，并且在液滴的破碎过程中 KH 不稳定性表面波与 RT 扰动一直处于竞争关系。此模型广泛应用于柴油机的喷雾破碎过程模拟，其示意图如图 4.12 所示。

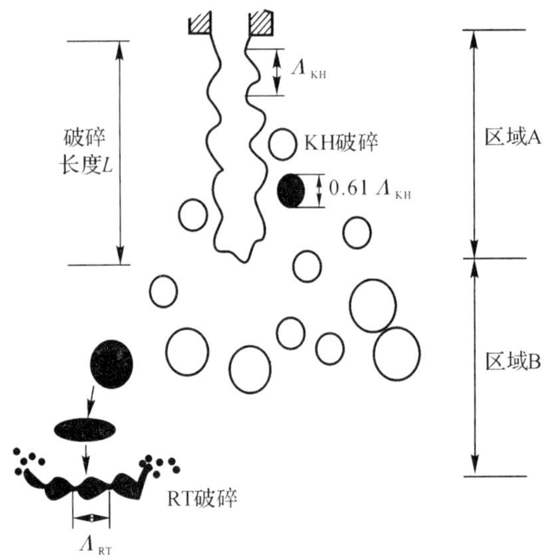

图 4.12　KH－RT 模型假设示意图

(1) KH－RT 模型。

1) KH 破碎机理。对于 KH 不稳定性破碎，其破碎机理是这样的，它认为液体的破碎是由气液两相间相对速度造成的，当射流表面 KH 不稳定性表面波增长率达到最大时，液滴将从射流表面剪切下来，主要适用于液核区，如图 4.13(a)所示。

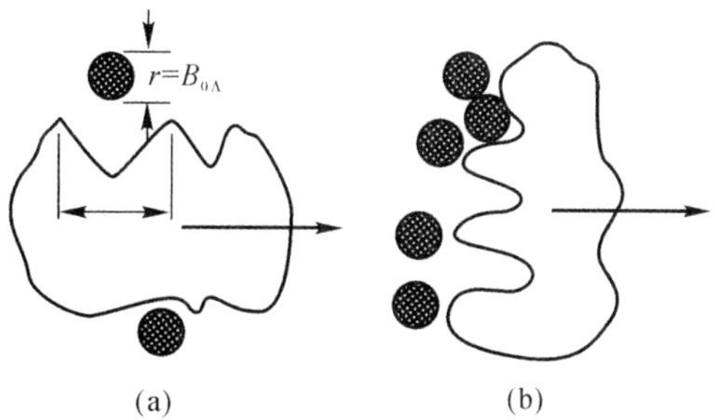

图 4.13　KH 破碎机理与 RT 破碎机理示意图

根据不稳定性分析，液滴半径的变化率和破碎形成的子液滴的尺寸与不稳定波的频率 Ω 和波长 Λ 有关。

$$\frac{\Lambda}{a}=9.02\frac{(1+0.45Oh^{0.5})(1+0.4Ta^{0.7})}{(1+0.87We_2^{1.67})^{0.6}} \tag{4.61}$$

$$\Omega\left(\frac{\rho_1 a^3}{\sigma}\right)=\frac{(0.34+0.38We_2^{1.5})}{(1+Oh)(1+1.4Ta^{0.6})} \tag{4.62}$$

式中，$Oh=\sqrt{We_1}/Re$，$Ta=Oh\sqrt{We_2}$，$We_1=\rho_1U^2a/\sigma$，$We_2=\rho_2U^2a/\sigma$，$Re=Ua/v_1$；1 与 2 分别表示液体和气体；ρ 为密度；U 为气液间的相对速度；a 为射流半径；σ 为液体的表面张力；v 为液体的运动黏度。

在 KH 破碎机理中，假设破碎形成的新液滴的半径与最不稳定波的波长成正比，即

$$r_{\text{stable}}=B_0\Lambda \tag{4.63}$$

式中，B_0 为常数，通常取 0.61。

KH 不稳定破碎的破碎时间为

$$\tau=\frac{3.726B_1a}{\Lambda\Omega} \tag{4.64}$$

式中，B_1 为模型常数，它不仅与射流初始扰动有关，还与喷嘴的结构参数有很大关联。

2) RT 破碎机理。RT 破碎机理用于描述暴露在空气中的液滴，液滴由于受到空气阻力的作用而减速，表面波在液滴的背风面迅速增长，产生出新的液滴，主要适用于气液混合区，如图 4.13(b)所示。

采用与 KH 不稳定性分析类似的办法，并且仅考虑液体表面张力的情况下，同样可以通过具有最大增长率的表面波的频率 Ω_{RT} 和相应的波数 K_{RT} 描述 RT 扰动。

$$\Omega_{\text{RT}}=\sqrt{\frac{2}{3\sqrt{3\sigma}}\frac{g_t\,|\,(\rho_1-\rho_2)\,|^{1.5}}{\rho_1+\rho_2}} \tag{4.65}$$

$$K_{\text{RT}}=\sqrt{\frac{g_t\,|\,(\rho_1-\rho_2)\,|}{3\sigma}} \tag{4.66}$$

式中，g_t 为液滴运动方向的减速度；σ 为液体的表面张力；ρ_1 和 ρ_2 分别为液体和气体的密度。

RT 扰动的破碎时间为

$$\tau = B_2 \frac{1}{\Omega_{RT}} \tag{4.67}$$

RT 扰动产生的新液滴半径与 RT 扰动波的波长成正比：

$$r_{stable} = B_2 \frac{\pi}{K_{RT}} \tag{4.68}$$

式中，B_2 和 B_3 为模型常数。

（2）牛顿流体的破碎长度。

根据上述模型分析，得到了破碎长度的经验公式：

$$L_0 = B_4 d_0 \sqrt{\frac{\rho_1}{\rho_2}} \tag{4.69}$$

式中，d_0 为喷孔直径；ρ_1 和 ρ_2 分别为液体和气体的密度；B_4 为模型常数，它不仅与射流的流动条件有关，还与喷嘴的结构参数有关，通常根据实际的条件来选取其数值。

2. 幂律型流体的破碎模型

通过对幂律型流体圆柱形射流的不稳定性分析，可以得到惯性力、黏性力、气液作用力、表面张力对幂律型流体圆柱形射流最大扰动增长率所起的作用与上述作用力对牛顿流体所起的作用是一致的。因此，对牛顿流体的破碎模型进行合理的非牛顿修正，可以得到非牛顿流体的破碎模型。

（1）幂律指数对最大扰动增长率的影响。选取韦伯数为 5 137，无量纲速度因子为 0.000 003，稠度系数为 17 Pa・s^n，射流速度为 50 m・s^{-1}，气液密度比为 0.006，幂律指数从 0.1变化到 0.9，通过不稳定性计算，可以得到如图 4.14 所示射流最大扰动增长率随幂律指数的变化曲线。

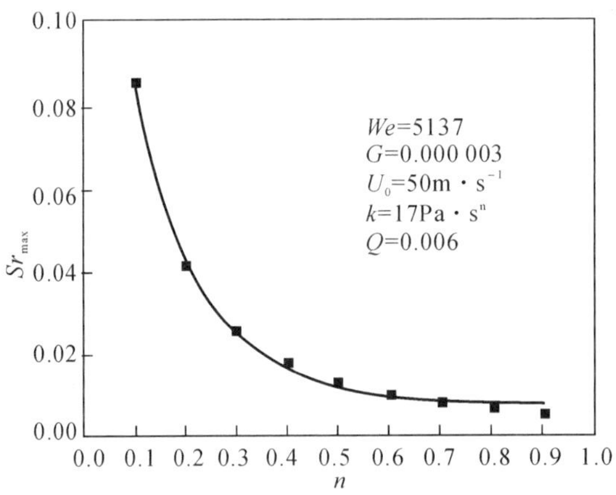

图 4.14　幂律指数 n 对最大扰动增长率的影响

通过曲线拟合可以得到下述关系式：

$$Sr_{max} = 0.16(e^{-7.4m} + 0.05) \tag{4.70}$$

考虑到工况的变化，可以得到最大扰动增长率与 n 的关系为

$$f(n) = A_0(e^{-7.4n} + A_1) \tag{4.71}$$

式中，A_0 和 A_1 为修正系数，根据具体条件而定。

（2）表观雷诺数对最大扰动增长率的影响。选取韦伯数为 5 137，无量纲速度因子为

0.000 003，幂律指数为 0.5，气液密度比为 0.006，表观雷诺数从 1 变化到 2 000，通过不稳定性计算，可以得到如图 4.15 所示射流最大扰动增长率随表观雷诺数的变化曲线。

通过曲线拟合可以得到如下所示关系式：

$$Sr_{\max}=5\times10^{-5}Re_n+4.5\times10^{-4} \tag{4.72}$$

考虑到工况的变化，并且 Re_n 大于 100 时，进一步进行简化，可以得到最大扰动增长率与 Re_n 的关系为

$$f(Re_n)=A_2Re_n \tag{4.73}$$

式中，A_2 为修正系数，根据具体条件而定。

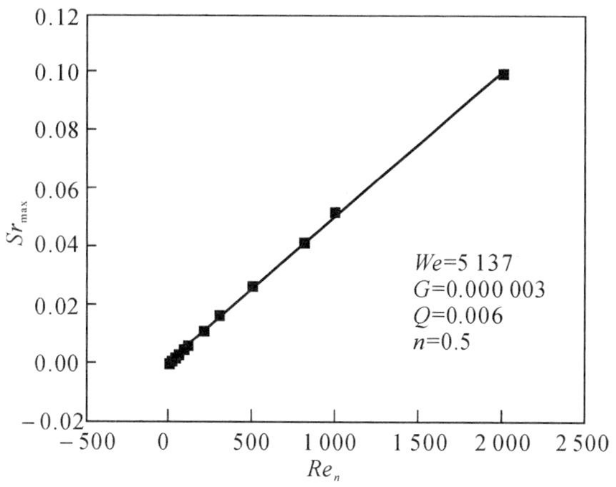

图 4.15　表观雷诺数 Re_n 对最大扰动增长率的影响

(3)韦伯数对最大扰动增长率的影响。选取表观雷诺数为 255，无量纲速度因子为 0.000 003，幂律指数为 0.5，气液密度比为 0.006，韦伯数从 1 000 变化到 8 000，通过不稳定性计算，可以得到如图 4.16 所示射流最大扰动增长率随韦伯数的变化曲线。

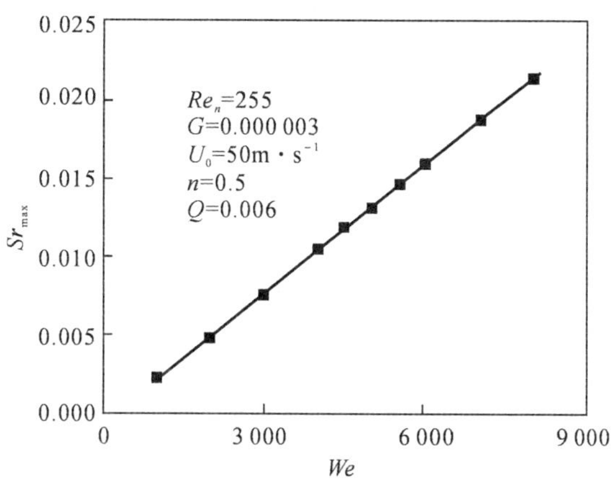

图 4.16　韦伯数 We 对最大扰动增长率的影响

通过曲线拟合可以得到下述关系式：

$$Sr_{\max}=3\times10^{-6}We-5\times10^{-4} \tag{4.74}$$

考虑到工况的变化，并且 We 在 1 000～8 000 之间时，进一步进行简化，可以得到最大扰

动增长率与 We 的关系为

$$f(We)=A_3 We \tag{4.75}$$

式中，A_3 为修正系数，根据具体条件而定。

(4) 气液密度比对最大扰动增长率的影响。选取表观雷诺数为 255，韦伯数为 5 137，无量纲速度因子为 0.000 003，幂律指数为 0.5，稠度系数为 17 Pa・s^n，气液密度比从 0.001 变化到 0.015，通过不稳定性计算，可以得到图 4.17 所示最大扰动增长率随气液密度比的变化曲线。

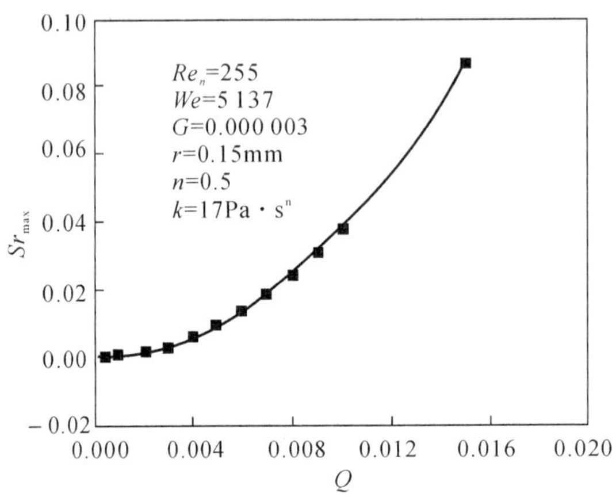

图 4.17　气液密度比 Q 对最大扰动增长率的影响

通过曲线拟合可以得到如下所示关系式：

$$Sr_{\max}=377(Q-2.3\times10^{-4})^{1.99}+9\times10^{-5} \tag{4.76}$$

考虑到工况的变化，并且当 Q 大于 0.001 时，进一步简化，可以得到最大扰动增长率与 Q 的关系为

$$f(Q)=A_4 Q^{1.99} \tag{4.77}$$

式中，A_3 为修正系数，根据具体条件而定。

(5) 幂律型流体圆柱形射流破碎长度预测公式。根据不稳定性的理论分析，可以认为破碎长度与最大扰动增长率是关联的，破碎长度随着增长率的增加而减小。综合以上各种影响因素，结合式(4.74)，可以得到幂律型流体泰勒模式圆柱形射流破碎长度的预测公式：

$$L=Cd_0\frac{1}{(\mathrm{e}^{-7.4n}+A_1)Re_n WeQ^{1.99}} \tag{4.78}$$

式中，$n=0.1\sim0.9$，$Re_n>100$，$We=1\ 000\sim8\ 000$，$Q>0.001$，C 和 A_1 由实际射流条件确定。

3. 圆柱形射流破碎模型的验证

图 4.18 为部分实验工况破碎长度与模型预测破碎长度的对比图(注：横坐标是实验工况序号，无单位)，可以看出模型的预测值与实验值基本吻合，进一步验证了模型的有效性。

这里，首先建立了幂律型流体的三维本构方程和圆柱形射流的三维控制方程，奠定了不稳定性分析和仿真计算的基础。再运用线性不稳定性理论，对幂律型流体轴对称圆柱形射流的控制方程进行求解，获得了表征液体圆柱形射流不稳定性的色散方程；利用时间模式，对色散方程进行了数值求解，得到了不同条件下不同破碎模式的不稳定性曲线，进而研究了各种无量纲射流参数和实际射流参数对幂律型流体圆柱形射流不稳定性的影响。研究结果表明，在瑞利模式下，液体表面张力是促进幂律型流体圆柱形射流破碎的因素，液体黏性力和幂律指数是抑制射流破碎的因素，气液相互作用力对剪切变稀流体的射流破碎影响不大，对剪切变稠流体的射流破碎有一定促进作用。在泰勒模式下，液体表面张力、黏性力和幂律指数都是抑制幂律型流体圆柱形射流破碎的因素，气液相互作用力是促进液体射流破碎的因素。在相同条件下，泰勒模式的最大扰动增长率和最不稳定波数都大于瑞利模式的。研究了包括韦伯数、雷诺数、流动指数、稠度系数、液体种类、液体稠度、射流速度、喷孔半径、气体介质种类、气体介质压力等因素对射流破碎的影响。由此，可采用 We 和气液密度比 Q 之间的关系来表征射流系统所处的状态，即当 $WeQ < 1$ 时，射流处于瑞利模式；当 $WeQ > 1$ 时，射流处于泰勒模式。同时，根据不稳定性理论分析的结果，建立了幂律型流体圆柱形射流的破碎模型，得到了一定条件下泰勒模式射流破碎长度的预测公式。为后续撞击射流的雾化奠定了理论基础。

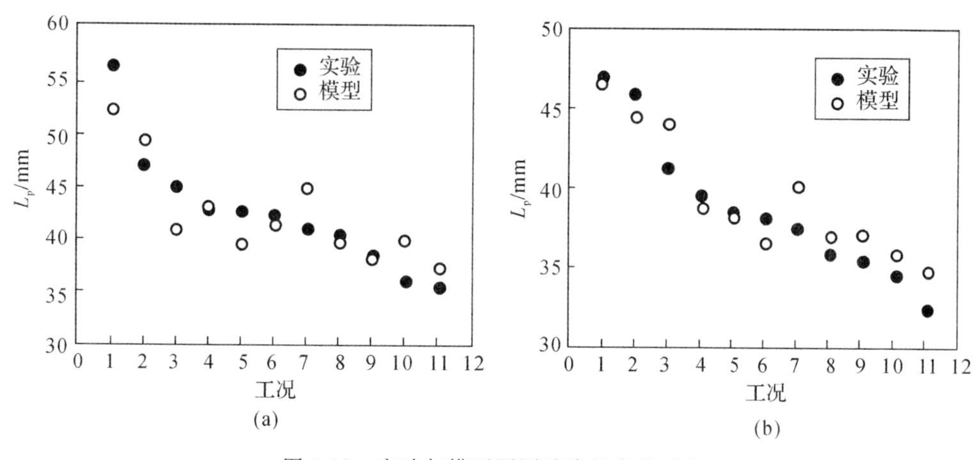

图 4.18　实验与模型预测破碎长度的对比

(a)1# 模拟液；(b)2# 模拟液

4.4　幂律型流体圆柱形射流破碎过程数值仿真

射流，尤其是射入到静止空气的圆柱形射流，其破碎机理和破碎运动过程可以用线性稳定性理论来描述。不同参数条件下的射流破碎现象可以归结为四类破碎模式，即 Rayleigh 模式和第一、二类风生模式以及雾化模式等。这些都反映了射流过程中的惯性力、表面张力、黏性力和相界面上气动力间的相互作用。对于低速射流，破碎主要是由于相界面的长波扰动引起，这种扰动同时向上、下游传播，是表面张力收缩所致，对应 Rayleigh 模式和第一类风生模式；对于高速射流，由于相界面压力存在波动，液体射流呈对流不稳定性，使得短波扰动不稳定增长，并向下游传播，导致在射流出口附近或出口处发生破碎。实验研究和数值模拟都是验证理论、深入定量分析的手段，而数值计算具有快速、省时、可重复性好等优点，在工程技术和科学研究中发挥着越来越重要的作用。主要问题在于，自然界及工程中绝大多数的流动都是多相流，其流动特性要复杂得多。

4.4.1 幂律型流体圆柱形射流破碎模型

(1) 基本假设。根据线性不稳定性理论，对幂律型流体射流破碎问题进行简化，做如下假设。

1) 液相和气相均为不可压缩流体。

2) 液相服从幂律型流体的物性特征。

3) 气相为初始状态静止的理想气体。

4) 忽略惯性力、重力对射流的影响。

(2) 射流破碎过程数学模型的建立。对于幂律型流体，可以利用连续介质假设，建立速度、压力、温度等流体物性特征数学模型；针对圆柱形射流，根据 4.2 节的内容，建立幂律型流体的本构方程和控制方程；幂律型流体与牛顿流体的主要区别在于本构方程，本构方程的本质是黏度随剪切速率而变化，因此，需将本构方程与控制方程统一建模，编制程序模块，整合到质量传输模型中。

1) 射流破碎运动过程涉及幂律型流体物性以及各种参数变化的影响，将空气作为两相流中的第一相，幂律型流体作为第二相，两相之间的摩擦因子由 Schiller - Naumann 方程计算。

2) 由于运动过程受到湍流的影响，采用改进的 $k-\varepsilon$ 模型，以符合幂律型流体物性参数的特征。

$k-\varepsilon$ 模型方程如下。

k 方程：

$$\frac{\partial(\rho k)}{\partial t}+\nabla\cdot(\rho k u)=\nabla\cdot\left(\frac{\mu_t}{\sigma_k}\nabla k\right)+G_k-\rho\varepsilon \tag{4.79}$$

ε 方程：

$$\frac{\partial(\rho\varepsilon)}{\partial t}+\nabla\cdot(\rho\varepsilon u)=\nabla\cdot\left(\frac{\mu_t}{\sigma_\varepsilon}\nabla\varepsilon\right)+\frac{\varepsilon}{k}(C_{1\varepsilon}G_k-C_{2\varepsilon}\rho\varepsilon) \tag{4.80}$$

其中的 μ_t 采用幂律型流体表观黏度代入式(4.80)，得到幂律型流体的湍流方程。

3) 综合考虑幂律型流体以及射流破碎中密度、压力和温度等参数的变化，编制相应质量和能量传输模型，与本构方程和控制方程整合计算。

4.4.2 幂律型流体圆柱形射流破碎仿真方法

(1)射流破碎仿真条件。幂律型流体圆柱形射流破碎的计算域和边界条件如图 4.19 所示。

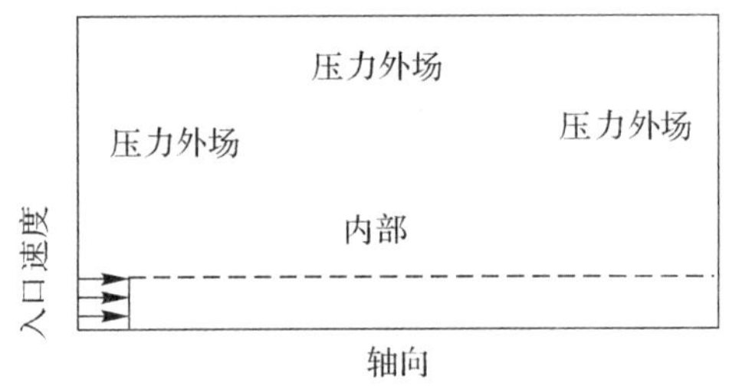

图 4.19 计算域和边界条件

（2）射流破碎与界面处理。射流破碎过程涉及气液两相流动过程，在气液两相流中，相界面的运动、变形、破碎、再融合等使其流动结构非常复杂，使得两相流守恒方程、相分布以及相界面的表面张力的计算很困难。与单相流的数值模拟相比，多相流需要建立特定的数学模型，模拟各相流体的界面分布和描述方法，物性参数和控制方程的求解，包括各相主要参数的分布和变化规律。液体射流破碎大部分属于气液两相流问题，相界面的数值模拟分为拉格朗日界面跟踪和欧拉界面捕捉两类方法。所谓界面跟踪法是通过参数表示的闭合曲线来表征界面位置，一般闭合曲线是一些标记点，由这些标记点的运动来跟踪交界面位置的变化。通过对这些质点的计算、追踪和调整实现界面运动的数值模拟。对于液体射流破碎问题的气液两相流界面，由于存在动边界和表面张力等难题，而拉格朗日方法难以处理界面破碎这类数学上的奇异性问题，使得界面运动高精度捕捉算法成为亟待解决的问题。而欧拉界面捕捉方法是将交界面包含在一系列特征函数中，通过这些函数的输运来表征界面的运动，再从这些函数中获得交界面的位置及其运动，代表性的有体积分数（Volume of fluid，VOF）方法。

（3）射流破碎气液两相运动过程的瞬态捕捉。在射流破碎界面的运动跟踪问题上，首要的是运动界面在时间和空间位置的确定。对于拉格朗日界面追踪，需要采用移动网格，并随界面变形，在计算中存在因计算区域的变化，导致计算误差变大；而采用欧拉界面捕捉方法，不用考虑网格的位置变化，但需要对界面精确定位。在诸多定位方法中，应用较为广泛的是 VOF 方法。VOF 方法的主要特点是在空间网格内定义流体体积分数即 VOF 函数，并利用 VOF 函数重构运动界面，从而获得交界面的准确位置；由 VOF 函数随时间的输运，确定运动界面在每个时刻的位置、形状和变化，从而达到界面追踪的目的。

对于液体射流破碎问题的数值模拟，可以在 VOF 界面捕捉方法的基础上，从 Navier - Strokes 方程出发，结合压力校正的 SIMPLE 算法或有限元方法进行相界面的动力学计算。在计算过程中会涉及表面张力的处理，更精确的计算界面曲率和表面张力一直是提高射流破碎界面数值模拟精度的一个重要研究方向。

VOF 方法的主要特点是在空间网格内定义流体体积分数即 VOF 函数，并利用 VOF 函数重构运动界面，从而获得交界面的准确位置；由 VOF 函数随时间的输运，确定运动界面在每个时刻的位置、形状和变化，从而达到界面追踪的目的，处理过程如下。

1）从 Navier - Strokes 方程出发，结合压力校正的 SIMPLE 算法进行相界面的动力学计算。

2）利用 VOF 方法重构运动界面，获得交界面的准确位置，包括液体破碎的瞬态形貌细节。

3）由 VOF 函数随时间的输运，确定运动界面在每个时刻的位置、形状和变化，实施界面追踪，捕捉射流破碎长度和贯穿距的变化。

（4）喷嘴内部和外部流场的处理计算。喷嘴内部流动采用 Polyflow 求解，边界层采用幂律型流体的壁面函数法计算。喷嘴出口处的速度剖面的流场参数作为外部流场计算的输入接口，来衔接内部和外部流场的计算。喷嘴外部流场基于 Fluent 求解器，针对高速射流雾化破碎特点，编制幂律型流体处理模块以及质量传输模型，采用 VOF 界面捕捉方法，对射流破碎中气液两相运动过程进行实时瞬态追踪。在 Fluent 中的 VOF 模型是针对欧拉网格的一种表面跟踪技术，可用于两到三种非混合流体间相界面的运动规律。各相流体共享相同的运动方程,在计算网格中每相流体的体积分数被追踪,以识别要处理的对应相流体。该方法可以分析带自由面流体,液相中的大气泡流动以及表面张力作用下的射流破碎预测,气液两相流的稳态和瞬态相界面跟踪。所以选择 Fluent 对喷射出的流体进行运动界面的跟踪分析。

以上软件都可以采用共同的模型设计前处理软件 Gambit 进行二维或三维模型创建,两个软件都遵循几何模型的建立、有限元或有限差分模型的生成、材料属性和边界条件的设定、求解计算后处理(包括数据的各种形式的显示、输出与分析)等若干步骤。

4.4.3 圆柱形射流破碎特征参数

(1)圆柱形射流出口速度分布。图 4.20 和图 4.21 分别为圆柱形射流出口速度剖面云图和曲线图,射流条件为:$v=50\ \mathrm{m\cdot s^{-1}}$,$T=300\ \mathrm{K}$,$\rho_g=1.225\ \mathrm{kg\cdot m^{-3}}$,$d=0.3\ \mathrm{mm}$,$k=30\ \mathrm{Pa\cdot s^n}$,$n=0.5$。

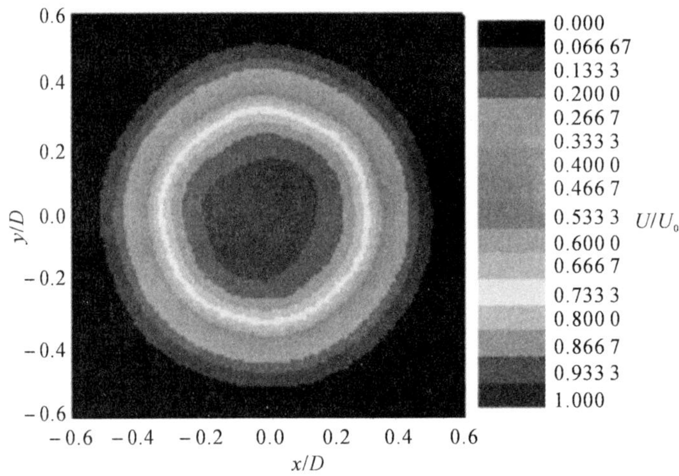

图 4.20 圆柱形射流的速度剖面云图

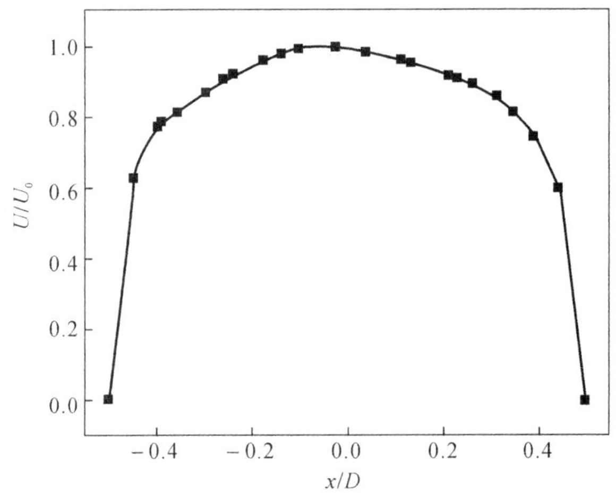

图 4.21 圆柱形射流的速度剖面曲线

从图 4.20 和图 4.21 中可以看出，在圆柱形射流喷嘴出口处，速度分布是不均匀的，从壁面到中心速度从 0 增加到最大，这是由幂律型流体的黏性引起的，并且非均匀的速度分布直接影响到出口后射流的破碎。

(2) 圆柱形射流形貌发展过程。图 4.22 为圆柱形射流俯视平面随时间的发展演化过程。射流条件为：$v=50\ \mathrm{m\cdot s^{-1}}$，$T=300\ \mathrm{K}$，$\rho_g=1.225\ \mathrm{kg\cdot m^{-3}}$，$d=0.3\ \mathrm{mm}$，$k=30\ \mathrm{Pa\cdot s}^n$，$n=0.5$。

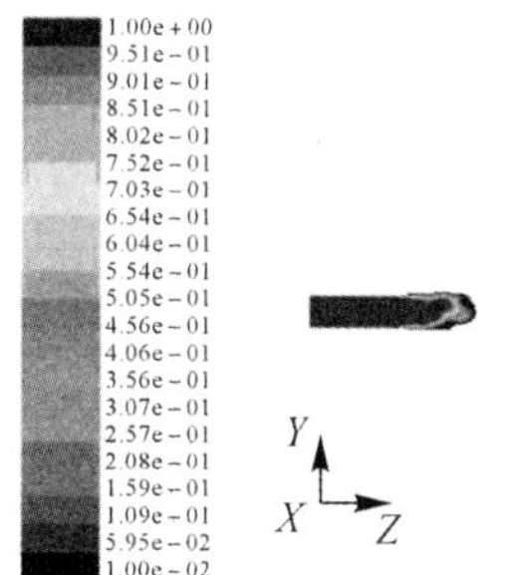

体积分数 ($t=1\times10^{-4}$ s)

(a)

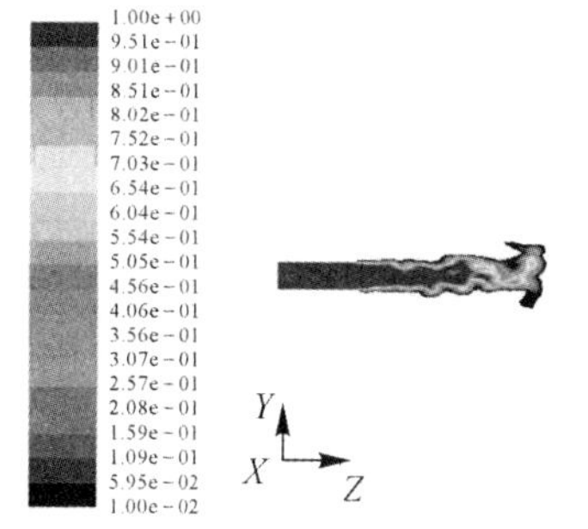

体积分数 ($t=2.0\times10^{-4}$ s)

(b)

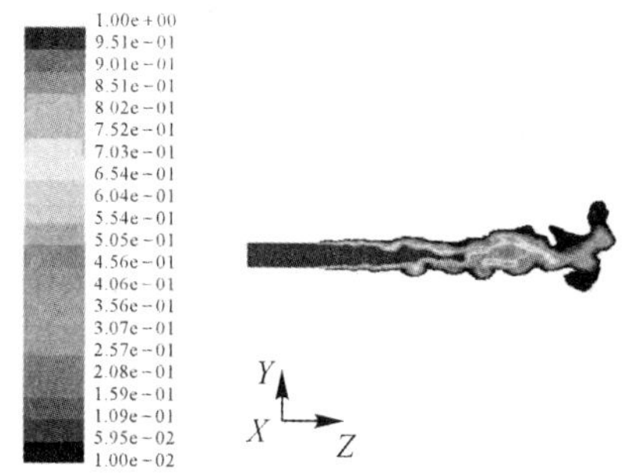

体积分数 ($t=3.0\times10^{-4}$ s)

(c)

图 4.22　圆柱形瞬态射流俯视平面图

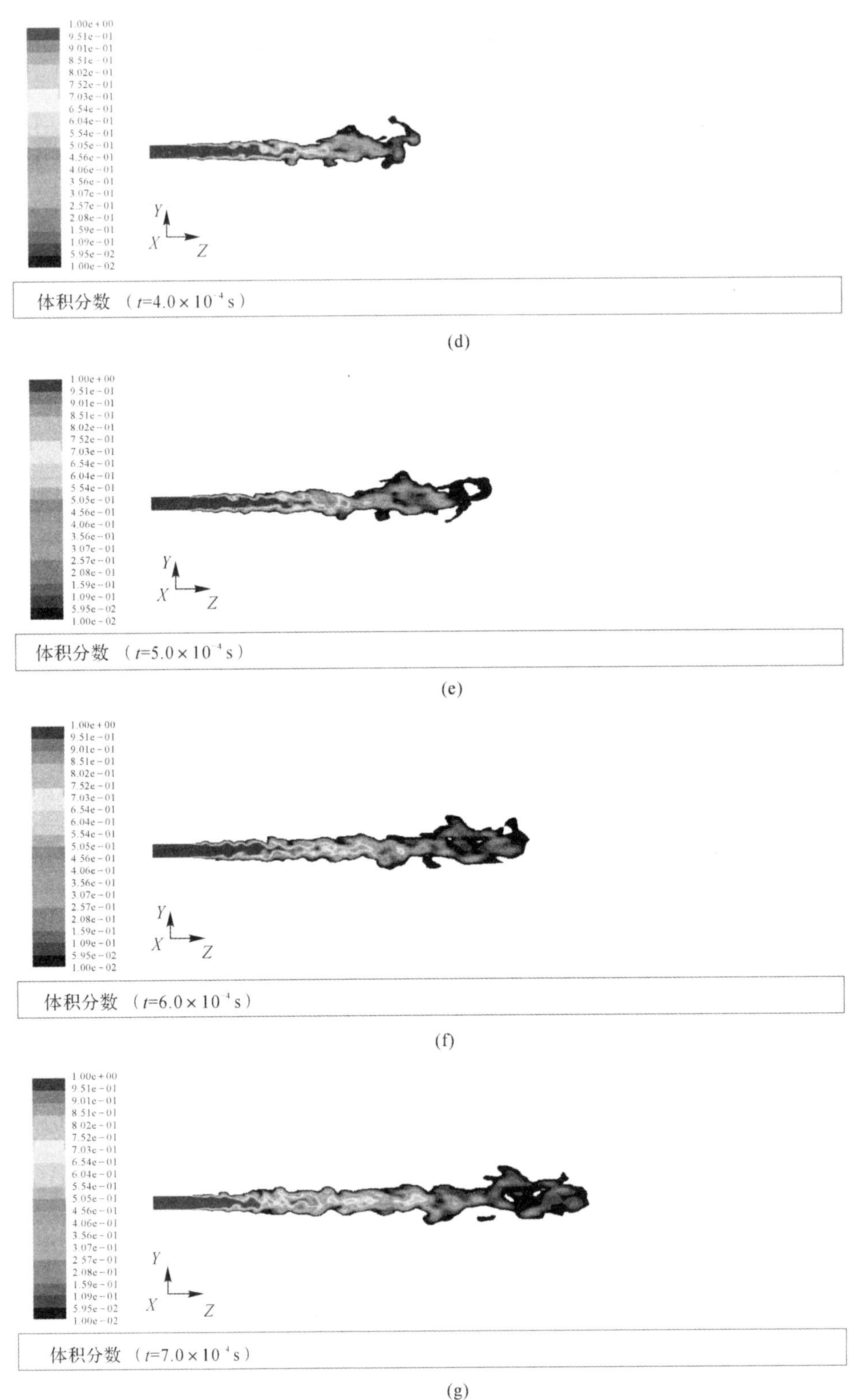

(d)

(e)

(f)

(g)

续图 4.22 圆柱形瞬态射流俯视平面图

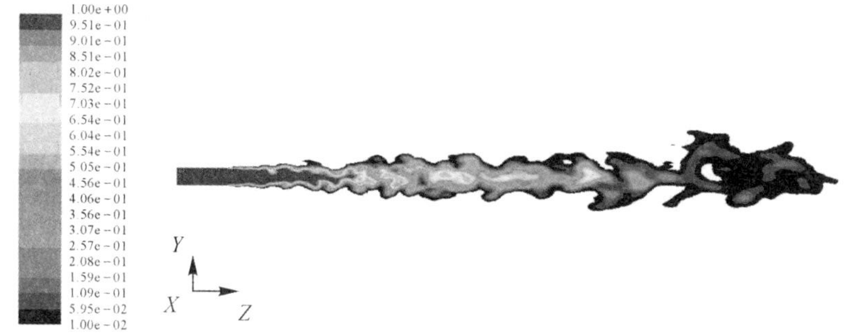

体积分数 （t=8.0×10^{-4} s）

(h)

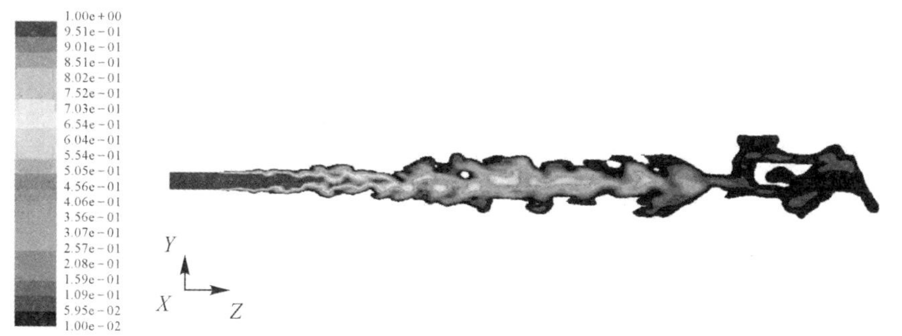

体积分数 （t=9.0×10^{-4} s）

(i)

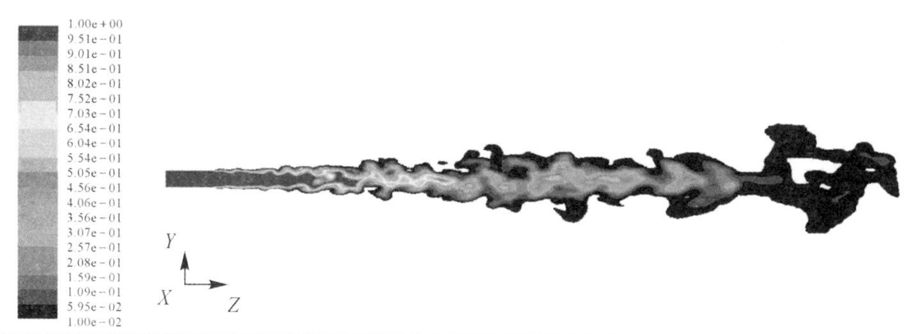

体积分数 （t=1×10^{-3} s）

(j)

续图 4.22　圆柱形瞬态射流俯视平面图

(a) $t=1\times10^{-4}$ s;(b) $t=2\times10^{-4}$ s;(c) $t=3\times10^{-4}$ s;(d) $t=4\times10^{-4}$ s;
(e) $t=5\times10^{-4}$ s;(f) $t=6\times10^{-4}$ s;(g) $t=7\times10^{-4}$ s;(h) $t=8\times10^{-4}$ s;(i) $t=9\times10^{-4}$ s;(j) $t=10\times10^{-4}$ s

圆柱形射流的形貌从局部结构上看具有以下共同的特征。

1）存在近喷口处的均匀、稳定的核心区。

2）随着向下游发展，喷射出现紊乱。

3）远离射流的非核心区出现破碎。

（3）圆柱形射流的核心长度和破碎长度。根据圆柱形射流体积分数的变化，可以定义射流破碎的核心长度和破碎长度：核心长度即波动起始点到喷嘴管口的距离，破碎长度即射流体积分数的波动下降到零到喷嘴管口的距离。

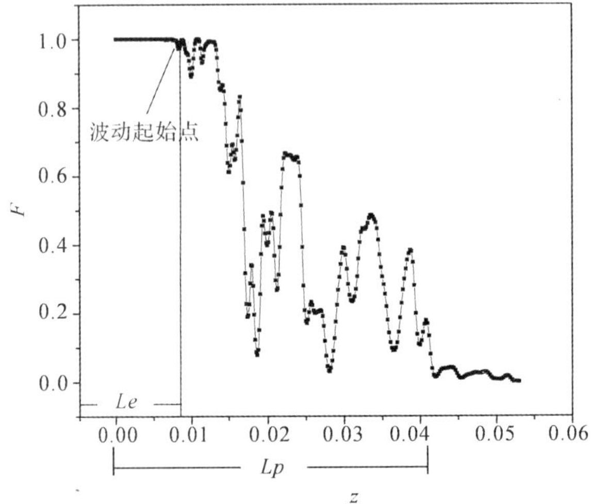

图 4.23　圆柱形射流体积分数变化（$t=1\times10^{-4}$ s）

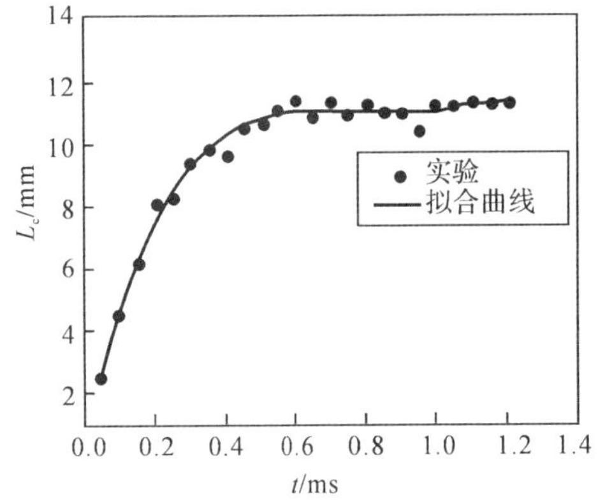

图 4.24　圆柱形射流核心长度随时间的变化曲线

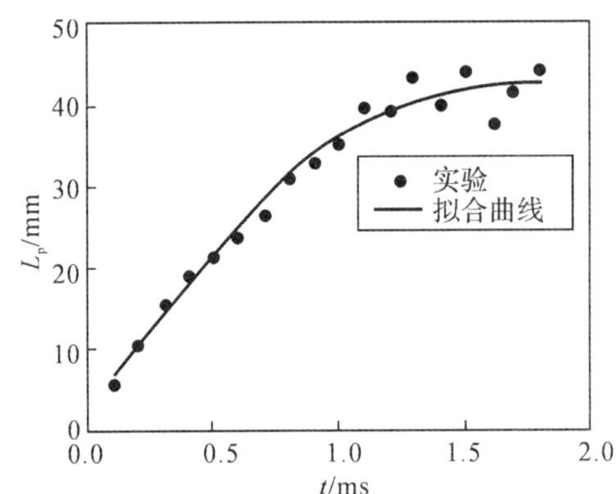

图 4.25　圆柱形射流破碎长度随时间的变化曲线

由计算结果可以看出：① 随着时间发展，核心过程趋于稳定，核心长度基本不随时间变化；② 随着核心长度的稳定，核心区域向下游和周围扩展，破碎加剧；③ 经过一段时间后，射流下游破碎区将逐渐趋于稳定，整个液体射流破碎长度可以确定下来。

4.4.4　相关参数对圆柱形射流破碎影响

（1）射流速度的影响。射流条件为：$T=300$ K，$\rho_g=1.225$ kg·m^{-3}，$d=0.3$ mm，$k=30$ Pa·s^n，$n=0.5$。

图 4.26 和图 4.27 显示了圆柱形射流随着速度变化的破碎形貌,可以看出随着速度的增加,射流核心长度和破碎长度减小,射流破碎区出现了块状被剥离流体微团结构和破碎液滴,沿着射流轴向扰动波的振动幅值逐步增强。图 4.28 和图 4.29 是核心长度与破碎长度的曲线图,可以看出随着速度的增加,射流核心长度和破碎长度减小。

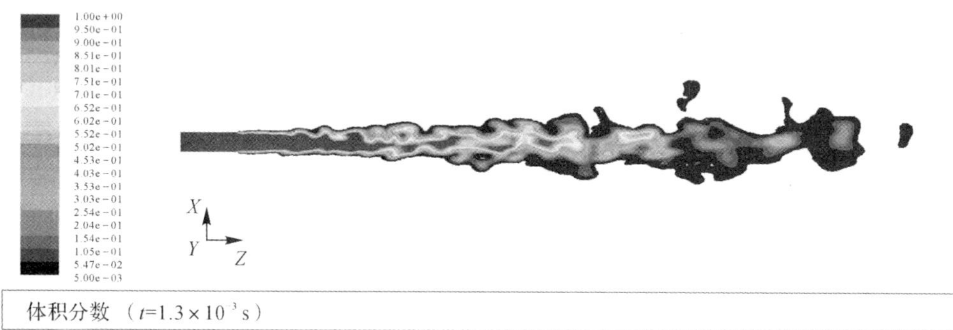

图 4.26　射流速度 v =30 m·s^{-1}

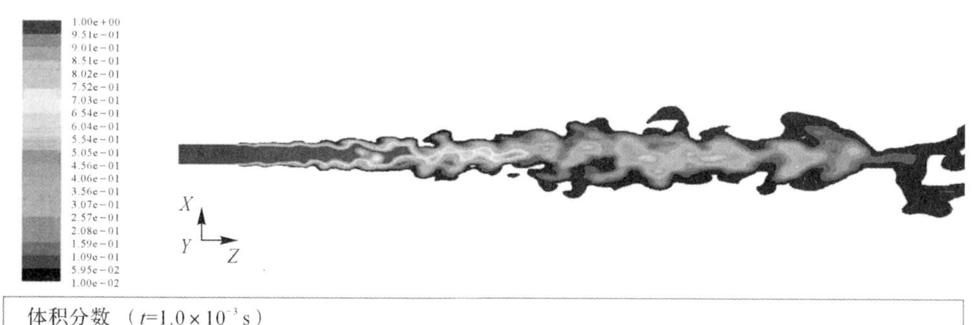

图 4.27　射流速度 v =50 m·s^{-1}

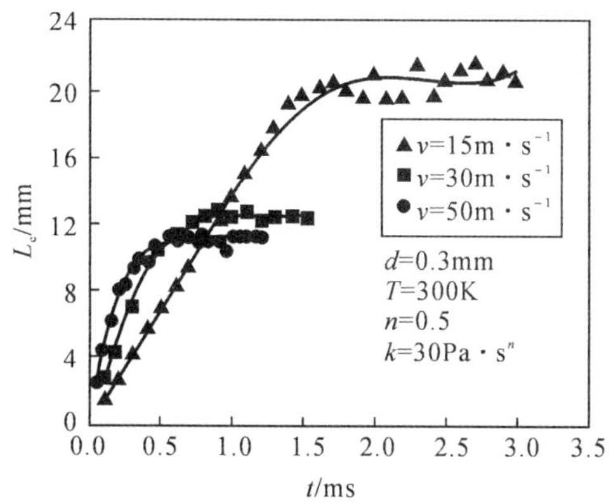

图 4.28　随着时间的变化射流速度对核心长度的影响

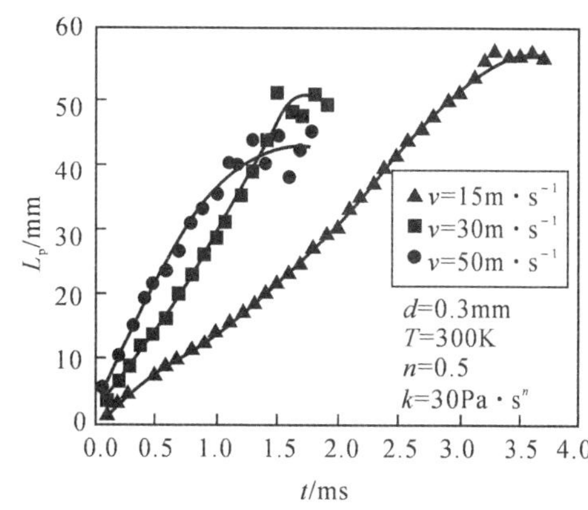

图 4.29　随着时间的变化射流速度对破碎长度的影响

(2) 环境温度的影响。射流条件为:v =50 m·s^{-1},ρ_g =1.225 kg·m^{-3},d =0.3 mm,k =30 Pa·s^n,n =0.5。

图 4.30 和图 4.31 显示了圆柱形射流随着温度变化的破碎形貌；图 4.32 和图 4.33 是核心长度与破碎长度的曲线图，可以看出随着温度增加，核心长度和射流破碎长度均减小，而射流破碎长度减小更显著。

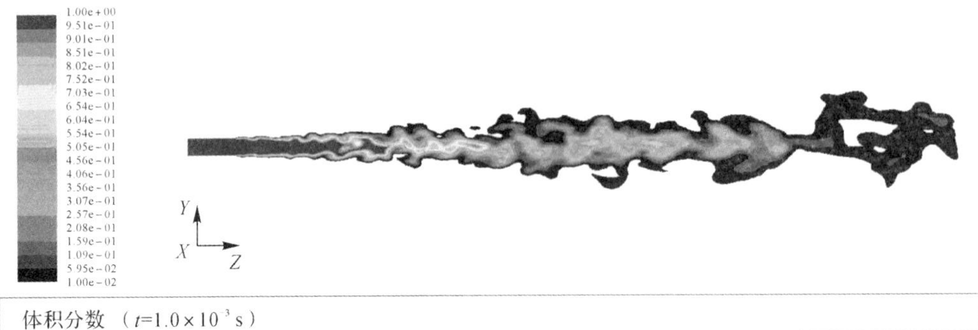

图 4.30 环境温度 $T=300$ K

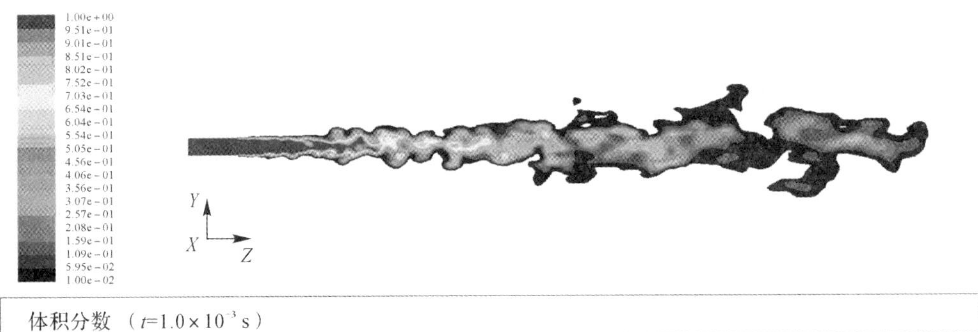

图 4.31 环境温度 $T=700$ K

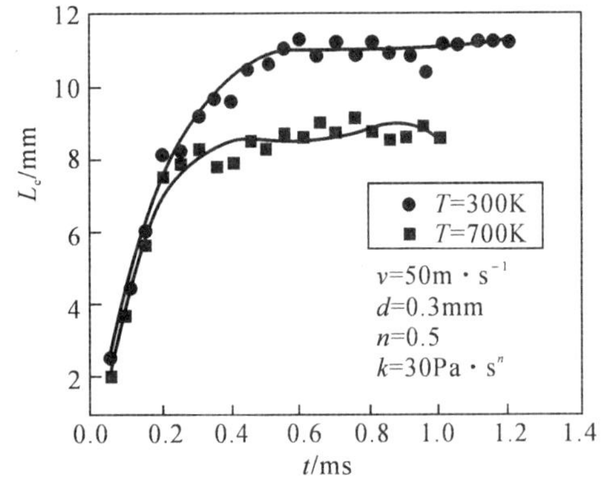

图 4.32 随着时间的变化环境温度对核心长度的影响

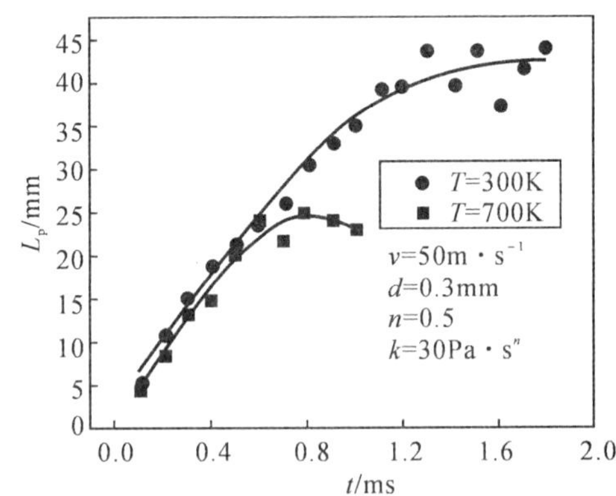

图 4.33 随着时间的变化环境温度对破碎长度的影响

(3) 密度比的影响。射流条件为：$v=50\ \mathrm{m\cdot s^{-1}}$，$T=300$ K，$d=0.3$ mm，$k=30\ \mathrm{Pa\cdot s^{n}}$，$n=0.5$。

图 4.34 和图 4.35 显示了圆柱形射流随着环境气体密度变化的破碎形貌；图 4.36 和图 4.37 是随着时间的变化环境气体密度对核心长度与破碎长度的影响的曲线图，可以看出随着环

境气体密度的增加，核心长度和射流破碎长度均减小。

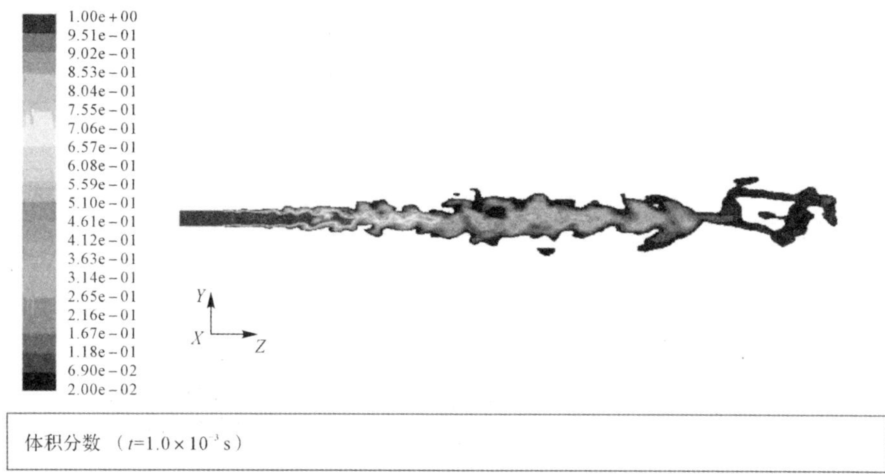

图 4.34　环境气体密度 ρ_g 1.225 kg・m^{-3}

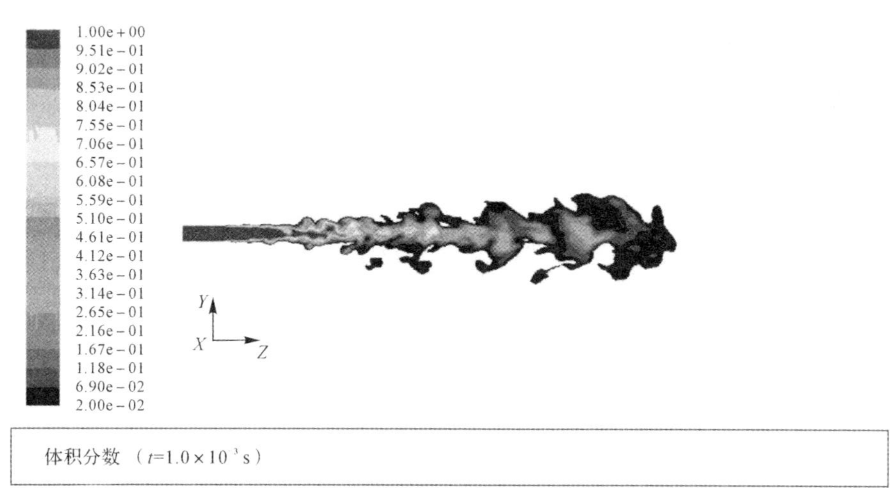

图 4.35　环境气体密度 ρ_g 5 kg・m^{-3}

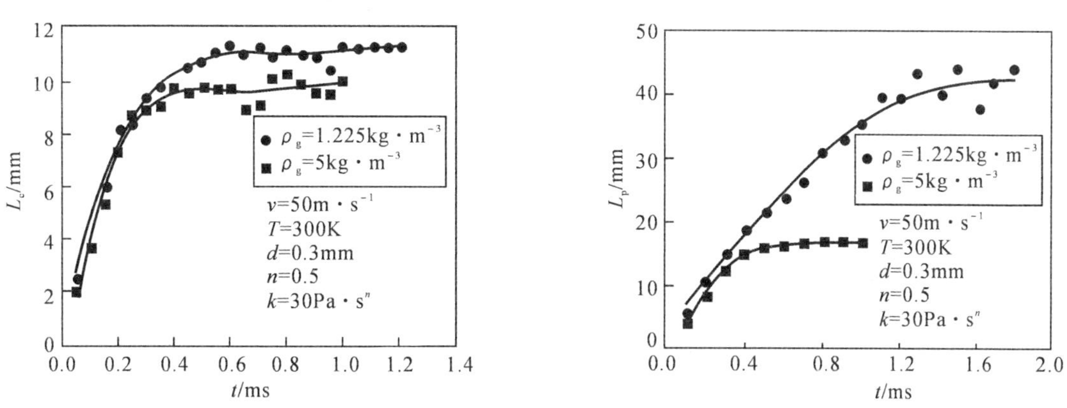

图 4.36　随着时间的变化环境气体密度对核心长度的影响　图 4.37　随着时间的变化环境气体密度对破碎长度的影响

(4)喷孔直径的影响。射流条件为：$v=50\mathrm{m\cdot s^{-1}}$，$T=300\mathrm{K}$，$\rho_g=1.225\mathrm{kg\cdot m^{-3}}$，$k=30\ \mathrm{Pa\cdot s^n}$，$n=0.5$。

图 4.38 和图 4.39 显示了圆柱形射流随着喷孔直径变化的破碎形貌；图 4.40 和图 4.41 是随着时间的变化喷孔直径对核心长度与破碎长度影响的曲线图，可以看出随着喷孔直径增加，射流核心长度和破碎长度增大。

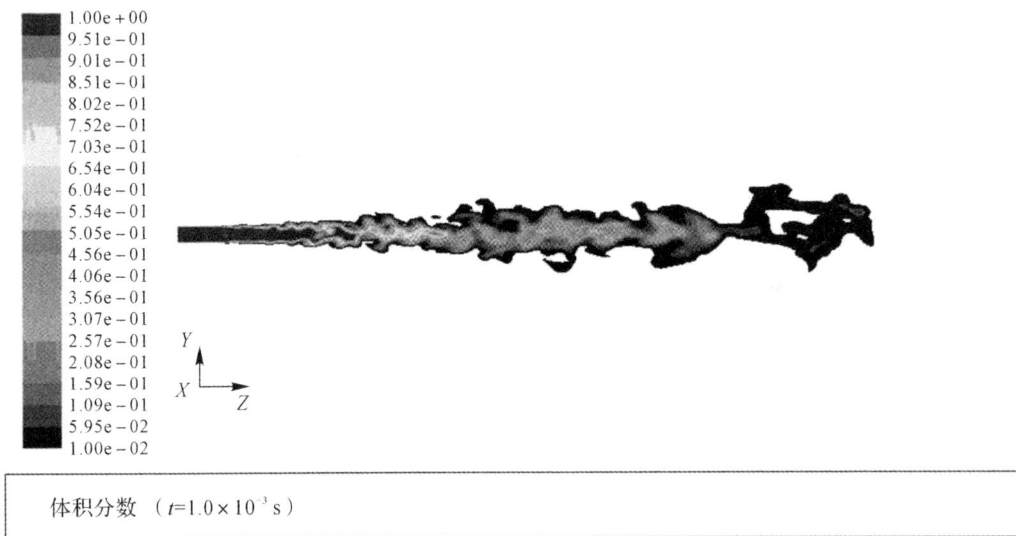

图 4.38　喷孔直径 $d=0.3$ mm

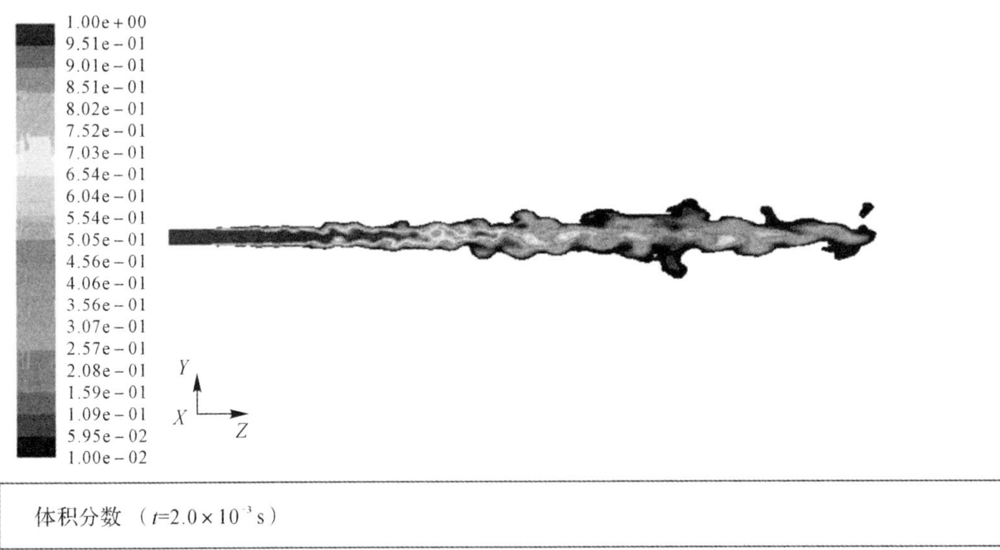

图 4.39　喷孔直径 $d=0.5$ mm

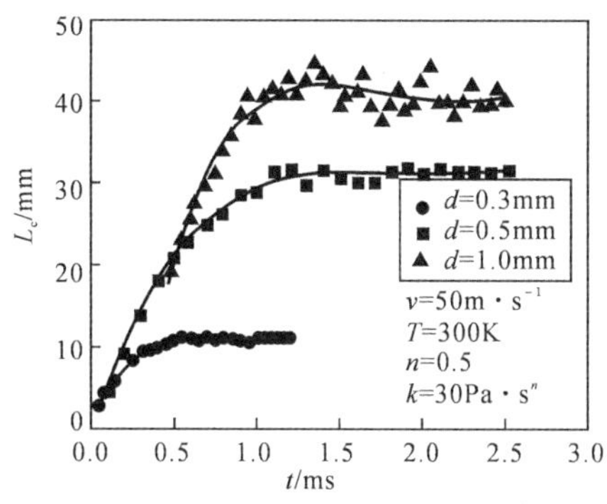

图 4.40　随着时间的变化喷孔直径对核心长度的影响

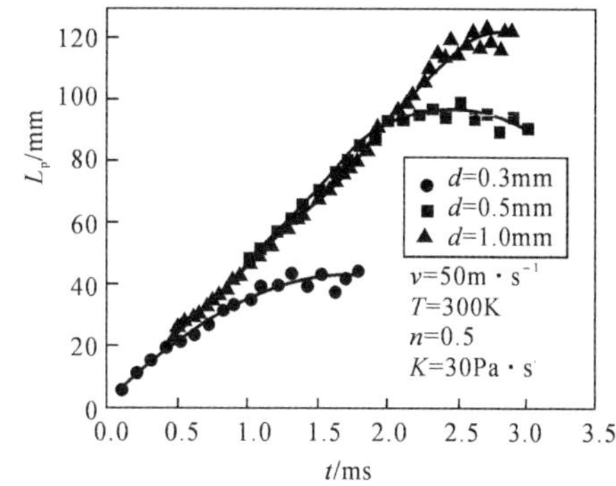

图 4.41　随着时间的变化喷孔直径对破碎长度的影响

（5）稠度系数的影响。射流条件为：$v=50\ \mathrm{m}\cdot\mathrm{s}^{-1}$，$T=300\ \mathrm{K}$，$\rho_g=1.225\ \mathrm{kg}\cdot\mathrm{m}^{-3}$，$d=0.3\ \mathrm{mm}$，$n=0.5$。

图 4.42 和图 4.43 显示了圆柱形射流随着稠度系数变化的破碎形貌；图 4.44 和图 4.45 是随着时间的变化笛稠度系数对核心长度的影响与破碎长度的曲线图，可以看出随着稠度系数增加，射流核心长度和破碎长度增大。

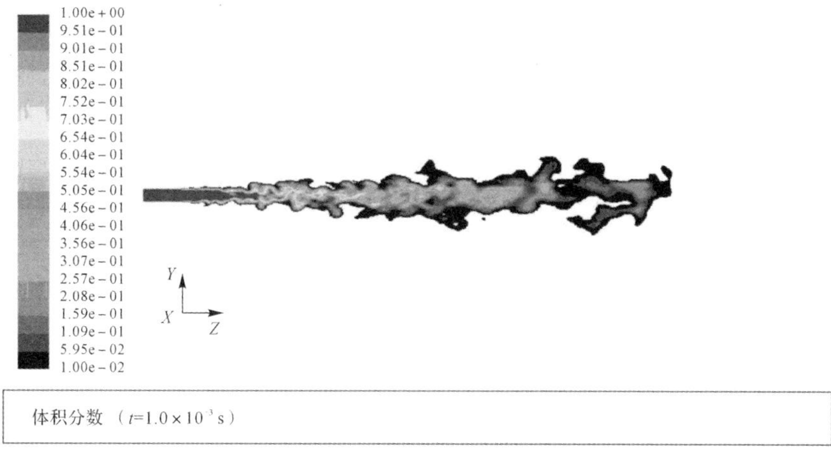

图 4.42　稠度系数 $k=10\ \mathrm{Pa}\cdot\mathrm{s}^n$

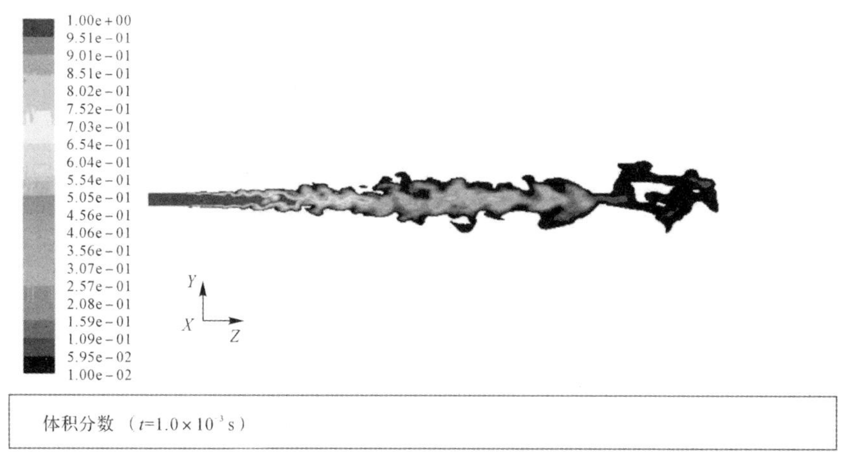

图 4.43　稠度系数 $k=30\ \mathrm{Pa}\cdot\mathrm{s}^n$

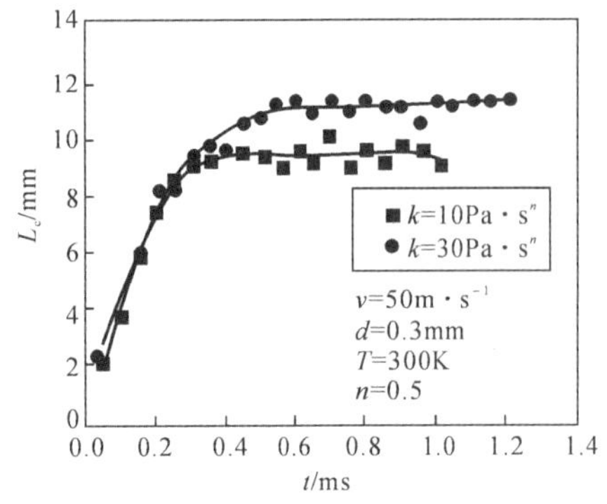

图 4.44 随着时间的变化稠度系数对核心长度的影响

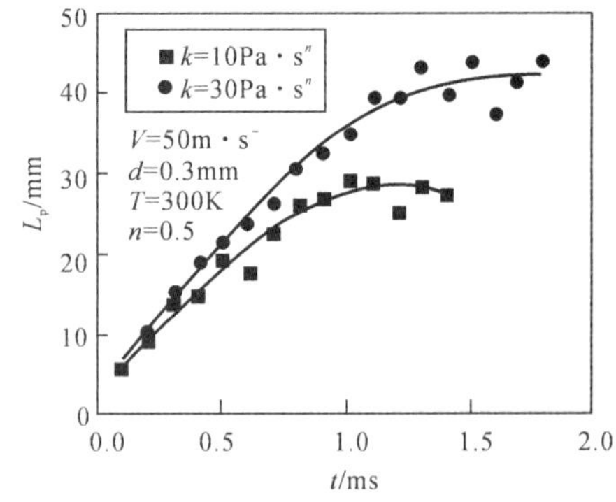

图 4.45 随着时间的变化稠度系数对破碎长度的影响

(6) 幂律指数的影响。射流条件为：$v=50\ \mathrm{m\cdot s^{-1}}$，$T=300\ \mathrm{K}$，$\rho_g=1.225\ \mathrm{kg\cdot m^{-3}}$，$d=0.3\ \mathrm{mm}$，$k=30\ \mathrm{Pa\cdot s^n}$。

图 4.46 和图 4.47 显示了圆柱形射流随着幂律指数变化的破碎形貌；图 4.48 和图 4.49 是随着时间的变化幂律指数对核心长度与破碎长度的曲线图，可以看出随着幂律指数增加，射流核心长度和破碎长度增大。

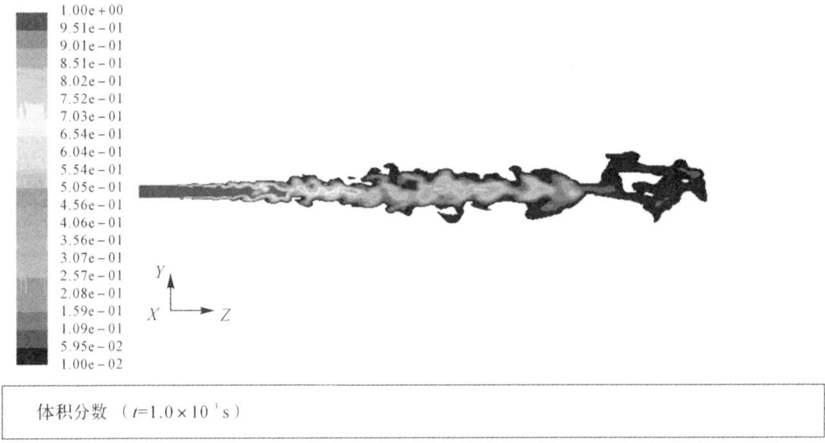

图 4.46 幂律指数 $n=0.5$

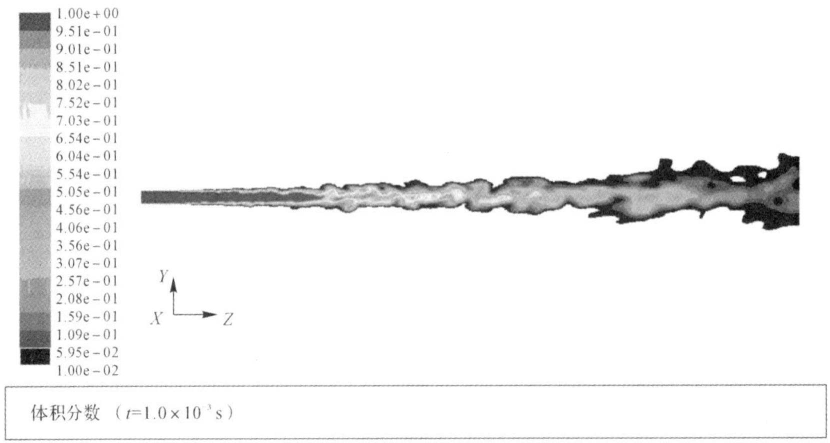

图 4.47 幂律指数 $n=0.7$

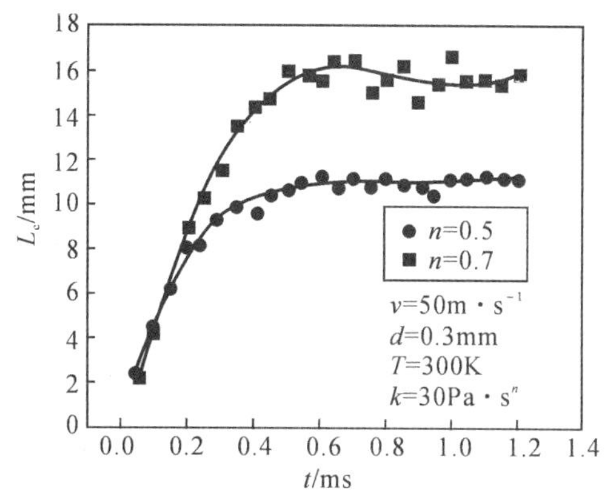

图 4.48　随着时间的变化幂律指数对核心长度的影响

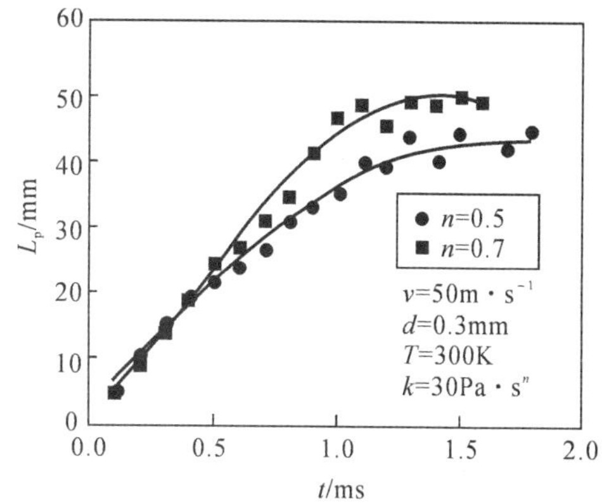

图 4.49　随着时间的变化幂律指数对破碎长度的影响

这里根据不稳定性理论的研究结果，建立了幂律型流体圆柱射流破碎模型。在充分考虑喷嘴内部幂律型流体流动特征影响的基础上，采用基于 VOF 的气液界面捕捉方法对幂律型流体圆柱形射流的破碎进行仿真模拟。获得了不同条件下幂律型流体圆柱形射流的形貌特征、发展规律及破碎特征，并据此提取了表征射流破碎特征的两个重要参数，即射流的核心长度和破碎长度。通过仿真模拟，得到了各种射流参数对幂律型流体圆柱形射流破碎特征的影响规律。研究结果表明，射流速度、环境温度和气液密度比均有利于幂律型流体射流的破碎，随着射流速度、环境温度或气液密度比的增加，射流的核心长度和破碎长度均减小；喷孔直径、幂律指数和稠度系数均不利于幂律型流体射流的破碎，随着喷孔直径、幂律指数或者稠度系数的增加，射流的核心长度和破碎长度均增大。

4.5　幂律型流体圆柱形射流破碎的实验

设计并搭建了包括液体输运喷射系统、环境参数控制系统及光学图像采集系统等子系统在内的流体射流实验系统，实现了对幂律型流体圆柱形射流破碎过程及形貌变化的实验研究。获得了不同射流参数、环境参数、结构参数和物性参数条件下的圆柱形射流破碎光学图像；通过对图像处理判读，从中提取出可以表征幂律型流体射流破碎发展过程及形貌变化的特征参数，如破碎长度、破碎尺度和喷雾锥角等，并研究了其变化规律。

4.5.1　幂律型流体实验系统

幂律型流体圆柱形射流实验系统主要由液体输运喷射系统、环境参数控制系统及光学图像采集系统组成。液体通过输运与喷射系统，在不同的射流条件下，以圆柱形射流的形式喷射进入由环境参数控制系统控制的环境介质中，通过光学图像采集系统捕捉射流破碎的光学图像。实验系统图如图 4.50 所示。

(1) 气液供应系统。气液供应系统主要由贮箱、增压氮气瓶、电子控制系统、电磁阀、喷嘴导管以及喷嘴等部分组成。用 N_2 增压，由电磁阀控制射流时间，高压液体流从喷嘴射入到一定条件下的环境介质中形成射流。喷嘴与喷嘴导管采用螺纹连接，通过更换不同喷孔结构参数的喷嘴即可形成满足要求的射流形式。液体贮藏罐容积为 2 L，设计承受压力 10 MPa，最高工作压力为 6.4 MPa，可使射流速度超过 50 m・s^{-1}。

喷射系统设计图如图 4.51 所示，输运与喷射系统实物如图 4.52 所示。

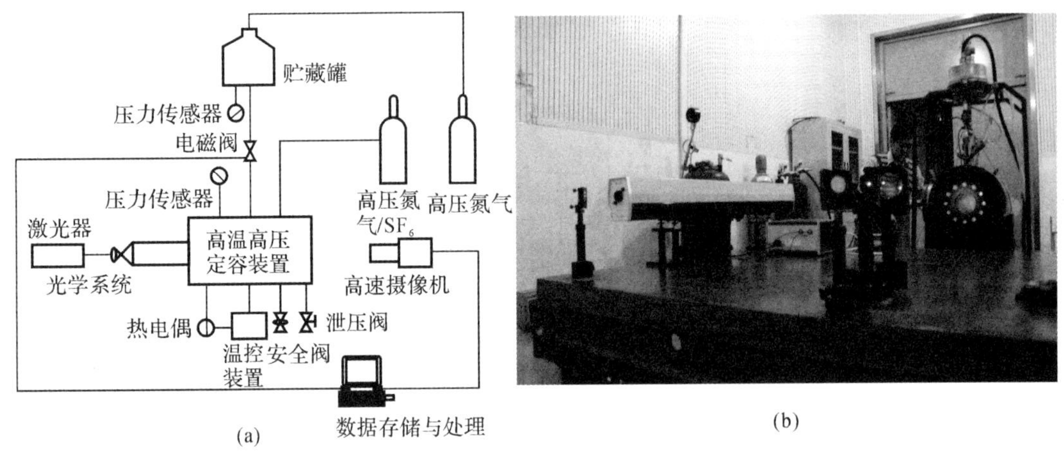

图 4.50　实验系统图

(a)示意图；(b)实物图

图 4.51　喷射系统三维设计图

图 4.52　液体输运与喷射系统实物图

通过体积流量法测量喷嘴流量，依据流量和几何参数计算液体射流速度。由电子控制系统控制电磁阀的闭合，测量一定时间内射流液体的体积和喷嘴孔径，通过计算即可得到射流速度。实测得孔径分别为 0.3 mm，0.5 mm，0.7 mm 的三种喷嘴在不同射流压差下的数据见表 4.2。根据数据拟合出体积流量变化曲线，可得不同压差下的射流速度。除采用体积流量法测量流速以外，也可以根据光学图像进行流速标定。在采集到的光学图像中选取液体射流形貌中的特征点并对其进行追踪，通过对比同一特征点在已知时间内走过的长度计算得到流速。由于特征点不易于选取和分辨，因此采用该方法得到的流速会存在误差，一般低于真正的出口流速。

表 4－2　体积流量法测量射流速度

类　型	序　号	参　数						
		压差/MPa	质量/g	密度/(g·mL^{-1})	体积/mL	时间/ms	孔径/mm	流速/(m·s^{-1})
0.3 mm 圆孔喷嘴	1	2.0	7.2	1	7.2	3 000	0.30	34.0
	2	2.5	8.3	1	8.3	3 000	0.30	39.2
	3	3.0	9.3	1	9.3	3 000	0.30	43.9
	4	3.5	10.3	1	10.3	3 000	0.30	48.6
	5	4.0	11.5	1	11.5	3 000	0.30	54.3
	6	4.5	13.5	1	13.5	3 000	0.30	63.7
0.5 mm 圆孔喷嘴	1	2.0	32.3	1	32.3	3 000	0.56	43.8
	2	2.5	37.7	1	37.7	3 000	0.56	51.1
	3	3.0	42.2	1	42.2	3 000	0.56	57.1
	4	3.5	46.8	1	46.8	3 000	0.56	63.4
	5	4.0	51.3	1	51.3	3 000	0.56	69.5
	6	4.5	56.1	1	56.1	3 000	0.56	76.0
	7	5.0	61.1	1	61.1	3 000	0.56	82.7
0.7 mm 圆孔喷嘴	1	1.2	10.4	1	10.4	1 000	0.70	27.1
	2	2.2	14.4	1	14.4	1 000	0.70	37.5
	3	3.0	17.8	1	17.8	1 000	0.70	46.1
	4	3.8	21.0	1	21.0	1 000	0.70	54.6
	5	4.6	24.8	1	24.8	1 000	0.70	64.5
	6	5.1	26.8	1	26.8	1 000	0.70	69.6

(2) 环境参数控制系统。环境参数控制系统的核心部件是高温高压定容装置。该装置为卧式圆筒状，在装置两端和侧面安装有三块石英玻璃的观察窗，便于光路布置与图像采集。高温高压定容装置上装有进气接口、安全阀、泄压阀、压力变送器和热电偶等；装置内部衬有不锈钢薄壁圆筒作为液体射流区域，在薄壁圆筒外层固定电加热装置并填充保温绝热材料；装置顶部与液体输运喷射系统相连接。高温高压定容装置可以控制液体射流的环境压力与环境温度，并且通过更换充入装置的气体种类，可以改变环境介质密度，使环境参数满足实验要求。

高温高压定容装置内部容积约为 9.0 L，可以提供最大环境压力为 4 MPa，设计环境温度可达 1 000 K。

高温高压定容装置的三维设计图如图 4.53 所示，实物图如图 4.54 所示。

图 4.53　反压舱结构示意图

图 4.54　反压舱实物图

通入反压舱内的高压环境气体一般可以选择工业氮气（N_2），也可选择六氟化硫（SF_6）。六氟化硫是一种无色、无味、无毒的气体，不可燃，微溶于水；分子为八面体构型，属于超价分子，无极性。六氟化硫摩尔质量为 146.06 g·mol^{-1}，在 1 bar(1 bar=100 000 Pa)压力下气体密度为 6.164 g·L^{-1}，大约是氮气密度的 5 倍。六氟化硫物理化学特性使得它很适合作为背景气使用，特别是在相同的环境压力与喷射压力下，使用六氟化硫可以大幅提高气液密度比，对幂律型流体射流实验可以起到很大作用。

(3) 光学图像采集系统。光学图像采集系统是整个液体射流实验的核心，该系统可以记录下不同射流参数、环境参数、结构参数和物性参数条件下液体射流破碎过程的光学图像。

该系统中所使用高速摄像机的性能参数如下。

型号 FASTCAM SA 1.1，分辨率：1 024×1 024 pixel/5 400 fps，128×128 pixel/90 000 fps，最高拍摄速率：670 000 fps，嵌入式闪存：16 GB，能扩展至 32 GB，像素位深度：12 bits。信号：触发，脉冲/IRIG 输出，等待，同步，IRIG 输入，视频输出：PAL，NTSC。

在实验前期，对比了不同的光源及光路布置效果，分别得到了普通光源和激光光源的阴影照和散射图像，如图 4.55 和图 4.56 所示。本书选用了效果相对较好的普通光源阴影照图像作为光路布置基准。

图 4.57 是经过处理的光学图像以及真实尺寸标定图，从图 4.57 中可以得到表征实际射流破碎发展过程与形貌变化的特征参数。

(a)

(b)

图 4.55　普通光源拍摄图像

(a)阴影图像；(b)散射图像

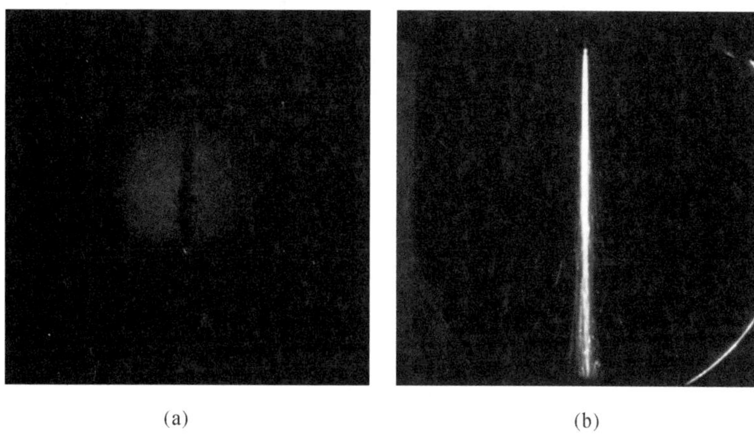
(a)　　(b)

图 4.56　激光光源拍摄图像
(a)阴影图像；(b)散射图像

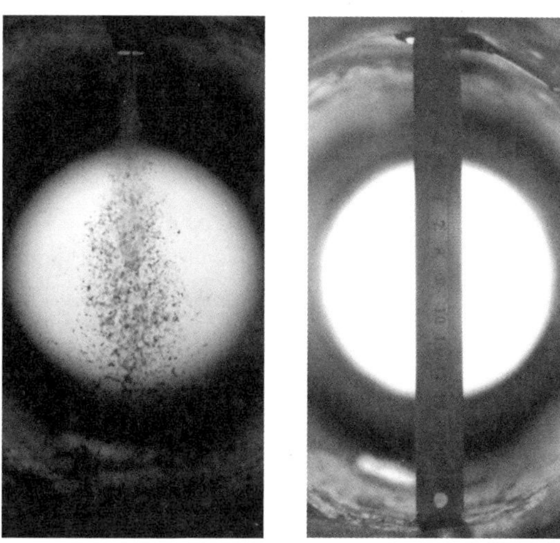
图 4.57　圆柱射流破碎形貌与标定

4.5.2　圆柱形射流破碎过程及特征参数

进行大量不同射流参数、环境参数、结构参数和物性参数条件下的圆柱形射流破碎实验，获得了记录射流破碎过程及形貌变化的光学图像，通过对图像处理与判读，从中提取出了可以表征幂律型流体射流破碎发展过程及形貌变化的特征参数如破碎长度、破碎尺度和喷雾锥角等，并研究了其变化规律。

(1)圆柱形射流破碎过程与形貌。图 4.58 给出了幂律型流体圆柱形射流的破碎发展过程。

图 4.59 为幂律型流体圆柱形射流破碎仿真计算与实验结果的形貌对比，从图 4.59 可以看出，圆柱形射流破碎仿真算例的形貌与实验结果在近喷孔处具有相同的特征，即近喷孔处存在均匀、稳定的核心区，随着向下游发展，喷射出现紊乱，远离射流的非核心区出现破碎，一定程度上说明仿真计算的结果是可信的。

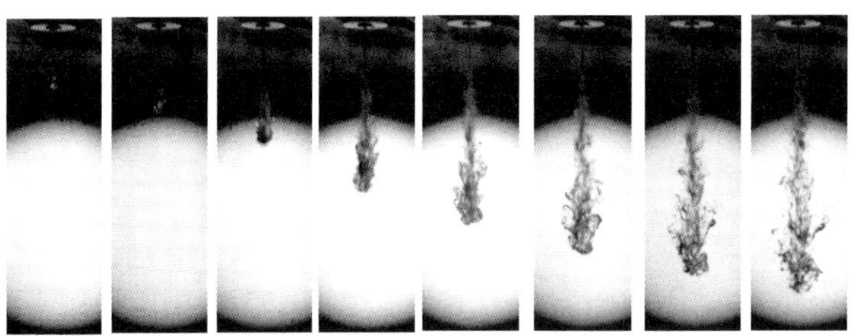

图 4.58　圆柱射流的破碎发展过程

（图像间隔时间为 2 ms，$p_1=4.5$ MPa，$p_2=1.5$ MPa，$d=0.3$ mm，$L/d=4$，2# 模拟液）

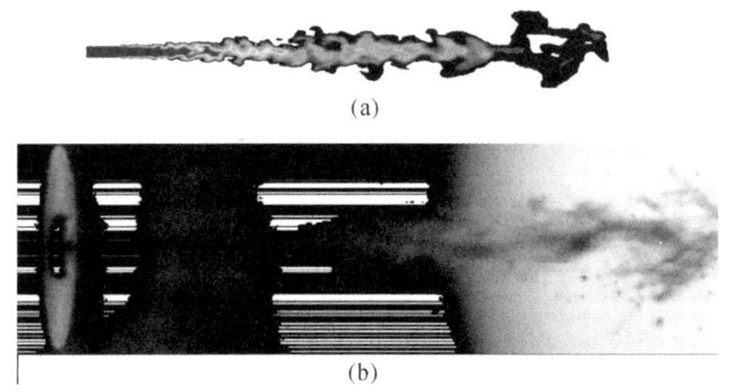

图 4.59　圆柱射流仿真计算与实验结果形貌对比图(近喷孔处局部)

(a)仿真瞬态射流($t=10\times10^{-4}$ s，$v=50$ m·s^{-1}，$T=300$ K，$d=0.3$ mm，$k=30$ Pa·s^n，$n=0.5$)；

(b)实验稳态射流($v\approx50$ m·s^{-1}，$T=300$ K，$d=0.3$ mm，2# 模拟液)

(2) 圆柱形射流破碎特征参数。从图 4.59 中可以看出，幂律型流体喷入高温高压定容装置后液束并未完全破碎成为细微的液滴，而是形成一个由液柱、液滴、液体蒸汽与环境气体组成的多相混合物的喷雾场。在工程实际应用中，具有重要实践意义的是喷雾近场区的结构与特性，对于牛顿流体而言表征液体射流破碎和雾化效果的特征参数通常包括破碎长度、喷雾锥角、贯穿距离和雾化液滴直径等；然而对于幂律型流体，上述一些参数在实验中往往难以获取，比如贯彻距离等。这使得幂律型流体圆柱形射流喷雾场特征参数的提取有别于牛顿流体。

书中采用高速摄影方法采集了大量不同工况下射流破碎图像，对于喷雾特征参数的提取必须通过处理光学图像才可以获得，主要有 3 种特征参数：L_p 为破碎长度液体射流核心从离开喷嘴到连续液柱断裂时的射流距离；L_s 为剥离破碎长度液体射流表面从离开喷嘴到开始出现变形、撕裂或剥离等现象时的射流距离，该长度一般与破碎长度 L_p 具有某种关联性；$\theta_{射}$ 为喷雾流体从喷嘴喷出时，在出口处(不超过 $100d$ 距离，d 为喷孔直径)形成射流的扩散角。

此外，本书中还提出了破碎尺度这一定性的特征参数，用于描述、对比射流破碎的程度。

4.5.3　相关参数对射流破碎特征的影响

(1) 射流速度的影响。在环境参数和结构参数一定的条件下，改变液体喷射压力会改变射流速度，液体射流速度对圆柱形射流破碎会产生很大的影响。不同射流速度下破碎形貌对比如图 4.60 和图 4.61 所示，变化规律曲线如图 4.62～图 4.64 所示。

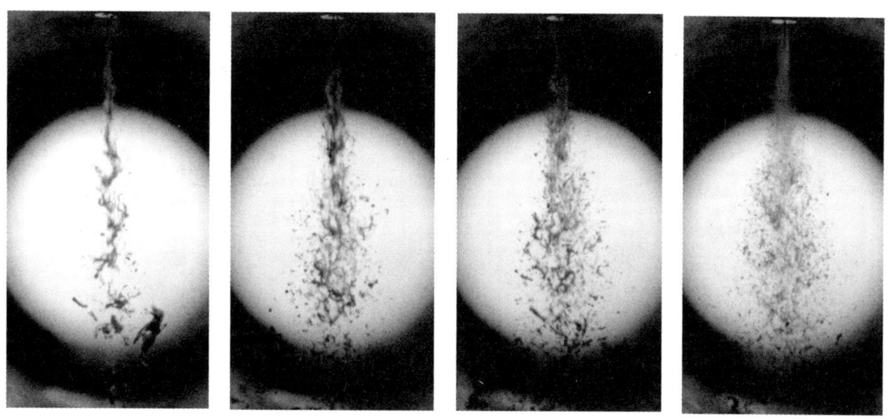

图 4.60　从左到右喷射压力依次为 3.5 MPa，4.5 MPa，5.2 MPa 和 6.0 MPa

（SF_6 环境，环境压力 1.5 MPa，环境温度 294 K，1# 模拟液）

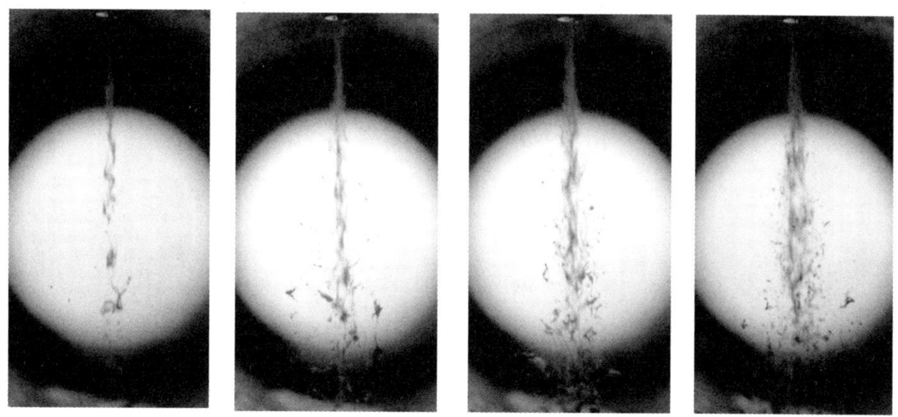

图 4.61　从左到右喷射压力依次为 2.5 MPa，3.5 MPa，4.5 MPa 和 6.0 MPa

（SF_6 环境，环境压力 0.7 MPa，环境温度 294 K，1# 模拟液）

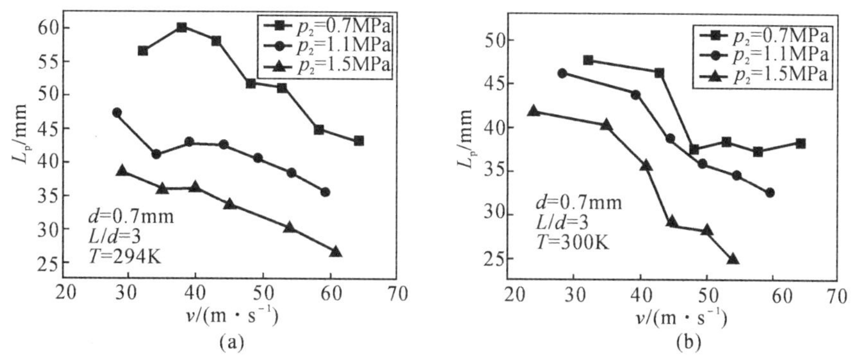

图 4.62　射流剥离破碎长度 L_p 随射流速度 v 变化曲线

（a）1# 模拟液；（b）2# 模拟液

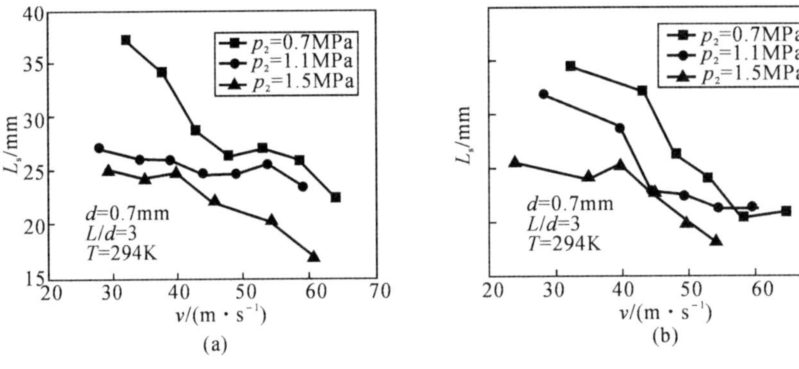

图 4.63　射流剥离破碎长度 L_s 随射流速度 v 变化曲线

(a)1# 模拟液；(b)2# 模拟液

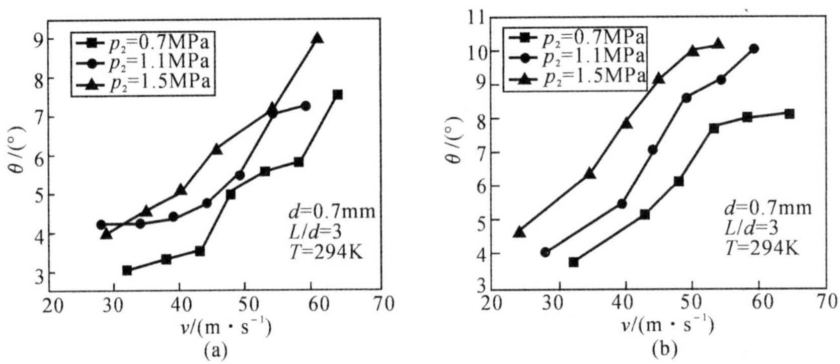

图 4.64　射流扩散角 $\theta_{射}$ 随 v 变化曲线

(a)1# 模拟液；(b)2# 模拟液

从图 4.62～图 4.64 中可以看出，当提高喷射压力即增大射流速度时，圆柱形射流的破碎长度 L_p 与剥离破碎长度 L_s 均随之减小；喷雾锥角随喷射压力提高而增大。在图 4.60 和图 4.61中的形貌对比图也体现了这一趋势，从图 4.60 和图 4.61 中还可以看出，随喷射压力的提高，液体射流破碎尺度增大，破碎形成更小尺寸的液滴。这是因为在泰勒模式，即高速射流情况下，射流速度的增加减弱了液体黏性力和表面张力对射流破碎的抑制作用，使得射流最大扰动增长率和最不稳定波数都明显增大，进而促进液体射流的破碎。

(2) 环境压力的影响。

1) 在相同的喷射压力下。保持射流的喷射压力和其他参数不变，提高环境压力会降低圆柱形射流的速度，此时射流破碎形貌如图 4.65 所示，射流破碎特征参数变化规律曲线如图 4.66～图 4.68 所示。

从图 4.65 中可以看出，当环境压力提高时，圆柱形射流破碎形成的液滴更加细微、分散，破碎尺度增加。图 4.66～图 4.68 显示射流破碎长度随环境压力提高有所减小，喷雾锥角稍有增大。这是因为当保持射流喷射压力一定时提高环境压力增大了气液密度比，但同时会降低射流速度；对于泰勒模式下，密度比的增加使得射流的最大扰动增长率和最不稳定波数增大，而射流速度的减小则增强了液体黏性力和表面张力对射流破碎的抑制作用，从而使得射流最大扰动增长率和最不稳定波数减小。这两种不同的变化对于喷雾的影响是不同的，故射流破碎特征参数的变化规律需要从两方面影响综合考虑。

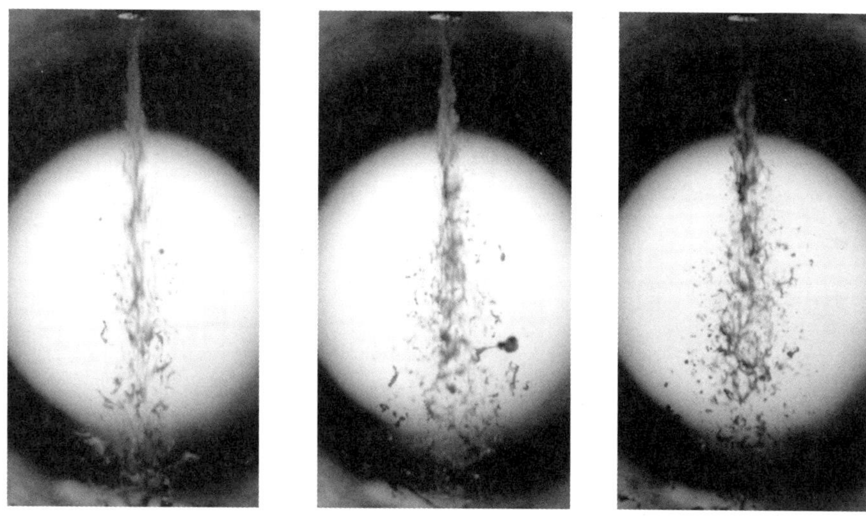

图 4.65　从左到右环境压力依次为 0.7 MPa，1.1 MPa，1.5 MPa

（SF_6 环境，喷射压力 4.5 MPa，环境温度 294 K，1# 模拟液）

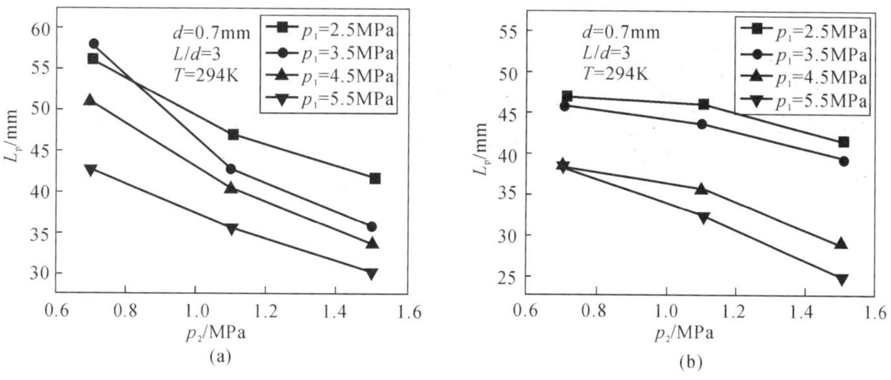

图 4.66　射流破碎长度 L_p 随环境压力 p_2 变化曲线

(a)1# 模拟液；(b)2# 模拟液

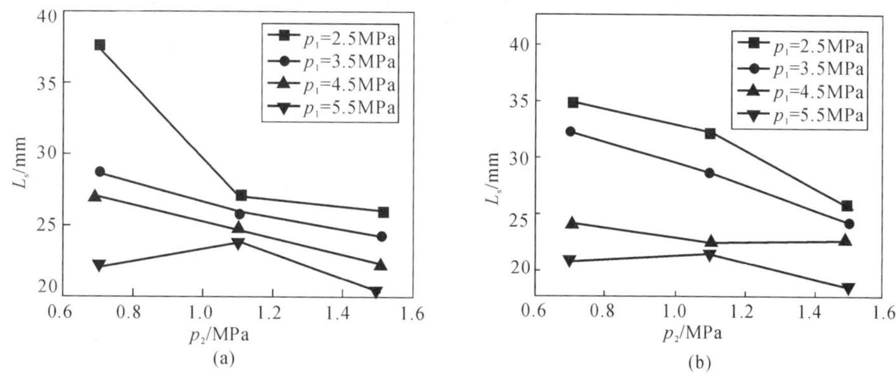

图 4.67　射流剥离破碎长度 L_s 随环境压力 p_2 变化曲线

(a)1# 模拟液；(b)2# 模拟液

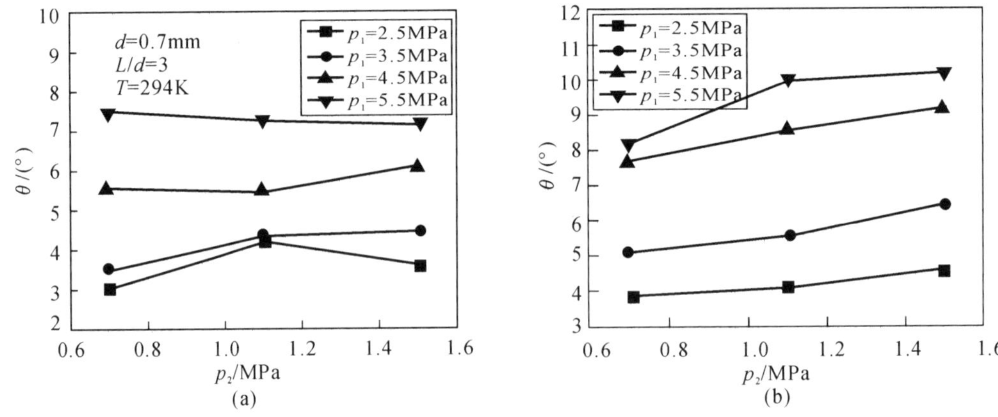

图 4.68 射流扩散角 $\theta_{射}$ 随环境压力 p_2 的变化曲线

(a)1[#] 模拟液；(b)2[#] 模拟液

2) 在相同的流速下。在提高环境压力时相应地提高喷射压力，使压差保持一定，即保证射流速度相同，则随环境压力的提高射流形貌如图 4.69 所示，射流破碎特征参数变化如图 4.70～图 4.72 所示。

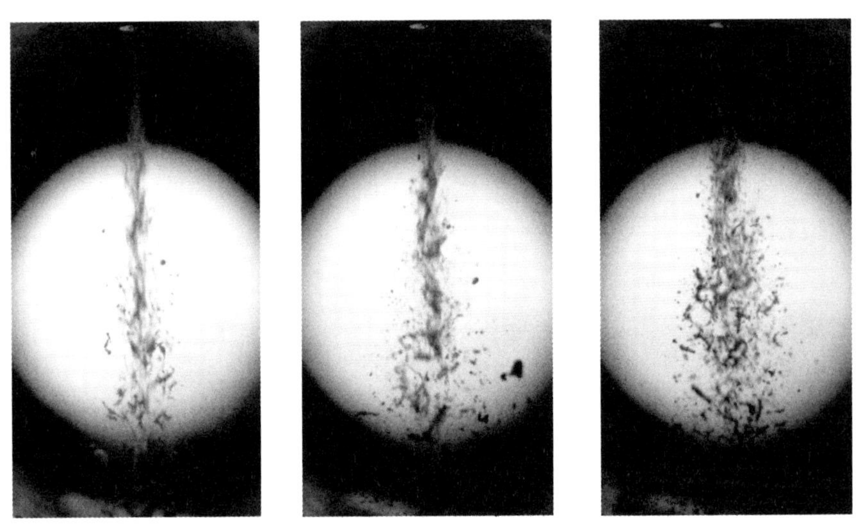

图 4.69 从左到右环境压力依次为 0.7 MPa、1.1 MPa、1.5 MPa

(SF_6 环境，环境温度 294 K，压差分别为 3.8 MPa、3.4 MPa、3.7 MPa，1[#] 模拟液)

从图 4.70～图 4.72 中可以看出，在射流速度一定的条件下，随着环境压力的提高，破碎长度减小，喷雾锥角增大。从图 4.69 中还可以看出，随着环境压力提高，液体破碎形成的液滴更多、更细微，破碎尺度增加。可见当射流速度一定时，提高环境压力有助于液体射流的破碎。这是因为环境压力的提高使得气液密度比增大，对于剪切变稀流体，当射流处于泰勒模式时，会增大射流的最大扰动增长率和最不稳定波数，对液体射流破碎起到促进作用。

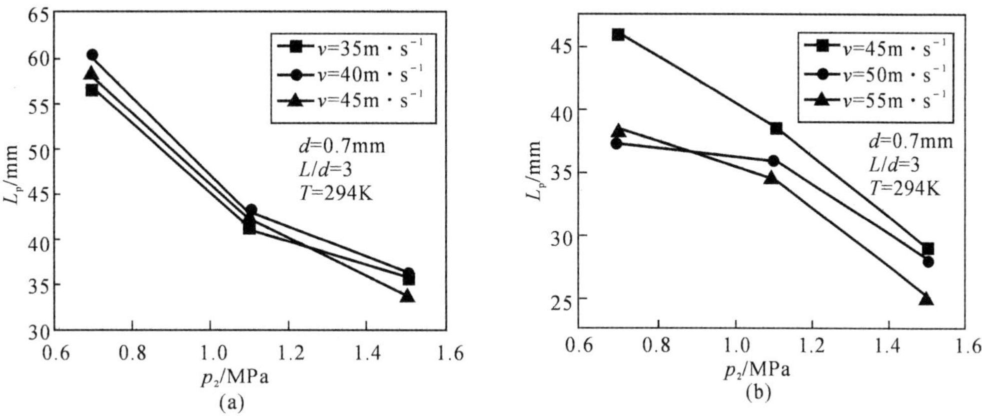

图 4.70　射流破碎长度 L_p 随环境压力 p_2 的变化曲线

(a)1# 模拟液；(b)2# 模拟液

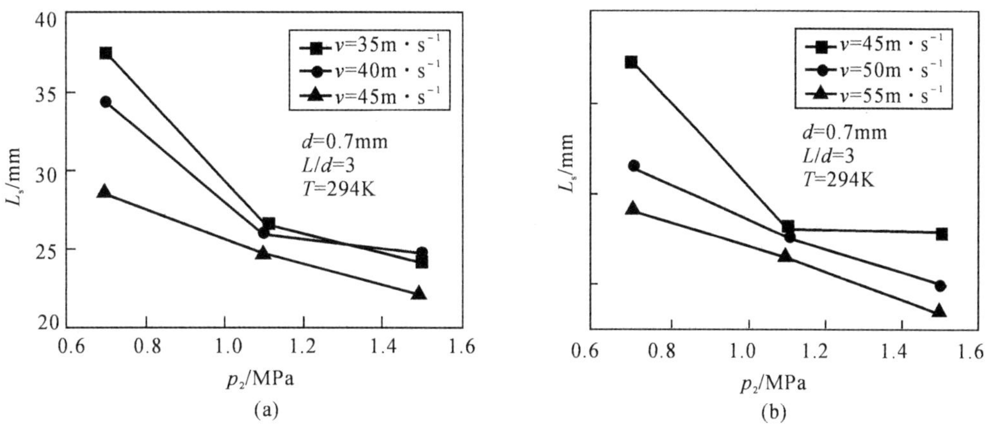

图 4.71　射流剥离破碎长度 L_s 随环境压力 p_2 的变化曲线

(a)1# 模拟液；(b)2# 模拟液

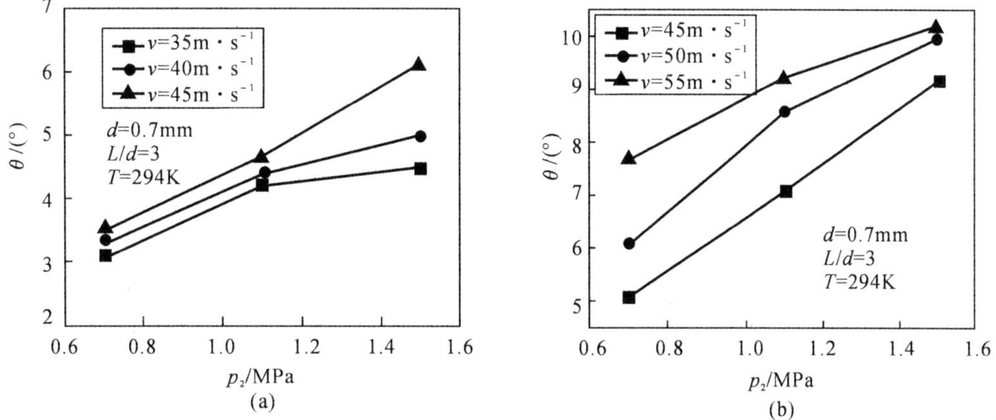

图 4.72　射流扩散角 $\theta_{射}$ 随环境压力 p_2 的变化曲线

(a)1# 模拟液；(b)2# 模拟液

(3)环境温度的影响。环境温度对于幂律型流体圆柱形射流破碎过程影响较大，不同温度下射流破碎的形貌对比如图4.73和图4.74所示，射流破碎特征尺寸变化规律曲线如图4.75～图4.77所示。

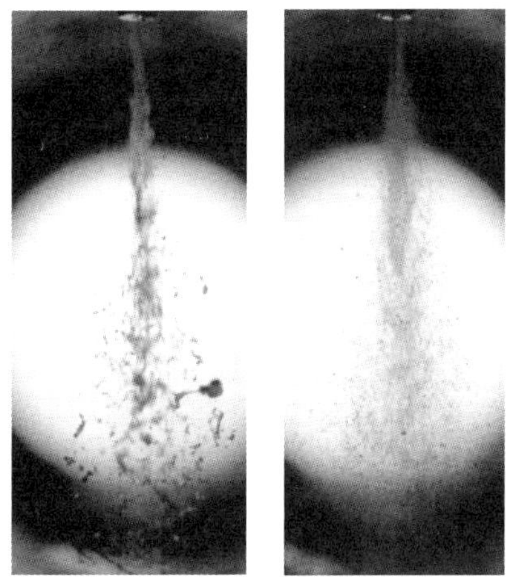

图4.73 从左到右环境温度依次为290 K，590 K
(SF_6，p_1=4.5 MPa，p_2=1.1 MPa，d=0.5 mm)

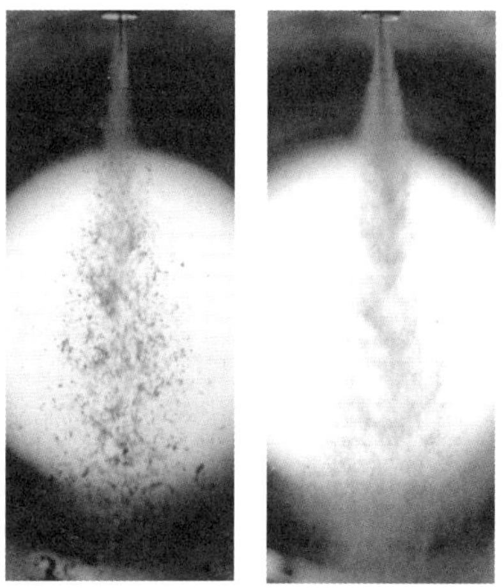

图4.74 从左到右环境温度依次为290 K，590 K
(SF_6，p_1=6.0 MPa，p_2=1.5 MPa，d=0.5 mm)

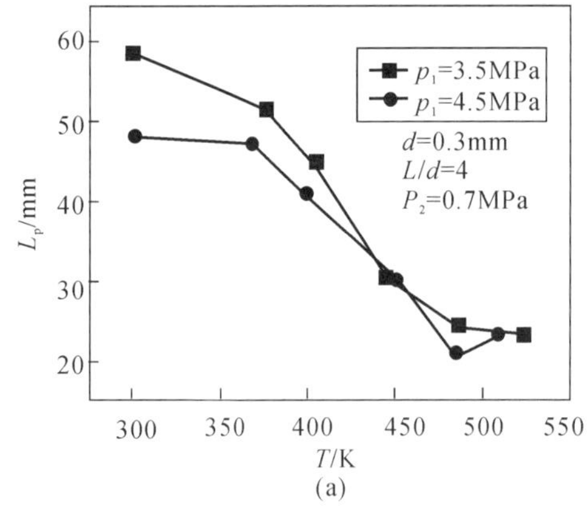

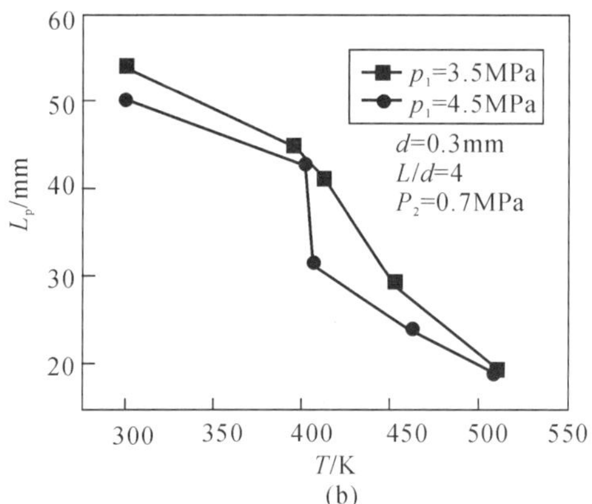

图4.75 射流破碎长度 L_p 随环境温度 T 的变化曲线

(a)1# 模拟液；(b)2# 模拟液

从图4.73和图4.74中可以明显地看出，提高环境温度后液体射流破碎的尺度大大增加了，液体破碎形成非常细碎的小液滴。从图4.75～图4.77中可以看出，随着环境温度的提高，破碎长度 L_p 随之减小，而剥离破碎长度 L_s 减小到一定程度后趋向于稳定，实验中当环境温度超过400 K时，圆柱形射流刚刚离开喷嘴其表面就开始发生剥离、破碎形成细碎的液滴，此时继续提高环境温度已很难观察到 L_s 的变化情况；而喷雾锥角随环境温度提高而增大。从实验结果可以看出，环境温度对圆柱形射流破碎有很大的影响。环境温度提高，一方面会导致液体物性参数发生变化，另一方面会改善热不稳定性，两者均会促进液体射流破碎。

(4)环境介质的影响。选择了两种不同的环境介质进行对比实验，即氮气 N_2 和六氟化硫 SF_6。在标准大气条件下，相同压力下的 SF_6 密度大约是 N_2 的5倍，这样在相同的环境压力条件下，选用 SF_6 作为环境介质可以提高气液密度比，有利于液体射流破碎，同时保证了高温高压定容装置的环境压力可以相对较低，提高了实验安全性。

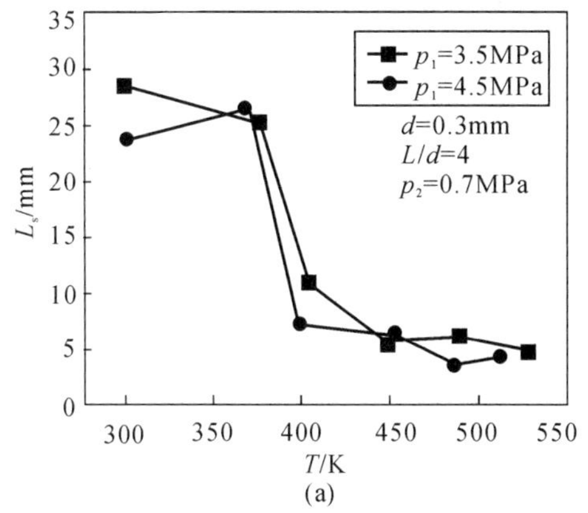

(a)

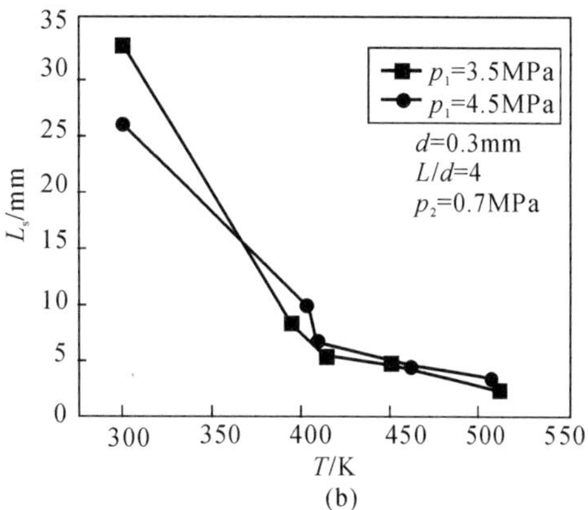

(b)

图 4.76　射流剥离破碎长度 L_s 随环境温度 T 的变化曲线

(a)1# 模拟液；(b)2# 模拟液

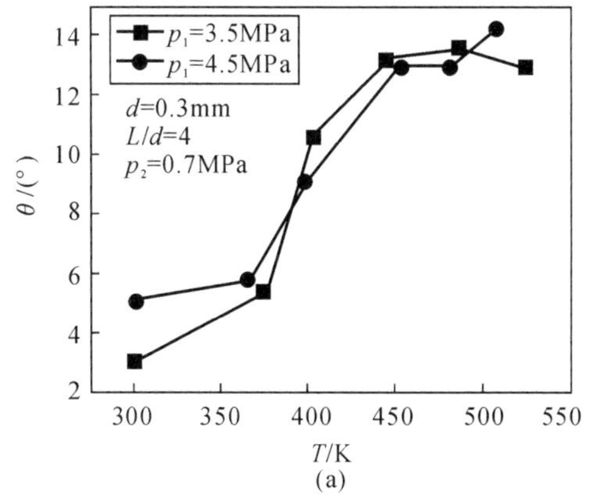

(a)

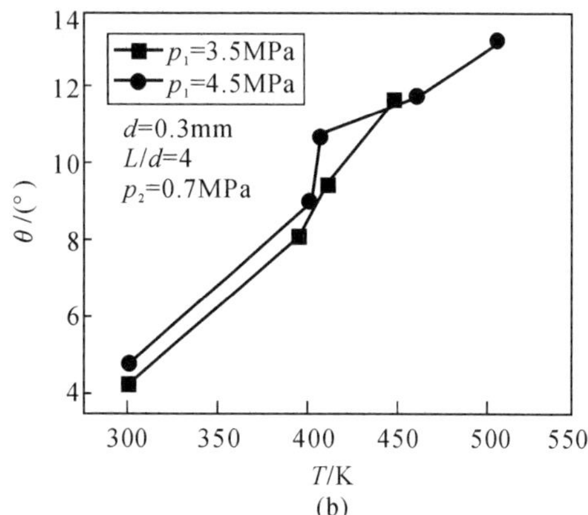

(b)

图 4.77　射流扩散角 θ 随环境温度 T 的变化曲线

(a)1# 模拟液；(b)2# 模拟液

图 4.78 和图 4.79 分别对比了不同工况下环境介质对射流破碎的影响。从图 4.78 和图 4.79中可以看出，在不同的环境介质中，射流破碎形貌有很大的差别。在 N_2 环境中，射流雾化的形貌特征参数不易辨别；在 SF_6 环境中，射流更易于破碎。从图 4.80 中可以明显地看出环境介质对于射流破碎特征参数的影响，使用 SF_6 代替 N_2，增大了气液密度比，使得射流的最大扰动增长率和最不稳定波数增大，促进了射流破碎，可以使圆柱形射流在相同的环境压力下破碎长度更小，喷雾锥角更大。

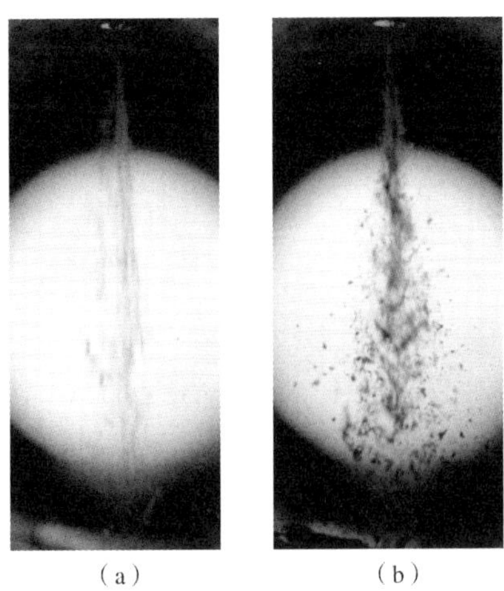

图 4.78　不同情况下环境介质对射流破碎特征的影响(一)

(喷射压力 5.5 MPa,环境压力 1.1 MPa,环境温度 294 K,1# 模拟液)

(a)N_2；(b)SF_6

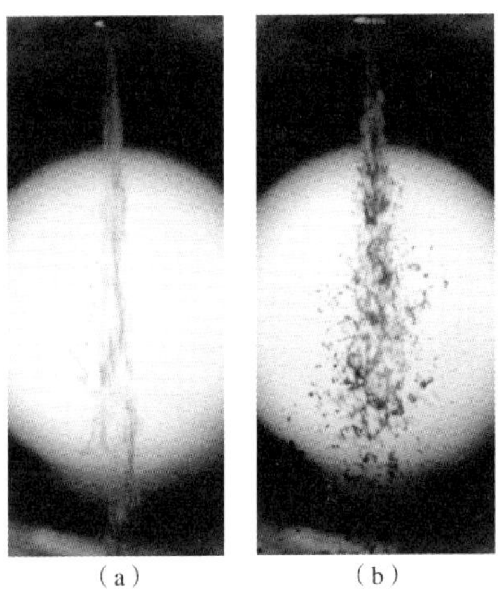

图 4.79　不同情况下环境介质对射流破碎特征的影响(二)

(喷射压力 4.5 MPa,环境压力 1.5 MPa,环境温度 294 K,1# 模拟液)

(a)N_2；(b)SF_6

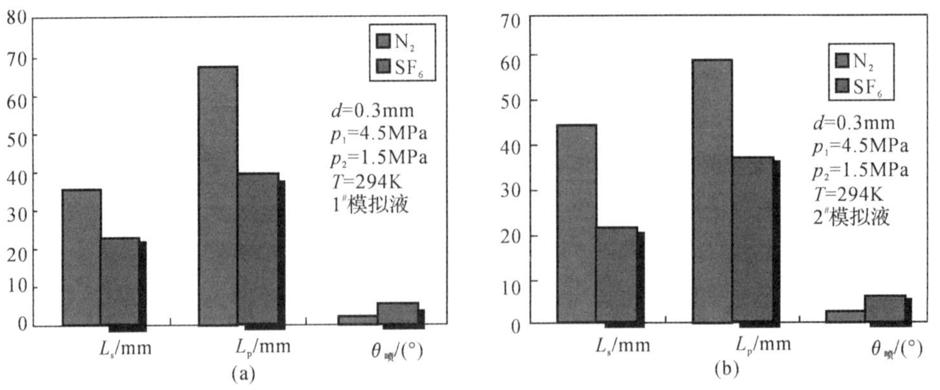

图 4.80　环境介质对圆柱射流破碎特征的影响

(a)1# 模拟液；(b)2# 模拟液

(5) 结构参数的影响。

1) 喷孔直径的影响。不同喷孔直径条件下圆柱形射流破碎形貌如图 4.81 所示，喷孔直径对射流破碎特征参数的影响如图 4.82～图 4.84 所示。

从图 4.81 中可以看出，当喷孔直径变化时，对圆柱形射流破碎的形貌会产生一定的影响。图 4.82～图 4.84 中，对于 1# 模拟液，破碎长度 L_p 在所选孔径范围内随孔径增大而变化不明显，在 2# 模拟液的实验中则显示 L_p 在孔径为 0.5 mm 时取得最小值，即当孔径为 0.5 mm 时圆柱形射流破碎的情况要优于孔径为 0.3 mm 和 0.7 mm 的情况。在两种模拟液实验中，喷雾锥角 $\theta_{喷}$ 变化趋势均随喷嘴孔径增大而增大。

由于加工上难以保证喷孔长径比完全一致，因此，不同喷孔直径下圆柱形射流破碎特征参数特别是破碎长度的变化规律趋势并不是很明显，需要进一步研究其影响。

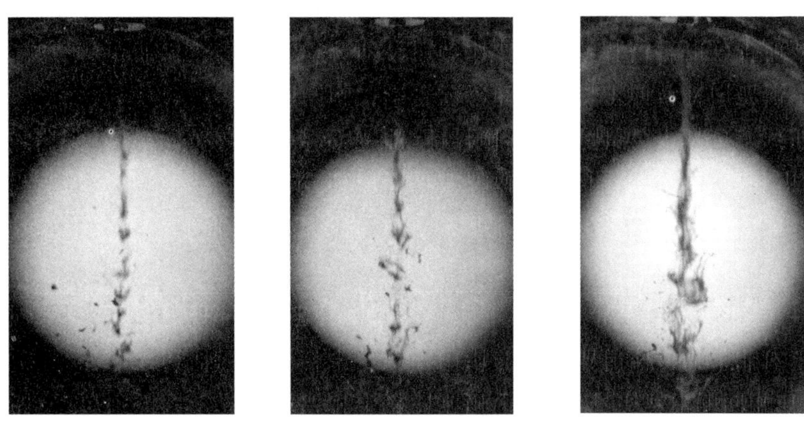

图 4.81　从左到右喷孔直径依次为 0.3 mm，0.5 mm，0.7 mm

(SF_6 环境，喷射压力 4.5 MPa，环境压力 1.1 MPa，环境温度 294 K，1# 模拟液)

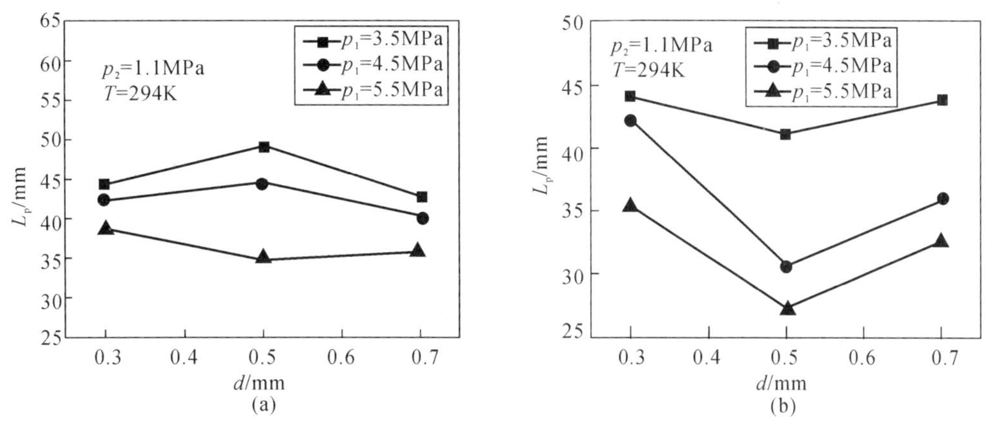

图 4.82　射流破碎长度 L_p 随喷孔直径的变化曲线

(a)1# 模拟液；(b)2# 模拟液

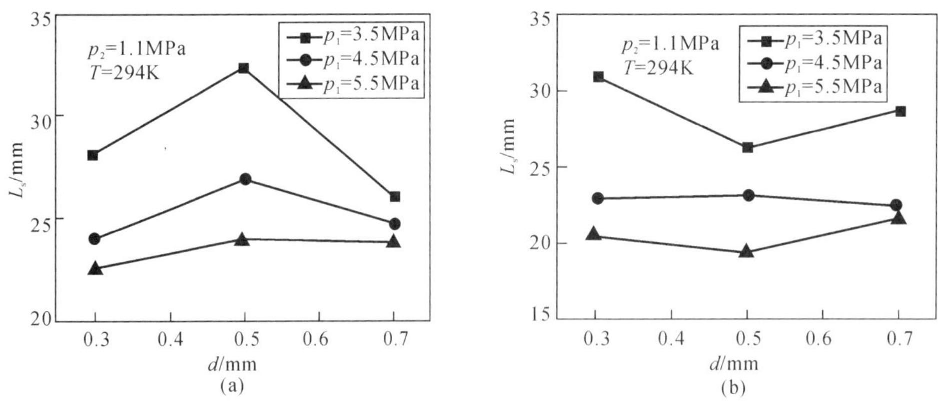

图 4.83 射流剥离破碎长度 L_s 随喷孔直径的变化曲线

(a)1# 模拟液；(b)2# 模拟液

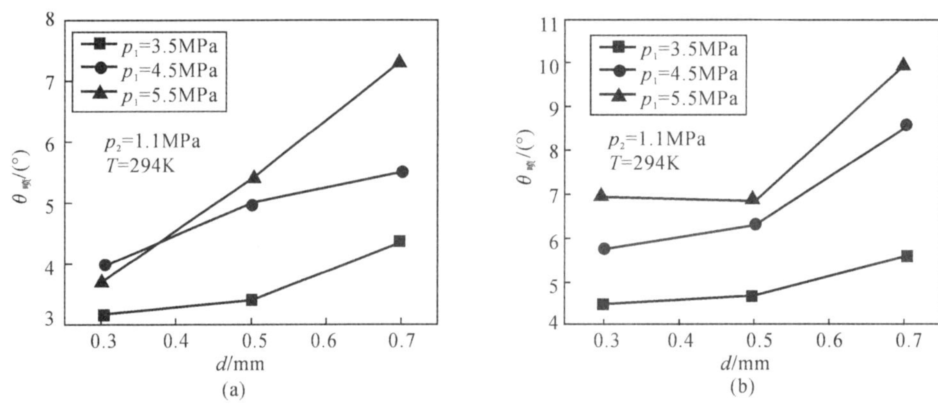

图 4.84 喷雾锥角 $\theta_{喷}$ 随喷孔直径的变化曲线

(a)1# 模拟液；(b)2# 模拟液

2）喷孔长径比的影响。喷孔长径比对圆柱形射流破碎的影响如图 4.85 所示，不同喷孔长径比下射流破碎特征参数的变化曲线如图 4.86～图 4.88 所示。

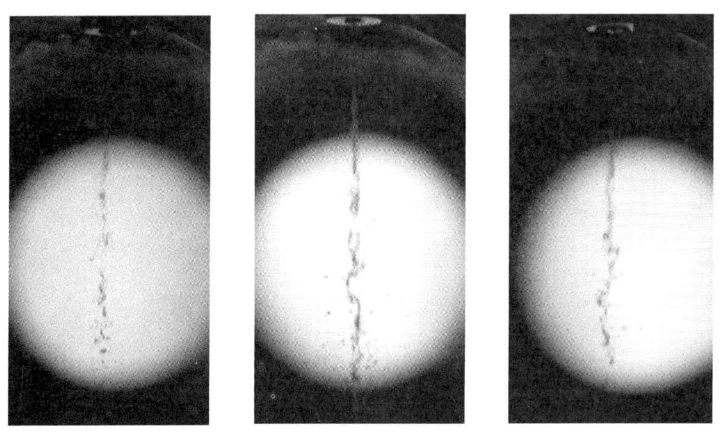

图 4.85 从左到右喷孔长径比依次为 2,4,7

(SF_6 环境，喷射压力 4.5 MPa，环境压力 0.7 MPa，环境温度 294 K，2# 模拟液)

从图 4.85 中可以看出，不同的喷孔长径比对于圆柱形射流破碎是有影响的，然而这种影响比较复杂，并非单一的线性关系，而是存在某个最优值。从图 4.86～图 4.88 中可以看出，在 2# 模拟液的实验中，喷孔长径比为 4 的喷嘴其射流破碎长度 L_p 以及 L_s 均小于喷孔长径比为 2 和 7 的情况，其喷雾锥角也相应较大，即喷孔长径比为 4 时对于圆柱形射流破碎是相对有利的。这与液体射流在喷孔中的流动状况有关。不同的喷孔长径比会导致液体射流在离开喷嘴时内敛或扩张的角度发生变化，从而影响射流破碎情况。喷嘴喷孔长径比对于幂律型流体圆柱形射流破碎特征的影响还有待于进一步的深化研究。

幂律型流体圆柱形射流不稳定性的理论分析是在建立一个宏观的参数影响关系，从机理上深入研究幂律型流体射流在瑞利模式和泰勒模式下射流破碎的机理，得到了各种射流参数、环境参数、结构参数和物性参数对射流不稳定性的影响，并建立了幂律型流体圆柱形射流破碎长度的预测模型。但理论分析无法获得微观细节，而这些细节对幂律型流体在管道内部或者喷嘴内部的流动又是非常重要的，因此在理论分析的基础上，采用基于 VOF 界面捕捉方法的 CFD 仿真技术，建立了幂律型流体管内流动模型和圆柱形射流破碎模型，研究各种射流条件对圆柱形射流破碎的形貌特征、发展规律和破碎特征的影响，可以获得这些微观结论，又证明了射流不稳定性理论的研究结果。实验是获得现象的最直接、最客观的手段，也是验证理论分析和仿真结果的唯一方法，为彻底搞清楚现象的本性，又设计并搭建了包括液体输运与喷射系统、环境参数控制系统和光学图像采集系统在内的幂律型流体射流破碎实验系统，在大量实验研究工作的基础上，获得了各种实验参数对圆柱形射流的破碎长度、剥离破碎长度和喷雾锥角等破碎特征的影响规律。实验结果与不稳定性分析结果和 CFD 仿真结果吻合，这既证明了理论模型和仿真模型及结果，如射流参数、环境参数、结构参数和物性参数对圆柱形射流的破碎长度、剥离破碎长度及喷雾锥角等特征参数影响规律的正确性，又给读者以射流破碎直观的影响，也为后续的研究工作奠定了基础。

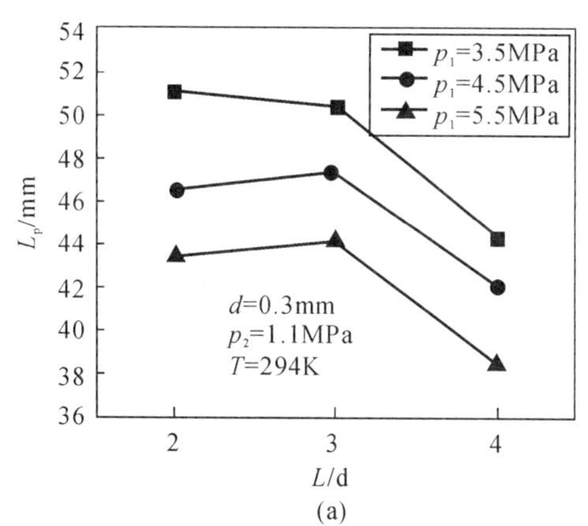

(a)

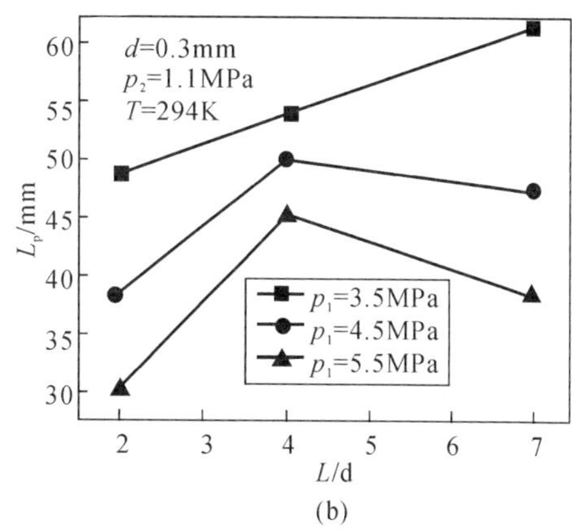

(b)

图 4.86　射流破碎长度 L_p 随喷孔长径比的变化曲线

(a)1# 模拟液；(b)2# 模拟液

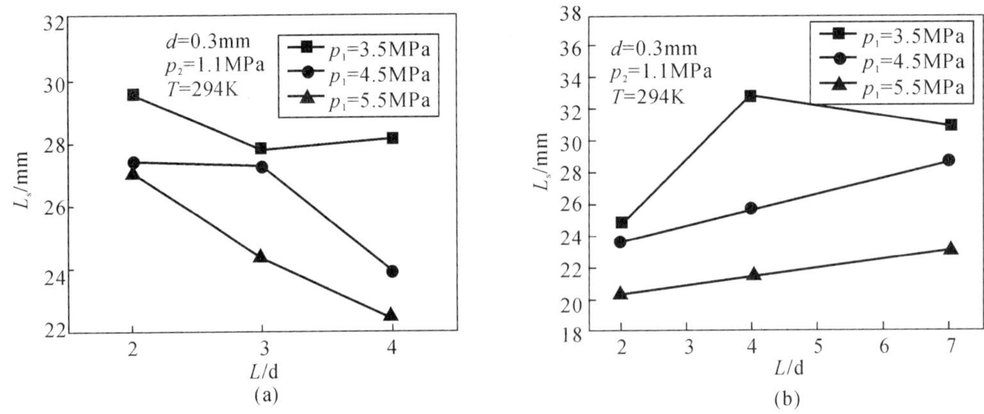

图 4.87 射流剥离破碎长度 L_s 随喷孔长径比的变化曲线

(a)1# 模拟液；(b)2# 模拟液

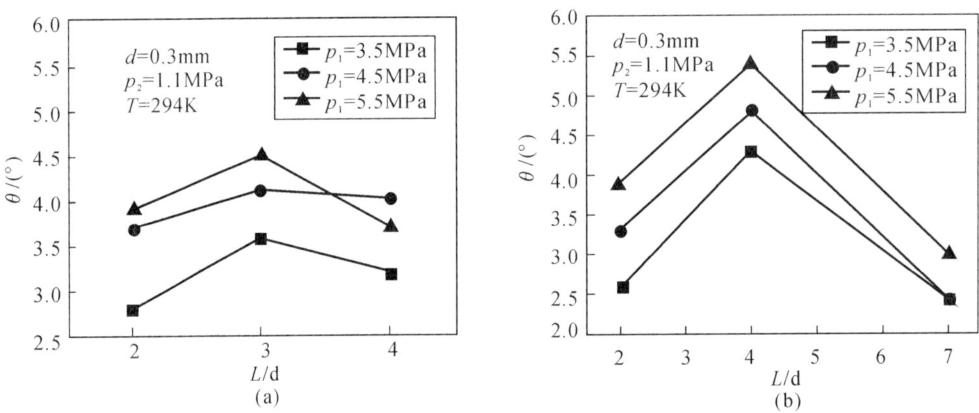

图 4.88 喷雾锥角 $\theta_{喷}$ 随喷孔长径比的变化曲线

(a)1# 模拟液；(b)2# 模拟液

第 5 章　幂律型流体液膜的破碎

5.1　概　　述

与圆柱形射流一样，液膜也是射流的一种基本形式，其破碎也是一个经典的流体力学理论问题，但却较圆柱形射流的破碎复杂得多。在液体动力装置中，液膜形射流是离心式喷注器和针栓式喷注器射流的出口初态，又是燃烧室中液膜冷却系统的基本单元。同样，对燃烧室内的燃烧组织而言，液膜破碎及其后续的混合和燃烧属于扩散燃烧的范畴。液膜燃料的喷射过程是影响可燃混合气形成的决定性因素，液膜射流破碎、液膜射流的撞击破碎等雾化特性直接影响到发动机的燃烧性能，并进而决定了发动机的经济性和可靠性。

本章将基于线性不稳定性理论，建立表征幂律型非牛顿流体液膜破碎的不稳定性理论模型，解释幂律型非牛顿流体液膜破碎的机理，研究包括射流的物性参数(包括流变参数)、结构参数、环境参数等对液体液膜不稳定性特征，如最大扰动增长率特征、最不稳定波数特征、破碎模式特征等的影响规律，得到基于理论分析的幂律型非牛顿流体液膜破碎特征的预测模型；基于计算流体动力学技术，运用格子 Boltzmann 方法(Lattice - Boltzmann Method，LBM)，获得幂律型非牛顿流体液膜破碎的物理模型，并进行数值仿真计算分析，研究液膜和环境参数影响破碎过程及其特征规律，重点获得对幂律型非牛顿流体液膜射流破碎时间过程和空间结构的表述，获得包括射流参数、结构参数、环境参数等对液体射流实际破碎特征，如破碎长度、破碎尺度等的影响规律。在此基础上，获得基于仿真研究的幂律型非牛顿流体液膜射流破碎特征的预测模型。采用高速摄像技术、定容高温高压实验系统及相应的实验方法，进行幂律型非牛顿流体液膜破碎的实验研究，重点是要获得基于幂律型非牛顿流体液膜射流破碎的特征，对理论模型和数值仿真结果提供支持和验证。

研究目的就在于了解幂律型非牛顿流体液膜条件的破碎机理，了解各种影响因素对幂律型非牛顿流体液膜破碎不稳定性特征和实际破碎特征的影响规律，以期实现对幂律型非牛顿流体液膜破碎特征和过程的有效控制，进而优化与改善幂律型非牛顿流体作为燃料的发动机的燃烧过程。

Rayleigh[63]是最早研究液膜破碎不稳定性的研究者，在其著名的论著 *Theory of Sound* 中论述了平面液膜的表面波发展。但他的理论只考虑了单面液膜。Squire[64]和 York[65]以环状液膜射流稳定性研究为背景，分别利用不同的液膜速度势函数表达式推导出平面液膜稳定性的表面扰动波色散方程，得到了一系列重要结论：① 平面液膜表面扰动波的增长率是随着扰动波波数的变化而变化的，即扰动波具有色散性。② 存在失稳的最大扰动波增长率及对应的扰动波数。③ 在任意给定的扰动频率下，液膜表面只有两种形式的扰动波出现——对称波和非对称波。④ 对称波和非对称波的失稳扰动波频范围相同，都有一个相应的失稳临界频率。⑤ 非对称波的增长率较对称波的增长率要大，也就是说，非对称波将成为平面液膜失稳的主导因素。他们还对平面液膜的扰动机理进行了实验研究。Dombrowski[66-67]研究平面液膜的破碎，认为平面液膜的破碎过程：首先由于扰动在液膜中形成许多孔洞，在表面张力的作用下，这些孔洞不断扩展，直至其边界相互接触，从而将液膜表面"撕裂"成许多柱形的液线，然后这些液线遵循表面张力作用下的表面波不稳定性理论发展直至破碎，结果与实验结果比较吻合。Taylor[68-70]等人重点研究了表面波的发展形式，认为当液膜很薄时，非对称波成为非色散波，即对于相同的液膜厚度，具有不同波长的扰动波的波速是恒定的，并不随波长变化而变化；而对称波是色散波，其波速与波长有关，波的传播在液膜表面形成了心形线。Hagerty 和 Shea[71]等人从理论上证明了平面液膜的表面扰动波只有两种形式：对称波和非对称波，其主要结论是：① 对称波与非对称波分别对应液膜上下表面扰动波的相位差 $\Delta\phi=180^\circ$ 和 $\Delta\phi=0^\circ$，对称波的破碎尺度与液膜厚度的一半相当。② 对于给定的液膜，两种形式的扰动波失稳范围相同，并可确定最小的稳定频率。③ 对于一定的扰动频率，非对称扰动波的增长率较对称扰动波的增长率要大。Crapper[72-74]等人对作用在液膜表面的大幅值 Kelvin - Helmholtz 波进行了大胆的设想和研究，他们的结论表明，液膜表面作用大幅值的扰动波是完全可能的，只要满足如下条件：液膜内部有压力梯度，在液膜边界处由于表面张力的存在会使压力产生跳动。Lin 和 Teng[75-76]等人在理论上分析了在固定壁面黏附的液膜的绝对稳定性和对流稳定性，且考虑了液体和气体的黏性，结论是：①存在一个临界韦伯数 We_{cr}，当 $We_{cr}>We$ 时，液膜呈现绝对不稳定性(即表面张力是失稳的主要原因)；当 $We_{cr}<We$ 时，液膜呈现对流不稳定性(即气体和液体界面的压力波动导致失稳)；② 表面张力、气体黏性都会抑制对流不稳定扰动波的增长，对液膜有促稳作用，而气体密度的增加有利于扰动振幅的增加；③ 在对流不稳定区域，非轴对称扰动成为失稳的关键因素。Li 和 Tankin[77]探讨了黏性对液膜稳定性的影响，结论表明，在一定的扰动波数范围内，黏性会增强射流的不稳定性。甚至在一定的条件下，该模式的扰动波增长率会大于空气动力不稳定性的扰动增长率。当然，后来的进一步研究表明，这种特殊的情形只有在韦伯数很小的情况下才会发生。事实上，在韦伯数很高时，空气动力不稳定性将永远处于主导地位，黏性只会降低扰动增长率，并使破碎尺度增加。Ibrahim[78]对非均匀速度分布的平面液膜的稳定性进行了理论分析，建立了更具有一般性的速度势函数，并指出，平面液膜不可能出现 Rayleigh 形式的破碎。也就是说，只有在表面张力和空气动力的共同作用下，液膜才会破碎。这一点与通常意义上的射流破碎机理是不同的，所以射流稳定性的一些研究方法是不完全适用于液膜的。

以上的研究都是针对时间模式开展的。时间模式存在局限性。Landau 和 Lifshitz[79]研究了液膜的空间不稳定性，Breggs[80]和 Bers[81]对其理论进行进一步完善。之后，Betchov 和 Criminate[82]，Huerre 和 Monkewitz[83]等人又进一步细化。液膜空间不稳定性研究已得出结论：① 对于对称模式，在各个韦伯数的范围内都处于对流不稳定，除非气体密度为零(即 $Q=0$，事实上，此刻液膜处于渐进稳定状态)。② 对于非对称模式，当 $We<1$ 时(即绝对稳定区域)，高阶扰动波的渐进增长率将被束缚，但并不会消失。在其他的参数范围内，非对称波都处于对流不稳定。当 $Q=0$ 时，液膜是稳定的。③ 在一定范围内的射流参数下，非对称波的空间扰动增长率较对称波的空间扰动增长率要大。

Mansou 和 Chigier[84] 提出具有有限宽度的任意液膜在低速情况下，都会受到表面张力的作用而导致破碎。Lefebvre[85] 指出由旋流而产生的液膜在速度相当低的情况下将成为液泡。Li 和 Tankin [86] 在其发表的文献中详细讨论了平面液膜的空间不稳定性，并得出了一系列重要结论：① 空间增长率主要与气体密度有关。② 当韦伯数 $We>1$ 时，非对称波的增长率通常小于对称波的增长率，只有在液体黏性很大时有例外。③ 在大部分射流参数区域内，非对称波更为不稳定。④ 液体黏性对非对称波具有促稳和失稳的双重作用。这里存在一个临界韦伯数 We_{cr}，当 $We_{cr}>We$ 时，液体黏性总是要抑制扰动波的发展，具有促稳作用；当 $We_{cr}<We$ 时，液体黏性对非对称波具有促稳和失稳双重作用。这主要取决于 QWe（Q 为气液密度比）的大小。如果 $QWe<1$，则非对称扰动波的增长率要比对称波的扰动增长率大。当 $QWe>1$ 时，两者的扰动增长率基本相同。⑤ 液体黏性对对称波只具有促稳作用，即增加液体黏性将减小扰动的最大增长率，并相应地增加破碎尺度。Li 和 Tankin[86] 还研究了黏度对动态液膜的热不稳定性的影响。在 Sinuous 型和小韦伯数的情况下，黏性的影响可以看作是结合了热不稳定因素后的影响，这由 Marangoni 数和 Ohnesorge 数得以体现。由热所引起的不稳定性的增长速度远远大于单纯由黏度所引起的不稳定性增长速度。在大韦伯数的情况下，Li 和 Tankin 指出，空气动力学的不稳定性成为主要因素，而黏性则相对稳定。

平面液膜射流的破碎在一定条件下可认为是环膜液体射流破碎的一个特例。近年来，液膜射流破碎的研究逐渐集中于环膜液体射流破碎。Parthasarathy[87] 和 Li[88] 等人分别提出了基于线性不稳定理论研究环膜射流破碎的模型，其中，充分考虑了三维高阶的扰动破碎特征。Liao[89-90] 研究了气体介质运动，特别是气体介质旋流运动对环膜射流不稳定性的影响，并得到了一些非常有意义的研究结论。

Du[91] 提出了迄今为止最为普适的描述环膜液体射流破碎不稳定性的基于空气动力干扰说的模型。其模型考虑了液体的黏性、内外气体介质的运动和旋转及射流破碎的类对称和类反对称的低阶和高阶模式，而射流在这一模型中可以成为一个特例。利用该模型，Du[92] 进一步研究了环膜射流的破碎模型与射流气-液界面的关联关系，证明了类对称模式主要与外气-液界面相关联，而类反对称模式则主要与内气-液界面相关联，并深入研究了各种影响因素对这种关联关系的作用。

液膜射流的研究往往是伴随着圆柱形射流研究一并开展的。大量的实验研究表明，在高韦伯数的喷嘴附近区域，射流破碎不仅受到气液两相间的相互作用的影响，而且受到喷嘴内部流动现象如湍流和空穴等影响；而在距喷嘴较远的喷雾下游区，喷雾破碎将完全受空气动力的作用，与喷嘴形式关系不大。对喷雾的模拟是通过各具特色的子模型来考虑的。由 O'Rourke 和 Amsden[93] 提出的经典 TAB 破碎模型将喷雾液滴的振动和变形与弹簧质量系统相类比，建立液滴变形方程，通过变形量判断液滴破碎形式，其适宜于低韦伯数的喷雾模拟，对于特别高的韦伯数，喷雾液滴散落分布，用弹簧质量系统类比是不适合的。由 Reitz 和 Diwakar[94-95] 提出的 GM 模型将喷雾液滴破碎分为袋形破碎和剥裂破碎两种形式，通过临界韦伯数进行判断。这两种模型从描述单个液滴破碎的角度出发，建立喷雾破碎模型，可用于柴油机和直喷汽油机喷雾破碎的模拟，具有应用简单的优点。然而，由于这两种模型不能直接反映喷嘴内部流动对喷雾破碎的影响，同时射流破碎毕竟不同于液滴破碎，因此，在反映喷雾破碎机理上有着先天的不足。目前，表面波不稳定性理论是研究射流碎裂机理中最成功的理论，在喷雾模型中的应用也越来越多。WAVE 模型[96-97]认为 KH 不稳定波的增长导致了液滴从射流表面剥落下来，模型适宜于高相对速度和高环境密度的液滴破碎过程。在 WAVE 模型的基础上，发展了 KH－RT 模型[98]。Huh－Gosman 模型[54-55]认为喷嘴内部湍流对喷雾破碎过程至关重要。LISA 模型[99]认为 KH 不稳定波在液膜表面产生，其中短波控制表面波的增长，用于对产生空心锥喷雾的喷嘴附近雾场进行模拟。同时，考虑喷嘴内空穴流动对喷雾破碎影响的模型也越来越多，孔式喷嘴流动模型是其中的一种。由于流体液膜射流破碎机理复杂，CFD 软件中的喷雾模型均对喷雾过程做了简化和假设。理论上讲，喷孔流动模型和应用表面波不稳定性理论建立的喷雾破碎模型大大提高了对喷嘴附近喷雾破碎进行数值模拟的精确性，但因缺乏喷嘴附近喷雾破碎的实验数据，喷雾模型的准确性需要通过与距离喷嘴较远的下游地区的实验数据相比较来确定。

然而，不论是不稳定性研究，还是 CFD 数值仿真研究，所取得的研究成果一般都是在假设液体为牛顿流体，即流体的剪切应力与剪切应变力之间满足线性关系的前提下获得的。已有很多研究者对于非牛顿流体射流破碎的理论和仿真进行了研究。Liu[102]等人利用线性不稳定性理论研究了二维非牛顿流体平面液膜的破碎不稳定性，证明了非牛顿流体相比于牛顿流体具有更高的扰动增长率。他们同时研究了非牛顿流体射流的表面张力、黏性力和气液作用力对射流破碎不稳定性的影响。在此基础上，Guenter[103]等人研究了非牛顿流体圆柱形射流的不稳定性问题，得到了表征非牛顿流体圆柱形射流的不稳定性的色散方程，并进一步研究了各种因素对射流不稳定的影响。他们得到了与二维非牛顿流体平面液膜的破碎不稳定性相类似的结论，即在相同的射流条件下，非牛顿流体较牛顿流体具有更高的射流破碎不稳定性，而各种影响因素对非牛顿流体射流破碎的作用性质与牛顿流体的促稳或失稳作用是相类似的。在此基础上，Liu[104]等人进一步研究了非牛顿流体圆柱形射流中对称模式和非对称模式扰动的不稳定性问题，得到了一些非常有意义的结论。

Thompson[105]等人则进一步研究了由特定喷嘴所形成了非牛顿流体中空环膜射流的不稳定性，其理论和实验结果表明，随着喷嘴流量的增加，射流逐渐变为不稳定并最终导致射流的破碎。而在这一过程中，流体的非牛顿特性，即流变特性对射流的破碎具有显著的影响，而这一影响对于射流内外界面不稳定性的发展是不尽相同的。

上述研究成果一般是以黏弹性流体作为研究对象。对于幂律型非牛顿流体，只有不多的研究者明确地以此为研究对象进行了初步探讨。有研究者对幂律流体的二维层流自由射流和轴对称层流自由射流进行了研究，得到了非牛顿流体射流半径、流量和射流动量的影响规律。亦有研究者对非牛顿二阶流体射流的不稳定性和雾化力学机理进行了研究，得到了表征流体非牛顿特性的 Ohnesorge 数和 Deborah 数对射流不稳定性的影响。但由于数学手段的困难，对于幂律型非牛顿流体破碎机理及特征的研究还很不完善，尚未取得突破性的进展。Aharonov[106]等人最早提出使用矩阵碰撞算子来计算模拟幂律型流体问题，即在每一个时间步长内，调整碰撞算子来改变局部的动力学黏性系数。Rokotomalala[107]等人将该思想引入到了格子 Boltzmann 方法中。Boek[108]用该模型模拟了幂律型流体在简化多孔介质中模型的流动，模拟结果与达西定律符合良好。Gabbanelli[109]又对上述模型进行了改进和发展，引入分段幂律方程描述剪切率和表观黏度的关系。

总之，与圆柱形射流破碎研究的状况相似，目前液膜射流的研究成果一般针对破碎尺度较大情况下的非牛顿流体的破碎，且未能从理论上得到射流参数和结构参数与射流破碎特征参数之间的定量关系与规律。就发展趋势看，基于不稳定性理论的破碎机理的理论研究、基于计算流体力学的仿真研究和实验研究无疑还是幂律型非牛顿流体液膜射流破碎研究的主要手段，并且这些方法的结合越来越密切。

5.2　幂律型流体液膜破碎的理论研究

5.2.1　液膜破碎控制方程

液膜射流破碎属于多相流问题，不仅涉及流体力学中的流动稳定性和湍流、喷雾学以及非牛顿流体流变学等问题，还与多相流相界面运动追踪和动力学有关，而且较圆柱形射流的破碎更为复杂。这里从幂律型非牛顿流体的原始物性特征出发，结合流体力学基本方程、幂律型流体液膜射流的本构方程和控制方程，建立三维空间和一维时间的液膜破碎模型，进而通过不稳定性分析研究射流破碎的机理，通过 CFD 仿真计算研究射流破碎的形貌和特征，从而揭示幂律型流体液膜射流破碎的演化机理和运动规律。

1. 本构方程

幂律型流体液膜射流在笛卡儿直角坐标系下的三维本构方程为

$$\left.\begin{aligned}
&\tau_{xx}=2K\phi\,\frac{\partial u}{\partial x}\\
&\tau_{yy}=2K\phi\,\frac{\partial v}{\partial y}\tau_{zz}=2K\phi\,\frac{\partial w}{\partial z}\\
&\tau_{xy}=\tau_{yx}=K\phi\left(\frac{\partial u}{\partial y}+\frac{\partial v}{\partial x}\right)\\
&\tau_{yz}=\tau_{zy}=K\phi\left(\frac{\partial v}{\partial z}+\frac{\partial w}{\partial y}\right)\\
&\tau_{zx}=\tau_{xz}=K\phi\left(\frac{\partial w}{\partial x}+\frac{\partial u}{\partial z}\right)
\end{aligned}\right\}\tag{5.1}$$

其中：$\phi=\left[2\left(\frac{\partial u}{\partial x}\right)^2+2\left(\frac{\partial v}{\partial y}\right)^2+2\left(\frac{\partial w}{\partial z}\right)^2+\left(\frac{\partial u}{\partial y}+\frac{\partial v}{\partial x}\right)^2+\left(\frac{\partial v}{\partial z}+\frac{\partial w}{\partial x}\right)^2+\left(\frac{\partial w}{\partial x}+\frac{\partial u}{\partial z}\right)^2\right]^{\frac{n-1}{2}}$，与幂律型非牛顿流体的速度变形率有关；$u,v,w$ 分别是速度在 x,y,z 方向的分量；$\tau_{ij}(i,j=x,y,z)$ 为偏应力张量的分量。

2. 液膜射流破碎控制方程

对于幂律型非牛顿流体，从连续介质假设出发，将描述流动系统的各种物理量如速度、压力等以及材料本身具有的物性特征用合理的数学模型表达。一般包括反映流体特性的状态方程和本构方程，另外还有反映流体流动所遵循的运动控制方程，包括连续性方程、动量方程和能量方程。与牛顿流体相比，非牛顿流体显著的区别是具有复杂的本构关系，需要将物性方程

(含本构方程)与控制方程联立,通过求解以上方程来研究幂律型非牛顿流体的运动规律。

(1) 连续性方程。连续性方程是包括牛顿流体和非牛顿流体的流体运动系统都必须遵守的质量守恒原理的表现形式,幂律型非牛顿流体也不例外。其向量形式为

$$\frac{\partial \rho}{\partial t}+\nabla\cdot(\rho \boldsymbol{U})=0 \tag{5.2}$$

直角坐标系下的表达形式为

$$\frac{\partial \rho}{\partial t}+\frac{\partial(\rho u)}{\partial x}+\frac{\partial(\rho v)}{\partial y}+\frac{\partial(\rho w)}{\partial z}=0 \tag{5.3}$$

其中 ρ 代表幂律型非牛顿流体或射流周围气体的密度,即对于幂律型非牛顿流体射流破碎问题涉及的气-液两相流体,两者都遵循质量守恒定律,即有相同形式的连续性方程。

(2) 运动方程。幂律型非牛顿流体的射流破碎运动同样遵守动量守恒定理,即流体质点系总动量随时间的变化率等于作用于流体质点系上所有外力的和。其向量形式为

$$\rho\left[\frac{\partial}{\partial t}\boldsymbol{U}+(\boldsymbol{U}\cdot\nabla)\boldsymbol{U}\right]=\rho g-\nabla p+\nabla\cdot\tau \tag{5.4}$$

直角坐标系下的分量形式为

$$\rho\left(\frac{\partial u}{\partial t}+u\frac{\partial u}{\partial x}+v\frac{\partial u}{\partial y}+w\frac{\partial u}{\partial z}\right)=\rho g_x-\frac{\partial p}{\partial x}+\left(\frac{\partial \tau_{xx}}{\partial x}+\frac{\partial \tau_{yx}}{\partial y}+\frac{\partial \tau_{zx}}{\partial z}\right) \tag{5.5}$$

$$\rho\left(\frac{\partial v}{\partial t}+u\frac{\partial v}{\partial x}+v\frac{\partial v}{\partial y}+w\frac{\partial v}{\partial z}\right)=\rho g_x-\frac{\partial p}{\partial y}+\left(\frac{\partial \tau_{xy}}{\partial x}+\frac{\partial \tau_{yy}}{\partial y}+\frac{\partial \tau_{zy}}{\partial z}\right) \tag{5.6}$$

$$\rho\left(\frac{\partial w}{\partial t}+u\frac{\partial w}{\partial x}+v\frac{\partial w}{\partial y}+w\frac{\partial w}{\partial z}\right)=\rho g_z-\frac{\partial p}{\partial z}+\left(\frac{\partial \tau_{xz}}{\partial x}+\frac{\partial \tau_{yz}}{\partial y}+\frac{\partial \tau_{zz}}{\partial z}\right) \tag{5.7}$$

(3) 能量方程。能量方程是能量守恒原理在流体运动中的表现形式,对于幂律型非牛顿流体的射流破碎问题同样适用。其在直角坐标系中的表达形式为

$$\rho C_v\left(\frac{\partial T}{\partial t}+u\frac{\partial T}{\partial x}+v\frac{\partial T}{\partial x}+w\frac{\partial T}{\partial x}\right)=-\left(\frac{\partial q_x}{\partial x}+\frac{\partial q_y}{\partial y}+\frac{\partial q_z}{\partial z}\right)+\left(\tau_{xx}\frac{\partial u}{\partial x}+\tau_{yy}\frac{\partial v}{\partial y}+\tau_{zz}\frac{\partial w}{\partial z}\right)+$$
$$\left[\tau_{xy}\left(\frac{\partial u}{\partial y}+\frac{\partial v}{\partial x}\right)+\tau_{yz}\left(\frac{\partial v}{\partial z}+\frac{\partial w}{\partial y}\right)+\tau_{zx}\left(\frac{\partial w}{\partial x}+\frac{\partial u}{\partial z}\right)\right]+\rho s \tag{5.8}$$

其中:$q_x=-k\dfrac{\partial T}{\partial x}$;$q_y=-k\dfrac{\partial T}{\partial y}$;$q_z=-k\dfrac{\partial T}{\partial z}$。

5.2.2 液膜破碎的不稳定性分析

液膜是较为广泛应用的射流一种形式,与圆柱形射流的破碎一样,其破碎也一直引发了研究者的广泛关注,对这一现象的理论解释也成为一个理论研究领域的重要问题。对此复杂现象,学者提出了破碎机理的多种理论解释,包括空气动力干扰说、湍流扰动说、空穴扰动说、边界条件突变说、压力振荡说等。从实验研究的角度看,目前上述所有的理论解释都是不完备的,因为没有哪一种理论可以解释实验中的所有问题。但是,研究者的结论表明,在所有对于液膜射流破碎不稳定性的理论解释中,空气动力干扰说,即射流的不稳定性理论,被认为是其中最完善、最有前途的一种理论,在经过一定的实验修正后,可对这一过程所涉及的各种现象给出较为满意的解释。就液膜的破碎而言,空气动力干扰说认为,各种随机扰动因素会在液膜射流的两个气-液交界面上产生表面波。在一定的射流条件下,处于某一波长范围的表面波可

能是不稳定的，即表面波的幅值会随着时间或空间的发展而不断增加，并最终导致液体液膜射流的破碎。

考虑到幂律型非牛顿流体是黏性液体的一个特例，因此，对于幂律型非牛顿流体液膜射流破碎机理的研究即采用这一理论体系。下文涉及的正态模式、色散关系、射流的时间模式和空间模式等基本概念与 4.3 节相同，但需要说明的两个问题如下。

（1）液体射流的扰动模式。根据液体射流的不稳定性理论，对于具有两个气-液界面的射流而言，扰动在两个界面上均会产生不稳定的表面波，而这两个表面波的相位不同。对于平面液膜射流而言，两者的相位差可能是 0°，这种模式被称为反对称模式（Sinuous Mode）；相位差也可能是 180°，这种模式被称为对称模式（Varicose Mode），如图 5.1 所示。

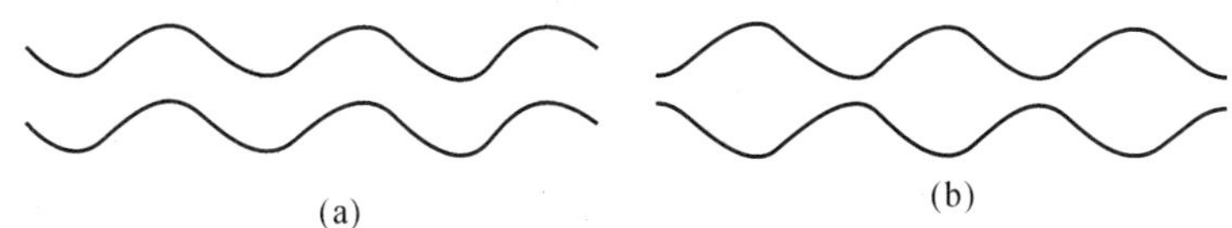

图 5.1　平面液膜射流的扰动模式

(a)反对称模式(Sinuous Mode)；(b)对称模式(Varicose Mode)

（2）液体射流的破碎模式。根据实验观察，可以将液体射流的破碎按其特征分为两种：一种是瑞利模式，即液体射流破碎的尺度与喷嘴特征尺度相当或大于喷嘴特征尺度；另一种是泰勒模式，即液体射流破碎的尺度远小于喷嘴特征尺度。在不稳定性理论中，瑞利模式可解释为扰动增长率较小，表面波发展缓慢，破碎较慢，最大扰动增长率对应的波数较小（通常小于 1），破碎尺度较大，一般对应于低速液体射流；而泰勒模式的扰动增长率较大，表面波发展迅速，破碎较快，最大扰动增长率对应的波数较大（通常大于 1），破碎尺度较小，一般对应于高速液体射流。

1. 色散方程

图 5.2 为液体平面液膜射流及不稳定表面波的示意图。液体为幂律型非牛顿流体，密度为 ρ_l，表面张力系数为 σ，竖直方向运动速度为 U_0，液膜厚度为 $\delta = 2a$。气体的密度为 ρ_g，是无黏流体，且保持静止。气液交界面表面波的振幅为 η，液膜的厚度尺度远小于其宽度尺度，流体均不可压缩，且不考虑温度的影响。

根据基础射流的假设，建立如图 5.2 所示的笛卡儿直角坐标系 (x, y)。

对于基础射流，气体和液体的速度场为

气体：

$$\boldsymbol{U}_{\mathrm{g}} = (0, 0) \tag{5.9}$$

液体：

$$\boldsymbol{U}_{\mathrm{l}} = (U_0, 0) \tag{5.10}$$

基础射流中压力场是一个常量，且对于平面液膜来说，

气体：

$$\bar{p}_{\mathrm{g}} = p_0 \tag{5.11}$$

液体：

$$\bar{p}_{\mathrm{l}} = p_0 \tag{5.12}$$

由于扰动的存在，气液交界面会发生变形并背离平衡位置。随着扰动的出现，基础射流场的速度和压力将在扰动速度 u 和压力 p 的影响下发生变化，则受到扰动的速度场变为

$$\boldsymbol{U}_j = \boldsymbol{U}_j + u_j, u_j = (u_{jx}, u_{jy}) \tag{5.13}$$

压力场变为

$$p_j = \overline{p}_j + p_j \tag{5.14}$$

式中，下标 j = g 或 l，分别表示气体和液体。

在不稳定性分析中，常采用正态模式来进行：

$$(u_j, p_j, \eta_1, \eta_2) = (\widetilde{u}_j(y), \widetilde{p}_j(y), \eta_a, \eta_{-a})\mathrm{e}^{ikx+st}, \quad (j = \mathrm{g}, \mathrm{l}) \tag{5.15}$$

式中，η_a，η_{-a} 是表面波的初始振幅；k 是复数波数；s 是复数增长率。

根据前述的内容，可以写出幂律型流体平面液膜射流的控制方程的二维形式。

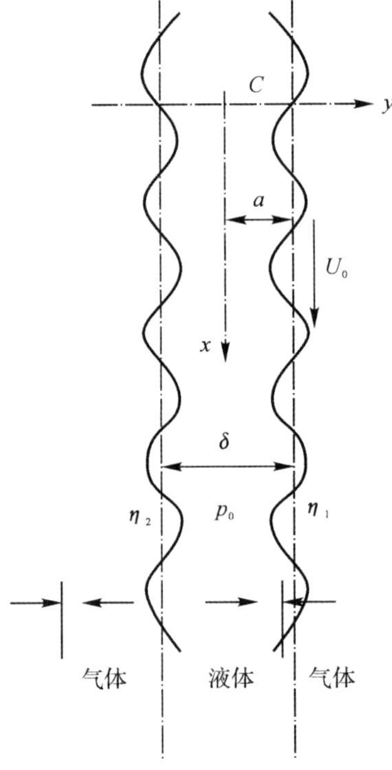

图 5.2　液体平面液膜射流及表面波示意图

(1)气体的控制方程。气体为无黏流体，其基本控制方程是理想流体连续性方程和动量方程。

连续性方程为

$$\nabla \cdot \boldsymbol{U}_{\mathrm{g}} = 0 \tag{5.16}$$

即

$$\frac{\partial \boldsymbol{U}_{\mathrm{g}x}}{\partial x} + \frac{\partial \boldsymbol{U}_{\mathrm{g}y}}{\partial y} = 0 \tag{5.17}$$

代入正态模式，得

$$\frac{\mathrm{d}\widetilde{u}_{gy}}{\mathrm{d}y} + \mathrm{i}k\widetilde{u}_{gx} = 0 \tag{5.18}$$

动量方程为

$$\frac{\partial}{\partial t}\boldsymbol{U}_{g}+(\boldsymbol{U}_{g}\cdot\nabla)\boldsymbol{U}_{g}=-\frac{1}{\rho_{g}}\nabla p_{g} \tag{5.19}$$

即

$$\frac{\partial \boldsymbol{U}_{gx}}{\partial t}+\boldsymbol{U}_{gx}\frac{\partial \boldsymbol{U}_{gx}}{\partial x}+\boldsymbol{U}_{gy}\frac{\partial \boldsymbol{U}_{gx}}{\partial y}=-\frac{1}{\rho_{g}}\frac{\partial p_{g}}{\partial x} \tag{5.20}$$

$$\frac{\partial \boldsymbol{U}_{gy}}{\partial t}+\boldsymbol{U}_{gx}\frac{\partial \boldsymbol{U}_{gy}}{\partial x}+\boldsymbol{U}_{gy}\frac{\partial \boldsymbol{U}_{gy}}{\partial y}=-\frac{1}{\rho_{g}}\frac{\partial p_{g}}{\partial x} \tag{5.21}$$

代入扰动量，得

$$\frac{\partial \boldsymbol{U}_{gx}}{\partial t}=-\frac{1}{\rho_{g}}\frac{\partial p_{g}}{\partial x} \tag{5.22}$$

$$\frac{\partial \boldsymbol{U}_{gy}}{\partial t}=-\frac{1}{\rho_{g}}\frac{\partial p_{g}}{\partial y} \tag{5.23}$$

代入正态模式，得

$$s\tilde{u}_{gx}=-\frac{1}{\rho_{g}}\mathrm{i}k\tilde{p}_{g} \tag{5.24}$$

$$s\tilde{u}_{gy}=-\frac{1}{\rho_{g}}\frac{\mathrm{d}\tilde{p}_{g}}{\mathrm{d}y} \tag{5.25}$$

(2) 液体的控制方程。液体是幂律型非牛顿流体，其基本控制方程是黏性流体的连续性方程和动量方程。

连续性方程为

$$\nabla\cdot\boldsymbol{U}_{l}=0 \tag{5.26}$$

即

$$\frac{\partial \boldsymbol{U}_{lx}}{\partial x}+\frac{\partial \boldsymbol{U}_{ly}}{\partial y}=0 \tag{5.27}$$

代入正态模式，得

$$\frac{\mathrm{d}\tilde{u}_{ly}}{\mathrm{d}y}+\mathrm{i}k\tilde{u}_{lx}=0 \tag{5.28}$$

动量方程为

$$\rho_{l}\left[\frac{\partial}{\partial t}\boldsymbol{U}_{l}+(\boldsymbol{U}_{l}\cdot\nabla)\boldsymbol{U}_{l}\right]-\nabla p_{l}+\nabla\cdot\tau \tag{5.29}$$

即

$$\rho_{l}\left(\frac{\partial \boldsymbol{U}_{lx}}{\partial t}+\boldsymbol{U}_{lx}\frac{\partial \boldsymbol{U}_{lx}}{\partial x}+\boldsymbol{U}_{ly}\frac{\partial \boldsymbol{U}_{lx}}{\partial y}\right)=\frac{\partial p_{l}}{\partial x}+\frac{\partial \tau_{xx}}{\partial x}+\frac{\partial \tau_{yx}}{\partial y} \tag{5.30}$$

$$\rho_{l}\left(\frac{\partial \boldsymbol{U}_{ly}}{\partial t}+\boldsymbol{U}_{lx}\frac{\partial \boldsymbol{U}_{ly}}{\partial x}+\boldsymbol{U}_{ly}\frac{\partial \boldsymbol{U}_{ly}}{\partial y}\right)=\frac{\partial p_{l}}{\partial y}+\frac{\partial \tau_{xy}}{\partial x}+\frac{\partial \tau_{yy}}{\partial y} \tag{5.31}$$

由于幂律型非牛顿流体的本构关系比较复杂，代入控制方程后，使得控制方程组呈非线性特征。根据实际射流情况，只保留 x 方向的法向偏应力张量，忽略其他偏应力张量，式(5.30)和式(5.31)就变为

$$\rho_{l}\left(\frac{\partial \boldsymbol{U}_{lx}}{\partial t}+\boldsymbol{U}_{lx}\frac{\partial \boldsymbol{U}_{lx}}{\partial x}+\boldsymbol{U}_{ly}\frac{\partial \boldsymbol{U}_{lx}}{\partial y}\right)=-\frac{\partial p_{l}}{\partial x}+\frac{\partial \tau_{xx}}{\partial x} \tag{5.32}$$

$$\rho_1\left(\frac{\partial \boldsymbol{U}_{1y}}{\partial t}+\boldsymbol{U}_{1x}\frac{\partial \boldsymbol{U}_{1y}}{\partial x}+\boldsymbol{U}_{1y}\frac{\partial \boldsymbol{U}_{1x}}{\partial y}\right)=-\frac{\partial p_1}{\partial y} \tag{5.33}$$

$$\tau_{xx}=K\left(2\frac{\partial \boldsymbol{U}_{1x}}{\partial x}\right)^n \tag{5.34}$$

代入扰动量，得到

$$\rho_1\left(\frac{\partial u_{1x}}{\partial t}+\boldsymbol{U}_0\frac{\partial u_{1x}}{\partial x}\right)=-\frac{\partial p_1}{\partial x}+\frac{\partial}{\partial x}\left[K\left(2\frac{\partial u_{1x}}{\partial x}\right)^n\right] \tag{5.35}$$

$$\rho_1\left(\frac{\partial u_{1y}}{\partial t}+\boldsymbol{U}_0\frac{\partial u_{1y}}{\partial x}\right)=-\frac{\partial p_1}{\partial y} \tag{5.36}$$

为实现控制方程的线性化并保留幂律型流体的非线性特征，引入速度影响因子 g，其单位是 s^{-1}，表示速度随位移的变化情况，则有

$$\tau_{xx}=K\left(2\frac{\partial u_{1x}}{\partial x}\right)^n=K\left[2\frac{\partial}{\partial x}(u_{1x}+gx)\right]^n=K\left(2g+2\frac{\partial u_{1x}}{\partial x}\right)^n \tag{5.37}$$

将上式右端用泰勒级数展开，忽略高阶项，得

$$K\left(2\frac{\partial u_{1x}}{\partial x}\right)^n\approx K\left[(2g)^n+2n(2g)^{n-1}\frac{\partial u_{1x}}{\partial x}\right] \tag{5.38}$$

将式(5.38)代入控制方程，并代入正态模式，得到

$$\rho_1(s+\mathrm{i}kU_0)\tilde{u}_{1x}=-\mathrm{i}k\tilde{p}_1-2Knk^2(2g)^{n-1}\tilde{u}_{1x} \tag{5.39}$$

$$\rho_1(s+\mathrm{i}kU_0)\tilde{u}_{1y}=-\frac{\mathrm{d}\tilde{p}_1}{\mathrm{d}y} \tag{5.40}$$

式(5.28)、式(5.39)、式(5.40)即是最终用来求解的液体的控制方程。

(3) 边界条件。

1) 运动边界条件。基于假设，气液交界面都是实质面，气-液相不会分离开，即无滑移，故经线性化之后的运动边界条件如下。

① 在气液交界面 $y=a$ 处：

$$u_{1y}=\frac{\partial \eta_1}{\partial t}+U_0\frac{\partial \eta_1}{\partial x} \tag{5.41}$$

$$u_{gy}=\frac{\partial \eta_1}{\partial t} \tag{5.42}$$

代入正态模式，得到

$$\tilde{u}_{1y}=(s+\mathrm{i}kU_0)\eta_a \tag{5.43}$$

$$\tilde{u}_{gy}=s\eta_a \tag{5.44}$$

② 在气液交界面 $y=-a$ 处：

$$u_{1y}=\frac{\partial \eta_2}{\partial t}+U_0\frac{\partial \eta_2}{\partial x} \tag{5.45}$$

$$u_{gy}=\frac{\partial \eta_2}{\partial t} \tag{5.46}$$

代入正态模式，得到

$$\tilde{u}_{1y}=(s+\mathrm{i}kU_0)\eta_{-a} \tag{5.47}$$

$$\tilde{u}_{gy}=s\eta_{-a} \tag{5.48}$$

另外，根据实际条件有

$$\tilde{u}_{1y}\rightarrow 0, y\rightarrow \infty \tag{5.49}$$

$$\tilde{u}_{2y}\rightarrow 0, y\rightarrow -\infty \tag{5.50}$$

2）动力边界条件。由于假设气体介质是无黏流体，因而在交界面上液体的切向应力必须为零，同时交界面上的法向应力在表面张力的作用下必须是平衡的，故有

① 在气液交界面 $r=a$ 处：

$$p_{1xy}=0 \tag{5.51}$$

$$p_{1yy}-p_{gvy}+p_{\sigma 1}=0 \tag{5.52}$$

其中 $p_{\sigma 1}$ 是由表面张力引起的附加压强，可取

$$p_{\sigma 1}=-\sigma\frac{\eta_1^n}{(1+\eta_1^{'2})^{3/2}}\approx -\sigma\frac{\partial^2\eta_1}{\partial x^2} \tag{5.53}$$

即

$$K\left(\frac{\partial u_{1x}}{\partial y}+\frac{\partial u_{1y}}{\partial x}\right)^n=0 \tag{5.54}$$

$$-p_1+p_g-\sigma\frac{\partial^2\eta_1}{\partial x^2}=0 \tag{5.55}$$

代入正态模式，得

$$\frac{\mathrm{d}\tilde{u}_{1x}}{\mathrm{d}y}+\mathrm{i}k\tilde{u}_{1y}=0 \tag{5.56}$$

$$\tilde{p}_1-\tilde{p}_g-\sigma k^2\eta_a=0 \tag{5.57}$$

② 在气液交界面 $r=-a$ 处：

$$p_{1xy}=0 \tag{5.58}$$

$$p_{1yy}=p_{gyy}-p_{\sigma 2}=0 \tag{5.59}$$

其中：

$$p_{\sigma 2}=-\sigma\frac{\eta_2^n}{(1+\eta'^2_2)^{3/2}}\approx -\sigma\frac{\partial^2\eta_2}{\partial x^2} \tag{5.60}$$

即

$$K\left(\frac{\partial u_{1x}}{\partial y}+\frac{\partial u_{1y}}{\partial x}\right)^n=0 \tag{5.61}$$

$$-p_1+p_g+\sigma\frac{\partial^2\eta_2}{\partial x^2}=0 \tag{5.62}$$

代入正态模式，得

$$\frac{\mathrm{d}\tilde{u}_{1x}}{\mathrm{d}y}+\mathrm{i}k\tilde{u}_{1y}=0 \tag{5.63}$$

$$\tilde{p}_1-\tilde{p}_g+\sigma k^2\eta_{-a}=0 \tag{5.54}$$

(3) 色散方程。根据气体的控制方程，可求得其流场扰动量的初始值的表达式

$$\tilde{p}_g(y)=A\mathrm{e}^{-ky}+B\mathrm{e}^{ky} \tag{5.65}$$

$$\tilde{u}_{gx}(y) = -\frac{ik}{s\rho_g}(A\mathrm{e}^{-ky} + B\mathrm{e}^{ky}) \tag{5.66}$$

$$\tilde{u}_{gy}(y) = \frac{k}{s\rho_g}(A\mathrm{e}^{-ky} - B\mathrm{e}^{ky}) \tag{5.67}$$

式中，A，B 是积分常数，由气体的运动边界条件决定。

对于 $y \geqslant a$ 侧的气体，

$$A = \frac{\rho_g s^2 \eta_a}{k\mathrm{e}^{-ka}}, \quad B = 0 \tag{5.68}$$

对于 $y \leqslant -a$ 侧的气体，

$$A = 0, \quad B = -\frac{\rho_g S^2 \eta_{-a}}{k\mathrm{e}^{-ka}} \tag{5.69}$$

根据液体的控制方程，也可获得其流场扰动量的初始值的表达式：

$$\tilde{p}_1(y) = C\mathrm{e}^{ly} + D\mathrm{e}^{-ly} \tag{5.70}$$

$$\tilde{u}_{1x}(y) = -\frac{\mathrm{i}l^2}{\rho_1 k(s + \mathrm{i}kU_0)}(C\mathrm{e}^{ly} + D\mathrm{e}^{-ly}) \tag{5.71}$$

$$\tilde{u}_{1y}(y) = -\frac{l}{\rho_1(s + \mathrm{i}kU_0)}(C\mathrm{e}^{ly} - D\mathrm{e}^{ly}) \tag{5.72}$$

其中：

$$l = k\sqrt{\frac{\rho_1 g(s + \mathrm{i}kU_0)}{\rho_1 g(s + \mathrm{i}kU_0) + Knk^2(2g)^n}}$$

C，D 是积分常数，由液体的运动边界条件决定。

1）反对称模式的色散方程。在平面液膜射流的反对称模式(Sinuous Mode)下，两气液交界面上的表面波的相位差是 0°，根据图 5.1，有

$$\eta_1 = \eta_2$$

代入正态模式后，得

$$\eta_a = \eta_{-a}$$

由式(5.43)和式(5.47)，有

$$\tilde{u}_{ly}(a) = \tilde{u}_{ly}(-a)$$

根据式(5.72)，得到

$$C + D = 0 \tag{5.73}$$

将式(5.72)和式(5.73)代入式(5.43)，可解得

$$C = -\frac{\rho_1(s + \mathrm{i}kU_0)^2 \eta_a}{l(\mathrm{e}^{la} + \mathrm{e}^{-la})} \tag{5.74}$$

然后将各相关关系式代入式(5.57)，得到

$$\frac{\rho_l(s + \mathrm{i}kU_0)^2}{l}\tanh(la) + \frac{\rho_g s^2}{k} + \sigma k^2 = 0 \tag{5.75}$$

式(5.75)即为反对称模式下表征幂律型流体平面液膜射流不稳定性的色散方程。为进一步一般化地说明问题，将该式无量纲化，引入

$$\alpha = ka, L = la, S = \frac{sa}{U_0}, G = \frac{ga}{U_0}, We = \frac{\rho_l U_0^2 a}{\sigma}, Re = \frac{\rho_l U_0^{2-n} a^n}{K}, Q = \frac{\rho_g}{\rho_l}$$

$$L=\alpha\sqrt{\frac{Re_n(S+\mathrm{i}\alpha)}{Re_n(S+\mathrm{i}\alpha)+2n\alpha^2(2G)^{n-1}}}$$

得到

$$\frac{(S+\mathrm{i}\alpha)^2}{L}\tanh(L)+\frac{QS^2}{\alpha}+\frac{\alpha^2}{We}=0 \tag{5.76}$$

式中，α 为无量纲波数；S 为无量纲增长率；We 为韦伯数；Re_n 为表观雷诺数；Q 为气液密度比。

式(5.76)就是最终得到的表征幂律型非牛顿流体平面液膜射流反对称模式下的扰动不稳定性的色散方程。

2) 对称模式的色散方程。在平面液膜射流的对称模式(Varicose Mode)下，两气液交界面上的表面波的相位差是 180°，根据图 5.1，有

$$\eta_1=-\eta_2$$

代入正态模式后，得

$$\eta_a=-\eta_{-a}$$

由式(5.43)和式(5.47)，有

$$\tilde{u}_{ly}(a)=-\tilde{u}_{ly}(-a)$$

根据式(5.72)，得到

$$C=D \tag{5.77}$$

将式(5.72)和式(5.77)代入式(5.73)，可解得

$$C=-\frac{\rho_l(s+\mathrm{i}kU_0)^2\eta_a}{l(\mathrm{e}^{la}-\mathrm{e}^{-la})} \tag{5.78}$$

然后将各相关关系式代入式(5.57)，得到

$$\frac{\rho_l(s+\mathrm{i}kU_0)^2}{l}\coth(la)+\frac{\rho_g s^2}{k}+\sigma k^2=0 \tag{5.79}$$

式(5.79)即为对称模式下表征幂律型流体平面液膜射流不稳定性的色散方程。为进一步一般化地说明问题，将该式无量纲化，引入与反对称模式下相同的参数

$$\alpha=ka,L=la,S=\frac{sa}{U_0},G=\frac{ga}{U_0},We=\frac{\rho_l U_0^2 a}{\sigma},Re_n=\frac{\rho_l U_0^{2-n}a^n}{K},Q=\frac{\rho_g}{\rho_l}$$

得到

$$\frac{(S+\mathrm{i}\alpha)}{L}\coth(L)+\frac{QS^2}{\alpha}+\frac{\alpha^2}{We}=0 \tag{5.80}$$

式中，α 为无量纲波数；S 为无量纲增长率；We 为韦伯数；Re_n 为表观雷诺数；Q 为气液密度比。

式(5.80)就是最终得到的表征幂律型非牛顿流体平面液膜射流对称模式下的扰动不稳定性的色散方程。

2.色散方程的求解

上面所得到的色散方程，实际上就是液膜射流的特征方程，对其进行求解可以得到液膜的无量纲波数与增长率的关系。同样，这是一个严重非线性的复变函数方程，即使在射流参数确定的情况下，也不能给出严格的诸如 $S=F(K)$ 或 $K=F(S)$ 形式的显式解析解，只能采用数值解法。

如前所述，在不稳定性分析中，为了求解色散方程，引入了时间模式和空间模式。但这两种模式具有一定的关系，且在一定条件下，两种模式是等效的。由于时间模式计算简便，故后续选用时间模式对色散方程进行求解。这里仍使用 Maple 14 软件完成色散方程的推导和数值计算过程。

5.2.3 射流参数对液膜不稳定性的影响

对色散方程进行数值计算，可以得到在一定射流条件下射流表面波的无量纲扰动增长率 Sr 随无量纲波数 α 的变化曲线，如图 5.3 和图 5.4 所示。从曲线上可以获得最大扰动增长率 Sr_{max} 及与其相对应的波数，即最不稳定波数 α_{max}，Sr_{max} 反映了射流破碎的难易与剧烈程度，与破碎长度相关，α_{max} 则与破碎尺度相关联。

本节即利用对色散方程的数值计算结果，研究分析了若干射流参数对幂律型流体平面液膜射流不稳定性的影响，即对其最大扰动增长率 Sr_{max} 和最不稳定波数 α_{max} 的影响，进而揭示了其射流破碎的机理。

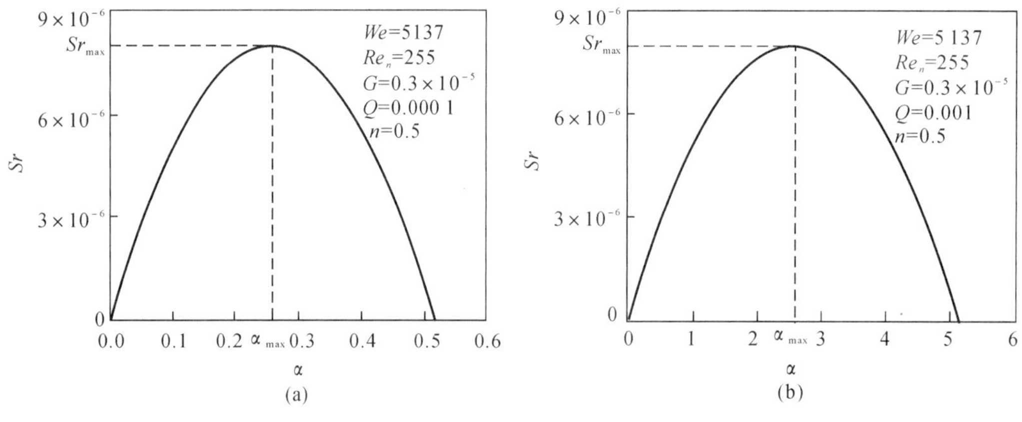

图 5.3　对称模式下的不稳定性曲线示意图

(a)瑞利模式；(b)泰勒模式

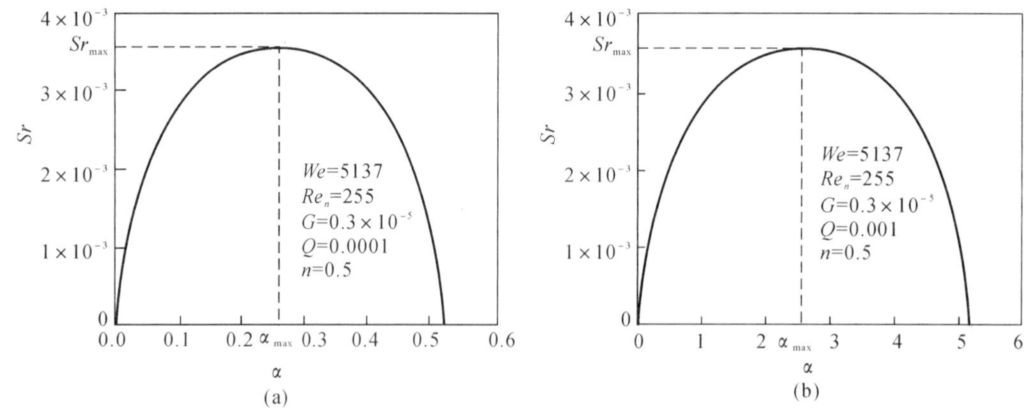

图 5.4　反对称模式下的不稳定性曲线示意图

(a)瑞利模式；(b)泰勒模式

平面液膜射流存在对称模式和反对称模式，两种模式下液体射流的不稳定性特征不同。从图 5.3 可以看出，在同一射流条件下，两种模式的最不稳定波数相当，而反对称模式下的最大扰动增长率明显大于对称模式下的。但是反对称模式不会导致射流的破碎，平面液膜射流的破碎主要由对称模式控制。

在所推导的色散方程中，已经将射流处于瑞利模式和泰勒模式的情况均包容在内，但从以下的分析中可以看出，射流处于这两种模式下其不稳定性具有不同的变化特性，因而有必要分别加以讨论。从图 5.3 中可以看出，在同一扰动模式下，泰勒模式比瑞利模式的射流的最大扰动增长率和最不稳定波数都大，泰勒模式下的最不稳定波数大于 1，瑞利模式下的最不稳定波数小于 1。当射流处于泰勒模式时更容易破碎，且破碎尺度更小。

幂律指数 n 反映了流体的非牛顿性。当 $n<1$ 时，是剪切变稀流体；当 $n>1$ 时，是剪切变稠流体；当 $n=1$ 时，是牛顿流体。不同性质的幂律型流体的射流破碎特性也存在差异。

(1) 韦伯数 We 的影响。We 是液体的惯性力与表面张力的比值，表征了液体表面张力的大小。图 5.5 和图 5.6 给出了不同条件下 We 对幂律型流体液膜射流不稳定性的影响。

从图 5.5 和图 5.6 中可以看出，不论在对称模式还是反对称模式下，对于剪切变稀流体还是剪切变稠流体，射流处于瑞利模式还是泰勒模式，We 的增加都使得射流的最大扰动增长率和最不稳定波数增大，说明 We 的增加促进了液膜射流的破碎。这表明不管在什么条件下，表面张力都是抑制幂律型流体液膜射流破碎的因素。

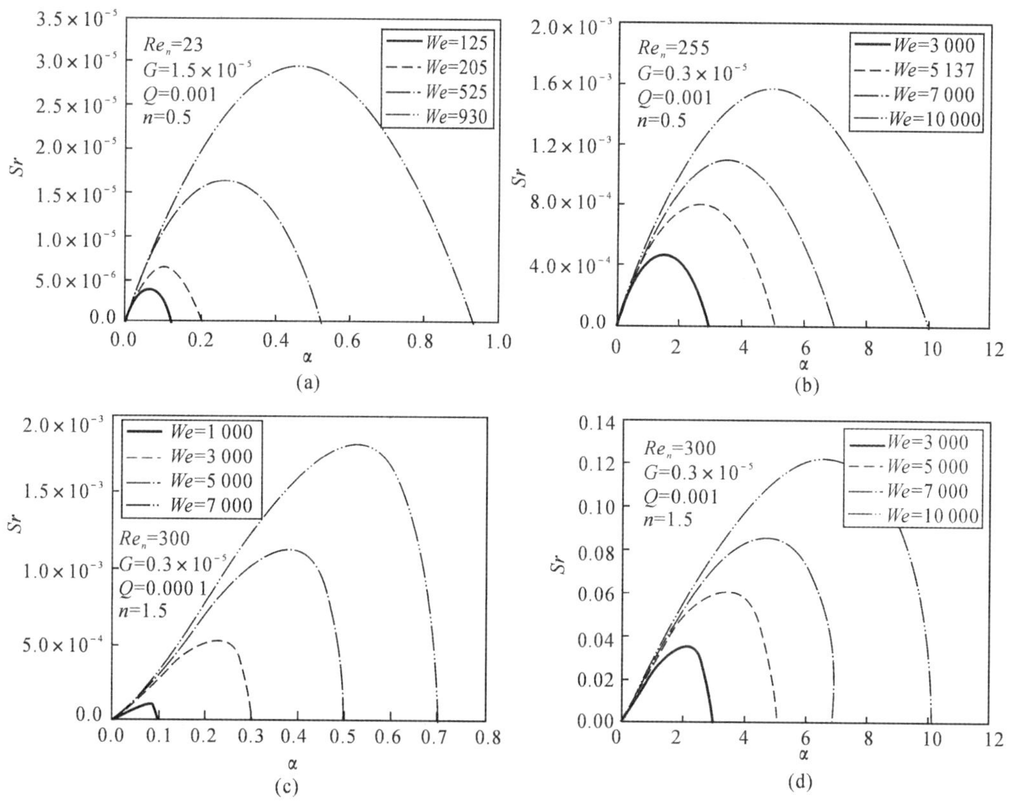

图 5.5　对称模式下不同 We 对液膜不稳定性的影响

(a)瑞利模式($n=0.5$)；(b)泰勒模式($n=0.5$)；(c)瑞利模式($n=1.5$)；(d)泰勒模式($n=1.5$)

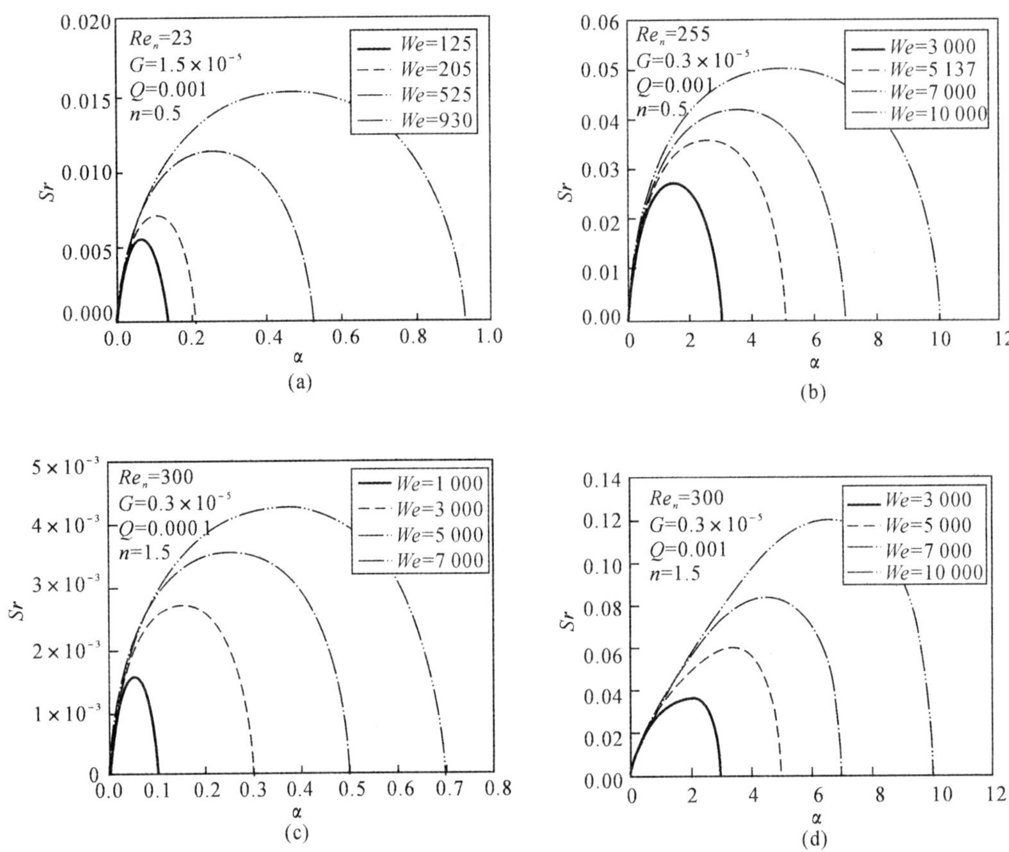

图 5.6 反对称模式下不同 We 对液膜不稳定性的影响

(a)瑞利模式(n =0.5);(b)泰勒模式(n =0.5);(c)瑞利模式(n =1.5);(d)泰勒模式(n =1.5)

(2) 表观雷诺数 Re_n 的影响。Re_n 表征的是液体的惯性力与黏性力的比值。图 5.7 和图 5.8给出了不同条件下 Re_n 对幂律型流体液膜射流不稳定性的影响。

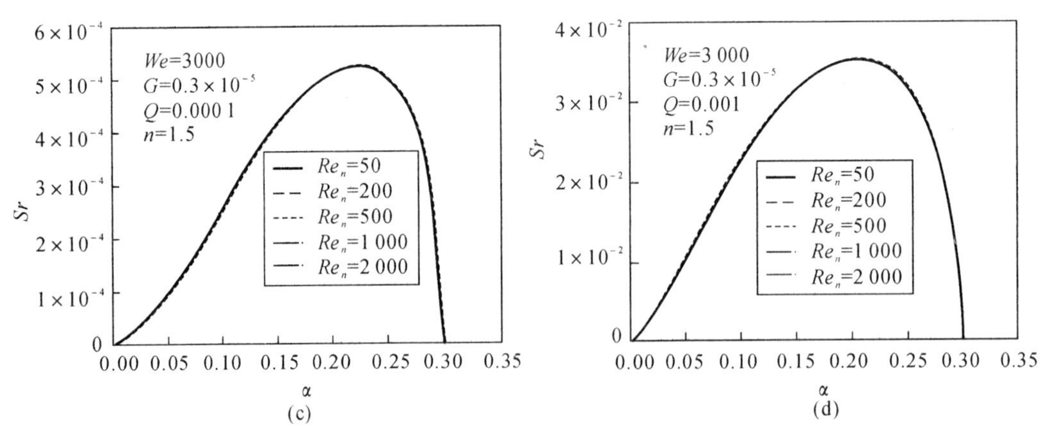

图 5.7 对称模式下不同 Re_n 对液膜不稳定性的影响

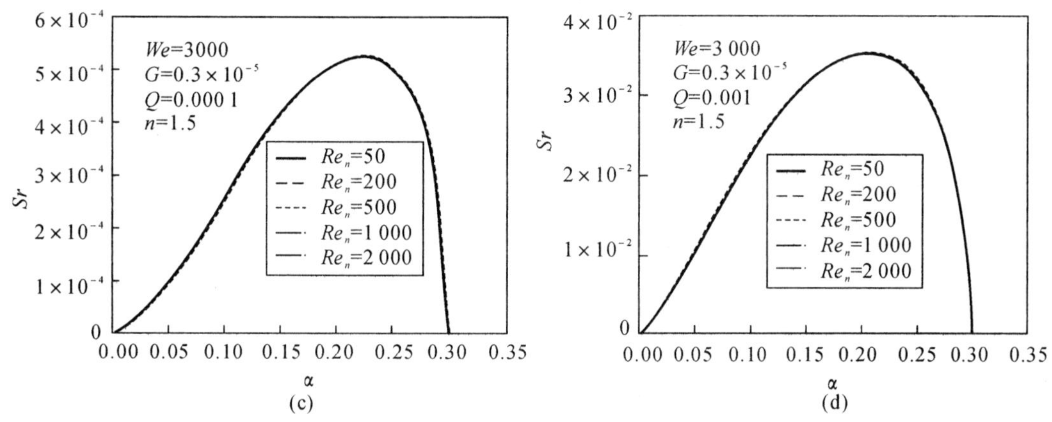

续图 5.7　对称模式下不同 Re_n 对液膜不稳定性的影响

(a)瑞利模式($n=0.5$)；(b)泰勒模式($n=0.5$)；(c)瑞利模式($n=1.5$)；(d)泰勒模式($n=1.5$)

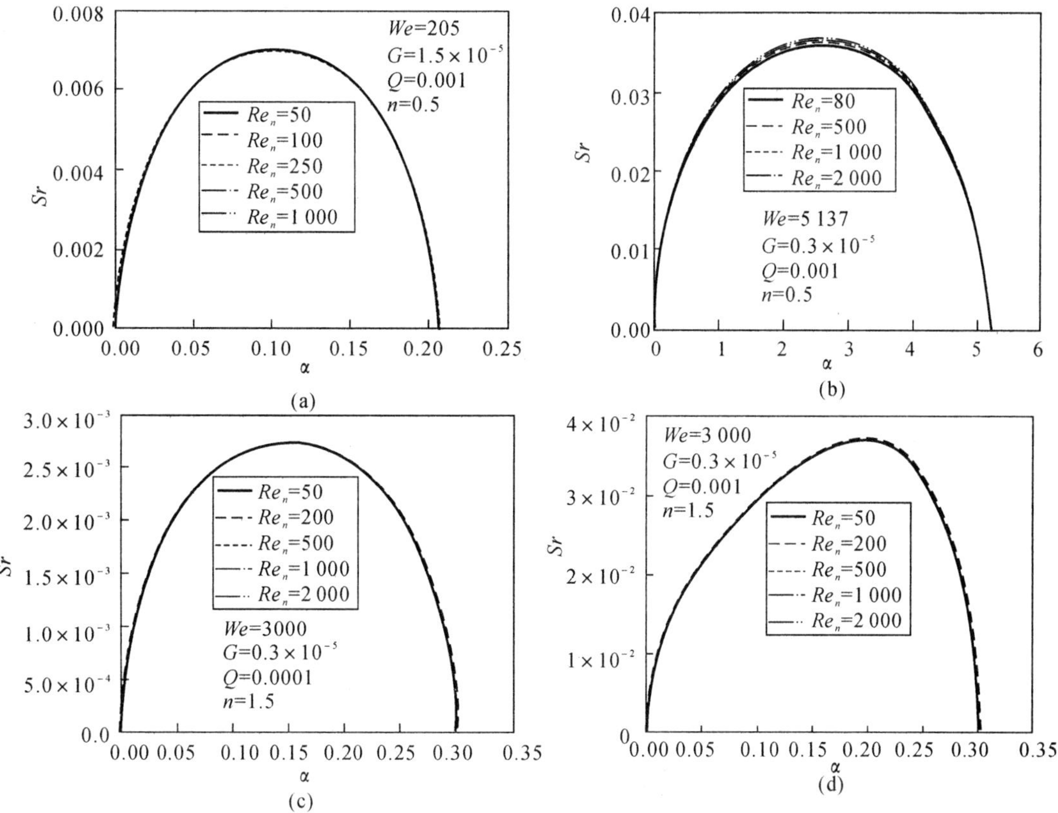

图 5.8　反对称模式下不同 Re_n 对液膜不稳定性的影响

(a)瑞利模式($n=0.5$)；(b)泰勒模式($n=0.5$)；(c)瑞利模式($n=1.5$)；(d)泰勒模式($n=1.5$)

从图 5.7 中可以看出，在对称模式下，对于剪切变稀流体，不论射流处于瑞利模式还是泰勒模式，Re_n 的增加都使得射流的最大扰动增长率增大，最不稳定波数不变。这表明液体的黏性力是阻碍液膜射流破碎的因素。对于剪切变稠流体，Re_n 的变化对射流的不稳定性影响甚微。

从图 5.8 中可以看出，在反对称模式下，当射流处于瑞利模式时，Re_n 的变化对液膜射流的不稳定性影响甚微。而当射流处于泰勒模式时，Re_n 的增加使得剪切变稀流体的最大扰动增长率略增，对剪切变稠流体则影响不大。

(3)不同气液密度比 Q 的影响。气液密度比 Q 表征的是液体与气体介质的相互作用的大小。图 5.9 和图 5.10 给出了不同条件下密度比 Q 对幂律型流体液膜射流不稳定性的影响。

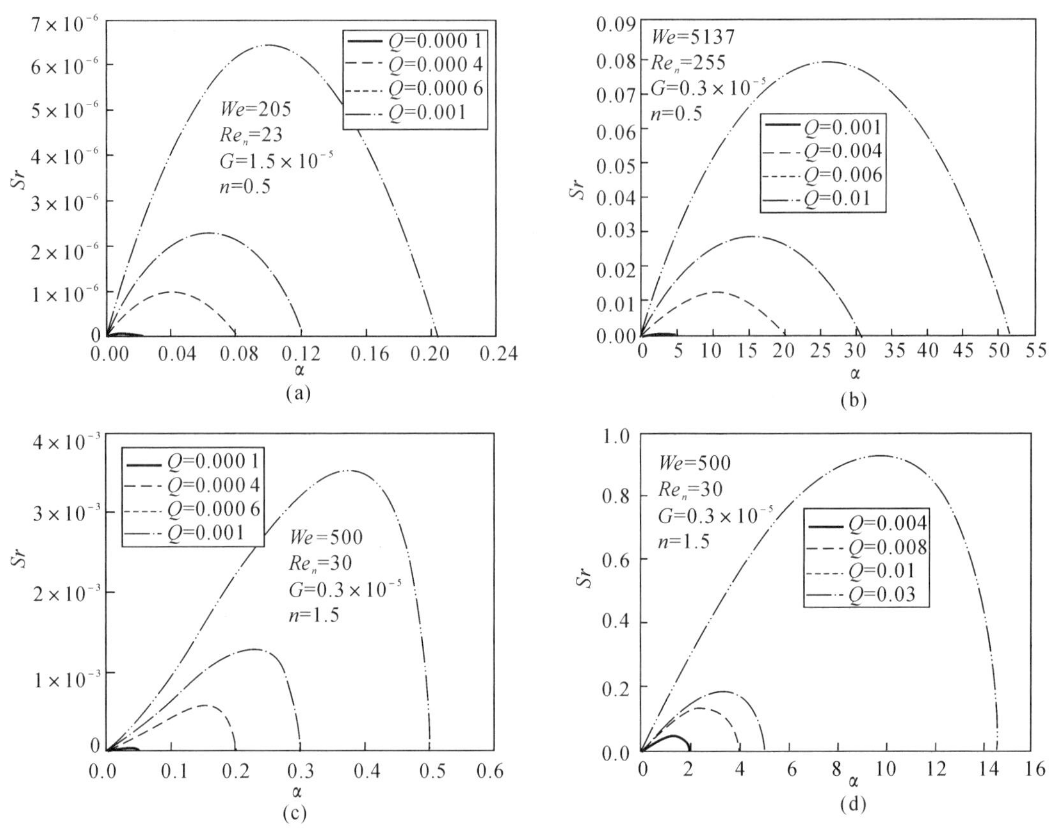

图 5.9　对称模式下不同密度比 Q 的影响

(a)瑞利模式($n=0.5$)；(b)泰勒模式($n=0.5$)；(c)瑞利模式($n=1.5$)；(d)泰勒模式($n=1.5$)

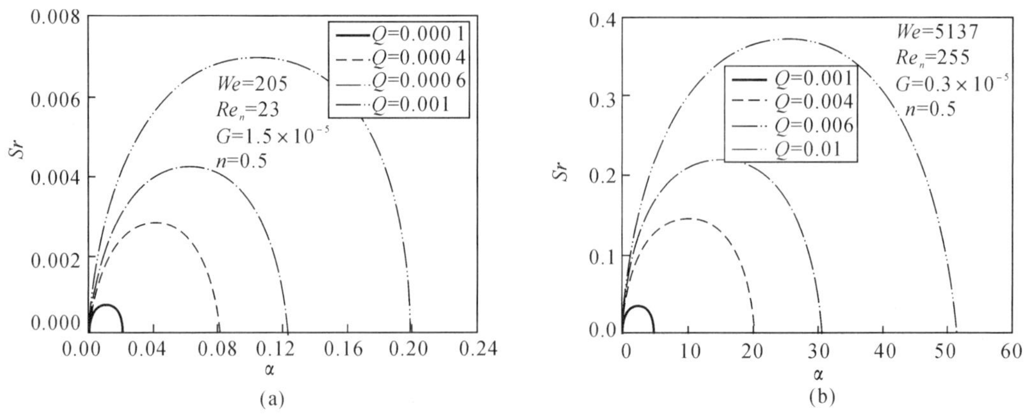

图 5.10　反对称模式下不同密度比 Q 的影响

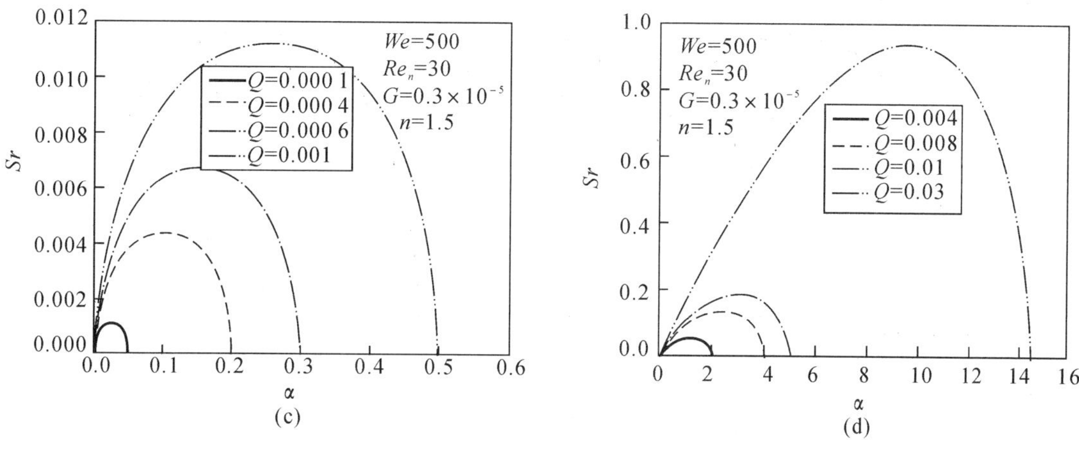

续图 5.10　反对称模式下不同密度比 Q 的影响

(a)瑞利模式($n=0.5$);(b)泰勒模式($n=0.5$);(c)瑞利模式($n=1.5$);(d)泰勒模式($n=1.5$)

从图 5.9 和图 5.10 中可以看出,不管在何种条件下,密度比 Q 的增加均使得射流的最大扰动增长率和最不稳定波数明显增大,促进了液体液膜射流的破碎,表明气液之间的相互作用始终是促进幂律型流体液膜射流破碎的重要因素。这和液体圆柱射流的情况不同。

(4) 幂律指数 n 的影响。图 5.11 和图 5.12 给出了不同条件下液体的幂律指数 n 对液膜射流不稳定性的影响。幂律指数 n 表征的是幂律型流体的非牛顿特性。$n<1$ 时,剪切变稀;$n>1$ 时,剪切变稠;$n=1$ 时,是牛顿流体。n 值偏离 1 越大,流体的非牛顿特征越强。从图中可以看出,在对称模式下,n 的增加均使得瑞利模式和泰勒模式液膜射流的最大扰动增长率减小,最不稳定波数不变,说明 n 的增加抑制了液体射流的破碎。这是由于在稠度系数 k 不变时,n 越大,流体的剪切变稠特征越显著,从而不利于液体射流的破碎。而在反对称模式下,n 的变化对于液膜射流的不稳定性影响甚微。

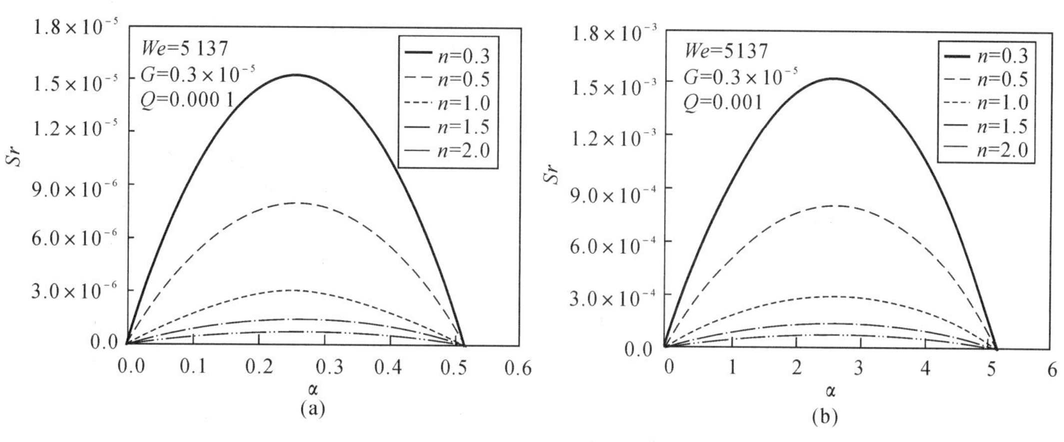

图 5.11　对称模式下不同幂律指数 n 的影响

(a)瑞利模式;(b)泰勒模式

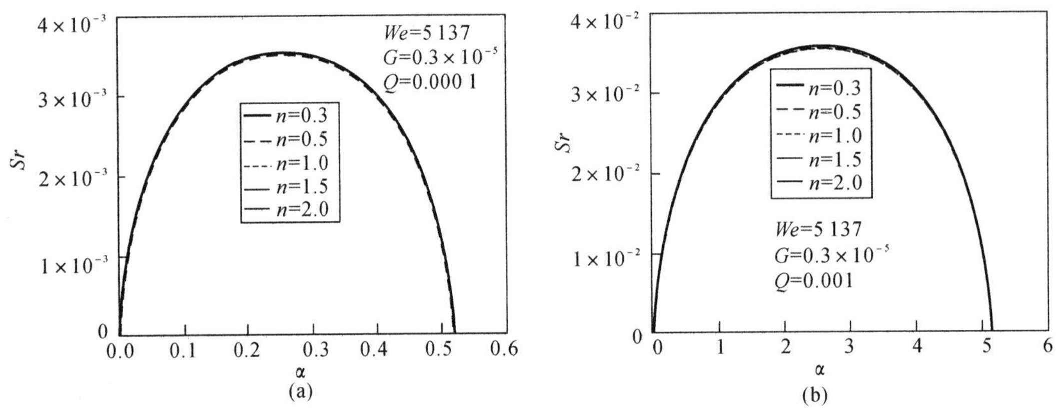

图 5.12　反对称模式下不同幂律指数 n 的影响

(a)瑞利模式；(b)泰勒模式

(5) 无量纲速度因子 G 的影响。无量纲速度因子 G 表征了速度随位移变化的剧烈程度。图 5.13 和图 5.14 给出了不同条件下液体的无量纲速度因子 G 对液膜射流不稳定性的影响。

从图 5.13 和图 5.14 中可以看出，对于剪切变稠流体，速度因子 G 对液膜射流的不稳定性影响不大。对于剪切变稀流体，G 的增加使得对称模式下液膜射流的最大扰动增长率增大，促进了液膜射流的破碎，而对反对称模式下的射流影响不大。

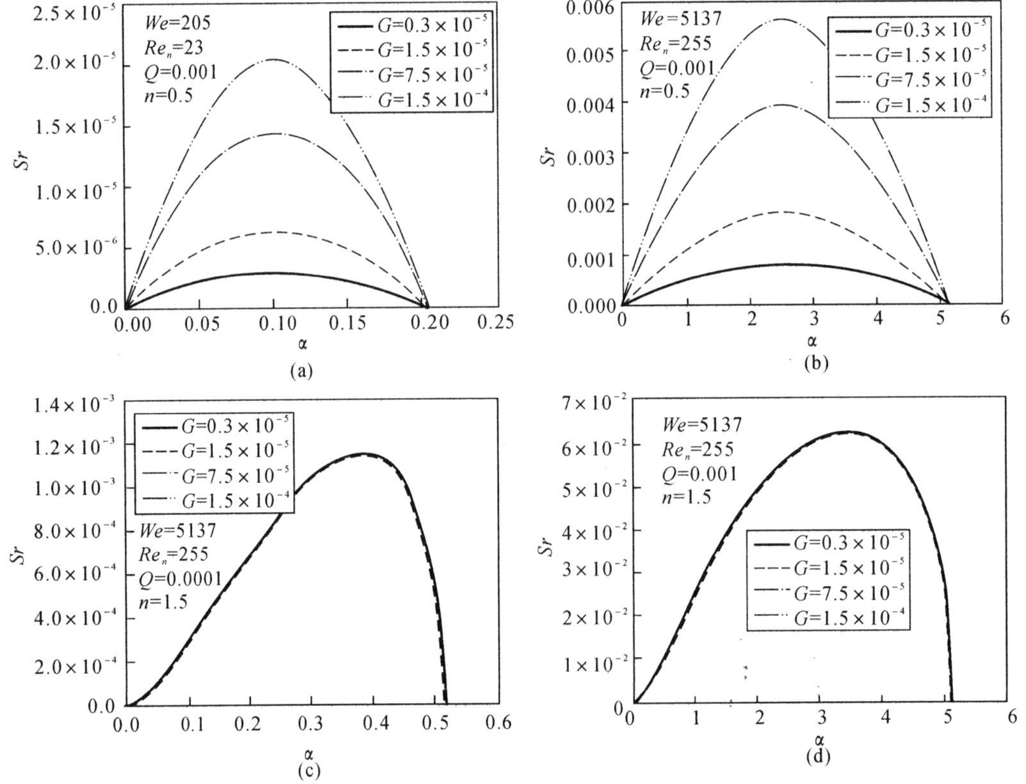

图 5.13　对称模式下无量纲速度因子 G 的影响

(a)瑞利模式(n =0.5)；(b)泰勒模式(n =0.5)；(c)瑞利模式(n =1.5)；(d)泰勒模式(n =1.5)

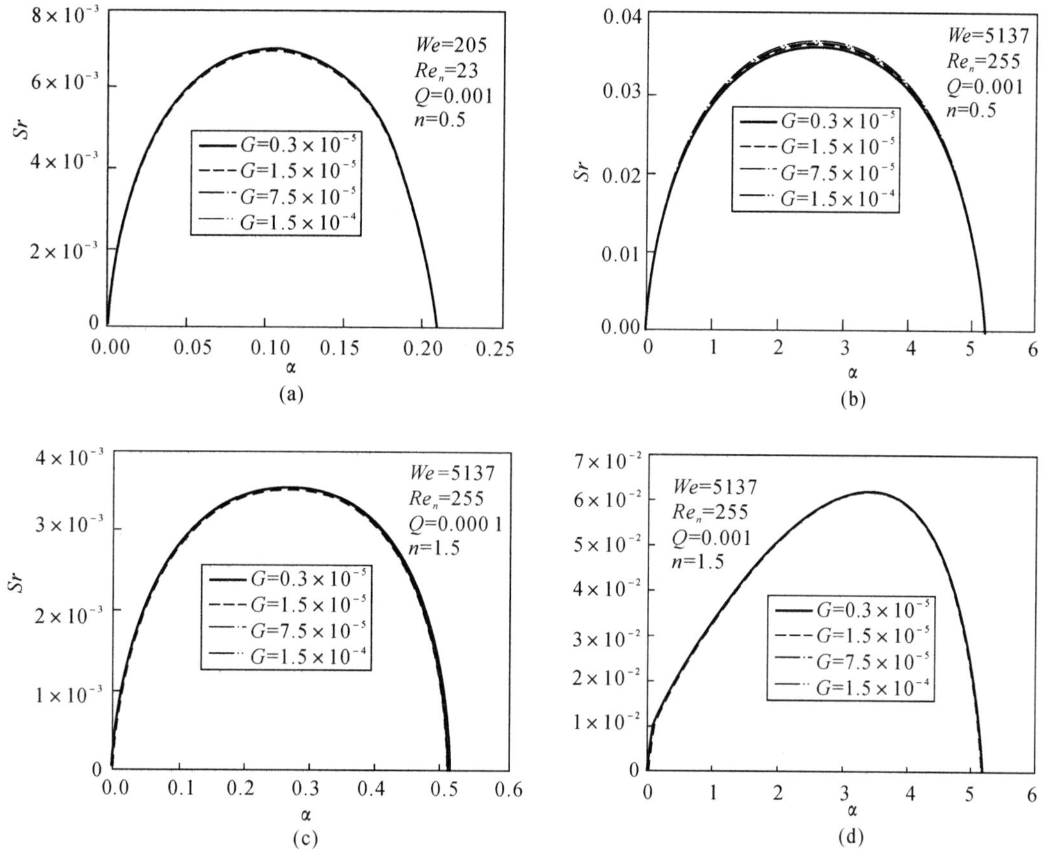

图 5.14　反对称模式下无量纲速度因子 G 的影响

(a)瑞利模式($n=0.5$)；(b)泰勒模式($n=0.5$)；(c)瑞利模式($n=1.5$)；(d)泰勒模式($n=1.5$)

(6) 稠度系数 k 的影响。稠度系数 k 表征的是幂律型流体的稠度大小，反映了液体的黏性。图 5.15 和图 5.16 给出了不同条件下液体的稠度系数 k 对液膜射流不稳定性的影响。

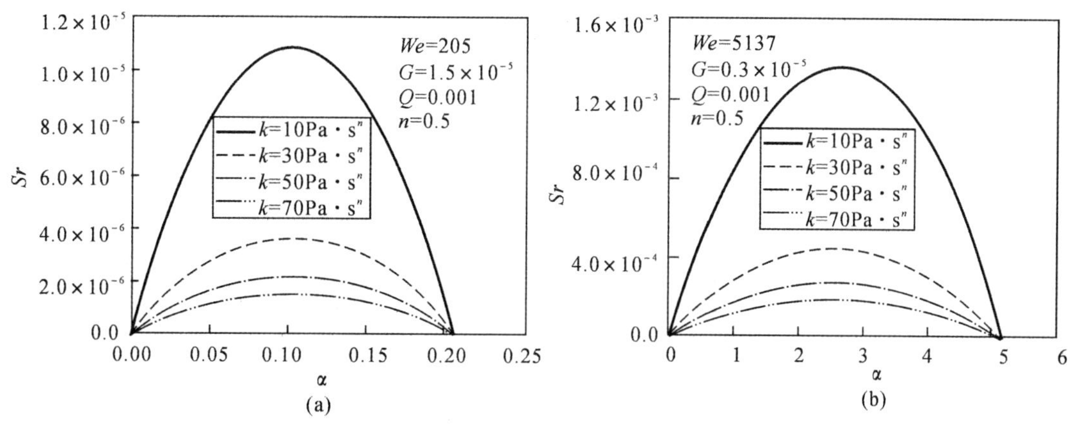

图 5.15　对称模式下不同稠度系数 k 的影响

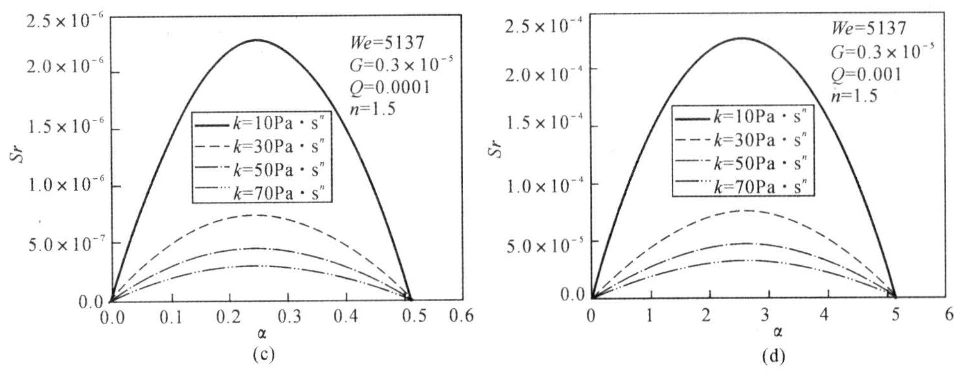

续图 5.15　对称模式下不同稠度系数 k 的影响

(a)瑞利模式(n =0.5)；(b)泰勒模式(n =0.5)；(c)瑞利模式(n =1.5)；(d)泰勒模式(n =1.5)

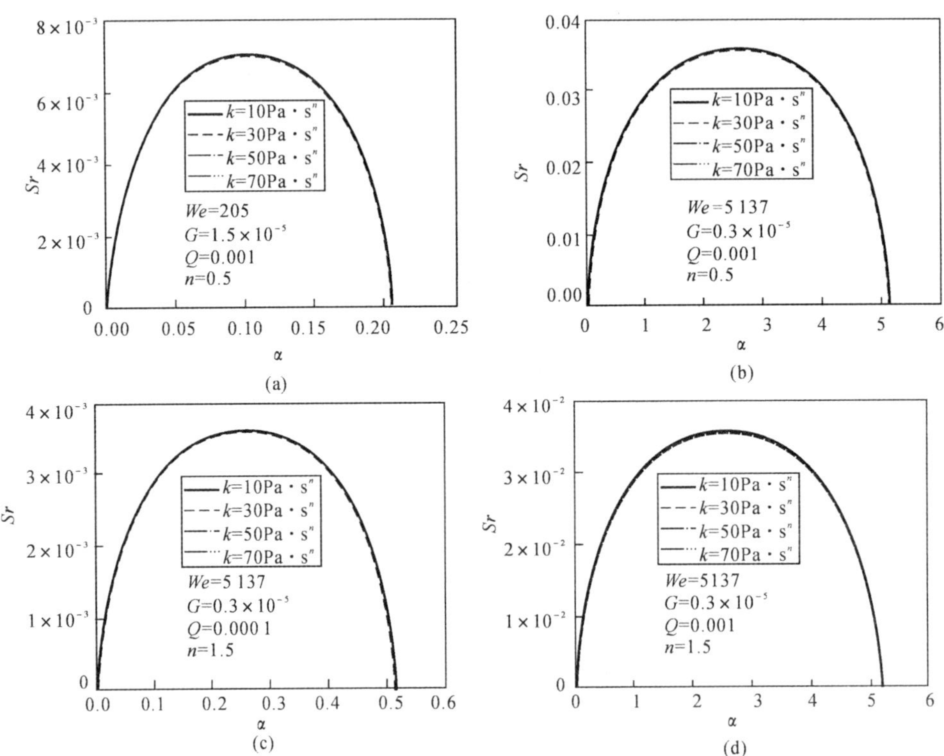

图 5.16　反对称模式下不同稠度系数 k 的影响

(a)瑞利模式(n =0.5)；(b)泰勒模式(n =0.5)；(c)瑞利模式(n =1.5)；(d)泰勒模式(n =1.5)

稠度系数 k 只影响射流系统的 Re_n，并且 k 与 Re_n 成反比关系。由图中可以看出，在对称模式下，不论是剪切变稀流体还是剪切变稠流体，射流处于瑞利模式还是泰勒模式，稠度系数 k 的增加均使得液膜射流的最大扰动增长率减小，最不稳定波数不变，阻碍了液体的射流破碎。这表明稠度系数 k 是抑制幂律型流体液膜对称模式射流破碎的因素。事实上，k 越大，在相同的剪切变形率下，液体的黏度越大，而黏性力是阻碍液体射流破碎的因素，从而液体越不容易破碎。

在反对称模式下，稠度系数的变化对于幂律型流体液膜射流的不稳定性影响甚微。

(7) 液体种类的影响。液体物性对圆柱形射流破碎和液膜破碎一样，其影响是综合性的。与圆柱形射流破碎的分析类似，这里在保持液膜厚度和射流速度不变的情况下，以表 5.1 中假设的三种液体为例进行计算。

表 5.1　液体物性参数(室温)

液体种类	密度 ρ /(kg・m^{-3})	表面张力系数 σ /(N・m^{-1})	稠度系数 k /(Pa・s^n)	幂律指数 n
水	1 000	0.073	1.005×10^{-3}	1.0
1# 液体	1 000	0.073	17.000	0.5
2# 液体	1 000	0.073	7.700	0.4

图 5.17 和图 5.18 分别给出了对称模式和反对称模式下 $\delta=0.3$ mm，$U_0=10$ m・s^{-1} 和 $U_0=50$ m・s^{-1} 两种情况，即射流分别处于瑞利模式和泰勒模式下液膜射流的不稳定性与液体种类的关系。从图 5.17 和图 5.18 中可以看出，在对称模式下，无论射流处于哪种模式，三种液体中水都最容易破碎，2# 液体次之，1# 液体最不容易破碎。由之前的分析可知，虽然水的幂律指数最大，但其稠度系数相比另外两种液体要小得多，二者综合作用的结果导致水最容易破碎。2# 液体的稠度系数和幂律指数比 1# 液体的都小，故较易破碎。

在反对称模式下，当射流处于瑞利模式时，三种液体射流的不稳定性相同。当射流处于泰勒模式时，水的最大扰动增长率和最不稳定波数比 1# 和 2# 两种液体的都大，而后两种假设液体的不稳定性相同。

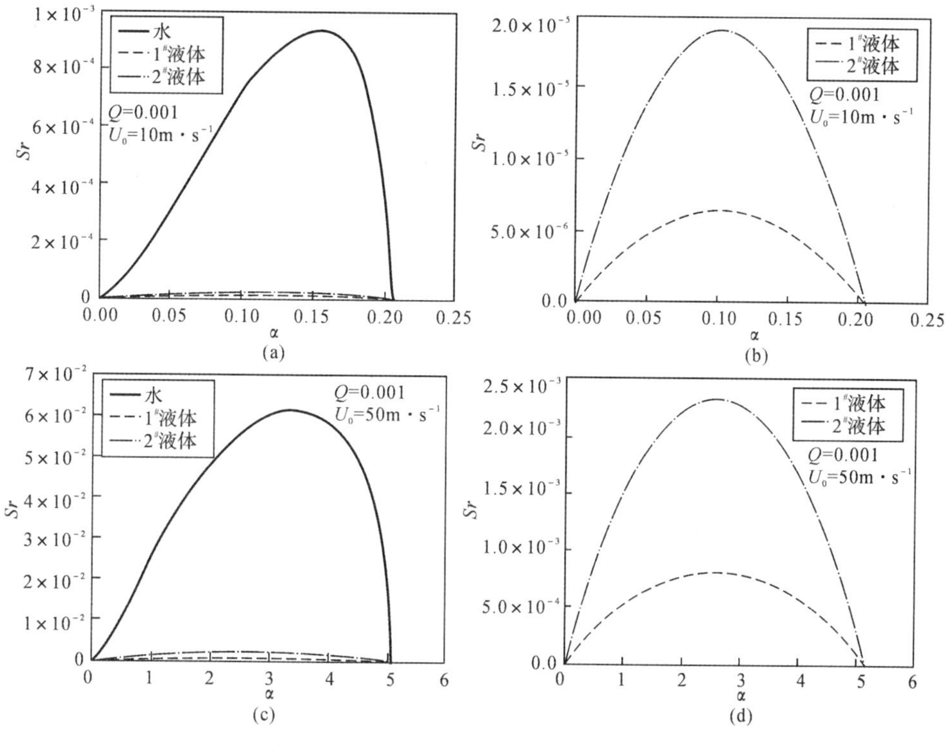

图 5.17　对称模式下不同液体种类的影响

(a)瑞利模式；(b)泰勒模式；(c)瑞利模式；(d)泰勒模式

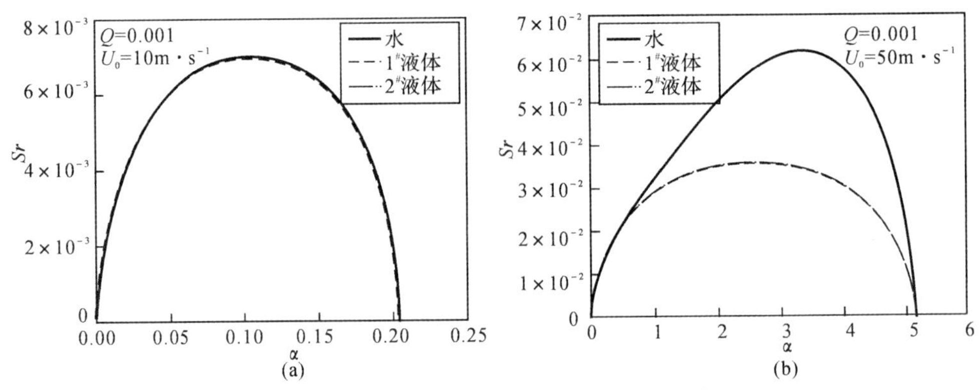

图 5.18 反对称模式下不同液体种类的影响

(a)瑞利模式；(b)泰勒模式

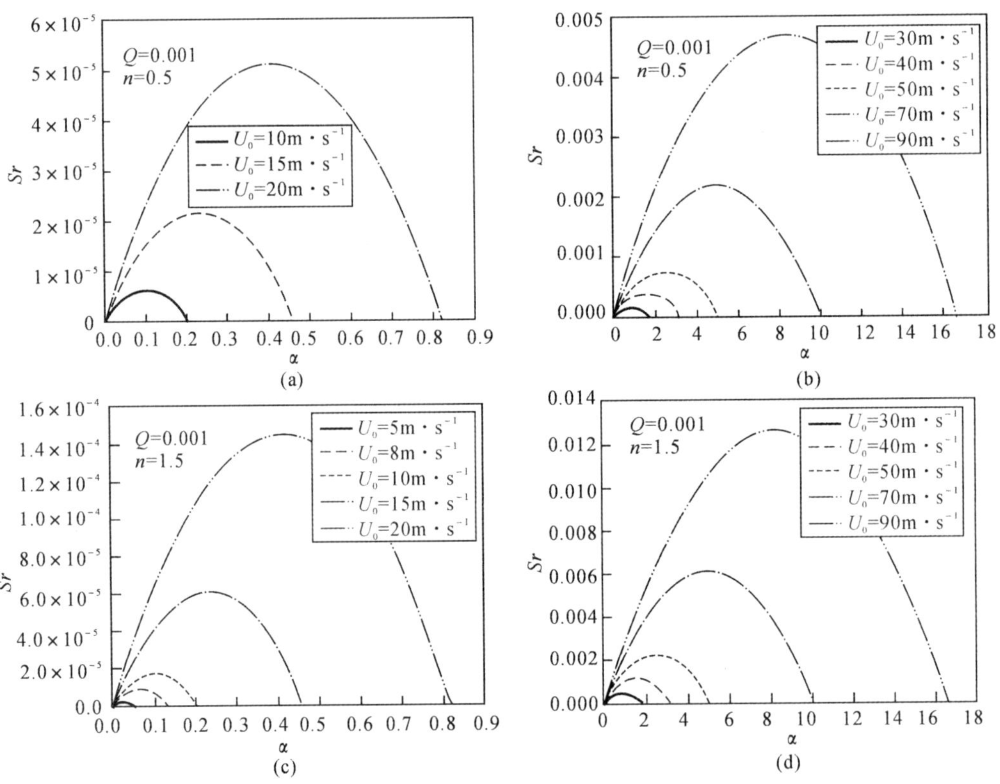

图 5.19 对称模式下不同初始射流速度 U_0 的影响

(a)瑞利模式(n=0.5)；(b)泰勒模式(n=0.5)；(c)瑞利模式(n=1.5)；(d)泰勒模式(n=1.5)

(8) 初始射流速度 U_0 的影响。初始射流速度 U_0 的变化将导致射流的 We 、Re_n 和无量纲速度因子 G 的变化，进而对液体射流的不稳定性产生影响。其中，We 和 Re_n 与 U_0 成正比关系，G 与 U_0 成反比关系。图 5.20 给出了不同条件下液体的初始射流速度 U_0 对幂律型流体液膜射流不稳定性的影响。

从图 5.20 中可以看出，在任何条件下，U_0 的增加均使得射流的最大扰动增长率和最不稳定波数明显增大，说明 U_0 的增加促进了幂律型流体液膜射流的破碎。这是因为 U_0 的增加减弱了液体黏性力和表面张力对射流破碎的抑制作用，从而使得幂律型流体液膜射流更容易破碎。这与圆柱形射流的情况不同，为采用高压喷射以改善喷雾质量提供了理论依据。

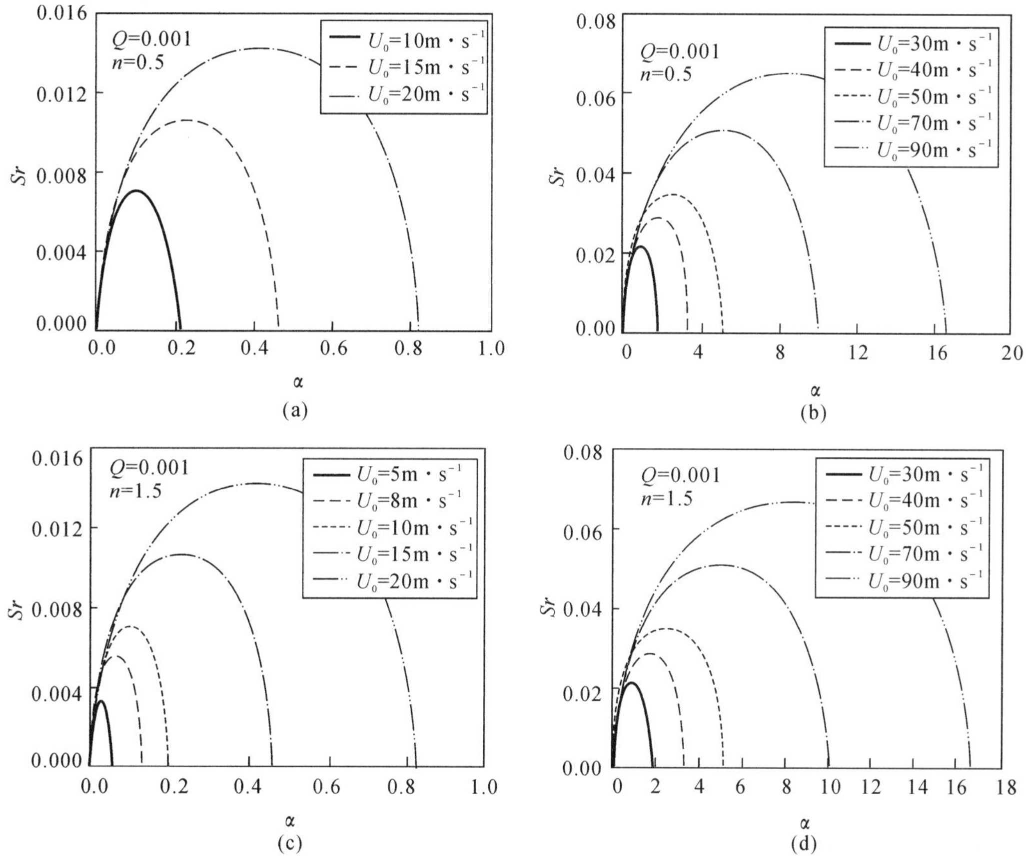

图 5.20　反对称模式下不同初始射流速度 U_0 的影响

(a)瑞利模式($n=0.5$)；(b)泰勒模式($n=0.5$)；(c)瑞利模式($n=1.5$)；(d)泰勒模式($n=1.5$)

(9) 液膜厚度 δ 的影响。与初始射流速度一样，液膜厚度 δ 的变化会造成射流的 Re_n、We 和无量纲速度因子 G 的变化，进而影响射流的不稳定性。Re_n、We 和 G 均与 δ 成正比关系。图 5.21 和图 5.22 给出了不同条件下液膜厚度 δ 对幂律型流体液膜射流破碎的影响。

从图 5.21 和图 5.22 中可以看出，不论是对称模式还是反对称模式，是剪切变稀还是剪切变稠流体，射流处于瑞利模式还是泰勒模式，δ 的增加都使得射流的无量纲最大扰动增长率和最不稳定波数增加，使得射流的不稳定性增大。但同时由于液膜厚度尺度变大，不稳定表面波要发展到切断射流造成破碎也变得更加不易，因此，液膜厚度对液膜射流破碎的影响较为复杂，需要通过仿真和实验来具体分析。

(10)液体表面张力系数 σ 的影响。液体表面张力系数 σ 的变化只影响射流的 We，且其与 We 成反比关系。故 σ 变化对液体射流不稳定性的影响与对 We 的影响恰好相反，可参见 5.2.3 的分析。

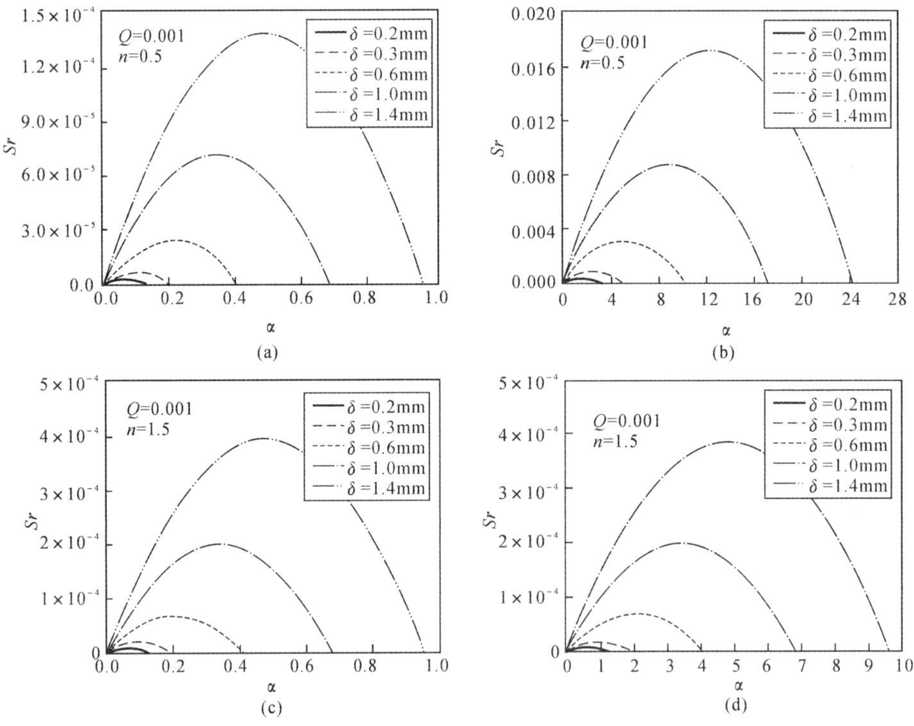

图 5.21　对称模式下不同液膜厚度 δ 的影响

(a)瑞利模式($n=0.5$);(b)泰勒模式($n=0.5$);(c)瑞利模式($n=1.5$);(d)泰勒模式($n=1.5$)

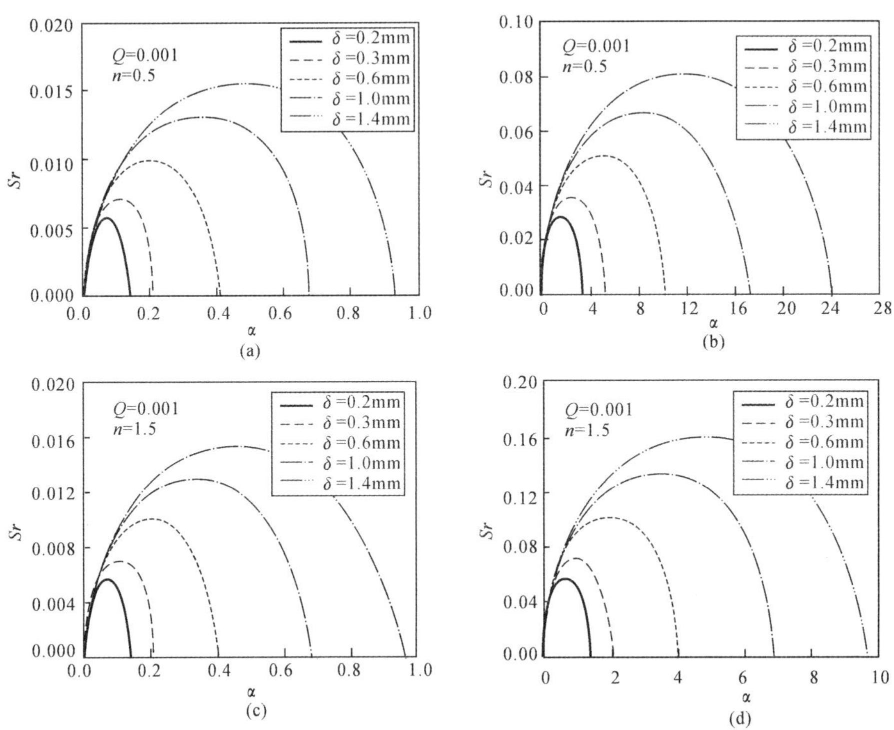

图 5.22　反对称模式下不同液膜厚度 δ 的影响

(a)瑞利模式($n=0.5$);(b)泰勒模式($n=0.5$);(c)瑞利模式($n=1.5$);(d)泰勒模式($n=1.5$)

(11)气体介质的影响。气体介质对液体射流破碎的影响主要是气体的密度和压力的影响。气体密度的变化直接导致气液密度比 Q 的变化,因而影响着液体和气体之间相互作用的强弱,与气液密度比 Q 对射流不稳定性的影响完全相同,参见 4.3.3 的分析。

气体压力的变化主要影响液体的初始射流速度,其对幂律型流体液膜射流破碎的影响与初始射流速度的影响相同,参见 4.3.3 的分析。

5.2.4　液膜破碎模式判别准则

综合以上分析可以得到,表观雷诺数 Re_n、无量纲速度因子 G 和幂律指数 n 的变化对幂律型流体平面液膜射流不稳定波的波数范围影响很小,只有韦伯数 We 和气液密度比 Q 的变化显著影响射流不稳定波的波数范围,从而使射流处于不同的破碎模式。因此,可以参照牛顿流体,用 We 和密度比 Q 之间的关系来表征射流系统所处的状态:即当 $WeQ<1$ 时,射流处于瑞利模式;当 $WeQ>1$ 时,射流处于泰勒模式。

5.2.5　液膜破碎长度的预测公式

通过对幂律型非牛顿流体平面液膜射流的不稳定性分析,可以得到:惯性力、黏性力、气液作用力、表面张力对幂律型非牛顿流体液膜射流最大扰动增长率所起的作用与对牛顿流体射流最大扰动增长率所起的作用是一致的。并且液膜射流的破碎也是由表面波引起的,其破碎机理与圆柱射流类似,因此可以通过分析各种因素对最大扰动增长率的影响得到液膜射流破碎长度的预测公式。

由于平面液膜射流存在对称模式和反对称模式,而对称模式主导平面液膜射流的破碎,故建立模型时只考虑对称模式下的液膜射流。

(1) 幂律指数对最大扰动增长率的影响。选取韦伯数为 5 137,无量纲速度因子为 0.000 003,稠度系数为 17 $\mathrm{Pa\cdot s^n}$,射流速度为 50 $\mathrm{m\cdot s^{-1}}$,气液密度比为 0.006,液膜厚度为 0.3 mm,幂律指数从 0.1 变化到 0.9,通过不稳定性计算,可以得到如图 5.23 所示射流最大扰动增长率随幂律指数的变化曲线。

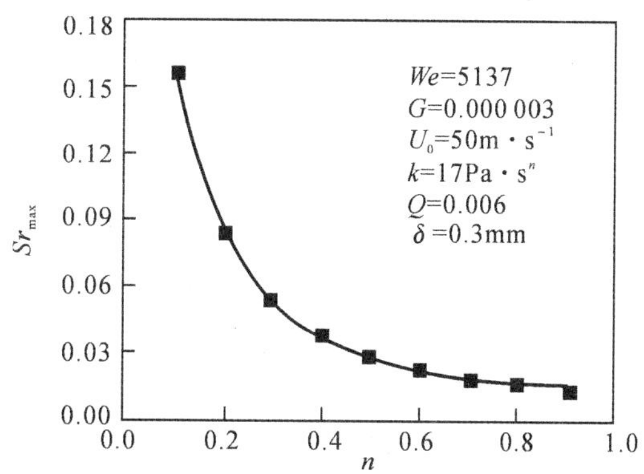

图 5.23　幂律指数 n 对最大扰动增长率的影响

通过曲线拟合可以得到如下关系式:

$$Sr_{max}=0.27(e^{-6.4n}+0.06) \tag{5.81}$$

考虑到工况的变化,可以得到最大扰动增长率与 n 的关系为

$$f(n)=A_0(e^{-6.4n}+A_1) \tag{5.82}$$

式中，A_0 和 A_1 为修正系数，根据具体条件而定。

(2) 表观雷诺数对最大扰动增长率的影响。选取韦伯数为 5 137，无量纲速度因子为 0.000 003，幂律指数为 0.5，气液密度比为 0.006，液膜厚度为 0.3 mm，表观雷诺数从 1 变化到 2 000，通过不稳定性计算，可以得到如图 5.24 所示射流最大扰动增长率随表观雷诺数的变化曲线。

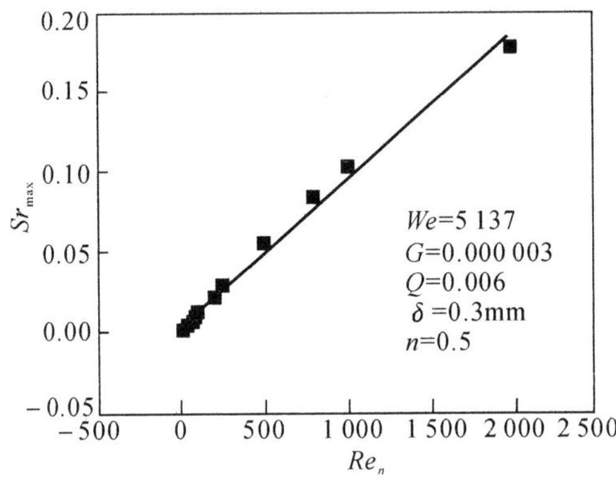

图 5.24　表观雷诺数 Re_n 对最大扰动增长率的影响

通过曲线拟合可以得到下述关系式：

$$Sr_{max}=9\times10^{-5}Re_n+3\times10^{-3} \tag{5.83}$$

考虑到工况的变化，并且 Re_n 大于 200 时，进一步简化，可以得到最大扰动增长率与 Re_n 的关系为

$$f(Re_n)=A_2Re_n \tag{5.84}$$

式中，A_2 为修正系数，根据具体条件而定。

(3) 韦伯数对最大扰动增长率的影响。选取表观雷诺数为 255，无量纲速度因子为 0.000 003，幂律指数为 0.5，气液密度比为 0.006，液膜厚度为 0.3 mm，韦伯数从 1 000 变化到 8 000，通过不稳定性计算，可以得到如图 5.25 所示射流最大扰动增长率随韦伯数的变化曲线。

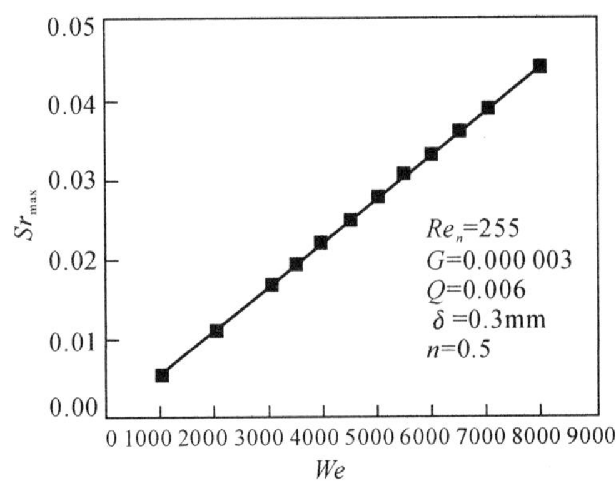

图 5.25　韦伯数 We 对最大扰动增长率的影响

通过曲线拟合可以得到如下所示关系式：

$$Sr_{\max} = 6 \times 10^{-6} We + 1 \times 10^{-4} \tag{5.85}$$

考虑到工况的变化，并且 We 在 1 000～8 000 之间时，进一步简化，可以得到最大扰动增长率与 We 的关系为

$$f(We) = A_3 We \tag{5.86}$$

式中，A_3 为修正系数，根据具体条件而定。

(4) 气液密度比对最大扰动增长率的影响。选取表观雷诺数为 255，韦伯数为 5 137，无量纲速度因子为 0.000 003，幂律指数为 0.5，稠度系数为 17 Pa·s^n，液膜厚度为 0.3 mm，气液密度比从 0.001 变化到 0.015，通过不稳定性计算，可以得到如图 5.26 所示射流最大扰动增长率随气液密度比的变化曲线。

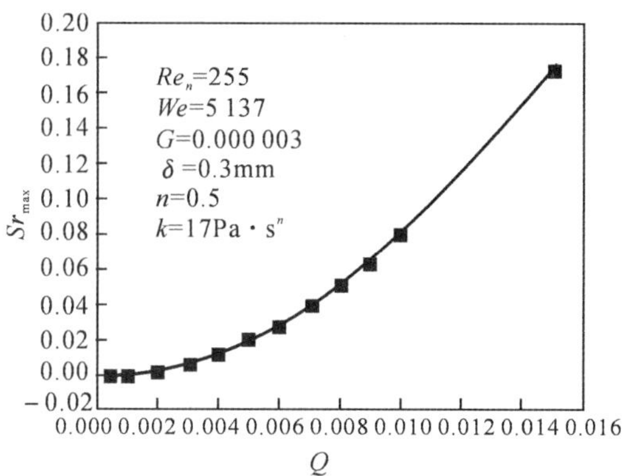

图 5.26　气液密度比 Q 对最大扰动增长率的影响

通过曲线拟合可以得到如下关系式：

$$Sr_{\max} = 573(Q - 2.3 \times 10^{-4})^{1.92} + 2 \times 10^{-4} \tag{5.87}$$

考虑到工况的变化，并且 Q 一般大于 0.001，进一步简化，可以得到最大扰动增长率与 Q 的关系为

$$f(Q) = A_4 Q^{1.92} \tag{5.88}$$

式中，A_4 为修正系数，根据具体条件而定。

(5) 液膜射流破碎长度的预测公式。由不稳定性分析可知，破碎长度与最大扰动增长率也是直接关联的，破碎长度随着增长率的增加而减小。因此，综合以上分析，可以得到幂律型非牛顿流体液膜射流对称模式下破碎长度的预测公式：

$$L = C \frac{1}{(e^{-6.4n} + A_1) Re_n We Q^{1.92}} \tag{5.89}$$

式中，$n = 0.1 \sim 0.9$；$Re_n > 200$；$We = 1\,000 \sim 8\,000$；$Q > 0.001$；C 和 A_1 由实际射流条件确定。

本节建立了幂律型非牛顿流体的三维本构方程和液膜射流的三维控制方程，为不稳定性分析和仿真计算奠定了基础。运用线性不稳定性理论，对幂律型流体平面液膜射流的控制方程进行求解，获得了表征液体液膜射流不稳定性的色散方程。利用时间模式，对色散方程进行了数值求解，得到了不同条件下不同扰动模式和破碎模式的不稳定性曲线，进而研究了各种无量纲射流参数和实际射流参数对幂律型流体平面液膜射流不稳定性的影响。研究结果表明，

在对称扰动模式下，不管射流处于瑞利模式还是泰勒模式，液体表面张力、黏性力和幂律指数都是抑制幂律型流体液膜射流破碎的因素，气液相互作用力是促进液膜射流破碎的因素。在反对称扰动模式下，不管射流处于瑞利模式还是泰勒模式，液体表面张力是抑制幂律型流体液膜射流破碎的因素，气液相互作用力是促进液膜射流破碎的因素，液体黏性力和幂律指数对液膜射流的破碎影响不大。在相同条件下，反对称模式和对称模式的最不稳定波数相同，反对称模式的最大扰动增长率比对称模式的大。在同一扰动模式下，泰勒模式的最大扰动增长率和最不稳定波数都大于瑞利模式的。在实际射流中，无量纲数对液膜射流不稳定性的影响是通过实际射流参数如液体种类、液体稠度、射流速度、液膜厚度、气体介质种类及气体介质压力等因素而起作用的。可采用 We 和密度比 Q 之间的关系来表征射流系统所处的状态，即当 $WeQ<1$ 时，射流处于瑞利模式；当 $WeQ>1$ 时，射流处于泰勒模式。根据不稳定性理论分析的结果，建立了幂律型流体平面液膜射流的破碎模型，得到了一定条件下对称模式破碎长度的预测公式。这些都为后续的喷注器雾化研究奠定了理论基础。

5.3 幂律型流体液膜射流破碎的仿真

研究液体射流破碎机理，除了从稳定性理论进行分析外，数值模拟和实验测量都是验证理论、深入定量分析的必要手段。在气液两相流中，相界面的运动、变形、破碎、再融合等使其流动结构非常复杂，使得两相流守恒方程、相分布以及相界面的表面张力的计算很困难。与单相流的数值模拟相比，多相流需要建立特定的数学模型，模拟各相流体的界面分布和描述方法，物性参数和控制方程的求解，包括各相主要参数的分布和变化规律。

5.3.1 液膜破碎的仿真模型

根据线性不稳定性理论，对幂律型非牛顿流体射流破碎问题进行简化，做如下假设。

1）液相和气相均为不可压缩流体。

2）液相流体服从幂律型非牛顿流体的物性特征。

3）气相为初始状态静止的理想气体。

4）忽略惯性力、重力对射流的影响。

（1）射流破碎模型的建立。

1）从射流破碎运动过程涉及幂律型非牛顿流体物性以及各种参数变化的影响，空气作为两相流中的第一相，幂律型非牛顿流体作为第二相。在两相之间的摩擦因子由 Schiller - Naumann 方程计算。

2）由于运动过程受到湍流的影响，采用改进的 $k-\varepsilon$ 模型，以符合幂律型非牛顿流体物性参数的特征。

$k-\varepsilon$ 模型方程如下。

① k 方程：

$$\frac{\partial(\rho k)}{\partial t}+\nabla\cdot(\rho k u)=\nabla\cdot\left(\frac{\mu_t}{\sigma_k}\nabla k\right)+G_k-\rho\varepsilon \tag{5.90}$$

② ε 方程：

$$\frac{\partial(\rho\varepsilon)}{\partial t}+\nabla\cdot(\rho\varepsilon u)=\nabla\cdot\left(\frac{\mu_t}{\sigma_\varepsilon}\nabla\varepsilon\right)+\frac{\varepsilon}{k}(G_{1\varepsilon}G_k-C_{2\varepsilon}\rho\varepsilon) \tag{5.91}$$

其中的 μ_t 采用幂律型非牛顿流体表观黏度代入上述公式，得到幂律型非牛顿流体的湍流方程。

3）综合考虑幂律型非牛顿流体以及射流破碎中密度、压力和温度等参数的变化，编制相应质量和能量传输模型，与本构方程和控制方程整合计算。

（2）本构方程与控制方程的处理。

1）利用连续介质假设，建立速度、压力、温度等流体物性特征数学模型。

2）针对液膜射流，根据 5.1 节的内容，建立幂律型非牛顿流体的本构方程和控制方程。

3）将幂律型非牛顿流体本构方程与控制方程统一建模，编制程序模块，整合到质量传输模型中。

（3）射流破碎过程的瞬态捕捉。

1）从 Navier - Strokes 方程出发，结合压力校正的 SIMPLE 算法进行相界面的动力学计算。

2）利用 VOF 方法重构运动界面，获得交界面的准确位置，包括液体破碎的瞬态形貌细节。

3）由 VOF 函数随时间的输运，确定运动界面在每个时刻的位置、形状和变化，实施界面追踪，捕捉射流破碎长度和贯穿距的变化。

5.3.2　液膜破碎的仿真方法

（1）基于 VOF 的气液界面捕捉方法。液体射流破碎大部分属于气液两相流问题，相界面的数值模拟分为拉格朗日界面跟踪和欧拉界面捕捉两类方法。所谓界面跟踪法是通过参数表示的闭合曲线来表征界面位置，一般闭合曲线是一些标记点，由这些标记点的运动来跟踪交界面位置的变化。通过对这些质点的计算、追踪和调整实现界面运动的数值模拟。对于液体射流破碎问题的气-液两相流界面，由于存在动边界和表面张力等难题，而拉格朗日方法难以处理界面破碎这类数学上的奇异性问题，使得界面运动高精度捕捉算法成为亟待解决的问题。而欧拉界面捕捉方法是将交界面包含在一系列特征函数中，通过这些函数的输运来表征界面的运动，再从这些函数中获得交界面的位置及其运动，代表性的有 VOF 方法。在射流破碎界面的运动跟踪问题上，首要的是运动界面在时间和空间位置的确定。对于拉格朗日界面追踪，需要采用移动网格，并随界面变形，在计算中存在因计算区域的变化，导致计算误差变大；而采用欧拉界面捕捉方法，不用考虑网格的位置变化，但需要对界面精确定位。在诸多定位方法中，应用较为广泛的是体积分数法，即 VOF 方法。VOF 方法的主要特点是在空间网格内定义流体体积分数即 VOF 函数，并利用 VOF 函数重构运动界面，从而获得交界面的准确位置；由 VOF 函数随时间的输运，确定运动界面在每个时刻的位置、形状和变化，从而达到界面追踪的目的。

对于液体射流破碎问题的数值模拟，可以在 VOF 界面捕捉方法的基础上，从 Navier - Strokes 方程出发，结合压力校正的 Simple 算法或有限元方法进行相界面的动力学计算。在计算过程中会涉及表面张力的处理，如何更精确的计算界面曲率和表面张力一直是提高射流破碎界面数值模拟精度的一个重要研究方向。

VOF 方法的主要特点是在空间网格内定义流体体积分数即 VOF 函数，并利用 VOF 函数重构运动界面，从而获得交界面的准确位置；由 VOF 函数随时间的输运，确定运动界面在每个时刻的位置、形状和变化，从而达到界面追踪的目的。

(2) 喷嘴内外流场的处理。对喷嘴内部流动采用 Polyflow 求解，边界层采用幂律型流体的壁面函数法计算。喷管出口处的速度剖面的流场参数作为外部流场计算的输入接口，来衔接内部和外部流场的计算。

喷管外部流场基于 Fluent 求解器，针对高速射流雾化破碎特点，编制幂律型非牛顿流体处理模块以及质量传输模型，采用 VOF 界面捕捉方法，对射流破碎中气液两相运动过程进行实时瞬态追踪。在 Fluent 中的 VOF 模型是针对欧拉网格的一种表面跟踪技术，可用于两到三种非混合流体间相界面的运动规律。各相流体共享相同的运动方程，在计算网格中每相流体的体积分数被追踪，以识别要处理的对应相流体。该方法可以分析带自由面流体，液相中的大气泡流动以及表面张力作用下的射流破碎预测，气液两相流的稳态和瞬态相界面跟踪。所以选择 Fluent 对喷射出的流体进行运动界面的跟踪分析。

以上软件都可以采用共同的模型设计前处理软件 Gambit 进行二维或三维模型创建，两个软件都遵循几何模型的建立、有限元或有限差分模型的生成、材料属性和边界条件的设定、求解计算后处理(包括数据的各种形式的显示、输出与分析)等若干步骤。

(3)仿真条件。图 5.27 为幂律型非牛顿流体液膜射流破碎的计算域和边界条件。

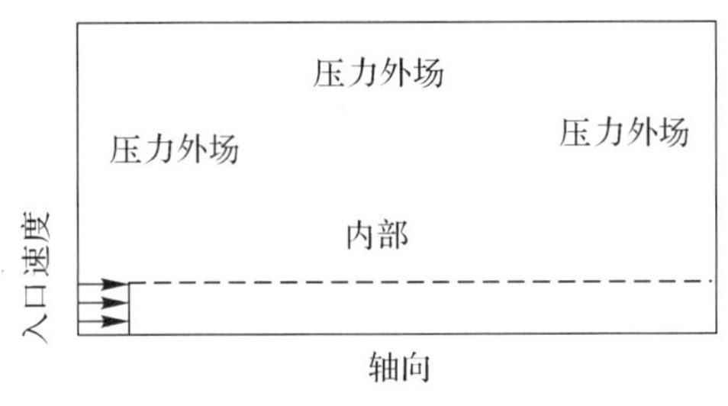

图 5.27　计算域和边界条件

5.3.3　液膜破碎特征

(1)液膜射流出口速度分布。图 5.28 和图 5.29 分别为液膜射流出口速度剖面云图和曲线图。

射流条件为：$v=50\ \mathrm{m\cdot s^{-1}}$，$T=300\ \mathrm{K}$，$\rho_g=1.225\ \mathrm{kg\cdot m^{-3}}$，$\delta=0.2\ \mathrm{mm}$，$k=30\ \mathrm{Pa\cdot s}^n$，$n=0.5$。

从图 5.29 中可以看出，在液膜射流喷管出口处，速度分布是不均匀的，从壁面到中心速度从 0 增加到最大，这是由幂律型流体的黏性引起的，并且非均匀的速度分布直接影响到出口后射流的破碎。

(2) 液膜射流形貌发展过程。图 5.30 给出了液膜射流俯视平面随时间的发展演化过程。

射流条件为：$v=50\ \mathrm{m\cdot s^{-1}}$，$T=300\ \mathrm{K}$，$\rho_g=1.225\ \mathrm{kg\cdot m^{-3}}$，$\delta=0.2\ \mathrm{mm}$，$k=30\ \mathrm{Pa\cdot s}^n$，$n=0.5$，长宽比=5∶1。

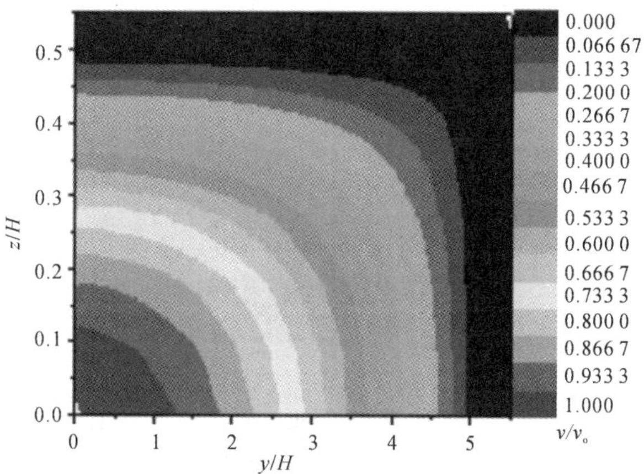

图 5.28　液膜射流出口速度剖面云图

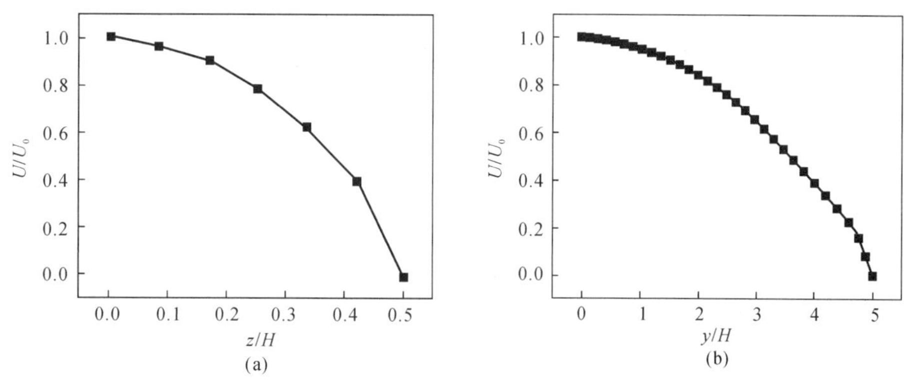

图 5.29　液膜射流出口速度剖面曲线图

(a) $y=0$；(b) $z=0$

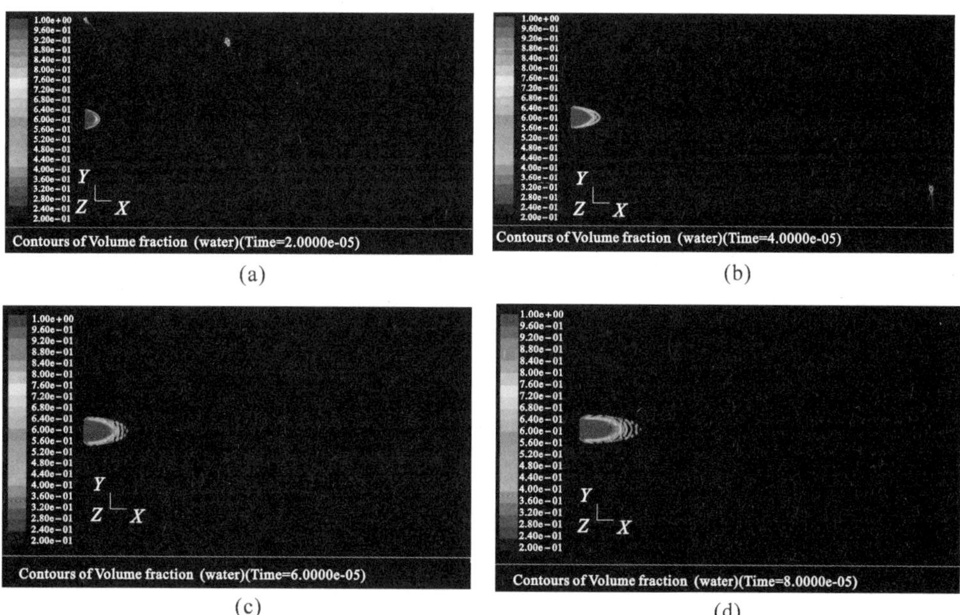

图 5.30　液膜射流随时间的发展演化过程

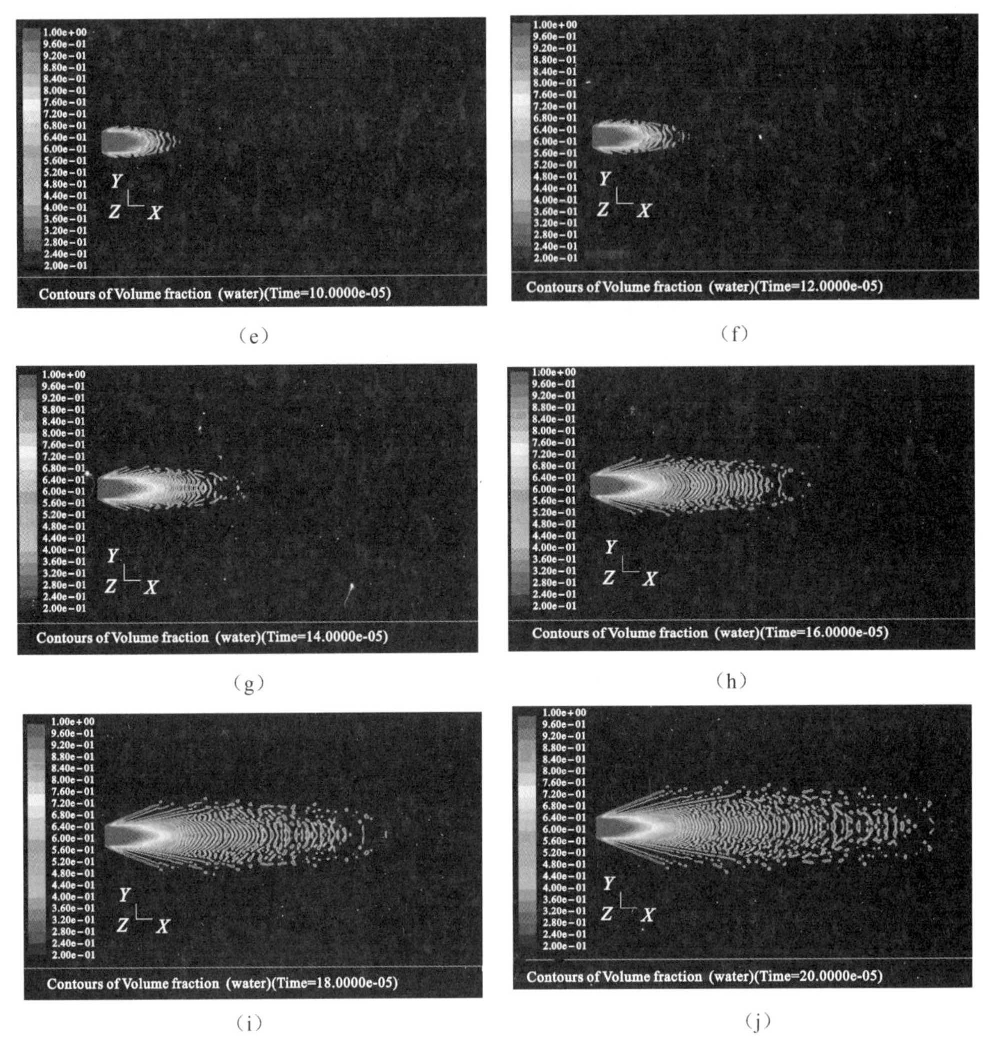

(e) (f)

(g) (h)

(i) (j)

续图 5.30 液膜射流随时间的发展演化过程

(a)液膜瞬态射流俯视平面图($t=2\times10^{-5}$s)；(b)液膜瞬态射流俯视平面图($t=4\times10^{-5}$s)；

(c)液膜瞬态射流俯视平面图($t=6\times10^{-5}$s)；(d)液膜瞬态射流俯视平面图($t=8\times10^{-5}$s)；

(e)液膜瞬态射流俯视平面图($t=1\times10^{-5}$s)；(f)液膜瞬态射流俯视平面图($t=1.2\times10^{-5}$s)；

(g)液膜瞬态射流俯视平面图($t=1.88\times10^{-5}$s)；(h)液膜瞬态射流俯视平面图($t=2.88\times10^{-5}$s)；

(i)液膜瞬态射流俯视平面图($t=3.88\times10^{-5}$s)；(j)液膜瞬态射流俯视平面图($t=4.88\times10^{-5}$s)

液膜射流的形貌从局部结构上看具有以下几个共同的特征。

1) 存在近喷口处的均匀、稳定的核心区。

2) 随着向下游发展，喷射出现分层的间距逐渐扩大的环形丝网状分布形态。

3) 远离射流的非核心区出现破碎小液滴，液滴间呈细的丝状连接。

(3) 液膜射流的核心长度和破碎长度。

首先，定义两个评估雾化性能的参数：核心长度和破碎长度。仿真计算中，因计算单元的有限性，会造成某一位置处，计算单元内正好全部充满液体(此时液膜或者液丝充满计算单元，射流的体积分数最大)；而另一个时刻，计算单元正好处在相邻两液膜或者液丝的中间，出现单元内液体的稀少或者空白(此时射流的体积分数最小),这就造成计算液体体积百分数的波动(见图 5.31)。核心长度是指撞击点到波动起始点之间的距离(也即已经出现了液膜破碎)(见图 5.31);破碎长度定义为从撞击点到射流体积分数波动下降到零之间的距离(也即液膜已经完全破碎)。

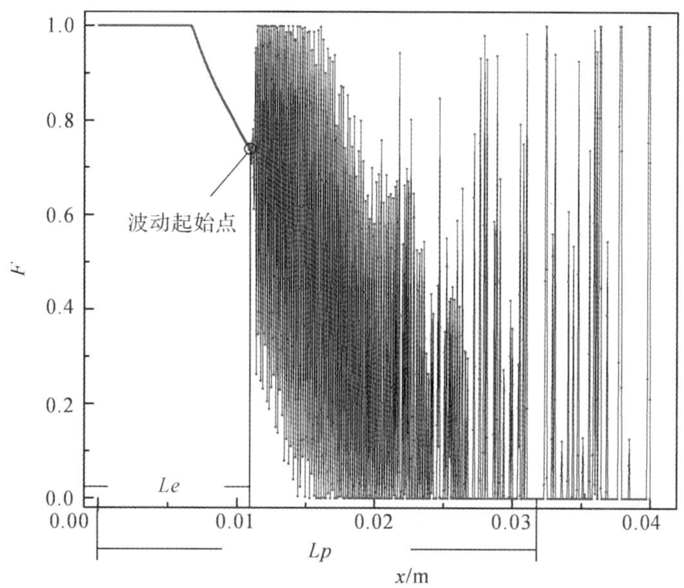

图 5.31　液膜射流体积分数的变化($t=3.88\times10^{-4}$ s)

根据液膜射流体积分数的变化,可以定义射流的核心长度和破碎长度(见图 5.32 和图 5.33),核心长度即波动起始点到喷嘴管口的距离,破碎长度即射流体积分数的波动下降到零到喷嘴管口的距离(见图 5.31)。

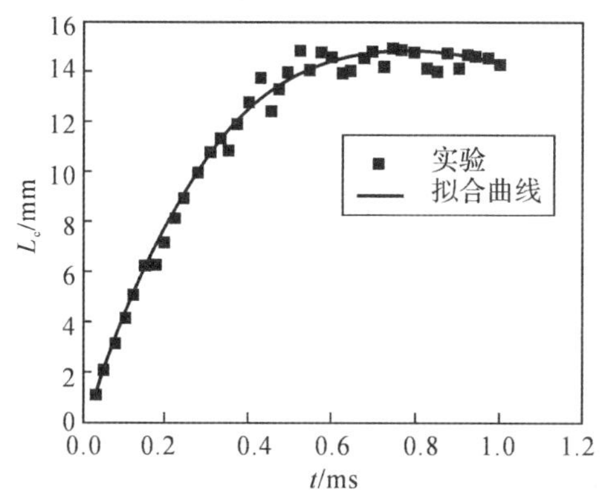

图 5.32　液膜射流核心长度随时间的变化

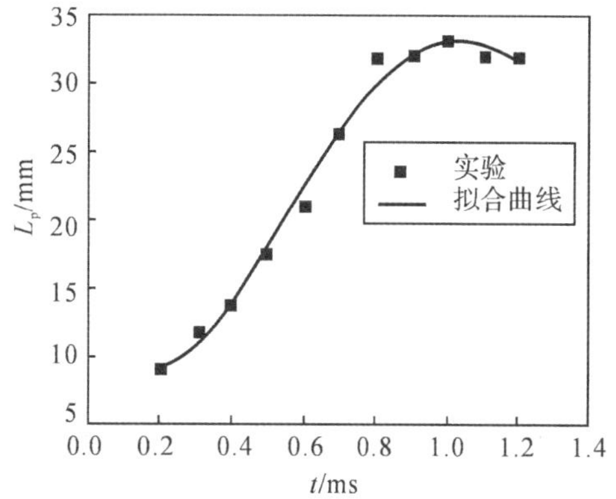

图 5.33　液膜射流破碎长度随时间的变化

由计算结果看,可得出以下结论。

1) 随着时间的推移,核心过程趋于稳定,核心长度基本不随时间变化。

2) 随着核心长度的稳定,核心区域向下游和周围扩展,破碎加剧。

3）经过一段时间后，射流下游破碎区将逐渐趋于稳定，整个液体射流破碎长度可以确定下来。

5.3.4 相关参数对破碎特征的影响

(1)射流速度。射流条件为：$T=300$ K，$\rho_g=1.225$ kg·m^{-3}，$\delta=0.2$ mm，$k=30$ Pa·s^n，$n=0.5$。

图 5.34～图 5.36 显示了射流速度对液膜射流破碎形貌的影响，液膜射流破碎特征规律曲线如图 5.37 和 5.38 所示。从计算结果看，随着射流速度的增加，射流核心长度和破碎长度均减小。

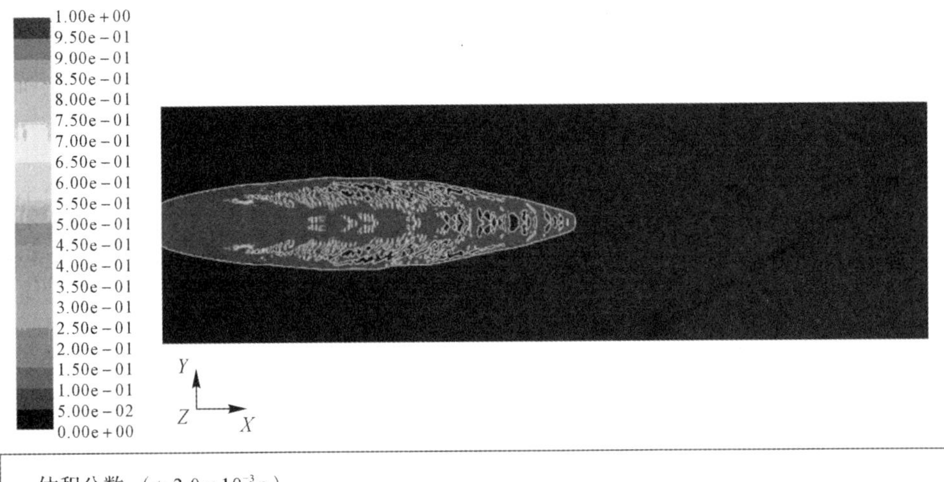

图 5.34　液膜射流破碎体积分数($v=15$ m·s^{-1})

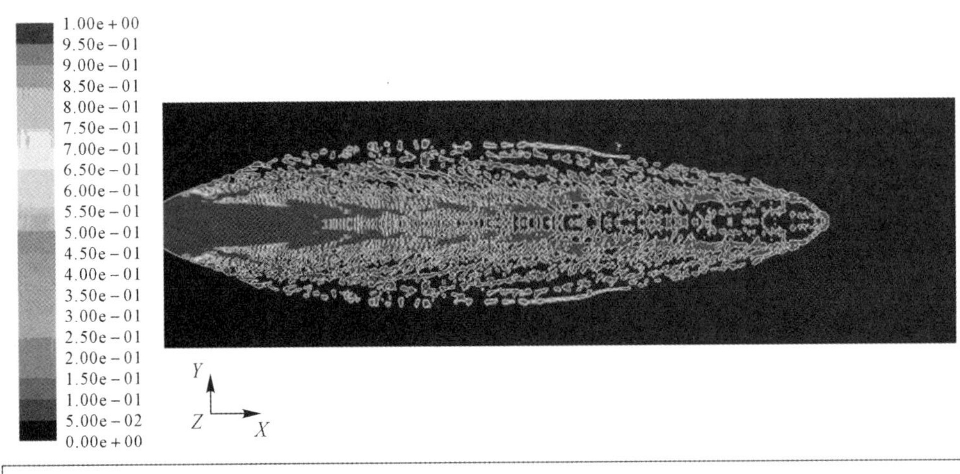

图 5.35　液膜射流破碎体积分数($v=30$ m·s^{-1})

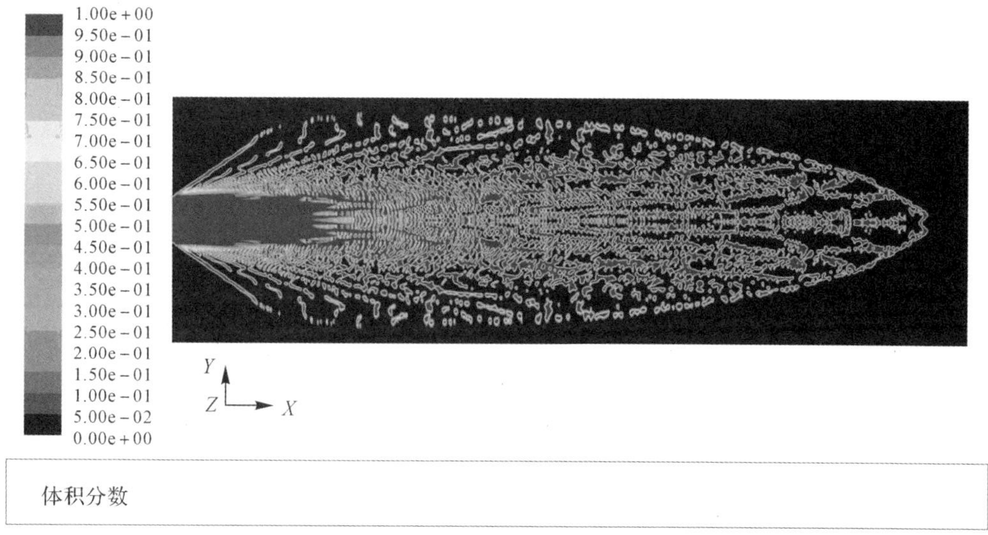

图 5.36　液膜射流破碎体积分数（$v=50\ \text{m}\cdot\text{s}^{-1}$）

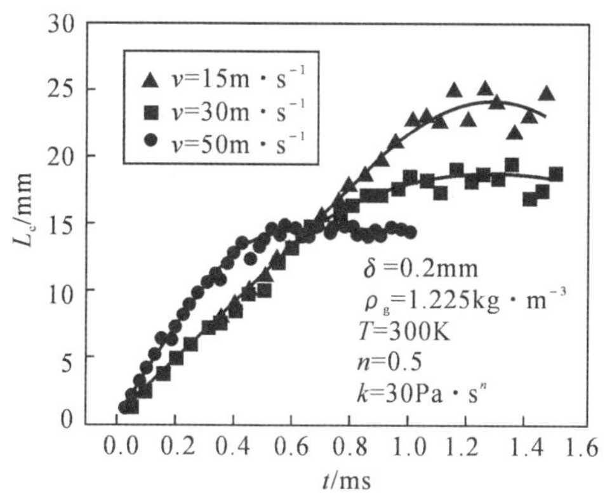

图 5.37　随着时间的变化射流速度对射流核心长度的影响

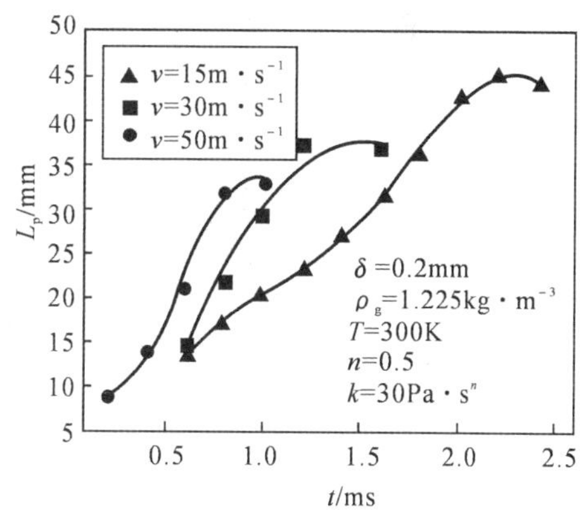

图 5.38　随着时间的变化射流速度对射流破碎长度的影响

(2)环境温度。射流条件为：$v=50\ \text{m}\cdot\text{s}^{-1}$，$\rho_g=1.225\ \text{kg}\cdot\text{m}^{-3}$，$\delta=0.2\ \text{mm}$，$k=30\ \text{Pa}\cdot\text{s}^n$，$n=0.5$。

图 5.39 和图 5.40 给出了环境温度的变化对液膜射流破碎形貌的影响，可以看到随着环境温度的增加，液膜核心区的长度和破碎长度在减小，破碎粒子尺度也在减小；液膜射流破碎特征规律曲线如图 5.41 和图 5.42 所示，由计算结果看，随着温度增加，核心长度和射流破碎长度均减小。

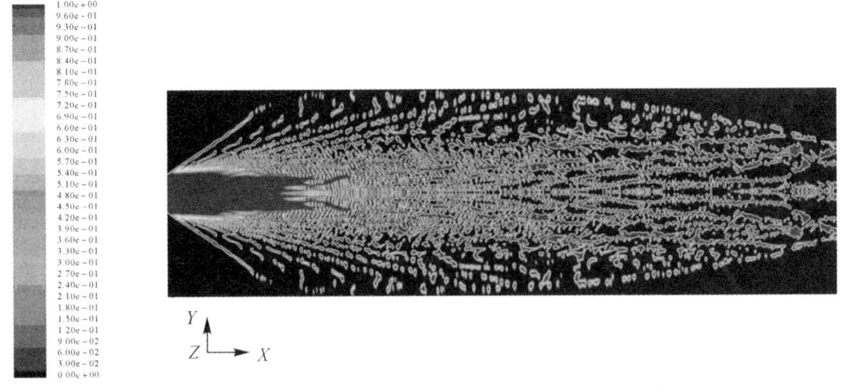

图 5.39　液膜射流破碎体积分数（$T=300$ K）

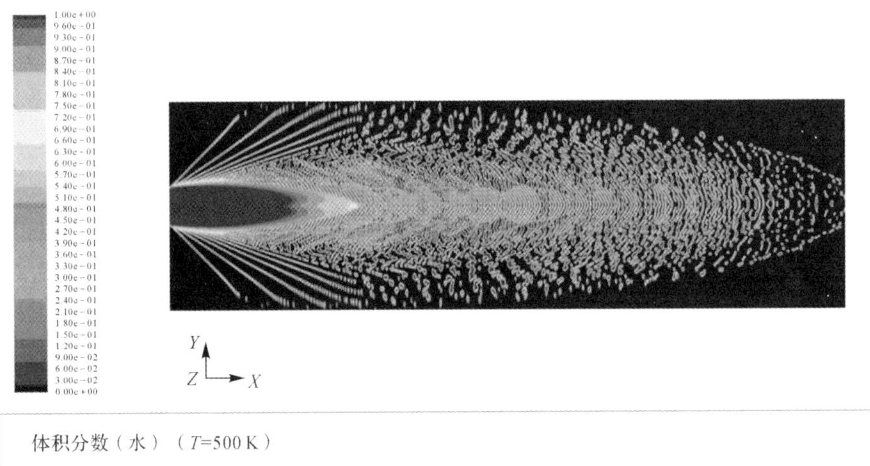

图 5.40　液膜射流破碎体积分数（$T=500$ K）

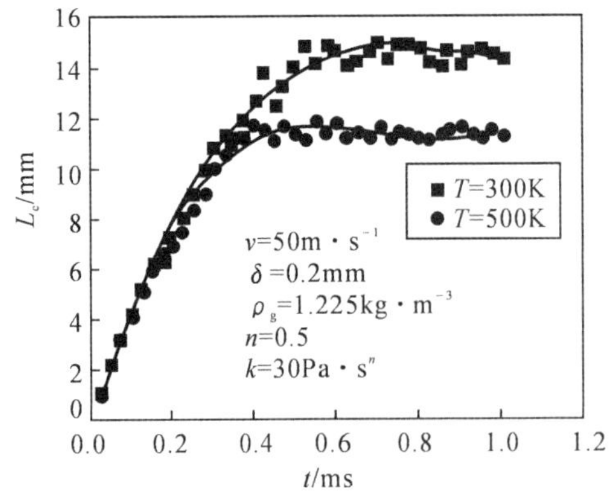

图 5.41　随着时间的变化环境温度对射流核心长度的影响

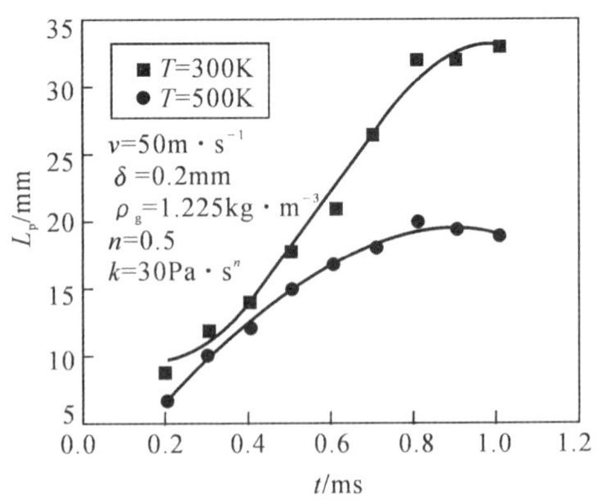

图 5.42　随着时间的变化环境温度对射流破碎长度的影响

(3)密度比。射流条件为：$v = 50\mathrm{m \cdot s^{-1}}$，$T = 300\mathrm{K}$，$\delta = 0.2\mathrm{mm}$，$k = 30\ \mathrm{Pa \cdot s^{n}}$，$n = 0.5$。

图 5.43 和图 5.44 给出了密度比变化对液膜射流破碎形貌的影响；液膜射流破碎特征规律曲线如图 5.44 和图 5.45 所示，可以看到随着环境气体密度的增加，液膜核心区的长度和破碎长度在减小，破碎粒子尺度也在减小。

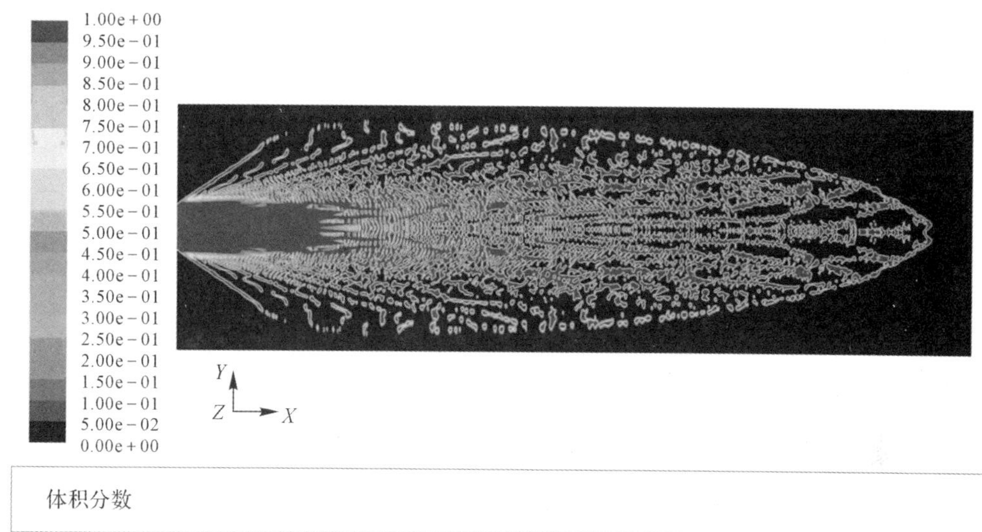

图 5.43　环境气体密度 $\rho_g = 1.225\ \mathrm{kg \cdot m^{-3}}$

图 5.44　环境气体密度 $\rho_g = 5\ \mathrm{kg \cdot m^{-3}}$

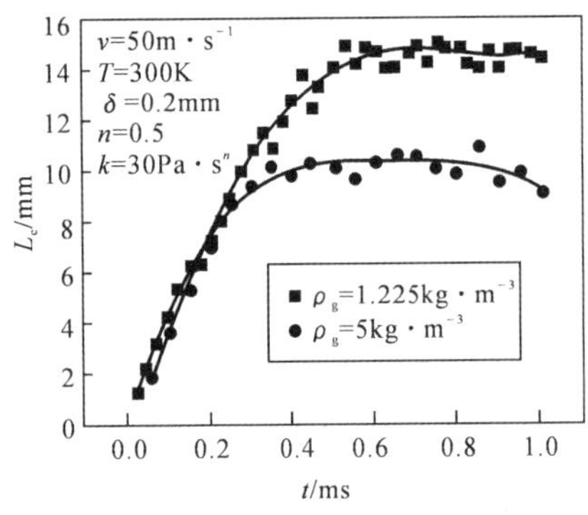

图 5.45　随着时间的变化环境密度对射流核心长度的影响

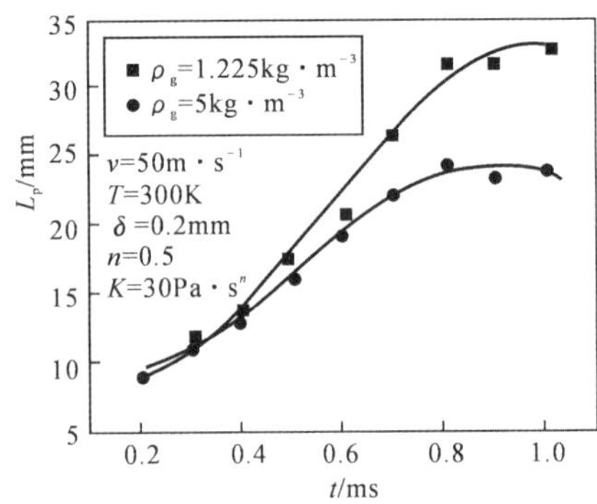

图 5.46　随着时间的变化环境密度对射流破碎长度的影响

(4) 液膜厚度。射流条件为：$v=50\ \mathrm{m\cdot s^{-1}}$，$T=300\ \mathrm{K}$，$\rho_g=1.225\ \mathrm{kg\cdot m^{-3}}$，$k=30\ \mathrm{Pa\cdot s^{n}}$，$n=0.5$。

图 5.47 和图 5.48 给出了液膜厚度的变化对液膜射流破碎形貌的影响；液膜射流破碎特征规律曲线如图 5.49 和图 5.50 所示，由计算结果看，随着液膜厚度增加，核心长度和射流破碎长度均增加。

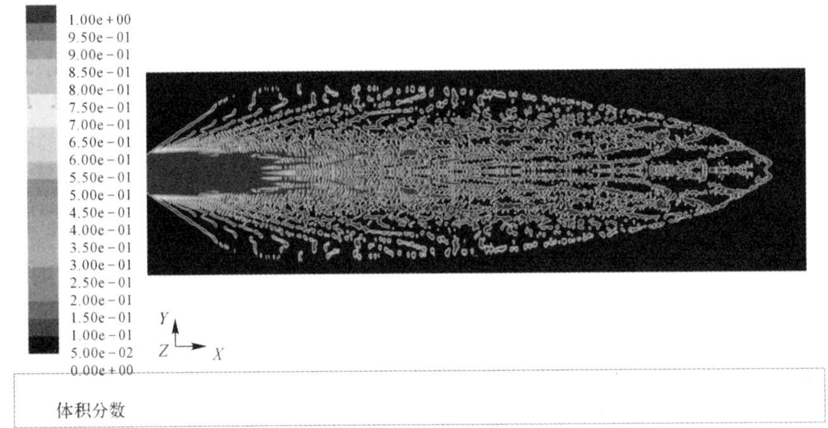

图 5.47　液膜射流破碎体积分数($\delta=0.2$ mm)

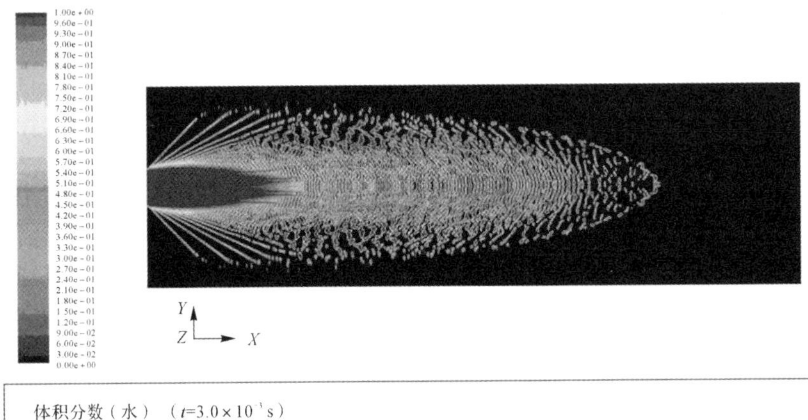

图 5.48　液膜射流破碎体积分数($\delta=0.8$ mm)

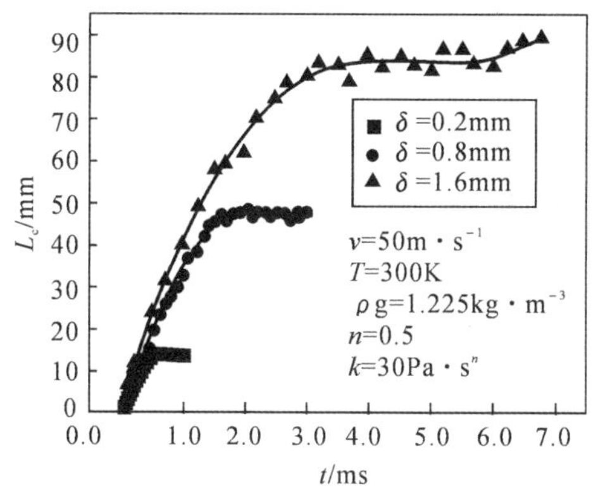

图 5.49　随着时间的变化液膜厚度对射流核心长度的影响

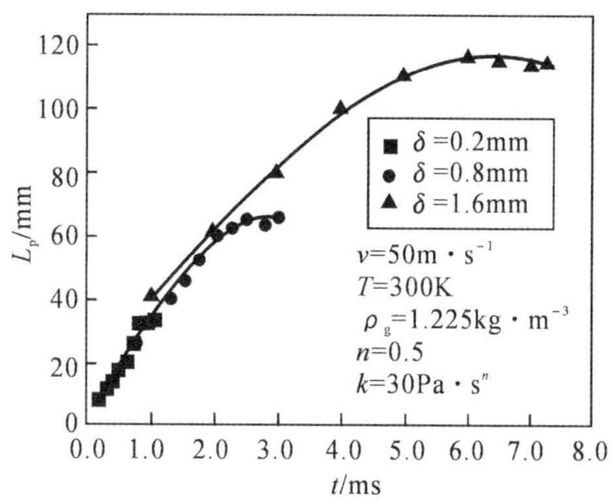

图 5.50　随着时间的变化液膜厚度对射流破碎长度的影响

(5) 稠度系数。射流条件为：$v=50\ \mathrm{m\cdot s^{-1}}$，$T=300\ \mathrm{K}$，$\rho_g=1.225\ \mathrm{kg\cdot m^{-3}}$，$\delta=0.2\ \mathrm{mm}$，$n=0.5$。

图 5.51 和图 5.54 给出了稠度系数的变化对液膜射流破碎形貌的影响，随着稠度系数增加，射流破碎的尺度增大，射流破碎区出现了明显的轴向连续条带结构，与径向波状结构交织在一起，并且稠度系数越大，轴向条带结构越明显，而射流核心区向径向和轴向扩展，网状结构明显，不易破碎，如图 5.52 和图 5.53 所示。液膜射流破碎特征规律曲线如图 5.55 和图 5.56 所示，由计算结果看，随着稠度系数增加，核心长度和射流破碎长度均增加。

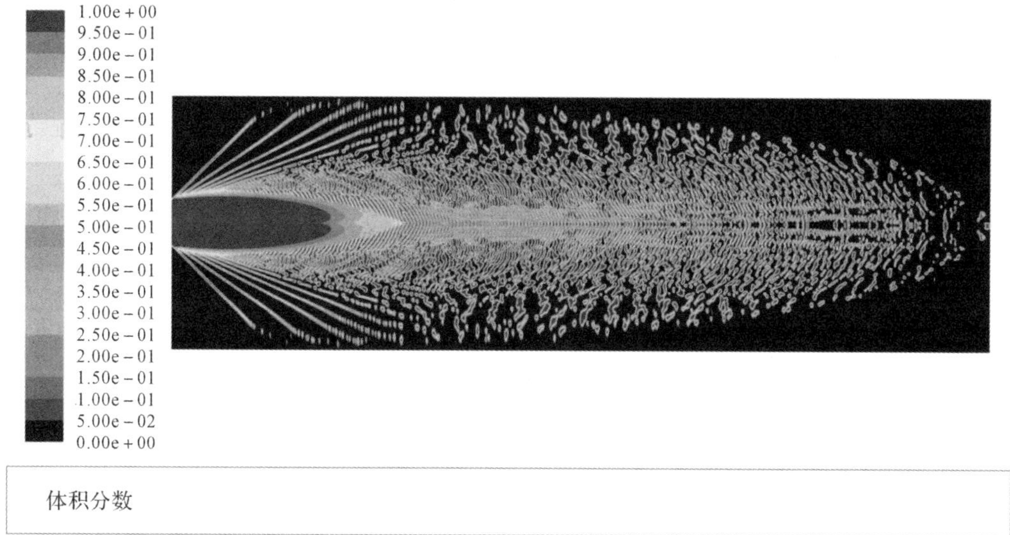

图 5.51　液膜射流破碎体积分数($k=10\ \mathrm{Pa\cdot s^n}$)

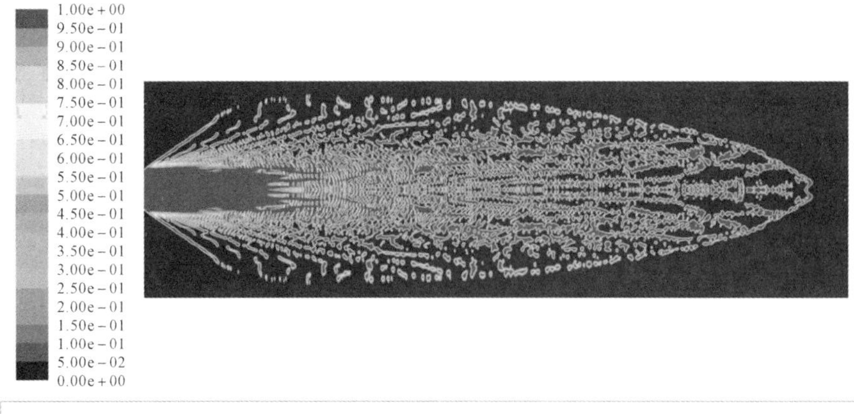

体积分数

图 5.52　液膜射流破碎体积分数(k =30 Pa·s^n)

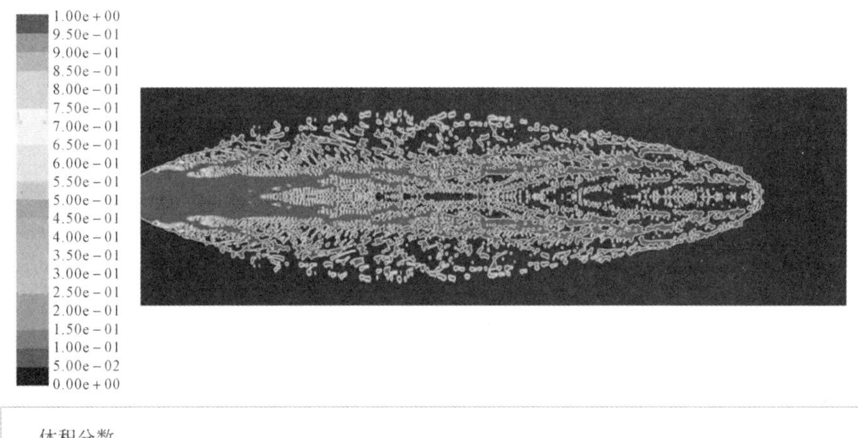

体积分数

图 5.53　液膜射流破碎体积分数(k =50 Pa·s^n)

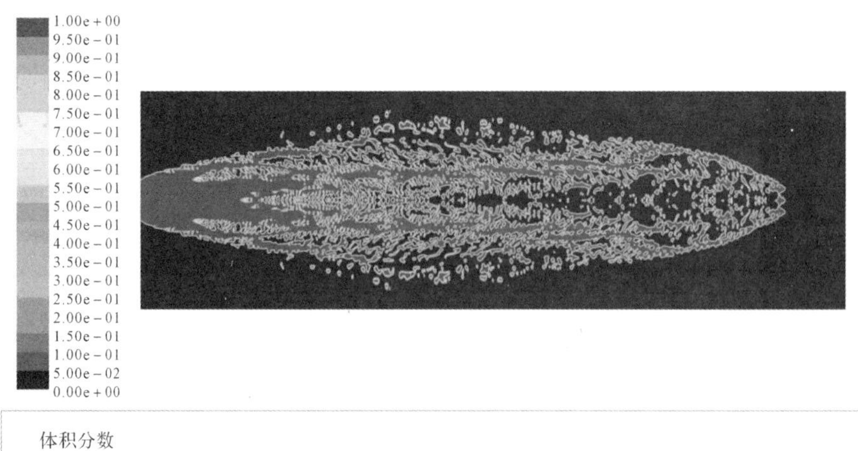

体积分数

图 5.54　液膜射流破碎体积分数(k =70 Pa·s^n)

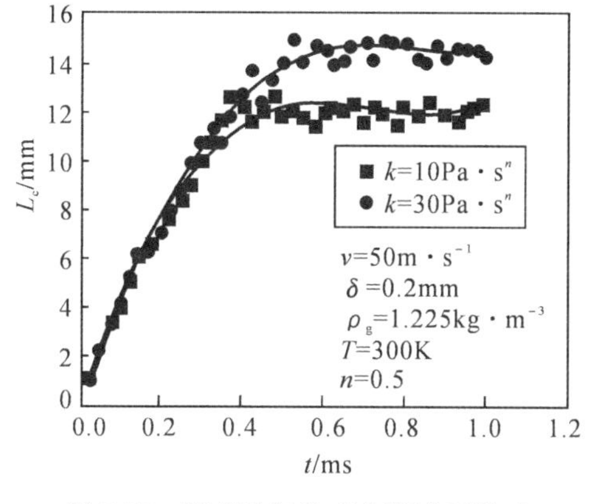

图 5.55　随着时间的变化稠度系数对射流核心长度的影响

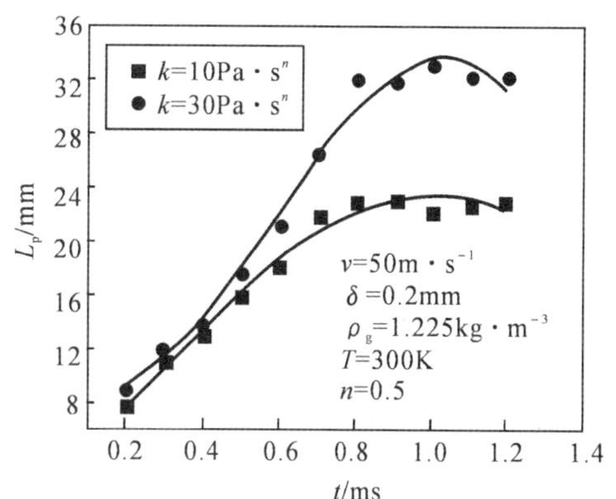

图 5.56　随着时间的变化稠度系数对射流破碎长度的影响

(6) 幂律指数。射流条件为：$v=50\ \mathrm{m\cdot s^{-1}}$，$T=300\ \mathrm{K}$，$\rho_g=1.225\ \mathrm{kg\cdot m^{-3}}$，$\delta=0.2\ \mathrm{mm}$，$k=30\ \mathrm{Pa\cdot s^n}$。

图 5.57～图 5.60 给出了幂律指数的变化对液膜射流破碎形貌的影响，随着幂律指数增加，射流破碎的尺度增大，射流核心区向径向和轴向扩展，不易破碎。当幂律指数较高时，射流破碎区出现了明显的沿径向间隔分布的条带结构，与轴向波纹交织构在一起，构成网状结构；液膜射流破碎特征规律曲线如图 5.61 和图 5.62 所示，从计算结果看，随着幂律指数增加，核心长度和射流破碎长度均增加。

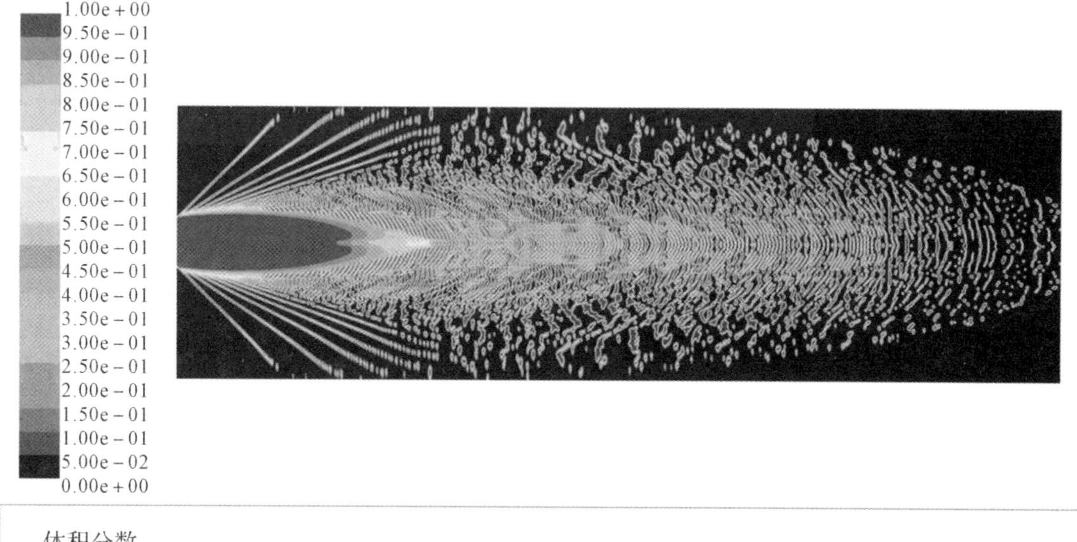

图 5.57　液膜射流破碎体积分数（$n=0.1$）

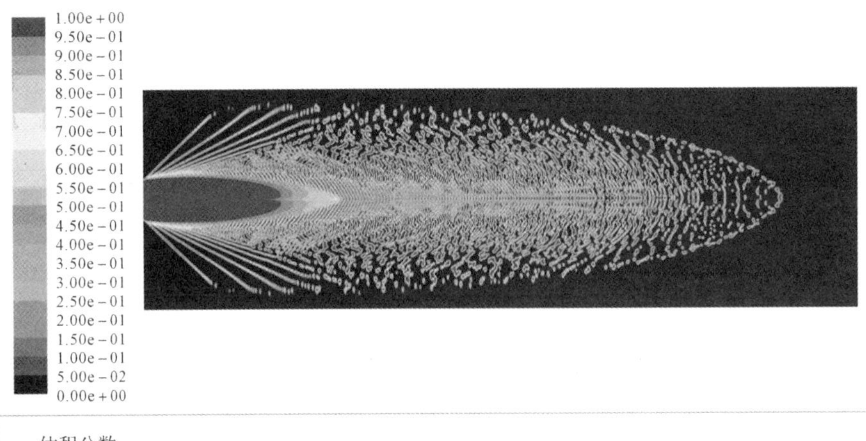

图 5.58　液膜射流破碎体积分数(n =0.3)

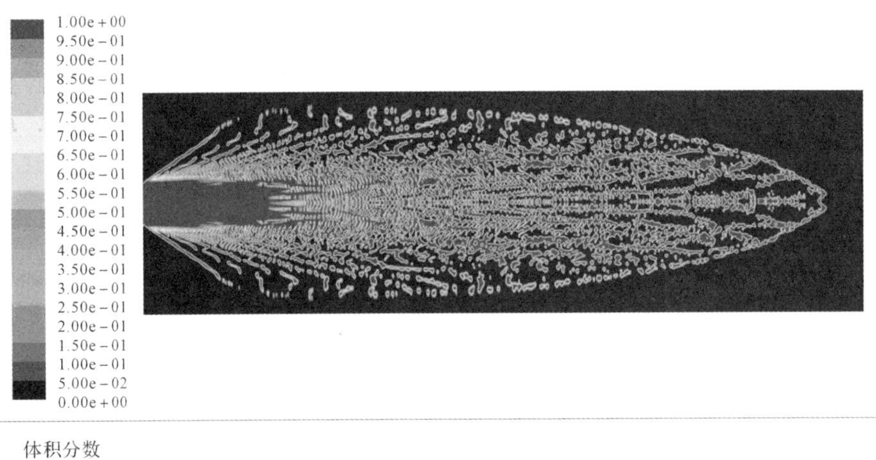

图 5.59　液膜射流破碎体积分数(n =0.5)

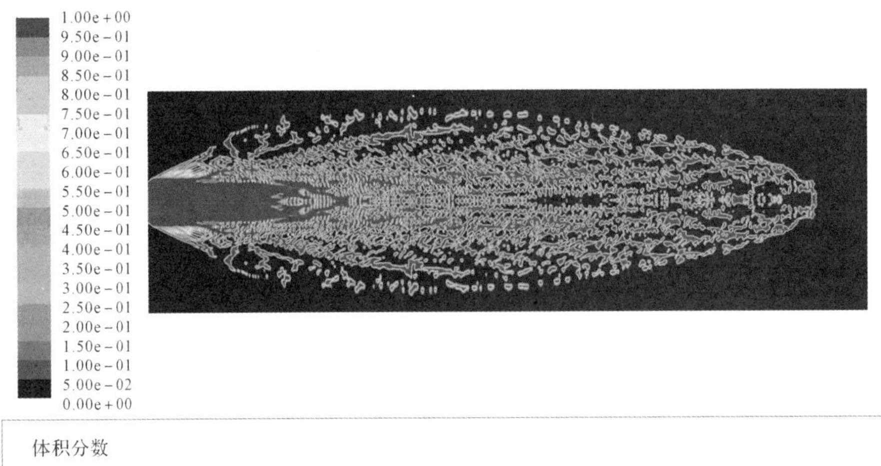

图 5.60　液膜射流破碎体积分数(n =0.7)

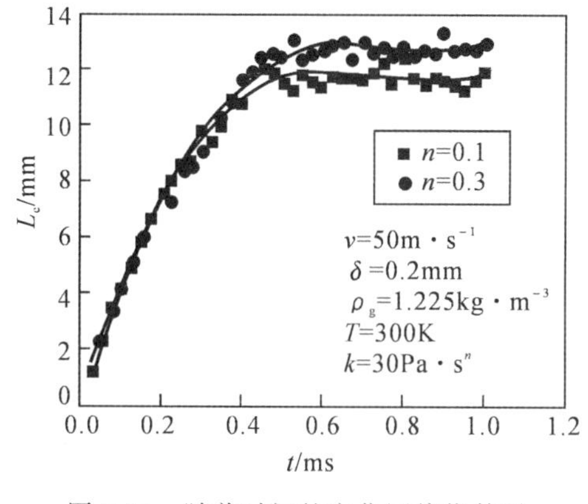

图 5.61　随着时间的变化幂律指数对射流核心长度的影响

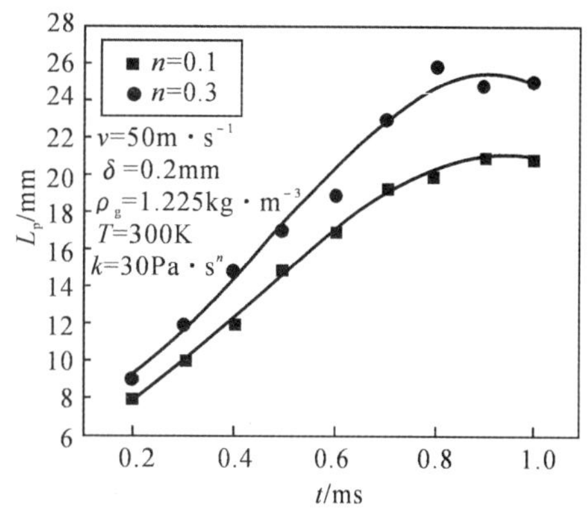

图 5.62　随着时间的变化幂律指数对射流破碎长度的影响

本节根据不稳定性理论的研究结果，建立了幂律型非牛顿流体液膜射流破碎模型。在充分考虑喷管内部幂律流体流动特征影响的基础上，采用基于 VOF 的气液界面捕捉方法对幂律型流体液膜射流的破碎进行仿真模拟。获得了不同条件下幂律型流体液膜射流的形貌特征、发展规律及破碎特征，并据此提取了表征射流破碎特征的两个重要参数，即射流的核心长度和破碎长度。得到了各种射流参数对幂律型流体液膜射流破碎特征的影响规律。研究结果表明，射流速度、环境温度和气液密度比均有利于幂律型流体射流的破碎，随着射流速度、环境温度或气液密度比的增加，射流的核心长度和破碎长度均减小；液膜厚度、幂律指数和稠度系数均不利于幂律型流体射流的破碎，随着液膜厚度、幂律指数或者稠度系数的增加，射流的核心长度和破碎长度均增大。这些研究结果与 5.2 节研究结论是一致的。

5.4　幂律型流体液膜射流破碎的实验研究

理论分析与仿真分别从不同方面解释了幂律型流体液膜破碎的机理，展示了相关参数对液膜射流破碎的影响。本节利用第四章所述的实验系统，通过实验研究幂律型流体液膜射流破碎过程及形貌变化，获得不同射流参数(包括物性参数)、环境参数、结构参数下液膜射流破碎过程的光学图像，通过对图像处理判读，提取出表征幂律流体射流破碎发展过程及形貌变化的特征参数，并研究了其变化规律。

5.4.1　液膜破碎过程实验系统

实验系统即 4.5.1 节所述的实验系统，主要由液体供应系统、环境参数控制系统及光学图像采集系统组成。供应系统包括贮箱、氮气瓶、电子控制系统、电磁阀、喷嘴导管以及喷嘴等部分。用氮气进行增压，由电磁阀控制射流时间，高压液体流经喷嘴导管从喷嘴射入到一定条件下的环境介质中形成射流。射流结构参数通过更换不同喷孔实现。通过测量射流流量，计算液体射流速度。由电子控制系统控制电磁阀的闭合，测量一定时间内射流液体的体积和喷嘴孔径，通过计算即可得到射流速度。

高温高压定容装置为卧式圆筒状，两端和侧面安装有三块石英玻璃的观察窗，便于光路布置与图像采集，其上装有进气接口、安全阀、泄压阀、压力变送器和热电偶；内部衬有不锈钢薄壁圆筒作为液体射流区域，在薄壁圆筒外层固定电加热装置并填充保温绝热材料；装置顶部与液体输运喷射系统相连接。高温高压定容装置可以控制液体射流的环境压力与环境温度，并且通过更换充入装置的气体种类，可以改变环境介质密度，使环境参数满足实验要求，这是环境参数控制系统的核心部件。

通入高温高压定容装置内的高压环境气体可以选择工业氮气(N_2)，也可以选用其他气体，主要依据模拟的环境参数而定。选择六氟化硫(SF_6)。SF_6 是一种无色、无味、无毒的气体，不可燃，微溶于水；分子为八面体构型，属于超价分子，无极性。SF_6 摩尔质量为 146.06 g·mol，在 1 bar 压力下气体密度为 6.164 g·L^{-1}，大约是氮气密度的 5 倍。SF_6 物理化学特性使得它很适合作为背景气使用，特别是在相同的环境压力与喷射压力下，使用 SF_6 可以大幅提高气液密度比，对幂律型流体射流实验可以起到很大作用。

光学图像采集系统所使用高速摄像机型号 FASTCAM SA 1.1，分辨率为 1 024×1 024 pixel/5 400 fps，128×128 pixel/90 000 fps，最高拍摄速率为 670 000 fps，嵌入式闪存为 16 GB，能扩展至 32 GB，像素位深度：12 bits。信号：触发，脉冲/IRIG 输出，等待，同步，IRIG 输入，视频输出：PAL，NTSC。

在实验前期，对比了不同的光源及光路布置效果，分别得到了普通光源和激光光源的阴影照和散射图像，如图 5.63 和图 5.64 所示，通过比较分析，后续研究选用效果相对较好的普通光源阴影照图像作为光路布置基准。

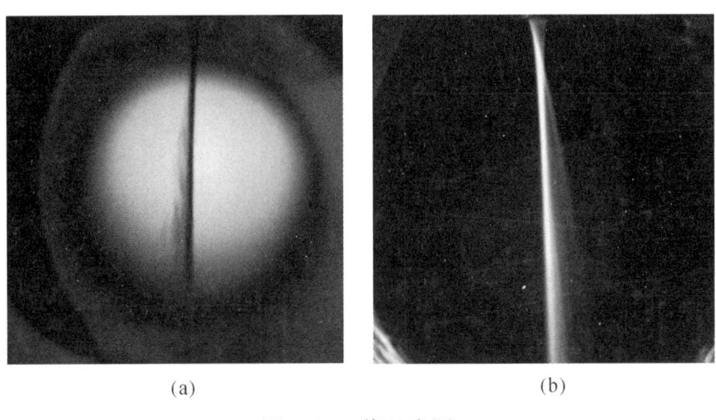

(a) (b)

图 5.63 普通光源

(a)阴影图像；(b)散射图像

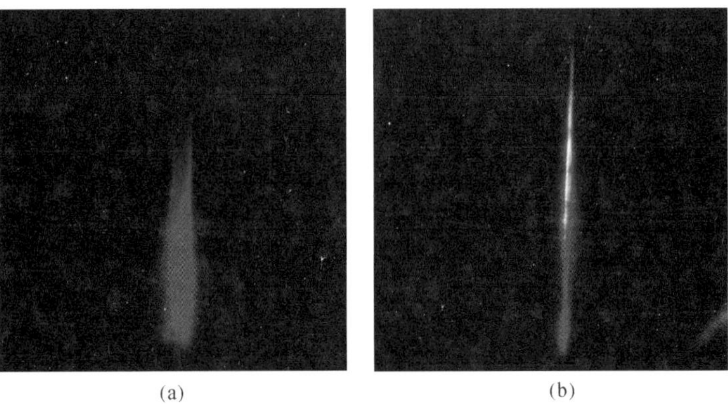

(a) (b)

图 5.64 激光光源

(a)阴影图像；(b)散射图像

图 5.65 是经过处理的光学图像以及真实尺寸标定图，从图 5.65 中可以得到表征实际射流破碎发展过程与形貌变化的特征参数。

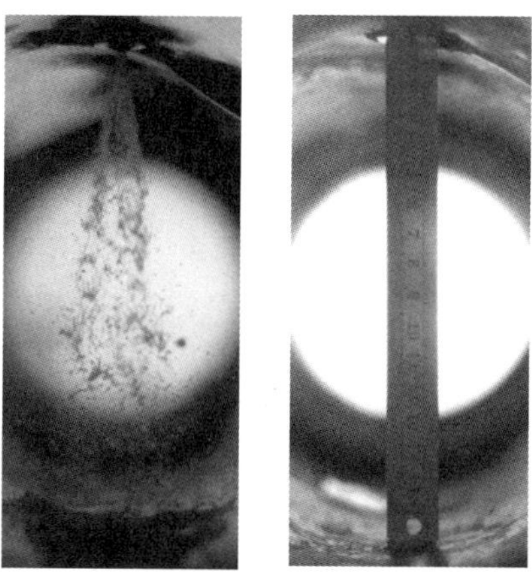

图 5.65　液膜射流破碎形貌与标定

5.4.2　液膜破碎过程与形貌

进行大量不同射流参数、环境参数、结构参数和物性参数条件下的液膜射流破碎实验，获得了记录射流破碎过程及形貌变化的光学图像，通过对图像处理与判读，从中提取出了可以表征幂律型流体射流破碎发展过程及形貌变化的特征参数如剥离破碎长度、破碎尺度和射流扩散角等，并研究了其变化规律。图 5.66 和图 5.67 分别展示了液膜射流破碎在垂直液膜方向和平行液膜方向的随时间变化的发展过程。

图 5.68 对比了幂律型流体液膜射流破碎仿真计算与实验结果局部形貌，从图中的对比来看，射流破碎仿真算例的形貌与实验结果在近喷孔处具有相近的特征，即液膜射流近喷口处存在一个均匀、稳定的核心区，远离射流非核心区出现破碎小液滴，在射流速度较低的条件下，随着射流向下游发展，出现分层间距逐渐扩大的环形丝网状分布形态，一定程度上说明前节仿真计算结果是可信的。

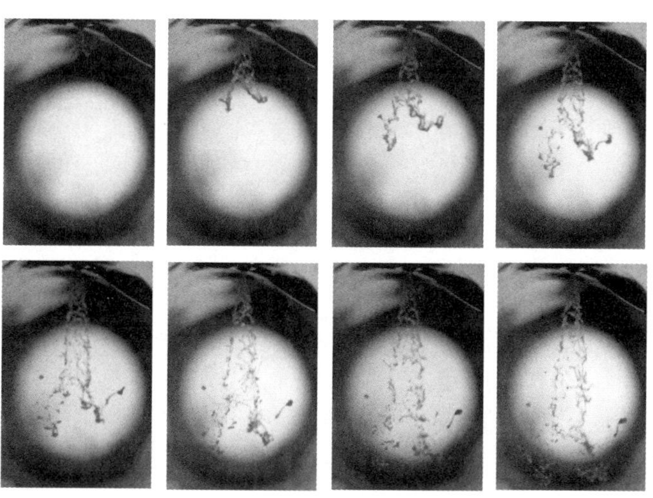

图 5.66　液膜射流的破碎过程(垂直液膜方向)

(图片间隔时间为 5 ms，p_1=1.5 MPa，p_2=0.7 MPa，0.3 mm×3 mm，2# 模拟液)

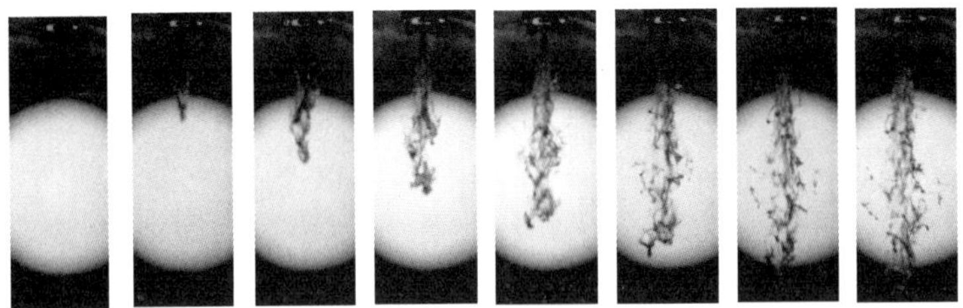

图 5.67　液膜射流的破碎过程(平行液膜方向)

(图片间隔时间为 2 ms，p_1=3.5 MPa，p_2=0.7 MPa,0.3 mm×3 mm,1# 模拟液)

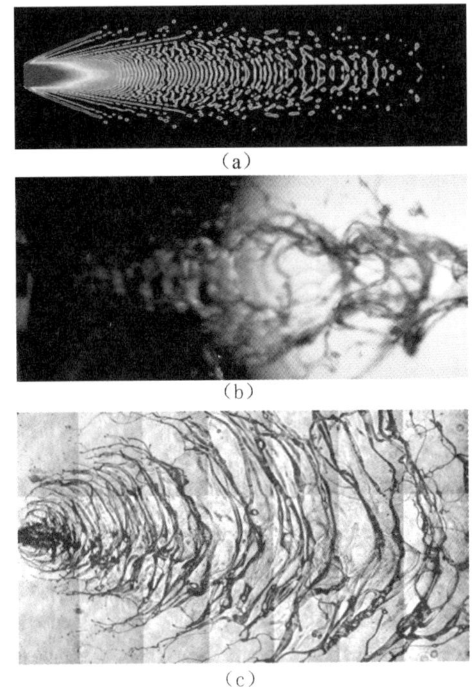

图 5.68　液膜射流破碎仿真计算与实验结果形貌对比图(近喷孔处局部)

(a)液膜射流破碎仿真计算形貌(垂直液膜方向)；(b)液膜射流破碎实验形貌(垂直液膜方向)；(c)液膜射流破碎出口形貌(垂直液膜方向)

5.4.3　相关参数对液膜破碎的影响

液膜射流破碎整体形貌可参如图 5.69 所示。幂律型流体液膜射流喷入高温高压定容装置后形成一个由液膜、液滴、液体蒸汽与环境气体组成的多相混合物的喷雾场。在工程实际应用中，具有重要实践意义的是喷雾近场区的结构与特性，对于幂律型流体，从射流破碎光学图像中可以提取出以下表征液膜射流破碎过程及形貌特点的特征参数：剥离破碎长度 L_s——射流边缘从离开喷嘴到开始出现变形、撕裂成液线或剥离出液滴等现象之处的距离。在实验中，一方面，由于喷嘴加工以及幂律型流体本身特性的原因，难以通过判读光学图像得到幂律型流体液膜射流核心区域开始碎裂的信息；另一方面，射流边缘从离开喷嘴处到开始碎裂这一距离往往与射流核心区碎裂的信息相关，故此本文中通过定义剥离破碎长度 L_s 来反映液膜射流的碎裂情况；射流扩散角 $\theta_{射}$：流体从喷嘴喷出时在出口处（不超过 100 δ 距离，δ 为液膜厚度）沿液膜宽度方向形成射流的张角。

（1）喷射压力（射流速度）对破碎特征的影响。在环境参数固定的条件下，改变液体喷射压力，也就改变了射流的流量，同时也改变了射流速度，这些会对液膜射流破碎特征参数产生较大的影响。不同喷射压力下液膜射流形貌对比如图 5.68 所示，特征参数变化规律曲线如图 5.69 和图 5.70 所示。

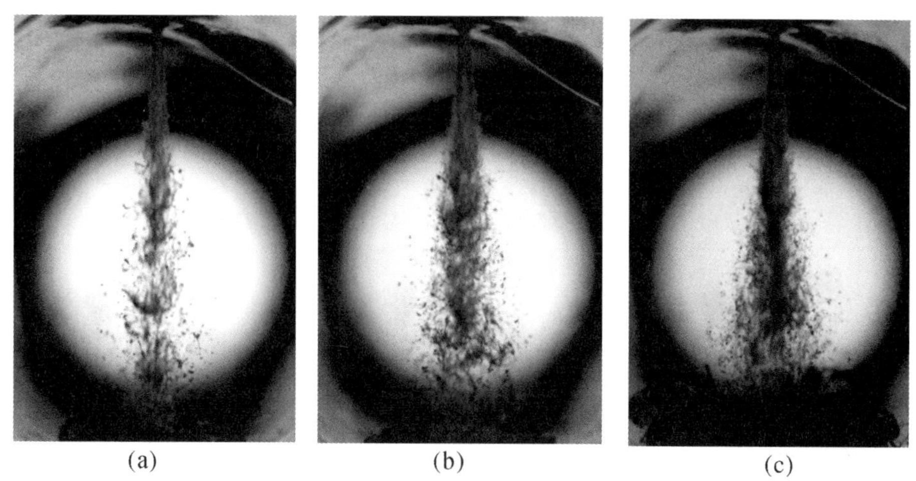

图 5-69　喷射压力对液膜射流影响的形貌对比图

（SF_6 环境，p_2 = 1.0 MPa，T = 294 K，0.3 mm×3 mm，2# 模拟液）

(a) p_1 = 2.5 MPa；(b) p_1 = 3.5 MPa；(c) p_1 = 4.5 MPa

从图 5.71 中可以看出，随着喷射压力的提高，碎裂形成的小液滴数量增加，液膜射流破碎尺度加大。在图 5.70 和图 5.71 中，随喷射压力的提高，射流速度增加，射流破碎长度减小，射流扩散角增大，可见提高射流速度有助于液膜射流破碎。这是因为射流速度的增加减弱了液体黏性力和表面张力对射流破碎的抑制作用，使得射流的最大扰动增长率和最不稳定波数明显增大，继而促进射流破碎。同时从图 5.72 和图 5.73 中也可以看出，同样的喷射压力下提高环境压力，会是破碎长度减小，射流扩散角增大，促进射流破碎。

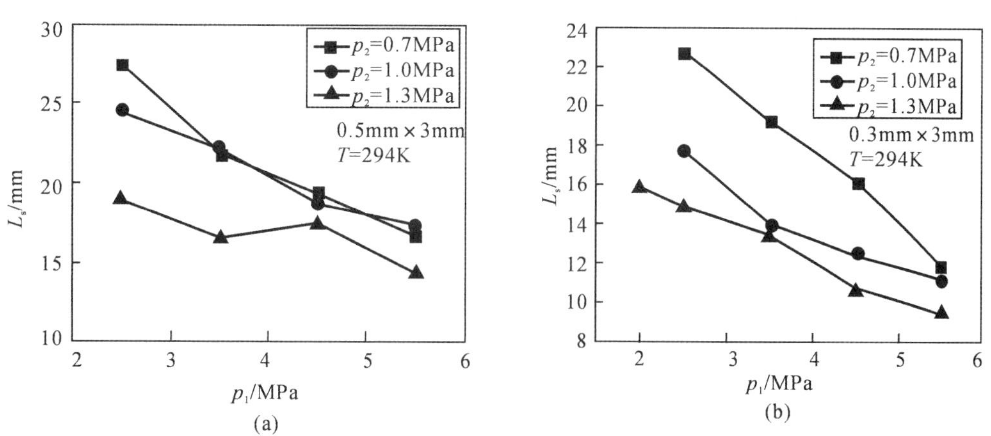

图 5.70　射流剥离破碎长度 L_s 随喷射压力 p_1 变化的曲线

(a) 1# 模拟液；(b) 2# 模拟液

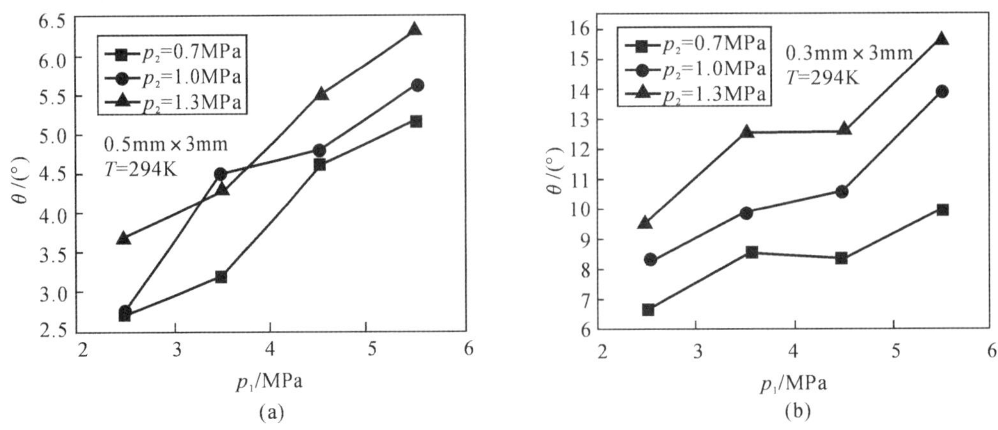

图 5-71　射流扩散角 $\theta_{射}$ 随喷射压力 p_1 变化的曲线

(a)1# 模拟液；(b)2# 模拟液

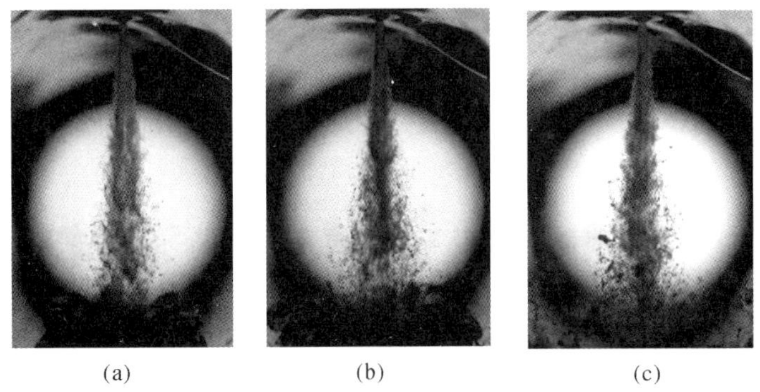

(a)　　(b)　　(c)

图 5.72　环境压力对液膜射流的破碎影响的形貌对比图

(SF_6 环境，p_1=4.5 MPa，T=300 K，0.3 mm×3 mm，2# 模拟液)

(a)p_2=0.7 MPa；(b)p_2=1.0 MPa；(c)p_2=1.3 MPa

(2) 环境压力对破碎特征的影响。保持液膜射流的喷射压力一定，提高环境压力，则液膜射流的破碎形貌对比如图 5.72 所示，射流破碎特征参数变化规律曲线如图 5.73 和图 5.74 所示。

从图 5.72 形貌对比中可以看出，提高环境压力会促进液膜射流破碎，破碎尺度增加。图 5.73 和图 5.74 显示当环境压力提高时，液膜射流破碎长度 L_s 减小，射流扩散角 $\theta_{射}$ 增大。这是因为对于液膜射流，气液之间的相互作用始终是促进射流破碎的重要因素，提高环境压力使得气液密度比增加，从而使得射流的最大扰动增长率和最不稳定波数明显增大，对液膜射流的破碎起到促进作用。不过由于环境压力的提高会导致射流速度有所减小，从而增强了液体黏性力和表面张力对射流破碎的抑制作用，使得射流最大扰动增长率和最不稳定波数减小，在一定程度上抵消了环境压力提高带来的影响。

(3) 环境温度对破碎特征的影响。图 5.75 显示了环境温度对液膜射流破碎形貌的影响，图 5.76 给出破碎长度和射流扩散角随环境温度的变化规律。

从图 5.75 和图 5.76 中可以看出，对于液膜射流，随着环境温度的提高，射流破碎长度 L_s 有所降低，射流扩散角 $\theta_{射}$ 稍有增加，破碎尺度增大。这是因为环境温度提高，一方面会导致液体物性参数发生变化，另一方面会改善热不稳定性，两者均会促进液体射流破碎。

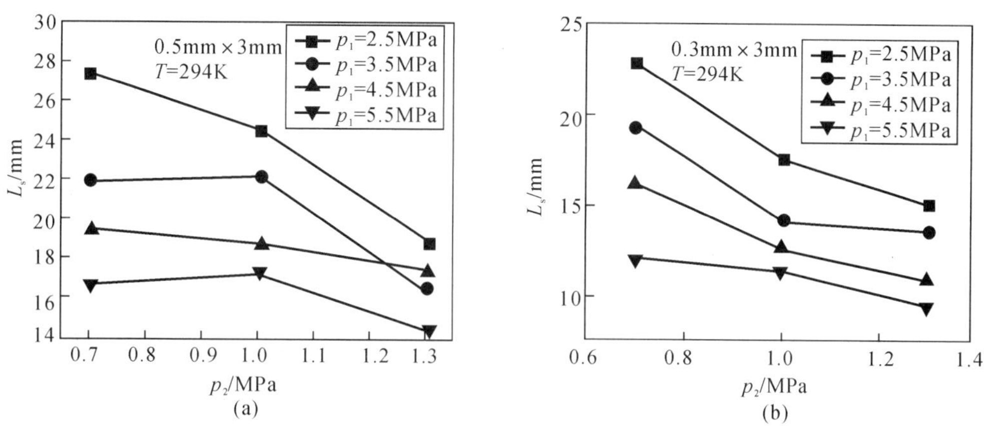

图 5.73　射流剥离破碎长度 L_s 随环境压力 p_2 变化的曲线

(a)1# 模拟液；(b)2# 模拟液

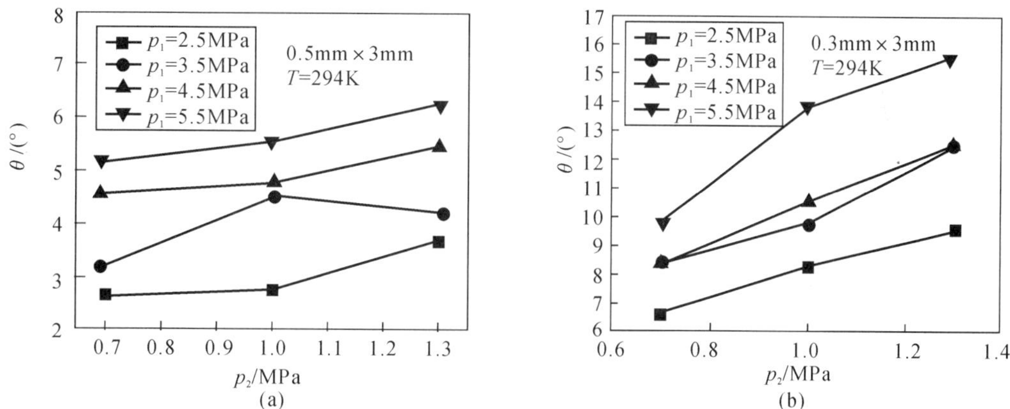

图 5.74　射流扩散角 $\theta_{射}$ 随环境压力 p_2 变化的曲线

(a)1# 模拟液；(b)2# 模拟液

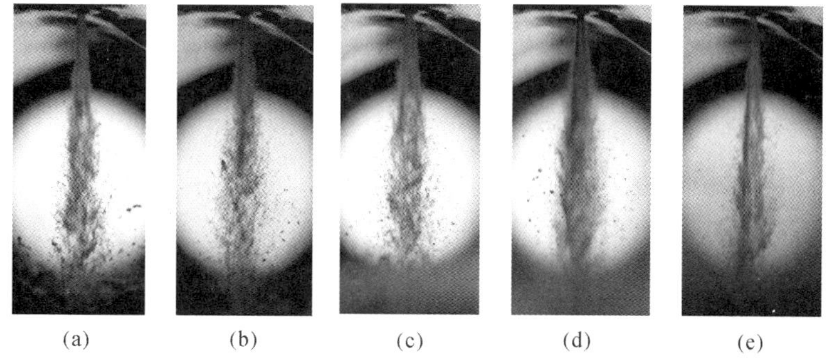

图 5.75　环境温度 T 对液膜射流的破碎影响的形貌对比图

(SF_6 环境，p_1 =3.5 MPa，p_2 =0.7 MPa，0.3 mm×3 mm，2# 模拟液)

(a) T=291 K；(b) T=372 K；(c) T=414 K；(d) T=457 K；(e) T=494 K

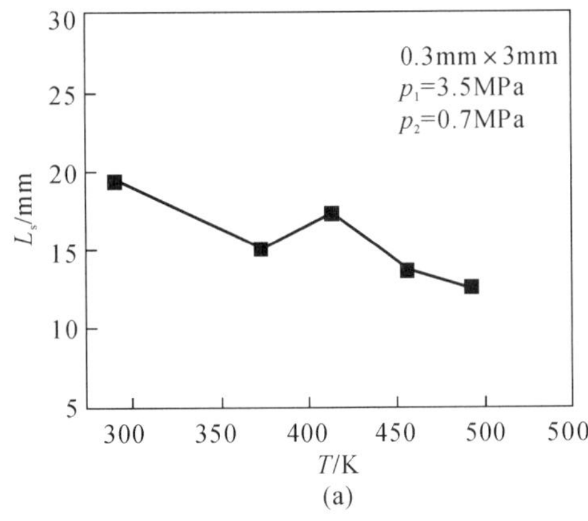

(a)

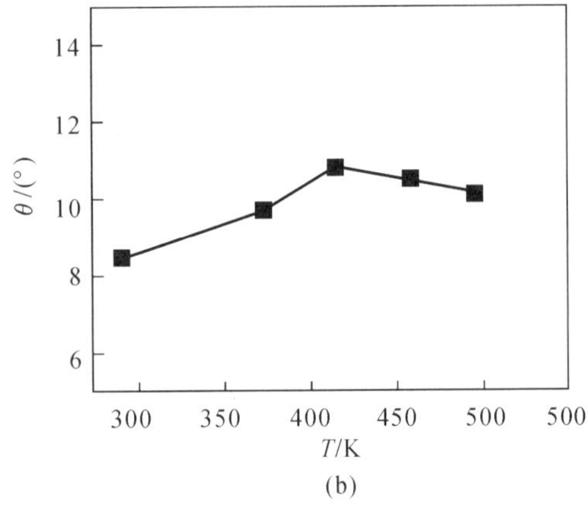

(b)

图 5.76　射流剥离破碎长度 L_s，射流扩散角 $\theta_{射}$ 随环境温度 T 变化的曲线（2# 模拟液）

（4）液膜厚度对破碎特征的影响。保持液膜宽度不变，改变液膜厚度，则液膜射流的破碎形貌对比如图 5.77 所示，射流破碎特征参数变化曲线如图 5.78 所示。

从图 5.77 中可以看出，改变液膜厚度对于液膜射流垂直液膜方向上破碎形貌的影响较小。从图5.78中可以看出，液膜厚度是 0.3 mm 和 0.7 mm 情况下，射流破碎特征参数大致相同，而液膜厚度为 0.5 mm 的喷嘴其破碎长度 L_s 大、射流扩散角 $\theta_{射}$ 小，不利于破碎，然而特征参数变化在数值上的差别实际上并不大。因为液膜厚度增加会使得射流的无量纲最大扰动增长率和最不稳定波数增加，增大射流的不稳定性；但同时由于液膜厚度尺度变大，导致不稳定表面波要发展到切断射流造成破碎也变得困难，因此液膜厚度对液膜射流破碎的影响较为复杂。此外，实验中喷嘴在结构上的微小差别也对实验结果存在影响。

（5）物性参数对破碎特征的影响。实验中选用的 1# 模拟液和 2# 模拟液是两种不同物性参数的幂律型流体，其稠度系数 k 分别为 17 Pa·s^n 和 7.7 Pa·s^n，幂律指数分别为 0.5 和0.4。物性参数对液膜射流破碎特征的影响如图 5.79 和图 5.80 所示。

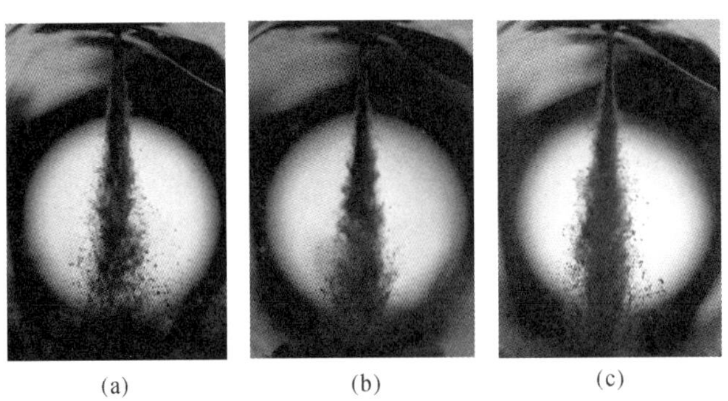
(a)　(b)　(c)

图 5.77　液膜厚度对液膜射流的破碎特征的影响的形貌对比图

（SF_6 环境，液膜宽度均为 3 mm，p_1 =4.5 MPa，p_2 =1.0 MPa，T =294 K，2# 模拟液）

(a)δ=0.3 mm；(b)δ=0.5 mm；(c)δ=0.7 mm

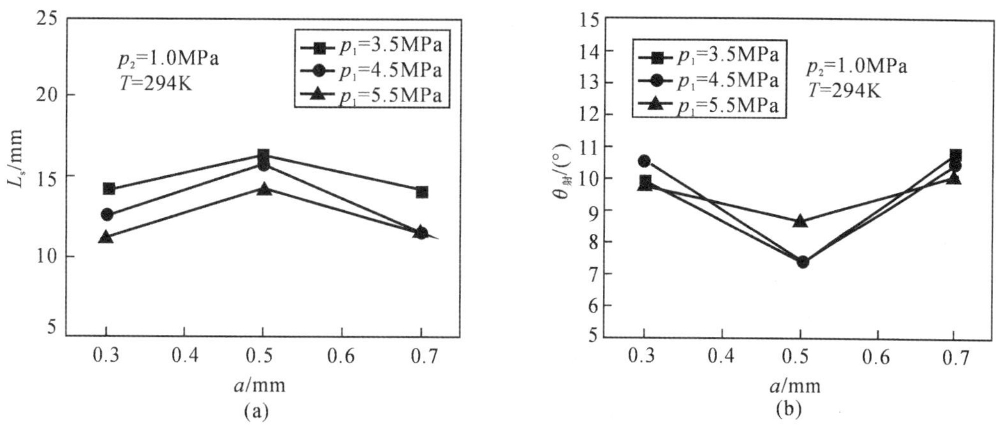

图 5.78　射流剥离破碎长度 L_s、扩张角 $\theta_{射}$ 随液膜厚度 δ 变化的曲线(2# 模拟液)

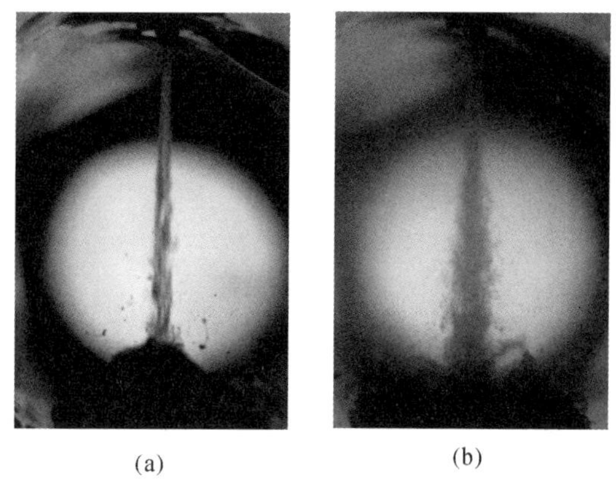

(a)　(b)

图 5.79　物性参数对液膜射流破碎特征的影响

(SF_6 环境，p_1 =3.5 MPa，p_2 =0.7 MPa，T =294 K，0.5 mm×3 mm)

(a)1# 模拟液；(b)2# 模拟液

从图 5.80 中可以看出，对于两种特定的幂律型流体，在射流参数、环境参数及结构参数相同的条件下，由于 2# 模拟液的稠度系数和幂律指数均小于 1# 模拟液，故 2# 模拟液比 1# 模拟液破碎长度更小，射流扩散角更大，较易破碎。

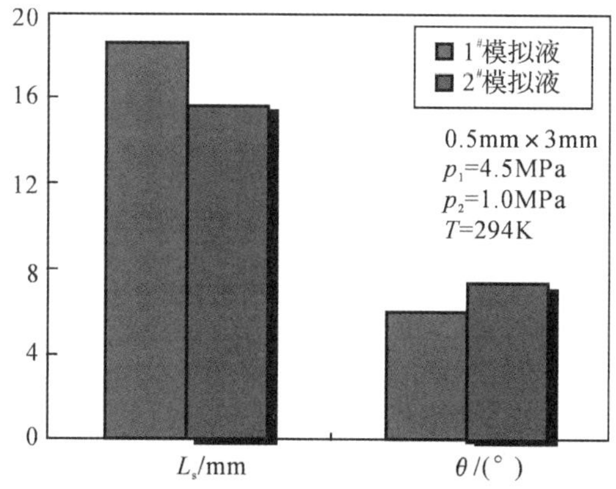

图 5.80　不同物性参数对液膜射流破碎特征的影响

(SF_6 环境，p_1 =3.5 MPa，p_2 =0.7 MPa，T =294 K，0.5 mm×3 mm)

通过幂律型非牛顿流体液膜射流不稳定性的理论分析，旨在研究液膜在不同扰动模式和破碎模式下的破碎机理，得到了各种液膜参数、环境参数、结构参数和物性参数对液膜不稳定性的影响，建立幂律型流体液膜射流破碎长度的预测模型。与射流破碎相同，理论分析和相关参数影响都是宏观上的，要想从微观上了解液膜的破碎过程，还需要进行液膜破碎的过程仿真。同样，采用基于 VOF 界面捕捉方法的 CFD 仿真技术，建立幂律型流体管内流动模型和液膜射流破碎模型，研究各种射流条件对液膜射流破碎的形貌特征、发展规律和破碎特征的影响，进而了解液膜微观的破碎过程，也验证液膜不稳定性理论研究结论的合理性。同样，为了直观了解液膜的破碎现象，采用第 4 章所述的实验系统和光学图像采集系统，进行液膜破碎的实验研究，获得了液膜尺度、速度及环境参数等对液膜射流破碎剥离长度和射流扩散角等破碎特征的影响，从而对液膜的破碎有了直观了解，而实验结果与不稳定性分析结果和 CFD 仿真结果吻合，也验证了理论模型和仿真模型的正确性。

第 6 章　幂律型流体的雾化

6.1 概　　述

推进剂的燃烧过程包括喷射、雾化、蒸发、混合和化学反应等子过程，而其中雾化过程是非常重要的，尤其是在燃气发生器循环的大型液体火箭发动机和挤压式小推力液体火箭发动机中。不同类型喷注方式产生的射流的初态会有差别，第 4 章和第 5 章所述的射流与液膜实际上就是目前液体火箭发动机不同喷注器液流出口的初始状态。为了使推进剂雾化得更迅速，最简便的方法就是让两股射流相互撞击，利用射流的撞击动量，使其破碎，从而加速雾化进程；或者使液流在喷注器出口形成很薄的高速液膜或者旋转液膜，进而利用液膜与环境气体的速度差，形成气液相互作用，加速液膜雾化。影响幂律型圆柱形射流撞击雾化的主要因素有流体特性(其中包括密度、流变特性、表面张力和极限黏度等)、射流几何形状及与射流撞击动力学过程(速度、动量)、两股撞击射流的相互关系(如直径比、撞击角度)。研究这些参数与射流雾化的关系之目的在于：① 深刻理解液体射流撞击形成液膜和液丝的物理机理，分析其中的科学问题；② 研究影响圆柱形射流雾化与相关影响因素及其影响程度，达到获得规律，掌握方法的目的，进而控制射流雾化，使产生的液膜液丝更容易的破碎成微小液滴，利于液滴后续的蒸发，氧化剂与燃料混合及高效燃烧；③能够预测圆柱形射流在给定条件下的雾化性能，为后续的高效燃烧提供液滴的尺寸及分布、运动的速度及角度等计算所必需的原始数据。

研究射流撞击雾化的方法也是理论、数值模拟和实验方法，第 4 章已经进行了圆柱形射流破碎的理论和仿真方面的讨论，这里主要用实验方法研究相关参数与雾化的影响。在凝胶推进剂雾化特性研究中，因实际介质毒性、使用环境等限制，实验大多选用与实际介质流变特性相近或者类似的模拟液。用于描述射流撞击及雾化性能的参数有射流直径(以及射流的入口行状)、两束流的撞击夹角、雾化形成的喷雾角、喷雾的破碎长度、喷雾的细度、雾化的均匀性、喷雾在空间的质量(尺寸)分布、液滴运动的速度及其分布，相关参数的定义雾化特性的实验研究方法见文献[110]。

文献[111]～[114]分别研究了双股水和模拟液撞击射流的雾化特性。结果表明：高的撞击速度、大的撞击夹角可以产生较好的雾化；在相同的实验工况下，模拟液雾化相对于水雾化要困难得多；凝胶液体雾化产生相对较长的液丝。在撞击点形成的不稳定波能使液膜破碎成液丝，但不能破碎成液滴。可能的原因在于：凝胶液膜较高的黏性可以减弱不稳定波，雾化需要获得更大的动量。Shai.Rahimi[115-116]建立了非定常、不可压缩、绝热、凝胶推进剂层流流过锥形管的基本方程，主要引用了幂定律流变基本方程模型。为了分析凝胶雾化过程中流变特性对雾化特性的影响，引入了平均表观黏度这个参数。因为依赖剪切速率的流变特性在喷射点是无法测量的，但可以用平均表观黏度来表征。在不同的燃料和金属含量条件下，分析了几种凝胶燃料的流动行为，针对不同喷嘴几何形状和压力梯度，计算了凝胶的流动速率和平均表观黏度。结果表明，平均表观黏度随喷管收敛角度的增加而大大减小。这就意味着要获得较好的雾化效果就应加大收敛角度。实验研究也表明：大收敛角的喷注器（见图 6.1(a)）需求较小一些的上游压力就可达到与三股撞击喷嘴相同的雾化性能。Ciezki 等[117]对双股撞击式喷嘴（见图 6.1(b)）和 JetA－1 凝胶燃料雾化进行了研究。实验显现，撞击夹角为 100°，d =0.7 mm，u =35 m·s^{-1}时，弓形的液丝从撞击点脱离，逐渐转变成小的液丝，最后破碎成液滴。文献提到此种破碎过程在牛顿流体的雾化过程也可以看到。同时，文献还研究了同轴旋流式气动雾化喷嘴（见图 6.1(c)）对 JetA－1 凝胶燃料的雾化。实验发现，随着动量比 I 增加，可以观察到气动雾化喷嘴不同的雾化破碎区域；雾化过程中可以清晰地观察到液丝和液丝的形成过程，但不能看到液滴的形成过程；动量比 M 增大，雾化角减小，雾化情况变好。

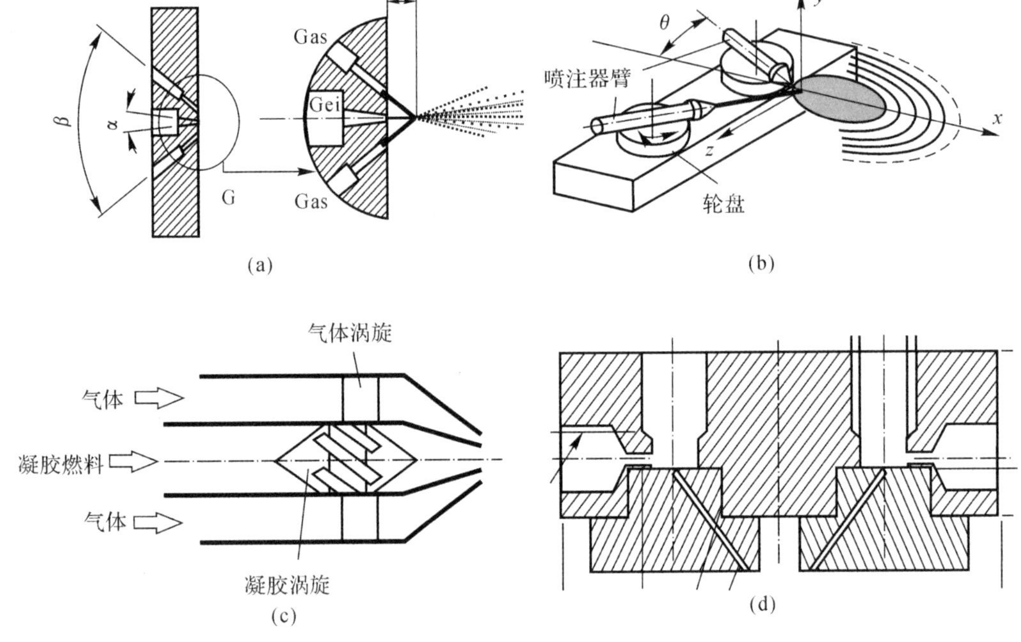

图 6.1　喷注器简图

(a)有收敛角的三股撞击式喷嘴；(b)双股撞击式喷嘴；(c)同轴旋流式气动雾化喷嘴；(d)双股撞击式喷嘴

N.Jayaprakash[118]等研究了双股撞击式喷嘴（见图 6.1(d)）对煤油凝胶推进剂的雾化特性，并与水进行了对比。喷嘴撞击夹角选用了 50°，60°，70°，研究了喷注压降和撞击夹角对喷雾角、雾化破碎长度、索特尔平均直径(SMD)、液滴尺寸分布的影响，并对雾化过程进行了摄影。为了研究剪切速率对雾化性能的影响，比较牛顿流体和非牛顿流体的雾化特性，对水雾化产生的 SMD 直径的拟合公式进行了分析，发现在不同的喷注压降下，增加撞击夹角，SMD 减小；大的撞击夹角，高的喷注压降下，煤油凝胶推进剂的雾化和水的雾化已经很接近，原因在于高的剪切速率下，凝胶的黏性变小。Jens von Kampen[119]等人基于双股撞击式喷嘴，对所研究凝胶的流变特性、流动特性及雾化特性给出了一般性的结论。针对获得的喷雾阴影图像，以广义雷诺数和韦伯数为参数，得到了不同凝胶的喷雾破碎模式图表。文献提出，在凝胶的雾化过程中，需要进一步研究凝胶的表面张力、拉伸黏性、屈服应力及极限黏性等对雾化的影响。

就目前已发表的文献看，凝胶推进剂雾化特性研究，有些文献获得了凝胶推进剂雾化的一些参数，如喷雾角、破碎长度和粒径等；参照牛顿流体雾化的表征方式，也提出了表征凝胶雾化性能的表征参数，如喷雾角、喷雾破碎长度、SMD 以及液滴尺寸分布等[114]。但大部分文献提供的只是喷雾图像。拟塑性、黏性非弹性的凝胶推进剂及模拟液雾化模式与牛顿流体是相似的，但其具有的高黏性使得它的雾化过程相对要更困难一些。如果模拟液属于黏弹性流体，那么它的雾化会更加困难。在凝胶推进剂雾化过程中，流变特性是如何影响雾化特性的尚未得到比较明确的结论，研究人员提出各种看法，有用喷嘴出口面的平均表观黏性来表征，而大多数则是与水雾化 SMD 拟合公式进行对比的。非牛顿流体的液膜、液丝雾化与非牛顿流体是不同的，牛顿流体可以用雷诺数和韦伯数来分析雾化过程；而对于非牛顿流体，喷嘴出口面的黏性分布取决于当地的剪切速率和当时流动情况的几何形状，由于受限的喷嘴尺寸，又很难通过实验来确定这些黏性值。目前为止，关于非牛顿流体的物质结构，涉及到喷嘴出口面的表观黏性和表面张力可用的数据很少，而雷诺数和韦伯数又不能用来分析实验结果。凝胶推进剂雾化特性研究的关键是要清楚凝胶推进剂的流变特性如何影响它的雾化特性，但令人遗憾的是，这正是目前研究中的一个难点。不同的研究者在研究过程中，选择了不同的凝胶推进剂或者模拟液，相互之间物性相差很大，导致很难进行统计分析。

本章主要仅讨论幂律型流体雾化过程中涉及的一些问题。

6.2 雾化实验系统及研究过程

实验系统原理图如图 6.2(a)所示，系统包括贮箱氮气增压和调节系统，8.0 MPa，0.5 m^3 的 2 台凝胶推进剂模拟液贮箱(见图 6.2(b))，为贮箱加注凝胶推进剂模拟液的辅助贮箱(2.0 MPa，0.3 m^3)，流量计(见图 6.2(c))、压力、流量和温度等参数测量装置、热水冲洗装置，激光全息记录系统、全息再现及图像处理系统(见图 6.2(d))等。幂律型流体属于一种时间依赖的剪切变稀非牛顿流体。在静态条件下，其黏度较大；流动条件下，其特性与牛顿流体有一定的区别，流经管路、阀门等实验件后可能产生堆积。实验系统设计时充分考虑了凝胶推进剂的这些特性。

常规的流量计不能精确测量幂律型流体的流量，原因在于，常规的流量计是建立在恒定牛顿黏度下压降与流速的关系原理上的。幂律型流体具有剪切变稀的流变特性，它的黏性是随剪切速率和时间变化的。考虑到其流变特性及流量测量的便捷性，实验系统中，流量测量装置选择了直接式质量流量计(科氏力质量流量计(见图 6.2(c))。科氏力流量计基于科里奥利力原理：流体在以恒定的角速度在管道中流动时，受到一个垂直于管道的力，这个力的振幅取决于管道中流体的质量流量和其在系统中的速度。科氏力流量计用简谐振荡代替恒定的角速度，当介质流过两根平行测量管时，就产生反相振动，就像音叉一样。利用拾振器测量出测量管的振动情况，而测量管两侧的振动相位差就反映管道中流体的质量流量，精确测量出这个相位差就可以得到管道中流体的质量流量。科氏力质量流量计在原理上消除了温度、压力、流体状态、密度等参数的变化对测量精度的影响，可以适应气体、液体、两相流、高黏度流体和糊状介质的测量，是一种高精度的适应范围很广的流量测量工具。从更稳妥角度考虑，实验中，用称重法在每次实验的起始状态校验了凝胶推进剂的质量流量。

双脉冲激光全息摄影系统由双脉冲红宝石激光器、摄影光路、喷雾实验段组成，记录光路采用多功能组合式结构，可以拍摄投射式全息(同轴、离轴兼容)，也可以拍摄反射式全息。全息再现及图像处理系统主要由再现光源、再现光路、摄影机、监视器、图像处理计算机及打印机组成[120]。系统可以观察凝胶推进剂喷雾场的雾化过程，对再现图像经过处理后可以获得喷雾场的液滴总数，各尺寸段液滴及占总数百分比，D_{30}和D_{32}统计直径及运动速度等。

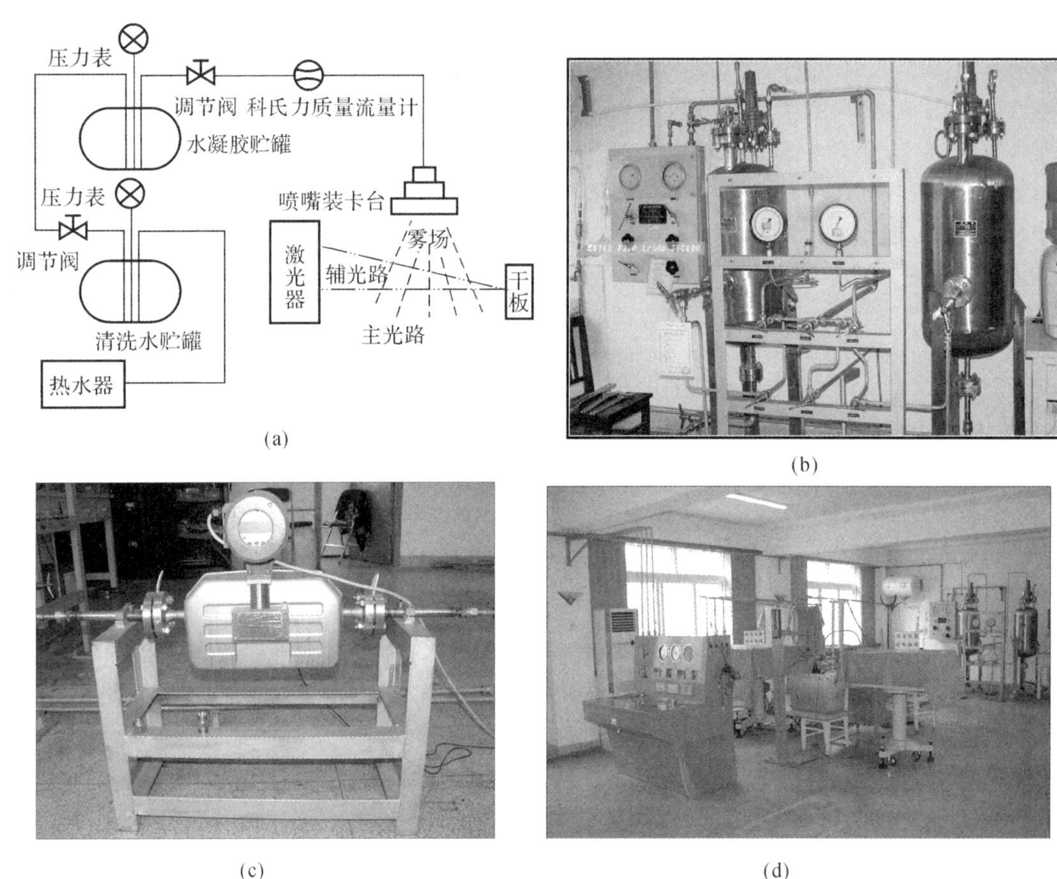

图 6.2 实验系统图

(a)气液系统原理图；(b)模拟液供应系统；(c)科氏力质量流量计；(d)激光全息实验系统

6.3 圆柱形射流的撞击雾化

前文已述，射流相互撞击是一种很有效的雾化和混合方法。它利用液体的动压头使沿相反方向运动的液体射流失稳，从而使液体破碎成液膜和液滴。在动力相近的撞击射流相互撞击这种典型的情况中，在射流撞击点会形成滞止区，该区域存在较高的压力。滞止点的静压在理论上等于液体集液腔的总压。滞止区的高压会使推进剂沿横向散布，形成扇形的液流分布区。当液体从射流轴线处的滞止区域向撞击射流外边界的等压流线运动时，液体会发生剪切。在大气压下对各种几何和流动状态的液滴和液膜的速度测量表明，滞止点下游液体的运动速度与射流初始速度几乎相等。影响射流撞击雾化效果的主要因素有射流的撞击夹角、射流的速度、射流表面的粗糙度、射流的形状、射流的物性参数以及环境参数。

6.3.1 射流撞击雾化的模式及表征

前文已述，凝胶推进剂雾化研究仍然处于探索阶段，研究结果主要是获得的喷雾图像，尚未得到雾化特性参数（破碎长度、液滴尺寸及分布等）与喷嘴几何、工作参数以及凝胶推进剂物性之间的数学关系。影响射流撞击雾化的因素有射流撞击夹角、速度以及凝胶推进剂的物性参数，而凝胶推进剂物性与胶凝剂及其胶凝过程密切相关，同一基体不同胶凝过程可以生成不同性质的凝胶推进剂，其雾化模式也有很大的差异。依据射流条件，不同类型的凝胶推进剂有不同的雾化模式。

1.射流撞击雾化的模式

就目前射流撞击雾化研究的结果来看，幂律型射流撞击形成的雾场与牛顿流体有相近的雾化模式，大致上可将雾场分为“边缘封闭模式”“周边封闭下游敞开模式”“边缘敞开模式”及“雾化模式”，不同的研究者提出的分法不尽相同[117,118,121,122]，但大致模式是相似或者相近的；随着射流孔径、撞击夹角、射流速度的增加、所使用的模拟液不同，不同模式的转化点可能有所区别，但雾化的大致过程一般如此。

如图 6.3 所示，“边缘封闭模式”一般出现在射流的撞击交角较小、射流速度较低的情况下，此时，两股射流撞击的动量在撞击点形成了液膜，但液膜的速度较低，与环境的作用尚不足以使液膜边缘产生较低的波动，整个液膜的边缘是完整的，即使液膜中间出现了“空泡”，但其能量太小，之后，在表面张力及黏性力的作用下，液膜又收敛到一起，形成了新的射流。较之前者，当射流的实际撞击动量（撞击动量在法向的分量，与撞击夹角及速度有关）达到一定值时，尽管液膜的边缘仍然是封闭的，即环境气体的作用虽不能使液膜破碎，但此能量也使得液膜无法再收缩到一起，于是，形成了液膜边缘封闭，但下游处于敞开的形态（“周边封闭、下游敞开模式”），此时，液膜中心形成了大量的“空泡”，在下游，这些“空泡”之间形成了液丝。当撞击的动量再大一点时，液膜在较下游处，其厚度进一步变薄，气动力、表面张力及黏性力的共同作用，使得液膜再也难以连续，于是出现了边缘破碎的“边缘敞开模式”。当撞击的动量足够大时，撞击点形成的液膜已经很薄，速度也较大，在气动力的作用下，液膜自身的表面张力及黏性力再也无法使液膜保持完整的连续形态，于是就产生了“雾化模式”。

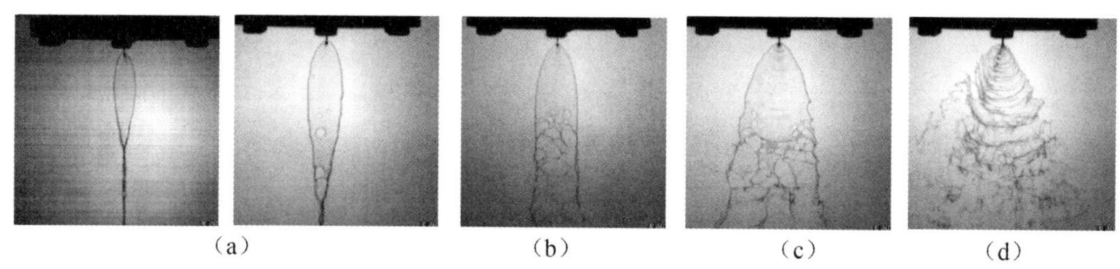

(a)　(b)　(c)　(d)

图 6.3 射流撞击雾化的形态

(a)边缘封闭模式；(b)周边封闭、下游敞开模式；(c)边缘敞开模式；(d)雾化模式

(1)边缘封闭模式。边缘封闭模式下，雾场呈现的是一个垂直于两股射流面的平滑液膜，液膜轮廓边缘较厚，在液膜下游，边缘再次合成一股射流。前面已述，这是由于两股射流撞击后，撞击点处形成一个高压区，在压力势能转换为动能的过程中，使得液膜横向扩展，展成液膜；而因液膜横向速度和竖直速度的分量不同，在重力作用的影响下，横向动量无法使液膜进

一步展开或者破碎，从而形成了纺锤体形状的闭合边缘模式。图 6.4 为 1[#] 模拟液的实验结果。从实验结果来看，模拟液射流速度在 3～7 m・s^{-1}时，广义雷诺数 Re_{gen} 在 192～613 范围内，雾化模式处于闭合边缘模式。由图 6.4 还可以看出，模拟液在较低撞击速度时形成较厚的边缘，边缘有扰动，但不能破碎(这与牛顿流体有很大差别)。在闭合边缘模式下，液膜长度和宽度随射流速度的变化关系如图 6.5 所示。图 6.5 表明，当雾场处于闭合边缘模式时，其形态随射流速度的增加，液膜宽度增加较为缓慢，液膜长度相比于宽度增长快得多，固定撞击夹角不变的情况下，液膜的长度对速度变化较为敏感。

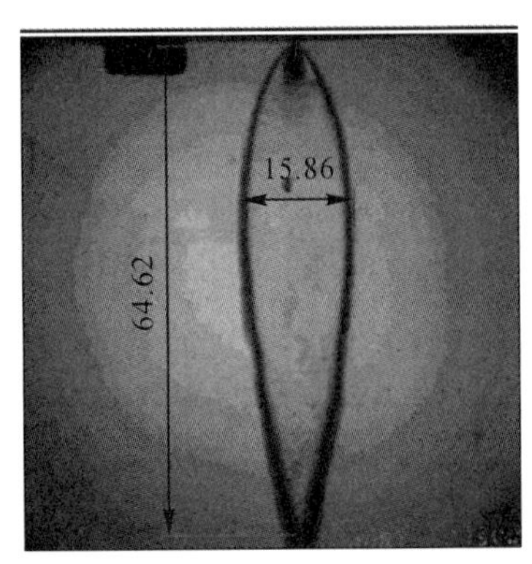

图 6.4　闭合边缘模式的液膜形状

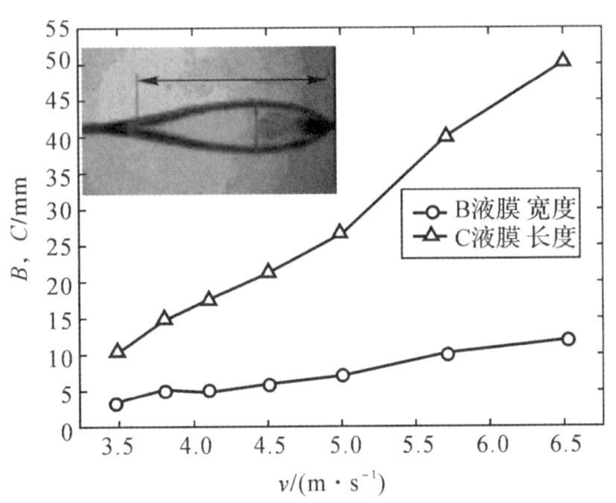

图 6.5　液膜长度和宽度随射流速度的变化

试验过程中还会出现一个现象，即在边缘封闭模式下，随着射流速度的增加，液膜边缘开始出现不稳定扰动，与此同时，液膜表面出现了穿孔薄膜式破碎。在距离撞击点一定距离后，穿孔的尺寸逐渐变大，直至与相邻的孔连通，从而形成不规则形状的液带或液丝，但后续又聚合形成一股射流。图 6.6 是在恒定射流雷诺数下拍摄得到的一组模拟液液膜合成射流的动态过程。在上述整个过程中，液丝并没有发生断裂。

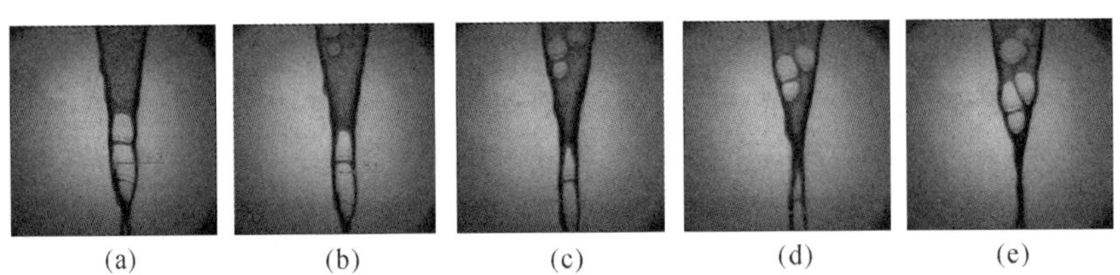

(a)　(b)　(c)　(d)　(e)

图 6.6　液膜合成射流的动态过程图像

(a) t =0 ms; (b) t =44 ms; (c) t =88 ms; (d) t =132 ms; (e) t =176 ms

上述现象在牛顿流体的雾化过程中没有观察到。此种现象类似于一股射流从中间分开，而液丝不会断裂，这可能预示凝胶模拟液具备一定的弹性(或拉伸黏性)，而这种特性对雾化性能的影响也较大。由此，又可以把“边缘封闭模式”再细分为“边缘封闭模式、液膜完整”及“边缘封闭模式、内部空洞”等模式。

图 6.7 是射流速度为 7.2 m・s^{-1}不变，不同撞击夹角下的雾场图像。由图 6.7 可见，在闭合边缘模式下，液膜宽度受撞击角的影响非常敏感，撞击夹角增大，液膜受到的横向动量增大，促进了液膜的径向展开。当撞击夹角增大到 90°时，液膜宽度明显增加，同样撞击速度(雷诺

数)下,雾场出现了另一种雾化模式——“周边封闭、下游敞开模式”。

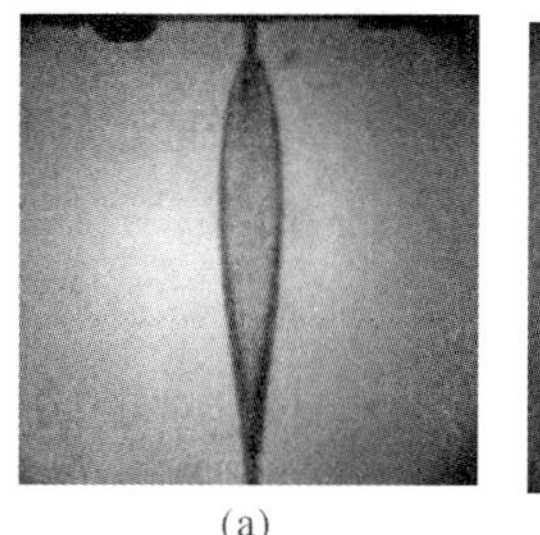
(a)

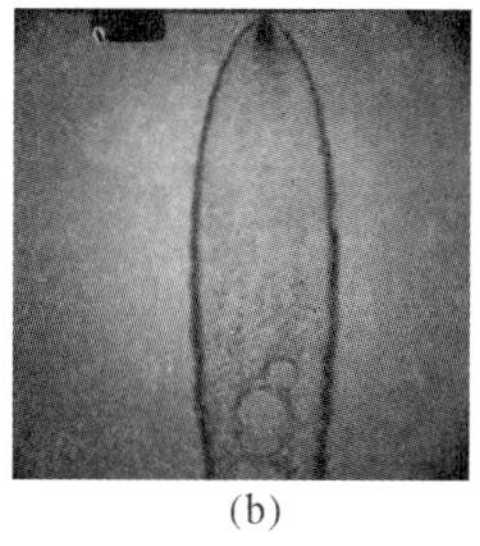
(b)

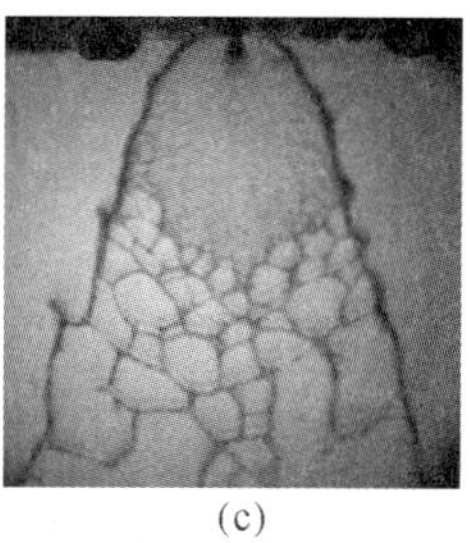
(c)

图 6.7　射流撞击夹角对雾化模式的影响($v=7.2\ \mathrm{m\cdot s^{-1}}$, $Re_{gen}=613$)

(a) $\alpha_{夹}=40°$; (b) $\alpha_{夹}=60°$; (c) $\alpha_{夹}=90°$

(2) 周边封闭、下游敞开模式。就实验现象看,当模拟液射流撞击动量进一步增加(如这里的射流速度在 $8\sim13\ \mathrm{m\cdot s^{-1}}$ 、射流广义雷诺数在 786～1 390 范围内)时,液膜受到的横向力增强,液膜边缘不再合成一股射流,液膜的周边依然封闭,但下游再难合成为一股射流,呈现出“下游敞开”模式。此模式下,射流速度较低时,在液膜表面是看不到不稳定波,只是在下游位置处液膜出现穿孔,相邻的孔可能会连在一起,形成不规则形状的液带或液丝;射流速度增加到一定值后,液膜表面会出现扇形的不稳定波,并且不稳定波顺着液膜轴向传播,此时下游位置处形成的穿孔薄膜破碎加剧(见图 6.8)。撞击射流雾化的原理[123]告诉我们,两股射流撞击后,射流撞击点处因瞬间滞止,会存在压力较高的区域,流体在滞止点处减速后,又加速到接近射流的初始速度。滞止点的静压理论上等于液体集液腔的总压。滞止区的高压使得液体沿横向散布,形成扇形,也就是说由于滞止区的高压,会在液膜表面形成扇形的不稳定波,射流速度较低或者角度较小时,形成的不稳定波振幅和频率都较小,模拟液的黏性又较高,阻尼较大,阻碍了不稳定波的传播,这种不稳定波在射流速度较低时看不到,当其达到一定值时,拍摄的图像中就可以观察到清晰的波形。

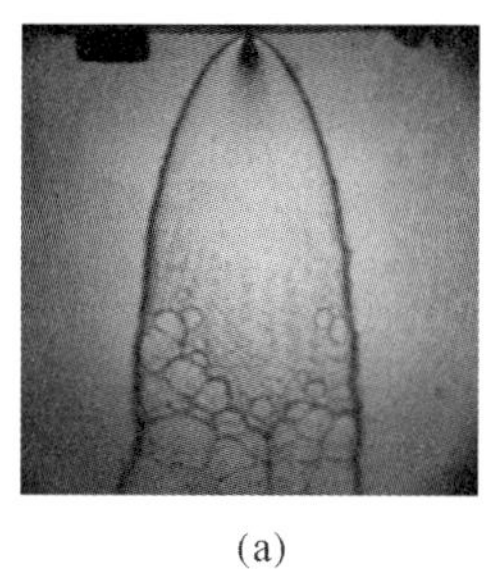
(a)

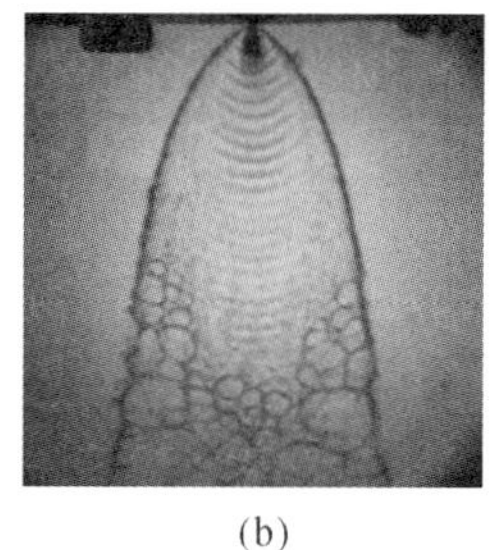
(b)

图 6.8　周边封闭、下游敞开模式

(a)无不稳定波; (b)有不稳定波

在雾场的下游仔细观察可以发现,在“周边封闭、下游敞开模式”下,随着射流广义雷诺数的增加,液膜宽度也在增加,但在一定的广义雷诺数范围内,液膜的宽度增加程度较小(见图 6.9)。对处于液膜张开模式下,不同射流雷诺数对应的液膜宽度和表面不稳定波的波长进行测量,可以得到液膜宽度及不稳定波长随广义雷诺数的变化如图 6.10 和图 6.11 所示。

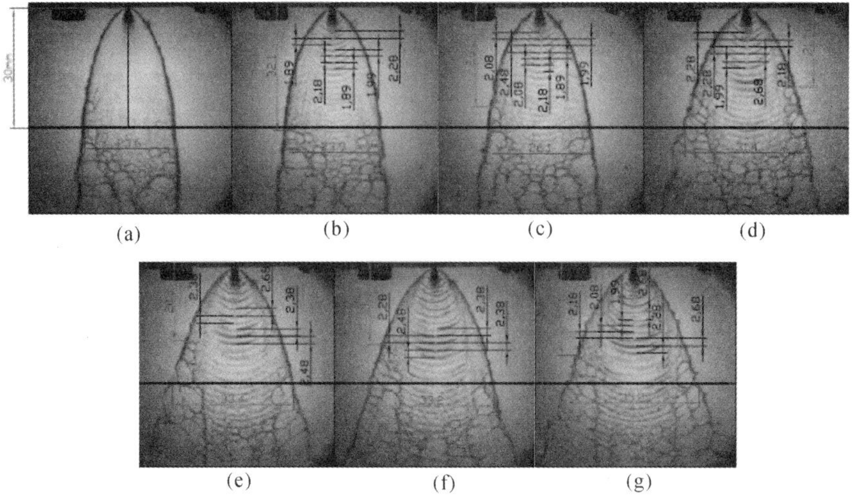

图 6.9　周边封闭、下游敞开模式的雾场图像

(a) $Re_{gen}=786$；(b) $Re_{gen}=843$；(c) $Re_{gen}=910$；(d) $Re_{gen}=996$；(e) $Re_{gen}=1\ 102$；(f) $Re_{gen}=1\ 211$；(g) $Re_{gen}=1\ 304$

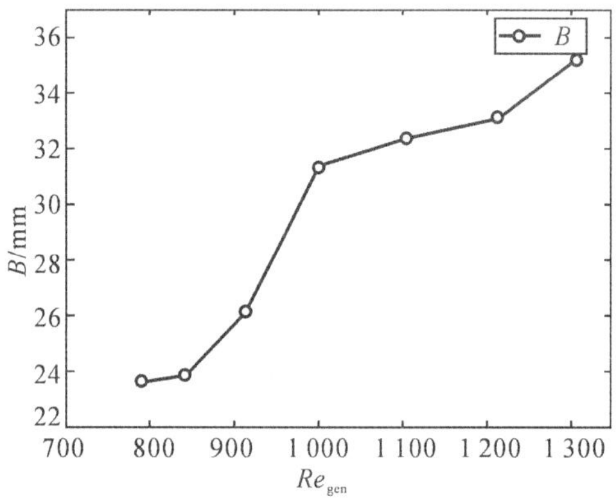

图 6.10　距喷嘴出口 30 mm 处液膜宽度随雷诺数的变化

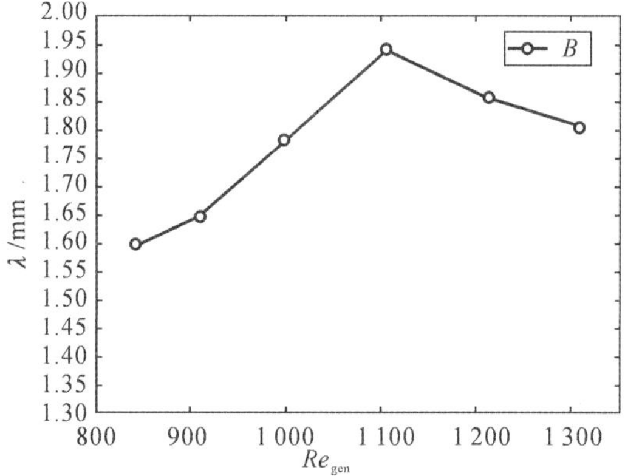

图 6.11　不稳定波长与射流广义雷诺数的关系

与“边缘封闭模式”相似，固定射流速度，改变射流撞击夹角，雾场模式也会发生变化。图6.12表明，液膜宽度或者模式受撞击夹角的影响非常敏感，仅仅变化撞击夹角，雾场就会出现不同的模式。在撞击夹角为 40°时，雾场还看不清楚撞击波；当撞击夹角增大到 60°时，已经可以清楚地观察到液膜表面的撞击波；当撞击夹角增大到 90°时，雾场下游位置处的穿孔破碎异常剧烈，液膜边缘基本消失，呈现出的雾化模式已不同于“边缘封闭模式”了。

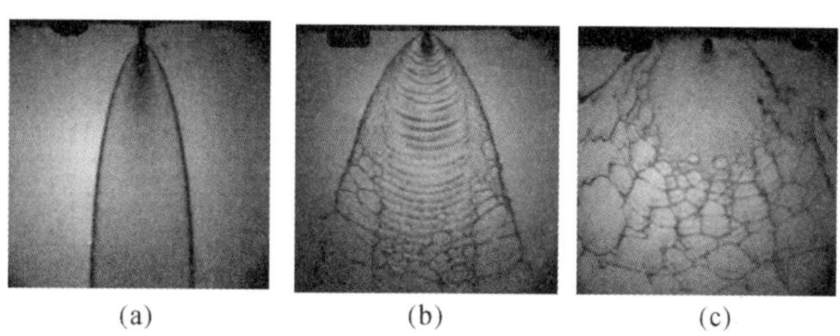

图 6.12　射流撞击夹角对雾化模式的影响（$v=11.7\ \mathrm{m\cdot s^{-1}}$，$Re_{gen}=1\ 211$）

(a)$\alpha_{夹}=40°$；(b)$\alpha_{夹}=60°$；(c)$\alpha_{夹}=90°$

(3) 边缘敞开模式。当射流速度进一步增加，液膜的扰动随之增加，模拟液的液膜边缘处穿孔破碎的位置上移，液膜会收缩成较大的液丝，液丝在扰动作用下断裂，液膜的边缘敞开（见图 6.12(c)），而这又与模拟液的特性有关，不同物性的模拟液呈现的边缘形态会有不同。

(4) 雾化模式。雾化模式下，随着射流速度的增大，不稳定波的振幅增加，液膜在不稳定波的控制下会形成周期性的液丝向下游传播（见图 6.13）。这里的雾化与模拟液的物性系数关系极大，对于稠度系数较大的模拟液，很难观察到明显的液丝破碎成液滴的破碎过程，即使较高的射流速度下，液丝的进一步破碎也很困难，雾场的边缘可以观察到各种直径的液丝杂乱交织在一起，仅产生了少量液滴，液丝直径较小时，拉伸黏性或黏弹性还是会严重影响液丝的破碎过程。

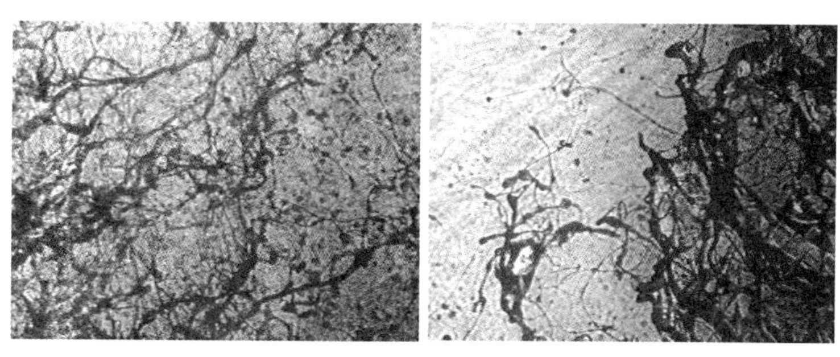

图 6.13　雾场下游区域液丝边缘图像

（1# 模拟液、$v=50.6\ \mathrm{m\cdot s^{-1}}$、$d=1.0$ mm、$\alpha_{夹}=60°$）

2.射流撞击雾化的表征[114]

图 6.14 是孔径为 0.3 mm 的双股撞击式喷嘴，用 1# 模拟液，在射流速度为 51.5 $\mathrm{m\cdot s^{-1}}$ 条件下获得的模拟液喷雾图像。从图 6.14 中可以清楚地看到双股射流的撞击点，从撞击点产生并传播的扇形撞击波以及随后的液丝断裂等雾化过程。通常，水射流撞击形成的喷雾场可以分为撞击波和液扇形成区、液膜和液丝雾化区、液滴二次雾化和完全雾化区。类似，文献[114]提出，将幂律型流体射流撞击形成的喷雾场也分为规则扇形的液丝区（撞击波和液丝形成区，见图 6.14(a) Ⅰ区）、紊乱网状的液丝区（见图 6.14(a) Ⅱ区）、液丝和液滴共存区域（见图 6.14

(a)Ⅲ区)。与水雾化相比,由于没有或者少有撞击直接产生的液滴,射流与外界气体的相对运动产生的作用力尚不能对液体边缘造成较大的破坏,幂律型流体射流撞击产生的雾场气液分界面更为清晰,撞击雾化产生的喷雾角 β 更易确定(见图 6.14(b))。与水形成的喷雾场相对应,定义凝胶推进剂雾化液丝的破碎长度为从撞击点到紊乱网状的液丝区结束处之间的距离(见图 6.14(a) L_p)。由图 6.14(a)可以看到,凝胶推进剂雾化过程中,破碎长度之后,液丝并没有很快全部破碎成为液滴,喷雾场是液丝和液滴共存的区域,这是幂律型流体雾化的一个特点。文献[121]使用阴影技术,研究了含金属颗粒的凝胶推进剂的雾化,实验获得了凝胶推进剂的喷雾图像,依据射流雷诺数将雾化分为射线型(Rays - Shaped Pattern)、液丝型(Ligament Pattern)以及完全发展型(Fully Developed Pattern),其凝胶推进剂为 Jet A - 1 (50% Jet A - 1, 7.5% Thixatrol ST, 7.5% MIAK 和 35% Al particles)。这里使用模拟液基体为水,胶凝剂为有机胶凝剂,主要是有机高分子材料。在凝胶推进剂中,这些高分子材料会形成一个三维骨架。流动时,模拟液得到的高速剪切会破坏这种三维骨架,相对于受剪切前,模拟液表征出来的就是在高剪切速率下具有的较低的黏性。比水雾化更困难的是,除了通常液体的表面张力和黏性力之外,凝胶推进剂雾化还需要依靠外力破坏高分子材料中高分子链之间的键合力,它需要一个较大的外界作用力(包括外界作用的气动力等)。从目前来看,在实验范围内,仅仅依靠射流的势能、动能、外界气动作用力或者气体撞击直接作用的冲击力尚不足以破坏高分子长链之间的键合力,文献[124]有同样的研究结论,凝胶推进剂雾化后最终是液丝和液滴共存的喷雾场。

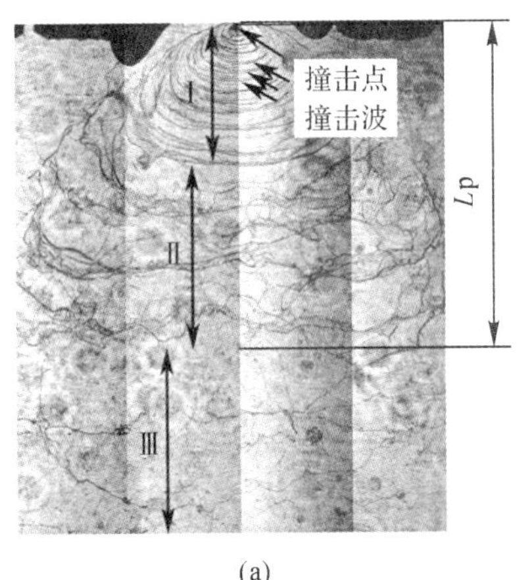

(a)

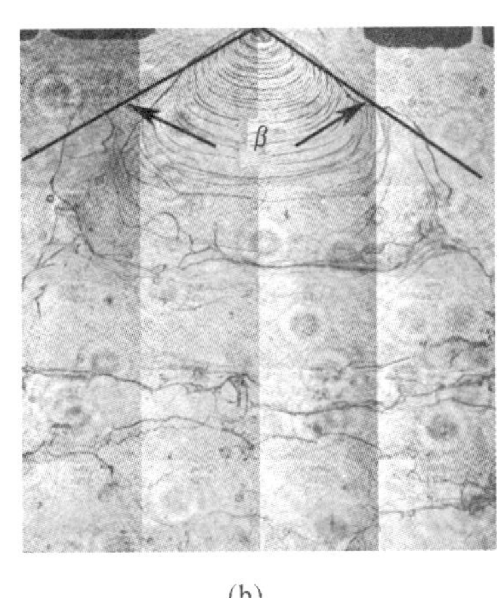

(b)

图 6.14 射流撞击雾化雾场

(a)Ⅰ,Ⅱ,Ⅲ区及 L_p;(b)喷雾部

图 6.15 是图 6.14(a)下游区域的局部图,从图 6.15 可以看出,在液丝和液滴共存区域,网状的液丝尚未完全断裂,部分液丝仍然相互连接在一起。还可注意到,部分液丝的连接点或者交叉点存在结点,这些节点的直径大于液丝的直径。对不同位置处液丝的直径进行测量,图 6.15 所示条件下的液丝直径范围为 40～130 μm,大部分的液滴直径都偏大,最大的液滴直径约 300 μm。这些问题充分说明,模拟液胶凝方式和固有的高黏性是影响雾化的主要因素,同时,模拟液可能存在一定的弹性。

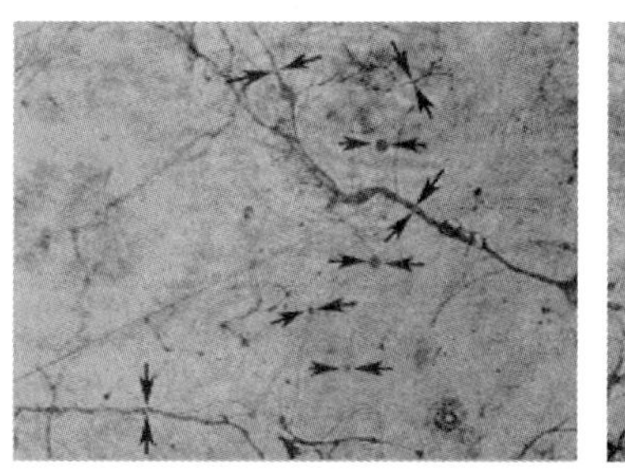
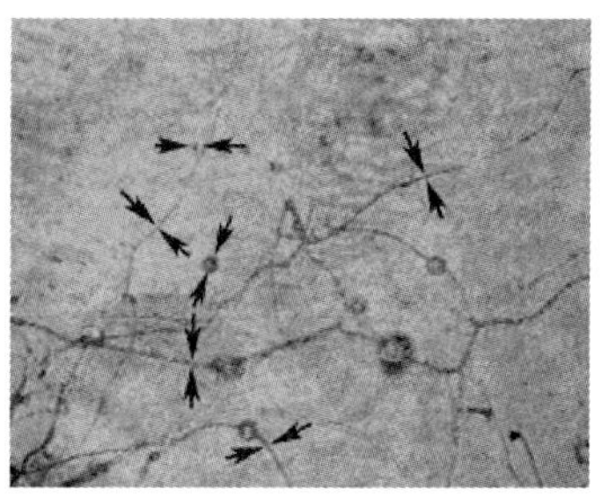

图 6.15　射流撞击雾化($d=0.3$ mm, $\alpha_{夹}=90°$, $v_{sim}=51.5\ m \cdot s^{-1}$, 2# 模拟液)

6.3.2　相关参数对射流雾化的影响

(1)撞击夹角的影响。双股撞击射流的撞击夹角 $\alpha_{夹}$ 取 40°,50°,60°,70°,80°和 90°6 种。射流孔径均为 1.0 mm,保持 2# 模拟液射流速度为 25.3 $m \cdot s^{-1}$不变,应用激光全息术获得了不同撞击夹角喷嘴在相同射流速度下的喷雾图像,如图 6.16 所示图像横向尺寸约 33 mm,轴向约 56 mm(小幅 11 mm×8 mm)。

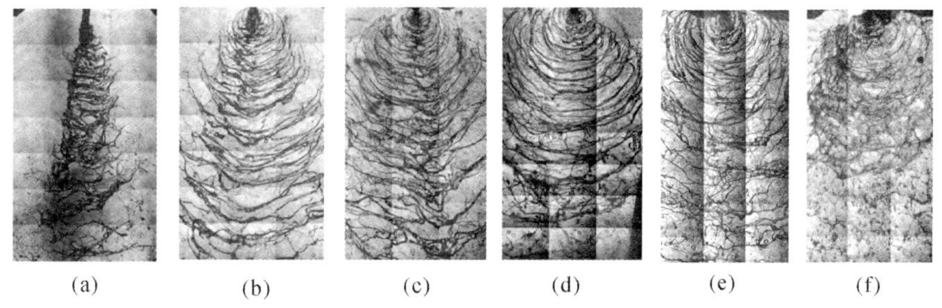

图 6.16　双股射流撞击雾化图像(孔径为 1.0 mm,2# 模拟液)

(a) $\alpha_{夹}=40°$; (b) $\alpha_{夹}=50°$; (c) $\alpha_{夹}=60°$; (d) $\alpha_{夹}=70°$; (e) $\alpha_{夹}=80°$; (f) $\alpha_{夹}=90°$

图 6.17(a)～图 6.17(f)是撞击夹角 $\alpha_{夹}$ 为 40°～90°时,相同射流速度下水的喷雾图像。

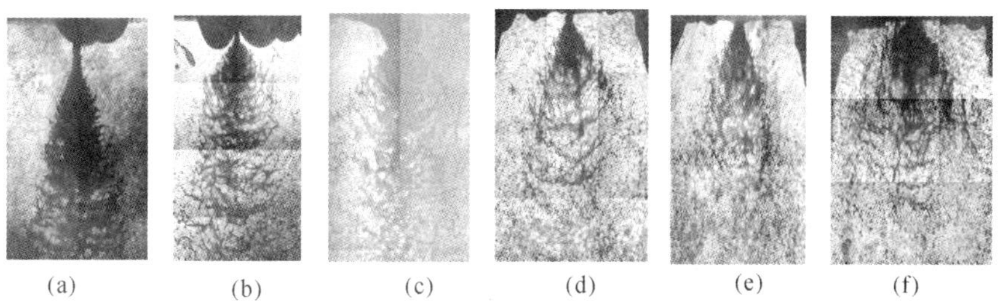

图 6.17　双股水射流撞击雾化图像(孔径为 1.0 mm,水)

(a) $\alpha_{夹}=40°$; (b) $\alpha_{夹}=50°$; (c) $\alpha_{夹}=60°$; (d) $\alpha_{夹}=70°$; (e) $\alpha_{夹}=80°$; (f) $\alpha_{夹}=90°$

从图 6.16(a)～图 6.16(f)中可以清楚地观察到,幂律型两束流在撞击点传播出的环形不稳定波是沿着液膜向下传播。典型的雾化过程是液膜先破碎成液丝,液丝再破碎成液滴,在液丝的边缘偶尔会出现与液丝相连的大尺寸的液滴。从 2# 模拟液的喷雾图像看,撞击夹角小时，轴向(不稳定波传播的方向)惯性力要比横向(垂直轴向的方向)的大，限制了模拟液向其他方向展开，因此雾化主要集中在轴向方向。随着撞击夹角增大，横向方向惯性力增加，液膜进一步展开，当撞击夹角大于70°时，从喷雾图像已经很难看到喷雾角了，并且喷雾扇发生了偏斜，只能清楚地看到液膜到液丝的破碎过程，在下游尚不能清晰地观察到液丝到液滴的破碎过程，只能观察到液丝在下游开始紊乱，环形不稳定波开始不明显。随着撞击夹角增大，模拟液的雾化有变好的趋势，但效果不明显。

将图6.16(a)～图6.16(f)依次与图6.17(a)～图6.17(f)对比，可以发现：模拟液与水在雾化的程度上有很大的差别，在水的雾化过程中可以看到雾化分为撞击波与液扇形成区，液膜、液丝雾化区，液滴二次雾化及完全雾化区。表征雾化特性的参数，如破碎长度和液滴都可以清楚地看到。如图6.16所示的模拟液的雾化图像中模拟液形成的液膜和液丝在喷嘴轴向的长度要大于相同工况下的水形成的液膜和液丝长度。如撞击夹角为70°时，在喷注器轴向约30 mm处，水形成的液丝已经完全破碎，而模拟液形成的液丝在60 mm以上尚没有破碎。撞击夹角大于70°，在轴向30 mm以后，水基本雾化成很细的液滴，而模拟液依然是相互连接的液丝。在模拟液的喷雾图像上只能清晰地看到撞击波与液扇形成区，液膜、液丝雾化区，可以近似得到喷雾角，但是很少看到滴径，完全雾化的区域更是没有。说明模拟液的雾化比水要困难。

为了表征雾化过程中各种力的相对量级，引入无量纲数 Re 和 We。虽然在模拟液雾化过程中，能否使用无量纲的 Re 和 We 来表征还存在争议，但是在一定程度上无量纲数还是能反映出牛顿流体和非牛顿流体在雾化过程的差别。按照Ranz[17]的方法，对两股撞击式喷嘴形成液膜的厚度进行估算，液膜的厚度和形状与喷孔直径、射流速度以及流体特性等有关，即

$$\delta/d \sim 0.16Re^{-1/7}$$

式中，δ 为液膜厚度；d 为喷孔直径。

对于牛顿流体水，有

$$Re=\frac{\rho_{水}\ v_{水}\ d}{\mu_{水}}=25\ 249$$

式中，$\rho_{水}=998\ \mathrm{kg\cdot m^{-3}}$，$v_{水}=25.3\ \mathrm{m\cdot s^{-1}}$，$d=1.0\ \mathrm{mm}$，$\mu_{水}=1.0\times10^{-3}\ \mathrm{Pa\cdot s^{-1}}$，估算的液膜厚度 δ 大约为0.037 mm，因此水液膜破碎的 $We=\dfrac{\rho_{水}\ v^2\delta}{\sigma_{水}}=232$(其中 $\rho_{gel}=1\ 008.6\ \mathrm{kg\cdot m^{-3}}$)。

而对于模拟液，由于它属于剪切变稀流体，黏度不是一个定值，一般情况下采用非牛顿流体雷诺数来表征，由于模拟液在经过喷嘴喷孔时受到了很高的剪切速率，剪切速率值大概为 $2\times10^5\ \mathrm{s^{-1}}$，从模拟液流变特性实验结果来看，当模拟液在流动过程中，受到这么大的剪切速率时，它的黏度已经可以近似认为是一固定值，因此为了更好地与牛顿流体对比，模拟液的雷诺数表示为

$$Re=\frac{\rho_{gel}vd}{\mu_{gel}}\quad(其中\ \rho_{gel}=1\ 008.6\ \mathrm{kg\cdot m^{-3}},v=25.3\ \mathrm{m\cdot s^{-1}},d=1.0\ \mathrm{mm})$$

应用模拟液流变实验的结果，在高的剪切速率时，模拟液黏度 $\mu_{gel}=0.02\ \mathrm{Pa\cdot s^{-1}}$，因此模拟液的 Re 为1 275，估算的液膜厚度 δ 大约为0.057 mm，模拟液的表面张力与水具有相同的量级，$\sigma_{gel}=0.076\ 3\ \mathrm{N\cdot m^{-1}}$，因此模拟液液膜破碎的 We 为

$$We=\frac{\rho_{gel}v^2\delta}{\sigma_{gel}}=484$$

具体的对比见表 6.1。

表 6.1　模拟液与水各种参数对比

介 质	参　数	Re	δ/mm	We
模拟液	$d=1.0\ \mathrm{mm}, v=25.3\ \mathrm{m\cdot s^{-1}}, \rho_{gel}=1\,008.6\ \mathrm{kg\cdot m^{-3}}, \sigma_{gel}=0.076\,3\ \mathrm{N\cdot m^{-1}}$	1 275	0.057	484
水	$d=1.0\ \mathrm{mm}, v=25.3\ \mathrm{m\cdot s^{-1}}, \rho_{水}=998\ \mathrm{kg\cdot m^{3}}, \sigma=0.071\,2\ \mathrm{N\cdot m^{-1}}$	25 249	0.037	332

通过对比可以发现，模拟液具有较高的剪切黏度，这直接会影响射流的流态和射流撞击形成液膜的厚度。如果假设模拟液的表面张力与水的表面张力量级相当，那么就估算的数据来看，模拟液液膜破碎的 We 将比水的大，因此，从数据简单的比较来看，要使模拟液得到较好的雾化，就需要更大的惯性力，这再次说明了模拟液比水雾化困难的原因。

通过以上分析，可以认为模拟液具有的较大的黏性是造成其雾化困难的主要因素，较高的黏性不但会增加形成液膜的厚度，还会阻尼不稳定波在液膜表面的传播，进而影响模拟液液膜、液丝直到液滴这样的破碎过程。

图 6.18 为模拟液雾化过程中得到的局部喷雾图像，由图 6.18 中可以发现模拟液与水不同的雾化特点，模拟液雾化形成的液丝在破碎成液滴的过程中要经过相当长的一段拉伸，即便是脱离液丝的液滴也还带着一段细长的液丝。这说明，模拟液在二次雾化期间，液丝破碎成液滴的过程中，已经不是仅仅取决于当地的相对流动状态和在初始雾化期间形成液丝的大小和形状，还有一个重要的影响因素就是模拟液自身具有的黏性。同时，可以发现，已经破碎的液丝似乎有收缩的现象存在，这说明模拟液在某种长度上存在一定的弹性。如果是这样，高聚物的胶凝剂会使得模拟液液丝破碎到液滴的过程更为复杂和困难。

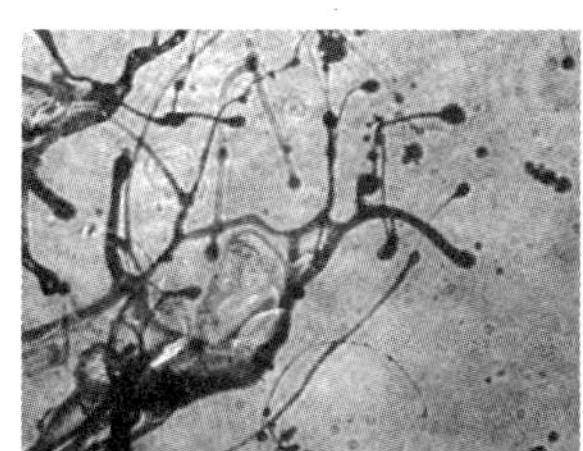
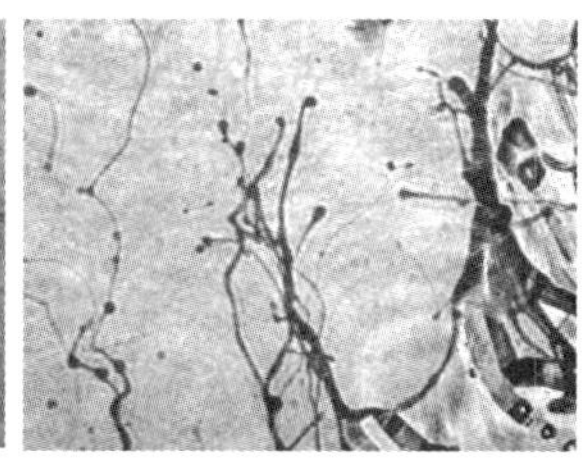

图 6.18　模拟液喷雾破碎局部图像

从实验得到的喷雾场微观图像中，可以定性的看到喷嘴撞击夹角对模拟液雾化的影响趋势，也可以分析出黏性，尤其是黏弹性对模拟液雾化的影响。通过与水的对比实验，如果模拟液表面张力与水量级相同，则影响模拟液雾化过程的主要因素就是模拟液的较高黏性（包括剪切黏度和拉伸黏度），尤其是黏弹性。

（2）射流速度的影响。一方面，增加射流速度的主要目的在于增加射流撞击的动量，有利于减小撞击形成的液膜的厚度。另一方面，与牛顿流体不同的是，对于幂律型流体，增加射流的速度还可以使模拟液的剪切黏性降低，使模拟液撞击形成的液膜有高的惯性力，有利于克服拉伸黏性的影响。实验选择撞击夹角 60°，孔径 1.0 mm 的喷嘴和 2# 模拟液研究射流速度变化对雾化的影响。射流速度分别为 25.3 m·s^{-1}，37.9 m·s^{-1}，50.6 m·s^{-1}和 58.2 m·s^{-1}，获得的模拟液喷雾图像如图 6.19 所示。

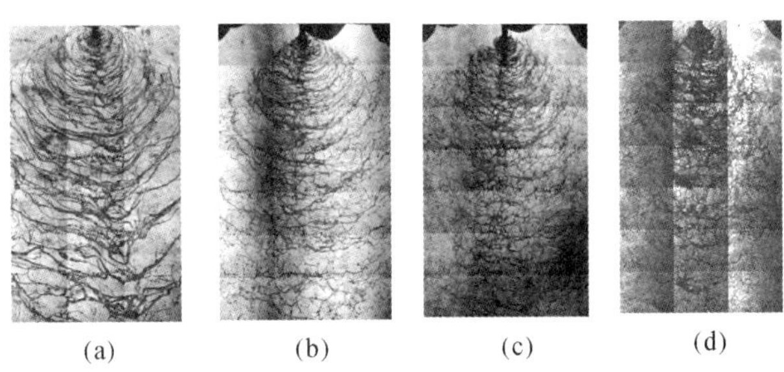

图 6.19 不同射流速度下双股射流撞击的喷雾图像(孔径 o 1.0 mm，2# 模拟液)

(a)v=25.3 m·s^{-1}；(b)v=37.9 m·s^{-1}；(c)v=50.6 m·s^{-1}；(d)v=58.2 m·s^{-1}

从喷雾图像中可以看到，增加模拟液的射流速度，雾化有明显变好的趋势。仅从喷雾图像来看，在高的射流速度下，模拟液的雾化好像与水已经非常接近，在液丝破碎的边缘，取了一幅局部图像(见图 6.13)。由图 6.13 中可以看到，增加射流速度，可以使液膜形成的液丝变细即液丝的直径变小，会有利于模拟液雾化，但是液丝的进一步破碎好像仍很困难，各种直径的液丝杂乱地交织在一起，并没有获得进一步的破碎。正如前文所计算，增加模拟液的射流速度，可以改变它的流动状态，形成的液膜厚度也会减小，惯性力的增加使得模拟液液膜形成的液丝也较细，但是拉伸黏性还是会严重影响液丝的破碎过程，虽然液丝的直径已经减小。

实验研究表明：增加射流速度可以促进模拟液的雾化。从增加模拟液射流速度得到的喷雾趋势来看，当射流速度增加到一定值时，总会克服模拟液的拉伸黏性，使模拟液得到相对较好的雾化，但是，无限制地增加射流速度实际上是不可行的，它会引起其他的一些问题。因此，在射流速度不能无限制增大的条件下，减小模拟液的拉伸黏性和弹性就成为一个方向，也就是说需要考虑调整模拟液的化学体系，即调整胶凝剂的成分和含量。

(3) 表面粗糙性对雾化的影响。由凝胶推进剂的流动特性研究结果可知，模拟液在直管内的流动可以分为剪切流动区域和柱塞流动区域(见图 3.1 和图 3.3 等)。在直圆管的壁面处，由于剪切作用，凝胶推进剂的黏性降低，存在大的速度梯度；在中间区域，由于剪切力小，速度梯度很小，流动以柱塞状流动。对于双股撞击式喷嘴，可以将其喷孔看作为一孔径很小的直圆管，当模拟液在喷孔中高速流动时，会得到了较高的剪切速率，也就是说会产生剪切变稀。

要使模拟液获得较好的雾化，就需要减小模拟液撞击前射流的剪切黏性，也即要增加模拟液在喷孔中流动的剪切变稀区，并防止壁面滑移的产生。增加喷孔的表面粗糙度，可以增加模拟液在喷孔中流动的剪切变稀区，防止壁面滑移的产生。鉴于此特性，设计加工了表面粗糙孔双股撞击式喷嘴，研究模拟液雾化特性。设计的双股撞击式喷嘴的参考孔径为 1.0 mm，撞击夹角为 60°。用 2# 模拟液、3# 模拟液分别进行雾化实验，以研究壁面粗糙孔和模拟液特性对雾化性能的影响，实验的压降范围为 0.2～2.0 MPa，模拟液的流量范围为 20～60 g·s^{-1}。其中 2# 模拟液质量流量 q_m 分别为 30 g·s^{-1}和 40 g·s^{-1}时喷雾图像如图 6.20 所示。

由 2# 模拟液喷雾图像可以明显地看到，相对于光孔双股撞击式喷嘴，表面粗糙孔双股撞击式喷嘴可使模拟液的雾化得到较大改观，从撞击点传播出的环形不稳定波已经不是很明显，射流速度增大，雾化有好转的趋势，通过喷雾局部图像(见图 6.21)来看，已经出现了一些液滴。

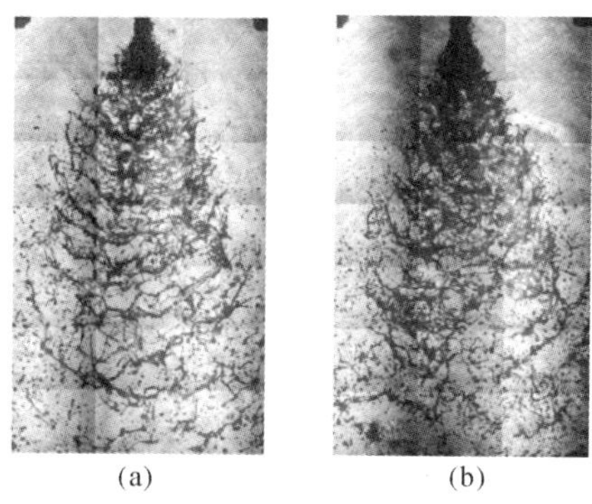

图 6.20　双股射流撞击喷雾图像(孔径为 1.0 mm,撞击夹角为 60°,2# 模拟液)

(a)$q_m=30$ g·s^{-1}; (b)$q_m=40$ g·s^{-1}

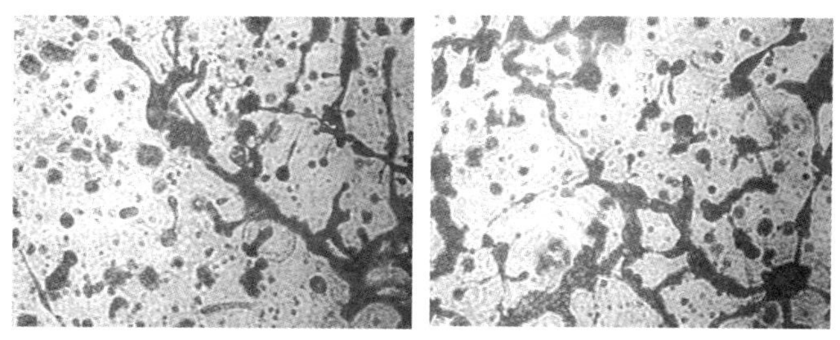

图 6.21　表面粗糙孔模拟液喷雾局部图像

实验结果表明,表面粗糙孔这种方式是可行的,它可以在喷注压降变化不大的情况下,促进模拟液的雾化。表面粗糙孔双股撞击式喷嘴,撞击夹角为 60°,3# 模拟液两股射流质量流量分别为 30 g·s^{-1}和 40 g·s^{-1}时进行了实验,得到的喷雾图像如图 6.22 所示。

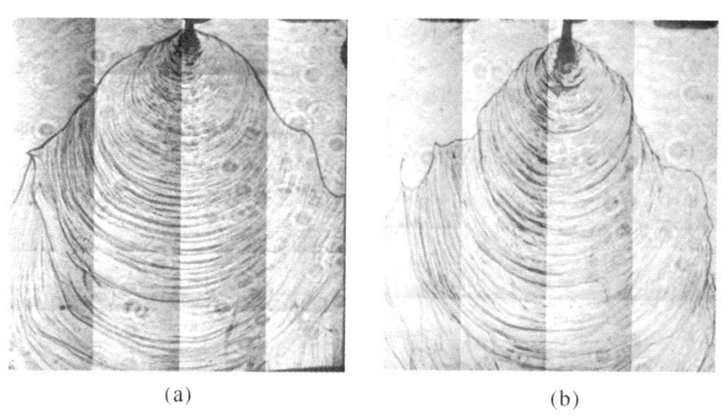

图 6.22　双股撞击式喷嘴喷雾图像(孔径为 1.0 mm,撞击夹角为 60°,3# 模拟液)

(a)$q_m=30$ g·s^{-1}; (b)$q_m=40$ g·s^{-1}

从 2# 模拟液的喷雾图像中可以看到,相对于光孔双股撞击式喷嘴,能在液膜表面看到不稳定波的形成,但是相对于 2# 模拟液的喷雾图像,并没有液膜到液丝的破碎过程。这就说明,表面粗糙孔双股撞击式喷嘴这种改变能促进模拟液的雾化,但是模拟液的特性是影响凝胶推进剂雾化的根本。

(4) 喷孔形状对雾化的影响。第3章已经分析了渐缩孔和突缩孔会都会增加幂律流体的出口剪切速率，且对孔的压降产生的影响不显著。既然收缩截面孔可以在较低的喷注压降下获得较高的射流速度，增加剪切变稀区域，还能防止壁面滑移的发生，可否考虑利用台阶型收缩截面孔，增加射流的速度、破坏射流的初始状态，提高射流撞击前的不稳定性，改善雾化。设计了台阶型的收缩孔(突缩孔)，进行台阶型收缩截面孔双股射流和光孔双股射流流量特性(射流孔径均为1.0 mm)实验研究，其结果如图6.23所示。从图6.23中可以看出，相同的喷注压降下，台阶型收缩截面孔双股射流流量要高于光孔双股射流，说明台阶孔破坏的射流初态，及射流的壁面效应，也即可以获得较高的喷射速度。

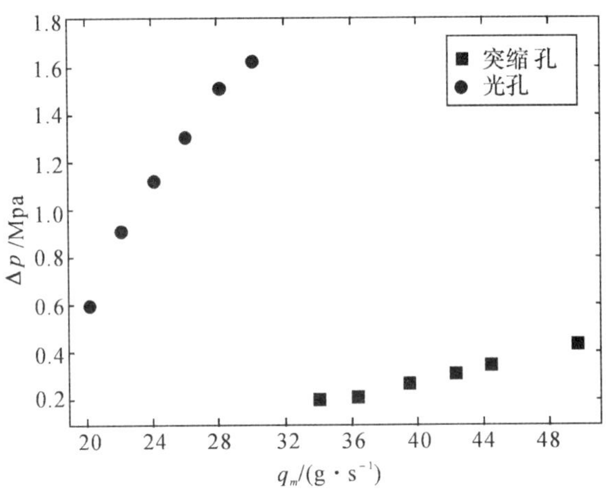

图 6.23 不同喷孔的流量曲线

1) 用台阶型收缩截面孔双股射流。对1#模拟液，在变流量的条件下进行了雾化实验，从获得的喷雾图像可以看到，台阶型收缩截面孔似乎并没有促进模拟液的雾化。但从雾化图像可以清晰地观察到从撞击点传播出的环形不稳定波，以及液膜到液丝的破碎过程；在射流速度增加时，在喷雾扇的边缘也出现了较大的扰动。但即使在较高的喷注压力条件下，模拟液仍然只能形成相互连接的长液丝，没有出现较大范围的液滴。台阶型收缩截面孔两股射流质量流量分别为30 g · s^{-1}和40 g · s^{-1}时的喷雾图像如图6.24所示。

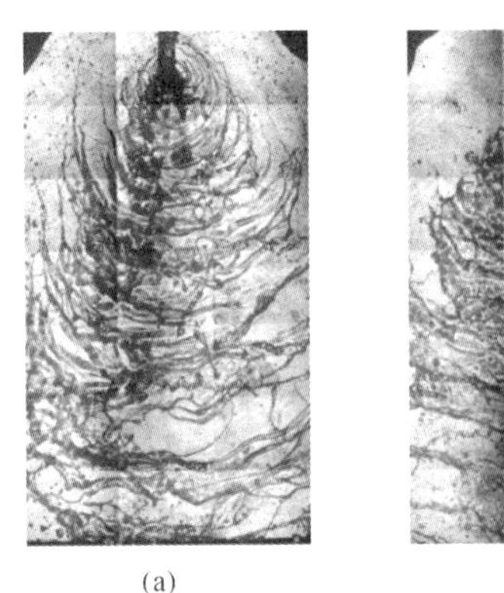
(a)

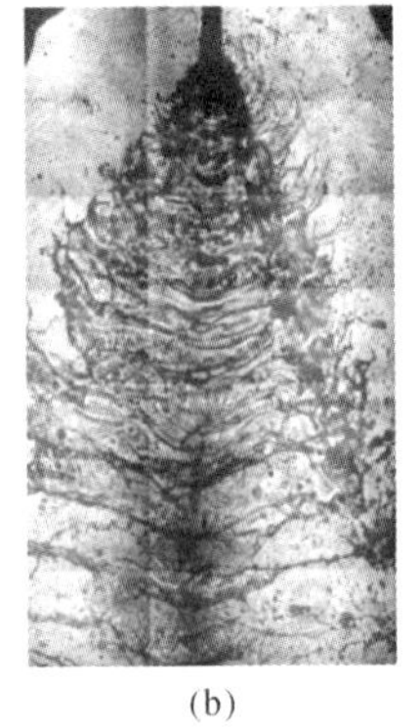
(b)

图 6.24 双股撞击式喷嘴(台阶型孔、出口孔径为1.0 mm，撞击夹角为60°，2#模拟液)

(a)q_m=30 g · s^{-1}；(b)q_m=40 g · s^{-1}

通过台阶型收缩截面孔双股撞击式喷嘴对模拟液雾化特性的研究，可以认为，这种台阶型收缩截面孔可以在较低的喷注压降下获得较高的质量流量，从而获得较高的剪切速率，在喷嘴出口获得较低的表观黏度；还有就是台阶孔之间的距离可能还会对模拟液的雾化产生一定的影响。仅从模拟液的喷雾图像来看，这种改变获得了促进雾化的定性效果，但无法获得定量的结论，这只是一种促进模拟液雾化的尝试和探索。

2）收缩截面孔三股及四股撞击。幂律型流体的剪切黏度较大，导致形成液膜的厚度较大，影响液膜的破碎。因此，有效减小液膜的厚度是促进雾化的途径之一。影响撞击射流液膜厚度的因素包括模拟液的特性、射流孔径及射流的速度。因此，也研究了收缩截面孔两股、三股及四股射流的雾化特性，其中射流孔径均为 0.3 mm，两股撞击射流的撞击夹角 90°，三股及四股撞击射流均为周向均布，如图 6.25 所示。

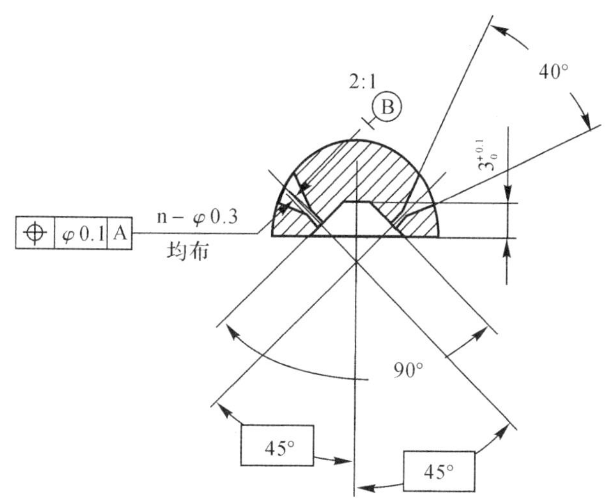

图 6.25　撞击式喷嘴喷孔分布示意图

对上述射流在不同压降下进行了雾化实验，实验发现：① 压降对雾化的影响与孔径为 1.0 mm撞击式喷嘴的影响趋势相同。② 在相同的压降条件下，小口径收缩截面孔喷嘴的雾化要优于较大孔径喷嘴的雾化，这主要表现在形成的液膜厚度较小，液膜破碎形成的液丝尺寸相对较小。③ 采用收缩型小口径的射流，对 2# 凝胶模拟液，在喷嘴压降 1.2 MPa 下，撞击形成的液膜均可以在距离喷嘴出口 30 mm 范围内破碎成液丝，进而形成液丝与液滴共存的雾化区域。但实验发现，模拟液具有的高黏性使得形成的液丝可以以 40～100 μm 的直径，形成近 50 mm长的细丝而不破碎成为液滴。这又一次证明了凝胶推进剂高黏性的作用，也说明，有效雾化凝胶推进剂的根本出路在于降低凝胶推进剂的黏度。④ 相对于双股射流而言，三股和四股撞击的射流雾化效果要差一些。对获得的实验结果进行分析，主要原因可能在于三股和四股幂律型流体相互撞击，形成的液膜可能较厚，并难以在一个方向展开，撞击能量的利用率要比双股射流撞击小。图 6.26 是两股撞击射流在不同射流速度时的 1# 模拟液喷雾图像。图 6.27(a)～图 6.27(c)为不同射流速度时的 1# 模拟液，用三股撞击射流得到的喷雾图像。图 6.28(a)～图 6.28(c)为不同射流速度时的 1# 模拟液和四股撞击式喷嘴分别得到的喷雾图像。

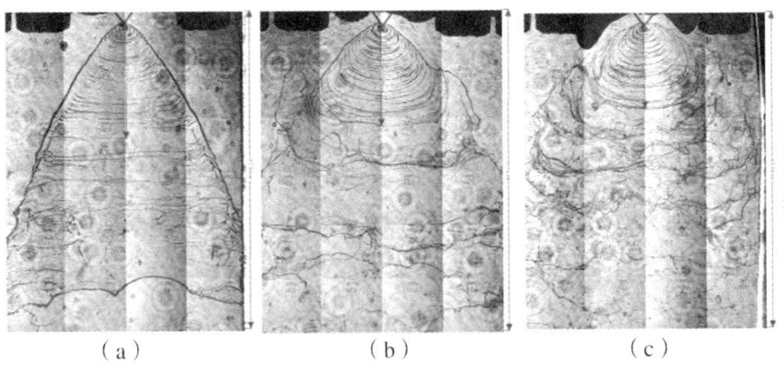

图 6.26　双股撞击式喷嘴雾化图像(孔径为 0.3 mm,撞击夹角为 90°,1[#] 模拟液)

(a)$v=22.6\ \mathrm{m\cdot s^{-1}}$, $Re_{\mathrm{gen(PL)}}=4\ 186$, $L_1=15.6$ mm; (b)$v=32.4\ \mathrm{m\cdot s^{-1}}$, $Re_{\mathrm{gen(PL)}}=7\ 922$, $L_2=13.7$ mm; (c)$v=51.5\ \mathrm{m\cdot s^{-1}}$, $Re_{\mathrm{gen(PL)}}=17\ 963$, $L_3=11.4$ mm

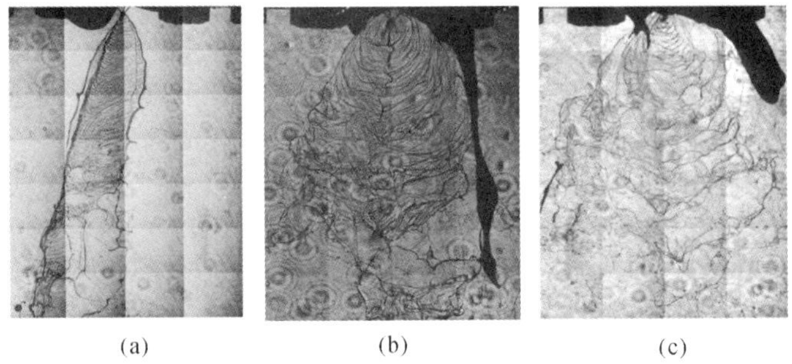

图 6.27　三股撞击式喷嘴雾化图像(孔径为 0.3 mm,撞击夹角为 90°,2[#] 模拟液)

(a)$v=12\ \mathrm{m\cdot s^{-1}}$; (b)$v=25\ \mathrm{m\cdot s^{-1}}$; (c)$v=35\ \mathrm{m\cdot s^{-1}}$

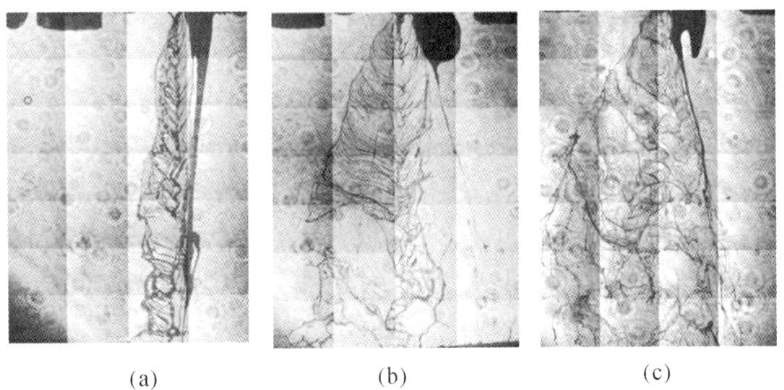

图 6.28　四股撞击式喷嘴雾化图像(孔径为 0.3 mm,撞击夹角为 90°,2[#] 模拟液)

(a)$v=17\ \mathrm{m\cdot s^{-1}}$; (b)$v=26\ \mathrm{m\cdot s^{-1}}$; (c)$v=35\ \mathrm{m\cdot s^{-1}}$

(5) 模拟液物性影响。剪切黏性、拉伸黏性以及弹性均是凝胶推进剂的固有特性,不同的凝胶具有不同黏性,或者说流变特性。为了对比胶凝剂配方和含量对幂律型流体模拟液流变特性,进而对雾化特性的影响,仍然选择两股撞击射流,在不同的撞击夹角和射流速度下用 3[#] 模拟液进行实验,再与 2[#] 模拟液喷雾图像进行对比,以研究模拟液特性对雾化特性的影响。

双股撞击式喷嘴撞击夹角 $\alpha_{夹}$ 取 40°,50°,60°,70°,80°和 90°共 6 种,喷嘴的两个孔径均为

1.0 mm。保持 3# 模拟液液射流速度为 25.3 m・s^{-1}不变，应用激光全息照相得到撞击夹角为 40°～70°的喷雾图像，如图 6.29(a)～图 6.29(d)所示。

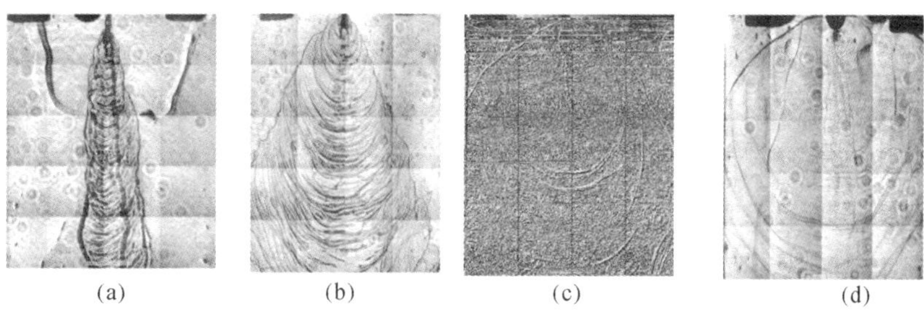

图 6.29　双股撞击式喷嘴雾化图像(孔径为 1.0 mm，3# 模拟液)

(a)$\alpha_{夹}$=40°；(b)$\alpha_{夹}$=50°；(c)$\alpha_{夹}$=60°；(d)$\alpha_{夹}$=70°

将图 6.17(a)～图 6.17(d)的水雾化特性，图 6.16(a)～图 6.16(d)的 2# 模拟液分别与图 6.29(a)～图 6.29(d)的 3# 模拟液对比，从水及两种模拟液在相同或者近似相同的条件下的喷雾图像总体来看，均可看到两股射流撞击后形成的液膜，以及不稳定波在液膜表面的传播，但是液膜破碎成液丝后，很难看到液丝的进一步破碎，更看不到水雾化能看到的液丝到液滴的破碎过程。另外，随着撞击夹角的增大，喷雾锥角也增加，当撞击夹角增大到 70°的时候，3# 模拟液产生的喷雾锥角的边沿已经接近喷嘴面，不能清晰地看到 80°，90°撞击夹角得到的喷雾图像。总体来看，3# 模拟液的雾化效果似乎要差一些。图 6.20 与图 6.22 同样能够说明问题。

图 6.30 和图 6.31 是 1# 模拟液和 3# 模拟液在撞击夹角为 60°，射流速度分别为 37.9 m・s^{-1}和 50.6 m・s^{-1}时得到的喷雾图像。从喷雾图像可以看到，增加射流速度，在液膜表面形成的不稳定波逐渐明显，液膜破碎成液丝或液线，但进一步的破碎仍然很困难。

将图 6.30(a)(b)分别与图 6.31(a)(b)进行对比，从两种模拟液在相同或者近似相同的条件下的喷雾图像总体来看，同样可以发现 3# 模拟液相对于 1# 模拟液雾化要困难一些。由于缺乏表征模拟液在雾场中雾化特性的参数(如液丝的剪切速率、黏度等)，尚无法定量说明模拟液之间在雾场中的物性数量上差异。但从表 2.1 所列的物性参数，图 2.10 所展示的 1# 模拟液、2# 模拟液及 3# 模拟液流变曲线，第 3 章提供的管路剪切速率特性推断出的喷嘴出口处两者的剪切速率等数据可以大致分析，3# 模拟液的剪切黏性要比 1# 和 2# 模拟液的剪切黏性大一点，这可能是其更难雾化的原因。

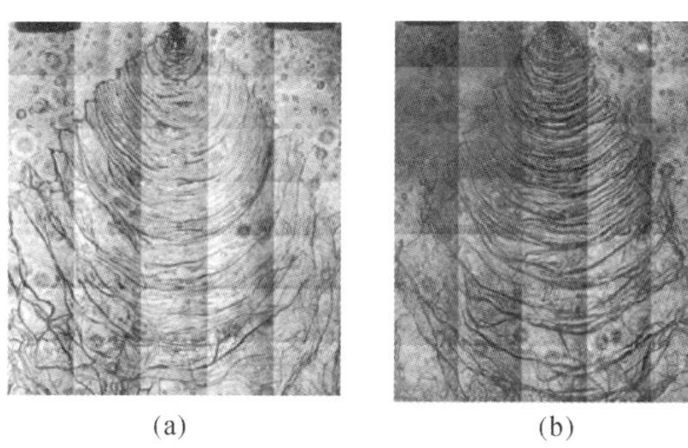

图 6.30　双股撞击式喷嘴雾化图像(孔径为 1.0 mm，撞击夹角为 60°，1# 模拟液)

(a)v=37.9 m・s^{-1}；(b)v=50.6 m・s^{-1}

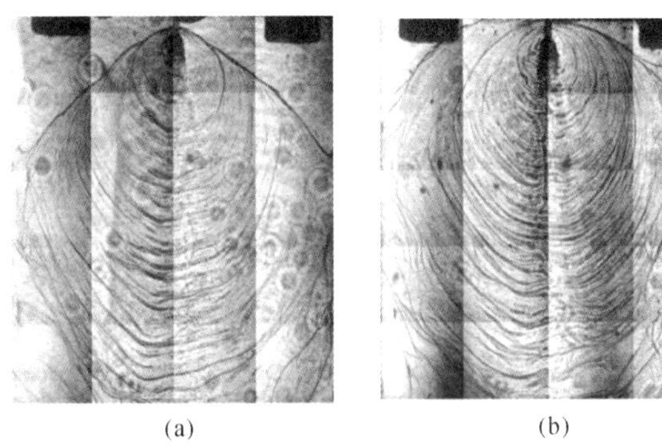

图 6.31 双股撞击式喷嘴雾化图像(孔径为 1.0 mm,撞击夹角为 60°,3# 模拟液)

(a)v=37.9 m·s^{-1}; (b)v=50.6 m·s^{-1}

(6) 温度对雾化的影响。幂律型流体的黏度是影响雾化的重要因素,而黏性受温度的影响。液体火箭发动机中,因燃烧室冷却、头部加热的导致因素影响,推进剂在进入燃烧室通常是被加热的,因而可以研究一下温度对雾化的影响。加热雾化实验主要还是用双股射流进行,实验件代号分别为 HJ(Y)-0.6(双股互相撞击射流、圆形孔、直径为 0.6 mm),HJ(Y)-0.6/20(双股互击射流、圆形孔、射流直径 0.6 mm 且有 20°锥形通道)和 HJ(J)-0.8(双股互相撞击射流、矩形孔、边长为 0.8 mm)。

考虑到水基模拟液的性质,加热试验中模拟液温度从 20~50℃,每间隔 5℃取一个工况,共进行了 20℃,25℃,30℃,35℃,40℃,45℃,50℃等共 7 个温度工况的试验。模拟液压力从 0.2 MPa 加压到 1.6 MPa,每隔 0.2 MPa 取一个工况,共进行了 0.2 MPa,0.4 MPa,0.6 MPa,0.8 MPa,1.0 MPa,1.2 MPa,1.4 MPa,1.6 MPa 等共 8 个压力工况的试验。数据处理的过程中,删除了考虑到部分低压工况(如 0.2 MPa)下试验参数及因喷嘴加工导致的明显偏差工况,部分参数下可用压力数据点为 6~7 个。

首先对模拟液在不同温度下的流变性能进行了测量,测量结果如图 6.32 所示。从图 6.32 可以看出,模拟液的表观黏度随剪切速率的增加而降低;当温度升高时,模拟液的表观黏度降低。因此,使用加热的方式改善雾化性能是可行的。

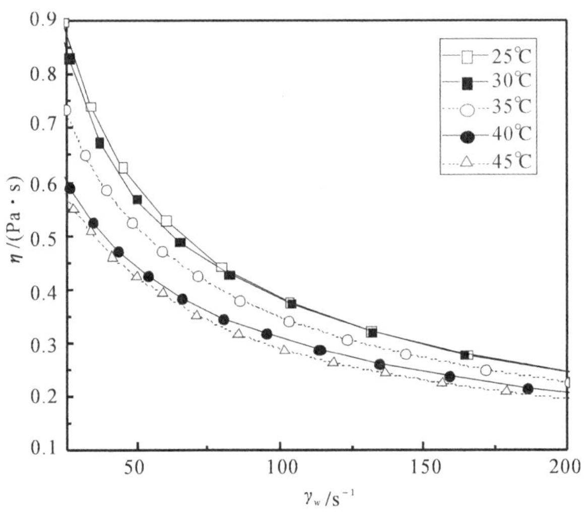

图 6.32 温度对模拟液流变性的影响

图 6.33 是双孔射流、1# 模拟液在相同温度、不同射流及压力工况下射流撞击雾化的试验喷雾照片。

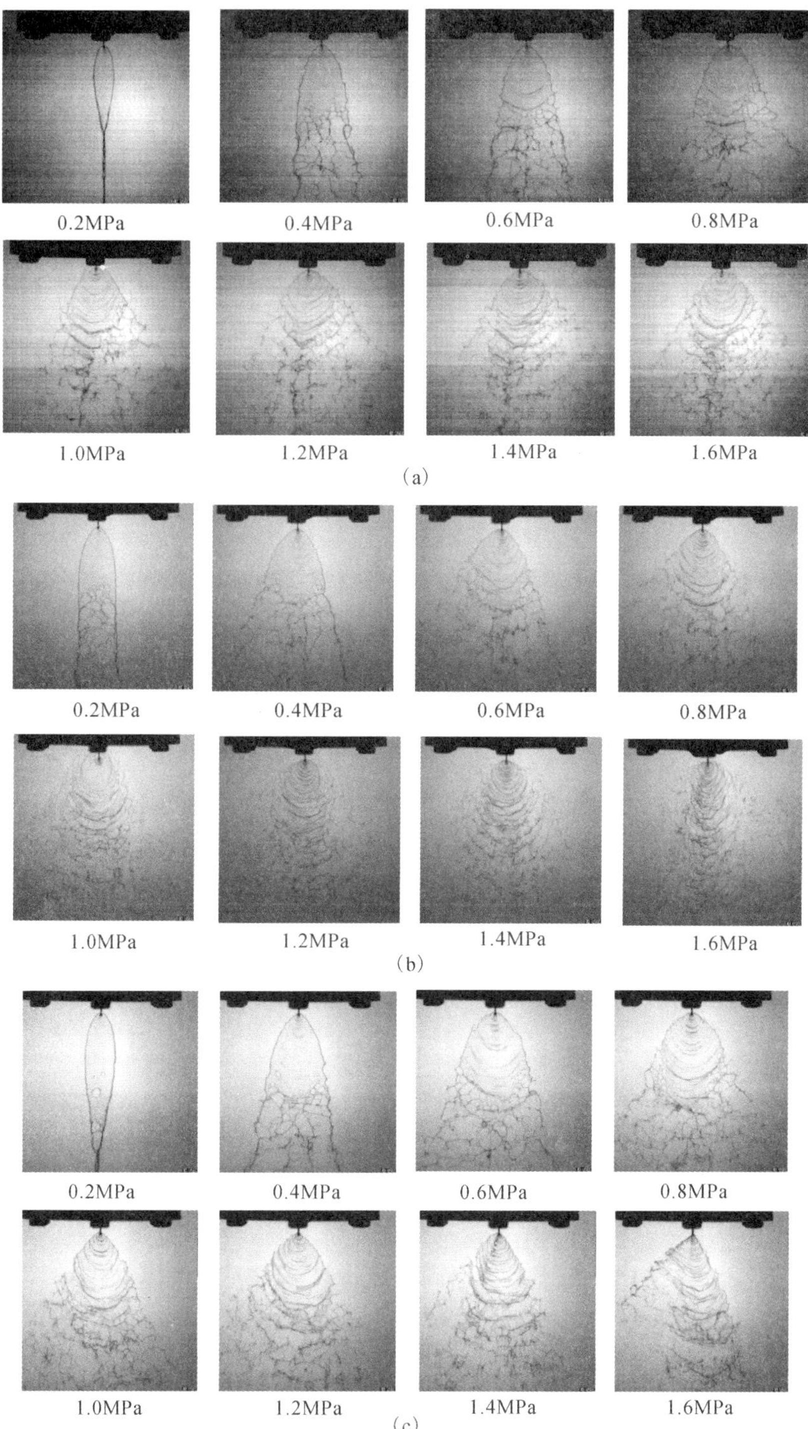

图 6.33　相同温度、不同射流及压力工况下射流撞击雾化的试验喷雾照片

(a)射流：HJ(Y)-0.6，温度为 30℃；(b)射流：HJ(Y)-0.6/20，温度为 30℃；(c)射流：HJ(J)-0.8，温度为 30℃

从图 6.33 中可以定性地看出：三种孔型的喷嘴在低压条件下，随着模拟液压力的增大，雾化效果越来越好。首先在低压力的时候是略微展不开的液膜，随着压力的增大，液膜上会逐渐出现穿孔；压力继续增大，这些穿孔会变得更大，继而破裂，与此同时液膜逐步张开，喷雾锥角不断变大；压力继续增大，撞击会更加剧烈，并且液膜会破碎成更多的液丝和液团，继而这些液丝和液团再破碎成小液丝甚至液滴。从图 6.33 还可以看出：图 6.33(a)和图 6.33(c)两工况下，可以明显地看到前面所提的“边缘封闭模式”“周边封闭、下游敞开模式”“边缘敞开模式”及“雾化模式”四种雾化形态；但在图 6.33(b)工况下，却看不到“边缘封闭模式”形态，在这里明显反映出了收缩孔对雾化的影响。图 6.33(a)(b)(c)三喷嘴的压降相同，但孔面积及孔型不同，喷嘴出口液流的速度、剪切速率各不相同，矩形孔的流量要大于圆形孔，但矩形孔对剪切速率的影响尚未研究，很难对两者进行更深入的对比分析。但从图 6.33 可见，似乎图 6.33(b)的雾化比图 6.33(a)(c)都要好一些。此外，都可以在液膜表面上明显地观察到扰动波的存在。这种扰动波是液膜破碎的最重要也最直接的原因。因而，其波长的测量也是这种雾化方式研究中很重要的一点。以上几点会在后面定量分析得出。

图 6.34 是 1# 模拟液在相同压力、不同孔整及温度工况下射流撞击雾化照片。从图 6.34 大体趋势上看出：随着温度的升高，模拟液的雾化质量会提升，雾化也会逐渐加剧。但是由于每个相邻工况的温度只相差 5℃，因而相邻工况间的雾化效果对比并不是十分明显。但是在流量特性、破碎长度的指标上均有不同程度的提升，这一点会在后面的具体分析中阐述。

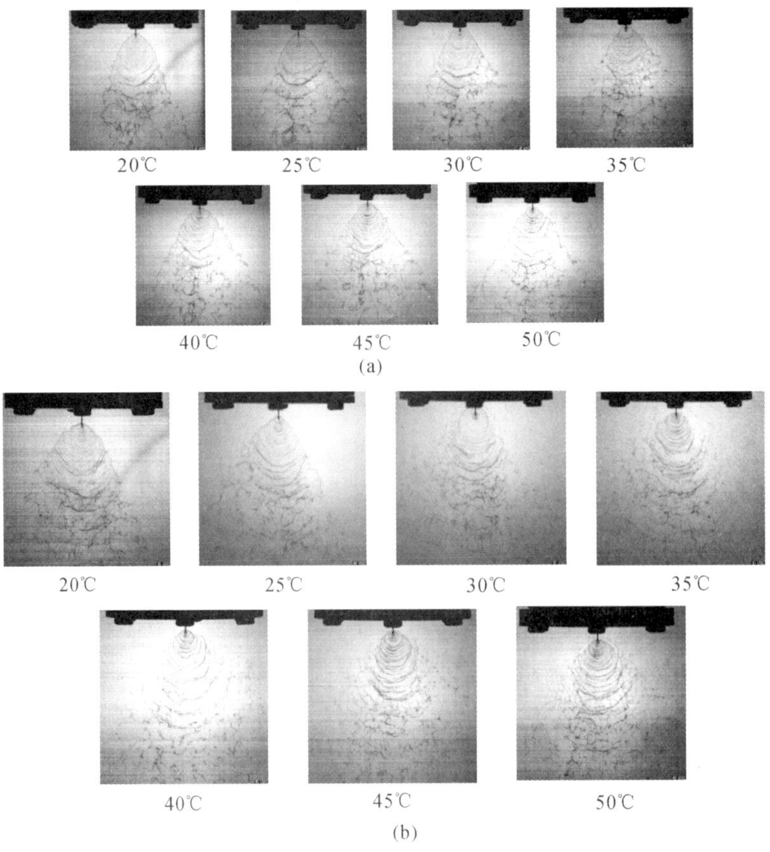

图 6.34　1# 模拟液在相同压力、不同孔型及温度工况下射流撞击雾化照片

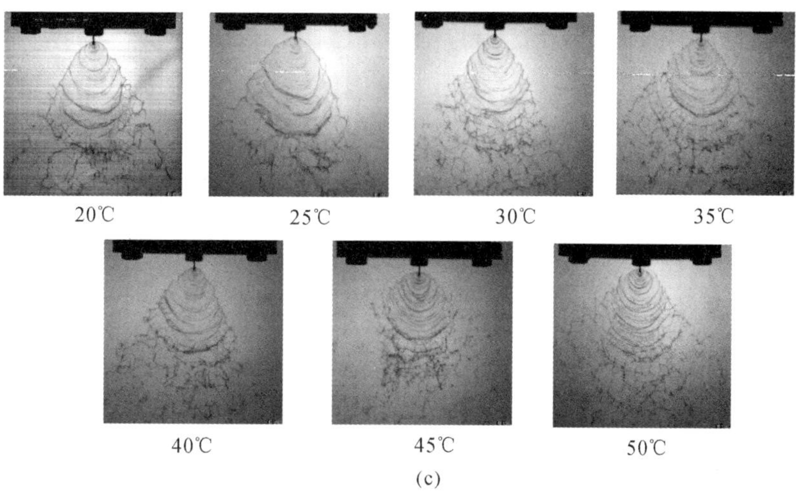

(c)

续图 6.34　1# 模拟液在相同压力、不同孔型及温度工况下射流撞击雾化照片

(a)射流:HJ(Y)-0.6,压力为 1 MPa;(b)射流:HJ(Y)-0.6/20,压力为 1 MPa;(c)射流:HJ(J)-0.8,压力为 1 MPa

图 6.35 是这三孔型射流在相同温度的压力工况下的雾化照片。从图 6.35 还是可以看出,加锥形通道的双圆孔撞击射流(HJ(Y)-0.6/20)比不加锥形通道的射流(HJ(Y)-0.6)的雾化效果要好一些,这可以归因于锥形通道对幂律流体的剪切稀化作用,由于剪切稀化而使模拟液降低黏度,进而提升雾化效果,这与前面的研究结论也是一致的。而矩形孔射流的撞击(HJ(J)-0.8)的雾化效果似乎没有其他两者的好,这可能是由于同样条件下,矩形孔射流的喷口截面积过大造成的(矩形孔喷嘴的喷口截面积接近圆形孔喷嘴的 2 倍)。

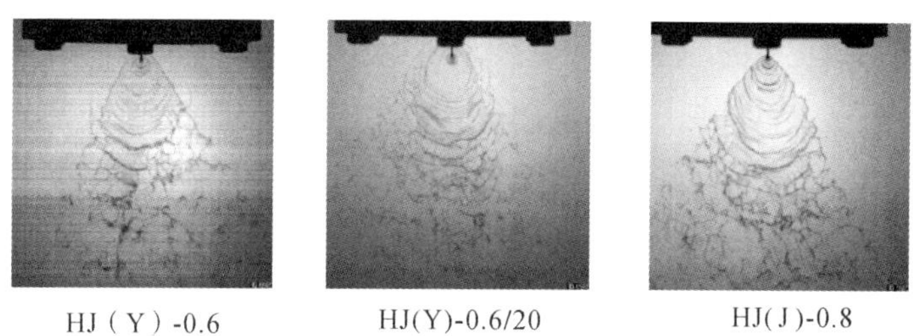

图 6.35　不同射流在相同温度和压力工况下射流撞击雾化照片(压力为 1 MPa,温度为 30℃)

以上只是从图像上直观分析雾化特性,对上述实验获得的液膜破碎长度及液膜表面扰动波波长进行处理(见图 6.36),便可从流量特性、破碎长度以及液膜表面扰动波波长三方面进行定量的分析。测量时,以喷嘴的外边缘为参考(其宽度已知为 100 mm)。为保证测量的精确,每个工况取 5 幅图片,将每幅图的测量值取平均值作为最终的测量值。如图 6.36 所示,破碎长度定义为从撞击点到液膜绝大部分破碎成液丝的位置的垂直距离;液膜表面扰动波的波长定义为较为完整的两个波之间的距离(排除可以明显判断其间有缺波或者波形不圆滑的情况)。

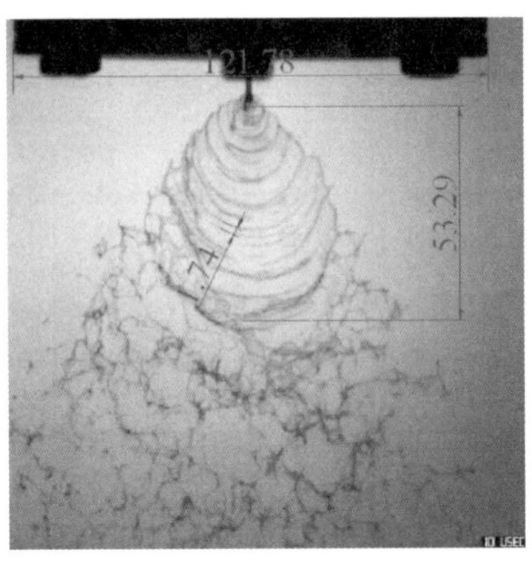

图 6.36　参数测量示例

1)流量特性。分析流量特性的目的是为了分析所要了解流量与相关参数的关系,判断其对射流雾化性能的影响。图 6.37 是不同喷嘴的流量随压力变化的特性曲线。

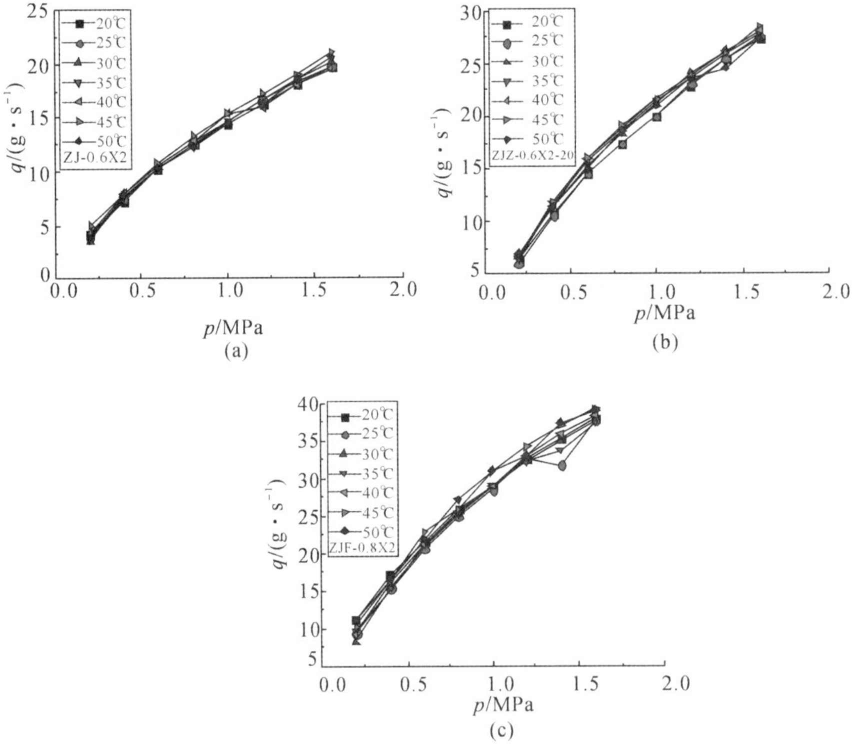

图 6.37　流量随压力变化的曲线

(a)HJ(Y)-0.6;(b)HJ(Y)-0.6/20;(c)HJ(J)-0.8

从图 6.37 中可以清楚地发现,随着压力的增大,不同温度下三个喷嘴模拟液的流量均呈对数形式增大,这符合直流孔流量与压降的关系式,但似乎压力较小时这种增大的趋势更为明显。

图 6.38 是三个喷嘴的流量随温度变化的曲线。

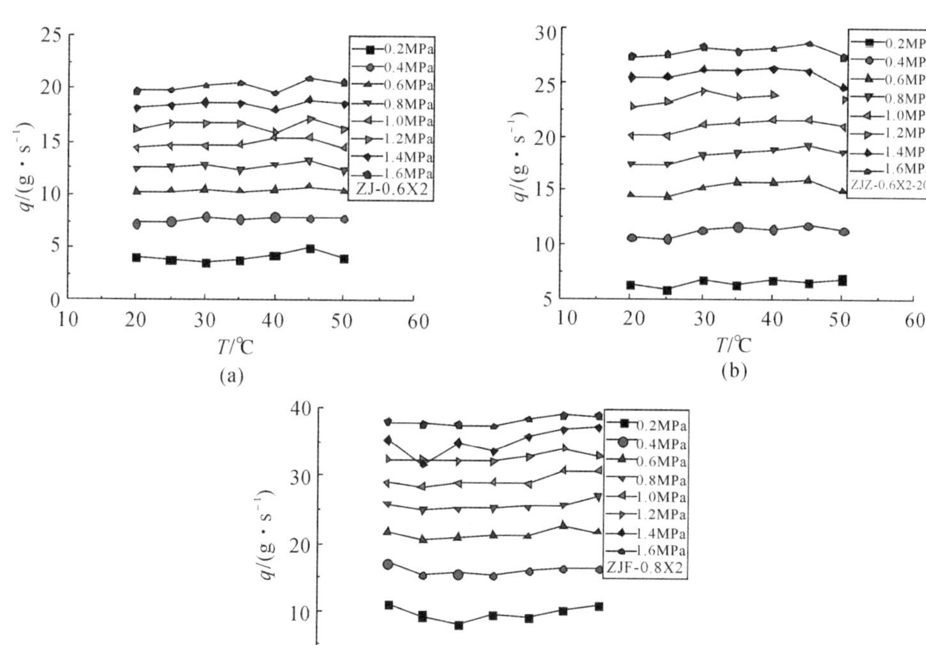

图 6.38　流量随温度变化的曲线

(a)HJ(Y)-0.6；(b)HJ(Y)-0.6/20；(c)HJ(J)-0.8

从流量随温度变化的特性曲线可以看出，随着温度的升高，流量只有较小的增大，基本可以认为其保持恒定。这说明温度对各种喷嘴的流量特性影响较小。

此外，还分析了不同喷嘴的流量特性曲线，如图 6.39 所示。其中，将模拟液温度固定为 20℃。

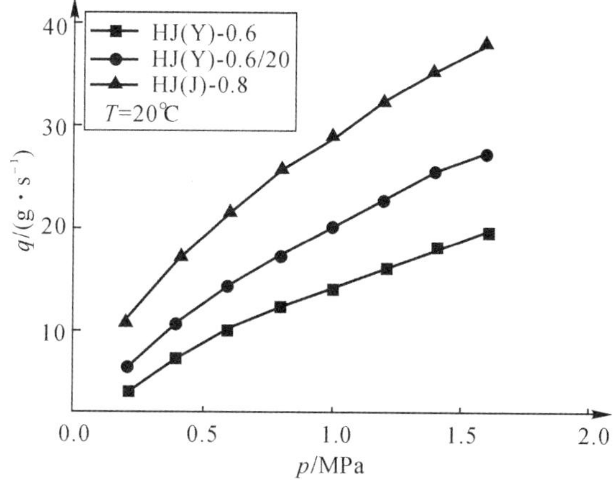

图 6.39　不同喷嘴的流量特性曲线(温度为 20℃)

从图6.39中很容易发现，在喷口直径相同的情况下，加锥形通道的双圆孔撞击式喷嘴(HJ(Y)-0.6/20)比不加锥形通道的喷嘴(HJ(Y)-0.6)的流量大。这说明20°的锥形通道对模拟液确实起到了剪切稀化的作用，致使其黏度降低，从而导致在相同工况下流量增大。进而可以判断，锥形通道在撞击型射流雾化过程中能够起到积极的作用。同时还可以发现，矩形孔撞击式喷嘴(HJ(J)-0.8)的流量比另外两个圆孔喷嘴的流量均要大。这种现象可能是由矩形孔的截面积较大造成的，也可能是因为方形孔会增大剪切力。具体原因在不同喷口截面形状撞击式喷嘴试验部分进行分析。

2)破碎长度。破碎长度是评判液膜雾化好坏的最直接也最有效的参数之一，达到相同破碎程度时的破碎长度越短，说明该工况下的雾化效果越好。以下仍然从模拟液压力、模拟液温度以及喷嘴结构三方面来分析它们对双股撞击射流雾化的破碎长度的影响。

图6.40是三种喷嘴在不同温度下破碎长度随着模拟液压力增大而变化的曲线图。观察图不难发现，随着模拟液压力的增大，在各种温度下不同喷嘴的破碎长度均减小，并且这种减小可以认为是线性的。据此可以判断出，模拟液压力的增大会促进其雾化。这一点和各种喷嘴的流量特性也相符合，即随着模拟液压力的增大，各种喷嘴在不同温度下的流量均会增加。

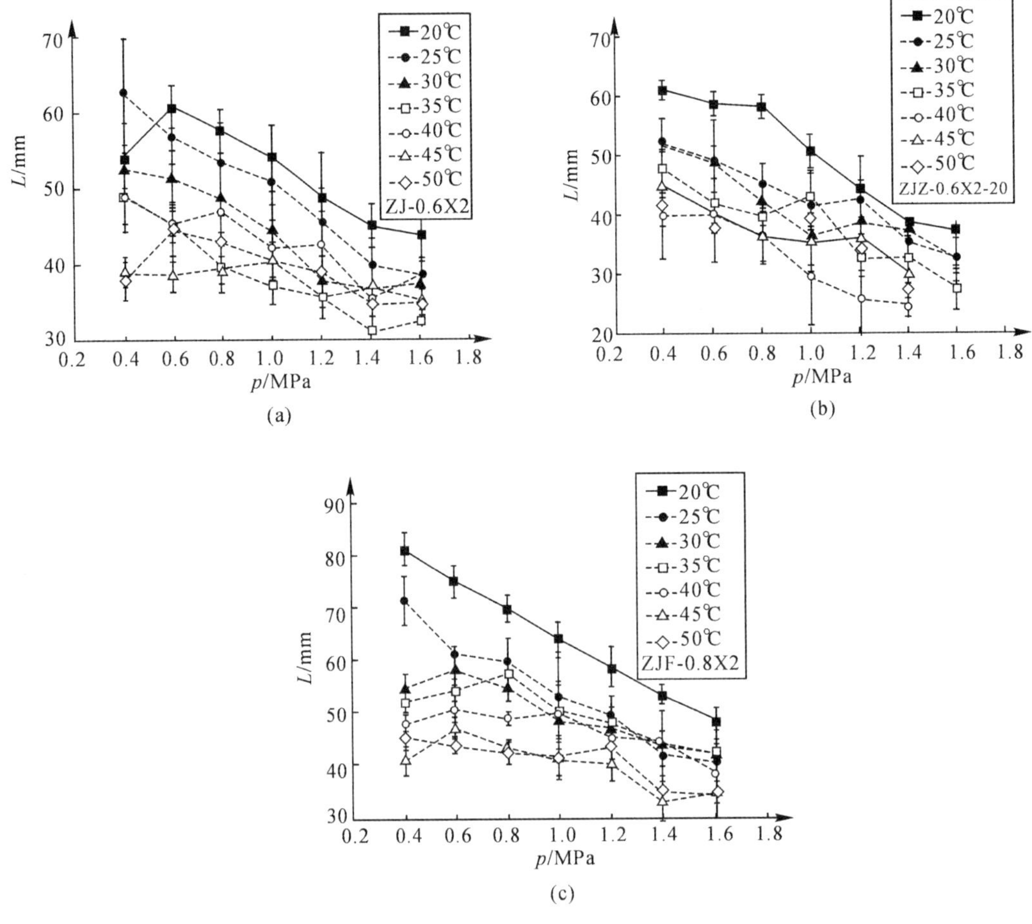

图6.40 破碎长度随压力变化的曲线

(a)HJ(Y)-0.6；(b)HJ(Y)-0.6/20；(c)HJ(J)-0.8

三种喷嘴的破碎长度随温度的变化曲线如图 6.41 所示。分析图中曲线的趋势可以看出，各种喷嘴在不同压力下的液膜破碎长度均随着模拟液温度的升高而变短。虽然部分试验点的趋势不很一致，但是考虑到温度差只有 5℃，因而综合各种误差因素来看，这种规律还是能够接受的。总的来说，可以得出这样的结论：模拟液温度的升高能改善其雾化性能。但是，由于模拟液本身的性质，试验温度不宜过高，否则可能出现模拟液变质的现象，诸如分层、凝结絮状等。

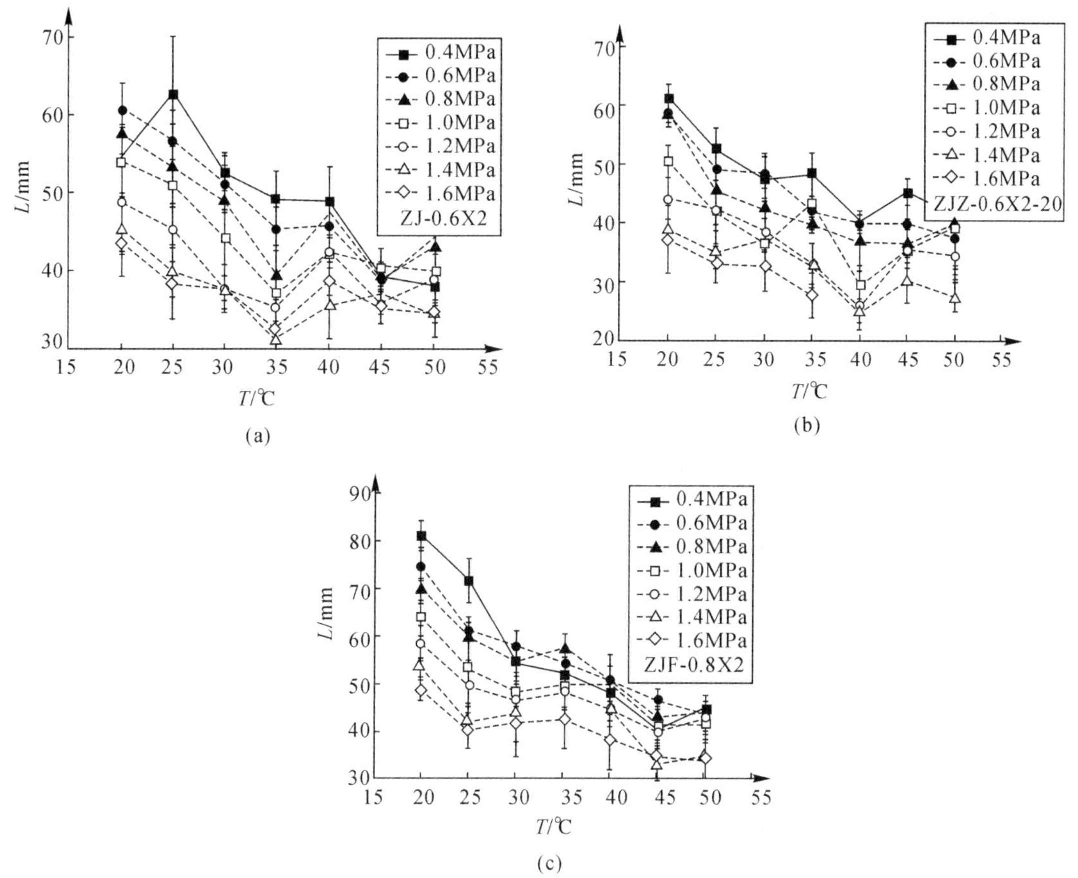

图 6.41　破碎长度随温度变化的曲线

(a) HJ(Y)-0.6；(b) HJ(Y)-0.6/20；(c) HJ(J)-0.8

同时，需要说明的是，由于温度不易精确控制以及管路系统的散热损失等因素，加温试验的误差相对常温试验会稍大。当然，这是在误差允许范围内的。

同样也对比了三种喷嘴的破碎长度曲线，如图 6.42 所示。在图 6.42 中，模拟液的温度仍然控制为 20℃。

通过比较图 6.42 中的破碎长度曲线可知，总体来说，加锥形通道的圆形双股射流撞击雾化(HJ(Y)-0.6/20)的破碎长度最短，不加锥形通道的双股射流撞击(HJ(Y)-0.6)次之，矩形双股(HJ(Y)-0.8)射流撞击产生的破碎长度最长。这和之前通过喷雾照片观察到的结果相同，即加锥形通道的双圆孔撞击式喷嘴的雾化效果最好，不加锥形通道的双圆孔撞击式喷嘴次之，方形孔撞击式喷嘴的雾化效果最差。当然，这只是针对以上加工出来的三个喷嘴而言。因为方形孔的截面积是圆形孔的两倍多，故不能据此对方形孔和圆形孔喷嘴的雾化效果下定论，还需待今后更多的实验数据确定。

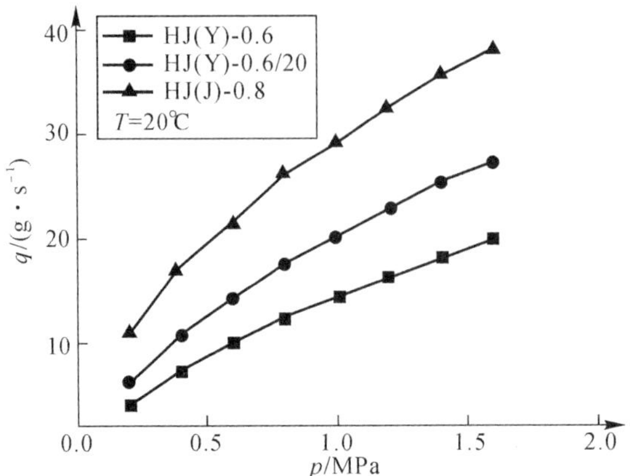

图 6.42　不同喷嘴的破碎长度曲线（温度为 20℃）

3）液膜表面扰动波波长。由于液膜表面扰动波波长被认为与液膜破碎成液丝的大小（液丝直径）成正比，故其对液膜雾化的评价也有重要的意义。以下仍然从模拟液压力、温度以及不同喷嘴的比较三方面进行分析。

图 6.43 中的曲线展示的是液膜表面扰动波的波长随模拟液压力增加的变化趋势。纵观全图可以发现，随着模拟液压力的增大，扰动波波长并没有呈现出较为明显的趋势。

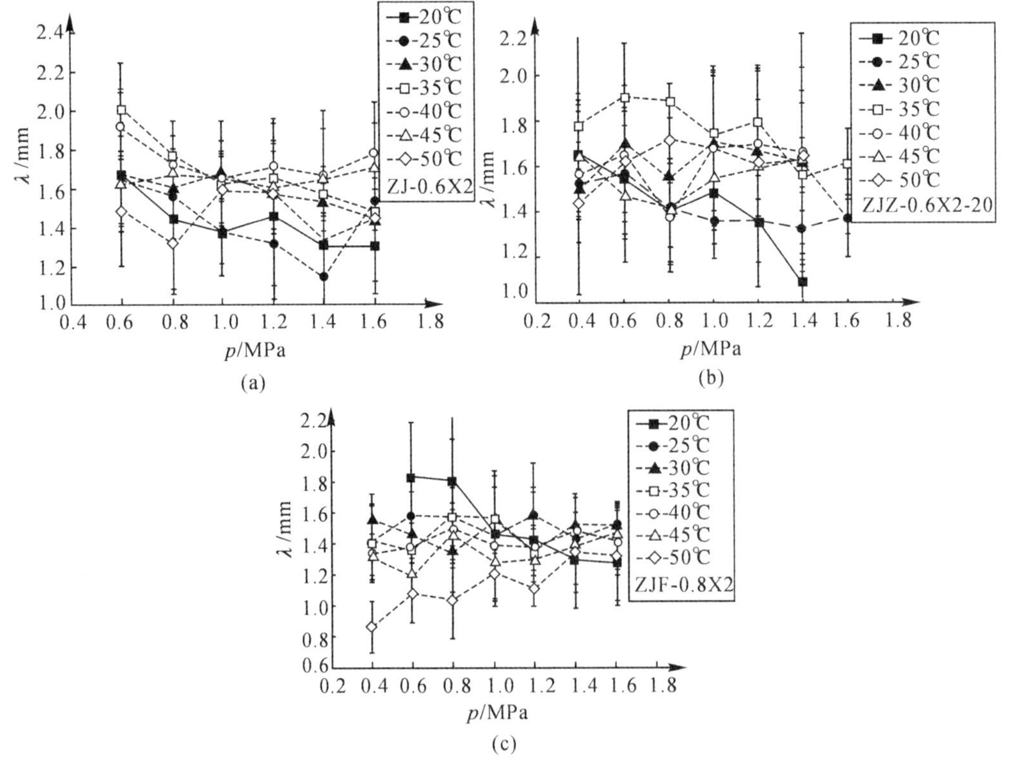

图 6.43　扰动波波长随压力变化的曲线

(a) HJ(Y)-0.6；(b) HJ(Y)-0.6/20；(c) HJ(J)-0.8

与图 6.43 相类似，图 6.44 是不同喷嘴的液膜表面扰动波波长随模拟液温度升高的变化曲线。从图 6.44 中可以看出，液膜表面扰动波波长随模拟液温度的变化也没有显著的趋于一致的规律。

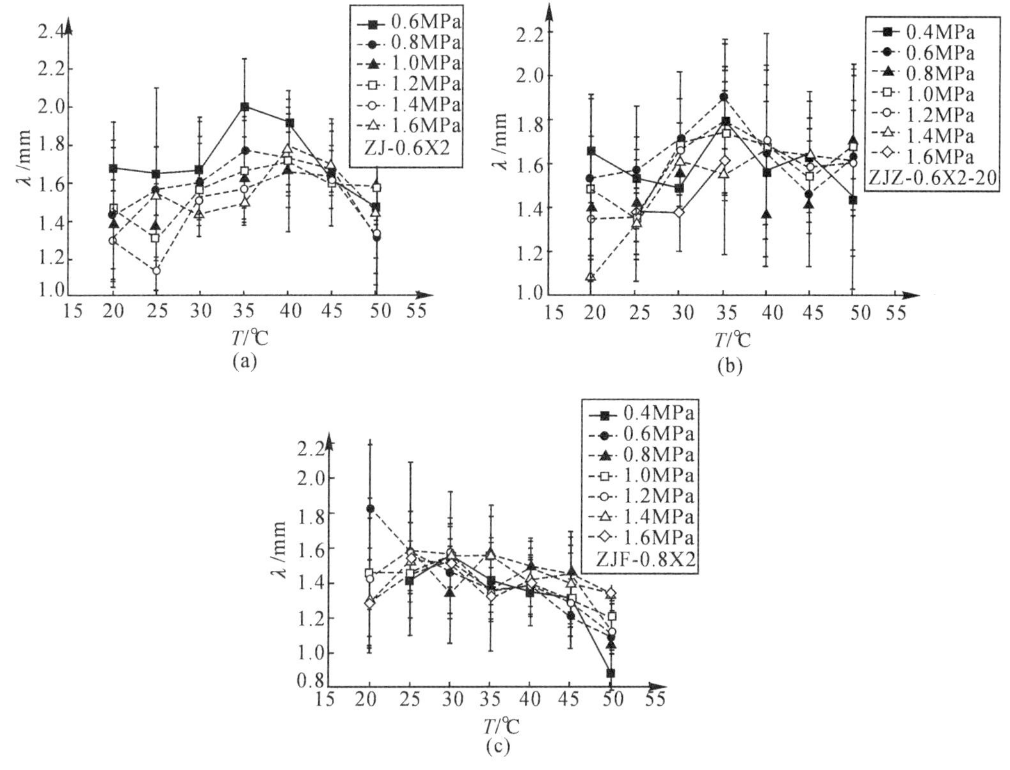

图 6.44 扰动波波长随温度变化的曲线

(a)HJ(Y)-0.6；(b)HJ(Y)-0.6/20；(c)HJ(J)-0.8

此外，再对三个喷嘴的扰动波波长曲线进行分析(见图 6.45)，这里模拟液温度仍然固定在 20℃。

观察图 6.45 可以发现，总体上来说，三种喷嘴的液膜表面扰动波波长相差不大。因而可以判断这三种喷嘴的液膜破碎成的液丝的直径也应该相差不大。

(7) 环境压力对雾化的影响。前文已述，环境压力会对雾化产生影响。对于模拟液，环境压力也可能影响其流变特性，进而影响到雾化特性。为了研究环境压力对模拟液雾化特性的影响，采用 1# 模拟液，在 0～0.6 MPa 的环境压力下，研究了孔径 1.0 mm、撞击夹角为 60°的双股撞击射流雾化特性。

1)反压实验系统。实验系统与前文所述的实验系统相同，压力环境舱的设计压力为 1.0 MPa，安装有压力传感器、压力调节阀和直径 80 mm 石英观察窗一对，如图 6.46 所示。

2)实验参数。实验的双股射流撞击夹角为 60°，射流直径均为 1.0 mm。实验中保持凝胶模拟液质量流量为 10.5 $g\cdot s^{-1}$(两路流量之和)不变，变化反压舱压力 0～0.5 MPa(均为表压：0 MPa，0.1 MPa，0.2 MPa，0.3 MPa，0.4 MPa，0.5 MPa)，获得 6 个工况下的喷雾图像，喷雾图像由数码相机拍摄。

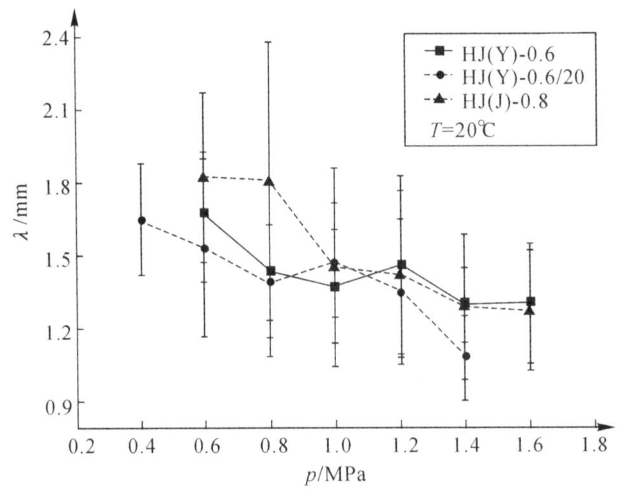

图 6.45 不同喷嘴的扰动波波长曲线(温度为 20℃)

图 6.46 反压实验系统

3)雾化实验结果。实验中保证凝胶模拟液质量流量为 10.5 g·s^{-1}不变,在反压为 0 MPa,0.1 MPa,0.2 MPa,0.3 MPa,0.4 MPa,0.5 MPa 下获得的凝胶模拟液喷雾图像如图 6.47(a)~图 6.47(f)所示。

从反压下凝胶模拟液的喷雾图像来看,保持凝胶模拟液质量流量为 10.5 g·s^{-1}不变,改变环境舱压力,对凝胶模拟液的雾化影响不大。目前,还是缺乏射流、液膜或者液丝随环境变化(如压力、气体密度等)下的流变参数数据,从得到的喷雾图像很难得到反压对凝胶模拟液雾化的影响。可以分析,反压环境可以增加凝胶模拟液喷射过程中与环境气体作用所受的剪切应力,但目前无法得出定量的结论。模拟液在反压条件下的雾化还有待于今后更深入的研究。

在前面对模拟液雾化特性研究的基础上,为探索凝胶推进剂较好的雾化途径,选择以液流相互撞击方式为主要研究方向,研究了改变喷孔的几何形状、撞击对数、液膜撞击和气助雾化等方式对模拟液雾化特性的影响,其结果如下。

(1) 表面粗糙孔、收缩型台阶孔可以一定程度上改善凝胶推进剂的雾化。

(2) 两股撞击式喷嘴是凝胶推进剂用喷嘴的一个方向,收缩型孔径的小口径撞击式喷嘴可以较好雾化目前的凝胶推进剂，可以在 0.5～2.5 MPa 的压降下，在距喷嘴面 30 mm 范围内模拟液破碎形成液丝，进而形成液丝与液滴相间的雾化区域。

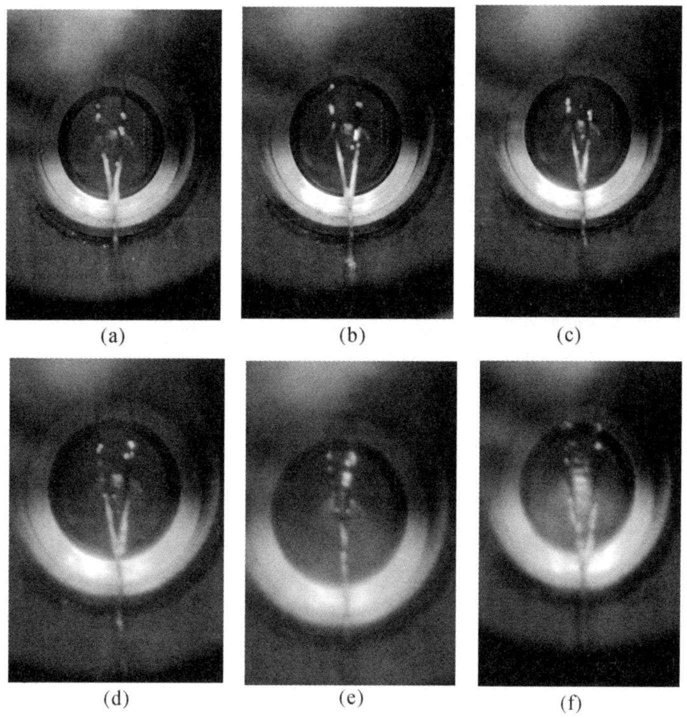

图 6.47　压力环境下模拟液雾化图像(双股射流，孔径为 1.0 mm，MUDMH-101-2)

(a)环境舱压力为 0.0 MPa；(b)环境舱压力为 0.1 MPa；(c)环境舱压力为 0.2 MPa；(d)环境舱压力为 0.3 MPa；(e)环境舱压力为 0.4 MPa；(f)环境舱压力为 0.5 MPa

(3)气助雾化是实现凝胶推进剂雾化的有效途径之一。对于本文研究的表面粗糙孔、收缩型台阶孔和撞击式喷嘴，借助气体作用，均可以在较小的加气量条件下实现凝胶推进剂的雾化。

同时，这里的研究还表明，凝胶推进剂的高效雾化最根本的途径在于减小凝胶推进剂的极限黏度。这一点从多个喷嘴的雾化图像可以看到，无论是小口径的撞击式喷嘴还是加气方式，凝胶推进剂雾化后均会形成细长的液丝。有时，液丝还会收缩，这表明凝胶推进剂固有的黏性大，而且可能存在弹性。

6.4　锥形旋转液膜雾化

前文所述的射流撞击雾化，实际上是通过高压气体或者其他方式，给射流施加势能，当射流通过管路高速流动时，又将势能转化为动能。在两股或者更多的射流撞击时，再将射流自身动能转化为势能，产生液膜，液膜在自身的不稳定波及与环境空气的相互作用下，雾化成液丝或者液滴。这里所述的液膜雾化，同样是利用高压气体或者其他方式，给液体施加势能，同时，利用雾化装置(通常称喷嘴)，使液体在雾化装置的出口形成一定速度、较薄厚度的液膜或者液片，进而使之与外界空气相互作用，加速液体的雾化过程。另外，对于高黏性的介质，还可以设计一些特殊装置，使流经其中的液体产生振动或者脉动，以加速其雾化的方式。但如将凝胶推进剂作为液体火箭发动机或者冲压发动机的推进剂，这些产生振动或者脉动的装置，虽可加速推进剂的雾化，但振动或者脉动型的雾化在燃烧室中可能会产生一些如低频不稳定、推力脉动等消极影响，需谨慎使用。这里主要讨论旋转液膜的破碎问题。

6.4.1 幂律型流体在离心式喷嘴中的流动特性

离心式喷嘴是最常用的雾化装置，其雾化液体的原理在于利用切向进液孔的涡流室或螺旋涡流器使液体在涡流室内产生螺旋运动，进而在喷嘴出口产生旋转的空心喷雾锥，再通过液膜自身的不稳定性及与空气相互作用雾化液体。通常，对牛顿流体，离心式喷嘴能使液体雾化成很细的颗粒，并能得到均匀的横向液滴分布，故在液体火箭发动机和其他许多领域(如航空发动机、燃气轮机、柴油机、燃油锅炉等)得到广泛的应用，成为液体推进剂或燃油主要的雾化装置。阿勃拉莫维奇是对离心式喷嘴进行理论研究的先驱，其后，在阿氏理论的框架内，又发展了基于最大动量原理的离心式喷嘴理论和考虑水力损失和壁面摩擦等因素的修正理论，从而使离心式喷嘴理论成为较完善的喷嘴理论，但上述理论的共同前提是牛顿流体。凝胶推进剂及其模拟液是一种非牛顿流体，其突出特点是黏度较大且随剪切速率变化，这就导致了牛顿流体的离心式喷嘴理论的假设难以成立。

喷嘴的流量特性与喷嘴的结构参数和流体的物性等因素有关，此外，还受喷射环境参数影响。液体的流量特性可以从侧面反映出液体在喷嘴中的流动特性。流量特性实验的目的是从实验结果中寻找喷嘴流量与其结构参数和喷注压降之间的关系(如前不同孔型的撞击射流一样)。牛顿流体离心式喷嘴流量特性与其几何特性和压降的关系已被研究者所熟知。但非牛顿流体在离心式喷嘴这种复杂通道中的流动特性尚未得到研究，对不同形式、不同几何尺寸的离心式喷嘴，用多种模拟液进行了流量特性和雾化特性的实验，结果发现，幂律型流体在离心式喷嘴中的流量特性与牛顿流体(如水)有着显著不同的特点，最直观的表现是，与水相当的喷注压降范围内，流量特性并不符合前述的理论；模拟液不能像水那样在有收缩形状的离心式喷嘴喷口处形成气涡，也无法形成液膜，不能获得雾化，而是以一股旋转的射流喷出，体现不出牛顿流体离心式喷嘴的优点。这正好反映了非牛顿流体的特性，其在离心式喷嘴这样比较复杂的流道中，流动的特性是比较复杂的，其特有的黏度与剪切速率的关系导致其在离心式喷嘴中的流动特性与水不同，即使在喷嘴入口非常高的剪切速率下，其特有的较高的黏度依然影响其在离心式喷嘴中的流动过程。

图 6.48(a)(b)分别是切向孔型和涡流器型两种单路离心式喷嘴的用 1# 模拟液进行流量实验得到的流量曲线，其中括弧中的数字表示喷嘴出口孔径的大小。

从图 6.48(a)(b)可以看出，对于这两种类型的单路离心式喷嘴，模拟液在喷嘴中的流动稳定性均相当好，并与水相似，但在相同喷注压降下模拟液的质量流量要大于水流量。

为进一步研究此问题，设计不同出口直径和形式的 6 个切向孔型离心式喷嘴，用模拟液和水实验。6 个喷嘴之间的区别在于出口直径在 2.0～4.0 mm 之间变化，出口形式有光孔平直出口、带 300 加工倒角的光孔形式、左旋或者右旋螺纹孔(即，出口设计成 M3.0 mm 的螺纹出口)形式，其他参数相同，喷嘴序号为 1# ～6#，切向孔离心喷嘴参数见表 6.2。

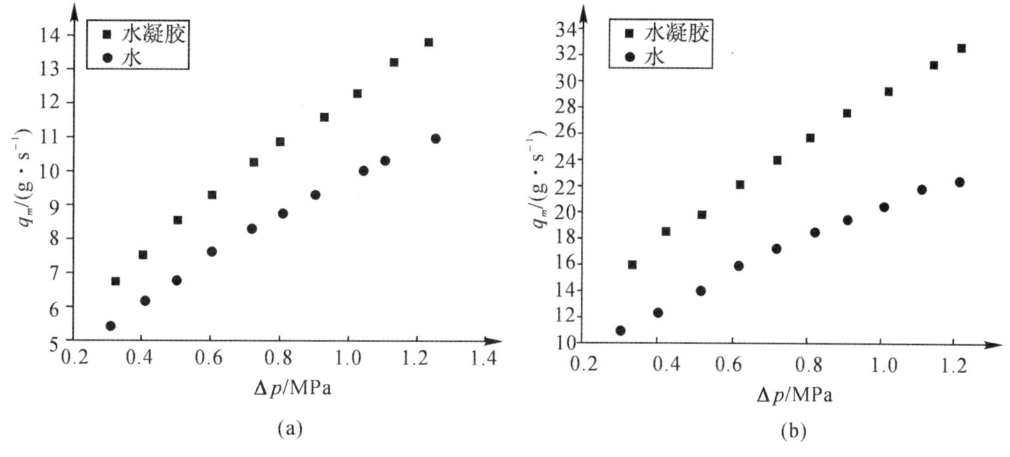

图 6.48　离心式喷注器流量曲线

(a)涡流器型；(b)切向孔型

表 6.2　离心式喷嘴(1# ~6# 喷嘴)参数及流量特性

序号	1# 喷嘴	2# 喷嘴	3# 喷嘴	4# 喷嘴	5# 喷嘴	6# 喷嘴
出口孔直径/mm	2.0	3.0	4.0	3.0	2.0	2.0
出口倒角/(°)	0	0	0	30	M3	M3
液流出口旋转(从上向下视)	左	左	左	左	左	右

实验得到的流量特性如图 6.49 所示。由图可见，在相同喷注压降下，除图 6.49(a)外，实验得到的水的质量流量均比模拟液的大。出口孔径为 2.0 mm 的喷嘴(1# 喷嘴)水的质量流量与模拟液相当。为了消除实验中的人为因素，对 1# 喷嘴进行了多次实验，结果仍然没有变化，可能与此喷嘴加工质量有关。

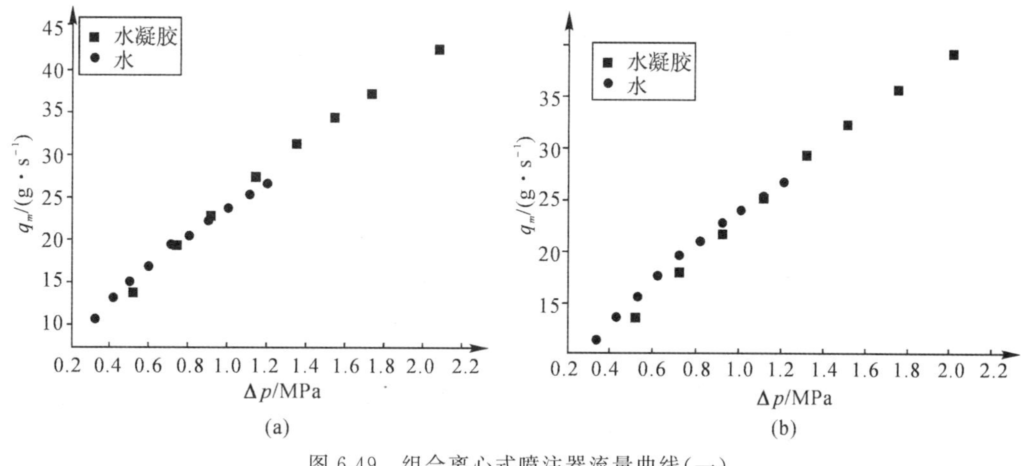

图 6.49　组合离心式喷注器流量曲线(一)

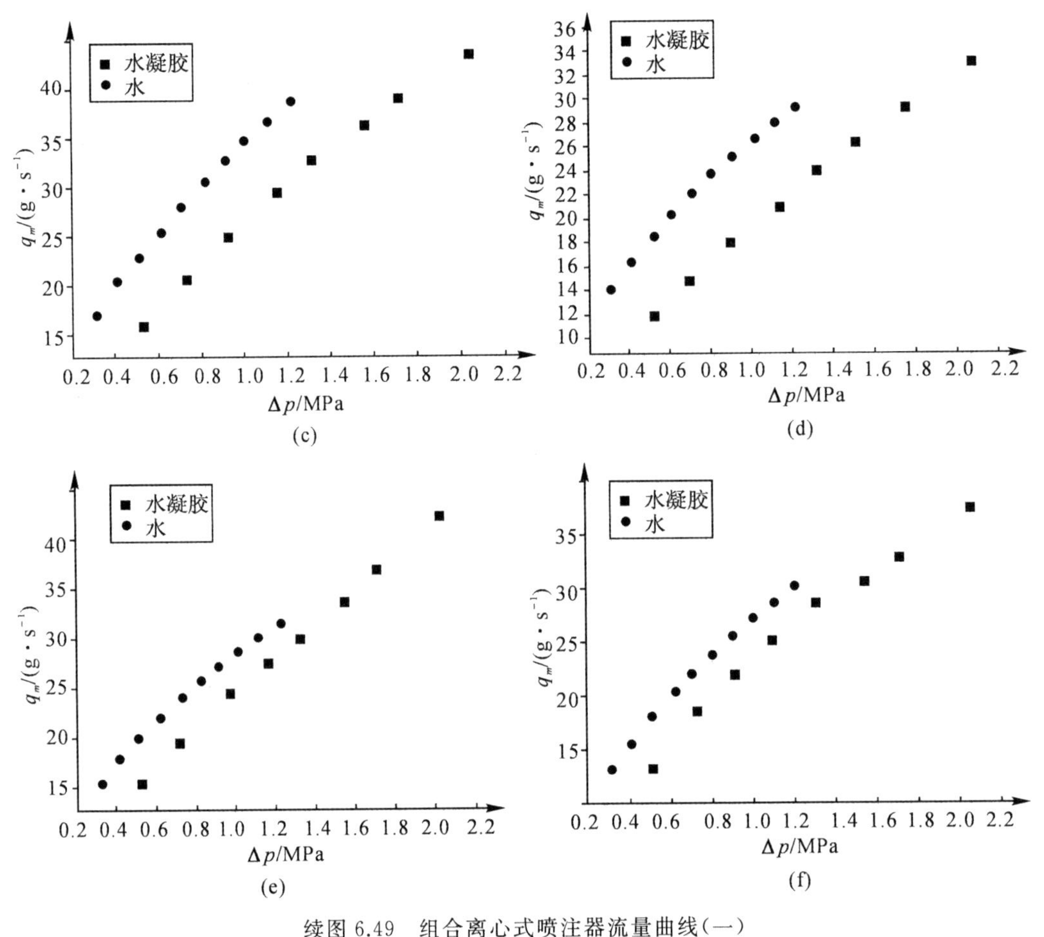

续图 6.49　组合离心式喷注器流量曲线(一)

(a)1[#] 喷嘴；(b)2[#] 喷嘴；(c)3[#] 喷嘴；(d)4[#] 喷嘴；(e)5[#] 喷嘴；(f)6[#] 喷嘴

在其他尺寸不变的情况下，将上述离心式喷嘴的旋流腔切向孔改为斜切向入口，喷嘴的编号为 7[#] ～12[#]，喷嘴参数见表 6.3。

表 6.3　离心式喷嘴(7[#] ～12[#] 喷嘴)参数及流量特性

序号	7[#] 喷嘴	8[#] 喷嘴	9[#] 喷嘴	10[#] 喷嘴	11[#] 喷嘴	12[#] 喷嘴
出口孔直径/mm	2.0	3.0	4.0	3.0	2.0	2.0
出口倒角/(°)	0	0	0	30	M3	M3
液流出口旋转(从上向下视)	左	左	左	左	左	右

实验得到的模拟液与水的流量特性曲线，如图 6.50(a)～图 6.50(f)所示。

从图 6.49 和图 6.50 中可以看出，同样压降条件下，对同一喷嘴，增加压降，均导致流量增加，水与模拟液的规律是相同的，喷嘴的流量公式是适用的；水试得到的流量均大于模拟液的流量，表明水在喷嘴内部的流阻要小，流动特性好一点；出口的旋转方式对流量特性影响不显著。进一步分析，在离心式喷嘴的旋流腔、几何尺寸一定的情况下，如果仅改变喷嘴出口孔径，水试得到的离心式喷嘴的流量系数会减小，也即水在离心式喷嘴中流动的流量系数仅仅取决于喷嘴几何特性，这与离心式喷嘴理论是相符的。但对模拟液而言，当出口孔径变化后，不管是否改变喷嘴出口几何形状，模拟液的流量特性并不存在上述特性，也就是说，离心式喷嘴的理论用于非牛顿流体的模拟液流量特性预估存在一定问题。

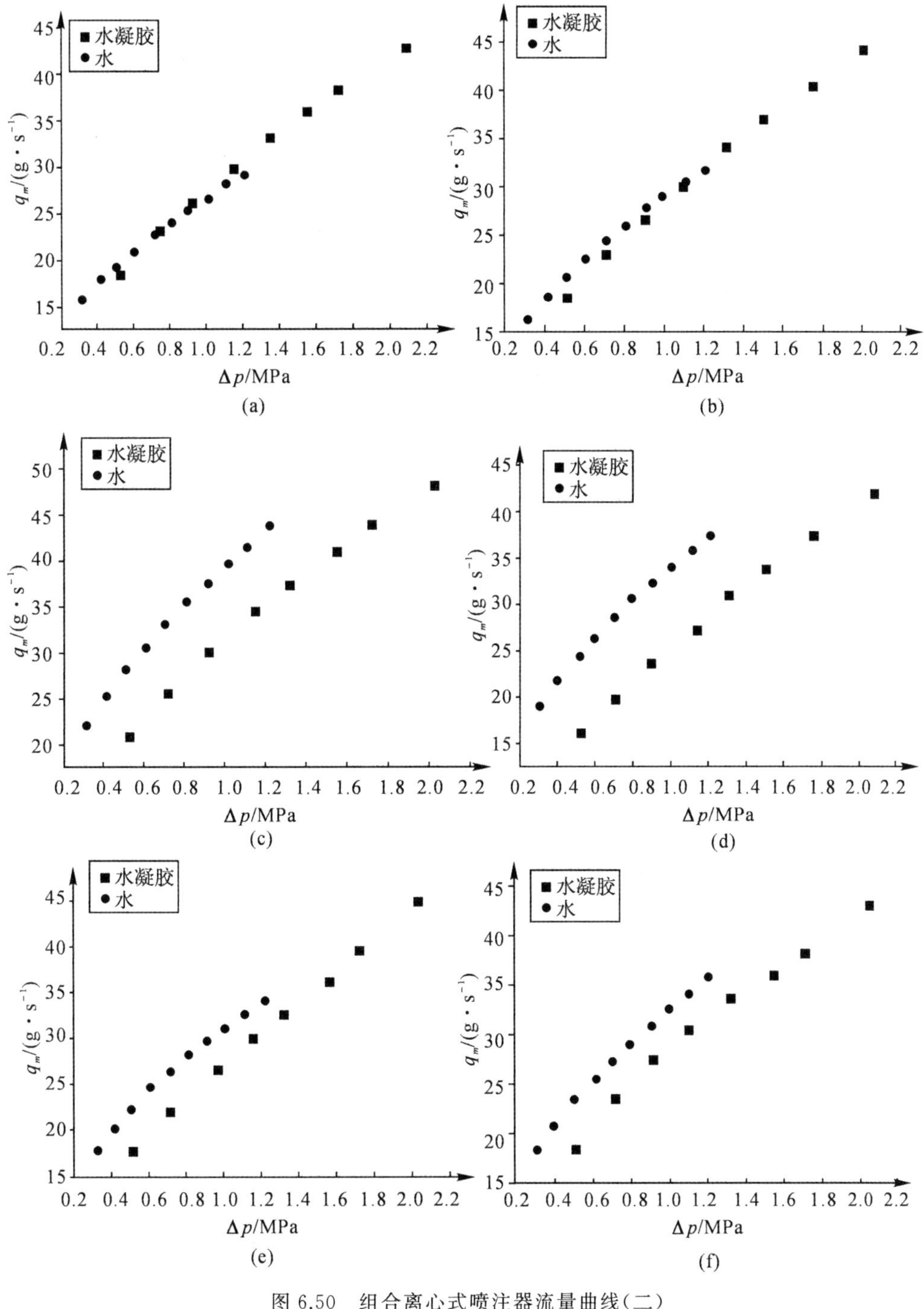

图 6.50　组合离心式喷注器流量曲线(二)

(a)7# 喷嘴；(b)8# 喷嘴；(c)9# 喷嘴；(d)10# 喷嘴；(e)11# 喷嘴；(f)12# 喷嘴

6.4.2 锥形旋转液膜的雾化

图 6.51 是涡流器、切向孔形式喷嘴,用模拟液在喷注压降为 0.5 MPa 时得到的喷雾图像(与图 6.48 所示的喷嘴相同)。图 6.52(a)～图 6.52(f)分别是表 6.3 所列离心式喷嘴在 0.5 MPa 时模拟液的喷雾图像。

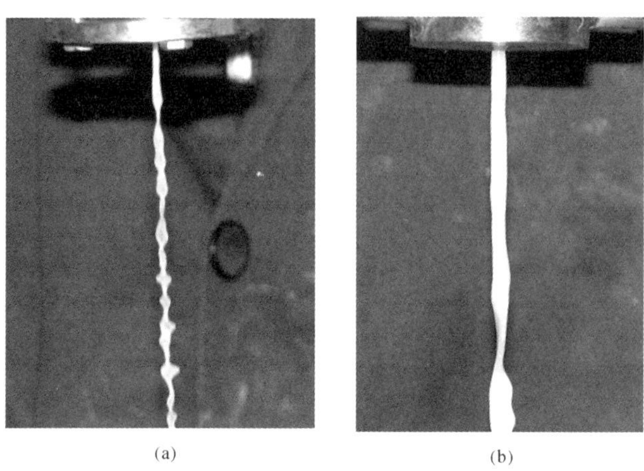

(a)　(b)

图 6.51　离心式喷注器模拟液雾化图像(压降为 0.5 MPa)

(a)涡流器离心式;(b)切向孔离心式

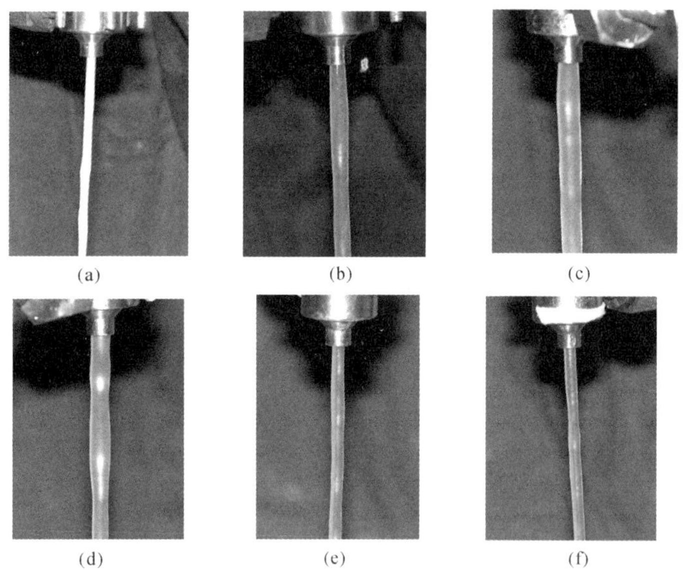

(a)　(b)　(c)　(d)　(e)　(f)

图 6.52　组合离心式喷注器模拟液雾化图像(压降为 0.5 MPa)

(a)1# 喷嘴(出口直径为 2 mm);(b)2# 喷嘴(出口直径为 3 mm);(c)3# 喷嘴(出口直径为 4 mm);(d)4# 喷嘴(出口直径为 3 mm、倒角为 30°);(e)5# 喷嘴(M3 左旋);(f)6# 喷嘴(M3 右旋)

从上述模拟液用离心式喷嘴雾化得到的喷雾图像可以看出,模拟液在离心式喷嘴出口处不能形成气涡,也不能形成液膜,而是一股射流。这个结果与水经过离心式喷嘴后的雾化就有很大的差别。上述离心式喷嘴的设计点均为 0.5 MPa,如果用水,或者实际推进剂,在 0.5

MPa 时就可以获得良好的雾化特性。为了进一步研究此问题，实验一直将喷注压降增加，发现即使在很大的压降下，离心式喷嘴也不能有效雾化实验所用的模拟液。图 6.53(a)(b)分别是图 6.51 所列的涡流器和切向孔喷嘴在喷注压降为 2.0 MPa 时模拟液的喷雾图像，图 6.54(a)～图 6.54(f)分别是图 6.52 所列的离心式喷注器为 2.0 MPa 时模拟液的喷雾图像。

(a)　　(b)

图 6.53　离心式喷注器雾化照片(压降为 2.0 MPa)

(a)涡流器离心式；(b)切向孔离心式喷嘴

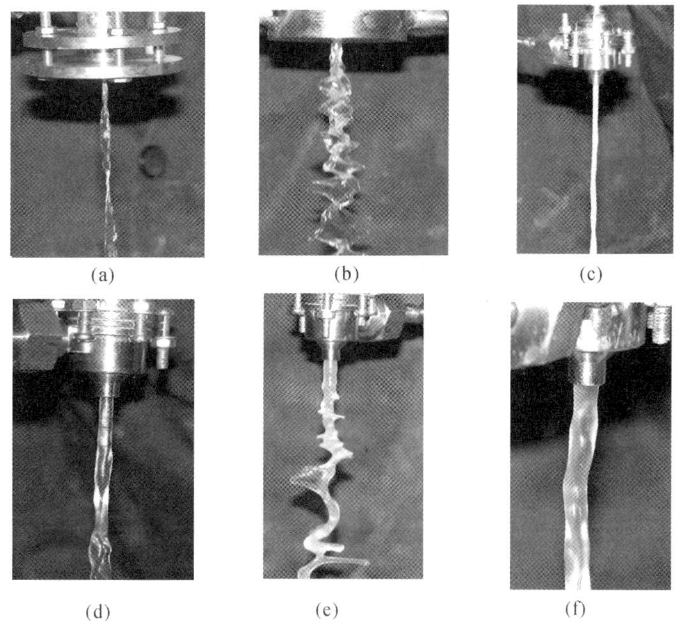

(a)　　(b)　　(c)

(d)　　(e)　　(f)

图 6.54　不同出口参数离心式喷注器模拟液雾化图像(压降为 2.0 MPa)

(a)1# 喷嘴(出口直径为 2 mm)；(b)2# 喷嘴(出口直径为 3 mm)；(c)3# 喷嘴(出口直径为 4 mm)；(d)4# 喷嘴(出口直径为 3 mm、倒角为 30°)；(e)5# 喷嘴(M3 左旋)；(f)6# 喷嘴(M3 右旋)

从图 6.53～图 6.54 中可以看出，将喷注压降增大到 2.0 MPa 后，模拟液仍不能在离心式喷嘴出口处形成气涡，模拟液只是在喷嘴下游产生旋转，变化喷注压降对离心式喷嘴雾化影响不大。

结合第 3 章所述的渐缩管道中幂律型流体的流动及流变特性分析，分析模拟液在离心式喷嘴流道中的流动和流变特性，发现收缩型的通道可能会导致模拟液产生堆积，并降低了模拟液流动的剪切速率,从而影响雾化。为此,将离心式喷嘴的出口收缩段去掉,改为开口型的离心式喷嘴。实验发现,对开口型的离心式喷嘴,随着喷注压降的增加,模拟液逐渐在离心式喷嘴中形成了气涡,模拟液可以产生旋转,并在较大的压降下形成液膜,雾化有变好的趋势。与水相比,模拟液在旋流腔中形成气涡要困难得多,并且形成的液膜厚度也较大。分析其原因,模拟液的黏性仍然是主要因素。图 6.55 是 3# 喷嘴切掉收缩段,形成开口离心式喷嘴,喷注压降从 0.3~2.8 MPa 变化时得到的模拟液喷雾图像。

(a) (b) (c)

(d) (e) (f)

图 6.55 敞口离心式喷嘴雾化图像

(a)Δp=0.3 MPa;(b)Δp=0.5 MPa;(c)Δp=0.8 MPa;(d)Δp=1.2 MPa;(e)Δp=1.5 MPa;(f)Δp=2.8 MPa

图 6.56 是常见的切向孔形式的离心式喷嘴结构示意图。

液体由切向孔进入旋流腔以后,在压力和喷嘴内壁面的约束下,先沿喷嘴内壁做周向运动,并在持续的周向压力作用下向轴向运动,周向速度要大于轴向速度。在喷嘴的出口,由于内壁面约束条件的消失,当液体的黏性损失较小时,液体将在周向旋转造成的离心力和轴向作用力的共同作用下,向喷嘴的周向和轴向运动,从而在出口形成旋转液膜,并逐渐变薄。随后,液膜在气动力的作用下破碎成液丝,液丝再破碎成液滴。已经进行的大量的实验表明,基于流体“无黏、无摩擦”等假设下建立起来的离心式喷嘴理论,在进行一定的修正后,可以比较准确的预估液膜出口的流量、速度及雾化角度等参数。一般而言,设计的较好的喷嘴,在 0.2~0.3 MPa 压降下,水可以产生良好的雾化特性。但这里实验获得的模拟液与水流量曲线表明,对于不同几何尺寸的离心式喷嘴,在相同的喷注压降下,部分喷嘴模拟液的质量流量比水大;部分喷嘴模拟液与水质量流量相当;而部分喷嘴模拟液的质量流量比水小。其原因:一方面是实验误差造成的,包括测量误差、模拟液的流变特性引起的误差等。另一方面是模拟液在离心式喷嘴中的流动与喷嘴的几何参数，包括切向孔直径、旋流腔直径和喷口直径等有关，也与流体的特性有关。分析认为，对于幂律型这种高黏度的流体，由于黏性等因素的影响，其在离心式喷嘴旋流腔中流动特性较之牛顿流体要复杂得多，同样势能（压力）条件下，其获得的周向运动和轴向运动速度都小，加之黏性和摩擦作用的影响，产生的液膜也较厚，当旋流腔直径 D_1 与收缩后喷口直径 D_2 的比值较大时，厚的液膜就会在收缩后的喷口中汇聚成一股射流（正如实验中所看到的那样），比值较大时，出口会产生一定的旋转液膜，但很快在自身黏度作用下，又收缩到射流形态。对于模拟液这种具有较高黏性和特殊流变性能的非牛顿流体，常规的离心式喷嘴可能不适合作为雾化装置，关键在于对牛顿流体非常有效的旋流腔难以发挥应有的作用，比较有效的形式是开口型的离心式喷嘴。这些实验得到的现象可能不能完全或者足以验证基于“无黏、无摩擦”等假设建立起来的离心式喷嘴理论能否适用于幂律型流体，但至少可以说明用上述理论预估非牛顿流体在离心式喷嘴的流量特性预估会存在问题。离心式喷嘴中幂律型流体的流动问题相当复杂，有待于研究者进行深入研究。

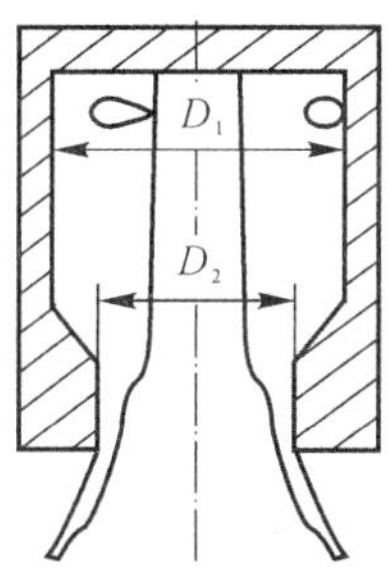

图 6.56　离心式喷嘴结构示意图

（1）基于无黏流理论建立的离心式喷嘴理论不能很好地反映凝胶推进剂的流量特性，原因在于凝胶推进剂属于非牛顿流体，黏性随剪切速率变化，并且变化较大。

（2）凝胶推进剂及其模拟液具有的流变特性是影响雾化的主要因素，流变特性使其在离心式喷嘴旋流腔中流动特性非常复杂，需要进行更深入的研究。

（3）基于牛顿流体理论设计的离心式喷嘴很难有效雾化凝胶推进剂，开口离心式喷嘴虽然在较高的压力下能使模拟液在喷嘴出口产生液膜并雾化，但高效雾化的根本出路在于降低凝胶推进剂的极限黏度。

6.5　液膜的撞击雾化

前文 6.3 和 6.4 叙述了两股圆柱形射流撞击雾化和锥形旋转液膜的雾化问题，如果通过某种方式使凝胶推进剂在喷注器出口预先形成液膜，再使液膜相互撞击，是否会产生较好的雾化效果？为此设计了撞击夹角为 90°的矩形射流/液膜撞击、液膜/液膜撞击形式的实验装置（见图 6.57），研究液膜撞击的雾化效果。图 6.57 中射流结构参数见表 6.3。

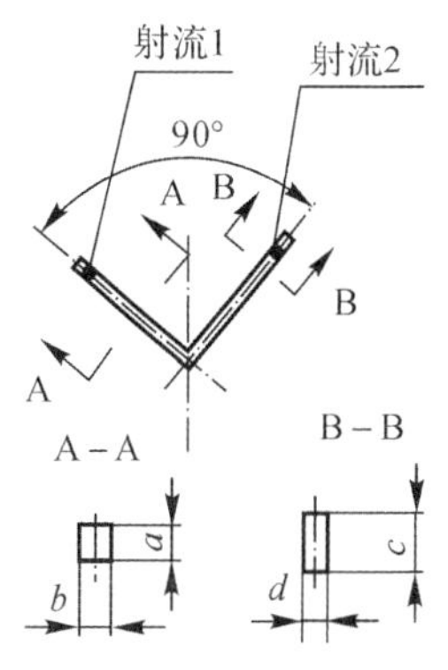

图 6.57　射流撞击结构形式

表 6.3　射流结构参数

序　号	撞击形式	射流参数			
		a /mm	b /mm	c /mm	d /mm
1	射流、液膜撞击单元	0.6		1.2	0.6
2		0.6		1.8	0.6
3		0.6		3.0	0.6
4		1.0		2.0	1.0
5		1.0		3.0	1.0
6		1.0		5.0	1.0
7	液膜撞击单元	1.2	0.6	1.2	0.6
8		3.0	0.6	3.0	0.6

对于矩形射流/液膜撞击单元，在研究结构参数对雾化特性的影响之前，首先引入“相对撞击宽度”的概念，如图 6.58 所示。

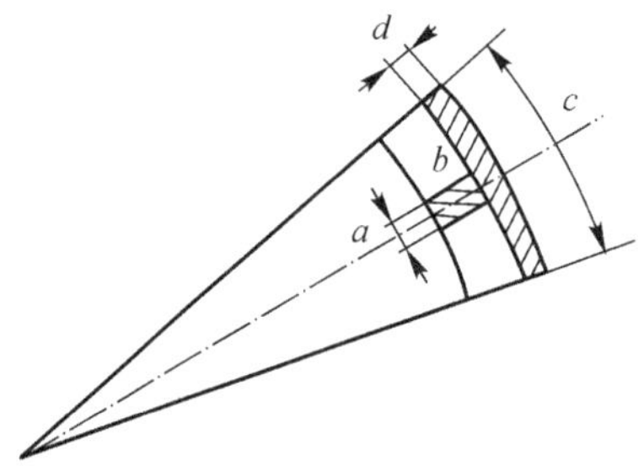

图 6.58　射流/液膜撞击横截面示意图

图 6.58 中 d 表示外环液膜在喷嘴出口处形成的液膜厚度，c 表示此弧形液膜总周长，a 表示内路射流的宽度，b 表示内环液膜的厚度，相对撞击度为

$$\xi = a/c \tag{6.1}$$

实际参与射流撞击的动量比为

$$I_S = \frac{q_{cd} v_{cd}}{\xi q_{ab} v_{ab}} \tag{6.2}$$

这里，以仿真技术和实验结合的方法，研究上述两种液膜撞击破碎的雾场形态。基于第 5 章所述的线性不稳定性理论，结合高速射流雾化破碎特点，建立表征模拟液液膜射流撞击破碎的理论模型；基于 CFD 技术，采用 VOF 界面捕捉方法，对液膜射流破碎中气液两相运动过程进行实时瞬态追踪，获取撞击单元雾化破碎形貌的发展过程和规律；研究结构参数、流动参数、物性参数对破碎长度、破碎尺度及雾场结构等的影响。仿真的假设与边界条件如下。

（1）假设。

1）液相和气相均为不可压缩流体。

2）液相流体服从幂律型非牛顿流体的物性特征。

3）气相为初始状态静止的理想气体。

4）忽略惯性力、重力对射流的影响。

（2）仿真计算条件。

考虑到计算问题的对称性，设置计算域和计算边界如图 6.59 所示。

选择流动指数 $n=0.5$，稠度系数 $k=17\ \text{Pa}\cdot\text{s}^n$，密度 $\rho_g=1.225\ \text{kg}\cdot\text{m}^{-3}$ 的模拟液参数，在标准大气环境下，分别仿真模拟矩形射流/液膜撞击单元、液膜/液膜单元在射流速度 $v=20\ \text{m}\cdot\text{s}^{-1}$ 时对应的雾化破碎过程。

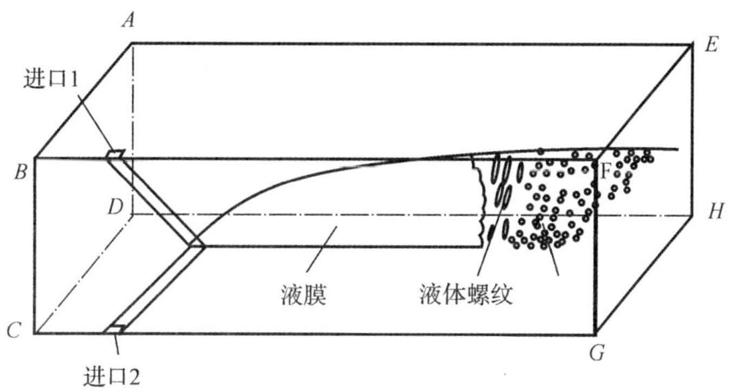

图 6.59　计算区域和计算边界

6.5.1　射流/液膜撞击雾化的形态及表征

1. 矩形射流/液膜撞击雾化形态

对表 6.3 所列的射流结构参数 $a=b=0.6$ mm，$c=1.2$ mm，$d=0.6$ mm 的矩形射流/液膜撞击单元进行数值模拟，图 6.60 是仿真计算得到的射流撞击后俯视平面随时间的发展演化过程。

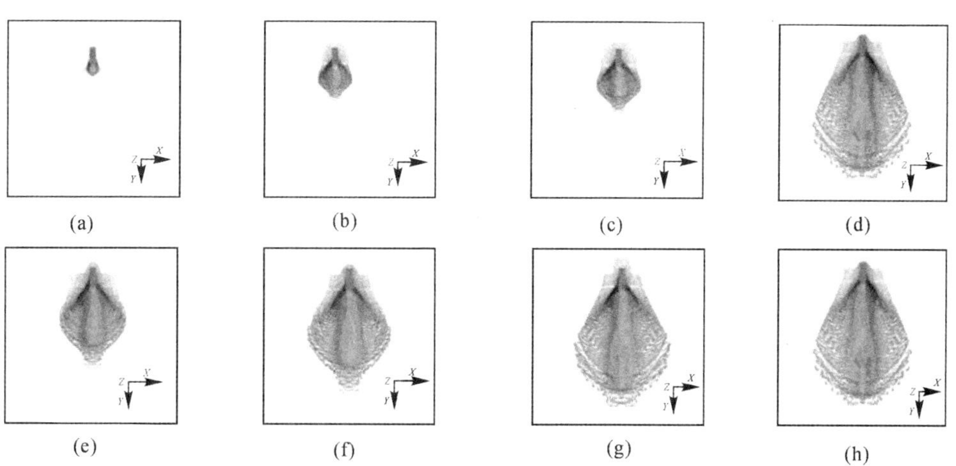

图 6.60　射流、液膜撞击单元俯视平面随时间的发展演化过程

(a) $t=3\times10^{-4}$ s; (b) $t=5\times10^{-4}$ s; (c) $t=6\times10^{-4}$ s; (d) $t=7\times10^{-4}$ s; (e) $t=8\times10^{-4}$ s; (f) $t=1\times10^{-3}$ s; (g) $t=1.2\times10^{-3}$ s; (h) $t=1.3\times10^{-3}$ s

这里，仍然引用第五章定义的核心长度和破碎长度来评估射流与液膜撞击雾化的效果。在计算中，当核心长度和破碎长度不随时间而变化时，认为雾场达到稳定状态(见图6.61)，依据仿真结果，提取出撞击射流体积分数变化信息，进行雾场分析。

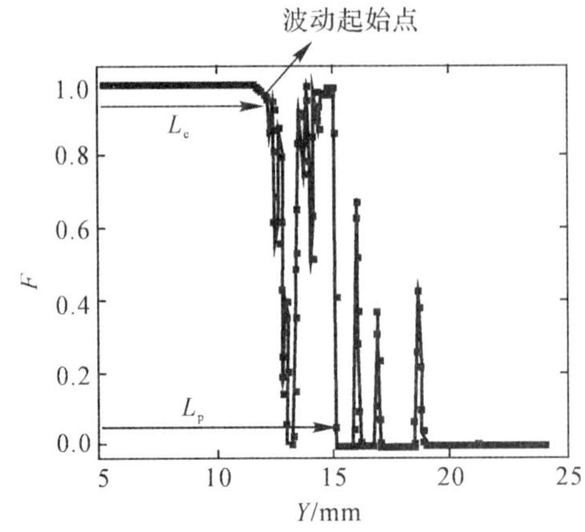

图 6.61　撞击射流体积分数变化

图6.62和图6.63是计算得到的核心长度 L_c 与破碎长度 L_p 随时间的变化曲线，从图6.62和图6.63中可见，射流/液膜撞击雾化破碎形貌发展过程可以看出：①随着时间发展，核心过程会逐渐趋于稳定，核心长度基本不随时间变化；②随着核心长度的稳定，核心区域向下游和周围扩展，破碎加剧；③经过一段时间后，射流下游破碎区将逐渐趋于稳定，整个液体射流破碎长度可以确定下来。

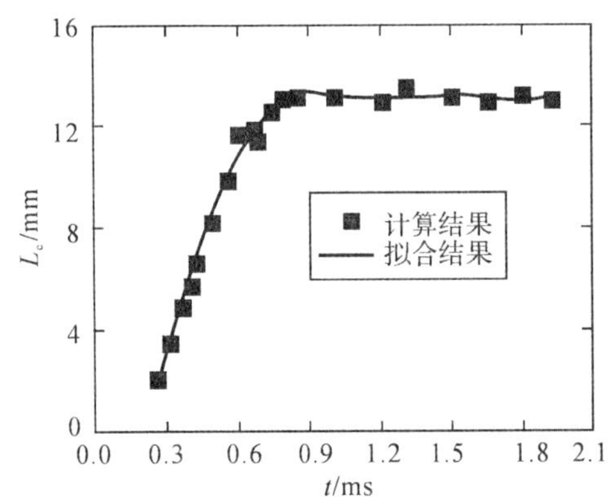

图 6.62　射流核心长度随时间的变化

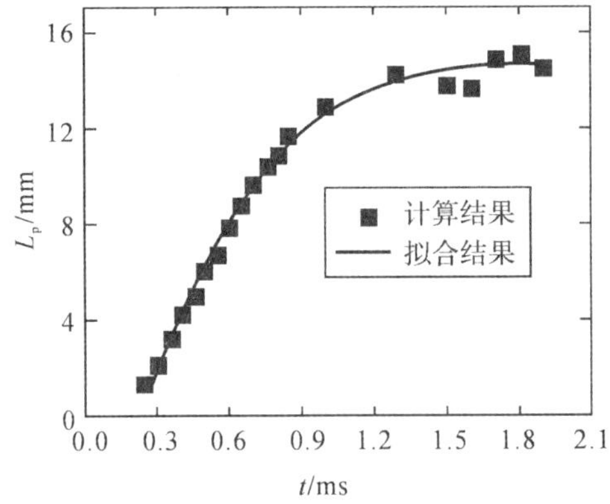

图 6.63　射流破碎长度随时间的变化

图6.64是采用1[#]模拟液，在液膜(c =3.0 mm，d =0.6 mm)速度为20 m·s^{-1}不变，改变射流(a = b =0.6 mm)速度时获得的雾化图像。因高速摄影拍摄的是平面图像，其看不到雾场的立体效果。实际上，当两路撞击单元的速度相同且较小时，液膜路对应的动量值相对大些，此时矩形射流几乎不会对液膜产生很大的影响，两路撞击后溶合形成液膜。如逐渐增加矩形射流路速度，中间参与撞击的液膜会在射流的影响下逐渐偏离矩形射流流动方向；而边缘没有参与撞击的那部分液膜，会依旧沿原来方向运动。如果中间撞击的射流量不是非常大，在模

拟液表面张力等作用下，两侧是未参加撞击的液膜被临近液膜拉伸，此时，形成的膜状分布已经不在一个平面之内，而是在从上向下看类似于“三棱锥”、横截面类似于“C”形状的喷雾区域，其形状取决于射流的相对几何、撞击角度、射流速度及物性等。这里需要注意的是，如果矩形射流量足够大，将会“击穿”液膜，会形成液流偏向矩形射流方向的分布。如推进剂黏性较大，则撞击点附近的流体仍没有出现断裂、击穿，液丝和薄的液膜相互连接着。图 6.64 中，当矩形射流速度小于液膜速度时，合成射流基本上就是液膜射流的方向（见图 6.64(a)(b)）；而当矩形射流速度与液膜速度接近时，雾场就发生了偏转（见图 6.64(c)(d)）；当射流速度大于液膜速度时，参与撞击的动量大于液膜相应部分的动量，此时，液膜实际上是被“击穿”了（见图 6.64(f)～图 6.64(h)），只是高速摄影这种平面图像难以分辨出来。图 6.65 是仿真得到的不同速度下的图像，对比接近工况下仿真与试验的雾场形貌，可以发现其中的一些问题。

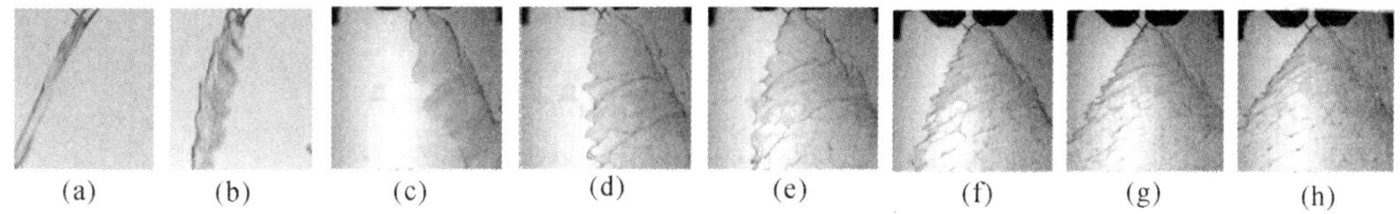

图 6.64　不同射流速度下的雾化图像（相对撞击宽度为 0.2）

(a) $v=9.2\ \mathrm{m\cdot s^{-1}}$；(b) $v=13.6\ \mathrm{m\cdot s^{-1}}$；(c) $v=17.3\ \mathrm{m\cdot s^{-1}}$；(d) $v=22.7\ \mathrm{m\cdot s^{-1}}$；(e) $v=27.2\ \mathrm{m\cdot s^{-1}}$；(f) $v=31.1\ \mathrm{m\cdot s^{-1}}$；(g) $v=41\ \mathrm{m\cdot s^{-1}}$；(h) $v=46.7\ \mathrm{m\cdot s^{-1}}$

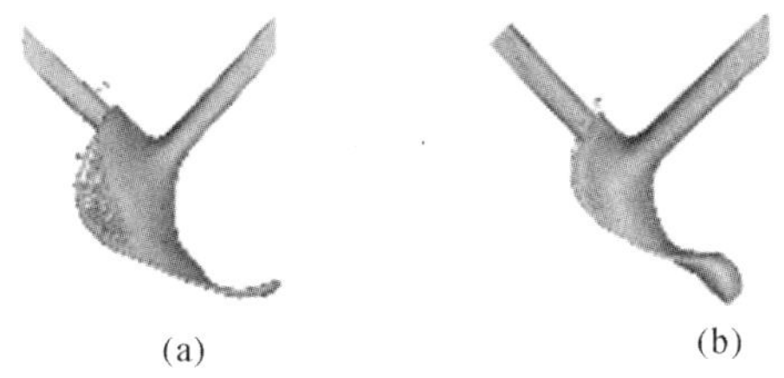

图 6.65　不同射流速度下液膜破碎击穿形貌

(a) $v=30\ \mathrm{m\cdot s^{-1}}$；　(b) $v=40\ \mathrm{m\cdot s^{-1}}$

2.液膜/液膜撞击雾化的形态

对表 6.3 所列的射流结构参数为 $a=c=3$ mm，$b=d=0.6$ mm 的液膜撞击单元进行数值模拟，图 6.66 是仿真计算得到的液膜/液膜射流撞击后俯视平面随时间的发展演化过程。

两个结构相同的液膜撞击单元，内外路液膜之间不存在溶合或穿透等明显的雾化特点，两路射流在撞击后会形成一个混合膜，该混合膜的破碎过程与矩形射流单元撞击后形成的液膜破碎过程呈现出明显的不同。图 6.67 是表 6.3 所列的 $a=c=3.0$ mm，$b=d=0.6$ mm 液膜、在不同速度下，获得的凝胶推进剂液膜射流破碎形貌图。如图 6.67 所示，混合膜的破碎空洞仅出现在液膜的边缘位置，随着流速的增加破碎空洞沿着液膜边缘不断向上发展，从而将整个液膜的边缘剥离破碎掉，而此时液膜的下方仍然保持完整，即使将射流速度增大到 $40.9\ \mathrm{m\cdot s^{-1}}$，其破碎形态与图 6.3 中圆柱形射流撞击形成的“边缘敞开模式”或者“雾化型模式”也不同。混合膜的发展破碎过程与第 5 章中的研究结果具有很好的一致性，其对应的形态与液膜撞击单元在射流速度为 19.2 m·s^{-1}时的破碎形态相似,由此可以看出,撞击方式对液膜的破碎过程及模式会有较大影响。

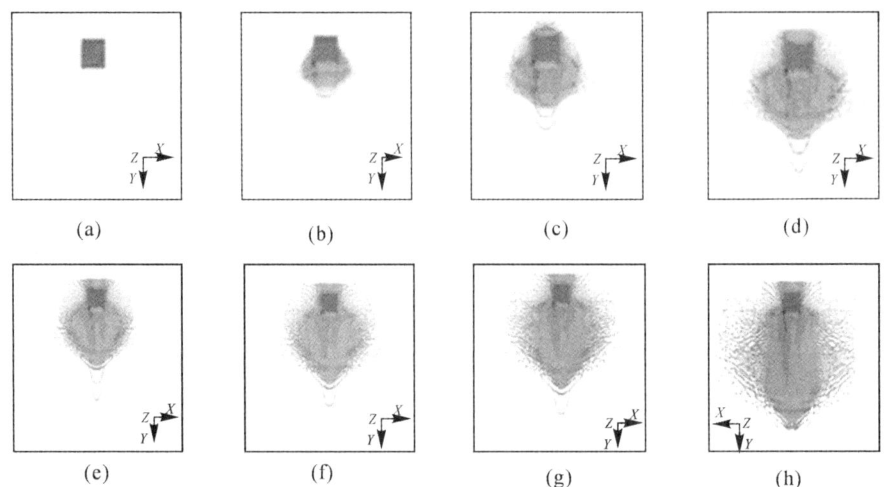

图 6.66　液膜撞击单元俯视平面随时间的发展演化过程

(a) $t=2\times10^{-4}$ s; (b) $t=3\times10^{-4}$ s; (c) $t=4\times10^{-4}$ s; (d) $t=5\times10^{-4}$ s; (e) $t=6\times10^{-4}$ s; (f) $t=7\times10^{-4}$ s; (g) $t=8\times10^{-4}$ s; (h) $t=1\times10^{-4}$ s

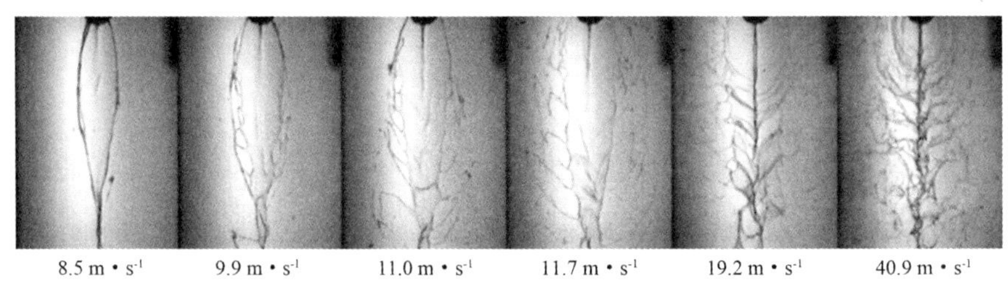

图 6.67　液膜撞击单元雾化模式

($a=c=3.0$ mm, $b=d=0.6$ mm, $2\theta_{夹}=90°$, 1# 模拟液)

6.5.2　相关参数对液膜/液膜撞击雾化的影响

1. 相关参数对矩形射流/液膜撞击雾化的影响

(1) 流动参数的影响。假设幂律指数 $n=0.5$,稠度系数 $k=17$ Pa·s^n,密度 $\rho_g=1.225$ kg·m^{-3}的模拟液参数,在标准大气环境下,对射流结构为 $a=b=d=1$ mm, $c=2$ mm 的撞击单元进行数值模拟,图 6.68 是不同速度、同一时刻射流/液膜撞击后形成的雾场破碎形貌。图示表明:射流速度越大,撞击后雾场的发展速度越快。图 6.69 是射流速度为 30 m·s^{-1}时,撞击在不同时刻的形貌发展过程。与圆柱形射流撞击不同,射流/液膜在撞击后形成的雾场比较特别。当射流速度较低时,与液膜撞击后相互溶合,射流被液膜包覆后形成的雾场形状大致为"类三棱锥形"。随着射流速度的增大,两者的合成动量角也随之增大。当射流速度增大到一定值时,仿真也表明液膜被矩形射流所穿透(见图 6.65)。

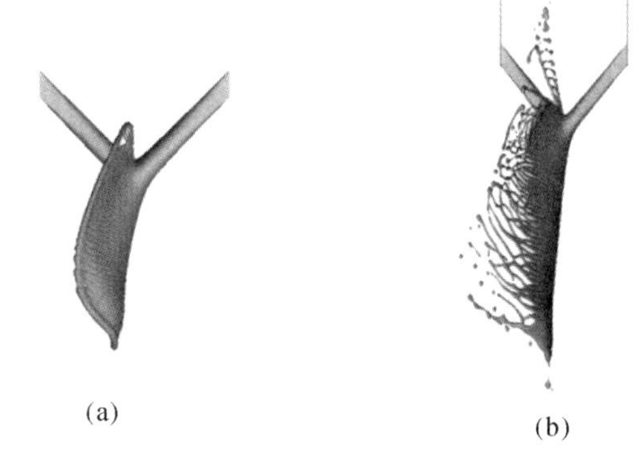

图 6.68　不同射流速度、同一时刻的雾场形貌对比

(a)$v=15\ \mathrm{m\cdot s^{-1}}$，$t=0.003\ 5$ s；(b)$v=30\ \mathrm{m\cdot s^{-1}}$，$t=0.003\ 5$ s

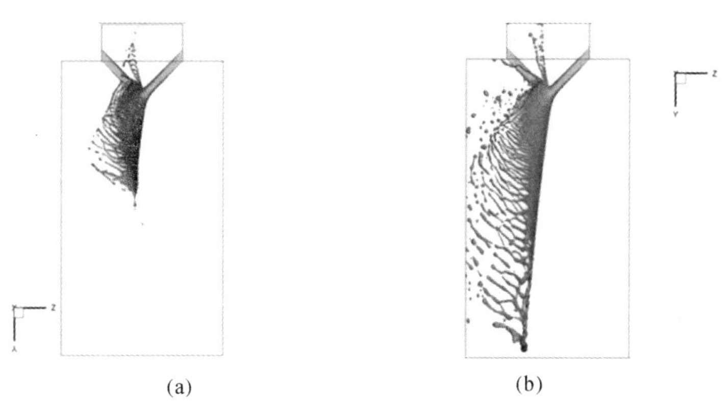

图 6.69　相同射流速度、不同时刻的雾场形貌对比($v=30\ \mathrm{m\cdot s^{-1}}$)

(a) $t=0.003$ s；(b) $t=0.006\ 5$ s

(2) 相对撞击宽度的影响。假设 $n=0.5$，$k=17\ \mathrm{Pa\cdot s^{n}}$，$\rho_g=1.225\ \mathrm{kg\cdot m^{-3}}$的推进剂物性参数，在标准大气环境中，固定射流速度为 $30\ \mathrm{m\cdot s^{-1}}$不变，研究相对撞击宽度对射流/液膜撞击单元雾化特性的影响，图 6.70 是其液膜破碎长度随时间变化的对比曲线。

图 6.70 表明：相对撞击宽度为 0.5 时对应的破碎界面空间比相对撞击宽度为 0.2 对应的破碎界面空间扩展得更充分，从撞击点附近开始到液膜下游处，呈现出丝网状结构，破碎液滴更细小，从侧视图可以看出，沿射流轴线方向，射流核范围越来越窄小。对于相对撞击宽度为 0.2 的情况，由于大的长宽比导致在液膜射流方向出现了射流核的分支。结合图 6.62 的破碎长度曲线，相对撞击宽度为 0.5 对应的破碎长度较 0.2 的破碎长度小。

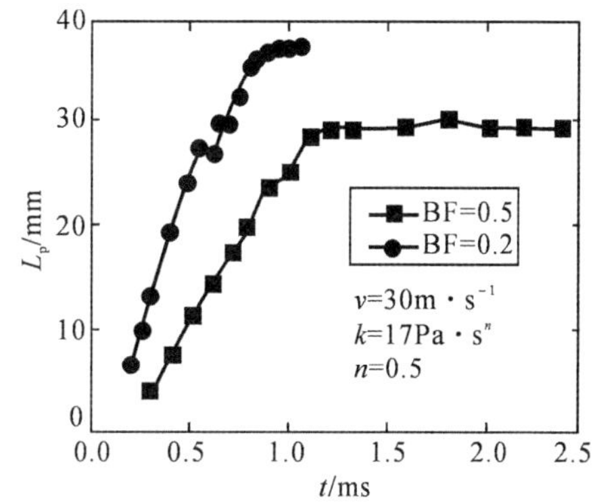

图 6.70　随时间的变化相对撞击高度对破碎长度的影响

(3) 物性参数的影响。

1) 稠度系数。保持固定撞击单元结构参数(相对撞击宽度为 0.2 mm)、射流速度 $v=30$

m·s^{-1}、幂律指数 n =0.5 不变，图 6.71 是仿真计算获得的不同稠度系数对应的雾场形貌图，图 6.72 表示了稠度系数对破碎长度的影响规律。图示表明：稠度系数对射流破碎界面的分布特征影响较小，只是对破碎长度的数值有一定的影响，稠度系数越小，射流破碎长度越小。

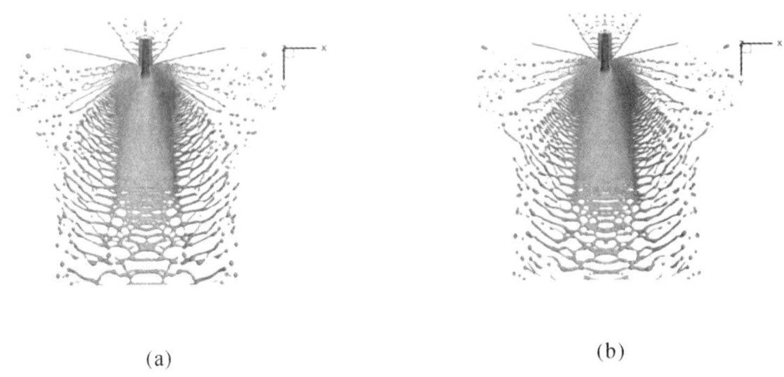

(a) (b)

图 6.71 不同稠度系数对应的雾化破碎形貌俯视图

(a) k =8 Pa·s^n；(b) k =17 Pa·s^n

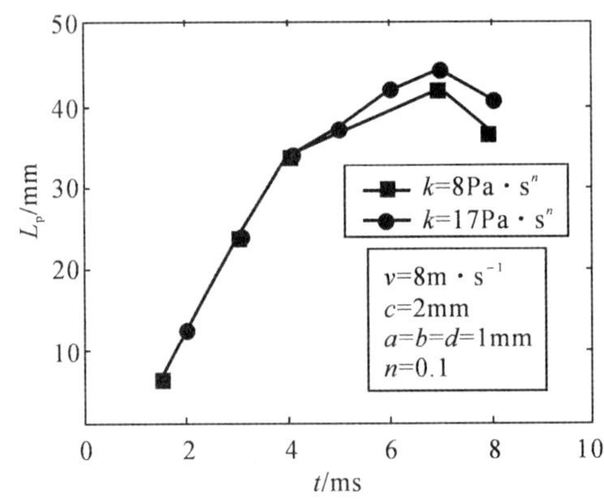

图 6.72 随时间的变化稠度系数对破碎长度的影响

2）幂律指数。保持固定撞击单元结构参数（相对撞击宽度为 0.2 mm）、射流速度 v = 8 m·s^{-1}、稠度系数 k =8 Pa·s^n 不变，图 6.73 是仿真计算获得的不同幂律指数对应的雾场形貌图，图 6.74 表示了幂律指数对破碎长度的影响规律。图示表明，幂律指数的影响规律与稠度系数类似，即幂律指数越小，射流越容易破碎，破碎长度越短，但是射流破碎的界面分布特征并不随着幂律指数的变化而改变。

2.相关参数对液膜/液膜撞击雾化的影响

(1) 流动参数的影响。选择幂律指数 n =0.5，稠度系数 k =17 Pa·s^n，密度 ρ_g = 1.225 kg·m^{-3}的推进剂物性参数，在标准大气环境下，对射流结构参数为 a = c =3 mm、b = d =0.6 mm 的撞击单元开展数值模拟。图 6.75 是不同射流速度下核心相貌（体积分数近似为 1）的雾场空间分布，图 6.76 和图 6.77 分别是不同速度下核心长度和破碎长度随时间的变化图。

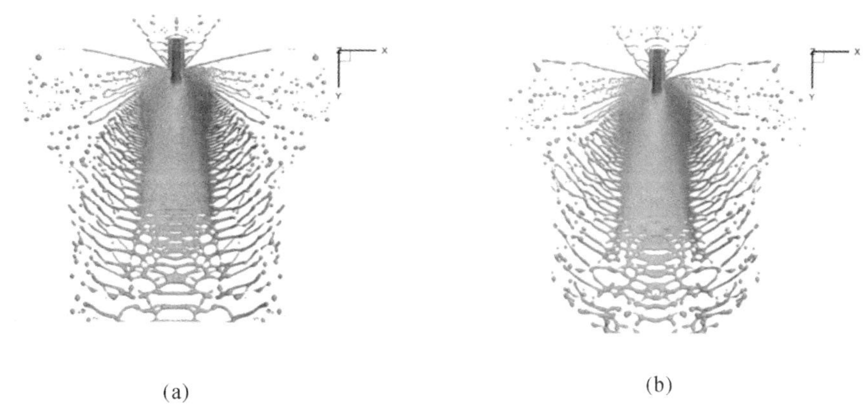

图 6.73　不同幂律指数对应的雾化破碎形貌俯视图

(a) $n=0.1$；(b) $n=0.4$

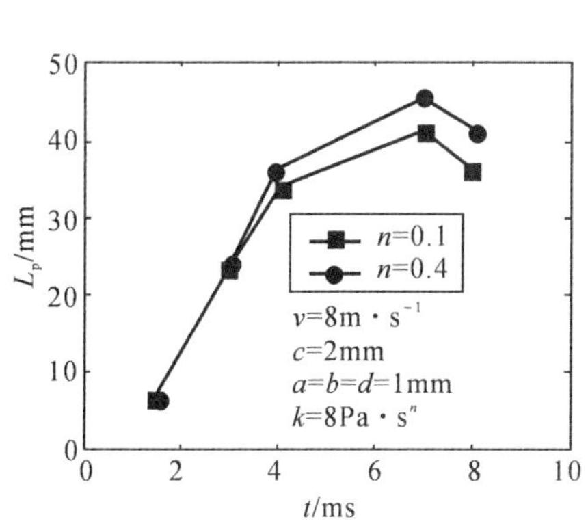

图 6.74　随时间的变化幂律指数对破碎长度的影响

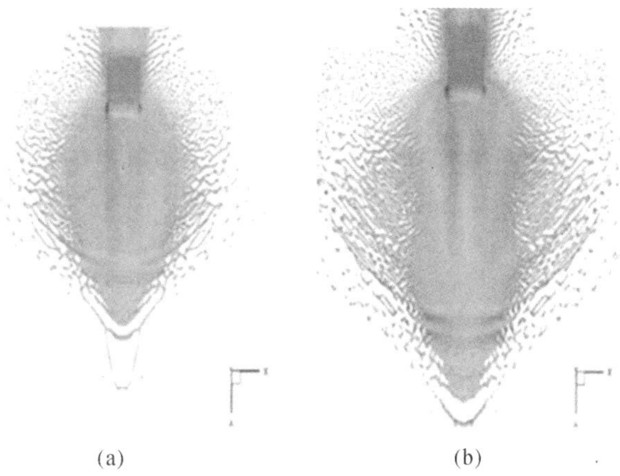

图 6.75　不同射流速度下的核心形貌俯视图

(a) $v=20\ \text{m}\cdot\text{s}^{-1}$；(b) $v=30\ \text{m}\cdot\text{s}^{-1}$

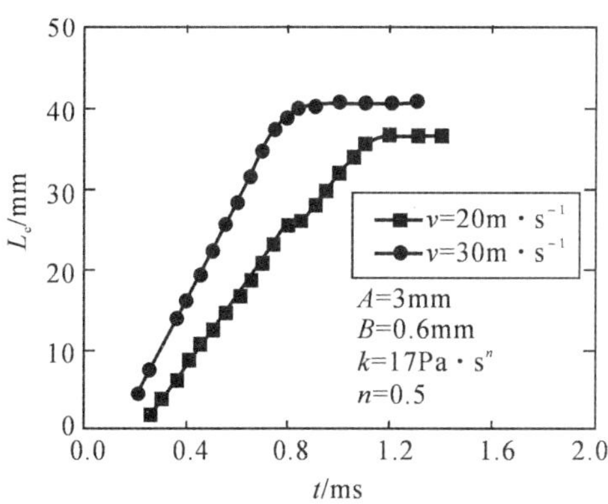

图 6.76　随时间的变化液膜撞击速度对核心长度的影响

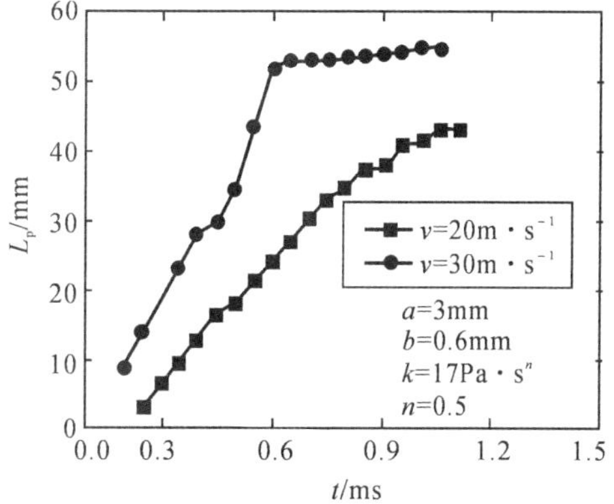

图 6.77　随时间的变化液膜撞击速度对破碎长度的影响

图 6.75～图 6.77 表明：液膜撞击速度为 20 m・s^{-1}时，其对应的核心长度 L_c 和破碎长度 L_p 无论在同一时刻或者最终，都要小于 30 m・s^{-1}时的数值。

采用 1$^{\#}$ 模拟液，保持固定液膜撞击单元结构参数 $a=c=1.2$ mm，$b=d=0.6$ mm 不变，研究了射流速度对破碎长度的影响规律，可以发现，其破碎过程也分为两个模式状态，一种是瑞利模式，另一种是泰勒模式，如图 6.78 所示。

(2) 结构参数的影响。假设 $n=0.5$，$k=17$ Pa・s^{n}，$\rho_g=1.225$ kg・m^{-3}的模拟液物性参数，在标准大气环境中，固定射流速度 $v=30$ m・s^{-1}不变，改变液膜结构参数，得到的不同尺度撞击液膜的破碎形貌如图 6.79 所示。由图 6.79 可见，宽度较大的液膜撞击后分散的程度较宽。

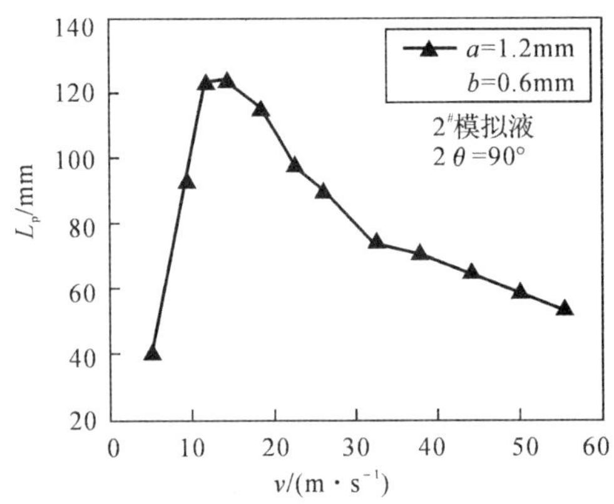

图 6.78　液膜撞击速度对破碎长度的影响

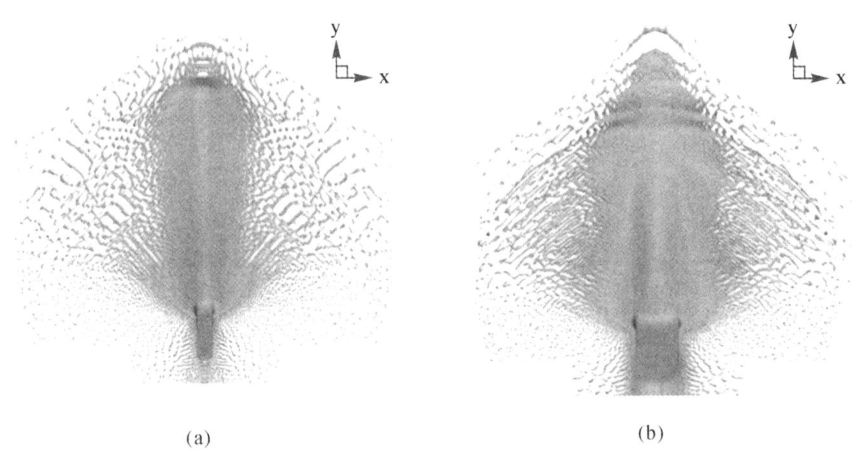

图 6.79　结构参数对雾化的影响（$v=30$ m・s^{-1}）

(a) $a=c=1.2$ mm，$b=d=0.6$ mm；(b) $a=c=3$ mm，$b=d=0.6$ mm

图 6.80 是液膜撞击单元结构参数分别为 $a=c=1.2$ mm、$b=d=0.6$ mm，$a=c=3.0$ mm、$b=d=0.6$ mm两种 1$^{\#}$ 模拟液液膜实验得到的图像。从图 6.80 中可以看出，两者撞击后形成的液膜形状有所不同，大尺度结构形成的液膜整体呈扁长形，液膜前段收缩，边缘剥离出液丝；小尺度结构形成的液膜呈椭圆形，液膜边缘有两条细液线，液线与液膜之间剥离出液丝。

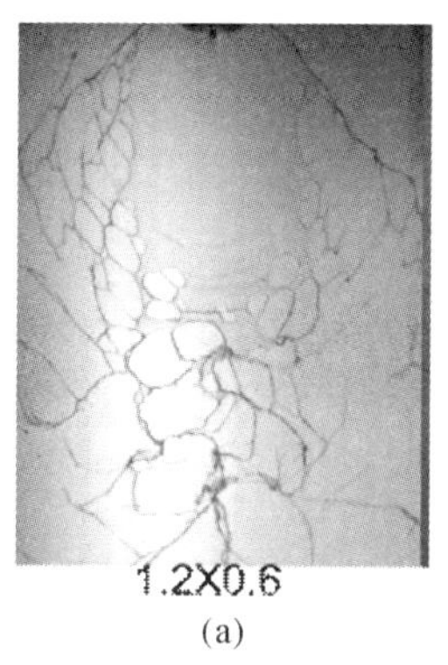

(a)

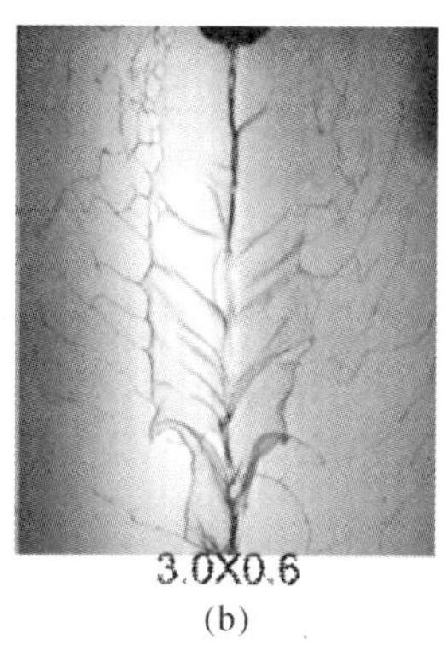

(b)

图 6.80　不同尺度撞击单元结构参数对应的雾化图像

(1# 模拟液，$2\alpha_{夹}=90°$，$v=13.1\ \mathrm{m\cdot s^{-1}}$)

(a) $a=c=1.2$ mm，$b=d=0.6$ mm；(b) $a=c=3$ mm，$b=d=0.6$ mm

(3) 物性参数的影响。取液膜撞击单元结构参数 $a=c=3$ mm、$b=d=0.6$ mm、射流速度$v=30\ \mathrm{m\cdot s^{-1}}$、幂律指数 $n=0.5$ 不变，改变稠度系数，计算获得的不同稠度系数对应的雾场形貌如图 6.81 所示，而稠度系数对破碎长度的影响如图 6.82 所示。两图表明：稠度系数对射流破碎界面的分布特征影响较小，只是对破碎长度的数值有一定的影响，稠度系数越小，射流破碎长度越小。

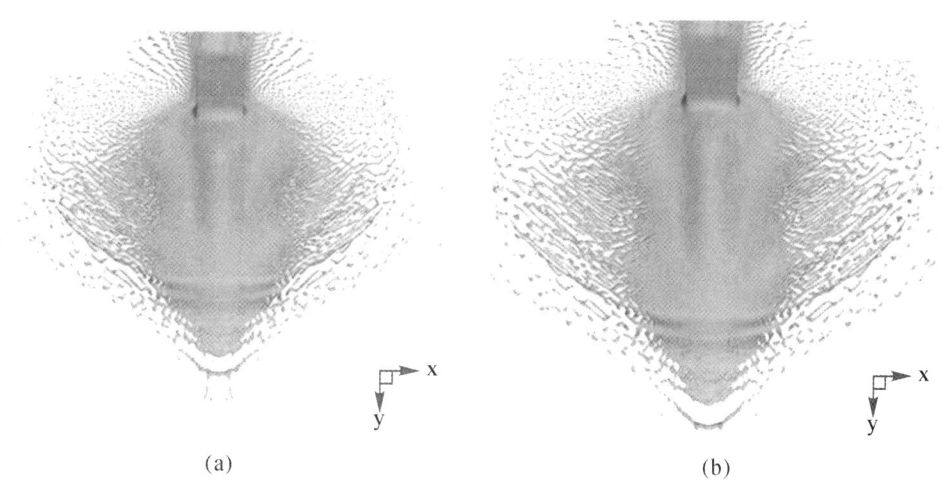

图 6.81　不同稠度系数对应的雾化破碎形貌俯视图

(a) $k=8\ \mathrm{Pa\cdot s^{n}}$；(b) $k=17\ \mathrm{Pa\cdot s^{n}}$

保持液膜撞击单元结构参数 $a=c=1.2$ mm，$b=d=0.6$ mm、撞击速度及稠度系数等不变，分别采用 1# 模拟液和 2# 模拟液进行雾化试验，得到的破碎长度随射流速度的变化曲线如图 6.83 所示。实验得到的结果与仿真结果(见图 6.78)是一致的，液膜破碎存在着两种模式。

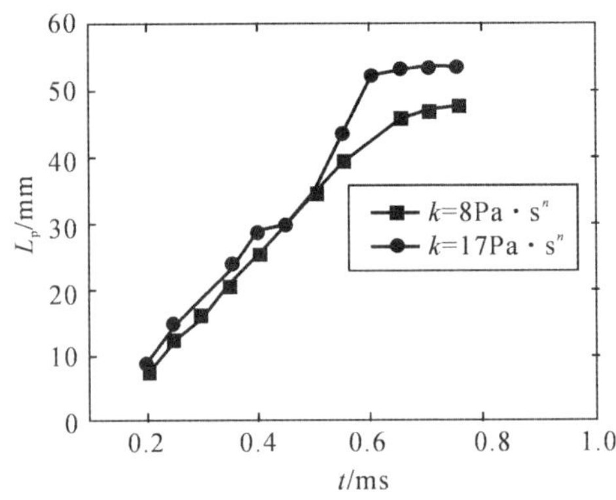

图 6.82　随时间的变化稠度系数对破碎长度的影响

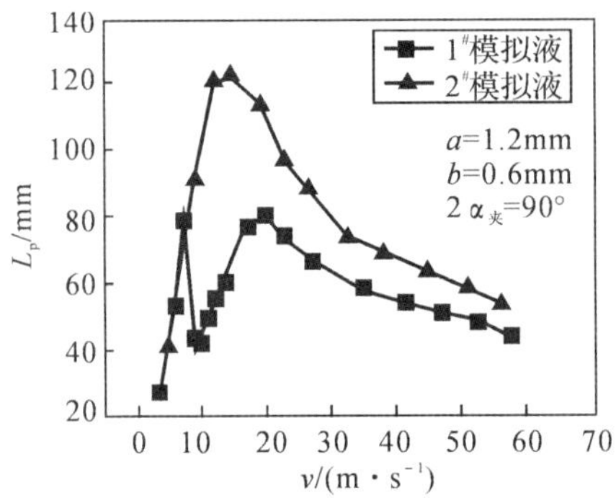

图 6.83　射流速度对破碎长度的影响

6.6　气助雾化

对于高黏度的流体，工业上常用的雾化方式是对流体预先加热，重油、渣油等非牛顿流体的雾化就常用这种方式降低其黏度；引入空气，协助雾化燃油；或者将两者结合使用。对于地面设施，空气的来源比较方便，空气要么不对雾化介质产生副作用，要么引入的空气本身还是作为氧化剂使用。另外，对于高黏性的介质，还有研究者采用了振动雾化、脉动雾化等其他方式。凝胶推进剂作为液体火箭发动机或者冲压发动机的推进剂，在这些动力装置中，预加热和引入空气均有一定的难度，流体振动或者脉动会产生一些消极作用，如低频不稳定、推力脉动等，动力装置的雾化方式是受到诸多因素限制的。目前，对于凝胶类型推进剂，可以考虑的雾化方式有：①借助流体自身的动能和特性，改变喷嘴的几何结构减小液体的黏性（凝胶具有剪切变稀性能），从而促进凝胶推进剂的雾化；②在不影响燃烧性能的情况下，加入少量的火箭或者导弹挟带的气体，辅助促进凝胶的雾化；③利用飞行器或者动力装置自身的热源，对凝胶推进剂进行加热，提高温度来降低其黏性。

本节主要介绍加入少量辅助气体的气助雾化方式。

6.6.1 雾化的装置

气泡雾化的机理是将压缩气体以适当的方式注入液体中，并使两者在喷嘴混合室内形成稳定的气泡两相流动。在喷嘴出口处，气泡对液体的挤压和剪切作用使液体以包含大量微小气泡的液丝或液线的形式喷出，在离开喷口极短的距离内，气泡内外压差的剧烈变化促使气泡急剧膨胀直至破裂，同时将包裹在其周围的液膜进一步破碎，形成更加细微的颗粒群。造成气泡雾化的原因一个是高速气流在喷嘴出口处对液体强烈的剪切和撕裂作用，另一个就是出口下游液体颗粒所包裹的气泡"爆炸"所造成的二次雾化。考虑到气泡雾化喷嘴对液体黏性不敏感，因为气泡雾化并不是通过克服液体的黏性，而是通过克服液体的表面张力来达到雾化目的的，因此尝试用气泡雾化的机理来研究气泡雾化方式对模拟液雾化特性的影响。

设计气泡雾化喷嘴最重要的就是溶气的方式，只有在液体中形成均匀的气泡流才能获得较好的雾化。如图6.84(a)所示的是管路溶气方式，如图6.84(b)所示的是集液腔溶气方式。其中，管路溶气方式为高压气体通过节流装置，加入凝胶模拟液管路中，再经过在管路中的充分混合，从喷嘴喷出；集液腔溶气方式为高压气体通过切向孔进入集液腔与凝胶模拟液充分混合，再从喷口喷出。

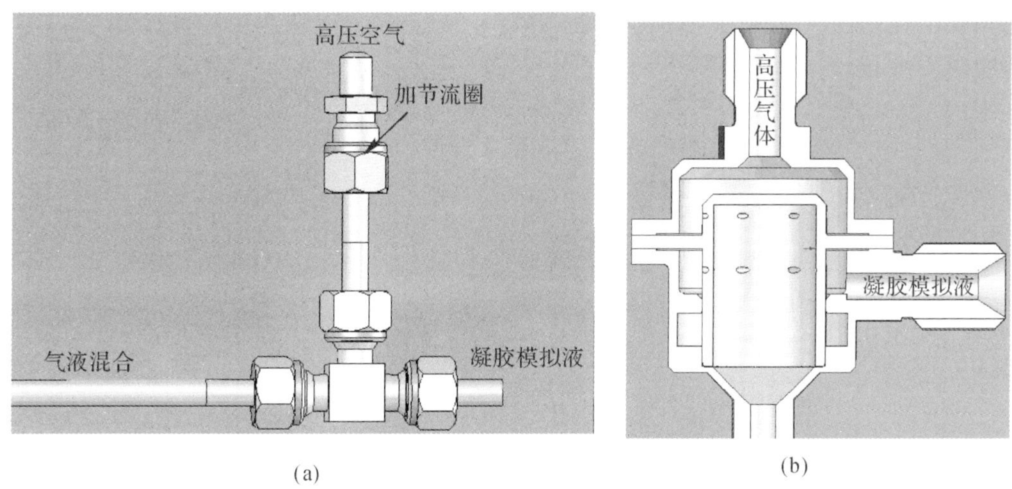

(a) (b)

图6.84 溶气方式示意图

(a)管路溶气；(b)集液腔溶气

选择了前述的圆柱形射流撞击形式(针对管路溶气)和离心式喷嘴引入气体形式，采用2# 模拟液进行实验，选择这两种雾化方式的目的在于便于和前述的研究结果对比，其次，实践中也有一定的应用潜力。

6.6.2 气助雾化的效果

实验研究了不同气液比对模拟液雾化的影响，图6.85(a)～图6.85(c)分别为表面粗糙孔双股撞击式喷嘴在不同加气量时得到的模拟的液喷雾图像。图6.86(a)～图6.86(c)分别为台阶型收缩截面孔双股撞击式喷嘴在不同气液比时得到的模拟液的喷雾图像。

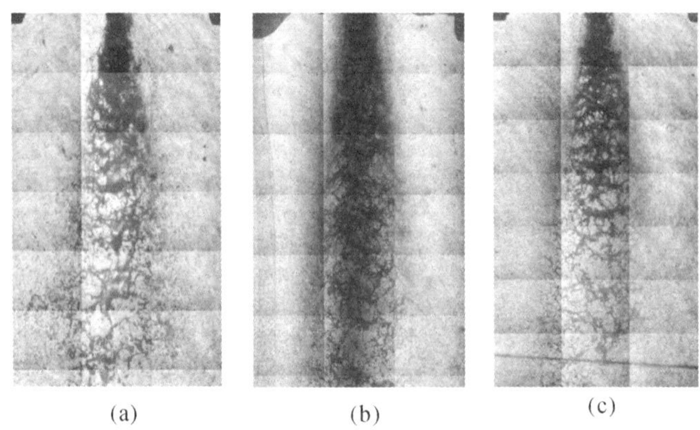

图 6.85　双股撞击式喷嘴雾化图像(表面粗糙孔、气液撞击，2# 模拟液)

(a)气液比为 0.6%；(b)气液比为 1.0%；(c)气液比为 1.3%

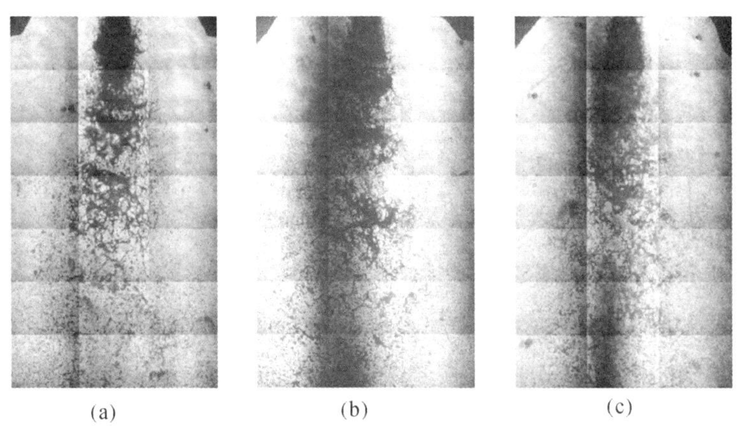

图 6.86　双股撞击式喷嘴雾化图像(台阶型孔、气液撞击，2# 模拟液)

(a)气液比为 0.6%；(b)气液比为 1.0%；(c)气液比为 1.3%

由模拟液溶气后的喷雾图像可以看出，液路引入少量气体以后，模拟液的雾化得到了很大的改观，也与前面看到的雾化模式有很大差别，没有喷雾锥角形成，也没有液膜形成以及液膜到液丝到液滴的过程。加气以后，在喷嘴的出口出现了大量的含有气泡的液丝和液线，由局部图像(见图 6.87)来看，出现了大量的液滴，说明这种溶气方式可以在模拟液中形成大量的气泡，促使模拟液得到较好的雾化。此研究说明，这种溶气雾化方式是可以促进模拟液雾化的。

图 6.88 为以管路加气的方式得到双股圆柱形射流在不同喷口孔径下的喷雾图像，从图 6.87中可以看出，溶气后，模拟液的雾化同样有所改观。从喷雾图像来看，溶气后的雾化还是无法克服凝胶中分子间力，模拟液雾化的结果是大量的液丝。

为了更深入地研究模拟液的雾化过程中分子间的力，即拉伸黏性对液丝破碎过程的影响，采用了气体辅助雾化的方式，即用高压空气和模拟液进行撞击，观察拉伸黏性对雾化的影响。继续前述的双股撞击式喷嘴，喷嘴直径为 1.0 mm，撞击夹角为 50°；喷嘴的一路用模拟液，保持模拟液的质量流量为 20 $g \cdot s^{-1}$不变，而另一路用压缩空气，变化气体流量。图 6.89(a)～图 6.89(c)是实验获得的气液两股撞击的喷雾图像。

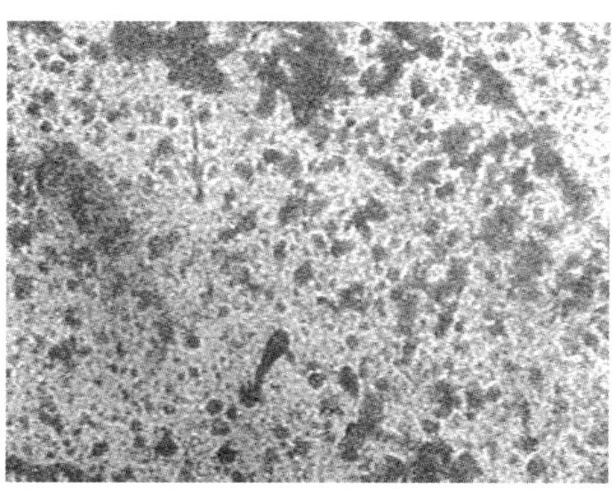

图 6.87　局部喷雾图像

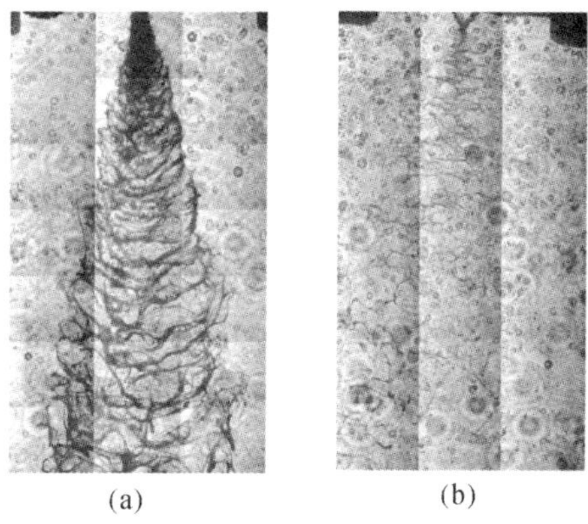

(a)　(b)

图 6.88　双股撞击式喷嘴雾化图像(撞击夹角为 60°,2# 模拟液,溶气方式)

(a)管路溶气,气液比为 1.0%(喷嘴孔径为 1.0 mm);(b)管路溶气,气液比为 1.0%(喷嘴孔径为 0.3 mm)

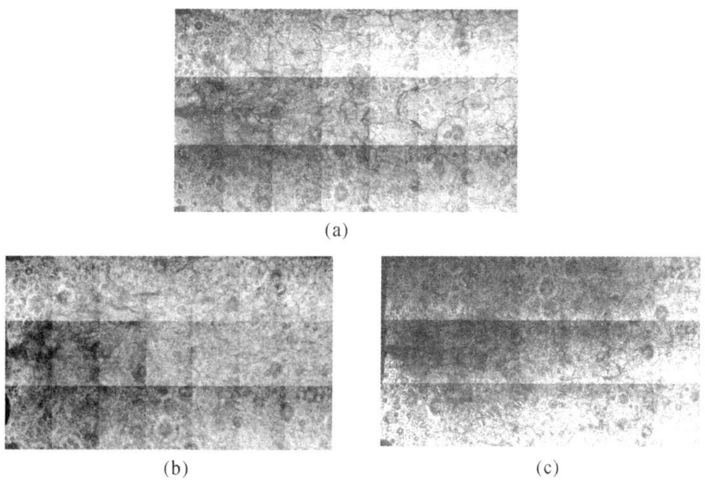

(a)

(b)　(c)

图 6.89　双股撞击式喷嘴雾化图像(孔径为 1.0 mm,气液撞击)

(a)模拟液:$q_m=20\ \mathrm{g\cdot s^{-1}}$, $\Delta p=0.7$ MPa,空气:$q_m=1.68\ \mathrm{g\cdot s^{-1}}$, $p^*=1.6$ MPa;

(b)模拟液:$q_m=20\ \mathrm{g\cdot s^{-1}}$, $\Delta p=0.7$ MPa,空气:$q_m=1.97\ \mathrm{g\cdot s^{-1}}$, $p^*=2.07$ MPa;

(c)模拟液:$q_m=20\ \mathrm{g\cdot s^{-1}}$, $\Delta p=0.7$ MPa,空气:$q_m=2.25\ \mathrm{g\cdot s^{-1}}$, $p^*=2.54$ MPa

从气液撞击的喷雾图像可以看到，模拟液在撞击点后由于气体的作用直接就雾化成了液丝，在高速气体的作用下液丝向下游运动，由于模拟液的流量较大，获得的图像无法清晰地看到液丝的运动过程，但仍然没有看到液丝的破碎过程。

为了研究模拟液形成的液丝破碎过程，将模拟液的流量减小，而保持气体与模拟液的撞击动量相当，得到的气液撞击喷雾图像如图 6.90(a)(b)所示。

从图 6.90 中可以看出，增加气动力的作用后，模拟液形成的液丝仍然无法得到破碎，由此可以看出，在较大范围内变化模拟液的雾化动量，都不足于破坏模拟液中分子间力，即拉伸黏性。

图 6.91(a)(b)分别为涡流器离心式和切向孔离心式喷嘴，用 2[#] 模拟液，在管路溶气后得到的喷雾图像。从喷雾图像可以看到，管路溶气后，2[#] 模拟液雾化效果得到了改观，不再是以一股射流的形式喷出。在喷嘴的出口，由于气体的作用，已经使模拟液撕裂成大量的液丝，但是进一步的破碎还是没有看到，说明 2[#] 模拟液不但具有较高的剪切黏性，还具有较高的拉伸黏性或表面张力。

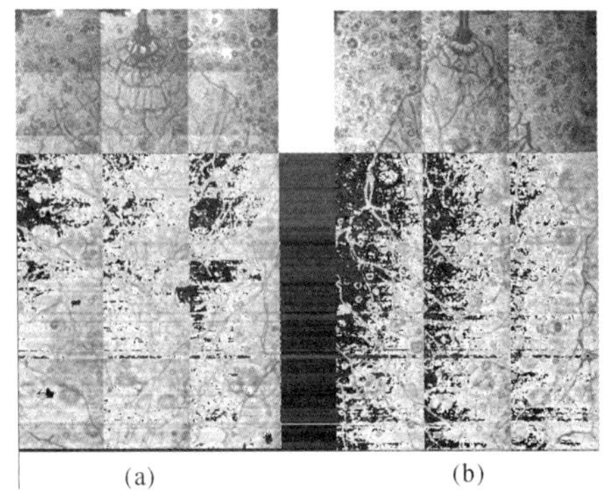

图 6.90　气液撞击雾化图像

(a) $q_m = 10\ \mathrm{g \cdot s^{-1}}$；(b) $q_m = 5\ \mathrm{g \cdot s^{-1}}$

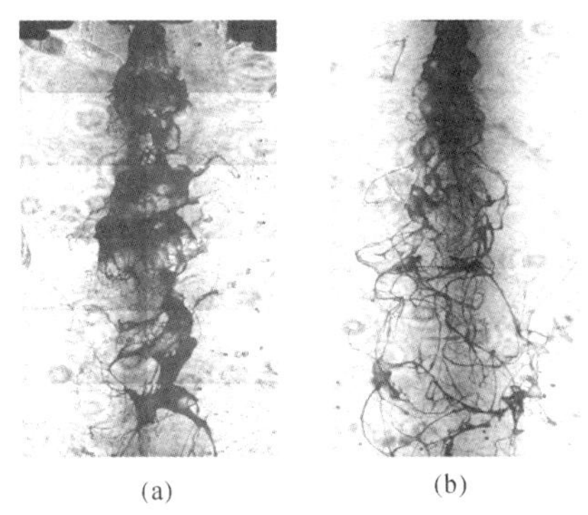

图 6.91　离心式喷嘴雾化图像(溶气方式：上气下液)

(a)切向孔式；(b)涡流器式

对于切向孔型的旋转液膜喷嘴，通过切向孔在旋流腔中给 2[#] 模拟液中加入气体，在模拟液中形成气泡从喷口喷出。图 6.92(a)(b)分别为集液腔上方切向孔进气，下方切向孔进液，在不同加气量下用数码摄像得到的喷雾图像。图 6.93(a)(b)分别为集液腔上方切向孔进液，下方切向孔进气，不同加气量下的激光全息图像。从喷雾图像可以看出，不同溶气方式对模拟液的雾化有很大影响；随着加气量的增加，模拟液的雾化有变好的趋势；高压气体的作用，使得模拟液在喷口被撕裂成大量的液丝，但进一步的雾化非常困难。

分析认为，模拟液中溶入一定的气体，可以促进其雾化。但是，溶气的方式以及能否形成均匀的气泡流影响着溶气雾化的效果。溶气雾化是克服液体较高的黏性而提出的一种有效雾化方式，但是如果液体的表面张力或拉伸黏性比较大，溶气雾化的效果就不是很明显。

本章研究了圆柱形射流相互撞击、旋转液膜、液膜相互撞击以及引入气体辅助雾化等多种雾化方式，总体来看：

(1)就撞击型的雾化而言，射流直径、撞击夹角和速度等主要参数对幂律型流体与水的雾化有相同的影响趋势，增加撞击夹角和射流速度，减小射流直径都会使雾化变好。

(2)幂律型流体的雾化有其自身的特点，无论何种方式，相对于水的雾化都要困难得多，主要原因在于其自身的流变特性，主要是极限剪切黏性的影响。

(3)引入少量气体，有助于改善模拟液的雾化效果，模拟液与气体撞击的雾化效果更显著一些。

(4)要克服凝胶的黏性作用，要使模拟液得到较好雾化，需要设法减小模拟液中分子间力。一方面，需要在凝胶的制备方面做工作；另一方面，可以采用物理或者化学作用减小凝胶中分子间力，如给雾化前的凝胶加温或者添加稀释剂，这是根本出路。

这里虽然使用了不同性能参数的模拟液，但都属于剪切变稀的幂律型流体，参数的变化范围不太宽，总体而言，得到的实验结果是有局限性的，更宽范围的研究工作有待今后完善。

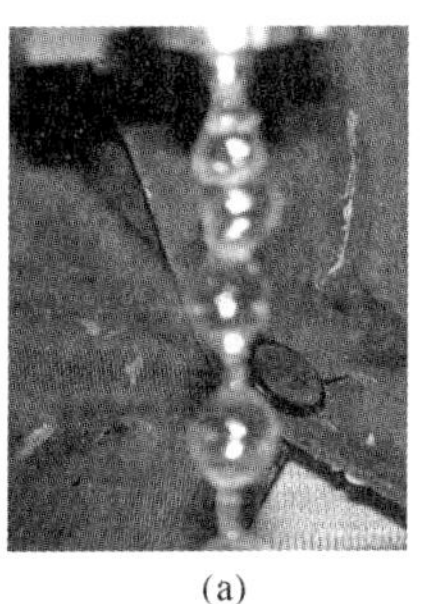

(a)

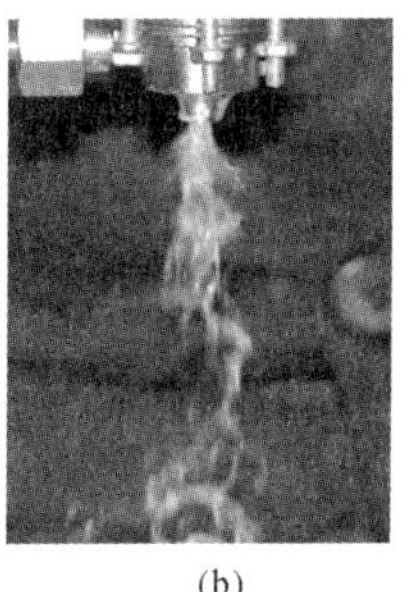

(b)

图 6.92　切向孔型喷嘴雾化图像(溶气方式：上气下液)

(a)$q_m=0.22\ g \cdot s^{-1}$；(b)$q_m=0.26\ g \cdot s^{-1}$

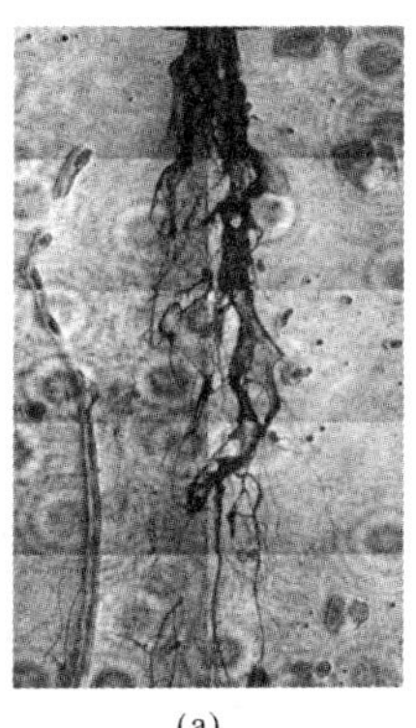

(a)

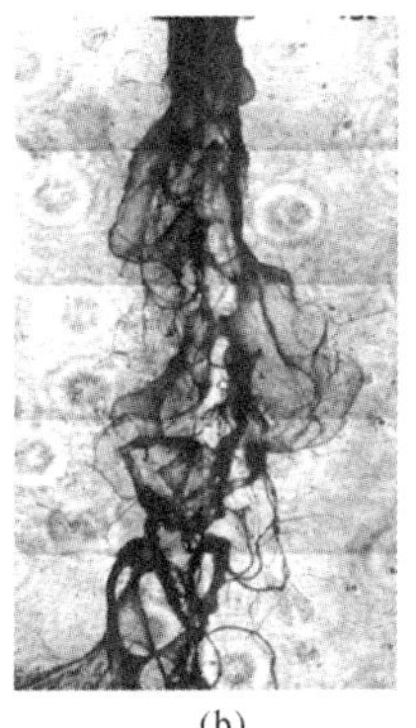

(b)

图 6.93　切向孔型喷嘴雾化激光全息雾化图像(溶气方式：上液下气，全息图像)

(a)$q_m=0.26\ g \cdot s^{-1}$；(b)$q_m=0.34\ g \cdot s^{-1}$

第 7 章　凝胶推进剂的热力学特性

7.1　概　　述

推进剂的热力学特性是其主要性能参数,决定着推进剂能否得到应用问题。就液体动力装置而言,首先需对推进剂的性能进行预测和评估,也就是对其能量进行评估,对发动机推力室和燃气发生器的室压、混合比、涡轮燃气参数、喷管中燃气参数等进行评估和分析等。

液态火箭发动机领域已经发展了很多卓有成效的计算软件和程序[125-130],用于发动机性能评估、喷管设计(含喷管中气流参数的处理)等。这些热力计算软件主要应用化学平衡和化学动力学的方法,用于计算燃烧室/发生器在不同推进剂、不同燃烧室压力、喷管面积比下,冻结流动状态或者平衡流动状态下的发动机性能参数,包括反应产物的组成及其含量、燃气的物性参数、发动机的比冲、推力系数等。有的计算程序和计算流体动力学方法可以进行二维流动的化学动力学计算,考虑喷管型面和边界层对发动机性能的影响,进而对喷管型面进行修正。不仅可以更加准确地模拟喷管中的流动,计算喷管在非化学平衡状态下的性能参数,还可以准确地预示燃气的流动,分析发动机参数、喷管几何结构和尺寸等带来的影响。固体火箭发动机的热力计算方面,热力计算软件已经考虑了化学动力学损失、喉部的烧蚀、喷管收缩和扩张、两相流动、燃烧效率、喷管边界层等因素,有的还包含了装药设计和内弹道计算模块[131-132]。凝胶推进剂是在原推进剂中加入了含能物质(Al,Mg,C 等),再通过胶凝剂和助剂而形成的混合物,与传统的 C,H,O,N 推进剂系统相比,其化学反应过程更加复杂。文献[133]采用化学成分复合的方法对此进行了探讨,并分析了胶凝剂成分与含量对推进剂性能的影响。

火箭发动机性能计算的主要目的在于研究相关参数对发动机性能的影响,预测发动机性能。目前的进展主要体现在以下几方面。

(1) 从化学平衡状态(发动机性能是理想性能的)到考虑流动损失的化学非平衡(或者化学动力学)状态计算。

(2) 从一维到二维、三维计算。考虑流动扩张引起的损失,就需要采用多维计算,对于轴对称的火箭发动机来说,则是从一维到二维。火箭发动机热力计算一般是从一维的化学平衡到一维的化学非平衡,再到二维的化学非平衡计算。

(3) 从无黏到有黏。这主要考虑边界层引起的黏性损失,如采用边界层修正或者直接求解 NS 方程。

(4) 从通用到特殊。在性能计算软件的发展过程中,还需要针对一些不同发动机的特殊问题进行处理。如固体火箭发动机性能评估软件 SPP,就增加了装药设计和计算模块等。

总的来说,发动机热力计算软件的发展是根据发动机对象的不同,逐步考虑发动机的各种性能损失,逐步提高计算的精度和使用性。凝胶推进剂不同于现有的液体动力装置和固体火箭发动机推进剂,表现在推进剂胶凝化后化学成分非常复杂,在原推进剂中添加的各种物质的物理与化学性质都不相同,且随不同推进剂而变化,化学反应的建模本身就非常复杂,这项工作仅仅是开始。

7.2　基本假设

热力计算是根据给定的推进剂在给定的条件下,从能量指标上计算推力室的理论性能。其目的在于预估推进剂和推力室性能,为发动机研制提供有关的理论性能参数。推力室的热力计算并不考虑其具体结构,其对象是一种理想化的推力室,假定其燃烧效率和喷管效率均为1。前文已述,凝胶推进剂是在原基体推进剂中增加了胶凝剂、助剂及含能物质(如 C,Al)等形成的混合物。与原推进剂相比,推进剂的化学成分及燃烧后的组分会发生变化;其气化潜热、沸点等物性也有所改变;内能(焓或者燃烧热)发生变化。目前,凝胶推进剂的胶凝剂含量均较小(一般小于 5%),对于有机大分子类凝胶推进剂,胶凝剂的物质为 C,H,O,N 类物质,为简化计算,可作如下假设:

(1) 在燃烧室内为等压燃烧,忽略在燃烧室中的燃气流速。

(2) 燃烧室的喷雾均匀,在燃烧室各个横截面上推进剂混合比处处相等。

(3) 在燃烧室末端,燃烧产物为具有平衡组分的完全气体。

(4) 燃烧产物服从理想气体定律,凝固相的粒子不影响理想气体的特征。

(5) 喷管中的流动为一维定熵过程。

(6) 喷管中化学反应与流动状态的关系服从下列三种流动模型之一:平衡流、冻结流及平衡冻结流。

(7) 加入的胶凝剂和助剂基本物质都是 C,O,N,与氧化剂/燃料完全反应。

(8) 凝胶氧化剂(凝胶燃料)的焓可将原基体焓与其胶凝剂焓按各自质量含量折算。

这样,就可以重建混合物的条件分子式、合成焓等。

7.2.1　推进剂混合比

(1) 推进剂分子式。

氧化剂:　$C_g\ H_t\ O_v\ N_h$

燃　料:　$C_n\ H_m\ O_p\ N_e$

下标分别表示分子中所含相应原子的个数。

(2) 单位质量的条件分子式。

定义:1 mol 的分子的质量等于 1 g 时的分子式。

氧化剂条件分子式:$C_{g/M_{ro}}\ H_{t/M_{ro}}\ O_{v/M_{ro}}\ N_{h/M_{ro}}$

燃料条件分子式:$C_{n/M_{rf}}\ H_{m/M_{rf}}\ O_{p/M_{rf}}\ N_{e/M_{rf}}$

式中,M_{ro}为氧化剂相对分子质量;M_{rf}为燃料相对分子质量。

(3) 推进剂化学当量混合比。

定义:完全燃烧 1 g 燃料所需的氧化剂质量(g)称为该推进剂的化学当量混合比。

$$K_o = \frac{2n + 0.5m - p}{v - 2g - 0.5t} \cdot \frac{M_{ro}}{M_{rf}} \tag{7.1}$$

(4) 推进剂混合比。

$$k=\frac{m_{o}}{m_{f}} \tag{7.2}$$

式中，m_o 为氧化剂质量，单位：g；m_f 为燃料质量，单位：g。

7.2.2 推进剂条件分子式

推进剂条件分子式为 $C_{b1}H_{b2}O_{b3}N_{b4}$

式中，bi 为 1 g 质量推进剂含第 i 元素的摩尔数；

$b1=(n/M_{rf}+k\times g/M_{ro})/(1+k)$；

$b2=(m/M_{rf}+k\times t/M_{ro})/(1+k)$；

$b3=(p/M_{rf}+k\times v/M_{ro})/(1+k)$；

$b4=(e/M_{rf}+k\times h/M_{ro})/(1+k)$。

7.2.3 推进剂的焓

(1)推进剂组元的焓。

$$h_i=h_i^{\theta}+\int_{298.15}^{T}C_{pi}\,\mathrm{d}T+\Delta h_{tri} \tag{7.3}$$

式中，h_i^{θ} 为组元 i 在 298.15K 下的标准生成焓，单位：J·(kg·K)$^{-1}$；Δh_{tri} 为组元 i 的温度由 298.15K 到 T 之间的相变热，气化为正，凝结为负，单位：J·(kg·K)$^{-1}$；h_i 为组元 i 在温度 T 时的焓，单位：J·(kg·K)$^{-1}$；C_{pi} 为组元 i 的定压比热容，单位：J·(kg·K)$^{-1}$。

(2) 推进剂的焓。

$$h_p=\frac{h_f+kh_o}{1+k} \tag{7.4}$$

式中，h_f 为燃料在推力室入口温度下的焓，单位：J·(kg·K)$^{-1}$；h_o 为氧化剂在推力室入口温度下的焓，单位：J·(kg·K)$^{-1}$。

7.2.4 燃气成分和相对分子质量

设推进剂有 m 种元素，燃气有 μ 种成分(其中气体成分 v 种)。对于含 C，H，O，N 四种元素的推进剂，为了适应高、中和低余氧系数的热力气动力计算，选取 18 种气体成分(包括 CO_2，H_2O，OH，H_2，O_2，N_2，NO，CO，H，O，N，CH_4，HCO，HCN，NH_3，C_2H_4，C_2H_2，C)和一种固体碳。

7.2.5 支配方程

(1)压强方程：

$$\sum_{j=1}^{v}p_j=p \tag{7.5}$$

注：压强均为 101 325 Pa。

式中，p 为推力室压强或喷管压强；p_j 为 j 成分的分压(j 成分的分压在数值上与该成分的摩尔质量数相等)。

(2) 能量守恒(等熵方程)。

在推力室中用能量守恒方程：

$$\frac{1}{M_r}\sum_{j=1}^{\mu}h_j\frac{p_j}{p}=h_p \tag{7.6}$$

式中，h_p为推进剂焓，单位：J・kg^{-1}；h_j 为 j 成分焓，10^{-3}J・mol^{-1}；M_r 为燃气相对分子质量。

在喷管流动中用等熵方程

$$\frac{1}{M_r}\sum_{j=1}^{\mu}S_j\frac{p_j}{p=S_C} \tag{7.7}$$

式中，S_C 为推力室的燃气熵，单位：J・(kg・K)$^{-1}$；S_j 为 j 成分的熵，10^{-3}J・(mol・K)$^{-1}$。

$$S_j=S_j^0-R\ln p_j \tag{7.8}$$

式中，S_j^0 为 j 成分的标准熵，单位：10^{-3}J・(mol・K)$^{-1}$；R 为摩尔气体常数，$R=8.314\ 510$ J・(mol・K)$^{-1}$。

(3) 质量守恒方程：

$$\sum_{j=1}^{\mu}b_{ij}p_j=M_r p b_i \tag{7.9}$$

式中，b_{ij} 为成分 j 中含 $i(i=1,2,\cdots,m)$元素原子的个数。

(4) 化学平衡方程：m 个元素，取 m 个独立成分，用 A_i 表示；μ 个成分中有 $\mu-m$ 个非独立成分，用 A_j 表示，它们与独立成分之间有化学平衡式

$$A_j=\sum_{i=\mu-m+1}^{\mu}n_{ij}A_i \tag{7.10}$$

式中，n_{ij} 为在 $j(j=1,2,\cdots,\mu-m)$ 平衡式中 i 分子式前的系数。

用平衡常数表示的化学平衡方程

$$\ln p_j-\sum_{j=\mu-m+1}^{\mu}n_{ij}\ln p_i+\ln K_j=0 \tag{7.11}$$

$$\ln K_j=\frac{\sum\limits_{i=\mu-m+1}^{\mu}n_{ij}S_i^{\theta}-S_j^{\theta}}{R}-\frac{\sum\limits_{i=\mu-m+1}^{\mu}n_{ij}h_i-h_j}{RT} \tag{7.12}$$

式中，h_j 为非独立成分的焓，10^{-3} J・mol^{-1}，其中 $j=1,2,\cdots,\mu-m$；h_i 为独立成分的焓，10^{-3} J・mol^{-1}；K_j 为 j 反应式的化学平衡常数；R 为摩尔气体常数，$R=8.314\ 510$ J・mol^{-1}。

非独立成分中固体成分的化学平衡方程

$$\ln K_j-\sum_{i=\mu-m+1}^{\mu}n_{ij}\ln p_i=0 \tag{7.13}$$

上面每种状态有 $\mu+2$ 个方程，含 $\mu+2$ 个未知量：μ 种成分的分压(在有一种固体成分存在下是 $\mu-1$ 种成分的分压和该固体成分的摩尔分数)、燃气温度、燃气相对分子质量。这 $\mu-2$ 个非线性方程组用牛顿法解出。

7.2.6 在给定温度和压强下的牛顿法修正量方程

(1) 化学平衡方程：

$$\Delta_j - \sum_{i=\mu-m+1}^{\mu} n_{ij}\Delta_i = -\ln p_j + \sum_{i=\mu-m+1}^{\mu} n_{ij}\ln p_i - \ln K_j \qquad (j=1,2,\cdots,\mu-m) \tag{7.14}$$

(2) 质量守恒方程：

$$\sum_{j=1}^{\mu} b_{ij}p_j\Delta_j - (\sum_{j=1}^{\mu} b_{ij}p_j)\Delta M_r = -(\sum_{j=1}^{\mu} b_{ij}p_j)[\ln(\sum_{j=1}^{\mu} b_{ij}p_j) - \ln M_r - \ln p - \ln b_i] \quad (i=1,2,\cdots,m) \tag{7.15}$$

(3) 压强方程：

$$\sum_{j=1}^{v} p_j\Delta_j = -\sum_{j=1}^{v} p_j[\ln\sum_{j=1}^{v} p_j - \ln p] \tag{7.16}$$

式中，$\Delta_j = \ln p_j^{(n)} - \ln p_j^{(n-1)}$；$\Delta M_r = \ln M_r^{(n)} - \ln M_r^{(n-1)}$。

解上述方程组求出修正量 Δ_j，ΔM_m，第 n 次迭代的参数由下列各式求出：

$$p_j^{(n)} = p_j^{(n-1)}\exp(\Delta j)$$

$$M_r^{(n)} = M_j^{(n-1)}\exp(\Delta M_r)$$

重复上述过程直到 $|\Delta_j| < 10^{-8}$，$|\Delta M_r| < 10^{-8}$ 为止。

7.2.7 求平衡成分参数的偏导数、等压膨胀系数和等温压缩系数

(1) 在压强不变下，各平衡成分和相对分子质量对温度的偏导数。

将式 $\ln p_j - \sum_{j=\mu-m+1}^{\mu} n_{ij}\ln p_i + \ln K_j = 0$ 对温度 T 求偏导数得

$$\left(\frac{\partial \ln p_j}{\partial \ln T}\right)_p - \sum_{j=\mu-m+1}^{\mu} n_{ij}\left(\frac{\partial \ln p_j}{\partial \ln T}\right)_p = -\left(\frac{\partial \ln K_j}{\partial \ln T}\right)_p \quad (j=1,2,\cdots,\mu-m) \tag{7.17}$$

对于非独立成分中的固体成分，上式左边第一项为零。

将式 $\sum_{j=1}^{\mu} b_{ij}p_j = M_r p b_i$ 取对数后再对温度求偏导数得

$$\sum_{j=1}^{\mu} b_{ij}p_j = \left(\frac{\partial \ln p_j}{\partial \ln T}\right)_p - (\sum_{j=1}^{\mu} b_{ij}p_j)\left(\frac{\partial \ln M_r}{\partial \ln T}\right)_p = 0 \quad (i=1,2,\cdots,m) \tag{7.18}$$

再将式 $\sum_{j=1}^{v} p_j = p$ 对温度求偏导数得

$$\sum_{j=1}^{v} p_j\left(\frac{\partial \ln p_j}{\partial \ln T}\right)_p = 0 \tag{7.19}$$

上面 $\mu+1$ 个方程联立解出偏导数

$$\left(\frac{\partial \ln p_j}{\partial \ln T}\right)_p \text{和} \left(\frac{\partial \ln M_r}{\partial \ln T}\right)_p \quad (j=1,2,\cdots\cdots,\mu)$$

(2) 在温度不变下，各平衡成分和相对分子质量对压强的偏导数：

$$\left(\frac{\partial \ln p_j}{\partial \ln p}\right)_T - \sum_{j=\mu-m+1}^{\mu} n_{ij}\left(\frac{\partial \ln p_j}{\partial \ln p}\right)_T = 0 \quad (j=1,2,\cdots,\mu-m) \tag{7.20}$$

对于非独立成分中的固体成分，上式左边第一项为零，有

$$\sum_{j=1}^{\mu} b_{ij}p_j\left(\frac{\partial \ln p_j}{\partial \ln p}\right)_T - (\sum_{j=1}^{\mu})\left(\frac{\partial \ln M_r}{\partial \ln p}\right)_T = \sum_{j=1}^{\mu} b_{ij}p_j \quad (i=1,2,\cdots,m) \tag{7.21}$$

$$\sum_{j=1}^{v} p_j \left(\frac{\partial \ln p_j}{\partial \ln p}\right)_T = p$$

上面 $\mu+1$ 个方程联立解出偏导数

$$\left(\frac{\partial \ln p_j}{\partial \ln p}\right)_T \text{和} \left(\frac{\partial \ln M_r}{\partial \ln p}\right)_T \quad (j=1,2,\cdots,\mu)$$

(3) 等温压缩系数：

$$\beta_T = \frac{1}{p}\left[1+\left(\frac{\partial \ln M_r}{\partial \ln p}\right)_T\right] \tag{7.22}$$

(4) 等压膨胀系数：

$$\alpha_p = \frac{1}{T}\left[1-\left(\frac{\partial \ln M_r}{\partial \ln p}\right)_p\right] \tag{7.23}$$

(5) 冻结定压比热容：

$$C_{pf} = \frac{1}{pM_r \sum p_j C_{pj}} \tag{7.24}$$

(6) 平衡定压比热。

定义平衡定压比热容：

$$C_p = \left(\frac{\partial h}{\partial T}\right)_p \tag{7.25}$$

式中，h 为燃气的焓，$h=\frac{1}{M_r p}\sum_{j=1}^{\mu} h_j p_j$。

$$C_p = \frac{1}{M_r p}\left[\sum_{j=1}^{\mu} p_j C_{pj} + \sum_{j=1}^{\mu} h_j \left(\frac{\partial p_j}{\partial T}\right)_p\right] - \frac{h}{T}\left(\frac{\partial \ln M_r}{\partial \ln T}\right)_p \tag{7.26}$$

(7) 平衡定容比热。

定义平衡定容比热：

$$C_V = \left(\frac{\partial h}{\partial T}\right)_V \tag{7.27}$$

$$C_V = C_p - \frac{R\left[1-\left(\frac{\partial \ln M_r}{\partial \ln T}\right)_p\right]^2}{R\left[1+\left(\frac{\partial \ln M_r}{\partial \ln p}\right)_T\right]} \tag{7.28}$$

7.2.8 各种参数计算

前面已求出燃气各成分的分压、相对分子质量、温度、压力、比热、等温压缩系数和等压膨胀系数等参数。气动力参数计算如下。

(1) 平衡比热比：

$$n_e = C_p / C_V \tag{7.29}$$

(2) 燃气速度：

$$W = \sqrt{2(h_p - h)} \tag{7.30}$$

(3) 单位质量流量的喷管面积：

$$f=\frac{RT}{M_{r}pW} \tag{7.31}$$

(4) 真空比冲:

$$I_{SV}=W+fp \tag{7.32}$$

(5) 声速:

$$a^{2}=\left(\frac{\partial p}{\partial \rho}\right)_{s}=\frac{n_{e}RT}{M_{r}\left[1+\left(\frac{\partial \ln M_{r}}{\partial \ln p}\right)_{T}\right]} \tag{7.33}$$

(6) 平衡马赫数:

$$Ma=\frac{W}{a}=W\sqrt{\frac{M_{r}\left[1+\left(\frac{\partial \ln M_{r}}{\partial \ln p}\right)_{T}\right]}{n_{e}RT}} \tag{7.34}$$

(7) 推力室特征速度:

$$C^{*}=p_{C}f_{t} \tag{7.35}$$

式中,p_{C} 为推力室压力;f_{t} 为喷管喉部处的单位质量流量的面积。

(8) 喷管面积比:

$$\varepsilon=f/f_{t} \tag{7.36}$$

(9) 固体成分的饱和蒸汽压 p_{s} 由下式求出:

$$\ln p_{s}=\frac{S_{cg}^{0}-S_{s}}{R}-\frac{h_{cg}-h_{s}}{RT} \tag{7.37}$$

式中,p_{s} 为饱和蒸汽压;S_{cg}^{0} 为气态的标准状态熵;h_{cg} 为气态的焓;S_{s} 为固态的熵;h_{s} 为固态的焓。

先按无固体成分生成的条件进行热力计算,若计算出它的气态的分压大于它的饱和蒸汽压,则重新按有固体生成的条件进行计算。

7.2.9 求第 n 次迭代的温度和压强

在第 $n-1$ 次预设的温度和压强下,求出了燃气成分及其偏导数,以及其他参数。由这些参数计算出第 n 次迭代的温度和压强。重复迭代直到 $\left|\ln\frac{T^{(n-1)}}{T^{(n)}}\right|$ 和 $\left|\ln\frac{p^{(n-1)}}{p^{(n)}}\right|$ 小于 10^{-8} 为止。

(1) 燃烧室的温度:

$$T^{(n)}=T^{(n-1)}\exp\left[\frac{h_{p}-h}{T^{(n-1)}C_{p}}\right] \tag{7.38}$$

(2) 喷管喉部的温度和压强:

由下面两式解出 $\Delta\ln p$ 和 $\Delta\ln T$:

$$\alpha_{p}\frac{p}{\rho}\Delta\ln p-C_{p}\Delta\ln T=S-S_{C} \tag{7.39}$$

$$\left(\frac{1}{2}+\frac{1-\alpha_{p}Tp}{W^{2}\rho}-\frac{1}{2}\beta_{T}p\right)\Delta\ln p+T\left(\frac{C_{p}}{W^{2}}+\frac{\alpha_{p}}{2}\right)\Delta\ln T=0 \tag{7.40}$$

式中,ρ 为燃气密度;W 为气流速度;S 为燃气熵。

$$S=\frac{1}{M_{r}}\sum_{j=1}^{\mu}S_{j}\frac{p_{j}}{p} \tag{7.41}$$

第 n 次迭代的温度和压力为

$$T^{(n)}=T^{(n-1)}\exp(\Delta\ln T)$$

$$p^{(n)}=p^{(n-1)}\exp(\Delta\ln T)$$

(3) 喷管内的温度和压力。

在已知压强下求温度：

$$T^{(n)}=T^{(n-1)}\exp\left[\frac{S_C-S^{(n-1)}}{C_p}\right] \tag{7.42}$$

在已知喷管面积比下求温度和压强。

由下面两式解出 $\Delta\ln p$ 和 $\Delta\ln T$ ：

$$\alpha_p\frac{p}{\rho}\Delta\ln p-C_p\Delta\ln T=S-S_C \tag{7.43}$$

$$p(\beta_T-\frac{1-\alpha_pT}{\rho W^2})\Delta\ln p-\left(\alpha_p+\frac{C_p}{W^2}\right)T\Delta\ln T=\ln\frac{\varepsilon^{(n-1)}}{\varepsilon_0} \tag{7.44}$$

式中，ε_0 为给定的喷管面积比；$\varepsilon^{(n-1)}$ 为第($n-1$)次迭代的喷管面积比。

第 n 次迭代的温度和压力为

$$T^{(n)}=T^{(n-1)}\exp(\Delta\ln T)$$

$$p^{(n)}=p^{(n-1)}\exp(\Delta\ln p)$$

7.2.10　燃气的热物理参数计算方法

(1) 单一成分气体动力黏度：

$$\eta=26.693\frac{\sqrt{M_rT}}{\sigma^2\Omega_V} \tag{7.45}$$

式中，σ 为碰撞直径，10^{-10} m；Ω_V 为碰撞积分，它由下式给出：

$$\Omega_V=\frac{A}{(T^*)^B}+\frac{C}{\exp(DT^*)}+\frac{E}{\exp(FT^*)} \tag{7.46}$$

式中，A,B,C,D,E,F 为常数。$A=1.161\ 45$，$B=0.148\ 74$，$C=0.524\ 87$，$D=0.773\ 20$，$E=2.161\ 78$，$F=2.537\ 8$。

无量纲温度定义为

$$T^*=T/\left(\frac{\varepsilon}{K}\right) \tag{7.47}$$

式中，K 为波尔兹曼常数；ε 为分子间相互作用势能。

分子碰撞直径 σ 和特征温度 ε/K 对常用气体的值列于表 7.1 中。

表 7.1　常用气体的 σ 和 ε/K

分子式	CO_2	H_2O	OH	O_2	H_2	N_2	NO	CO
(ε/K) /K	195.2	809.1	79.8	106.7	59.7	71.4	116.7	91.7
σ /(10^{-10} m)	3.941	2.641	3.147	3.467	2.827	3.798	3.492	3.69

（2）低压混合气体的动力黏度：

$$\eta_{\text{mix}}=\sum_{i=1}^{\nu}\frac{\eta_i}{1+\sum\limits_{\substack{j=1\\j\neq 1}}^{\nu}G_{ij}^{*}\dfrac{X_j}{X_i}} \tag{7.48}$$

式中，η_i 为成分 i 的动力黏度；X_i 为成分 i 的摩尔分数。

$$G_{ij}^{*}=\frac{1}{2}\varepsilon_{ij}\left(\frac{M_{ij}}{\bar{M}_{ij}}\right)^{-\frac{1}{2}}\left\{1+\left[\left(\frac{\eta_i}{\eta_j}\right)\left(\frac{M_j}{M_i}\right)^{\frac{1}{2}}\frac{1+\dfrac{S_i}{T}}{1+\dfrac{S_j}{T}}\right]^{\frac{1}{2}}\right\}^{2}\frac{1+\dfrac{S_{ij}}{T}}{1+\dfrac{S_i}{T}} \tag{7.49}$$

式中，M_i 为成分 i 的相对分子质量；S_i 为成分 i 的休斯兰德常数，可按 $S_i=1.5T_{bi}$（T_{bi} 为正常沸点，单位：K）估算。对氦、氖、氢直接取 $S_i=79$。

$$S_{uj}=C_S\sqrt{S_iS_j} \tag{7.50}$$

对于一般气体 $C_S=1$，对于含强极性气体，如氨、水蒸气等体系，取 $C_S=0.733$，则

$$\varepsilon_{ij}=\varepsilon_{ji}=(\frac{M_{ij}}{\bar{M}_{ij}})^{\frac{1}{4}}$$

式中，$M_{ij}=\dfrac{M_i+M_j}{2}$；$\bar{M}_{ij}=\sqrt{M_iM_j}$。

（3）在高压下的混合气体动力黏度采用剩余黏度法：

$$(\eta_{\text{m}}-\eta_{\text{m}}^{\theta})\zeta_{\text{m}}=1.08[\exp(1.439\rho_{\text{rm}})-\exp(-1.111\rho_{\text{rm}}^{1.858})] \tag{7.51}$$

式中，η_{m} 为高压气体混合物黏度，单位：10^{-7} Pa·s；η_{m}^{θ} 为低气体混合物黏度，单位：10^{-7} Pa·s；ρ_{rm} 为虚拟混合物对比密度；ρ_{m} 为混合物密度，单位：mol·cm^{-3}；ρ_{cm} 为虚拟混合物临界密度，单位：mol·cm^{-3}；ζ_{m} 为与混合物的相对分子质量 M_{m}、混合物的虚拟临界温度 T_{cm}、临界压强 p_{cm} 有关的参数。

这些参数由下列各式求出：

$$\zeta_{\text{m}}=T_{\text{cm}}^{\frac{1}{6}}/(M_{\text{m}}^{\frac{1}{2}}p_{\text{cm}}^{\frac{2}{3}}) \tag{7.52}$$

$$M_{\text{m}}=\sum_{i=1}^{\nu}X_iM_i \tag{7.53}$$

$$T_{\text{cm}}=\sum_{i=1}^{\nu}X_iT_{ci} \tag{7.54}$$

$$Z_{\text{cm}}=\sum_{i=1}^{\nu}X_iZ_{ci} \tag{7.55}$$

$$V_{\text{cm}}=\sum_{i=1}^{\nu}X_iV_{ci} \tag{7.56}$$

$$\rho_{\text{cm}}=1/V_{\text{cm}} \tag{7.57}$$

$$p_{\text{cm}}=Z_{\text{cm}}RT_{\text{cm}}/V_{\text{cm}} \tag{7.58}$$

$$\rho_{\text{m}}=p_{\text{m}}/RT$$

式中，X_i 为成分 i 的摩尔分数；M_i 为成分 i 的相对分子质量；T_{ci} 为成分 i 的临界温度；Z_{ci} 为成分 i 的临界压缩系数；V_{ci} 为成分 i 的临界摩尔体积，单位：cm^3·mol^{-1}；p_{cm} 为混合物压强，101 325 Pa；R 为摩尔气体常数，$R=82.06$，单位：Pa·cm^3·(mol·K)$^{-1}$；T_{cm} 为混合物温度，单

位：K。

7.2.11　燃气的冻结热导率

(1) 单一成分气体的热导率：

$$\lambda = \frac{R}{M_{\rm r}}\left(0.45 + 1.32\frac{C_p}{R}\right)\eta \tag{7.59}$$

式中，C_p 为定压比热容，单位：$\mathrm{Pa \cdot cm^3 \cdot (mol \cdot K)^{-1}}$，其单位与摩尔气体常数 R 的单位相同。

(2) 在低压下混合物气体的冻结热导率：

$$\lambda_{\rm mix} = \sum_{i=1}^{\nu} \frac{\lambda_i}{1 + \sum\limits_{\nu} G_{ij}^{*} \dfrac{X_j}{X_i}} \tag{7.60}$$

式中，λ_i 为成分 i 的热导率。

$$G_{ij}^{*} = \frac{1}{2}\varepsilon_{ij}\left[\frac{M_{ij}}{\bar{M}_{ij}}\right]^{-\frac{1}{2}}\left\{1 + \left[\left(\frac{\eta_i}{\eta_j}\right)\left(\frac{M_j}{M_i}\right)^{\frac{1}{2}}\frac{1+\dfrac{S_i}{T}}{1+\dfrac{S_j}{T}}\right]^{\frac{1}{2}}\right\}^{2}\frac{1+\dfrac{S_{ij}}{T}}{1+\dfrac{S_i}{T}} \tag{7.61}$$

(3) 高压混合气体的冻结热导率。

采用对比密度法：

$$(\lambda_{\rm m} - \lambda_{\rm m}^{0})\Gamma Z_{\rm cm}^{5} = 14 \times 10^{-8}(\mathrm{e}^{0.535\rho_{\rm rm}} - 1),\ \rho_{\rm rm} < 0.5 \tag{7.62}$$

$$(\lambda_{\rm m} - \lambda_{\rm m}^{0})\Gamma Z_{\rm cm}^{5} = 1.31 \times 10^{-8}(\mathrm{e}^{0.67\rho_{\rm rm}} - 1),\ 0.5 < \rho_{\rm rm} < 2.0 \tag{7.63}$$

$$(\lambda_{\rm m} - \lambda_{\rm m}^{0})\Gamma Z_{\rm cm}^{5} = 2.976 \times 10^{-6}(\mathrm{e}^{1.155\rho_{\rm rm}} + 2.016),\ 2.0 < \rho_{\rm rm} < 2.8 \tag{7.64}$$

$$\Gamma = \frac{T_{\rm cm}^{\frac{1}{6}} M_{\rm m}^{\frac{1}{2}}}{p_{\rm cm}^{\frac{2}{3}}} \tag{7.65}$$

式中，$\lambda_{\rm m}$ 为高压混合物气体热导率；$\lambda_{\rm m}^{\theta}$ 为低压混合物气体热导率；式中其他参数与前面求高压混合物气体动力黏度中的参数相同。

7.2.12　平衡热导率

(1) 双元扩散系数：

$$D_{ik} = \frac{1.858 \times 10^{-3} T^{\frac{3}{2}}\left[(M_A + M_B)/(M_A M_B)\right]^{\frac{1}{2}}}{p\sigma_{AB}^{2}\Omega_D} \tag{7.66}$$

式中，p 为压强，101 325 Pa；σ_{AB} 为特征长度，10^{-10} m；$\Omega_{\rm D}$ 为扩散碰撞积分。

$$\sigma_{AB} = (\sigma_A + \sigma_B)/2$$

其中，

$$\Omega_{\rm D} = \frac{A}{T^{*B}} + \frac{C}{\exp(DT^{*})} + \frac{E}{\exp(FT^{*})} + \frac{G}{\exp(HT^{*})}$$

式中，$T^{*} = T/(\varepsilon_{AB}/K)$，$A = 1.060\ 36$，$B = 0.156\ 10$，$C = 0.193\ 00$，$D = 0.476\ 35$，$E = 1.035\ 87$，$F = 1.529\ 96$，$G = 1.764\ 74$，$H = 3.894\ 11$，$\varepsilon_{\rm AB} = \sqrt{\varepsilon_{\rm A}\varepsilon_{\rm B}}$。

式中的 σ，ε/K 由表 7.1 给出，下标 A、B 分别代表组元 A 和组元 B。

(2) 化学反应的热导率。

在式 $A_j = \sum_{i=\mu-m+1}^{\mu} n_{ij} A_i$ 中的第 j 个反应的化学焓

$$\Delta h_j = \sum_{i=\mu-m+1}^{\mu} n_{ij} h_i - h_j, \quad (j=1,2,\cdots,\mu-m)$$

用化学焓表示化学反应热导率：

$$\lambda_R = -\frac{1}{RT^2}\frac{\begin{vmatrix} 0 & \Delta h_1 & \Delta h_2 & \cdots & \Delta h_{\mu-m} \\ \Delta h_1 & A_{11} & A_{12} & \cdots & A_{1,\mu-m} \\ \Delta h_2 & A_{21} & \cdots & \cdots & \cdots \\ \cdots & \cdots & \cdots & \cdots & \cdots \\ \Delta h_{\mu-m} & A_{\mu-m,1} & \cdots & \cdots & A_{\mu-m,\mu-m} \end{vmatrix}}{\begin{vmatrix} A_{11} & A_{12} & \cdots & A_{1,\mu-m} \\ A_{21} & \cdots & \cdots & \cdots \\ \cdots & \cdots & \cdots & \cdots \\ A_{\mu-m,1} & \cdots & \cdots & A_{\mu-m,\mu-m} \end{vmatrix}}$$

其中：

$$A_{ik} = \sum_{j=\mu+1-m}^{\mu} \sum_{l=j+1}^{\mu} \Delta_{lj} \frac{(n_{ji}X_l - n_{li}X_j)(n_{jk}X_l - n_{lk}X_j)}{X_j X_l} +$$

$$\sum_{j=\mu+1-m}^{\mu} \sum_{p=1}^{\mu-m} n_{ji} n_{jk} \Delta_{pj} \frac{X_p}{X_j} + \sum_{j=\mu+1-m}^{\mu} (n_{jk}\Delta_{ij} + n_{ji}\Delta_{kj}) - \Delta_{ik}$$

$$(ik=1,2,\cdots,\mu-m, i \neq k)$$

$$A_{kk} = \sum_{j=\mu+1-m}^{\mu} \sum_{l=j+1}^{\mu} \Delta_{lj} \frac{(n_{jk}X_l - n_{lk}X_j)^2}{X_j X_l} + \sum_{j=\mu+1-m}^{\mu} \sum_{\mu} n_{jk}^2 \Delta_{pj} \frac{X_p}{X_j} +$$

$$\sum_{\mu-m} \Delta_{pk} \frac{X_p}{X_k} + \sum_{j=\mu+1-m}^{\mu} \Delta_{jk} \frac{(X_j + n_{jk}X_k)^2}{X_j X_k}, \quad (k=1,2,\cdots,\mu-m)$$

$$\Delta_{jk} = \frac{RT}{D_{ik}p}$$

式中，R 为摩尔气体常数，$R = 8.314\ 510\ \mathrm{J \cdot (mol \cdot K^{-1})}$；$p$ 为气体压力，1 013 25 Pa。

(3) 平衡热导率：

$$\lambda_e = \lambda_f + \lambda_R \tag{7.67}$$

式中，λ_f 为冻结热导率。

7.3 凝胶推进剂热力计算程序编写相关问题

程序的主要输入参数应包括推进剂和胶凝剂物性参数、燃烧室工作参数和喷管面积比。计算程序应可以进行不同室压、不同出口压力、对单组元应包括不同氨的离解度(如氨的离解度可以为0.0,0.1,0.2,0.3,0.4,0.45,0.5,0.55,0.6,0.7,0.8,0.9,1.0)下的热力气动参数计算；对凝胶双组元推进剂应可以进行包括不同成分的氧化剂和燃料组合在不同室压、不同混合比、不同出口面积比（或出口压力）下的热力气动计算。通常情况下，程序主要流程如图 7.1 所示。

单组元计算时输入下述参数：燃烧室压力（kPa）、喷管出口压力（kPa）、氨的离解度（可选择 0.0～1.0）、胶凝剂分子式中 C，H，O，N 原子的个数、质量含量和焓值（kJ・kg^{-1}）、胶凝剂质量含量、胶凝剂焓值。输出结果包括氨离解度、推力室压力（kPa）、推力室温度（K）、推力室燃气常数（J・（kg・K）$^{-1}$）、燃气相对分子量、等熵指数、出口压力（kPa）、出口温度（K）、出口面积比、设计高度比冲（m・s^{-1}）、真空比冲（m・s^{-1}）、特征速度（m・s^{-1}）等。

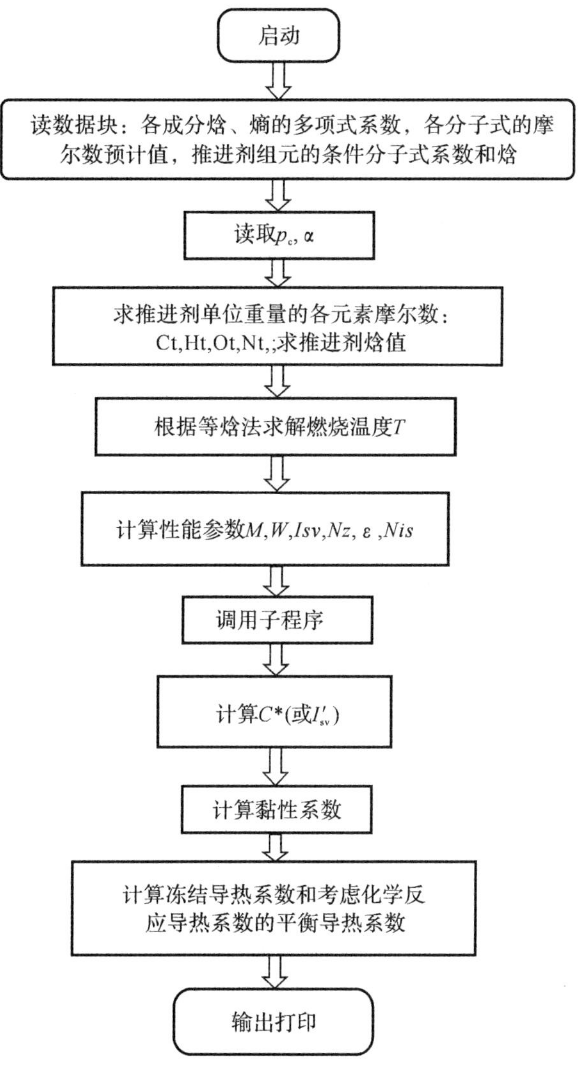

图 7.1　程序框图

对于双组元，应适用于含有 C，H，O，N 四种元素的双组元推进剂加入（或者不加入）胶凝剂和稳定剂时的热力气动计算。输入参数包括推力室压力（kPa）、余氧系数、氧化剂分子中

C,H,O,N 个数,质量分数,焓值;氧化剂胶凝剂分子中 C,H,O,N,金属类别及个数,质量分数,焓值;氧化剂稳定剂分子中 C,H,O,N 个数,质量分数,焓值;燃料分子中 C,H,O,N 个数,质量分数,焓值;燃料胶凝剂分子中 C,H,O,N 个数,质量分数,焓值;燃料稳定剂分子中 C,H,O,N 个数,质量分数,焓值;喷管面积比(或者出口压力,可以选择相应选项)。输出参数应包含表 7.2 中涉及的各种参数。

表 7.2 双组元凝胶推进剂热力计算软件输出参数

符 号	名 称	单 位	符 号	名 称	单 位
α_g	余氧系数		ac	推力室燃气音速	$m \cdot s^{-1}$
K	混合比		I_{s_v}	真空比冲	$m \cdot s^{-1}$
p_c	推力室压力	kPa	N_Z	平均等熵指数	
T_c	推力室温度	K	EPSLON	喷管面积比	
R_c	推力室燃气气体常数	$J \cdot (kg \cdot K)^{-1}$	N_{is}	等熵指数	
H	推进剂焓值	$J \cdot kg^{-1}$	NP	平衡比热比	
S	推力室熵值	$J \cdot (kg \cdot K)^{-1}$	LAMDAf	冻结导热系数	$W \cdot (m \cdot K)^{-1}$
FT	喉部比面积	$10^{-3}\,m^2$	LAMDAe	平衡导热系数	$W \cdot (m \cdot K)^{-1}$
$C*$	推力室特征速度	$m \cdot s^{-1}$	C_{pf}	冻结等压比热容	$J \cdot (kg \cdot K)^{-1}$
p	计算截面压力	kPa	C_{pe}	平衡等压比热容	$J \cdot (kg \cdot K)^{-1}$
T	计算截面温度	K	VISCO	黏性系数	$10^{-4}\,N \cdot s \cdot m^{-2}$
M_o	计算截面燃气相对分子质量		AP * T	等压膨胀系数与温度的乘积	
Ma	平衡马赫数		BT * P	等温压缩系数与压力的乘积	
W	燃气流速	$m \cdot s^{-1}$			

7.4 典型计算结果示例

针对某推力室,在不同推力室压力 p_c 时,选择不同的胶凝剂成分(变化分子式种的系数)和含量,分别对某单组元凝胶化推进剂和双组元凝胶推进剂进行了热力气动参数计算。

(1) 单组元凝胶推进剂热力计算。计算结果如图 7.2~图 7.9 所示。

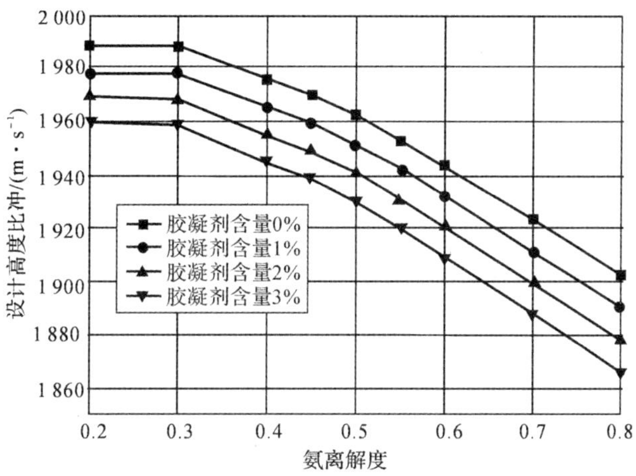

图 7.2　$p_c = 4$ MPa 时，不同氨离解度和不同胶凝剂含量下设计高度比冲特性

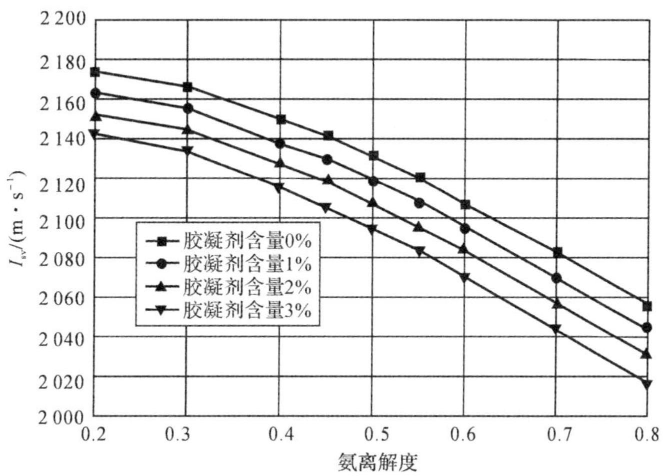

图 7.3　$p_c = 4$ MPa 时，不同氨离解度和不同胶凝剂含量下真空比冲特性

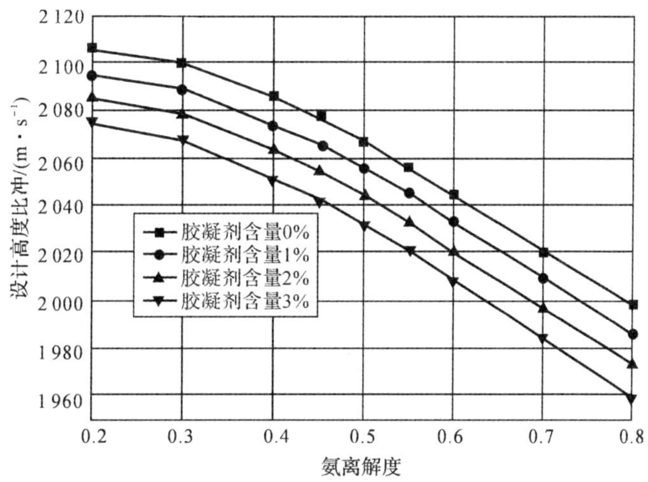

图 7.4　$p_c = 8$ MPa 时，不同氨离解度和不同胶凝剂含量下设计高度比冲特性

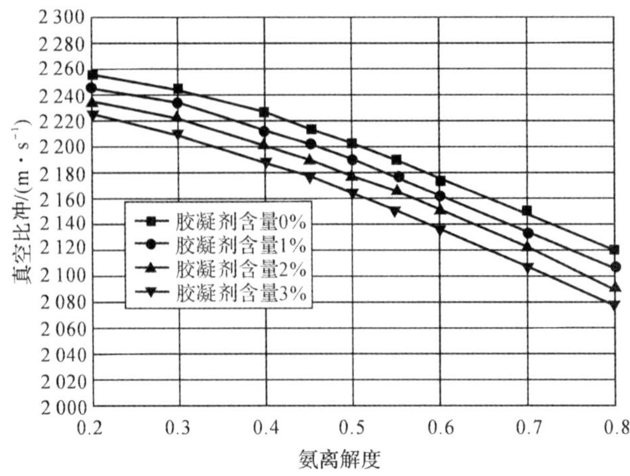

图 7.5　$p_c=8$ MPa 时，不同氨离解度和不同胶凝剂含量下真空比冲特性

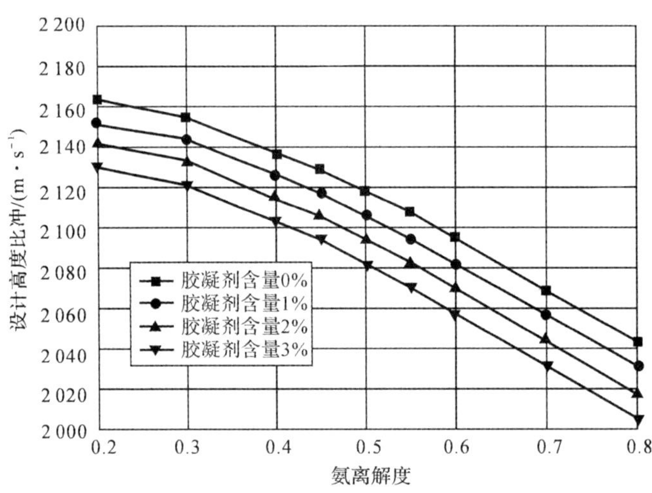

图 7.6　$p_c=12$ MPa 时，不同氨离解度和不同胶凝剂含量下设计高度比冲特性

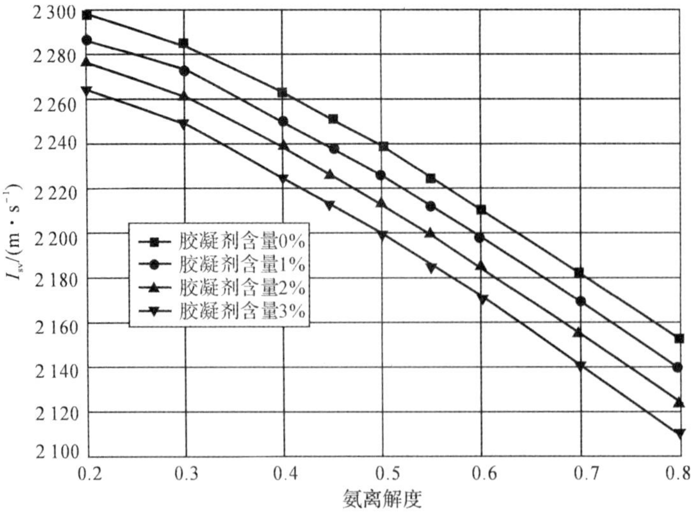

图 7.7　$p_c=12$ MPa 时，不同氨离解度和不同胶凝剂含量下真空比冲特性

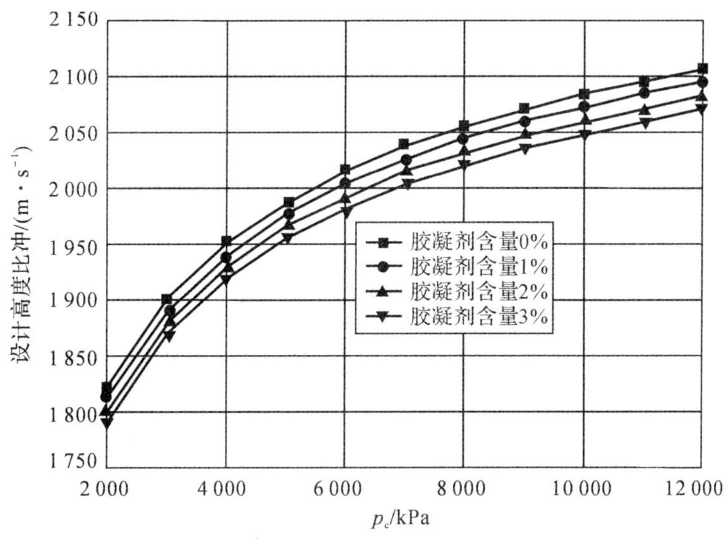

图 7.8　氨离解度为 0.55 时，不同室压和不同胶凝剂含量下设计高度比冲特性

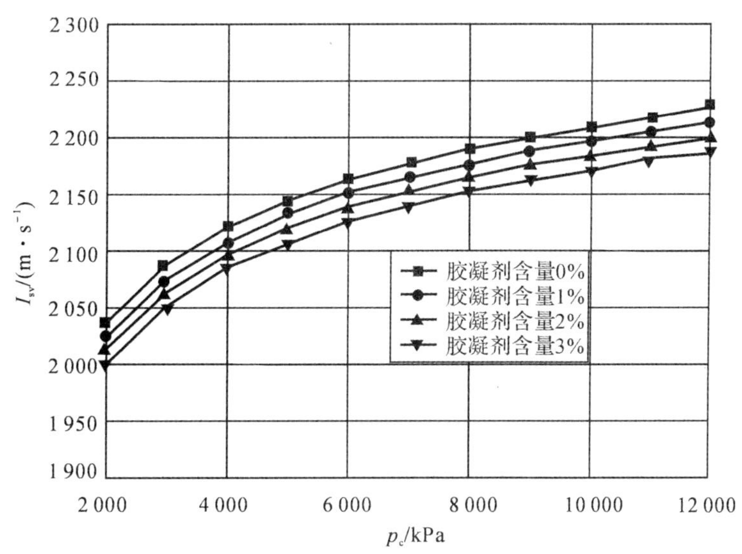

图 7.9　氨离解度为 0.55 时，不同室压和不同胶凝剂含量下真空比冲特性

分析图 7.2～图 7.9，由热力计算结果可以得到以下结论。

1) 其他参数相同的条件下，氨的离解度越大，比冲越低。

2) 其他参数相同的条件下，燃烧室压力越高，比冲越高。

3) 其他参数相同的条件下，胶凝剂含量越高，比冲越低。

4) 与非凝胶化的 DT－3 在相同条件下热力特性相比，在胶凝剂含量为 1%～3%范围内，凝胶 DT－3 的比冲下降 0.47%～1.94%。

(2) 双组元凝胶推进剂热力计算。计算结果如图 7.10～图 7.29 所示。

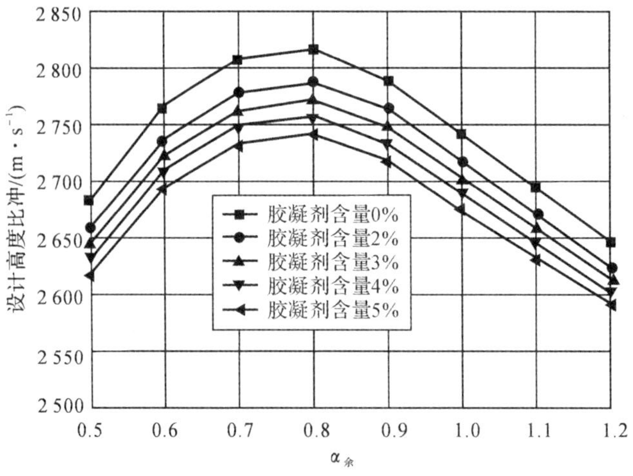

图 7.10　胶凝剂含量(氧化剂与燃料相同)、余氧系数与比冲关系(真空、p_c=4 MPa)

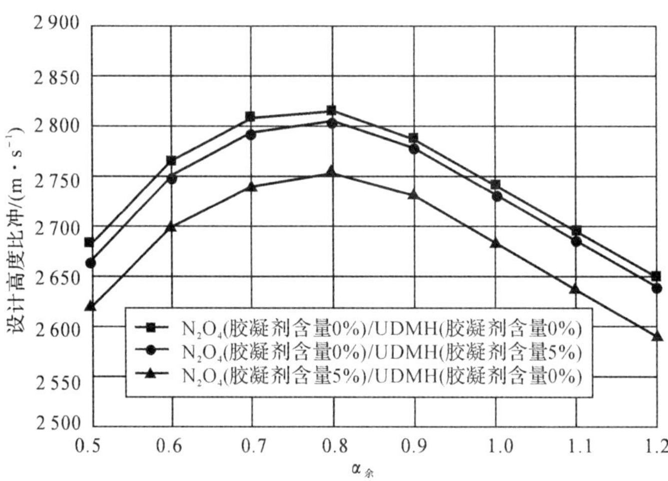

图 7.11　胶凝剂含量(氧化剂与燃料不同)、余氧系数与比冲关系(真空、p_c=4 MPa)

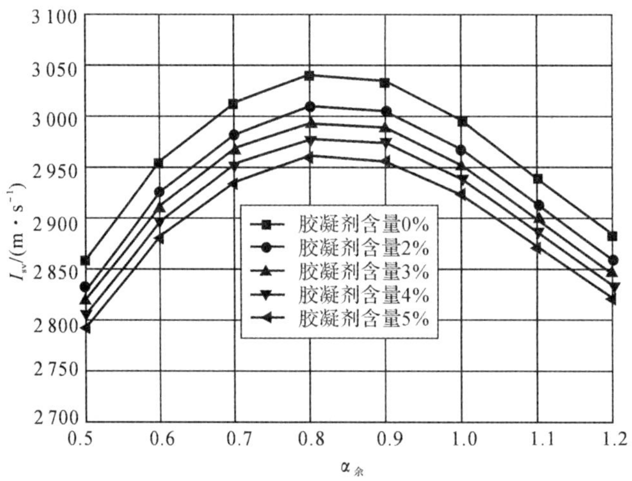

图 7.12　胶凝剂含量(氧化剂与燃料相同)、余氧系数与比冲关系(真空、p_c=4 MPa)

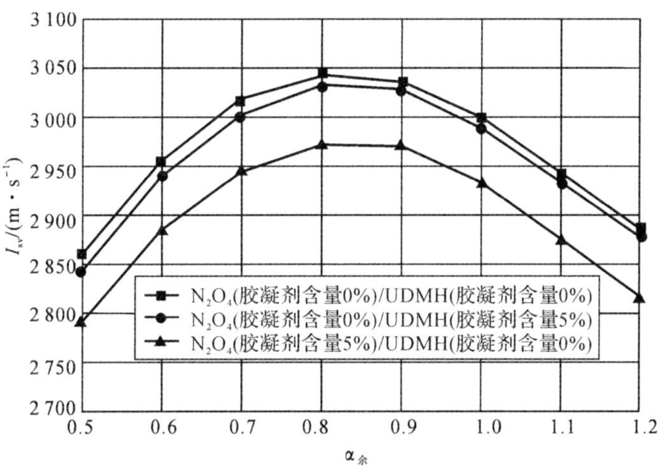

图 7.13　胶凝剂含量(氧化剂与燃料不同)、余氧系数与比冲关系(真空、$p_c=4$ MPa)

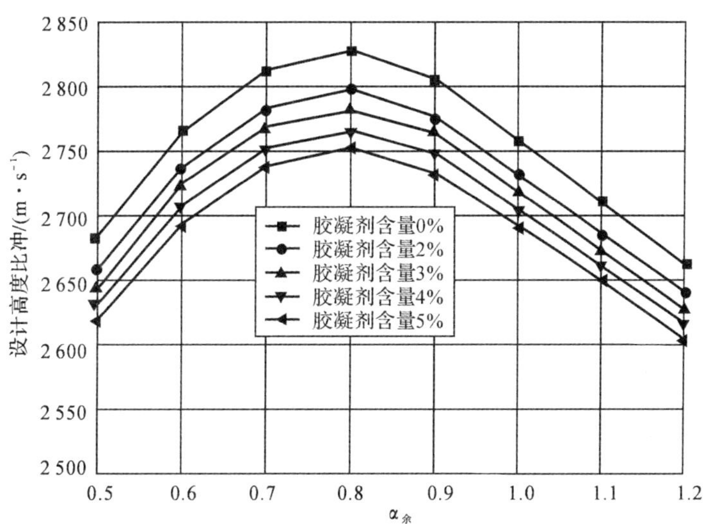

图 7.14　胶凝剂含量(氧化剂与燃料相同)、余氧系数与比冲关系(真空、$p_c=8$ MPa)

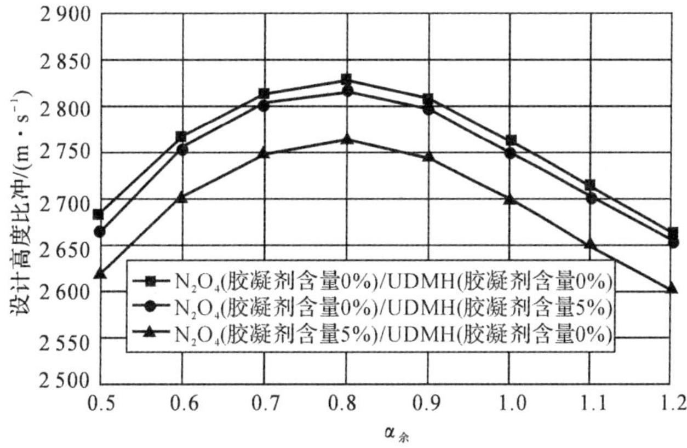

图 7.15　胶凝剂含量(氧化剂与燃料不同)、余氧系数与比冲关系(真空、$p_c=8$ MPa)

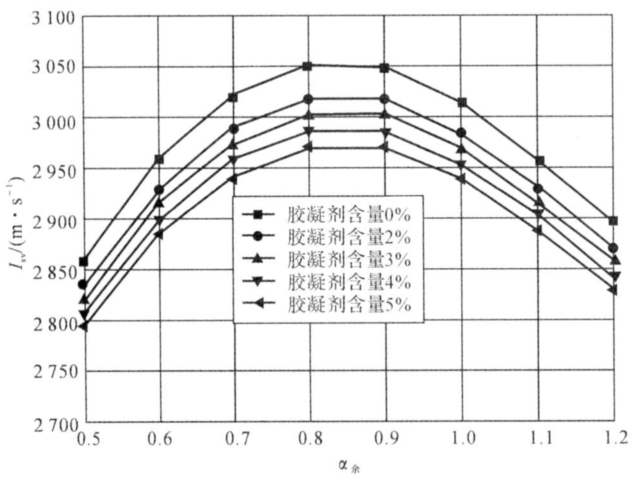

图 7.16 胶凝剂含量(氧化剂与燃料相同)、余氧系数与比冲关系(真空、p_c=8 MPa)

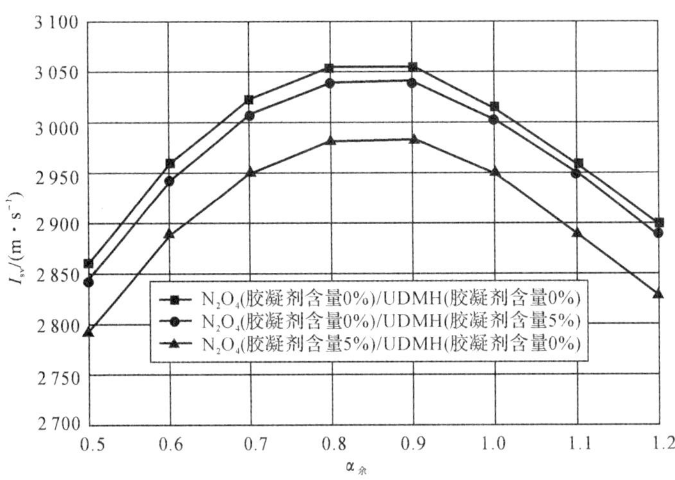

图 7.17 胶凝剂含量(氧化剂与燃料不同)、余氧系数与比冲关系(真空、p_c=8 MPa)

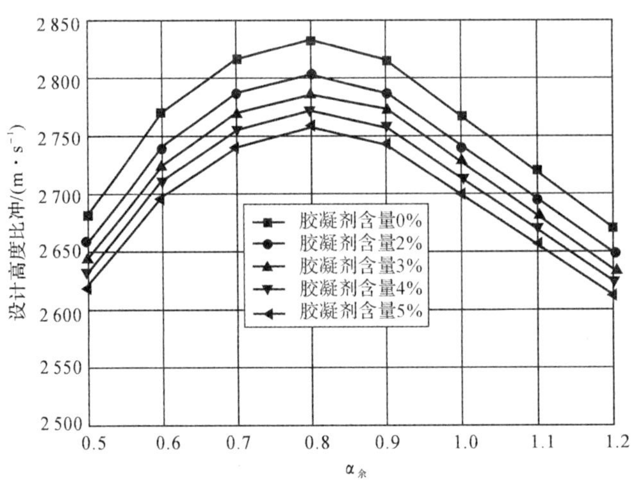

图 7.18 胶凝剂含量(氧化剂与燃料相同)、余氧系数与比冲关系(真空、p_c=12 MPa)

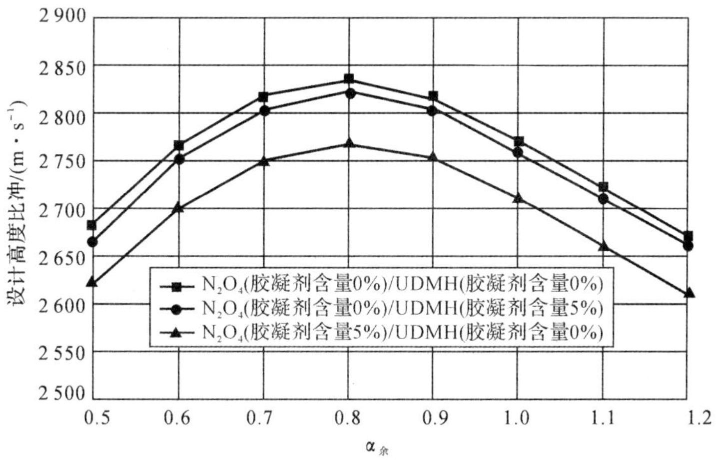

图 7.19　胶凝剂含量(氧化剂与燃料不同)、余氧系数与比冲关系(真空、p_c=12 MPa)

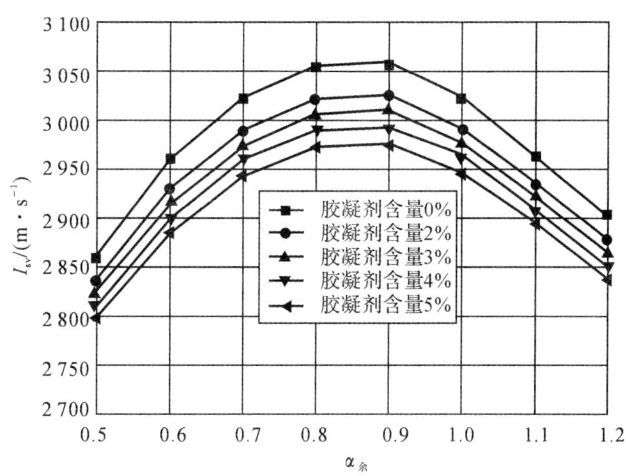

图 7.20　胶凝剂含量(氧化剂与燃料相同)、余氧系数与比冲关系(真空、p_c=12 MPa)

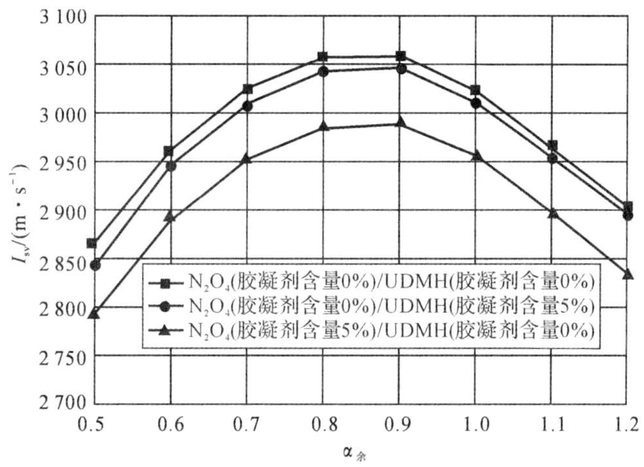

图 7.21　胶凝剂含量(氧化剂与燃料不同)、余氧系数与比冲关系(真空、p_c=12 MPa)

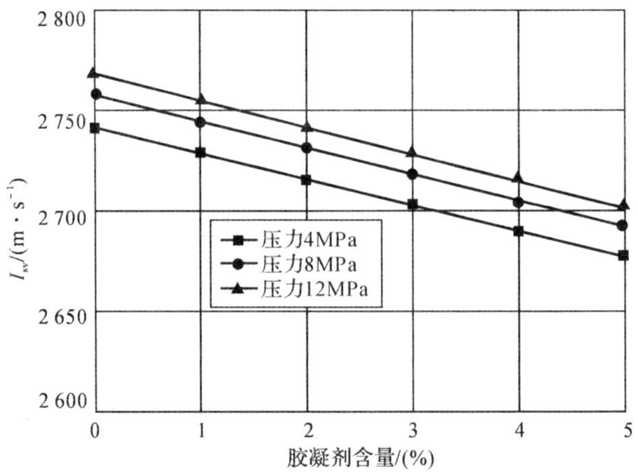

图 7.22 不同压力和不同胶凝剂含量下设计高度比冲曲线($\alpha_{余}=1$)

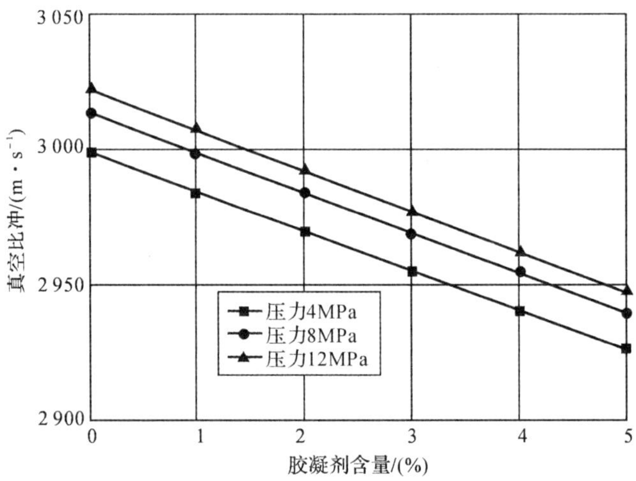

图 7.23 不同压力和不同胶凝剂含量下真空比冲曲线($\alpha_{余}=1$)

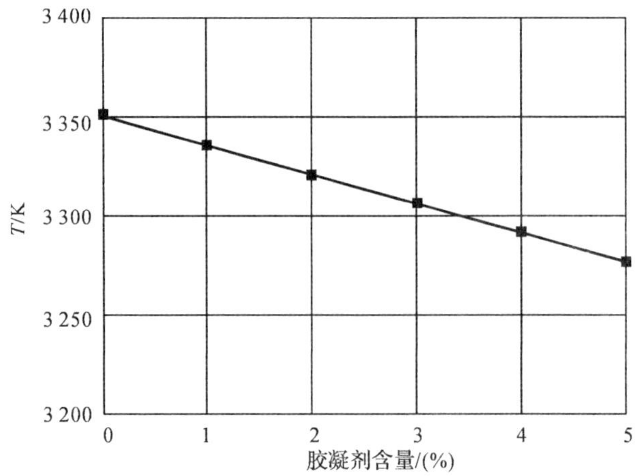

图 7.24 不同胶凝剂含量下温度曲线(4 MPa、$\alpha_{余}=1$)

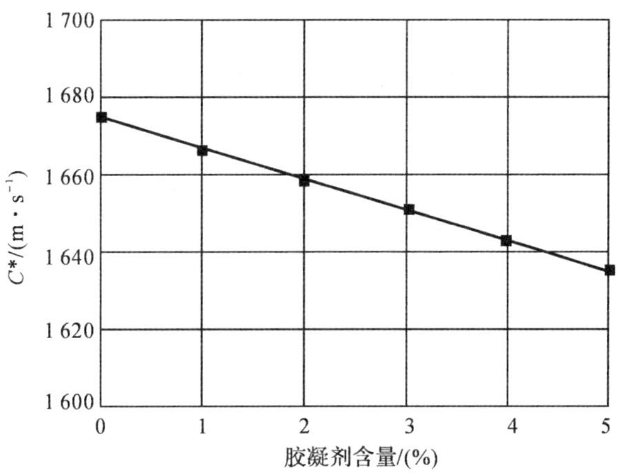

图 7.25　不同胶凝剂含量下特征速度曲线(4 MPa、$\alpha_{余}=1$)

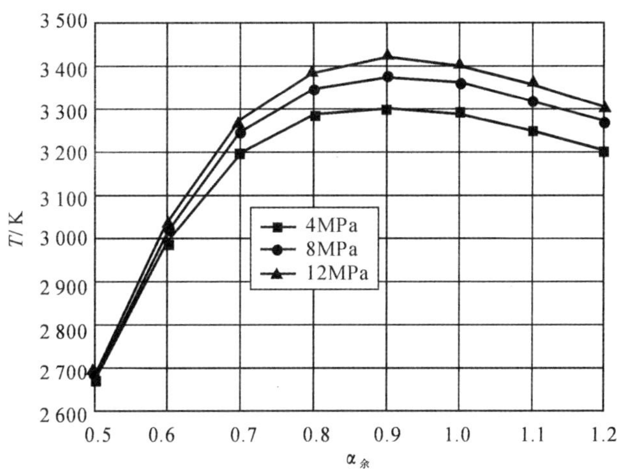

图 7.26　不同余氧系数和压力下温度曲线(N_2O_4(胶凝剂含量为 5%)/UDMH(胶凝剂含量为 0%))

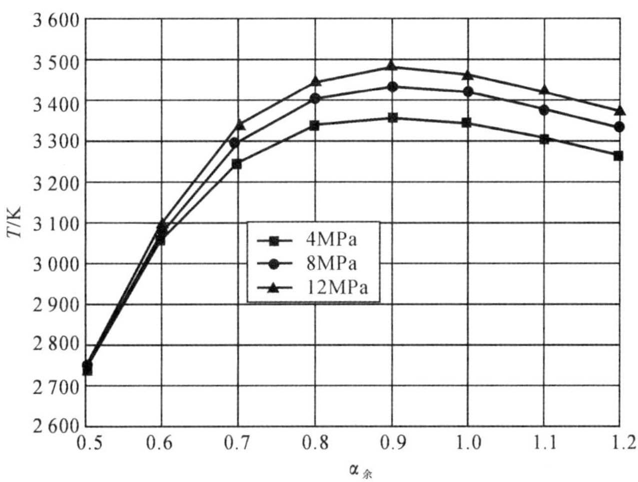

图 7.27　不同余氧系数和压力下温度曲线(N_2O_4(胶凝剂含量为 0%)/UDMH(胶凝剂含量为 5%))

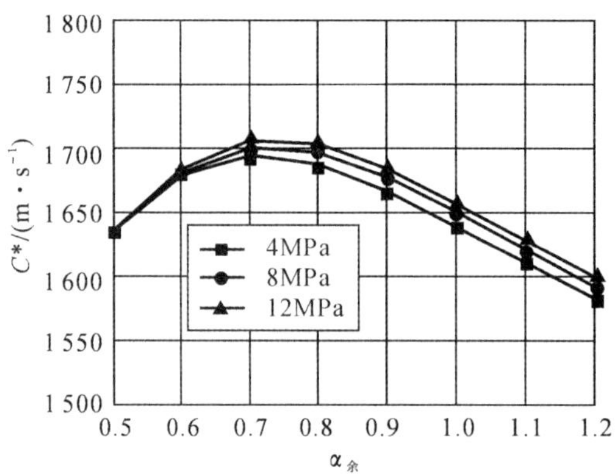

图 7.28　不同余氧系数和压力下特征速度曲线(N_2O_4(胶凝剂含量为 5%)/UDMH(胶凝剂含量为 0%))

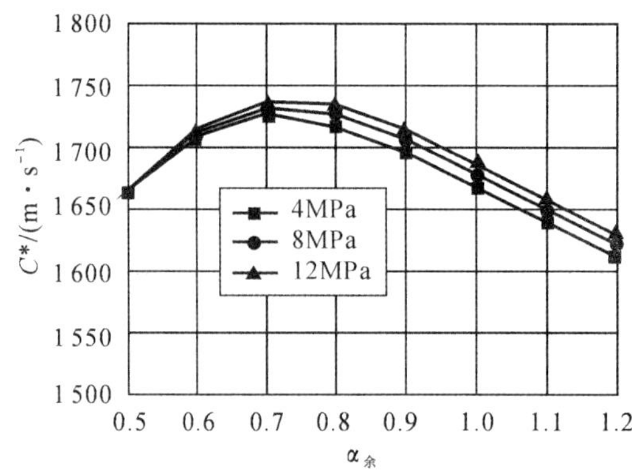

图 7.29　不同余氧系数和压力下特征速度曲线(N_2O_4(胶凝剂含量为 0%)/UDMH(胶凝剂含量为 5%))

分析图 7.15～图 7.29,由获得的双组元的热力计算结果可以得出以下结论。

1）其他参数相同条件下,燃烧室压力越高,比冲越高,这与非凝胶化推进剂特性相同。

2）其他参数相同条件下,真空比冲高于设计高度比冲,这也与非凝胶化推进剂特性相同。

3）其他参数相同条件下,胶凝剂含量越高,比冲越低,这一特性与胶凝剂的热值和参与化学反应程度有关。

4）对于本文使用的胶凝剂,燃料胶凝剂的特性优于氧化剂胶凝剂特性。

5）与非凝胶化推进剂相比,胶凝剂含量在 2%～5%变化时,在最佳混合比附近比冲下降 1%～2.69%。其实这主要还是由胶凝剂的焓值所决定的。目前使用的胶凝剂的焓值普遍很小,因此高性能的胶凝剂是提高凝胶推进剂比冲性能的有效手段之一。

第 8 章　凝胶推进剂的燃烧特性

8.1　概　述

热动力装置是将燃料的热能转化为动能(或机械能)的转换装置,其核心是燃烧装置中燃料化学能转换至燃气动能的转换效率,转换效率中最重要的部分是燃料的燃烧效率。燃烧装置的燃烧效率取决于装置的设计,根源在于对燃料雾化、蒸发和燃烧过程的认知程度和掌握运用水平。一般而言,动力装置燃烧室中,燃料都是要通过雾化、蒸发及混合过程,才能将燃料的化学能转化为热能和气体的势能(高的压力和温度)。而燃料的燃烧是经过雾化后形成的无数个离散的微小燃料单元(包括液膜、液丝和液滴)组成的液雾群的燃烧过程,且雾化、蒸发、混合及燃烧等子过程是在同一空间、相互交错或者同时进行的,诸过程之间的相互耦合作用非常强烈且很复杂。目前的许多燃烧装置燃烧室压力已经高于所用燃料的临界压力,换句话说,燃料实际上是在超临界环境中燃烧的。当今的一些液体动力装置燃烧室压力和温度非常高(室压可达 25 MPa、温度 3 000 K),如果燃料通过燃烧室身部再生冷却后,进入燃烧室的燃料压力及温度有可能超过或者接近气临界点,也就是说,燃料是在超临界态参与燃烧。燃料的燃烧包含燃料的雾化、蒸发、混合和化学反应等子过程,涉及燃料与环境之间的扩散、传热、传质、流动等现象,是燃烧装置高效燃烧的基础,研究这些子过程有助于了解和揭示燃料燃烧的机理和相关的科学问题,也是提高液体动力设计水平的基础。而燃烧装置的高水平设计正是这些基础的成功运用。第 6 章探讨了凝胶推进剂的雾化特性及其影响因素,这实际上是燃料进入燃烧室的初态;第 7 章讨论了燃料的热力学特性,分析了室压、氧化剂与燃料混合比等对燃烧室性能的影响,为燃烧室高效燃烧组织做了铺垫。这里讨论燃料的燃烧问题。

8.2　单滴燃烧特性

实际的燃料是在群雾态发生燃烧的,现象非常复杂,为了简化并了解最基本的物理与化学现象,常从最简单的单个液滴(以下简称“单滴”)的燃烧过程入手,且将蒸发与燃烧一并考虑。研究的方法通常是理论分析、建模仿真及实验研究。理论分析指导建模及实验,而建立单滴蒸发/燃烧模型,再通过仿真计算,主要目的就是揭示燃料的燃烧机理,又反过来为理论分析提供物理和化学基础。实验是获得燃烧过程现象的最直接方法,一方面可以为建模和理论分析提供直接证据,另一方面又可以验证计算的正确性和准确性,指导模型的修正。理论分析、建模仿真及实验研究三者相辅相成,互为补充。这里,主要讨论单滴燃烧的建模及相关问题,建模与仿真的主要目的:① 研究单滴燃料的蒸发、燃烧过程与环境气体热量、质量的交换过程及其规律等,揭示燃烧过程相关的物理和化学现象,进而验证或者修正燃烧模型;② 获得给定条件下单滴的燃烧速率、内部温度及其分布、燃烧产物及其浓度分布等参数与相关参数的关系，探索燃烧规律；③ 研究单滴的燃尽时间与液滴尺寸、环境温度和压力的关系，进而探讨在有限的容积和相关条件下，一定尺寸的液滴可能的滞留时间和加速燃烧的相关措施，为后续的燃烧室高效燃烧提供参考。

8.2.1 单滴燃烧的建模及仿真

如前所述，单滴燃烧模型可以帮助我们了解燃烧过程的最基础问题，对于燃烧装置的燃烧效率有着很重要的意义。

1. 经典的单液滴燃烧研究进展简述

典型的单组元推进剂在惰性介质中的分解燃烧模型如图 8.1(a)所示，单组元燃料在氧化剂环境中的燃烧模型如图 8.1(b)所示。

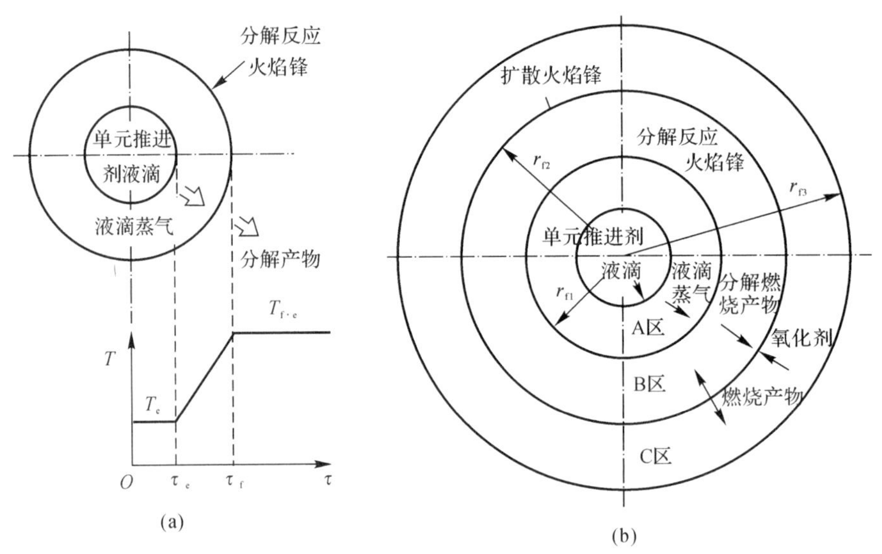

图 8.1 单滴燃烧过程示意图

(a)惰性介质中的分解燃烧的单组元液滴；(b)氧化介质中燃烧的燃料液滴

20 世纪 50 年代以来，许多学者对单个的、单组分的液滴在静止的氧化环境中的蒸发和燃烧进行了大量的研究工作[16]，至今已经发展成轴对称和球对称模型两种类型。在球对称模型中，有 Godsave[134] 和 Spalding[135] 的“直径平方”定律模型和 Law[136] 的无限热导率模型。按由简单到复杂的液相模型可以分为：① 基于液滴液相温度是均匀且保持不变的；② 基于液滴内部无温度梯度(无限速率热传导模型)；③ 考虑液滴内部的有限速率热传导，但不考虑液滴内部的环流；④ 考虑液滴内部的热传导和环流；⑤ 涡流模型；⑥ 对整个 N－S 方程求解的模型。轴对称模型主要有 Prakash 和 Sirignano 模型[137] 与 Tong 和 Sirignano 模型[138]。

而根据液滴蒸发燃烧时的内部温度分布，又可将其分为等温液滴与非等温液滴蒸发燃烧两大基本模型[139]。等温液滴蒸发燃烧模型，即假设液滴内部导热率无限大，因此可以忽略液滴内部的温度梯度，也称为零维液滴蒸发燃烧模型或无限导热率模型。Spalding 模型即为等温液滴蒸发燃烧模型中的典型代表，Spalding 通过理论分析与实验研究得出了著名的 d^2 定律。非等温液滴蒸发燃烧模型假设液相导热率为有限大小，需要考虑液滴内部沿径向的一维导热，也称为一维液滴蒸发燃烧模型或有限导热率模型。事实上，液体燃料的导热率比较小，热阻的存在使得毕渥数(Bi)相对增大，液滴表面温度比其内部温度升高得更快，因此，在液滴内部将出现温度梯度。Dombrovsky[140] 的研究表明，液滴非等温蒸发燃烧时不再遵循 d^2 定律。大量的理论与实验研究表明，非等温液滴蒸发燃烧模型更具有真实性。

单滴蒸发/燃烧模型通常是在球坐标系下建立数学模型进行分析求解。气相和液相的数学模型主要考虑非理想气体效应和物性参数随温度、组分浓度等状态参数的变化，液滴与周围环境的传热传质，液滴内部的流动和温度的不均匀性，化学动力学参数的影响，自然对流换热的影响等因素。通过连续方程、动量方程、能量方程、组分方程、状态方程，同时辅以液滴和环境的初始温度、物性参数、平衡蒸发条件及化学动力学参数等初始和边界条件联立求解，获得液滴温度随时间的变化、气相温度场和浓度场、液滴的蒸发速率、液滴半径随时间的变化等。如果研究氧化剂单滴和燃料单滴的蒸发/燃烧问题，则需要建立双球坐标系下的双滴蒸发/燃烧物理和数学模型。此时，气相和液相的数学模型需要考虑燃料单滴和氧化剂单滴之间的相互影响，也是在上述条件下，才能得到液滴蒸发/燃烧时气相参数和液相参数随时间的变化规律，滴径随时间的变化规律等。

理想而言，完整的单滴燃烧模型应当考虑燃料的组分、物性、液滴的形状和尺寸、与环境气体的相对运动速度、环境气体的压力、温度和成分等诸多因素，这是非常复杂、艰巨而长期性的工作。几乎所有模型都是在准稳态假设下的条件下建立的，考虑的因素也各有侧重。由于影响液滴蒸发特性的因素较多，尚没有一个模型能综合考虑所有影响因素，因而也就没有形成一个普遍适用的模型。表 8.1 对经典的液滴蒸发燃烧模型进行了简单对比。

表 8.1　经典液滴燃烧模型对比表

	假设	结论	
球对称模型	d^2 定律模型	(1)液相温度均匀并一直保持常数，为湿球温度，气相参数假定为常数，Le 数等于 1 (2)在气液界面上，假定燃料蒸汽浓度比是液滴表面温度的函数，此温度由一些平衡蒸汽压方程给出	给出了经典“直径平方”定律，它是描述液滴蒸发的最简单的模型，给出了液滴蒸发率的粗略估计
	无限导热率模型	假设液相温度是一个常数，即液滴内部温度空间均匀且随时间变化	此模型与“直径平方”定律模型并无大的区别
	有限导热率模型[141]	假设内部液体运动不剧烈，液滴内部温度在空间不均匀分布	最慢的传热限制着导热率，显而易见，这个模型比无限导热率模型复杂
	Ranz - Marshall 模型	采用了修正系数[142−143]： $f(Re, p_r) = 1 + 0.3\, Re^{1/2}\; p_r{}^{1/3}$	由于存在瞬态加热阶段，假设液相准稳态是不合理的

续 表

	假设	结论	
轴对称模型	Prakash 和 Sirignano 的轴对称模型	(1)外部无黏气流被看作围绕球的无分离的稳态势流 (2)在气相和液相边界层中，把动量和能量传递都看作准稳态 (3)在液滴核区，动量传递看作准稳态，能量传递看作是瞬态的	此模型尽管相当详细，但使用了包含过于复杂的完全燃烧分析的算法
	Tong 和 Sirignano 的轴对称模型	通过合理均分液滴的滞止点区域和侧翼区域来描述热量和质量传递，进而简化了气相的轴对称对流分析	得到的结果比较好地吻合了从 Prakash 和 Sirignano 较详细的模型中得出的结果

2. 凝胶燃料的燃烧特征

凝胶推进剂是在基体燃料的基础上，添加了含能物质(如 Al、C 等)，再通过胶凝剂和助剂作用而生成的静态“有形”，在一定的剪切应力作用下能恢复液态，并与原推进剂有相近物理性质的混合物。与基体燃料相比，凝胶推进剂的变化有以下几方面：①胶凝过程改变了原基体的分子结构；②凝胶过程改变了燃料的潜热、燃烧热等物性；③胶凝剂分为有机胶凝剂和无机胶凝剂(一般为 SiO_2、C 等)，有机/无机胶凝剂、助剂、原基体燃料、含能物质的物性都是不同的，这会造成凝胶燃料蒸发、燃烧过程的复杂性；④就常规可贮存推进剂而言，肼类燃料和硝基氧化剂本身就是混合物，融入胶凝剂等物质后，物性、成分、燃烧过程及其组分就更为复杂。

对于凝胶燃料，在液滴尺寸确定的条件下，进行建模与仿真研究的意义还在于：①研究凝胶燃料与基体燃料燃烧过程的主要现象、特征，控制燃烧过程的关键因素；② 研究胶凝剂与基体燃料的相互作用与影响；③研究胶凝剂成分、含量对燃料蒸发、燃烧过程和燃尽时间的影响。

文献[144]对凝胶推进剂研究工作进行了以下综述：①基于无机胶凝剂、非金属化的 JP－5 凝胶燃料的燃烧遵循扩散控制燃烧的 d^2 定律，胶凝剂对燃烧时间的影响可用蒸发潜热考虑；随着胶凝剂的增加，凝胶燃料的蒸发潜热增加，点火延迟时间和需要的点火热量也增加；凝胶燃料的燃烧速率低于纯液体燃料，燃烧时间随着氧化剂质量分数的增加而增加。②基于有机胶凝剂的含能凝胶燃料可看作具有特有燃烧机理的多组分燃料的混合物，且与浆滴的燃烧过程类似。燃烧的初始阶段，易挥发的组分先汽化，液滴组分的空间分布依赖于最初的混合和液体燃料的扩散速率。随着液滴表面易挥发的燃料组分浓度的逐渐减小，液滴温度由较难挥发的组分的沸点所决定，而部分较易挥发的组分被限制在液滴内，最后导致液滴的微爆。开始阶段，碳浆滴的燃烧与纯液体燃料相似，并且碳浆滴从变形开始到破碎的过程中，其直径几乎保持不变；增加燃料中碳粒子含量，初始燃烧速率降低，并且液滴变形也提前。基于铝粒子的凝胶浆滴燃烧时，浆滴的刚性外壳能随着内部压力的升高而破裂，并产生微爆。③基于有机胶凝剂的凝胶液滴的燃烧过程中，随着液滴内部燃料的蒸发，液滴表面会逐渐形成一弹性胶凝剂层，它阻止了液滴内部燃料的继续蒸发。这导致燃料在液滴内部蒸发形成气泡，引起液滴膨胀爆裂和燃料喷射，并最后破碎剩余的液滴。这是个周期性的燃烧过程，直到完全消耗掉燃料和胶凝剂。

进而，文献[144]进行了基本的凝胶燃料和 4 种混合燃料的实验研究。基本的凝胶燃料由 70%的 JP-8 和 30%的胶凝剂组成。JP-8 以煤油为基本成分，由多种不同成分的物质(18%的芬芳物，35%的环烷，45%的石蜡，2%的烯烃)组成，各物质的沸点介于 160～270℃之间。胶凝剂(Thixatrol 289)由溶解剂(含量为 50%、沸点温度为 144℃的甲基二异戊基酮(Methyl Isoamyl Ketone, MIAK))和未知的有机胶凝物质((G)、含量为 50%)组成。G 的沸点温度和蒸发潜热明显高于 JP-8。4 种混合燃料分别是甲苯/机油混合物(质量比为 1∶1)、甲苯/十六烷混合物(质量比为 1∶1)、甲苯/丙烯腈-丁二烯-苯乙烯(ABS)混合物(质量比为 1∶2)和乙醇/十六烷/水的混合物。文献提出的所研究的基于有机胶凝剂的凝胶燃料燃烧可以分为以下 4 个阶段。

(1)初始阶段。起初，凝胶液滴是内部组分均匀的高黏度液体，其燃烧类似于液体燃料单滴燃烧，有明显的包络火焰。液滴的瞬态温度取决于各组分的沸点温度，随液滴温度的不断升高，MIAK 的沸点最低，最先蒸发；JP-8 和胶凝剂的沸点温度较高，蒸发温度也较高。液滴体积逐渐减小，可观察到内部的湍流和各组分的混合。然而，与液态燃料相比，由于凝胶燃料的黏性较高，其内部的湍流强度也较小，混合也较慢；随着 MIAK 的蒸发和持续减少，液滴中心的混合燃料还处于均质状态，但外表面开始相分裂，产生滴状胶凝物质。

(2)相分离阶段。此阶段几个过程同时发生。随着 MIAK 的持续蒸发，环绕凝胶液滴表面的胶凝物慢慢形成一连续的高黏度薄膜层(见图 8.2(a))，并阻止内部的气泡穿过；液滴内部，MIAK 继续蒸发，形成小气泡并不断聚集(见图 8.2(b))。无机胶凝剂燃料单滴燃烧过程中，液滴表面易形成一层坚硬的外壳，导致液滴内部压力升高，直至破裂而爆破液滴。有机胶凝剂单滴燃烧过程中，外表面的膜层是一均匀的液体层，随着内部气泡的膨胀，液滴也在膨胀，内部压力基本保持为常数，膨胀将使黏性胶凝剂膜层厚度持续减小，直到膜层破裂并产生蒸汽喷射，导致液滴体积突然减小。同时，破裂的膜层又收缩回液滴表面。图 8.3 显示了一个凝胶液滴的燃烧(见图 8.3(a))、气泡产生(见图 8.3(b))和喷射(见图 8.3(c))。实验表明，第一次起泡的体积占液滴初始体积的 20%～50%。

(3) 胶凝剂膜形成及破裂阶段。MIAK 几乎完全蒸发后，液滴内部也形成了两种可区分的相态:JP-8 和胶凝剂。内部的胶凝剂黏附在液滴外层的胶凝剂膜层上，使之变厚。膜层对燃料的蒸发和穿透产生极强的阻碍，使内部的 JP-8 的蒸发起泡。由于气泡的膨胀，胶凝剂膜层的厚度逐渐减小直到被蒸汽撕破。通过在凝胶中添加微小的可视粒子，再观测湍流状态下粒子的运动速度，可证实液滴内部不同黏性的两相具有内部运动较快，靠近膜层运动较慢的特点。当 JP-8 蒸发时，由于 JP-8 本身是多组分的燃料，并且每种组分的沸点也不同，导致液滴温度增加速率较快。

(4) 胶凝物质燃烧阶段。这是液滴燃烧的最复杂的阶段。此时，大部分 JP-8 已经蒸发完，而胶凝物质才开始蒸发或分解。这时的胶凝物质膜层非常厚，还可以显著拉伸以阻止残余的 JP-8 蒸汽穿过。气泡的形成和增长都非常迅速，在最后破裂之前，体积会超过初始体积的两倍。初始阶段，气泡可以使胶凝物质层伸长 10%～25%直到破裂；而在后期，气泡可以使胶凝物质膜层被拉伸到初始尺寸的 100%～400%；最后，胶凝物质(G)开始燃烧。

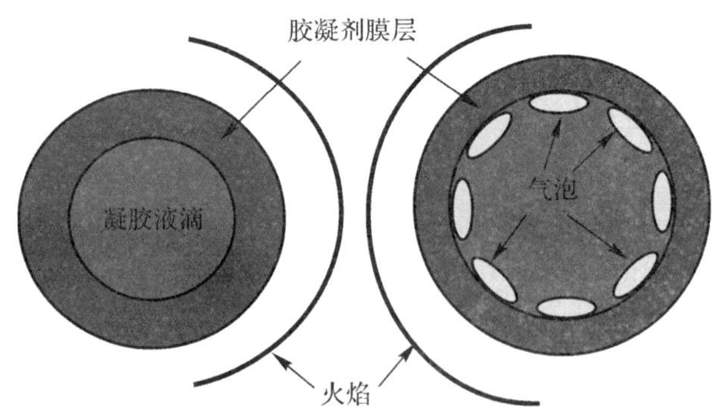

图 8.2　胶凝液滴燃烧时内部气泡的形成

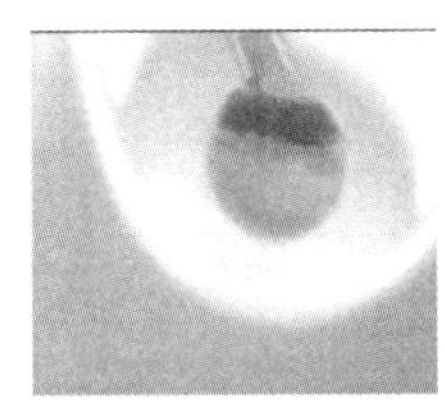 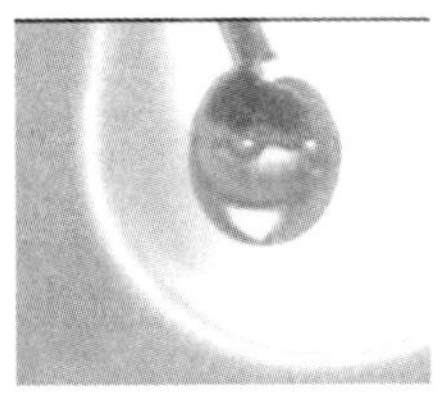 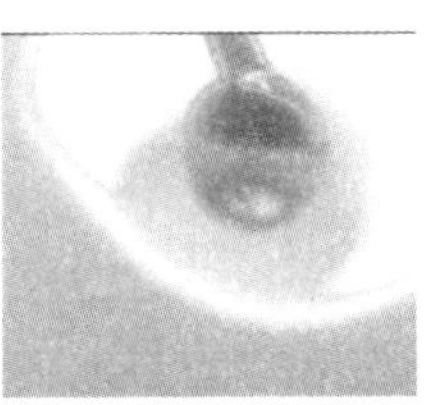

图 8.3　胶凝液滴燃烧、气泡产生和喷射

就凝胶燃料的蒸发和燃烧而言，不同的凝胶燃料有不同的组分和胶凝机理。由此导致凝胶液滴有不同的蒸发过程，这些不同的阶段特征控制着蒸发和燃烧速率。无机胶凝剂不参与燃烧，使推进剂燃烧性能减小。有机胶凝剂可参与燃烧，燃烧性能损失也会减小。当对其充分加热后，凝胶燃料的状态将发生改变，更像一种液态混合物或者多组分燃料。此时，可按照各组分的燃料燃烧机理理解其燃烧过程。不同的是，部分燃料蒸发后，在液滴表面会形成胶凝剂弹性膜，它阻止液滴内部燃料的进一步蒸发，导致燃料在液滴内部蒸发，从而产生气泡，导致液滴充涨，使得燃料喷射，直至液滴最后完全破碎。这有可能导致燃烧室中出现粗糙燃烧问题。此时，液滴内部分子扩散是燃烧过程的主要控制机理。建立凝胶液滴燃烧模型，首先需根据凝胶燃料的本征结构，分析不同凝胶燃料的理化性质，依据不同阶段液滴体积、温度、质量、组分的变化建立其蒸发模型。然后，根据不同组分燃烧动力学特性建立燃烧模型，得到燃烧速率、燃气成分、温度等。

3.大分子体系凝胶可贮存燃料单滴燃烧的建模与分析

目前，在有机凝胶推进剂的燃烧理论方面，主要有 4 种燃烧模型：连续热力学理论模型、基于时间的燃烧模型、振荡蒸发理论模型和计算流体力学模型。

(1)连续热力学理论模型。此模型将有机凝胶燃料液滴的蒸发燃烧过程看作是多组分的连续混合物液滴的蒸发和燃烧，采用连续热力学理论模型，用概率密度函数描述液滴中组分分布，从而建立起简化的准稳态液滴蒸发模型[145]，该模型仅适用于混合物的组分种类足够多，以至于组分浓度近似地随分布变量连续变化的情况。文献[146]采用离散混合物的光谱理论分析了多组分、球对称、互相可溶的、液滴准稳态蒸发和燃烧过程。文献[147]采用连续热力学模型分别研究了多组分混合物液滴蒸发过程中内部混合特性，研究了 4 种多组分液滴的蒸发和高温分解特性。

(2)基于时间的(非定常)燃烧模型。文献[148]将有机凝胶推进剂蒸发燃烧过程分为胶凝剂膜形成和气泡形成/液滴破碎两个阶段(见图 8.4),假设凝胶液滴为球对称的液态燃料和胶凝剂组成的双组元液态混合物,液滴内部温度均匀且等于最易挥发物质的沸点,液滴已达到该沸点温度并已开始燃烧,胶凝剂和燃料的黏性均不变。在此基础上,建立了基于时间的理论模型。模型研究表明,液体燃料从液滴表面蒸发的速率与液滴大小有关,并影响胶凝剂膜的厚度;气泡形成时胶凝剂膜的张力在很短的时间内即达到很高的值,且在超过胶凝剂膜材料的屈服点时,则导致液滴破裂;胶凝剂膜形成阶段消耗时间几乎是气泡形成/液滴破碎阶段的 3 倍。

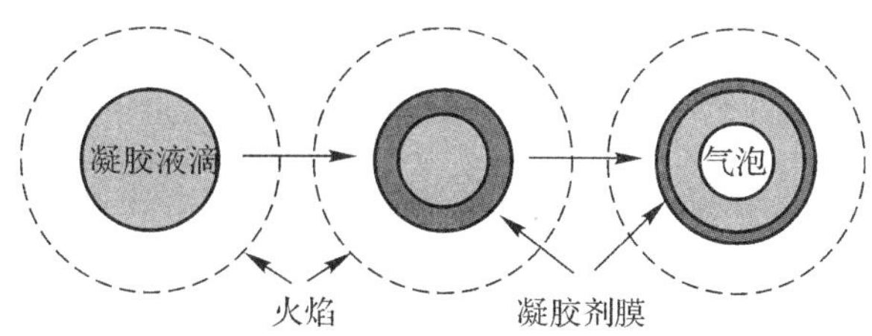

图 8.4　凝胶液滴燃烧过程示意图

(3)振荡蒸发理论模型。模型将胶凝剂膜对凝胶液滴中液体蒸发的影响(即液体蒸发气泡穿透胶凝剂膜的扩散燃烧过程)用振荡蒸发理论模型描述[149],通过理论分析和数值仿真,研究了有机凝胶燃料液滴振荡蒸发对火焰特征的影响,振荡频率对凝胶液滴燃烧火焰结构、温度等的影响。

(4) 计算流体力学方法。凝胶推进剂液体动力装置燃烧过程是高温、高压、非理想气体化学反应的过程,这可以通过求解三维非稳态气体 NS 方程组获得燃烧流场,计算子模型须考虑多相流、有限速率化学动力学、多组分扩散热力学特性、非牛顿流体黏性、湍流、液滴蒸发和沉积等复杂物理过程。

理论研究的 4 种模型具有连续性、递进性,且各个模型也具有不同的特点和应用的局限性。

连续热力学理论模型、基于时间的燃烧模型主要用来计算单个凝胶液滴蒸发、燃烧过程。对于不同的凝胶推进剂液滴,是否可采用连续热力学理论模型,还需根据其成分组成特点进一步分析。基于时间的燃烧模型是比较新的描述有机凝胶推进剂蒸发燃烧过程的理论模型,其假设条件的合理性和适用性还需进一步验证。振荡蒸发理论模型主要用来分析凝胶液滴振荡蒸发频率对火焰结构的影响。单个凝胶液滴燃烧试验表明振荡类型的蒸发仅发生在某些特殊的工况条件下,且难以说明振荡是发生在单滴燃烧之前还是燃烧过程之中,振荡蒸发理论模型的适用性尚需通过试验进一步验证。计算流体力学方法则以液滴的蒸发/燃烧过程为基础得到液滴在不同环境下的燃烧流场,该方法目前仅考虑凝胶液滴的非牛顿流体黏性,其他特殊的蒸发、燃烧等过程还需建立相应模型后,与流场进行耦合计算,以提高计算的精度。

(1)大分子体系凝胶可贮存燃料单滴燃烧的数学模型。如前所述,大分子体系凝胶可贮存燃料属于有机胶凝剂类,这里主要针对大分子体系凝胶可贮存燃料进行单滴燃烧的建模与分析,并且在上述的有机凝胶单滴燃烧的四个阶段中,着重研究第一阶段(即相分离阶段)和第二阶段(即气泡破裂阶段)的燃烧过程。

1)燃烧第一阶段。综合上文的分析,模型方程的建立主要基于以下几点假设。

a. 液滴处于静止的氧化剂环境中，除蒸发引起的斯蒂芬(Stefan)流外，无任何其他形式的流动；

b. 不考虑液滴内部的任何流动和非定常性引起的密度变化；

c. 液滴为一维球对称；

d. 液滴表面为热力学平衡状态，忽略表面张力对相平衡的影响；

e. 流场中压力均匀；

f. 不考虑气体对液滴的辐射换热。

在上述假设条件下，根据 8.1 节介绍的知识可以建立以下数学模型方程。

Ⅰ. 液相控制方程

(a)液相能量守恒方程：

$$\rho_l c_{pl} \frac{\partial T_l}{\partial t} = \frac{1}{r^2} \frac{\partial}{\partial r}\left(r^2 \lambda_l \frac{\partial T_l}{\partial r}\right) \tag{8.1}$$

初始条件：$t=0$；$T_l=T_0$；当 $0 \leqslant r \leqslant r_s$：

边界条件：$r=0, \frac{\partial T_l}{\partial r}=0$；$r=r_s(t)$，$T_{ls}=T_s(t)$；当 $t \geqslant 0$：

$$\lambda_l \frac{\partial T_l}{\partial r}\bigg|_{r_s^-} + \dot{m}'' \Delta H_v = \lambda_g \frac{\partial T_g}{\partial r}\bigg|_{r_s^+} \tag{8.2}$$

式中，$\dot{m}''$ 为液滴表面单位面积上的蒸发速率(kg/(m^2 · s))；ΔH_v 为蒸发潜热；λ_l，λ_g 为液相和气相物质的导热系数(W/(m · K))；c_{pl} 为液相定压比热容(J/(kg · K))。

(b)液相组分守恒方程：

$$\frac{\partial C_f}{\partial t} = \frac{1}{r^2} \frac{\partial}{\partial r}\left(r^2 D_{f,gel} \frac{\partial C_f}{\partial r}\right) \tag{8.3}$$

式中，$D_{f,gel}$ 为液滴内部的燃料成分与胶凝剂成分之间的扩散系数，C_f 为液滴内部的燃料组分的相对浓度。

初始条件：$t=0$；$C_f=C_{f,0}$；当 $0 \leqslant r \leqslant r_s$：

边界条件：$r=0, \frac{\partial C_f}{\partial r}=0$；当 $t \geqslant 0, r=r_s$：

$$D_{f,gel} \frac{\partial C_f}{\partial r}\bigg|_{r=r_s} = (1-C_{f,s}) \frac{dr_s}{dt} \tag{8.4}$$

(c)液相质量守恒方程：

$$\dot{m} = 4\pi r_s^2 \dot{m}'' = -\frac{d}{dt}\left(\frac{4}{3}\pi r_s^3 \bar{\rho}_l\right) = -\frac{4}{3}\pi r_s^3 \frac{d\bar{\rho}_l}{dt} - 4\pi r_s^2 \bar{\rho}_l \frac{dr_s}{dt} \tag{8.5}$$

Ⅱ. 气相控制方程。

气相中，考虑燃料在氧化剂环境中的氧化反应及对流(球对称滞止边界层)和分子导热的影响，并假定浓度边界层和温度边界层的厚度具有相同的量级。

(a)总质量守恒方程(连续方程)：

$$\frac{\partial \rho_g}{\partial t} + \frac{1}{r^2} \frac{\partial}{\partial r}(r^2 \rho_g v_g) = 0 \tag{8.6}$$

(b)动量守恒方程：

计算中忽略流场中压力的不均匀性，将动量守恒方程简化为

$$p = \text{constant} \tag{8.7}$$

(c)组分质量守恒方程：

$$\rho_g \frac{\partial Y_F}{\partial t} + \rho_g v_g \frac{\partial Y_F}{\partial r} = \frac{1}{r^2}\frac{\partial}{\partial r}\left(r^2 \rho_g D_F \frac{\partial Y_F}{\partial r}\right) - \dot{\omega}_F \tag{8.8}$$

式中，$\dot{\omega}_F$ 为单位体积中燃烧剂蒸汽的质量消耗速率。

$$\rho_g \frac{\partial Y_O}{\partial t} + \rho_g v_g \frac{\partial Y_O}{\partial r} = \frac{1}{r^2}\frac{\partial}{\partial r}\left(r^2 \rho_g D_O \frac{\partial Y_O}{\partial r}\right) - \dot{\omega}_O \tag{8.9}$$

式中，$\dot{\omega}_O$ 为单位体积中氧化剂蒸汽的质量消耗速率。

(d)能量守恒方程：

$$\rho_g c_{pg} \frac{\partial T_g}{\partial t} + \rho_g v_g c_{pg} \frac{\partial T_g}{\partial r} = \frac{1}{r^2}\frac{\partial}{\partial r}\left(r^2 \lambda_g \frac{\partial T_g}{\partial r}\right) + \dot{\omega}_F Q_F \tag{8.10}$$

式中，Q_F 为燃烧反应中消耗单位质量燃烧剂的反应热。

$$Y_P = 1 - Y_F - Y_O \tag{8.11}$$

初始条件：$t=0$：$T_g = T_{in}, Y_F = 0, Y_O = Y_{O,in}$，当 $r_s \leqslant r \leqslant r_\infty$：

边界条件：在 $r = r_s$ 处，

$$\begin{aligned}
&\lambda_l \frac{\partial T_l}{\partial r}\bigg|_{r_s^-} + \dot{m}''\Delta H_v = \lambda_g \frac{\partial T_g}{\partial r}\bigg|_{r_s^+} \\
&\rho_{g,s}(v_s - \dot{r}_s)(1 - Y_{F,s}) = -\rho_{g,s} D_{F,s} \frac{\partial Y_F}{\partial r}\bigg|_{r=r_s} \\
&0 = -\left(\rho_{g,s} D_{O,s} \frac{\partial Y_O}{\partial r}\right)\bigg|_{r=r_s} + \rho_g Y_O (v_{g,s} - \dot{r}_s) \\
&Y_{F,s} = f(T_s)
\end{aligned} \tag{8.12}$$

在 $r = r_\infty$ 处，

$$T = T_\infty, \quad Y_F = 0, \quad Y_O = Y_{O,\infty} \tag{8.13}$$

(e)状态方程：

$$\rho_g = \frac{p M_g}{R_U T_g}, \quad M_g = \frac{1}{Y_F/M_F + Y_O/M_O + Y_P/M_P} \tag{8.14}$$

2) 燃烧第二阶段。凝胶液滴在凝胶层形成以后(液滴的半径为 R_0)，由于环境继续向液滴传热，液滴内部燃料会出现过热，继续蒸发。认为液滴从环境吸收的热量全部用于内部燃料的蒸发：

$$Q_{vap} = \dot{m} H_v = h(T_{amb} - T_{ls}) \times 4\pi R_s^2 \tag{8.15}$$

式中，$\dot{m}$ 为蒸发速率；H_{vap} 为蒸发潜热；h_s 为液滴表面的对流换热系数；ΔT 为液滴表面与环境气体之间的温差；R_s 为液滴的半径。

任意 t 时刻液滴中燃料气泡的体积为

$$V_{vap}(t) = \frac{\dot{m} t}{\rho_{vap}}\left(1 - \frac{\rho_{vap}}{\rho_l}\right) \tag{8.16}$$

假设气泡在液滴外部胶凝基层的内侧形成，且为环状气泡，可以得到任意 t 时刻液滴的半径为

$$R_s(t) = \sqrt[3]{R_0^3 + 3(V_{vap}(t) - \dot{m} t/\rho_l)/4\pi} \tag{8.17}$$

任意 t 时刻液滴表面凝胶层的厚度为

$$X(t)=\frac{R_0^2X_0}{R_s^2} \tag{8.18}$$

任意 t 时刻液滴表面凝胶层内应力为

$$\sigma(t)=\frac{R_s(p_{vap}-p_{amb})}{2X(t)} \tag{8.19}$$

其中燃料气泡内燃料蒸汽的压强 p_{vap} 满足饱和蒸汽压方程:

$$p_{vap}=p_{vap}(T_{vap}) \tag{8.20}$$

液滴破裂的条件为

$$\sigma(t)\geqslant\sigma_y \tag{8.21}$$

式中,σ_y 为胶凝剂膜的许用应力。

(2)控制方程的变换。由于液滴受热膨胀和蒸发消耗的相互作用,会引起气液两相分界面的移动,给精确求解方程组带来了复杂性,同时也对差分格式的稳定性带来了不利的影响。为此,通过采用坐标变换($x=r/r_s(t),\tau=t$),将所有的方程组和定解条件从物理坐标平面 (r,t) 变换到计算平面 (x,τ) 上。

$$\frac{\partial}{\partial t}=\frac{\partial}{\partial\tau}+\frac{\partial}{\partial x}\frac{\partial x}{\partial\tau}=\frac{\partial}{\partial\tau}-\frac{\partial}{\partial x}\frac{r}{r_s^2}\frac{dr_s}{d\tau}=\frac{\partial}{\partial\tau}-\frac{\dot r_s x}{r_s}\frac{\partial}{\partial x} \tag{8.22}$$

$$\frac{\partial}{\partial r}=\frac{\partial}{\partial x}\frac{\partial x}{\partial r}=\frac{1}{r_s}\frac{\partial}{\partial x} \tag{8.23}$$

式中,$\dot r_s=dr_s/dt$ 。

1)液相能量方程:

$$\rho_l c_{pl}\left(\frac{\partial T_l}{\partial\tau}-\frac{x\dot r_s}{r_s}\frac{\partial T_l}{\partial x}\right)=\frac{1}{x^2r_s^2}\frac{\partial}{\partial x}\left(x^2\lambda_l\frac{\partial T_l}{\partial x}\right) \tag{8.24}$$

$$\frac{\partial T_l}{\partial\tau}+\left(-\frac{x\dot r_s}{r_s}-\frac{2\lambda_l}{\rho_l c_{pl}xr_s^2}\right)\frac{\partial T_l}{\partial x}-\frac{1}{\rho_l c_{pl}r_s^2}\frac{\partial}{\partial x}\left(\lambda_l\frac{\partial T_l}{\partial x}\right)=0 \tag{8.25}$$

初始条件:$\tau=0,T_l=T_0$,当 $0\leqslant x\leqslant 1$ 时:

边界条件:$x=0,\ \dfrac{\partial T_l}{\partial x}=0$; $x=1,\ T_{ls}=T_s(t)$,当 $\tau\geqslant 0$ 时 :

$$\frac{\lambda_l}{r_s}\frac{\partial T_l}{\partial x}\bigg|_{1-}+\dot m''\Delta H_v=\frac{\lambda_g}{r_s}\frac{\partial T_g}{\partial x}\bigg|_{1+} \tag{8.26}$$

2)液相组分守恒方程:

$$\frac{\partial C_f}{\partial\tau}-\frac{x\dot r_s}{r_s}\frac{\partial C_f}{\partial x}=\frac{1}{x^2r_s^2}\frac{\partial}{\partial x}\left(x^2D_{f,gel}\frac{\partial C_f}{\partial x}\right) \tag{8.27}$$

$$\frac{\partial C_f}{\partial\tau}+\left(-\frac{x\dot r_s}{r_s}-\frac{2D_{f,gel}}{xr_s^2}\right)\frac{\partial C_f}{\partial x}-\frac{1}{r_s^2}\frac{\partial}{\partial x}\left(D_{f,gel}\frac{\partial C_f}{\partial x}\right)=0 \tag{8.28}$$

初始条件:$\tau=0$; $C_f=C_{f,0}$,当 $0\leqslant x\leqslant 1$ 时:

边界条件:$r=0,\ \dfrac{\partial C_f}{\partial x}=0$,当 $\tau\geqslant 0$ 时 :

$$r=1, D_{\mathrm{f,gel}} \frac{\partial C_{\mathrm{f}}}{\partial x} \frac{1}{r_{\mathrm{s}}}\bigg|_{x=1}=(1-C_{\mathrm{f,s}}) \frac{\mathrm{d}r_{\mathrm{s}}}{\mathrm{d}t} \tag{8.29}$$

3)液相质量守恒方程：

$$\dot{m}=4\pi r_{\mathrm{s}}^{2} \dot{m}''=-\frac{\mathrm{d}}{\mathrm{d}t}\left(\frac{4}{3} \pi r_{\mathrm{s}}^{3} \bar{\rho}_{1}\right)=-\frac{4}{3} \pi r_{\mathrm{s}}^{3} \frac{\mathrm{d}\bar{\rho}_{1}}{\mathrm{d}t}-4\pi r_{\mathrm{s}}^{2} \bar{\rho}_{1} \frac{\mathrm{d}r_{\mathrm{s}}}{\mathrm{d}t} \tag{8.30}$$

4)气相总质量守恒方程：

$$\frac{\partial \rho_{\mathrm{g}}}{\partial \tau}+\left(\frac{v_{\mathrm{g}}}{r_{\mathrm{s}}}-\frac{x\dot{r}_{\mathrm{s}}}{r_{\mathrm{s}}}\right) \frac{\partial \rho_{\mathrm{g}}}{\partial x}+\frac{2}{r_{\mathrm{s}} x} \rho_{\mathrm{g}} v_{\mathrm{g}}+\frac{\rho_{\mathrm{g}}}{r_{\mathrm{s}}} \frac{\partial v_{\mathrm{g}}}{\partial x}=0 \tag{8.31}$$

5)气相组分质量守恒方程：

$$\frac{\partial Y_{\mathrm{F}}}{\partial \tau}+\left(\frac{v_{\mathrm{g}}}{r_{\mathrm{s}}}-\frac{x\dot{r}_{\mathrm{s}}}{r_{\mathrm{s}}}-\frac{2D_{\mathrm{F}}}{r_{\mathrm{s}}^{2} x}\right) \frac{\partial Y_{\mathrm{F}}}{\partial x}-\frac{1}{r_{\mathrm{s}}^{2} \rho_{\mathrm{g}}} \frac{\partial}{\partial x}\left(\rho_{\mathrm{g}} D_{\mathrm{F}} \frac{\partial Y_{\mathrm{F}}}{\partial x}\right)=-\frac{\dot{\omega}_{\mathrm{F}}}{\rho_{\mathrm{g}}} \tag{8.32}$$

式中，$\dot{\omega}_{\mathrm{F}}$ 为单位体积中燃烧剂蒸汽的质量消耗速率。

$$\frac{\partial Y_{\mathrm{O}}}{\partial \tau}+\left(\frac{v_{\mathrm{g}}}{r_{\mathrm{s}}}-\frac{x\dot{r}_{\mathrm{s}}}{r_{\mathrm{s}}}-\frac{2D_{\mathrm{O}}}{r_{\mathrm{s}}^{2} x}\right) \frac{\partial Y_{\mathrm{O}}}{\partial x}-\frac{1}{r_{\mathrm{s}}^{2} \rho_{\mathrm{g}}} \frac{\partial}{\partial x}\left(\rho_{\mathrm{g}} D_{\mathrm{O}} \frac{\partial Y_{\mathrm{O}}}{\partial x}\right)=-\frac{\dot{\omega}_{\mathrm{O}}}{\rho_{\mathrm{g}}} \tag{8.33}$$

式中，$\dot{\omega}_{\mathrm{O}}$ 为单位体积中氧化剂蒸汽的质量消耗速率。

6)气相能量守恒守恒方程：

$$\frac{\partial T_{\mathrm{g}}}{\partial \tau}+\left(\frac{v_{\mathrm{g}}}{r_{\mathrm{s}}}-\frac{x\dot{r}_{\mathrm{s}}}{r_{\mathrm{s}}}-\frac{2\lambda_{\mathrm{g}}}{r_{\mathrm{s}}^{2} x \rho_{\mathrm{g}} c_{\mathrm{pg}}}\right) \frac{\partial T_{\mathrm{g}}}{\partial x}-\frac{1}{r_{\mathrm{s}}^{2} \rho_{\mathrm{g}} c_{\mathrm{pg}}} \frac{\partial}{\partial x}\left(\lambda_{\mathrm{g}} \frac{\partial T_{\mathrm{g}}}{\partial x}\right)=\frac{\dot{\omega}_{\mathrm{F}} Q_{\mathrm{F}}}{\rho_{\mathrm{g}} c_{\mathrm{pg}}} \tag{8.34}$$

式中，Q_{F} 为燃烧反应中消耗单位质量燃烧剂的热效应。

$$Y_{\mathrm{P}}=1-Y_{\mathrm{F}}-Y_{\mathrm{O}} \tag{8.35}$$

初始条件：$t=0$：$T_{\mathrm{g}}=T_{\mathrm{in}}, Y_{\mathrm{F}}=0, Y_{\mathrm{O}}=Y_{\mathrm{O,in}}$，当 $1 \leqslant x \leqslant \infty$ 时：

边界条件：在 $x=1$ 处，

$$\frac{\lambda_{1}}{r_{\mathrm{s}}} \frac{\partial T_{1}}{\partial x}\bigg|_{x=1^{-}}+\dot{m}'' \Delta H_{v}=\frac{\lambda_{\mathrm{g}}}{r_{\mathrm{s}}} \frac{\partial T_{\mathrm{g}}}{\partial x}\bigg|_{x=1^{+}}$$

$$\rho_{\mathrm{g,s}}(v_{\mathrm{g,s}}-\dot{r}_{\mathrm{s}})(1-Y_{\mathrm{F,s}})=-\frac{\rho_{\mathrm{g,s}} D_{\mathrm{F,s}}}{r_{\mathrm{s}}} \frac{\partial Y_{\mathrm{F}}}{\partial x}\bigg|_{x=1} \tag{8.36}$$

$$0=-\left(\frac{\rho_{\mathrm{g,s}} D_{\mathrm{O,s}}}{r_{\mathrm{s}}} \frac{\partial Y_{\mathrm{O}}}{\partial x}\right)\bigg|_{x=1}+\rho_{\mathrm{g,s}} Y_{\mathrm{O,s}}(v_{\mathrm{g,s}}-\dot{r}_{\mathrm{s}})$$

$$Y_{\mathrm{F,s}}=f(T_{\mathrm{s}}) \tag{8.37}$$

在 $x=\infty$ 处，

$$T=T_{\infty}, \quad Y_{\mathrm{F}}=0, \quad Y_{\mathrm{O}}=Y_{\mathrm{O},\infty} \tag{8.38}$$

7）气体状态方程：

$$\rho_{\mathrm{g}}=\frac{p M_{\mathrm{g}}}{R_{\mathrm{U}} T_{\mathrm{g}}}, \quad M_{\mathrm{g}}=\frac{1}{Y_{\mathrm{F}}/M_{\mathrm{F}}+Y_{\mathrm{O}}/M_{\mathrm{O}}+Y_{p}/M_{p}} \tag{8.39}$$

以上液相的能量方程、组分方程，气相的能量方程、组分方程，可以写成统一的形式，以方便编程求解。统一形式的方程如式(8.40)所示，其中的系数和变量列于表 8.2。

$$\frac{\partial U}{\partial \tau}+A \frac{\partial U}{\partial x}-B \frac{\partial}{\partial x}\left(C \frac{\partial U}{\partial x}\right)=D \tag{8.40}$$

表 8.2　控制方程转换参数表

变量	A	B	C	D	U
液相能量方程①	$-\dfrac{x\dot{r}_s}{r_s}-\dfrac{2\lambda_l}{\rho_l c_{pl} x r_s^2}$	$\dfrac{1}{\rho_l c_{pl} r_s^2}$	λ_l	0	T_l
液相组分方程②	$-\dfrac{x\dot{r}_s}{r_s}-\dfrac{2D_{f,gel}}{x r_s^2}$	$\dfrac{1}{r_s^2}$	$D_{f,gel}$	0	C_f
气相组分方程③	$\dfrac{v_g}{r_s}-\dfrac{x\dot{r}_s}{r_s}-\dfrac{2D_F}{r_s^2 x}$	$\dfrac{1}{r_s^2\rho_g}$	$\rho_g D_F$	$-\dfrac{\dot{\omega}_F}{\rho_g}$	Y_F
气相组分方程④	$\dfrac{v_g}{r_s}-\dfrac{x\dot{r}_s}{r_s}-\dfrac{2D_O}{r_s^2 x}$	$\dfrac{1}{r_s^2\rho_g}$	$\rho_g D_O$	$-\dfrac{\dot{\omega}_O}{\rho_g}$	Y_O
气相能量方程⑤	$\dfrac{v_g}{r_s}-\dfrac{x\dot{r}_s}{r_s}-\dfrac{2\lambda_g}{r_s^2 x\rho_g c_{pg}}$	$\dfrac{1}{r_s^2\rho_g c_{pg}}$	λ_g	$\dfrac{\dot{\omega}_F Q_F}{\rho_g c_{pg}}$	T_g

(3)燃烧化学反应模型。燃烧现象中的化学反应是一个非常复杂的过程,即使对于最简单的燃料,其燃烧反应也是包含几种至几十种成分、几个甚至几百个基元反应的复杂反应过程。自燃推进剂的燃烧过程更为复杂。为简化问题,突出主要问题,这里对于自燃推进剂的燃烧过程采用1步总包化学反应模型。

$$\{\text{fuel}\}+\alpha_{化}\{\text{ox}\}\rightarrow(1+\alpha_{化})\{\text{products}\}\tag{8.41}$$

化学反应速率为

$$\dot{\omega}=C_A\left(\frac{\rho Y_f}{M_f}\right)\left(\frac{\rho Y_o}{M_o}\right)^{\alpha}_{化}\exp\left(-\frac{E}{RT}\right)\tag{8.42}$$

$$k=A\mathrm{e}^{\left(\frac{-E}{RT}\right)}\tag{8.43}$$

式中,C_A 为反应速率常数;E 为活化能;R 为气体常数;$\alpha_{化}$ 为化学反应的当量比。

这些动力学参数都是由推进剂的性质所决定的,由相关的参考文献查得。

比如,对于UDMH与氧气的反应,采用如下1步总包反应机理:

$$(CH_3)_2NNH_2+4O_2\rightarrow 2CO_2+N_2+4H_2O+1.8382\text{e}+003\text{kJ}\tag{8.44}$$

反应热的计算:UDMH,O_2,CO_2,N_2,H_2O 的生成焓分别为 83.85 kJ·mol^{-1},0,−393.51 kJ·mol^{-1},0 和 −285.85 kJ·mol^{-1},因此计算得UDMH与氧气的反应热为 -1.8382×10^{-3} kJ。

表 8.3　不同燃料基于Arrhenius方程的燃烧模型(氧化剂为 N_2O_4)

燃　料	$E/$(J·mol^{-1})	A/μs
MMH	-1.63×10^4	0.779 41
Hydrazine	$-4.069\,3\times10^4$	$1.237\,53\times10^{-4}$

对于UDMH与 N_2O_4 的反应,$C_A=1.0\times10^{-5}$,$\alpha=1.203$,$\exp(-E/RT)=1$。

对于MMH与 N_2O_4 的反应,可参考UDMH与 N_2O_4 的数据进行计算,取 $\alpha_{化}=2.504\,2$,$C_A=1.2\times10^5$。根据Arrhenius燃烧模型(见表8.3),可得其氧化反应过程中的燃烧速率近

似为

$$\dot{\omega}=\frac{A_{\mathrm{d}}\rho_{\mathrm{g}}^{2}Y_{\mathrm{O}}Y_{\mathrm{F}}}{(MW)_{\mathrm{O}}(MW)_{\mathrm{F}}}\exp\left(-\frac{E}{R_{\mathrm{U}}T}\right)_{(0.1)} \tag{8.45}$$

式中，$E=0.7\times10^{8}$ J • kmol^{-1}，$A_{\mathrm{d}}=0.8\times10^{6}$ kg^{2} • m^{3} • (kmol^{3} • s)$^{-1}$，$Q_{\mathrm{F}}=4.46\times10^{7}$ J • kg^{-1}。

(4)控制方程的离散。

1)网格划分。液滴在蒸发/燃烧的过程中，在液滴表面，即气液分界面上存在较大的温度梯度和浓度梯度，也即物理量在液滴表面附近变化剧烈，因此必须采用非均匀网格。具体的网格加密方法为：液滴内部网格由液滴中心到液滴表面逐渐变密，而在液滴外围的气相环境中，网格由液滴表面到外围逐渐地变稀，如图 8.5 所示。

液滴内部(x 范围为 0～1)，总长度为 1，划分 N 个单元，公比为 q_{in}，划分为 $N+1$ 节点，每一个单元的长度为 $x_{\mathrm{in}}(i)$，i 的范围为 1～N。从液滴的表面到计算区域外边界划分 M 个单元，公比为 q_{out}，划分为 $M+1$ 个节点，每个单元的长度为 $x_{\mathrm{out}}(i)$。并且使得液滴内部最后一个单元的长度与气相第一个单元的长度相等，即：$x_{\mathrm{in}}(N)=x_{\mathrm{out}}(1)$。

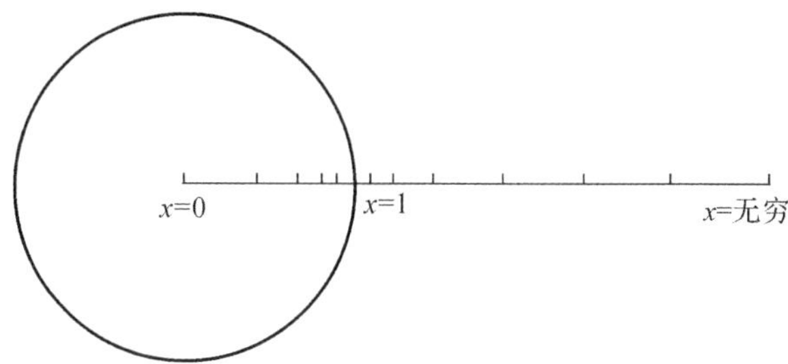

图 8.5　计算网格的划分

所以，液滴内部：划分为 N 个单元，公比为 q_{in}，总长度为 1，即

$$1=\frac{x_{\mathrm{in}}(1)(1-q_{\mathrm{in}}^{N})}{1-q_{\mathrm{in}}}\quad\Rightarrow\quad x_{\mathrm{in}}(1)=\frac{1-q_{\mathrm{in}}}{1-q_{\mathrm{in}}^{N}} \tag{8.46}$$

$$x_{\mathrm{in}}(i)=x_{\mathrm{in}}(1)q_{\mathrm{in}}^{i-1} \tag{8.47}$$

第 i 个节点到液滴中心的距离为

$$r_{i}=\frac{x_{\mathrm{in}}(1)(1-q_{\mathrm{in}}^{i})}{1-q_{\mathrm{in}}} \tag{8.48}$$

液滴外部的气相：M 个单元，$x_{\mathrm{in}}(N)=x_{\mathrm{out}}(1)$，总长度为 20，求出公比 q_{out}。

$$x_{\mathrm{out}}(i)=x_{\mathrm{out}}(1)q_{\mathrm{out}}^{i-1} \tag{8.49}$$

第 i 个节点到液滴中心的距离为

$$r_{i}=1+\frac{x_{\mathrm{out}}(1)(1-q_{\mathrm{out}}^{i})}{1-q_{\mathrm{out}}} \tag{8.50}$$

2)统一形式方程的离散。为了保证在有火焰存在、化学反应激烈进行时能得到正确的燃料浓度和气液相温度分布，采用了全隐格式的差分离散方法。对统一形式的控制方程(8.40)式进行差分离散后得到如下结果：

$$\frac{U_i^{n+1}-U_i^n}{\Delta\tau}+A_i^n\frac{U_{i+1}^{n+1}-U_{i-1}^{n+1}}{x(i)+x(i-1)}-B_i^n\frac{1}{x(i)+x(i-1)}\times$$
$$\left(\frac{C_{i+1}^n+C_i^n}{2}\frac{U_{i+1}^{n+1}-U_i^{n+1}}{x(i)}-\frac{C_{i+1}^n+C_i^n}{2}\frac{U_i^{n+1}-U_{i-1}^{n+1}}{x(i-1)}\right)=D_i^n \tag{8.51}$$

整理成如下形式：

$$a_W U_{i-1}^{n+1}+a_P U_i^{n+1}+a_E U_{i+1}^{n+1}=S_p$$

$$a_W=-\frac{A_i^n\Delta\tau}{x(i)+x(i-1)}-\frac{2B_i^n\Delta\tau}{x(i)+x(i-1)}\frac{C_i^n+C_{i-1}^n}{2x(i-1)}$$

$$a_p=1+\frac{2B_i^n\Delta\tau}{x(i)+x(i-1)}\frac{C_i^n+C_{i+1}^n}{2x(i-1)}+\frac{2B_i^n\Delta\tau}{x(i)+x(i-1)}\frac{C_i^n+C_{i+1}^n}{2x(i)} \tag{8.52}$$

$$a_E=\frac{A_i^n\Delta\tau}{x(i)+x(i-1)}-\frac{2B_i^n\Delta\tau}{x(i)+x(i-1)}\frac{C_i^n+C_{i+1}^n}{2x(i)}$$

$$S_P=U_i^n+D_i^n\Delta\tau \tag{8.53}$$

气相总质量方程：

$$\frac{\partial\rho_g}{\partial\tau}+\left(\frac{v_g}{r_s}-\frac{x\dot{r}_s}{r_s}\right)\frac{\partial\rho_g}{\partial x}+\frac{2}{r_s x}\rho_g v_g+\frac{\rho_g}{r_s}\frac{\partial v_g}{\partial x}=0 \tag{8.54}$$

离散之后为

$$\frac{\rho_{g,i}^{n+1}-\rho_{g,i}^n}{\Delta\tau}+\left(\frac{v_{g,i}^{n+1}}{r_s^{n+1}}-\frac{r(i)\dot{r}_s^{n+1}}{r_s^{n+1}}\right)\frac{\rho_{g,i+1}^{n+1}-\rho_{g,i}^{n+1}}{x(i)}+\frac{2}{r_s^{n+1}r(i)}\rho_{g,i}^{n+1}v_{g,i}^{n+1}+\frac{\rho_{g,i}^{n+1}}{r_s^{n+1}}\frac{v_{g,i+1}^{n+1}-v_{g,i}^{n+1}}{x(i)}=0 \tag{8.55}$$

$$v_{g,i+1}^{n+1}=-\frac{\rho_{g,i}^{n+1}-\rho_{g,i}^n}{\Delta\tau}\frac{r_s^{n+1}\cdot x(i)}{\rho_{g,i}^{n+1}}-(v_{g,i}^{n+1}-r(i)\dot{r}_s^{n+1})\frac{\rho_{g,i+1}^{n+1}-\rho_{g,i}^{n+1}}{\rho_{g,i}^{n+1}}-\frac{2v_{g,i}^{n+1}x(i)}{r(i)}+v_{g,i}^{n+1} \tag{8.56}$$

3)边界条件的离散。

a. 液相组分方程的边界条件：

$x=0$ 处：
$$\frac{\partial C_f}{\partial\tau}=\frac{3D_{f,gel}}{r_s^2}\frac{\partial^2 C_f}{\partial x^2}\quad\Rightarrow$$

$$C_{f,1}^{n+1}-C_{f,1}^n=\frac{6D_{f,gel}\Delta\tau}{r_s^2 x_{(1)}^2}(C_{f,2}^{n+1}-C_{f,1}^{n+1}) \tag{8.57}$$

$x=1$ 处：
$$D_{f,gel}\frac{\partial C_f}{\partial x}\frac{1}{r_s}\bigg|_{x=1}=(1-C_{f,s})\frac{dr_s}{dt}\quad\Rightarrow$$

$$C_{f,N+1}^{n+1}-C_{f,N}^{n+1}=\frac{r_s\dot{r}_s x(n)}{D_{f,gel}}(1-C_{f,N+1}^{n+1}) \tag{8.58}$$

求解能量方程时，采用液相和气相耦合的方法。液相和气相能量方程的边界条件为

$x=0$ 处：
$$\frac{\partial T_l}{\partial\tau}=\frac{3\lambda_l}{\rho_l c_{pl} r_s^2}\frac{\partial^2 T_l}{\partial x^2}\quad\Rightarrow$$

$$T_{l,1}^{n+1}-T_{l,1}^n=\frac{6\lambda_l\Delta\tau}{\rho_l c_{pl} r_s^2 x_{(1)}^2}(T_{l,2}^{n+1}-T_{l,1}^{n+1}) \tag{8.59}$$

$x=1$ 处：

$$\frac{\lambda_1}{r_s}\frac{\partial T_1}{\partial x}\bigg|_{x=1^-}+\dot{m}''\Delta H_v=\frac{\lambda_g}{r_s}\frac{\partial T_g}{\partial x}\bigg|_{x=1^+}\quad\Rightarrow$$

$$\lambda_1^n\frac{(T_{1,N+1}^{n+1}-T_{1,N}^{n+1})}{x(N)}+\dot{m}''\Delta H_v r_s^n=\lambda_g^n\frac{(T_{g,N+2}^{n+1}-T_{g,N+1}^{n+1})}{x(N+1)}\tag{8.60}$$

$x=\infty$ 处：

$$T=T_\infty\quad\Rightarrow\quad T_{N+M+1}^{n+1}=T_\infty\tag{8.61}$$

b. 气相组分方程的边界条件：

$x=1$ 处：

燃料组分：

$$\rho_{g,s}(v_{g,s}-\dot{r}_s)(1-Y_{F,s})=-\frac{\rho_{g,s}D_{F,s}}{r_s}\frac{\partial Y_F}{\partial x}\bigg|_{x=1}\quad\Rightarrow$$

$$r_s^n xx(1)(v_{g,1}^n-\dot{r}_s^n)(1-Y_{F,1}^{n+1})=-D_{F,1}^n(Y_{F,2}^{n+1}-Y_{F,1}^{n+1})\tag{8.62}$$

氧化剂组分：

$$0=-\left(\frac{\rho_{g,s}D_{O,s}}{r_s}\frac{\partial Y_O}{\partial x}\right)\bigg|_{x=1}+\rho_{g,s}Y_{O,s}(v_{g,s}-\dot{r}_s)\quad\Rightarrow$$

$$D_{O,1}^n(Y_{O,2}^{n+1}-Y_{O,1}^{n+1})=r_s^n xx(1)Y_{O,1}^{n+1}(v_{g,1}^n-\dot{r}_s^n)\tag{8.63}$$

$x=\infty$ 处：

燃料组分：

$$Y_F=0\quad\Rightarrow\quad Y_{F,M+1}^{n=1}=0$$

氧化剂组分：

$$Y_O=Y_{O,\infty}\quad\Rightarrow\quad Y_{O,M+1}^{n=1}=Y_{O,\infty}$$

(5)求解流程。图 8.6 给出了数值模拟过程的程序流程图。在仿真计算过程中，首先假定 t_0时刻液滴的表面温度，然后根据各物理方程，求解出统一方程中各系数，最后采用全隐格式通过迭代法求解各物理量。

4. 凝胶可贮存燃料单滴燃料的燃烧特性

前面已经分析，对凝胶燃料的燃烧过程，应主要关注液滴的燃烧过程的相分离阶段、气泡破碎阶段及最终残余胶凝剂的燃烧阶段。取环境温度为 1 000 K、环境压强为 0.8 MPa、氧气度为 0.233、液滴中胶凝剂的初始浓度为 0.02 的条件，对上述第一、二阶段进行数值模拟。仿真结果如下。

(1) 第一阶段。液滴燃烧第一个阶段是从液滴开始着火直到液滴表面处的燃料组分的相对浓度 $C_{F,S}$小于 1% 为结束，在此阶段液滴表面形成胶凝层，产生了相的分离，从而阻止液滴内部燃料蒸汽的进一步蒸发，使得液滴内部形成燃料气泡。通过仿真计算得到了如下的模拟结果。

图 8.7 和 8.8 分别是液滴表面及液滴内部燃料相对浓度随时间的变化关系。由图 8.7 可见，液滴表面燃料相对浓度在开始的一段时间维持在初始值附近，当液滴蒸发/燃烧进行了一段时间后，液滴表面的相对浓度开始急剧下降。此刻也是凝胶层开始形成的时刻。而由图 8.8 可以看出，在初始阶段液滴内部燃料相对浓度 $C_{F,L}$在径向上的梯度几乎为 0，但从 3.4 ms 开始，液滴表面处的相对浓度开始急剧下降，尤其在 3.55～3.606 ms 时间段内，液滴表面的相对

浓度值很快降到接近零点。

图 8.9 和图 8.10 分别是液滴内部温度场和气、液相液滴温度分布随时间的变化。从图 8.9 可以看出，在液滴内部越靠近表面处温度越高，而且呈指数形式增加；而从图 8.10 可以看出，在液滴外围气相场内，沿径向温度值先急剧上升，达到一个峰值后，开始缓慢下降，最后稳定在环境温度。这个峰值位置即为火焰峰位置。该工况条件下火焰峰位置大概维持在液滴外部约 2 倍半径处。

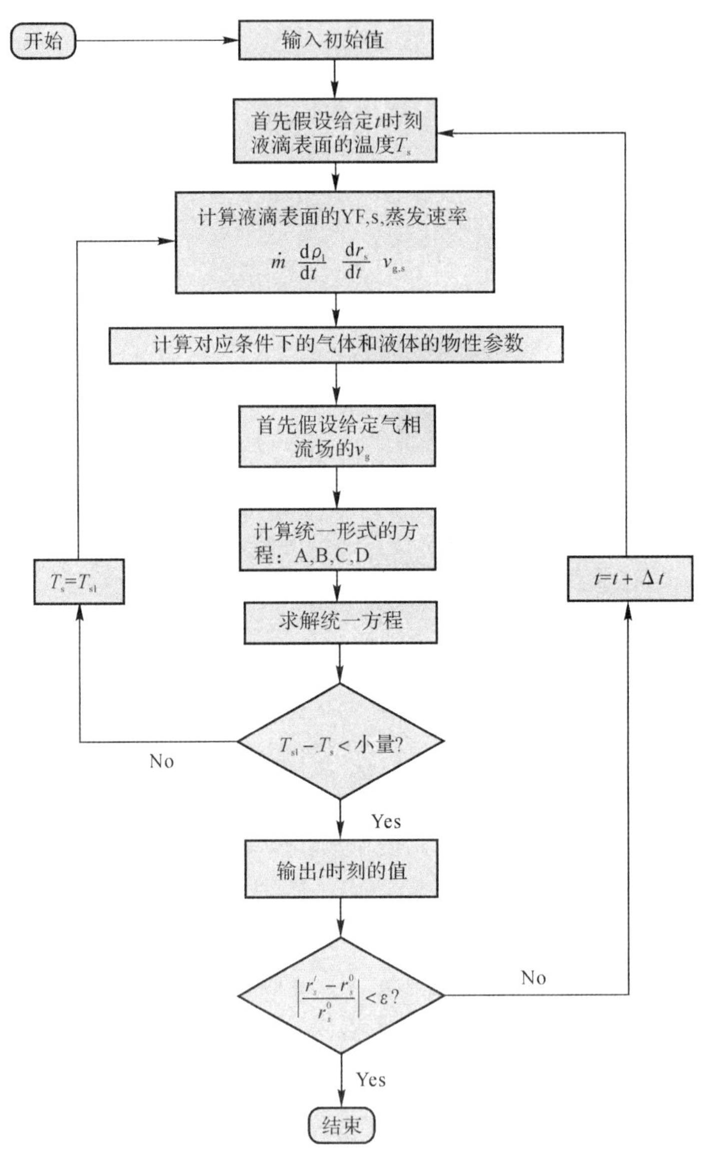

图 8.6　数值模拟计算流程图

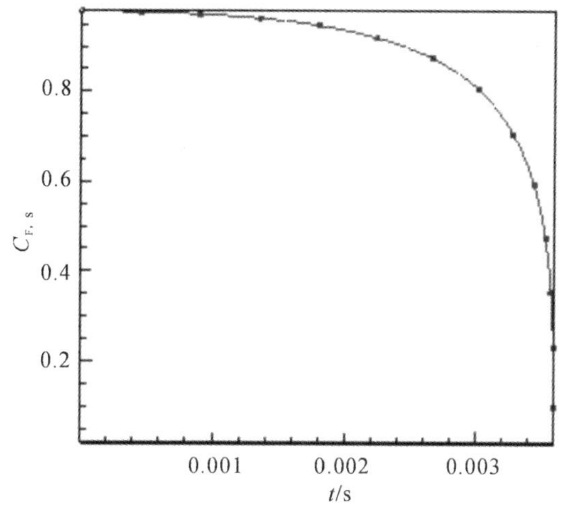

图 8.7　液滴表面燃料相对浓度随时间的变化

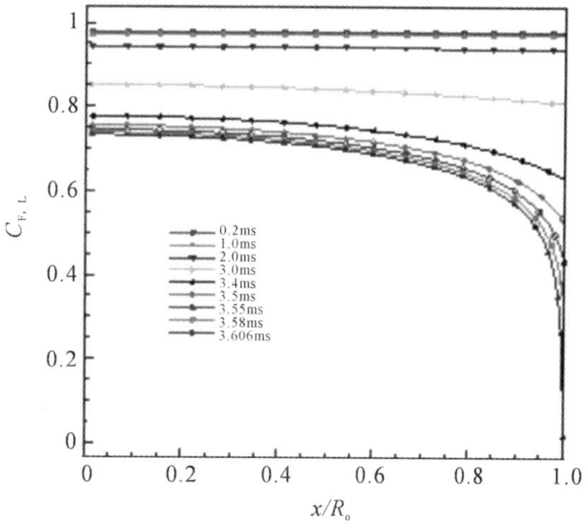

图 8.8　液相内燃料相对浓度随时间的变化

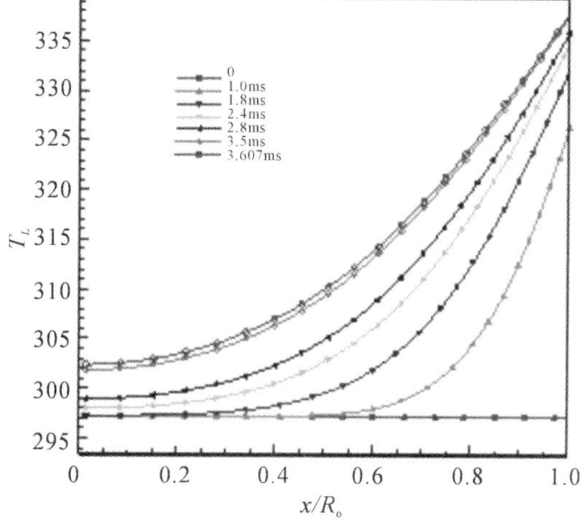

图 8.9　液滴内部温度场分布随时间的变化

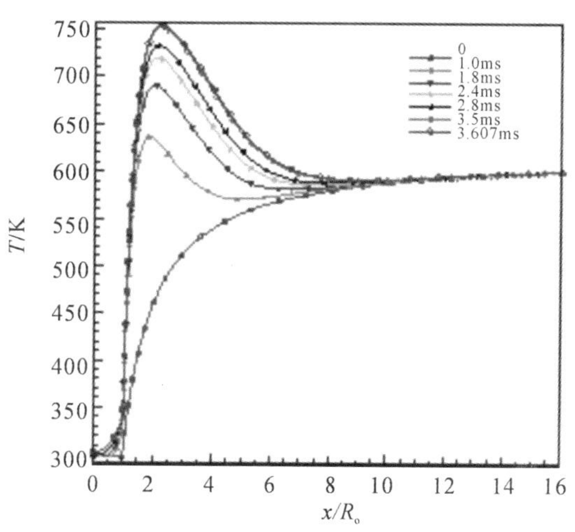

图 8.10　气、液相液滴温度分布随时间的变化

图 8.11 给出的是气相场内产物和氮组分相对浓度的分布。与全场温度分布对比后可知，产物和氮组分的相对浓度在火焰峰位置达到最大值，之后维持在一个稳定的值附近。这是因为在火焰峰位置，液滴在气相场内的燃烧反应程度达到最大值，从而各组分浓度也达到了整个场内的最大值。图 8.12 给出的是气相场内氧化剂和燃烧剂相对浓度的分布。由图 8.12 可知，在火焰峰位置附近，氧化剂和燃烧剂的比例达到化学当量比，此处化学反应最剧烈，火焰温度也达到峰值。

图 8.13 给出的是气相场内氧化剂和燃烧剂相对浓度的分布，由图 8.13 可知，氧化剂沿径向逐渐增大，最后与环境中氧气浓度值相同；而燃烧剂沿径向的分布则恰恰相反，且在无穷远处接近零。图 8.14 给出的是气相场中氧化剂相对浓度随时间的变化规律，由图 8.14 中可以看出，在液滴表面附近氧化剂浓度随时间的增加而不断减小，这与实际的液滴燃烧规律是一致的。

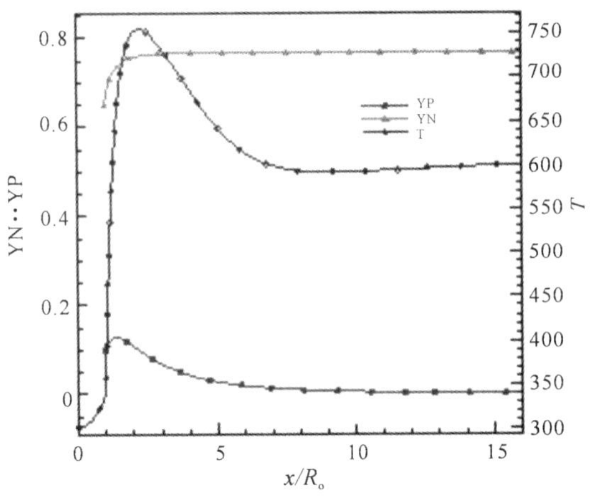

图 8.11　气液相氮气和产物相对浓度以及温度的分布

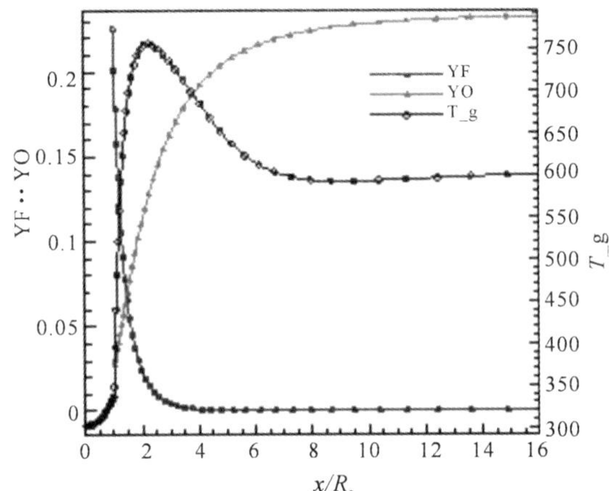

图 8.12　火焰峰位置示意图

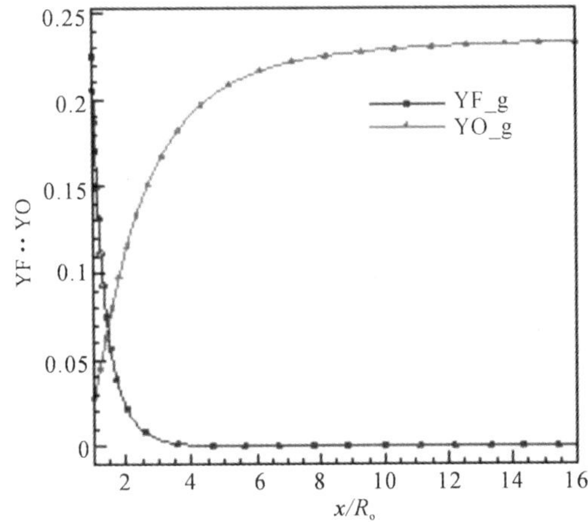

图 8.13　气相内氧化剂和燃料组分分布对比

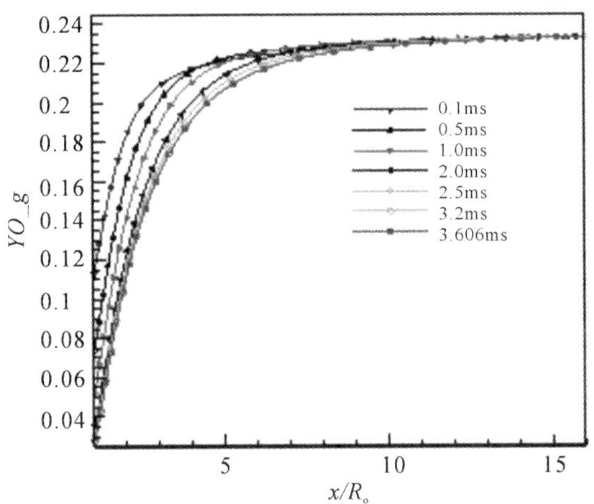

图 8.14　气相场氧化剂组分分布随时间的变化

图 8.15 是气相场中燃料相对浓度随时间的变化规律。从图 8.15 中可以看出，在液滴表面附近燃料浓度则随时间不断增加，这也与实际的液滴燃烧规律是一致的。

图 8.16 是液滴表面处的温度 T_s 随时间的变化关系，在图 8.16 中，液滴表面处的温度 T_s 随时间不断上升，最后趋于稳定，即液滴的饱和温度。图 8.17 给出了液滴表面温度和燃烧速率常数 K_b 随时间的变化，可以看出，初始阶段液滴温度较低，表面的燃料浓度也较低，燃料蒸气的扩散强度较小，蒸发速率较慢，大部分热量用来加热液滴，液滴的温度迅速上升，导致体积膨胀，即 $dr_s/dt > 0$；而燃烧速率常数 $K_b = -8r_s dr_s/dt$ ，因此液滴燃烧速率常数 K_b 为负值；随着液滴表面温度上升，液滴表面气相燃料浓度上升，蒸发速率增大，K_b 也不断增大，当用于燃料的蒸发热量和向液滴内部传导的热量与气相的传热基本平衡时，液滴表面的温度基本保持不变，液滴进入稳态燃烧阶段，燃烧速率常数也逐渐趋于稳定值。

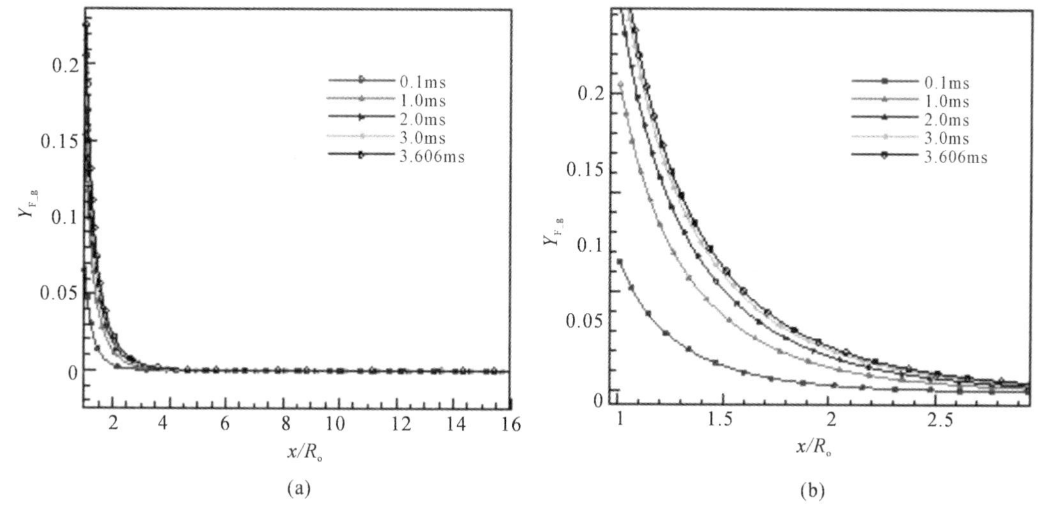

图 8.15　不同时刻气相场内燃料组分浓度的分布

(a)原图；(b)局部放大图

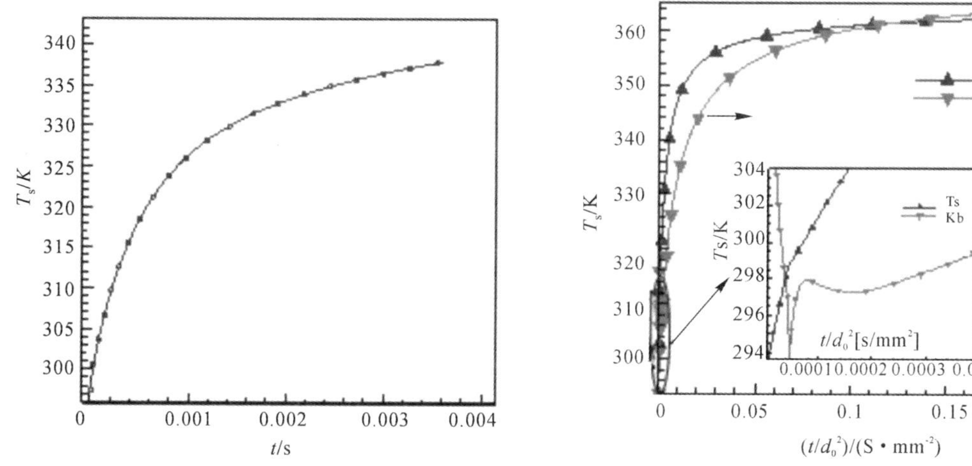

图 8.16　液滴表面温度随时间的变化

图 8.17　液滴表面温度和燃烧常数 K_b 随时间的变化

选择一组实验条件用于仿真计算，液滴的直径为 2.3 mm，液滴的初始温度为室温为 293.15 K，环境的压强为 0.5 MPa，氧化剂的初始质量浓度为 0.633，氮气的初始浓度 0.267。为了加快收敛，假设初始温度分布为指数形式，即 $T(r)=A+B\exp(-C/r)$，其中 A，B 由边界值确定，而 C 越小，分布越陡，这里取 0.01。图 8.18 给出了液滴半径平方随时间的变化。可以看出，相分离阶段液滴半径的平方随时间的变化规律与实验结果基本吻合，并且也类似于纯液体燃料液滴的燃烧规律。刚开始液滴的温度较低，蒸发的强度较小，液滴从环境中吸收的热量大部分用来加热液滴，液滴的温度上升很快，液滴的密度下降，导致液滴体积的膨胀现象。随后，液滴表面温度到达平衡蒸发温度，液滴燃烧进入准稳态阶段，其半径的变化服从 d^2 定律。计算结果还表明，在相分离阶段结束后，液滴的半径大约收缩了 17.5%。因此，考虑相分离阶段液滴半径变化是非常必要的。

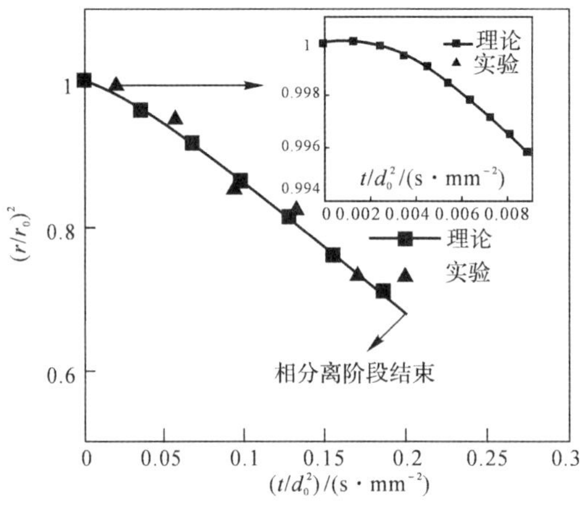

图 8.18　液滴半径平方随时间的变化

图 8.19(a)给出了液滴外围火焰温度和火焰位置随时间的变化(定义温度最高的位置为火焰位置,该处温度为火焰温度)。从图 8.19(a)中可以看出,大约经历 0.005 6 s,液滴外围的火焰温度超过初始给定的环境温度,其无量纲位置为 1.20。随着液滴表面温度的上升,液滴表面燃料蒸汽的浓度提高,向气相流场扩散的速率提高,火焰位置向液滴外围扩展,火焰温度不断上升,最后到达一个稳定的燃烧温度和火焰位置。在相同条件下,实验中拍摄到在相分离阶段,稳态燃烧的液滴外围无量纲火焰位置大约为 2.0,这里计算得到的值为 1.89,与实验值基本吻合。

图 8.19 (b)给了不同时刻液滴内部径向燃料浓度分布。在液滴瞬态加热阶段(见图 8.19 (b)中 0.024 s 时刻),表面的蒸发速率很小,内部燃料和胶凝剂仍为均匀混合状态,不存在燃料浓度梯度,因此燃料分布没有明显的变化。随着液滴表面温度上升,表面燃料浓度增大,液滴外围火焰温度上升,进一步加快了蒸发速率,液滴内部表面附近的区域,液体燃料浓度下降,液滴内部逐步从表面到中心形成浓度梯度,液体燃料在浓度梯度的作用下,不断向液滴表面扩散。从图 8.19 (b)中可以看出,初期液滴内部浓度变化不大,随着时间推移,液滴内部浓度变化逐渐显著,尤其在表面附近。其原因有两方面:一方面蒸发速率的不断增大,液滴表面附近的液体燃料不断被消耗,另一方面燃料浓度降低,导致液体燃料的扩散系数下降,并且浓度越低,下降越明显,从而加快了液滴表面的液体燃料浓度的下降速率。

图 8.19 (c)描述了液滴表面燃料浓度随标准化时间的变化。从图 8.19(c)中可以看出,初始阶段由于蒸发速率很低,液滴内部的液体燃料扩散系数较大,因此,液滴表面燃料质量浓度下降的幅度不大。随着液滴温度提高,蒸发强化,液滴表面的质量浓度下降开始加快,同时液滴内部液体燃料的扩散系数也在下降,这又加快液滴表面燃料浓度的下降速率。从图 8.19 (c)中可以明显看出液滴表面的燃料浓度下降速度在不断地加快。

图 8.19 (d)给出了不同时刻液滴内部径向温度分布。从图 8.19(d)中可以看出,瞬态加热阶段,由于环境的温度大于液滴的温度,环境加热液滴,而热量还没有深入液滴内部,导致表面附近存在很大温度梯度。随着液滴进入稳态燃烧阶段,外围火焰温度达到稳态,与此同时液滴表面的温度也基本不变,环境传给液滴的热量一部分用来维持蒸发,另一部分加热液滴,并且

随着时间的推移，热量不断向液滴内部深入，因此，液滴内部表面附近的温度梯度不断变小。从图 8.19 (d)中还可以看出，液滴中心处的温度基本没有变化，液滴内部表面附近温度上升剧烈。在凝胶燃料液滴燃烧实验中，在液滴表面附近首先出现气泡，说明在相分离过程中，液滴表面附近的温度上升幅度大，达到过热需要的时间较短。

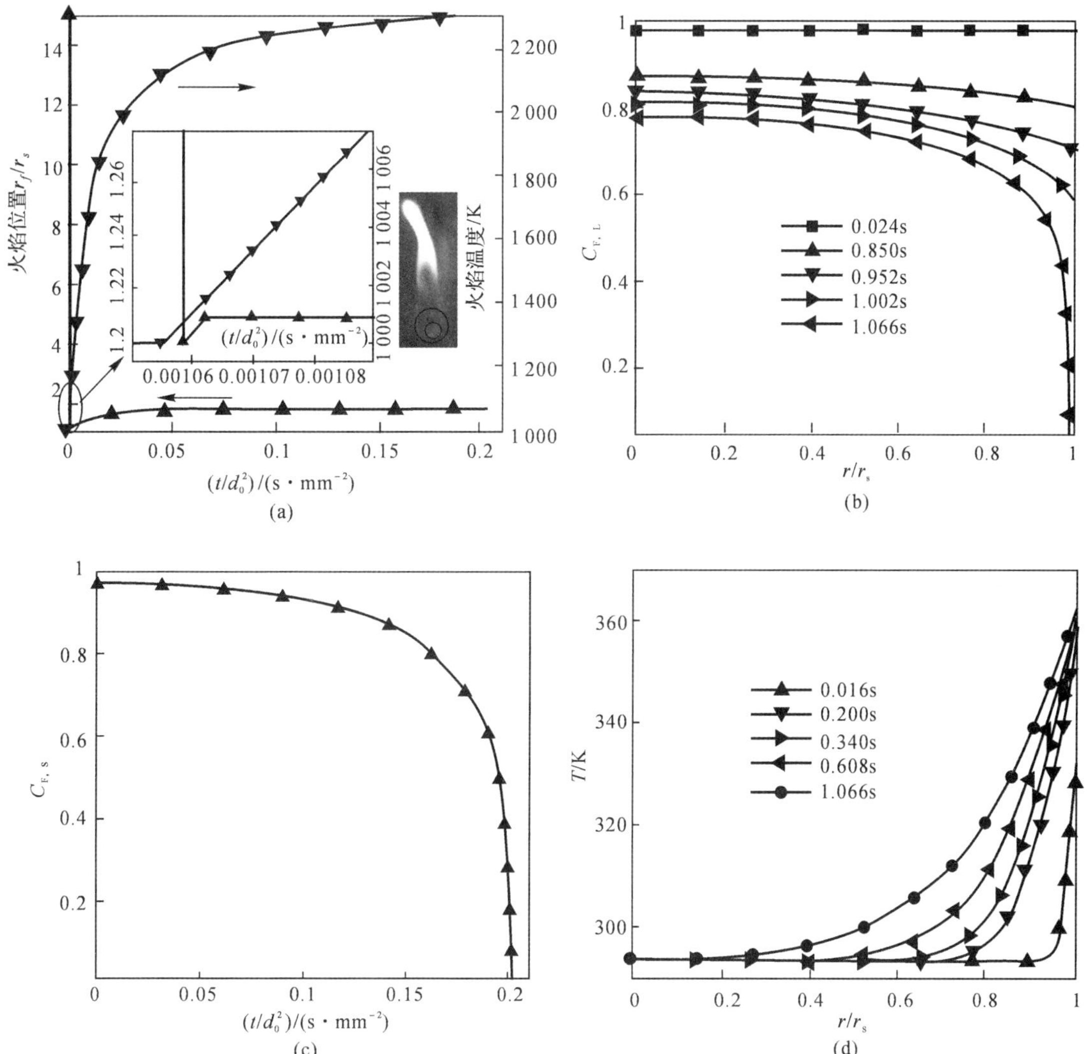

图 8.19 火焰温度、火焰位置和液滴内部输运规律的变化

(a)火焰温度和火焰位置随时间的变化；(b)UDMH 相对浓度分布随时间的演变；(c)液滴表面 UDMH 相对浓度随时间的演变；(d)液滴内部温度分布随时间的演变

图 8.20 给出了液滴内部径向路易斯数 Le 的分布随时间的演变。刘易斯数 $Le=D_{f,gel}\rho c_p/\lambda$ 反映了液滴内部质量输运与热量输运的相对难易程度。在瞬态加热阶段和稳态燃烧阶段前期，液滴表面的质量输运相对容易，而热量的传递相对较难，因此，在液滴内部，尤其是在表面附近，图 8.19 (b)中呈现出较小的燃料浓度梯度，而在图 8.19 (d)中呈现出较大的温度梯度；在液滴稳态燃烧阶段的后期，由于液滴内部，尤其是液滴表面附近，燃料浓度大大下

降,导致液滴内部燃料扩散系数大幅度下降,使得液滴内部热量的输运相对容易,而质量输运相对变难。因此,从图 8.19 (b)(d)中也可以明显看出,在液滴内部,特别是表面附近的区域,燃料浓度梯度随着时间推移不断增大,而温度梯度不断减小。

(2) 第二阶段。图 8.21 给出了凝胶单滴燃烧的第二个阶段的仿真结果,即从凝胶膜层形成完毕(当液滴表面燃料组分相对浓度小于 1%时)到凝胶层破裂为止。从图 8.21 的仿真结果可以看出,在凝胶推进剂单滴燃烧第二阶段初期,液滴内部的气泡不断膨胀,从而使得液滴半径迅速增大,液滴表面的胶凝层厚度迅速降低;同时,气泡内的压力不断增大,如图 8.21(a)所示。当该压力值达到并超过胶凝剂外壳所能承受的最大应力时,膜层开始破裂并伴随有燃料蒸汽喷射出来,形成喷射火焰。然后胶凝剂外壳重新缩回到液滴表面,至此一个完整的周期结束。两个阶段不断重复,周期性地进行下去,直到最终剩下了胶凝剂的残余在燃烧,就构成了有机大分子凝胶推进剂单滴燃烧的全过程。

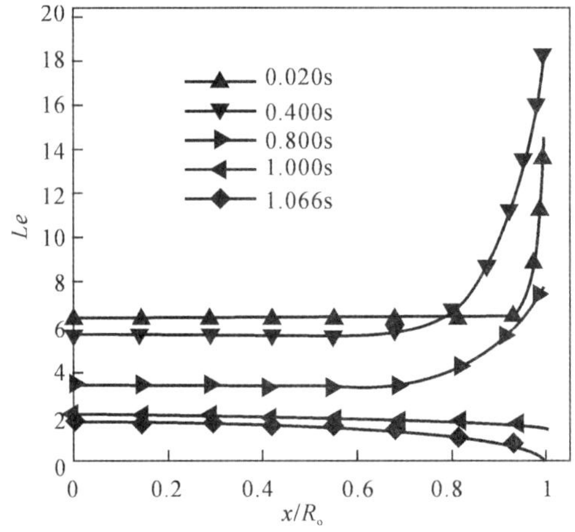

图 8.20　不同时刻液滴内部径向 Le 的分布

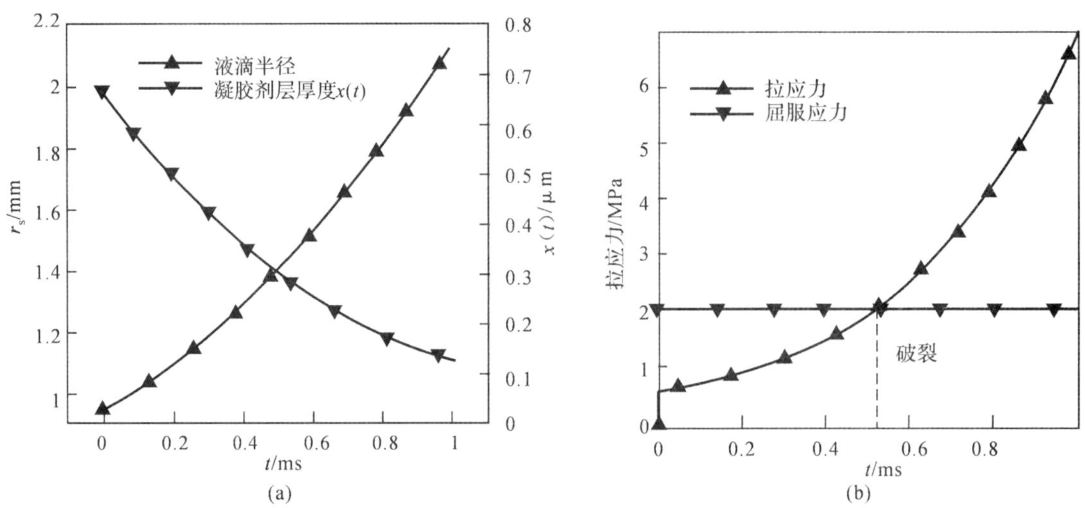

图 8.21　凝胶单滴破碎过程仿真结果

(a)膨胀阶段;(b)破裂阶段

5. 相关参数对凝胶可贮存燃料单滴燃烧特性的影响

这里，主要关注胶凝剂含量、环境压力、环境温度及氧化剂浓度这几个主要参数对单滴燃烧过程的影响，以便使我们对相关参数的影响有一个定性的认识。

(1)胶凝剂含量对液滴燃烧过程的影响。在其他条件相同的情况下，取不同胶凝剂含量，对一组液滴燃烧过程分别进行仿真，得到了表 8.4 的结果。这里主要分析胶凝剂含量对于液滴燃烧第一阶段的影响。从表 8.4 中可以看出，当其他条件相同时，随着胶凝剂含量的增加，凝胶层厚度不断增加，第一阶段经历的时间缩短，而第一阶段结束时液滴半径也变大。这是因为，当液滴内胶凝剂的含量升高时，相同体积的液滴，胶凝剂含量增加，而在第一阶段胶凝剂消耗很少，从而使得凝胶层的厚度增加；而胶凝剂含量的增加也将会缩短液滴的蒸发过程。

表 8.4　胶凝剂含量对液滴燃烧过程的影响

($R=50\ \mu\mathrm{m}$, $T=1\ 000\ \mathrm{K}$, $p=0.8\ \mathrm{MPa}$, $Y_{\mathrm{ox},0}=0.533$)

胶凝剂含量	凝胶层厚度/nm	第一阶段经历的时间/ms	第一阶段结束时的液滴半径/μm
0.02	50.050	1.234	44.743
0.10	59.024	0.718	47.465
0.15	63.084	0.571	48.167
0.20	67.094	0.459	48.672

图 8.22(a)展示了胶凝剂含量对液滴内部燃料相对浓度(即当地燃料密度与燃料密度的比值)分布，而图 8.22(b)则展示了胶凝剂含量对液滴表面浓度随时间的变化。可以看出，当其他条件相同时，随着胶凝剂含量的增加，液滴内部燃料浓度稍有降低，但变化不大，这与胶凝剂含量的绝对值有关。但反映到液滴的表面，胶凝剂含量对液滴表面燃料浓度的影响就比较显著了，胶凝剂含量越高，液滴表面燃料浓度就越低；无论含量多少，均随时间增加，燃料浓度不断降低，在表面处，几乎都接近 0，这与实际燃烧情况是一致的。

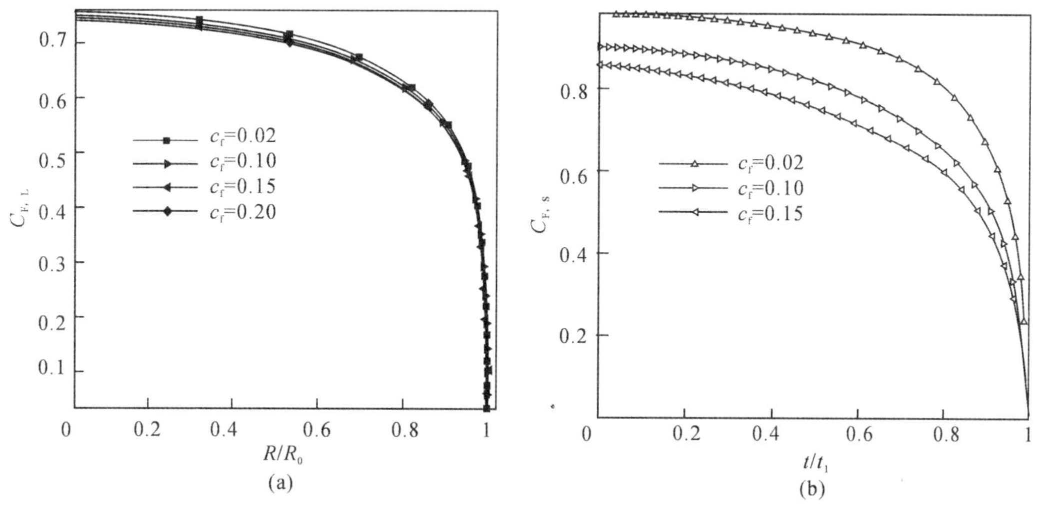

图 8.22　胶凝剂含量对液滴燃烧过程的影响

(a)胶凝剂含量对液滴内部燃料相对浓度分布的影响；(b)胶凝剂含量对液滴表面燃料相对浓度随时间变化规律的影响

(2) 环境压强对液滴燃烧过程的影响。参照实验条件,在不同的燃烧室压力环境下,对相同条件的单滴进行仿真。表 8.5 列出了环境压强对液滴燃烧过程中若干参数的影响。

表 8.5 环境压强对液滴燃烧过程的影响

(R =50 μm, T =1 000 K, $Y_{ox,0}$ =0.533, C_f =0.02)

环境压强/MPa	凝胶层厚度/nm	第一阶段经历的时间/ms	第一阶段结束时的液滴半径/μm
0.5	56.623	1.094	45.535
0.8	53.051	1.234	44.743
1.0	52.644	1.270	44.619
1.2	52.403	1.326	44.414

从表 8.5 中可以看出,当其他条件相同时,在一定的压力范围内,随着环境压强的增加,凝胶层厚度不断减小,第一阶段经历的时间变长,而第一阶段结束时液滴半径有所下降。分析表面,当环境压强升高时,使液滴内部的燃料蒸汽和气相介质的传质变得更加困难,要使得液滴表面燃料组分的相对浓度低于 1%,则需经历更长的时间,从而使得第一阶段的时间变长,蒸发燃烧过程越长,则第一阶段结束时液滴半径越小,凝胶层厚度则越小。

图 8.23 给出了环境压强对液滴表面温度(见图 8.23(a))、液滴半径(见图 8.23(b))、液滴表面燃料组分相对浓度变化(见图 8.23(c))及火焰峰位置(见图 8.23(d))的影响。从图 8.23 可见,当环境压强升高时,液滴蒸发燃烧速率下降,使得液滴生存时间变长,从而使得液滴从周围环境中吸收的能量越多,使得液滴表面温度升得越高,而火焰峰位置离液滴更近。

在扩散控制的液滴燃烧过程中,液滴的半径随时间的变化为

$$d^2 = d_0^2 - K_b t \tag{8.64}$$

根据经典的 d^2 定律,液滴的燃烧速率常数 K_b 为

$$K_b = \frac{d(d^2)}{dt} = \frac{8\lambda_g}{\rho_d c_{pg}} \ln(1+B) \tag{8.65}$$

其中 Spalding 传递系数 B 为

$$B = \frac{c_{pg}(T_\infty - T_s) + \beta Y_{o\infty} Q_R}{L_v + c_{lp}(T_s - T_0)} = \frac{Y_{Fs} + \beta Y_{o\infty}}{1 - Y_{Fs}} \tag{8.66}$$

式中,d_0 为液滴的初始直径;ρ_d 为液滴的密度;λ_g 为气体的导热系数;c_{pg} 为气体的定压比热容;c_{lp} 为液体燃料的比热容;T_∞ 为环境的温度;T_s 为液滴表面的温度;T_0 为液滴初始温度;L_v 为汽化潜热;β 为化学反应当量比;$Y_{F,s}$ 为液滴表面燃料的浓度;$Y_{o\infty}$ 为环境中氧化剂的浓度;Q_R 为化学反应热。

图 8.24 给出了环境压强对于液滴燃烧速率的影响。可以看出,随着压强的上升,液滴的燃烧速率常数增大,其原因可以根据液滴燃烧速率常数计算公式(8.65)得到解释。一方面,环境压强提高,液滴燃料的沸点也提高,液滴表面的温度提高,液滴表面的燃料的浓度也跟着上升(根据饱和蒸汽压方程),燃料蒸气向火焰位置扩散的速率增大,同时环境压强的提高,使得火焰位置更靠近液滴表面,燃料蒸气的扩散距离减小,并且传热强度提高,液滴得到更多热量的用于蒸发,提高燃烧速率;另一方面环境压强上升,燃料的沸点上升,蒸发潜热下降,

Spalding传递系数 B 增大，也提高了燃烧速率常数。

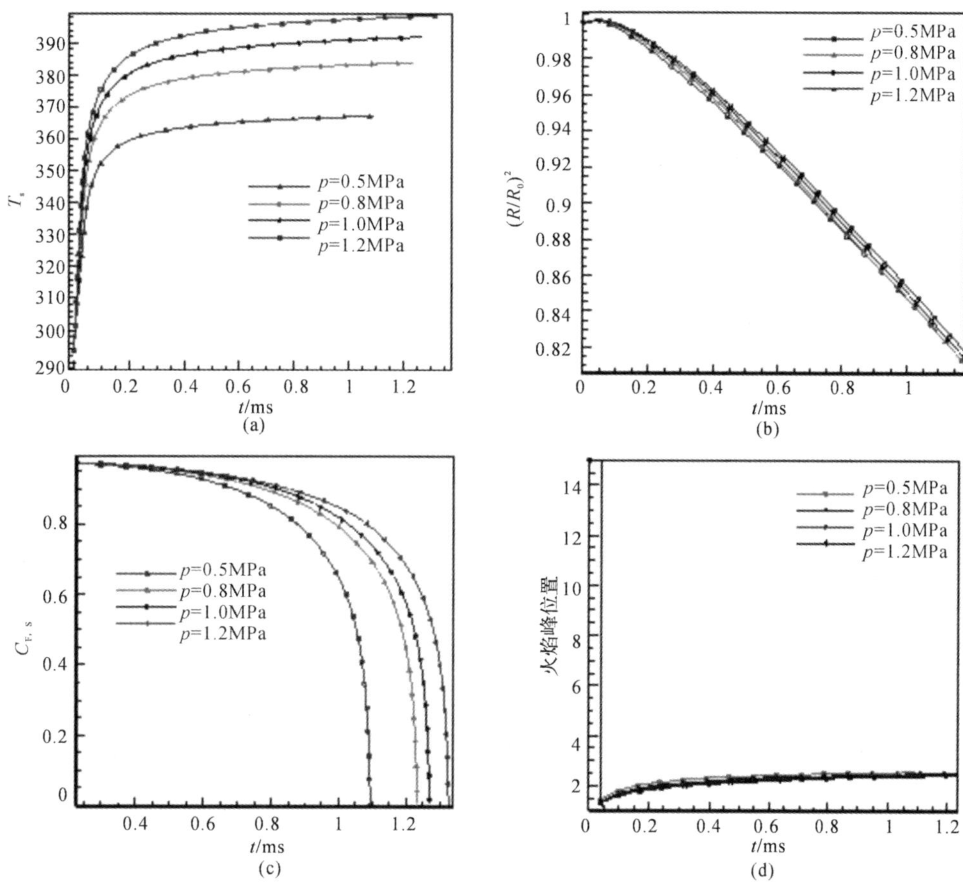

图 8.23　环境压强对液滴燃烧过程的影响

(a)环境压强对液滴表面温度的影响；(b)环境压强对液滴半径的影响；

(c)环境压强对液滴表面燃料组分相对浓度变化的影响；(d)环境压强对火焰峰位置的影响

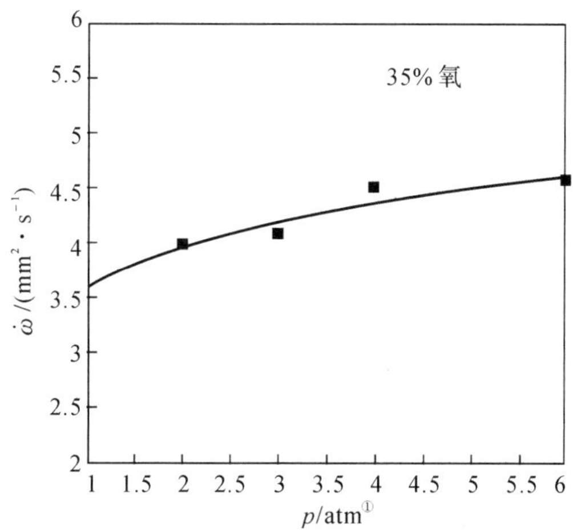

图 8.24　环境压强对燃烧速率常数的影响

① 1 atm＝101.325 kPa。

(3)环境温度对液滴燃烧过程的影响。表8.6给出了环境温度对液滴燃烧过程影响的仿真结果。从表8.6中可以看出,当其他条件相同时,随着环境温度的增加,第一阶段经历的时间缩短,而第一阶段结束时液滴半径有所增加。这是因为,环境温度升高,使燃料液滴与周围环境的燃烧反应变得更加剧烈,从而使得第一阶段的时间缩短,而蒸发燃烧过程越短,则第一阶段结束时液滴半径越大。

表8.6 环境温度对液滴燃烧过程的影响

($R=50\ \mu m$, $p=0.8$ MPa, $Y_{ox,0}=0.533$, $C_f=0.02$)

环境温度/K	凝胶层厚度/nm	第一阶段经历的时间/ms	第一阶段结束时的液滴半径/μm
573	58.213	1.426	44.578
1 000	50.051	1.234	44.743
2 000	53.277	1.008	45.156

图8.25给出了环境温度对液滴表面温度(见图8.25(a))、液滴半径(见图8.25(b))、火焰峰位置(见图8.25(c))、液滴表面燃料相对浓度(见图8.25(d))、液相内燃料组分(见图8.25(e))的影响。由仿真结果可见,当环境温度升高时,液滴表面温度也升高,而且更快,由此也导致了液滴蒸发燃烧速率加快,液滴半径减小使得液滴生存时间缩短;环境温度的升高使得液滴表面温度升高,液滴与周围环境的热交换加剧,从而使得火焰峰位置离液滴更远,表面燃料的浓度降低得更快。

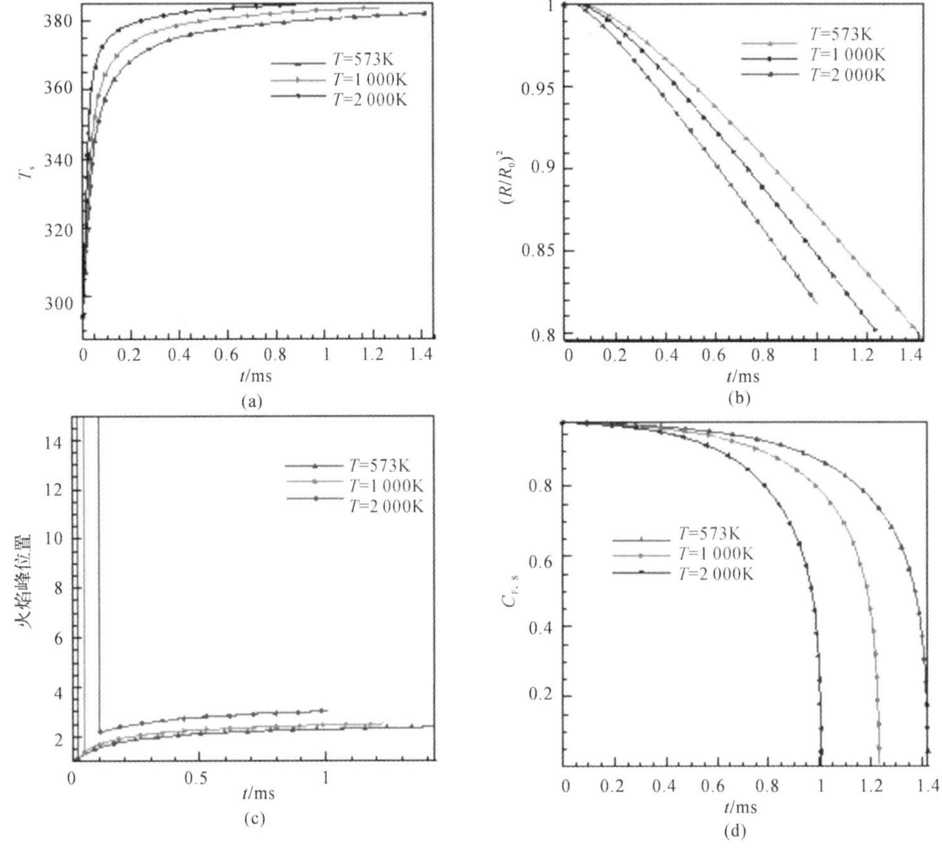

图8.25 环境温度对液滴燃烧过程的影响

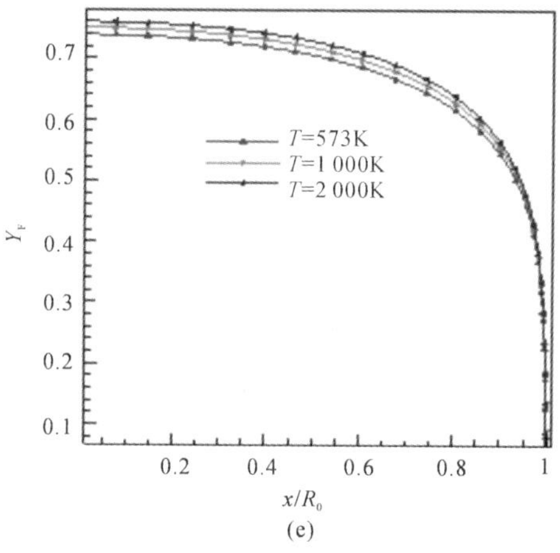

图 8.25　环境温度对液滴燃烧过程的影响

(a)环境温度对液滴表面温度的影响；(b)环境温度对液滴半径的影响；(c)环境温度对火焰峰位置的影响；(d)环境温度对液滴表面燃料相对浓度的影响；(e)环境温度对液相内燃料组分的影响

(4)氧化剂浓度对液滴燃烧过程的影响。表 8.7 给出了环境中的氧化剂浓度(相对于纯氧化剂)对液滴燃烧过程影响的数值模拟结果。从表 8.7 中可以看出，当其他条件相同时，随着环境中氧化剂相对浓度的增加，第一阶段经历的时间缩短，而第一阶段结束时液滴半径有所增加。这是因为，氧化剂浓度的升高，使得燃料液滴与周围环境的燃烧反应变得更加充分，从而使第一阶段的时间缩短，而蒸发燃烧过程越短，则第一阶段结束时液滴半径越大。

表 8.7　氧化剂浓度对液滴燃烧过程的影响

(R =50 mm, T =1 000 K, p =0.8 MPa, C_f =0.02)

氧化剂相对浓度	凝胶层厚度/nm	第一阶段经历的时间/ms	第一阶段结束时的液滴半径/μm
0.333	63.793	1.792	43.996
0.433	55.185	1.481	44.379
0.533	50.051	1.234	44.743

图 8.26 给出了氧化剂相对浓度对液滴表面温度(见图 8.26(a))、液滴半径(见图 8.26(b))、火焰峰位置(见图 8.26(c))、液滴表面燃料相对浓度(见图 8.26(d))、液相燃料相对浓度(见图 8.26(e))的影响。从图 8.26 可见，氧化剂相对浓度对相关参数的影响与温度的影响是相同的。

图 8.27 给出了环境中氧化剂的相对浓度对于液滴燃烧速率的影响。从图 8.27 中可以看出，当环境的压强不变时，液滴的燃烧速率常数随着环境氧化剂相对浓度的提高而增大。由 Spalding 传递系数计算公式可以得出，氧化剂相对浓度增大，Spalding 传递系数也提高，因此燃烧速率常数也跟着增大。Nahamoni 在研究基于 JP－5 的有机凝胶推进剂液滴时也得到相同的规律[150]。

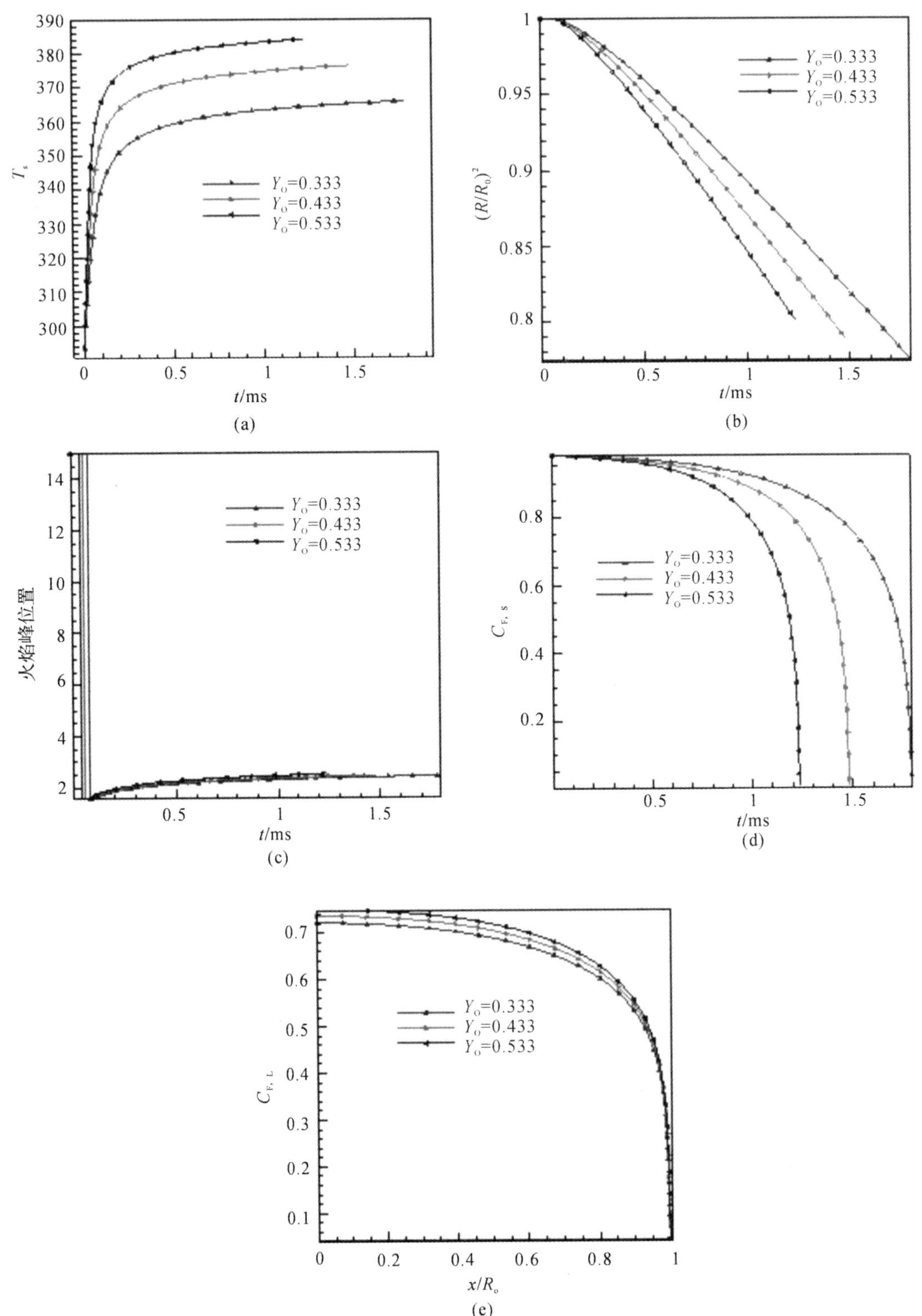

图 8.26 氧化剂相对浓度对液滴燃烧过程的影响

(a)氧化剂相对浓度对液滴表面温度的影响；(b)氧化剂相对浓度对液滴半径的影响；(c)氧化剂相对浓度对火焰峰位置的影响；(d)氧化剂相对浓度对液滴表面燃料相对浓度的影响；(e)氧化剂相对浓度对液相燃料相对浓度的影响

8.2.2　单滴燃烧特性的实验

单滴燃烧实验是指在一定的环境(温度、压力、环境气体成分)下，进行单个液滴燃烧过程的物理和化学现象的捕捉和识别，进行液滴与环境质量和能量交换过程诊断，进行燃烧产物特性(成分、温度等)测量等相关问题的科学研究工作。通常，是将单个的燃料液滴以某种方式置入气态的氧化剂环境中，通过点火(非自燃条件)或者不点火(自燃条件)使其发生化学反应。单滴燃烧实验涉及单个液滴的产生技术、氧化剂(或者氧化剂)环境压力、温度的生成技术、液滴运动速度和轨迹跟踪技术、液滴和环境温度、压力测量技术、燃烧产物的诊断技术等诸多实验相关技术。

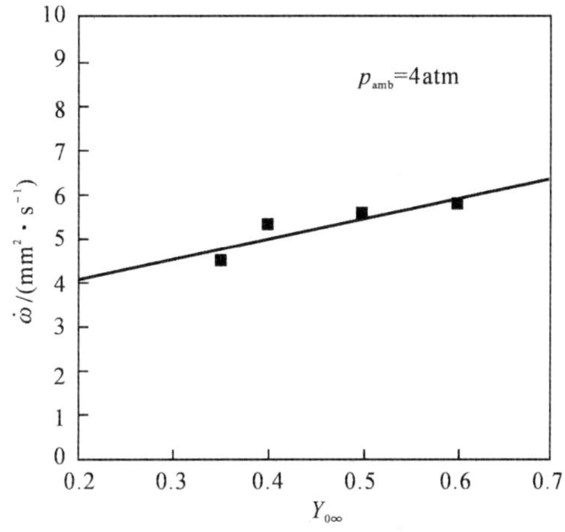

图 8.27　环境氧化剂相对浓度对燃烧速率常数的影响

1. 单滴燃烧实验方法简介

目前，已经提出和使用过的，用于单滴燃烧的实验方法主要有悬挂法、多孔球法、悬浮法和飞滴法，这些主要方法具体如下。

(1) 液滴悬挂法。悬挂法是指将燃料液滴悬挂在石英丝或热电偶上，然后将液滴置于氧化剂环境中燃烧。使用石英丝主要是其能耐较高的温度；使用热电偶的目的在于可用它来跟踪并测量液滴本身温度的变化。此方法相对容易，悬挂的液滴处于相对静止的状态，也便于用一些测试手段对液滴尺寸、温度、环境温度、压力等参数进行较精确的测量。不足在于：①因为悬挂液滴的石英丝或者热电偶本身的体积，液滴的尺寸很难取小(如小于 1.0 mm)，所以实际尺寸要远大于实际雾化所产生的液滴；②悬挂的液滴形状与实际形状不同，且常常是非球形的。液滴蒸发过程中，液滴对悬挂用石英丝或者热电偶的表面张力会使液滴发生变形，这在蒸发的最后阶段尤其明显；③液滴内部的实际传热过程与内核为液体的单滴有所区别，石英丝或者热电偶本身的热传导也会改变液滴与周围环境之间的热量交换，这导致实际测量到的液滴温度可能与实际情况相差较大；④最重要的是静止的液滴与环境气体的换热与实际情况不同。有研究表明用石英丝悬挂对燃烧液滴的综合影响稍稍降低了燃烧效率。

(2) 多孔球法。此方法是不断向多孔球供给燃料，使其表面保持湿润来模拟燃料液滴。这种方法的优点是实验方法比较简单，易于实现，主要用于研究挥发性小的液体燃料，研究其稳态蒸发过程。缺点是只能研究稳态蒸发过程，而且误差较大。对于凝胶推进剂而言，还可能发生堵塞。

(3) 气悬和磁悬浮法。气悬法是利用气流的浮力与液滴的重力相平衡，使得液滴悬浮于高温环境中的一种方法。而磁悬法是在液滴中添加某种磁性微粒（如 Fe_2O_3），使之悬浮在磁场中的方法。其优点是液滴没有直接接触的热电偶、石英丝等附件，不会有导热损失和变形。但不足在于：① 很难控制液滴的位置；② 液滴与周围形成了对流环境；③ 根据场协同理论，在流场与磁场之间可能还存在相互作用，会改变传热过程，从而影响到燃烧过程。

(4) 飞滴（抛滴、落滴）实验法。与前三者相比，更接近实际应用的是该方法，它具备了液滴与环境气流的对流换热条件；可使液滴迎风面和背风面产生不同的效果；对较小直径的液滴不会有悬挂材料的影响；可以对挥发性大的燃料液滴进行实验；等等。其主要问题在于这种实验方法对实验技巧、研究设备和测量仪器的要求较高。液滴以一定速度运动，液滴本身和周围流场的测量都有较大的困难；液滴蒸发过程中，随着燃料液滴运动，直径不断减小，对流强度也将不断变化。需要设计可以精确控制液滴生成的供液装置，更大的实验研究空间，速度更高的温度、压力和液滴图像捕获仪器。近年来，应用较多的是飞滴实验，已经可以同时记录较小液滴的短暂蒸发过程。图 8.28 是 Volker Weiser[151] 等研究者用飞滴实验方法获得的凝胶燃料单滴燃烧过程的图像。

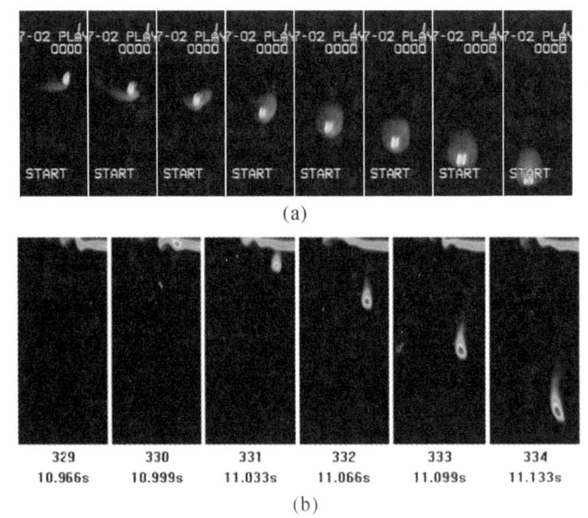

(a)

(b)

图 8.28 飞滴实验方法获得的单滴燃烧过程图像

(a)燃烧凝胶液滴运动过程；(b)燃烧凝胶液滴运动过程的红外照片

2. 单滴燃烧实验系统

这里以相对复杂的飞滴法实验为例，介绍单滴实验系统的组成和工作原理。

(1) 实验仓。典型的实验系统如图 8.29 所示。

实验仓是单滴燃烧实验系统的核心，实验仓的主要参数是实验仓的压力、尺寸。实验仓的压力可以参照动力装置的实际工作环境，依据模拟准则和可用的器材（如观察窗的石英玻璃）等确定。例如，对于可贮存推进剂、挤压式、双组元液体动力装置（以下简称“小液发”），燃烧室压力一般在 5.0 MPa 以下；如果模拟雾化过程，可以依据密度相似原则，计算出燃烧室压力，一般均比较小。对于单滴燃烧实验，实验仓的压力环境可取 1.0～5.0 MPa，环境气体温度在 290～1 000 K。产生模拟燃烧室内富氧、压力和温度环境的方法有预热富氧气体填充的方法，使用加热器对氧化剂加热的方法，应用高混合比燃烧产生压力和温度环境的方法等。相比较而言，后者简单且与实际更为接近，主要问题在于产生富氧化剂环境过程中对燃烧过程的准确控制。通常，为了液滴尺寸变化、运动轨迹和燃烧产物成分的光学测量需求，实验仓需要开设 2～3 个观测窗口，观察窗的尺寸需要依据液滴尺寸、运动速度、预估的燃尽时间、光学测量仪器的拍摄速度等综合考虑；窗口上安装的石英玻璃既要承受一定的温度和压力，又需满足摄影系统的光学和观测的需要；实验仓主体上需要安装测温热电偶、测压传感器、供气入口、抽气出口、冷却水进出口和安全阀等。为了减少热量损失，需在实验段内包裹一层保温隔热材料，使实验段的温度很快达到实验要求并保持相对长的时间。除此之外，装置的预抽真空、冷却，废气和污染物处理、安全防护等也是需要考虑的问题。在观察窗尺寸确定后，可以大致确定模拟燃烧室的尺寸。图 8.30 为一实验仓的实物照片。

(2) 单滴生成技术。单滴产生技术是单滴实验技术水平的关键。一般而言，在大型开式循环的液体动力装置燃烧室中，燃料和氧化剂的初始雾化尺度在 mm 量级；就小型液体动力装置燃烧室而言，初始的液滴雾化尺度要小于 mm 量级一些。综合考虑实验仓观察窗尺寸、光学仪器的测量速度和精度、燃料的燃尽时间等问题，单滴的直径可选应在 0.3～2 mm，运动速度 20～30 $m \cdot s^{-1}$。

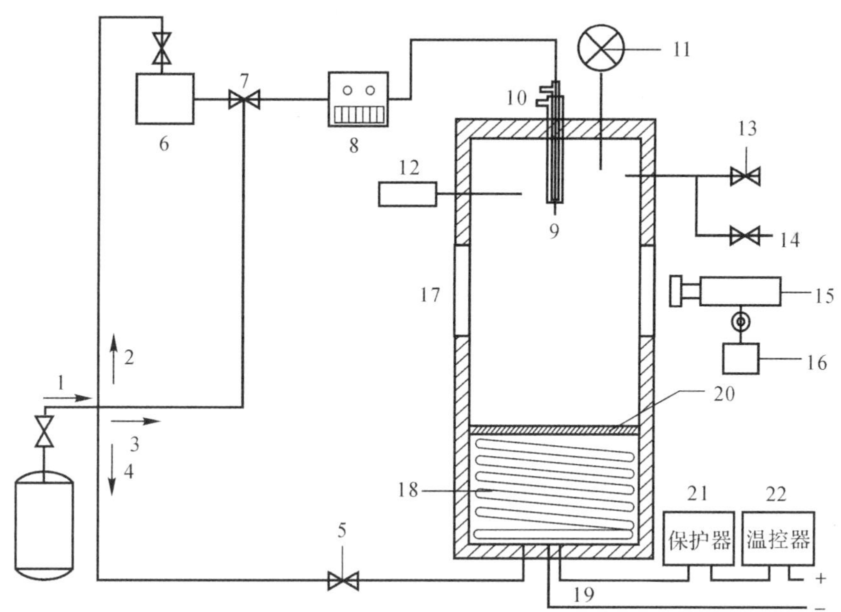

图 8.29　实验系统示意图

1 — N_2 气源；2 —推进剂挤压管路；3 —推进剂吹除管路；4 —实验环境介质管路；5 —进气口截止阀；6 —推进剂储存罐；7 —三通阀；8 — ZHDB 微量泵；9 —液滴供应出口；10 —冷却水进出口；11 —压力表；12 —测温热电偶；13 —安全阀；14 —出气口截止阀；15 —高速摄影仪；16 —计算机；17 —摄像观测窗口；18 —加热器；19 —加热器接线柱；20 —隔板；21 —漏电保护器；22 —温度控制仪

图 8.30　实验仓照片

目前，生成单个液滴的方法主要有以下几种。

1）手动开关液滴生成装置。图 8.31 展示了一种手动阀门控制的单滴生成装置[152]。此装置通过燃料加注口 3 把燃料加入装置空腔，采用手动阀门，精细调节挤压装置来控制液滴的生成。为了降低实验段传热对于液滴初始温度的影响，在推进剂供应管外部设计了冷却夹套。此方法简单、方便，既可以形成飞滴，也可以作为挂滴；不足在于要求一定的操作技巧。装置也可用电磁阀来控制，获得单个液滴的生成。

2）压电晶体和脉冲发生器产生飞滴的方法。图 8.32 展示了一种采用类似于喷墨打印机的方式，用压电晶体和脉冲发生器来产生飞滴的方法[153]。这种装置将微量液滴事先置于活塞筒内，然后依靠脉冲发生器控制单个液滴的生成。存在问题是初始速度不易控制，液滴可能是柱状的，喷射的压力可能难以满足高室压实验要求。

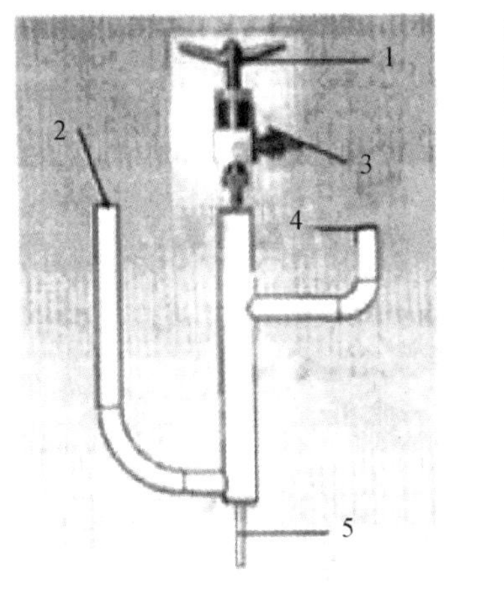

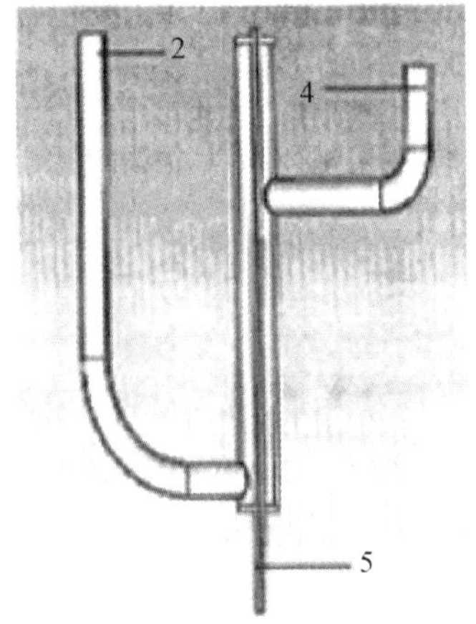

图 8.31　手动开关液滴生成装置

1—液滴生成调节手柄；2—冷却水入口；3—燃料加注口；4—冷却水出口；5—推进剂液滴生成毛细管

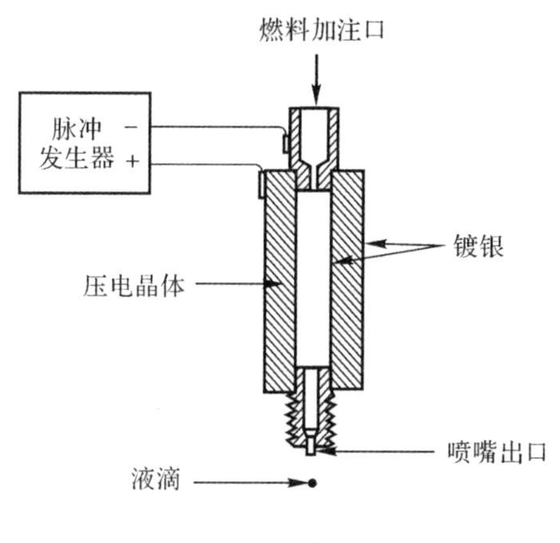

图 8.32　压电晶体液滴生成装置

3)超微量泵。一些性能比较好的微量泵(如 ZHZB 系列计量泵,见图 8.33)具有齿轮泵的无脉动排液特性,又有注射泵的超微量排液功能,同时又有柱塞泵的高压排液能力。适用于微量高压、精确、间歇供液的应用,可以使用这种装置产生的单个液滴[154]。通常,这种泵生成的单个液滴最小体积可达 0.623 μL(折合成液滴直径为 1.06 mm),泵出口压力最高可达 40 kg · cm^{-2}。且,单个液滴体积量和两次排液时间间隔均由液晶显示器数字化设置,计量精度 0.5 级。这类泵还具有 RS485 通信接口,可接受远程控制信号(4～20 mA)控制。如在控制器内置排量标定程序,可以方便地对计量泵的单转排量进行标定。通过设置超微量泵控制单次供液体积、供液间隔时间等参数,可以得到直径大小在 1.0～3.0 mm 范围内的液滴。可以使用这类泵产生需要的单个液滴。

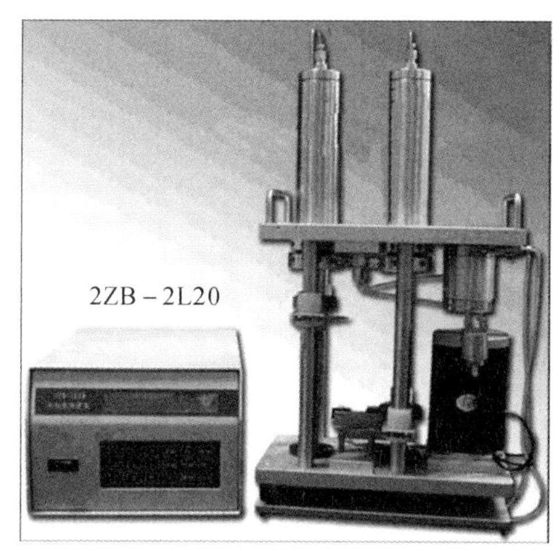

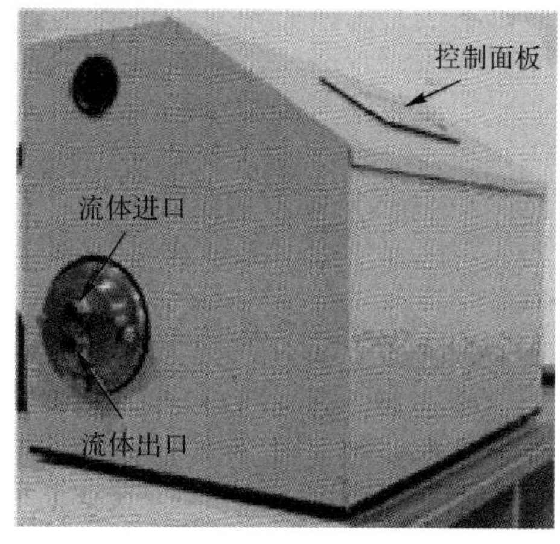

图 8.33　超微量泵液滴生成装置

(3) 测量控制系统。测量控制系统主要包括实验仓温度及压力的测量与控制,液滴温度、尺度、速度及运动轨迹的测量,燃气成分的测量等。温度和压力主要通过温度传感器和压力传感器实现。液滴的尺寸及运动轨迹常用的捕获方法是高速摄影技术，要求其拍摄速度和分辨率尽可能的快和高，一般应大于 5 000 fps 和 1 024×1 024，最好采用彩色摄影技术，能在整个实验过程中快速清晰地记录液滴直径在蒸发/燃烧过程的变化。

PIV[120]也是采用的方法之一，标准的 PIV 测试系统主要包括光源系统、图像采集系统和图像处理系统，在反映和跟踪燃烧场的流场信息方面，它有一定的优势。问题在于需要示踪粒子，示踪粒子不仅要满足无毒、无腐蚀、稳定等要求，还要满足流动跟随性和散光性等要求。对于燃烧初期，飞滴本身可作为示踪粒子，实验可以测量自由下落的液滴与其周围静止气体之间的相对速度。在燃烧后期，需要添加示踪粒子，常用的有聚苯乙烯、铝、镁、二氧化钛及玻璃球等。

燃气成分测量主要是使用基于分子或者原子辐射的光学诊断技术。应用较多的是 PLIF 技术[120]。碳氢燃料反应中生成的一些中间产物，如 OH 基、CH 基、甲醛本身就是良好的荧光粒子。OH 基通常存在于反应区及高温燃烧产物区中，CH 基主要存在于反应区中，而甲醛是反应放热的主要指示剂，它们的 PLIF 图像可以反映火焰结构。由于 OH 基几乎出现在所有类型的燃烧环境中，并且可作为一种主要的中间产物而具有相当高的平衡浓度，加之其光谱带位于近紫外波段，可用常用的激光进行激发，且荧光信号较强，易于观测，所以 OH 基 PLIF 技术在显示与测量各种燃烧流场的火焰结构方面发挥了重要的作用。

图 8.34 为 Fastcam－Ultima APX 高速摄影系统的计算机软件控制界面。通过它可以方便地对摄像系统进行控制操作，并能够实时监视实验段内液滴的燃烧。

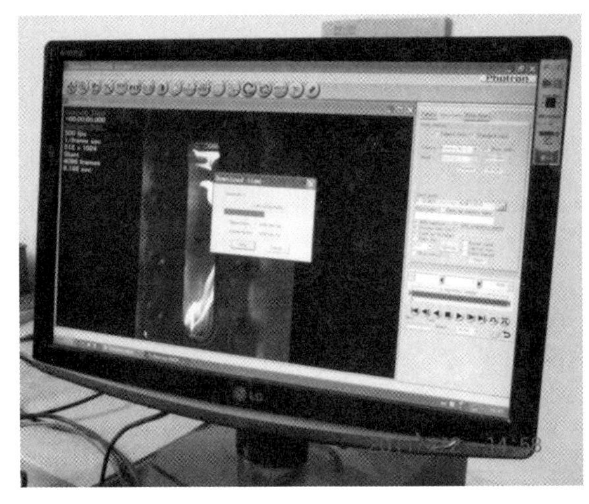

图 8.34　高速摄影仪的软件控制界面

(4) 其他子系统。为了保证实验的安全进行，在电路部分，安装了过电压和漏电保护装置，保证了电路部分的安全运行；另外在气路系统中安装了一个起跳压力设置安全阀，从而保证实验段不会被过高的压力所冲击。

2. 单滴燃烧实验典型结果

采用如图 8.29 所示的实验系统，将实验段的温度控制在 450～600 K，容器内的压力维持在 0.3～0.6 MPa，在氧气浓度为 20%～50%的 N_2/O_2 混合气体中，分别进行大分子凝胶可贮存燃料、碳粉 UDMH 在高温高压的氧化环境的单滴燃烧实验。

(1) 挂滴实验结果。实验中，首先将高速摄像仪参数设置为 2 000 fps，即每秒拍摄 2 000 帧照片。图 8.35 为大分子凝胶可贮存燃料的单滴挂滴燃烧实验照片，每帧照片之间相差 0.5 ms。实验工况设定为：环境温度 T =423 K，环境压力 p =0.5 MPa，氧气浓度为 50%。

在挂滴实验中，通常可以观察到以下几种与常规液滴燃烧不同的现象：首先，液滴在受到周围高温环境的加热后，液滴温度开始逐渐上升，当加热至燃料的着火温度时，液滴开始燃烧，如图 8.35 所示。在周围包络火焰的作用下，液滴不断地蒸发燃烧，经过一段时间后，液滴内部开始产生气泡(图 8.35 中液滴内部稍显明亮的部分就是燃料气泡)；随着液滴蒸发、燃烧的不断进行，液滴内部气泡越来越多，出现了形如草莓状的气泡堆积效果。

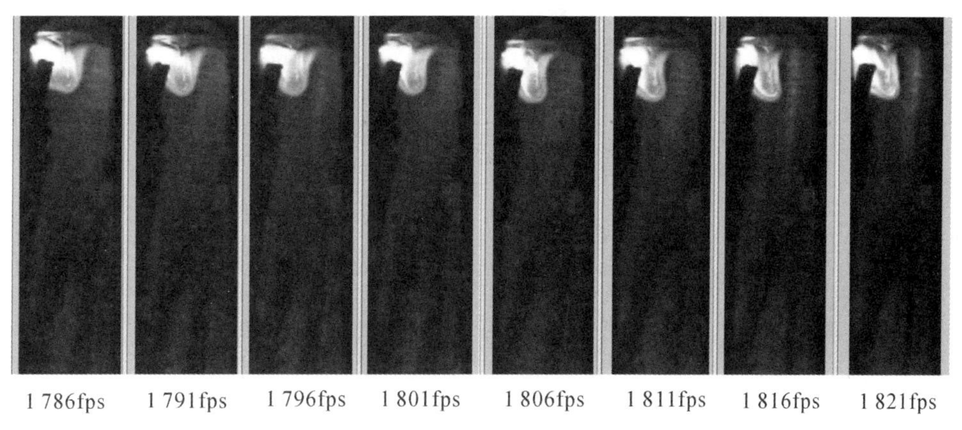

图 8.35　挂滴实验的典型结果

图 8.36 是另一次挂滴实验照片，凝胶单滴是挂在一根直径为 0.5 mm 的细金属丝中间，形成静止不动的挂滴。对实验仓逐步加温，用摄影机拍摄凝胶高温高压环境下悬挂在细丝上的凝胶推进剂液滴的蒸发/燃烧过程。

图 8.36(a)展示了凝胶单滴在挂滴状态下蒸发燃烧的初级阶段，即受热蒸发阶段。图中每幅照片之间相差 2/30 s。由图 8.36 可以看出，随着液滴温度的升高，液滴不断蒸发，并在表面产生了膜层。当膜层开始破裂时，液滴内部的液体燃料在重力的作用下溢出，与此同时，膜层收缩，如图中的最后一幅照片。图 8.36(b)展示了挂滴状态下，凝胶燃料单滴初级燃烧过程，从图 8.36(b)中可以看出，细金属丝根部已经变成红色，并发生了弯曲，液滴表面被火焰包围，表面已经形成了大量气泡的堆积。图 8.36 展示的是凝胶燃料单滴在挂滴燃烧状态下的爆燃阶段。液滴在经历初级阶段的燃烧后，液滴温度急剧上升，开始爆燃，此时液滴内部气泡不断破裂，伴随着气泡的破裂，出现了一簇簇的喷射火焰，且位置发生了偏移。

(2)飞滴实验结果。为了更加清晰地观测大分子凝胶可贮存燃料飞滴燃烧的过程，实验中将高速摄像仪参数设置为 3 000 fps。图 8.37 是飞滴燃烧实验过程照片，每帧照片之间时间相隔 0.33 ms。实验工况设定为：环境温度 T =573 K，环境压力 p =0.5 MPa，氧气浓度为 50%。

在液滴燃烧的初始阶段，液滴并没有开始下落，而是在液滴出口处不断地汇集，悬挂在出口处。当其自身的重量大于液滴与出口管道壁面之间的黏性力时，液滴开始坠落并燃烧，形成液丝或蝌蚪状的液滴。从图 8.37 可以看出，在液滴下落过程中，由于气体的对流作用，液滴火焰集中在尾部（见图 8.37 中明亮的部分）。随着液滴的下落，液滴不断进行燃烧，直至到达观察出口的底部，落在下面的炙热的金属板上，继续燃烧。所以在同一张照片里可以观察到三种不同模式的液滴燃烧：挂滴、飞滴和热板燃烧。

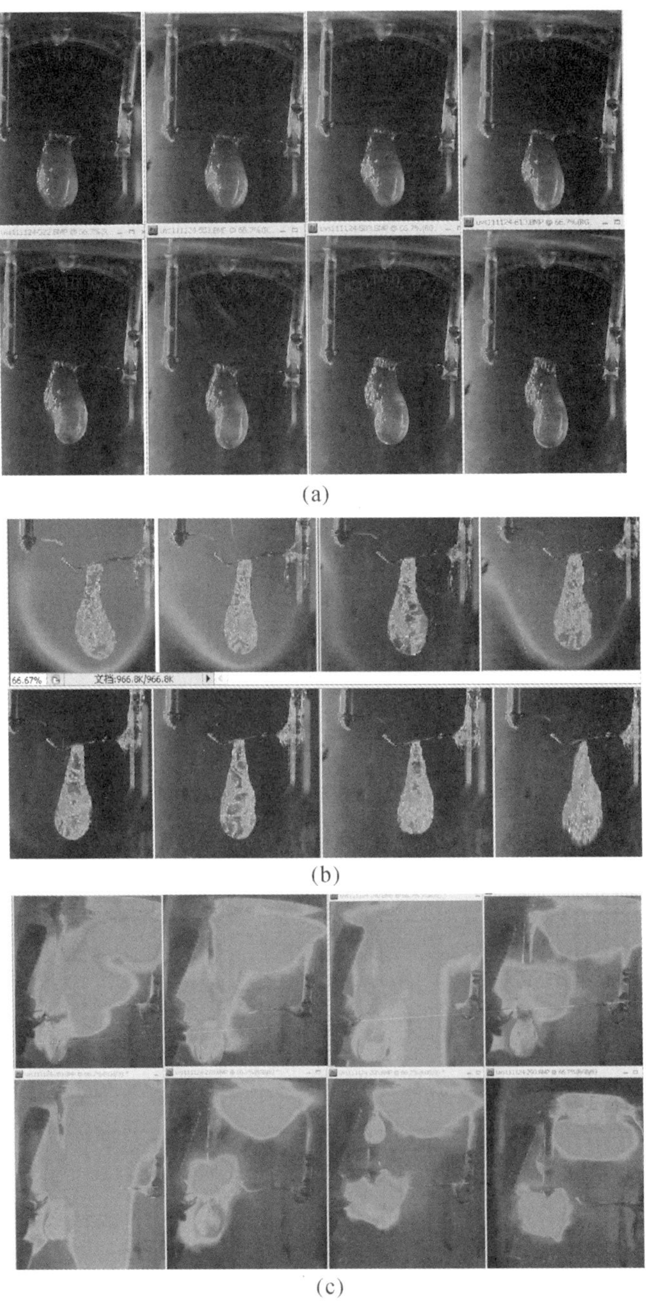

图 8.36　挂滴蒸发燃烧过程

(a)挂滴蒸发燃烧过程(一)；(b)挂滴蒸发燃烧过程(二)；(c)挂滴蒸发燃烧过程(三)

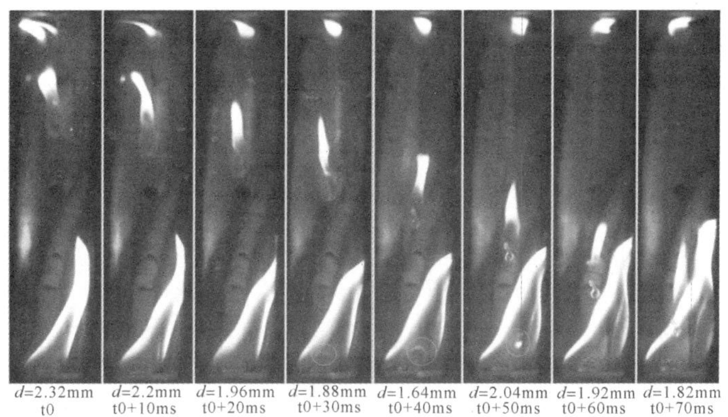

图 8.37　飞滴实验过程(下落)

由于凝胶推进剂含有沸点不同的多个组分,在液滴下落燃烧过程中,沸点较低的推进剂组分先蒸发,这样不易蒸发燃烧的胶凝剂组分便会形成一层包裹液体推进剂的外壳,从而在液滴内部产生气泡,当液滴温度因受热进一步升高时,气泡内压力急剧升高,最终冲破外壳而破裂,这时包含在气泡内的燃料蒸汽随着气泡的破裂喷射出来(微爆),形成了小股小股的射流喷射,如图 8.37 和图 8.38 中绿线圈出的所示。

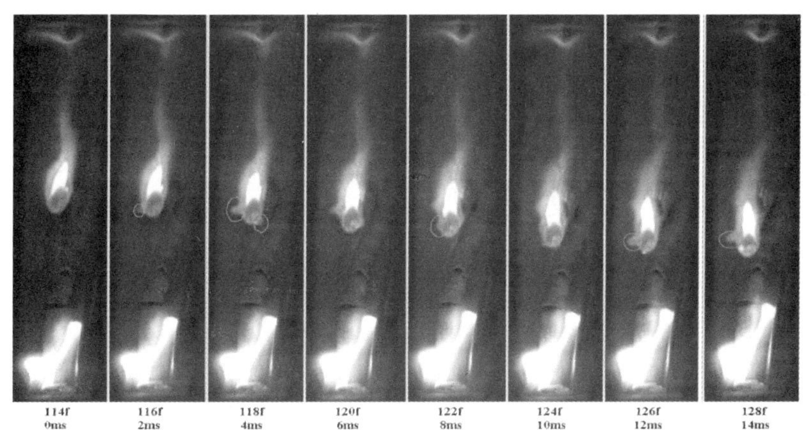

图 8.38　飞滴实验过程(喷射现象)

图 8.39 清晰地说明了凝胶单滴在燃烧过程中的分阶段性,而且在其燃烧过程中伴随着气泡的破裂,产生了微爆和喷射现象。

(3) 加热板方式燃烧结果。图 8.40 给出了最终坠落在加热板上的残余推进剂液滴内部气泡的生成、破裂和喷射、强烈燃烧的过程。若实验环境的温度较低时,凝胶液滴进入实验仓,不能点火燃烧,或者泵送形成的液滴较大,在实验段 100 mm 的行程内没有燃烧完毕,都会坠落到温度很高的加热板上着火燃烧,发出明亮的火焰(有时还可以观察到热板上的 Leiden Frost 现象,即液滴在热板上滚来滚去);随后在液滴内部的表面附近出现小的气泡,并且气泡的数量不断增加,体积也不断增大(见图 8.40(a)(b)),然后微爆、喷射现象出现(见图 8.40

(c)),在微爆、喷射的位置出现“犄角”形状明亮的火苗。经过多次喷射后(见图 8.40(d)(e)(f)),一次剧烈破裂喷射出现,同时液滴的体积出现较大幅度的减小(见图 8.40(g))。微爆、喷射现象结束,液滴中的 UDMH 燃料基本耗尽,剩下胶凝剂,、胶凝剂的单组分液滴。

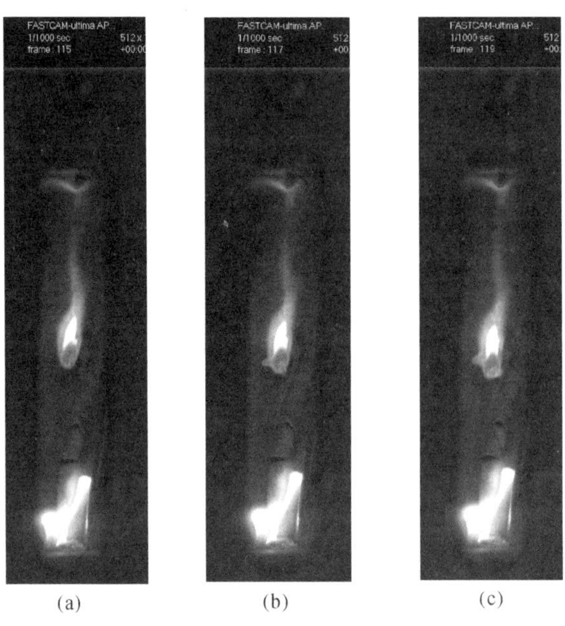

(a) (b) (c)

图 8.39 飞滴过程中的喷射现象

(a)气泡生成;(b)气泡破裂、喷射;(c)破裂的膜层重新回到液滴表面

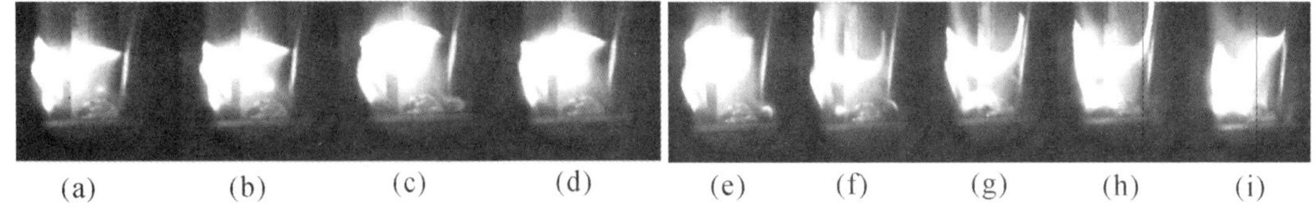

(a) (b) (c) (d) (e) (f) (g) (h) (i)

图 8.40 加热板方式燃烧过程(每张照片间隔时间为 10 ms)

综上所述,在凝胶单滴燃烧的过程中,液滴表面会形成一个胶凝层,从而阻止了内部燃料蒸汽的进一步蒸发,使得液滴内部产生气泡。当气泡内压力大于胶凝层的张应力时,膜层破裂,气泡内燃料蒸汽喷射出来。这些现象是有机大分子凝胶燃料燃烧区别于传统液体燃料燃烧的特殊现象。

(4) 碳粉 UDMH 凝胶推进剂的燃烧过程。为了对比研究不同胶凝剂的凝胶推进剂单滴的燃烧过程,对碳粉 UDMH 凝胶推进剂进行了实验。实验发现,这种凝胶推进剂无法形成单个的液滴,形成的是液丝。在燃烧着下落的液丝周围,同样可以观察到微爆和喷射现象。同时,还可以观察到周围很多明亮的小的亮点,那是碳粉着火以后形成的微小火焰,这是与大分子凝胶推进剂明显不同的另外一个地方,如图 8.41 所示。另外,这种燃料实验中,还发现崩出的推进剂在一定时间内是黑色的,即管道壁面残留的碳粉凝胶推进剂析出了 C 元素。

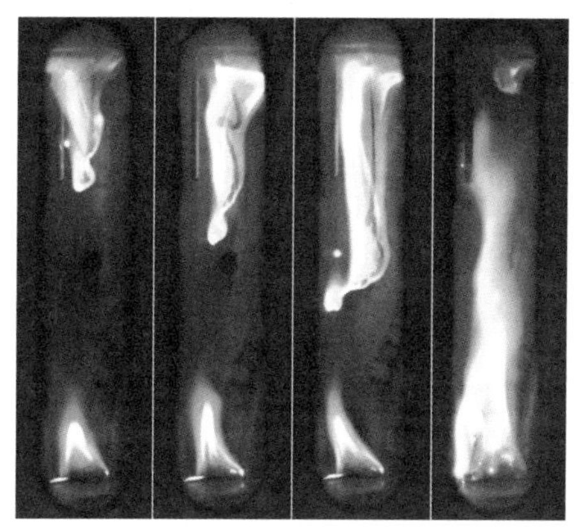
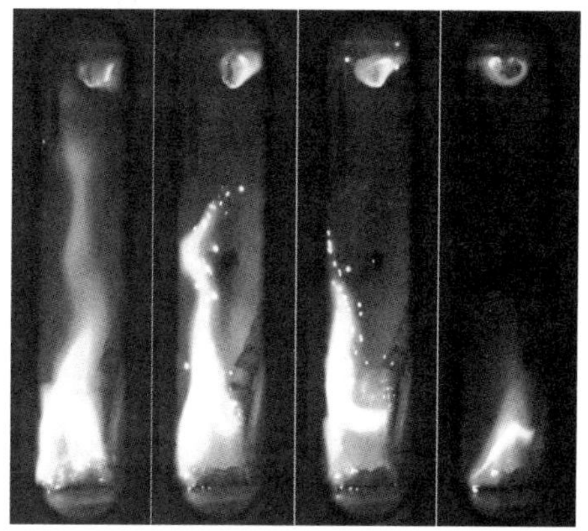

图 8.41　碳粉 UDMH 推进剂的燃烧过程

3.典型实验结果及分析

首先，在环境温度和氧气浓度相同的条件下(选取环境温度为 543 K 和 573 K，氧气浓度为 50%)，通过控制实验容器内的环境压力，观察和测量了环境压力对凝胶单滴燃烧过程的影响，实验结果如图 8.42(a)所示。

从图 8.42 中可以看出，在环境温度和初始氧气浓度相同时，燃烧室环境压力越高，凝胶推进剂液滴半径减小得越慢，液滴的燃尽时间就越长。之所以会这样，可能是因为环境压力升高时，燃料液滴的饱和温度就会随之升高，同时燃料蒸汽的扩散系数降低，进而蒸发速率减缓，液滴半径较小的速率进一步降低，最终导致液滴的生存时间变长。

图 8.43 给出了环境压力、氧气浓度及温度对燃烧特性的影响。实验过程中分别取环境压力为 0.4 MPa 和 0.5 MPa；氧气浓度分别取 40% 和 50%；通过控制温控设备，降温度调制为 433～493 K，最终观察和测量了各种不同条件下凝胶单滴燃烧过程。图 8.43 说明了一个结论：在实验过程中，当给定环境压力和氧化剂浓度而改变环境温度时，凝胶推进剂液滴半径减小的速率随环境温度的升高而加快，即温度越高，液滴燃尽时间越短。这是因为在其他环境条件相同的情况下，环境温度越高，由气相场向燃料液滴内部传递能量的强度增加，从而使液滴蒸发燃烧速率加快，寿命变短。

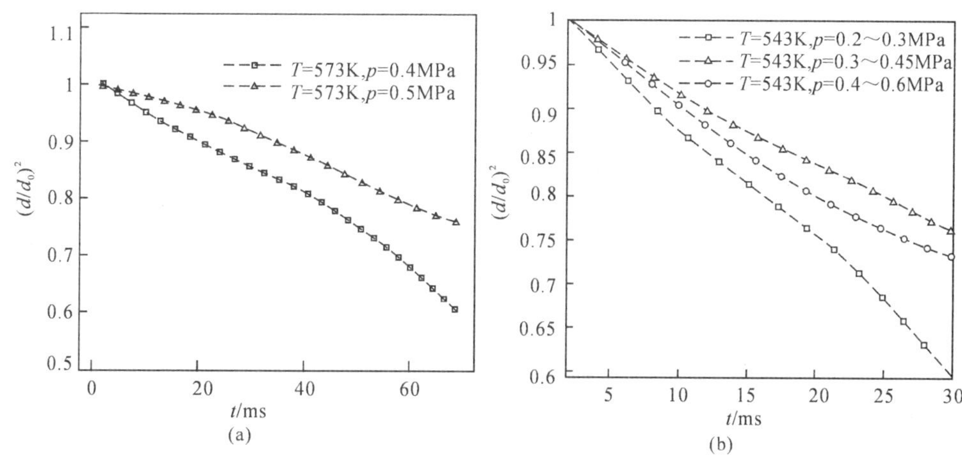

图 8.42　环境压力的影响

(a) T =543 K；(b) T =573 K

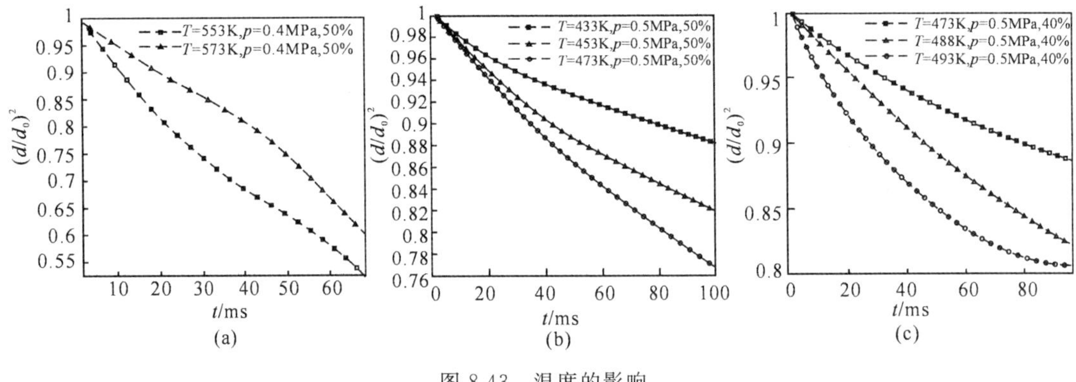

图 8.43 温度的影响

(a) p =0.4 MPa,氧化剂浓度为 50%；(b) p =0.5 MPa,氧化剂浓度为 50%；(c) p =0.5 MPa,氧化剂浓度为 40%

图 8.44 给出了在环境温度和环境压力相同的条件下,通过改变燃烧室内氧化剂浓度,观测其对凝胶推进剂液滴燃烧过程的影响。实验过程中,环境温度为 473 K,环境压力为 0.6 MPa。从图 8.44 可以看出,在其他环境因素不变的条件下,氧化剂浓度越高,凝胶推进剂燃料和氧化剂的反应就越充分,反应程度就越剧烈,从而使得液滴半径减小的速率加快,液滴生存时间缩短。

图 8.45 给出了环境压力和氧化剂浓度共同作用下,凝胶单滴燃烧的不同规律。从图 8.44 可以看出,在氧化剂浓度变化较大时,虽然环境压力有所改变,但其对液滴燃烧过程的影响较小;所以图中液滴半径减小速率的加快,大部分是由于氧化剂浓度的增加而造成的。

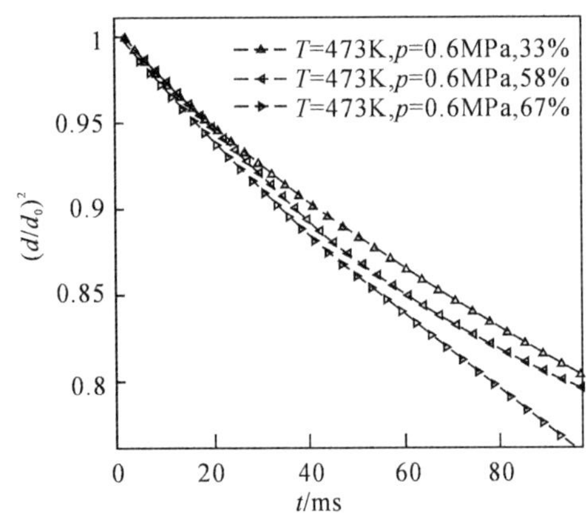

图 8.44 氧化剂浓度的影响(T =473 K, p =0.6 MPa)

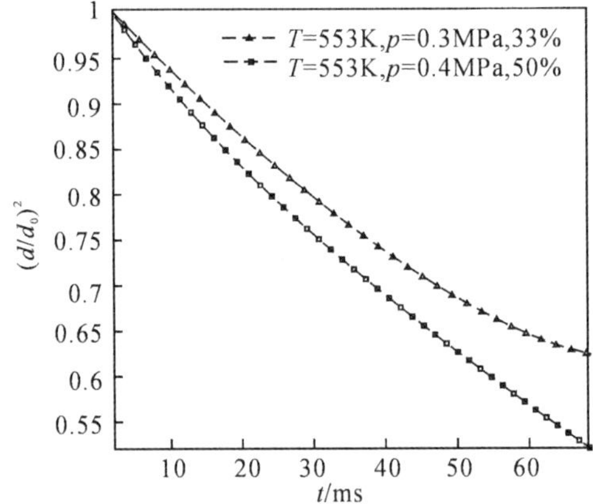

图 8.45 压力和氧化剂浓度共同对液滴直径变化的影响

为了进一步得到凝胶推进剂单滴燃烧过程中各物理量对液滴半径的影响,图 8.46 给出了液滴燃尽时间与滴径和室压的关系。

从图 8.46 中可以看出,环境温度和氧化剂浓度相同而环境压力不同时,环境压力越低,燃料液滴的蒸发燃烧速率越快,燃尽时间就越短。

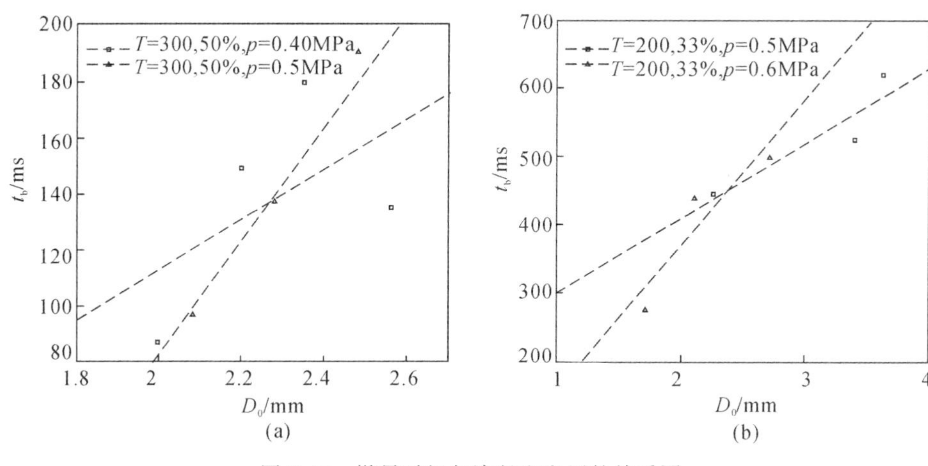

图 8.46　燃尽时间与滴径和室压的关系图

(a) T =300 K,氧化剂浓度为 50%；(b) T =200 K,氧化剂浓度为 33%

8.2.3　理论与实验结果的对比

在数值仿真求解过程中,采取了一系列合理的简化和假设,这些简化和假设多少会改变燃料液滴实际的蒸发燃烧过程。而在实验研究过程中,众多因素的影响使得实验结果与实际值有一定的偏差,比如实验仪器本身的系统误差给环境温度和压力等参数的测量带来误差,而实验中又很难保证每次液滴燃烧前初温相同,这将会进一步影响燃料液滴蒸发燃烧过程的研究。实验研究与理论仿真计算采用的研究条件是有区别的,这些区别是导致最终结果不同的直接原因。所以对比实验研究与理论仿真计算所采用的研究条件,找到两者之间的区别和联系,对于改进实验研究方法和建立理论模型有很重要的意义。表 8.8 给出了在凝胶单滴蒸发燃烧的研究过程中,实验研究和理论仿真在研究条件上的对比。

表 8.8　实验研究与理论仿真在研究条件上的对比

研究条件	研究方法	
	实验研究	理论仿真
初始液滴大小和形状	大小随机,不能按一定的数值给定,其形状也并不是规则的球形,而是呈椭圆形	可以按一定要求给定初始滴径的大小,而且在建模时,假设液滴为一维球对称
初始液滴温度	燃料液滴的初始温度无法测得,也不能保证每次实验,初始滴温都维持在同一数值	可以任意给定液滴的初始温度,并能保证其不变
环境温度和压力	实验环境温度和压力受实验设备的限制,不能超过一定的范围,且测量有误差	可以任意给定环境温度和环境压强
氧气浓度	只能按初始输入的气量进行粗略的计算,得到氧气浓度	可以任意给定燃烧室的氧气浓度

下面分别针对不同环境工况下燃料液滴的燃烧规律进行比对分析(见图 8.47～图 8.49)。

从图 8.47 中可以看出,在实验误差允许范围内,理论仿真计算与实验观测得到的燃料液滴半径随温度变化的规律基本相同,即在氧气浓度和环境压强相同的条件下,环境温度升高时,液滴半径减小得越快。

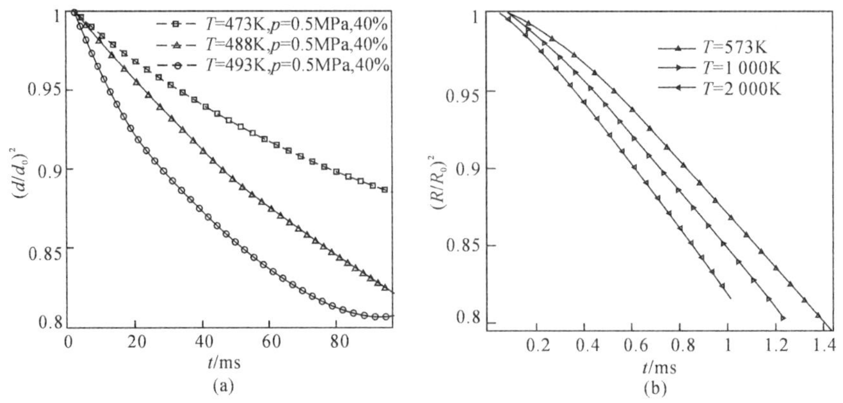

图 8.47　理论与实验结果对比(温度对液滴半径变化的影响)

(a)实验结果；(b)理论仿真结果

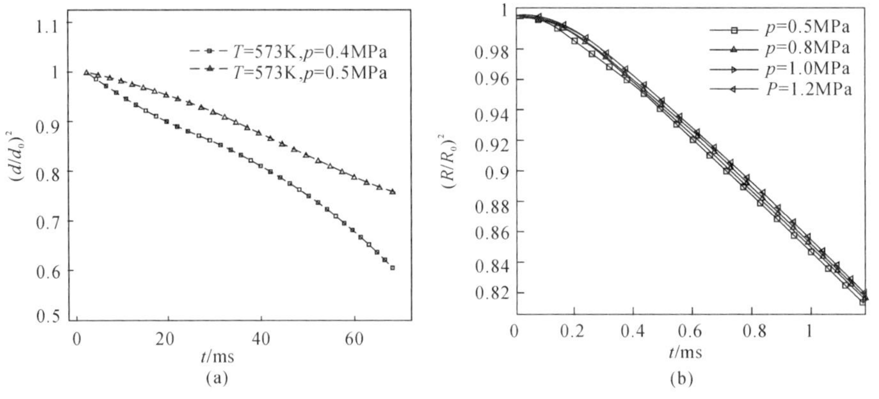

图 8.48　理论与实验结果的对比(压力对液滴半径的影响)

(a)实验结果；(b)理论仿真结果

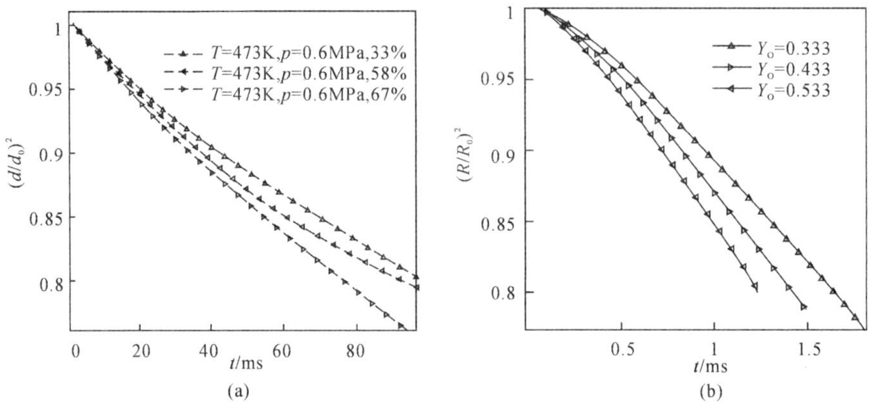

图 8.49　理论与实验结果的对比(氧气相对浓度对液滴半径的影响)

(a)实验结果；(b)理论仿真结果

从图8.48中可以看出，在理论仿真计算过程中，液滴半径减小的速率并不完全随环境压强的变化而线性增减，当环境压强在一定范围内时，半径减小的速率随压力的增加而减小，而当超出此范围时，则结论相反。由于实验条件的限制，环境压强的范围仅为0.3～0.7 MPa，在此范围内，实验观测得到的燃料液滴半径减小的速率随压力的升高而减小。

从图8.49中可以看出，在实验误差允许范围内，理论仿真计算与实验观测得到的燃料液滴半径随氧化剂浓度变化的规律基本相同，即在其他条件不变的情况下，液滴半径减小的速率随氧气相对浓度的增加而加快。

从图8.48～图8.49中可以看出，实验结果和理论仿真结果在时间轴上相差两个数量级，可能的原因在于：一方面，实验中液滴的初始直径为2～3 mm，而理论仿真过程中为50 μm；另一方面，实验数据的后处理上难免有一定的误差。

8.2.4　展望

常规可贮存燃料的蒸发燃烧建模工作尚有诸多待完善之处，肼类燃料本身就是混合物，融入胶凝剂等物质后，原基体、胶凝剂、助剂、含能物质在新的燃料体系如何分布，上述物质对基体物理化学性质会发生什么样的变化，燃烧室的压力和温度是否会改变凝胶燃料的物性，又如何改变等等问题尚有待于今后深入研究。这些问题都是理论建模的基础，也正是目前建模无法精确之处。理想的单滴燃烧建模又是过程仿真研究的基础，精准的模型是长期和艰巨的工作，是研究者永远追求的目标。凝胶燃料单滴燃烧模型的建立是非常困难的。这些问题的关键在于首先必须了解要研究的凝胶燃料的微观形貌，确定燃料中各组分的分布情况；其次是如何简化非常复杂的问题，确定开展燃烧过程的关键过程；再者是要提炼出关键的影响因素，就主要过程和主要参数建立风险模型，从而揭示燃烧机理，得出影响燃烧装置设计的主要结论。无疑，现阶段，可贮存类凝胶推进剂的全面、精确建模是极具挑战性的工作。

单滴燃烧是液体动力装置中燃烧问题的简化和抽象，也是实际群雾燃烧问题研究的基础。单滴燃烧建模、仿真和实验研究的宗旨在于揭示液体燃料的燃烧机理，掌握燃料的燃烧特性，为燃烧装置的特征长度和停留时间的选择、燃烧效率的提升和不稳定性燃烧的预防等提供参考，其科学意义和实用价值不言而喻。单滴燃烧实验是艰苦和细致的研究工作，问题的关键在于如何利用当前的实验条件，捕获关键的物理和化学现象，找出主要影响因素，进而揭示燃烧机理，提供燃烧装置设计需要的主要参数。单滴燃烧实验水平主要依赖于光学等测试技术的发展，如微小液滴的生成技术，高分辨率、高速成像技术，燃气成分的准确快速测量技术等。目前，液滴的跟踪和捕获的单项技术发展得非常迅速，但能否将色彩、高分辨和高速记录集于一身是问题的关键；基于激光和荧光的燃烧产物测量技术可以准确诊断出燃烧产物中某种成分，但主要问题在于这些仪器都是基于产物分子或者后者原子的散射波长为基础的，因而，单台仪器每次仅能测量一个成分，能否在一台仪器中集多种成分为一体，实现燃烧过程的多种组分实时快速诊断，将是对测量技术提出的最大挑战。

理论分析是研究问题的指导和纲领；建模是过程仿真的基础，模型和仿真有助于发现规律性的问题；实验是发现现象、分析主要过程的主要方法，可为建模提供直观依据，也是验证模型正确性的唯一手段，三者相辅相成，互为补充。单滴燃烧理论和实验研究工作的发展依赖于对科学问题的追求和动力装置研发的需要，也服务于高水平动力装置的研发。

这里的理论分析、建模及实验工作仅仅是个开始，是一种初探，获得的结果也仅仅是发现了某些现象，更深入细致的工作有待今后研究者的辛苦工作。

8.3 超临界燃烧特性

液体动力装置是将推进剂化学能转化为动能的装置。依据使用的推进剂不同，液体动力装置可以分为可贮存液体推进剂火箭发动机和低温液体推进剂火箭发动机。常用的可贮存推进剂有四氧化二氮/偏二甲肼(N_2O_4/UDMH)、过氧化氢/煤油(H_2O_2/ Ker)以及液氧/煤油(LO_x/Ker)。常用的低温推进剂有液氧/液氢(LO_x/LH_2)和液氧/甲烷(LO_x/CH_4)。依据发动机的循环方式，发动机又可以分为燃气发生器循环液体动力装置、高压补燃循环液体动力装置、全流量循环液体动力装置和膨胀循环液体动力装置等。燃气发生器循环液体动力装置的燃烧室是将液体推进剂(氧化剂和燃料)供入燃烧室，氧化剂和燃料经过喷射、雾化、蒸发、混合等过程，最终产生化学反应。高压补燃循环液体动力装置燃烧室中氧化剂是来自燃气发生器的富氧燃气，燃烧室最大的特点是高温富氧燃气与较高温度的液体燃料进行掺混燃烧。全流量循环液体动力装置燃烧室中，氧化剂是来自富氧发动机的富氧燃气，燃料是来自富燃发生器的富燃燃气。燃烧室中，富氧燃气与富燃燃气进行气气燃烧。在膨胀循环液体动力装置中，燃料燃烧前通常被主燃烧室的余热的加热。当液态燃料通过在燃烧室壁里的冷却通道时，蒸发变成气态。气态燃料产生的气压差推动涡轮泵转动。从而使推进剂高速进入燃烧室燃烧产生推力。目前，液体动力装置燃烧室的压力和燃气温度一般均超过常用推进剂的临界压力和临界温度，燃料和氧化剂均是在超临界环境下进行雾化、混合和燃烧。表 8.9 给出了常用液体动力装置循环方式及主要参数。通常，燃烧室内，推进剂要经过喷射、雾化、蒸发、混合及化学动力学等过程，先将推进剂的化学能转化为燃气的热能和势能，再通过喷管将燃气的热能和势能转换为动能。但依据发动机类型和推进剂的不同，这些过程在能量转化过程中的作用和对能量转换所起的影响也不同。表 8.10 给出了常用氧化剂和燃料的临界参数。

表 8.9 部分液体动力装置循环方式及主要参数

发动机名称	国 家	推进剂	循环方式	燃烧室室压/MPa	燃烧室温度(估算值)/K
Vulcain	法国	LO_x/LH_2	发生器循环	11.50	3 500
RD-120	俄罗斯	LO_x/Ker	补燃循环	16.27	3 500
RD-170	俄罗斯	LO_x/Ker	补燃循环	24.50	3 600
RD-180	俄罗斯	LO_x/Ker	补燃循环	25.65	3 700
RD-191	俄罗斯	LO_x/Ker	补燃循环	25.81	3 700
SSME	美国	LO_x/LH_2	发生器循环	18.94	3 500
F-1	美国	LO_x/Ker	发生器循环	7.80	3 300
YF-20	中国	N_2O_4/UDMH	发生器循环	7.50	3 500

表 8.10　部分推进剂的临界参数

推进剂名称	临界压力/MPa	临界温度/K	临界密度/(kg·m^{-3})
液氧	5.20	154.6	436.0
液氢	13.20	33.0	30.0
甲烷	46.00	191.0	163.0
丙烷	42.50	370.0	220.0
煤油	2.49	677.4	365.1
液氮	3.39	126.2	

8.3.1　燃料超临界燃烧内涵及研究进展

(1) 超临界的内涵。超临界状态(supercritical state)是指流体的压力和温度均大于其临界压力(p_{cr})和临界温度(T_{cr}),对应无量纲压力($p_r=p/p_{cr}$)和无量纲温度($T_r=T/T_{cr}$)均大于 1。此时,流体又称超临界液体(supercritical fluid)。超临界流体不是气/液两相流状态,而是单相流体,具有液体密度和气体输运系数。超临界环境是指流体所处的环境压力和温度均大于其临界压力和临界温度。流体临界点是指 $p-T$ 相图中"蒸汽/液体共存"点,图 8.50 是纯净物的相图($p-T$ 曲线)。

图 8.50 表明:临界点是液相和气相边界的高温极限。在临界点,气相和液相边界消失,出现无表面张力的单相和均匀超临界流体。图 8.50 中,中间的绿色虚线为水的反常行为(临界点 647 K,22.064 MPa)。当接近临界温度时,气相和液相参数接近。超过临界点,流体蒸发潜热(或蒸发焓)降为 0。当超临界流体温度高于临界温度,即使提高压力也不能形成液体,但足够高的压力可使其变为固体。超临界压力为临界温度的蒸汽压力。同时,还表明:临界点是临界等温线的拐点,满足 $(\partial p/\partial V)_T=(\partial^2 p/\partial V^2)_T=0$。在临界点附近,当压力或温度变化很小时,会导致流体密度和溶解度变化很大。因此,可对超临界流体参数进行"精细调节"。当温度不变,超临界流体溶解度随流体密度和压力增大而增大,但随温度变化更复杂些。当密度不变,超临界流体溶解度随温度升高而升高。当接近临界点时,微小的温度升高会导致密度急剧下降。因此,随着温度升高,溶解度出现先下降后上升。超临界流体参数介于气体和液体之间,具有较低的黏性系数和较高的质量扩散系数,表 8.11 给出了大致的气体、液体和超临界流体物性参数,和熔点、沸点等参数类似,不同物质临界参数相差较大。表 8.12 给出了常见纯净物的超临界流体参数。需要指出的是:大多文献给出的均是纯净物临界参数,混合物临界参数较少。超临界流体是互溶的,当混合物超过临界点也呈单相状态,可由各组元临界温度算术平均值计算混合物临界点参数,即 $T_{cr}=\sum_{i=1}^{n}X_iT_{i\cdot cr}$,其中,$X_i$,$T_{i\cdot cr}$,$T_{cr}$ 为第 i 组元摩尔百分数和临界温度、混合物临界温度,n 为总的组元数。有时,为提高精度,可采用状态方程计算临界点参数。

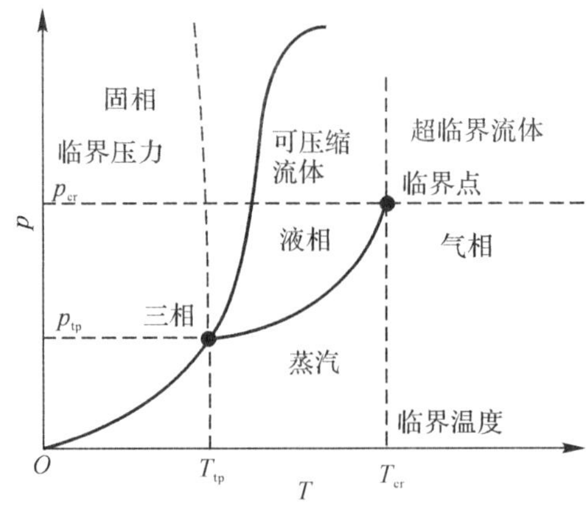

图 8.50　超临界流体 $p-T$ 相图

表 8.11　气体、液体和超临界流体物性参数比较

	密度/($kg \cdot m^{-3}$)	黏性系数/($10^{-5} Pa \cdot s$)	质量扩散系数/($10^{-9} m^2 \cdot s^{-1}$)	热传导系数/($10^{-3} W \cdot (m \cdot K)^{-1}$)
气体	0.6～2.0	1～3	1 000～4 000	1
超临界流体	300～900	1～9	20～700	1～ 100
液体	700～1 600	200～300	0.2～2.0	100

表 8.12　几种纯净物超临界压力和温度

种类	p_c /MPa	T_c /K
水	22.064	647.0
空气	3.766	132.5
氮	3.390	126.2
氧	5.043	154.6
氢	1.313	33.2
氦	0.227	5.2
硝基甲烷	5.870	588.0
N-丁烷	3.784	425.1
N-戊烷	3.364	469.7
N-正己烷	3.010	507.7
N-庚烷	2.760	540.3
N-辛烷	2.493	568.9

续表

种类	p_c /MPa	T_c /K
异辛烷	2.570	543.9
N-壬烷	2.290	594.6
N-癸烷	2.104	617.7
N-十二烷	1.824	658.2
N-十六烷	1.570	722.0
甲醇	8.092	512.6
乙醇	6.137	513.9
1-丙醇	5.170	536.8
甲基碘	7.366	528.0
苯胺	5.240	503.0
轻油	1.500	743.0
氟利昂-13	3.870	302.0
制冷剂 113	3.380	487.0
六氟利硫	3.770	318.7

蒸发和燃烧是火箭发动机工作的基本问题，燃烧特性影响着火箭发动机的性能。其中，超临界燃烧是一类特殊的燃烧现象。由于实验条件的苛刻性和测量手段的局限性，到目前为止，仍有不少基础性的问题尚未搞清。与亚临界相比，超临界条件下的燃料蒸发和燃烧速率大大提高，液体燃料表现出与气体燃料类似的特征。因此，亚、超临界燃烧存在本质差别。通常地，火箭发动机燃烧室存在燃料发生超临界燃烧的压力和温度条件，即超临界燃烧是火箭发动机的典型燃烧问题。燃料超临界雾化和燃烧行为对火箭发动机性能影响非常重要，射流长度、火焰峰面和燃烧时间是火箭发动机燃烧室设计的基础性数据。研究单滴或射流燃料超临界特性、雾化和燃烧演化图像，有助于认识和理解相关燃烧机理，是燃烧特性研究的基础。

(2) 超临界燃烧特性研究简述。燃料的超临界行为研究，依据研究的环境和燃料形态，现有文献的研究情况可以大致分为：① 按受重力作用大小可分为重力场和微重力场；② 按是否燃烧可分为蒸发和燃烧；③ 按燃料形态可分为液滴、射流和喷雾。根据经典热力学理论，当流体压力和温度大于临界值，即比压力（$p_r = p/p_c$，reduced pressure）和比温度（$T_r = T/T_c$，reduced temperature）均大于1，就会出现非两相流区域。超临界流体不是气/液两相流状态，而是单相流体，其具有液体的密度和气体输运系数。自然界的地下石油和火山熔岩都是超临界流体。前述的液体动力装置，如燃料的压力和温度均超过其临界点，燃烧则处于超临界状态。但是，石油、熔岩和燃料却具有不同的行为，分别代表了超临界流体两种不同的极限情况。前者摩尔体积较大、后者摩尔体积较小，这是由状态方程确定的。对于超临界燃烧过程而言，主要还是针对后者。从模拟的观点来看,如果状态方程是正确的,则与摩尔体积无关的守恒方程是相同的。

已有液体和气体的概念是基于大气压力条件,对超临界流体物理概念的阐明不是很直观。超临界流体类似于气体和液体,近似具有液体密度、黏性系数和气体质量扩散系数等。当温度相同,采用液体和超临界流体估算丙烷(propane)热传导系数甚至带来约35%的误差。

早期的超临界流体研究文献研究重点集中在碳氢燃料单滴的实验观察,讨论模拟细节的偏少,且缺乏对描述超临界流体问题的验证。文献[155]对亚、超临界流体(液滴、剪切层、射流和喷雾)行为进行了较全面的综述,归纳、分析了公开发表的超临界流体实验研究结果,指出了超临界流体行为研究的难点和需要解决的问题,还对基本概念和现象进行了提炼。并对一些重要问题进行了澄清,如,表面张力和潜热是两相流体存在的重要特征(manifestation);液体达到和经过临界点后,其表面张力为0,溶解性效应就变得非常重要;在亚、超临界条件下,"evaporation constant"和"evaporation rate"的含义无差别(indiscrimination),事实上,超临界流体不存在蒸发潜热和气、液界面,因此,也就不存在蒸发现象,可简称为"emission constant"或者"emission rate"。在经典的亚临界范围内,此术语和"evaporation"含义相同;在跨临界区,流体定压热容(heat capacity)变得非常大,即临界点可看作是奇异点的标志。临界点位置和(p,T,Y_i)有关,其中,Y_i为第i组元质量百分数。对于混合物,临界点是指最低临界压力的组元确定的。混合物临界点是Y_i的函数,因此,临界点位置可能是非单调(non-monotonic)或是回旋函数(convoluted function)。通常地,流体临界值为(p,T,Y_i)的函数。对单值燃料,临界点通常是指压力。对多组分燃料,临界点是以最低临界压力的燃料作为参考。光学测量技术大量被用于超临界流体行为研究。光学(指纹影)测量可显示任何密度变化,当密度比远低于$O(10^3)$量级,可表征液体和气体界面。当密度突变时(对应密度梯度较大),光学测量仍可探测到折射率的变化。研究表明:在两种超临界流体混合初期的密度梯度仍然较大,光学测量仍可识别。因此,光学观察到的"液滴"(droplet),"液丝"(liagment)和射流柱均为超临界流体状态。另一种误解是:浸没在超临界压力中、悬挂在光纤端部的超临界液滴是超临界流体行为的必然标志(necessary indicative)。这忽略了液滴具有表面张力的事实,可能是悬挂在光纤端部的液滴接触面被损伤(vitiated)的标志。原因是:溶解度随着压力升高而增大。这可能提供了这样的证据:在混合物和光纤接触点,液滴和光纤之间是亚临界而不是超临界情况。没有实验讨论这种情况很难理解悬挂液滴在光纤端部附着和润湿的物理机理。

Bullan[155]罗列出了单滴燃料超临界行为的研究结果,并认为单滴燃料实验工况最简单,既可为射流等复杂工况研究的基础(baseline),也能避免对结果分析引起争议(uncontroversial)。另一方面,蒸发现象研究相对容易,环境温度和压力是已知的;而燃烧研究时,温度是未知的,很难精确地给出液滴边界条件。因此,蒸发又是燃烧研究的基础,鉴于高压化学动力学不清楚,因此,难以精细地分析高压燃烧。而在微重力下,高压燃烧可将浮力降为最低,因此,微重力环境下的研究相对简单,但微重力环境却难产生。Vieille[156]研究了微重力燃烧,采用Grashof数表示重力效应。

$$Gr=\frac{gd^3\rho^2}{\eta^2}\frac{\Delta T}{T_{ave}} \tag{8.67}$$

式中，Gr，g，d，ρ，η，ΔT，T_{ave} 分别为 Grashof 数、重力加速度、液滴直径、密度、环境和环境温度差、环境和环境的平均温度，ρ，η 分别从环境压力和温度中计算得到。$g/g_0=10^{-2}$，10^{-4}，10^{-6}，$Gr=O(10^4)$，$O(10^2)$，$O(1)$ 。因此，即使对微重力场燃烧，也需分析浮力效应。重力减小只是减小了浮力效应，并不是重力完全消失。表 8.13 给出了已有文献的单滴/射流实验工况。

表 8.13　单滴实验结果列表

References	Config	Fluids	p/MPa	p_r	T/K	T_r
Anderson et al.[20]	drops$^{e}_{n}$	LO_x in He	4.1～5.86	0.81～1.16	300	1.9
		H_2O and CH_4O in air	0.1	0.004/0.01	300	0.46/0.6
Bink et al. [38]	sprays	H_2O in N_2	28～33	1.27～1.50	293～803	0.45～1.24
		C_2H_6O in N_2	28	4.56	753	1.46
		CH_3NO_2 in N_2	28～33	4.77～5.62	753	1.28
Bink et al. [39]	circ/ann. jets^{d}	CH_3I in N_2 or in	6.48～13.79	0.88～1.87	293～623	0.55～1.18
		mixtures of H_2O, O_2, H_2, N_2	1.38～13.79	0.187～1.87	293～2225	0.55～4.21
		and/or Ar				
Brzustowski and Natarajan [12]	drops$^{eco}_{n}$	aniline in N_2+O_2 mixtures	0.69～5.51	0.132～1.05	446～773	0.87～1.54
Canada andFarth [31]	drops$^{co}_{n}$	CH_4O, C_2H_6O, C_3H_8O, C_5H_{12},	up to 10.1	calc. using Table 2	300	calc. using Table 2
		C_7H_{16}, $C_{10}H_{22}$ in air				
Chauveau et al. [16]	drops$^{eco}_{nm}$	C_7H_{16} in air	0.1～9	0.04～3.26	300	0.56
Chauveau et al. [18]	drops$^{eco}_{nm}$	CH_4O in air and N_2	up to 9	Up to 1.2	300	0.59
Chesnau et al. [19]	drops$^{e}_{n}$	LO_x in air, N_2 or He	0.1～3	0.02～0.59	300	1.94
Chauveau et al. [43]	jets^{d}	N_2 in N_2, or in $CO+N_2$	0.77～9.19	0.23～2.74	300	2.37
		He in N_2,	0.77～9.19	3.39～40.5	300	57.7
		O_2 in N_2	0.77～9.19	0.15～1.8	300	1.94
Faeth et al. [22]	drops$^{co}_{m}$	$C_{10}H_{22}$ in N_2+O_2 mixtures	0.69～14.45	0.33～6.87	300	0.49
Ivancic [46]	jets$^{co}_{n}$	LO_x in H_2	6	1.19	n.a.	n.a.
Jasuja and Lefebvre [37]	spray^{d}	aviation kerosene in air	0.1～1.2	n.a.	300	n.a.
Kadota and Hiroyasu [32]	drops$^{co}_{n}$	C_7H_{16}, C_8H_{18}, $C_{10}H_{23}$,	0.1～4.05	calc. using Table 2	n.a.	n.a.
		$C_{12}H_{26}$, $C_{16}H_{34}$, and light oil				
Krulle and Mayer [36]	spray^{d}	in air	0.1～2	0.004～0.1	300	0.46
Lazar andFaeth [23]	drops$^{co}_{n}$	H_2O in air	up to 7.1	calc. using Table 2	300	calc. using Table 2
Matlosz et al. [15]	drops$^{e}_{n}$	C_8H_{18}, $C_{10}H_{22}$ in air	0.69～11.25	0.23～3.73	548	1.08
Mayer andTamua [40]	sprayd^{co}	C_6H_{14} in N_2 and Ar	1～10	0.2～1.98	150～300	0.97～1.94
Mayer et al. [41]	jetsd^{co}	LO_x in air, H_2	1～10	0.2～1.98	150～300	0.97～1.94
		LO_x in H_2	2～5	0.59～1.47	275	2.18
Mayer et al. [42]	jetsd^{co}	LN_2 in He	2～4	0.59～1.18	300	2.38
		LN_2 in N_2	1～6	0.29～1.77	280	2.22
Mikami et al. [25]	drops$^{co}_{m}$	LN_2 in He	0.1～6.0	0.036～3.8;n.a. for ,mixtures	300	0.4～0.55;n.a. for mixtures
		C_7H_{16}, $C_{16}H_{34}$, and mixtures		0.036～3.8;n.a. for ,mixtures		0.4～0.55;n.a. for mixtures
Mikami et al. [26]	drops$^{co}_{m}$(single/two	of the two in air	0.1～6.0	0.36～3.6	300	0.54～1.8
	interacting)	C_7H_{16}, $C_{16}H_{34}$, and mixtures		0.14～1.32		1.34
Morin et al. [17]	drops$^{e}_{n}$	of the two in air	0.1～10		293～973	
Natarajan and Brzustowski [13]	dropse$^{co}_{n}$	C_7H_{16} in N_2	0.47～4.45		588.5	
		C_5H_{12} in $O_2+(N_2$ or He)				
Niioka and Sato [33]	drops$^{co}_{n}$	C_7H_{16}, $C_{16}H_{34}$, and mixtures	0.1～2.0	0.036～1.27;n.a. for mix	300	0.4～0.5
	drops$^{e}_{m}$	of the two in air				
Nomura et al. [10]	drops$^{co}_{m}$ (single/two	C_7H_{16} in N_2	0.1～5.0	0.036～1.8	398～765	0.74～1
Okai et al. [27]	interacting)	C_7H_{16}, $C_{16}H_{34}$, and mixtures	1.0～3.0	0.36～1.9;n.a. for mixtures	300	0.4～0.5
		of the two in N_2-O_2(0.12 mole				
		fraction)		1.17		
Oschwald et al. [45]	jets$^{e}_{n}$	LN_2 in H_2	4	0.03	270	2.13
Sankar et al. [35]	sprays^{d}	waater in air	up to 0.69	up to 4.0	300	0.46
Sato et al. [24]	drops$^{co}_{nm}$	C_8H_{18} in air	up to 10.0	up to 5.43	n.a.	n.a.
Sato [9]	drops$^{co}_{nm}$	C_7H_{16} in N_2; $C_{16}H_{34}$ in air	up to 15	0.09～0.28	297～756	
Savery [14]	drops$^{e}_{n}$	water in air	2.03～6.09	0.76～1.78	358～416	
		$CCIF_3$ in air	2.93～6.89	0.036～3.67	310～422	
		C_7H_{16} in air	0.1～10.13	0.6～1.73;n.a. for mixtures	310～422	
Stengele et al. [21]	drops$^{e}_{n}$	C_5H_{12}, C_9H_{20} and mixtures of	2～4	up to 4.5	500～650	
		the two in N_2				
Vieille et al. [8]	drops$^{co}_{nm}$	CH_4O, C_2H_6O, C_6H_{14}, C_8H_{18}	up to 11.2		300	
		in air				

实际燃烧装置中，因使用的燃料多为多组元物质，存在着各组元物性及燃烧状态不一致等复杂现象。碳氢燃料的高压燃烧和凝胶燃料燃烧还存在高压液滴的微爆现象，其机理更为复杂。表中只能列出相对简单的实验工况，未包括太复杂的现象。

目前研究主要是针对单组分液滴，对重力场、大气条件下的高压、超临界实验，研究者对得到的蒸发常数拟合关系进行解释，Brzustouwski 和 Nararajan[157]研究了初始粒径为 3 mm 的苯胺(aniline)的蒸发情况，发现在低压条件下，其蒸发满足 d^2 定律；但随着压力增大，就不满足该定律。他们对 C_5H_{12} 在 O_2-N_2 和 O_2-He 环境下的火焰研究结果表明：火焰呈现不同的现象，数据及现象的解释非常困难；未观察到高 p_r 条件下的液滴膨胀现象；燃烧中液滴的蒸发速率可能和 d^2 定律相关。Savery[158]研究了高压水（$p_r=3.67$）、Freon 和 heptane 液滴超临界现象。结果表明：准定常理论在超临界条件下已不再有效。Matlosz[159]对 $p_r=0.23\sim3.73$、温度为 548 K 的 N_2 和 Ar、不同初始直径(0.72～0.71 mm，1.42～1.78 mm)的液滴蒸发进行了研究，给出了残余液滴直径、液滴温度与时间的关系。发现液滴温度随压力升高而增大，但没有像亚临界那样达到定常状态。N_2 和 Ar 实验有类似的定性结果。由于不同实验的压力不同，很难将超临界蒸发时间和液滴属性关联起来。Chauveau[160]在 p_r 为 3.26 的空气中，研究了 C_7H_{16} 蒸发现象；Morin[161]研究了 N_2 环境下的 C_7H_{16} 液滴蒸发现象，均发现：当 $T_r<1$ 时，蒸发时间在临界压力附近达到最大值；当 $T_r>1$ 时，蒸发时间随压力升高而不断下降。他们与 Sato[162]的发现是一致的。Chauveau[163]也发现了干空气下 Methanol 蒸发有类似行为，他推测其原因在于：① 这种非单调性是质量扩散系数随压力上升而下降引起的，蒸汽聚集在液滴表面，也阻碍了蒸发；② 液滴沸点随着压力增大而增大，液滴表面温度增大，减小了液滴向环境的传热。Chesnau[164]研究了静止 N_2、空气、He 中的 LO_2 亚临界蒸发现象，发现蒸发常数随压力升高而增大，证实了 d^2 曲线在低压范围内是线性变化的，但未探测到低温最小蒸发常数。Hastad 和 Bellan[165]对 LOx/H_2 的研究也支持该结论。Stengele 等人[166]研究了双燃料(C_5H_{12}/C_9H_{20})的蒸发现象，并试图和 C_5H_{12} 及 C_9H_{20} 单独条件下燃料进行比较，但很难分析和给出结论。Kodata 和 Hiroyasu [167]研究了 n－decane，n－dodecane，n－heptane，n－hexadecane 和 iso－octane 等燃料在 $1.7<p_r<2.7$ 下的燃烧现象，仔细记录了燃料液滴温度，发现：随着压力升高，随时间变化的液滴温度达不到定常状态，但显示出了折点(inflection point)，当压力大于临界压力时，液滴温度仍随压力升高而增大。最终温度随 p_r 上升但在超临界过程中保持不变。对所有燃料，如将液滴寿命定义为火焰出现到消失的时间，则液滴寿命随 p_r 增大(到临界点)而快速下降，经过临界点后，液滴寿命下降变得平缓。他们将随 p_r 变化的液滴寿命和燃烧速率分为 3 个区域：① 当 $p_r<0.3$ 时，液滴寿命和燃烧速率均随压力按照类指数率上升；② 当 $0.3<p_r<1$ 时，液滴寿命快速下降并伴随燃烧速率常数的显著增大，但函数形式不同于①)；③ 在超临界区域，燃烧寿命随着压力升高略有下降，但液滴速率常数有显著增大，这显示了燃烧寿命和蒸发速率的差别。这与 Vieilli[156]的研究中发现经过临界点后，C_7H_{16} 和 CH_4O 燃烧速率常数也呈连续上升是一致的；也证实了 Savery[158]液滴在重力场纯蒸发现象。但这些超临界实验结果和 Sato 等人[162]研究结果却是相反的。Sato 等人研究表明，当 p_r 高达 1.5 时，得到 C_8H_{18} 燃烧速率随 p_r 升高而下降。对微重力场燃烧速率无量纲化后，亚、超临界燃烧速率仍遵守 d^2 定律，重力场的燃烧速率是随 p_r 增大而连续增大的。Sato、Koda 和 Hiroyasu 都是基于实验观察，物理解释也都是基于已有的亚临界关系，很难找出和空

气中直径为 mm 量级的碳氢液滴燃烧行为矛盾的原因。

尽管 Sato、Koda 和 Hiroyasu 等的实验条件类似，但是，即使对相同的燃料，所得到的实验结果也有差异，其困难可能在于实验数据是不完整的，且局限于 d^2 曲线，燃烧速率常数和液滴寿命未考虑到液滴加热的相关信息，也许是温度和组分图线能更好地比较实验数据、理解造成这些差别的原因。这也可见此问题研究的难度。

从研究手段方面看，大部分实验装置可较好地模拟高压环境，对温度模拟较为困难。从测量方法来看，大部分实验是基于高速摄影，有关纹影，特别是应用光谱诊断技术几乎没有。

8.3.2　重活塞超临界实验原理、系统及其方法

目前，可以创造燃料超临界环境的方法有带加热装置的高温/高压容器、激波管及重活塞压缩系统。对于高达 10 MPa 数量级压力、1 000 K 以上温度实验环境需求，设计制造此类高温/高压容器的代价是很大的。

激波管广泛用于自点火、燃烧、爆轰、压力标定和非定常波传播等问题研究。反射型激波管的工作原理是：通过平面入射激波和反射激波对介质进行绝热非等熵加热（满足激波关系），反射激波后提供的高温、高压、静止环境可用于超临界燃料现象研究。反射波后温度和压力可高达到 10 000 K、100 MPa，可在较大范围内调节温度和压力。实验时间通常小于 5 ms（不同管长和运行工况差别较大）。采用缝合接触面方式（高低压段气体声速应满足特定关系，但限制了反射激波后的气流总温），实验时间虽可提高到 10 ms 以上[168]，但总的来说，其实验时间还是偏短。图 8.51(a)给出了激波管的工作原理图。激波管由两段封闭的圆截面/矩形/方形截面的金属管道组成，由膜片将高压段（4 区）和低压段（1 区）隔开，并分别充入指定压力的高压和低压气体。当膜片破裂后，高压气体向低压段膨胀，并形成向右行运动激波（1 区）和左行膨胀波（4 区）。入射激波压缩 1 区气体后形成 2 区气体，3 区为 4 区膨胀波后的气体状态，2 区和 3 区交界面称为接触面，5 区为经端面反射激波再次（两次）压缩后的高温和高压静止气体状态，可以用于开展各种物理化学实验研究。就单滴超临界燃烧而言，悬挂于实验段的单滴凝胶燃料，会受到入射激波后高速气流作用被吹落、破碎和雾化。受左行反射稀疏波和接触面的影响，这类激波管的实验时间偏短。对于大直径液滴，其燃尽时间往往高于实验时间，因此，反射型激波管并不适合用于超临界燃烧现象研究。此外，当温度较高时，对应的入射激波 Mach 数也较高，不能忽略非定常激波和边界层相互作用对实验区（5 区）流场非均匀性的影响。

活塞压缩系统可产生均匀、高温和高压气体，相对于激波管，活塞驱动器实验时间稍微长一点（数百毫秒到秒量级）、压力和温度变化范围大，不足在于活塞在压缩终点附近会发生回弹，会导致被压缩气体压力和温度有所降低，为此，需要加装活塞的止退装置。图 8.51(b)给出了活塞驱动器的工作原理。就活塞驱动器而言，在压缩过程中，活塞速度远小于被压缩气体声速，可近似认为是等熵压缩。自由活塞（free piston driver）实验时间约为数百毫秒。若活塞采用止退装置，实验时间可延长到秒量级。因此，活塞驱动器是一种新的快压机构，被压缩气体温度和压力快速同步上升，可用于燃料超临界行为研究。

1. 活塞实验系统的技术原理[169]

参见图 8.51(b)，假设：① 活塞驱动装置端（左端）的高压气罐为无限大气源，p_r 近似恒定；② 在从左向右的运动过程中（i→m），活塞速度远小于被压缩气体声速 a_i，忽略被压缩气

体速度和产生的波系。在活塞的压缩过程中(i→m),驱动活塞运动的底压 p_r 的高压空气“r”推动重活塞向右运动,将压缩管气体由初态“i”绝热等熵压缩至终态“m”,得到所需温度 T_m、压力 p_m、近似静止气体。根据活塞压缩过程中的能量守恒,可确定被压缩气体终态参数。具体地,受压缩气体内能增加为

$$\frac{p_m V_m - p_i V_i}{\gamma - 1} \tag{8.67}$$

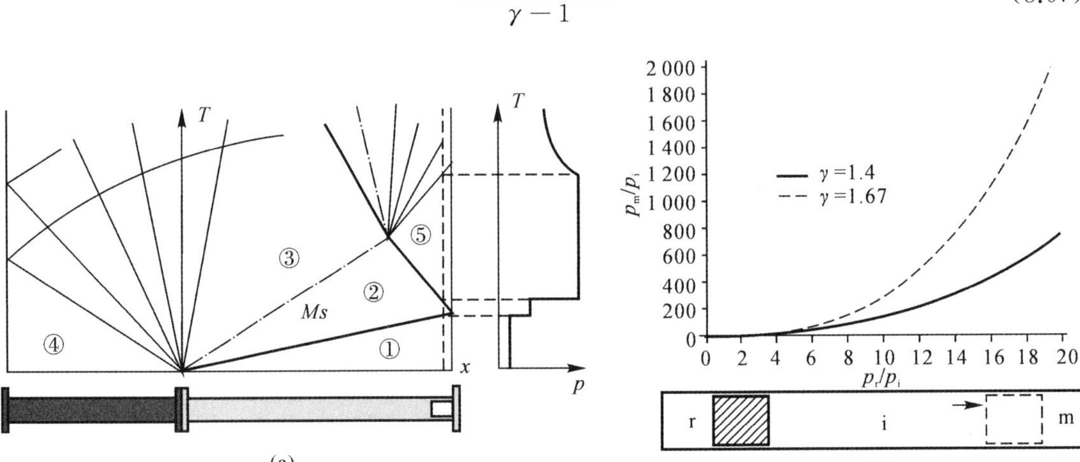

图 8.51　激波管和活塞驱动器工作原理示意图

(a)激波管;(b)活塞驱动器

驱动活塞的高压空气等压做功为

$$p_r(V_i - V_m) \tag{8.68}$$

由能量守恒定律得

$$p_r(V_i - V_m) = \frac{1}{2} m_p v_p^2 + \frac{p_m V_m - p_i V_i}{\gamma - 1} \tag{8.69}$$

由式(8.69)看出,当采用重活塞 m_p,V_p 很小,可忽略 $\frac{1}{2} m_p V_p^2$ 。式(8.69)经整理后可简化为

$$\frac{p_r}{p_i} = \frac{\dfrac{p_m}{p_i}\dfrac{V_m}{V_i} - 1}{(\gamma - 1)\left(1 - \dfrac{V_m}{V_i}\right)} \tag{8.70}$$

当认为 i→m 为等熵压缩过程,有

$$p_m V_m^{\gamma} = p_i V_i^{\gamma} \tag{8.71}$$

其中,γ 为比热比。由式(8.70)和式(8.71)得

$$\frac{p_r}{p_i} = \frac{\left(\dfrac{p_m}{p_i}\right)^{\frac{\gamma-1}{\gamma}} - 1}{(\gamma - 1)\left(1 - \left(\dfrac{p_m}{p_i}\right)^{-\frac{1}{\gamma}}\right)} = \frac{\lambda^{\gamma-1} - 1}{(\gamma - 1)(1 - \lambda^{-1})} \tag{8.72}$$

式中,$\lambda = V_i/V_m$ 为气体的体积压缩比。式(8.72)表明了被压缩气体终态压力 p_m 和高压空气压力 p_r 之间的关系。对选定的 V_m/V_i,由等熵关系得

$$\frac{V_m}{V_i}=\frac{1}{\lambda}=(\frac{p_m}{p_i})^{-\frac{1}{\gamma}} \tag{8.73}$$

结合理想气体状态方程，有

$$\frac{T_m}{T_i}=\frac{p_mV_m}{p_iV_i}=\left(\frac{p_m}{p_i}\right)\left(\frac{V_m}{V_i}\right)=(\frac{p_m}{p_i})^{\frac{\gamma-1}{\gamma}} \tag{8.74}$$

图 8.52 给出了不同 p_i 对应的 p_m 和 T_m 曲线，图 8.53 给出了不同 p_i 对应的 T_m 和 p_r 曲线。可见由较小的 p_r 可到较高的 p_m 和 T_m，这就是活塞驱动器的工作原理。

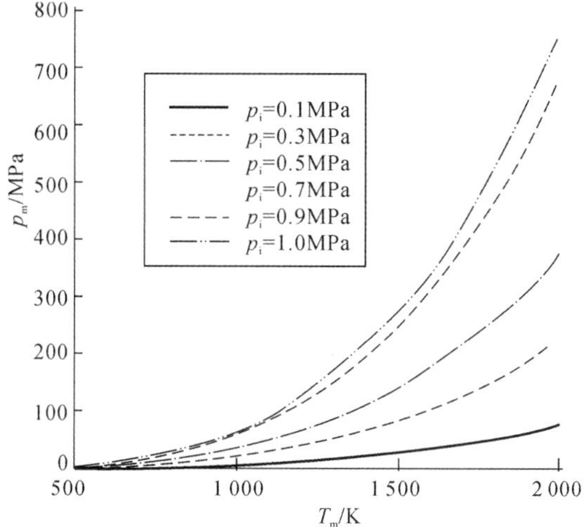

图 8.52　不同 p_i 对应的 p_m 随 T_m 变化曲线(γ =1.4)

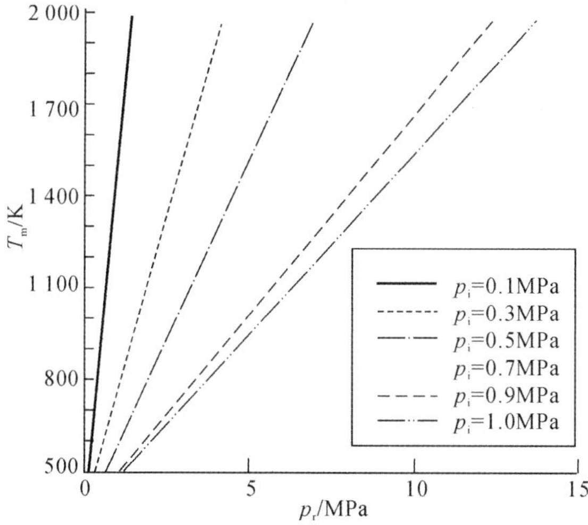

图 8.53　不同 p_i 对应的 T_m 随 p_r 变化曲线(γ =1.4)

2.实验系统组成和方法

(1)实验系统。图 8.54 给出了活塞驱动器示意图，主要包括压缩管、气路控制系统、气源和支承系统。实验前，将单滴燃料悬挂于实验段，将选择好的重活塞(数千克到数百千克)放入压缩管中，装入平衡活塞并由液压系统提供支承。用气路控制系统将预定初压的空气充入压缩管内，用空压机将高压气罐充满高压空气（p_r）。实验中，受电磁阀的控制，高压空气经球阀充入到充气腔（平衡活塞和重活塞之间），使活塞左向运动并扫过充气腔。受高压气罐中高压空气的作用，活塞在压缩管中加速向左运动，并将压缩管内预先充入的空气压至实验段（见图8.51(b)的实验段）。平衡活塞用于消除重活塞右向运动时产生的动量。气路控制系统由配气柱和多个阀门组成，可实现压缩管充气和抽真空，并将实验完成后位于左端的活塞压回至右端的充气腔。气源系统主要由高压气罐、空压机组成，并与气路控制系统配合。支撑系统主要由液压系统和支承组成，可缓冲平衡活塞产生的后坐力。实验中，可测量实验段气体的压力和温度。采用时间同步控制系统触发高速摄影、高速纹影或 TDLAS 系统，得到液滴蒸发或燃烧过程的流场高速摄影、纹影图像或光谱分布。

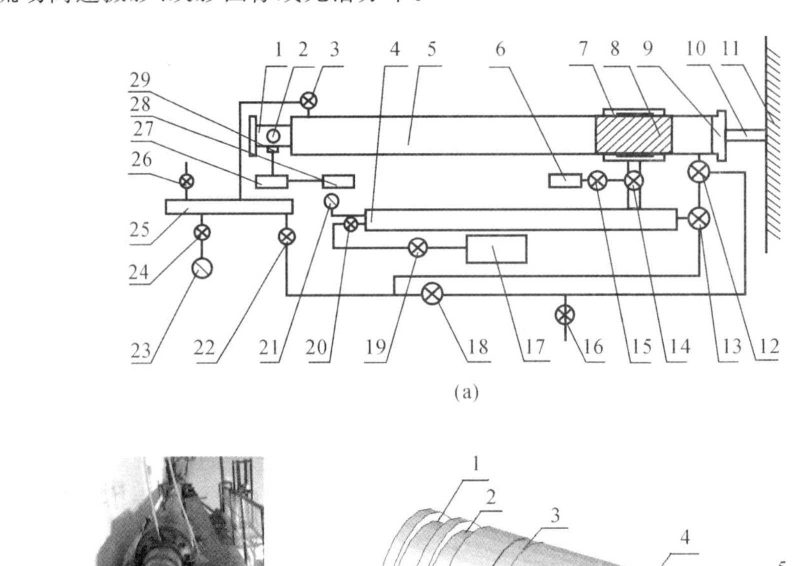

(a)

(b)

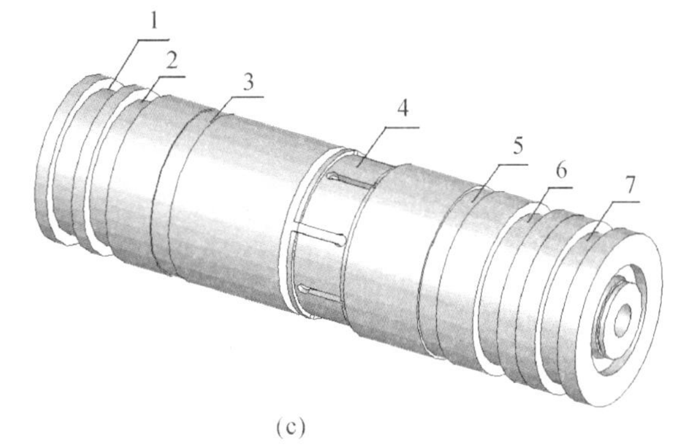

(c)

图 8.54　实验系统示意图

(a)实验系统图；(b)压缩管体和平衡活塞；(c)重活塞结构示意图

(a)中：1 —实验段；2 —观察窗；4 —高压气罐；5 —压缩管；6,17 —空压机；7 —充气腔；8 —重活塞；9 —平衡活塞；10 —液压系统；11 —支撑端；14 —气动阀；3,12,13,15,16,18,19,20,22,24,26 —阀门；21 —压力表；23 —真空计；25 —配气柱；27 —电压放大器；28 —示波器；29 —压阻传感器

(c)中：1,7 —聚四氟乙烯环；2,6 —密封圈；3,5 —测速反光纸；4 —弹性套

(2) 实验方法和步骤。图 8.55 给出了确定燃料超临界实验气体状态参数的思路。简要地说，就是由被压缩气体终态“m”确定初态“i”和 p_r。具体地，根据 T_m 和 T_i，由图 8.55 中确定 p_m/p_i，根据 p_m 确定 p_i，再由图 8.54 中(7) 确定 p_r 。其中，“m”态和 $p-T$ 曲线状态点相对

$$\frac{V_m}{V_i}=\frac{1}{\lambda}=\left(\frac{p_m}{p_i}\right)^{-\frac{1}{\gamma}} \tag{8.73}$$

结合理想气体状态方程，有

$$\frac{T_m}{T_i}=\frac{p_mV_m}{p_iV_i}=\left(\frac{p_m}{p_i}\right)\left(\frac{V_m}{V_i}\right)=\left(\frac{p_m}{p_i}\right)^{\frac{\gamma-1}{\gamma}} \tag{8.74}$$

图 8.52 给出了不同 p_i 对应的 p_m 和 T_m 曲线，图 8.53 给出了不同 p_i 对应的 T_m 和 p_r 曲线。可见由较小的 p_r 可到较高的 p_m 和 T_m，这就是活塞驱动器的工作原理。

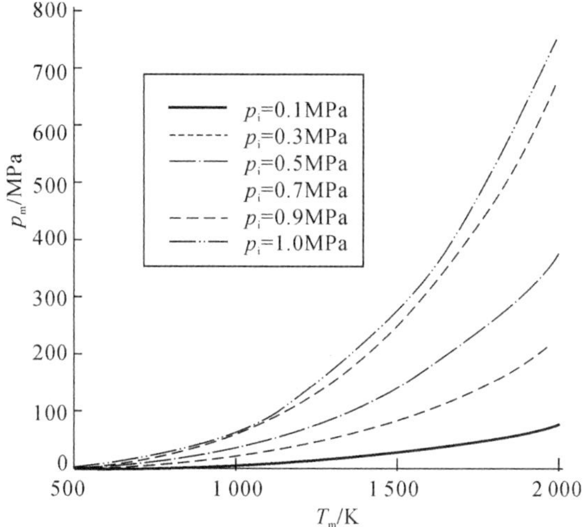

图 8.52　不同 p_i 对应的 p_m 随 T_m 变化曲线（$\gamma=1.4$）

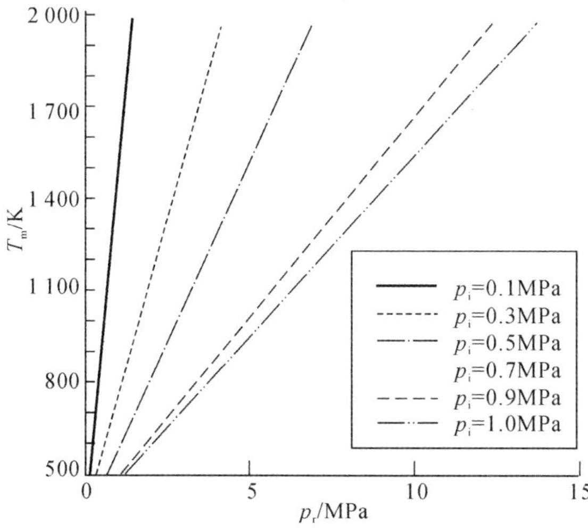

图 8.53　不同 p_i 对应的 T_m 随 p_r 变化曲线（$\gamma=1.4$）

2.实验系统组成和方法

（1）实验系统。图 8.54 给出了活塞驱动器示意图，主要包括压缩管、气路控制系统、气源和支承系统。实验前，将单滴燃料悬挂于实验段，将选择好的重活塞（数千克到数百千克）放入压缩管中，装入平衡活塞并由液压系统提供支承。用气路控制系统将预定初压的空气充入压缩管内，用空压机将高压气罐充满高压空气(p_r)。实验中，受电磁阀的控制，高压空气经球阀充入到充气腔(平衡活塞和重活塞之间)，使活塞左向运动并扫过充气腔。受高压气罐中高压空气的作用，活塞在压缩管中加速向左运动，并将压缩管内预先充入的空气压至实验段(见图8.51(b)的实验段)。平衡活塞用于消除重活塞右向运动时产生的动量。气路控制系统由配气柱和多个阀门组成，可实现压缩管充气和抽真空，并将实验完成后位于左端的活塞压回至右端的充气腔。气源系统主要由高压气罐、空压机组成，并与气路控制系统配合。支撑系统主要由液压系统和支承组成，可缓冲平衡活塞产生的后坐力。实验中，可测量实验段气体的压力和温度。采用时间同步控制系统触发高速摄影、高速纹影或 TDLAS 系统，得到液滴蒸发或燃烧过程的流场高速摄影、纹影图像或光谱分布。

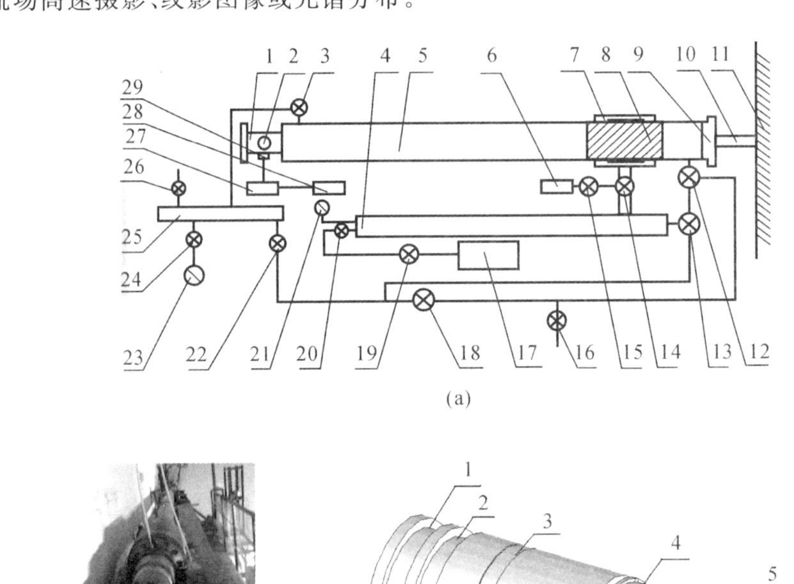

(a)

(b)

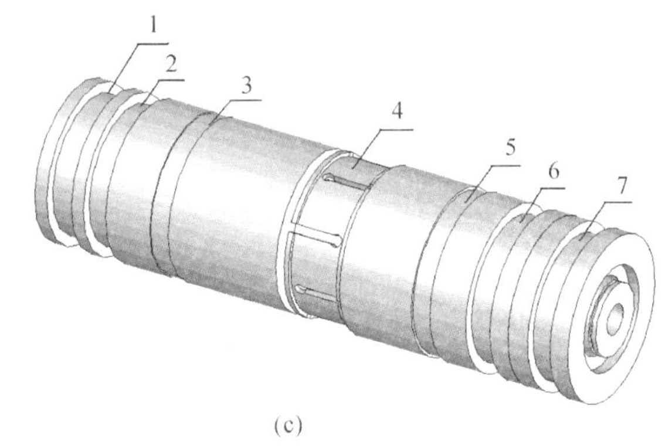

(c)

图 8.54　实验系统示意图

(a)实验系统图；(b)压缩管体和平衡活塞；(c)重活塞结构示意图

(a)中：1 —实验段；2 —观察窗；4 —高压气罐；5 —压缩管；6，17 —空压机；7 —充气腔；8 —重活塞；9 —平衡活塞；10 —液压系统；11 —支撑端；14 —气动阀；3，12，13，15，16，18，19，20，22，24，26 —阀门；21 —压力表；23 —真空计；25 —配气柱；27 —电压放大器；28 —示波器；29 —压阻传感器

(c)中：1，7 —聚四氟乙烯环；2，6 —密封圈；3，5 —测速反光纸；4 —弹性套

(2) 实验方法和步骤。图 8.55 给出了确定燃料超临界实验气体状态参数的思路。简要地说，就是由被压缩气体终态“m”确定初态“i”和 p_r。具体地，根据 T_m 和 T_i，由图 8.55 中确定 p_m/p_i，根据 p_m 确定 p_i，再由图 8.54 中(7) 确定 p_r 。其中，“m”态和 $p-T$ 曲线状态点相对

应。实验中，先保持 T_m 不变，选择不同 R_1，可得到不同 R_2 和 h 。由纹影或高速摄影照片确定是否达到超临界状态。然后再改变 T_m 进入下一轮实验。要说明的是：当相邻两个 T_m 或 p_m 出现亚临界“1”或超临界状态“2”时，为了精确地确定状态点，采用简单平均法重复实验，即 $T_m=(T_1+T_2)/2$ 或 $p_m=(p_1+p_2)/2$，以精确地确定实验状态点。当 p_r 不变，改变 p_i 可得到不同 p_m 。适当调节活塞质量和 p_r ，可得到 p_m 为 1～15 MPa、T_m 为 300～2 000 K、实验时间为 1s 量级的高温、高压静止气体实验环境。

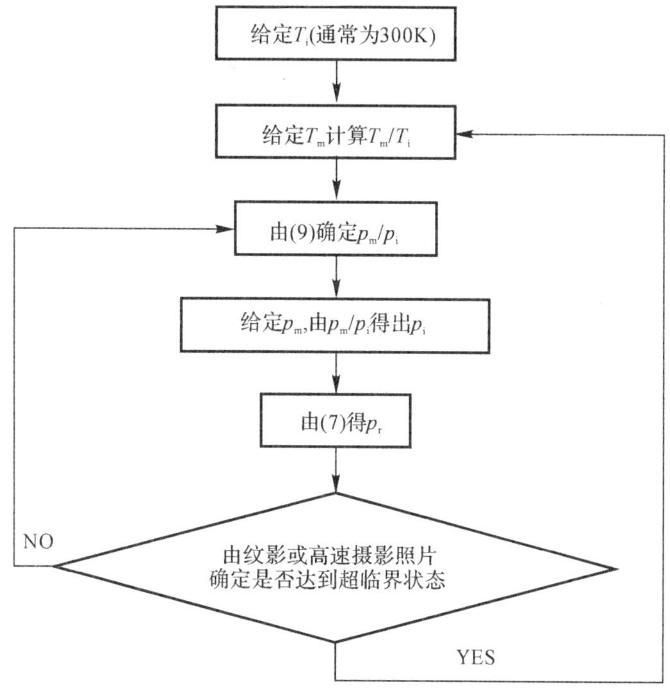

图 8.55　确定超临界实验状态参数逻辑图

(3) 实验充配气过程。实验时，需要针对实际环境，选择“m”端的预充气体（以下简称“浴气”），如仅仅进行蒸发实验，浴气需要选择惰性气体，如 N_2 气等；如进行燃烧实验，需要依据实际情况，选择相应的浴气。如，液氧/煤油发动机环境，可以选择 O_2 或者富氧的空气；如偏二甲肼，则浴气需要选择 N_2O_4，相应的管路、阀门及浴气的排放也需进行针对性地选择，以保证实验台附近的有毒气体尽快扩散，废气抽吸管道要通过水溶液，滤除和溶解有毒物质。和图 8.53(a)对应，图 8.56 给出了进排气系统示意图。

(4) 单滴燃料悬挂方式。单个液滴的可靠悬挂是实验的关键步骤，需要保证悬挂的液滴在活塞压缩过程中不掉落；悬挂端头的形状和尺寸不影响液滴形状和尺寸（至少悬挂端头形状和尺寸的数据是已知或可以计算的）；悬挂的材料不仅能耐一定温度（时间很短），还不能参与液滴的燃烧，这是有效实验的前提。已有的实验经验表明：可以采用纤维丝、光纤和中空细管悬挂液滴，中空细管悬挂黏弹性液滴（洗洁精）效果最好（见图 8.57），能够悬挂并静置 1～5 mm 液滴，该中空细管和实验段壁面密闭固定。

(5) 燃料射流产生方式。在某些情况下，需要采用燃料射流。图 8.58 给出了产生射流系统的示意图。可将确定体积（或质量）燃料用注射器置于管内，利用电磁阀控制高压气体（如

N_2)将燃料自喷嘴喷射到实验段。喷孔直径依据具体实验而定，一般为 0.2～0.3 mm；喷射压力也需依据实验段的气压而定，选择高于 0.1～2 MPa，已确保能有效将燃料注入；控制电磁阀的响应时间越小越好，一般应小于 5 ms。

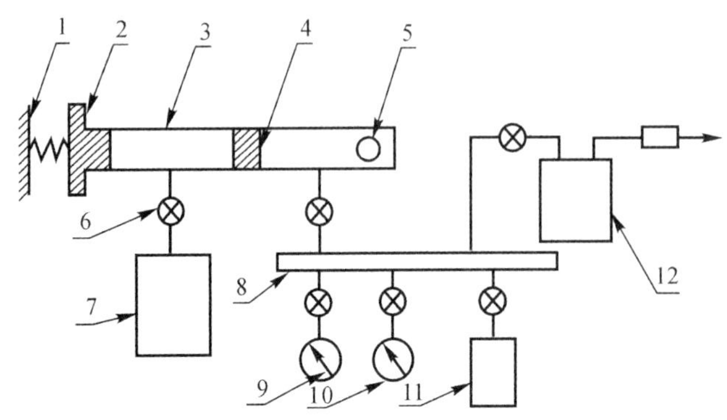

图 8.56　进排气系统示意图

1 —支座；2 —平衡活塞；3 —压缩管；4 —重活塞；5 —观察窗；6 —球阀；7 —高压空气；8 —配气柱；9 —压力表；10 —真空计；11 —浴气；12 —水溶液

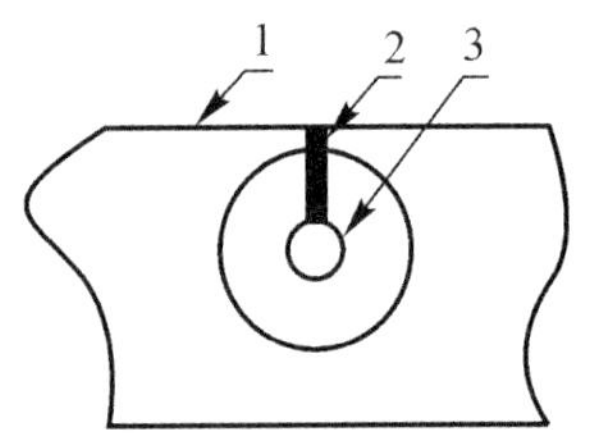

图 8.57　单滴悬挂的初步实验照片

1 —实验段；2 —中空细管；3 —液滴

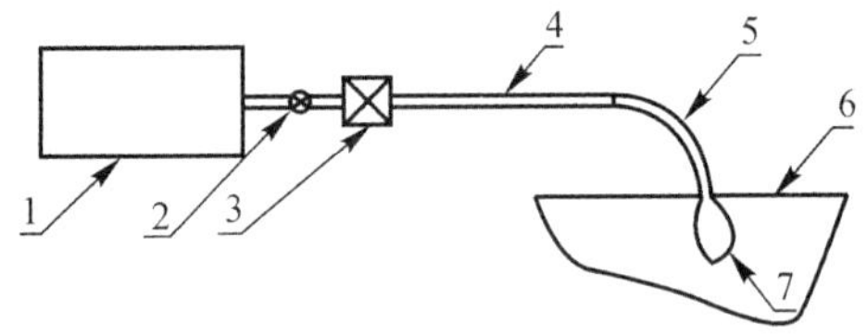

图 8.58　产生射流装置示意图

1 —高压 N_2；2 —阀门；3 —电磁阀；4 — teflon 管；5 —燃料；6 —实验段；7 —燃料射流

(6)实验气体(浴气)状态参数。实验段气体(浴气)状态参数是指压力和温度。实验前，根据式(8.72)和式(8.74)计算出被压缩浴气的压力和温度，再利用传感器分别测量压力(压阻传感器)和温度(热电偶)，以最终确定压力和温度参数。图 8.59 给出了实验段气体参数测量系统示意图。压力测量含压阻传感器、电压放大器、数据采集卡、计算机。温度测量采用热电偶。

其主要实验步骤如下。

1)首先确定需要进行的实验工况。例如，开展单滴燃料超临界行为研究。

2)确定浴气状态参数(压力和温度)、活塞质量、驱动活塞的高压气体压力。

3)如进行单滴蒸发或者燃烧实验,需将单滴燃料悬挂并静置在实验段;如进行射流实验,需根据计算的燃料体积,利用注射器将燃料吸入,并充到和喷嘴相连 teflon 管道,将电磁阀控制系统和多通道控制器相连。

4)检查光学诊断系统是否处于正常工作状态,如高速摄影、PLIF 或瞬态发射光谱系统等。

5)起动真空系统并将压缩管抽至指定真空度(如 50 Pa),将浴气充入压缩管,并达到确定状态,关闭位于压缩管的阀门。

6)检查气路系统阀门开、闭状态,起动空压机,将储气罐充满指定压力的高压空气(如 1.3 MPa)。

7)再次检查光学诊断系统和实验段压力、温度测量系统是否处于工作状态,设定各延时器延时时间,手动检查同步控制系统是否和光学诊断系统联动。

8)气体实验准备程序。

9)开启和高压空气罐相连的阀门,高压空气推动活塞快速向前运动,并完成实验,记录实验数据。

10)排除废气,打开配气柱的真空系统阀门,起动真空泵,抽出实验段内的废气。

11)利用高压空气和充气系统,将压缩管内的活塞后推至指定位置。并检查气路系统阀门是否处于合理开、闭位置。

12)分析实验数据或准备下一轮实验。

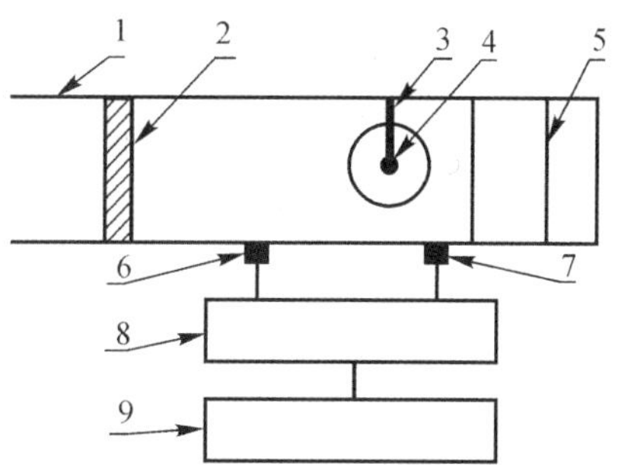

图 8.59　浴气参数测量示意图

1 —压缩管；2 —重活塞；3 —中空细管；4 —液滴；
5 —实验段；6 —压阻传感器；7 —热电偶；8 —放大器；9 — PC 机＋AD 卡

3. 参数测量技术

重活塞压缩系统用于超临界特性实验,活塞的压缩时间很短,浴气的升温及升压过程极快,燃料在实验段的加热过程很快,甚至来不及加热,因此,对参数的测量提出了很高的要求。这里,将参数测量系统单独列出进行讨论。

燃料超临界行为需测量的参数包括压力、温度、流场信息等,因为时间很短,要求测量仪器具备快速和准确的特性。压力测量可采用在实验段壁面布置压阻传感器,得到活塞压缩运动过程中的 $p-t$ 曲线,由 $p-t$ 可判断燃烧室压力变化和活塞运动状态。温度的直接测量较为困难,热电偶难以达到 ms 量级响应时间,可通过光学仪器,采用可调谐二级管激光吸收光谱(Tunable Diode Laser Absorption System,TDLAS)技术测量,其原理是基于吸收光谱的 Beer - Lambert 定律,TDLAS 技术测量系统动态响应频率至少为 2 kHz。温度和气体浓度诊断以水汽为示踪分子，采用 TDLAS 技术测量点火后的温度分布。以 NO 为示踪剂，采用平面激光诱导荧光(Planar Laser Induced Fluorescense，PLIF)技术测量浓度的定量和半定量分布，在进行燃烧特性研究时，需要配置燃气成份测量仪器，这主要是使用基于分子或者原子辐射的光学诊断技术，应用较多的。此外，先进的光谱测量和成像方法也可以得到不同时刻流场图像和特征组元发射的光谱，提供发射和吸收光谱分析。

(1)高速摄影/纹影测量系统。采用高速摄影/纹影主要是进行蒸发或者燃烧过程中实验段流场显示，获得燃料雾化和点火流场密度和密度梯度场分布，获得液滴直径随时间演化过程等，通常要求拍摄速率较高(如高于 100 kHz)、对流场的分辨率要高(如大于 1 024×1 024 像素)的 CCD 相机，并要针对不同情况分别采用白光或者激光光源，以适合无自发光的雾化过程和有自发光点火过程需求。根据不同温度和压力的实验照片，获得液滴直径随时间变化过程和亚、超临界转换过程的演化图像。基于得到的数据和图像，寻找燃料单滴发生亚、超临界行为的压力和温度条件。要说明的是：CCD 相机拍摄速率和分辨率对分辨液滴边界有重要影响。高速摄影和纹影可给出燃料雾化、点火流场密度和密度梯度场分布，可给出液滴直径随时间的定性演化过程，图 8.60 给出了高速纹影系统示意图，成像设备均采用高速 CCD 相机(optics，100 000 fps)。针对无自发光雾化过程和有自发光点火过程，纹影系统分别采用白光和激光光源。

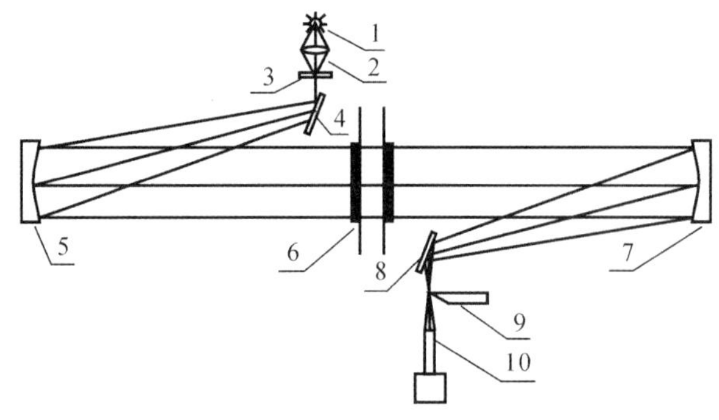

图 8.60　高速摄影/纹影系统示意图

1—光源；2—透镜；3—光阑；4，8—反射镜；5，7—凹球反射镜；6—实验段；9—刀口；10—CCD 相机

(2) 高时间分辨率发射光谱及其成像。燃烧过程会产生如 NO_2，NO，CO，CO_2，OH 等一些自由基和分子，其自发光谱有对应的特定谱线，自发光谱的大部分能量集中在一个或多个较窄的波长范围内，能量峰值对应的波长称为特征谱线。特征谱包含了丰富的燃烧信息，可利用特征谱的分布特点进行燃烧流场诊断。自发光谱和自由基/分子结构、跃迁能级和温度相关，比较测量与计算得到的谱线分布，可拟合出该自由基对应的温度。

光谱仪是光谱测量最常用的设备(见图 8.61)。与扫描光谱测量不同的是，瞬态光谱是利用单次、快速响应 ICCD 相机记录波长与光强对应关系。待测光(燃烧流场)从狭缝进入光谱仪，由凹面镜反射到光栅，光栅将入射光按波长展开并再次反射到凹面镜，被展开的光聚焦到 ICCD 感光平面。不同波长的光被光栅反射的角度不同，成像对应于 ICCD 感光平面不同位置。经标定可得到波长与光强的对应关系。受凹面镜和 ICCD 感光面尺寸的限制，每次试验通常只能得到一定波长范围的谱线。要测量不同波长范围的特征谱线，需要调节光栅角度，使该波长范围的光在 ICCD 感光面成像。光栅单位长度的线数越多(即光栅分辨率越高),则光谱展开得越宽,光谱的分辨率也越高,对应同一 ICCD(感光面积不变)测量到的光谱范围较小。

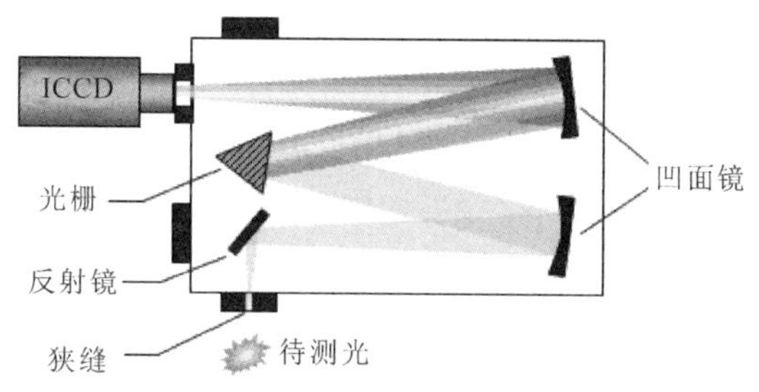

图 8.61　瞬态发射谱测量系统示意图(光谱仪+ICCD)

光栅多次调节后的角度存在误差。因此,测量前需校验光谱仪,可采用高压汞灯作为标准光源,校验无偏差后再进行实验测量。这里,以酒精灯为例简要说明瞬态发射光谱测量过程。将酒精灯火焰置于光谱仪狭缝前,采用 1 800 groove · mm^{-1} 光栅,拍摄酒精灯火焰 CH 在 431 nm附近的瞬态光谱。ICCD 曝光时间设置为 1 μs,由手动曝光得到图 11 光谱分布。横轴对应波长,纵轴对应进光狭缝高度,图像灰度和光强(intensity)对应。为提高信噪比,对于点测量,这里将谱线沿纵向作平均,得到波长与光强对应关系,可与 LIFBASE 软件拟合温度计算值对比。图 8.62 还给出了利用 LIFBASE 计算得到的较光滑 CH * 曲线,改变该软件的输入温度,可使计算与测量曲线的均方差最小,该温度即为待测的 CH * 温度。图 8.62(b)是均方差最小的拟合结果,对应温度为 2 030 K,该温度是 CH * 非平衡温度,与宏观的平衡温度有差别。

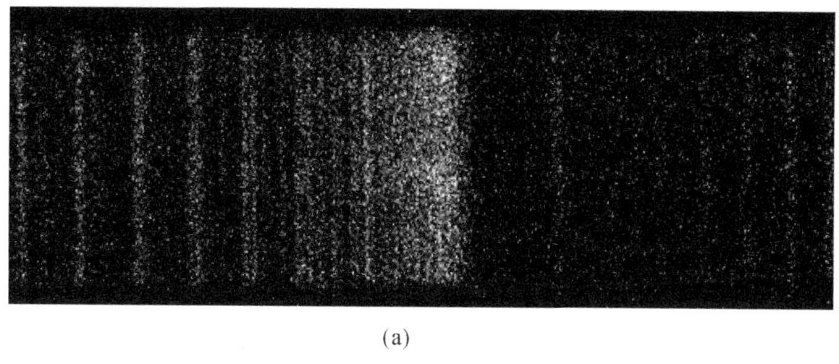

(a)

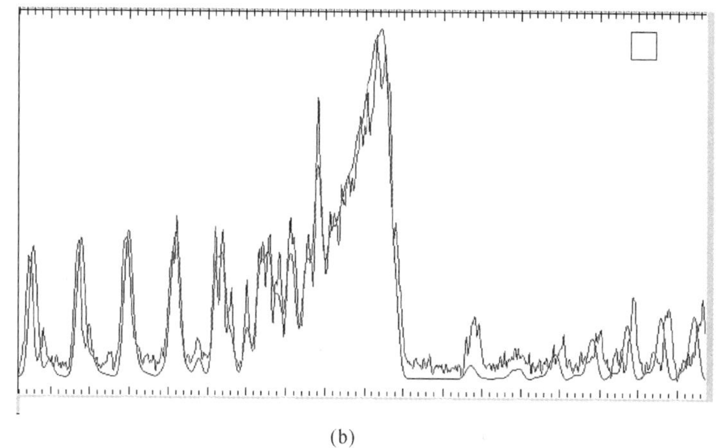

(b)

图 8.62　酒精灯火焰 CH * 光谱与 LIFBASE 计算结果分布(2 030 K)

(a)CH * 光谱;(b)计算质量分布

要说明的是：这里采用的瞬态发射光谱测量系统（见图 8.63）和酒精灯情况类似，只是需要采用同步控制系统。利用 PMT（光电倍增管，HAMAMATSU）探测火焰自发光信号，进行点火后的延时时间控制，由 DG535 延时控制 ICCD，使到达光谱仪狭缝时的火焰与 ICCD 曝光时间同步。

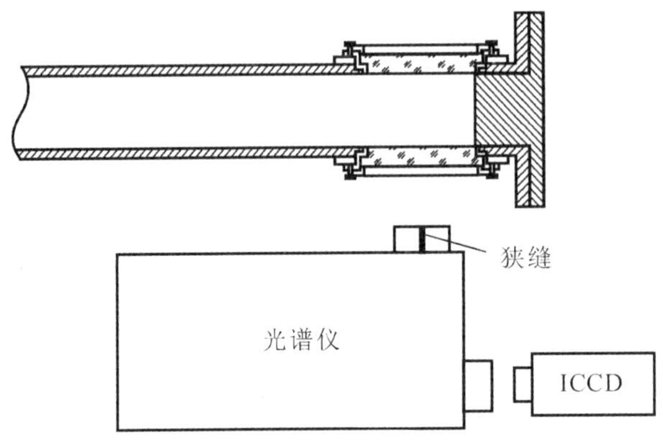

图 8.63 瞬态光谱测量系统

（3）吸收光谱测量。近年来，不同领域大量采用 TDLAS 技术测量反应气体温度和浓度。图 8.64 给出了 TDLAS 系统组成，包括光源（可调谐半导体激光器、温度控制器和电流控制器）、探测器、调制信号发生器和数据采集系统（锁相放大器，数采卡＋计算机）。TDLAS 技术原理是：将激光器波长调谐到分子或自由基特定的光谱波段后，$I_0(v)$、$I(v)$ 为频率 v 反射和透射激光能量。当激光通过厚度 L 的实验段后，其差值 $I_0(v)-I(v)$ 为被吸收介质吸收的能量。根据 Beer - Lambert 吸收定律，有

$$I(v)=I_0\exp(-\alpha(v)L) \tag{8.75}$$

式中，$\alpha(v)=\sigma(v)\cdot N$，$\alpha(v)$，$\sigma(v)$，$N$ 分别为吸收系数、吸收截面和吸收气体浓度（单位体积的分子数）。当测量 $\alpha(v)$ 后，可反演出组元浓度和温度。

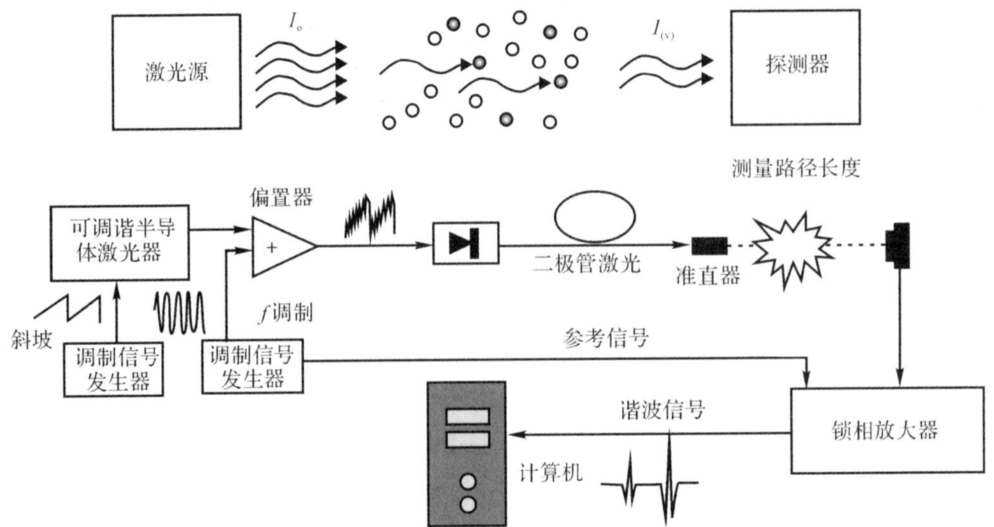

图 8.64 TDLAS 系统组成

半导体激光器优点是：窄线宽（低于 50 MHz，远小于分子吸收线宽）、可调谐（允许激光器波长调谐气体分子特定吸收线）、低噪声、可靠性高（寿命> 20 年）。有端面发射激光器（DFB，DBR）和垂直腔表面发射激光器（VCSEL）两类。激光器及其能量输出特性如图 8.65 所示。

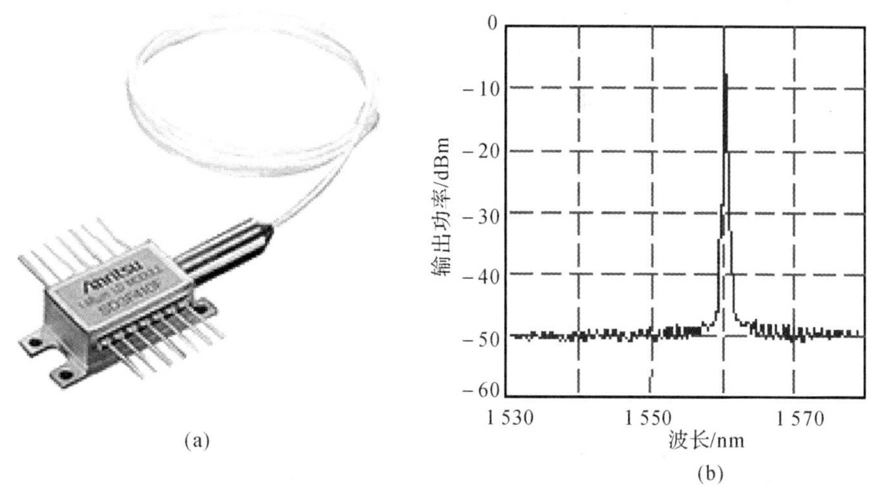

图 8.65　半导体激光器和能量输出特性

(a)半导体激光器；(b)能量输出特性

与传统光谱分析技术相比，TDLAS 技术优点：① 高灵敏度。半导体激光器线宽可达到 $0.3\times10^{-4}\,cm^{-1}$，分子吸收峰线宽为 $10^{-2}\,cm^{-1}$ 量级，很容易将 DFB 调谐到分子吸收峰中心频率。② 高选择性。当存在其他组分，半导体激光器也可定性或定量测量特定分子。③ 快速测量。脉冲式红外二极管激光器的上升沿时间为 ns（10^{-9} s）量级，可扫描很窄的光谱范围，在 ms 范围对几种波长进行扫描。④ 远距离遥测。二极管激光器很容易进行准直、聚焦，利用光纤可实现遥测。⑤ 多组分测量。二极管激光器的波长可覆盖多种燃烧产物或中间物的振-转吸收带光谱范围，更换激光器，同一设备可测量多种气体。⑥ 易于网络化。随着光通讯的发展，TDLAS技术更易实现网络化测量。传统的检测方法（如气相色谱、湿化学方法等）需要采样和预处理，不具备连续测量能力。

TDLAS 技术测量分为直接吸收、波长调制、频率调制和平衡调制，常用方法是波长调制（见图 8.66），波长调制优点：消除直接吸收谱线的倾斜背景，减小 kHz 探测的低频噪声，提高宽带吸收分子的鉴别，零基线信号消除了两个大信号之间测量微小差别的要求。

(4) 平面激光诱导荧光（PLIF）。

1)光源系统。由 Nd：YAG 激光器（Spectra - Physics，Quanta - Ray Pro - 250 - 10）、染料激光器（Spectra - Physics，PRSC - G - 30）和倍频器组成。YAG 激光器产生频率 10 Hz，波长 1 064 nm 脉冲激光，最大脉冲输出能量为 1.5 J，经二倍频后泵浦染料激光器。泵浦光波长为 532 nm、脉冲能量约 850 mJ，工作频率 10 Hz。染料选用 Rhodamine 6G 的乙醇溶液（浓度 $0.09\ g\cdot L^{-1}$），其波长范围为 559～576 nm，峰值为 566 nm，染料激光调谐至 568 nm，经倍频器和补偿晶体，得到波长 284 nm、最大脉冲能量约 30 mJ 染料激光。

2)光路和片光系统。染料激光输出光束，利用 $f=-50$ mm 凹柱透镜扩束形成片光，再经 $f=500$ mm 凸透镜汇聚成厚度小于 0.3 mm 片光。长焦距的凸透镜使片光在实验段内厚度变化较小，各位置能量密度较均匀。

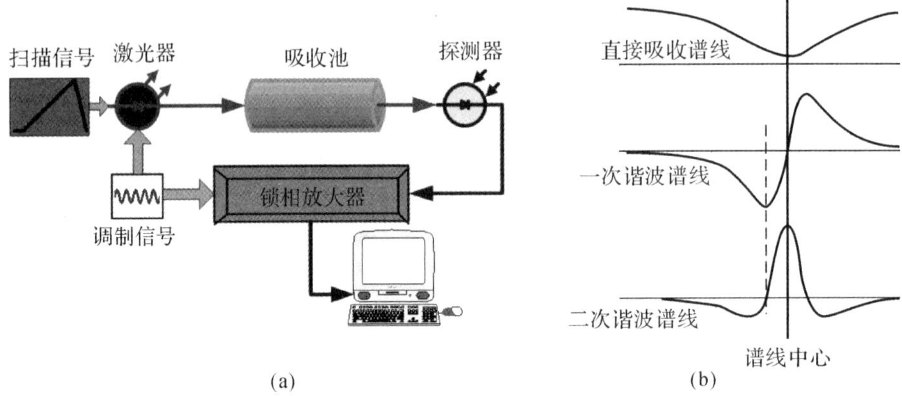

图 8.66　波长调制示意图

(a)波长调制 TDLAS；(b)直接吸收和一、二次谐波信号

3)荧光信号采集和处理系统。由 ICCD 相机(PI - Max 1KUV)、延时控制器(DG535)和计算机、图像处理软件组成,用于采集流场片光截面的荧光图像。在外触发模式下,ICCD 快门和增益开、闭由 DG535 四个通道延时控制,各通道延时可精确到 ps 量级。ICCD 镜头前布置了(308±7.5) nm 带通滤光片,使荧光获通过并阻断杂散光,提高了信噪比。要说明的是,滤光片对(308±7.5) nm 以外的光并不能完全阻隔,只是透过率较低,当其他波长光强较大时,ICCD 仍能明显地探测到这些光。

(5) 同步控制系统。在光学测量中,如高速 CCD 相机和 PLIF 系统,均需要和活塞运动进行同步控制才能得到流场图像。具体地,利用活塞前向运动扫过压缩管壁的光传感器,经转换并经过多通道时间延时器(精确到 2 μs,自行研制),输出多路不同延时 TTL 电平。对 PLIF 而言,由 TTL 电平控制 DG535(4 通道时间延时器,Stanford Instruments)输出信号控制 YAG 激光器氙灯和 ICCD 相机增益开关(见图 8.67)。具体延时时间需由实验确定。对高速摄影/纹影而言,TTL 信号直接触发 CCD 相机外触发端口。由于本实验装置实验时间达 1 s 量级,因此,同步控制系统不是很复杂。

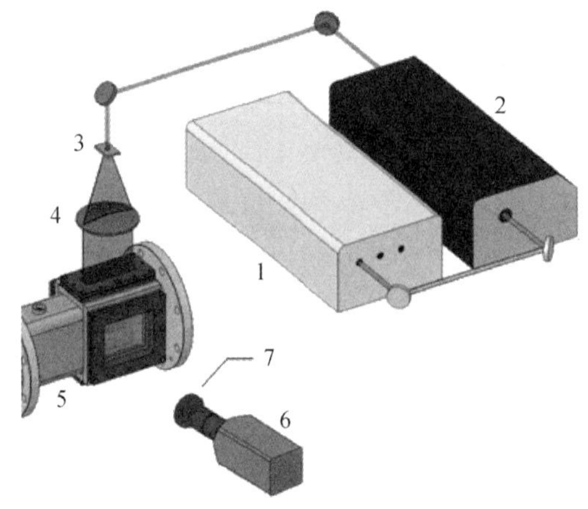

图 8.67　PLIF 系统光路图

1 — YAG 激光器；2 —染料激光器；3 —柱透镜；4 —凸透镜；5 —实验段；6 — ICCD；7 —滤光片

8.3.3　燃料的超临界行为

利用本文所述的实验系统，对煤油、液体偏二甲肼和凝胶偏二甲肼进行了实验。偏二甲肼燃料极易挥发，实验中要严格控制环境温度，只能选择较寒冷的天气下进行实验。按实验气体（浴气）分类，可选择的气体包括氮气（蒸发特性研究）、空气和氧气或者二者的混合物。

1.凝胶可贮存燃料在氮气超临界环境下的蒸发、热裂解现象

凝胶可贮存燃料黏度较大，比较容易悬挂。采用氮气作为浴气，了解凝胶燃料在高温高压环境中的蒸发行为。将实验段的温度、压力测量与高速摄影进行同步，以便定量了解实验状态（和压力、温度对应）和液滴蒸发的相对时间。

图8.68给出了凝胶UDNH在氮气超临界环境下高速摄影获得的图像，对应的$p-t$和$T-t$曲线如图8.69所示。从图8.68中可以看出，在0.2 ms时，可以清晰地看到黏附在细丝弯曲出的凝胶可贮存燃料，图8.69(a)～图8.69(d)可清楚地看到凝胶可贮存燃料在逐步缩小，到3 000 ms时，周围的图像变得模糊，这表明，在氮气超临界环境中，凝胶可贮存燃料存在蒸发现象。蒸发自图8.68(a)～图8.68(d)结束，持续约3 s时间。到3 005 ms时（见图8.68(e)），实验段突然出现亮光，并持续到3 009.50 ms，约5 ms。之后，亮光逐步减弱（见图8.68(g)），然后消失（见图8.68(h)）。图8.69中，CH1为$p-t$曲线（时间-实验段压力曲线）；CH2为$T-t$曲线（时间-实验段温度曲线）；CH3是考虑到压力信号幅值偏低难以输出高速摄影机的触发信号（TTL电平，此为CH4）而对CH1进行放大，CH1和CH3分别为$p-t$放大前和放大后的压力信号时间历程。图8.51表明：当活塞到达终点，燃烧室压力温度快速升高到最大值，由时间同步控制系统就输出TTL电平(CH4)触发高速CCD相机，统一高速摄影和$p-T$曲线的时基，可确认蒸发所发生的温度和压力大小。这里，对应图8.68(e)(f)“发光”时间，已超出图8.69右端边界，无法在图8.69中标示。

图8.70是另一次凝胶UDNH在氮气超临界环境下高速摄影获得的图像，从图8.70(a)～图8.70(e)中可清楚地看出：凝胶燃料在氮气中确实存在蒸发。明显之处是在铜丝左下侧黏附的凝胶燃料在图8.70(e)中消失了。从图8.70(f)～图8.70(h)中可以看出，流场出现明显的非均匀性。

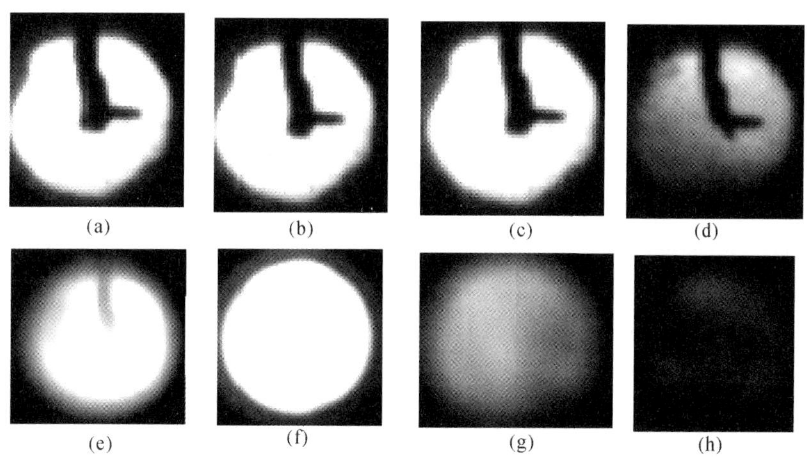

图8.68　凝胶/氮气蒸发高速摄影照片

（$T_i=300$ K，$p_i=50.54$ kPa，$\lambda=100$，自左向右，2 000 fps）

(a)0.2 ms；(b)2 775 ms；(c)2 995 ms；(d)3 000 ms；(e)3 005 ms；(f)3 009.5 ms；(g)3 011.5 ms；(h)3 013.5 ms

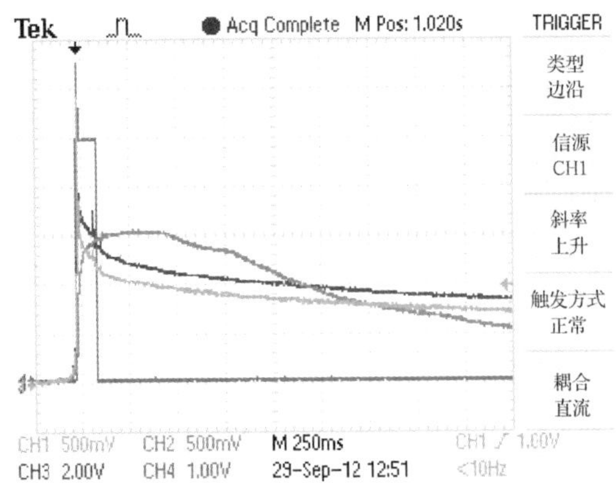

图 8.69 $p-t$ 和 $T-t$ 以及高速摄影外触发信号随时间变化曲线

(T_i =300 K, p_i =50.54 kPa, λ =100,自左向右,2 000 fps)

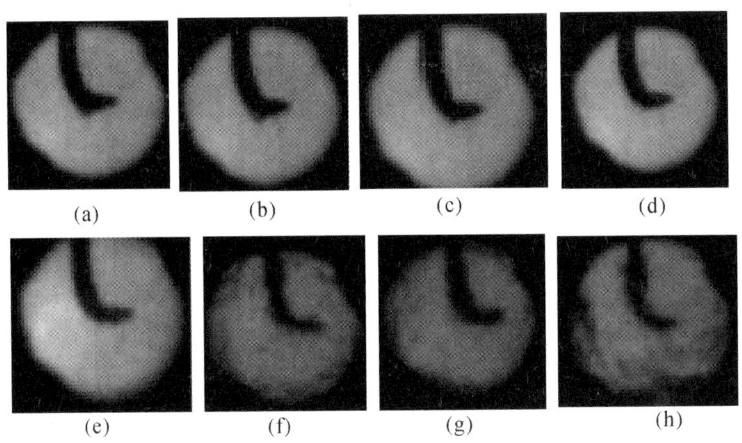

图 8.70 凝胶/氮气蒸发高速摄影照片(108 ms)

(T_i =300 K, p_i =51.72 kPa, λ =100,自左向右,5 000 fps)

(a)186 ms;(b)528 ms; (c)1 378 ms; (d)1 416 ms; (e)1 498 ms; (f)1 676 ms; (g) 1 678.6 ms; (h)1 900 ms

2. 凝胶可贮存燃料/空气超临界自点火燃烧现象

图 8.71 给出了凝胶 UDNH 在空气超临界环境下高速摄影获得的图像,对应 $p-t$ 和 $T-t$ 曲线见图 8.72。从图 8.71 可见,在 0.33 ms 时,可以清晰地看到黏附在细丝弯曲出的凝胶可贮存燃料,图 8.71(a)~图 8.71(d)可清楚地看到凝胶可贮存燃料在逐步缩小,到 1 658.33 ms 时,周围的图像变得模糊,这表明,凝胶可贮存燃料存在蒸发现象。蒸发自图 8.71(a)~图 8.71(d)结束。到 1 666.67 ms 时(见图 8.71(e)),实验段突然出现亮光,并持续到 1 690 ms,约 23 ms。之后,亮光逐步减弱并呈现出个别亮点(见图 8.71(h)),然后消失。与图 8.69 相同,图 8.72中的 CH1 为 $p-t$ 曲线(时间一实验段压力曲线);CH2 为 $T-t$ 曲线(时间一实验段温度曲线);CH3 是考虑到压力信号幅值偏低难以输出高速摄影机的触发信号(TTL 电平,此为 CH4)而对 CH1 进行放大,CH1 和 CH3 分别为 $p-t$ 放大前和放大后的压力信号时间历程。从图 8.72 中可以看出,当活塞到达终点,燃烧室压力和温度迅速升高到最大值(CH1,CH2),这时,时间同步控制系统就输出 TTL 电平(CH4)触发高速 CCD 相机,统一高速摄影和 p,T

测量时机。凝胶可贮存燃料的蒸发自图 8.71(a)～图 8.71(d)结束，相当于图 8.72 标示方框的左侧；而燃烧时间见图 8.71(c)～图 8.71(h)，对应图 8.72 中标示的方框位置。

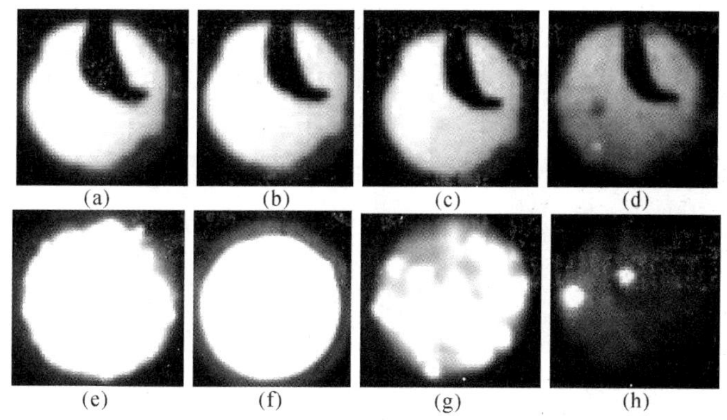

图 8.71　凝胶/空气燃烧高速摄影照片

(T_i =300 K, p_i =50.54 kPa, λ =100，自左向右，3 000 fps)

(a)0.33 ms；(b)1 549.67 ms；(c)1 606.67 ms；(d)1 658.33 ms；

(e)1 666.67 ms；(f)1 690 ms；(g) 1 803.33 ms；(h)2 058.33 ms

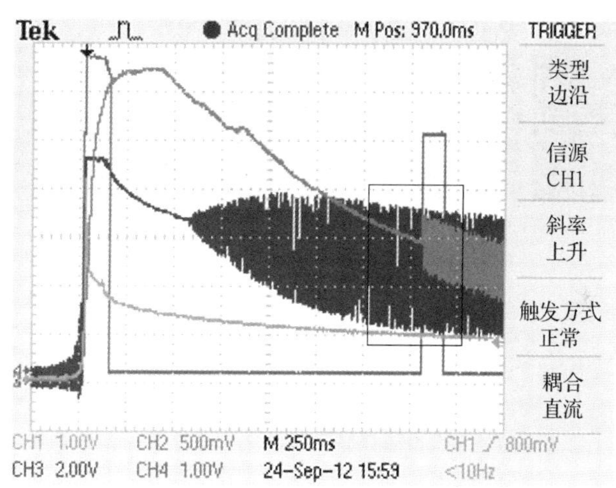

图 8.72　$p-t$ 和 $T-t$ 以及高速摄影外触发信号随时间变化曲线

(T_i =300 K, p_i =50.54 kPa, λ =100，自左向右，3 000 fps)

图 8.73 也是凝胶 UDNH 在空气超临界环境下高速摄影获得的图像，与图 8.71 不同的是，浴气的压力不同。

以上结果表明：凝胶可贮存燃料在空气和氮气中都发生蒸发或裂解分馏(仅从高速摄影照片无法区分)，两者流场都出现自发光。凝胶可贮存燃料的详尽物性尚不可知。但液体 UDMH 在 3～5 MPa 的空气中会发生自燃和爆炸，从凝胶可贮存燃料成分分析，应该是发生了爆炸。但是不能确定凝胶可贮存燃料在氮气中是发生了热裂解还是其他原因。另外比较图 8.73 和图 8.70 发现，凝胶可贮存燃料在氮气的发光时间很短(仅数毫秒)，远小于空气中的燃烧时间(数十毫秒)，发光强度也要弱很多，凝胶可贮存燃料在空气和氮气中发生的应该不是同类现象。

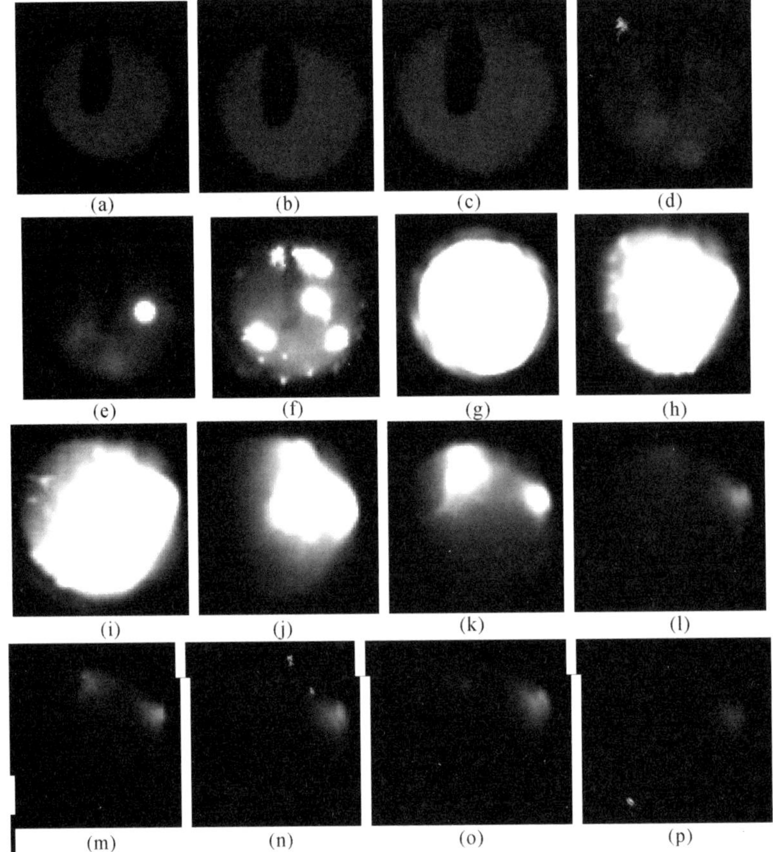

图 8.73　凝胶/空气自燃高速摄影照片

（T_i=300 K，p_i=26.67 kPa，λ=65，自左向右，5 000 fps）

(a)0.4 ms；(b)1 251.4 ms；(c)1 279 ms；(d)1 562.8 ms；(e) 1 564.8 ms；(f)1 568.2 ms；(g)1 595.2 ms；(h)1 702.2 ms (i)1 726.6 ms；(j)1 883.8 ms；(k) 2 316.6 ms；(l) 3 370 ms；(m)3 855.4 ms；(n)4 132.6 ms；(o)4 272 ms；(p)4 343.2 ms

对凝胶可贮存燃料在超临界氮气和空气中的行为研究表明：

(1)在超临界条件下，凝胶燃料也存在蒸发过程，至少是从凝胶物质中析出某些组分导致其外边界减小。蒸发现象只是在点火前期才略微明显，表现为外边界随时间增长不断向内缩小。

(2)这个过程大致可分为蒸发、点火、燃烧前期和燃烧后期四个阶段，各阶段特征现象也是类似的。

(3)点火非自流场某点开始，类似于多点点火“森林火灾”模式[170]。

(4)现有实验条件下，燃烧过程观察不到火焰传播现象和火焰面结构等。

3.UDMH 在空气超临界下的自点火燃烧现象

为了进一步研究燃料在超临界空气中的现象，尝试了液体 UDMH 在超临界空气中的实验研究。UDMH 是透明液体，且黏性系数小，很难在实验段形成并保持单滴液体，也无法在图像中显示其初始形状和粒径大小。另外，在夏季和初秋季做实验，环境温度约为 300 K，液体在挂滴过程中蒸发也较快。因此，无法通过高速摄影观察液体外边界随时间的变化。图 8.

74 给出了单滴液体在空气中的超临界点火燃烧流场高速摄影照片。

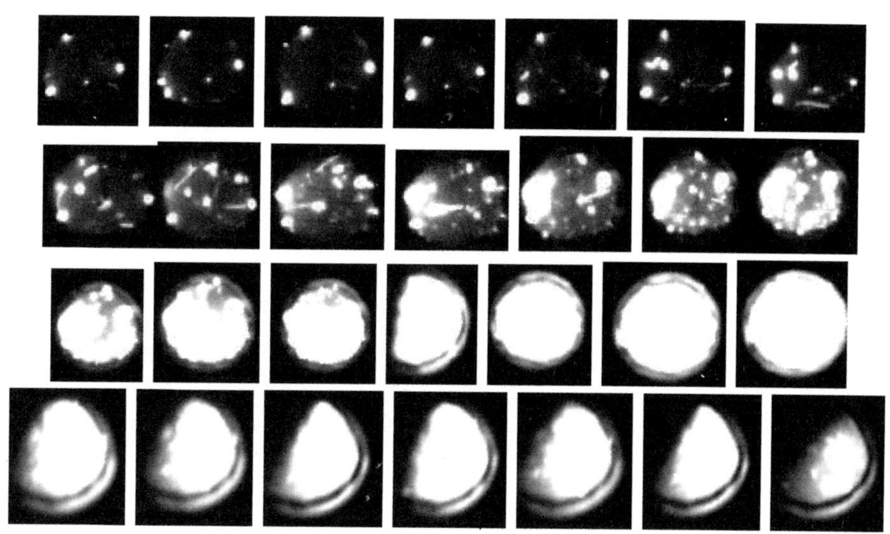

图 8.74　液体/空气自点火燃烧高速摄影照片(108 ms)

(T_i=300 K，p_i=26.66 kPa，λ =65，自左向右，5 000 fps)

由图 8.74 可得出以下结论。

(1)液体点火燃烧过程和凝胶可贮存燃料类似，大体上也经过蒸发(观察不到)、点火、燃烧前期和燃烧后期四个阶段。

(2)液体自点火区分布呈随机性(无确定规律)和不规则形状。这不仅是和液体单滴初始形状有关，而且和自点火本身属性有关，这类似于常压低温自点火的特征，呈“森林火灾”点火模式，文献[170][171]也有同样的结论。

(3)燃烧初期的燃烧速率快，燃烧后期燃速缓慢。这相当于燃烧过程拖得很长。鉴于高压燃烧机理本身的复杂性，液体偏二甲肼是多组元燃料，结构简单的短链或支链部分优先反应，而环链等复杂结构滞后反应(相当于燃料骨架反应)，也是生成 C 固体微粒子的反应步。相对地看，液体燃烧较为充分、燃烧时间长。

为半定量地了解挂滴粒径 d 随时间变化，以评估液体和凝胶燃料蒸发寿命。针对凝胶燃料在氮气中的蒸发，选择多种工况下高速摄影照片进行处理。即将高速摄影照片放大，将对应的像素面积相加，等效为 d^2。这里，液体 UDMH 是透明的，高速摄影照片的对比度小，难以准确地确定液滴边界。而凝胶燃料黏性大，挂滴形状为三维非球形状，二维图像测量结果误差较大，不能准确地和粒径平方相对应。尽管如此，还是给出大致的处理结果(见图 8.75)，以获得粒径的半定量数据。图 8.75 表明：几乎所有的 d^2 随时间变化曲线均不满足线性关系(低压蒸发与燃烧)。就是说：低压常温环境中的粒径平方随时间变化规律和高温高压环境相差较大。其他文献的实验研究也陈述了该观点。另外，粒径平方随时间变化曲线似乎出现了拐点特征。即初期(小于 300 ～500 ms)液滴蒸发速率较慢，液滴在后期蒸发快速(大于 400～500 ms)。相当于高温高压环境中的液滴蒸发呈现“惯性”特征。

压缩管振动对火焰流场显示有影响。重活塞在压缩终点止退难以避免引起压缩管振动，这使得流场相对于相机产生运动(类椭圆形)，当视窗运动到相机视窗之外，就影响观察燃烧流场观察。因此，某些工况下甚至出现全部或部分燃烧流场中断（相当于黑屏），特别是 CCD 相机拍摄速率较低的情况下这种影响更为明显。

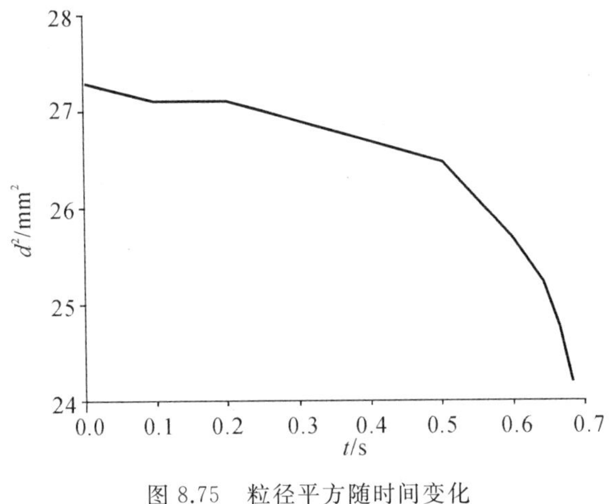

图 8.75　粒径平方随时间变化

8.4　高效燃烧的途径

热动力装置本质上是热能至动能（或机械能）的转换装置，其核心是燃烧装置中燃料化学能转换至燃气势能（热能与压力）的转换效率，转换效率中最重要的部分是燃料的燃烧效率。燃烧效率是指在给定条件下燃料化学能的释放程度，定义为燃料热量释放量与某一计算释放量的比值，是表征燃烧装置设计水平的重要指标。燃烧效率是很难测量的，液体动力装置中，通常采用燃烧室特征速度效率代之，二者之差在于喷管喉部的流量系数。理论的特征速度与推进剂的焓、温度、氧化剂与燃料的混合比及燃烧室的喉部面积有关。实验条件下，燃烧室的压力、流量是可准确测量的。故燃烧效率（特征速度效率）表示为

$$\eta_c = \frac{C^*}{C_{th}^*} = \frac{p_c A_t}{q_m C_{th}^*} \tag{8.76}$$

式中，η_c，C^*，C_{th}^*，p_c，A_t，q_m 分别为燃烧效率（即特征速度效率）、燃烧室实际特征速度、理论特征速度、室压、喉部面积和推进剂流量。通过燃烧装置来提高燃烧效率的主要思路就是提高室压，也即让燃料和氧化剂燃烧得更充分一些。

8.4.1　影响燃烧效果的因素

一般而言，燃烧效率主要受燃料自身特性、燃料初始状态（液态时液滴的尺寸、大小及分布，气态时的扩散速度与程度）、燃料特性（主要与给定氧化剂的化学反应速率相关）及燃烧环境（给予燃料燃烧的空间、停留的时间、环境压力、氧化剂浓度）等影响，不同热机燃烧效率的测量和评估方法不尽一致。液体动力装置燃烧室的燃烧效率是指在给定的燃烧室工作条件（燃料、氧化剂、混合比、室压、燃烧室身部结构、喷注器等）下燃料燃烧的完全程度。影响液体动力装置燃烧效率的主要因素具体而言是燃料特性（燃料物性）、燃料的初态（气态、液态、雾化的尺度及分布）、燃烧的环境（室压、温度、混合比、空间等）等。

(1)燃料的物性。影响燃烧特性的主要物性指标有黏度、气化潜热、比热、化学反应速率等。通常认为,燃烧发生在气态条件下,对液体燃料而言,燃烧需要经历雾化、蒸发、与氧化剂混合及化学反应等子过程,燃料是否在液态就发生燃烧,尚待研究。黏度影响燃料的雾化和蒸发特性;比热和气化潜热影响燃料的蒸发和燃烧后燃气温度,气态燃料燃烧时间短的主要原因就在于没有雾化和蒸发过程,直接缩短了燃料在燃烧室的停留时间;燃料与氧化剂的充分混合及相对富裕的氧化剂环境是高效燃烧的必要条件;燃料的化学反应速率是决定燃烧时滞的重要因素。液体动力装置使用的燃料有肼类燃料、煤油、氢和甲烷等低温燃料,不同燃料物性相差较大。高的黏度和大的表面张力使燃料雾化和蒸发变得困难;高的沸点、气化潜热和比热使燃料气化更不容易;化学反应速率越高,燃料的燃烧时间越短,给定燃烧室空间条件下,燃料更容易充分燃烧。化学成分和分子结构简单,生成最终产物的化学反应步骤少,燃烧产物分子量小,燃点低的燃料越容易燃烧,效率也就容易提高。对于凝胶燃料,应特别关注其流变特性,流变特性直接影响到燃料的黏度,进而影响到雾化,并受基体物性、胶凝剂含量和温度等参数影响。反映凝胶燃料流变特性的物理模型是其本构方程,本构方程中包含的主要物性参数有 η_0($\dot{\gamma}=0$ 时的黏度)、η_∞($\dot{\gamma}=\infty$ 时的黏度)、k(稠度系数)和 n(流动指数)、τ_0(屈服应力)、λ(特征时间),这些物性参数与其种类相关。幂律型燃料应主要关注前四个。当剪切速率达到一定值后,凝胶燃料的剪切黏度将趋于一个恒定的值(即极限剪切黏度),其与基体、胶凝方式、胶凝剂的含量和使用温度等因素有关。胶凝剂的含量越高,极限剪切黏度越大;温度越高,极限剪切速率越低。依据 Andrade - Eyring 定律,幂律型燃料的剪切黏度与温度的关系可表示为

$$\eta=(k\dot{\gamma}^{n-1})_{T=T_0}\mathrm{e}^{E\left(\frac{1}{T}-\frac{1}{T_0}\right)} \tag{8.77}$$

也即,在某一恒定的剪切速率下,黏度会随着温度的升高而降低。

(2)燃料的初态。燃料初态是指燃料进入到燃烧室时的初始物态和形态,如液态还是气态、处于亚临界还是超临界状态。处于液态时,射流、液膜、液丝或液滴在燃烧室中的分布、尺度及速度;气态进入时,气流的形状及速度、两束或者多数气流的相互关系;如处于超临界状态,则与有液体密度的气态状况相同。就液体动力装置而言,影响燃料初态的主要因素是燃料自身特性(如常温推进剂经常是液体进入,低温推进剂是气体进入)、喷注器几何和工作参数,其确定了燃料出口散布程度(喷雾嘴角)、射流或者液膜的破碎长度、雾化后液滴的细度、均匀性、空间分布、运动速度等雾化特性;对于双组元推进剂,也确定了燃料与氧化剂的混合特性。

(3)燃烧的环境。燃烧环境是指燃烧室的压力,温度、氧化剂与燃料的混合比分布及燃烧的空间尺度。高的室压会对蒸发产生不利的影响,但有利于燃烧速率的提高,因而有助于燃烧效率的提升;高温有利于提高燃料的雾化、蒸发速率和化学反应速度;燃料周围的氧化剂浓度、氧化剂与燃料在燃烧装置内的混合比分布是燃烧的必要前提,要使燃料完全燃烧,应提供燃料合理且相对富裕的氧化剂环境及燃烧装置内均匀的混合比分布;足够的空间和时间更有利于燃料完全燃烧。

8.4.2　相关因素对燃烧效率的影响

就组织燃烧而言,就是要针对具体物性的燃料,尽量优化其进入燃烧室的燃料初态,也即选择合理的燃烧室的特征长度(或者燃料的停留时间)、室压、燃烧室收敛段结构,良好雾化性能与混合性能的喷嘴等。

设计了一组不同撞击孔径(氧化剂孔径 d_o、燃料孔径 d_f 见表 8.14)、撞击对数(即孔数

n)、特征长度 L^* 的小型燃烧装置实验燃烧室(室压 $p_c=1.0$ MPa,面积比 $\varepsilon=4$),在保持相同的推进剂流量和室压条件下进行实验,研究相关参数(见表 8.14)对于燃烧效率的影响。实验采用小型液体动力装置实验系统,实验系统包括推力、温度和流量测量装置及安全与监控系统。系统采用推力传感器测量发动机推力,采用质量流量计测量氧化剂 q_{mo} 和燃料的流量 q_{mf},采用压力传感器测量氧化剂腔压力 p_o、燃料腔压力 p_f 及燃烧室压力 p_c,采用温度传感器测量氧化剂、燃料和燃烧室温度。采用第 7 章所述方法,计算相应实验条件下(氧化剂温度、燃料温度、室压)燃烧室的理论特征速度,采用式(8.76)计算燃烧效率。典型的试车曲线如图 8.76 所示。

表 8.14　燃烧室和推进剂主要参数表

试车次数代号	燃烧室设计状态				氧化剂	燃料
	n	d_o(相对值)	d_f(相对值)	L^*		
012					液体 NTO	液体 UDMH
013						大分子体系凝胶可贮存燃料
014－1						大分子体系凝胶可贮存燃料＋C 颗粒 1
014－2						大分子体系凝胶可贮存燃料＋C 颗粒 2
015	8	1.53	1.30	400	凝胶 NTO	大分子体系凝胶可贮存燃料
016				800		
017				1 200		
018	8	1.20	1.10	600		
019	8	1.40	1.18	600		
020	12	1.15	1.00	600		

注:表中的孔径均为相对孔径,即取最小的 d_f 为 1.0,其他的孔径均是此值的倍数。

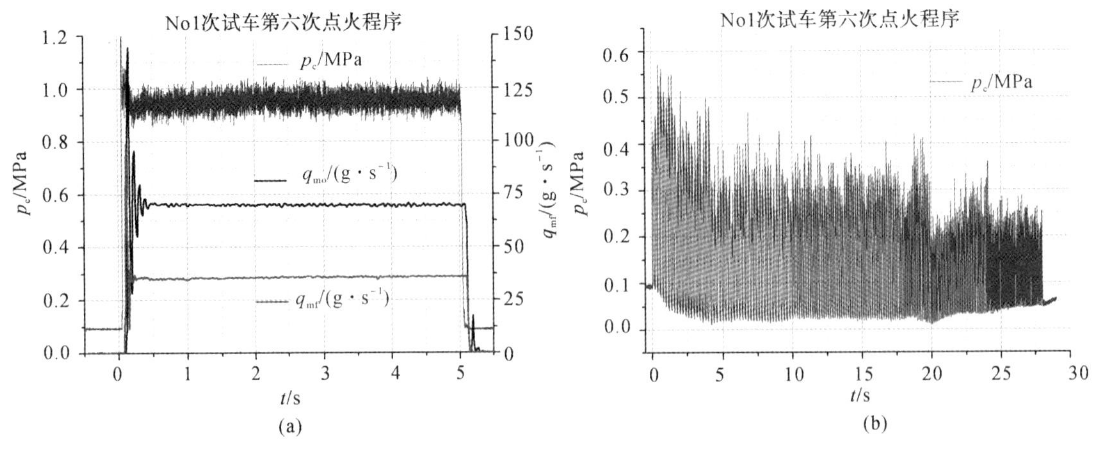

图 8.76　典型的试车曲线

(a)稳态试车燃烧室流量与压力曲线;(b)脉冲试车燃烧室压力曲线

(1)燃料特性对燃烧效率的影响。图 8.77[172]是相同燃烧室头部、相同身部,氧化剂均为液体 N_2O_4,在同样流量(燃烧室压力基本为 1.0 MPa)条件下,不同燃料实验得到的燃烧效率。图 8.77 中 012,013 和 014 是试车次数代号,对应的燃料依次为液体、大分子体系凝胶燃料和大分子体系且加 10%C 的凝胶可贮存燃料,横坐标 I 是喷嘴氧化剂射流与燃料射流的动量比。由图 8.77 可见,同一燃烧室、相同氧化剂及推进剂流量条件下,液体燃料的燃烧效率要高于大分子体系凝胶燃料,而后者又高于大分子体系且加 10%C 的凝胶可贮存燃料。同样条件下,凝胶推进剂雾化的破碎长度要长得多,且很难雾化成液滴,而黏度也是影响雾化的主要因素。热试得到的结果与凝胶推进剂雾化实验及对燃烧特性的推论相符[173]。含碳推进剂效率差的原因还有燃烧室尺寸较小,碳颗粒尺寸相对较大(15～20 μm)无法完全燃烧的因素。这里固然有燃烧室设计的适应性问题,也即燃烧室装置的设计应依据燃料的物性进行调整,给予燃料适宜的燃烧环境,但还是从一个侧面反映出了燃料物性对燃烧效率是有影响的。

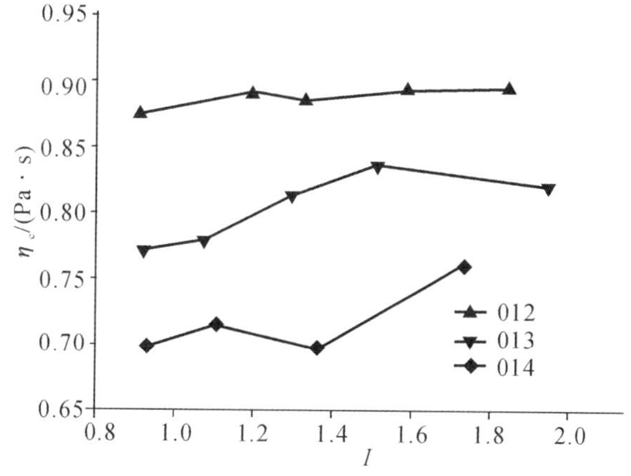

图 8.77　同一燃烧室中不同燃料的燃烧效率

(2)燃料出口的初态参数。燃料进入燃烧室时,射流或者液膜的破碎长度、雾化后液滴的细度、均匀性、空间分布、运动速度等就是燃料出口的初态。第 6 章的研究已经表明,对撞击式喷嘴而言,射流的破碎长度受喷嘴的撞击夹角、孔径比、射流动量比的影响;对离心式喷嘴而言,破碎长度主要受液流出口速度和液膜厚度影响,同时,也受外界环境的影响。同等燃烧室结构条件下,破碎长度小有利于射流尽快雾化,燃烧室火焰峰更靠近头部,燃料燃烧时间更充分;射流/液膜/液滴速度小,雾化后液滴尺度小,留给燃料燃烧时间就长。这里,最明显的案例就是超燃冲压发动机燃烧室环境中燃油的燃烧,其问题的根结就在于有限的燃烧室长度和超声速气流环境,留给燃料雾化、蒸发、混合和燃烧的时间非常少,仅为毫秒级,不足以使燃油完全燃烧。文献[174]介绍了一对撞击孔、两对撞击孔、三对撞击孔及层板喷注器 4 种喷嘴的冷流和热试对比情况,4 种喷嘴的总流量相当,使用环境基本相同(喷嘴雾化图像见图 8.78),雾化实验结果表明:层板喷注器产生的喷雾破碎长度短、喷嘴近区喷雾分布宽、运动速度相对较小;一对撞击孔喷嘴的喷嘴破碎长度较长、头部近区喷雾分布窄、雾场在横向呈扁平分布;两对撞击孔喷嘴因孔径变小,破碎长度减小;三对撞击孔喷嘴产生的喷雾场相对稠密,与一对撞击孔相比，因喷注压降减小，喷雾破碎长度相对增加，液滴尺寸增大。多台产品热试结果表明：同样燃烧室结构的层板喷注器热试分布为 84%～95%；三对撞击式喷嘴效率最高达到 95%；采用一对撞击孔的喷嘴因加工偏差，热试的效果偏差较大，在 76%～95%之间。热试结果还发现了一个有趣的现象，同样燃烧室压力和余氧系数下，使用层板喷注器的推力室不仅燃烧效率、比冲高，推力室壁温度也明显偏高，最高温度区域出现在喉部收敛段之前，而不是通常出现的喉部收敛段，即燃烧面前移。

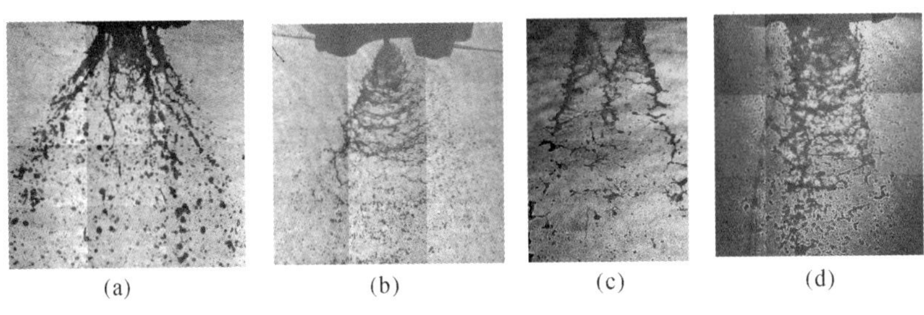

图 8.78　不同喷嘴雾化图像

(a)层板喷注器；(b)一对撞击孔；(c)两对撞击孔；(d)三对撞击孔

图 8.79[172]是相同燃烧室身部，相同推进剂，在同样流量（燃烧室压力基本为 1.0 MPa）条件下，使用 3 种不同孔径喷注器的燃烧室，通过实验得到的燃烧效率。由图 8.79 可见，同样流量条件下，减小喷孔直径（第 019 次和第 020 次相比），增加撞击孔数，既有利于减小射流的初始直径，又有利于氧化剂和燃料在整个燃烧室横截面的均匀分布；孔径减小后，射流速度有所增加，进一步增加了撞击动量，缩短了雾化后射流的破碎长度，小的射流初始直径减小了雾化液滴的初始直径，将促进燃烧室中氧化剂与燃料的尽快雾化、迅速蒸发和均匀混合，势必提高燃烧效率。另一方面，喷射速度增加，导致推进剂在燃烧室停留时间减少，对燃烧又有不利影响。最终结果取决于二者影响相对程度。在所试范围内，表现为孔径减小，燃烧效率增加。这里，第 018 次带有冷却孔，燃烧效率要受其他因素影响（后叙）。这又从另一个侧面说明了燃料出口初态对燃烧效率的影响，热试得到的结果与凝胶推进剂雾化实验及对燃烧特性的推论相符[173]。

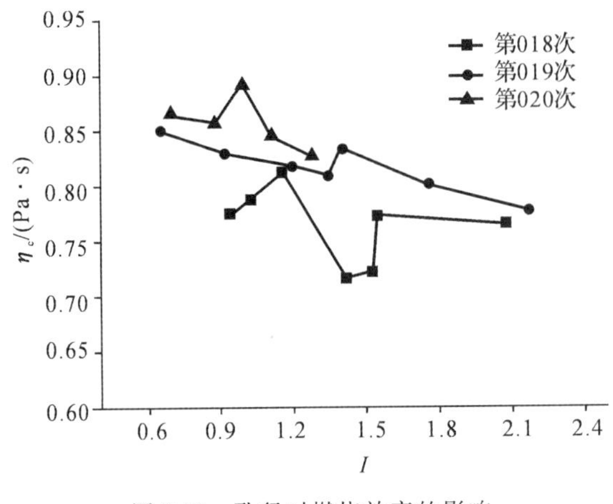

图 8.79　孔径对燃烧效率的影响

研究还表明:燃料在超临界与亚临界条件下的雾化有较大的差异。超临界条件下,射流呈现出黏性气态状况,两股射流撞击后,射流与周围气体没有清晰的界面,没有亚临界条件出现的液膜、液丝及破碎成液滴的过程。这样,燃料的雾化过程实际上就不存在,燃料与氧化剂的混合是两股稠密气流中间的撞击与混合,燃烧与混合过程是同时发生的,燃烧发生的时间就会提前,同等燃烧室条件下,必然会产生较高的燃烧效率。如图 8.80～图 8.82 所示。

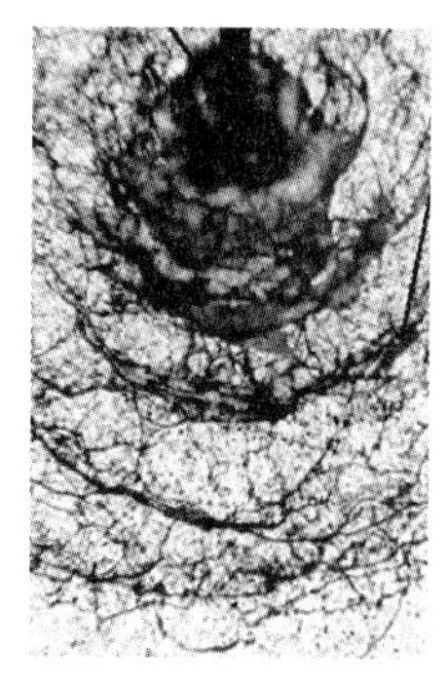

图 8.80　凝胶水雾化

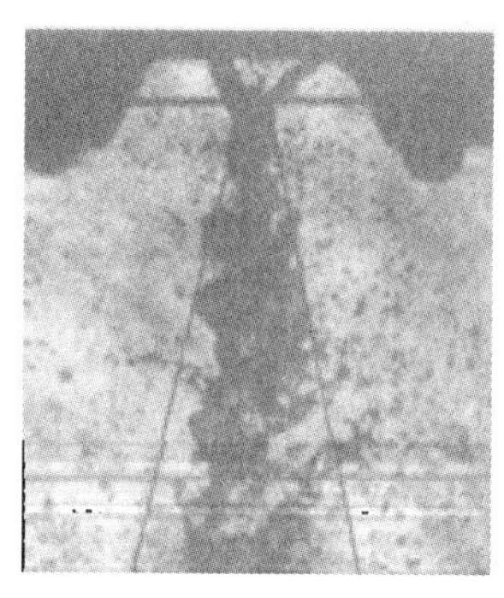

图 8.81　水雾化图像

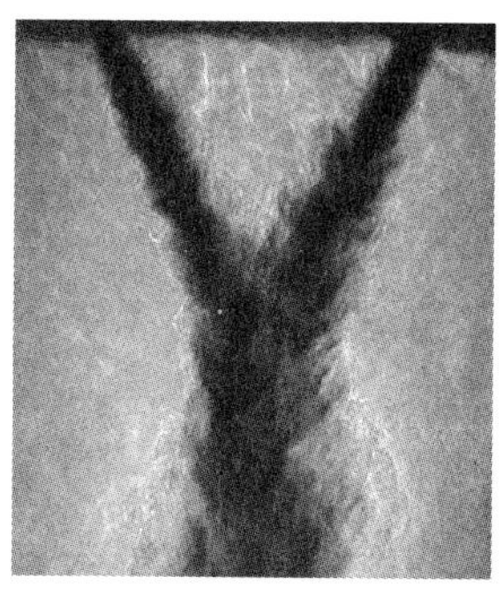

图 8.82　液氮在超临界条件下雾化[8]

当今,燃料进入燃烧室后的散布度(喷雾嘴角)、射流/液膜的破碎长度、液膜/液丝/液滴的尺寸、分布及速度,乃至射流的波动振型、波动频率和振幅均可通过激光全息摄影技术、高清晰度的高速摄影、PDPA、纹影等光学测量设备获得。凝胶燃料离开喷嘴后,射流/液膜/液丝/液滴会与周围环境相互作用,随着射流/液膜/液丝/液滴速度的变化,表面及内部物性会出现不一致,目前尚未见到凝胶射流/液膜等表面和内部的物性参数随外界环境变化研究结果,这是凝胶燃料与常规牛顿型流体燃料的主要区别,也是高效燃烧关注的更深入和细致的问题。

(3)燃料与氧化剂的混合比分布。燃料与氧化剂的混合比分布是影响燃料燃烧过程及效果的另一个重要参数。燃烧装置中,混合性能同时也影响了燃烧装置内温度分布的均匀性。文献[175]研究表明,因喷嘴加工造成的混合比不均匀可使热试性能相差 20%。

(4)燃烧室的特征长度。在喷注器形式确定后,研究燃烧室结构对燃烧性能的影响。燃烧室结构参数主要有燃烧室直径、特征长度、收缩比等。研究特征长度的影响因素时,固定喷注器结构和燃烧室直径,选定 3～7 种特征长度,为了突出差距,特征长度变化的步长可以取较大一些。与相同的喷注器组合进行热试车,获得燃烧效率,通过绘制燃烧效率与特征长度的变化曲线,分析特征长度与燃烧效率的关系。

燃烧室设计通常是依据燃料体系和以往的研制经验,选定停留时间或者特征长度,进而确定其几何尺寸。给定条件下,燃烧室特征长度也表征了燃料在燃烧室停留的时间,燃料在燃烧室停留时间长,则有利于燃料的充分燃烧。图 8.83[172]是用特征长度 L^* 分别为 400 mm、800 mm 和 1 200 mm 的燃烧室,用同一燃烧室头部和相同推进剂,分别在不同的混合比下进行实验(试车次数代号分别为 015,016,017,见表 8.14),获得相应的燃烧效率。不同特征长度下,氧化剂与燃料流量(混合比)处理成两者射流动量比 I 与燃烧效率的关系,如图 8.82 所示。

从图 8.83 中可以看出:① 增加特征长度,燃烧效率明显增加。就所实验的燃烧室和推进剂而言,当特征长度从 400 mm 增加到 1 200 mm 时,平均燃烧效率从 0.804 增加到 0.88,增幅为 10%。② η_c 与动量比有一定关系,似乎存在一个较佳值,但不是非常明显。就燃烧而言,在燃烧室直径和其他参数不变的条件下,增加燃烧室特征长度,则是增加了燃烧室长度和容积,进而增加了燃料在燃烧室内的停留时间，这有利于燃料和氧化剂的雾化、混合、蒸发及化学反应，促进燃料的充分燃烧，燃烧完全程度提高是合乎常理的，文献[176]～文献[177]的研究结果也有同样的结论，文献[99]含碳凝胶推进剂燃烧实验也得到了这样的结论。这里设计的互击式喷嘴氧化剂与燃料的孔径比均在 1.2 以下，以保障较小的混合比偏差[100]，进而得到较好的燃烧效率。实验是在保持推进剂总流量不变的条件下(保障燃烧室压力近似相同)，通过氧化剂和燃料流量的反变改变动量比。由此可见，此时，动量比变化主要是氧化剂与燃料喷射速度比和合成动量角的变化。氧化剂射流速度增加，燃料射流速度减小，导致的雾化性能变差；同时，合成动量角偏离燃烧室轴线，撞击后的射流对燃烧室氧化剂与燃料的混合不利，燃烧效率应该呈现出逐渐降低的趋势。但实际燃烧室中，影响因素非常复杂，也许是实验方法本身存在一定问题。这里，需注意的是特征长度增加，导致燃烧室尺寸增加，燃烧室向外界散热增加，导致燃烧热量的损失。就所研究的燃烧室而言，当特征长度从 400 mm 增加到 1 200 mm 时，燃烧室长度增加约 4 倍，也即燃烧室对外的散热面积约增加 4 倍，相应的热沉也增加，从而导致更大的燃烧热量的损失，计算的燃烧室燃烧效率会比实际置稍低一些。实际发动机设计中，需要进行发动机尺寸、质量和燃烧效率的权衡。

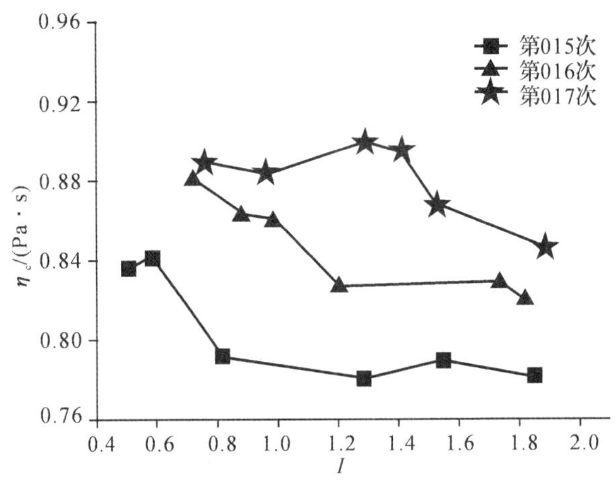

图 8.83　特征长度 L^* 对燃烧效率 η_c 的影响

(5)碳粉直径对燃烧效率的影响[99]。文献对含碳凝胶推进剂燃烧特性进行了实验研究，第 01 次和第 05 次试车产品状态相同，氧化剂均为 NTO，燃料均为含碳的 UDMH，但碳粉的直径不同，其中第 01 次试车的碳粉直径为微米级，而第 05 次试车的碳粉直径分布比第 01 次更宽，而平均直径低一个量级，两次试车得到的燃烧效率与喷注器氧化剂和燃料的动量比(I 针对撞击式喷注器，I 与余氧系数是对应的)的关系如图 8.84 所示。

从图 8.84 中可以看出：在喷嘴几何尺寸、燃烧室结构、推进剂总流量和氧化剂一定的条件下，二者的燃烧室燃烧效率基本相当。究其原因，二者的主要差别在于燃料中碳粉直径稍有区别，它影响到推进剂的雾化和燃烧。碳粉直径在一定程度上对燃烧效率的影响，主要在于在给定的燃烧室空间内能否完全燃烧，如果燃烧室空间足够大，即选取的特征长度足以使碳粉燃烧，则碳粉的直径将不影响燃烧效果。就本书研究范围内，选取的燃烧室空间已能使碳粉完全燃烧。文中设计的撞击式喷注器，氧化剂与燃料的孔径比在 1.2 以下，以保障较小的混合比偏差。实验是在保持推进剂总流量不变的条件下(保障燃烧室压力近似相同)，通过氧化剂和燃料流量的反变改变动量比，动量比变化氧化剂与燃料喷射速度比和合成动量角发生变化，导致的雾化性能变化；同时，撞击后的射流对燃烧室氧化剂与燃料的混合发生变化，燃烧效率发生变化。

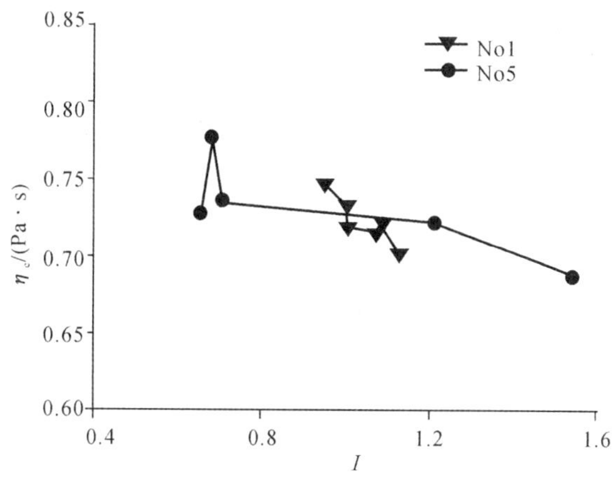

图 8.84　碳粉粒度和动量比对燃烧效率的影响

(6)液滴的燃尽时间。8.2 节已述，液滴越小，蒸发越快，同样化学反应速率下燃烧越快；而液滴的燃尽时间与液滴的物性、尺度及环境有关。凝胶推进剂是在原液体燃料的基础上，添加了胶凝剂、助剂和含能物质(Al、C)等形成的混合物。前述的研究表明：① 基于无机胶凝剂、非金属化的凝胶燃料，其燃烧依旧遵循扩散控制燃烧的 d^2 定律；胶凝剂增加，凝胶燃料的气化潜热增加，点火延迟增加；燃烧速率低于纯液体燃料。② 基于有机胶凝剂的含能凝胶燃料可视为多组分燃料的混合物。初始阶段，易挥发的组分先气化，液滴组分的空间分布依赖于最初的混合和液体燃料的扩散速率；随着液滴表面易挥发，燃料组分浓度逐渐减小，液滴温度逐渐由较难挥发的组分的沸点所决定，而部分较易挥发的组分被限制在液滴内，最后导致液滴的微爆。开始阶段，碳浆滴的燃烧与纯液体燃料相似，并且碳浆滴从变形开始到破碎的过程中，其直径几乎保持不变；增加燃料中碳粒子含量，初始燃烧速率降低，并且液滴变形也提前。基于铝粒子的凝胶浆滴燃烧时，浆滴的刚性外壳能随着内部压力的升高而破裂，并产生微爆。③ 基于有机胶凝剂的凝胶液滴的燃烧过程中，随着液滴内部分燃料的蒸发，液滴表面会逐渐形成一弹性胶凝剂层，它阻止了液滴内部燃料的继续蒸发。这导致燃料在液滴内部蒸发形成气泡，引起液滴膨胀爆裂和燃料喷射，并最后破碎剩余的液滴。这是个周期性的燃烧过程，直到完全消耗掉燃料和胶凝剂。实际燃烧装置中，燃料是以群雾状态同时发生燃烧。单个液滴的燃尽时间主要与其尺寸、所处的环境(压力、温度)、燃料的蒸发特性、蒸发后与氧化剂的混合过程及化学反应速率相关。群雾中个体液滴的尺寸不尽相同，各自所处的微空间也有所区别。直径小、温度高、蒸发速率和化学反应速率快的液滴燃尽时间短；气化潜热小、燃点低和化学反应速率快的组元先燃烧完毕。因而，凝胶燃料的燃尽时间液滴势必要高于其基体液体燃料，进而解决的措施只能是增加燃烧的时间。

(7)边区冷却与高效燃烧的兼顾。需要说明的是，对于小推力双组元发动机，一般采用辐射冷却＋液膜冷却的方案，其中液膜冷却发挥重要的作用。传统的液膜冷却方式为一种推进剂(氧化剂或燃料)以一定的速度喷射到燃烧室壁面，通过液体在内壁面的流动来保证冷却距离和冷却效果。对于凝胶推进剂，用作液膜冷却时，喷射到壁面上，由于受到的剪切力变小，黏性增大，推进剂流动速度减缓，因此影响液膜冷却距离和冷却效果。同时，冷却液量对冷却效果和燃烧效率均有影响，为了确保合适的冷却效果，并尽可能提高燃烧效率，需要对匹配性进行研究，以获得最优的冷却液量。针对直流互击式喷注器，设计不同的冷却方式（圆孔射流或液膜），改变冷却参数（射流角度、冷却液比例、喷射压降等）进行实验，研究冷却效果与燃烧效率的优化，在保证发动机可靠工作的同时，尽量提高比冲性能。图 8.79 中，第 018 次和第 019 次试车的氧化剂和燃料均相同，不同之处在于，因冷却需要，第 018 次实验在边区设置了冷却液膜，分流部分燃料。同时，为了平衡氧化剂与燃料的撞击动量，在中心设置了氧化剂自击撞击对。第 018 次实验设置燃料液膜冷却和中心区的氧化剂撞击对，必然导致燃烧室中心区形成相对富氧环境，中间层为撞击形成的混合层，而边区形成相对富燃的环境，导致燃烧室混合比分布的不均匀，进而影响到燃烧效率。分析表明，第 018 次的撞击对设计要优于第 019 次实验，燃烧效率的大幅度降低主要原因在于混合比分布的影响。

8.4.3 高效燃烧途径分析

研究凝胶推进剂胶凝剂生成方式、胶凝剂含量、流变特性、射流/液膜破碎、雾化特性、液滴燃烧特性等基础问题的主要目的处理了解其中的科学问题外，主要的原因在于为高效燃烧装置的设计提供科学依据，纵观本书的研究宗旨，可以将液体动力装置高效燃烧途径归结如下。

（1）研究并充分掌握燃料物性和使用的环境。对凝胶燃料，需注意其流变特性和微观结构，确定燃料中各组分的分布情况，充分考虑组分中对燃烧影响较大的物质的特性。

（2）研究和设计良好雾化和混合效果的喷注器，增大燃料进入燃烧室的扩散度，减小射流/液膜破碎长度和尺度，减小雾化后液滴的尺寸，提高雾化的均匀性和混合比。液体动力装置喷注器往往需经多次改进，才能达到较好的雾化和燃烧性能；凝胶推进剂喷注器的设计应更周密和精细。

（3）借鉴经验或者进行必要的液滴燃尽时间研究，掌握不同尺度液滴在给定环境（压力、温度、氧化剂浓度等）下，燃尽时间与相关参数的关系，依据燃料进入燃烧室的初态，选择适宜的燃烧室结构和尺度。

（4）一般而言，气态燃料的燃烧有比液态燃料更高的燃烧效率，应尽可能地在气态状态下组织燃烧，其途径在于使部分燃料与氧化剂预先产生富氧或者富燃气体，使两者进行掺混燃烧（如全流量循环发动机燃烧室的燃烧组织模式）；或者使富氧燃气与液体燃料、富燃气体与液态氧化剂进行二次燃烧（如补燃循环发动机燃烧室燃烧组织模式）。

（5）应尽可能在较高的压力下组织燃烧。

（6）燃烧装置的设计需综合考虑室温度过高导致燃烧室的烧蚀问题，尽量优化燃烧与冷却中间的关系；考虑燃烧室的尺度带来的质量等因素影响，进行发动机燃烧效率、可靠冷却及轻质量综合权衡。

高效燃烧是燃烧的组织技术，更可以说是一门艺术，取决于：① 对燃料特性的准确把握和有效运用；② 适宜的燃烧环境，包括压力、温度和氧化剂浓度；③ 适宜的、均衡考虑的燃烧装置空间。本书仅对影响液体动力装置高效燃烧相关因素和主要途径进行了分析，更翔实和准确的参数及深入细致的研究工作有待于今后完善，所得结论仅供其他热机参考。

参考文献

[1] 江体乾.化工流变学[M].上海:华东理工大学出版社,2004.

[2] 沈仲堂,刘鹤年.非牛顿流体力学及其应用[M].北京:高等教育出版社,1989.

[3] NATAN B, RAHIMI S. The Status of Gel Propellants In Year 2000[R]. Combustion of Energetic Materials, K.K.Kuo and Deluca,Editors,2001.

[4] RAHIMI S, HASAN D, PERETZ A. Preparation and Characterization of Gel Propellants and Simulants[R]. AIAA 2001 - 3264,2001.

[5] 张蒙正,杨伟东,孙彦堂.凝胶推进剂直圆管流动特性探讨[J].火箭推进,2007,34(5):1 - 6.

[6] 庄逢辰.液体火箭发动机喷雾燃烧的理论、模型及应用[M].长沙:国防科技大学出版社,1995.

[7] FERRENBERG A J,VARMA M S. Atomization Data Requirements for Rocket Combustor Modeling[R]. 19 th JANNAF Combustion Meeting, 1982.

[8] 刘乃震,王廷瑞,等.非牛顿流体的稳定性及其流态判别[J].钻井工程,2003, 23(1):53 - 57.

[9] WHORLOW R W. Rheological Techniques[M]. New York: Wiley, 1980.

[10] 杨凯. 毛细管流变仪结构、工作原理及相关较正[EB/OL]. [2013 - 02 - 28] http://wenku.baidu.com/view/85901ce54afe04a1b071dee3.html.

[11] 左博,张蒙正.凝胶推进剂直圆管中剪切速率与表观黏性实验研究[J].火箭推进,2007,33(4):12 - 15.

[12] 李庆扬,王能超,易大义.数值分析[M].4 版.北京:清华大学出版社,2001.

[13] 潘大林,张维佳,王亦群.幂律型流体本构常数测量相对误差及其对管线摩阻系数的影响[J].哈尔滨建筑大学学报,2000,6(3):52 - 55.

[14] GUPTA B L, VARMA M,MUNJAL N L. Rhrological Studies on Virgin and Metallized Unsymmetrical Dimethyl Hydrazine[J]. Propellants Explosives Pyrotechnics, 1986,11(2):45 - 52.

[15] RAHIMI S, NATAN B. Flow of Gel Fuels in Tapered Injectors[J]. Journal of Propulsion and Power, 2000,16(3):458 - 464.

[16] 王友善.聚合物在加工过程中的传热及流动特性研究[D].哈尔滨:哈尔滨工业大学,2000.

[17] 左博,张蒙正,张玫.凝胶推进剂模拟液直圆管压降计算及误差分析[J],火箭推进,2008,34(16):26 - 29.

[18] 左博,张蒙正.凝胶模拟液直圆管流动特性数值模拟[J].火箭推进,2008, 34(165):27 - 30.

[19] 左博,张蒙正.屈服假塑性凝胶模拟液直圆管流变和流动特性分析[J].火箭推进,2009, 35(167):45 - 49.

[20] 张蒙正,左博.幂律型凝胶推进剂管路中的流动特性[J].推进技术,2009,30(2):246 - 250.

[21] RAYLEIGH L. On the Instability of Jets[J]. Proc. of the London Math., 1879(10): 351 - 371.

[22] YUEM M C. Nonlinear Capillary Instability of A Liquid Jet[J]. J Fluid Mech,1968, 33:151 - 163.

[23] LAFRANCE P. Nonlinear Breakup of A Liquid Jet[J]. The Physics of Fluids, 1974, 17:1913 - 1918.

[24] LAFRANCE P. Nonlinear Breakup of A Laminar Liquid Jet[J]. The Physics of Fluids, 1975,18:428 - 432.

[25] NAYFEH A H. Nonlinear Stability of A Liquid Jet[J]. The Physics of Fluids, 1970, 13(4):841 - 847.

[26] CHAUDHARY K C, MAXWORTHY T. The Nonlinear Capillary Instability of A Jet, Part. 1, Experiments on the Jet Behaviors Before Droplet Formation[J]. J.Fluid mech Theory, 1980,96:257 - 274.

[27] CHAUDHARY K C, REDEDOPP L G. The Nonlinear Capillary Instability of Liquid Jet[J]. Part. 2, Experiments on the Jet Behaviors Before Droplet Formation, J.Fluid Mech, Theory,1980,96:275 - 281.

[28] RUTLAND D F, JAMESON G J. A Non - Linear Effect in the Capillary Instability of Liquid Jets[J]. Fluid Mech,1971,46:267.

[29] SCHWEITZER P H. Mechanism of Disintegration of Liquid Jets [J]. Journal of Applied Physics, 1937, 8(8): 513 - 521.

[30] BERGWERK W. Flow Pattern in Diesel Nozzle Spray Holes [J]. Proceedings of the Institution of Mechanical Engineers, 1959, 173(1):655 - 660.

[31] SPIKES R H, PENNINGTON G A. Discharge Coefficient of Small Submerged Orifices [J]. Proceedings of the Institution of Mechanical Engineers, 1959, 173(1): 661 - 674.

[32] JACK H, RUPE. On the Dynamic Characteristics of Free - Liquid Jets and u Partial Correlation with Orifice Geometry [R]. Jet Propulsion Laboratory Technical Report, No.32,207,2962.

[33] SHKADOV V Y. Wave Formation on Surface of Viscous Lipuid Due to Tangential Stress [J]. Fluid Dynamics, 1970,5(3):473 - 476.

[34] GRIFFEN E, MURASZEW A. The Atomization of Liquid Fuels[M]. New York: Wiley,1953.

[35] BRACCO F V,Reitz R D. Mechanism of Atomization of Liquid Jets[J]. Physics of Fluids (A),1982,25(10):1730 - 1742.

[36] Castleman R A. Mechanism of Atomization Accompanying Solid Injection[R]. NACA Report. 1932.

[37] TAYLOR G I. Generation of Ripples by Wind Blowing over Viscous Fluids[J]. Cambridge University Press, Cambridge, England, 1963,3:244 - 254.

[38] LIN S P,KANG D J. Atomization of A Liquid Jet, Physics of Jet[J]. 1987,30(7): 3428 - 3436.

[39] LIN S P, LIAN Z W. Mechanism of the Breakup of Liquid Jets[J]. AIAA Journal, 1990,28(1):120 - 126.

[40] LEVICH V G. Physicochemical Hydrodynamics[J]. Americam Juurnol of Physics, 1963(1):892.

[41] HOYT J W, TAYLOR J J. Waves on Water Jets[J]. J. Fluid Mech, 1977:83.

[42] STOCKMAN M G, BEJAN A. The Nonaxisymmetric(Buckling) Flow Regime of Fast Capillary Jets[J]. Phys. Fluids, 1982, 25(a): 1506.

[43] YANG H Q. Asymmetric Instability of A Liquid Jet[J]. Phys. Fluids ,A4(4) ,1992.

[44] LI X. Mechanism of Atomization of A Liquid Jet[J]. Atomization and Sprays ,1995,5 (1):89 - 105.

[45] SHI S X, XI D U. Unstable Modes of A High - Speed Viscous Liquid Jet[J].Acta Aeronautica et Astronautica Sinica, 1997,18(1):1 - 7.

[46] DU Q,LI X. Effect of Gas Stream Swirls on the Instability of Viscous Annular Liquid Jets[J]. Acta Mechanica, 2005,176(1 - 2):61 - 81.

[47] DU Q, LIU N, YIN J. The Study on the Relationship Between Breakup Modes and Gas - Liquid Interfaces, Chinese Science Bulletin, 2008,53(18):2898 - 2906.

[48] O'ROURKE P J , AMSDEN A A.The TAB Method for Numerical Calculation of Spray Droplet Breakup [C]. SAE Paper 872089, 1987.

[49] REITZ R D, DIWAKAR J.Structure of High - Pressure Sprays[C]. SAE Paper 870598, 1987.

[50] REITZ R D, DIWAKAR J.Effect of Drop Breakup on Fuel Sprays[C].SAE Paper 860469, 1986.

[51] REITZ R D, Mechanisms of Atomization Process in High - Pressure Vaporizing Sprays [C].Atomization and Spray Techno Logy, 1987, 3: 309 - 337.

[52] LIU A B, REITZ R D.Modeling the Effects of Drop Drag and Breakup on Fuel Sprays [C].SAE Paper 930072, 1993.

[53] SU T F, PATTERSON M A, REITZ R D. Experimental and Numerical Studies of High Pressure Multiple Injection Sprays[C].SAE Paper 960861, 1996.

[54] HUH K Y, GOSMAN A D. A Phenomenological Model of Diesel Spray Atomization [J]//Proceedings of International Conference on Multiphase Flows(ICMF,1991)[C]. Tsukuba, Japan, 1991,9: 24 - 27 .

[55] HUH K Y, LEE E, KOO J Y.Diesel Spray Atomization Model Considering Nozzle Exit Turbulence Conditions [J].Atomization and Sprays, 1998, 8: 453 - 469 .

[56] SCHMIDT D P, NPUAR T I, SENERAL P K, et al.Pressure - Swirl Atomization in the Near Field [C]. SAE Paper 010496, 2001.

[57] LIU Z B, BRENN G, DURST F. Linear Analysis of the Instability of Two - Dimensional Non - Newtonian Liquid Sheets, J. Non - Newtonian Fluid Mech, 1998, 78: 133 - 166.

[58] BRENN G, LIU Z B, DURST F. Linear Analysis of the Temporal Instability of Axisymmetrical Non - Newtonian Liquid Jets[J]. International Journal of Multiphase Flow, 2000, 26: 1621 - 1644.

[59] LIU Z H, LIU Z B. Instability of A Viscoelastic Liquid Jet with Axisymmetric and Asymmetric Disturbances[J]. International Journal of Multiphase Flow, 2008, 34: 42 - 60.

[60] THOMPSON J C, JONATHAN P R. The Atomization of Viscoelastic Vluids in Flat - Fan and Hollow - Cone Spray Nozzles[J]. J. Non - Newtonian Fluid Mech, 2007, 147: 11 - 22.

[61] HE L P, ZHANG M Z, DU Q, et al. Large Eddy Simulation of Atomization Process of Non - Newtonian Liquid Jet[J]. Advanced Science Letters,2012,5(4):8,285 - 290.

[62] CHANG Q, ZHANG M Z, BAI F Q, et al. Instability Analysis of A Power Law Liquid Jet[J]. Jounal of Non - Newtanian Fluid Mechanics, 2013,198:10 - 17.

[63] RAYLEIGH L. Theory of Sound. Dover Publications[J]. New York, N. Y, 1954 (2):376.

[64] SQUIRE H B. Investigation of the Instability of a Moving Liquid Film[J]. Br.J.Appl. Phys, 1953(4):167.

[65] YORK J L, STUBBS H E, Tek M R. The Mechanism of Disintegration of Liquid Sheet[J]. Trans ASME, 1953(75): 1279.

[66] DOMBROWSKI N, JOHNS W R. The Aerodynamic Instability and Disintegration of

Viscous Liquid Sheets[J]. Chem.Eng.Sci, 1963(18):203.

[67] CLARK C J,DOMBROWSKI N. Aerodynamic Instability and Disintegration of Inviscid Liquid Sheet[J]. Proc.R.Soc. London, 1972(A): 329, 467.

[68] GEOFFREY TAYLOR FRS. The Dynamics of Thin Sheets of Fluid 1. Water Bells [J]. Proc.Roy.Soc. 1959(A13): 253, 289.

[69] GEOFFREY TAYLOR F R S. The Dynamics of Thin Sheets of Fluid 2. Waves on Fluid Sheets[J]. Proc.Roy.Soc, 296,1959(A14－17):253,296.

[70] GEOFFREY TAYLOR F R S. The Dynamics of Thin Sheets of Fluid 3. Disintegration of Fluid Sheets[J]. Proc.Roy.Soc.1959(A13):253,289.

[71] HAGERTY W W,SHEA H F. A Study of the Stability of Plane Fluid Sheets[J]. J. Appl.Mech, 1955(22):509.

[72] CRAPPER G D, DOMOBROWSKI N,JEPSON W P,et al. A Note on the Growth of Kelvin－Helmhottz Waves on Thin Liquid Sheet[J]. Fluid Mech, 1973(57):671.

[73] CRAPPER G D, DOMOBROWSKI N,JEPSON W P, et al. Large Amplitude Kelvin－Helmholtz Waves on Thin Liquid Sheet[J]. Proc.R,Soc.London, 1975(A): 209,342.

[74] CRAPPER G D,DOMOBROWSKI N,JEPSON W P,et al. Wave Growth on Thin Sheets of Non－Newtonian Liquids[J]. Proc. R. Soc. London A, 1975(B):225,342.

[75] LIN S P,LIAN Z W,CREIGHTON BJ. Absolute and Convective Instability of A Liquid Sheet[R]. J. Fluid Mech, 1990.

[76] TENG C H, LIN S P,CHEN J N. Absolute and Convective Instability of A Viscous Liquid Curtain in A Viscous Gas[J]. J. Fluid Mech, 1997:105,322.

[77] LI X,TANKIN R S. On the Temporal Instability of A Two－Dimensional Viscous Liquid Sheet[R]. J. Fluid Mech, 1991.

[78] IBRAHIM E A. Instability of A Liquid Sheet of Parabolic Velocity Profile[J]. Phys. Fluid,1998,10(4):1034.

[79] LANDAU L D,LIFSHITZ E M. Fluid Mech[M]. London: Pergamon Press, 1959.

[80] BRIGGS R J. Electron Stream Interaction with Plasmas[M]. Cambridge: MIT Press, 1964.

[81] BERS A. Space－Time Evolution of Plasma Instabilities —— Absolute and Convective [J]. Hardbook of Plasma Physics, 1983(1):452.

[82] BETCHOV R,CRIMINALE W O. Stability of Parallel flows[M].New York: Academic Press, 1967.

[83] HUERRE P, MONKEWITZ P A. Local and Global Instabilities in Spatially Developing Flows[J]. A.Rev.Fluid Mech, 1990(22):473.

[84] MANSORE A,CHIGIER N. Disintegration of Liquid Sheets[J]. Phys. Fluids, 1990 (A2): 706.

[85] LEFEBVRE A H. Atomization and Sprays[M]. New York:Hemisphere, 1989.

[86] LI X,TANKIN R S. On the Temporal Instability of A Two - Dimensional Viscous Liquid Sheet[R]. Fluid Mech.,226425,1991.

[87] Parthasarathy R N, SUBRAMANIAM K. Temporal Instability of Swirling Gas Jets Injected in Liquids[J]. Phy. Fluid, 2001(13): 2845.

[88] SHEN J, LI X. Instability of Cylindrical Compressible Gas Jets in Viscous Liquid Streams[J]. Acta Mechanica, 1998,130(1 - 2):95.

[89] LIAO Y, JENG S M, JOG M A. Instability of an Annular Liquid Sheet Surrounded by Swirling Airstreams[J]. AIAA Journal, 2000,38(3):453.

[90] LIAO Y, JENG S M, JOG M A. The Effect of Air Swirl Profile on the Instability of A Viscous Liquid Jet[R]. J. Fluid Mech, 2000.

[91] DU Q,LI X. Effect of Gas Stream Swirls on the Instability of Viscous Annular Liquid Jets[J]. Acta Mechanica, 2005,176(1 - 2):61 - 81.

[92] DU Q, LIU N, YIN J. The Study on the Relationship Between Breakup Modes and Gas - Liquid Interfaces[J]. Chinese Science Bulletin, 2008,53(18):2898 - 2906.

[93] O'ROURKE P J, AMSDEN A A. The TAB Method for Numerical Calculation of Spray Droplet Breakup [C]. SAE Paper 872089, 1987.

[94] REITZ R D, DIWAKAR J. Structure of High - Pressure Sprays[C]. SAE Paper 870598, 1987.

[95] REITZ R D, DIWAKAR J. Effect of Drop Breakup on Fuel Sprays[C]. SAE Paper 860469, 1986.

[96] REITZ R D. Mechanisms of Atomization Process in High - Pressure Vaporizing Sprays [J]. Atomization and Spray Techno logy, 1987, 3: 309 - 337 .

[97] LIU A B, REITZ R D. Modeling the Effects of Drop Drag and Breakup on Fuel Sprays[C]. SAE Paper 930072, 1993.

[98] SU T F, PATTERSON M A,REITZ R D, et al. Experimental and Numerical Studies of High Pressure Multiple Injection Sprays[C]. SAE Paper 960861, 1996.

[99] 张蒙正,郝志超,张玫.含 Al 凝胶推进剂的燃烧特性[J].燃烧科学与技术,2012,18(4):315 - 318.

[100] 张蒙正,张泽平,李鳌,等.互击式喷嘴雾化研究及应用[J].推进技术,1994,20(2):73 - 76.

[101] SCHMIDT D P, NPUAR T I, SENERAL P K, et al. Pressure - Swirl Atomization

in the Near Field [C].SAE Paper 010496, 2001.

[102] ZHENGBAI LIU, GUNTER BRENN, FRANZ DURST. Linear Analysis of the Instability of Two - Dimensional Non - Newtonian Liquid Sheets[J]. J NON - NEWTONIAN Fluid Mech, 1998, 78: 33 - 166.

[103] GUENTER BRENN, ZHENGBAI LIU, FRANZ DURST. Linear Analysis of the Temporal Instability of Axisymmetrical Non - Newtonian Liquid Jets[J]. International Journal of Multiphase Flow, 2000,26: 1621 - 1644.

[104] ZHIHAO LIU , ZHENGBAI LIU. Instability of A Viscoelastic Liquid Jet with Axisymmetric and Asymmetric Disturbances[J]. International Journal of Multiphase Flow , 2008, 34: 42 - 60.

[105] JEFFERY C THOMPSON, JONATHAN P ROTHSTEIN. The Atomization of Viscoelastic Fluids in Flat - Fan and Hollow - Cone Spray Nozzles[J]. J Non - Newtonian Fluid Mech, 2007, 147: 11 - 22.

[106] AHARONOV E, ROTHMAN D H. Non - Newtonian Flow Through Porous Media: A lattice Boltzmann method[J]. Geophysical Research Letters, 1993, 20: 679 - 682.

[107] RAKOTOMALALA N, SALIN D, WATZKY P. Simulations of Viscous Flows of Complex Fluids with a Bhatnagar, Gross, and Krook Lattice Gas[J]. Physics of Fluids, 1996, 8(11): 3200 - 3202.

[108] BOEK E S, CHIN J, COVENEY P V. Lattice Boltzmann Simulation of the Flow of Non - Newtonian Fluids in Porous Media[J]. International Journal of Modern Physics B, 2003, 17: 99 - 102.

[109] GABBANELLI S, DRAZER G, KOPLIK J. Lattice Boltzmann Method for Non - Newtonian (Power - Law) Fluids[J]. Physical Review E, 2005,72(4):7.

[110] 张蒙正.燃烧不稳定性模拟实验技术[M].西安:西北工业大学出版社,2016.

[111] KENT T CHOJNACKI,DOUGLAS A FEIKEMA. Atomization Studies of Gelled Liquids[R]. AIAA 94 - 2773, 1994.

[112] KENT T CHOJNACKI,DOUGLAS A FEIKEMA. Atomization Studies of Gelled Bipropellant Simulants Using Planar Laser Induced Fluorescence[R]. AIAA 95 - 2423, 1995.

[113] KENT T CHOJNACKI,DOUGLAS A FEIKEMA. Study of Non - Newtonian Liquid Sheets Formed By Impinging Jets[R]. AIAA 97 - 3335, 1997.

[114] 张蒙正,陈炜,杨伟东.撞击式喷嘴凝胶推进剂雾化及表征[J].推进技术,2009,30(1): 46 - 51.

[115] SHAI RAHIMI,BENVENISTE NATAN. Atomization Characteristics of Gel Fuels [R]. AIAA 98—3830, 1998.

[116] SHAI RAHIMI,BENVENISTE NATAN. The Injection Process of Gel Fuels[R]. AIAA 97—2973, 1997.

[117] HELMUT K CIEZKI, ANSGAR ROBERS, GUNTER SCHNEIDER. Ivestigation of The Spray Behavior of Gelled Jet A-1 Fuels Using An Air Blast And An Impinging Jet Atomizer[R]. AIAA 2002-3601, 2002.

[118] N Jayaprakash,S R Chakravarthy. Impinging Atomization of Gel Fuels[R]. AIAA 2003-316, 2003.

[119] JENS VON KAMPAN,KLAUS MADLENER,HELMUT KCIECKI. Characteristic Flow and Spray Properties of Gelled Fuels with Regard to the Impinging Jet Injector Type[R]. AIAA 2006-4573, 2006.

[120] 张蒙正,张泽平,李鳌.现代光学技术在喷雾燃烧研究中的应用及进展[J],光子学报,1999,28(z1):155-161.

[121] JENS VON KAMPEN, KLAUS MADLENER,HELMUT K. CIEZI. Characteristic Flow and Spray Properties of Gelled Fuels with Regard to the Impinging Jet Injector Type[R], AIAA 2006-4573, 2006.

[122] CIEZKI H K, BARTELS N, HüRTTLEN J, et al. First Experimental Results on the Spray Behavior of Nitromethane Gels, Proceedings of 37th Int[J]. Annual Conference of ICT, 2006,6:27-30.

[123] 张蒙正,张泽平,李鳌,等.两股互击式喷嘴雾化性能实验研究[J].推进技术,2000(2):57-59.

[124] 张蒙正,杨伟东,王玫.双股互击式喷嘴凝胶水雾化特性实验[J].推进技术,2008,29(1):22-24.

[125] SANFORD GORDON,BONNIE J MO BRIDE. Computer Program for Calculation of Complex Chemical Equilibrium Compositions and Applications: I[M]. New York:Analysis, NASA Reference Publication 1311, 1994.

[126] BONNIE J MOBRIDE,SANFORD GORDON. Computer Program for Calculation of Complex Chemical Equilibrium Compositions and Applications: II. Users Manual and Program Description[M]. New York:NASA Reference Publication 1311, 1996.

[127] NICKERSON G R, DANG L D, COATS D E. Two-Dimensional Kinetic Reference Computer Program, Engineering and Programming Manual[R]. NAS8-35931, April 1985

[128] 航天科技六院双组元推进剂热力气动力和热物理参数计算方法[S].西安:航天工业总

公司零六七基地,1995.

[129] 航天科技六院.肼、单推-3热力气动计算方法[S].西安:航天工业总公司零六七基地,1995.

[130] 孙得川,陈杰,林庆国.喷管性能的化学动力学分析[J].推进技术,2003(3):222-224.

[131] DAUCH F, RIBÉREAU D. A Software for SRM Grain Design and Internal Ballistics Evaluation[C]. 38th AIAA/ASME/SAE/ASEE Joint Propulsion Conference & Exhibit, July 2002.

[132] DICK W A, HEATH M T. Whole System Simulation of Solid Propellant Rockets [C]. 38th AIAA/ASME/SAE/ASEE Joint Propulsion Conference & Exhibit, July 2002.

[133] 张蒙正,仲伟聪.非金属凝胶推进剂热力特性计算与分析[J].火箭推进,2008,34(162):55-58.

[134] GODSAVE GAE, Studies of the Combustion of Drops in a Fuel Spray: The Burning of Single Drops of Fuel[J]. Forth Symposium (International) on combustion, Williams and Wilkins, Baltimore Md, 1953: 818-830.

[135] SPALDING D B. The Combustion of Liquid Fuels[C]. Forth Symposium (International) on Combustion, Williams and Wilkins, Baltimore Md, 1953: 847-864.

[136] LAW CK. Unsteady Droplet Vaporization with Droplet Heating[J].Combustion and Flam , 1976, 26: 17-22.

[137] PRAKASH S, SIRIGNANO W A. Theory of Convective Droplet Vaporization with Unsteady Heat Transfer in the Circulating Liquid Phase[J]. Combustion and Flam, 1980,1(23):253-268.

[138] ALBERT Y TONG, WILLIAM A SIRIGNANO. Multicomponent Transient Droplet Vaporization with Internal Circulation: Integral Equation Formulation and Apppoximate Solution[J]. Numerical Heat Transfer,1986,10:253-278.

[139] 丁继贤.单液滴蒸发的压力效应与热环境影响研究[D].哈尔滨:哈尔滨工程大学,2007.

[140] DOMBROVSKY L A, SAZHIN S S. A Simplified Non-Isothermal Model for Droplet Heating and Evaporation[J]. Int. J. Heat and Mass Transfer, 2003,30:787-796.

[141] S K AGGARWAL. Modeling of A Dilute Vaporizing Multi-Component Fuel Spray [J]. Combust Sci. and Tech,1987,30(9):1949-1961.

[142] FEATH G M. Current Status of Droplet and Liquid Combustion[J]. Proceedings of Energy Combustion Science,1997,8:191-224.

[143] LAW C K. Recent Advance in Droplet Vaporization and Combustion[J]. Prog. Ener-

gy combust Sci .1982,8:171 - 201.

[144] YAIR SOLOMON, BENVENISTE NATAN, YAHIN COBEN. Combustion of Gel Fuels Based on Organic Gellants[R]. AIAA 2006 - 4565, 2006.

[145] HALLETT W. A Simple Model for the Vaporization of Droplets with Large Numbers of Components[J]. Combust. Flame, 2000, 121: 334 - 344.

[146] MANUEL A, DANIEL E. Multicomponent Fuel Droplet Vaporization and Combustion Using Spectral Theory for a Continuous Mixture[J]. Combust. Flame, 2003, 135: 271 - 284.

[147] ABDEL QADERZ, HALLETT W. The Role of Liquid Mixing in Evaporation of Complex Multicomponent Mixtures: Modelling using Continuous Thermodynamics [J]. Chemical Engineering Science, 2005, 60: 1629 - 1640.

[148] HALLETT W, CLARK N. A Model for the Evaporation of Biomass Pyrolysis Oil Droplets[J]. Fuel, 2006, 85: 532 - 544.

[149] KUNIN A, NATAN B, GREENBERG J. Preliminary Modeling of the Combustion of Gel Fuel Droplets[C]. Tel Aviv & Haifa: 48th Israel Annual Conference on Aerospace Sciences, 2008, 2:27 - 28.

[150] NAHAMONI G, NATAN B. Investigation of the Combustion Process of Gel Propellants[R]. AIAA 1997 - 2973, 1997.

[151] VOLKER WEISER, SASCHA GLäSER, STEFAN KELZENBERG, et al. Investigations on the Droplet Combustion of Gelled Mono and Bipropellants[R]. AIAA 2005 - 4474, 2005.

[152] 苏凌宇.负压环境下燃料液滴蒸发过程的实验和理论研究[D]. 长沙:国防科技大学,2004.

[153] WONG SHWIN CHUNG. Ignition and Combustion of Aluminum and Aluminum - Carbon Slurry Droplets[D]. State College: the Pennsylvia State University, 1988.

[154] 胡小平.单元推进剂液滴在惰性高温环境中的分解燃烧[D]. 长沙:国防科技大学,1985.

[155] BELLAN J. Supercritical (and Subcritical) Fluid Behavior and Modeling: Drops, Streams, Shear and Mixing Layers, Jets and Sprays[J]. Progress in Energy and Combustion Science, 2003, 26: 329 - 360.

[156] VIEILLE B, CHAUVEAU C, CHESNAU X, et al. High Pressure Droplet Burning in Microgravity[C]. 26th International Symposium on Combustion, 1996: 1259 - 1265.

[157] BRZUSTOWSKI T A, NATARAJAN R. Combustion of Aniline Droplets at High Pressure[J]. Can J Chem Engng, 1966, 44: 194 - 201.

[158] SAVERY C W. Experimental Study of the Vapouration of Droplet in a Heated Air at High Pressure[R]. NASA CR7254, 1969.

[159] MATLOSZ R L, LEIPZIGEN S, TORDA T P. Investigation of Liquid Drop Evapouration in a High Temperature and High Pressure Environment[J]. Int Heat Mass Transfer. 1972, 15: 831 - 852.

[160] CHAUVEAU C, CHESNAU X, GOKALAP I. Burning Characteristic of N - heptane Droplet[R]. AIAA 93 - 0824, 1993.

[161] MORIN C, CHESNAU X, GOKALAP I. Studies on the Influence of Pressure and Evapouration of N - heptane Droplets[R]. ILASS - Europe, 1999.

[162] SATO J. Studies on Droplet Evapouration and Combustion in a High Pressure[R]. AIAA 93 - 0813, 1993.

[163] CHAUVEAU C, CHESNAU X, GOKALAP I. High Pressure Evapouration and Burning of Methanol Droplets in Reduced Gravity[R]. AIAA 94 - 0430, 1994.

[164] CHESNAU X, CHAUVEAU C, GOKALAP I. Experiments on High Pressure Vapourization of Liquid Oxygen Droplets[R]. AIAA 94 - 0688, 1994.

[165] HASTAD K, BELLAN J. Isolated Fluid Oxygen Droplet Behavior in Fluid Hydrogen at Rocket Chamber Pressures[J]. Int J Heat Mass Transfer. 1998, 41: 3527 - 3550.

[166] STENGELE J, PROMMERBERGER K. WILLMANN M. Experimental and Theoretical Study of One and Two - Component Droplet Vapouration in A High Pressures Environment[J]. Int J Heat Mass Transfer, 1999, 42: 2683 - 2694.

[167] KODATA T, HIROYASU H. Combustion of a Fuel Droplet in Supercritical Gaseous Environments Symposium International on Combustion , 1981, 18: 275 - 282.

[168] 李云清，王宏楠，陈威. 亚临界和超临界压力下燃料液滴的蒸发特性[J]. 燃烧科学与技术，2010(4)：287 - 294.

[169] 张蒙正，徐胜利.单滴燃料超临界特性实验研究的新方法[J]. 火箭推进，2011，37(1)：7 - 12.

[170] 张蒙正，徐胜利.超临界环境下煤油和 UDMH 单滴燃烧现象[J]. 火箭推进，2013，39(195)：1 - 6.

[171] 张蒙正，徐胜利.凝胶煤油的蒸发于超临界特性研究[Z]. 长春光学国际会议，2011.

[172] 张蒙正，李军，陈炜，等.互击式喷嘴燃烧室燃烧效率的实验研究[J]. 推进技术，2012，29(1)：22 - 24.

[173] 张蒙正，陈炜，杨伟东.撞击式喷嘴凝胶推进剂雾化及表征[J]. 推进技术，2009，30(1)：

46-51.

[174] 张蒙正,王玫.双组元小流量喷嘴雾化研究回顾[Z]. 国家高技术航天航空技术领域第三届青年学术研讨会,2002.

[175] 张蒙正,杨伟东,王玫.双股互击式喷嘴凝胶水雾化特性实验[J]. 推进技术,2008,29(1):22-24.

[176] 李庆,李清廉,王振国.燃气发生器结构对燃烧性能的影响[J]. 航空动力学报,2008,23(11):2063-2067.

[177] SCOTT HENDERSON, LU FRANK, KIM WILSON, et al. Performance Increase Verification for a Bipropellant Rocket Engine[R]. AIAA 2008-4844, 2008.